“十三五”国家重点出版物出版规划项目
国家出版基金资助项目

国家出版基金项目
NATIONAL PUBLICATION FOUNDATION

中國運河誌

THE GAZETTEER OF THE CANALS OF CHINA

中国运河志

社会文化

Society and Culture

总主编
邹逸麟

主编
张士闪

江苏凤凰科学技术出版社

图书在版编目（CIP）数据

中国运河志. 社会文化 / 张士闪主编. — 南京 ：江苏凤凰科学技术出版社，2019.9（2022.5重印）
（中国运河志）
ISBN 978-7-5713-0539-0

Ⅰ. ①中… Ⅱ. ①张… Ⅲ. ①运河－水利史－中国 Ⅳ. ①TV882

中国版本图书馆CIP数据核字（2019）第165488号

中国运河志　社会文化

主　　编	张士闪
责任编辑	唐爱萍　刘　焱　王　岽
特约编辑	江伟明
责任校对	仲　敏
责任监制	李芙蓉

出版发行	江苏凤凰科学技术出版社
出版社地址	南京市湖南路1号A楼，邮编：210009
出版社网址	http：//www.pspress.cn
照　　排	江苏凤凰制版有限公司
印　　刷	江苏凤凰新华印务集团有限公司

开　　本	880 mm×1 240 mm　1/16
印　　张	62.5
插　　页	4
字　　数	1 300 000
版　　次	2019年9月第1版
印　　次	2022年5月第2次印刷

标准书号	ISBN 978-7-5713-0539-0
定　　价	700.00元（精）

总 主 编　邹逸麟

核心专家（以姓氏笔画为序）

李孝聪　邹逸麟　张廷皓　张英聘　赵世瑜

分卷主编

《总述·大事记》　邹逸麟　李　泉

《图　志》　李孝聪

《河道工程与管理》　吕　娟

《通　运》　倪玉平

《城　镇》　吴　滔

《社会文化》　张士闪

《人　物》　王　云

《文　献》　李　泉

《附　编》　中国文化遗产研究院

本卷作者及参与人员

主　　编　张士闪

作　　者（以姓氏笔画为序）

王加华　龙　圣　张　帅　张兴宇　韩朝建

主　　审　赵世瑜

责任编辑　唐爱萍　刘　焱　王　崇

特约编辑　江伟明

助理编辑　李玲玉　孟　璐

本卷概要

运河社会文化源远流长，既有农业文明、游牧文明与商业文明之间的交汇互补，也有秦晋、燕赵、齐鲁、吴越、江淮、荆楚等地方文化系统的杂糅会通，还有国家政治、知识精英与民俗文化的互动共生。在维护和巩固中华大一统国家方面，运河发挥了不可替代的作用。社会靠文化来支撑，文化以社会为母体。大运河伴随着中华文明的发展演进而兴衰变迁。运河的开挖与畅通，催生了运军、水手、商人、船民等社会群体。人们因河而聚，因业而兴，共同创造了具有鲜明特色的运河社会文化。大运河跨越南北，历代文人的诗词歌赋、书法碑刻为之礼赞，民间社会的衣食住行、婚丧嫁娶、民间工艺、歌舞乐戏、方言俚语、神话传说因之生色。沿运地区所形成的水上社会与沿岸社会，构建起一道色彩斑斓的文化长廊。

Overview

The grand canal represents a flowing culture. It is a continuous, flowing cultural artery of China that carries forth the extensive history and rich civilization of the Chinese nation. The social culture of canals also boasts a long history, and it encompasses an agricultural civilization, nomadic civilization, and commercial civilization that are interconnected to one another and complement each other as well. Such regional cultural systems as the Qin-Jin, Yan-Zhao, Qilu, Wu-Yue, Jianghuai, and Jing-Chu are deeply intertwined. Local traditions in these regions have been mixed with implanted traditions from elsewhere. National politics, intellectual elites, and folk culture have coexisted and interacted for a long time. This unique culture from the canal has played an irreplaceable role at maintaining and consolidating China's unity, and it has made great contributions to the perpetuation and development of the Chinese civilization.

Society is supported by culture, and culture is based on society. The grand canal is an integral part of Chinese "state etiquette", and the canal fluctuated between prosperity and hardship along with the vicissitudes of the Chinese civilization. The excavation and completion of the canal gave birth to such social groups as the grain shipping army, merchant sailors, boat trackers, dredging crews, and river labourers. People were gathered together by fate and thrived on account of their careers. This in turn formed the distinctive symbols and unique signs of canal social culture. In addition, the will of the state was realized in the areas along the canal. And with the help of various forms of culture, people exerted their ability to preserve the mainstream culture of the country, and since the grand canal has run from the north to the south, many poems, lyrics, songs, and calligraphy inscriptions of literati in past dynasties have praised it. Thanks to the canal, the clothing, food, housing, transportation, marriage customs, funeral traditions, folk crafts, songs, dances, music and drama, dialects and slang, and myths and legends of society have been vividly displayed. Social life on the canal and social life along its banks have formed into a rich cultural corridor of China.

序一

礼敬与期许

自然河流是人类文明的摇篮，人工运河则是人类文明的杰作。

远古先民，逐水而居，自然河流不仅提供了丰沛的水源，也为人们的出行、迁徙提供了便利。在土壤肥沃的河川之滨，人们拓荒垦殖，繁衍生息，创造了中华文明的早期辉煌。随着生产力的发展，人们开始具备了改造自然、利用自然的能力和手段。为了横绝江河，他们“刳木为舟，剡木为楫，舟楫之利，以济不通，致远以利天下”（《易·系辞下》）；为了突破自然河流的局限，他们又开凿了人工运河，以沟通南北，达海通江。

历朝历代，中国人开掘了许多规模不等的运河，这些运河流经华北、华中、华东、华南等广大区域，贯通了海河、黄河、淮河、长江、钱塘江、珠江等主要水系。被列入世界遗产名录的中国大运河，主要包括京杭运河、隋唐运河以及从宁波入海与海上丝绸之路相连的浙东运河。其规模之宏大，历史之悠久，在世界上均无有比肩。运河就像是一条条蜿蜒伸展的藤蔓，而大大小小的运河城市，就是这些藤蔓上结出的丰硕果实。我未曾系统地研究过运河与城市的关系，不太清楚它们与城市的出现，哪些在先，哪些在后。但有一点是可以肯定的，那就是运河毫无例外地养育了沿河的城市，还催生了一批新兴的城市。千百年来，运河在航运、灌溉、给水、防洪、改善生态环境等方面发挥了重要的作用；运河也改变了中国古代城市的空间布局，促进了沿河城市的发展和繁荣。

运河不仅哺育了沿河的城市，也赋予了这些城市独特的精神和气质，并在长期的发展过程中，逐渐形成自己特有的城市精神。由于历史、地理、文化背景的不同，这些城市的精神，自然也会存在差异，各具特色，但既然同为运河城市，有些方面必然会有共通之处。其中特别重要的一点，就是开放包容的胸怀，一往无前、自强不息的精神。运河联系着江河湖海，河面上舳舻相继，沿途的港口、城市也就成了舟车辐辏、五方杂处之地。来自各地的人们，身份不同，装束各异，操着不同的口音，在这里或居留，或歇脚，摩肩接踵，川流不息。四面八方的信息，新奇有趣的故事，如阵阵清新的风吹进了人们的生活。运河之畔的人们，自幼就生活在这样的环境里，耳濡目染，潜移默化，胸怀便会变得开阔博大起来。他们会渐渐明白，自己并非孤立地存在，身外还有一个更加广阔的世界，远方那些素不相识的人们，其实与自己是紧密地联系在一起的。他们也就懂得世界的丰富多彩，懂得开放豁达的胸襟、博采众长的能力、一往无前的精神，正是自身生存发展的不竭动力和生生不息的源泉。

运河沿岸的城市及其居民，与运河世代相伴，朝夕相处，密不可分。运河之水融入了人们的日常生活，也荡漾在他们的梦境之中。帆樯林立，桨声欸乃，号子悠扬，这些都成了他们恒久的记忆。对于运河，人们总是怀有一种饮水思源的感恩情结。面对运河，人们就会自然地联想到先民们筚路蓝缕、艰苦创业的情景。春秋时期，吴王夫差在扬州蜀冈开挖邗沟，沟通江淮，构筑邗城，开启了扬州的城市发展史。虽然夫差其人在历史上有着颇多的非议，但扬州人始终没有忘记他对于运河的初创之功。论及大运河，有一个很难回避的人物，便是隋炀帝杨广。作为一个在历史上被大过掩盖了大功的悲剧性人物，隋炀帝对开通隋唐大运河所做的突出贡献，后人也已渐成共识了。

为中国运河的开发利用做出过重要贡献的人，还可以举出很多。但必须强调的是，历史上一切伟大成就的创造，其主体都是那些名不见经传的普通百姓，他们更应当得到后人的崇敬。荀子说："天地者，生之本也；先祖者，类之本也。"（《荀子·礼论》）中华民族的祖先披荆斩棘为后人开路的艰辛，他们坚忍不屈的精神和令人惊叹的聪明才智，相当多已经稀释在时间流水之中，蒙蔽在历史尘埃之下了。而优秀的文化遗产正是我们民族悠久历史的稀世物证，是我们与遥远的祖先沟通相认的惟一渠道，也是我们满怀自信走向未来的坚实根基。在科学技术突飞猛进、日新月异的今天，我们不能数典忘祖，而应当永远保持对于历史的尊重和思考，对于祖先的缅怀和感恩。如果我们有了这样一种认识和情怀，就会发自内心地去珍惜、呵护运河，珍惜、呵护我们民族一切优秀的文化遗产。

古人开凿运河的初衷，常常是出于经济、政治或军事上的考虑，运河也确实在这些方面发挥了重要的作用。但是，随着历史的发展、时间的推移，人们越来越深刻地感受和认识到运河所蕴藏的精神价值和文化意义。

大运河告诉我们，人类应当与大自然保持互动感应、友好相处的和谐关系。在生产力低下的古代，人们往往是自然的奴隶。为了改变自己的命运，人类总是在不断地努力改造自然，适应自然。随着生产力的发展，特别是工业革命以后，人类自身的潜能得到了极大的释放和发挥，创造了许多彪炳史册的奇迹。然而，另一种隐忧也随之显现，那就是人类似乎因此而变得有点盲目甚至狂妄起来，“征服自然”的企图，鼓动、引诱人类做出许多既损害自然，也危及自身的蠢事，留下了不少惨痛的教训。而在这方面，大运河为我们树立了处理人与自然关系的光辉典范。人工运河是人类对于自然的改造和利用，但这种改造和利用，只是因势利导地顺应自然，是用人工的手段，把自然界业已存在的海洋、湖泊、河流连接起来，以造福人类。开掘运河，展示了人类的聪明才智和创造伟力，却又并未因此而堕入征服自然的妄想之中。实际上，随着历史的发展，人工运河已融入了自然，最终成为人们赖以生存的自然的一部分了。改造自然，但并不损害自然；利用自然，同时又善待自然，保护自然，这就是大运河给予我们的启迪，也是人类应该永远铭记的普遍真理。

我们常说的中华民族的优秀传统，究竟是从何而来的？它是我们历代祖先创造性思维和实践的积累和结晶。生生不息的思想活力和与时俱进的创新精神，是中国传统文化的本质特征，也是中华文化历经数千年而不曾中断、不曾湮灭，历久弥新的根本原因。运河文化生动地诠释了中华优秀文化传统的神采与实质。运河是古老的，同时又永远是年轻的，它不停地流淌着、发展着、前进着。逝者如斯，不舍昼夜；流水不腐，万物同理。中华民族优秀传统文化中的传统与创新浑然一体，形成一种既守正不移，又勇于更新的生命活力。

在中华文明的发展历史上，大运河是足以能与长城比肩而立的伟大创举。如果说，长城是中华民族凛然不屈的精神象征，那么大运河则体现出我们这个民族改造自然、利用自然的伟大智慧和创造精神。2016年，江苏凤凰出版传媒集团出版了《中国长城志》，时隔数年，又推出了这套《中国运河志》。长城和运河历来是中国人引以为豪的双璧，也是人类文明的瑰宝。为长城和运河分别编纂、出版大型志书，充分显示了决策者的胸襟和眼光，显示了作者团队和出版人的勇气和见识。前人为我们留下了一些有关运河、漕运的志书，如《漕河图志》《漕运通志》《通惠河志》等，还有海量的历史资料散见于各类典籍、文献之中。而为中国运河编修一部全面、系统的大型志书，则是一种开拓性创举。我向参与此项文化工程的所有专家学者和工作人员表示敬意。党和国家高度重视运河遗产的保护。中华人民共和国成立之初，于百废待兴之际，就将运河列入重点抢救整修的重大工程。改革开放以来更投入了大量人力财力。进入新时代，古老的大运河迎来了蓬勃发展的新时期。习近平总书记指出："大运河是祖先留给我们的宝贵遗产，是流动的文化，要统筹保护好、传承好、利用好。"中共中央办公厅、国务院办公厅印发了《大运河文化保护传承利用规划纲要》，研究大运河、建设大运河的热潮方兴未艾。在这样的背景下，《中国运河志》的出版具有特别重要的意义。可以说，它既是对中华民族优秀历史遗存的庄重礼敬，也是对我们美好未来的深相期许。

是为序。

孫家正

2019 年 7 月 1 日

序二

开凿运河，以利交通，固非中国所独有。若论中国开通运河历史之悠久，流经地域之广袤，河道工程之宏大，运河对于国家政治、经济、社会文化乃至民情风物影响之深巨而绵长，则遍观世界各国，未有可与之相埒者。

中国的地貌呈西高东低之势，受此影响，境内主要河流多为东西走向，少有南北走向的天然河道。在生产力低下的农耕社会，这样的自然水系制约了区域之间的交通往来，尤其不利于南北地区经济文化的交流发展。比如，对于东西部来说，长江是一条理想的水运通道，但对于南北方而言，却是一道阻隔交通的“天堑”。而要突破自然水系的制约，就必须开凿南北走向的人工运河。据文献记载，中国最早开凿的运河，可以追溯到西周穆王时期（前976～前922），时受封于淮河下游的徐偃王“欲舟行上国，乃通沟陈、蔡之间”（《水经注·济水》）。本来陈、蔡之间的交通，必须绕道淮河，而在陈国的沙水和蔡国的汝水之间，开凿一条直通的运河，可免绕道之苦。虽因年代久远，这条运河的具体方位、流经尚无从考证，但仍可视为中国人工开凿运河之滥觞。

从先秦到清末的2 000多年里，中国运河的开凿经历了若干高峰期。举其要者，春秋战国时期有楚庄王所开荆汉运河，伍子胥所开胥河，吴王夫差所开邗沟，魏惠王所开鸿沟；秦汉时期有灵渠、漕渠、汴渠；魏晋南北朝时期则有白沟、平虏渠、睢阳渠；隋唐、两宋时期有广通渠、通济渠、永济渠，以及贯通南北的隋唐大运河；元明清时期则有会通河、通惠河，以及举世闻名的京杭大运河等。不同历史时期的运河命运各不相同，有的旋开旋废，有的则为后世的运河工程所疏浚借用，而元代开通的京杭大运河山东至浙江段，至今仍为繁忙的水运航道，被誉为“活着的运河”。总体而论，不同时期开凿的运河，突破了中国自然水系的局限，加强了区域之间的联系，其中隋唐大运河和京杭大运河更是沟通了海河、黄河、淮河、长江、钱塘江、珠江等水系，且使得内河水运与陆路交通、海上交通相关联，其影响力可谓无远弗届。

早期运河的开凿，多出于军事征伐的战略需要。如春秋晚期，吴王夫差于扬州蜀冈开凿邗沟，沟通长江、淮河两大水系，就是为了沿水路北上，逐鹿中原，与齐、楚争霸天下。邗沟也成为了后世大运河的起源。秦汉时期，兵戈止息，国家统一。汉王朝定都长安，此地属关中地区，也称渭河平原，南依秦岭山脉，气候温润，物产丰饶。关中原为秦国疆域，经秦国历代君主悉心经营，这一地区农业发达，沃野田畴，号称“八百里秦川”。由于政治中心和经济中心相重合，而且可利用黄河与渭水、泾水等天然水道，故西汉漕运尚称便利。汉末至唐初，烽烟又起，战乱频仍，加之气候变冷等原因，曾经富饶的渭河平原走向衰落。又因为承平既久，生齿日繁，关中之出产，已不敷西京长安所需，于是乃有东都洛阳之设。洛阳素称“天下之中”“舟车所会”，隋唐大运河即以洛阳为中心，北至涿郡（今北京），南至余杭（今杭州）。坐镇洛阳，可利用运河之便，控引江淮，以获取东南地区的财富。这一时期，运河对于维护大一统王朝的重要性更加凸显。

“安史之乱”后，北方地区饱经战火，民生凋敝。而唐中叶至两宋时期，南方农业发展迅速，成为全国最为富庶的地区，逐步取代了关中、华北经济重心的地位，故唐人有“赋出天下，而江南居十九”的感叹，宋代也有“苏湖熟，天下足”的俗谚。作为中华帝国鼎盛时期的水上交通大动脉，隋唐大运河“枢纽天下，临治四海”“漕引江湖，利尽南海，半天下之财富并山泽之百货，悉由此路而进”（《宋史・河渠志》）。唐代以后，除了南宋和明初短时期定都于南方外，中国的政治中心和经济中心长期处于南北分离状态，大运河遂成为南北最重要的水路运输通道，“公家运漕，私行商旅，舳舻相继”（《元和郡县图志》卷五）。明清时期，朝廷对于京杭大运河的依赖更甚于前代，举凡京师皇室之用度、官吏之俸禄、军队之粮饷、民人之口食，皆须从南方各州府征收，再用漕船装载，经由运河输送京畿。由南向北，迤逦3 000余里的水道上，终日帆樯云集，艨艟连翩。历朝岁额漕粮不等，通常为400万石左右，最高时达700万石。这些漕粮被称为“天庾正供”，而大运河也就成为关乎国家政权稳固的一条生命线。每年一度的漕运，是一件倾动朝野的大事，须耗费巨大的人力物力，历尽艰难险阻，方能克期完成。可以说，大运河的通与塞，直接关系到江山社稷的安与危。由此看来，称大运河为“千年国脉”，至为允当。

大运河不仅是一条漕运通道，也是南北经济、文化交流的重要孔道。运河的开通，商贸的繁盛，人流的往来，极大地推动了运河沿线经济社会的发展。许多城市或因运河而兴，或因运河而盛。其中既有杭州、苏州、徐州、扬州、天津这样的区域性都会，也有淮安、临清、济宁、沧州、德州等新兴的商业重镇。这些如明珠一般洒落在运河两岸的城邑，店铺林立，市井繁荣，百业兴旺。各路商帮，前趋后继，懋迁南北，竞骋风流。大街小巷，码头上下，车水马龙，人声喧阗；达官显贵、坐贾行商乃至贩夫走卒、艺人游民，各色人等熙熙攘攘，臻臻至至。虽然后来有的城市因漕运废止、河道淤塞而风光不再，但众多的古迹遗存和风物民情、逸闻传说，汇成了沉甸甸的运河记忆，给沿线城市的历史画卷抹上了一道鲜亮的底色。这一切，都融进了城市的血脉，铸就了城市的文化品格。

历朝历代，确保漕运的通畅几乎成为国家治理的头等要务。上至帝王公卿，下至运丁船民、野老村夫，无数人为此而殚精竭虑，煞费苦心。这当中虽然有成功，也有失败，但总体而言，运河的开凿、河道的治理、漕运制度的建立与调适等，充分反映了中华民族改造自然、利用自然的智慧和伟力。前人为我们留下了关于运河治理的丰富经验，还有许多疏河通漕、治黄保运的珍贵文献，如元代赡思《河防通议》，明代万恭《治水筌蹄》、潘季驯《河防一览》，清代靳辅《治河方略》、傅泽洪《行水金鉴》、潘锡恩《续行水金鉴》等，此外还有大量反映水系分布、河道走向、闸口设置的运河舆图。然而，迄今为止，尚未有一部反映中国运河历史发展全貌的志书，这不能不说是一大憾事。

为了填补这一空白，江苏凤凰出版传媒集团于2012年启动了《中国运河志》编纂工作。这是一项前无古人的开拓性志书工程，显示了出版人的气魄和担当。志书的撰写，汇集了多所高等院校和科研院所的专家学者，整体上体现了国内运河研究的现有水平。历时八载，这部9卷11册的大型志书终于完成。而在这期间，大运河成功申遗，运河历史文化越来越受到各界人士的重视，大运河文化带的建设方兴未艾。从这个意义上说，《中国运河志》的出版，可谓恰逢其时。诚然，一部大型志书的编纂出版，殊非易事。无论是资料的收集，框架的构建，还是体例的设置，文字的呈现，都有局外人难以体味的种种艰辛。因此，本志书不可避免会存在诸多不尽如人意的瑕疵，对此我们也不必过于苛责。而作者诸君也不妨效仿前贤“续修”“再修”之举，在日后对志书加以续编、再编。相信通过不懈的努力，终能使之臻于完善。

是为序。

戴逸

2019年6月14日

凡例

一、本志坚持科学编纂、存真求实的原则，全面系统地记述中国历代运河发展的历史与现状。

二、本志遵照事以类聚的原则，依事物属性分类设卷，分为《总述·大事记》《图志》《河道工程与管理》《通运》《城镇》《社会文化》《人物》《文献》《附编》，其中《通运》《文献》《附编》以篇章节编排。

三、本志上限始自中国古代运河开凿，下限因卷而异。《图志》至清代，《人物》至民国时期，《社会文化》《附编》至2015年，《总述·大事记》至2017年，《河道工程与管理》《通运》《城镇》《文献》至2018年。

四、本志采用述、记、志、传、图、表、录等体裁，以志为主，寓观点于记述之中。首设总述，末设附编，大事记以编年纪事为主，《图志》《河道工程与管理》《通运》《城镇》《社会文化》《文献》《人物》卷首设概述，图表标明名称及资料来源。

五、本志遵照“生不立传”原则，《人物》以传或传略为主，以人系事，记述对运河发展产生重大影响的人物生平事迹。

六、本志一般采用现代语体文、记述体，除引用原始文献用原文外，均以第三人称记述。除总述、概述、无题序外，一般以记述史实为主，文字力求朴实简练。

七、本志纪年，1911年以前采用历史纪年汉字书写，叙述时括注公元纪年，但在引文中不括注；在同一自然段中，同一历史纪年在第一次出现时括注公元纪年，之后再出现则不括注。1912年及以后采用公元纪年。

八、本志使用规范地名，一般历史地名括注今地名，今地名用通名。数字及计量单位、标点符号用法遵照国家有关出版规定，涉及历史内容遵循原有文献表述，不折算现代公制。

九、本志资料来源依据历史文献、档案资料、实物资料、实地考察和近现代研究著述，各卷设主要参考文献书目，注释遵照国家有关标准。

十、本志除《总述·大事记》《图志》《附编》外，其余各卷均设置主题索引，标引卷中出现的重要词汇及相对应之页码，便于检索利用。

本卷编纂说明

一、本卷旨在全面真实地反映中国运河社会文化的历史样貌，主要记述因运河而产生、因运河而兴盛、因运河而发展演变的各种社会文化现象。

二、本卷记录的运河社会文化不局限于运河沿线区域，远离运河但受运河影响之社会文化亦在记录之内，虽在运河沿线而与运河无关之社会文化则不予收录。

三、本卷上限起于隋唐大运河的开凿贯通，下限止于2015年。因社会文化的特殊性以及不同时期史料的详略，部分内容根据具体情况适当上溯或下延。

四、本卷按照章、节、目三级排列，共设运河社会群体、运河社会组织、运河社会变迁、运河百业、衣食住行、岁时与信仰、娱乐竞技、民间语言、民间文学、民间艺术十章。鉴于运河社会文化所涉领域庞杂繁复，且相互间存在着“剪不断，理还乱”的关系，故各章节部分内容有所交叉。

五、本卷各章节体例依据运河社会文化自身的特点，或按地域编排，或按时间编排，或按现象归纳，以体现运河社会文化的流动性与复杂性。

六、本卷编纂所用资料包括传统文献、官方档案、民间文献等文字性资料。由于运河社会文化具有生活化、口口相传等特点，而这些在历史文献中记录不多，故本卷在编纂过程中，亦适当参考了部分现当代田野调查所得的口述资料。

本卷编纂工作由山东大学张士闪主持，由山东大学文化遗产研究院、儒学高等研究院、历史文化学院和南京农业大学、浙江农林大学同仁集体完成。本卷充分吸收前人研究成果并补充新近发现的若干材料，也参考了荀德麟所做的与本卷相关的部分工作；大连外国语大学赵彦民参与了本卷写作的前期讨论和部分材料的收集整理工作。

具体编纂分工为：

运河社会群体、运河社会组织、运河社会变迁：龙圣（山东大学）。

运河百业、衣食住行、岁时与信仰之“岁时节日”部分：王加华（山东大学）。

岁时与信仰之“信仰”部分、娱乐竞技：张帅（浙江农林大学）。

民间语言：张兴宇（南京农业大学）。

民间文学、民间艺术：韩朝建（山东大学）。

目　录

概 述

由京杭大运河、隋唐大运河、浙东运河为骨架组成的中国大运河，全长3 000余里，历经沧桑2 500多年，是世界上距离最长、规模最大的运河，展现出我国古代劳动人民利用自然、改造自然的伟大智慧和勇气，传承着中华民族的悠久历史和文明。在统一的多民族国家形成、发展和巩固的过程中，大运河发挥了不可替代的作用。虽然自清末以后，由于其他运输方式的兴起，大运河已逐渐失去以前的交通核心地位，然而在20世纪末世界性文化遗产热的大背景下，它作为中华民族历史渊源的见证者与中华传统文化的重要载体，正日益显示出重要地位。当下，保护好、传承好、利用好大运河这一历史文化资源，已经被提升到国家战略的高度。以“流动的文化”而闻名的运河文化，无疑将在21世纪中国国家发展战略中扮演重要角色。

“漕运之制，为中国大政”[①]。中国大运河源远流长，运河文化博大精深。自古及今，大运河既是国家层面实施的一项伟大工程，又在塑造中国文化传统方面意义宏巨。运河沿线地区已经形成了一种独具特色的社会形态和区域文化。“大运河开挖、畅通与衰落，在一定程度上凸显了中国社会特殊的运行与发展轨迹。因此大运河既是一条河，更代表了一种制度、一个知识体系和一种生活方式。运河及其流经的线性区域所孕育的文化既是中国传统文化的一部分，也是形塑中国文化的基因之一”[②]。诚然，无论是运河的开挖、疏通、葆育等技术系统，还是其漕运、管理等使用系统，都牵涉到运河沿线地区的社会文化发展，并在国家政治、地方精英与民众日常生活之间的多元互动关系中，积淀了弥足珍贵的社会治理智慧与人文传统。回顾过去，立足当下，面向未来，关于运河的社会文化研究意义深远。本卷期望通过对运河社会文化的梳理，不仅为目前大运河文化保护传承利用工作有所贡献，同时为“一带一路”沿线区域的社会文化建设提供一定借鉴。

一、对于“运河社会文化”的理解

跨越南北的大运河，在货运之外，还承载着人与人所携带的文化。大运河的兴衰历史，是中国社会文化历史的一部分，还是促成与支撑整个中华文明运转的关键性要素之一。中国很早以来就已形成所谓“礼俗社会”，呈现出国家政治与地方生活之间联合运作的社会形态，形成了以“礼俗互动”为表征的文化政治智慧与社会运作机制。[③]跨越数千年、纵横数千里的大运河的开挖与使用，并没有打破已有的社会格局，也没

---

① 汤志钧编：《康有为政论集》上册，北京：中华书局，1981年，第354页。

② 吴欣：《大运河文化的内涵与价值》，《光明日报》2018年2月5日。

③ 张士闪：《礼俗互动与中国社会研究》，《民俗研究》2016年第6期。

有造成中华民族悠久文化传统的割裂，而是以内部协调的宏大工程，进一步释放国家制度活力，维护了传统中国社会的超稳定结构。

在运河沿线地区，国家治理改变了地方社会文化的发展态势，而地方社会文化传统也在一定程度上影响到国家制度的制定与调整。与运河有关的社会文化表现，因此代表了中国社会自我调适、制衡和内部畅通的一种特别机制，与常规性治国方略有别。历经波澜起伏的中国近现代社会变迁，这一文化政治精髓仍在当今社会以多种形式有所延续，通过价值创新转化，有望在当代中国社会发展宏大格局中发挥重大作用。深入研究运河中的社会文化，从社会文化的角度深化已有的运河研究，具有特别重要的意义。

学界关于“文化”这一概念的界定莫衷一是，对所谓“社会文化”的理解也并不统一。本卷对于“社会文化”一词的使用，并非是一个专门概念，而是包括“社会”与“文化”两个概念，即运河沿线地区的社会与文化。这样做的好处，是有利于从社会结构与文化制度的不同角度观察运河。当然，“社会”与“文化”是皮与毛的关系，其内在联系是显而易见的：一方面，社会的构成必然会有相应的文化，不存在没有文化支撑的社会；另一方面，也没有孤悬于社会之外的文化，文化的认同则是社会群体出现的前提。本卷试图对此予以兼顾，从两方面加以体现：其一，在整体的篇章布局上，将运河沿线地区的“社会”与“文化”分开，先描述“社会”，再描述“文化”；其二，具体到各章，描述“社会”时（前五章）注意连带习俗层面的文化约定；描述“文化”时（后五章）则偏重其社会承载的表现。这样，本卷在章节设置上将运河沿线地区的社会与文化并置，在内容表述上则尽量体现二者之间的互动关系，以达到互文见义的效果。

运河自开挖以来，就在运河沿线地区形成了水上社会与沿岸社会，呈现出独特的社会特征和文化特征。综合前五章的“社会”层面的关照，参照后五章描述的“文化”视角，可将运河社会归结为以下几个主要特征：

由独特的人群聚合方式所形成的运河社会结构，与传统乡土社会差异明显，即并非以家族或血缘关系为纽带而形成稳定的聚落，而是以所从事的行当形成流动性较强的人群组织。如运河沿线地区常见的运军、水手等漕运群体，纤夫、浅夫、泉夫等济运群体，就与传统乡村社会的群体结构迥然不同，其群体聚合方式也差异明显。即使是运河沿线地区的农民，也会因为要参与修河、修坝、修闸等工作，而具有异于传统乡土社会的特征。

运河社会生活共同体的内部认同性强。学界关于生活共同体的理解，有“想象的共同体”和“溢出的共同体”的说法，运河上的许多群体，其实是从不同地方的传统生活秩序中“溢出”并结成的新的生活共同体，只不过长期不为官府、士大夫所认可。其实，生活共同体的界定，应该主要取决于共同体的内部认定，而非外部人员的评说。在本卷的“社会群体”部分，记述了运河社会的各种人群组织。这类运河群体较之农民或社会精英，往往有着更强的自我认同意识与凝聚力。

运河沿线各地区之间联系密切。如运河沿线各城镇之间，运河水的补给区与泄洪区之间,就在传统交往的基础上,根据国家层面的运河河政而形成了一种新的社会关系。甚至运河沿线地区与其他地区之间的关系也发生了变化，如在运河沿线和有漕地区之间，水次与运河码头、仓储所在地之间，也因同被纳入国家漕运体系之中而形成了较为紧密的联系。

运河社会变迁与国家运河行政关联密切。运河是中国古代历史上重要的交通线路，大量的人口和物资通过运河得以不断流动，从而对运河沿线社会的经济产生了深刻影响。尤其是元明清时期，运河沿线社会经济从点到线全面发展开来，除了北京、扬州、苏州、杭州这样的都会城市，一些原本名不见经传的村镇，因地处大运河的要津而迅速崛起，发展成舟车辐辏、商旅云集的商业重镇。当然。在漫长的历史进程中，也有些曾经享誉天下的城镇因运河的淤废或改道而风光不再，但这也从反面说明，大运河对于沿线地区社会发展兴衰有着巨大的影响。大运河的整治、畅通、淤塞，特别是近代以来，大运河因漕运的终止和现代化运输方式的出现而走向衰微，对于运河沿线地区的社会、经济与文化影响脉络清晰可辨。

同样，从本卷关于“社会”与“文化”的整体描述中，也可以看出运河文化的主要特征包括：（1）流动性强的“水上文化”特征。运河沿线地区与水有着密切关系，有了大运河上的人群往来，就有了更加频繁的文化流动或移动现象，文化形态呈现出雅俗共赏、灵活多变的商业文化特征。（2）运河沿线地区之间文化联系密切，由此带来了两种文化景观：一是外来文化的“在地化”现象频繁发生；二是某种地方文化在沿运河而行的传播过程中，自身发生了程度不同的改变，而并不讲究对传统的恪守。（3）在运河沿线独特的社会语境中，对于视“水上人家”为低贱的传统观念形成了强烈冲击。在历代王朝的“编户齐民”政策中，未被政府登记在册的老百姓，往往被官府、士大夫视作异类。漂泊在湖海之上的“水上人家”，直至清朝还普遍被视为贱民。大运河的开掘与流通，使得运河沿线地区“水上人家”成为“化内之民”，其文化传承获得了合法性。（4）运河文化聚散、兴衰节律明显，与传统乡土社会有所不同。在运河社会的各种生活共同体中，其“想象”和“溢出”的表现与传统乡土社会有很大不同，由此形成了新的文化形式。他们既与其原籍生活有着一定的互动关联，也会受到上层社会如官府、士大夫的影响，由此不断发生着文化的“想象”和“溢出”现象，形成了运河文化更加频发的聚散与兴衰机制。

二、本卷编纂的理念与方法

本卷的主要内容是描述与运河有关的社会文化。鉴于学界对于“文化”“社会文化”之类概念的理解未有定论，我们在接受本卷编纂任务后，曾多次就编纂原则展开研讨，并在整个写作过程中屡作调整，立志要完成“一部体系完备、资料翔实的运河社会文化志书”。在此，谨将我们在多次研讨中达成的共识，以及在具体编纂过程中的思索和体会，敞开心扉与读者交流。我们想到而没有做到的，将在以后继续努力。

首先是眼光向下，关注民生。传统上对于运河社会文化的理解，往往止步于历代文人笔下的诗词歌赋，而忽视或忽略了运河沿岸群体与日常生活有关的文化传承。其实，运河沿线地区的民众及其生活共同体，才是运河社会文化传承的关键。居于文化高位的传统文人，习惯于以望远镜式的方式眺望运河生活，或一厢情愿地想象成一幅“天下熙熙，皆为利来；天下攘攘，皆为利往”的市井图景，或心怀偏见将之看作藏污纳垢的江湖社会，故在他们笔下所呈现的往往是一幅幅关于运河社会文化的“凝固幻象”。

我们深知，对于在运河沿岸生活的芸芸众生而言，生计虽然不是其行为动力的全部，却是理解他们的基本出发点。物质生产，固然属于经济范畴，但从来都是与群体社会文化联系在一起的。这就是我们专设第四章、第五章，对于运河沿线地区的物质生产、物质生活予以浓墨重彩描述的原因。运河百业，婚丧嫁娶，既是运河社会文化的基础，又是其生活载体，代表了运河民众深邃的生活文化世界。如在这两章中，都描述了山东运河沿线地区一种“请伙计”的传统习俗——船民或在造船时就刻制木偶供奉在船上，或在初次行船时到坟地去礼请，然后安顿在船上内室，用以辟邪厌胜。平时，船主对“伙计”不必焚香、磕头、上供，但在年节或宴请宾朋时，头一杯酒端起后必须说一声“伙计请用酒”，同时洒一些在船板上，或用手指、筷子等蘸一点酒滴在桌子上，以示敬奉。但在上述可征引的口述资料之外，我们还曾听到地方学者转述的在老船民之间流传的别的说法，请来的“伙计”是要安置在未嫁女的闺房里的，象征着是以准女婿之礼，款待那些冤死水中的孤魂野鬼，一旦遇险则喝令其出力帮忙，同时出言咒詈，客观上则起到凝聚船队人心、激发众人潜能以共渡险关的作用。但考虑到志书的规范要求，后面的说法无法进入志书，但有了前面关于“请伙计”习俗的描述，更为深幽的文化心理与仪式表达，也就有了进一步研究的凭据。

这一习俗也说明，人的活动及其积淀的民俗传统，从来都是充满了记忆的凝结再造与行为的策略选择，其背后则是群体文化心理的深层因素。对于地方性知识及其非均质性表现的描述，正是本卷有别于他卷的关键之处。此外，本卷将运河沿线地区的社会群体、社会组织设为专章，不仅关注群体或组织的聚散状况及维持机制，也兼顾对重要人物的事功、德行及社会声望的诉求。毕竟，文化的根本作用在于促进人们生活的稳定与改善，身份认同则是文化发挥作用的重要方式。

其二是以事带人，以人论俗。在运河沿线地区，人们因缘而聚，因业而兴，由此构成了有别于一般陆居的社会生活。在这里，既有官府明文规定的各种制度通行，又有民间生活中诸多不言而喻的“默会知识”。就宏观而言，我们在漕运中最容易看到的是航运业，而往往忽视航运船只的修造，以及人们在这些活动中的连群成众、约定成俗。有些看似在操持祭神仪式的活动，但真正起作用的可能是行业利益诉求；有些看似民间自发的活动，也可能是某一时期国家行政留下的痕迹。这些现象，就其根本而言与传统乡土社会并无不同，但透过其特殊表现，可以成为我们观察运河社会文化的重要路径。前者如“第四章运河百业”中所收录的一首诗歌：

惟时仲冬望，雨雪征途冥。北风夜怒号，咆哮如彪腾。

冯夷缩不出，天吴匿无形。珠湖十万顷，顿化玻璃城。

樯桅半倾倒，缆索徒纵横。官吏束手坐，无计催扬舲。

……

我无椎击冻，我无锥捣凌。所恃报君国，区区惟存诚。

维淮有神祠，山木女郎凭。神姿如古雪，神志如古冰。

冰古雪所积，雪古冰以凝。冰凝志自厉，冰解心愈莹。

凡兹开阖力，岂不惟神明？愿以一瓣香，祈为十日晴。[①]

漕粮运输是有着明确的运货、卸货和回空限期的，“披星戴月，昼夜飞挽，犹恐违限，犹恐后时”[②]。在运输过程中，难免会碰到狂风、冰冻等阻碍，为能按时赶到目的地，漕运者们往往会求助于神灵，从而显示出运河沿线地区民间文化的坚韧力量。

上述材料涉及运军这一运河上的特殊群体。一方面，他们遭到朝廷、官吏乃至土豪劣绅的层层盘剥，为填补损失，就“借漕牟利”，利用漕运的机会，通过侵盗、走私等非法手段牟取利益，以摆脱困境，似乎是值得同情的；另一方面，他们在路经沿运地区时，又不免借官方名义狐假虎威，敲诈勒索沿途百姓。由于国家致力于铲除前者而屡禁不绝，后来由潜规则变成了官方允许的“旧例”（国家成法），并最终造成了漕运制度的混乱；后者则成为历代王朝礼仪政治的一部分，不断地调整运河社会治理策略，如整顿运河吏治、豁免运河沿线地区税收等。

其三是文献与田野并重，社会与文化互见。已有的运河社会文化研究，在区域分

①〔清〕陶澍：《〈漕河祷冰图〉八十韵》，《陶澍集》下册，长沙：岳麓书社，1998年，第351页。

②〔清〕林起龙：《请宽粮船盘诘疏》，〔清〕贺长龄辑：《皇朝经世文编》卷四六。

布方面冷热不均，比较多地集中于山东、江苏二省，而且绝大多数是关于运河城市的研究，如枣庄、济宁、聊城、临清、德州、徐州、淮安、扬州等运河沿岸城市。之所以出现这样的情况，与上述城市所留存的关于运河文化的文献资料较多有关，这也意味着在运河社会文化研究领域，尚缺乏一场注重民众日常生活的“眼光向下的革命”①。如在漕运研究中，一般多关注航运业的国家制度与行业规矩，而容易忽视航运船只的修造，至于运河沿线民众“过日子”的状况，就更是少有关心。

按照志书的要求，我们在材料使用方面偏重历史文献，但因为关于运河社会文化的历代文献相对有限，而且往往散见于浩如烟海的典籍之中，我们首先要做的工作就是披沙拣金。其次，我们还面临着更大的挑战：已有的官方历史文献，往往只是粗略地概括运河社会文化的宽泛现象，对于文化传承的核心社会群体，如运军、水手、民夫等，却着墨甚少，而运河社会文化的真正要义，存在于运河沿线地区不同社会群体之间的交往互动与文化实践之中。白纸黑字所代表的文字表达传统，仅仅为占运河社会群体人数较少的阶层所推重，是一种特殊的知识形式，而远非运河社会文化之全部。几经研讨，我们最终采取了以历史文献为主、慎重择取当代口述资料的原则，但对与地方历史密切相关的俗语则尽量多采录使用，避免使本卷成为呆板的文化条目式的静态书写。

从古到今，民众总是以口口相传的方式，对过去的事件、仪式、技艺、人物等不断述说，这类口述资料既与民众社会生活息息相关，也代表了民众文化中的口头传统部分。本卷对于民众口述资料的呈现本身，就代表了“社会文化卷”中以普通民众为主体的理念。以此为基础，才有可能挖掘与凸显民众的主体作用。俗语则是民众口述资料的重要组成部分，以民众的口头交流为存在方式，代表了地方社会生活中一种稳定的文化现象，“民间语言不仅自身就是一种民俗，而且它还记载和传承着其他民俗事象”②。如以渔业或以船舶运输业为生的船民或渔民，长期往来于运河之间，基于日常生计或社会交往等方面的需要，创造并传承着一套与其他行业有着明显差异的船渔业行话，有时候还会借用隐语或者暗话的形式表达。杭州运河沿线的渔民，主要依据天气情况决定是否起航打渔，积累了不少判断气象状况的渔业行话。如“运河里的浪软，太湖上的浪硬，黄浦江口的江猪一出就发风”等。苏州运河船工则有“做人莫做船上人，勿养老，勿养小，年纪大了无人要”“三面靠水，一面朝天，行船起马，历尽艰险”等说法，可见工作之辛劳、生活之不易。“运粮河虾蟆干鼓肚”，以清乾隆帝南巡禁止蛙声聒耳的传说，显示出山东微山湖地区对于传统皇权的敬畏。在这些俗语的两端，一头连着具有国家权威的传统礼数，一头连着民间生活知识，这是中国社会在长期的礼俗互动中所形成的人文传统，为各阶层所广泛共享，可以视为千百年来运河社会在民间留下的深刻

① 赵世瑜：《眼光向下的革命——中国现代民俗学思想史论（1918～1937）》，北京：北京师范大学出版社，1999年。
② 钟敬文主编：《民俗学概论》，上海：上海文艺出版社，1998年，第304页。

文化印记。总的说来，本卷在慎重择取当代口述资料的同时，提倡使用运河沿线地区生活中流行的俗语，这在最后三章中有着突出表现，希望以此体现运河沿线地区社会与文化的互动形态，启人深思。

运河社会文化，是运河沿线地区民众自发的文化创造，还是国家运河行政推行过程中“礼化为俗”的结果？就运河本身而言，漕运活动是主体，沿运城镇则是附生的；但对于运河社会文化而言，沿运城镇社会是中心地与承载地，而漕运活动则是宏阔背景。因运河而兴的种种行业，以及众多运河群体之间长期的往来互动，使得沿运地区的文化标识特别鲜明，形成了有别于一般陆居生活的地方传统与文化认同。与此同时，漕运既然是国家行政框架下的制度化行为，运河社会文化就不仅与运河沿线地区有关，也与历史上的国家大一统进程有关。国家大一统进程中的宏观制度设计，构成了运河社会文化的基础，而运河社会文化的丰富多元，又是在国家历史进程的大框架下发生的，二者之间是互动共生的关系。这一点在本卷的所有章节内容中，都有所显示。

概言之，运河社会是内嵌于中国“礼俗社会”中的一部分，伴随着中华文明传承发展史而兴衰变迁。纵观运河社会文化发展的历史，国家意志借助于向运河沿线地区的贯彻而得以落实，运河沿线地区民众则在这一国家持续的宏大工程中调整或改变生计，同时顺循国家政治以寻求文化认同，安顿自身生活，运河社会文化即奠基于此。借助运河社会文化的多种形式，运河沿线地区一直发挥着对于国家主流文化的葆育能力。以此理解运河沿线地区的社会文化形态，也就具有了比较全面的眼光。

三、关于本卷编纂框架结构的说明

为了便于对本卷的阅读，有必要对我们所理解的运河社会文化的结构与脉络状况略作说明。

（一）社会群体与社会组织

在传统社会中，运河因能提供军事便利、节约物资运输成本而备受青睐。受当时生产力发展水平所限，运河在相当长的一段时期内，主要依靠人工开挖和人力维持，由此催生了一批与运河有着密切关系的社会群体。

运河社会群体的形成，与运河工程所需要的社会分工有关，包括济运群体、漕运群体等，不仅各有分工，而且数量庞大。济运群体是指协助运输、维护河道的役夫，包括以人力牵挽船只前行的纤夫，专门开挖疏浚运河的浅夫，负责疏浚附近泉源和泉道以维持运道畅通的泉夫等。漕运群体则是直接为运河物资输送服务的人群，包括在船舶上承担漕粮运输的军队即“运军”，从事掌舵、划桨、升降桅杆、探测水文、装卸货物等劳务的水手等。此外还有沿运河上下贩运货物的行商群体，在运河城镇中开店经营的坐贾群体，以劫掠运河船只、店铺为生的盗匪群体，等等。

自隋唐大运河贯通以来，运河沿线地区社会经济快速发展，上述社会群体日益活跃。他们往来于运河上下，或寓居于运河城镇之中，逐渐结成了相对稳定的社会组织，大致可分为商业组织、宗族组织、帮会组织等三种。在具体组织形式上，有以运河工商业者为主形成的行会，以在运河经商的商人为主导而兴起的家族，以漕粮船帮水手为主体形成的罗教，以及由运河水手、盐贩、盗匪等发展起来的各种帮会组织等。这些社会组织因运河而兴起，也因运河而发展、衰落或变迁，成为理解运河社会文化的重要路径。

运河社会群体和组织是学界长期关注的热点领域。对于运军群体的研究，由国家制度层面渐及社会生活与文化领域。唐文基、林仕梁、鲍彦邦、陈峰、黄十庆、杨杭军等对宋代及明清时期运军群体的研究，① 还主要是着眼于国家的制度规定与落实实践；黄纯艳、王伟、李想、龚汝富、李俊丽、沈胜群等则进一步关注宋代至明清时期运军的生计、生活、纠纷、习俗等，② 试图从社会角色与日常生活的层面深入理解这一群体。考虑到清朝漕运盛衰之变极为明显，关于水手群体的研究更多聚焦于这一时期，也并非偶然。戴鞍钢不仅关注清代漕船水手的行业特征，还兼及漕运停运对水手群体的影响。③ 曹金娜则对清代漕运水手的来源、分布、活动和社会影响等问题进行了系统探讨。④ 此外，王云对明清时期山东运河沿线不同商人群体的研究，⑤ 吴欣、赵珍对京杭运河沿线的浅夫、泉夫的关注，⑥

---

① 唐文基：《明代的漕军和漕船》，《中国史研究》1989 年第 4 期；林仕梁：《明代漕军制初探》，《北京师范大学学报》1990 年第 5 期；鲍彦邦：《明代运军的编制、任务及其签补制度》，《暨南学刊》1992 年第 2 期；陈峰：《明代的运军》，《中州学刊》1997 年第 1 期；黄十庆：《清代运军的构成与性质》，《江淮论坛》1990 年第 3 期；杨杭军：《嘉道时期漕运旗丁的若干问题》，《河南师范大学学报（哲学社会科学版）》1998 年第 2 期；等等。

② 黄纯艳：《宋代内河船夫群体的构成与生计——以漕运为主的考察》，《首都师范大学学报（社会科学版）》2017 年第 5 期；王伟：《论明清时期漕运兵丁》，硕士学位论文，聊城大学，2007 年；李想：《明代中叶后漕军的积债问题》，《井冈山学院学报（社会科学版）》2008 年第 9 期；龚汝富：《清代江西诬扳漕运军丁讼案浅析——以〈康熙四十五年诬扳军案集录一本永远存据〉为例》，《清史研究》2006 年第 4 期；李俊丽：《清代旗丁对漕粮的盗卖与掺杂》，《古代文明》2014 年第 3 期；沈胜群：《清代漕运旗丁研究》，博士学位论文，吉林大学，2017 年；等等。

③ 戴鞍钢：《清代漕运盛衰与漕船水手纤夫》，《安徽史学》2012 年第 6 期。

④ 曹金娜：《清代漕运水手研究》，博士学位论文，南开大学，2013 年；曹金娜：《清代粮船水手械斗问题探析》，《农业考古》2013 年第 1 期；曹金娜：《清中后期漕运社会保甲制度初探》，《农业考古》2015 年第 4 期；曹金娜：《清代漕运水手群体初探》，《历史档案》2017 年第 3 期。

⑤ 王云：《明清时期山东的山陕商人》，《东岳论丛》2003 年第 3 期；王云：《明清时期山东运河区域的徽商》，《安徽史学》2004 年第 3 期；王云：《明清时期活跃于山东运河区域的客籍商帮》，《第十届明史国际学术讨论会论文集》，2004 年；等等。

⑥ 吴欣：《明清京杭运河河工组织研究》，《史林》2010 年第 2 期；吴欣：《明清时期京杭运河浅铺研究》，《安徽史学》2012 年第 3 期；赵珍：《明清时期会通河段泉夫及泉源管理研究》，硕士学位论文，聊城大学，2011 年。

王日根的运河沿线盗匪群体研究，① 也值得注意。运河沿线的社会组织，是在以生计为标志的社会群体中发展起来的，相关研究不再列举。需要说明的是，上述学术成果对于本卷相关章节的撰写提供了很多帮助，并对理解相关内容大有裨益。

（二）民间信仰

民间信仰起于生计，行于社会，积淀为文化。运河沿线地区的民间信仰，因为承担着重要社会功能而长期存在，也是运河文化的重要组成部分。

民间信仰的仪式活动，一般是在所奉神灵的神诞日与成神日举行，往往与传统岁时节日之间形成同构关系，因此本卷特设专章“岁时与信仰”予以集中论述。在运河沿线地区，富有地方特色的岁时节日多与水神信仰有关，而民间信仰活动本身即具有节日庆典的特性。相形之下，在一般陆居社会文化中占据重要地位的人生礼仪，在运河沿线地区则普遍没有特别的文化规定性，因此本卷对此未设专章加以描述，其中一些较具特色的事象活动，则在有关信仰与习俗的各章节中有所表现。

运河是沟通我国南北交通的物流和信息的重要通道，对沿岸区域的社会文化影响巨大。它把南北各地联系在一起，带动了沿岸区域的经济繁荣，促进了区域文化之间的交融与创造。运河最重要的职能是运输漕粮，人们祈愿水运通畅和行船安全，以保证漕运如期到达，河道拓宽疏浚工程顺利完成，在沿河区域形成了大量与水神相关的民间信仰，如金龙四大王、妈祖、晏公、龙王等。这些水神信仰有些源于当地，有些来自南方沿海一带，经由大运河的漕运，逐渐由南向北，传播至北方，并且在与当地文化融合后，落地生根。运河流域的水神信仰不但种类繁多，分布地域也非常广泛。除上述神明外，运河沿线此前不为人们所熟悉的一些神明，如河神大王、白老人、康泽侯等，正逐渐引起学界的注意。② 在运河流经的城市、村镇，都能发现祭祀各种水神的神堂和庙宇。每逢神灵的诞生之日，仪礼祭祀、酬神献戏、庙会市集等活动也成为运河沿线区域的一大盛事。后来，伴随着晋商出入运河，关公也加入运河祭祀体系中，被赋予保佑行船安全和生意兴隆的功能。

已有文献表明，在运河沿线地区的神灵祭祀体系中，虽然还不具备高度的体系化

---

① 王日根：《明清商书文献中的运河航路秩序》，《中原文化研究》2014 年第 6 期。

② 郭福亮：《从凡人到神灵：白英形象的演变及诠释》，《聊城大学学报（社会科学版）》2014 年第 6 期；胡梦飞：《漕运与信仰：清代临清漳神庙的历史考察》，《聊城大学学报（社会科学版）》2016 年第 6 期；胡梦飞：《湖漕之神：明清时期高邮康泽侯信仰的历史考察》，《河北师范大学学报（哲学社会科学版）》2016 年第 6 期；胡梦飞：《官民互动的典范：明清时期河神黄大王信仰的历史考察》，《郑州航空工业管理学院学报（社会科学版）》2017 年 3 期；胡梦飞：《镇水、平浪与祈雨：清代小圣信仰的历史考察》，《临沂大学学报》2017 年第 3 期；胡梦飞：《“河神大王”：晚清黄运沿岸地区祀蛇风俗考述》，《淮阴师范学院学报（哲学社会科学版）》2017 年第 4 期。

特征，却通过神祇数量的追加与神性的全能化延伸，试图与变动的、多元的运河区域社会生活建立联系，减低了运河社会群体面对莫测自然而产生的恐惧不安，并逐渐转化为一种富有道德伦理的地方价值体系。透过民间信仰在运河沿线兴起和传播的过程，我们可以看到，因为运河的兴起与使用，不同地方文化之间的传播与互动机制，以及不同社会群体所扮演的不同角色。王云、申浩、王元林、褚福楼等的研究，① 以明清时期运河区域的金龙四大王崇拜为个案，比较清晰地勾勒出官民互动中的民间信仰发展机制与复杂情形。在运河沿线地区，民间信仰所体现出来的自发性与组织性、功利性与超越性、神圣性与世俗性、稳定性与变异性、同一性与多元化等特征的结合，正是整个运河社会文化的缩影。

（三）民间口头传统

口头传统是指人们在日常生活中的口头交流方式和语言民俗现象，是社会文化的根基与载体。长期以来，一条运河线纵贯南北，流布于运河沿岸的各地民间口头传统，在历史的长河中不断发生着交融和变迁，又逐渐形成了地域特色鲜明的方言、行话、隐语、谚语、俗语、歌谣、传说、故事、戏曲与曲艺等新的传统，不仅是运河文化的重要组成部分，也是对运河社会生活的生动活泼的艺术表达。

运河沿岸的歌谣，反映了鲜明的运河社会文化色彩，如江南的渔歌、撑排歌、数鸭蛋歌等。在北京密云县花会歌中，多有对通州运河拉纤生活的咏唱，甚至远在河北中西部的保定一带，也有反映运河航运的歌谣，不仅说明运河文化有强大的辐射力，也反映出沿运地区的农业与渔业、城与乡、国家与地方互动之广泛。

运河沿线地区的戏曲与曲艺活动，既是生计，也是艺术，自宋元以来即出现繁盛局面，这与运河沿线具有消费文化特征的城镇生活有关。在杭州、苏州、扬州、淮安、临清、天津、北京等地，长期聚集着官员、市民、船工、纤夫、进城农民等各色人等，消费人群的增加，促进了各类戏曲和曲艺发展。京剧、杭剧、锡剧等戏曲，评弹、相声、时调等曲艺，都是立足于上述城市消费群体才得以兴盛的。元代后期，运河沿线地区出现“南北腔合调”现象，南戏吸收了北曲体系，打破了元杂剧严谨的音乐体制，陆续出现了大量运用南曲创作杂剧的作家，至明中期产生了完全用南曲写作的杂剧作品，形成了戏曲史上的“南杂剧”现象，为明清“传奇”的兴盛奠定了基础，对后世戏曲影响深远。

运河是国家之命脉，历代皇帝、高官多有巡游之举，这对沿岸地区的戏曲与曲艺发展有推波助澜之功。清代乾隆帝曾借运河之利六次南巡，每到运河沿岸重镇即听戏观剧，“与民

---

① 王云：《明清时期山东运河区域的金龙四大王崇拜》，《民俗研究》2005 年第 2 期；申浩：《近世金龙四大王考——官民互动中的民间信仰现象》，《社会科学》2008 年第 4 期；王元林、褚福楼：《国家祭祀视野下的金龙四大王信仰》，《暨南学报（哲学社会科学版）》2009 年第 2 期。

同乐”，直接促成了徽班进京和京剧的形成。同时，借助在运河上的来来往往，南北各地艺人得以广泛交流，技艺精进，并进一步影响沿运城市的社会生活与文化创造。在民间艺术“花雅之争”的市场格局中，清政府出于教化目的而“崇雅抑花”，失去主流市场的花部“乱弹”诸腔如柳子戏等沿运河南下，在山东、冀南、豫北、苏北一带流动演出，并因地制宜，屡有更易。运河沿岸地区由此成为传统社会文化的交汇地与孵化区，催生了大量新的戏曲与曲艺形式。如北京评书采用江南评话一人一桌说书形式，却又以京腔道白为主，少有演唱，并吸收了单口相声在书案上放置惊堂木或折扇的规矩。淮剧以苏北的香火戏为基础，虽然始终保持着用淮安方言念白的风格，却大量借鉴了徽剧、京剧、昆曲的腔调和生旦净丑的角色设置，形成了所谓“京淮不分”“一台淮戏半台京”的艺术景观。

本卷最后三章内容，包括民间语言、民间文学以及民间艺术中的大部分，都是对运河沿线地区民间口头传统的描述。运河沿线地区可谓“曲山艺海”，文艺形式纷繁多样，呈现出千年“人文运河”文化底蕴的独特魅力。运河地区口头传统中所呈现出来的许多特征，如开放性与凝聚性、流动性与稳定性、多样性与一体性的对立统一，其实也正是运河社会文化的整体性特征，只不过在口头传统中表现得更为突出而已。

（四）社会变迁

运河是中国历史上重要的交通线路，大量的人口和物资通过运河得以不断流动，不仅催生了运河沿线经济的发展与繁荣，而且影响到这一带的文化教育、民俗民风，进而影响到社会生活的运行。从隋唐至明清时期，伴随着大运河的整治、畅通、湮没的兴衰起伏，运河沿线地区的社会群体和组织不断地发生的聚散现象，引发社会变迁。

在运河沿线地区，经济、文化与社会紧密联系在一起，但并非正向同步的关系。运河畅通，则沿线地区经济兴盛、文化发达、社会繁荣。然而，当运河淤废，沿线地区的经济虽然走向衰落，却可能会依托厚实的文教传统，依然维系长期的社会文化繁荣局面。同时，运河沿线地区往往商业兴旺，市井生活五光十色，市井文化汪洋恣肆，形成了讲究享乐、勇于冒险、巧于创造、敏于进取等文化传统。每当社会异变时期，运河沿线地区总是被很快触发，并由此迅速辐射到各地。这在明清以降的中国近代社会发展历程中，表现得尤为突出。

恰好，学界多有对明清时期不同运河段的社会变迁研究，与本卷第三章“运河社会变迁”的描述形成互补，可谓相得益彰。如王云对运河山东段的研究，吴鼎新、张杭对运河淮安段的研究，胡梦飞对运河徐州段的研究，陈楠对运河天津段的研究等，[1]均涉及不同的运河段社会中经济、文化和风俗的演变，并在客观上形成了对于明清时期整个运河区域社会变迁脉络的总体性描述。

当然，就运河社会文化的总体研究态势而言，尚存在着比较突出的碎片化现象，区域分布亦冷热不均，[2]个案研究有待拓展。至于运河社会文化的概念，近年来在难以达成共识的情况下，多数学者倾向于作宽泛性的理解，“大运河区域的社会文化是由运河及其所流经区域民众所创造、遵循、延续的文化，它是在运河开凿和通航过程中，长期积淀形成的全部物质文化和精神文化的总和，是一个以时空辐射为演变特征的跨区域、综合性的文化系统。与其他文化相比，运河社会文化有着显著的‘运河’特征和开放、沟通、区域的特性”[3]。对于运河社会文化的整体理解，涉及运河流经区域的具体文化表现与互动关联，需要足够的个案或专题研究的支撑。同时，也只有基于对各个运河段区域社会文化的充分研究，才能理解运河文化如何形成了不同于其他文化的特质，遵循着怎样的逻辑而运行与发展；也才能在更宏阔的层面，理解运河社会文化发展过程中本土传承与外来移植的融合，农业文明、游牧文明与商业文明之间的交汇互补，齐鲁、吴越、燕赵、秦晋、荆楚等区域文化系统的杂糅会通，国家政治、知识精英与民俗文化的互动嵌套等。就此而言，虽然我们志在修建一道通向“运河社会文化”的通衢，但因题材浩瀚，我们水平有限，又兼时间匆遽，只能说仅仅开启了一扇窗。尚祈众多方家批评指正，也期待更多的有志之士加入增砖添瓦、筑基铺路的行列。

---

① 王云：《明清山东运河区域社会变迁》，北京：人民出版社，2006 年；吴鼎新、张杭：《明清运河淮安段的社会经济效益评价研究》，《淮阴工学院学报》2009 年第 4 期；胡梦飞：《明清漕运对运河沿岸城市的影响——以明清徐州地区为例》，《淮阴工学院学报》2012 年第 2 期；陈楠：《明清时期漕运对天津社会影响研究》，《法制与社会》2014 年第 5 期。

② 目前的运河社会文化研究，多数成果集中于山东、江苏二省，且多以运河沿岸城市为个案，如淮安、济宁、临清、德州、徐州、杭州、枣庄等。

③ 吴欣：《大运河文化的内涵与价值》，《光明日报》2018 年 2 月 5 日。

第一章
运河社会群体

在中国历史上，运河曾发挥着重要的交通运输作用。与此相伴，运河运输也孕育了一批与之有密切关系的社会群体，比如从事漕运的运军、水手，协济漕运的纤夫、泉夫、浅夫，沿运河做买卖的商人，以及活跃于运河沿线的盗匪，等等。

第一节 漕运群体

一、运军

中国历朝历代开凿和疏通运河，主要目的是为了运输粮食等各种物资，以满足皇室、朝廷大员以及军队的需求。为保障物资的顺利运转，不少朝代主要依赖军队负责运河漕运。这些专门承担漕运任务的士兵即称为运军，他们是维持运河漕运的重要社会群体之一。在不同时期，运军的具体称呼有所不同，有的称“卒”，有的称“军”，有的称“丁”，等等，皆是负责漕运的特殊军队。

早在西汉时，已有军队承担漕粮的运输，负责具体运输的士兵称“漕卒”。汉宣帝五凤年间（前57～前54），大司农中丞耿寿昌奏称：“故事，岁漕关东谷四百万斛以给京师，用卒六万人。宜籴三辅、弘农、河东、上党、太原郡谷足供京师，可以省关东漕卒过半。”[①] 这说明当时每年负责漕运的漕卒已达六万人，成为从关东转运粮食入京的主力。汉代以下至唐代，漕运或由军队负责，或征发民户，或雇募民夫，前后变化不一。从宋代开始，军队又逐渐成为漕运的主力。

（一）宋代的漕卒

宋代漕运采用“纲法”，以纲作为漕运管理的基本单位，故漕运又称“纲运”。宋初，以十船为一纲，派一人押纲。宋大中祥符九年（1016）“并三纲为一，以三人共主之，使更相伺察”[②]，此后，三十船为一纲成为定制。纲船的人员大致可分为两类：一是押纲人员，即押纲使臣和纲官；二是具体的船舶驾驶人员，即艄公、纤夫、水手等人。后者即漕运的主要运输劳动者，称为“纲运人”，主要由厢军充任，也有从禁军、土军、民兵中差充者，统称“纲运兵级”“纲兵”或“漕卒”。

宋初，朝廷多次下令漕运以军卒充役，不差百姓。如开宝元年（968），诏：“应

①《汉书》卷二四上《食货志上》。

②《宋史》卷二九九《李溥传》。

诸道、州、府、军、县上供钱帛并官备车乘辇送，其西川诸州合般钱物，即于水路官自漕运，不得差扰所在民人。”①

太平兴国七年（982）二月，诏：“先是，剑南、两川、岭南、荆湖、陕西诸州每岁上供钱帛，悉发民负担，颇为扰，宜罢之。自今并以传置卒充其役。”② 景德四年（1007）五月，诏：“河北沿河州军纲运，自今以军士充役，勿役部民。”③ 但宋代纲运禁差百姓之令并没有贯彻于整个纲运，各地的执行收效甚微。东南诸路和汴河纲运船夫，除以军卒充当外，在宋初便多令主纲者雇募。太平兴国八年，汴河纲运“岁漕江浙米四百万石赴京，以备军食，皆和雇百姓驾船，虽有和雇之名，其实扰人。太宗闻之，特令给每船所用人数雇召之直，委主纲者取便雇人，不得更差扰百姓”④。淳化四年（993）以前，漕运部分“以官钱雇丁男挽舟，而土人惮其役，以是岁上供米，不过三百万”⑤。淳化四年，杨允恭任都大发运使后“尽籍三路舟卒”，尽由士卒运输。然而，至天禧三年（1019），又定“粮纲十分人，以七分差兵士，三分给和雇工钱”⑥，以军士与雇夫相兼。以后，雇夫比例又逐渐增大，尤其是汴船。仁宗嘉祐（1056～1063）中，“论者初欲漕卒得归息，而近岁汴船多佣丁夫，每船卒不过一二人，至冬当留守船，实无得归息者”⑦。治平三年（1066）时“近岁粮纲多和雇夫儿，每船卒不过一二”⑧。总体而言，北宋不同时期，承担漕运运输的劳力不尽相同，有漕卒，也有民夫，但以漕卒为主体，故后人评价称：北宋“岁漕东南六百余万斛，而六路之民无飞挽之扰，盖所运者官舟，所役者兵卒故也”⑨。南宋初，纲船纤夫雇用民夫，“其牵挽人夫亦仰添支雇钱”，后“据每纲合破人数，依条于厢军内选差有家累及谙会船水之人充役”⑩，挑选厢军承担漕运。绍兴五年（1135）又改为“募兵卒牵挽”，使“民无飞挽之扰”⑪，士卒成为纲运的主要劳动力。宋代漕卒数量并无明确记载，以北宋每年运输漕粮 620 万石计算，共需纤夫 15 万余人，加之其他河流进出汴京的漕粮运输，共计需要纤夫超过 20 万人。除纤夫外，漕粮运输还需艄公 2 万人左右。共计运河漕卒 22 万人左右，⑫ 已是运河社会中的庞大群体。

①《宋会要辑稿·食货四二》。
②《宋会要辑稿·食货四八》。
③ 同①。
④《宋会要辑稿·食货四六》。
⑤《宋史》三〇九《杨允恭传》。
⑥ 同①。
⑦《宋史》卷一七五《食货上三》。
⑧ 同④。
⑨《宋史》卷三七四《李迨传》。
⑩《宋会要辑稿·食货四三》。
⑪ 同⑨。
⑫ 黄纯艳：《宋代内河船夫群体的构成与生计——以漕运为主的考察》，《首都师范大学学报（社会科学版）》2017 年第 5 期。

在技能方面，漕卒承担具体的漕运任务，专业性强，必须精通相关技能。一是看风讯、识水情。汉水滩多难行，纲运“自柂工以迄篙工，必更用识水程者为之”[①]。二是操舟楫。船舶驾驶是专业性很强的劳动，非毫无经验者所能为。如，川江水情十分复杂，一般“土人罕习舟楫”，使服役漕运，“覆溺常十之四五”。后设经专门训练的威棹军，“自是无覆舟之患”[②]。具体而言，漕卒在纲船中充当的角色主要有艄公、纤夫（水手）。充当艄公的漕卒，负责掌舵，控制纲船前进的方向。充当纤夫（水手）的漕卒，在水深时负责划船，使船只得以前进。在水浅或者逆水之时，则下船拉纤。漕卒之中，艄公地位最高，他们指挥船舶航行，负责召募水手，主持船上的祭祀。纤夫的地位低于艄公，他们身份最低，有罚无奖，在船外拉纤，不避风雪泥泞，最为辛劳，甚至要面临生命的危险。纤夫地位之低体现在多个方面：一是身份最低，有罚无奖。押纲人员和艄公犯罪会被降级，级无可降，即“勒充别纲牵驾”。一般“纲运艄公、篙手犯罪，勒充本纲牵驾”[③]。纲船的奖励仅针对押纲人员和艄公，纤夫不能享受，而处罚则包括纤夫。天禧二年（1018）规定益州纲运至荆南无遗闲，每运奖励三班使臣赐钱十五千，三司军大将十千。[④]天圣元年（1023）规定进京盐纲全纲无亏，使臣、纲官每人奖励钱二千，副纲奖励一千，艄公一席以上无亏，每席赏钱二百文。天圣八年改为使臣赏钱一千二百，纲官一千，副纲八百，艄公每席赏钱四百文。[⑤]这些奖励对象都不包括纤夫。如果纲运有减损，全纲人员都将受到不同程度的处罚。北宋规定平河纲运有“平河条格”：“诸平河全沉失粮船，艄公徒三年，篙子减一等，部纲兵级杖六十，押纲人减二等”，“每收救一分，各减一等”[⑥]。大中祥符六年（1013）定山河条格，[⑦]如行“山河条格”的川峡布纲“若全抛失，收救不获，其本纲艄公、梅手各断杖一百，配别州军牢城收管；纲官、节级各杖九十，押纲使臣各杖八十，并勒下，不令押纲”[⑧]。所言梅手、篙子就是纤夫和水手。南宋时期，漕卒不仅仅漕运米粮，还要临时承担为使节船只拉纤的任务。尤其是宋金和议以后，两国使节往来是南宋外交上的大事，故朝廷于运漕厢军中挑选部分漕卒为使节船只拉纤，“军中选辎重为金使

①《宋会要辑稿·食货四四》。
②《宋史》卷三〇一《张秉传》。
③《宋会要辑稿·食货四五》。
④《宋会要辑稿·食货四二》。
⑤同④。
⑥同③。
⑦同④。
⑧《宋会要辑稿·食货四六》。

挽舟。自盱眙至临安，往还皆用之”[1]。

在待遇方面，为保障漕运顺利实施，宋朝规定给予漕卒一定的待遇。首先是给予漕卒相应的钱粮作为报酬，以保障其生计。漕卒为朝廷牵驾纲船，由发运司“支破水脚工钱口食，不至失所”[2]。北宋前期承担纲运的漕卒，只有作纤夫的才有口食，若“兵士充艄公，主提纲船者”并无口食。大中祥符七年（1014）开始，艄公“依牵驾兵夫例支给口养”[3]。天禧二年（1018）以前纲运兵士口食由所过州军支给大小麦，该年改支粳米。[4]口食除米外，宋朝规定发给漕卒一定数量的酱菜钱，汴河纲运漕卒在冬季守冻时“每人特支酱菜钱百文，行运时全支二百文”[5]。此外还有起发钱，建炎二年（1128）江、湖两路差发厢军为漕运槔梢，“每名欲量与起发钱一贯文，每日量添食钱二十文省”[6]。其次，官府给予纲运漕卒（包括纲官）的另一种待遇是允许随船携带私货贩易。这一政策为宋太宗所定。他指示“幸门如鼠穴，不可塞。篙工、舵师有少贩鬻，但无妨公，不必究问”。于是“舟人皆私市附载而行，阴取厚利，故以船为家，一有罅漏则随补葺之”[7]，官私两利。后来，宋朝又明确规定按照船舶力胜“依条八分装发，留二分揽载私物”，八分称为正装，二分称为加料。这二分力胜的私载权是作为报酬授给漕运兵卒，他们“如愿将二分力胜加料装粮”。除以上待遇外，朝廷规定淮南运河和汴河的驾船兵士每年有休假时间。从大中祥符五年四月开始，准许淮南挽舟军士在冬季运河冰冻期间休息，“诏：淮南堰埭运粮挽舟军士四时给役，颇劳苦，自今冬季并令休息”[8]。汴河纲船自转般仓运漕米输京师，“河冬涸，舟卒亦还营，至春复集，名曰放冻。卒得番休，逃亡者少”。而江、湖等路纲运牵船兵士输粮入真、楚、泗州转般仓后，亦可以“载盐以归，舟还其郡，卒还其家”[9]。

宋代虽规定漕卒享有以上待遇，但在实际的漕运过程中，这些待遇经常不能兑现。又因漕运任务繁重，漕卒的现实境遇非常窘迫。例如，牵船士卒的口食需纲运经由州县支给，但是纲船一出本界，沿流“州县以非本道人兵，抑而不支，致侵盗纲米，饿殍失所”[10]。当然，也有个别好官善待漕卒，如江宁知府李若谷，“卒挽舟过境，寒瘠甚者留养视之，须春温遣

---

① ［宋］曹勋：《松隐集》卷二七《乞免差军兵挽奉使船》，景印《文渊阁四库全书》第1129册，台北：台湾商务印书馆，1986年，第490页。

② ［宋］赵抃：《清献集》卷六《论置水递铺不便》，景印《文渊阁四库全书》第1094册，台北：台湾商务印书馆，1986年，第827页。

③《宋会要辑稿·食货四二》。

④ 同③。

⑤ 同③。

⑥《宋会要辑稿·食货五〇》。

⑦《宋会要辑稿·职官三六》。

⑧ 同③。

⑨ ［宋］李焘：《续资治通鉴长编》卷七七，“大中祥符五年四月辛亥”条；卷一八八，“嘉祐三年十一月己丑”条。

⑩《宋会要辑稿·食货四七》。

去”[①]。但这样的现象并不多见，大多数的情形是“主粮吏率取其口食”，使“汴河挽舟卒多饥冻”[②]。南宋纲运士卒也“多未尝支破钱米。或值雪寒，不无冻馁，有至死者”[③]。范仲淹在淮南“道逢羸兵六人，自言三十人自潭州挽新船至无为军，在道逃死，止存六人，去湖南犹四千余里，六人比还本州，尚未知全活”[④]。白波发运司管下挽舟卒“每岁亡命者不下一二百人”[⑤]。南宋时，为金使牵船的漕卒还要遭到使者的鞭挞和催促，连夜赶路，使者“遣人持梃击逐挽舟之人，俾用力牵挽”[⑥]，其中部分漕卒甚至因待遇不能兑现，无力补办衣装，“多致冻死”[⑦]。此外，随着纲法的败坏，漕卒的运输任务日重，以至有长年累月至死不得休息者，“其后发运使权益重，六路上供米团纲发船不复委本路，独发运使专其任，文移坌并，事目繁伙，有不能检察，则吏胥可以用意于其间，操舟者赇诸吏，辄得诣富饶郡，市贱贸贵，以移京师。自是，江、汴之舟合杂混转而无辨矣。挽舟卒有终身不还其家而老死河路者”。此外，放冻休息的时间也不能完全保证，“令汴纲至冬出江，为它路转漕，兵不得息”[⑧]。

由于运输任务繁重，生计又得不到保障，宋代漕卒在漕运过程中不得不采取营私舞弊，侵盗、变卖官物等方式来渡过难关。例如，太平兴国时（976～984），江南诸州载米至建安军，回船时在建安军盐仓装上盐货各运到本州，而漕卒“皆称建安军盐仓交装斤两不足”，漕船到本州时盐货损失严重，其实当中大部分是被他们盗卖的。[⑨]太宗雍熙四年（987），朝廷组织从西路诸州军纲运竹木至京师，沿途“多是押纲使臣、纲官、团头水手通同，偷卖竹木。交纳数少，即妄称遗失”，为防止类似事件发生，朝廷规定在运输过程中若有变卖木料的行为，以盗官物论罪。[⑩]雍熙年间（984～987），朝廷采取严厉措施，对犯者处以死刑，同时鼓励告发，“募告者厚赏之”[⑪]。真宗大中祥符九年（1016），“清河并江湖纲运，艄公盗取官物，却以他物拌和”[⑫]。天禧时（1017～1021），淮南、江、浙、荆、湖制置发运使贾琮等又言：“纲运兵梢多是

①《宋史》卷二九一《李若谷传》。
②《宋史》卷一七五《食货上三》。
③《宋会要辑稿·职官三六》。
④〔宋〕李焘：《续资治通鉴长编》卷一一二，“明道二年七月癸未”条。
⑤〔宋〕李焘：《续资治通鉴长编》卷九一，“天禧二年四月壬午”条。
⑥〔宋〕李心传：《建炎以来系年要录》卷一八四，“绍兴三十年正月戊子”条。
⑦同③。
⑧〔宋〕李焘：《续资治通鉴长编》卷七七，“大中祥符五年四月辛亥”条；卷一八八，“嘉祐三年十一月己丑”条。
⑨《宋会要辑稿·食货四六》。
⑩同⑨。
⑪同②。
⑫《宋会要辑稿·食货四二》。

盗拆舟船板木货鬻。”① 真宗景德时（1004 ～ 1007）运粮纲船上，“舟卒盗食其中”②。北宋中期，曾沿途检税，漕卒因无利可图而偷盗船上官米，主纲吏卒盗用官物后，为逃避追查，甚至故意沉溺舟船以灭罪证，故“毁败舟船至沉溺者”的情况时有发生，漕运受到极大破坏。《师友谈记》对此记载：

> 迩来……所过税场有随船检税之滞，小人无所啖利，日食官米甚多，于是盗粜之弊兴焉。既食之，又盗之，而转般纳入者，动经旬月，不为交量，往往凿窦自沉以灭其迹。有司治罪鞭配日众，大农岁计不充，虽今犯人逐月克粮填纳，岂可数足？张文定为三司使日，云“岁亏六万斛”。今比年不啻五十万斛矣，而其弊乃在于纲兵也。

天圣年间（1023 ～ 1032），益州路转运司每年从嘉州出发，漕运布帛、牛皮等物资至荆南，航行期间，当地兵士与漕卒串通一气，共同作弊，向押纲使臣声言：“前路险峻，行船不得”，然后“放船于滩碛上住泊”，“沿路住滞，买卖兴贩”③。神宗（1068 ～ 1085）时期，“漕运吏卒上下共为侵盗贸易，甚则托风水沉没以灭迹，而官物陷折者岁不减二十万斛”，以至于薛向为江淮发运使时不得不“募客舟与官舟分运以相检察”④。徽宗（1101 ～ 1125）时，运送漕粮的船只多沿途盗卖，经常不遵守运输规定的往返时间期限，在途中逗留，影响漕运的进程。⑤ 此外，漕卒还经常寻找各种借口，在运河沿途的岸边盗卖其负责运输的钱粮、金银、匹帛等官物。⑥ “兵梢等人博易盗卖”⑦ 乃习以为常之事。崇宁三年（1104），朝廷采纳了户部尚书曾广孝的建议，纲运改分段运输为直达，这样一来，漕卒等侵占和倒卖官物的现象更为严重，“押纲使臣及兵梢无往来私贩之利，遂侵盗官物，负欠者十九”⑧。

南宋时，由于漕卒侵占盗卖等原因，纲物损失日益严重，各种惩治措施也不断出台，绍兴十五年（1145）三月二十七日，户部的一份文件提到“押纲兵梢”“公然偷盗，于沿路粜卖”⑨。为防止官物被漕卒侵盗，乾道年间（1165 ～ 1173）朝廷还颁布了相应的法令，规定：本船军人盗取官物者流罪配本州；部纲兵级对本纲人盗取官物失察，本纲有人或逃或死，运纲兵级都要获罪。⑩

---

①《宋会要辑稿·食货四六》。
②〔宋〕李焘：《续资治通鉴长编》卷六七，“景德四年十一月甲戌”条。
③ 同①。
④《宋史》卷一七五《食货上三》。
⑤《宋会要辑稿·食货四三》。
⑥《宋会要辑稿·职官四》。
⑦ 同⑤。
⑧〔宋〕胡宏：《五峰集》卷三《向侍郎行状》，景印《文渊阁四库全书》第 1137 册，台北：台湾商务印书馆，1986 年，第 159 页。
⑨《宋会要辑稿·食货四四》。
⑩《宋会要辑稿·食货四五》。

（二）明代的运军

明代是继宋代以后，主要依靠军队通过运河来运输米粮的朝代。明代运军的形成，经历了一个发展变化的过程。

1. 运军的形成

明初定都南京时，漕运主要是佥选民户负责运送漕粮。永乐后期，明朝迁都北京。然米粮多产于南方，为满足京城皇室、贵族、官员以及北方军队所需粮食等物资，明成祖朱棣命人进一步疏通和开凿运河，使南方物资源源不断输送到北方，故时人称“京师百司庶府，卫士编氓，仰哺于漕粮”①。由于所需物资量巨大，加之运程遥远，开国之初由民夫运送漕粮之法颇为不便。为保障及时运输，永乐初年便常临时征调军队漕运米粮。永乐元年（1403），明朝命右都督佥事陈俊等奉命从淮安、仪征等处支粮 1 576 200 石，经阳武转输北平②，此后又不断抽调山东、江西、湖广、浙江、河南及南京直属卫所官兵入漕运粮。永乐九年，凿通会通河，每年通过该河运粮三次，皆征调军队运输，“永乐初，三运皆军……三运岁合二百五十万石有奇”③。永乐十年，仅山东都司指挥李凯所督漕粮就达 1 659 270 余石。④永乐十二年，北京城的建造大规模展开，所需粮米剧增，“北京所属官军岁用俸粮并营造等项军夫，该支粮米浩大，已不足需”，同时明成祖调集 50 余万马步旗军，准备二次北征蒙古，粮饷也急待解决。

随着形势的不断变化，临时调军运粮已不能满足需要。永乐十二年正月庚子，明成祖命北京、山东、陕西、河南、中都、直隶所属卫所，不分屯守，各选军士，以指挥、千百户率领，都指挥总管，入漕运粮，称“漕军”或“运军”。至此，专门负责漕运米粮的运军，成为维系明朝都城命脉的重要运输力量，同时也成为一个因运河漕运而兴起的庞大社会群体。据《通漕类编》《明太宗实录》及王原《明食货志》等书记载，永乐十二年、十三年，每年运军运粮 300 余万石，用河船 5 000 艘、遮洋船 350 艘，分三次运输，每次一百余万石。又据工部尚书宋礼当时计算，河船一艘需用军 20 人，运粮 200 石。遮洋船一艘用军 100 人，运粮 1 000 石。以此推算，有河船运军 10 万，遮洋船运军 3.5 万人，共计运军 13.5 万人。宣德七年（1432），运军人数增至 16 万。正统年间（1436 ～ 1449），抽调两万运军镇压农民起义，漕运人数有所减少。至成化中期，为完成运京漕粮 400 万石的任务，明朝编定 151 个漕运卫所，漕船 11 775 艘，

---

①〔明〕孙承泽：《天府广记》卷一四《仓场・漕河》，北京：北京古籍出版社，1984 年，第 170 页。

②《明太宗实录》卷二五，“永乐元年十一月庚辰”条。

③〔明〕何乔远：《名山藏》卷五〇《漕运记》，《续修四库全书》第 426 册，上海：上海古籍出版社，2002 年，第 446 页。

④《明太宗实录》卷一三四，“永乐十年十一月丁酉”条。

运军 121 500 余名。明代成化、万历年间的运军编制情况见表 1-1、表 1-2。

表1-1 成化中期运军编制情况表

卫所名称	卫所数	漕船数	运军数
南京锦衣总	16	901	9 100
南京旗手总	16	870	8 700
江北直隶淮安总	8	1 830	18 300
江北直隶扬州总	7	956	9 560
中都留守司总	12	888	8 880
山东都司总	7	773	7 730
北直隶总	9	177	1 770
浙江都司总	13	2 046	20 460
江西都司总	13	899	8 990
湖广都司总	13	759	7 590
江南直隶总	11	1 443	14 430
遮洋总	13	525	5 250
总计	138	12 067	120 670

资料来源：表 1-1 转引自王伟《明代漕军制的形成及演变》，《聊城大学学报（社会科学版）》2007 年第 2 期。

嘉靖年间（1522 ～ 1566），漕运卫所减至 142 个，漕船增至 12 148 艘，运军人数增至 121 711 名，不论是漕船还是运军数量，都比成化年间有所增长。万历年间（1573 ～ 1620），明朝对运军编制再次进行调整，定漕船 11 702 艘，运军 123 734 名，规模与嘉靖年间大致相当。

表1-2 万历年间运军编制情况表

卫所名称	卫所数	漕军数	漕船数	领运漕粮（石）	每船平均运粮（石）
南京锦衣总	13	9 059	1 004	278 814	267.7
旗手总	13	9 014	774	275 706	357.6
上江总	10	8 872	880	216 119	296.7
下江总	9	8 535	795	266 276	333.6
淮大总	5	12 457	1 240	285 293	230
扬州总	10	9 490	952	299 222	314.6
中都总	11	8 965	808	274 664	340
浙西总	7	9 577	908	313 652	344.2
浙东总	6	9 818	838	269 894	322

续表

卫所名称	卫所数	漕军数	漕船数	领运漕粮（石）	每船平均运粮（石）
江西总	11	9 694	846	302 264	357.7
湖广总	10	8 928	844	282 424	334.7
山东总	19	13 818	1 346	444 211	330
遮洋总	当时已经停运				
合计	124	118 227	11 235	3 508 537	311.8

资料来源：表 1-2 转引自王伟《明代漕军制的形成及演变》，《聊城大学学报》（社会科学版）2007 年第 2 期。

有明一代，运军人数保持在 12 万～ 16 万，是运河社会中规模巨大的群体之一，以至于运河沿线常常出现“舟舻相衔，牵挽之卒如云如林”[①] 的壮观景象。

明代的运军，脱胎于卫所军户制度。按明代军制规定，卫所军人属世袭军户，以三丁以上之户出成丁一名从军，称“正军”，其余为余丁、继丁，正军有缺（如死亡、出逃等）则从余丁、继丁当中佥补。运军即是所在卫所中的正军，承担的任务便是每年从事漕运。而所在卫所的余丁、继丁等，平时主要从事农业生产，作为漕运运输队伍（即正军）的后备力量。比如通州千户所，有漕船五十六艘，管运千户、百户各一人，运军 566 人，以“运粮赴京”。同时有屯田三十二顷，管屯千户一人，耕作军士 16 人。[②] 明代运军身份世袭，不许掣改别差，“身一入运，其势不得复以一刻治他生业”[③]。每运军一名免余丁帮贴一名，亦不许别差。根据运军佥补则例规定，运军因老疾病故需补充者，应于操备、屯田正军中选补，正军不足，方许点补余丁。本卫所无丁，则在原卫所拨补；原卫所无丁，于本总其他卫所拨补。如漕军逃亡，逃二次者枷号一个月，逃三次者则依操军之法，或发边卫充军，或照临阵脱逃罪问斩。所缺军员，将“亲壮丁连妻解赴漕运衙门审发驾船攒运，务足原额”。漂失挂欠漕粮者，“仍于原卫所将失事之人家产变卖抵偿”；盗粮上百者问斩。[④]

2. 运军的待遇

为稳定漕运，明朝统治者在加强对运军控制的同时，规定在生活上给予其较为优厚的待遇。首先，运军享有一定的粮食补贴。凡运军入运，即有行粮。永乐时（1403 ～ 1424）规定，不分远近，俱支三石。成化初年，随着运程、粮额的固定，对运军行粮按地理远近作了更具体的规定：浙江、江西、湖广、南直隶、南京各总卫

① 〔明〕唐龙：《渔石集》卷二《送周公约庵总漕巡抚江淮序》，北京：中华书局，1985 年，第 92 页。
② 万历《通州志》卷三《经制志》。
③ 〔明〕王宗沐：《乞优恤运士以实漕政疏》，〔明〕陈子龙辑：《明经世文编》卷三四三《王敬所集一》。
④ 万历《大明会典》卷二七《户部十四·会计三·漕运》；〔明〕杨宏、谢纯：《漕运通志》卷八《漕例略》。

所支米三石；江北直隶并中都总各卫所支米麦二石八斗；邳州、徐州、徐州左卫、归德卫等支米麦二石六斗；山东都司及北直隶等九卫支米麦二石四斗。此外，运军另有月粮一石以赡养家小，有赡运田一分或房地一方，免纳税租。推行兑运法后，漕军直接从各水次兑粮运往京、通二仓，耗费增加，朝廷又折给耗米，其中包括尖米（折银者谓轻赍）、过湖米、脚米、改兑加耗米等。"初时正米一石止加耗五升，后寻增至七升。又有淋尖斛面，有随船余耗，于是粮运轻赍有所谓一六、二六、三六者，盖加耗随地理远近为多寡"①。遇有因河道浅搁、结冰阻运而误期者，朝廷另支给口粮，每名军士给三斗。

运军享有一定的银钱补贴。运军造船料银为军三民七，运军承担部分由歇运运军或助运余丁屯种操办。运输途中，若遇险漂流，船脚之费及羡余银两仍照常支给。漂流损失漕粮则特许减除上纳。纳粮完毕，发给羡余银以资回南。把总二十两，指挥十两，千户卫镇抚六两，百户所镇抚四两，湖广、江西、浙江等总旗军每船四两，山东、遮洋等总旗军每船一两。运军运粮途中因故身亡，预支的安家月粮俱免还官，另付给运官银三两，运军银二两，仍优恤二年。②由于有上述优待，"是故旗卒富饶，粮运于斯为盛"③。其他卫所见此亦"皆愿运粮而不愿别差"④。

除得到行粮、月粮、轻赍银、赏钞等外，运军还有一项收入，即可在漕运过程中携带私货，沿途贸易。私货，又称为土宜、土物、土货等。明朝准许运军携带一定数量的私货，凡在规定之内，皆属合法，以此补贴运军的各项开支。明代允许军卒携带私货的规定，早在明初洪武年间的海运中即已出现，"洪武中海运给辽东，凡役官军八万余人，运军悉许附载私物，资私用"⑤。运河全线贯通后，明朝又规定允许漕运军士携带私货，仁宗时，再度重申了这一法令。明宣宗（1426～1435）时下令："今后除运正粮外，附载自己物件，官司毋得阻挡。"⑥据此，运军可以随船附载私货，沿途贸易，贴补用度及易换一些生活物资，这种贸易是合法的，受到朝廷的保护。正统及成化初，朝廷又数次明文规定，允许运军随船附带"土宜物货"，禁止沿河税卡阻拦盘查。⑦成化元年（1465），朝廷又规定，"各处运粮旗军置有土产、松杉、板木、篙竹等物，沿途易换银布以备交粮、车脚等用，河西务、张家湾等处免其税课，以恤

---

①〔明〕熊明遇：《漕运》，《文直行书文选》卷一二《谱策》，《四库禁毁书丛刊》集部第106册，北京：北京出版社，1997年，第454页。

②万历《大明会典》卷二七《户部十四·会计三·漕运》；《万历会计录》卷三五《漕粮数额》。

③〔明〕万表：《玩鹿亭稿》卷五《杂著》，《丛书集成续编》第115册，上海：上海书店出版社，1994年，第994页。

④〔明〕王恕：《处置运粮余丁月粮奏状》，《王端毅公奏议》卷二，景印《文渊阁四库全书》第427册，台北：台湾商务印书馆，1986年，第488页。

⑤〔明〕何乔远：《名山藏》卷五〇《漕运记》，《续修四库全书》第426册，上海：上海古籍出版社，2002年，第450页。

⑥〔明〕杨宏、谢纯：《漕运通志》卷八《漕例略》。

⑦万历《大明会典》卷二七《户部十四·会计三·漕运》。

军困”[①]。此后，明朝又陆续发布条令，对准许运军携带的私货数额作出明确规定。成化十年定下标准：“漕运军人许带土产换易柴盐，每船定为十石。”[②]此后，额定私货数量有所增长，“嘉靖中，许每船带土宜四十石”[③]。万历七年（1579），限额达到最高，“每船许带土宜六十石。”[④]准许运军携带一定数量私货，可以增加运军的收入，以免其侵盗漕粮，“所以优恤旗军，使之食用有资，不至侵损正粮”[⑤]，故明朝在大多数情况下对运军携带私货持比较宽容的态度，并根据具体形势，也逐渐放宽其限额。此外，明政府整体上并没有明确规定运军可携带的私货种类，然各个时期也有一定的限制。如成化时，允许的货物种类有“土产、松杉、板木、篙竹等物”，此时竹木是允许携带的，但到了万历年间（1573～1620）则规定“竹木沉重之物”禁止附载。一般来说，酒类、丝绸、官盐等物是严禁运载的，而一些地方特产、日用品等多被允许。实际上，由于运军的经济能力十分有限，他们所能置办的私货多为一些廉价之物。

运军还享受一些特殊待遇。永乐时（1403～1424），总兵官陈瑄下令在运河沿岸植树，为运军遮荫，在岸边建房供运军途中歇息。天顺三年（1459），尚书沈固又题准特许在徐州、淮安、临清、济宁、通州等处设置药局，配备医师、药物，以随时调治患病运军。

3. 运军的境况

为保障漕运顺利运转，明朝规定给予运军以上待遇，然而在现实生活中，由于各种原因，运军的处境却很尴尬。

（1）收入低开支大。明代运军属于职业军人，但在明初，并没有完全脱离农业生产。按照当时的规定，作为卫所军一部分的运军，都有一定数量的屯地，他们在交纳完屯地的“籽粒”后，每月可有一石米的收入，作为全家的口粮。另外，随他们入营的余丁，也从事“生理”，以帮贴运军家庭。以后，由于运军长期负担漕运任务，无暇顾及屯地生产，明政府便在每月一石“月粮”之外，每年再给三石六斗的“行粮”，以及一些“赏钞”和布匹棉花，但数额有限。月粮留给家庭，行粮则作为运军出行的行资口粮。宣德（1426～1435）时，明政府削减了运军的军俸，月粮减为八斗，行粮减为二石。明英宗时，行粮略增为二石七斗。运军的收入较前明显减少，不足以维持运卒全家生计。据万历年间（1573～1620）漕运总督王宗沐分析：运军自正月起运，至十一月结束，每人所得三石行粮折合下来，每天仅有“九合有余”，而“衣服、薪盐、医药、岁时

①《万历会计录》卷三五《漕粮数额》。

②《万历会计录》卷三六《仓场》；万历《大明会典》卷二七《户部十四·会计三·漕运》。

③〔清〕查继佐：《罪惟录》卷一四《漕志》，杭州：浙江古籍出版社，1986年，第769页。

④万历《大明会典》卷二七《户部十四·会计三·漕运》。

⑤《明神宗实录》卷九一，“万历七年九月辛酉”条。

醵饮皆出其中”。进而指出：“夫一日三餐，一升五合而饱，人之情也。今但使其求足于九合之中。”[①]运军每天的收入远低于常人，这对于从事重体力劳作的运军来说，无异于杯水车薪。至于运军家属依赖的月粮，数额也极少，以家属四口计算，八斗月粮平均到每人只有二斗，每人每天只有半升，远远不够口粮需要。

此外，明前期政府规定，“轻赍”银本为漕运中的必要经费，最初是发给运官沿途支用的，完成运务后，如有剩余，“皆归旗卒”。这一规定对补贴运官运军收入的不足有一定的作用。但到明武宗之后，“轻赍”银逐渐被收归国库，所谓“颇入太仓矣”。运军不仅失去了这一奖励津贴，而且失去了运输的一笔必要经费，“遂为漕运官卒之害”[②]。

再则，遇运河浅涩之处，运军还要雇小船转运，花费不少。如天津距通州河道约有256里，其中多“淤浅难行”之处，“粮船到彼俱雇船起剥，每米百石，远者要银三四两，近者二两八九钱”[③]。漕粮运至京畿码头张家湾，要转陆运入京、通二仓，雇车马的脚价银“皆出自军”，有时“遇水泥泞，每车雇钱一两，仅载八九石”[④]。除了上述在途中的各种开销外，漕军还需承担部分修造漕船的船料银，这是漕军的又一项沉重负担。

（2）任务繁重艰巨。明代运军任务繁重而艰巨，主要表现在运输距离远、运输时间长、运输强度大、运输条件差、运输环境险四个方面。

明朝初年，朝廷实行军民分运，运军承运的距离相对较短，可以留出较多的时间自营生计，故尚能维持全家的生活。明中期实行改兑法之后，运军的各项负担日益加重。改兑法，又称长运法，始于成化七年（1471），即民户将漕粮、耗米及轻赍银送至离本地最近的水路码头，兑与运军，再由运军北运至北京，这样运军的运输距离相比过去增加了很多。

从运输时间来看，明中期实行长运法后，漕军每年十二月左右就要驾船到各水次接收漕粮，然后北运，直到次年十月以后才能返回军营，前后持续时间达10个月以上，这样漕军“无日不在运中”，艰辛异常，更遑论有时间再以他业谋生。再加上其他差役，运军的负担更为沉重。如明成祖时，运军归营后，卫所军官“又加他役困之”，使得运军终年不得休息。仁宗以后才下令不许额外役使运军。但实际上，正如万历时漕运总督王宗沐所言：运军备尝艰辛，“经年劳瘁还家，席未暖而官司已点新运矣”[⑤]。

从运输强度来看，由于地理环境的影响，运军的劳动强度很大。我国在地形上北高南低，沟通北京与江南联系的大运河也具有同样的特点，这对由南往北的漕运造成很大的困难。首先，北运河水位不稳定，经常出现水浅干涸的问题，不利于漕船行进。比如天津至通州的

①〔明〕王宗沐：《乞优恤运士以实漕政疏》，〔明〕陈子龙辑：《明经世文编》卷三四三《王敬所集一》。

②〔明〕孙承泽：《天府广记》卷一四《仓场·轻赍》，北京：北京古籍出版社，1984年，第176页。

③〔明〕马卿：《攒运粮储疏》，〔明〕陈子龙辑：《明经世文编》卷一七〇《漕抚奏议二》。

④《明宪宗实录》卷九七，“成化七年十月丙戌”条。

⑤同①。

200多里运河，经常出现水浅的现象，漕船“动经旬日，或百夫拼力牵挽不行”[①]。其次，为解决运河水量和地势问题，运河上船闸林立，给漕船过闸增添了很多麻烦。比如江南丹阳段运河浅涩难行，漕船过京口闸时，常需三四百人挽拽一船“方得出闸”。[②]再次，载重北上的漕船几乎全程都是逆行，航行只能依赖人力撑篙、拉纤进行，而从南到北长达1 000多千米的水路，10名运军要负责一艘装载近五百石漕粮的船只行进，需要付出非常巨大的劳动量。

从运输条件来看，运军的工作条件相当恶劣。在北运南返的漕运全过程中，运军都是在漕船上度过的，时人即指出：运军身一入运，“无一日不在运中”，“曝挽于赤日之下，则背肉生鳞，力撕于急溜之中，则哀呼声惨”。而且运军风餐露宿，不避寒暑，缺医少药，很容易身染疾病，就连明仁宗也说：“官军运粮，远道劳勤，寒暑暴露，昼夜不息。”[③]

从漕运环境看，运军行运面临很大的风险。运河横穿黄、淮及长江等，也必然给浅底漕船的航行和运军的安全带来一定的风险。特别是金元以来，黄河夺淮入海，使得原来的淮河故道并容黄、淮两条大河，故一方面河患无穷，另一方面也对南北相衔的运河造成很大的威胁。如漕船在通过徐州地区的运道时，就有吕梁洪、百步洪等天险，舟覆人亡的现象并不少见，所谓“有风波之险，且一舟过溜，三四百人行泥淖中，多至陷没”[④]。隆庆五年（1571），黄河溃淹运河，一次漂毁八百多艘漕船，溺死运军近千人。[⑤]

明代运军任务繁重，生活非常困苦。大学士丘濬曾在《大学衍义补》卷三十四《制国用》中说：“今之漕卒比之宋人其劳百倍，一岁之间，大半在途，无室家之乐，有风波之险，洪闸之停留，舳舻之冲激，阴雨则虑浥漏，浅滩则费推移，沿途为将领之科索，上仓为官攒之阻滞。及其回家之日，席未及暖而文移又催以兑粮矣。运粮士卒其艰苦万状，有如此者。”

（3）易遭盘剥压榨。明代运军不仅任务重、风险大，而且还遭到层层盘剥和压榨，主要体现在受官府税收欺压，粮饷被拖欠、苛扣、侵吞，运漕过程中被勒索、坑害。

运军原有赡运田，免纳税租。正统以后，官府食言，重新征收，比如金山卫“调

---

①〔明〕马卿：《儹运粮储疏》，〔明〕陈子龙辑：《明经世文编》卷一七〇《漕抚奏议二》。

②〔明〕郑晓：《复设江南管河官及参究违误运务官疏》，〔明〕陈子龙辑：《明经世文编》卷二一七《郑端简公文集一》。

③《明仁宗实录》卷一〇，“洪熙元年春正月乙未”条。

④《明神宗实录》卷四九九，“万历四十年九月庚戌”条。

⑤〔明〕王宗沐：《条列漕宜四事疏》，〔明〕陈子龙辑：《明经世文编》卷三四三《王敬所集一》。

屯军三百五十人漕运，而妻孥输税如故”。九江、镇江等卫亦是“身既运粮，又纳籽粒”[①]。明中期后从城操军调入漕运的旗军，则连赡运田也没有，他们要承担运粮和造船任务，所受困累更大，以致“殷者赔贫，役犹不免，贫者累死，世害无休”[②]。

运军粮饷常遭到拖欠、克扣甚至侵吞。这一情况早在明英宗时就已出现，明英宗曾下令清查管粮官“侵欺应放官军俸粮”[③]的问题。此后，情况越发严重。漕军行粮、月粮被官府扣减而挪作他用已是常态。隆庆时甚至立为定规，每名漕军每月扣出口粮钱银二钱，每年扣二两四钱充作造船料银。此后停发行月粮的事经常发生。杨宏、谢纯《漕运通志》卷八《漕例略》记载，嘉靖初年，有的运卫“恒有八九个月，或二三十个月，甚至五六十个月不得支者”“有预给半年者，有经年不给者。”[④]一些贪官污吏也巧立名目，把运军当作渔猎的对象。从千百户、指挥的迎送，到把总的花红、纸札、执事、刑具、关津免检，以及各官府差役过帮都有索费。当时的兵部尚书刘大夏曾言，“所谓月粮、行粮者，半与其帅共之”[⑤]。更恶劣者，甚至“卖放军士，办纳月钱”[⑥]。万历时，王宗沐也指出，运军因忙于从事繁重的运输任务，根本无暇“治他生业”，其家人“仰给月粮，而今有拖欠不时给者矣”[⑦]。此外，漕军在修造粮船时，还受到船厂的吏书、匠役等的讹诈，征料官员也“不以运务为重”[⑧]，多有侵挪料银之举，累漕军赔补。

运军在漕运过程中，也会遭到层层盘剥和坑害。在持续十余月，长达数千里的漕粮运输过程中，“诸色人等视官军为奇货”，从朝廷大员到地方官，从押运漕船的各级官吏到沿河“顽民”，以及土豪劣绅，对漕军百般索取。这也成为明代漕弊中的突出问题之一。有关这方面的记载可谓连篇累牍。明宪宗（1465～1487）时，漕运总兵陈锐上奏称，各纳漕地区府县官吏伙同粮长、里长“滥收恶米”，运军收兑时“复泼水和沙”，以致装运后“蒸湿浥烂”，官府虽屡次查禁，但恶习依旧，以至于“抑困漕军”[⑨]。粮长也以“挂欠、筹斛、拖欠脚价”[⑩]等各种方式刁难漕军，漕军担心交纳误期，只能忍气吞声，而缺失的漕粮与脚价银则由漕军赔补。漕船起运到京、通仓场的过程中，一路上大小运官更是百般苛索，有把总、指挥、千百户等索要的常例银两，有“帮钱、长差、孛饵、纸札、过淮钱”[⑪]等种种名目的

①《明宪宗实录》卷一五七，“成化十二年九月癸卯”条。
②〔明〕方日乾：《抚恤屯田官军疏》，〔明〕陈子龙辑：《明经世文编》卷二一〇《方侍御奏疏》。
③《明英宗实录》卷六六，“正统五年四月己丑”条。
④〔明〕张瀚：《松窗梦语》卷八《漕运记》，北京：中华书局，1985年，第159页。
⑤〔清〕谷应泰：《明史纪事本末》卷四二《弘治君臣》，北京：中华书局，1977年，第620页。
⑥《明英宗实录》卷三四三，“天顺六年八月丁卯”条。
⑦〔明〕王宗沐：《乞优恤运士以实漕政疏》，〔明〕陈子龙辑：《明经世文编》卷三四三《王敬所集一》。
⑧〔明〕马卿：《攒运粮储疏》，〔明〕陈子龙辑：《明经世文编》卷一七〇《漕抚奏议二》。
⑨《明宪宗实录》卷一一二，“成化九年正月丙辰”条。
⑩《明穆宗实录》卷二三，“隆庆二年八月戊子”条。
⑪《明世宗实录》卷四五五，“嘉靖三十七年正月庚申”条。

苛索费，还有的运官“以到京馈为由，多方科敛”，甚至有些把总将漕军的钱粮挪为他用。除了运官之外，漕军在过洪闸时有“各关税棍之敲诈”[①]，舍舟陆运时有“包揽起剥，因而勒掯，加增脚价者”[②]，甚至有假称盘诘，因而集众抢劫财物者。还有的稽查官员，借口盘验私货，趁机敲诈勒索运军。比如正德时，漕船只带“柴菜竹木等物”，沿途官员也要“拦阻搜查，求索虐害”，漕军流涕哀求，也“终不悯恻”。到漕军空船回南时，又假以盘盐为由，每处拘留三五日或十数日，勒取执结，不容放行，虽咸菜鱼腥之物亦皆搜去，甚至有将官军行李衣鞋公然挟制盗取。嘉靖时，也有沿河巡捕、稽查官员“不分土宜货物，一概拦阻搜盘，拘留索害，甚至将官军行李衣装攘抢一空”。总之，各种敲诈勒索层出不穷。万历时，巡漕御史朱增就曾提到这一问题：“饷银之(不)时给，帮官把总之科派，沿河委催之扰害，各关税棍之诈吓”，运军无一能够幸免。特别是到京、通仓场交粮入仓之际，“内外奸胥恶役，层层剥削”[③]。其中尤以仓场官吏的勒索最为严重，所谓交纳之际，官吏“多过收及百计勒银”[④]。仓吏贪求漕军的耗米之余，对漕军百般剥削，一方面向漕军索要贿赂，“无赂则加多，（每石）或过一斗；有赂则减少，（每石）不及五升”[⑤]。一方面用“淋尖、踢斛”等方法多收漕米，“计收粮一石，加耗三斗有余，亏折甚多”[⑥]。据《明史》记载，每年“仓场额外科取，岁至十四万（石）”[⑦]，漕军受剥削的程度可想而知。

从兑粮起运到交粮入仓整个运漕过程中，运军无不遭到盘剥敲诈，当时就有人指出：“运官有剥削，衙门有支费，洪闸有需索，到仓有经营”[⑧]。在官吏的重重盘剥下，漕运“军民膏血，安得不困竭也”。[⑨]在此重重压榨之下，“运军少更，即今疲惫已甚”[⑩]，成为普遍现象。

（4）赔补责任巨大。漕军除了遭受种种盘剥外，还要承担沉重的赔补责任。赔补的主要方面，一是漂流，一是挂欠。漂流指运粮船只失事沉没，挂欠指漕粮纳仓不足数。明代政府为了保证京师与边兵的粮食供给，每年“务足四百万石之额”，对漕军漂流和挂欠的处罚极为严厉：漕船若确实因遭风漂流等客观因素损失的，经核实后，可免

①《明神宗实录》卷五三七，“万历四十三年九月辛卯”条。
② 万历《大明会典》卷二七《户部十四·会计三·漕运》。
③ 同①。
④《明宪宗实录》卷二六九，“成化二十一年八月庚寅”条。
⑤《明宪宗实录》卷一五九，“成化十二年十一月甲子”条。
⑥《明宪宗实录》卷一一二，“成化九年正月丙辰”条。
⑦《明史》卷七九《食货志三》。
⑧〔明〕王宗沐：《乞优恤运士以实漕政疏》，〔明〕陈子龙辑：《明经世文编》卷三四三《王敬所集一》。
⑨《明世宗实录》卷一二，“嘉靖元年三月丁卯”条。
⑩〔明〕丛兰：《论漕运积债之害》，〔明〕陈子龙辑：《明经世文编》卷一〇八《从司空奏疏》。

治运军罪责，但必须以军士的行粮、月粮以及轻赍银等项补足损失的正粮，“务要当年补足漂数”。如漂流巨大，不光运军要赔偿，相关人员都要受到牵连，“如大患漂流，先尽本帮，次及本卫、本总。小患损失，先尽本船，次及本帮本卫”，即视漂流损失程度，责成船、帮、卫、总共同赔偿。如无力赔补，运军则要发往边地充军。由于漕运距离远、时间长、环境恶劣，加之漕政败坏，明中叶之后粮船漂流频频发生，所谓“岁岁有所损溺”。此外，因交纳不足数引起的挂欠更是比比皆是。比如兑粮时，漕军因担心误期而图求早兑，各州官吏乘机滥收次米，或泼水掺沙，逼军兑收。米质太差或发霉腐烂，则由漕军包赔。

（5）负债情况严重。明代中后期，运军负债现象普遍且严重。运军每年要承担大约400万石漕粮的运输任务，为了保证京师国家机构的正常运转和京边卫军的粮食供给，明代前期政府对运军给予一定的报酬和待遇，如运军有赡运田，有固定的月粮，运粮时还有行粮和轻赍银以及少量的赏钞，在正常情况下不用借债。然而，明中叶以后，运军待遇多不能兑现，又易遭到各级官吏的剥削敲诈，甚至土豪乡绅的欺凌，收入低而开支大，再加上漕粮漂失、挂欠需要赔补，于是逐渐贫困，不得不通过借债来完成漕运任务。如成化时“军士负债岁多，皆由官军刻剥所致”[①]；正德年间（1506 ～ 1521），丛兰上疏称漕军“矧今积债已甚”[②]；嘉靖时，户部将“军不借债”作为当时漕政的最急要三事之一。[③]

漕军为完成任务，往往将借债作为权宜之计，但因为所处境况并未改变，利息又高，所以多偿还不了，负债严重，于是“军士月粮、行粮，冬衣花布，皆用偿债”[④]，连最基本的生活物资都被用来抵债，军士与其家庭的生活陷入绝境。弘治时曾任兵部尚书的刘大夏在《乞休疏》中指出：“江南军士多因漕运破家。”另外放债者多为“势豪权要”，权大势大，他们勾结漕运官员逼漕军还债，对偿还不了的军士甚至缚打凌辱，借债的军士被逼入走投无路的境地。沉重的债务负担，逼得贫困运卒经常逃亡，“其军丁有恃顽不行上运、不候交兑及虽交兑即弃船逃走者”。甚至一些漕运官员都被逼得家破人亡，“或自缢身死，如袁州卫百户王宗是也；或削发脱身，如东昌卫指挥王镛是也”[⑤]。频繁的借债并没有使漕军走出困境，反倒使其步入更加困苦的深渊。

4. 运军在运河沿线的活动

明代运军入不敷出、运务繁重、屡受欺压、赔偿沉重、负债累累，处境十分窘迫，为求生存，他们不得不在运输活动中采取一些对策来应对。

（1）逃亡改差。明代，运军面临着各种困境，不堪负重，往往采取的一个办法便是相

---

①《明宪宗实录》卷二六九，“成化二十一年八月庚寅”条。

②〔明〕丛兰：《论漕运积债之害》，〔明〕陈子龙辑：《明经世文编》卷一〇八《从司空奏疏》。

③《明世宗实录》卷二一，“嘉靖元年十二月壬寅”条。

④《明宪宗实录》卷一一二，“成化九年正月丙辰”条。

⑤同②。

继逃亡或者改为别差，以逃避运务。运军为完成运务多举债而行，但积债数多却又无力偿还，为了逃避债主的逼讨，往往“不敢赴京交粮而抛弃船只逃回”[①]。明中叶后，各地运军逃亡的事件层出不穷。成化时（1465～1487），“徐州左卫及凤阳中、右，留守左、中，怀远六卫运粮旗军逃亡者多，该运遗累于人”[②]。弘治年间（1488～1505），据杨宏、谢纯《漕运通志》卷八《漕例略》记载，江南、江北、直隶及南京等六总运军递年改差者达6 000余名，逃亡者达14 000余名。尽管朝廷累颁厉规，追捕逃军，但逃亡者有增无减。隆庆（1567～1572）、万历（1573～1620）时，南京把总下的贫窘军士“过半逃亡”，随船的军士“十缺三四”[③]。崇祯时，各运卫所运军“恃顽不行上运……有全帮寂无一到者，甚至船只数目并未开申报者”，即使有申报的“仍是虚捏诡名，全无着实”。

（2）武力反抗。面对种种困境，有的运军，被逼无奈揭竿而起，加以反抗。嘉靖年间（1522～1566），龙江卫运军兑粮不得足耗，遂“捶扑社首，并辱县官，监兑郑质夫檄禁，并殴质夫伤额”。崇祯五年（1632），运军在昆山县“逞凶殴辱”漕官。崇祯十六年，运军旗甲蒋国纪率军劫持秀水县令李向中至漕船中，“捶挎几毙”。仪征卫运官崔邦泰则带领运军抵制运粮，“聚众鼓噪，各持棍械，殴辱印官，乘机抢掠”。运粮途中，有的运军公开盗粮沉船逃亡，并持军器与追捕官军对抗。官府亦无可奈何。因失粮或误期，运官多受牵连，有的被降职，甚至自杀身亡，等等。明末农民大起义爆发后，贫苦运军纷纷自发响应。屈大均在《皇明四朝成仁录》中记载：“官吏愈懦，则彼等之胆愈壮，于是遂至劫知县，窥巨宝，其行为与盗贼曾无异。”

（3）侵盗官物。侵盗官物，是指运军侵吞、盗卖漕粮以及其他漕运物资的现象。有明一代，运军偷盗、转卖漕粮的问题一直很突出。运军在偷盗粮米后，经常采取掺杂沙土的办法加以掩饰，“所运粮多抵换搀和，以致亏损”[④]。有的在偷盗后，在船舱里塞入土，而在表面覆以米。[⑤]有“胆大者盗卖正粮，偿还债主，又且乘机作弊”[⑥]。有的将好米盗卖之后，再低价收买粗米充数。弘治时的一道奏言称，运军“将原兑好米沿途粜卖，却籴陈碎及插和沙土糠秕粗谷等项抵数”[⑦]。也有的运军“以耗米易私物，

①〔明〕丛兰：《论漕运积债之害》，〔明〕陈子龙辑：《明经世文编》卷一〇八《从司空奏疏》。
②《明宪宗实录》卷一二〇，“成化九年九月乙巳”条。
③〔明〕王宗沐：《条为议单款目永为遵守疏漕政利弊疏》，〔明〕陈子龙辑：《明经世文编》卷三四四《王敬所集二》。
④〔明〕孙承泽：《天府广记》卷一四《仓场·漕河》，北京：北京古籍出版社，1984年，第170页。
⑤〔明〕王宗沐：《乞优恤运士以实漕政疏》，〔明〕陈子龙辑：《明经世文编》卷三四三《王敬所集一》。
⑥同①。
⑦万历《大明会典》卷二七《户部十四·会计三·漕运》。

道售稽程，比至，反买仓米补纳，多不足数”[①]。还有的军士偷盗过多，无法搀假，则采取沉船报险的手段来逃避惩罚，“自知粮数缺少，往往自沉其舟”[②]，“虑恐交纳挂欠，故意将船凿沉，捏报漂流，以图掩饰”[③]。明代运军侵盗漕粮现象普遍，已严重影响到国家的粮食储备，“漕粮之所以挂欠多而国计歉者，盖缘军士之盗卖也”[④]。面对以上各种偷盗现象，官府三令五申要求严惩，但却屡禁不止。究其根本，运军“身一入运，其势不得复以一刻治他生业”，而妻儿老小不免于饥寒交迫，故其侵盗乃“为衣食妻子之图，而岂尽欲取快意享丰富哉”[⑤]。

（4）私货贸易。考虑到运军生计问题，明朝允许运军携带一定数量的私货，沿途贸易，以增加运军的收入。不过在实际出运的过程中，运军一般都会超额携带私货，争取更多的利益。对此，明朝从弘治年间（1488 ~ 1505）开始多次下令禁止运军超额携带私货：“凡漕军人许带土产换易柴盐，每船不得过十石。若多载私货……听巡河御史、郎中及洪闸主事查验入官并治其罪”；嘉靖十三年（1534）又申明运军不许“多带货物，以致阻浅”；万历时，户部议准“（私货）六十石之外，俱行入官”。除了发布禁令之外，明政府还在运河沿途布置大小各级官员进行盘验，漕军违规一经发现，私货就地没收并加以处罚。史籍上大小各级官员就有漕运总督和总兵官、巡按御史、督押御史、巡盐御史、巡河御史、沿河各兵备、各府州的管粮官员、淮安和天津的理刑主事等十数种，甚至连工部抽分厂管事和洪闸主事都有盘查货物、扣押粮船的权力。至万历时又制定了分程稽查制，“监队粮储等官水次先行搜查，督押司道及府佐等官沿途稽查，经过仪征听攒运御史盘诘，淮安、天津听理刑主事、兵备道盘诘”。这样层层稽查，主要是为了防止漕军只顾私货贸易而耽误漕运任务。然而运军处境困难，为追求利润，往往不顾禁令，超额携带私货的现象非常普遍。宣德时，有官员就反映粮船“所载私货多于官物，沿途发卖，率以为常”。成化时，有的运军为了增加购买货物的本钱，“多以原兑耗米尽卖轻赍，置办私货”。还有的运军超额携带私货沿途发卖，以至于耽误运期，“置买私货，于沿途发卖，以致稽迟”[⑥]。明世宗时，仓场总督张守直亦说：运军无不夹带私货，沿途贸易，耽误运程。甚至在实行禁止贩私令时，运军仍不顾禁令，“多装私物，但遇市镇，湾泊买卖，延住日久”[⑦]。到明代后期，超额携带之势愈演愈烈，“漕规每船正粮不过五六百石，乃装载私货，不啻数倍”。甚至部分漕军已经不满足于普通的多带，

①《明史》卷七九《食货志三》。
②《明穆宗实录》卷六五，“隆庆六年正月丙子”条。
③〔明〕王宗沐：《条为议单款目永为遵守疏漕政利弊疏》，〔明〕陈子龙辑：《明经世文编》卷三四四《王敬所集二》。
④同③。
⑤〔明〕王宗沐：《乞优恤运士以实漕政疏》，〔明〕陈子龙辑：《明经世文编》卷三四三《王敬所集一》。
⑥《明宪宗实录》卷八四，“成化六年十月己酉”条。
⑦《明英宗实录》卷二三四，“景泰四年十月丙戌”条。

他们自行改造粮船，腾出更大的空间以载私货。嘉靖时，有的粮船“身长厢阔，多添梁木”，与定制的漕船不同，这样改造主要就是为了“利于私载”。天启六年（1626），户部尚书郭允厚亦称：“浙、直、江、广船只广狭同而载米之多寡异，此皆为私货地也。”此外，崇祯年间刊行的《天工开物》卷中《舟车》记载，有的运军为了加大私货贩运的数量，偷偷加大漕船的长度和宽度，“后运军造者私增身长二丈，首尾阔二尺余，其量可受三千石”。运军附带的私货往往超过定额，不但耽误运期，甚至影响到漕运的安全：“每船受正耗米四百七十二石。其后船数缺少，一船受米七八百石。附载夹带日多，所在稽留违限。一遇河决，即有漂流。”①

除了超额携带外，运军于沿途多次交易其实是一种变相多带的方法。明代官方所规定的私货限额，是指从交兑地点开始至纳粮进仓结束的整个过程中，只能一次携带的私货数量，但运军为了增加交易量，往往在沿途各市镇多次买卖，不断买进和卖出，如此交易的私货数量则远超过规定的限额，可获得更多的收入。这种情况在运军私货贸易中相当普遍，是运军常用的一种增加收入的方法。嘉靖四十四年（1565），针对漕军因沿途多次买卖耽误运期，明政府重申“运粮到处，务照水程严限，不准夹带私货，沿途贸易”。

（5）揽运商货。明代在运河沿线设置税关，商人运输货物需交税才得以通行。而漕军携带一定数量的私货，是免税的，而且漕船在运河具有优先通行的权利，故商人多愿将货物委托给运军带上漕船运往目的地。这样不但可以逃税，而且可以缩短货物流通的周期。对于运军而言，包揽商货可获得一定的报酬，故也愿意承揽。然而，运军包揽商货，影响到官府的税收，同时携带超额货物，也会威胁到漕船航行的安全，故官府严厉禁止运军承揽商人货物。明前期，由于运军生计有一定保障，揽运商货的情况较为隐蔽。明中期以后，运军的处境日益窘迫，对此禁令置若罔闻，运军包揽商货越来越普遍，朝廷陆续发布命令加以禁止。弘治时，户部就发布一条禁令法规：“凡漕运船只，除运军自带土宜货物外，若附带客商酒面、糯米、花草、竹木、板片、器皿货物者，将本船运军并附载人员参问发问，货物入官。”时隔几年，明朝再次下令禁止运者“揽客商货物，取其雇值”及替京师势要装运土产的活动。正德时，朝廷重申禁止运军“不将运船装粮，满载客货，妨误粮运”。嘉靖和万历时，明代官方也多次发布类似的禁令。②

（6）借机渔利。明代运军肩负漕运重任，而且人数众多，在出运过程中，运军利用这一特点趁机渔利的现象时有发生。比如万历三十九年（1611），徐必达在《请革

①《明史》卷七九《食货志三》。

②万历《大明会典》卷二七《户部十四·会计三·漕运》。

解纳白粮积弊疏》称，运官纵容运军，索骗运输白粮的民户，“军先民后，朝廷原无此令，原因军粮船九千余只，其势盛，其人众。白粮船不过数百，其人少，其势弱。以众欺寡，以强欺弱，势所必致。且军官武猛，多纵容军卒以图索骗，遂成故套”。时人陆树声也在奏疏中称，运军故意用漕船冲撞民船，并以此敲诈民户：

> 夫东南财赋之来，有军运，有民运。军运以充六军之储，民运以供百官之禄。人皆知军运之重，而不知民运之苦尤有深可悯者。夫军运以十军而运米四百石，或五百石。民运以一民而亦运米四百石或五百石。军运之船皆官所造，而军不知；民运之船则民所雇，而官不知。军运以军法结为漕法，一呼百应，人莫敢犯。民运以田里小民，供役远道，语言鄙俚，衣服村贱，而人人得而侮之……其最所畏者，军运每凌虐民运，有等豪恶之军，故将己船撞擦民运之船，民船板厚而军船板薄，微有损伤，即便蜂攒簇拥，尽入民船，百般挟诈，不厌其欲不已也……嘉靖十年以前，民运尚有保全之家，至嘉靖十年以后，凡充是役未有不破家者。[①]

（三）清代的运丁

清代，漕粮运输沿袭明代运军制度，仍以卫所军组成运军，“清初，漕政仍明制，用屯丁长运”[②]。清朝对卫所官兵名称作了一定的调整，将指挥官改为守备，千户百户改名为千总百总，卫军改名为旗丁。具体挽运漕粮的旗丁，又称漕运旗丁，简称“运丁”。运丁有运输漕粮之责，是清代运河社会中的重要群体。

1. 运丁之编制

清代漕运卫所分布于直隶、山东、江苏、安徽、浙江、江西、湖南、湖北、等省。各省漕运卫所的数目在清代前后有所变化，经过顺治、康熙、雍正、乾隆四朝的陆续裁并，至乾隆中叶基本固定下来，包括直隶2所，山东4卫1所，江苏、安徽19卫，浙江7卫2所，江西2卫7所，湖南5卫，湖北5卫，共计42卫12所。这些卫所之下分为若干帮，称前后左右帮，或称头帮、二帮、三帮、四帮。每帮一般有漕船50～60只。清初，漕船总数约七八千只。乾隆年间，清朝根据每帮的实际情况作了局部调整。为便于管理，乾隆四年（1739）将南昌卫后帮漕船十四只拨入饶州卫，将平山前帮漕船八只拨入后帮，将苏州前帮漕船十八只拨入后帮。清代中叶，漕船数目固定在六千多只。乾隆三十一年，“核明实现运漕白船六千四百一十九只”[③]。至清后期，全国共有漕帮118个，漕船6 283只。按照规定，漕船

---

①〔明〕陆树德：《民运困极疏》，〔明〕陈子龙辑：《明经世文编》卷二九一《陆中丞文集》。

②《清史稿》卷一二二《食货志三》。

③〔清〕杨锡绂：《漕运则例纂》卷二《通漕运艘》。

每船有运丁 10 ~ 17 名。具体而言，“康熙二十五年，每船定十丁，雍正四年，酌改江南安庆前、后两帮，每船十七丁，江淮兴武十八帮，每船十二丁，其余各省帮船，每船仍系十丁”①。由于清代漕船数目及每船运丁数目前后都有变化，故运丁总数前后亦有变化。雍正十三年（1735）统计运丁为 40 340 人，乾隆三十一年统计共有运丁 56 504 人。② 这些运丁，从直隶等省漕运卫所旗丁中佥选出来，承担运送漕粮的任务。

运丁佥选，由直属卫所千总、百总负责，或由地方州县办理。佥定之后，由该管知府和粮道验看起结，上报漕运总督及本省督抚。运丁一旦被佥选出来，便有运输漕粮的责任。但在实际运输过程中，并不是每船所有的运丁都同时出运，而是每次出运，仅由一名运丁领运，其余运丁出银帮贴济运。领运运丁，又有轮换和固定之分，情况有所不同。如湖北省是领运运丁每年轮换，不出运者帮贴，“漕船什军轮驾，一军出运，九军公帮”③。其他省份，则多是固定一家境富裕的运丁长年出运，其余不出运的运丁帮贴。只有当出运者遇有事故不能出运时，方更换新的运丁领运。每次出运，仅有一名运丁领运，无法完成漕运任务，必须有其他劳力协助。康熙三十五年（1696）规定，这些劳力均由领运运丁自行雇募水手承担，“每船佥选正身殷丁一名，其余名数总以身有家属撑驾谙练之人充当”，“原系佥丁一名，雇募水手九名”。康熙五十一年，清廷又进一步规定，《清代漕运全书》卷二十六《查佥运丁》记载：“每年于本丁兄弟子侄内再派一丁随运，如抵通挂欠，留一丁追比，一丁驾空回南。如重运到淮短少，令一丁驾运北上，留一丁买米赶帮。”如此，每只漕船每次出运时有运丁正丁一名，副丁一名，其余为若干水手。以此计算，清代每年在运河上运送漕粮的正副运丁，共有一万多人。

运丁在户籍上属于军籍，运送漕粮是其必须承担的劳动，“籍隶军裔，挽运漕储，驱驰效力，分所当然”④。此外，为保证这些劳动力不流失，清代一如明代，规定运军不得随意变更户籍以逃避军差，违者严肃处理，“旗丁不许投窜别差。倘有躲运投旗，隐漏不报者，总漕即行题参。”⑤ 因此，运丁运输漕粮，成为一种父死子继的世业，代代相传，若无特别原因，不得从事其他职业，“倚船为业，舍此别无他事谋生”⑥。乾

---

①〔清〕载龄等纂修：《清代漕运全书》卷二六《查佥运丁》。

②〔清〕杨锡绂：《漕运则例纂》卷六《选补官丁·运丁名目》。

③ 民国《续修湖北通志》卷四七《经政志五》。

④ 中国第一历史档案馆藏：《清代内阁户科题本》漕粮类，乾隆七年二月二十四日漕督顾琮题，转引自黄十庆：《清代运军的构成与性质》，《江淮论坛》1990 年第 3 期。

⑤〔清〕杨锡绂：《漕运则例纂》卷六《选补官丁·勾佥运丁》。

⑥ 中国第一历史档案馆藏：《清代内阁户科题本》漕粮类，乾隆十年十一月十七日漕督顾琮题，转引自黄十庆：《清代运军的构成与性质》，《江淮论坛》1990 年第 3 期。

隆中叶长期担任漕运总督的杨锡绂亦曾谈到，有些“殷富之帮，年年长运，且有子孙世守者，每岁原无需换丁。即间有一二应行另佥者，帮弁随佥随得。”[①] 又如江苏省的苏州、太仓、镇海、镇江四卫，“向来佥丁，类多父子兄弟传运。其本户贫乏之丁，于运屯户族内择殷顶补”[②]。此外，凡是被佥选的运丁，必须按时正身出运，若以他人代替，运丁本人及替代者发往边卫，永远充军。

2. 运丁的待遇

运丁承担着运送漕粮的重任，为保障漕运的正常运转，清朝在政策上规定给予运丁一定的待遇。具体而言，清朝规定运丁享有的待遇主要有以下几种：

第一，运丁享有行粮、月粮、增贴、修舱船只等费。

月粮是按月发给运丁的粮饷，保证旗丁日常所需。出运之年，政府另给行粮，以助其挽运。二者数目各省不一：“江南运军每名支行粮二石四斗至二石八斗，月粮八石至十二石。浙江、江西、湖广行粮三石，月粮九石六斗。山东行粮二石四斗，月粮九石六斗。其通、津等卫协运河南漕船运丁行、月之数，与山东同。”[③] 每名运丁每年所得行粮、月粮两项，合计在十二至十五石之间。行、月二粮，清初本色支给较少，一般折色支给。其后议定本折各半，折色银照漕欠每石银一两四钱，永著为令。

月粮、行粮是旗丁最基本的收入。除此，按运粮额对运丁进行补贴，每石或给米数升，或给钱二十至三十文。此外，清廷另有津贴政策，分别是地方涉漕州县额外支给的漕粮与政府对旗丁的补助部分。如赠军、水脚等费。额外支给的粮米因地域不同而名称各异，但总体来说都是济运的一种方式。《清代漕运全书》卷九《征收漕粮》记载：“江南谓之漕赠，浙江谓之漕截，山东、河南谓之润耗，江西、湖广谓之贴运。”支给数额各省不同。以上诸项合计，每船约可得银七百至一千余两。

另外，运漕之年，如遇闰月、闰年，清廷在正常钱粮外加增给发，如“山东、浙江及苏松所属苏、太等卫各有额编，遇闰加增。江安所属江兴等卫无编征，闰月、遇闰之年于道库减存银内拨补。河南省亦无额编，闰月历年照山东省一例支给，在于漕项等款银米内动支”[④]。如遇造船之年，清廷还另给造船费用。

第二，运丁可以携带一定数量的土宜，免除关税。

旗丁挽运，长年行走于运河之上，尤其江浙旗丁路途遥远，颇为辛劳，而且耗费巨大。为补贴运丁出运过程中的开销，清代同明代一样，准许运丁携带一定数量的土宜，并免除其

---

①〔清〕杨锡绂：《请停预佥备丁以免扰累疏》，《四知堂文集》卷一四《奏疏》，《四库未收书辑刊》第九辑第24册，北京：北京出版社，2000年，第328页。

②《清高宗实录》卷五八五，“乾隆二十四年四月己卯”条。

③《清史稿》卷一二二《食货志三》。

④〔清〕载龄等纂修：《清代漕运全书》卷三一《行月例款》。

关税。运丁将这些土宜沿途售卖，增加收入，以缓解出运的压力。

清代对运丁携带土宜额数有所限定。康熙二十二年（1683），清政府规定：每艘漕船北上，除运载漕粮五百石以外，可“例带土宜六十石”①，予以免税。并规定漕船除出发和经过仪征、淮安、天津时接受专官检查外，其余地方均不得盘诘。雍正七年（1729），清政府放宽了对“土宜”数量的限制，规定“加增四十，共为百石，永著为例”②，即每船可携带土宜一百石。次年进一步规定：除每船运丁原来的一百石土宜外，舵工、头工每人可再携带三石土宜，水手无论多少，每船再加三十石土宜，即每船共可带一百二十六石私货。③嘉庆四年（1799），清政府又在原来的基础上，特许增加二十四石土宜，每艘漕船北上时共可携带一百五十石免税私货。④这是清代漕船准许携带土宜的最高额数。

因地域、气候等自然条件的不同，各省运丁携带的土宜种类与名称亦不相同。一般来说，江南地区物产丰富，运丁所带土宜品种亦较多，而位于北方的山东等省，土特产品种类相对单一。其中，各类货物数量、品种庞杂，难以照例按“石”计算。为便于计算和核查，乾隆四年（1739），“向因各项货物粗细不同，按石计算，漫无一定。嗣后分别货物粗细，酌量捆束大小定数作石，于过淮处立榜晓谕，如有违例装载，以及书役人等稽延勒索，严加究处”⑤。比如“扛连纸六篓”为一石，“松香一桶”为一石，“大糖包一个算二石”⑥。此外，因重运北上与放空回南时间期限及政策规定不同，其法定携带的土宜产品也不相同。具体而言，漕船北上时可携带的商货包括如下种类：

纸张：扛连纸、官方纸、毛边纸、花尖纸、色纸、表料纸、荆川纸、火纸、油纸、川连纸、沙绿纸、神马纸、黄塘纸、表心纸、申文纸、元连纸、竹棉纸、黄表纸、皮纸、古连纸、九江纸等。

糖：冰糖、大包糖、中包糖、小包糖等。

油：桐油、茶油、香油、桂油、虾油等。

药材：薄荷、陈皮、丹皮、苍术、竹叶、黄寔、栀子、硼砂、砂仁、石膏、石黄、川穹、人中黄、人言、土茯苓、姜黄、杜仲等。

酒：大酒、中泉酒、泉酒、小泉酒、包酒、绍兴酒、花露酒等。

纺织品：浜布、水沙布、黄唐布、生白布、杂色布、手巾、丝绵等。

---

①《清史稿》卷一二二《食货志三》。

②同①。

③〔清〕杨锡绂：《漕运则例纂》卷一六《通漕禁令·重运揽载》。

④同①。

⑤《大清会典事例》卷二〇七《户部·漕运》。

⑥〔清〕杨锡绂：《漕运则例纂》卷一三《粮运期限·过淮佥盘》。

铁器：条铁、小锅、大酒锅、耳锅、大锅、钢条、中锅、铜铁丝、铁丝等。

竹木器：小镜架、木面桶子、小漆盒、澡桶、木屐、伞、马桶、箭杆、笔管、笔帽、籐鞭杆、籐、棕、圈篋等。

食物：橘饼、笋、藕粉、麒麟菜、蜜果、酱姜、烟、大海岱、乌梅、莲肉、胡椒、腐乳、皮蛋、落花生、生姜、火腿、鸡脚菜、木耳、海粉、醋、紫菜、大茴香、淡菜、干菌、包米、蚕豆、木耳、八角、蕨粉等。

其他杂货：木材、扇子、肥皂、烟煤、锡箔、胭脂、松香、五棓子、白蜡、漆、草席、烟叶、梳子、水银、紫草、明瓦、灯草、石膏、牛皮、茶盘等。①

以上所列，仅是清廷规定的物品，一些夹带或违禁商货尚未列于其中。需指出的是，“窑货、扫把、扁石、木岸、竹子、杉篙、木头俱不算货”②，故实际出运北上过程中，漕船随带货物品种远不止此。这些货物，可沿途售卖，也可运往京师出售。一般而言，因运河北段水浅，为保证漕运畅通，清廷鼓励旗丁过淮时将货物卸载，或转卖于客商。但实际上，为获得好的价格，旗丁仍愿冒搁浅之险，径直赴北售卖土宜。

江南旗丁北上所带商货，琳琅满目，种类繁多，几乎涉及生活的方方面面。小到梳子、折扇等日用品，大到建筑材料，都是其随船携带的商品。与漕船北上携带土宜相似，运丁回南过程中也会捎带货物贩卖，但商品种类和货物数量相对较少，主要包括梨、枣、核桃、柿子饼、芝麻、豆、麦、玉米、棉花、烟草、酱菜、酒等、煤、铁、皮毛、皮张等。

第三，政府分派屯田给运丁耕种，以资补贴。

运丁职责重大，为保证他们有一定的经济实力，清政府除了给出运的运丁发放行、月等漕项钱粮外，还延续了明代政策，保留有漕卫所的屯田，为运丁提供赡运津贴。顺治年间（1643～1661），经漕运总督蔡士英提议，清政府将有漕卫所的屯田归船赡运。其分配方式大致有两种：一是以运丁为单位，如山东省东昌卫每丁分配五十亩，任城卫每丁七十六亩；二是以船为单位，如江南淮安卫每船二百八十五亩至一千四百五十三亩，扬州卫每船三百九十亩至一千二百亩，滁州卫每船为二百八十五亩等。③只有江南省的江淮、兴武二卫没有屯田，清政府多拨行、月钱粮，给以资助。乾隆四十八年（1783），经总督萨载奏准，令江、兴二卫承买入官地亩，作为随船公产，其田租供运丁资助漕运。④卫所屯田的存在，为运丁提供了必要的收入。

第四，一些特殊的待遇。

---

①〔清〕杨锡绂：《漕运则例纂》卷一三《粮运期限·过淮佥盘》。

②同①。

③李文治：《清代屯田与漕运》，《学原》1948年6月第2卷第2期。

④《清高宗实录》卷一一八六，“乾隆四十八年八月辛酉”条。

对于出运运丁无违例、粮米照数全完者，清廷给予一定奖赏，以资鼓励，总体原则为：

各省运粮旗丁过淮抵通并无违限及米石照数全完者，总漕赏给花红。如额运之外，三运陆续多交米至一百石者，仓场咨部注册。六运多交米至二百石者，给九品顶戴荣身。其出运二十年，虽无多交米石，但例运无挂欠过犯者，令该丁呈明粮道确查，详报总督，移咨户部，仓场查核亦准一例给与九品顶戴。①

对于早于抵通日期的船帮，清廷亦往往多加奖赏。如乾隆五十四年（1789），山东、河南、江南、浙江四省船帮抵通日期早至数十日不等，乾隆帝上谕："每正丁一名给银一两，舵工一名给银五钱。"②

此外，遇风、火、雷电等灾害殒命的旗丁，亦有一定的抚恤银。例如，"领运弁军，凡遇海洋、大江、黄河、危险地方遭风漂没幸获生全者，照军功保守在事有功之例，官、加一级；运军、照军功一等伤例赏给。其漂没身故者，官不论衔级大小，照军功阵亡例皆以现在职任分别准荫加赠，给予祭葬银；运军亦照军功阵亡例给予祭葬银。其无妻子亲属者，照例给银。"③

3. 运丁的处境

为保障漕运顺利运转，清朝规定给予运军各种待遇，然而在现实生活中，由于各种原因，大多数运丁处境窘迫。

（1）入不敷出。清代运丁的收入，主要有月粮、行粮、屯田等项，为运丁出运提供一定的保障。但随着时间的推移，这些收入出现逐渐减少的趋势。一方面，物价上涨，收入缩水。运丁的月粮、行粮是一定的，但物价在不断上涨，这部分收入也就变相减少。至清中叶，在通货膨胀影响下，运丁收入缩水不少。嘉庆四年（1799），漕运总督蒋兆奎便提到这一变化："旗丁运费本有应得之项，惟定在数十百年之前。今物价数倍，费用不敷"④。另一方面，屯田丧失，收入减少。屯田是维持运丁生计的重要保障，亦是贴补出运旗丁的经费来源之一。"运丁世守其业，每遇佥丁，即将一姓屯租公帮运费，是以各亩征租，除完纳正赋外，余租官为征解，以资雇募头舵、水手工价之费"⑤。随着人口的增长，社会贫富分化的加剧，运丁屯田逐渐出现流失的现象。一种情况是，旗丁人口增长，运丁别无他业，不得不出卖屯田，导致屯田流失，收入减少，"军户

①《钦定户部则例》卷三八《奖赏丁舵》。

②〔清〕载龄等纂修：《清代漕运全书》卷三四《奖赏丁舵》。

③《大清会典事例》卷二〇九《户部·漕运·粮船事故》。

④《清史稿》卷三二四《蒋兆奎传》。

⑤民国《南陵县志》卷一六《食货志·赡运津贴》。

丁口日繁，入不敷出，贫窘之状久益难支”①。此情形下，一些运丁将“所领田亩，辄得于军籍户内私相典鬻，卫所官莫能究诘，无复屯田之初意矣”②。另一种情况是，屯田被豪强侵占，屯丁收入减少。由于屯丁轮流出运，漕运任务沉重，无力顾及屯地生产，故将屯地出典。一些豪强趁此兼并屯田。与旗丁私自典卖屯田不同，地方豪强的侵吞土地多带有抢夺、兼并的色彩。旗丁不仅丧失一定的收入，反而受其胁迫。如“三吴财赋十倍于它省，而徭役困苦莫甚于今日。豪强兼并之家，膏腴满野，力能花诡避役，以致富者益富，贫弱无告之民，役累随身，每致流离逋负，以致贫者益贫，弊不可究”③，形成了贫富差距拉大的趋势。此情形下，地方绅宦、富户不断将“本有屯田转售于人，专置民产向州县纳粮”④。此外，部分“寡弱之户，其力不能与官抗，则转结交有力者代为输纳”⑤。虽贪得一时之利，但也为豪强侵占田地提供了契机。

在收入减少的情况下，运丁出运支出的各项费用却日益增长，开销巨大。根据嘉庆四年（1799）十一月制《浙省旗丁每年额领及费用各款清单》所列该省运丁每年收入与支出情况，统计出浙江运丁每年收入包括：三修船银 7.5 两，漕截银 240 ～ 300 两，行粮银 18 两，月粮银 48 两，负重银 6 ～ 12 两，毛竹、芦席银 1 两，北坝余米银 15 两，簟夫余银 11 两，重运例带土宜水脚银 20 ～ 30 两，回空例带土宜水脚银 10 两，收入总计 376.5 ～ 452.5 两。其开销则包括：修舱漕船、油绘等人工银 100 两，买毛竹、芦席银 30 两，添置大桅头等银 18 两，添置绳缆等银 20 两，添置麻绳银 40 两，添置橹等修锚银 12 两，重运买背柴煤银 40 两，开行祭河、端午等节银 4 两，拉大桅人夫银 1.1 两，进瓜洲拉纤及赶淮短纤银 10 两，清江闸拉纤或过坝银 15 两，渡黄打锚人夫银 1.6 两，过京口提溜人夫银 1.1 两，淮河以北雇募短纤银 20 两，雇寻短纤并买茶叶、饭碗、盐、菜银 6 两，三闸打差饭食银 3 两，江南、江北、黄河、卫河等驳船饭米银 30 两，杨村起驳银 30 两，杨村起驳船船户饭米银 10 两，过台儿庄雇募过闸人夫 10 两，各闸文武汛衙门贴粘印花银 1.2 两，沿途打更、值夜饭食银 6 两，各闸营汛饭食银 1.1 两，重运雇募头舵、水手人夫公食银 61 两，加贴头舵工、火夫银 10 两，缴坐粮厅茶叶等银 13.4 两，回空雇募头舵、水手等银 40 两，回空买用柴、煤银 24 两，回空沿途短纤、拉闸人夫工食银 12 两，支出总计 570.5 两。⑥浙江省出运的运丁每年入不敷出，少则短缺 118 两，多则短缺 194 两。而且，以上所列各款仅仅是基本的生活开销，诸如沿途

① 同治《赣县志》卷一七《屯田》。

② 乾隆《江都县志》卷六《赋役·屯粮》。

③ 嘉庆《增修宜兴县旧志》卷三《田赋·漕运》。

④〔清〕杨锡绂：《请惩军籍绅宦富户规脱办运以裨漕务疏》，《四知堂文集》卷一五《奏疏》，《四库未收书辑刊》第九辑第 24 册，北京：北京出版社，2000 年，第 332 页。

⑤〔清〕姚文田：《论漕弊疏》，〔清〕贺长龄辑：《清经世文编》卷四六《户政二十一·漕运上》。

⑥ 沈胜群：《清代漕运旗丁研究》，博士学位论文，吉林大学，2017 年，第 124 ～ 125 页。

各种陋规支出尚未计算在内。此外，旗丁在挽运中存在靡费现象，加剧了开销压力。嘉庆十五年，嘉庆帝曾提到运丁奢靡的习气："旗丁等虽被各处勒索，但伊等向来习气，亦乐于使费花销，并沿途多带土宜，为结交酬应之需"①。曾任江苏巡抚的蒋攸铦奏疏中也提道："近来旗丁积累愈重，需费愈繁，且路费正用之外，或偿还旧债，或任意花销，或帮弁需索，皆所必有，亦非尽由于路费不敷。"②

入不敷出的结果，是运丁越来越贫穷。这种贫困化的端倪，早在顺治朝就显现出来了。顺治年间，谈迁搭乘漕船从北京南返，亲眼目睹了运军的困苦生活："然因曹州而知漕卒之困，与贫氓等也。"康熙二十年（1681）九月，康熙帝亦认识到运丁的困境，并下令商议对策：

> 积贮为国家大计……旗丁人等，挽运勤劳，宜加存恤。朕顷巡行近畿至通惠河一带，见南来漕艘旗甲人丁，资用艰难，生计窘迫，深为可悯。若不预为筹划，恐其苦累难支，以致沿途迟滞，贻误仓储，所关匪细。前以军需浩繁，漕运额设钱粮，节经裁减。今应作何酌复款项，尔部详议具奏。③

乾隆三年（1738）八月，仓场侍郎塞尔赫等奏称，江南旗丁贫困，无力返回，"江南兴武、江淮、金山、太仓、镇海等十二帮，在通漕之中，最为贫乏。本年挽运北上，中途又多繁费，今旗丁纷纷呈诉，无力回南者，约船二百余只"④。为催促漕船尽快回南，乾隆帝谕令："按丁每名借给银十六两，俾路费有资，得以早回水次。"⑤清廷拨银的救济办法，只能暂时维持旗丁生计。未几日，钱粮用完，旗丁纷纷弃船而走。同年九月，江南兴武等帮旗丁"有将船只弃置河干，而本身先回者。亦有舵工水手俱无、桅篷俱缺者。亦有家口在船，旗丁已去者，以致沿河兵役人等代为推挽，甚觉苦累"⑥。清中后期，包世臣亦指出，运丁入不敷出，穷困破产者十居其六，"所得津贴不敷沿途闸坝、起拨、盘粮、交仓之费，倾覆身家，十丁而六"⑦。

面对运丁的贫困化，清朝采取了一些应对措施。首先，清理屯田，助旗丁赎回典卖田地，以增加收入。乾隆四十年（1775），朝廷议准："湖广省各卫屯田，典卖在

①《清仁宗实录》卷二二四，"嘉庆十五年正月壬申"条。

②〔清〕蒋攸铦：《拟定漕政章程疏》，〔清〕贺长龄辑：《清经世文编》卷四六《户政二十一·漕运上》。

③《清圣祖实录》卷九七，"康熙二十年九月壬申"条。

④《清高宗实录》卷七四，"乾隆三年八月甲午"条。

⑤同④。

⑥乾隆三年九月十四日《谕仓场总督、漕运总督查办弃船回南之旗丁、舵工、水手》，周焰编：《清代中央档案中的淮安》，北京：中国书籍出版社，2008年，第47页。

⑦〔清〕包世臣：《畿辅开屯以救漕弊议》，《安吴四种·中衢一勺》，《近代中国史料丛刊》第30辑，台北：文海出版社，1966年，第462页。

民者，如本军无力，许同伍之军赎回，同船者即为同伍。各船者即为别伍，倘有典卖屯田者，不同船之军丁取赎，照民人从重加津之例，追给该卫各船资运。”[①] 无力回赎者，由朝廷助赎。如安徽“凤阳帮船曾因旗丁贫乏，官为筹项，赎回军田，俾得租项充裕，以资运费，迄今总无迟误”[②]。两年后，漕运总督顾琮又重申清廷清理屯田的政令，并拟定各级官吏在清理中的责任与处置办法：

屯田典卖与民，许旗丁备价回赎，由卫所移明州县，令民收价退田，倘州县不即饬退，照承查迟延例，扣限查参，分别议处。如该丁不即备价，混控退田，官弁未及详查，旋即更正者，罚俸一年。实系民地，捏报军田者，官弁降一级调用，旗丁责革。再有倚恃书役，隐占军田者，官照失察衙役犯赃例参处，役照侵盗官粮例治罪。嗣后各省屯田，如有影射侵渔等弊，州县卫所不即审结，将该管各粮道，一并题参。[③]

尽管清朝多次提出“清田归运”，但实际上收效甚微。清中叶后，清政府规定，无论是农户佃种屯田，还是收买屯田，都要交纳“贴运”钱粮，由地方政府代为征收。其交纳数额各地情况不一，山东济宁等地屯田，每亩出银五分；江南的新安等地，每亩出银则高达八分。钱粮由地方政府收齐后，转交给各卫所。各地运军所获也有较大的差距。如江西南昌卫每船每运可得 55 两银，袁州卫为 70 两，而赣州卫则高达 280 两。[④] 这些收入主要用于漕运途中的各项支出，如雇用驳船、纤夫，以及过闸、交仓的各项花费，如有剩余，才能分给运丁。

其次，拨银救济。为应对出运，旗丁常常行借贷之法，待津贴银两发放后归还。然部分年份，因运漕开销过多或靡费，无法足额归还，时间既久，负债累累。此情形下，清廷往往于本年道库内拨取银两给发出运旗丁，待次年新运时在给发银内扣除。乾隆二十五年（1760），漕运总督杨锡绂奏称：

漕运之有疲帮，实缘运丁债负为累。浙江之金、衢、严、温、处、绍、台、嘉等帮，江南之江、淮、兴、武、凤阳、大河等帮，债欠尤多，帮疲益甚。欲除私负之累，莫若出借官帑。请于浙江、安道库各提银六万两，专备疲帮领借。每岁督运道员，查按沿途及抵通需用银数，提交押运，至期散给，于次年新运应领项下扣还。[⑤]

此种救济政策杯水车薪，不仅不能从整体上改变旗丁困窘的情形，反而会随着时间的推

①《大清会典事例》卷二〇六《户部·漕运》。

② 乾隆五十四年七月二十六日《寄谕书麟等酌江西漕船迟延事宜》，周焰编：《清代中央档案中的淮安》，北京：中国书籍出版社，2008 年，第 73 ～ 74 页。

③《清高宗实录》卷二九八，“乾隆十二年九月壬辰”条。

④ 同①。

⑤《清史稿》卷一二二《食货志三》。

移加重旗丁的负担。如乾隆五十四年（1789），乾隆帝针对大臣等因本年江西帮船缺资未能如期开行，奏请解给道库银两，并于新漕项下银两扣除一事谕曰：

漕粮为天庾正供，从前立法之始，一切应给正项及军田运费，俱有一定章程，本为充裕。旗丁等足资用度，挽运不致拮据。行之日久，从未闻有疲累难行之事。何以江西漕船，必待领借官项，始行开帮。况此项借给之银，如本年借银二百两，来年即应于所领项下扣还大半。其现年所余之项，自较上年更少，势必所借愈多，如此年复一年，辗转扣抵。各旗丁应领之项，所存无几，将来不但运费不敷，即船内应用篷缆等物，亦必无赀置买，疲乏日甚。[①]

面对运丁的贫困化，清朝采取了一些应对措施，但随着漕政的日益腐败，各种勒索有增无减，难以从根本上改变运丁贫困的问题。

（2）运务艰巨。清代运军任务之艰巨繁重，一如明代，运输距离远、运输时间长、运输强度大、运输条件差、运输环境险，是其主要表现。

从运输距离和时间上看，清代运河基本上沿用了明代运河故道，全长3 000余里，除了直隶、山东运丁往返稍近外，其他诸如江浙等运丁运漕距离颇远，因此耗费的时间也较多。大体上，运丁在每年的十二月就要驾船到各水次接收漕粮，随后开帮北运，大约到次年的十月才能回到军营，前后时间长达十个月以上，若另有其他任务，甚至终年得不到休息。

因自然因素的影响，运丁运漕的劳动强度较大。首先，淮安以北的运河，旱季水浅淤阻，需要运丁雇募纤夫拉纤或者刮淤，增加了劳动强度。清代各帮漕船吃水深度不同，据雍正年间催漕官李绂描述，江南、浙江船帮之船较小，吃水浅，容易通过浅淤处，而江西、湖广之船大，吃水深，通过浅淤河段的难度大：

大指与食指所及为一拿，合营造尺五寸。江南、浙江粮艘小而载轻，每丁运不过六百石，水五拿即可行。江西粮艘较江南、浙江加长三丈余，载米九百余石或千二百石不等，水七拿始得行。湖广船载米亦不过六百石，因江湖之险与江西同故，船式与江西同亦用水七拿。江西、湖广路远，船多后至。此时，所过皆江南、浙江帮，故遄行无阻，而余虑江西、湖广船至不免淤阻。[②]

江西、湖广等省运丁在遇到运河水浅淤积时，其运输强度巨大。此外，如需刮淤，

①《清高宗实录》卷一三三五，“乾隆五十四年七月庚戌”条。

②〔清〕李绂：《漕行日记》，《穆堂别稿》卷一七《记六》，《续修四库全书》第1422册，上海：上海古籍出版社，2002年，第334页。

运丁又要招募民夫，进一步加剧了负担，正如《捞浅》诗云：

旱既太甚惔如焚，我心殚暑忧心熏。十月不雨河水缩，粮艘逗留愁漕军。
一船不开众船搁，前帮不动后帮泊。重运北行有定程，轻赍旧亦设盘剥。
旗丁起米不起货，商船远避怕官捉。汛分文武共攒催，欲进不进相错愕。
顾予太息重彷徨，病源止为漳水浊。一石水余五斗沙，水缓沙停淤即作。
刚过前船又后浅，定用人力多爬削……吁嗟，我愿天公恤民瘼，霖雨勿愁水更涸。①

若粮船回空延迟，往往因冻而阻，守冻、打冰等事，也相应地增加了运丁的劳动强度。直隶、山东等运河段位处北方，“北地风寒，十一月结冰。天津、临清迤南一带，从无不冻之河，到二月方开”②，故要求漕船尽早抵通与回南。粮船一旦冻阻，则需要打冰。届时，各帮分段打冰，有诗曰：

运粮河畔船初乘，运粮船下冰早凝。扣舷且莫歌水调，自制新词唱打冰。
铁锹木杵森如林，但听千夫邪许音。薄冰打得琉璃碎，坚冰打作捣衣砧。
不分浅濑与深滩，打过一湾又一湾。前帮打冰冰早泮，后帮不打船难行。
无人不似听冰狐，有船都作负冰鱼。使君督战入冰阵，照见此心冰不如。
连朝打冰冰已开，大船小船衔尾来。挽入畿南合守冻，那管前途冰作堆。③

要在冰水中打冰，寒冷彻骨，劳动量大，十分辛苦，“粮船冻阻则沿河州县例发民夫打冰，穷民盈千百，短褐单衣，露裸立于水上打之。乍开旋合，舟行不能数丈，而打冰者稍失足则沉入冰底，并尸不可得。其寒濛致疾而死者，更不知其几何，无论运丁不能造船，逃亡相继，漕运废阻，沿河州县畏催漕之难，多投牒求去尽，漕务之坏也极矣”④。

部分年份，回南船只还未全数完成，重运已北上，按例回空船只避让重运，增加了冻阻的概率，同时也增加了运丁的劳动强度。雍正时期的催漕官李绂便目睹了粮船冻阻的情形，并有如下记载：

冻阻即冰泮，犹不得南行。漕规，回空者让重运。二月解冻，过山东，新运北行冻阻诸船，悉封其桩橛。七八月间，新运行讫，始许解维到家，已冬初矣。以不足一岁之行，粮供两岁之用，饥寒无策。运丁鬻帆、桅、篙、栌以食，甚者，衣食既尽。⑤

①民国《夏津县志续编》卷一〇《艺文志》。

②〔清〕林起龙：《请宽粮船盘诘疏》，〔清〕贺长龄辑：《清经世文编》卷四六《户政二十一·漕运上》。

③〔清〕李钧：《转漕日记》卷一，“道光十六年十二月初五日”条。

④〔清〕李绂：《漕行日记》，《穆堂别稿》卷一八《记七》，《续修四库全书》第1422册，上海：上海古籍出版社，2002年，第343页。

⑤同④。

官方强令漕船搭载漕粮以外的官物，也加重运丁的劳动强度。例如城砖的搭载，便是其中之一。砖属于建筑材料，明清两代京师地区建筑与城墙等修建用砖，一般都在山东临清州烧制，再经运河运往通州。明初临清砖即由粮艘搭运，后也用民船运送。入清后"复漕船运解通州"[①]成为官方规定的运输方式。如道光年间，督粮官李钧在其《转漕日记》中记载："本年应搭运临清砖三千九百三十九块到通交纳，饬六军帮均匀分配，候过临清装载。"[②]粮船带砖，增加了船只的载重量，使得过闸及浅淤处变得更加困难，这就进一步增加了运丁的劳动量。加上城砖运输亦有时间限制，更加剧了运丁的负担，山东《临清州志》载："乾隆三十五年五月奉文，万年吉地需砖四十万，立限本年七月全数解津。"[③]官方强制粮船带砖的行为，使旗丁苦不堪言。

从运输环境上看，运河沿线的自然环境和人文环境复杂多样，运丁面临着风浪、雷电、过闸、盗匪等巨大风险。

首先是风浪之险。运河横穿黄淮等河，势必给浅底漕船的航行和运丁的安全带来一定的危险。特别是金元以来，黄河夺淮入海，一方面使得淮河河患无穷，同时也对运河造成很大的威胁。"每届夏秋，则众水漫流故道，运军遏阻"[④]。而淮安以南，河流众多，运河水源丰沛，而且风浪较大，运丁面临着漕粮浸湿，或粮船倾覆、漕粮漂没的危险。如雍正十一年（1733）夏，因雨水多，河水暴涨，风浪增大，天津一带运丁运输的漕粮遭到浸湿，"据仓场总督兆华疏报，六月二十二、三等日，雨水连绵，河流骤涨。天津一带粮船，多有浸湿漂损等语"[⑤]。乾隆九年（1744），兴武三帮运丁郑士元等四只漕船因为遭到风浪而淹没人口，亏损漕粮，兴武七帮、八帮蒋尧臣等运丁船只亦因风浪而破损：

> 据仓场侍郎吴拜等奏称，本月初七日夜间，风雨猛骤，外河水势，陡长丈余。将兴武三帮旗丁郑士元、张映、陈九如、郑子明漕船四只，遭风磕坏，淹没人口，亏折米石。又兴武七帮旗丁蒋尧臣、杨俊崇回空船二只，八帮旗丁尹磻逸回空船一只，亦于是夜遭风磕击破损。[⑥]

除粮船损毁外，大风大浪亦多致漕船倾覆。如江西漕船要过鄱阳湖，"作为内陆

① 乾隆《临清直隶州志》卷九《关榷·附临砖》。
②〔清〕李钧《转漕日记》卷一，"道光十六年十一月二十四日"条。
③ 同①。
④〔明〕沈榜：《宛署杂记》卷二〇《志遗一》，北京：北京古籍出版社，1980年，第241页。
⑤《清世宗实录》卷一三三，"雍正十一年七月戊戌"条。
⑥《清高宗实录》卷二二一，"乾隆九年七月甲辰"条。

湖来说，湖水的波涛十分汹涌”[①]，运丁过湖时不得不小心防备，以免船只倾覆。即便如此，运丁在鄱阳湖遇难的事件仍时有发生，例如乾隆十二年（1747）七月，江西省永新所运丁周梁等五船在过鄱阳湖时就遭到风浪袭击，导致船翻粮没。[②]乾隆五十七年，兴武九帮在上元县遭到狂风巨浪，导致漕粮漂没、人员伤亡。据书麟等奏，兴武九帮内领兑上元、江宁、江浦三县漕粮，于上年十二月二十五日午刻，行至上元县黄天荡，陡遭狂风，巨浪四起，汹涌异常，抢护不及，将第八号杨九章、十二号张尊玺两船打散，原装米共一千一百四十余石，漂没无存，淹毙大小人口五名。又有十六号薛文觐一船被风打破，除捞获干湿米石外，亏折米二百八十七石。[③]道光年间（1821～1850），负责督运河南粮米的李钧，在其《转漕日记》中描绘了入夜后运河上狂风大作时的情景：“风姨肆虐，簸浪扬沙，船身加数缆引之，犹觉震动，较日间更有余威也。”[④]

为减轻风浪之险，清朝采取了一些措施。如“京口一带乃江浙咽喉，漕船多有拥挤”[⑤]，清朝派官弁于附近巡视河干，同时救护过江失风漕船。康熙二十六年（1687），题准“造护漕船十只，分泊南北两岸，漕船遇风并出救护”[⑥]。除官方外，民间一些船只也被责令救护失风之船，乾隆二十五年（1760）题定：“黄河两岸捕鱼小船，令清河县开具姓名，造册编号，责令管河县丞、河标把总、经管约束。遇有粮船失风，即令各驾小船，先行救米，次行救货。”[⑦]这些措施只能在事故之后加以救护，故收效甚微，难以有效降低运丁遭遇的风浪之险。

运丁出运所面临的另一危险，是漕船遭遇雷电。行船中，船只桅杆高耸，最易遭到雷电的袭击。尤其湖广等省粮船，船体高大，遭遇雷击的事件时有发生。乾隆三十五年（1770）三月十八日，湖北荆州右卫帮船，行抵扬州府江都县八里铺地方，“被雷火焚击四十三号旗丁王才船只，并延烧五十八号旗丁张受三漕船”[⑧]，漕粮被焚。清人姚元之在其《竹叶亭杂记》中记载某粮船在天津遭遇雷击：“辛未七月，天津大风暴雨，雷电砰轰，自德州西来，若逐物者……烈风迅雷中，粮艘伤桅杆数百，或半折，或拔去，或中裂，焚烧无算。”[⑨]

漕运过程中，运丁一行人等起居生活大多数时间都在船上度过，加之漕船为木船，稍有不慎，容易引发火灾。这是旗丁出运面临的又一风险。嘉庆十二年（1807）九月，在天津北仓王家庄军船停泊处所，江西省属吉安帮第三十二号运丁康胡梁重船失火，本船烧毁，并延

---

①〔英〕亨利·埃利斯著，刘天露、刘甜甜译：《阿美士德使团出使中国日志》，北京：商务印书馆，2013年，第231页。
②《清高宗实录》卷二九四，“乾隆十二年七月辛卯”条。
③《清高宗实录》卷一三九六，“乾隆五十七年二月癸卯”条。
④〔清〕李钧：《转漕日记》卷二，“道光十七年二月二十日”条。
⑤光绪《丹徒县志》卷一六《食货·漕运》。
⑥同⑤。
⑦《大清会典事例》卷二〇九《户部·漕运》。
⑧《清高宗实录》卷八五七，“乾隆三十五年四月丙寅”条。
⑨〔清〕姚元之撰，李解民点校：《竹叶亭杂记》卷七，北京：中华书局，1982年，第147页。

烧本帮重船九只。南昌前帮旗丁陶胜正等卸空军船三只，内有毕潘兴一船，尚有未起米三十余石，亦经烧毁。又烧毁湖北三帮旗丁田显举等卸空军船十二只，共重空军船二十五只，计烧毁米一万三千余石，烧毙副丁、舵工、水手、男妇大小二十六人。[①]

还有过闸之险。运河部分河段设置有船闸，以利通航。漕船一般高大，且载米、载货过多，过闸成为一件费力费时而且危险的事情。过闸时，不仅要求运丁与闸官协调，安排船只进闸顺序，同时遇险峻等闸处，稍有不慎，即船损毁，淤塞河道，如“临清闸险，于他处不同，倘通漕失一船则抢米折船，拥塞河路，欲速反而不达”[②]。又如“通济闸最险，势若建瓴。各舟并力而挽，又岸上系轮绞之，得不退坠”[③]。此外，“凡船下闸，急旁卫至浅处，谓之走溜，即损船也”[④]。

旗丁出运中也面临被偷盗或劫掠的危险。乾隆五十四年（1789）七月，湖南帮船“行至通州南营地方湾泊，夜半时分，陡遭强盗数十人手执凶器，拥入旗丁李九漕船后艄，劈开房门，追逼银钱，李士俊之子李得荣奔救，被盗打下河中殒命，抢去大钱八千有零”[⑤]。乾隆五十九年五月，浙江帮船“在济宁州师庄闸下，守候启板，三更时分，有贼三四人扳开舱门，直进点灯，该丁等惊醒喊叫，被持刀吓禁，将衣饰、银两、布匹等项劫去，该丁上前赶夺，被贼棍打，不敢与夺”[⑥]。

（3）易遭勒索。清代运丁遭受勒索的程度不亚于明代。清初官员王命岳提到运丁有三苦：“以臣所闻，旗丁有水次之苦，有过淮之苦，有抵通之苦。”[⑦]所谓“水次之苦”，一是“买帮陋习”。漕帮有高低贫富之别，“高者丁殷易完，低者丁穷必欠。当佥运时，富弁行贿买帮，费至二三百金。贫弁坐得低帮”。于是“贫弁处必欠之势，而富弁甫佥运，已费二三百金”。二是“水次陋规”。运丁在水次承运时，“有卫官、帮官常例，每船二三两不等，粮道书办常例，每船四五两、八九两不等，至府厅书办，各有常规，常规之外，又有令箭牌、票差礼。漕院粮道令箭令牌一到，每船送五两、十两不等。刑厅票差，每船一二两不等。其名目，则或查官丁，或查粮艘，或查修舟，或查日报，或查开帮，或提头识，名目数十，难以枚举。间或清廉上司，不肯差人到帮，书吏又要巧立名色，差人到粮道及刑厅处坐催。又在刑厅差人代为敛费，盖船未离次

①《清仁宗实录》卷一八五，“嘉庆十二年九月己未”条。

②〔清〕李绂：《漕行日记》，《穆堂别稿》卷一八《记七》，《续修四库全书》第1422册，上海：上海古籍出版社，2002年，第339页。

③〔清〕谈迁：《北游录·纪程》，北京：中华书局，1960年，第19页。

④〔清〕李绂：《漕行日记》，《穆堂别稿》卷一八《记七》，《续修四库全书》第1422册，上海：上海古籍出版社，2002年，第340页。

⑤《清高宗实录》卷一三三五，“乾隆五十四年七月己酉”条。

⑥《清高宗实录》卷一四五三，“乾隆五十九年五月丙午”条。

⑦〔清〕王命岳：《漕弊疏》，〔清〕贺长龄辑：《清经世文编》卷四六《户政二十一·漕运上》。

已费五六十金”。三是被勒令交纳“行月二粮”，“布政司派给行月钱粮，旧例行文各府县支领，每船约送书办六七两不等，否则派拨远年难支钱粮及极远州县，而州县粮书又有需索，每船约送二三两不等，十金之粮，无五金之实”[①]。以上三项，是运丁在漕船尚未离开水次时，就已经遭到的搜刮。除王命岳提到的勒索外，运丁起运时的轻赍银也遭到索取。轻赍银，原本供运丁运输途中的食宿以及漕粮遇浅转剥使用。这些漕运费本来足用，“众丁应领漕截各项，本无不敷”[②]。但起运时遭到克扣、勒索，以致不足，“如开兑之时，粮道发给钱粮任意扣克，运军所得十止八九；而佥军之都司、监兑之通判又多诛求”[③]。

所谓“过淮之苦”，指“积歇摊吏书陋规，投文过堂种种诸费”，每帮过淮漕费至五六百金，或千金不等。运丁交给的上述贿钱，大部分是来自贴运钱粮等运输经费，但不足的部分，则要运丁从自己的收入中支出，以至于运丁多受牵累，“势要官胥，视运军为奇货，诛求横出，朘剥日深”[④]。

所谓“抵通之苦”，一是“投文之苦”。漕船经过长途航行，一旦抵达通州，“仓院、粮厅大部、云南司等衙门投文，每船共费十两，皆保家包送书办，保家另索每船常例三两”。二是“胥役船规之苦”。坐粮厅总督、仓院、京粮厅、云南司书房等，各索常规，每船可至十金。还有“走部代之聚敛，其不送者，则禀官出票，或查船迟，或取联结，或押取保，或差催过堂，或押送起来，或先追旧欠，种种名色，一票必费十余金”[⑤]。三是“过坝之苦”。过坝时，有委官旧规，伍长常例，上斛下荡等费，每船又须十余两，“而车户恃强，剪头偷盗，耗更不赀”。四是“交仓之苦”。交仓时，有仓官常例，还有“收粮衙门官办书吏马上马下等名色，极其需索，每船又费数十两。又有大歇家小歇家需索，虽经奉旨题革，今又改名复用，小歇家改名雇长，大歇家改名住户，借口取保，每船索银四五两不等。有送者可得先收，无送者刁难阻冻”。五是“河兑之苦”。河兑法本是为了收交两便，然而仍然发生践踏、偷盗、混等、抢筹等种种难言之弊。以上五项，是运丁在漕船抵通时受到的搜刮。此外，漕船抵达通州交粮时，书役、经纪等还要向旗丁索取种种费用，史料记载：“南粮抵通（州）未经起卸之先，每帮有验费、有窝子钱；起卸之时，除例定个儿钱外，复有后手钱，每帮每项约需制钱一百千及数十千文不等。”[⑥]

以上所述情况尚在清初，且仅是粗略提及各种陋规对运丁的勒索。后来，各种陋规、勒索逐渐增多，费用也日渐增加。相关记载对此均有所反映。如雍正二年（1724），雍正帝就

①〔清〕王命岳：《漕弊疏》，〔清〕贺长龄辑：《清经世文编》卷四六《户政二十一・漕运上》。
②《清高宗实录》卷一三五，“乾隆六年正月下乙未”条。
③《大清会典则例》卷四三《户部・漕运三・重运禁例》。
④〔清〕任源祥：《漕运议》，〔清〕贺长龄辑：《清经世文编》卷四六《户政二十一・漕运上》。
⑤同④。
⑥《清仁宗实录》卷二一二，“嘉庆十四年五月壬午”条。

曾指出官吏对出运旗丁的各种勒索行为：“漕运关系甚大，经费本无不敷，而运丁恣行不法者，皆由官弁剥削所致。如开兑之时，粮道发给钱粮，任意克扣，运丁所得，十之八九。而佥丁之都司，监兑之通判，又多诛求。及至启行，沿途武弁，借催趱为名，百计需索。又过淮盘查私货，徒滋扰累，究属无益。”①乾隆二十四年（1759）的上谕亦称：“闻各省粮艘北上，每遇过闸过坝，及急溜浅阻，必需人力挽拽者，沿河兵丁，颇有把持包雇之弊……旗丁深为苦累。”②嘉庆以来，漕政官员贪索陋规之风愈演愈烈。如嘉庆四年（1799），总督陈大文奏报山东省漕帮旗丁使费情况，就有种种勒索运丁的陋规：

如通州坐粮厅，验米费银四百两，仓场衙门、科房、漕房等费，自八十两至二百余两不等。又本帮领运千总使费银七百两，及本卫守备年规四百十二两，生节规十六两。其总漕、巡漕及粮道各衙门，皆有陋规。至班头、军牢、轿马，自数两至数十两者，不一而足。③

嘉庆四年、五年两年各省对运丁出运费用作了统计。据《清代漕运全书》卷八五《裁革陋规》记载，江西帮船有陋规 15 项，每船约计 700 ～ 1 000 余两不等。安徽船帮出运及交仓规费共 40 项之多。湖北船帮通帮违例陋规高达 3 444 两。此外，时任漕运总督的铁保呈交了江苏各帮运丁水次津贴费及陋规使费清单，其中，扬州卫二帮陋规使费 3 004.5 两，扬州卫三帮陋规使费 4 163 两，兴武卫头帮陋规使费 763 两。以上各项陋规分摊后，每艘漕船至少必须担负百两以上。而这些只是已成定制的陋规，其他各种勒索尚不在列。嘉庆五年（1800），又出现宿州头帮旗丁宋遐年呈控运弁冯麟祥借派头船名目索取银两的案件，皇帝谕旨漕督铁保亲审。嘉庆九年，又有“浙江温台等帮头伍不顾各丁苦累，将应领本色行月粮米私行折价，凑作公用，以致各丁沿途私食正米。又浮开各账，摊派领银领米盘费”④。

嘉庆年间任安徽巡抚的荆道乾，还列出过旗丁出运及交仓规费共四十款，其中称作“南账”的有十八项，“北账”二十二项。“南账”主要包括卫帮、防江营、江防厅、监兑厅、粮道、瓜洲、扬州诸关、闸坝营汛官员、吏胥及走差人夫等规礼，每船银为 30 两；“北账”含过淮签盘、台庄至通州沿途投文、通州营汛、提船、验米、仓场、坐粮厅、漕委及各衙门的规银，每船约 75.3 两。其中，湖南的陋规，旗丁出运“南账” 60 余两，

①《清世宗实录》卷二〇，“雍正二年五月甲申”条。
②〔清〕杨锡绂：《漕运则例纂》卷一三《粮运限期》。
③《清仁宗实录》卷五六，“嘉庆四年十二月丙申”条。
④〔清〕载龄等纂修：《清代漕运全书》卷八七《违禁杂款》。

“北账”90余两，两者共47款。[①] 以上违例规银，粮道押漕盘费及门包是600两，催赶委员及巡漕等是370余两，通州衙门及书吏各费近1 800两。粮道、漕委、巡漕官员、通仓衙门及各衙门吏胥是陋规的主要享有者。

嘉庆十四年（1809），太常寺少卿马履泰在呈给嘉庆帝的奏折中同样提到吏役需索旗丁的情况：“现今丁力疲困已极，而吏役照常需索视为恒业，牢不可破”[②]。并以浙江省为例，开列各款使费如下：

巡抚书吏年规，每帮24两。

藩司书吏年规，每帮70两。

粮道书吏年规，每帮600两（遇新事需索不等）。

知府书吏年规，每帮30两。

巡抚委副将等员催船开运兵役使费，每员10～20两。

粮道委千总催促粮船开行人员使费，每员10～20两。

守备年规，每帮240两。

长随年规，每帮36两。

书吏年规，每帮50两。

总运同知年规，每帮100两。

重运千总年规，每帮600两（贴坐船银50两）。

空运千总年规，每帮100两。

河督、漕员、巡抚各委员使费，每帮500两。

淮上总漕书吏使费，每帮500两。

仓场衙门书吏坐派使费，每帮120两。

仓场坐粮厅验米费，每帮480两。

坐粮厅书吏年规，每帮200两。

样米及粮船停泊地名曰“地铺银”，每帮150～160两（米色不纯则另收银）。

仓场经纪起米年规，每船30～40两。

合计3 850～3 890两。[③]

面对运丁遭受如此之多的陋规勒索，嘉庆帝深感愤怒，指出：

---

①〔清〕载龄等纂修：《清代漕运全书》卷八五《裁革陋规》。

② 嘉庆十四年十月二十日马履泰：《奏请严禁吏役需索旗丁以利漕运事》，中国第一历史档案馆藏《军机处录副奏折》，转引自沈胜群：《清代漕运旗丁研究》，博士学位论文，吉林大学，2017年，第226页。

③ 嘉庆十四年十月二十日马履泰：《奏请严禁吏役需索旗丁以利漕运事》，中国第一历史档案馆藏《军机处录副奏折》，转引自沈胜群：《清代漕运旗丁研究》，博士学位论文，吉林大学，2017年，第227页。

今据马履泰所奏，则自巡抚、藩司、粮道、总漕、仓场等各衙门以及沿途文武各员、书吏经纪人等，内外共十九处。每处需索使费或数百两，或数十两，皆有一定之数，不能短少。旗丁被逼追呼如同逋欠，其苦累之处，莫甚于此。马履泰所开之单，自非出于臆造，今就一帮五十船而论，每年即需银七千四百余两之多，况船数尚不止于此。①

最终，嘉庆帝谕令自本年新漕为始，裁革各项陋规，有不遵者，查拿治罪。但运丁因为不敢得罪各管漕官吏，依旧沿袭陋规。清代中期的包世臣曾亲闻江淮卫旗丁不敢得罪管运官吏，不得不用钱买通之，以保漕运平安：

昨日有江淮卫伍丁来寓乞事，世臣问漕事出入大略。渠言："仓帅书役皆吃仓，坐粮厅书役皆吃帮。吃帮者绝口不提要费，而帮丁委婉送给以买平安。经纪手下有斛手，其伎俩虽大，然米短不过赔补，惟挑掣米色，顷刻间即成奏案，常至倾覆。故不得不预先招呼。招呼之费，松江梭米一船，经纪约百千，斛手约十余千，厅役约四十千。个儿钱本在公费，约三十千。每船到通，各费几及二百千，唯白粮每船必须银五百两，若漕白各船有米少色变等事，则须别议"云云。其人系江、兴两卫公推拿总者，言出无心，自当不谬。②

有清一代，运丁出运过程中遭到各种勒索和欺压的现象较为突出。清人王昶有诗一首，就是对这一现象的真实写照：

长途兼患食货贵，转运渐致旗丁疲。
兑交讵免肆婪索，县官缘以淆成规。
水脚收费制尽失，徒使胥役争侵欺。
谁怜衵寒并暑雨，仅取糠籺充朝饥。③

（4）赔补巨大。清代漕运实行包运制，从漕粮上船开始，就由运丁完全负责，将漕粮安全运抵京师。如果途中出现漕粮短欠或发生霉变，以及因风火事故导致漕粮漕船受损，均由运丁赔偿。清政府甚至规定，除在长江、黄河及洪泽湖遭风翻船予以豁免外，漕船在其他水道出现翻船事故，运丁要赔偿全部的粮船损失。所以说，运丁"管

---

①《清仁宗实录》卷二一九，"嘉庆十四年十月丁未"条。

②〔清〕包世臣：《与桂苏州第四书》，《安吴四种·中衢一勺》，《近代中国史料丛刊》第30辑，台北：文海出版社，1966年，第235页。

③〔清〕王昶：《田山姜秋帆图为冯编修鹭庭（集悟）题》，《春融堂集》卷二一《杏花春雨书斋集》，《续修四库全书》第1437册，上海：上海古籍出版社，2002年，第567页。

领重运，远涉江河，经行数千里始抵通州，身家性命悠关，其责甚巨”[①]。

（5）负债严重。清代大部分运军负债严重，这与运丁佥选和出运过程中官吏的腐败等因素有关。

清代运丁从有漕卫所的军籍屯丁中佥选。这些军丁，既有富家子弟，也有穷苦赤丁。清政府认为，家道殷实的军丁生理有业，不至于盗卖漕粮，即使因故挂欠，也有能力赔补，所以原则上佥选富丁，而禁止佥选穷丁，如有穷丁出运，查明革退，另选富丁顶替，“运丁赤贫无赖、积年欠粮者，总漕查明革退，另佥殷实之丁顶运”[②]。但实际情况是，富丁想方设法，脱离军籍，逃避运役。有些将自己名下的屯田转卖与人，而专买民田，向州县纳粮，混入民籍；有些则谎称民籍，或参加科举考试，或报捐贡监和职官；更有甚者，贿赂牙役胥吏，偷改卷宗，变军为民。因此，每当佥选运丁之时，讼案不已。但富户绅宦“财势既大，胥吏证佐多为左袒，州县府厅或碍于情面，或办理粗疏，往往凭捏饰之据，狡脱之词，断为是民非军，卫所官弁徒坐视而莫可如何。是佥一富户即脱一军籍，佥一绅宦亦脱一军籍也”[③]。富户绅宦脱籍避运，剩下的只有一些穷丁被佥选出运，形成“富者狡计躲避，而贫者无以自免”[④]的局面。穷丁的经济状况原本就很窘困，面对运途的巨大耗费，自然只能负债来完成运务。例如，佥选后，仅漕船的修理与打造就已经使穷丁靡费不少，只得举债。穷丁每遇佥报，避之如汤火，而所给的官银，又不足用于打船之费，不得不先为重利借债，只等领粮以抵偿债务。

另一方面，部分佥选出的富丁，在繁重的运务下，也逐渐变穷，最后不得不借债出运。为保证佥选运丁的质量，乾隆二十九年（1764）规定：“凡隶军籍富户绅宦之家，如本伍有人可以驾运，原可暂缓佥选。如丁力已疲，实须另佥，即富户绅宦均行佥报。”[⑤]同时，在编审人丁户口时，各州县必须将屯住本地的军籍文武官员以及绅士等家，注明是某卫所的军籍，防止他们脱籍。对于纵容包庇军丁脱籍的地方官员和谋求脱籍的军丁，清政府也定以律例严惩：“故纵殷富军丁窜入民籍，并将田产代为隐匿脱漏者，访查确实，即将原查州县卫所官弁参奏，发往新疆效力赎罪，永不叙用，失察道府一并革职，不准捐复。其营谋脱漏旗丁，发给黑龙江兵丁为奴，该丁兄弟子孙仍编入军籍，佥派办运。”[⑥]这一政策取得了一定效果，有些富丁被迫参加漕运。如乾隆四十九年，江苏省兴武卫运丁姚恒的漕船被劫，劫去

①《清圣祖实录》卷二二九，“康熙四十六年五月戊寅”条。

②〔清〕载龄等纂修：《清代漕运全书》卷二六《选补官丁》。

③〔清〕杨锡绂：《请惩军籍绅宦富户规脱办运以裨漕务疏》，《四知堂文集》卷一五《奏疏》，《四库未收书辑刊》第九辑第24册，北京：北京出版社，2000年，第332页。

④〔清〕杨锡绂：《敬陈管见疏》，《四知堂文集》卷一四《奏疏》，《四库未收书辑刊》第九辑第24册，北京：北京出版社，2000年，第315页。

⑤〔清〕杨锡绂：《漕运则例纂》卷六《选补官丁》。

⑥《高宗实录》卷一三二七，“乾隆五十四年四月癸丑”条。

银一千一百两及衣服等物，并划伤事主之妾。[①]运丁姚恒，应该是个富丁，才有如此多的财物。道光年间，贺长龄在山东布政使任上时，提到“济宁前帮之任姓各丁，尤为豪横，访闻任振标、任严化等挟赀巨万，恣意妄为。一经佥派头船，则运官听其指挥，州县恣其鱼肉”。从“挟赀巨万”来看，任姓各丁亦应属于富丁。然而，清政府认为的殷实之丁，“所谓殷实，不过有田能耕，有屋可住，计其生业较胜穷人耳，非真有千金万金之富也。此等军丁或遇收成歉薄，一二年后即转为贫乏者有之”[②]。这类军丁人数众多，是清政府佥选运丁的主要对象，占清代运军总数的大部分。这些所谓的殷实之丁，疲于漕运，无暇兼顾农业，过不了多久，也就慢慢变得贫困起来，为完成运务，只能借债出运。

不论富丁还是穷丁，官吏的贪索直接加重了其负担，不得不借债挽运。运丁“受兑开行之后，直至通仓交卸，无处不受人鱼肉，以至调剂有加，而补救无效。”[③]运军贫困的主要原因，是运输过程中常遭到各衙门的敲诈勒索。又如道光时，给事中辛从益曾提道：“浙江帮丁疲累，酒商孙汝坚等重利放债，串通粮道书吏将银扣抵。经浙抚查明，运丁借欠酒商共四万八千余两。”[④]各种勒索，使清代多数运丁不堪负重，借债出运，最终破产，“沿河拦索以累百计，故津贴到手即罄。而开行数里即停，索债者认船不认人，谓之黑账，惟船去然后债去”[⑤]。道光年间，包世臣亦指出：“旗丁所得津贴不敷沿途闸坝、起拨、盘粮、交仓之费，倾覆身家，十丁而六”[⑥]。

清代运丁处境艰难，不输明代。时人有诗云：“运船户，来何暮，江上旱风多，春涛不可渡。运船户，来何暮，里河有闸外有滩，断篙折缆愁转船。夜防蠹鼠日防漏，粮册分明算升斗。官家但恨仓廪贫，不知淮南人食人。官家但知征戍苦，力尽谁怜运船户。运船户，尔勿哀，司农使者天边来。”[⑦]

4. 运丁在运河沿线的活动

清代运丁在运河沿线的一系列活动都与其处境有着密切关系，为改善境遇，他们采取了各种办法加以应对。

---

①《清高宗实录》卷一二〇七，“乾隆四十九年五月乙亥”条。

②〔清〕杨锡绂：《请停预佥备丁以免扰累疏》，《四知堂文集》卷一四《奏疏》，《四库未收书辑刊》第九辑第24册，北京：北京出版社，2000年，第328页。

③〔清〕陶澍：《覆奏粮船毋庸藉盐调剂折子》，《陶云汀先生奏疏》卷五〇《江督稿》，《陶澍全集》第3册，长沙：岳麓书社，2010年，第290页。

④〔清〕载龄等纂修：《清代漕运全书》卷八八《违禁杂款》。

⑤〔清〕林则徐：《覆奏遵旨体察漕务情形通盘筹划折》，《林文忠公政书·使粤奏稿》卷八，北京：中国书店，1991年，第161页。

⑥〔清〕包世臣：《畿辅开屯以救漕弊议》，《安吴四种·中衢一勺》，《近代中国史料丛刊》第30辑，台北：文海出版社，1966年，第462页。

⑦乾隆《江都县志》卷一三《艺文志》。

(1)逃避运役。清代漕运任务繁重，旅途艰险，卫所旗丁视之为畏途，并设法逃避运役。首先，佥选运丁之时，部分旗丁便开始逃役。乾隆二十三年（1758），署江西巡抚阿思哈奏言："近年军丁黠者匿避，疲丁止凭户族开报，长途重运，多致掣肘。"[①]请旨清查。未几年，漕运总督杨锡绂亦称，佥运时"宦家富户百计图避，所佥皆无力穷民"[②]。有些卫所旗丁逃役不成，又害怕出运，甚至宁死也不愿充当运丁。嘉庆二十年（1815），湖北德安所佥运之时，千总王墉因"旗丁聂勇宁不肯充当，将他责打，聂勇宁坠城身死。旗丁殷成辂害怕，服毒身死。"[③]

那些已经佥选的运丁，在出运过程中，也有的因为各种原因而逃役，最常见就是逃亡，一走了之。运丁逃亡，多与不堪承受运务之压力有关。雍正年间，据催漕官李绂记载，当时就有运丁因不能承担造船费用，相继逃亡，乃至漕运受阻的情况，"无论运丁，不能造船，逃亡相继，漕运废阻，沿河州县畏催漕之难，多投牒求去尽，漕务之坏也极矣"[④]。又如乾隆年间，江西赣州帮船运丁，"其穷彻骨，临至河西务剥米之时，米已上船，而剥价不能开发"；"回空则身工饭米全无，无所不卖，尚有遗弃之虞"[⑤]。于是，出现运丁大量逃亡的现象。乾隆二十七年（1762），漕运总督杨锡绂的奏疏中亦提到湖南三帮，因由武昌左卫佥定，隔省运粮，多有逃脱，"湖广漕运，俱由各卫守备佥丁。如荆州、荆左、荆右、沔阳四卫，系以湖北丁运湖南粮，卫备不亲出运，佥丁遂多草率。再湖南三帮内，有四号旗丁，由武昌左卫佥定，亦系隔省，运丁每致脱逃"[⑥]。也有的运丁在出运过程中，因为亏损米粮而逃亡。道光二十九年（1849），浙江船帮姚观五等运丁因短少米粮而逃亡，受此牵连的浙江粮道官毓衡因无力赔补而自杀身亡，"浙江粮道毓衡投河身死，讯系旗丁短米潜逃，该道无力筹补，愁急轻生，并非旗丁逼毙。家丁张明等亦无受贿消弭各情，应毋庸议，领运胡廷彪，业经革职，毋庸再议。总运桂琳，请交部严加议处，亏米仍遵前旨严追，逃丁姚观五等缉获惩办"[⑦]。

为防止运丁逃亡，清朝制定了一些惩治逃丁的措施，清代旧例规定，运丁恃顽不行上运、不候交兑及弃船逃走者，"将行粮赏钞尽追入官，仍发边卫充军"。乾隆三年（1738）规定，运丁不论在重运或者回空途中，有无故弃船潜逃而不顾者，"将该丁照守御官军在逃律治罪外，仍于面上刺'逃丁'二字示儆"。乾隆二十二年规定，运丁在粮船临坝时潜逃，后听闻缉拿

①《清高宗实录》卷五六〇，"乾隆二十三年四月癸亥"条。

②《清史稿》卷三〇八《杨锡绂传》。

③嘉庆二十年十二月初三日英和：《奏为查办李洵、黄耀亭呈控德安书吏蔡兆桂等逼充旗丁酿命等情事》，中国第一历史档案馆藏《军机处录副奏折》，转引自沈胜群：《清代漕运旗丁研究》，博士学位论文，吉林大学，2017年，第63页。

④〔清〕李绂：《漕行日记》，《穆堂别稿》卷一八《记七》，《续修四库全书》第1422册，上海：上海古籍出版社，2002年，第343页。

⑤〔清〕杨锡绂：《与江西蒋粮道书》，《四知堂文集》卷二五《书》，《四库未收书辑刊》第九辑第24册，北京：北京出版社，2000年，第496页。

⑥《清高宗实录》卷六七六，"乾隆二十七年十二月壬辰"条。

⑦《清宣宗实录》卷四七四，"道光二十九年十一月辛酉"条。

而自行投案者，“杖八十折责，枷号一个月，免刺”。同年又规定，运丁因不堪承担运费，在未禀明运官情况下擅自离帮，如果重运任务已经完成，且没有故意拖欠漕粮，该运丁“革运，免刺”。随着逃亡运丁的增多，乾隆二十七年又进一步加大了对逃丁的惩治。此前，“各省旗丁中途弃船潜逃，向例按照次数照官军在逃律治罪。初犯杖八十，充伍。再犯杖一百，发边卫充军。三犯者绞监候，仍于面上刺‘逃丁’二字”。从乾隆二十七年开始，运丁不论重运或者回空途中，如有弃船逃跑者，再犯、三犯仍按照以往惯例分别定拟充军、绞罪。初次潜逃的运丁，一旦拿获，将该丁杖一百，再枷号一个月。满日，重责四十板，仍照例于面上刺“逃丁”二字，交与本卫该管官严加管束，结报存案。①

（2）盗卖漕粮。由于各级漕运官吏的克扣与索取，运丁获得的漕运费用捉襟见肘、不敷应用，于是常常发生盗卖漕粮的现象，“正项不敷，势必侵盗漕粮”②。

漕粮是天庾正供，“颗粒皆宜慎重，岂容旗丁盗卖，致滋亏短”③。为防止运丁盗卖漕粮，清政府采取了一些预防措施。康熙五十一年（1712），奏准实行连保连坐制度，具体实施方法是，“每帮十船，令各军连环保结，互相稽察，如有折收盗卖等弊，事发之日，本军照例治罪，其余九军一同责惩”④。漕粮涉及京师稳定，倘若运丁敢于盗卖漕粮，一经发现，从重治罪。为此，清政府还制定了一系列处罚措施。清初，官方规定：“领运弁丁中途侵盗漕粮，按律治罪，不准援赦，所欠米石照数追赔。”⑤康熙七年，又规定“运丁盗卖漕粮者，发边卫充军，以子弟代运者遣戍，欠米著追”⑥。康熙四十三年，制定对盗卖盗买漕粮的运丁和失察运弁的处罚，规定一旦发现漕粮被盗卖，“将卖粮买粮之人各枷一月示众，满日责三十板”，而失察运弁一律“俟回南，听总漕捆打四十”⑦。乾隆十七年（1752），经给事中朱若东奏准，根据盗卖漕粮数量的不同，分别对买卖漕粮者施以不同的处罚，规定“零星盗卖盗买行月粮米者，仍照旧例枷号一月；如一人盗买及一帮盗卖至百石以上者，将盗买及盗卖为首之人枷号两月责放”。为严禁令，嘉庆六年（1801）颁发盗漕惩治章程，其中规定，“船户盗卖漕粮过一百石以上者，绞监候……其盗卖在一百石以下者，发极边四千里充当苦差，面刺‘盗卖官粮’并‘烟瘴改发’字样”⑧。

①〔清〕杨锡绂：《漕运则例纂》卷六《选补官丁·逃丁事例》。
②《清高宗实录》卷一三五，“乾隆六年正月下乙未”条。
③《清仁宗实录》卷二一二，“嘉庆十四年五月壬午”条。
④《大清会典则例》卷四三《户部·漕运三·重运禁例》。
⑤〔清〕杨锡绂：《漕运则例纂》卷一六《侵盗折乾》。
⑥〔清〕载龄等纂修：《清代漕运全书》卷八一《侵盗折乾》。
⑦同④。
⑧同⑥。

虽然清政府采取了各种预防和惩罚措施，盗卖漕粮的现象在清代仍时有发生。康熙年间（1662～1722），运丁盗卖漕粮的现象就已经很突出，引起了康熙帝的注意：

粮船经由漕河，领运官丁，恪遵条约，依期抵通回空，方为尽职。乃有奸顽员役，不守成法……且有盗卖漕粮，中途故致船坏，以图贻累地方，种种奸恶，难以枚举，藐法病民，莫此为甚。[①]

乾嘉时期，运丁盗卖漕粮的现象更为严重。乾隆三年（1738），乾隆帝的上谕中便提到这一现象，并饬令漕运官员严肃查处：

闻今年外省粮船北上时，旗丁等沿途私卖官米，恐兵丁等盘诘，因而行贿，公同隐匿。及至抵通交米之际，为数不足，即在通州现买充数，在旗丁希图贱价采买。而漕粮关系天庾，岂容盗窃私卖，况在通州买补，则到京米粮，愈见其少，于民食甚有妨碍。此皆从前该管大臣及官弁等，不实心查察，以致疏纵若此。著漕运总督托时，嗣后加意严查，务除此弊，如有仍蹈前辙者，即行重惩，毋得疏忽。[②]

乾隆八年（1743），漕运总督顾琮奏称："粮船抵通，起卸挂欠，多由旗丁沿途盗卖。"[③]乾隆二十四年四月，济宁城守营都司马兴禀报："拿获镇江前帮旗丁南三提盗卖漕米十五口袋，运至杨钦、陈三、朱义如三人铺内，当即协同州役拿获，交该州审拟。"[④]

嘉庆十一年（1806），江西安帮运丁郭凤源因欠曹远常缆价银两，"盗漕米十石作抵"[⑤]，事发被获，"旗丁郭凤源，照例发边地充军，因已身故，毋庸再追究"。参与盗卖的另一运丁黎方邹，亦遭到惩治，"旗丁黎方邹说事、过钱"，"杖七十"[⑥]。嘉庆十四年，有宿州二帮漕船旗丁于六月十七日行抵东昌，在恒丰号田姓处卸米一百三十余石，被河汛把总孔传鈖带领兵役拿获[⑦]。嘉庆十八年，又有江北、长淮两帮运丁短少漕粮：

此次江北、长淮两帮漕船抵通交卸，旗丁李祁运等十二人，共短米五百七十余石。其中并有一人而短至五十余石七十石者，殊属藐玩。著将该旗丁等押交阮元，按照亏欠米数清单，查明实在缘由，照例治以应得之罪。[⑧]

①《清圣祖实录》卷七，"康熙元年八月丙午"条。
②〔清〕杨锡绂：《漕运则例纂》卷一六《通漕禁令》。
③《清高宗实录》卷一八三，"乾隆八年正月甲申"条。
④《清高宗实录》卷五八六，"乾隆二十四年五月戊子"条。
⑤〔清〕载龄等纂修：《清代漕运全书》卷八一《侵盗折乾》。
⑥同⑤。
⑦《清仁宗实录》卷二一五，"嘉庆十四年七月壬戌"条。
⑧《清仁宗实录》卷二七〇，"嘉庆十八年六月庚戌"条。

道光十四年（1834），安徽池州帮第十五号旗丁王本标船盗卖漕米一百七十余石，该帮领运千总王大用“著即革职”，“王本标著革去从九品职衔，其扶同出结之舵工王文启，著枷责革役，不准复充”[①]。

运丁盗卖漕粮的地点多为运河沿线的大城市，如淮安、济宁、天津、通州等。“赶过淮关，脱帮停泊，移前补后，为盗卖地”[②]；“淮安、济宁、天津，巡察官、职所专司，各有分地。将来抵通交收，倘有短少，定当根究于何处盗卖，以治其罪，并将分地巡察该员，严加议处”[③]；“除南漕所辖地方，米价较贱，或该丁等尚无盗卖情事。其山东、天津、通州，粮艘经过及停泊地方，著各该巡漕御史实力稽查，毋任运丁等致有盗卖米石之事，以清积弊”[④]。这些大城市交通发达、人口众多，对粮食的需求量较大，因此成为运丁盗卖漕粮的主要地区。

运丁盗卖漕粮的方法主要有三种。其一是趁出售行粮、月粮余米的机会，将正项漕粮一起售卖。清代，漕运旧例，在重运漕船北上途中，不许旗丁沿途售卖月粮，“惟恐旗丁借此盗卖漕粮耳”，只许其“于回空途次粜卖，以作盘费”。后来，乾隆皇帝认为“漕运进京，有大员督运，不难沿途稽查，而抵通之后，仓场验收，又不容丝毫挂欠，旗丁亦难以作奸”，并且重运漕船北上之时，“正米价昂贵时候，既不得出粜，（旗丁）未能获利，而回空之际，沿途卖米，又未免有羁时日”，如此，运丁“虑带米无利，必致少携米石，多置他货，于北省亦属无益”[⑤]，故允许运丁在重运漕船北上途中售卖余米。于是旗丁趁机将正项漕粮盗卖，“运军食米向无禁卖之条，有将漕粮舂熟，假称食米盗卖者”[⑥]。旗丁沿途盗卖漕米，大都是零星出售[⑦]，有时也串通运河沿岸铺户大批盗卖。嘉庆十四年（1809）六月十七日，宿州的两帮重运漕船行至山东东昌时，与恒丰号田姓铺户勾结，共“卸米一百三十余石”[⑧]。此外，漕船到达通州交卸漕粮时，亦借“南粮抵通，有准卖余米之例”，将正项漕粮短交偷卖。乾隆五十三年（1788），乾隆帝下令严加稽查，“毋许旗丁等因有准卖余米之例，藉端短交，偷卖官米，如果查有影射情弊，立即严拿，从重办理”[⑨]。其二是借驳运漕粮之机，串通驳船户偷盗漕粮。旗丁在运送漕粮途中常遇运河水浅涩，漕船不能通行，需将漕粮卸载到体积较小的驳

①《清宣宗实录》卷二五一，“道光十四年四月癸卯”条。
②《清高宗实录》卷一六三，“乾隆七年三月乙丑”条。
③《清高宗实录》卷四〇八，“乾隆十七年二月辛丑”条。
④《清仁宗实录》卷二一二，“嘉庆十四年五月壬午”条。
⑤《清高宗实录》卷九九，“乾隆四年八月甲午”条。
⑥《大清会典则例》卷四三《漕运·重运禁例》。
⑦《清高宗实录》卷八六，“乾隆四年二月己丑”条。
⑧《清仁宗实录》卷二一五，“嘉庆十四年七月辛酉”条。
⑨《清高宗实录》卷一三〇六，“乾隆五十三年六月壬辰”条。

船上转运。这一过程中难免会有损耗，于是运丁和驳船户趁机盗卖漕粮。嘉庆二十三年，御史费丙章奏："旗丁串同船户盗卖官米，于剥船暗造夹舱夹梁"[①]。其三是借出售土宜之机，盗卖漕粮。嘉庆十四年，嘉庆皇帝曾下令河南、山东、江南、浙江、湖广、江西各督抚密访严查"旗丁等是否藉变卖土宜为名，夹带米石"[②]。

盗卖漕粮，必致漕粮短缺，为逃避追查，运丁往往在漕粮中掺杂他物交差，企图蒙混过关。一般来说，旗丁盗卖漕粮有所短缺，是其在漕粮中掺杂他物的主要原因。当然也有的掺杂行为，是因为粮米额数不足所致，比如州县兑给旗丁粮米时即缺斤少两，或者粮户交纳粮米时往往以坏充好，"江浙百姓，每以上等之米，留为自食，中等粜卖，下等完粮"[③]。这些米质稚嫩色暗，难以久存，甚至运输途中霉烂，引起短缺。为弥补额数，旗丁不得不掺杂。但总的来说，以盗卖引起的掺杂为多。

漕粮一经掺杂，"米质受伤，易于朽坏，竟至不堪食用"，这种行为"殊属暴殄，其情可恶已极"[④]。针对掺杂之弊，清政府制定了相关处罚措施，并屡次下令地方各官员严厉查处掺杂案件。康熙二十五年（1686），"题准红驳船分运漕米，如有用石灰泡水及药水灌涨粮米者，领运弁军呈报仓场侍郎究审，将运船人夫发宁古塔等处兵丁为奴，其短少之米勒限着落正身船户家产赔完，如驳运米好，弁军勒索不收，亦交与刑部从重治罪"[⑤]。雍正六年（1728），"奏准运丁用水搀和漕粮，运弁徇隐不报者革职，枷示河岸，俟漕竣日释放，运军用大枷枷示，漕竣日佥妻发黑龙江给兵丁为奴，押运官弁漫无觉察，照例革职"[⑥]。乾隆二十四年（1759）规定："驾运白粮旗丁掺杂，糙白米色不纯，运丁照例治罪，其掺杂糙米交纳，总漕在各丁名下，照数追赔，入于新漕搭运交仓。该帮领运千总及押运厅员均照例革职，该管粮道职员送部查议"[⑦]。嘉庆二十五年（1820），通谕有漕省分各督抚、漕运总督，令其严饬督运道厅等官员，认真查验漕运旗丁是否对漕粮有掺和之弊，并令巡漕御史随时访察。此外，还令仓场侍郎督率坐粮厅，在验收漕米进仓时，也要详细检查，"如有前项情弊，将该旗丁从重治罪，并将容隐之押运官弁，一并参处"[⑧]。道光十二年（1832），再次令漕运总督严饬督运道员等，尽职尽责，认真防范，若有旗丁掺和漕粮之事，"务即彻底根究，随时惩办，倘含混消弭，抵通后经仓场衙门参奏，除运丁照例治罪外，并将该管官一并惩处不

---

①《清仁宗实录》卷三四八，"嘉庆二十三年十月乙酉"条。
②《清仁宗实录》卷二一四，"嘉庆十四年六月下丙午"条。
③《大清会典事例》卷二〇七《漕运·征收例禁》。
④《清仁宗实录》卷二一五，"嘉庆十四年七月上辛酉"条。
⑤《大清会典则例》卷四三，《户部·漕运三·重运禁例》。
⑥同⑤。
⑦〔清〕载龄等纂修：《清代漕运全书》卷八二《掺和霉变》。
⑧《清宣宗实录》卷五，"嘉庆二十五年九月乙亥"条。

贷”[①]。清廷为了保证漕粮的质量，对掺杂行为给予严厉打击。《清史稿》云：“凡漕兑，首重米色。如有仓蠹作奸，搀和滋弊，及潮湿霉变，未受兑前，责成州县，既受兑后，责在弁军。”[②]

尽管清政府三令五申，严令禁止旗丁在漕粮中掺杂他物，但旗丁为了掩盖漕粮的短缺，常常不得不铤而走险。旗丁对漕粮进行掺杂的物品很多，具体而言，包括如下几种：第一种，掺水。比如雍正六年（1728），有山东运丁王先等人在漕粮中掺水[③]。第二种，掺白土。乾隆七年（1742），给事中长柱奏称：“蓟州地方，出有白土，蓟运回空，带来转卖粮船。舂细过筛，搀和入米，一经发热，便使米土润染。”[④]第三种，掺沙土。“据内务府丰益仓所呈，泗州粮米，不但色已改变，兼多搀和沙土”[⑤]。第四种，掺谷秕。“此案苏恒太等，胆敢积囤谷秕，交通各帮，售卖搀漕，实属积惯舞弊，大干例禁”[⑥]。第五种，掺石灰。嘉庆二十五年（1820），御史张圣愉奏称，有“不肖旗丁，以石灰洒入米上，暗将温水灌入船底，复藉饭火熏蒸，希图米粒发涨，每石余出数升”[⑦]。第六种，掺药水。有的运丁在漕粮中掺药水，使其发涨，以达到足额的目的。嘉庆十四年，嘉庆帝指出：“漕储为天庾正供，颗粒皆当慎重。乃近年不肖之徒，辄以沿途盗卖，米数亏缺，用药发涨，希冀掩饰一时。而米质受伤，易于朽坏，竟至不堪食用，殊属暴殄，其情可恶已极”[⑧]，下令追查。不久，满洲仓书高添凤奏称：“粮米用药发涨，多在天津一带地方，其药名为五虎下西川。”[⑨]经查，拿获卖药人杨秉濂、王文德，讯知有扬州帮第十号船李姓、十一号船汪姓以及新安民船李姓买过药水掺杂漕粮。[⑩]第七种，掺灰、水。“有漕州县，但以折色为事，买米上兑，搀杂糠秕。旗丁等多索兑费，即行收受，甚至沿途盗卖，搀灰和水”[⑪]。第八种，掺灰、土。“据仓场侍郎申保等奏，验收各帮南粮米色，新陈搀杂，并多灰土”。[⑫]第九种，掺糠、土。“查有潮湿霉变，粮数不足，搀和糠土者，照漕粮霉变搀和各例，将该运员分别议处”[⑬]。第十种，掺沙、粞。

①《清宣宗实录》卷二〇六，“道光十二年二月癸巳”条。
②《清史稿》卷一二二《食货志三》。
③《大清会典则例》卷四三《户部·漕运三·重运禁例》。
④《清高宗实录》卷一七五，“乾隆七年九月丁丑”条。
⑤《清高宗实录》卷一六八，“乾隆七年六月甲午”条。
⑥《清文宗实录》卷三三七，“咸丰十年十二月戊辰”条。
⑦《清宣宗实录》卷五，“嘉庆二十五年九月乙亥”条。
⑧《清仁宗实录》卷二一五，“嘉庆十四年七月壬戌”条。
⑨《清仁宗实录》卷二一四，“嘉庆十四年六月丙午”条。
⑩同⑧。
⑪《清宣宗实录》卷二二八，“道光十二年十二月乙丑”条。
⑫《清高宗实录》卷九三五，“乾隆三十八年五月乙亥”条。
⑬《大清会典事例》卷一〇二《吏部·处分例》。

"……搀和沙、粞，抵换官粮"[①]。第十一种，掺草根、沙土。"京仓漕粮，有一二处米色，甚属恶劣，且有搀和草根沙土者……此皆漕运总督及仓场侍郎办理疏忽，沿途旗丁作弊之所致，与完粮之百姓，毫无干涉"[②]。

旗丁逃避官府追查漕粮盗卖的第二种方法是：谎报漕船失事，以掩饰罪责。为逃避追究粮米短欠，捏造失风或漕粮漂没，是运丁常采取的手段。乾隆二十五年（1760），乾隆帝上谕曰："旗丁自来陋习，中途或盗卖漕米，原数不敷，或米色青腰白脐，难以交仓收纳，每欲借遭风失水之名，为自行掩饰之计。"[③]

（3）私货贸易。与明代一样，为解决运军生计问题，清朝亦允许运军在出运过程中携带一定数量的私货，沿途销售，以增加收入。但实际上，除额定私货外，运丁常常贩运大量的超额私货。其中，竹木的运输尤其明显。竹子作为地域性木植，一般多产自江南，尤其江西、湖南等省份。粮船携带竹子，抵通后为仓场粮库通风使用。据《漕运则例纂》载："雍正三年，仓场奏准各仓需用通气毛竹数目，令每船带大毛竹两根，长两丈，中径五寸。中毛竹十根，长一丈二尺，中径两寸。除山东、河南各省外，其余有漕各省应饬遵照，随粮运交。"[④]竹木为官方准许运丁携带的私货之一，规定每船可携带大毛竹两根，中毛竹十根，但旗丁为增加收入，往往携带超额毛竹，于粮船北上时沿途售卖。乾隆五年（1740）九月，漕运总督托时即指出："江广粮船，路途较远，丁舵人等装带本地竹木，沿途货卖，以供路费，积习相沿，势难禁止。"[⑤]嘉庆二十四年（1819）十二月，大臣广惠也在奏折中提到运丁超额贩运木植的现象：

江广重运粮船，向例准带天篷木植，不得高过二尺。自嘉庆十八年，经湖南巡抚奏准，船身两旁，均准跨带木植，未经议有定额，以致各帮运丁，逐年增带，较从前多至五六倍。统计江广三省粮船跨木，不下六七十万根之多，既滋夹带漏税之弊，且于趱行有碍。[⑥]

为遏制多带之风，清廷规定对超额竹木增收税银，但效果有限，多带的现象并没有减少，甚至有运丁等人为逃避盘查，强行闯关。道光十四年（1834），湖北漕船在北上时，为逃避竹木查验，径直闯关而去：

本年湖北漕船，于三月初四，据领运千总何世昇等到关开呈竹木清单，并不听候查验，即于初五日黎明闯关直下，无分昼夜，至初七日全帮均已闯过，前后一百十九只。各船

①《清高宗实录》卷一六三，"乾隆七年三月乙丑"条。
②《清高宗实录》卷一七二，"乾隆七年八月癸巳"条。
③《清高宗实录》卷六一〇，"乾隆二十五年四月丁亥"条。
④〔清〕杨锡绂：《漕运则例纂》卷四《带运毛竹》。
⑤《清高宗实录》卷一二六，"乾隆五年九月己卯"条。
⑥《清仁宗实录》卷三六五，"嘉庆二十四年十二月庚寅"条。

跨木，较上年更多，倚恃船多人众，不服截留。[①]

超额贩运竹木仅仅是清代运丁超额贩运私货的一种，超额贩运其他私货的现象亦大量存在。事实上，清中叶后，朝廷不断放宽对运丁贩私活动的限制，每艘漕船附载私货的数量大大超过以往，“沿路包揽，亦沿路脱卸，故其夹带之货多于额装之米”[②]。

（4）揽运商货。除超额贩运私货外，运丁还揽运商人货物，收取水脚钱，以增加出运收入。商人因为粮船捎带可以免税，故也乐意让运丁承运货物，以逃避高额的关税。然而，捎带商货会增加粮船的载重量，加重运丁北上负担，拖延粮船航行时间。为此，清廷禁止粮船私揽商货。康熙二年（1663），清朝颁布禁止运丁揽运商人货物的法令：“运军包揽客货，私载船内，运官、随帮官严加稽察。许于司漕衙门，据实出首免罪，如隐匿不报，一经查实，运官、随帮官加倍究拟。运军依律治罪。”[③]运丁揽运商人货物可以促进南北物资的交流，满足不同地域百姓日常生活的需求。尤其像北京等人口数量多、物资需求大的北方城市，在很大程度上依赖于粮船附载的商人货物。一旦粮船附载商货减少，这些城市的生活便会受到直接的影响。乾隆五十一年（1786）九月，长芦盐政徵瑞在奏折中就明确提到这点：“粮船所带南货，上年因河道浅阻，中途起卸，过津关者，十无二三。本年江、浙、湖南帮船，缘上年客货附搭无利，是以除旗丁土宜外，揽载甚少，此时京师南货，仍恐未能充足。”[④]道光年间，包世臣也曾提到运丁附载商人货物的重要性：“南货附重艘入都，北货赴空艘南下，皆日用所必须，河之通窒，则货之贵贱随之。”[⑤]因此，清政府虽明令禁止运丁揽运商人货物，但考虑到北京等城市的需求，又不能过于严厉地执行。所以，禁令仅能遏一时之风，并不能从根本上消除运丁揽运商人货物的现象。例如，康熙五十八年，芜湖税关反映：江西、湖广漕船多拖带木筏，满载商货，“不令查验”，以致关税大失。[⑥]这说明禁令颁布后，运丁揽运商人货物的现象并没有得到有效遏制。康熙以降至于清末，这类现象依然大量存在。如乾隆七年三月，给事中陆尹耀便提到运丁于“土宜外揽载客货，沿途停泊”[⑦]。乾隆帝亦指出，运丁揽运货物以赚取脚价的情况非常普遍，“各帮军丁贫乏者多，安得有赀本置买货物。其所载土宜，

①《清宣宗实录》卷二五二，“道光十四年五月乙亥”条。

②〔清〕王芑孙：《转般仓私说·转般事宜》，《渊雅堂全集·惕甫未定藁》卷一八《说》，《续修四库全书》第1481册，上海：上海古籍出版社，2002年，第185页。

③《大清会典事例》卷二〇七《漕运·重运例禁》。

④《清高宗实录》卷一二六五，“乾隆五十一年九月庚子”条。

⑤〔清〕包世臣：《江苏水利略说代陈玉生承宣》，《安吴四种·中衢一勺》，《近代中国史料丛刊》第30辑，台北：文海出版社，1966年，第474页。

⑥《清圣祖实录》卷二八五，“康熙五十八年七月壬寅”条。

⑦《清高宗实录》卷一六三，“乾隆七年三月己丑”条。

大约俱系商贾附带。军丁不过得有脚价藉沾余润”，并“严饬各帮运弁、旗丁等于受兑时不得多带客货。签盘时，仍亲身加意查验，以期粮归实载，货得酌装，于公私两有裨益”[①]。至道光年间，各省运丁揽运商人货物之风更甚，帮丁附带客货，每船约一二千石，其中以江广运丁最为突出，“军船私带之弊，以江广为最，亦不独江广然”[②]。

粮船附载商人货物在清代非常普遍，运丁重运北上或回南途中盗卖客货的事件也时有发生。如乾隆十四年（1749）七月，大臣顾琮即指出有运丁将附载客商货物盗卖，并谎称粮船沉没，以此侵吞客商货物：“奸丁重运过淮之后，将米匀装别船，本船假捏失风沉溺，亏折米石，令同伍赔补。其船拆板变卖，价归己囊，更有揽装客货，将货盗卖，以漕船沉溺，全行不与等情。”[③]客商不随船而行，无从知晓真相，往往受运丁蒙骗。一旦欺骗成功，运丁谎称失事的船只便不能再用来附载客货，但若有新船建造完成，运丁又可借此故技重施：“装载货物，旗丁节称自置。客商原系私议，不敢在船，全凭议定合同为准。失风乃出意外，客商既不在船，无从知其假捏。而下次多系雇觅之船，即其船亦不能再装客货。迨后排造新船，如遇不知情客商，竟有仍托装载者。”[④]旗丁盗卖附载客货，多因路费短缺或生计困乏，如乾隆四十七年，江西“广信知府康基渊寄于伊子康仪钧家信及玉磁物件等项，随委员查明广信帮内所存各物，被旗丁罗谭何等七人因盘费缺乏，中途卖去”[⑤]。又如嘉庆六年（1801），凤中二帮运丁刘秉仁等因穷困而无力置办土宜，于是通过揽运浙江商人张世荣货物收取水脚钱以增加收入，在开行途中将客货盗卖：

> 刘秉仁系凤中二帮旗丁，萧晋高系长淮头帮旗丁，贩卖货物之张世荣均属交好，嘉庆六年冬，刘秉仁因本帮各丁疲乏，每船例带土宜未能置办，欲揽装货物抵作例带土宜，借得水脚贴补运费让萧晋高买米一千二百石，欲赴通州变卖办公，因本帮船重难带，即托刘秉仁转载，当付水脚银三百两，刘秉仁即与同帮之徐枚芳等丁船均装……刘秉仁开行后，沿途将张世荣之货陆续押变七百零一件，运船抵济宁，刘秉仁被欠逼迫，又将萧晋高米一千二百石全数舂卖，恐萧晋高乏用，先于变卖货银内付过萧晋高米银五百六两九钱六分。[⑥]

---

①《清高宗实录》卷一二三三，“乾隆五十年六月丙申”条。

②〔清〕陶澍：《筹议粮船夹带私盐请扼要稽查折子》，《陶云汀先生奏疏》卷三二《江督稿》，《陶澍全集》第2册，长沙：岳麓书社，2010年，第349页。

③《清高宗实录》卷三四五，“乾隆十四年七月甲子”条。

④同③。

⑤乾隆四十七年四月十七日永贵：《题为会议江西省押运旗丁变卖寄托物品案并南安府同知沈治安延误禀报降级调用事》，中国第一历史档案馆藏《题本》，转引自沈胜群：《清代漕运旗丁研究》，博士学位论文，吉林大学，2017年，第169页。

⑥嘉庆八年三月二十三日吉纶：《奏为审明浙江民人张世荣具控凤中二帮旗丁刘秉仁等盗卖客货案按律定拟事》，中国第一历史档案馆藏《朱批奏折》，转引自沈胜群：《清代漕运旗丁研究》，博士学位论文，吉林大学，2017年，第169页。

（5）偷运禁物。为增加收入，清代运丁甚至在出运过程贩运一些明令禁止的物品，如私盐、硝磺、铜钱等。这些物资贩运虽然违禁，但获利很高，因此运丁常常偷运。

盐是百姓日常生活中的必需品，用量很大，是政府的管控品之一。为了便于管理和加强管控，清廷按地域划分盐区，实行食盐专卖。具体来说，内地共分长芦、奉天、山东、两淮、浙江、福建、广东、四川、云南、河东、陕甘十一区。① 各区之间有严格的界限与产销规定，不得私自买卖。然而贩盐利润较高，旗丁往往利用挽运漕粮的官方身份夹带私盐，沿途贩卖。雍正年间（1723～1735），有盐枭勾结运丁贩运私盐，"贩卖私盐之弊，在粮船为尤甚。有一种积枭巨棍，名为风客，惯与粮船串通，搭载货物，运至淮扬，托与本地奸徒，令其卖货买盐，预屯水次，待至回空之时，一路装载，其所售之价，彼此朋分。粮船贪风客之余利，风客恃粮船为护符，于是累万盈千，直达江广"②。乾隆三十九年（1774），江西建昌运丁李勋北上途中，"箱内藏了三百斤盐"③，被千总搜出并没收。嘉庆十七年（1812），漕运总督许兆椿在"湖北头、二、三帮粮船内，搜获夹带私盐二十九万二千余斛，讯系买自天津宋寿春等店"④。

清代运丁贩运私盐大致有两个流向：一是粮船北上一般夹带淮盐、蜀盐。二是南回时则多带芦盐。尤其后者的情况较为普遍，原因是芦盐价格低廉，运至南方则价格高涨，获利很高，故运丁空船南回时私贩芦盐者较多。清初，姚文然在其《舟行日记》中就有关于这方面的记载："盖盐在津门不过三钱外，或四钱一石，至南上江等处，则三两、四两不等，以十倍之利，而用其本甚微，物沉重、狭小而易藏，水手等禁之不止，趋之若骛。"⑤ 芦盐的大量南销，一度影响了淮盐的销售，扰乱了清政府的食盐专卖政策。嘉庆十五年（1810）六月，嘉庆皇帝曾提到运丁私贩芦盐对淮盐的冲击：

> 粮船夹带私盐，以致病商误课，则关系尤重。近来淮纲滞销，多至数十万引，本日阅阿克当阿所奏重运北上之时，竟于天津公口岸等处，豫行定买私盐，回空装载销售。此外山东、江南地方，亦有载私之处，各帮皆然。而江广帮为尤甚，计其所带私盐，多至十余万引，甚至过扬州时不服查验，竟欲拒捕伤差。⑥

---

①《清史稿》卷一二三《食货四》。

②《清世宗实录》卷八一，"雍正七年五月甲子"条。

③ 乾隆三十九年《奏呈审讯建昌漕运千总文采勒索旗丁银两一案证人供单》，中国第一历史档案馆藏《军机处录副奏折》，转引自沈胜群：《清代漕运旗丁研究》，博士学位论文，吉林大学，2017年，第153页。

④ 嘉庆十七年五月十六日温承惠：《奏为审明沧州回民王大有京控盐店卖给湖北等帮粮船盐斤案按律定拟事》，中国第一历史档案馆藏《军机处录副奏折》，转引自沈胜群：《清代漕运旗丁研究》，博士学位论文，吉林大学，2017年，第153页。

⑤〔清〕姚文然：《舟行日记》，〔清〕贺长龄辑：《清经世文编》卷四七《户政二十二·漕运中》。

⑥《清仁宗实录》卷二三一，"嘉庆十五年六月甲辰"条。

至道光朝，运丁私贩芦盐愈演愈烈，甚至有私贩达万斤以上者。如江西“赣州帮旗丁周张钟竟以一船带至万斤之多”①，严重影响了淮盐的销售。对此，道光年间两江总督陶澍曾明确指出：“粮船每年回空之时，夹带私盐沿途售卖，实为淮纲之害。”②清政府下令严厉打击运丁私贩芦盐，一定程度上遏制了芦盐大量南销的行为，但也减少了运丁的额外收入，加剧了他们的生计困难。道光十三年（1833），大臣贵庆奏称：“近岁江广军船，不敢夹带盐斤，已历三年，旗丁苦累，日渐难堪”，③请求粮船回空时，允许旗丁在例带食盐外，酌情增买部分额数，至扬州缴纳部分盐课，以赚取一定的余钱。

除盐以外，硝磺在清代属于官方采办之物，也是军用物资的一部分，严禁私买私卖，但也不乏运丁私贩的情况。乾隆七年（1742）三月，给事中陆尹耀奏称运丁积弊之一便是“夹带私茶私盐硝磺违禁物”④，因其是违禁品，故“粮船偷买硝磺，多系沿河镇集奸徒豫为收囤，暗运入船”。为此，清廷令运河沿线各级官吏，严加检查，“如查出私货硝磺，亦照私盐例，究明查参。押运官弁失察，照粮船夹带私盐例，议处”⑤。但从实际情况看，私贩或夹带硝磺的行为仍未间断。

此外，清代铜钱官铸官贩，不得私铸私贩。而运丁为增加收入，也常在北运时私贩铜钱。私钱大量涌入京师，抬高了物价，影响了百姓的日常生活。所以，清廷严厉禁止这种私贩行为。如康熙四十年（1701）正月，有湖广运丁将私钱贩运至京师，康熙帝听闻后，下令严加追查：“朕闻湖广襄阳地方，鼓铸私钱，粮船装载至京，各处售卖。此事须清其本原，著大理寺卿塔进泰，速往会同该督抚，严察具奏。并檄总漕，将楚省粮船装载私钱偷卖者，严行查拿。”⑥事后规定严禁运丁私运铜钱入京，违者治罪，“襄阳私铸钱潜贮漕艘入京，大理卿塔进泰奉命会查，疏请严禁收毁，再犯私铸私贩罪如律，船户运弁罪同私铸，地方官知情，斩决，没其家。失察，夺职，法益加严”⑦。

---

①〔清〕陶澍：《冬雪放晴暨漕船出江清高于黄各情形附片》，《陶云汀先生奏疏》卷五二《江督稿》，《陶澍全集》第3册，长沙：岳麓书社，2010年，第358页。

②〔清〕陶澍：《严查回空粮船夹带私盐折子》，《陶云汀先生奏疏》卷二八《苏抚兼署督稿》，《陶澍全集》第2册，长沙：岳麓书社，2010年，第240页。

③《清宣宗实录》卷二四三，“道光十三年九月甲申”条。

④《清高宗实录》卷一六三，“乾隆七年三月己丑”条。

⑤《大清会典事例》卷二〇七《漕运·重运例禁》。

⑥《清圣祖实录》卷二三二，“康熙四十年正月己丑”条。

⑦《清史稿》卷一二四《食货志五》。

二、水手

在船舶上从事掌舵、划桨、装卸货物、升降桅杆、探测水情等工作的劳动者，可统称为“水手”，古代文献往往将这类人称为“舵工水手”。他们是运河船只的驾驶者，也是运河社会中数量庞大、活动频繁的群体之一。

由于运河水手身份地位较低，故早期历史文献对他们的记载相当有限。宋代以降，相关资料逐渐丰富起来。宋代，运河水手包括纲船和民船水手两种。纲运以军运为主，运卒即纲船之水手，但有些时候纲船亦保留部分军卒而雇募民夫充当水手。运河中的民船水手，则雇自民夫。相关记载亦不多见。元代，漕运以海运为主，而大运河上则多商旅往来，其船只所需水手为民夫，然记载亦未详细。明清时期，运河船只分粮船和民船两类，运河水手亦可分为粮船水手和民船水手两种。由于前者关乎国家大计，相关记载较多，而后者之记载相对较少。以下主要叙述明清时期活跃于运河之上的粮船水手情况。

（一）明代运河水手

明朝初年，定都南京，此时官府所需粮食的运输主要是民运，即由纳粮民夫雇用船只及水手，通过运河将米粮运送至京师。为节约民力，洪武元年（1368）八月，明太祖朱元璋下令，运粮任务由纳粮之民夫轮流招募水手转运，“民间租税水陆穹远，送纳京师，实为艰难，仰中书省轮差夫丁，召募水手，设法转运，务从利便，毋致重困吾民”[①]。明代的运河水手因此而兴起。

永乐年间（1402～1424），明成祖朱棣将都城迁往北京，而都城官民及北方军队粮食皆依赖运河从南方运输而来，开始了长距离的米粮转运。数量巨大而且路途遥远的运输任务，对于民户来说无疑是一项沉重的负担，故明朝逐渐以军队——卫所承担起军粮运输的任务，所运之粮食称之为“漕粮”。按照规定，每船有旗甲一名，旗军十名，均来自于卫所。而北京皇室、官僚所需米粮仍由江南部分州县的民户（粮长）雇用船只水手运输，称为“白粮”。故明代永乐以后，运河水手主要分为两类：一是漕粮水手，二是白粮水手。此外，还有为商船撑驾的水手。明代，有关白粮水手、商船水手的记载较少，而关于漕粮水手的记载较多。而且随着明代卫所军户的变化，漕粮水手的成分也有较大的改变。明代长距离的漕粮运输十分辛苦，风险巨大，故运军

① 〔明〕孔贞运辑：《皇明诏制》卷一《大赦天下诏》，《续修四库全书》第457册，上海：上海古籍出版社，2002年，第540页。

改差、逃亡的情况越来越严重。至明弘治八年（1495），改差和逃亡的人数已经占到相当大的比例。据当时的都御史李蕙及总兵官郭鋐奏称：

江南、江北、直隶并南京共六总运粮旗军，递年营求该管军政官改拨闲便差使不下五六千名，逃亡事故不止一万四五千名，管运官旗只得雇觅游食光棍凑数，致坏清规。要行南京兵部转行存恤新军，给事中、御史、主事等官外卫行巡按御史会同三司掌印巡抚等官，将运粮旗军改拨逃故等项，照旧拨补上运，正军不敷，务将余丁拨补。自后运军敢有脱逃者，管运官呈把总官转呈漕运衙门拿问，解发沿边墩台瞭哨，不许仍前包雇无赖之人顶名上运。①

按照额定编制，江南、江北等六总运粮旗军共计12万人，截至弘治八年（1495），借故改差和逃亡者加起来已达到2万人。这些空缺的运军，原本应该是从漕运卫所所属军户的余丁当中勾选补充，但实际情况却并未如此，而是运官、运军雇用“游食光棍”“无赖之人”顶补，即招募无业游民充当漕粮水手，以完成运输任务。因此，随着明代运军的改差、逃亡情况日益增多，漕粮水手的成分也逐渐发生了变化，即原来漕粮水手皆为运军，后来除运军外，有部分漕粮水手是从民间招募而来的无业游民。至弘治八年时，无业游民充当漕粮水手者已占到运军总数的六分之一。为了防止运军大量改差、逃亡，弘治十年，朝廷严令漕运卫所官员约束运军，如有再犯，严惩相关官员：

今后运军逃回，官旗不行拿解清补上运者，听运官具呈漕运衙门查勘，一卫至一百名、一所至二十名者，将掌印军政等官住俸拿解，候事完申报方许关支；年终不完者，照例参究；如有受财纵放，营求改差，从重发落。②

虽然采取了这样的高压措施，运军逃亡的趋势并没有得到遏制，反而越发严重。正德十四年（1519），都御史丛兰、总兵官顾仕隆对运军逃亡日益严重的原因和现象进行了深入的分析：

缺军盗粮之害，多因积债所致，积债数多，则旗军月粮行粮不够分偿债主，经手官旗畏惧债主逼讨，胆小者则不敢赴京交粮，而抛弃船粮逃回；胆大者盗卖正粮偿还债主。又且乘机作弊，所以致害至此。然积债之由，其目有五：或因漂流磕沉船粮不得勘报开豁，借债买粮赔补，一也；或因原兑粮米湿润，经过三伏腐烂亏折，借债买粮赔补，二也；或因使用不足，收受斛面太重，以致挂欠筹斛，借债买粮赔补，三也；或因天雨泥泞，车驴脚贵，轻赍不足，借债赔补，四也；或因不才运官管干己事，假以雇脚买粮为由，

①〔明〕杨宏、谢纯：《漕运通志》卷八《漕例略》。

②同①。

> 诓借债负，遗赖卫所偿还，五也。五害不除，未免借债，积借数多，则官军逃亡，盗卖粮米，乃理势之必然者。[①]

运军逃亡日多，漕粮运输雇用民夫为水手的情况自然也就日益增加。为保障漕粮运输的顺利进行，正德二年（1507），明朝不得不从实际出发，承认漕粮运输过程中雇用水手的合法性："正德二年题准：江西二总，每船旗军十名，例支行粮三十石，中途逃故者，只扣安家月粮，所遗行粮，准给与旗军，以偿雇募。"[②] 漕船雇工的合法化加速了漕粮水手成分的变化，越来越多的无业游民加入漕粮运输，逐渐演变为漕粮水手的主体。正德十六年，都御史臧凤、总兵官顾仕隆奏称：

> 近年以来，各卫运军或遭兵火，或为灾伤，月粮不得救口。又加私债迫逼，率多逃亡，每船见军不上五七名，少者仅二三名，甚至全船皆无。而满船钱粮须要雇人拽运，拦头扶舵者一人，用银三四两，常行用银一二两，大约每船用银一二十两，俱累见在官军。[③]

明中叶，有些漕船上只有运军五至七名，有些只有两三名，有些甚至完全没有运军，漕粮运输主要由雇用的无业游民承担。照此折算，在当时的漕粮水手当中，无业游民的人数大约占到了一半，即六万人左右，这就极大改变了粮船水手的成分。明朝末年，这种情况更加严重，随着挽驾漕船的运军大量改差和逃亡，于运河沿线雇用的无业游民事实上成为漕粮水手的主力。崇祯五年（1632），陕西道试监察御史谢三宾在递呈给崇祯皇帝的奏折中写道：

> 窃观国家岁储，仰给漕运，根本大计，莫此为先。但水输陆运，道远途危，所以致此良自不易。今漕运官军，可谓十分凋敝……祖宗之制，每船旗甲一名，旗军十名，皆取之卫所。其人比闾同心，攘臂相应，故号令得行。自卫所凋敝以后，旗甲一名尚难，其人安有旗军十数。今所号为水手者，皆沿途顾募无籍贫民耳……盖每船虽有十人之多，自旗甲而外，水手皆系顾募。[④]

同年，巡漕御史余城亦指出："旧例，纲司旗甲、军夫，每船可十名，今则否。

---

①〔明〕丛兰：《论漕运积债之害》，〔明〕陈子龙辑：《明经世文编》卷一〇八《从司空奏疏》。

②〔明〕杨宏、谢纯：《漕运通志》卷八《漕例略》。

③ 万历《大明会典》卷二七《户部十四·会计三·漕运》。

④〔明〕毕自严：《覆台臣谢三宾陈设漕镇利病疏》，《度支奏议·云南司》卷一五，《续修四库全书》第490册，上海：上海古籍出版社，2002年，第31～33页。

自旗甲之外，多系雇觅外来水手，甚至旗甲亦无，而运官自行带管，或令军牢代旗。”① 至明朝末年，无业游民已成为漕粮水手的主体，是漕船在运河航行过程中的主要驾驶人员。

明代漕粮水手工作的危险性很大，特别是进入运河北段的闸漕以后。“闸漕者，即会通河，北至临清与卫河汇，南出茶城口与黄河汇，资汶、洸、泗水及山东泉源。”② 这段运河除汶河、泗水和卫河等少数小河流外，没有大江大河可资利用，水量较少，明初即已淤塞，故必须设置很多水闸蓄水，才能保障漕船的通行。倘若频繁开启水闸，闸内的水就会流失，船只无法通行。由于水闸较多，过闸时的危险也就很大，一不小心操作失误就容易翻船，酿成船毁人亡的事故，因此过闸漕对于漕粮水手来说，无疑是一个非常严峻的考验。明代传教士利玛窦曾亲身经历过闸，并对水手过闸时面临的危险作了详细的描述：

> 船的数量是如此之多，经常由于互相拥挤而在运输中损失许多时日，特别是当运河水浅的时候。为了防止这种情况，就在固定的地点设置木闸来节制水流，木闸还可以作为桥来使用。当河水在闸后升到最高度时，就开放木闸，船只就藉所产生的流力运行。从一个闸到另一个闸，对水手是个艰难的任务，造成旅途中冗长乏味的耽搁。由于运河中很少有足够风力，行船更增加了负担，于是从岸上用绳纤拉船前进。有时在一个闸的出口或另一个闸的入口处，也会波涛汹涌，以致船只倾翻，全部水手都被淹死。③

明代漕粮水手不仅工作危险性大，而且如运军一样，在运输漕粮过程中也遭受胥吏的勒索。比如过闸时，胥吏加征耗米，拖延漕船进行，导致水手失利。崇祯年间（1628～1644），有官员向朝廷报告漕粮水手在过闸时遭到加耗之勒索，并请求下令严禁：

> 漕粮为国家第一等大事，而领运漕粮即为卫所第一件苦差，挂额储而违限期各运官降罚有差，诚重之也。若胥役作奸，沿积习而为额外之需索，是又借运官以口实而正数且阴受其亏蚀矣。该臣于经管漕粮司官及各闸坝运役戒谕申儆，不啻再三，突于本年三月二十六日据天津饷司主事樊维城禀称：津运京粮急如星火，乃于州闸坝等处每石加耗一升六合，揹留日久方回，其民船水手皆控地哀诉，宁往运蓟，不愿运通等因。④

明代运军雇用无业游民为漕粮水手价格很低。一般漕船出运往返一次耗时十个月左右，但那些受雇的漕粮水手仅得银三两，所以他们要么得钱之后就逃之夭夭，或者凭借其人数众

①〔明〕毕自严：《度支奏议·云南司》卷一六《覆漕院余城条陈利弊疏》，《续修四库全书》第490册，上海：上海古籍出版社，2002年，第96页。

②《明史》卷八五《河渠志三》。

③〔意〕利玛窦著，何高济等译：《利玛窦中国札记》，北京：中华书局，1983年，第325页。

④〔明〕毕自严：《禁革闸坝需索加耗弊习疏》，《度支奏议·堂稿》卷一四，《续修四库全书》第483册，上海：上海古籍出版社，2002年，第628页。

多欺凌运官，或者盗窃漕船物资等，各种行迹不一而足："今所号为水手者，皆沿途顾募无籍贫民耳。往回与值三两，得钱之后，往往逃去，及其在船之时，复多方凌辱旗甲，鼠窃狗偷，甚受其累"①。与此同时，由于受雇的漕粮水手多为无业游民，流动性很强，加之易于遭到勒索、克扣工钱等不公平待遇，因此他们常常有不法行为，对运河沿线的社会秩序也带来了一定的负面影响。崇祯五年（1632），应天卫指挥耿秉孝之官船在北京与天津之间的运河段停泊，等候过关，于深夜时遭到盗匪抢劫。据事后统计，在此次事件中，官银七百余两被抢，衣物被洗劫一空，随从二人被杀，漕船被烧，漕粮五百六十余石被毁，指挥耿秉孝本人亦身受重伤，后不治身亡：

> 本卫帮船于四月二十七日过关，跟帮浅阻河西务丁家庄候剥前进，于三十日夜三更，陡遭大伙强盗六七十人，各持利刃，明火执杖，蜂拥上船，登时杀死仆人耿元、耿书，继而砍断指挥耿秉孝右膀，枪透左肩，遍身火炽，尽皆焦烂；劫去解京完粮官银七百二十两、告剥小封银三十三两六钱；衣物等件罄劫一空；放火将本官乘座旗中黄道行漕船烧毁；粮米正耗五百六十余石尽成灰烬……今本官受伤，火气攻心，至初二日亥时身故。②

后经查获，抢劫运河官船的正是受雇的漕粮水手，抢劫原因是其工钱遭到卫官耿秉孝克扣，"揆其劫杀根因，咸称本官克减所致。今武清县见获强贼陈二、传二，供称应天卫水手姚益、王二与杭州卫帮内水手刘三等十五人，俱系各卫水手"③。

（二）清代运河水手

清代，运河漕运依然由运军（称"漕运旗丁"）负责，但漕船上的主要劳动力却是水手，以至于水手发展成为清代运河社会中数量庞大的群体之一。

1. 水手的形成

清王朝建立后，逐步疏浚明代运河，并在漕运制度上沿袭明代，由卫所运军负责，但运军改称屯丁。按照明代旧例，每船运丁十名至十一二名。康熙二十五年（1686），每船额设运丁十名。但这一规定事实上在明末就已经难以实现，时人有云："旗甲尚难其人，安有旗军以十数，今所号为水手者，沿途雇募无籍平民耳。"④清初运丁主要

① 〔明〕毕自严：《覆台臣谢三宾陈设漕镇利病疏》，《度支奏议·云南司》卷一，《续修四库全书》第490册，上海：上海古籍出版社，2002年，第32页。

② 〔明〕毕自严：《题运弁耿秉孝被盗劫杀疏》，《度支奏议·云南司》卷一五，《续修四库全书》第490册，上海：上海古籍出版社，2002年，第28页。

③ 〔明〕毕自严：《复议漕粮劫盗失事官员疏》，《度支奏议·云南司》卷一六，《续修四库全书》第490册，上海：上海古籍出版社，2002年，第81页。

④〔清〕汪楫编：《崇祯长编》卷五八，"崇祯五年四月癸未"条。

来源于明代运军，可得者已十分有限。加之顺治后期，因卫所屯地大量丧失、运丁承运负担过重，以致运丁经济状况迅速恶化，大量运丁逃亡，严重影响到漕运秩序。各船帮为补充缺额，只能暗中招募水手协助出运，以完成漕运任务。故明末运军不足，需大量雇募民夫为水手的状况，在清初亦然，以至于清朝不得不根据形势变化调整政策，承认漕船招募水手的合法性。康熙三十五年，清廷对每船雇募水手的人数作了明确的规定：

漕船出运，原系佥丁一名，雇募水手九名。今以数军朋管一船，易致推诿，应仍照旧例，每船佥派正身殷丁一名，其余名数，总以身有家属、撑驾谙练之人充当。①

漕船出运，每船佥军一名。其余水手九名，雇觅有身家并谙练撑驾之人充役。②

这一法令明确了漕船出运，每船有运丁 1 名，其余 9 名雇募水手。据此，康熙后期水手已占到漕运劳动者人数的 90% 左右，成为漕粮运输的主力。根据《清代漕运全书》记载，直隶、山东、江安粮道、苏松粮道、浙江、江西、湖北、湖南全部额定运丁人数为六万五千四百余人。依照前述比例推算，漕船雇用水手人数已达到五万八千余人，运丁、水手合起来人数达到十余万人，以至于康熙年间（1662 ～ 1722）有“旗丁、水手十万家”之说。③ 而在全盛时期，水手的人数比康熙年间还要多，“漕河全盛时，粮船之水手，河岸之纤夫，集镇之穷黎，藉此为衣食者不啻数百万人”④。道光年间，两江总督陶澍亦云：“军船水手每帮多者数千，少亦不下千余。”⑤ 漕船水手已发展成为清代运河社会中的重要群体之一。

清代，驾驶漕船的水手来源复杂，有漕省份之水手情况不尽相同。以下分省述之。

江、浙二省的漕船水手多来自山东、江苏，“本地（浙江）……所有头舵、水手，向系招募淮徐及山东沿河一带之人”⑥，“江、浙水手向系江北、山东等处外来之人揽雇承充”⑦。江浙运河水手为何来自山东、江苏，揆其原因，一方面浙江本地农民苦于漕运，多不愿充当水手，“承平日久，漕弊日滋。东南办漕之民，苦于运弁、旗丁，肌髓已尽，控告无门，而运弁、旗丁亦有所迫而然”，因此浙江一带农民视漕运为畏途，自然不愿充当水手。另一方面，山东西南一带地瘠民贫，江苏沿河地区灾荒频仍，流民较多，“岁偶不登，闾阎即无所恃。

①〔清〕载龄等纂修：《清代漕运全书》卷二六《查佥运丁》。

②《大清会典事例》卷二〇五《漕运·佥选运军》。

③〔清〕林起龙：《请宽粮船盘诘疏》，〔清〕贺长龄辑：《清经世文编》卷四六《户政二十一·漕运上》。

④〔清〕丁显：《请复河运刍言》，〔清〕贺长龄辑：《清经世文编》卷四一《户政十六·荒政一》。

⑤〔清〕陶澍：《筹议约束水手办理章程一案折子》，《陶云汀先生奏疏》卷六一《江督稿》，《陶澍全集》第 4 册，长沙：岳麓书社，2010 年，第 69 页。

⑥道光五年五月初四日浙江巡抚程含章：《奏为遵旨查明浙江粮船嘉白杭三两帮水手滋事案实在情形并参奏前署巡抚黄鸣杰办案不力事》，中国第一历史档案馆藏《军机处录副奏折》，转引自曹金娜：《清代粮船水手中罗教传播之区域性差异研究》，董劭伟编：《中华历史与传统文化研究论丛》第 4 辑，北京：中国社会科学出版社，2018 年。

⑦道光十五年十一月二十五日署理两江总督林则徐、护理江苏巡抚陈銮等：《奏为筹议约束粮船水手各款事》，中国第一历史档案馆藏《军机处录副奏折》，转引自曹金娜：《清代漕运水手群体初探》，《历史档案》2017 年第 3 期。

南走江淮，北出口外”，“滋生无策，动辄流移”[①]。加之江、浙运河沿线经济繁荣、富庶，故山东、江苏的无业游民多前往寻求生计，受雇为运河水手便是其中重要的一途。

江西、安徽、湖南、湖北四省水手一般雇用土著民人，而不用流民，漕船回空，则散尽乡里。比如，“江西漕船水手多系土著民人，每岁漕船受兑之时则应募上船，回空之后则散乡里……湖广军船水手大略与江西相似”[②]；船帮“逐其外来籍游民”[③]。安徽省“粮船本少，所用水手籍隶本处者多，由旗丁拣选雇充……皆有家可稽”；“所用水手先尽土著居民，择其平日或种田，或捕鱼，本有守业，为人老实者，雇用在船”；“粮船归次后，水手只准留船三日，听其料理……三日之后……水手俱各回家”[④]。湖南“责成旗丁选募本籍老实之人，并报运弁验充，外来流棍，概不得混行督雇”[⑤]。

山东、河南两省距离北京较近，水手一般是漕船沿运河行进过程中，随时雇募，随雇随散。山东省粮船水手均由旗丁亲自雇觅，因运输路途近，粮船水手在船时间短，粮船抵达通州交粮即解散水手，来年漕运重新雇募。这样一来粮船水手“聚处本无多时，再雇多非昔旧伴情”[⑥]。河南粮船水手也由旗丁亲自随时暂雇，粮船抵达通州后，即时遣散。[⑦]

2. 水手的管理

漕船水手人数众多，来源复杂，而且流动性很强。为稳定运河社会秩序、保障漕运的通畅，清政府制定了一些政策来加强对水手的管理，以约束其在运河沿线的行为。

首先，清除无籍水手。雍正时，下令漕帮所属卫所不得雇用无籍水手，由地方官负责稽查。因此，漕船解散了部分原先雇用的外籍水手，并从卫所军中选出水手、头舵。但是，由于运丁人数有限，这一政策在漕帮中推行的难度非常大。而且，“粮船涉江渡黄，

---

① 光绪《山东通志》卷首《训典二》。

② 道光五年八月初五日掌浙江道监察御史熊遇泰奏折，〔清〕贺长龄纂：《江苏海运全案》卷一《章奏》，《稀见清代四部辑刊》第二辑第33册，北京：学苑出版社，2016年，第102页。

③ 道光十四年十二月初七日江西巡抚周之琦：《奏为江西帮船情形查议水手章程事》，中国第一历史档案馆藏《军机处录副奏折》，转引自曹金娜：《清代粮船水手中罗教传播之区域性差异研究》，董劭伟编：《中华历史与传统文化研究论丛》第4辑，北京：中国社会科学出版社，2018年。

④ 道光五年九月十五日安徽巡抚张师诚：《奏为查明粮船水手尚无习教挟制等弊及筹议约束章程事》，中国第一历史档案馆藏《朱批奏折》，转引自曹金娜：《清代粮船水手中罗教传播之区域性差异研究》，董劭伟编：《中华历史与传统文化研究论丛》第4辑，北京：中国社会科学出版社，2018年。

⑤ 道光十五年十二月二十六日湖南巡抚吴荣光：《奏为遵查湖南粮船尚无恃众逞强弊端并筹议水手章程事》，中国第一历史档案馆藏《军机处录副奏折》，转引自曹金娜：《清代粮船水手中罗教传播之区域性差异研究》，董劭伟编：《中华历史与传统文化研究论丛》第4辑，北京：中国社会科学出版社，2018年。

⑥ 道光五年九月初五日护理山东巡抚讷尔经额：《奏为查明东省水手向无设教敛钱等弊并筹议约束章程事》，中国第一历史档案馆藏《军机处录副奏折》，转引自曹金娜：《清代粮船水手中罗教传播之区域性差异研究》，董劭伟编：《中华历史与传统文化研究论丛》第4辑，北京：中国社会科学出版社，2018年。

⑦《清宣宗实录》卷八七，“道光五年八月壬戌”条。

提溜打闸，关系重大，非熟谙之人不能胜任”，所以各船帮不得不留用数名老练水手来教授卫所运丁，待卫所运丁水上技能熟练后，再将外籍水手“尽得更换”①。

其次，推行漕船保甲法。为控制漕船水手，清政府逐步在漕船上施行保甲法。先是要求各船帮实行保结政策。康熙五十一年（1712），规定：“每帮十船连环保结，互相稽查。”②此时的规定比较粗略，只是船帮之间相互保结。康熙六十一年，进一步将保结政策推向漕船水手，要求“粮船……其雇募头舵工水手，取具互保各结，报名该管官存案”③。为强化对水手的管理，雍正七年（1729）又规定：“运弁、正丁……雇觅粮船水手，俱开姓名、籍贯，各给腰牌，令前后十船互相稽查，取具正丁甘结。十船连环保结，如一船生事，十船连坐。”④此时保甲政策已比较完善，规定更加细密，要求发放腰牌给每名水手，十船相互稽查，如有生事，十船都要受到牵连。此后，保甲之法成为约束运河水手的重要法令，并且规定更加细化，如《户部则例》载：“粮船水手，责成各卫所及运弁正丁雇募，择其谙练老成之人，取具本船到舵水手互保各结，造具年貌姓名清册，转报粮道存查。仍开明姓名籍贯，各给腰牌，粮道押运官等官沿途稽查。如中途或有事故更换，押运官弁移行该地方官选择土著良民添补，仍取具册结稽查。”⑤

清代针对水手推行的保甲法令在现实生活中得到了落实，各船帮皆按此执行。例如，嘉庆末年，安徽巡抚张师诚在《奏为筹议稽查约束粮船水手章程事》中提道：“先取原籍邻佑及头舵水手互保等结，并造具年貌花名清册……由乡里邻佑保其非匪类，方准收雇。”⑥道光五年（1825），江西省漕船回空后即将水手登记造册，“本年帮船回次后，即令粮道督饬押运丞倅及各帮运弁，将水手人等，分别查造花名籍贯清册。每船取具联名甘结，分送各衙门备案，并责成各帮弁实力稽查”⑦。道光十四年，江西巡抚周之琦在《奏为江西帮船情形查议水手章程事》中亦提道：“雇募强壮勤谨者充当水手，取具各结，于起运时逐一点验核对……每人由该道置给腰牌一面，开载姓名及籍贯、保人姓名，不许擅离本船。”此外，湖南、两广、江苏等地方大员相继奏请水手保结事宜。道光十五年，湖南巡抚吴荣光在《奏为遵查湖南粮船尚无恃众逞强弊端并筹议水手章程事》载："粮船雇募头舵水手……依保甲之法取具，

---

①雍正二年三月二十六日漕运总督张大有：《奏粮船头舵水手不能尽换折》，《雍正朝汉文朱批奏折汇编》第2册，江苏古籍出版社，1987年，第723页。

②《大清会典事例》卷二〇四《漕运》。

③同②。

④《大清会典事例》卷二〇八《户律仓库》。

⑤〔清〕林则徐：《筹议约束漕船水手章程折》，中山大学历史系中国近代现代史教研组、研究室编：《林则徐集奏稿》，北京：中华书局，1965年，第314页。

⑥本小节奏折内容均收录在中国第一历史档案馆藏《军机处录副奏折》，转引自曹金娜、李君：《清中后期漕运社会保甲制度初探——以漕运水手为例》，《农业考古》2015年第4期。

⑦《清宣宗实录》卷八六，“道光五年八月丁巳”条。

十船连保，各给腰牌，互相稽查，一船生事九船连坐，并造具姓名、年貌、籍贯清册，且传申其粮道，查核由道出示晓谕。”同年，署理两江总督林则徐、护理江苏巡抚陈銮在《奏为筹议约束粮船水手各款事》一折中称：“饬令卫备帮弁逐船查验责惩正身，旗丁与孥分别到舵甘结，雇募水手姓名、年貌及实在籍贯，按名给发腰牌。按船编册注明，不许携带器械上船。正丁出具甘结，并取本船舵工水手互结，十船连环保结，由卫备帮弁查加结申送粮道及总运厅员，查参滋事者，惟互保结个人是问。”

保甲制度在水手中的落实和细化，有利于清廷对漕船水手的控制，也加强了对运河沿线社会的管理。故保甲法推行后，起到了一定的效果，体现在以下几个方面：

第一，加强了清政府对漕船水手人身及行为的控制。漕船水手皆“依保甲之法取具……各给腰牌，互相稽查……并造具年貌籍贯清册”。保甲法下，官府对水手登记造册，一旦水手有不法行为，即可按名册查拿，“有漕省份各督抚，责成粮道，督率所属各官弁，随时认真稽查，遇有守闸、守水停泊处所，将各帮水手花名、年貌，按册查点，平日留心默记。一有滋事之案，即可知为某帮某人，迅即会同地方官，立时查拿惩办”①。

第二，加强了清政府对漕船水手的监视。在保甲体系内推行连坐制，使漕运水手相互监督，随时举报保甲体系内水手的不法活动，防范船帮内水手之械斗等活动。在保甲的范围内，人们的一举一动，彼此都了如指掌，一旦发现有不法活动，可及时向基层官员汇报。这种情况下，船帮内水手之不法行为很难逃脱保甲内的耳目。嘉庆二十年（1815），粮船水手告知官府，安徽省小八卦门外，有水手公所一处，并供有观音、地藏。安徽巡抚胡克家立即委员前去处理此事件。

第三，保甲的主要功能即“弭盗”。在水手中推行保甲，将之登记在册，为稽查盗贼提供了便利。道光五年（1825），有嘉兴白粮帮械斗滋事凶犯逃往阳谷县，该县知县程应庚稽查保甲，查获逃逸水手刘五。同时有凶犯逃往峄县，当地知县刘宇昌禀报台庄参将张青云，“派拨弁兵协同伙役充眼线”，拿获张老五。粮道李宗传等“不惜重赀寻觅眼线”，协同江南河标副将曹及邦，在江南、山东、直隶三省查访缉捕案犯二十七名。

第四，制定刑律约束水手。在水手中实行保甲法的同时，清廷也出台了相关的刑律，确保保甲法的有效推行。如保结粮船内漕运水手出现不法活动，清廷也出台相关刑律规定：“粮船水手伙众十人以上，执持器械抢为首者，照强盗律治罪；为从减一等。如十人以下又无器械，照抢夺律治罪。出结之旗丁头舵，拿送此免罪；如容隐不首及徇庇不拿者，比照强盗窝之律分别治罪。”（《大清律例根原》卷六〇，“白昼抢夺”

①《清宣宗实录》卷一六五，“道光十年二月丁卯”条。

条）此刑律主要针对粮船水手抢劫、械斗而制定，目的在于加强对水手的管理。

3. 水手的处境

清代，漕船水手是漕粮运输的主要劳力，但其处境却颇为窘困，主要表现在收入低下、劳动艰辛、生计不稳等方面。

（1）收入低下。水手依运河而生，其收入主要来自运丁的雇募。康熙三十五年（1696）以前，漕船中如出现人手不足的情况，由运官和运军自己雇募水手，工钱也由漕帮内解决，每名水手每运最多时能得到六两左右的“身银”工钱。[①] 但清初各船雇募水手之价格没有固定标准，“各省头舵、水手人等，原系旗丁自行雇募，身工银两向未有定例”。水手人等在被雇用之后，经常与运丁在工钱上发生纠纷，以至于“加添名色，聚众打抢，扰害官丁”等事层出不穷。为保障水手工钱待遇，维持漕运的正常运转，雍正元年（1723），清廷“题明定价”，将各省各船帮雇用水手之定价开列，并立石永远遵行。是年所定各省各船帮雇用头工、舵工及水手身工价格见表1-3。

表1-3　雍正元年规定头工、舵工及水手身工价格表　　单位：两/名

省份	船帮	头工		舵工		水手	
		重运	回空	重运	回空	重运	回空
山东	德州帮	1.2	0.8	5	3	0.61	0.6
	济宁前后帮	2	1.6	2	1.6	2	1.6
	东平帮	1.6	1	6	2	1.6	1
	临清山东前帮	1.8	0.8	6	2.2	1.5	0.8
	东昌、濮州两帮	2	1	8	4	2	1
河南	通州所、天津所、德州、临清前后、平山前后、任城、徐州、长淮等帮	3	2	6	4	2	1.6
江安各属	江淮头二三四五六七八九帮、兴武二四五六八九帮	6.2	6.2	6.2	6.2	3.9	3.9
	兴武三帮	5.5	5.5	5.5	5.5	3.9	3.9
	兴武七帮	5	2.5	4	2	2.7	1.35
	安庆帮	3.3	1.8	3.3	1.8	3	1.5
	池州帮	3	2	3	2	2.5	2.5

①〔清〕林起龙：《请宽粮船盘诘疏》，〔清〕贺长龄辑：《清经世文编》卷四六《户政二十一·漕运上》。

续表

省份	船帮	头工		舵工		水手	
		重运	回空	重运	回空	重运	回空
江安各属	宣州帮	4.27	4.27	4.27	4.27	4.27	4.27
	宁太帮	3.15	2	3.15	2	3	1.5
	庐州头帮	4	2.4	4	2.4	2.4	1.3
	庐州二三两帮	3.4	2	3.4	2	2.4	1.2
	凤阳常帮、凤中常帮	3.6	1.8	3.6	1.8	2	1
	凤中二帮	2.4	1.2	3.2	1.6	2	1
	长淮头帮	3.6	1.8	3.6	1.8	2.4	1.2
	长淮三帮、四帮	5	2	3	2	2.4	1.2
	泗州前后兑苏常帮	3.3	1.5	3.3	1.5	2.6	1.3
	泗州前后兑运淮粮	3.2	1.5	3.2	1.5	2.2	1.1
	宿州头二两帮	4	2	4	2	2	1
	淮安头、二、四帮	4.5	2.25	4	2	2.6	1.2
	淮安三帮	3	1.5	3	1.5	2.4	1.2
	大河前帮	4.5	京钱 4 000	4	京钱 3 000	2.4	京钱 2 000
	大河二三两帮	4.5	2.25	4.5	2.25	2.4	1.2
	扬州头帮	4	1.5	4.5	1.5	2.7	1.2
	扬州二三两帮	3.6	1.2	4	1.2	2.7	1.2
	仪征帮	8	8	7	7	3.6	3.6
	滁苏帮	2.6	1.8	4.4	2.2	2.4	1.2
	徐州江北帮	4.5	4.5	4.5	4.5	2.2	2.2
苏松各属	苏州前后帮	5.4	2.7	4	2	3.2	1.6
	太仓前后帮	3.75	1.5	3.75	1.5	2.5	1.2
	镇海前后帮	3.6	1.6	3.6	1.6	2.4	1.2
	金山卫原头帮	4.92	2.25	4.92	1.6	3.57	1.25
	金山卫原二帮	4.57	1.85	4.57	1.85	3.47	1.15
	镇江前后帮	4.5	1.8	4.5	1.8	2.4	1.8
浙江	宁波前后、杭严三四、绍兴前后、嘉兴卫、严州所、处州前、嘉白十帮	6.5	2	5.3	1.7	4	1.3
	湖州所、台州前后、金衢所、温州前后、处州后、湖白等八帮	6.7	2	5.2	2	4.1	1.3
江西	南昌前后、袁州、永新、抚州、建昌、广信、铅山、九江前后等十帮	3.2	1.2	3.2	1.2	2.8	1.2
	安福所	3.6	1.2	3.6	1.2	3	1.2
	饶州所	4.8	2.4	4.8	2.4	3.2	1.6

续表

省份	船帮	头工		舵工		水手	
		重运	回空	重运	回空	重运	回空
江西	赣州帮	6	2.7	5.5	2.7	4	1.8
湖广	湖北头二三帮	6	1.8	6	1.8	4	1.2
	湖南头二三帮	6	1.5	6	1.5	4	1
	岳州卫	5.5	1.5	5.5	1.5	3.6	1

资料来源：表 1-3，转引自周育民《漕运水手行帮兴起的历史考察》，《中国社会经济史研究》2013 年第 1 期。

雍正元年（1723）所定水手人等工价银具有三个重要特点：

一是重运与回空时雇价有别。一般重运劳动强度大，雇银高；回空劳动强度相对较小，雇银比重运时要低。两者最高时可差到四两多，如浙江湖州所、台州前后、金衢所、温州前后、处州后、湖白等八帮所雇头工，每名重运与回空价格相差 4.7 两。浙江宁波前后、杭严三四、绍兴前后、嘉兴卫、严州所、处州前、嘉白十帮所雇头工，以及湖南头二三帮所雇头工、舵工，每名重运与回空价格之差亦达到了 4.5 两。当然，也有些船帮比较特殊，水手人等在重运与回空时雇价相等，如江淮头二三四五六七八九帮、兴武二四五六八九帮、宣州帮、仪征帮、徐州江北帮。但这种情况并不普遍，大多数船帮在雇价上重运高于回空。

二是各个船帮在雇价上差异较大。因受地方劳动力市场价格、运输里程和劳动强度等因素的影响，各个船帮雇用水手人等的定价差异较大。其中，仪征帮每名头工重运时雇价达到 8 两，为各帮头工雇价之冠。济宁前后帮及东昌、濮州两帮最低，每名头工重运时雇价仅 2 两，与最高者相差 6 两。在舵工雇价上，东昌、濮州两帮每名舵工重运时雇价达到 8 两，为各帮之冠。其次是仪征帮，每名舵工重运雇价达到 7 两。最低的为济宁前后帮，每名舵工重运雇价仅为 2 两，与最高的相差 6 两。一般水手，宣州帮重运时的雇价最高，每名为 4.27 两。德州帮重运时的雇价最低，每名仅 0.61 两，与最高者相差 3.66 两。

三是水手人等的雇价不同。由于在船从事劳动分工有别，水手人等在雇价上也存在差异。一般而言，头工、舵工负责掌握全局、船只方向，劳动技能相对较高，故雇价也最高；一般水手随船从事划桨、拉纤等工作，技术含量较低，主要为苦力，其雇价也就相对较低。头工重运最高者，如仪征帮雇价可达到每名 8 两；舵工重运最高者如东昌、濮州两帮雇价亦可达到每名 8 两，一般水手重运最高者，如宣州帮雇价为每名 4.27 两。头工、舵工重运的最高雇价与一般水手重运的最高雇价之差，可达到 3.73 两。而每船头工、舵工人数一般就两三名，大部分都是普通水手。根据上表，每名水手重运与回空雇价最高者为宣州帮，为 8.54 两，最低者为德州帮，仅 1.21 两。各船帮普通水手重运与回空的雇用价格平均在 4.3 两左右，换言之，每名水手出运往返一次，均价不到 5 两。对于江浙一带漕船水手来说，出运往返一次大约需要 10 个月时间，算下来每月仅收入 0.5 两。

雍正元年（1723），清朝规定了运河水手人等的雇价，但绝大部分的水手报酬非常低下。事实上，雍正以后，就连这样低下的收入也难以保证。至嘉庆年间（1796 ~ 1820），水手实际收入远低于额定的雇用标准，“《漕运则例》所载各省一两五钱至二两不等。称雍正年间所定久未推行，至嘉庆五年前任漕臣铁保奏：加头舵各工一千文，水手身工五百文，亦属实”①。故嘉庆年间，清廷适当增加了水手的身工钱，但也不过每名 3 两而已。根据当时物价，“身工不过七千余文，原不足敷养赡”，雇价虽有提高，但也不够水手使用。道光时期，由于运河阻塞等原因，水手雇价又一度回落，“水手雇值，向例不过一两二钱”②。清代漕船水手受雇之收入普遍低下，生活十分窘迫。除受雇的身价银外，有时，清政府在冬季也保留少数水手与运军共同看护漕船，这些水手每人每天可得口粮米一升。③

清代运河水手劳动艰辛，报酬却极为低下。为增加其收入，清政府赋予他们一些特殊的经济待遇，即允许他们在出运过程中携带一定数量的私货，沿途贸易。对漕船水手而言，他们每年身工银很少，不敷使用，所以乐于从事私货贸易，以补贴收入。这类记载较多，比如嘉庆二十三年（1818）十一月初二日，就有浙江杭严二帮船帮到清河县双全闸地方，因船重难以过闸，旗丁将水手孙照影私揽花生等物搬至运弁船上。④

漕船水手贩运之私货一般都是政府规定的货物种类，大多属于生活日用品范围。水手们充分利用这些规定，在出运过程中进行贩私活动，以至于贩运私货成为清代漕船水手在运河沿线所从事的重要副业，是其依运河而生的重要表现。但由于清代漕船水手人数众多，清朝允许每船携带的私货数量有限，将之贩卖后的收入具体分配到个人时，所得亦不丰裕，难以改变水手收入普遍低下的状况。

（2）劳动艰辛。充当漕船水手，是一项非常辛苦的工作。漕船水手每年的劳动时间很长，尤其是江南等南方地区的漕船水手，距离北京最为遥远，从当地出发运输漕粮至北京，往返一次大约要十个月。因此距离北京较远的漕船水手每年的大部分时光都是在漕船上度过，劳动时间占到其全年时间的五分之四以上，而且次年年初又需要投入到新的运输工作中，中间能够调整、休息的时间非常短暂。

漕船水手的劳动强度很大。在船只航行过程中，舵工掌舵，以控制船只的航向，对全体船员的安全负有重大责任。一般的水手则负责起锚、升降船帆、划船、看守漕

---

① 道光十年二月初八日漕运总督朱桂桢：《奏为水手身工款事》，中国第一历史档案馆藏《军机处录副奏折》，转引自曹金娜：《清代漕运水手群体初探》，《历史档案》2017 年第 3 期。

②《清宣宗实录》卷八三，“道光五年六月壬戌”条。

③《大清会典事例》卷二〇七《户部 · 漕运》。

④ 曹金娜：《清代漕运水手群体初探》，《历史档案》2017 年第 3 期。

船等各项工作，并且在水浅之处，还需要下船拉纤。清代漕船体积庞大，仅仅由一二十名水手负责操控如此庞大的船只，非常辛苦。尤其是漕船经运河从南往北航行之时，满载米粮以及私货，船只沉重，水手在重运之时的劳动强度特别大。加之进入山东境内后，运河水浅，为调节水位，运河沿线设有很多的船闸。过闸之时，船只要十分小心，稍有不慎，就会遇到危险，而这些强度高、危险大的具体工作，都是由舵工、水手来完成的。

漕船水手的生活条件较差。漕船水手出运过程中以船为家，衣食住行都在船上。漕船上条件差，吃穿用度都受到较大的限制。例如，在食物方面，船只能携带的食材种类有限，而且没有良好的保鲜条件，南来的水手们主要是吃米饭及腌制的食品。乾嘉年间，英国阿美士德使团来华，当时的使团成员埃利斯便对其观察到的水手伙食作了详细的描述，其中提到水手们以咸鱼就米饭作为食物："我们的船今天充满了最令人难以忍受的臭味，臭味来自一种特别配制的鱼，船上的水手们用它就着米饭吃。"① 这样简陋的生活条件，使得原本劳动强度就很大的水手工作变得更为辛苦。

漕船水手还要承担一些额外的强制劳动。如承担官府强行加派的运输工作，包括运输城砖，等等。明清两代修建北京皇宫所使用的砖头，主要来自山东临清。《临清州志》载："乾隆三十五年五月奉文，万年吉地需砖四十万，立限本年七月全数解津"②。这样大规模或集中式的带砖行为，是官府强行派给漕船的，而漕船的主要劳动力就是水手，这无疑加重了水手的劳动量。有的水手难以承受这些强制劳动，不得不冒着生命危险，将附带的砖头抛弃，以减轻沉重的劳动负担。顺治十五年（1658）十一月，漕运总督亢得时奏称："据九江卫第二只船水手安永昌，广信所第四只船水手曹优合供称，本帮于天津丁字沽倒流北上，运官赴通交粮，船即腾空南回，将砖乘夜抛弃沿河丁字沽一带岸上。"③

（3）生计不稳。清代，漕船水手的生计并不稳定。一方面，漕运具有季节性特点，水手的雇募亦随之呈现出临时性的特征；另一方面，清中叶以后，随着漕粮海运的陆续推行，漕船水手纷纷失业，生计无着。

清代漕运水手为季节性职业。每年春季出运时，运丁雇募水手协助完成运输漕粮的任务，漕船返回后，一般到了每年的冬季，有两个月左右的时间为停运期。这段时间，除了留下个别水手看守漕船外，大部分的水手都被遣散，待到来年出运时，再被运丁雇募，从事运输工作。每年停运期间，漕船水手基本上处于失业的状态，生计无着。对于本籍水手而言，他们可以随船回到故乡，停运期间在家休养生息。而对于外籍水手来说，即便是短暂的停运失业，

---

①［英］亨利·埃利斯著，刘天露、刘甜甜译：《阿美士德使团出使中国日志》，北京：商务印书馆，2013年，第89页。

②乾隆《临清直隶州志》卷九《关榷·附临砖》。

③顺治十五年一月漕运总督亢得时：《揭参运官抛弃钦砖请旨究治》，《明清档案》第32册，台北：联经出版事业公司，1986年，第17831页。

也会造成较大的问题。由于远离故乡，他们只能在外漂泊，无依无靠，生计无着，处于一种不稳定的生活状态。尤其是水手中的老弱者，每到此时，最为悲惨。

清中叶以后，由于泥沙淤积等原因，大运河部分河段如闸河等堵塞严重，对漕运造成较大的影响。道光年间（1821～1850），清朝试行漕粮海运，陆续裁减运丁、水手，大量的漕船水手被遣散，失去生计。道光二年（1822），江苏、浙江两省遣散水手，给资回籍，“由各地方官查明籍贯，每人酌给盘费制钱二三千文，备文押递回籍，由本籍出具收管各结，并晓谕暂令归农”[①]，道光六年，再次遣散水手，“由地方官，查明籍贯，每人擢给盘费制钱二三千文，备文押回原籍，由本籍出具收管各结，并晓谕暂令归农”[②]。道光二十七年，制定了资遣回籍章程，由各州县查照各水手名册妥为遣散。道光三十年，浙江漕船多停运，在回空之际，清政府先在济宁解散部分河北、山东籍游帮水手。而在册之水手，在回空归次之时，照道光三年之例，每名遣资三千文。[③]可知，有资遣费的仅是编制内的每船九名水手，其余大量的游帮水手，以及依赖漕运为生的沿岸居民，并无遣散费之说。而资给勒令回籍之水手，“即使酌给归资，大半无家可归”，四处流浪，成为居无定所的流民，“在船为水手，资遣则为游民”[④]。至咸丰二年（1852），当局筹议浙江省全部施行海运。咸丰三年，运河漕废，大批的水手再次流落江湖。至此，大部分有漕省份的运河水手承担漕运的任务就此结束。

4. 水手的对策

清代，漕船水手劳动艰辛，收入却十分低下，而且又随时面临官吏的勒索和失业的危险等困境。在这样的背景下，水手在运河沿线的活动都带有较强的应对自身处境的目的性，由此也给运河社会秩序带来了诸多负面影响。

（1）械斗。通过械斗占有运河沿线更多的资源，是水手应对贫困、增加收入的重要手段。水手依运河而生，与之相关的各种资源，如可控制的码头以及船只的多寡，都影响到某一水手群体的经济收入。因此，清代不同派系水手之间，常常为争夺各种资源而发生械斗。特别是乾隆中叶以后，为控制更多的资源，争夺就业机会，各派水手各自招收门徒，互相排斥，械斗的情况多有发生。道光五年（1825），嘉兴白粮帮的潘安、老安两派水手为了争夺新造船只发生械斗，造成50多人身亡。[⑤]不同派别水

①〔清〕英和：《筹漕运变通全局疏》，〔清〕贺长龄辑：《清经世文编》卷四八《户政二十三·漕运下》。

②同①。

③〔清〕吴文镕：《资遣军船水手折》，《吴文节公遗集》卷二七《奏议》，《续修四库全书》第1520册，上海：上海古籍出版社，2002年，第381页。

④叶志如：《道光五年议行漕粮海运事宜史料（上）》，《历史档案》1988年第3期。

⑤《清宣宗实录》卷八〇，“道光五年三月庚戌”条。

手争驾漕船，一是因为争取工作机会，二是为了增加土宜的收入。本派水手管驾的漕船越多，所能携带的土宜就越多，同派水手也就能获得更多的经济收入。此类为争夺资源的械斗事件在清代多有发生，道光十五年，刑科掌印给事中周开麟上奏时提道：粮船水手“恃其党羽众多，盘踞帮船……分党争帮互相仇杀”①。

为防止水手之间争夺资源而滋生事端。清廷规定，漕船启运，按船签丁，按帮派弁，衔尾而行。随着社会矛盾日趋激化，清朝在这方面的控制愈加严厉。咸丰元年（1851）的一道上谕规定：“漕船行走运河，督运员弁有约束水手之责，岂容任听恃众藐法，沿途滋事……责成各省粮道严饬各帮押运之委员帮弁等，于所属水手严加弹压，一路督押遄行，不准片刻停留拢泊，致生事端，并著沿途各督抚遴派文武各员分段巡查，遇有水手滋事，立即严拿究办。”②不允许漕船停留拢泊，一方面是防止延误运粮时间，更重要的是为防止各帮各派水手在运输途中为争夺各种经济利益而发生争斗。

（2）敲诈勒索。清代，漕船水手在收入低下、不敷使用的情况下，往往会采取非法手段来弥补收入的不足。敲诈勒索就是其中的一种。水手敲诈勒索的对象主要包括运丁、民船以及纳粮百姓等。

清代，漕船水手勒索运丁的现象非常普遍。究其原因主要有以下六点：第一，漕船水手的收入低下，勒索运丁，可以增加其收入；第二，相关官员对水手管理不严，以至于水手日益“反客为主”，敢于勒索运丁，“旗丁多由私弊，每为水手挟制各帮运弁，因循疲玩，约束并不严禁”③。道光三十年（1850）八月二十一日，江苏、安徽长淮等十五帮旗丁、监生邹士雄等在京控粮船水手迭次纠众横索旗丁时，便称水手勒索是由官员管理水手不严所致，“近来沿途营汛官员均不认真点卯，以致水手毫无忌惮……各帮（水手）逞凶讹诈”④；第三，运丁自身存在不法行为，容易被水手所要挟。如运丁之私弊有侵吞水手工钱，盗卖漕粮，不亲自押运，超额携带私货，等等。水手与运丁朝夕相处，对其不法行为最为清楚，为避免东窗事发，运丁不得不迁就水手的勒索要求；第四，水手是漕运的主要劳动力，运丁必须依靠水手才能完成漕运任务，故水手敢于勒索运丁；第五，漕船水手人多势众，故难以约束，就连地方官也对他们心存忌惮，“（水手）不服旗丁及头舵管束，不畏有司访拿，沿途横行，

---

① 道光十五年八月二十五日刑科掌印给事中周开麟：《奏为江浙粮船水手习教敛钱分党聚众肆行不法请饬令江浙督抚妥议查拿严禁章程事》，中国第一历史档案馆藏《军机处录副奏折》，转引自曹金娜：《清代粮船水手中罗教传播之区域性差异研究》，董劭伟编：《中华历史与传统文化研究论丛》第4辑，北京：中国社会科学出版社，2018年。

②《清文宗实录》卷三四，“咸丰元年五月丁未”条。

③ 道光十五年七月十一日掌江西道监察御史岳镇南：《奏为粮船水手沿河滋事请旨严禁以肃漕务事》，中国第一历史档案馆藏《军机处录副奏折》，转引自曹金娜：《清代漕运水手群体初探》，《历史档案》2017年第3期。

④ 道光三十年八月二十一日都察院左都御史花沙纳：《奏为江苏安徽长淮等十五帮旗丁监生邹士雄等京控粮船水手迭次纠众横索一案事》，中国第一历史档案馆藏《军机处录副奏折》，转引自沈胜群：《清代漕运旗丁研究》，博士学位论文，吉林大学，2017年，第239页。

肆无忌惮，商民惧其徒党凶横，而不敢告发，地方官恐其聚众酿事而不敢查拿”[①]；第六，运丁在法律上对水手行为负有责任，以至于水手有了挟制和勒索运丁的“资本”。清朝在处理水手问题上规定：“一船之内，丁舵为主，水手有犯，责在旗丁”[②]。在这一规定之下，运丁受水手挟制和勒索也就不足为奇了。因为这些缘故，清代水手勒索运丁的现象普遍存在。其勒索方式主要有三种：

首先是勒加身工银。漕运水手身工银低，漕运工作艰险，漕粮长途挽运中受到沿途盘剥，故水手在途中常起意勒索旗丁，添加身工银。雍正元年（1723），便有官员指出：“各帮水手人等，立有添工价名色，肆行无忌，稍不遂意，动辄打抢，名曰加添。”嘉庆以后，水手要求增加身工银的事件逐渐增多。嘉庆元年（1796），浙江漕船行抵震泽县平望地方，李四遇见宁前帮水手赵亮等，谈及身工不敷用。李四起意索添工价，约赵亮等同到头船要求增加身工银。旗丁不肯，众水手自取木棍打毁船上什物。[③]嘉庆五年，漕运水手行至通州小神庙地方停止，勒加身工银。官府派遣地方官员严密缉拿。同年，兴武八帮于邳州河成闸地方向旗丁索加身工银，浙江绍兴帮水手也要求增加身工银。嘉庆七年四月初六日，台河前帮抵达清河县境内。是日为水手平大汉生日，水手王恩义、顾廷等给平大汉庆生，众水手在谈话间均提及身工不敷用，欲同众水手到头船与旗丁讲说增加身工，旗丁不肯。同去水手怕滋事，与平大汉商议，平大汉认为旗丁不闹不肯出钱。次日，众水手到头船索闹，旗丁不愿加增身工银，于是水手开始打闹。[④]

除勒加身工银外，水手还根据运河航行过程中遇到的各种情况，临时性地向运丁索要银钱，其数目视情形而定，多少不一。每年漕运之时，会遇到一些突发情况，如运河水浅难行、催赶过闸坝等，此时最需劳力，水手则抓住运丁急迫心理，趁机多索银钱。嘉庆二十四年（1819），温州后帮行至山东虎头湾闸处，每船需派两名水手在闸两岸绞关，每人给钱 40 文。漕运水手艾三嫌少，趁机勒索运丁，要求其增添绞关费，未被允许。艾三声称如不加费，众水手不许绞关，以致各水手均歇手。[⑤]道光九年（1829），御史

---

① 道光十五年八月二十五日刑科掌印给事中周开麟：《奏为江浙粮船水手习教敛钱分党聚众肆行不法请饬令江浙督抚妥议查拿严禁章程事》，中国第一历史档案馆藏《军机处录副奏折》，转引自曹金娜：《清代粮船水手中罗教传播之区域性差异研究》，董劭伟编：《中华历史与传统文化研究论丛》第 4 辑，北京：中国社会科学出版社，2018 年。

② 〔清〕陶澍：《再陈粮私最为淮纲之害现在缉私紧要附片》，《陶云汀先生奏疏》卷五〇《江督稿》，《陶澍全集》第 3 册，长沙：岳麓书社，2010 年，第 291 页。

③ 嘉庆元年三月十七日暂署两江总督苏凌阿：《奏为审拟浙江粮船水手蛮李四在江苏索诈滋事事》，中国第一历史档案馆藏《军机处录副奏折》转引自曹金娜：《清代漕运水手群体初探》，《历史档案》2017 年第 3 期。

④ 曹金娜：《清代漕运水手群体初探》，《历史档案》2017 年第 3 期。

⑤ 同④。

陆以烜在奏疏中亦提到水手在出运过程中，遇到特殊情况，有趁机勒索运丁的情况：

向来帮船沿途给发水手钱文，由各帮头船开写一单，递交在后各船，照单开发，谓之溜子。不法水手，一遇重、空两运水浅停滞，或催赶闸坝，辄借端向头船旗丁加索钱文，逼写溜子。溜子一出，即须挨船给付……倘头船不发溜子，未遂所欲，一二次以后，怀怨即深。每于停泊旷野处所……聚众滋闹以泄其忿，打船进舱，持刀恐吓，无所不为。①

除上述两种勒索外，水手在出运过程中还会罗织各种各样的名目来敲诈勒索运丁。道光十三年（1833），长淮卫旗丁邹士雄在《呈粮船水手讹索钱文积害条目清单》中详列了多种勒索名目。

水手讹索钱文数目不一，除一次盐利钱六千四百文，皇赏钱六十千外，仍有盐菜钱、过年钱、守冻钱、打凌钱、漫帮钱、过节钱、入湾出湾钱、吃小米漱口钱、换帽子钱、要人命钱、打鬼做梦等钱，其讹诈名色愈出愈奇。②

其中，水手勒索的数目“有二三十千、五六十千、九十千、一百四十余千不等”③。此外，在漕船歇运之时，漕运水手勒索事件更加频繁。道光五年（1825）试行海运，杭三帮水手徐捻儿起意，谎称旗丁侵隐皇赏银两，其他水手随同附和助势，每名诈得钱五千三百余文。④

清代，漕船水手敲诈勒索运河民船的行为亦相当普遍。道光年间，给事中金应麟就曾提到江浙一带水手勒索民船的现象，“江浙内河一带长亘七百余里，每年漕船归次之后，凡商民船只经过，小则讹诈钱文，大则肆行抢夺”。就连道光帝也不得不承认，“漕船水手沿途讹诈扰累商民，种种不法情弊必至迟误重运，为害地方，不可不严行惩办”⑤。漕船水手对运河民船的敲诈勒索主要是在往返航行过程中设置各种圈套，其惯用的手法主要有如下几种：

第一，漕船水手明目张胆地用漕船阻塞运河河道，对往来的民船索取“买渡钱”，不交纳者则无法通行，以此达到勒索民船的目的，“或将漕船横截河中，往来船只非给钱不能放行，名曰‘买渡钱’”⑥；“各帮丁舵水手，倚仗漕运，每将帮船横截河心，或躐次前进，点篙挂簟，往来商旅民船大为受害”⑦。

---

① 道光九年十二月二十一日掌福建道监察御史陆以烜：《奏为浙江帮船水手横索钱文旗丁日累请查办事》，中国第一历史档案馆藏《军机处录副奏折》，转引自沈胜群：《清代漕运旗丁研究》，博士学位论文，吉林大学，2017年，第235页。

② 道光三十年长淮等十五帮旗丁邹士雄等：《呈粮船水手讹索钱文积害条目清单》，中国第一历史档案馆藏《军机处录副奏折》，转引自沈胜群：《清代漕运旗丁研究》，博士学位论文，吉林大学，2017年，第235页。

③ 同②。

④ 曹金娜：《清代漕运水手研究》，博士学位论文，南开大学，2013年，第122页。

⑤《清宣宗实录》卷二四七，“道光十三年十二月甲子”条。

⑥ 同⑤。

⑦〔清〕陶澍：《巡漕告示》，《陶澍全集》第6册《文集补遗一》，长沙：岳麓书社，2010年，第465页。

第二，漕船水手在运河河道狭窄的地方，用两只船并列停泊，阻塞运河河道，使众多南来北往的船只不能通过，趁机向其收取“排帮钱”。如果民船交纳，则水手让出一船的空隙，使民船得以通过，“或择河道浅窄之处，两船直长并泊，使南北船只俱不能行，必积至千百号之多，阻滞三四日之久，有沿河地棍，名曰‘河快’，向各船科敛钱文，给付漕船，令其抽单分泊，以便各船行走，名曰‘排帮钱’”①。

第三，倘若遇到装满货物的船只，水手则设计将漕米倾撒到船只上，再以偷盗官米为名，趁机讹诈分肥，“如遇重载商船，该水手用粮米一石，倾入舱内，非给费不能前行，否则加以抢粮名目，人船并锁，藉称送官究治，即可得钱”②。

第四，如果遇到回空船只，水手则借口驳运漕粮，肆意占用民船，商民只有行贿后才能脱身，否则船只常被无辜占用，将水手私货送达目的地，才能离去，“如遇无货船只，即留为分载私货之用，并须送至清江交卸，始得放回”③。

第五，还有的水手故意挑衅民船，借机勒索，甚至直接抢夺，“豫结数人，故与商船寻衅，不法水手，从旁抢夺，船户稍有理论，即掷弃水中，毫无顾忌”④。

第六，漕船在行走之际，见民船在其内侧行走，水手故意将船靠近民船，致使民船无处躲避；或至河面狭窄之处，见有民船在旁行走，漕运水手驾驶大船逼压民船，然后以毁坏官船为名勒索对方。民船遇到以上两种情况，如想顺利通行，必使费买行。“空重漕船北上南下，非横截河心，即对停两岸，商民壅塞莫行，偶或碰擦，辄行索诈，稍不遂意，即肆咆哮，甚者恃众用强，以致货船畏葸，守候无期”⑤。

第七，至夜间漕船停泊时，水手用划子拦住河道，不容民船通过。民船如要通行，必须花钱买行，不然将被诬陷碰伤大船，逼令出钱赔修。道光元年（1821），江苏学政行船抵常州东埠，见有漕船停泊并将划子横泊河中。学政派人告知漕船将划子拽开，结果十数水手拥至学政船吵闹。漕运水手对江苏学政的官船有如此行为，对待民船如何可想而知。⑥

第八，还有些水手甚至公然持械勒索民船。道光十七年（1837），凤中帮水手孟丰恩等，不整带腰牌，持刀上岸讹诈盐船，并打伤河役。⑦

除运丁及其他船只外，运河各水次交纳漕粮的百姓也是水手勒索的对象。清代漕

①《清宣宗实录》卷二四七，“道光十三年十二月甲子”条。

②同①。

③同①。

④〔清〕王先谦：《东华续录》，“道光二十八年十二月甲子”条。

⑤《新授广东布政使高斌奏》，《宫中档雍正朝奏折》第十辑，台北：台北故宫博物院，1979年，第156页。

⑥曹金娜：《清代漕运水手群体初探》，《历史档案》2017年第3期。

⑦曹金娜、李君：《清中后期漕运社会保甲制度初探——以漕运水手为例》，《农业考古》2015年第4期。

船水手勒索交粮百姓的现象普遍存在，是当时主要的漕弊之一，这在官方和私人记载中都有反映。比如，每年各水次交兑漕粮时，运丁便勾结水手以“米色不纯”等为借口，拒收漕粮，百般刁难，以此逼迫纳粮百姓额外多交钱粮。稍不遂意，即驾船离去，并将短少漕粮的责任推卸到地方头上。关于运丁、水手勾结勒索地方的情况，清代笔记中有详细的记载：

历届兑漕，州县有协济之款，积久视为应得，更思逐渐加增，以倡率停兑，为挟制之端；以措勒通关，为刁难之具。水手出入淮境，不虎而鼠，首尾帖然。及至江南，则玩易官府，欺凌民船，霸道横行，莫敢正视。盖水手实为旗丁之牙爪也。卫官在淮，奉法惟谨……既至江南，挑米色，促兑期，互为狼狈，盖水手又旗丁之羽翼也。①

地方官员为保住自己的乌纱帽，不得不紧追其后，满足其要求。而这些额外增加的钱粮负担，地方官又将之转移到纳粮百姓头上，以至于他们对此苦不堪言。长此以往，地方对漕船的帮贴越来越多。嘉庆时有官员指出：船帮“百计刁难，不肯开兑”，结果从前每船帮贴不过一二十两银，现在已加至一百数十至二百多两银。以至于帮贴一项，成为清代水手人等勒索地方纳粮百姓的主要名目。

（3）沿途走私。清代，漕船水手收入低下，为增加收入，他们常常利用运河从事走私活动，主要包括揽运商货、贩运私盐两种。

一是通过揽运商货，收取商人运费的方式来增加收入。因为漕船附载商货的目的是为了逃税，故水手通过揽运商货来增加收入，其实也是一种走私行为。对商人而言，水手替其运货，为其节省了税金，可以获得更多的商业利润，故也乐意让其承运。水手揽运商货的现象在清初就已出现。康熙初年，漕运总督林起龙在《请宽粮船盘诘疏》中就对运丁、水手揽运沿河商人货物的情形有所描述：

一曰奸商搭船之弊。为民纳粮，为商纳税，千古通义。乃有一等奸商，耑思免课，视朝廷粮船为藏奸罔利之所。旗丁、水手，小人无知，只顾目前，不思利害，入其笼络，固为可恨。独为商者拥厚赀、权大利，不交关课，敢上粮船，希图诡托。②

在官府看来，水手等人揽运商人货物，虽可以增加收入，但却影响到政府的税收，故将此视为不法行为，加以禁止。康熙二年（1663），清朝规定在仪真、瓜洲、淮安、济宁、天津等五处关口对漕船进行盘查，以防水手等利用漕船夹带商货。然而，水手往往罔顾法令，铤而走险，继续揽运商货。是故有清一代，虽曾严禁水手揽运商货，但实际上禁而不止，水手揽运商货的现象非常普遍。比如宁绍各漕帮，肆意包揽大宗货物，如茶、布等。清代，漕

①〔清〕黄均宰：《金壶浪墨》卷一《漕弊》，《续修四库全书》第1183册，上海：上海古籍出版社，2002年，第10页。
②〔清〕林起龙：《请宽粮船盘诘疏》，〔清〕贺长龄辑：《清经世文编》卷四六《户政二十一·漕运上》。

运水手与沿河商人联合，形成了规模庞大的贩私活动。

二是利用运河便利的运输条件以及漕船特殊的身份，从事贩运私盐的活动。清代漕船贩运私盐的情况很早就已出现。从顺治年间起，回空粮船就开始大规模地贩运私盐。“回空粮船约六七千支，皆出瓜、仪二闸。一帮夹带私盐奚止数十万斤，合而计之，实浸淮商数十万引盐之地，为害甚大。”①

清代漕船水手在经济上大多窘困，能有本钱私自购买食盐贩运者毕竟是少数，大多数漕船水手主要是替人贩运私盐，从中分利。水手购盐之本钱来源于托运之人，称为“风客”。风客一名早在雍正年间即已经出现，“贩私正贩，名曰风客。每年带货北上及回空时，即将本货买私，所获利钱与丁舵、水手均分”②。风客提供给漕船水手货物让其携带北上，作为购买私盐的资本，然后水手利用漕船通过运河将私盐带回，二者从中分利。风客的出现，进一步加剧了漕船水手沿运河贩运私盐的活动，损害到清政府的盐税收入。故雍正三年（1725）规定，卖私盐者及灶户，如有卖给漕船私盐者，杖一百，流二千里；如回空漕船夹带私盐，也照贩卖私盐人等，杖一百，流二千里。此后，各朝一直严申禁令，但受高额利润的诱惑，漕船水手通过运河替风客走私食盐的活动仍普遍存在。清中叶以来，随着物价的不断上涨以及各种陋规的出现，漕船水手的收入越来越不敷使用，其通过运河走私食盐的现象也变得越来越严重。嘉庆二十二年（1817），李亦筹奏称：

> 江广回空漕船，每有夹带私盐之案。盖因江广地方盐价较昂，而天津、淮阳等处，均系产盐价轻之所，该丁舵、水手图获厚利，是以营私夹带。③

水手走私之盐数量巨大，曾有官员上报说，漕船贩运之私盐数量相当于两淮官盐三个月的销售。道光初年，周济亦曾提到江广漕船水手走私之盐：

> 每船至数千石之多，皆由积惯私贩，出本置买，附船装载。先在江广购买木植，随重运北上，沿途赊与私贩，回空南下时收盐抵价。盐既上船，以十分之三作为水脚。头舵、水手包揽过关，本贩并不在船，另坐小船，先往沿途讲价售卖。粮船水手，每年身工不过七千余文，原不足敷养赡，所以甘心与私贩合伙，一遇搜查严紧，甘代抗拒。④

①《两淮盐法志》卷五九《转运门·缉私一》。

②《清朝续文献通考》卷三五《征榷七》。

③嘉庆二十二年四月二十日李亦筹奏折，转引自刘芸芳：《清代粮船水手行帮发展研究》，硕士学位论文，台湾师范大学历史研究所，1990年，第81页。

④〔清〕周济：《淮鹾问答并序》，〔清〕盛康辑：《皇朝经世文续编》卷五一《盐课二》。

由于运河部分河段淤积难行，道光六年（1826）开始，清朝逐步施行漕粮海运，运河沿线大量水手被解散，失去生计，原先作为副业的贩运私盐活动成为失业水手谋生的主要途径，他们纷纷加入到贩运私盐的行列中去，“以贩盐为生，不投课，官捕则拒，所谓‘盐枭’也”①。“青帮者，其徒本皆以运漕为业，岁居粮船，船北上时夹带南货，南下时夹带北货，所谓粮船帮者是也。既改海运，艰于衣食，乃秘密结会，以贩私盐为业，亦有专以赌博及诈欺取财度日者。江浙为多，淮、徐、海尤盛，皖北亦有之”②。

那些未被解散的漕船水手，则继续利用运河替风客走私食盐。道光十一年（1831），两江总督陶澍奏称：

> 丁舵水手资本无多，缘有奸民，名为风客，出本贸盐，哄诱分利。在南则装载木植、纸张、瓷器、杂货抵津易盐，在北则天津土棍预买屯盐，候船装载，盈千累万，几及淮纲全引之数。③

水手替风客走私越演越烈，呈现出公开化的趋势：粮船装私，均用小船载送。天津河下，私船如织，围绕粮船，白昼上载。地方文武官员熟视无睹。由于风客出资，勾结水手走私食盐，严重损害清政府的利益。据《清宣宗实录》卷一八八载，道光十一年（1831），清廷出台了打击风客以及贩私水手的规定：

> 如有拿获贩私舵工、水手，即著追究风客住址姓名，拿获到案，按律惩办，舵工、水手，免其治罪。若甘心包庇，不肯供指，即比照贩私三百斤以上，不供出卖盐人姓名之例，于本罪上加一等治罪。

由于盐利与漕船水手的生计攸关，即便水手走私过程中被官府查获，亦不愿将风客供出，“纵有犯案，舵水甘心认罪，从不将风客供出，固结不解”，以至于漕船水手走私之风难以有效遏制，官府打击水手走私食盐的成效甚微。道光十三年（1833），两江总督陶澍称：“查漕船回空带私，为历来之痼弊。芦私居十之八九，淮私居十之一二，年甚一年。竟有银主随帮而行，谓之‘风客’，除本分利，前数年已坐占淮南数十万引之纲额，人所共知。是既大害于盐务，且勾引枭匪，纷纷聚集，贩运上船，明目张胆，肆行无已。”④道光初年以前，水手利用漕船走私食盐，为免败露，风客不随船而行，而此时，风客已然在船，且勾引盐枭，

---

①《平贼纪略》，太平天国历史博物馆编：《太平天国史料丛编简辑》第一册，北京：中华书局，1961年，第229页。

②徐珂：《清稗类钞》第八册“会党类”，北京：中华书局，1986年，第3659页。

③〔清〕陶澍：《筹议粮船夹带私盐请扼要稽查折子》，《陶云汀先生奏疏》卷三二《江督稿》，《陶澍全集》第2册，长沙：岳麓书社，2010年，第348～349页。

④〔清〕陶澍：《漕委员弁未便撤回及任带芦盐折子》，《陶云汀先生奏疏》卷五〇《江督稿》，《陶澍全集》第3册，长沙：岳麓书社，2010年，第279页。

明目张胆地进行走私。风客、盐枭、水手构成了一连串的走私网络，使运河上的私盐走私变得非常严重：

> 不知粮船从前非不带芦盐也，而不闻帮丁之受益，或有余润以资办公者，盖载盐并非粮船之利，乃私枭、风客之利也。旗丁回空，资囊已竭，舵工、水手，身价更微，即购私能有几何？其所以敢于犯禁，满载私盐者，皆枭徒预为布置，而风客出本买装，勾串水手，啖以余利，仗为护符，驯致闯关逃税，莫敢谁何？其势足以坏盐纲，而于漕务实无所济。①

为保证走私的顺利进行，水手等还买通了运河沿线巡查的官兵，对其走私行为给予各种便利，“丁舵、水手，每因带私，勾通风客，与天津之公口岸及沿途兵役，相约勾结，装载支延。或船已行而人未去，仍于黑夜载送，处处积迟”②。运河沿线被买通的官弁兵役，“始而得规包庇，既而畏凶纵放。转将零星挑负穷民，需索扰累。于大伙私袅，则置之不问”③，以至于漕船水手贩运私盐的现象始终难以得到有效的遏制。

（4）偷盗抢劫。清代漕粮水手收入低下，生活窘迫，使得部分水手不得不通过偷盗、抢劫来维持生存。

漕船水手偷盗的情形较为常见，一般都与其收入低下或者衣食无着有直接的关系。例如，有些漕船冬季南返时因故延迟，在途中遇到冻阻不能南下，次年解冻后又需让重运之船先行，延至七八月间才能到家，漕船所携带的粮米根本不够支撑如此长的时间。遇到这种特殊情况，漕船水手不得不出去偷盗、抢劫，以维持生计。雍正年间（1723～1735），赴山东催漕的官员李绂便记载了漕船水手因冻阻而被迫为盗贼的现象：

> 水手、亡命、无赖皆去为盗贼，沿河蔬果、鸡犬，白昼横攖，夜则明火执仗，劫掠村庄，有捕者则应曰：“我运船水手也，为盗死，饥饿亦死，姑取少物，以延旦夕耳。”④

漕粮是水手在漕船最容易接触到的物资，因此一般情况下，漕船水手的偷盗行为多以盗窃漕粮为主。道光年间，金应麟就曾提到漕船水手在山东和直隶一带利用驳米的机会，趁机盗卖漕粮的情况。由于漕船“行抵山东、直隶一带，或遇水浅，

① 〔清〕陶澍：《奏覆粮船毋庸藉盐调剂折子》，《陶云汀先生奏疏》卷五〇《江督稿》，《陶澍全集》第3册，长沙：岳麓书社，2010年，第298页。

② 〔清〕陶澍：《漕委员弁未便撤回及任带芦盐折子》，《陶云汀先生奏疏》卷五〇《江督稿》，《陶澍全集》第3册，长沙：岳麓书社，2010年，第280页。

③《清朝续文献通考》卷三五《征榷七》。

④〔清〕李绂：《漕行日记》，《穆堂别稿》卷一八《记七》，《续修四库全书》第1422册，上海：上海古籍出版社，2002年，第343页。

必须起拨”，换乘小船继续北上，在驳运过程中，驳船户常与粮船水手相互勾结，盗卖漕粮，“往往乘间将船板凿孔，用竹筒灌米藏贮船底，深夜潜行取出，名曰下蛋，甚或包载土娼作为家眷，勾引水手盗卖米石”①。

水手盗卖漕粮还与运河沿线的商人勾结有关。道光年间，通州运河沿线有许多商铺，水手收入低下，又缺乏购买私货的本钱，这些商铺就趁机借钱给水手作为资本，但利息较高，水手多不能偿还。于是又教唆水手串通旗丁，盗卖漕粮，以偿还债务。水手、旗丁恐漕粮短缺被查，则在剩余漕粮中掺杂他物。部分漕船水手偷盗漕粮的问题便由此产生，“通州一带，多有地匪奸商，于沿河开设银钱字号，名为大斗铺。有兴隆、万隆等号，交结粮帮丁舵及拨船水手，重利盘剥。平日称贷，专指粮到清偿，通同作弊。偷买偷卖，囤积回漕。又恐粮数亏短，收买麦穰、谷秕、糠土、药物，豫备各船潮湿搀杂之用”②。

清代漕船水手虽来源复杂，但多为贫苦之民，收入极少，加之水手流动性较强，故在生计窘迫的情况下，部分漕船水手也存在抢劫行为。

雍正时，直隶地方官指出天津等运河沿线城镇的许多凶杀案与船帮水手有关。乾隆时期，漕船水手抢劫的情况亦时有发生。乾隆五十二年（1787），水手赵魁在天津河西务地方被官兵盘获。据供，赵魁为漕船水手，因贫困，多有盗劫行为。平日，他只偷窃柴草瓜果等物。乾隆五十二年五月初六日，赵魁与一同被捕的解有德、大王三、吕七、高二在武清县黄庄地方行窃粮船衣物，携至陈大麻子小船上分赃。五月初七日，赵魁又伙同解有德等五人在天津县蒲沟地方劫取徐州帮粮船衣饰等物。③

道光年间，漕船水手因收入低下、生活窘迫而抢劫的现象日益突出。道光九年（1829），以丁朋钤为首的游帮水手人等，在桃源县抢劫了李姓一家，并打伤了几名追赶者。道光十三年，他们在沭阳县抢劫左氏一家时，为逼出财物，采用棍殴、烧燎等手段折磨左氏；同年，他们又抢劫宿迁县农民粮物，并用火枪打死一名反抗者；道光十五年，他们在桃源县抢劫居民，抢去驴一头，后因分赃不均，丁朋钤打死其他几名水手，又击伤了追捕的兵丁。此外，据丁朋钤供认，他还抢劫了六次，致伤多人。道光十六年，丁朋钤及其党羽被抓获。同年，还有漕船水手夏名辉等多起抢劫案件发生。夏名辉、戴泳贵、段添蝼、冯四均为兴武帮水手，道光十六年二月，正值漕船停运、水手歇业期间，夏名辉等兴武帮水手四人在金山、昆山等地方多次抢劫。先是二月二十四日夏名辉等在松江地方相遇，起意抢夺经过民船。二十五日晚，在金山海塘河北见徐丕文船只停泊，四人假称查盐，抢夺船上钱物。夜三更时分，夏名辉等驾船行至胥浦塘河南，见徐锡龄船只，戴泳贵、段添蝼将徐船钩住，夏名辉等到船抢劫。

①〔清〕金应麟：《豸华堂文钞》卷一一《请除漕政弊端折》，光绪元年刻本，第5页。

②《清宣宗实录》卷二四九，“道光十四年二月甲子”条。

③乾隆五十二年十一月初六日直隶布政使梁肯堂等：《为报已获之赵魁等非抢劫眷船正盗事奏折》，《历史档案》2002年第2期。

三十日夜，昆山县陆家滨地方有圈棚船，夏名辉起意抢劫。段添蝼用竹竿钩住圈棚船，夏名辉、戴泳贵持刀到船抢劫。三月初一日夜，金山双坟地方俞汉昌船停泊，夏名辉等持刀抢劫钱物。初二日，这帮匪徒在抢劫时被捕。[①]道光十八年，又有山东平州籍水手周亮抢劫一案。周亮先在杭严四帮徐谓坐船上充当水手，道光十七年十月又受雇于江西安福帮第九号船。道光十八年，水手周亮持刀闯入江西安福帮船抢劫。[②]

道光年间漕船水手抢劫现象的增多，还与清朝推行漕粮海运有关。清中叶以后，大运河部分河段淤积难行，道光时期，开始尝试漕粮海运，江浙一带大量的漕船水手被解雇，失去生计。按规定，这些失业水手要求回原籍安插，但他们长期以来除依靠运河为生外，别无所长，即便失业后也不愿离去。逗留于运河沿线的水手生计无着，便只能铤而走险。道光二十七年（1847），扬州、镇江帮水手因被解散后无法谋食，准备聚众抗议。据桂超万《宦游纪略》卷五记载："丁未，大府奏行海运，粮船水手恨失利，回空渡江，歃血镇江都天庙，议到苏执香拥大府求食，不允则执香聚焚署"。后经调解，众水手才逐渐散去。

聚集在运河沿线的失业水手衣食无着，为生存下去，不得不伺机抢劫过往行旅以及附近的居民，由此对当地社会秩序造成很大的影响。道光五年（1825），江西巡抚成格指出："该舵、水人等，向以运漕为业，多系无籍可归之民，今改折停运，一旦别无生计，势难必其人皆守分。"道光七年十一月，他在回复两江总督蒋攸铦时说："明年苏松常镇太四府一州漕粮，仍由海运。该帮船即须停歇，头舵、水手人等概无所用，不能不散之……共计水手等不下六七千，俱系东豫淮徐一带好勇斗狠且不谙生计之徒，一旦游手游食，势必不安本分，生事扰民，为害地方，且大河南北为私枭出没之区，更不可不防其渐。"[③]因失业水手最易抢劫滋事，扰害地方，道光帝屡屡下令要求地方官将逗留在当地的水手遣散。如道光二十八年，浙江遣散后的水手等人未按令回籍，尤其吴江一带仍有水手大量聚集的状况。道光帝得知情况后，迅速派相关人员前往当地遣散，其谕曰：

> 该水手等均系犷悍之徒，最易寻衅滋闹，设或酿成事端，所关匪细。著李星沅、陆建瀛接奉此旨，迅即派委明干员弁，查明吴江一带未经遣散水手，尚有若干名，即按照奏定章程，克日遣令回籍，断不准任意逗留。[④]

---

① 曹金娜：《清代漕运水手群体初探》，《历史档案》2017 年第 3 期。

② 同①。

③《清宣宗实录》卷一二九，"道光七年十一月甲辰"条。

④《清宣宗实录》卷四五二，"道光二十八年二月丁未"条。

然而，“各省水手，不下十余万人，一旦散归，无从安置”①，因此地方官并不能妥善处理此问题。为防止失业水手抢劫等事件发生，朝野上下都采取了一些应对措施。在地方层面，一些失业水手因贫困而不能返乡，在当地抢劫滋事。为解决这一问题，地方上部分士绅、富户主动捐资，助其返乡，“各船水手无所归依，民间控其逗留滋事，绅士富户各捐己资，每名给制钱三千文，官为押送回籍”②。为防止失业水手抢劫等事件发生，某些地方官甚至鼓励当地居民成立团练等自卫组织，以应对失业水手的骚扰。道光二十八年（1848），苏松太三十余帮水手因海运粮米，无生计可活，“该省大吏处置无策，乃劝令绅士团练乡勇，制备器械，恐致激成事端”③。道光帝也承认“此等无业之徒，在船则为水手，在岸即为游民，人数既多，最易滋事”④，同意地方组织团练。在中央层面，为防止水手抢劫，制定了相关的法令，规定“粮船水手伙众十人以上，执持器械抢夺，为首者照强盗律治罪；为从减一等。如十人以下又无器械者，照抢夺律治罪。出结之旗丁头舵拿送者免罪；如容隐不首及徇庇不拿者，此照强盗窝主律分别治罪”⑤。然而，道光年间水手收入低下以及失业问题并没有得到妥善解决，水手抢劫的现象也难以消除。水手抢劫事件频频发生，严重威胁到当时运河沿线的社会秩序。

咸同年间，太平天国席卷南方地区，漕运中断，江浙一带漕船水手失业者甚多。为解决生计，其中不少人沦为盗匪，以偷盗和抢劫为生。江浙水手主要来自山东、河南以及江苏本地，他们在此期间虽多沦为盗匪，干起打家劫舍的行当，但去向不尽相同。部分江苏籍水手失业后，先是成为一般的盗匪，后捻军兴起，又加入其中：

> 漕河全盛时，粮船之水手，河岸之纤夫，集镇之穷黎，藉此为衣食者，不啻数百万人。自咸丰初年，河徙漕停，粤氛猖獗，无业游民，听其遣散，结党成群，谋生无术，是不得不流为贼。捻逆滋扰，淮颍徐宿之人居多，往年贼党繁滋，未始非漕运之羁阻，激而为此也。⑥

还有部分江苏籍失业水手聚集到苏北的两淮盐场，与当地土匪及游民等组成安清道友。同治元年（1862）十一月二十九日，顺天府府丞卞宝弟奏称：“闻江北聚匪甚多，有安清道友名目，多系安东、清河游民，私结党羽，号称师徒。”安清道友沿袭了漕船水手行帮的做

---

①《清宣宗实录》卷一七五，“道光十年九月甲申”条。

②道光五年八月初五日掌浙江道监察御史熊遇泰奏折，〔清〕贺长龄纂：《江苏海运全案》卷一《章奏》，《稀见清代四部辑刊》第二辑第33册，北京：学苑出版社，2016年，第103页。

③《清宣宗实录》卷四五一，“道光二十八年正月乙未”条。

④《清宣宗实录》卷四七四，“道光二十九年十一月丙申”条。

⑤道光十五年十一月二十五日署理两江总督林则徐、护理江苏巡抚陈銮：《奏为筹议约束粮船水手各款事》，中国第一历史档案馆藏《军机处录副奏折》，转引自曹金娜：《清代漕运水手群体初探》，《历史档案》2017年第3期。

⑥〔清〕丁显：《请复河运刍言》，〔清〕贺长龄辑：《清经世文续编》卷四一《户政十六·荒政一》。

法，私结党羽，号称师徒。其主要活动是在淮扬地区运河沿线贩卖私盐和抢劫商旅，“在里下河一带抢夺民财，结党盈万，并有李世忠营弁庇护，官吏畏事，莫敢如何”[①]。里下河地区，此时已成为安清道友主要的活动区域。

江浙漕船水手中山东、河南籍的水手一部分聚集在江浙当地成为盗匪，一部分则返回到原籍。但因失去生业，水手即便回去后也大量沦为匪类，据《山东军兴纪略》卷一七《幅匪一》记载：

> 三年春，江南被兵，南漕改折，或海运。纤夫、游民数十万无可仰食，丰北黄河连岁溃决，饥民亦数万，弱者转沟壑，壮者沦为匪，剽劫日炽。六月下旬，费县仲村集、仙姑庙，有陈更池、薛得志、闰三虎等数十人，结幅聚众，劫寇新泰境，旋入蒙阴、沂水、博山三县鲁山中……是年粤匪大扰山东，幅匪出没，寇抄郑、宿、兰、郯，视如疥癣，无暇搔抑。

第二节　济运群体

为保障运河漕粮等物资的转运和河道的畅通，运河沿线分布有大量的役夫，协助运输、维护河道，由此形成数量庞大的济运群体，如纤夫、浅夫、泉夫等。

一、纤夫

我国地势西高东低，北高南低，很多重要的河流皆从西部发源，向东奔流入海。这种山川形势，决定了我国历史上开凿的运河也是从西向东或者从北向南流动。受此影响，船只通过运河从南往北的航行过程中，主要为逆水而上，加之沿途多有闸坝、河滩等复杂地形，皆需人力牵挽才能前行，故运河沿线形成了数量庞大的纤夫群体。

（一）隋唐运河纤夫

运河纤夫，古已有之，然隋唐以前记载不详，隋唐以降记载渐多。隋代不论是开凿运河，还是运河船只的牵挽，都大量征发民力，故运河沿线的纤夫多是被征调而来的百姓。后世流传有《挽舟者歌》一首，描述了隋代运河纤夫境遇之悲惨。其歌云：

① 同治元年十一月二十九日顺天府府丞卞宝弟奏折，中国第一历史档案馆藏《军机处录副档奏折》，转引自曹金娜：《清代漕运水手研究》，博士学位论文，南开大学，2013 年，第 144 页。

我儿征辽东，饿死青山下。
今我挽龙舟，又困隋堤道。
方今天下饥，路粮无些小。
前去三千程，此身安可保！
寒骨枕荒沙，幽魂泣烟草。
悲损门内妻，望断吾家老。
安得义勇儿，焚此无主尸。
引其孤魂回，负其白骨归。[①]

隋炀帝北征高丽以及南下江都巡游，皆通过运河而行，此《挽舟者歌》即描述了其出行过程中百姓被征为纤夫，于运河沿线牵挽龙舟的情形。

唐代，于运河沿线牵挽官船的纤夫，同样征自民间，故百姓亦有挽船之苦。如运河有三门底柱之险，唐显庆年间（656 ～ 661）开凿失败，“其后将作大匠杨务廉又凿为栈，以挽漕舟。挽夫系二𬨎于胸，而绳多绝，挽夫辄坠死，则以逃亡报，因系其父母妻子，人以为苦”[②]。晚唐时期，征调民夫为运河官船拉纤的情形如故。杜牧曾在《与汴州从事书》一文中，提到汴州襄邑县百姓充当纤夫的情形：

汴州境内，最弊最苦，是牵船夫。大寒虐暑，穷人奔走，毙踣不少。某数年前赴官入京，至襄邑县，见县令李式甚年少，有吏才，条疏牵夫，甚有道理。云：“某当县万户已来，都置一板簿，每年轮检自差，欲有使来，先行文帖，克期令至，不拣贫富，职掌一切均同，计一年之中，一县人户，不着两度夫役，如有远户不能来者，即任纳钱，与于近河雇人，对面分付价直，不令所有欺隐。一县之内，稍似苏息。盖以承前但有使来，即出帖差夫，所由得帖，富豪者终年闲坐，贫下者终日牵船。今即自以板簿在手，轮转差遣，虽有黠吏，不能用情。[③]

唐代运河通济渠（汴水）即穿过汴州襄邑县，故当地百姓有承当纤夫牵挽官船之差役。然而，一县百姓贫富不均，昔日官船到县，需人牵挽之时，县官往往差贫户拉纤，而富户终年得免，以至于穷人不论酷暑寒冬，终日牵挽官舟，受此拖累而死者不少。至李式任襄邑县令时，规定不论贫富，一体当差，轮流拉纤。如有富户或远户不愿前来，可出钱雇人帮差，从而使得差役均平，富户难以逃差，穷户免遭荼毒。而一年之中，不论贫富，每户拉纤一次，

①《挽舟者歌》，徐元选注：《历代讽谕诗选》，合肥：黄山书社，1986 年，第 46 ～ 47 页。
②《新唐书》卷五三《食货志第四十三》。
③〔唐〕杜牧：《樊川文集》卷一〇《与汴州从事书》，景印《文渊阁四库全书》第 1081 册，台北：台湾商务印书馆，1986 年，第 633 页。

无二次之劳，百姓因此得息。

（二）宋代运河纤夫

宋代，纤夫可分为随船纤夫和沿河纤夫两类。随船纤夫，随船行走，需要牵拉时则下船拉纤。沿河纤夫，不随船而行，只在运河沿线牵挽船只。

1. 随船纤夫

随船纤夫又可以分为民船和纲船两种。民船之纤夫雇自民间，其记载多语焉不详。而纲船关涉漕粮大计，纲船纤夫相关记载稍多，故能详述。

宋代，不同时期纲运之法不同，随船纤夫的构成也不相同。北宋初期，纲运主要为民运，故随船纤夫即为民夫，“以官钱雇丁男挽舟，而土人惮其役，以是岁上供米，不过三百万”；“每岁运江、淮米四百万解以给京师，率用官钱僦牵船役夫”。至太平兴国八年（983），不由官府招募，而改为“每艘计其直给与舟人，俾自召募”①，即“凡一纲计几舟，每舟计所给挽船之直，悉以付主纲吏，令自雇民”②。

至道年间（995～997），纲运改为军运，“尽籍三路舟卒”，完全以军卒充当纤夫，随船拉纤，“江、浙所运，止于淮、泗，由淮、泗输京师，行之一岁，上供者六百万”③，“岁漕东南六百余万斛，而六路之民无飞挽之扰，盖所运者官舟，所役者兵卒故也”④。此时，纲船之纤夫由民夫变为军卒。

不过，军运的成本很大，蔡襄曾说：“欲减厢军，先减纲运”，“养兵挽船不若和雇，和雇则止于程限之资，养兵终岁给之，其费必倍”⑤。治平三年（1066）时，“近岁粮纲多和雇夫儿，每船卒不过一二”⑥。至此，纲船之纤夫既有军卒，也有民夫，情况变得比较复杂。

南宋时期，纲船纤夫之构成亦有变化。南宋初，纲船纤夫也是雇用民夫，“其牵挽人夫亦仰添支雇钱”⑦。绍兴五年（1135）改为“募兵卒牵挽”，使“民无飞挽之扰”⑧。“据每纲合破人数，依条于厢军内选差有家累及谙会船水之人充役”⑨，军卒成为纲船

①〔宋〕李焘：《续资治通鉴长编》卷二四，“太宗太平兴国八年八月辛亥”条。
②〔宋〕李焘：《续资治通鉴长编》卷二四，“太平兴国八年九月癸丑”条。
③《宋史》卷三〇九《杨允恭传》。
④《宋史》卷三七四《李迨传》。
⑤〔宋〕蔡襄：《论兵九事》，〔宋〕赵汝愚编：《宋朝诸臣奏议》卷一二一《兵门》，上海：上海古籍出版社，1999年，第1325页。
⑥《宋会要辑稿·食货四六》。
⑦《宋会要辑稿·食货四三》。
⑧同④。
⑨同⑦。

纤夫的主要来源。

2. 沿河纤夫

宋代，除随船纤夫外，在运河沿线还有大量的纤夫，为往来船只拉纤。例如，在运河堰闸处，有所谓的“堰兵”和“闸军”，即专门为过往的官、民船只拉纤的纤夫。因其任务主要是用绞车拉船过闸，故又被称为“车军”[①]。如余姚县东二十里的石堰“旧无堰兵，惟近居小民间执车缆，以乘时射利，公私已不便之”，在官员奏请下“官备车缆”，“置堰兵二人主之”[②]。此外，真、楚、常三州也都设有“车军”[③]。杨万里在《过宝应县新开闸湖》一诗中，还描述了车军用绞车牵拉船只的情景：“两双钧船相对行，钧车自转不须萦。车停不转船停处，特地萦车手不停。”[④]

除在运河沿线固定地点设置纤夫外，宋代还征调运河沿线的军、民充当纤夫。首先，不论是北宋还是南宋，在迎送外交使节时都要征调军民为纤夫拉纤。宋徽宗时，淮浙州县民夫每年即被征调为纤夫，为来华的高丽使节拉纤，“政和以来，人使每岁一至，淮浙之间不胜其扰，所过州县官私船尽夺为用，驱村保挽舟，一县有至数百人，田桑农业尽废。州县前期勾集保丁，多致冻饿失所”[⑤]。为免扰民，朝廷诏令禁止，但地方官征调民夫拉纤如故。如北宋末年，兵部员外郎程瑀在送高丽使节返回时，便亲眼看见民夫为使节船只拉纤，“瑀渡淮，见民丁挽舟如故”[⑥]。又如，北宋末年张端礼知常州武进县，在迎送高丽使节船只时，仍旧征调该县百姓拉纤，“二浙当丽使所往来，旧例前旬日集民以备牵挽，至有不得饷系累而死者。君召民，与之期，属使者前一日入境，郡守以不素备责君，答曰：是暮将至，无虑也。已而，数千众毕集，为民所信如此”[⑦]。南宋时期，每年接待金国贺正旦、生辰遣使，平江排办司共安排牵船、篙手、灯笼等等人员 5 314 人，其中牵船人 2 006 人，准备阻风添牵船 150 人。此外还有运使牵船 296 人，盱眙、镇江、平江三押宴防护当直牵船 150 人，接伴使副牵船 240 人。[⑧] 迎送使节的纤夫总计 6 842 人，其中有很大一部分是征调民夫；另一部分

①〔宋〕李心传：《建炎以来系年要录》卷二二，“建炎三年四月丁丑”条。

②〔宋〕黄震：《黄氏日抄》卷七四《申提举司水利》，景印《文渊阁四库全书》第 708 册，台北：台湾商务印书馆，1986 年，第 752 ～ 753 页。

③《宋史》卷一八九《兵三》。

④〔宋〕杨万里：《过宝应县新开闸湖》，《诚斋集》卷三〇《朝天续集》，景印《文渊阁四库全书》第 1160 册，台北：台湾商务印书馆，1986 年，第 323 页。

⑤〔宋〕胡舜陟：《论高丽人使所过州县之扰疏》，《胡少师总集》卷三《奏议》，《续修四库全书》第 1317 册，上海：上海古籍出版社，2002 年，第 225 页。

⑥《宋史》卷三八一《程瑀传》。

⑦〔宋〕李纲：《宋故朝请郎主管南京鸿庆宫张公墓志铭》，《梁溪集》卷一六九《墓志》，景印《文渊阁四库全书》第 1126 册，台北：台湾商务印书馆，1986 年，第 762 页。

⑧〔宋〕赵彦卫：《云麓漫抄》卷六，景印《文渊阁四库全书》第 864 册，台北：台湾商务印书馆，1986 年，第 317 ～ 318 页。

纤夫则来自军队，“军中选辎重为金使挽舟，自盱眙至临安，往还皆用之”[①]。

除为金使船只拉纤外，两宋时期运河沿线州县百姓还被征调为往来的士夫拉纤，“淮东州县循习旧例，差百姓为往来士夫牵挽舟船”，颇为扰民。故乾道八年（1172），“诏淮南转运司下所部州县，今后除朝廷所差贺生辰、正旦及接送伴北使往还外，余并不许差雇应副”[②]。

宋朝官府在运输军需或其他任务中也会征调民丁为纤夫。景德元年（1004）赵彬在保州“岁漕粟以给军食”“役夫挽舟”[③]。宋徽宗朝运送花石纲，“驱迫（沿途州县）保伍，牵挽舟船”[④]。北宋末年，常州武进县“花石舟舫络绎于道，县出挽夫尤亟，既夺农时，且去城市远，民告病”[⑤]。在公务之外，官员私自征调百姓为纤夫有违法令。例如，朱彦博知虔州时“以巧计中伤提刑李阅”。李阅至虔州，“彦博令属县差水手等牵挽其船，既而奏阅违法差水手”[⑥]。另有尚书孙仲益的仆人从常熟往平江府，在途中遇一官差并被告知“官唤汝牵船”，仆人认为官差“无县文引在手，何得擅呼我”[⑦]，说明官吏若无文引，不得私自征调百姓拉纤。

除征调外，宋代运河沿线亦有百姓以当纤夫拉纤为生者。如上文提到的余姚县，便有“近居小民间执车缆以乘时射利”。清河徐州吕梁、百步两滩还有专门拉纤过滩的当地“牵户”[⑧]。广济河上也有当地人“以挽舟为业”[⑨]。

宋代，运河纤夫的社会地位低下，遭到打骂乃是常事，如金朝副使耶律翼催促纤夫连夜赶路，“遣人持梃击逐挽舟之人，俾用力牵挽”[⑩]。不仅如此，宋代运河航行主要依靠拉纤，纤夫最为劳苦。这在宋人留下的相关诗文中，有生动的反映。如南宋许纶有《次韵德久舟行阻风》一首，描写运河纤夫遇到大风，艰难牵拉船只的情形：

---

①〔宋〕曹勋：《松隐集》卷二七《乞免差军兵挽奉使船》，景印《文渊阁四库全书》第1129册，台北：台湾商务印书馆，1986年，第490页。

②《宋会要辑稿·食货五〇》。

③《宋会要辑稿·方域一七》。

④〔明〕杨士奇、黄淮编：《历代名臣奏议》卷三〇四《灾祥》，景印《文渊阁四库全书》第441册，台北：台湾商务印书馆，1986年，第485页。

⑤〔宋〕李纲：《宋故朝请郎主管南京鸿庆宫张公墓志铭》，《梁溪集》卷一六九《墓志》，景印《文渊阁四库全书》第1126册，台北：台湾商务印书馆，1986年，第762页。

⑥《续资治通鉴长编》卷四九一，“绍圣四年九月乙丑”条。

⑦〔宋〕洪迈：《夷坚志·乙志》卷七《孙尚书仆》，北京：中华书局，1981年，第245页。

⑧《宋史》卷九六《河渠六》。

⑨〔宋〕韩维：《程伯纯墓志铭》，《南阳集》卷二九《碑志》，景印《文渊阁四库全书》第1101册，台北：台湾商务印书馆，1986年，第756页。

⑩〔宋〕李心传：《建炎以来系年要录》卷一八四，“绍兴三十年正月戊子”条。

昨日颇风鸟雀喧，牵夫寸步不能前。今朝收缆张帆坐，世事乘除只偶然。[1]

南宋绍熙元年（1190），杨万里曾迎接金国前来贺岁的使节，从淮河一路沿运河南下至杭州，途中也记录了沿途挽舟纤夫拉纤的情形。其《雪小霁顺风过谢阳湖》一首曰：

都梁三日雪没屋，小船行水如行陆。山阳一朝帆遇风，大船行水如行空。
昨来牵夫冻得泣，买芦燎衣芦自湿。朝来牵夫皆上船，收缆脱巾篷底眠。
楼船忽然生两翼，横飞直过阳侯国。千村一抹片子时，四岸人家眼中失。
似闻咫尺是扬州，更数宝应兼高邮。青天万里当径度，不堪回首都梁路。[2]

时值深冬雪后，天寒地冻，纤夫却要冒风雪之苦于运河沿岸牵挽使节船只，以至于被冻得直哭，就连买来烤干湿冷衣服的芦草也是湿的，不能点燃，足见纤夫之苦。船只继续南下，至丹阳时，杨万里又作有《竹枝歌》及诗序，描写运河纤夫晚间拉纤的情形：

晚发丹阳馆下，五更至丹阳县，舟人及牵夫终夕有声，盖讴吟啸谑以相其劳者，其辞亦略可辨，有云：张歌歌，李歌歌，大家着力齐一拖。又云：一休休，二休休，月子弯弯照几州。其声凄婉，一唱众和，因檃括之，为《竹枝歌》云。[3]

诗序表明，运河纤夫寒冷中昼夜行船，劳苦至极，只能依靠大声唱劳动号子来抵御风雪。从丹阳出发至常州城途中，他还作有一首《夜过五牧》，描写大量运河纤夫于寒冷中彻夜劳动、不得休息的情形：

船头更鼓打两声，如何未到常州城。道旁火炬如昼明，道上牵夫如蚁行。
今宵到得荆溪馆，我欲眠时夜还短。明朝拥被窥舡窗，百尺柳条垂两岸。[4]

宋代运河纤夫不仅是于寒冷中艰难地跋涉或日夜不停地劳动，而且还要长期忍受背井离乡之苦，“挽船之夫，弥涉冬夏，离去乡舍，终老江湖”[5]。他们甚至还有付出生命的危险。如南宋镇江，在运河高岸拉纤的纤夫，一不小心就会丧失性命，“有大夹冈、小夹冈，乃漕

① 〔宋〕许纶：《次韵德久舟行阻风》，《涉斋集》卷一六《七言绝句》，景印《文渊阁四库全书》第1154册，台北：台湾商务印书馆，1986年，第521页。

② 〔宋〕杨万里：《雪小霁顺风过谢阳湖》，《诚斋集》卷二七《朝天续集》，景印《文渊阁四库全书》第1160册，台北：台湾商务印书馆，1986年，第297页。

③ 〔宋〕杨万里：《竹枝歌》，《诚斋集》卷二八《朝天续集》，景印《文渊阁四库全书》第1160册，台北：台湾商务印书馆，1986年，第300页。

④ 〔宋〕杨万里：《夜过五牧》，《诚斋集》卷二九《朝天续集》，景印《文渊阁四库全书》第1160册，台北：台湾商务印书馆，1986年，第316页。

⑤〔宋〕李焘：《续资治通鉴长编》卷三〇，“端拱二年四月”条。

运路，雨余泥深，牵夫失足辄堕数十尺下”①。白波发运司管下挽舟卒“每岁亡命者不下一二百人”②。南宋为金使牵船的“牵驾舟船人夫衣装不办，多致冻死”③。

（三）元代运河纤夫

元代，漕粮主要依靠海运，运河则多为他用，如上供官物的运输、官商的往来、商品的运输，等。不论是商船、民船抑或是官船在运河航行，都离不开纤夫的牵挽。商民船只雇自民间，纤夫即为民夫，而官船在元初亦征调民夫为纤夫。据《元典章》载：

> 至元十七年十二月，御史台咨承奉中书省札付，体知得遍南使臣人等并上任回任官员负带私己财物，经由水路前来。大都至扬州，所过州县差拨牵船人夫五十名至六七十名，船到去处，排门一概差拨，搔扰不安，若不禁治，深为不便，一都省除。已札付户部行移合属，若遇搬运官物，船只水陆去处必用牵船人夫，令本处官司验所赍文凭，斟酌应付，不得将负带私己人口、财物、船只擅自差拨牵船人夫外，仰行下合属，禁治施行。④

元初运河官船主要用于上供官物的运输。从大都至扬州，官船往来，沿途皆征调民夫拉纤。有些官员沿运河出行所乘坐的船只，亦私自征调沿途民夫拉纤，每船竟达六七十名之多。为防止私调运河沿线民夫拉纤，至元十七年（1280），规定自此以后，除上供官物的官船需人牵挽时，令沿途官员根据赍文酌量调拨民夫拉纤，其余官员乘坐官船出行，不得携带家属、私货，官员雇用船只亦不得私自征调运河沿线的民夫拉纤。

至元二十四年（1287），于运河沿线添设站船、站车，上供官物的官船不得征调民夫拉纤：

> 至元二十四年闰二月，福建行省准中书省咨，近为泗汶等河元设站船不敷，及经涉吕梁、百步洪凡有递运官物到彼，必须差拨人夫，车牛般递，搔扰不安，为此议拟于各站摘拨，量添船只，及于两洪添置站车三十辆，委兵部员外郎马承务与通政院所委官依上安置。去后，今据马承务呈，除已遵依摘拨见有船只、已差站官安置外，据押运官物人员赍奉江淮各省并宣慰司札付淮安路、前路文字坐到人夫数目，督勒沿河州县依数交替，今既已设站船，各有驾船站夫，又行差夫牵拽，似为重复，乞移咨江淮各省照会各道宣慰司。今后凡出差札解纳、进呈一

---

① 咸淳《临安志》卷六七《人物八》。

②〔宋〕李焘：《续资治通鉴长编》卷九一，“天禧二年四月壬午”条。

③《宋会要辑稿·职官三六》。

④《元典章》卷二六《户部卷十二·夫役》。

切段疋诸物和雇船只长运直至东河交卸，依漕运司粮斛例，船主既支脚钱，自行雇夫牵拽站船，验船大小，俱有已设站夫，毋得更差牵船人夫，仍禁治押运官员使臣毋得擅便督勒沿江淮河路府州县行移前路文字，准备差拨人夫，更乞札付兵部，行移各道宣慰司，照会沿河路分州县，毋得听从押物使人去辄便行移前路差拨人夫，似为不致烦扰百姓，都省移咨合属依上禁约施行。①

元代会通河段，即上文所言泗、汶等河河水较浅，需纤夫牵船。其下游之吕梁、百步二洪波涛汹涌，亦需纤夫用站车牵船过闸，故元朝于此段运河沿线设运站、站夫、站车、站船，以备往来船只牵挽之用。至元二十四年（1287），因站船、站车不敷使用，元朝又于会通河各站及两洪处增添船只、站车，并委兵部员外郎马承务前往安置。按例，上供官物船只，押运官员可酌量征调运河沿线民夫拉纤。然马承务认为，今运河已设站船、站夫，又征调沿河民夫拉纤，似有重复，于民不便，奏请自今以后上供官物所用官船，于民间雇用，由押运官员督押，支付船主脚钱，并由其雇用站夫牵挽站船，勿得征调沿河民夫拉纤，并将此令行沿河路分州县施行。至此，会通河及吕梁、百步二洪纤夫，即朝廷设置的站夫，专为往来船只拉纤。这一建议被朝廷部分采纳，至元二十七年九月，规定“以所罢陆运夫为兵，护送会通河上供之物，禁发民挽舟”②。会通河段上供官物船只已禁止征调民夫拉纤，然此令仅行于设有运站、站夫的会通河及吕梁、百步二洪，其他运河段如淮扬、江南等未加设置，故仍需征调民夫拉纤。

（四）明代运河纤夫

明代，运河纤夫亦有随船与沿河之分。

1. 随船纤夫

明代运河中有漕船、官船、民船等不同类型船只，其随船纤夫的来源也不相同。漕船为军运，随船拉纤的纤夫主要由运军充当，时人有云漕运“舟舻相衔，牵挽之卒如云如林”③，众多的拉纤者为“卒”，即运军。明中期以后，由于运军大量逃亡，漕船雇募民夫的现象增多，随船纤夫的成分也有了变化，军民相杂。官船主要是官员、使节等公干人员乘坐以及上供官物的船只，随船纤夫为役夫，由地方轮流加派。民船，则由民夫充当纤夫拉纤。

2. 沿河纤夫

除随船纤夫外，明代运河沿线还分布有大量的纤夫，牵挽往来船只。一种纤夫是官府在运河沿线险要处如闸口、洪口设置的闸夫、洪夫，专为往来船只牵挽，使其顺利过闸、过滩。

①《元典章》卷二六《户部卷十二·夫役》。

②《元史》卷一六《世祖本纪十三》。

③〔明〕唐龙：《渔石集》卷二《送周公约庵总漕巡抚江淮序》，北京：中华书局，1985年，第92页。

如永乐时，虞谦奏准在徐州、吕梁二洪设置纤夫，“又言徐州、吕梁二洪行舟多阻，请每洪增挽夫二百，月给廪、官牛一百，暇时听民耕，大舟至，用以挽，人以为便”①。至万历十六年（1588）以前，吕梁洪设有洪夫 1 210 名，徐州洪设有洪夫 378 名，又有协济夫 45 名，“原为滩高水险，以资牵挽”②；在古洪等四闸设有闸夫 500 名。后来河势渐平，“挽舟甚易，各夫闲旷，私役为多”，而古洪等四闸闸夫不敷使用，于是万历十六年奏准从吕梁、徐州二洪拨出 633 名洪夫分配给古洪等四闸，每闸 150 名，余下 33 名则充新闸闸夫。而“吕梁洪仍存七百名，徐州洪仍存三百名，以供拽运”。这些为船只拉纤的洪夫、闸夫皆为官府招募来的流民，因生活贫困而充当运河纤夫，“夫役流寓，原无身家，衣食于奔走，随地皆可居也”③。其收入来源主要有两个，一是官府发给的口粮，二是船只过闸、过洪时拉纤所得。由于闸夫、洪夫为官府招募，给予口粮，专为过往漕船拉纤，故不得收取漕船费用。其拉纤收入，主要是来自于民船，“军运过洪、闸，一钱不烦，而洪夫、闸夫共与挽拽。民运每过一洪，用银十余两，过一闸用银五六钱，所过共三洪、五十余闸，而费可知矣”④。由于口粮少，生活窘迫，各闸、各洪的纤夫在牵挽民船过闸、过洪时，也不乏串通船主、闸官人等勒索民船的现象。如弘治年间（1488～1505），“临清河渠为天下要冲，而挽夫、舟人丛集为奸，公私病之”⑤，故令工部主事王纳诲治闸事。

另一种纤夫是官府从运河沿线州县民户中拨派的役夫，为经过境内的官船拉纤。如明洪熙元年（1425），泰和人李信圭（字君信），以贤良举，授清河知县。该县位于运河边上，众多民户被佥派劳役，充当纤夫，为运河上的官船拉纤，“县瘠而冲，官艘日相衔，役夫动以千计”⑥。宣德三年（1428），李信圭上书痛陈佥派该县民夫为运河官船拉纤的危害：

> 本邑地广人稀，地当冲要，使节络绎，曰发民挽舟。丁壮既尽，役及老稚，妨废农桑。前年兵部有令，公事亟者舟予五人，缓者则否。今此令不行，役夫无限，有一舟至四五十人者，凶威所加，谁敢诘问。或遇快风，步追不及，则官舫人役

①《明史》卷一五〇《虞谦传》。

②〔明〕潘季驯：《钦奉勅谕查理河漕疏》，《河防一览》卷一四。

③同②。

④〔明〕陆树德：《民运困极疏》，〔明〕陈子龙辑：《明经世文编》卷二九一《陆中丞文集》。

⑤〔明〕过庭训：《本朝分省人物考》卷一〇三《陕西西安府一·王纳诲》，《续修四库全书》第 536 册，上海：上海古籍出版社，2002 年，第 53 页。

⑥〔明〕徐元太：《全史吏鉴》卷一〇《李信圭》，《四库未收书辑刊》第二辑第 26 册，北京：北京出版社，2000 年，第 445 页。

没其所赍衣粮，俾受寒馁。[①]

为免扰民，李信圭请求按照旧令，根据公事缓急派遣民夫拉纤，急者每舟拨派五人，缓者不给，得到皇帝的应允，“乞申明前令，哀此惮人，从之”。运河沿线被佥派民户拉纤的不仅仅是清河一县，各州县也都如此。宣德八年（1433）春，李信圭又进一步上书要求朝廷免除运河沿线各州县民户的这项差役，获得皇帝的同意：

> 自江淮达京师，沿河郡县悉令军民挽舟，若无卫军，则民夫尽出有司州县，岁发二三千人，昼夜以俟。而上官又不分别杂泛差役，一体派及，致土田荒芜，民无蓄积，稍遇歉岁，辄老稚相携，缘道乞食，实可怜伤。请自仪真抵通州，尽免其杂徭，俾得尽力农田，兼供夫役，帝亦从之。自是他郡亦蒙其泽。[②]

至此，明朝规定官员公干所乘坐之官船，不再派拨沿河州县民夫拉纤，但运输上供官物的官船，却仍由运河沿线卫所、州县拨派军人和民夫充当纤夫。不但如此，一些官船还利用运输官物的掩护，大量夹带私货、商旅，从中牟利。天顺三年（1459）正月，南城县知县陈升即奏称：“臣以考满来京，见马快等船所载官物少而私货多，甚至夹带商旅，以规厚利，沿河索军卫、有司挽夫以千百计，稍有稽缓，辄加笞辱。”为这些官船拉纤的纤夫，不但受其役使，而且还遭到打骂、勒索等残酷对待，“丁夫到舟，受诸棰楚，质其衣鞋而役使者有之，要其钱米而纵放者有之，忍视其饥寒至于僵殍而不恤者亦有之”。为免沿河纤夫受累，陈升“乞勅今后每舟令载官物若干，著为定式，不许擅带私货及客商人等，仍将其舟会数分定班次，如差前次舟，即拨后次舟，所编军夫一半助驾，沿河亦酌定每舟一只贴助挽夫若干，余外不许多索，至差后舟亦然，命会官议行”[③]。

还有一种在运河沿线专门为船只拉纤者，多是一些贫苦的百姓，依靠出卖苦力维持生活。不论官船还是民船，只要给其报酬，皆可为之拉纤。这类纤夫社会地位最低，文献对之记载不详，但仍可得知他们的存在。如正德十一年（1516）七月，织造太监史宣经过沛县，“索挽舟之卒千，沛知县胡守约予五百，补之以佣钱。宣怒，自至县捕吏，守约与宣争，宣还奏命，逮守约诏狱，既至勒为民出”[④]。胡守约既出佣钱给太监史宣，让其雇用纤夫，说明运河沿线有专门以受雇拉纤为生者。嘉靖三十三年（1554），徐履祥之夫人蒋氏从江淮乘坐官船回

---

① ［明］徐元太：《全史吏鉴》卷一〇《李信圭》，《四库未收书辑刊》第二辑第26册，北京：北京出版社，2000年，第445～446页。

② ［明］徐元太：《全史吏鉴》卷一〇《李信圭》，《四库未收书辑刊》第二辑第26册，北京：北京出版社，2000年，第446页。

③ ［明］徐学聚：《国朝典汇》卷一六二《兵部二十六·邮驿》，《四库全书存目丛书》史部第266册，济南：齐鲁书社，1996年，第402页。

④ ［明］何乔远：《名山藏》卷二一《典谟记》，《续修四库全书》第426册，上海：上海古籍出版社，2002年，第42页。

北京，“值熯甚，水涸，官舟艰行，役人苦之，孺人为斥簪珥募助挽舟，乃前抵都下，簪珥略尽”①。官船自有役夫牵挽，蒋氏又出其簪珥雇用纤夫帮助拉纤，同样说明运河沿线还有专门受雇拉纤的纤夫。

明代，运河纤夫之艰辛一如往昔。由于船只庞大，有时要很多的纤夫一起牵挽，才能拉动一舟。万历十九年(1591)，李廷机典试浙江，为其一船拉纤的纤夫就有40人，这已是从简而行了，当时其他官员乘船公干出行，动用拉纤的纤夫更多，“时多用百名或八十名”②。加之运河拉纤多逆水而行，纤夫们需要用极大的体力艰难跋涉，如遇到天旱水浅时，纤夫拉纤更为辛苦。前述徐履祥夫人蒋氏由运河至京城，遇天干水涸，船只难行，为其拉纤的“役人苦之”。若是遇到大雨过后，水流湍急之处，纤夫们的行进更为艰难。天启元年（1621），叶向高奉召赴京，从运河行至淮阴境内，由于前几日大雨不断，彼时河水暴涨，为其挽舟的纤夫使尽全力，亦寸步难行，“过清口，见黄水澎湃，奔湍迅急，挽舟者进寸退尺，甚有戒心”③。此外，漕船运粮有时间限制，不得逾期，为漕船拉纤的纤夫更为辛苦。为按照期限抵通，纤夫们通宵达旦地拉纤，片刻不得休息。明人万表作有《夜宿毗陵闻挽舟声有感》一首，其中就提到纤夫彻夜为漕船拉纤的情形：

岁漕万舰涉关河，险阻身亲劳虑多。
今日昆陵成病卧，不堪夜听挽舟歌。④

万表，正德年间中武举，历任浙江把总署指挥佥事、漕运参将、漕运总兵等职，长年治理漕运，由于多年奔波于运河上下，在一次航行途中，万表病倒，时值船只到达常州，万表辗转难眠，只能躺在船中，听船外纤夫们齐声唱着挽舟歌。漕运官员于病痛时尚能卧船休养，而船外那些为漕船拉纤的纤夫却彻夜不得休息，其辛劳可见。

运河纤夫们平日即已辛苦万分，如遇荒年，更为艰难。弘治十七年（1504），李东阳在外出公干至天津时，便遇到因荒年而饥困的运河纤夫，“臣奉使遄行，适遇亢旱，天津一路夏麦已枯，秋禾未种，挽舟者无完衣”⑤。隆庆、万历年间，某官员夫人

① 〔明〕申时行：《徐母蒋孺人墓志铭》，《赐闲堂集》卷三三《墓志》，《四库全书存目丛书》集部第134册，济南：齐鲁书社，1997年，第687页。

② 〔明〕李廷机：《李文节集·仕绩》，《四库禁毁书丛刊》史部第44册，北京：北京出版社，1997年，第690页。

③ 〔明〕叶向高：《龙神感应记》，《苍霞余草》卷一，《四库禁毁书丛刊》集部第125册，北京：北京出版社，1997年，第382页。

④ 〔明〕万表：《夜宿昆陵闻挽舟声有感》，《玩鹿亭稿》卷一《诗》，《丛书集成续编》第115册，上海：上海书店出版社，1994年，第943页。

⑤ 〔清〕陈鹤：《明纪》卷二三《孝宗纪三》，《四库未收书辑刊》第六辑第6册，北京：北京出版社，2000年，第339页。

方氏，于荒年经过徐州、吕梁二洪，遇纤夫大半饥饿难耐，出粮救济，始解其困，“夫人独不恒情，若每倾以施人，全活甚众，荒岁过徐吕，挽舟者半楞，肠多僵，于岸见则出粮饱之，僵者起”①。在荒年食不果腹的情况下，官府于运河沿线设置的纤夫纷纷逃亡。正统年间（1436 ～ 1449），吏部考功司主事张寰治理徐州洪时，“时岁比凶，挽夫多以饥逃，在官剥舫亦多腐，至即簿录民间剥舫，损其雇直十一，以赡葺之，由是官舫获济，挽夫亦多复焉”。②

明代，运河纤夫在拉纤过程中不但饱受饥寒，艰苦跋涉，昼夜不息，而且还面临着极大的危险。比如船只过徐州洪，纤夫为船只拉纤不但需要体力，而且要熟悉水文，稍有不当，就会船翻人亡。成化年间（1465 ～ 1487），南京兵部尚书薛远撰有《重修徐州洪题名记》一文，对此记载颇详：

> 徐州之东，乱石巉岩而阨乎河流。有起而高耸者，有伏而森列者，是为徐州洪，旧名百步，奔流迅急，震荡汹涌。舟之下者，以或触之则舟覆没，而人不免漂溺。溯流而上，挽舟之人非有强力及熟知水道者主持，亦几不免危矣。③

除徐州洪外，吕梁洪亦非常凶险，尤其是嘉靖八年（1529），二洪涨水改道，位于两者之间的境山境内，河道变迁，水势陡增，对往来船只和拉纤的纤夫造成极大的威胁：

> 黄河至沛县与运河合东南百有余里，至于境山，又四十里，为徐州洪，又六十里，为吕梁洪，南引江淮，北达大通，境山实扼其吭。己丑秋八月，河溢境山，西徙三百步，东南流二里合故河下口，以其在故河外，称曰外河，去山稍远，奔流直遂，视故河加阔，然舟楫初无患也。厥后水落湍急，挽舟者患焉，水益落湍益急，放舟者亦患焉。十月以来，乱石绝河湍下，射高数仞，虽虚舟不得上，有冒险而下者，十覆三四焉。④

万历年间（1573 ～ 1620），沈德符在《万历野获编》中也提到自己年幼时乘船过徐州、吕梁二洪的惊险情形：

> 徐州、吕梁，为宇内险道，自唐尉迟恭开凿，始通舟楫，至宋元祐间渐成通渠。本朝遂以为运河，然其下乱石如鳄齿排连，惊湍如蛟涎喷薄。孔子观澜处，称为“悬流三千仞，流沫四十里”者，即其地也。遇水溢时，顺流者一瞬而下。逆溯者，以尺寸计。若值旱涸，行舟一遭伏石，立葬鱼腹。余幼时侍先人过此，闻其险已渐夷，然犹用纤夫二百人挽一舟，

---

①〔明〕于若瀛：《方夫人七十寿序》，《弗告堂集》卷二二《序》，《四库禁毁书丛刊》集部第 46 册，北京：北京出版社，1997 年，第 147 页。

② 万历《新修南昌府志》卷一九《人物传 · 张寰》。

③〔明〕薛远：《重修徐州洪题名记》，〔明〕杨宏、谢纯：《漕运通志》卷一〇《漕文略》。

④〔明〕潘希曾：《境山河记》，《竹涧集》卷五，景印《文渊阁四库全书》第 1266 册，台北：台湾商务印书馆，1986 年，第 712 ～ 713 页。

老稚相顾无人色。[①]

二洪凶险之状，沈德符至老不能忘怀，可见挽舟纤夫劳动之艰险。

（五）清代运河纤夫

清代，运河沿线商品经济发达，大量的漕船、民船穿梭于运河之中，船只逆水、逆风以及遇到闸坝，皆需人力拉纤，故运河社会中形成了大批纤夫群体。

1. 纤夫之类型

清代运河纤夫，亦可分为随船与沿河两大类。船只在运河航行，需随船拉纤之人，遇有需要牵挽之处，下船拉纤。道光十五年（1835），一位叫作辛学成的乡民在戴家庙河沿遇见乡亲何顺，道及自己贫苦，央求何顺带自己去浙江湖州帮船上拉纤。何顺带辛学成去船上见老官，应许留下拉纤，成为漕船上的随船纤夫。[②]漕船随船纤夫多寡不一，据吴文镕道光二十九年奏称："查浙省各帮所雇水手，册造有名者每船不过八九人。丁舵人等因重运笨滞难行，向于额外增雇纤夫及游帮水手，帮同驾驶，每船约二三十人不等，以通省各帮而计，不下数万人"[③]。

除随船纤夫外，运河沿线还有很多的纤夫，他们不住在船上，只为其往来拉纤。其来源主要有两种：一种是官府以差役的形式拨派运河沿线州县民户充当纤夫，为官船拉纤。尤其是清初，遇到大兵出征，乘坐船只经过运河，皆由沿途州县民户充当纤夫拉纤。山东地当孔道，又有运河穿过，沿途民户被频繁征派，最为严重。康熙三年（1664）山东巡抚周有德奏称：

> 山东为南北孔道，十省通津。当倡议分路之时，止从陆路起见，故河南议分湖广、广西、陕西、四川、云南、贵州等六省。山东议分江南、浙江、福建、江西、广东等五省。论分省之多寡，似得其平。合水陆繁简情形计之，则山东所分之五省，其王公将军督抚提镇等衙门较多于他省，加以运河直贯其中，兵差解运船只悉由此路往来。沿河居民、尽为纤夫，其或不足，则取之他州县，经费有限，民力几何，而况楚、蜀、云、贵、广西等省之船，路所必经，是名为五省，而实为十省，其繁苦不几三倍于河南耶！[④]

山东运河沿线居民尽被征做纤夫，为兵差、解运船只拉纤，依然不够使用，乃至

---

①〔明〕沈德符：《万历野获编》卷一二《河漕·吕梁洪》，北京：中华书局，1959年，第329页。

② 曹金娜：《清代漕运水手群体初探》，《历史档案》2017年第3期。

③〔清〕吴文镕：《设法遣散游帮水手折》，《吴文节公遗集》卷二三《奏议》，《续修四库全书》第1520册，上海：上海古籍出版社，2002年，第351页。

④《清圣祖实录》卷一三，"康熙三年八月己巳"条。

并不沿河的州县民户亦被大量征派。如山东德平县的民户即被派往运河边的德州充当纤夫：

李静，字仁山，江南泰兴人，监生。康熙五年知德平县，处事敏达，善于抚驭邑民，以派纤夫往役于德州为累，毅然申之监司曰：德平去德州辽远，于法应免反复，执请得允乃已。耆庶感德，作祠祀之，擢兵部主事。①

另一种沿河纤夫，是聚集在运河沿线专门以拉纤为生计的人，通常被称为“短纤”。当时“各省粮艘北上，每遇过闸过坝及急流浅阻，必须人力挽拽者”②，尤其是漕船进入长江以北运河，“即需添备短纤”③，于是很多无业游民及贫苦之人聚集在运河沿线，等待被船只雇用拉纤，“类皆无业游民，佣工糊口”④，由此形成了人数众多的沿河短纤。嘉庆十八年（1813）春，阮元督四千余船运粟四百万石于江淮间，进入山东境内后，运河沿线多有饥民集聚，寻求生计。阮元将其雇为短纤，牵挽粮船，“入夏以后过邳州入山东，一路饥民数万，汹汹相聚，似有奸徒煽于其间，余乃阳分其民为纤夫，帮若干夫，船若干夫，使运丁食以粗粝，实阴散其势，以安之也。夏秋之间，秋田渐熟，饥民归于田”⑤。短纤大多“籍隶山东兖、沂及江苏徐州等处”，其人数“多至各船水手数倍”⑥。具体多寡并无确数，但有记载云：“漕河全盛时，粮船之水手，河岸之纤夫，集镇之穷黎，藉此为衣食者不啻数百万人”⑦。

2. 纤夫之收入

清代，运河纤夫收入主要来自于拉纤所得。起初，船只雇用运河沿线纤夫并无定价，以至于运河沿线官兵趁机串通纤夫抬高雇价，“漕船渡黄之后至白洋河及台庄八闸，俱系逆流水急，必须添雇人夫挽拽，往往弁兵串同人夫勒索，倍出工价”⑧。为稳定沿河秩序，乾隆五年（1740）规定，短纤每夫每里给钱一文，过闸拉船每夫给钱一文，如遇闸坝水急，酌量增加，有多索钱文者治罪：

粮船沿途提溜赶帮，雇用短纤，每夫每里给钱一文，打闸每夫一名给钱一文，如闸坝水急，夫役守候，临时酌增……各夫雇价给钱，不许以货抵给。⑨

乾隆十年（1745），又进一步作了规定：“重运粮船渡江进口，需用短纤。乾隆十年总

---

① 道光《济南府志》卷三八《宦绩六》。
② 《清高宗实录》卷五七八，“乾隆二十四年正月丁亥”条。
③ 《清高宗实录》卷一〇二二，“乾隆四十一年十二月辛亥”条。
④ 《清宣宗实录》卷三七一，“道光二十二年四月戊戌”条。
⑤ 〔清〕阮元：《〈江乡筹运图〉跋》，《揅经室集·三集》卷二，《续修四库全书》第1479册，上海：上海古籍出版社，2002年，第199页。
⑥ 《清宣宗实录》卷二七〇，“道光十五年八月丙戌”条。
⑦ 〔清〕丁显：《请复河运刍言》，〔清〕贺长龄辑：《清经世文编》卷四一《户政十六·荒政一》。
⑧ 〔清〕杨锡绂：《漕运则例纂》卷一三《粮运限期·沿途短纤》。
⑨ 同⑧。

漕顾琮酌定自仪征、瓜洲二处至淮安分为六班，各按里数定以雇价，听丁自行雇觅，不许催漕兵役勾通棍徒私设夫头，硬派强拉，高抬雇价，苛求抑勒，每年出示沿河地方查禁。”[①] 具体来说：

头班自仪征至淮，计程三百九十里，每名给价银六钱。

头班自瓜洲至淮，计程三百六十里，每名给价银五钱四分。

二班自三汊河至淮，计程三百三十里，每名给价银五钱二分。

三班自扬州至淮，计程三百二十里，每名给价银五钱。

四班自邵伯至淮，计程二百六十里，每名给价银四钱。

五班自高邮至淮，计程二百里，每名给价银三钱五分。

六班自宝应至淮，计程八十里，每名给价银一钱二分。

乾隆三十年（1765），运河短纤的雇价有所提高。从惠济闸至台儿庄，规定最低每夫每里给制钱一文半，自台儿庄至韩庄，每夫每里给制钱三文：

乾隆三十年咨准，自惠济闸至骆马湖口，计程一百九十余里，水势较与淮河稍溜，每夫每里应酌给制钱一文半，共给钱二百九十文。自骆马湖口至台庄，计程一百九十余里，水势相等，每夫每里亦酌给制钱一文半，共给钱二百九十文。自台庄至韩庄，计程八十里，闸座既多，水势急溜，不无有需时日，每夫每里应酌给制钱三文，共给钱二百四十文。至江广帮船体骨重大，或应加纤夫，每名仍照现定雇募之价，给发二百四十文，毋庸额外增给。[②]

从杨村至通州，规定最低每夫每里应给制钱二文，比原来的最低定价每夫每里一文高出一文，特殊情况可酌情增加，但不得超过每夫每里四文之数：

乾隆三十年，经通州知州万廷兰详请，短纤夫价比照南河骆马湖口至台庄，每夫每里酌给制钱一文半之例，再增半文，每夫每里给制钱二文。倘遇久雨水涨，道路泥泞，难以挽拽，每夫每里再加增制钱一文。如实系路泞人少，请于格外再加增制钱一文，经仓场咨部覆准，应令直隶总督转饬通、香、武、津等州县于粮艘一过津关即行出示晓谕，每夫每里给制钱二文……如遇天雨路泞，纤夫短少之时，应仍听该帮弁丁等自行酌量加增，亦不得过每里四文之数。[③]

①〔清〕杨锡绂：《漕运则例纂》卷一三《粮运限期·沿途短纤》。
②同①。
③同①。

清代，官方规定雇募运河沿途短纤，每夫每里给制钱一文至四文不等，价格相当低廉，纤夫常常付出极大体力，数月行走拉纤，但微薄的收入也只能勉强糊口。

3. 纤夫之劳苦

清代，运河纤夫亦非常劳苦。首先，那些被以差役形式拨派充当纤夫的民夫，因差役沉重、频繁，延误农事，苦累不堪。顺治十五年（1658），即有官员指出“查兵乘回空粮船，纤夫动用数千，苦累不堪，沿河大害”，请求兵乘粮船，只许动用本船水手、纤夫及沿途驿站役夫，“不许捉民夫”拉纤[①]。尽管如此，此后回空粮船之纤夫仍要为出征大兵拉纤，甚至有劳累致死者。康熙二十一年（1682），康熙皇帝在上谕中便提到这一惨况：“朕闻先由水路出征大兵，因昼夜趱行，以致纤夫死者甚多，深轸朕怀。今尔部差去催趱粮船官员，恐欲粮船速抵水次，致纤夫苦累，著行文申饬晓谕。”[②]

运河沿线以拉纤为生的纤夫，也同样劳苦万分。比如，从清口至张庄一段运河长仅二百里，但一路逆水而行，纤夫二三十人牵拉一船，每日只能前行几里，近两月才能完全通过，途中还常常遇到翻船的危险，“自清口以达张庄运口，河道尚长二百里，重运溯黄而上，雇觅纤夫，艘不下二三十辈。蚁行蚁负，日不过数里，每艘至费四五十金，迟者或至两月有奇，方能进口，而漂失沉溺，往往不免，盖风涛激驶，固非人力所能胜也”[③]。由于劳动强度大，收入低，且不得休息，运河纤夫常有生病者，有些甚至病死在途，也无人看护，境遇十分悲惨。直至乾隆二年（1737），清政府才出台针对患病纤夫的抚恤政策：“漕船纤夫中途患病，沿河闸官及管河主簿巡检验看明白，拨夫送至普济堂，如隔普济堂窎远者，暂送附近庵观，官给口粮调养，病痊令回本籍，或病重难救，先问姓名，死后殓埋义冢”[④]。然运河沿线纤夫众多，官府虽有政策出台，也不可能完全兑现。

现存很多清人的诗文，对清代运河纤夫劳动艰辛、境遇悲惨的情形有生动的描写。清初著名诗人孙枝蔚（1620～1687），曾目睹淮扬一带运河纤夫拉纤，作《哀纤夫》一首，感叹纤夫之苦：

> 役夫亦有家，常与道路亲。母老不得顾，驱之向淮滨。
> 船中坐达官，打鼓过前津。酒肉饱其腹，焉知饥饿人。
> 牵船复牵马，受笞手中鞭。不如为奴仆，犹得主人怜。
> 雨中泥没骭，河水浩无边。力尽长苦饥，何处望炊烟。[⑤]

---

①《奉旨依议不许派捉民夫碑记》，康熙《天津卫志》卷四《艺文志中》。

②《清圣祖实录》卷一〇四，“康熙二十一年八月甲辰”条。

③〔清〕傅泽洪辑：《行水金鉴》卷一四九《运河水》。

④〔清〕载龄等纂修：《清代漕运全书》卷四二《漕运河道·河闸禁令》。

⑤〔清〕孙枝蔚：《哀纤夫》，《溉堂诗集·前集》卷二《五言古诗》，《续修四库全书》第1407册，上海：上海古籍出版社，2002年，第311页。

清初诗人施闰章（1619～1683），有感清河县天妃闸为运河诸闸险峻之首，作《天妃闸歌》一首，亦提及纤夫挽舟过闸之艰难。诗云：

黄河怒流动地轴，十舟九舟愁翻覆。临矶作闸为通舟，水急还忧石相触。
挽舟溯浪似升天，千夫力尽舟不前。巫师跳叫作神语，舟人胆落输金钱。
梨园唱尽迎神曲，犹杀牛羊啖水族。不尔作难在须臾，鲸鲵张口待人肉。①

另一位清初诗人潘江，对当时大兵出征，沿河州县大量拨派民夫拉纤的现象进行了生动描写，揭露出征派民夫拉纤的危害：

江南苦捉船，淮北苦拽牵。军兴十余年，年年事征战。
或班师北归，或出师南援。艨艟蔽天来，先期飞羽箭。
牵夫动数千，沿河檄州县。长令急勾摄，穷黎已睊睊。
地亩与牌甲，均派泪如霰。部议禁民夫，征调仰驿传。
站银及正额，雇募仍从便。其如驿站银，名存实罕见。
正额复协饷，安得有余羡。美意虽可嘉，仁言岂能践。
不见己亥秋，王师出畿甸。舟经齐鲁邦，长令遭诃谴。
中有三郡邑，奔走如掣电。可怜千万人，赤脚走淤淀。
越站肆鞭笞，气绝血犹溅。死亡七百余，泥沙足埋窆。
更有千余人，流落他乡遍。嗟此亦赤子，鱼肉任武弁。
岂无独子亲，亦有空房眷。飞去复飞还，不及梁间燕。
朝廷闻此情，恻焉色为变。八旗各有长，下令疾推谳。
仍复榜河干，勒石晓愚贱。自非出征师，索夫敢专擅。
天语虽煌煌，奉行惜不善。一遇兵船至，供应仍锻炼。
我闻船舵手，镇日惟酣燕。曷若着为令，人各给米面。
俾彼自挽拽，焉敢辞劳倦。敬告大中丞，此疏盍早缮。②

清中叶以后，也有不少诗人在其诗词中记录了运河纤夫劳动之艰辛。比如胡敬（1769～1845）在《纤夫行》中描写道：

长河东注波滔滔，下游直上千粮艘。湍深波急不受篙，趱行个个长绳操。

① 〔清〕施闰章：《天妃闸歌》，《学余堂诗集》卷一五《七言古》，景印《文渊阁四库全书》第1313册，台北：台湾商务印书馆，1986年，第498～499页。
② 〔清〕潘江：《牵夫》，《木厓集》卷六《五言古三》，《四库禁毁书丛刊》集部第132册，北京：北京出版社，1997年，第62～63页。

高岸跃上如飞猱，万钧首戴重六鳌。欲进不得声嗷嗷，十百俯仰同桔槔。
我不见首惟见尻，首俯益下尻益高。天寒雨湿风飂飂，入夜尚尔闻嘷号。
手龟足茧肤无毛，中途求息哀其曹。受代不啻鹰脱绦，畴助尔力分尔劳。
辘轳船唇安置牢，旋转有若缫车缫。船中官人兽锦袍，临风外被秦复陶。
指顾叱咤何粗豪，三申五令鼓伐鼛。鞭笞横加难幸逃，岂不念尔徒目蒿。
天庾郑重法敢挠，性命似此真秋毫。吁嗟粒粟皆脂膏，仓中鼠慎毋贪饕。[①]

嘉庆十八年（1813），阮元督运漕船时作有《纤代赈》一诗，既描述了运河纤夫之苦，也提到年荒之时，饥民大量聚集于山东运河沿线，以拉纤求食的惨况：

鸿雁年年飞，所谋在江湖。闲民无聊赖，惯作牵船夫。
粟米四百万，转运达帝都。南漕五千船，船与廿夫俱。
牵夫十万辈，岁岁相挽输。南牵来瓜洲，北牵过长芦。
负纤面扑地，蹴踏声齐呼。前船呼邪许，后船唱喁喁。
当暑无笠盖，逢寒无袴襦。阴雨沐毛发，烈日炙肌肤。
岸宿犯霜露，川涉陷泥涂。或为颁白首，或为鬑须须。
兵吏促行程，执朴相逐驱。恋船如恋家，孰肯为逃逋。
问伊何所乐，问伊何所图。一饭何所乐，一身何所图。
所累惟此口，藉船相为糊。有时力衰尽，沟壑在路隅。
年丰尚谋食，岁荒食更无。今年春夏旱，山东二麦枯。
农民无收获，握粟如珍珠。俯首据草根，煮及荠与荼。
仰首剥树皮，屑及柳与榆。鲁宋数万民，贸贸来川途。
川途亦无麦，守死能须臾。饥民尔勿死，为我牵舳橹。
一般加廿人，数万抵飞刍。加夫不得力，不惯相曳娄。
不惯呜欸乃，不惯合步趋。虽不合步趋，聊使相挽扶。
才牵闸河船，便得饭数盂。腹饱心且安，人分势自孤。
何尝说相赈，与赈实无殊。方今太平世，尔曹壮而愚。
得食即帝恩，养此七尺躯。今年湖水浅，处处阻且迂。
剥运耗既多，加夫费更需。一船有一军，军困复谁苏。
岂不欲军苏，赋勿加越吴。东南农力困，安可再多逾。
军农尚困乏，何况牵船徒。自古食为天，无食良可虞。

① 〔清〕胡敬：《牵夫行》，《崇雅堂诗抄》卷三，《续修四库全书》第1494册，上海：上海古籍出版社，2002年，第161页。

所赖岂有他，一饭真区区。①

清后期诗人陆嵩（1791～1860）亦有诗一首，描写杭州运河沿线纤夫光脚在水中，踩着泥泞不平的道路，高唱着号子，彻夜拉纤的情景：

牵夫赤脚水中行，触石挖泥路不平。

何处秧歌还入耳，终宵只听踏车声。②

二、浅夫

由于自然原因，运河经过一定的时间便会出现泥沙淤积致使河道变浅的现象，需要人力在淤浅之处开挖疏浚，这些挖浅的人夫在明清时期被称为“浅夫”。

据文献记载，早在唐代就有专门开挖疏浚运河的劳工。刘晏进行漕运改革的一个重要措施便是“以盐利为漕佣”③疏挖淤浅，以保障运河河道的畅通。又据沈括《梦溪笔谈》卷二五《杂志二》记载，北宋初年，为疏浚汴河，曾“发京歌辅郡三十余县夫，岁一浚”。此后，宋代为保障运河通畅，还专门设有清理淤积的军队，定期开挖运河、黄河等水道，称为“河清兵”。这些疏浚运河之人，虽未冠以“浅夫”之名，但他们承担的工作其实与后世的浅夫无异。

（一）明代运河浅夫

明清时期，运河也常常出现淤浅的现象，比如明英宗时期，杨士奇通过运河出行，就多次遇到水浅搁阻的情况，“廿日早，阴，马船始至金菱湾，既出湾又频搁浅。”“夜至河西务驿宿，是日晴，虽十余胶浅，亦未若通州迤下之难也。”“初四日至夹沟驿北三里许，阻浅，名黄家浅。”“初五日早，仍阻浅不能行，阮内使复诣皮沟放闸水，午得水发黄家浅，过夹沟驿。驿丞石嵩，武定州人，颇疏通，黄家浅难涩不减金菱湾，甚得此驿人力之助，行三十里至耿山又阻浅”④。又如崇祯年间（1628～1644），督催转运员外郎朱万年巡视运河，遇到运河水浅问题，“河道日浅一日，如郝家堡、里二泗、马房、张家庄、王家摆、石灰厂、杨家凹、公鸡店等处，皆苦于塞，而马房一

①〔清〕阮元：《纤代赈》，《揅经室集·四集》卷一〇《诗》，《续修四库全书》第1479册，上海：上海古籍出版社，2002年，第382页。

②〔清〕陆嵩：《杭州道中杂咏》，《意苕山馆诗稿》卷一四，《续修四库全书》第1517册，上海：上海古籍出版社，2002年，第575页。

③《旧唐书》卷四九《食货下》。

④〔宋〕杨士奇：《南归纪行录上》，《东里集续集》卷四九《录》，景印《文渊阁四库全书》第1239册，台北：台湾商务印书馆，1986年，第323、326页。

处则其淤塞之甚者也。目击百余船壅集，势必鱼贯方入，前船一阻，则随后百十余船皆阻”[①]。明清时期，运河沿线设置了很多的浅铺，开挖泥沙、疏浚河道，挖浅之人力遂有“浅夫”之称，“盖令日事捞浚，俾无湮淤，此置浅命名意也”[②]。

据记载，永乐十四年（1416），明朝即在淮河以北运河沿线设立了浅铺，“平江伯陈瑄又请浚淮安……自淮以北沿河立浅铺，筑牵路，树柳木，穿井泉，自是漕法通便百年于兹矣”[③]。正统三年（1438），又在白河设置浅铺、浅夫，承担疏浚河道的工作，“自河西务径二十里，改凿顺下，河遂安流，每于浅处，设铺舍，置夫甲，专管挑浚。舟过则招呼，使避浅而行。自此而南，运河浅铺以次而设”[④]。此后，运河沿线浅铺、浅夫之设逐渐增多，到弘治年间出现“铺舍在河之两涯者五百七十有六”的局面。[⑤]由于河道变迁的缘故，浅铺的数量亦有变动，据吴欣统计，嘉靖八年（1529）记载为568个，万历四年（1576）记载为532个，大体有明一代，运河浅铺维持在500多个。[⑥]一般来说，运河各段淤积的严重程度不同，浅铺设置的数量也不相同。江南运河几乎没有淤积现象，也没有相应地设置浅铺。淤积最为严重的河段主要集中在北方地区，尤其是山东境内的闸漕，其沿线设置的浅铺数量最多，其次是卫漕、河漕，湖漕、白漕、里漕相对而言较少。

运河沿线的浅铺主要是为了供夫役清淤时临时居住之用，其在形制上一般有“正房、夫房、井亭。用竹木、砖瓦、油灰、钉织等料，并招旗、铜锣、弓箭、枪刀等器”[⑦]。又据顾炎武《天下郡国利病书·山东上》记载，“每铺正房三间，伙房两间，围墙门楼影壁……什物二十余件”。居住在这些浅铺当中主要从事开挖泥沙、疏浚河道的夫役，即称为浅夫，“沙澥之处谓之浅，浅有铺，铺有夫，以时挑浚”[⑧]。浅夫挖沙浚河的方法，在隆庆《高邮州志》中有所记载：“责令浅夫，常川捞浅，计照浅铺一所，仍置浅船四只，编定浅夫八名，审立浅长一人，每夫两名领船一只，更置竹篮、木掀、篙棹等物，一人舣棹，一人揽泥，朝揽一船，暮揽一船，俱令发岸上”[⑨]。浅夫主要职能是河道清淤，因此每铺配有浅船及各种捞浅工具，但其职责不局限于此。浅夫还有一些其他的职能，如巡视堤岸、栽种树木，牵引搁浅船只、缉捕沿河盗贼，等，“漕河夫役……在浅铺者，曰浅夫，以巡视堤岸、树木，招呼运船，使不胶于滩沙，

①〔明〕毕自严：《河道浅阻乞亟疏通疏》，《度支奏议·云南司》卷四，《续修四库全书》第489册，上海：上海古籍出版社，2002年，第232页。

②〔清〕顾炎武撰，黄坤校点：《天下郡国利病书·扬州府备录》，上海：上海古籍出版社，2012年，第1298页。

③〔明〕陈邦瞻：《元史纪事本末》卷一二《运漕》，北京：中华书局，1979年，第67页。

④〔清〕傅泽洪辑：《行水金鉴》卷一〇四《运河水》。

⑤〔明〕王琼：《漕河图志》卷一《漕河》。

⑥吴欣：《明清京杭运河河工组织研究》，《史林》2010年第2期。

⑦〔明〕王琼：《漕河图志》卷三《漕河夫数》。

⑧〔明〕谢肇淛：《北河纪》卷四《河防纪》。

⑨隆庆《高邮州志》卷二《水利志》。

或遇修堤浚河，聚而役之，又禁捕盗贼”[①]。甚至是处理运河内发现的尸体这样的事情，亦在浅夫的职责范围之内，“凡漕河内毋得遗弃尸骸，浅铺夫巡视掩埋，违者罪之”[②]。

每到冬季河道冰冻之时，各铺浅夫还要出办桩、草、麻、树木等工料，以供疏浚河道、修筑堤坝使用，其工料种类各地情况有所不同。如“天津三卫……共浅铺二十九座……河开则捞浅，修筑堤岸，河冻则办纳桩草价银”[③]。所办纳的工料数量，每铺每年皆有定额，如“通州各浅铺岁办椿木十八根，草一千八百束，树多少不一；临清各铺办桩木五十根，草两千束，麻五十斤，树木多少不一；仪真办桩木一百根，草一万束，树木多少不一”[④]。

明代，浅夫的来源有三。万恭的《治水筌蹄》记载：“差役编设曰徭夫，库银召雇曰募夫，郡县借派曰白夫。徭夫出于民，募夫出于官，有名也。白夫，额外之征，不堪命矣！罢之。即有大役，募夫永不可变。”[⑤]据此，浅夫在来源上分徭夫、募夫、白夫三种。其中，白夫属于额外征派，主要在明初有之，很快便被废除。实际上，明代浅夫主要是徭夫和募夫。

徭夫，主要是由佥派民户和军户而来，属于为国家服劳役，服役期间的花销自备，国家偶尔有少量补贴。这种形式的浅夫有民浅夫、军浅夫两类。首先是从运河沿线 61 个州县的百姓中以徭役的形式加以佥派，“置捞浅夫，惟用沿河州县民”[⑥]，“管河道每岁预估用人夫若干，方行各州县按地起派”[⑦]。之所以只佥派运河沿线州县百姓为浅夫，主要是从距离远近及施工便利角度考虑的，佥派的数量则根据清淤量的大小决定，量大多佥，量小则少佥，“免其（沿岸民众）徭役牧养之事，使专于此，付管河官督领，役小则量数起役，大则举户皆行，非近运河之人皆休放，使力农亩。如此将远者得安生业，近者甘事河道，不久利无弊矣”[⑧]。明代后期，由于各种缘故，浅铺数量有所减少，浅夫佥派的情况也时断时续，“或议裁革，或改停役，或改折征，沿革不常”[⑨]。这些来源于民夫的浅夫，其浅铺称民浅铺。每个民浅铺一般有 11 名浅夫，其中有 1 名为头目，叫作“老人”或“小甲”。比如“静海县浅铺九，每铺老人一名，夫十名”[⑩]；“香

---

①〔明〕王琼：《漕河图志》卷三《漕河夫数》。
②〔明〕谢肇淛：《北河纪》卷六《河政纪》。
③〔明〕蒋曙：《兴革利弊疏》，〔明〕陈子龙辑：《明经世文编》卷一七〇《漕抚奏议二》。
④《古今图书集成·经济篇·食货典》卷一七三《漕运部·河漕全图》。
⑤〔明〕万恭：《治水筌蹄》卷上。
⑥〔清〕傅泽洪辑：《行水金鉴》卷一〇九《运河水》。
⑦ 雍正《河南通志》卷一五《河防四》。
⑧ 同⑥。
⑨《明英宗实录》卷二五一，“景泰六年三月丙午”条。
⑩ 万历《大明会典》卷一九八《工部十八·河渠三·运道三》。

河县浅铺六，小甲六名，夫六十名”①。老人、小甲均由“临近乡民中选精勤守法者充役”②。也有个别地方，以每 3 铺设 1 名老人。③据《大明会典》记载，万历四年（1576），运河沿线有民浅铺 441 个，按照 1 铺 11 名浅夫计算，有民浅夫 4 851 名。这仅仅是规制之数，实际上根据每年清淤量的大小，佥派不止一次，每年调用的民浅夫应在此数之上。

其次是佥派卫所军人充当浅夫。其职能与民夫一样，除清淤外，还包括种植树木、巡视河道、缉捕盗贼，等等。由卫所军充当浅夫的浅铺，称为军浅铺，浅夫为军夫，如天津卫军夫 61 名，天津左卫军夫 180 名，天津右卫军夫 50 名，德州卫张家湾军夫 100 名。④《大明会典》记载万历四年运河沿线有军浅铺 101 处。军浅铺与民浅铺一样，每处有浅夫 11 名，其中有一名为头目，称小甲。如德州卫张家湾等浅铺 10 处，小甲 10 名，军夫 100 名。⑤从浅铺、浅夫数量来看，明代民浅多于军浅，以民浅为主，但军浅的机动性更强，尤其是遇到紧急情况，如农忙时，为保障农耕，国家一般征调军夫，不轻易征发民夫。如明景泰六年（1455）三月，运河浅阻，时值农忙，工部尚书江渊会同五府六部官奏请以军夫疏浚，“运河之阻，在疏浚之而已，但今山东、河南人力已罢，且农事伊始，难起夫役。请将在京存操部队官军五万人，敕内臣及文武大臣各一人，往同佥都御史徐有贞计度疏浚”⑥。此外，遇到大役时，往往需要军民合作，共同应对。如宣宗宣德四年（1429）正月戊辰，平江伯陈瑄提到“山东济宁以北旧河，自长沟至枣林闸一百二十里，沙土淤浅，漕舟难行，今冻渐解，馈运将兴，约计用二十万人疏浚，半月可成。命山东起集民兵，与今运木军士相兼用工，二月戊寅，命隆平侯张信同太监沐敬浚河西务河道及修堤岸，先是河西务耍儿渡等处河岸冲决，命行在工部修筑，水急民少，久无成功。至是命信等往督，发在京操备军士五万一千人益之”⑦。

募夫，即通过招募而来的浅夫。从史料看，它贯穿了明朝始终。明初，遇大的工程修筑或疏浚河道，所需夫役众多，徭夫不能满足所用，故雇募一部分浅夫，役满要给予工食银。如嘉靖元年（1522）九月，南京监察御史谭鲁上奏：“河南、山东修河人夫，每岁以十万计；皆近河贫民，奔走穷年，不得休息，请命管河官通行合属地方，均派上中两则人户征银雇役为便……工部复议，从之。”⑧明朝中叶以后，随着均徭法的实行和财政货币化的改革，雇募浅夫成为一种趋势，特别是一条鞭法实行之后，大部分运河浅夫为征银雇募而来。康

①万历《大明会典》卷一九八《工部十三·河渠三·运道三》。

②〔明〕潘季驯：《查理沁卫二河疏》，《河防一览》卷一四。

③〔明〕潘希曾：《修长堤以保运道疏》，《竹涧集·奏议》卷四，景印《文渊阁四库全书》第 1266 册，台北：台湾商务印书馆，1986 年，第 796 页。

④同①。

⑤同④。

⑥《明英宗实录》卷二五一，“景泰六年三月乙丑”条。

⑦〔清〕傅泽洪辑：《行水金鉴》卷一〇七《运河水》。

⑧《明世宗实录》卷一八，“嘉靖元年九月丙辰”条。

熙《东安县志》载："东邑原额里下民夫一百三十名，每年设一夫长，名曰委官，督率众夫料理河浅。然里下民夫既已荷锄南亩，不能两地分身，是以有愿去应夫者工食按季领取于本县，不愿去应夫者即将工食转募佣力于河滨，此公私两全之道，变通可久之法也。"①

明代，浅夫疏浚河道是一项艰苦的工作，其中尤以疏浚南旺为最。南旺地势平缓，其分水口为汶水入运处，故汶水挟带泥沙皆淤于南旺上下五十里处，"汶水每泛涨一次，南旺则淤高一尺，积一年则淤高数尺，倘两年不挑则运道尽塞"②。故每两年需要挑浚一次，称南旺大挑。南旺大挑自永乐起每年正月兴工，二月竣工。隆庆年间（1567～1572），粮船为避两洪之险，南旺大挑提前于冬月开工，时值寒冬，浅夫疏浚辛苦异常。"南旺大挑，昼既靡遑，夜犹业业，非漏下二鼓弗休。邪许之声，相闻数里；时值严寒，滕六大作，淤泥亦成坚冰，丁夫炎躬琐尾，非有绵绲厚缯，沾体涂足，尽皆破裂，顾此能不恻然？"③谢肇淛《南旺大挑行》也记述了浅夫清淤河道之艰苦："堤遥遥，河弥弥，分水祠前卒如蚁，鹑衣短发行且僵，尽是六郡良家子。浅水没足泥没骭，五更疾作至夜半，夜半西风天雨霜，十人八九趾欲断……伍佰先后恣诃挞……无钱水中居，有钱立道左……君不见会通河畔千株柳，年年折尽官夫手，金钱散罢夫未还，催筑南河黑风口。"④浅夫之惨，非南旺独有，凡漕河易淤处，即有大河和运道交汇处，如临清运道（漕、卫交汇）、闸漕南段运道（漕、黄交汇）、清江浦运道（漕、黄交汇）、瓜洲仪征运道（漕、江交汇），亦如南旺，每两年一次或三年两次大挑。

（二）清代运河浅夫

入清后，为疏浚运河渠道，仍于运河沿线设置浅铺、浅夫，其来源同样有军民之分。不过，清初民浅夫在佥派时，出现比较严重的赋役不均现象："河漕附近，籍民应役，衣敝履决，力尽筋疲，而工食至中饱。浅夫闸夫，卖富差贫，一名更至数十名，衙役捕系恫吓，民被累无穷。"⑤同时，由于里甲制破坏，佥派之法难以实行，每到佥派民夫，里甲皆临时雇请老弱充数，造成劳力不足的问题，"旧制沿河堤岸额设河夫，以供修防之役，然有司按籍签（佥）夫必假手于吏胥，由吏胥而及之乡长，里甲大都冒张虚数，

①康熙《东安县志》卷二《河浅》。
②〔清〕陆耀：《山东运河备览》卷一二《名论下》。
③〔清〕陆耀：《山东运河备览》卷九《挑河事宜》。
④〔明〕谢肇淛：《南旺大挑行》，乾隆《兖州府志》卷二九《艺文志五》。
⑤《清史稿》卷二六四《任克溥传》。

临时倩雇老弱，故名存实亡，而功以隳也”[①]。此外，由于工食较少，不足糊口，佥派而来的浅夫多有逃亡情况，“向来设有夫役疏防修补，随时用工，惟是工食无多，各夫不足糊口，往往潜逃贻误，故定有按地佥派土著之例，行之已久……既征其赋税，又征其力役，未免有重累之苦”[②]。因此，康熙十二年至二十年（1673～1681）间，陆续将运河沿线的民浅夫由佥派改为雇募，“康熙十二年议准停止河南佥派河夫，如遇岁修动河道钱粮召募，每夫一名月给银二两；十三年核准江南河夫亦停佥派，如河南之例动河道钱粮召募……十六年题准河南募夫，每名每月给银一两二钱，照江南例按日散给；二十年题准裁通州及武清、香河、宝坻、永清、东安诸县浅夫，其额设夫役银归通惠河分司召募挑浚”[③]。其雇值最高时达到每名浅夫每月给银二两，后来雇值有所降低，每名浅夫每年能获得雇银五六两至十二两不等，“黄运两河有额设夫役……各夫工食每岁每名或十二两，或十两八钱，或七两二钱，或五六两不等，其坐支于河库者，详明批给”[④]。雇募浅夫，其来源复杂，为便于管理，浅夫直接由沿河汛弁督率领导，如“北河浚浅，乾隆十一年议准……嗣后应于北河六汛增造垡船六十，召募夫百八十名，长设浅夫三百名，每月各给工食银一两二钱，令沿河汛弁上下游巡督，率浅夫随时疏浚”[⑤]。

除民浅夫外，清朝如明代一样，还有军浅夫，但由于清初大量废除卫所，改由河兵充当浅夫。康熙十六年（1677），“设立河兵，专供力役，按程计里，每汛分派修防，各在本管境内，桃伏秋汛不时巡查，遇有险要，竭力抢护，以保无虞”[⑥]。由于河兵专业性强，便于管理，清廷陆续将运河沿线一些原来雇募的民浅夫改为河兵。如康熙十七年，“裁江南、凤阳、淮安等府浅夫、溜夫，改设河兵，河臣靳辅经理河工事宜，请设江南河兵八营专司河工，而罢回所设夫役，从之”[⑦]。康熙三十八年，“裁徐州所属额设岁夫，改设河兵，先是沿河之处皆设有浅夫溜夫，以备挑浚，募民充应，时有裁减，至是裁夫设兵遂为定制”[⑧]。至雍正年间（1723～1735），山东运河沿线亦有多处民浅夫被改为河兵，如“微山湖浅铺额设徭夫二百一十五名，五分内协助拨禹王台工二名，又于雍正五年新改河兵四十名”，“昭阳湖浅铺额设浅夫九十一名，雍正五年新改河兵五十名”，“马场湖浅铺额设浅夫六十五名，雍正五年新改河兵四十名”[⑨]。雍正八年（1730），清朝又将铺改为堡，兵堡成为河兵清淤的驻

①〔清〕靳辅：《治河奏绩书》卷四《设立河营》。
②〔清〕傅泽洪辑：《行水金鉴》卷一七三《夫役》。
③《大清会典则例》卷一三一《工部·都水清吏司·河工一》。
④〔清〕薛凤祚：《两河清汇》卷一《运河》。
⑤《大清会典则例》卷三九《户部·仓庾》。
⑥同②。
⑦《清文献通考》卷二一二《职役考》。
⑧同⑦。
⑨雍正《山东通志》卷一九《漕运》。

地。至乾隆年间，运河沿线不少浅铺都改名为兵堡，如吴桥县和东光县，在乾隆元年（1736）时即将当地浅铺改称兵堡。[①]运河清淤比较艰险，也是清朝改民浅夫为河兵的重要原因。如乾隆九年十一月，吏部尚书、直隶总督刘於义的奏折便提到天津道属南运河河兵六百名，先因堤岸多险，浅夫不谙椿埽，因而“改设河兵八营”。河兵为军事化管理，在人员更替、监督劳动、考核赏罚方面具有其优势，“营领以守备递为千把总一，以军政部署之令，其亡故除补有报，逐日力作有程，各画疆而守，计功而作，视其勤惰而赏罚行焉，有事则东西并力，彼此相援，无事则索掏艺柳，巡视狐獾窟穴，较额夫旧制有条而不紊，有实而可核矣”[②]。具体来说，河兵“设千把等官统之，以弁领兵，以大辖小”[③]。其对运河从事清淤等工作，以五天为一周期，进行考核，“每五日令各弁员将督率河兵分工力作之事俱一一开写，呈报衙门，以考其弁兵之勤惰”[④]。

清代，运河沿线不少地方将民浅夫改为河兵，从事河道清淤等各项防汛守护工作，但这不等于说民浅夫被河兵完全取代。在改夫为兵的同时，运河沿线一些地方的民浅夫仍有保留的必要，河臣董安国曾就此问题奏请朝廷，“黄运两河，险汛甚多，若将民夫豁免，专责河兵，必致贻误。部议从之”[⑤]。雍正元年（1723），“议准直隶运河额设浅夫六百三名有奇，尽行裁去，改设河兵六百名”，但到乾隆十一年（1746），又因“每岁运河挖浅究非河兵所素习，除零数不计外，应酌复旧额之半，设浅夫三百名”[⑥]。大致而言，清代如明代一样，保持了军民两类浅夫的基本形式。

三、泉夫

泉夫，是明清时期运河会通河段重要的济运群体之一。他们主要负责疏浚泉源和泉道，使会通河沿线附近的泉水源源不断汇入运河当中，以维持运道的畅通。

（一）明代运河泉夫

明永乐年间（1402～1424），明朝迁都北京，京城所需粮食等物质均仰赖于南方。由于元末明初的战乱等影响，元代北方山东境内开挖的会通河此时已严重淤

① 光绪《吴桥县志》卷二《建置》；光绪《东光县志》卷一《舆地志上》。
②〔清〕靳辅：《治河奏绩书》卷四《设立河营》。
③〔清〕张霭生：《河防述言》卷一《黄河全图引》。
④〔清〕靳辅：《弁员并有河工之责疏》，《靳文襄奏疏》卷八《治河题稿》，景印《文渊阁四库全书》第430册，台北：台湾商务印书馆，1986年，第700页。
⑤《清文献通考》卷二二《职役考》。
⑥《大清会典则例》卷一三一《工部·都水清吏司·河工一》。

塞。为保障漕粮等物资源源不断从南方运输到北方，永乐九年（1411），济宁州同知潘叔正建言在元代运河基础上，疏通山东境内的会通河，“旧会通河道四百五十余里，其淤塞者三分之一，浚而通之，非惟山东之民免转输之劳，实国家无穷之利”①。在工部尚书宋礼、都督周长等主持下，同年“会通河成，河以汶泗为源，汶水出宁阳县，泗水出兖州府，至济宁州而合。置天井闸以分其流，南流达于淮，而河则其西北流也，由开河过东昌府入临清县，计三百八十五里，深一丈三尺，广三丈二尺，役军夫三十万，用工十旬，蠲租税百一十万二千五百有奇，自济宁至临清置闸十五闸，置官立水，则以时启闭，舟行便之”②。经过疏通后，会通河从山东临清起，至江苏徐州止，将近四百里，比元代旧的会通河更长。

明代会通河完全由人工开挖而成，是京杭大运河中最关键的一段。这条运河开通后，南来物资就可全部经由水路运输到北京，中途不用再长距离改换陆运，大大减轻了运输负担，提高了运输效率。同时，会通河也是整个京杭大运河中地势最高的一段。其地势中间高，南北两端低，从中间往两端倾斜，“自分水至临清地降九十尺（约30米），为闸十有七，而达于漳卫，南至沽头地降一百十有六尺（约38.6米），为闸二十有一，而达于淮河”③。由于地势所限，这一带没有自然河道能往会通河中补充水量。同时，会通河所处地带降雨集中在夏季，而漕粮起运自春季便已开始，正是会通河缺水的时期，为保障漕粮正常运输，必须增加此段运河的水量。而鲁中山区是汶、泗、沂诸水发源地，周边多岩溶地貌，有利于地表水渗透和地下水储藏，故在鲁中一带形成了许多出水量丰富的泉眼。这些泉水便成了枯水期接济会通河的重要水源。为达到这一目的，明清两代均采取了以泉济运的措施，即将鲁中一带的泉水引入会通河中，以补充水量。

以泉济运最早始于明永乐年间（1403～1424），“永乐己亥，漕运前总兵、平江伯陈公瑄言于朝，受命工部主事顾大奇等遍历山川，疏浚泉源，以通水利，以济漕运”④。明成祖采纳了陈瑄的建议，疏浚山东新泰、莱芜、泰安、肥城、东平、平阴、汶上、蒙阴、宁阳、泗水、曲阜、滋阳、邹县、济宁、峄县、滕县十余州县的泉水，以协济会通河，从而使运河得以畅通。因此，鲁中一带的泉源对于会通河来说十分的重要，“国计莫重于漕河，漕河必资乎水利，我成祖文皇帝定鼎燕蓟，挽漕东南自徐邳以北临清以南千有余里，全赖汶、泗、沂、洸诸泉之水以济运道”⑤。

---

①〔明〕过庭训：《本朝分省人物考》卷九〇《河南河南府·宋礼》，《续修四库全书》第535册，上海：上海古籍出版社，2002年，第479页。

②《明太宗实录》卷一一六，“永乐九年六月乙卯”条。

③同①。

④〔明〕杨宏、谢纯：《漕运通志》卷一〇《漕文略》。

⑤〔明〕潘季驯：《钦奉敕谕查理漕河疏》，《河防一览》卷一四。

然而，泉水需人看管，并根据季节和环境的变化随时疏导，才能流通汇集在一起，以补充会通河的水量，“诸泉之水，浚则流，不浚则伏”①。疏浚泉水成为明代一项重要的工作，明代多有这方面的记载。成化六年（1470），工部尚书郎张克谦曾在奉命治河的过程中，感叹泉水疏浚十分重要，“浚泉疏源漕渠，此岁不可废”。②明朝在山东十余个有济运之泉的州县设置泉夫，负责泉水的疏浚。据弘治九年（1496）王琼《河漕图志》记载，明代山东有14州县设有泉夫，每县设泉夫若干名，其中有1～2名为头目，称“老人”，亦称“泉老”。明初山东泉夫分布及数量见表1-4。

表1-4 明前期山东泉夫分布及数量表

序号	隶属州县	职责	泉夫数
1	东平州	管泉	老人2名，泉夫72名
2	滋阳县	管泉	老人2名，泉夫30名
3	邹县	管泉	老人5名，泉夫120名
4	曲阜县	管泉	老人1名，泉夫31名
5	泗水县	管泉	老人9名，泉夫195名
6	滕县	管泉	老人15名，泉夫550名
7	峄县	管泉	老人3名，泉夫60名
8	宁阳县	管泉	老人6名，泉夫187名
9	泰安州	管泉	老人14名，泉夫237名
10	新泰县	管泉	老人14名，泉夫224名
11	肥城县	管泉	老人3名，泉夫61名
12	莱芜县	管泉	老人10名，泉夫215名
13	沂水县	管泉	老人10名，泉夫500名
14	蒙阴县	管泉	老人4名，泉夫150名

资料来源：表1-4，转引自赵珍《明清时期会通河段泉夫及泉源管理研究》，硕士学位论文，聊城大学，2011年，第19页。

据表1-4，明前期会通河沿线14个有济运之泉的州县，共设有老人98名，泉夫2 632名。设置原则，一般根据泉源多寡而定，泉源多的州县，则老人和泉夫的数目相应较多。明代，老人、泉夫以徭役形式从有泉州县民户当中佥派，随着形势的变化，后来也有雇募而来的情况，但整体上以佥派为主，招募为辅。

泉老、泉夫的职责主要有三：首先，最重要的就是疏浚泉源、泉道，以保持泉水

①〔明〕杨宏、谢纯：《漕运通志》卷一〇《漕文略》。

②〔明〕商辂：《堽城堰记》，〔明〕黄训辑：《名臣经济录》卷五〇《工部》，景印《文渊阁四库全书》第444册，台北：台湾商务印书馆，1986年，第441页。

的畅通，从而顺利补充会通河的水量，“漕河夫役……泉夫，以浚泉”①。由于每年春季开始漕运，正是会通河缺水之时，故泉老、泉夫对泉源、泉道的疏浚也多在春夏进行，以便能及时补充会通河之水量，“每岁春夏听司道严督管泉官夫，疏浚通达，俾源源而来，庶几有济”②。其次是在泉道两岸栽种柳树，遮蔽泉水，使泉水不易蒸发，从而保持泉水的流量，使泉道不被淤阻。第三是开挖更多的泉源，扩大济运之泉的数量，以增加会通河的水量。泉源的治理直接关系到会通河的水量和漕运的通畅，因此朝廷十分重视泉源的管理，并鼓励地方官、老人、泉夫开挖新的泉源。通过老人、泉夫的不断开挖，明代济运之泉的数量呈现出递增的趋势。

据弘治九年（1496）成书的《河漕图志》记载，山东兖州、济南、青州三府 15 州县共有济运之泉 163 口，具体情况见表 1-5。

表1-5　明中期山东济运泉数统计表

<table>
<tr><th>序号</th><th>府属</th><th>州县</th><th colspan="3">泉数</th></tr>
<tr><td>1</td><td rowspan="10">兖州府</td><td>东平州</td><td>9</td><td rowspan="10">93</td><td rowspan="15">163</td></tr>
<tr><td>2</td><td>汶上县</td><td>2</td></tr>
<tr><td>3</td><td>滋阳县</td><td>6</td></tr>
<tr><td>4</td><td>邹县</td><td>3</td></tr>
<tr><td>5</td><td>曲阜县</td><td>18</td></tr>
<tr><td>6</td><td>泗水县</td><td>23</td></tr>
<tr><td>7</td><td>滕县</td><td>18</td></tr>
<tr><td>8</td><td>峄县</td><td>3</td></tr>
<tr><td>9</td><td>宁阳县</td><td>10</td></tr>
<tr><td>10</td><td>平阴县</td><td>1</td></tr>
<tr><td>11</td><td rowspan="4">济南府</td><td>泰安州</td><td>34</td><td rowspan="4">65</td></tr>
<tr><td>12</td><td>新泰县</td><td>14</td></tr>
<tr><td>13</td><td>肥城县</td><td>7</td></tr>
<tr><td>14</td><td>莱芜县</td><td>10</td></tr>
<tr><td>15</td><td>青州府</td><td>蒙阴县</td><td>5</td><td>5</td></tr>
</table>

资料来源：表 1-5 根据赵珍《明清时期会通河段泉夫及泉源管理研究》，硕士学位论文，聊城大学，2011 年，第 10 页提供数据绘制。

经过泉老、泉夫的开挖，到正德时，济运之泉在范围上从兖州、济南、青州三府 15 州县扩大到三府 18 州县，数量则增加到 180 余口。“浚泉源，以资灌注。会通河南北千里，

①〔明〕王琼：《漕河图志》卷一。

②〔明〕谢肇淛：《北河纪》卷七《河议纪》。

尽赖十八州县百八十余泉之流，分为五派”[①]。这三府18州县的180余口泉源，经过泉老、泉夫的疏浚，最后汇成5派（即5股），灌注到会通河中。成书于正德年间的《东泉志》对这18州县泉源所形成的5派，有详细记载：

山东凡发地皆泉，其为漕运之利者，不过三府十八州县也。今分为五派，新泰、莱芜、泰安、肥城、东平、平阴、汶上、蒙阴之西、宁阳之北共九州县，泉俱入南旺，分流南北，其功最多关系最重者，是为分水派也；泗水、曲阜、滋阳、宁阳以南共四县，泉俱入济宁关系亦大者，是为天井派也；邹县、济宁、鱼台、峄县之西、曲阜之北共五州县，泉俱入鲁桥巷里，又在其次，是为鲁桥派也；滕县二泉集昭阳湖入沙河八泉入上沽头，关系亦大者，是为沙河派也；又沂水、蒙阴及峄县许池泉俱入邳州，若黄河经徐吕而下则可以无，不经徐吕而下则可以有，是为邳州派也。

据此，正德年间，接济会通河的180余口泉水来自山东新泰、莱芜、泰安、肥城、东平、平阴、汶上、蒙阴、宁阳、泗水、曲阜、滋阳、邹县、济宁、鱼台、峄县、滕县、沂水18州县。从这些州县引入的泉水汇作5派，分别为分水派、天井派、鲁桥派、沙河派、邳州派。此后，山东济运之泉基本上延续了这5派，然而泉的数量却因为老人、泉夫的不断开挖而日益增加。到嘉靖四十二年（1563），明朝对泉夫管理进行改革之前，济运之泉的数量达到了244口。其增长的具体情况可参见表1-6。

表1-6 明正德至嘉靖年间山东济运之泉数量增长统计表

年代	泉数	资料来源
成化十四年	120余	《北河纪》卷二《吴宽蛇眼泉纪略》，第12页。
弘治九年	163	《漕河图志》卷二《漕河上源》，第10～133页。
嘉靖十五年	176	《皇明咏化类编》卷九七《泉》，第10页。
嘉靖二十年	176	《明世宗实录》卷二四八，“嘉靖二十年四月乙亥”条。
嘉靖二十一年	209	《泉河志》卷三《泉源志》，第3页。
嘉靖四十二年	244	《泉河志》卷三《泉源志》，第3页。

为细化对泉夫的管理，提高疏浚效率，增加新挖泉源，明嘉靖四十二年（1563）对泉夫管理办法进行了改革，即在老人之下增设小甲若干名，每名小甲分管泉夫若干名。在此以东平州为例，将其设置老人、小甲、泉夫的情况见表1-7。

①〔明〕潘季驯：《钦奉敕谕查理漕河疏》，《河防一览》卷一四。

表1-7　明嘉靖四十二年山东东平州设置老人、小甲、泉夫情况表

<table>
<tr><th>泉名</th><th>老人</th><th>小甲</th><th>泉夫</th></tr>
<tr><td>坎河口泉</td><td rowspan="13">1</td><td>1</td><td>6</td></tr>
<tr><td>铁钩嘴泉</td><td>1</td><td>6</td></tr>
<tr><td>安圈泉</td><td>1</td><td>6</td></tr>
<tr><td>张胡郎泉</td><td>1</td><td>6</td></tr>
<tr><td>吴家泉</td><td>1</td><td>6</td></tr>
<tr><td>席桥泉</td><td>1</td><td>6</td></tr>
<tr><td>独山泉</td><td>1</td><td>7</td></tr>
<tr><td>把头泉</td><td>1</td><td>7</td></tr>
<tr><td>净泉</td><td rowspan="5">由各泉夫代浚</td><td></td></tr>
<tr><td>源泉</td><td></td></tr>
<tr><td>冽泉</td><td></td></tr>
<tr><td>小黄泉</td><td></td></tr>
<tr><td>大黄泉</td><td></td></tr>
<tr><td>总计</td><td>1</td><td>8</td><td>50</td></tr>
</table>

资料来源：表 1-7，转引自赵珍《明清时期会通河段泉夫及泉源管理研究》，硕士学位论文，聊城大学，2011 年，第 23 页。

嘉靖四十二年（1563），东平州的泉夫管理形式从“老人—泉夫”，变成“老人—小甲—泉夫”。1 名老人提领 8 名小甲，8 名小甲分管 50 名泉夫。在老人之下设置小甲，主要是为了细化对泉水和泉夫的管理，提高疏浚和开挖泉源的效率。以东平州为例，该州弘治九年（1496）时有济运之泉 9 口，老人 2 名，泉夫 72 名。1 名老人至少要管理 4 口泉及 30 多名泉夫。嘉靖四十二年改革后，虽减少了 1 名老人，却在老人之下增设了小甲，基本按照 1 泉 1 名小甲来设置，使得各泉都有 1 名直接分管泉夫的小头目。从 4 泉才有 1 头目，而且 1 头目直接管理 30 多泉夫，变成 1 泉就有 1 头目，1 头目只需直接管理 6 ～ 7 名泉夫。

然而，“老人—小甲—泉夫”的管理形式也有其缺陷，表现在管理层次复杂，多占夫役，而且部分泉老又多不能奉公守法，反被小甲、泉夫所胁迫，起不到实际的督率作用，“切照本司所辖东平等十六州县泉源，每遇春秋时月，备行掌印官严督管泉官老率领甲夫如式疏导，务期济运，但各该正官无暇亲督率，多虚文塞责，而管泉官老又不皆奉公守法之人，又被胁持，因循间旷职此之由。”[①] 由于这一管理方式出了问题，泉源的疏浚和开挖反而不如以前那样顺畅，至万历四年（1576），山东济运之泉的数量从嘉靖四十二年（1563）改革时的 244 口，下降到 226 口。[②]

①〔明〕胡瓒：《泉河史》卷一〇《夫役志》。

②〔明〕胡瓒：《泉河史》卷三《泉源志》。

为扭转泉源减少的不利局面，万历三年（1575），管泉主事佘毅中奏请裁革泉老，设泉官提领小甲，小甲领导泉夫，以加强对泉夫的管理："合行添委佐贰或首领官一员，不妨原务，代管督浚，听候本司巡历查验，加之劝惩。其泉官老甲例占夫一名，近奉新议裁征，则用工夫数不多"①。明廷采纳了佘毅中的建议，于次年裁革泉老，"万历四年革管泉老人"②。据《泉河史》记载，万历四年山东有济运之泉的州县，均设了泉官，同时革除了泉老，具体见表 1-8。

表1-8 万历四年山东裁革泉老表

州县	泉官	泉老
东平	泉坝官一员	管泉老人二名，今革
汶上	泉坝官一员	管泉老人二名，今并革
平阴	泉官东平州代管	原额老人一名，今革
宁阳	泉坝官一员	管泉老人，今革
泗水	泉官一员	原额老人二名，今革
滋阳	泉坝官一员	管泉老人二名，今并革
曲阜	泉官一员	原额老人一名，今革
邹县	泉官一员	原额老人六名，今革
滕县	泉官一员	原额老人一名，今革
峄县	泉官滕县代管	原额老人一名，今革
鱼台	泉官济宁州代管	原额老人三名，今革
泰安	原额泉官二员，今革一员	老人四名，今革
新泰	泉官一员	原额老人二名，今革
莱芜	泉官一员	原额老人一名，今革
肥城	泉官一员	原额老人一名，今革
蒙阴	泉官三名	

资料来源：表 1-8 根据赵珍《明清时期会通河段泉夫及泉源管理研究》，硕士学位论文，聊城大学，2011 年，第 24 ～ 25 页提供数据绘制。

万历四年（1576）以后，各泉泉老全部革除，泉夫的管理形式演变为"泉官—小甲—泉夫"，从而强化了对泉夫的管理，故此后山东济运之泉的数量又呈现出逐渐增长的趋势，至万历二十五年达到有明一代的最高峰——311 口。具体情况见表 1-9。

①〔明〕胡瓒：《泉河史》卷一〇《夫役志》。

②〔清〕陆耀：《山东运河备览》卷二《职官表》。

表1-9　万历年间山东济运之泉数量变化统计表

年代	泉数	资料来源
万历四年	226	《泉河史》卷三《主事张克文新泉序》，第4页。
万历五年	272	《泉河史》卷三《主事张克文新泉序》，第4页。
万历十五年	180	《河防一览》卷一四《常居敬查理河漕疏》，第528页。
万历十六年	198	《河防一览》卷一四《常居敬查理河漕疏》，第528页。
万历二十五年	311	《泉河史》卷七《泉源表》，第1～14页。
万历四十一年	298	《北河纪》卷二《河源记》，第1～9页。
万历四十五年	244	《泉河纪略》卷三《泉源总派》，第1页。

万历二十五年（1597）以后，泉数又开始回落。这与泉夫的裁减和逃亡有关。实际上，经过弘治、嘉靖以来的停役或裁革，至万历四年的时候，山东泉夫的数量相比以前已减少了很多。据《大明会典》卷一九八记载，万历四年山东泉夫情况如下：

东平州：夫六十五名，后折征二十六名，今存三十九名。

汶上县：夫四十二名，后停役六名，又折征十四名，今存二十二名。

济宁州：夫二十六名，后革四名，折征十三名，今存九名。

滋阳县：夫二十六名，后革四名，折征十三名，今存十三名。

平阴县：夫十名。

宁阳县：夫一百八十七名，后革十八名，停役六十九名，今存一百名。

鱼台县：夫五十五名，后革十三名，折征二十五名，今存十七名。

邹县：夫一百二十八名，后革十名，又改堤夫五十名，又折征四十六名，今存三十一名。

曲阜县：夫六十七名，后折征三十三名，今存三十四名。

泗水县：夫一百五十七名，后折征七十八名，今存七十九名。

滕县：夫二百九十九名，后革三十七名，改停后，役六十名。

峄县：夫六十三名，后革九名，改堤夫三十名，折征十四名，又革五名，今存五名。

泰安州：夫三百二十三名，后折征一百三十名，今存一百九十三名。

新泰县：夫二百六名，后折征八十六名，革二十一名，今存九十九名。

肥城县：夫七十九名，后折征三十二名，今存四十七名。

莱芜县：夫二百三名，后折征八十三名，今存一百二十名。

据此，山东泉夫原额2 017名，至万历四年（1756）统计时，只存878名，泉夫人数大为减少，这对于泉的疏浚和开挖都会产生影响。不过，万历四年时加强了对泉夫的管理，此后济运之泉的数量有了一定的增长，并达到顶峰。

泉夫工作非常艰苦，即使发现泉源，也极难管理。“泉源四时微盛各殊，大率冬春微，夏秋盛，旱微涝盛，渠流深广亦不一”，且“淤沙深广，春夏久旱亢，沙极干燥，汶泉经之，多渗入河底。”[①]尤其远役最为难当。泉源长久不浚，泉夫不熟悉当地地形，当地民众则置身事外，袖手旁观，且暑湿交侵，无其他人员代浚，泉夫所处条件极差，非常人所能忍受。除此之外，远役还有其他不便，如每年开春，泉夫就要远离家乡，自备工具，来到百里之外的荒野从事疏浚工作，身处深山穷谷，忍饥挨饿。泉夫数目本来就不多，还需于十人之中置一人从事炊饮。因此，百姓多视泉夫为苦差，“张克文《新泉序》曰：‘国家挽东南数百万粟，溯流达于京都，南旺其襟喉，而泉源其血脉也。’旧泉凡二百二十有六分济南北。前人之计周矣，文奉命兼理之，明年壬申，遍历诸泉，其曲径危梁不能舆者，蹑履从之，务穷其源。凡旧泉所出悉按图治之矣，顾图所不载者，历州县有之。召父老问故，曰：泉岂有穷，夫则有限，如开一泉，必增数夫。故使者不及睹，有司不以告余，因进诸长吏而矢之，必不以泉益夫，以水困民也。惟取盈于旧额，蠲其远役而调停焉，如是而民心悦，遂报新泉三十六处。”[②]政府官员遍历诸县寻找泉源，而当地父老却因担心远役之苦而不肯上报，当父老得知“不以泉益夫，不以水困民”时，才纷纷上报泉源，从侧面反映出民众对此的抵触情绪。

由于历年大兴河工，山东百姓不堪繁重的差役，纷纷逃亡，导致泉夫数量进一步减少。至万历二十五年（1597），情况已非常严重，“濒年大兴（河工），荷锸而走千里之外，风雨晦暝，安所得食，归而不能得一钱”[③]，故有河工之役的百姓纷纷逃亡，“征调不足，继之雇募；雇募不给，继之佥派”，以致“家鲜盖藏，官无见粮，盖公私困极矣”[④]。万历二十六年，“国初以天下之全力奉漕，今所余之夫不及十五……民罢其财以奉之，而又罢其力以代之，如之何不敺之为盗也，殷鉴不远，在彼元季，可惧哉，可惧哉！”[⑤]

泉夫裁革、逃亡等，导致泉夫减少，无人疏浚泉源，泉道湮没，济运之泉的数量自然就会减少。“每岁春夏宜严督官夫疏浚……乃自泉夫裁而挑浚无人，泉为之壅矣，且荫泉宜多植柳，斯沟渠得以遮蔽盛夏烈日，水不消耗，尤需培护之夫。闸河千里所藉以利漕者，惟此十七州县之泉源，屈曲灌注而后为我用，苟以裁夫而致壅塞，则病漕之害，岂区区役食所能较其轻重耶！是泉夫之宜复有不待再计而决者”。泉夫的减少，使泉源不能得到及时维护与整治，故万历二十五年（1597）以后，济运之泉的数量逐

①〔明〕刘天和：《问水集》卷一《运河·汶河》，《四库全书存目丛书》第221册，济南：齐鲁书社，1996年，第265、260页。

②〔清〕傅泽洪辑：《行水金鉴》卷八五《齐水》。

③〔明〕胡瓒：《泉河史》卷一〇《夫役志》。

④同③。

⑤同③。

渐减少，会通河的运输能力也受到影响。

（二）清代运河泉夫

清代会通河之水也是利用山东的泉水加以补给。“漕运全资水利，宜通源节流，以济运道。山东漕河，取资汶、济、洸、泗四水，而四水又赖诸泉助成巨流”①。“山东省运河，专赖汶河之水，南北分流济运，而汶河之水，尤藉泉源之灌注。”②山东诸泉直接影响到会通河水量的多寡和漕运的通畅，而漕运又关系到都城北京的粮食等物资的供应，因此济运之泉对于清政府来说具有十分重要的意义，“东南岁漕数百万藉以达京师者，惟由运河一线，而运河得以不匮，惟泉源是赖”③。为保障会通河的畅通，清代在山东有济运之泉的州县设泉夫负责对这些泉源及泉道进行维护，泉夫成为清代重要的济运群体之一。

从来源上看，清代泉夫也分为佥派和招募两种。佥派泉夫，即以徭役的形式强制征发泉源附近的百姓充当泉夫。清朝建立初，为尽快恢复漕运，主要采用的就是佥派之法，通过强制征调民夫来疏浚诸泉。这一办法虽能在短时期内达到统治者的目的，但对于充当泉夫的百姓来说却是一种沉重的徭役，而且对农业生产也有很大的影响。因此，雇募泉夫的形式逐渐流行。如康熙九年（1670）九月，河道总督罗多奏请佥派山东、江南两省民夫充当泉夫等河工，工部讨论后认为佥派民夫不便，应先尽力招募，倘若无人应募，再就近佥派：

> 修河工程额用协夫请于江南、山东两省佥派协济，查佥派夫役恐道远民艰，不便准行。上曰：“河工关系重大，时近冬寒，势不容缓，倘临期应募无人，复行佥派必致迟误，着该督先行竭力召募，尽所得人夫供役，如万不能得，就近量行佥派协济，仍一面作速题明，该管官员务须加意抚恤，不得借端科扰，困累小民。”④

这次召募泉夫等河工虽是情况紧急之下采取的临时决定，但表明召募泉夫成为一种趋势。至康熙十二年（1673），河南最早开始停止泉夫等河工的佥派，改为以银雇募。此后，江南河夫也照河南之例由佥派改为招募：

> 凡河道雇募夫役，旧例岁修工程佥派民夫，康熙十二年议准停止河南佥派河夫，如遇岁修，准动河道钱粮雇募，每夫一名月给银二两。十三年覆准江南河夫停止佥派，准动河银召募，每夫一名月给银一两二钱。⑤

---

①《清史稿》卷二八九《蒋廷锡传》。

②〔清〕张伯行：《居济一得》卷四《疏浚泉源》。

③〔清〕叶方恒：《山东全河备考·序》。

④〔清〕永瑢编：《圣祖仁皇帝圣训》卷三三，景印《文渊阁四库全书》第411册，台北：台湾商务印书馆，1986年，第523页。

⑤〔清〕傅泽洪辑：《行水金鉴》卷一七一《夫役》。

康熙十六年（1677），河道总督靳辅奏请将运、黄二河泉夫等河工由佥派改为雇募，“河工兴举，向俱勒州县派雇里民，用一费十。今两河并举，日需夫十余万，乃改佥派为雇募，多方鼓舞，数月而工成。大工用雇募自辅始。”① 自此以后，山东泉夫主要来自雇募。清代，山东泉夫从以佥派为主到以召募为主，并非一帆风顺，中间也经历过反复和波折，才逐渐形成以招募为主、佥派为辅的局面。如康熙二十八年，山东巡抚钱珏因“佥派累民”“河棍包揽”奏请停止佥派泉夫等夫役，结果遭到政敌弹劾，新任山东巡抚等奏请仍实行佥派之法：

> 前任府院钱讳钰，因佥派累民，兼河棍包揽措挑，毅然提请夫归官募。奉旨：河府两院会议，是否可行。而抚院（钱）旋即被解任。新任抚院（佛）会同总河部院（王）合疏具题：恐夫归官募，雇觅维艰，且有逃散等弊，贻误河工，不如仍旧佥派。部议照复，奉旨遵行，照旧按亩佥派，然终为民累，时下骤难更变，神明其意，而善处之，使民累得苏，断有望于厚贤焉。②

康熙十六（1677）年招募泉夫的办法执行得并不彻底，实际上山东仍有佥派泉夫的情况，尽管如此，自康熙以来，清代泉夫大致形成以招募为主、佥派为辅的局面，而且不论招募或佥派，皆给予工食银两：“河工用民之力有二：曰佥派，曰召募。佥派皆按田起夫，召募则量给雇值，其后额设之夫，悉给工食，由佥派而召募，役民给值，较古制为善矣。”③

不论是招募还是佥派，为了减轻泉夫的劳苦，保障泉源能够得到高效的治理，清政府在泉夫的调用上同明代一样，一般遵循就近起夫的原则，同时免除他们的杂差，使之能专心治理泉水：“于康熙十七年查勘诸泉，各州县设法民夫挑浚，每多草率，将来必致壅塞，遂进诸长吏而商之，咸谓工食既裁，势不得不于泉源左右就近起夫，而近泉之民只能自应其地之役，若源长河远，原额夫数力不能赡者，岂能令别泉之民，裹粮以襄厥事，于是量泉之大小，度渠之远近添设民夫，免其杂差用酬劳苦。”④

从人数上看，清代泉夫在不同时期或有减少，或有增加，前后变化不一，但总体数量不如明代。康熙十五年（1676）以前，清朝在山东各地设有700余名泉夫，以保障会通河的畅通。具体情况见表1-10。

①《清史稿》卷一二一《食货二·赋役》。

②康熙《鱼台县志》卷一二《赋役》。

③同①。

④〔清〕傅泽洪辑：《行水金鉴》卷一七二《夫役》。

表1-10 康熙十五年前会通河泉夫数目表

序号	州县	泉夫人数（名）
1	东平州	78
2	平阴县	10
3	汶上县	43
4	滋阳县	29
5	宁阳县	93
6	曲阜县	26
7	泗水县	60
8	邹县	24
9	滕县	29
10	峄县	5
11	鱼台县	11
12	济宁州	9
13	泰安州	121
14	莱芜县	90
15	新泰县	75
16	肥城县	35
17	蒙阴县	16
总计		754

资料来源：清人陆耀《山东运河备览》卷九《挑河事宜》。

康熙十五年（1676）因“三藩之乱”，清廷财政吃紧，以上泉夫全部裁革。泉夫被裁，无人疏浚泉源，对会通河和漕运造成影响，时任济宁道的叶方恒就曾明确指出：“额设泉夫挑浚渠道，栽种柳株，使无枯竭阻塞，以济运道，原系通力合作，如一泉阻塞则众夫齐集，应役互相帮助，是以夫额少而工无快。自裁食之后，夫役涣散，挑渠栽柳诸务废弛恒久”[①]。在叶方恒的奏请下，此后清朝主要以召募的形式复设泉夫。比如鱼台县，“原额浅、溜、铺、泉、闸夫二百七十四名。康熙十五年，因三藩叛乱，军需繁重，前任总河部院王讳光裕具题一本《为酌停运河夫役以佐军需事》……泉夫十一名全裁，康熙十七年，蒙济宁道叶讳方恒查勘，各泉无人挖浚，阻塞堪虞，详明前任总河靳批允奉行，照额招募，每名免五顷地杂差，在本境修泉”[②]。此后，会通河泉夫的数量大致与过去相当。雍正四年（1726），清朝又决定根据实际情况对泉夫的数量酌量加以增减，“雍正四年，又议准山东济运诸泉各州县均有额设泉夫，少则不敷，多则縻帑，应酌量增减，所有役食银于帮贴项内给发。”[③]雍正十三年“议

①〔清〕陆耀：《山东运河备览》卷九《挑河事宜》。

②康熙《鱼台县志》卷一二《赋役》。

③《大清会典则例》卷一三一《工部·都水清吏司·河工一》。

准，东省有泉之十七州县，泉夫七百八十四名，自雍正十三年为始，每名岁给银十两。在各州县地亩银内照河夫帮贴之例摊入大粮，减正加耗分征支给”[①]。直到乾隆十年（1745），会通河泉夫人数仍保持784名不变。具体情况见表1-11。

表1-11 乾隆十年会通河泉夫数目表

序号	州县	泉夫数（名）
1	滕县	40
2	峄县	20
3	鱼台县	20
4	济宁州	9
5	汶上县	43
6	东平州	78
7	泰安县	121
8	平阴县	10
9	莱芜县	90
10	肥城县	35
11	新泰县	75
12	宁阳县	61
13	泗水县	60
14	曲阜县	40
15	邹县	30
16	滋阳县	36
17	蒙阴县	16
总数		784

资料来源：《大清会典则例》卷一三一《工部·都水清吏司·河工一》。

此后，泉夫人数有所增长。据成书于乾隆四十年（1775）的《山东运河备览》记载，会通河泉夫人数达到788名。具体情况见表1-12。

表1-12 《山东运河备览》所记会通河泉夫数目表

序号	州县	泉夫数（名）
1	莱芜县	90
2	新泰县	75
3	泰安县	121

①《大清会典则例》卷一三一《工部·都水清吏司·河工一》。

续表

序号	州县	泉夫数（名）
4	蒙阴县	60
5	肥城县	35
6	平阴县	10
7	东平州	78
8	汶上县	43
9	泗水县	60
10	曲阜县	40
11	邹县	30
12	滋阳县	36
13	宁阳县	61
14	济宁州	9
15	鱼台县	20
16	滕县	40
17	峄县	20
总数		788

资料来源：清人陆耀《山东运河备览》卷九《挑河事宜》。

在管理上，清代泉夫管理继承了明代形制，形成“泉老—总甲—小甲—泉夫”的定式，泉老、总甲、小甲例占一夫，也作为泉夫的一员。据《山东运河备览》记载，会通河有泉老17名、总甲18名、小甲15名，倘若再加上前表所记载的788名泉夫，乾隆后期会通河泉夫达到838名。泉夫数量整体上不如明代，但“泉老—总甲—小甲—泉夫”的管理方式取得较好的效果，泉夫得到有效管理，泉源得到有效浚治，泉政大为改善。“泰安、莱芜每夫议免地二顷杂差，各设老人、总甲、小甲、董率稽查，泉源得以无恙。”①

泉夫的职能，主要是疏浚泉源，并在附近栽种柳树，其目的是维持泉道的畅通和泉水的丰盈，以保证协济运河水量，保持漕运的正常运转。“额设泉夫挑浚渠道，栽种柳株，使无枯竭阻塞，以济运道。”②泉夫在泉源附近浚泉、栽柳的工作，分春、夏、秋三季进行，“岁以春、夏、秋三季在本境浚泉、栽柳”③。疏浚泉水是一件很辛苦的差事，首先泉源不易寻获，其次泉夫疏泉，寸尺疏导，汇聚成流，十分不易，“山东诸泉之水从石罅泥穴中尺疏寸导，会流南旺。除此以外，冬季天气寒冷，水源冰冻，不便于浚泉、栽柳，泉夫则被调往运河，协助浅夫挑挖泥沙，“冬季调赴运河一例均令浚浅”④。泉夫协浚运河早在康熙十九年（1680）

①〔清〕傅泽洪辑：《行水金鉴》卷一七二《夫役》。
②〔清〕陆耀：《山东运河备览》卷九《挑河事宜》。
③《大清会典则例》卷一三一《工部·都水清吏司·河工一》。
④同③。

即有记载，《鱼台县志》记载："本年十二月，又将前项泉夫十一名，调赴泇河厅过堂，挑挖彭口，各里帮贴食米，每名十八两。"协浚运河，不仅泉夫受累，而且当地百姓也要帮贴口粮，加重其负担。因此，康熙二十九年取消泉夫协浚运河的差事，"奉巡抚部院（佛）'永行禁革，不许调协'，民稍息肩云"①。不过，随着招募泉夫和取消帮贴政策的施行，协浚运河也逐渐成为泉夫的一项固定差事。乾隆十年（1745），考虑到部分有泉州县距离运河较远，泉夫往来不便且不擅长浚河，规定较远州县之泉夫仅于本州县内疏泉、栽柳即可，无需其在冬季前往运河协浚，而让运河沿线的州县替这些距离较远的州县招募泉夫，承担冬季浚河的差事：

> 十年议准，山东省距河窎远之泉夫协浚运河，皆非素谙，每名额支工食银十两，嗣后扣除六两，岁于霜降前照数于司库内拨解，河库转发沿河州县代为召募。如有余剩，仍令节存道库，以为大小浚通融办理之用，余银四两仍照旧例按名支给，止令在本境疏泉栽柳……其距河窎远之泰安县泉夫一百二十一名、平阴县泉夫十名，令汶上县代募。莱芜县泉夫九十名、肥城县泉夫三十五名，令东平州代募。新泰县泉夫七十五名，令东阿县代募。宁阳县泉夫六十一名，令嘉祥县代募。泗水县泉夫六十名、曲阜县泉夫四十名、邹县泉夫三十名、滋阳县泉夫三十六名、蒙阴县泉夫十有六名，均令济宁州代募。②

其余运河沿岸州县之泉夫，除了在春、夏、秋三季浚泉栽柳外，还需要在冬季协助浅夫挑浚运河泥沙。"计沿河泉夫，滕县四十名、峄县二十名、鱼台县二十名、济宁州九名、汶上县四十三名、东平州七十八名（内除八名拨防戴村坝，例不浚河），共泉夫二百二名，均系沿河近便，仍令照旧协浚，毋容扣银别募。"③这些沿河的泉夫以及代为召募的泉夫，主要被调往南旺和济宁挑浚泥沙：

> 汶上县本管泉夫四十三名，代泰安县募泉夫一百二十一名，代平阴县募泉夫十名。东平州本管泉夫七十八名，代莱芜县募泉夫九十名，代肥城县募泉夫三十五名。东阿县代新泰县募泉夫七十五名。嘉祥县代宁阳县募泉夫六十一名，以上共泉夫五百十三名，例同长夫用工，协挑南旺塘河。
>
> 鱼台县本管泉夫四十名。济宁州本管泉夫九名，代泗水县募泉夫六十名，代曲阜县募泉夫四十名，代邹县募泉夫三十名，代滋阳县募泉夫三十六名，代蒙阴县募泉夫十六名。以上共泉夫二百三十一名，例同长夫用工，协挑济宁塘河。

---

① 康熙《鱼台县志》卷一二《赋役》。

②《大清会典则例》卷一三一《工部·都水清吏司·河工一》。

③ 同②。

滕县本管泉夫四十名，峄县本管泉夫十名，以上共泉夫五十名，例同长夫用工，协挑塘河。[①]

清代泉夫不但要浚泉、栽柳，还要协浚运河，劳动颇为艰辛。有鉴于此，清廷对浚泉有功的泉夫采取奖励政策，提高泉夫的劳动积极性。雍正三年（1725），蒋廷锡奏请“应立法，泉夫浚出新泉，优赉银米，岁终册报，为州县课最”[②]。雍正四年规定，“山东运道全赖泉源输助，请令州县官时加疏浚。其额设泉夫，因地酌加增减。有能浚出新泉者，酌给银米，以示奖励”[③]。清朝加强对泉官的管理，令其严格督率泉夫疏浚泉源。“五派合为一水，是名泉河，旧设管泉通判。今虽裁汰，仍设泉夫。请饬有泉州县，督率疏浚”[④]，“先年兖州府专设管泉同知一员管理，所以分理主事之任也。近年以来，因各处山水泛涨，大风扬沙及黄河冲决各泥沙，将泉源并泉河多被淤塞，以致泉流微细。又有因水涨冲决河防，致水散溢不归运河，置之无用。每年虽有浚泉之名，全无实效，要之官不得人耳。查得该府管泉同知，见今员缺，行委该府首领官带管，合无推选廉能素著官员前来管理，庶官得其人，而疏浚修治之功可以责成，泉政其庶乎举而运河有济矣”[⑤]。“必将泉源大为疏通，俾水尽归汶河……应饬泰安、新泰、莱芜、肥城、宁阳、东平、汶上、平阴八州县，各将境内泉源、泉头、泉眼、泉池，并泉沟会河，乘此农隙之时，印官亲督人夫，逐泉大加挑挖，浅者深之，窄者阔之，务使水势沛流达于济，庶于粮运大有裨益。”[⑥]泉官责任重大，“其地方一切公务，管泉各官均免其差委，至该州县泉源、泉河及荫泉树木、沿河柳株，均责令该员督率泉夫，不时疏浚栽植，倘因循怠惰，泉务废弛，即将专管之官参究，如通判不实力巡察，通同徇隐，该督抚一并参处”[⑦]。

泉夫辛勤劳动，再加上政府的鼓励和严加督责，清代济运之泉得到了有效治理。从清初开始，泉源数目便逐渐增加。截止康熙十五年（1676），山东有济运任务的东平、平阴、汶上等17州县的泉源达到427处（表1-13）。

表1-13　康熙十五年山东济运之泉统计表

序号	州县	泉数
1	东平州	38
2	平阴县	2

①〔清〕陆耀：《山东运河备览》卷九《挑河事宜》。
②《清史稿》卷二八九《蒋廷锡传》。
③《清世宗实录》卷四六，“雍正四年七月甲辰”条。
④同②。
⑤〔明〕杨宏、谢纯：《漕运通志》卷八《漕例略》。
⑥〔清〕张伯行：《居济一得》卷四《疏浚泉源》。
⑦《大清会典则例》卷一三一《工部·都水清吏司·河工一》。

续表

序号	州县	泉数
3	汶上县	7
4	滋阳县	14
5	宁阳县	15
6	曲阜县	28
7	泗水县	79
8	邹县	15
9	滕县	31
10	峄县	10
11	鱼台县	20
12	济宁州	4
13	泰安州	65
14	莱芜县	46
15	新泰县	36
16	肥城县	13
17	蒙阴县	4
总计		427

资料来源：清人陆耀《山东运河备览》卷九《挑河事宜》。

康熙十六年（1677）至二十七年，靳辅治理河道期间，山东济运之泉数目有所增加。据《治河奏续书》记载，原有泉244处，新浚泉源360处，共计泉源604处。雍正年间（1723～1735），泉源有所回落，减少到180处。由于雍正以来采取鼓励泉夫的政策，乾隆后期，泉源的数量又逐渐增加。据《山东运河备览》记载，泰安69处、莱芜64处、新泰35处、肥城16处、蒙阴5处、平阴2处、东平47处、汶上11处、泗水82处、曲阜29处、邹县17处、滋阳14处、宁阳13处、济宁6处、鱼台22处、滕县33处、峄县13处，共计478处。[①]

此后，泉夫在地方官员的督率下，扩大疏浚工作，使得泉源数量稳中有增。光绪《肥城县志》记载："东福泉，在清安泉上流去五步余，出平地自源头会清安泉。嘉庆十三年（1808），知肥城县事夏仪管泉务，经历张如彪开浚立碑。"[②] 至道光十二年（1832），济运之泉的数量达到484处，"内由汶河入运者二百六十一泉；由泗河入运者一百一十一泉；由白马河汇泗入运者十六泉；由府、洸二河归马场湖入运者

①〔清〕陆耀：《山东运河备览》卷八。
② 光绪《肥城县志》卷一《方域志》。

二十一泉；由蜀山、独山二湖入运者二十七泉；由新挑河、十字河、大泛口等处别为一河径入运者四十八泉”[①]。

第三节　其他群体

除漕运、济运群体之外，运河沿线地区还活跃着商人、盗匪等其他重要群体。

一、商人

运河作为运输粮食及其他物资的重要交通设施，在历史上孕育、吸引了形形色色的商人，这些商人分布于运河沿线，从事多种商业活动。

人工修建运河在我国有着悠久的历史。早在先秦时期就有楚国开凿的通渠，吴国开凿的胥溪、邗沟和黄沟。秦汉时期国力强盛，大一统局面形成，进一步促进了旧运河的修整和新运河的开挖。秦代一方面利用鸿沟、济水等运河，一方面又开灵渠、凿离堆、作郑国渠；汉代开凿有漕渠、褒斜道、砥柱、阳渠，修理和维护鸿沟、汴渠、灵渠等。魏晋南北朝时期，分裂割据的局面不利于运河的修建和维护，前代不少运河在逐渐湮没、阻塞。然出于稳定秩序、发展生产之目的，个别政权仍有修理和开凿运河之举。如魏国修通汴渠、贾侯渠、讨虏渠和广漕渠；吴国开凿句容中道（亦称“破冈渎”）；东晋开凿桓公渎，等等。[②]

随着早期运河的修筑和使用，商人也逐渐活跃起来，他们利用运河运输物资和贸易。从文献记载来看，即使是魏晋南北朝这样的分裂与动荡时期，运河上下也不乏商人的活动。据《北史·循吏传》记载：“旧制以淮禁，不听商贩辄度。淮南岁俭，启听淮北取籴。后淮北人饥，复请通籴淮南，遂得商贾往还，彼此兼济，水陆之利，通于河北。”[③]南北朝时期，南北政权曾以淮水为界，禁止南北互市通商，史称“淮禁”。然仍有不少北方商人偷偷南下通商。后因北方粮食紧张，北方商人南下从事商业活动被政府认可。他们将南方粮食等物资北运，主要就是先通过已有的运河进行运输，再通过陆路转运到北方各地。

隋唐以前，运河修建多为地方性工程，尚未构成纵贯南北之局面，限制了大范围的物资运输活动。这一时期活跃于运河之上的商人数量较少，其通过运河开展的活动范围也相对较

---

①〔清〕黎世序：《续行水金鉴》卷一二九《运河水·工程二》。

②潘镛：《隋唐时期的运河和漕运》，西安：三秦出版社，1986年，第1～14页。

③《北齐书》卷四六《苏琼传》。

小。加之文献记载有限，隋唐以前的运河沿线的商人及其活动不可详述。

（一）隋唐时期运河沿线商人

隋唐时期，大运河的贯通极大地促进了南北物资的交换和运河沿线城市商业的繁荣，并孕育和吸引了大量商贾。这一时期商人主要聚集于运河沿线的大城市当中，呈点状分布，尤其以北方的洛阳和南方的扬州为中心，其他次一级的城市如幽州、汴州、润州、苏州、杭州等亦有不少的商人，其经营涉及到盐铁、茶叶、珠宝、药材、绸缎、水果、木器、骡马等行业。

1. 隋代

从隋朝开始，我国运河开凿进入一个新的历史时期。此前，历朝历代虽不乏运河的修建，但却没有形成一条纵贯南北的大运河。隋统一以后，为满足政治、经济、军事等方面的需要，在已有运河基础上继续开凿新运河或疏浚旧运河。开皇四年（584），隋文帝杨坚命人在长安至潼关之间开凿广通渠，以通漕运，解决了都城的物资供应问题。开皇七年，又在扬州开凿山阳渎，以备伐陈时运兵运粮。隋炀帝时期，为征高丽和转输江南财赋，开凿了四条运河，即永济渠、通济渠、邗沟、江南河。这四条运河以东都洛阳为中心，往东北方向的为永济渠，往东南方向的依次为通济渠、邗沟和江南河，史称南北大运河。大运河北到涿郡，南至余杭，贯穿了今北京、天津、河北、山东、河南、安徽、江苏、浙江八个省市，全长五千里，将海河、黄河、淮河、长江、钱塘江五大水系连接起来，是世界上开凿距离最长的一条人工运河。

贯通后的大运河成为南北交通的大动脉，不仅为官方运输粮食提供了便利，也成为商人运输商品物资和从事商业活动的便捷通道，促进了南北经济的交流和发展。《元和郡县图志》对此记载道："炀帝大业元年更令开导，名通济渠，自洛阳西苑引谷、洛水达于河，自板渚引河入汴口，又从大梁之东引汴水入于泗，达于淮，自江都宫入于海，亦谓之御河。河畔筑御道，树之以柳。炀帝巡幸乘龙舟而往江都，自扬、益、湘南至交、广、闽中等州，公家运漕，私行商旅，舳舻相继。"[①] 隋炀帝时期往东南方向开凿通济渠等运河直达于江南，既便利了漕运，又促进了商业的发展。运河沿线的一些重要城市也逐渐成为商贾聚集之地，如位于大运河最南端的杭州，《隋书》称其"川泽沃衍，有海陆之饶，珍异所聚，故商贾并凑"[②]。而作为大运河中心的洛阳，更是汇聚了众多商贾。先是隋炀帝大业元年（605）三月，发河南诸郡男女百余万，开通济渠，

①《元和郡县图志》卷六《河南道·汴渠》。

②《隋书》卷三一《地理志》。

营造东都洛阳。运河开通后，即“徙天下富商大贾数万家于东京”①，直接促进了洛阳商贸的发展。洛阳营建完成后，外廓城内设有丰都、通远、大同三市（即东市、北市、南市），由于处于大运河的中心，可通四方财货，洛阳三市吸引了为数众多的商人，以至于市内行、肆、邸、店遍布，形成了极为繁盛的商业中心。“大同市在右掖门西南，周四里”，“隋大业六年，徙大同市于此，凡周四里，市开四门，邸一百四十一区，资货六十六行”②。唐人杜宝在《大业杂记》中记载，位于渡河以东、洛水以北的通远市（北市），“出上春门，傍罗城，南行四百步至漕渠，傍渠西行三里，至通远桥，桥跨漕渠，桥南即入通远市。有二十门分路入市。市东合漕渠，市周六里，其内郡国舟船、舳舻万计，市南临洛水，跨水有临寰桥。”位于洛水以南，占地两坊的丰都市（东市），“跨（洛）水有临寰桥，桥南二里有丰都市。周八里，通十二门，其内一百二十行，三千余肆，甍宇齐平，遥望如一，榆柳交荫，通渠相注，市四壁有四百余店，重楼延阁，互相临映，招致商旅，珍奇山积”。《太平御览》卷一九一《两京记》又载：“东都丰都市，东、西、南、北居二坊之地，四面各开三门，邸凡三百一十二区，资货一百行。”凡此记载皆能说明，隋代作为南北大运河中心的洛阳，早已是商贾云集之地。

随着运河沿线经济的繁荣，加之隋朝推行互市政策，洛阳吸引了不少外国商人，其中尤以西域各国的“胡商”为数最多。史书对之记载颇详，如大业三年（607），炀帝出巡回到洛阳后，裴矩“以蛮夷朝贡者多，讽帝令都下大戏，征四方奇技异艺，陈于端门街，衣锦绮、珥金翠者以十数万，又勒百官及民士女列坐棚阁而纵观焉，皆被服鲜丽，终月而罢。又令三市店肆，皆设帷帐，盛列酒食，遣掌蕃率蛮夷与民贸易，所至之处，悉令邀延就坐，醉饱而散，蛮夷嗟叹，谓中国为神仙。”③大业六年正月，诸蕃来朝，“帝以诸蕃酋长毕集洛阳，丁丑，于端门街盛陈百戏，戏场周围五千步，执丝竹者万八千人，声闻数十里，自昏至旦，灯火光烛天地，终月而罢，所费巨万。自是岁以为常”④。“诸蕃请入丰都市交易，帝许之。先命整饰店肆，檐宇如一，盛设帷帐，珍货充积，人物华盛，卖菜者亦藉以龙须席。胡客或过酒食店，悉令邀延就坐，醉饱而散，不取其直，绐之曰：‘中国丰饶，酒食例不取直。’胡客皆惊叹。其黠者颇觉之，见以缯帛缠树，曰：‘中国亦有贫者，衣不盖形，何如以此物与之，缠树何为？’市人惭不能答”⑤。又有载，“大业六年，诸夷来朝，请入市交易，炀帝许之。于是修饰诸行，葺理邸店，皆使甍宇齐整，卑高如一，瑰货充积，人物华盛。时诸行铺竞崇侈丽，至卖菜者亦以龙须席藉之。夷人有就店饮啖，皆令不取直，胡夷惊视，浸以为常”⑥。

---

①《隋书》卷三《炀帝纪上》。
②《元河南志》卷一《大同坊》。
③《隋书》卷六七《裴矩传》。
④《资治通鉴》卷一八一《隋纪五》。
⑤同④。
⑥《太平御览》卷一九一《两京记》。

在大运河的孕育下，隋代的洛阳行业众多、店肆林立，商业贸易繁华热闹，是当时全国的商业中心，也是当时国际互市的大市场，聚集了大量的外国商人。

2. 唐代

与隋代一样，唐代仍定都长安、洛阳，政治、军事中心主要在北方，经济中心却在东南江淮地区，故也十分重视运河的作用。唐代之前，隋朝第一次将大运河贯通南北，为此后南北水陆交通的发展创造了良好条件，“隋氏作之虽劳，后代实受其利焉”①，“隋之疏淇汴，凿太行，在隋之民不胜其害也，在唐之民不胜其利也”②。有了这一基础，唐代并没有大规模地开挖新运河，而是利用隋朝留下来的运河加以疏浚以及开凿短距离的新运河，包括四疏汴渠、五浚山阳渎、三治江南河以及整修永济渠等。

唐代的疏浚及续开保障了大运河的畅通，促进了南北物资的运输和交换。永徽年间（650～655），魏州刺史李灵龟提道：“开永济渠入于新市，以控引商旅，百姓利之。”③开元二十八年（740），魏州刺史卢晖“徙永济渠，自石灰窠引流至城西，注魏桥，以通江、淮之货”④。唐代宗时期（762～779），刘晏上书，疏通汴渠，以促进物资转运和经济发展，“舟车既通，商贾往来，百货杂集，航海梯山，圣神辉光，渐近贞观、永徽之盛”⑤。经过多年的努力，船只从唐朝东都洛阳出发，向北可到涿郡，往南可达余杭，南北物资沿着运河源源不断输往洛阳，再转运长安。唐人皮日休对此记载说：“则今自九河外，复有淇汴，北通涿郡之渔商，南运江都之转输，其为利也博哉。”⑥经运河运输的物资，主要为粮食，也包括其他的物品。据《旧唐书·韦坚传》记载，运河船只所载货物来自数十个州县。船上皆运米，同时运载各地的特产，可直接到达长安城东九里的广运潭。其货物种类之多样，堪称空前，除粮食外，还包括广陵郡（扬州）出产的锦、镜、铜器、海味；丹阳郡（镇江）出产的京口绫衫缎；晋陵郡（常州）出产的官端绫绣；吴郡（苏州）出产的三破糯米、方文绫。会稽郡（越州）出产的铜器、吴绫、绛纱；豫章郡（洪州）出产的名瓷、酒器、茶釜、茶铛、茶碗；宣城郡（宣州）出产的空青石、纸笔、黄连；南海郡（广州）出产的玳瑁、真珠、象牙、沉香；始安郡（桂州）出产的蕉葛、蚺蛇胆、翡翠等。⑦

---

①《元和郡县图志》卷六《河南道·汴渠》。

②〔唐〕皮日休：《汴河铭》，《皮日休文薮》卷四，《丛书集成续编》第100册，上海：上海书店出版社，1994年，第878页。

③《旧唐书》卷六四《李灵龟传》。

④《新唐书》卷三九《地理志·魏州》。

⑤《旧唐书》卷一二三《刘晏传》。

⑥同②。

⑦《旧唐书》卷一〇五《韦坚传》。

唐代大运河聚集和转运四方之货，带动了沿线经济的发展，由此孕育和吸引了为数众多的商贾。他们或往来于运河上下，或居住在运河沿线的幽州、沧州、魏州、洛阳、汴州、宋州、宿州、泗州、楚州、扬州、润州、常州、苏州、杭州等城市之中，从事商贸活动。在大运河最北端的幽州，据房山云居寺保存《石经》资料显示，可以考知的“行会”名目就有30多种，包括白米、大米、屠、布、绢、大绢、小绢、小彩、丝帛、幞头等行，表明此地商业繁华，商贾众多①。位于大运河中心的洛阳，因其通四方之货，更是商业繁盛、商贾云集，“河雒为会同之府，周公测景，实曰土中。总六气之所交，均万方之来贡，引鱼盐于淮海，通秔苎于吴越，赡彼雒汭，长无阻饥”②，“运漕商旅，往来不绝”③。“天下之大都有五，而河洛总其中……四隩辐凑，万商庞谬。”④在运河南段，扬州“当南北大冲，百货所集”⑤，史称“扬一益二”⑥，意为天下之盛，扬州第一，成都次之，足见其商业之繁荣、商贾之众多。润州，出产盐、铜，可经运河转运，逐利之商贾亦纷纷往聚，“方州震泽之北，三吴之会，有盐井、铜山，有豪门大贾。利之所聚，奸之所生”⑦。苏州，经运河从事商业活动的商贩亦为不少。据《太平广记》记载：“苏州常熟元阳观单尊师，法名以清。大历中，常住嘉兴。入船中……遍目周中客，皆贾贩之徒。”⑧位于大运河最南端的杭州，商业繁盛，尤多巨商大贾，号称“东南名郡，咽喉吴越，势雄江海，骈樯二十里，开肆三万室”⑨。在上述城市中，北方的洛阳和南方的扬州是当时全国乃至世界性的商业中心，也是商贾人数最多的地方。

如果按来源地划分，唐代活跃于运河沿线的商人大致可分为本地商人、外地商人和外国商人三大类。

大运河带来了繁荣的商品经济，受此影响，运河沿线的城市孕育出了相当数量的本地商贾。位于中心的洛阳受运河经济的影响，“稼穑之人少，商旅之人多”⑩，形成大量的本地商人群体。据载，天宝五年（746），有洛阳大商人李秀升，“于南市北架洛水造石桥，南北二百步，募人施财巨万计”⑪。贞元元年（785）初，洛阳有名为朱化的羊贩，西行至邠、

① 曾敏公：《在北京石刻中保存的重要史料》，《文物》1959年第9期。
② 〔唐〕唐玄宗：《幸东都制》，〔清〕董诰等编：《全唐文》卷二〇。
③ 〔唐〕杜佑：《通典》卷一七七《州郡七·河南府》。
④ 张说：《龙门西龛苏合官等身观世音菩萨像颂》，〔清〕董诰等编：《全唐文》卷二二二。
⑤《唐会要》卷八六《市》。
⑥ 〔宋〕洪迈：《容斋随笔》卷九《唐扬州之盛》，景印《文渊阁四库全书》第851册，台北：台湾商务印书馆，1986年，第344页。
⑦ 〔唐〕常衮：《授李栖筠浙西观察使制》，〔清〕董诰等编：《全唐文》卷四一三。
⑧《太平广记》卷二九《李卫公》。
⑨ 〔唐〕李华：《杭州刺史厅壁记》，〔清〕董诰等编：《全唐文》卷三一六。
⑩《旧唐书》卷三七《五行志》。
⑪《唐会要》卷八六《桥梁》。

宁（今陕西省彬州、甘肃省宁县一带），从事贩羊活动。[①] 为求利，洛阳本地商人甚至有客死异乡者。据李商隐《李义山诗集》卷六《柳枝五首》载，有名为柳枝娘者，其“父饶好贾，风波死湖上。”唐代运河沿线的汴州，也有不少本地商人。据《太平广记》载，唐元和年间（806～820），汴州招提院有一僧人曾提道：“某家于梁（汴州），父母兄嫂存焉。兄每以贾贩江湖之货为业。初，一年自江南而返大梁，获利可倍。”[②] 文中提到的某人之兄，即为因运河而致富的汴州本地商人。在大运河南段沿线地区，受运河影响，当地人亦多选择从商，“弃农从商”的现象比较突出。据唐人刘肃《大唐新语》卷三《清廉第六》载，“江淮俗尚商贾，不事农业”[③]。扬州、苏州等地也都如此，“扬州，江、吴都会，俗喜商贾，不事农”[④]，并且出现了许多巨商大贾，“扬州地当冲要，多富商大贾，珠翠珍怪之产”[⑤]。其中可考者，有周师儒、万贞、王四舅、俞大娘等，均是当时扬州本地有名的商贾。部分名商巨贾，常年在外经商，如“维扬万贞者，大商也，多在于外，运易财宝以为商”[⑥]。有的扬州商人，不但常年在外，而且沿着运河而上，足迹远至北方的都城长安，这种情形甚至对家庭生活产生了负面影响。唐人王建作有《江南三台》词四首，其中一首云：“扬州桥边少妇，长安城里商人。二年不得消息，各自拜鬼求神。”[⑦] 该词是对扬州商人长期两地分居生活的真实写照。在苏州，本地人也多从事商业。唐元和年间，苏州常熟县重修常熟塘后，这里“舟楫鳞集，农商景从”，说明该地农民弃农从商，或亦农亦商者不少。

除本地商人外，运河沿线城市货运繁忙、商业兴盛，也聚集了很多慕名而来的外地商人。据载，运河中心洛阳，是南北财货的转运和集散地，有着众多的外地商旅。白居易“退居渭上”时，曾提到“东邻有富翁，藏货遍五都。东京收粟帛，西市鬻金珠”[⑧]。诗中描绘的这位长安富商，就是经常去洛阳贸易的外地商人。又据《东城老父传》记载：贾至德，“贩缯（为帛的一种）洛阳市，来往长安间”[⑨]，是一位从长安到洛阳从事贸易的商人。此外，还有蜀地来洛阳经商的大商人宋霸子等人，“尝侍宴禁中”，张易之引入“在座同博”[⑩]。在大运河南段的扬州，百货所集，是南方地区的经济中心，

---

①《太平广记》卷一三三《奇事》。
②《太平广记》卷一二五《崔无隐》。
③〔唐〕刘肃：《大唐新语》卷三《清廉第六》。
④《新唐书》卷九一《李袭誉传》。
⑤《旧唐书》卷八八《苏环传》。
⑥《太平广记》卷三四五《孟氏》。
⑦〔唐〕王建：《江南台四首》，《王司马集》卷七，景印《文渊阁四库全书》第1078册，台北：台湾商务印书馆，1986年，第607页。
⑧《太平广记》卷一三三《朱化》。
⑨《太平广记》卷四八五《东城老父传》。
⑩《资治通鉴》卷二〇七《唐纪二十二》。

也吸引了众多外地商人。如江西人吕用之的父亲吕璜，就是被运河繁华吸引而来，常与其他客商在扬州等江淮地区从事贸易，“吕用之，鄱阳安仁里细民也，性桀黠，略知文字。父璜，以货茗为业，往来于淮浙，闲时四方无事，广陵为歌钟之地，富商大贾动逾百万，璜明敏，善酒律，多与群商游”①。此外，唐诗中也有对外地客商前往扬州经商的描述。如李白的《江夏行》写道：“谁知嫁商贾，令人却愁苦。自从为夫妻，何曾在乡土。去年下扬州，相送黄鹤楼。眼看帆去远，心逐江水流。”②这首诗从侧面反映出唐代外地商人纷纷至扬州经商的情形。从外地慕名而来的商人，也不乏最终定居扬州者。如据唐临《冥报记》卷中记载，有名为严恭者，本是泉州人，家中颇有资财，因至扬州做生意，后定居扬州，成了当地有名的商贾。至唐中期以后，扬州外来商人云集，他们聚集在扬州运河两岸，大量建造住宅和店肆，甚至侵街占道，以致“行旅拥弊”、河运不畅。唐德宗兴元（784）初年，杜亚任扬州长史兼淮南节度观察使，采取开拓之法，才使这一局面有所缓解，“扬州官河填淤，漕挽堙塞。又侨寄衣冠及工商等多侵衢造宅，行旅拥弊。亚乃开拓疏启，公私悦赖”③。

唐代，因运河而商业繁盛的城市还吸引了许多来自波斯（伊朗）、大食（阿拉伯）等地的商人，是为“胡商”。他们或从陆上丝绸之路到达洛阳，再经运河到达沿线各城市，如汴州、润州、扬州、杭州等地，或从海路到达广州，再到杭州，沿运河而上，到达运河沿线城市，造成运河城市中多有胡商的局面。尤其是在北方的洛阳和南方的扬州两个经济中心，胡商人数最多。

唐代洛阳有南市、北市、西市三个重要的市，其中南市、北市及邻近的修缮坊、会节坊、立德坊，皆有来自中亚的胡商及其信奉的“胡祆祠”“胡祆神庙”“波斯胡寺”等建筑。《太平广记》卷二八四对此记载甚详：“唐河南府立德坊及南市西坊，皆有胡祆神庙，每岁商胡祈福，烹猪杀羊，琵琶鼓笛，酣歌醉舞，酬神之后，募一胡为祆主。”④这些外国商人在市内、坊内建有宗教场所，说明唐时洛阳居住有众多外国商人，南市、北市实际上也是一个国际贸易市场，波斯及西域商人的商业活动主要就集中在两个市区及附近地区。又据《太平广记》卷二三六载，武则天时“造天枢于定鼎门，并番客胡商聚钱百万亿所成”。从这些胡商捐款数额来看，当时洛阳的外国商人不仅为数众多，而且经营的规模也相当可观。据《太平广记》卷四二〇载，武则天时，西国献青泥珠一枚，则天“以施西明寺僧”。后有一胡人去该寺听讲，见之要买，愿出重价，“遂定至十万贯”买去。能出十万贯钱买一宝珠的胡人，应是一经营珠宝的大商人。又据《太平广记》卷二九八载：“垂拱中，龙女汜人尝出轻缯一端卖之，

①《太平广记》卷二九〇《吕用之》。

②〔唐〕李白：《江夏行》，周振甫主编：《唐诗宋词元曲全集·全唐诗》第三册，合肥：黄山书社，1999年，第1185页。

③《旧唐书》卷一四六《杜亚传》。

④《太平广记》卷二八四《河南祆主》。

有胡人酬千金。”再据《太平广记》卷四二一载：大历中，洛阳西（南）市店有一胡客，用十万钱买走洛阳人刘贯词的一个罽宾国镇国椀。唐代洛阳多胡商的情况，在现存的历史实物中也有所反映。洛阳博物馆藏有一个出土于洛阳的唐代胡商俑，高30厘米，头戴尖顶胡帽，身穿右衽翻领短袍，腰束带，脚穿毡靴，手提壶，背负货囊，作躬腰艰难行进状。这是唐代来洛阳经商的胡人形象的物证。1955年在洛阳老城北、邙山脚下的唐人墓中，还出土有波斯萨珊王朝时期的银币16枚，其中完整的有7枚；1981年在洛阳龙门东山北麓唐定远将军安菩（系西域安国人）夫妇合葬墓中，出土有东罗马（大秦）帝国皇帝福克斯时期（602～610）铸造的金币1枚，直径2.2厘米，重4.3克。这也是波斯、罗马等国商人在唐代洛阳从事商业活动之物证。1971年至1981年在关林、龙门等地的唐墓中出土了数个体态高大（80～90厘米）的唐三彩骆驼，背负驼囊，上搭绿色丝绢，有一个骆驼丝绢上坐一商人模样的人物，展示出中亚人到洛阳经商后以骆驼满载丝绢回归途中的形象。

大运河南段的扬州也是胡商云集之地。唐开元（713～741）以前，就有波斯胡商定居扬州。《太平广记》卷四〇二记载，开元初，李勉作浚仪尉，秩满，沿运河南下广陵，途经睢阳时，遇到一得病的波斯老者，求与李勉同船至江都。途中，波斯老者自言：“我本王贵种也，商贩于此，已逾二十年，家有三子。”[①]此波斯商人定居扬州当在开元以前，至开元年间，早已在扬州育有子女。又《太平广记》卷四〇三记载，唐开元年间，有一叫作韦弇的人在广陵市集上遇见一胡商，并与之交易。[②]安史之乱（755～763）期间，由于陆上丝绸之路受阻，胡商多从海上经广州来到扬州，使得更多胡商聚集在扬州从事商贸活动。上元元年（760），淮南节度使邓景山邀请平卢兵马使田神功来扬州协助其平定“刘展之乱”，结果“神功至扬州，大掠百姓商人资产，郡内比屋发掘略遍，商胡波斯被杀者数千人”[③]，“神功至扬州，大掠居人资产，鞭笞发掘略尽，商胡大食、波斯等商旅死者数千人”[④]，足见扬州胡商数量之巨。经田神功一事，扬州胡商遭到重创，然“安史之乱”后，扬州仍是胡商汇聚之地。《太平广记》记载，元和（806～820）初年，扬州有胡商开办的胡店。[⑤]至唐文宗太和八年（834），为振兴经济，唐政府强调对扬州等地胡商采取保护政策，“南海蕃舶本以慕化而来，固在接以恩仁使其感悦……以示绥怀，其岭南、福建及扬州蕃客宜委节度观察使常加

---

①《太平广记》卷四〇二《宝三·李勉》。

②《太平广记》卷四〇三《宝四·玉清三宝》。

③《旧唐书》卷一二四《田神功传》。

④同③。

⑤《太平广记》卷四二〇《宝三·守船者》。

存问，除舶脚收市进奉外，任其来往通流，自为交易，不得重加率税”①。

除洛阳、扬州外，唐代运河沿线城市如汴州、润州、杭州，也有为数不少的胡商。唐人王建（大历至太和时人）在《汴路即事》中写道：“千里河烟直，青槐夹岸长。天涯同此路，人语各殊方。草市迎江货，津桥税海商。”②此诗除了描绘沿河“草市迎江货”这一热闹的情景外，还指出在汴河上的旅客“人语各殊方”，说明汴河上汇聚了各地商旅，其中的“海商”，应当就是指来自外国的胡商。“津桥税海商”一句说明沿汴河所设诸多“津桥”不仅向过往的国内商贾抽税，还向这些胡商抽税。这表明通过汴河的胡商很多，商税可观。至唐后期，众多胡商依然活跃于汴河之上。《唐语林》卷一《德行》便有相关记载：“崔枢应进士（举），客居汴半岁，与海贾同止。其人得疾即骂，谓崔曰：‘某有一珠，价万缗，实至宝也，敢以奉君。’崔受之。”李白作《丹阳湖》一首，诗中写道：“湖与元气连，风波浩难止。天外贾客归，云间片帆起。”唐代润州别称丹阳郡，“天外贾客归”说明润州有从事海外贸易的商人，这些人主要就是指来自域外的胡商。唐代另一位大诗人杜甫《解闷十二首》云：“商胡离别下扬州，忆上西陵故驿楼。”西陵即指杭州柳浦对岸的渡口，即今西兴。这说明大运河最南端的杭州也有不少胡商，往来于扬州和杭州之间。

唐代，不论来自本地、外地甚至是域外的商人，多利用运河之便销售各种商品物资，如盐、茶、珠宝、药材、绸缎、水果等，形成了不同的商人群体，主要有以下几类：

盐商。唐代东南沿海地区出产海盐，部分经运河转运到北方销售，故运河沿线扬州、杭州等地多盐商。扬州近海，是海盐的重要产地。收亭户（即制盐户）生产出盐后，由盐官统一收购，卖给商人，再由商人转贩各地，扬州遂成为唐代最重要的海盐产地和集散地，有很多外地以及扬州本地商人从事海盐的转运和贩卖活动。据洪迈《容斋随笔》卷九《唐扬州之盛》载：“唐世盐铁转运使在扬州，尽斡利权，判官多至数十人，商贾如织。”此处的“商贾”，主要指的就是盐商，可见扬州盐商数量之多。扬州之盐由盐商贩运，远销各地，北到洛阳、长安等地，南到江西等地。北运之盐，主要通过运河运输。白居易《盐商妇》云：“盐商妇，多金帛，不事田农与蚕绩。南北东西不失家，风水为乡船作宅。本是扬州小家女，嫁得西江大商客。”③诗句表明，有江西盐商至扬州贩盐时娶了当地女子，并且“风水为乡船作宅”，即常年通过水陆运输，运河自然是其最佳选择。唐代，杭州亦为海盐产地。白居易在《东楼南望八韵》中写道：“不厌东南望，江楼对海门……鱼盐聚为市，烟火起成村。”④杭州有盐市，自然少不了贩盐的商贾。另据唐沈亚之《杭州场壁记》记载：“国家始以输边储塞，不足于用，

---

①〔宋〕宋敏求编：《唐大诏令集》卷一〇《太和八年疾愈德音》，景印《文渊阁四库全书》第426册，台北：台湾商务印书馆，1986年，第99页。

②〔唐〕王建：《汴路即事》，《王建诗集》，北京：中华书局，1959年，第40页。

③〔唐〕白居易：《盐商妇》，《白居易集》卷四，北京：中华书局，1979年，第84页。

④〔唐〕白居易：《东楼南望八韵》，《白居易集》卷二〇，北京：中华书局，1979年，第444页。

遂以盐铁榷估为助，使吏曹计其入于郡县近利之地得为（巡）院、盐场之署，以差高下之等。顾杭州虽一场耳，然则南派巨流，走闽瓯禺越之宾货，而盐鱼大贾所来交会，每岁官入三十六万千计。”“盐鱼大贾所来交会”，说明杭州有不少因贩盐而致富的大商人。

茶商。江淮地区是唐代重要的产茶区，从事相关行业的人数众多，“江淮人什二三以种茶为业”[①]。尤其在江南，百姓多以种茶为生，“江南百姓营生，多以种茶为业”[②]。江淮一带如湖州、常州、婺州、睦州、洪州、寿州、蕲州、浮梁等都以产茶而闻名。“湖州有顾渚之紫笋，常州有义兴之紫笋，婺州有东白，睦州有鸩坑，洪州有西山之白露，寿州有霍山之黄牙，蕲州有蕲门之团黄，而浮梁之商货不在焉”[③]。唐代，北方多不产茶。唐中期以前，北方人也不喜饮茶。至唐中期，北方僧人在参禅时发现饮茶有助于提神醒脑，故提倡饮茶，民间纷纷效仿，北方逐渐形成饮茶之风。北方地区对茶的需求量随之大大增加，饮茶成了一种风尚，“今关西、山东闾阎、村落皆吃之，累日不食犹得，不得一日无茶也”，“自梁、宋、幽、并间，人皆尚之，赋税所入，商贾所赍，数千里不绝于道”[④]。由于茶主要产于南方江淮地区，故多有商人从江淮一带运茶北上贩卖。“自邹、齐、沧、棣，渐至京邑城市，多开店铺，煎茶卖之，不问道俗，投钱取饮。其茶自江、淮而来，舟车相继，所在山积，色额甚多。”[⑤]唐代茶商的南茶北运，主要就是通过运河从南方将茶叶贩运到北方运河沿线城市，再通过马车转运北方各地，由此形成了一批活跃于运河沿线的茶叶商人。如洛阳茶叶商人王可久，“岁鬻茗于江湖间，常获丰利而归，是年，又笈贿适楚”[⑥]，是一位从北方去南方贩运茶叶的大商人。前文提及的吕用之的父亲吕璜，也是一位通过运河贩运茶叶的商人。唐人王建在《寄汴州令狐相公》一诗中写道：“水门向晚茶商闹，桥市通宵酒客行。”[⑦]汴州是南北运河的重要枢纽，“茶商闹”说明有众多的茶业商人通过运河从南方贩运茶叶到北方。

珠宝商。唐代在运河沿线从事珠宝买卖活动的商人主要是来自域外的“胡商”，他们大多是被运河沿线繁荣的商业吸引而来，集中在扬州、苏州等运河城市当中进行

①《册府元龟》卷五一〇《邦计部·重敛》。
②《册府元龟》卷四九四《邦计部·山泽第二》。
③〔唐〕李肇：《唐国史补》卷下，景印《文渊阁四库全书》第1035册，台北：台湾商务印书馆，1986年，第447页。
④〔唐〕杨晔：《膳夫经手录》，《续修四库全书》第1115册，上海：上海古籍出版社，2002年，第524页。
⑤〔唐〕封演：《封氏闻见记》卷六《饮茶》，景印《文渊阁四库全书》第862册，台北：台湾商务印书馆，1986年，第442页。
⑥〔宋〕李昉：《太平广记》卷一七二《唐阙史》。
⑦〔唐〕王建：《寄汴州令狐相公》，《王司马集》卷五，景印《文渊阁四库全书》第1078册，台北：台湾商务印书馆，1986年，第607页。

珠宝贸易。《太平广记》当中就有许多有关这些胡商的记载，尽管不少带有神话色彩，但亦从侧面反映出唐代胡商多在运河沿线从事珠宝买卖。据载，早在开元年间，就有杜陵人韦弇来到扬州，其“玉清三宝”被一胡商看中，认为“此天下之奇宝也，虽千万年，人无得者……遂以数千万为直而易之”[①]。乾元年间，扬州有一波斯珠宝商，在洪州购得一小瓶，内有珠宝十二颗，称“紫靺羯”[②]。建中初年，乐安任顼得龙珠一颗，径有寸许，“光耀洞澈，殆不可识”。后来任顼至扬州市，有胡商见之，曰：“此真骊龙之宝也，而世人莫可得”，以数千万为价而市之。[③]元和初年，苏州华亭县陆四官庙前经常停泊有运盐的船只，某日雨夜，有一守船的人在庙前发现一宝珠，光亮如火，遂用衣服将宝珠包裹藏匿。后来，守船者来到扬州某胡商所开珠宝店，将宝珠卖掉，获得巨利。[④]除胡人外，中国商人也有从事金银珠宝的买卖，获利丰厚。如扬州珠宝商万贞，“大商也，多在于外，运易财宝以为商”[⑤]。又据《因话录》卷三记载：卢仲元曾持妻兄之百两黄金“鬻于扬州。时遇金贵，（每）两获八千”。《旧唐书》卷一七四《李德裕传》记载，敬宗宝历元年（825）七月，“诏浙西造银盝子妆具二十事进内”。时李德裕为浙西节度使（治在润州曲阿县，今江苏省丹阳市），因此事上奏“昨又奉宣旨，令进妆具二十件，计用银一万三千两，金一百三十两。寻令并合四节进奉金银，造成两具进纳讫。今差人于淮南（扬州，治江苏省江都）收买，旋到旋造”，这说明润州手工业水平高，也说明扬州市上有大量金银交易。

药商。唐代运河沿线的商人中，亦有不少从事药材买卖者。据《太平广记》记载，大历中，有昆仑奴摩勒“卖药于洛阳市”[⑥]，洛阳有药市，自然有不少买卖药材的商贩。在运河南段的扬州，人口密集，商旅众多，一旦发生厉疫，极易蔓延，故需大量药物供应，故扬州不仅仅是盐、茶集散地，也是重要的药材市场。据载，扬州鉴真和尚准备东渡时，就携带有大量的香药，包括麝香、沉香、甲香、甘松香、龙脑、香胆、唐香、安息香、栈香、零陵香、青水香、熏陆香等。[⑦]扬州并不出产香药，这些香药来自全国各地，以及南洋、西域，从侧面反映出扬州药商的活跃情况。此外，《太平广记》还提到唐代扬州的几位药商。一是扬州北邸的王老，以卖药为生，资财雄厚。有韦某手持一顶旧席帽相见，王老即付一千万与之。[⑧]唐中期，扬州还有张姓、王姓者，都是当时扬州实力雄厚的药材商人。张姓以贩卖茯苓发家，而王姓则长期经营药材铺。张姓曾卖茯苓给王姓，积钱多达两千余贯。后张姓有一李姓友人

①《太平广记》卷四〇三《宝四·玉清三宝》。

②《太平广记》卷四〇三《宝四·紫靺羯》。

③《太平广记》卷四二一《龙四·任顼》。

④《太平广记》卷四〇二《宝三·守船者》。

⑤《太平广记》卷三四五《孟氏》。

⑥《太平广记》卷一九四《传奇》。

⑦〔日〕真人元开著，梁明院校注：《唐大和上东征传校注》，扬州：广陵书社，2010 年，第 26 页。

⑧《太平广记》卷一六《神仙十六·张老》。

需三百贯钱办事，张姓药商让其持一顶旧帽往王姓药商处取钱，王姓如约给付。① 唐代还有叫作裴谌的商人，卖药于广陵（扬州），生活颇为豪华，其家中“楼阁重复，花木鲜秀，似非人境，烟翠葱茏，景色妍媚，不可形状”②。唐代扬州药商的情况还见于诗歌之中，唐释皎然《杼山集》卷七有《买药歌送杨山人》一首云：“扬州喧喧卖药市，浮俗无由识仙子。”③ 皎然生活在天宝末到德宗初年之间，和颜真卿、韦应物、陆羽等都有交往，其诗描述了扬州药市繁荣、药商众多的景象，可与《太平广记》的记载相互参证。唐代，在扬州、魏州等运河沿线地区还有不少经营贵重药材的胡商。据《太平广记》记载，句容县佐史食鲙达百斤，吐出一物，状如麻鞋底。县令命洗净，置于鲙中，鲙悉化为水。县令遍问医人术士，都不知其为何物，于是命小吏持往扬州卖之。有胡人求买，初出一千文，累增其价至三百贯，仍不肯售。胡人不甘，紧随小吏至句容。在县令追问下，胡人才说出真相。原来此物是销鱼之精，能消除人腹中的病块。胡国太子患有此病，故胡人欲高价收购。最后，县令以其一半卖与此胡商。④ 在运河北段的魏州，有名为段砮者曾与胡商从事药材的买卖，“天宝五载，行过魏郡，舍于逆旅。逆旅有客焉，自驾一驴，市药数十斤，皆养生辟谷之物也。而其药有难求未备者，日日于市邸，谒胡商觅之”⑤。唐代，还有一些和尚、道士也在运河沿线城市从事药材买卖，洛阳、扬州等地都能见到他们的足迹。虽然他们是以宗教为主要职业，但就买卖药材取利而言，与药商无异。据《资治通鉴》卷二〇三载，武则天时的怀义和尚就曾“卖药洛阳市”。贞元初年，扬州人冯俊，以佣工为生，曾遇一道士于市卖药，旁置一囊，重百余斤，募能独负者，倍给其直。俊乃请行，送道士至江西庐山下，道士给了他一千文钱以及百余粒丹药作为回报。⑥ 又有彭城人刘商，好道术，东游至广陵时，遇一道士方卖药，聚众极多，人言其药颇灵验。道士看见刘商，乃罢药，相携上酒楼，欢饮畅谈。临别，道士赠商一小药囊。商发视，得九粒药，如麻子大，商“依道士口诀服之，顿觉神爽不饥”⑦。有唐一代，僧道在运河沿线从事药材的买卖者不在少数，是运河沿线商人群体中比较特殊的部分。

绸缎商。丝绸是唐代商品交易中的重要物资。尤其是位于大运河中心的洛阳，处在陆上丝绸之路的南端，除本地所产丝绸外，南方扬州的锦、镇江的绫衫缎、常州的

①《太平广记》卷二三《神仙二十三·张李二公》。
②《太平广记》卷一七《神仙十七·裴谌》。
③〔唐〕释皎然：《杼山集》卷七《买药歌送杨山人》。
④《太平广记》卷二二〇《医三·句容佐史》。
⑤《太平广记》卷二八《神仙二十八·郗鉴》。
⑥《太平广记》卷二三《神仙二十三·冯俊》。
⑦《太平广记》卷四六《神仙四十六·刘商》。

官端绫绣、苏州的方文绫、灯绸缎亦经运河转运而来，故多绸缎商人。其中有相当数量的胡商，将这些产自中国的丝绸通过陆上丝绸之路运输到中亚以远地区。另外，还有一些中国绸缎商人则往来本地与洛阳之间，从事有关丝绸的买卖。据载，贞元中，长安大丝绸商人贾至德，就曾“贩缯洛阳市，来往长安间”[①]。而唐代著名诗人白居易也在其诗中提到渭南有一富翁，曾来“东京收粟帛”[②]。

水果商。唐代大运河的开通促进了南北物资的交流，其中就包括水果的贩运。《文苑英华》卷五四六《梨橘判》便记载有水果商通过运河贩卖梨橘的情况：“郑州刘元礼载梨向苏州，苏人弘执信载橘来郑州。行至徐城，水流急，两船相冲，俱破，梨及橘皆流。”唐代北方郑州所产的梨和南方苏州所产的橘，正是通过运河转运的，实现了南北物资的交换。在此过程中，形成了一批沿运河贩运水果的商人。

木器商。在运河众多商人之中还有一些木器商人。其中有些将外地木材贩卖至扬州等地，“豫章（即洪州，今江西省南昌市）诸县尽出良材。求利者采之，将之广陵（扬州），利则数倍。”[③]扬州等地的木商，再将木材加工成器具销售，“广陵有贾人，以柏木造床。凡什器百余事，制作甚精，其费已二十万，载之建康，卖以求利”[④]。

骡马商。从事骡马牲口买卖相关的商贩也是运河沿线的商人群体之一。如洛阳北市，有阎庚父子两人，做骡马行贩马的牙子，即中间经纪人。贞元初，洛阳还有长途贩羊的商人朱化，“以贩羊为业，西行抵邠（今陕西彬州）、宁（今甘肃宁县），回易其羊”[⑤]。

（二）两宋时期运河沿线商人

两宋时期的南北运河线路，大致因袭隋唐。与隋唐相比，宋代疆域缩小，运输中心也发生了重大变化。不论是北宋还是南宋，都十分重视运河的开发、利用和维护，分别形成了以两京为中心的水运网络。

北宋定都汴京（今河南开封），此地处于北方，便于在政治、军事上控制北方地区。相对于传统的政治中心长安和洛阳而言，汴京位于隋唐大运河的中部，南北交通都很方便，而且距经济发达的江南地区更近，可以充分利用和发挥大运河的运输效能，故北宋时期对运河的开挖和利用十分重视。建隆元年（960），疏浚汴京以南的蔡河。次年春，宋太祖赵匡胤又命陈承昭开凿金水河，从汴京以西的中牟往东凿渠引水百余里，直抵都城。同时，开凿汴京西南至新郑附近的闵河（后改称惠民河）。建隆三年，发民数万疏浚汴京以东至定陶的广

---

①《太平广记》卷四八五《东城老父传》。

②〔唐〕白居易：《效陶潜体诗十六首并序》，《白居易集》卷五，北京：中华书局，1979年，第107页。

③《太平广记》卷三三一《杨溥》。

④《太平广记》卷三五五《广陵贾人》。

⑤《太平广记》卷一三三《朱化》。

济河，因其广五丈，故又称“五丈河”。此外，北宋建国之始便积极利用原有的汴水，以通东南。由此，北宋时期形成了以汴京为中心，呈放射状向外分布的运河系统。汴河向东南连接淮河，并通过扬楚运河、江南运河和浙东运河将长江、松江（吴淞江）、钱塘江沟通。江淮之物资可由江南入淮水，经汴水入京。广济河（五丈河）向东北沟通济水（即南北清河），使京东之物资由齐鲁之地入广济河达京。惠民河向南与颍水、涡水等淮河上游支流相连，使陕蔡物资由惠民河转蔡河，入汴水达京；往西北则有汴河与黄河相接，并通过御河和渭水分别向北、向西延伸，使陕西之物资由三门峡附近转黄河，入汴水达京。以上四路运河，以汴水、惠民河、五丈河为重，被宋太祖赵匡胤喻为三条宝带，“汴河一条，惠民河一条，五丈河一条”①。其中，又以通向江南的汴水、江南运河和浙东运河系统最为重要。早在宋太宗时，参知政事张洎就曾指出：“今带甲数十万，战骑称是，萃于京师，仍以亡国之士民集于辇下，比汉、唐京邑民庶，十倍其人矣。甸服时有水旱，而不至艰歉者，有惠民、金水、五丈、汴水等四渠，派引脉分，会于天邑，舳舻相接，赡足京师，以无匮乏也。唯汴之水横亘中国，首承大河，漕引江、湖，利尽南海，半天下之财赋并山泽之百货，悉由此路而进。”② 北宋都城物资主要从东南而来，以至于汴水至江南的运河系统被时人视为立国之根本，“今日之势，国依兵而立，兵以食为命，食以漕运为本，漕运以河渠为主……汴河废，则大众不可聚。汴河之于京师，乃是建国之本，非可与区区沟洫水利同言也”③。

南宋迁都临安（今杭州），偏居东南，版图相比北宋缩小很多，作为沟通南北经济命脉的大运河已失去其意义。当时淮河以南运河有水尚可行船，而淮河以北水道日渐干涸，继续北行则水道断绝，河身也完全堙塞。然运河网络对于宋代经济发展十分重要，就连迁往临安的南宋政权也不得不在它日益缩小的势力范围内，在利用江南运河的同时，进行一些疏浚改造工程，从而形成以临安为中心的运河网路系统。南宋运河以临安为中心，通过江南运河连接长江，沟通川峡、江东西和荆湖南北等路漕运，通过浙东运河和钱塘江连接大海和两浙水系，沟通福建、广南及两浙地区之水运。

两宋期间，无论定都开封的北宋，还是节节南撤，直到偏安杭州一隅的南宋，都始终以运河为重要的运输途径。运河网络的形成刺激了沿线地区商业和商人群体的发展。北宋以汴京为中心的运河系统，便于各地物资的运输与交换，极大地刺激了运河沿线商业经济的发展。比如汴京、亳州、宋州、郑州、青州、宿州、徐州、泗州、扬州、真州、常州、苏州、秀州、越州、明州、杭州等运河沿线城市，经济繁荣，商贾活跃。

①〔宋〕范镇：《东斋记事》卷五《补遗》。
②〔宋〕李焘：《续资治通鉴长编》卷三八，“宋太宗至道元年九月”条。
③〔宋〕李焘：《续资治通鉴长编》卷二六九，“宋神宗熙宁八年十月”条。

此外，北宋时期运河沿线还出现了一些商业性的市镇。不同于传统的行政性城市，商业市镇是民间自发生成的工商业中心、制造业中心以及运输中心。而这些市镇当中，往往也聚集很多的商贾。南宋时期，尽管原有的运河系统遭到破坏，但以临安为中心的运河系统的建立，亦使得沿线很多城市商业经济繁荣，商人群体活跃。

两宋时期，运河沿线的商人根据其贸易角色大致可分为坐商和行商两类。坐商，即在运河沿线城市中开店经营的商人。行商，即通过运河贩运货物的商人。行商多通过中介（牙人，亦称“掮客”）将运来的货物批发给坐商，再由其坐地销售。坐商受政府保护，坐享专卖之利，运用其雄厚之财力资源，操纵市场价格，垄断市场，故坐商多为富商大贾。开封城内的坐商便是如此。宋人张平方记载“都城之内，大商富贾坐列贩卖，积贮倍息，乘上之令，操其奇利，不知稼穑之艰难。而粱肉常余，乘坚策肥，履丝曳彩，羞具、居室过于侯王。淫侈之俗，日以轻僭。赋调所不加，百役所不及，优游逸豫，专事骄靡”[①]。行商，通过运河长途贩运，一般也是资财雄厚的巨贾。此外，由于经济利益的驱动，运河城市中亦不乏小商小贩之流。

宋代，在运河沿线从事贸易的商人涉足的行业极为广泛。据《东京梦华录》《梦粱录》二书记载，位于运河中心的开封、临安两地，商人经营的物资种类繁多，包括粮食、盐铁、丝绸、瓷器、茶叶、药材等，形成了类型多样的商人群体，如粮商、茶商、盐商、布帛商、瓷器商、药商等。

粮商。宋代，随着生产力的发展，粮食产量提高，又因为运河系统发达，大幅降低了运输成本，“千里不贩籴”的古老传统被打破，运河沿线出现了一批以贩运米粮为生的米商。北宋时期，粮食生产南方高于北方，两浙地区粮食生产水平最高，剩余的大量米粮先被米商收购，如两浙路的太湖流域，“号为产米去处，丰年大抵舟车四出”[②]，这些“舟车”，都是收购商品粮的商队。商人将收购的粮食通过运河转输北方，主要供给开封的官吏和军民，“富商大贾，自江淮贱市粳稻，转至京师，坐邀厚利”[③]。南宋时期，米粮贸易十分兴盛，“今夫十家之聚，必有米盐之市。曰市矣，则有市道焉。相时之宜，以懋迁其有无；揣人情之缓急，而上下其物之估，以规圭黍勺合之利，此固世道之常”[④]。其中部分米粮便是通过运河来运输的。叶适曾在给宋宁宗的奏札中提道：“臣采湖南士民之论，以为二十年来，岁虽熟而小歉辄不耐；地之所产，米最盛而中家无储粮。臣尝细察其故矣。江湖连接，地无不通，一舟出门，万里惟意，靡有碍隔。民计每岁种食之外，余米尽以贸易。大商则聚小家之所有，小

---

① 〔明〕杨士奇、黄淮编：《历代名臣奏议》卷二五五《赋役》，景印《文渊阁四库全书》第440册，台北：台湾商务印书馆，1986年，第281页。

② 〔宋〕王炎：《上赵丞相》，《双溪类稿》卷二一《书》，景印《文渊阁四库全书》第1155册，台北：台湾商务印书馆，1986年，第667页。

③〔宋〕李焘：《续资治通鉴长编》卷六三，“景德三年五月戊辰”条。

④ 至顺《镇江志》卷一〇《道观》。

舟亦附大舰而同营；辗转贩粜，以规厚利；父子相袭，老于风波。”[①] 湖南之粮，多被贩运到长江中下游之沿江城市。从湖南顺江而下，走的是长江，然后再转入江南运河，可直达都城临安。据宋人吴自牧《梦粱录》卷一二《河舟》记载，当时贩运粮食到杭州的“诸郡‘米客’船只，多是铁头舟，亦可载五六百石者，大小不同。其老小悉居船中，往来兴贩”，显示出南宋时期运河粮商的活跃。

由行商运来的米粮主要销售给运河城市中开米铺的坐商，沿线城市多有他们开设的米铺、米行。如北宋运河中心开封便有“米麦等行”[②]“糠米等行”[③]。南宋运河中心杭州，“人烟稠密，城内外不下数十万户，百十万口。每日街市食米，除府第、官舍、宅舍、富室及诸司有该俸人外，细民所食，每日城内外不下一二千余石，皆需之铺家。”[④] 城市米粮市场多被米铺户、米牙人之类的坐贾所把持，外来行商很难自由销售。据朱熹《晦庵别集》卷九《约束米牙不得兜揽搬米入市等事》记载，“诸县乡村人户搬米入市出粜，多被米牙人兜揽拘截在店”。又据宋人王之道《相山集》卷二十《论和籴利害札子》记载，有的米铺户兼做牙人，坐收“牙钱”。大多数城市开铺的米商能够生存并获得厚利，便是靠垄断粮市和剥削行商实现。然米铺户需承受官府的摊派，处境也很艰难，个别铺户甚至不堪官府需索而自尽，开封“米行有当旬头曹赟者，以（官府）需索糯米五百石不能供，至雉经以死”[⑤]。直至宋神宗熙宁六年（1073）八月，朝廷取消摊派，米铺商人被需索之困境才有所缓和。[⑥]

茶商。宋代茶叶主要产于南方，包括东南、川峡、西南三个区域，而消费市场主要在北方。由于产销不平衡，从南方长途贩茶叶运到北方，是宋代茶叶贸易的基本特点。在南茶北运及销售过程中，运河起到极为重要的作用，故形成了一批依靠运河逐利的茶叶商人。在宋代南方的三个茶叶产区中，东南产区最为重要，其茶由茶商聚集起来长途贩往北方销售，主要有东、西两条路线。西线先取道庐州、寿州陆运，然后再分两路，一路出寿州，入颍河，西出正阳镇再溯流北上，经陈州入蔡河趋汴京；一路出寿州，取道淮河，向东经荆山镇，再入涡水经亳州、太康入蔡河到汴京。西线水陆兼行，路程短，路线直，因而淮西部分茶商均取道西线上京，同时吸引了荆湖、江西等地的少部分茶商由此上京。东线是东南产区茶叶运输的主线，走的就是运河。茶商从真州

① 〔宋〕叶适：《上宁宗皇帝札子二》，《水心集·前集》卷一《奏札》，景印《文渊阁四库全书》第1164册，台北：台湾商务印书馆，1986年，第48页。
② 〔宋〕李焘：《续资治通鉴长编》卷二四六，“熙宁六年八月己丑”条。
③ 〔宋〕李焘：《续资治通鉴长编》卷二五一，“熙宁七年三月辛酉”条。
④ 〔宋〕吴自牧：《梦粱录》卷一六《米铺》，杭州：浙江人民出版社，1984年，第148页。
⑤ 〔宋〕李焘：《续资治通鉴长编》卷二五一，“熙宁七年三月辛酉”条。
⑥ 同②。

（今江苏仪征）、扬州入运河，北经高邮、楚州、泗州转汴河，经宿州、应天、陈留抵汴京。东线是宋朝漕运东南诸路粮食货物的大动脉，“唯汴水横亘中国，首承大河，漕引江湖，利尽南海，半天下之财富，并山泽之百货，悉由此路而进”①，而宋代东南又是茶叶重要产区。据宋人章如愚《山堂考索·后集》卷五七《财赋门》记载，“南国土疆，山泽连接，远民习俗，多事茶园”，运河自然就成了宋代南茶北运的主要渠道。两浙、江南、荆湖及福建海运至通州、泰州的茶叶均由东线之运河赴京，特殊时期部分本走西线的淮西茶也顺江而下，转由运河北运。如宋初规定，茶商贩卖蕲口、太湖、洗马、石桥、无为等五处场务茶货必须经庐州由西线上京，抵京后一起交纳沿途路税。大中祥符年间（1008～1016），因西线庐州以南陆路“泥水阻滞车牛”，运输困难，遂“权令转江船般，借路取真、扬州、高邮军、楚、泗州经过，只纳旧路庐、寿等州一路税钱”。由于从东线通过运河运茶方便，纳税又少，“后来客人援例，借汴路上京”，使得东线更为繁盛，西线趋冷，引起西线制置司不满，要求取缔。天圣七年（1029）规定，凡走东线贩运蕲口等五处茶场茶者，一律“依贩买汉阳榷务等处茶例，并依经过去处征收钱税。更不立借路名目”②。宋代东南地区所产的茶叶，主要就是由行商通过运河输送到北方沿线的大都市，东线运河运茶的速度比西线快，运输功能更为突出。

由行商输送到北方运河沿线大都市的茶叶，多以牙人为中介，卖与城中开店的坐商，由此形成许多茶坊，亦称茶肆。据载，北宋都城开封朱雀门外“以南东西两教坊，余皆居民或茶坊，街心市井至夜尤盛”③；曹门街北山子茶坊“内有仙洞、仙桥，士女往往夜游吃茶于彼”④；马行街“处处拥门，各有茶坊”⑤。南宋都城杭州的茶坊更甚，“城内外数十万户口莫知其数，处处各有茶坊”⑥，《梦粱录》《夷坚志》对此多有记载。除开茶坊加工茶汤售卖外，坐商还批发茶叶给北方各地的商人，由其转运北方各处销售，使得运河城市成为南茶北运的重要集散地。据《宋会要辑稿》记载，陕西茶叶商人就曾从开封转运茶叶到陕西各地贩卖，“近有客人尽将钱本，自来至阙下，于客人铺户处转贩四方物货，前来本路货卖”⑦。从南方北运而来的茶叶大部分都卖与坐商，但也有一些行商留下部分茶叶自己在运河城市中销售。由于坐商资本雄厚，连同牙人压低市价、垄断市场，行商通常不得不将大部分茶叶卖与坐商并设法使其抬高售价，然后得以高价销售存货，以从中赚取利润。北宋时期，运茶至开封的行商便是如此经营茶叶，“如茶一行，自来有十余户，若客人将茶到京，即先馈献燕设，

①〔宋〕李焘：《续资治通鉴长编》卷三八，“至道元年九月”条。
②《宋会要辑稿·食货十七》。
③〔宋〕孟元老：《东京梦华录》卷二《朱雀门外街巷》，郑州：中州古籍出版社，2010年，第40页。
④〔宋〕孟元老：《东京梦华录》卷二《潘楼东街巷》，郑州：中州古籍出版社，2010年，第46页。
⑤〔宋〕孟元老：《东京梦华录》卷二《马行街铺席》，郑州：中州古籍出版社，2010年，第63页。
⑥〔宋〕吴自牧：《梦粱录》卷一三《铺席》，杭州：浙江人民出版社，1984年，第118页。
⑦《宋会要辑稿·食货三二》。

乞为定价，比十余户所买茶更不敢取利，但得为定高价即于下户倍取利，以偿其费”[1]。除行商、坐贾外，运河城市中也有一些小商贩在夜市中零售茶叶，如北宋开封马行街一带，“至三更方有提瓶卖茶者，盖都人公私营干，夜深方归也”[2]。

布帛商。两宋时期，在布帛的流通上，运河也具有重要的作用，形成了以运河贩运布帛的行商群体以及在运河沿线城市开店经营的坐商群体。宋代地区生产力发展不平衡，大体而言，南方强于北方，因此布帛流通主要是从南向北流，尤以东南地区所产布帛为最重要。北运的途径主要有三条，最重要的一条便是商人沿着运河北上，将布帛运往都城开封等地。甚至一些进京参加科举的士子也利用运河从事相关的贸易活动。据《夷坚丁志》卷一一《霍将军》记载，“吴兴士子六人入京师赴省试，共买纱一百匹，一仆负之，晚行汴堤上”。从文献记载来看，宋代形形色色的商人把大量布帛贩运到北方各地，这种流通到南宋时因为南北之间的战争而受到一定的影响，但仍未中断。南宋政府曾数次下令，禁止将布帛或“诸军春衣绢”私自贩往北方[3]，然而此类走私活动一直难以禁绝。宋代的南帛北流，其组织经营者主要是官府和商人。官府的活动记载较多，规模较大，而商人的活动记载较少，规模较小。二者北运之具体数量，史缺有间，难以做出详细的统计和对比。[4]

宋代不仅有南帛北流，也有北帛南流，运河也是其主要的途径之一。首先是产于齐鲁之地的布帛可通过济水、广济河（五丈河）运至都城汴京。北宋哲宗元祐五年（1090）十月，殿中侍御史岑象求言：“臣近有状论列知青州资政殿学士王安礼疏纵不检事迹……近于九月内，有百姓张牙人，将青州生花白隔织三百二十匹，于（开封）界南头孙师颜、郑孝孙、赵良祐三人铺内，称是城北姜殿直出卖。臣体问得有青州书表司张仅，见在城北蔡市桥姜殿直店内安泊，是王安礼令张仅别作缘故押当匹帛，前来托姜殿直贷卖，收买回货。”[5]据此记载，山东青州知州王安礼命张仅将当地所产花白布押运到京城开封，然后存放在城北姜殿直店内，再找张姓牙人作为中介，售卖给城内开店铺的坐商孙师颜、郑孝孙、赵良祐三人。张仅正是通过运河将这些布匹从山东运输到开封的。南宋时期，尽管淮河以北不在其境，但北边的布帛也可通过运河流向南方。南宋孝宗乾道九年（1173）三月二日，扬州知府王之奇就提道：“准朝旨，令措置禁止北界博易银绢。闻泗州榷场广将北绢低价易银。客人以厚利，多于江浙州军贩银，从建康府界东田过渡至真州，取小路径至盱眙军，过河博易，致

①〔宋〕李焘：《续资治通鉴长编》卷二三六，“熙宁五年七月丙辰”条。
②〔宋〕孟元老：《东京梦华录》卷二《马行街铺席》，郑州：中州古籍出版社，2010年，第63页。
③《宋会要辑稿·刑法二》。
④姜锡东：《宋代商人和商业资本》，北京：中华书局，2002年，第302页。
⑤〔宋〕李焘：《续资治通鉴长编》卷四四九，“元祐五年冬十月戊戌”条。

镇江府街市铺户、茶盐客人缺银，请纳盐钞、茶引等。”① 金朝在泗州榷场压低北绢价格换取南宋白银，造成镇江白银严重短缺，并进而影响到镇江的盐茶买卖，这足以说明南银北流、北绢南流数额巨大。其中从泗州南下入扬州的北方布帛便是利用运河运输。《金史·食货志》记载，金章宗泰和六年（1206）十一月，尚书省奏：“茶，饮食之余，非必用之物。比岁上下竞啜，农民尤甚，市井茶肆相属。商旅多以丝绢易茶，岁费不下百万，是以有用之物而易无用之物也。若不禁，恐耗财弥甚”。“八年七月，言事者以茶乃宋土草芽，而易中国丝绵锦绢有益之物”，南宋时期南茶北流、北帛南流数量都相当大。

由于运河是南北布帛流通的主要运输途径，运河沿线城市出现了很多开设店铺经营布帛的坐商。例如，上文提到的孙师颜、郑孝孙、赵良祐三人，就是开封城内经营布帛的坐商。据《东京梦华录》卷二《东角楼街巷》载，北宋开封城内有很多匹帛铺，据《梦粱录》卷十三《铺席》记载，南宋临安（杭州）城内有刘家、吕家、陈家、钮家、顾家彩帛铺，又据宋人倪思《经锄堂杂志》卷六《乞丐救火》、陈世崇《随隐漫录》卷五记载，有马家、张家匹帛铺。

两宋时期，活跃于运河沿线的商贾当中，有不少人来自外国，包括来自大食、高丽、日本等国的商人。北宋以汴京为中心的运河网络的形成，在繁荣了运河沿线社会经济的同时，也吸引了大量外国商人到中国从事商业活动。宋朝政府也鼓励各地商人到使臣驻地进行交易，为他们提供种种方便条件。当时与宋朝进行商贸交往的国家多达 50 多个，为此，政府在开封设立榷易署，把国内各地货物增价卖给外国商人，最高额曾达到 50 多万贯。

当时由海外来宋朝的使臣商人以大食和高丽人为最多。大食一次贡奉最多达 2.11 万两、象牙 60 根、香药 3 000 多斤。而北宋回赐有时竟达钱 8.1 万多缗、银 5.2 万两。这些外国使臣就用宋朝所赐的大量银两在京师开封或其途经之地购买王室贵族或本国所需之物，大运河沿岸的杭州、苏州、明州、真州等地都是他们聚集交易之所。其所交易的商品中，尤以瓷器的输出量为大。北宋的制瓷业，在生产技术、花色品种等方面都达到了空前的水平。五大名窑的产品因做工精细、式样典雅，被海外诸国商人争相购买。开封官窑、越州哥窑就设在运河沿岸，产品直接通过运河输出。其他定州定窑、汝州汝窑、禹州钧窑的产品也从运河运往杭州，转至明州、广州港运往海外各地。由于瓷器是易碎之物，用陆路运输不便，而水运安全便利，故大运河为中国瓷器由产地直接装船运往日本、高丽、南亚、波斯及非洲、欧洲等地提供了最为便捷可靠的条件。正如宋代诗人梅圣俞的诗所言：“天王居大梁，龙举云必随。设无通舟航，百货当陆驰。人间牛驴骡，定应无完皮。”大运河为当时商品外运提供了极大的便利，没有大运河做保障，仅仅依靠车载牛拉将大宗易碎瓷器从陆路运销往海外，是难以实现的。

①《宋会要辑稿·食货三八》。

除大食外，高丽国是与宋朝交往最密切的国家，宋神宗“待高丽人最厚，沿路亭传皆名高丽亭”。双方贡赐数额巨大，不可胜数。这种对外交往中的贡赐在古代社会其实质是一种带有商业色彩的贸易行为。高丽人善舟楫，多数客商带着满船辎重由“二浙溯汴至都下”，即通过运河从事商贸活动。宋代运河与海路相连，为宋与高丽的交往提供了极为便利的条件。高丽商人将良马、金银、铜器运入中国，换回大量的瓷器、茶叶、漆器、书籍等。由于双方贸易频繁，宋朝政府在浙东运河沿岸的明州（宁波）设立“来运司”，专门负责与高丽的往来贸易业务，并配备巨舰二艘，小船百余只，供高丽商人使用。又在明州设立高丽行馆，为高丽商人提供食宿之便。

随着商业贸易的频繁往来，日本与宋朝的文化和经济交流也不断发展。北宋时期，主要表现是两国间佛教徒经常性的互访，在此过程中，日本佛教徒也将一些商品带回日本。南宋时期，由于淮河以北的广大地区被金朝占据，南宋政权控制下的运河仅剩下淮河以南河段，然据《都城纪胜·舟船》记载，临安（今浙江杭州）“左江右湖，河运通流，舟船最便”，这段运河仍充分地发挥着它的作用，维系着都城与海港的交通运输，“使余杭、四明，通蕃五市，珠贝外国之物，颇充于中藏”。[①]南宋政府也投入较大的人力物力疏浚运河河道，维护堤岸，使这段河道保持畅通。当时由于运河通航条件良好，南方相对稳定，外商入南宋人数逐年增加，运河沿线市井繁荣、交易活跃。当时明州“南则闽广，东则倭人，北则高句丽，商舶往来，物货丰衍，百货凑集”[②]，四方商舶停满三江口。到12世纪末，由于日本实行奖励海外贸易的政策，“倭人冒鲸波之险，舳舻相衔”，有大量的日商前来从事贸易。西亚国家的客商也有许多由南海直航明州登岸。为方便海外客商，明州城出现多处“波斯馆”“清真寺”。此外，越州（今浙江绍兴）随着运河交通的发展也逐渐繁盛起来。当时越州城内一派热闹繁荣的景象，一些宗教寺观，如开元寺成为了商贸交易的市场，海外客商多云集于此。[③]

（三）元代运河沿线商人

元朝定都大都（今北京），使全国政治中心再次移至北方。经过长期战乱，北方经济凋敝，同时期的江南则相对安定，经济繁盛，故北方地区十分倚赖江南的物资，“元都于燕，去江南极远，而百司庶府之繁，卫士编民之众，无不仰给于江南。”[④]为汲取江南财富，元朝急需一条便捷、安全的运河通道。自隋唐以来，运河基本上是以洛阳

---

①《宋史》卷八八《地理志四》。

②乾道《四明图经》卷一《分野》。

③嘉泰《会稽志》卷七《宫观寺院》。

④《元史》卷九三《食货一·海运》。

为中心的横向运河，从江南到大都绕道颇远。加之南宋末年黄河改道后，北方原有运河多淤浅不能通航。到元朝初年，南北诸运河只有江南运河、淮南运河以及卫河部分河段能较顺利行舟。元初的漕路即由江南运河入淮后，溯淮入黄至今河南封丘西南约 15 千米之中滦镇，再转为旱路输运，到达淇门再入御河，运至直沽（今天津）后沿白沙河至通州，最后陆运至大都，如此水陆相交，反复装卸，费时费力。故在原有运河的基础上，开凿新的便捷的运河航路，裁弯取直，使之南北直航，便成为元代亟待解决的主要问题。

至元十九年至二十年（1282 ～ 1283），元朝开凿济州河。该河自济州（今山东济宁）至须城（今山东东平）安山，长达 100 余千米。济州河开通后，漕船可由江淮溯黄河、泗水和济州河直达须城安山。至元二十六年正月至六月，元朝又动工开凿“会通河”。该河自须城安山西南起，向北经过寿张、东昌（今山东聊城），到达临清，接通卫河，全长 125 千米。会通河建成后，漕船可由济州河、会通河、卫河、白河北上至通州。至元二十八年至三十年，元朝又开凿从通州到大都的通惠河。从此，漕船可由通县入通惠河，直达今北京城内的积水潭。至此，元代京杭大运河全线贯通，全长 1 700 多千米。元代开凿会通河、济州河、通惠河等水道，把原来以洛阳为中心的隋代横向运河，修筑成以大都为中心，南下直达杭州的纵向大运河，避免了由江苏至河南开封、郑州等地再往山东临清的曲线绕远，而取江苏至济宁、临清而达河北的直线之捷，这使得大都至杭州之间的运河路程比原先缩短了 900 多千米。

元代南北大运河的贯通，以最短的距离纵贯当时最富庶的东部沿海区域，从而把南北方各大经济区域更加直接紧密地联系起来，这为各地商人的贸易活动提供了极大的便利，促进了以运河为生的商人群体及商业的发展。如会通河一经通航，“江淮、湖广、四川、海外诸番土贡、粮运、商旅懋迁，毕达京师”①。当时南北大运河上十分繁忙，商人嗜利的本性驱使他们建造超大货船以多承载，进而获取更大的利润，以致水陆交通变得日益拥挤。初开会通河时，只许走 150 料（料为古代舟船载重单位）的船只。后来权贵富商造三四百料或 500 料船于河中航行，以致堵塞航道。史载“江南行省起运诸物，由会通河以达于都，多逾期不至。诘其故，皆言始开河时，止许行百五十料船；近来权势之人，并富商大贾，造三四百料或五百料船，于此河行驾，以致阻滞往来舟楫”②。为解决拥塞问题，元朝在沽头、临清二处设立隘闸限宽，使 200 料以上的大船不得入河，违者罪之。然商人贪利，挖空心思、巧用对策，将大船宽度改小，长度加长，虽能进入运河，但不能调头，依然造成河道拥堵的现象，“都水监元立南北隘闸，各阔九尺，二百料下船梁头八尺五寸，可以入闸。愚民嗜利无厌，为隘

①〔元〕苏天爵：《元朝名臣事略》卷二《丞相淮安忠武王》，景印《文渊阁四库全书》第 451 册，台北：台湾商务印书馆，1986 年，第 512 ～ 513 页。

②〔明〕陈邦瞻：《元史纪事本末》卷一二《漕运》，北京：中华书局，1979 年，第 69 页。

闸所限，改造减舷添仓长船至八九十尺甚至百尺，皆五六百料，入至闸内，不能回转，动辄浅搁，阻碍余舟，盖缘隘闸之法，不能限其长短”[①]。

除一般的富商巨贾外，元代运河上下还活跃着一些权要商贾。他们背后有较为雄厚的政治势力，往往在贸易过程中借助其权势牟取利益。如《元史·世祖本纪》记载有“势家为商贾者，阻遏官民船”[②]。至元十九年（1282）十一月下令设立沿河巡禁军，对此进行打击。但效果并不明显，此后权要商贾利用政治势力干预运河贸易、阻碍运河官民船的现象屡见不鲜，甚至是打着各种旗号从事相关活动。至大三年（1310）七月，元朝不得不再次下令“禁权要商贩挟圣旨、懿旨、令旨阻碍会通河民船者”[③]。

元代大运河上，船只如梭，载满各种各样的货物，如米、麦、茶、盐、珠宝、药材、丝绸、布帛、瓷器等，活跃着形形色色的商人。元代大运河的开通，最主要的目的是从南方运输粮食，接济大都，运河上下自然活跃着大量的粮商，从事商贸活动，对大都百姓的日常生活影响巨大，史称“世皇开会通河千有余里，岁运米至京者五百万石”。这些粮食到了会通河的终点临清后，再由连接临清和天津的御河（亦称“卫河”）北上，经白河、通惠河到达大都。运河粮商每年运到京城的粮食数量巨大，据元朝至元二十九年（1292）正月十一日的一份资料记载，“大都里每年百姓食用的粮食，多一半是客人从迤南御河里搬将这里来卖”[④]。除大米外，粮商还通过运河向大都输送小麦。据元人王恽《秋涧集》卷八六《论范阳种麦事状》记载：“附京地寒，不可以麦，而岁用不啻数千万斛，止仰御河上下商贩以资京畿。”

元代，茶商也是活跃于运河之上的重要商人群体。元代茶叶生产亦如前代，主要集中在南方。据元人虞集《道园学古录》卷三七《榷茶运司记》记载：“出茶之地，则江西、湖广、河南、江浙四行省之所部。”而南方所产之茶，也主要由商人通过运河输送到北方地区销售。比如江南一带茶叶便是经茶商取道运河北运。从江南出发之茶在当地不交茶税，沿运河北上至淮河段时，茶商才需缴税。[⑤]由于元代北方地区对茶需求较大，江南一带茶商众多，常沿运河北上贩茶。元人傅若金在《傅与砺诗集》卷三《覆舟叹》中便记载有吴中富商贩茶载米航行于黄河北和御河上下。诗云：“吴中富儿扬州客，一生射利多金帛。去年贩茶溢江口，今年载米黄河北。远行香火倚神明，从来风水少遭惊。近日船行御河里，顺流日日南风喜。”此外，产于江西的茶叶，也主要由茶商通过运河运输到北方。有元诗曰：“云气东来景物明，远迎五马动欢声。

①《元史》卷六四《河渠志·会通河》。
②《元史》卷一二《世祖本纪九》。
③《元史》卷二三《武宗本纪二》。
④〔元〕拜柱编：《通制条格》卷二七《杂令》，杭州：浙江古籍出版社，1986年，第287页。
⑤《元典章·户部》卷八《典章二十二》。

素多能事俾时政，久历要途知世情。棠国将春比州主，茶商说好到都城。大川异日需舟楫，不但浮梁似砥平。”茶商用船装茶后从江西浮梁出发，先沿长江而下，再通过运河北上至大都。自南而来的茶商源源不断，运河中茶船众多。元人马臻诗云：“岸花影直日亭午，鸡在茶商船上啼。”①

在元代，运河上下还活跃着很多的盐商。元代东南江淮地区仍旧是全国重要的盐产地之一。其所产之盐亦主要通过运河往北输送。尤其是在运河南段的杭州、扬州等地，聚集了许多经营盐业的富商巨贾，如杭州的施生，等等。还有一些运河盐商出自权要，亦官亦商，如元朝丞相伯颜之弟马札儿台，因诛其兄伯颜有功，继为丞相，此后不久便从事贩盐的活动，获利丰厚，“初，伯颜既败，其弟马札儿台以诛伯颜有功，故继其位为首相，仅半载，于通州置榻坊，开酒馆糟坊，日至万石，又使广贩长芦、淮南盐”②。

元代南北大运河畅通后，形形色色的商人活跃于运河之上，从事各种货物的贩运，促进了南北地区之间物资的交流，也推动了运河沿线城市经济的发展。像大都、通州、直沽（今天津）、德州、东昌、临清、济宁、扬州、镇江、苏州、杭州等，都是运河沿线商业繁荣的城市，尤其是位于大运河南北两端的大都和杭州。元大都，商旅云集，商业繁盛，号称“百廛悬旌，万货别区”③。杭州，“车船运货络绎不绝，运来之货无不售者”，“为全世界最大最名贵之城”④。这些盛景与元代运河的贯通、商人的活跃是分不开的。

（四）明清运河沿线商人

明清时期的京杭大运河，北起北京通州，南到浙江杭州，沟通海河、黄河、淮河、长江、钱塘江五大水系。作为南北交通的大动脉，明清运河不但孕育出了运河沿线地区的本土商人，而且还吸引了来自不同省份的客商。

1. 运河沿线商人之来源

明清时期，运河沿线商人从来源上可分为两大类：一类是在运河沿线从事商业活动的本地商人。由于受到运河漕运和沿河工商业经济发展的影响，运河沿线地区不少百姓重视商业，并在当地从事经商活动，由此形成本地商人群体。另一类是外地客商。外地客商根据地域大致又可以分为两种情形：一是非运河流经省份的商人沿运河经商，二是运河流经省份的商人在其他省份运河沿线从事商贸活动。前一类客商以来自安徽徽州、山西、陕西等地的商人为典型，后一类客商以来自山东、江苏、浙江等地的商人为主。

---

①〔元〕马臻：《泗上》，《霞外诗集》卷四，景印《文渊阁四库全书》第1204册，台北：台湾商务印书馆，1986年，第95页。

②〔明〕权衡：《庚申外史》卷一，《续修四库全书》第423册，上海：上海古籍出版社，2002年，第773页。

③〔清〕于敏中：《日下旧闻考》卷六《形胜二》，北京：北京古籍出版社，1985年，第90页。

④〔意〕马可·波罗著，冯承钧译：《马可波罗行纪》，上海：上海书店出版社，2001年，第360、366页。

明清时期，来自徽州府（包括歙、黟、休宁、婺源、绩溪、祁门六县）的商人是运河沿线非常活跃的客商之一，他们被称为徽商。徽商经商传统悠久，早在东晋时就见诸记载。至明清时期，徽商成为在运河沿线从事商贸活动的重要商人群体之一。据记载，明永乐年间京杭大运河全线贯通后，徽商即沿运河开展贸易活动。如《新安左田黄氏宗谱》记载，其祖黄道遇在元末积累起财富，入明后便经商于运河上下，“乾坤再辟，天下又安，稍稍挟赀懋迁，居积燕齐淮扬之间”[①]。永乐以后，运河沿线自北而南的大城市，都能见到徽商的踪迹。运河北端的北京是徽商云集之地。明末，来京贸易的徽州商人已达万余。其中有叫作汪箕者寓居城内，拥有家资数百万，是北京城中有名的富户[②]。山东临清，在明中叶时已有徽商贸易。他们或寓居其中，或往来其间，成为名商巨贾。如成化年间歙县人郑富伟，“东游吴淞，北寓临清，逾四十年，累赀甚巨，声业懋值”[③]。到万历年间（1573～1620），徽商已成为临清最有势力的客商，以至于有“山东临清，十九皆徽商占籍”之说。[④]大运河中段的扬州因产盐之故，也多徽商寓居。据万历《扬州府志》记载，在扬州经商者客商居多，土著仅十分之一。客商当中，又以徽商最多，山陕、江西商人其次，“四方贾人新安贾最盛，关陕、山西、江右次之，土著什一而已”[⑤]。大运河南段苏州府的许多城镇手工业发达、百货汇集，也吸引了不少徽商。明人江应选就是从徽州迁居苏州府嘉定县南翔镇寓居，并沿着运河将南方地区的货物转运至北方地区销售，“江应选，字德宣，新安人，少尝授经，有远志，坐外家累，破耗其资，见父母愀然不乐，遂去而为贾，迁居南翔里，足迹历蓟门、辽左”[⑥]。至明万历年间，嘉定南翔已成徽商汇聚之地。据万历《嘉定县志》记载，南翔镇“往多徽商侨寓，百货填集，甲于诸镇”[⑦]。此外，万历年间，离南翔镇不远的罗店镇亦多徽商，“近海多鱼鲜，比闾殷富，今徽商凑集，贸易之盛几埒南翔矣”[⑧]。在大运河最南端的嘉兴、杭州，徽商不但人数众多，而且实力雄厚，对地方社会的影响深远。据载，嘉靖三十九年（1560）、四十二年，嘉兴徽商程冲、程沂、程旦在白马堰捐资修建“万程桥”，使这一“室

---

① 《新安左田黄氏宗谱·黄公道遇传》，转引自王云：《明清时期山东运河区域的徽商》，《安徽史学》2004年第3期。

②〔清〕计六奇：《明季北略》卷二四《补遗·富户汪箕》，北京：中华书局，1984年，第672页。

③ 歙县《郑氏族谱·明故耆士郑君偕汪氏圹志》，转引自王云：《明清时期山东运河区域的徽商》，《安徽史学》2004年第3期。

④〔明〕谢肇淛：《五杂组》卷一四《事部二》，上海：上海书店出版社，2009年，第289页。

⑤ 万历《扬州府志》卷一《郡县制上》。

⑥ 嘉庆《南翔镇志》卷七《人物志·流寓》。

⑦ 万历《嘉定县志》卷一《疆域考上·市镇》。

⑧ 同⑦。

庐鳞比，商贾云集”[①]之地更为便利。万历年间，杭州徽商众多，而且很多商人死后就葬在当地，由此还引发了较大的土客冲突，“南北二山风气盘结，实城廓之护龙，百万居民坟墓之所在也。往时徽商无在此图葬地者，迩来冒籍占产，巧生盗心，或毁人之护沙，或断人之来脉，至于涉讼，群起助金，恃富凌人，必胜斯已”[②]。

入清以后，徽商依旧是运河沿线城镇当中最为活跃的商人群体之一。如据《花村谈往》卷二《金坛海案》记载，清初江苏常州府金坛县多有徽商。乾隆年间（1736～1795），江苏苏州府吴县阊门郭外上津桥东是当时重要的商贸市场，其中就有徽商与闽粤商人比邻而居，“津桥去城一里许，闽粤徽商杂处，户口繁庶，市廛栉比”[③]。与此同时，在浙江杭州做生意的徽州商人依旧不少。徽商沿运河南下抵达钱塘江边的登陆之处即被人们称为“徽州塘”，“湖州货物所萃处，其市即以湖州名，犹今钱塘江滨徽商登岸之所，即谓之‘徽州塘’也”[④]。在山东地区，徽商也很活跃，甚至到道光年间（1821～1850），还有徽州汪姓商人在济宁修建豪华的私家园林——汪园。[⑤]

除来自徽州的商人外，来自山西的商人也是运河沿线重要的客商群体。明清时期，晋商实力雄厚，不仅称雄于北方，而且足迹遍布天下。不管是人烟辐辏之区，抑或是边远蛮荒之地，都常常可以见到晋商的身影。随着京杭大运河的贯通，晋商亦活跃其间，他们或坐贾于运河城镇，或通过运河将物资转运于各地，发展成为运河城乡社会当中重要的商人群体。

在大运河北段，明清时期陆续有山西商人前来经商，有些后来甚至在当地定居。据明人朱国祯《涌幢小品》卷一七《免祸》载，早在明朝正德（1506～1521）初年，就有山西大同人陆应期“贾齐鲁间”，常常乘舟沿河而商。嘉靖年间（1522～1566），又有山西大同张姓者在运河边的沧县经商，后定居当地，“张文元，其先山西大同人，明嘉靖间业盐于沧，遂家焉”[⑥]。另据万历《平阳府志》记载，明代山西蒲州有经商于天津者，“王三鉴，姚温里人，商天津”[⑦]。明末清初，因经商来到河北沧县并定居者不少，比如卫正身便是来自山西泽州的商人，后定居于沧县，“卫正身，字肖庵，山西泽州人，贾于沧，遂家焉。国初命大臣来沧安抚，有讹传屠城者，州人惊窜，正身躬谒朝使，以愚民无知，请曲加抚慰，遂亲历城乡，谆复开导，于是安堵无恐”[⑧]。又如明末清初山西蒲州人李邵芳，先是来沧县贸易，后便定居于沧县。他的儿子李一鳌等人亦擅长经商，因此家财颇为丰厚，“李一鳌，字虹西，太学生，

---

① 崇祯《嘉兴县志》卷三《建置志·桥梁》。

② 万历《杭州府志》卷一九《风俗》。

③ 道光《苏州府志》卷一三一《文集目录·坊巷·让道记》。

④ 乾隆《杭州府志》卷五《市镇·湖州市》。

⑤ 道光《济宁直隶州志》卷五《名胜志·园亭》。

⑥ 民国《沧县志》卷八《文献志二》。

⑦ 万历《平阳府志》卷八下《孝义》。

⑧ 同⑦。

本隶山西蒲州，父绍芳贾于沧，遂家焉。一鳌性孝友，尚气节，奉父遗命以百忍为家训”，“尤善持筹，拥赀巨万，力行善事”[①]。入清以后，晋商势力在运河北段的城乡社会当中发展很快。如北京通州张家湾镇，自元明以来就是运河主干上船舶和商旅出入的必经之地。尽管受到明末战乱影响，清初该镇已不如往昔，但仍不失为商贸要地。早在康熙十年（1671），就有山西油商、曲商赵运隆、宋谅等人恢复在此地的贸易，并修复当地的大王庙。[②]此外，通州“北关一带烟火稠密，商旅辐辏，尤为都会之胜境也”[③]，康熙二十七年就已经有山西众商人经商于此，并修复当地的大悲禅林。经过不断发展壮大，到晚清时期，晋商成为运河北段城镇人数最多、最有势力的商人群体。如在山东聊城，“殷商大贾，晋省人为最多”[④]。山东冠县，“清光宣以前，全城商号籍隶本境者仅十分之二，外来者占十分之八，山西人多钱善贾，占大多数”[⑤]。

明清时期，位于大运河中段的淮安、扬州等城镇亦有众多晋商。据万历《扬州府志》记载，扬州商贾云集，其中“新安贾最盛，关陕、山西、江右次之，土著什一而已”[⑥]。明代山西各方志中也不乏晋人去扬州经商的记载。如万历间海门县有位山西籍的县令，他的“西商”亲友多在扬州经商。[⑦]又如明代山西陵川县徐漢河有一长辈“服贾外出，殁于扬州”[⑧]。万历时，经商于扬州的山西众商人还在江都县南门外运河边的东角里庄建有一座天宝道观，“天宝观，在南门外运河东角里庄，明万历间山西之经商于扬者公建。内有黄箓，颁自内府，每于岁朝悬设，郡人士往观者踵接，素称名胜”[⑨]。扬州天宝观有内府颁发的符箓，足见晋商之神通。除扬州外，大运河中段的淮安府也多晋商，万历《淮安府志》卷六《学校志》记载，“淮总南北之会，杂江右、山陕以居”。其中，“山陕”即来自山西和陕西的商人。明代各地客商越聚越多，甚至影响到当地淮安府山阳等县的考试名额，“明以来，淮安、大河二卫暨山西、安徽各商军民占籍山邑，应试者日增，而学额不加广”[⑩]。入清后，晋商仍主要集中在运河中段各城镇当中。其中，扬州依旧是晋商往聚之地。康熙初年，山西霍州人周一龙就曾客居扬州经商，“周一龙，客扬州，有江南饥民数千人，倡捐商众集千金设赈，全活甚众，漕帅疏请给九

---

① 民国《沧县志》卷八《文献志二》。
② 雍正《通州新志》卷六《碑记·重修张家湾大王庙碑记》。
③ 雍正《通州新志》卷六《碑记·大悲禅林碑记》。
④ 宣统《聊城县志》卷一《方域志·风俗》。
⑤ 道光《冠县志》卷二《市廛》。
⑥ 万历《扬州府志》卷一《郡县制上》。
⑦ 乾隆《直隶通州志》卷一一《宦绩志》。
⑧ 乾隆《陵川县志》卷二二《人物二》。
⑨ 乾隆《江都县志》卷一七《寺观》。
⑩ 同治《重修山阳县志》卷八《学校》。

品官顶戴”[①]。乾隆二年（1737），在扬州的山西籍商人还修复了明代的天宝道观。[②]除扬州外，位于运河边的徐州府宿迁县亦有较多山西商人。据同治《宿迁县志》记载，晋商郝应威，乐善好施，常常救济穷人，“郝应威，山西商人，性慈好善。每岁终前三日探视极贫之家，昏夜投钱济之。有失业穷乏者，必周恤，助赀本”[③]。范天佑，字硕亭，山西洪洞县人，监生，因经商客居宿迁县。[④]至晚清时期，宿迁成为运河城镇当中晋商往来最为活跃的地区之一，“其晋商、燕客挟资而集，括囊而归”[⑤]。

起于北方的晋商擅长长途贩运，在明清时期位于运河南段的苏杭等地也活跃着他们的身影。如据明人张四维《条麓堂集》卷二三记载，明中叶山西蒲州人陈碧山就曾南至苏杭一带经商，“燕秦、青豫、扬吴、蜀楚通都大邑，凡居货之区，莫不有碧山公使焉”。明代山西大同右卫指挥舍人马珍的父亲亦曾在苏州经商，“马珍，右卫指挥舍人，性至孝，父禄行商苏州，殁于旅舍”[⑥]。入清后，晋商在苏杭一带发展迅速，至清前期，晋商已成为苏杭沿运地区最重要的商人群体。康熙帝南巡时就曾指出：“又夙闻东南巨商大贾号称辐辏，今朕行历吴越州郡，察其市肆贸迁多系晋省之人，而土著者益寡”[⑦]。乾隆年间，山西商人在苏州建有翼城会馆和全晋会馆，碑记上的商号多达百余。同治九年（1870），山西、陕西和河南商人一起在苏州南濠开办北货码头，参与其事的晋商商号最多达到 26 家。

此外，明清运河沿线地区还有不少来自陕西的客商，其中尤以陕西三原、高陵、泾阳、富平等地者为多。明清时期，陕西商人资本雄厚，足迹遍布东南、西北和西南。大运河的贯通，为货物的长途运输提供了便利，吸引了大量的陕商活跃于东南地区，并通过运河将货物贩运北方，再通过车马转运西北，陕商因此发展成明清运河沿线另一重要的商人群体。

明代，沿着运河从北到南大都有陕商的活动。运河北段的山东临清，早在明成化年间（1465 ～ 1487）就有陕西大荔人眭敖携其子眭祥贩货南北，活跃于运河之上，往返于临清与杭州之间。[⑧]至嘉靖年间（1522 ～ 1566），据《明文海》卷四〇三《甄义士传》记载，有陕西商人甄义士“商于临清，日坐门市”[⑨]。临清往南，在山东与江苏之间的运河段亦有陕西商人的踪迹。如高陵张忠轩，“初业儒……且家贫……肇牵牛车，登临泗，涉淮巩，以

① 道光《直隶霍州志》卷二三《人物》。
② 嘉庆《扬州府志》卷二八《寺观一》。
③ 同治《宿迁县志》卷一七《流寓》。
④ 民国《洪洞县志》卷一三《人物志下》。
⑤ 同治《宿迁县志》卷七《人物传》。
⑥ 雍正《朔平府志》卷一〇《人物志·忠孝》。
⑦ 乾隆《杭州府志》卷首《巡幸》。
⑧〔明〕韩邦奇：《苑洛集》卷四《冯翊眭公墓志铭》。
⑨〔清〕黄宗羲编：《明文海》卷四〇三《传十七·甄义士传》，景印《文渊阁四库全书》第1457册，台北：台湾商务印书馆，1986 年，第 657 页。

图洗碘，身奇贾服，心潜儒林，即沐风栉雨，诗书未辍”[1]，即是沿运河活跃于山东泗水与江苏淮安之间的陕商。此外，运河城市淮安亦多陕西商人，明中叶就有陕西人李丙迁居淮安经商。[2]万历《淮安府志》也记载说：“淮总南北之会，杂江右、山陕以居。”[3]

运河南段的扬州是明代重要的盐产地，来此贸易的山西商人众多。如高陵刘承渠，“商游广陵，三岁中率二岁在外……肆力贾业，家赀之隆起”[4]。刘承渠“从父近渠公入广陵”[5]。明末关中人郝璧（字仲赵），“其弟贾于扬”。崇祯年间（1628～1644），郝璧来扬州探亲期间，著有《广陵竹枝词》一百首，描写当地的风土人情。[6]在大运河的哺育下，扬州城市繁荣，经济发达，令许多来此贸易的陕商流连忘返，最后定居在了扬州。如长安王思贤，“陕西长安籍，父蓁商扬州，留家焉”[7]。兰州邹应龙之父亦贾于扬，最后成了扬州人，“邹应龙，字云卿，陕西兰州人，其父贾扬州，久之为扬州人”[8]。关中李自奇的先辈也是早年在扬州经商，最后在扬州落户，“字李常，先世关中人，祖父商扬州，遂占籍焉”[9]。有明一代，扬州的陕西商人之多可从万历《扬州府志》窥见一二，“四方贾人新安贾最盛，关陕、山西、江右次之，土著什一而已”[10]。明后期，来扬州经商的陕西商人数量较多，仅次于徽商。然其资本却胜于徽商，明人宋应星在《野议·盐政议》中就曾指出，“商之有本者大抵属秦、晋和徽郡三方之人，万历盛时，资本在广陵者不啻三千万两”。

此外，明代还有大量沿运河往来于安徽、江苏之间贸易的陕西商人。如高陵张洛，“赡养不给，遂服贾江淮”[11]。高陵刘锡，“少时贫窭，以制面罗为生，妻则纺织于室……遂商于三边、两淮间，裕矣。乃盖戒其徒，旅敏事而节用焉，两淮客有淫侈风，弗染也……数年积产，雄于西吴，金帛以万计”[12]。据明人来俨然《自愉堂集》卷二《明菊斋君暨配硕人崔氏墓志铭》记载，三原王勷，“充县学诸生，业侵侵向成。顾君母杨老家曰，削无从供朝夕，乃弃去业商。鸿胪杨君者拥重赀淮扬间，君甥也，诸君主诸务，君至

①吴钢：《高陵碑石》，西安：三秦出版社，1993年，第186～187页。
②民国《泗阳县志》卷二一《氏族》。
③万历《淮安府志》卷六《学校志》。
④吴钢：《高陵碑石》，西安：三秦出版社，1993年，第180页。
⑤吴钢：《高陵碑石》，西安：三秦出版社，1993年，第174页。
⑥嘉庆《甘泉县续志》卷十《丛缀》。
⑦万历《扬州府志》卷一五《人物志上》。
⑧万历《扬州府志》卷一八《人物志下》。
⑨万历《江都县志》卷一九《明贤传》。
⑩万历《扬州府志》卷一《郡县制上》。
⑪吴钢：《高陵碑石》，西安：三秦出版社，1993年，第173页。
⑫吴钢：《高陵碑石》，西安：三秦出版社，1993年，第149～150页。

杨一一为划计，诸受计者多叹服君”。又据明人王恕《王端毅公续文集》卷二《大明故义官王公墓碑》记载，三原王雄“往来淮扬、江浙三十余年”。三原商贾众多，其中往来淮扬贸易者不少，三原温自知《海印楼文集》卷三《重修三原土王庙碑记》对此总结说：“吾里风俗近古，人尚耕读，晚近牵牛服贾，贸易江淮。”另外，陕西咸宁也有不少商人往来于淮扬间，获利丰厚，咸宁人李渲曾言：“吾乡人往由淮扬起家者甚多”①。

明代扬州以南运河沿线的苏、杭二州，也是陕商贸易的重要地区。陕西朝邑王子正就曾沿运河以及长江等河道，在苏州等地经商。据明人李天受《来紫堂合集》卷一《王子正七十寿序》记载：“（子正）家贫……乃弃笔砚，贸易吴卫荆楚等地，百计经营，辛苦备尝，果获厚利，买肥田数顷，屋宇华丽，举箸者百有余口。”陕西大荔人眭敖与其子眭祥便曾从临清顺运河而下至杭州贸易，杭州是其重要据点。

入清以后，利用运河经商的陕西商人数量不如明代，但仍有部分陕商活跃于运河沿线。如乾隆年间甘泉县张馨、张闻坦兄弟二人，其“先世本陕之临潼，商于扬”②。同县郭均，“字职民，先世自关中来入扬州商籍，后改归甘泉”③。此外，还有临潼张四科“赁居江淮，就屋淮扬、西湖间，所至各流，争倒屐，艉咏无虚日，结诗社，相酬答，极淹雅博”④。这些记载说明，清代依旧有不少活跃在运河沿线的陕商。

在运河沿线客商当中，还有一类来自运河流经省份，但却不在本省经商，而是客居其他运河沿线城市经商的商人群体，比如山东、江苏、浙江客商等。在此仅以山东客商为例说明。依托运河，明清时期山东商人足迹南抵淮安、苏扬，北达天津、京师，活动范围十分广泛。其中，像聊城著名的傅氏家族，在明代即有族人从事长途贩运并获得资产。据《东郡傅氏族谱》记载，傅氏五世祖傅天恩就借运河之便从事商业活动，“天恩，别号宠吾，夫子君起仲也，君家世业儒，至宠吾公始以儒兼贾乎”。至其子傅思义时，继承父业，商业经营规模逐渐扩大，生意兴隆，且与外地商人多有联络，族谱中就记载了傅思义与一名南京商人之间因生意往来结成“刎颈之交”的故事，“傅思义，字完贞……生而凝重厚道，十岁入私塾读书，久之塾师谢去，君亦厌苦之，遂弃而习贾，囊仅十余缗，早夜操作，与仆同艰苦。初鬻硝……又贩豆……获利致倍”⑤。聊城傅氏在明代即已通过运河前往东南地区从事商品的长途贩运活动了。此外，山东周村、济南等地亦不乏通过运河前往江南地

① 〔明〕康海：《咸宁李处士墓志铭》，《康对山先生文集》卷一四《墓志》，《续修四库全书》第1335册，上海：上海古籍出版社，2002年，第464页。

② 光绪《增修甘泉县志》卷一二《人物下》。

③ 嘉庆《甘泉县续志》卷六《文苑》。

④ 民国《续修陕西通志稿》卷一八六《艺文四》。

⑤ 《东郡傅氏族谱》，转引自吴欣：《明清京杭运河区域仕宦宗族的社会变迁——以聊城“阁老傅、御史傅”为中心》，《东岳论丛》2009年第5期。

区贸易者。明代有一名史朝佐者，先世乃济南府武定州人，到他父亲时迁居至周村镇。史朝佐刚十岁时就学习经商，长大之后，“岁游吴越，资以饶裕”①。明代济南城之中央居有官家高氏一族，门下有舍人“持重资商于江之南、河之北”②。再如，嘉靖年间（1522～1566），章丘高智“资厚其出，利薄其入……视其门下作贾及江南北为商者如其亲友”③。上述山东商人至江南贸易，往往先是通过陆路到达鲁西，再经运河乘船前往。明代，也不乏鲁商通过运河往北到达北京等地进行贸易活动。据明人于慎行《谷城山馆文集》卷一八《明故文林郎光山县知县巽庵韩君墓志铭》记载，章丘人韩志道（曾任河南光山县知县）之父，便是“受计然之策，贾于燕蓟”。因人数众多，通过运河北上做生意的鲁商于明万历年间（1573～1620）即在通州南关三义庙建了山东会馆。入清后，随着运河漕运和南北商品经济的发展，山东商人依托运河从事商贸活动有了进一步发展。在北京、天津、江南等运河沿线地区都有为数不少的山东客商。

2. 商人在运河沿线的经商活动

明清时期，商人群体在运河沿线的活动主要集中在商业方面，从事的商业活动非常广泛，主要包括以下几种：

贩盐。贩盐是明清时期商人利用运河进行的最大宗的商贸活动之一，来自徽州、山西、陕西的商人都以贩盐为主。明代歙县人汪道昆在《太函集》卷五四《明故处士溪阳吴长公墓志铭》中就曾提到“吾乡贾者，首鱼盐，次布帛，贩缯则中贾耳”。盐业、布业、丝绸业是明代徽商经营的三大领域。明中叶以后，徽州黄、江、程、汪、吴等姓就多因贩盐致富，成为明清时期运河流域有名的盐商。④如歙县人黄崇敬，生于明成化七年（1471），“初游齐鲁燕赵间，即而止淮扬，效猗顿氏……赀大饶”⑤。与之同族的黄崇德，先在山东经营布帛并积累起一定财富，此后又从事盐业，遂成巨贾。⑥又如休宁有名汪福者，生于弘治七年（1494），成年后先是在淮越贩盐，后来主要沿着运河转运各地，“尝命制鹾淮越，假是而游江湖数年，于徐、扬、青、兖、齐、楚

① 嘉庆《长山县志》卷一〇《人物志四》。

② 〔明〕杨选：《明将仕郎上林苑监录事望山高长公墓志铭》，韩明祥编著：《济南历代墓志铭》，济南：黄河出版社，2002年，第126～129页。

③ 〔明〕李开先：《听选官高君墓表》，李开先著，卜键笺校：《李开先全集·闲居集》卷九《墓表》，上海：上海古籍出版社，2014年，第841页。

④ 王云：《明清时期山东运河区域的徽商》，《安徽史学》2004年第3期。

⑤ 歙县《竦塘黄氏宗谱》卷五《明处士竹窗黄公崇敬行状》，转引自王云：《明清时期山东运河区域的徽商》，《安徽史学》2004年第3期。

⑥ 同⑤。

鲜不遍历”[①]。另有歙县吴时佐，经运河从东南沿海贩盐北方而致富，“顾善任时，诸循海而煮，授计而出，转毂于齐楚燕赵者。所赢得过当，而其人亦靡不籍以沾濡”[②]。入清后，徽商贩盐于运河上下的传统仍得以延续。清初盛产海盐的淮扬海滨地区就有徽州盐商寓居，并从事贩盐活动。清人雷士俊在《艾陵诗文钞》卷三《增建两淮运学议》中称：“淮扬滨海，山西、陕西、徽州之盐商皆寓其处。”这些盐商当中，有不少人家里都有世代贩盐的传统。比如清代寓居扬州的徽商吴尊德便出自徽州望族吴氏，并“世业盐法”[③]。

明清时期，山西客商也是利用运河从事贩盐活动的重要商人群体之一。在北方地区，运河流经的天津、河北一带产盐，故多有山西商人前来转运销售。如清代河北沧县的张文元，其祖先原籍山西大同，明代嘉靖年间来沧县经营盐业。[④]又如清代山西浮山县人张午阳，因科举屡试不中，便弃文从商，在天津从事盐业，“张午阳……弱冠屡应童子试不售，改业为商贾，游于直隶天津府襄理鹾务”[⑤]。山东海滨历来盛产海盐，晋商赴山东业盐者不少，乾隆年间有山西洪洞人刘克昌，因家庭变故来山东贩盐，最后发展成巨商，“克昌赴山东省业鹾务，有才智，尤善居积，数十年成巨富”。与刘克昌一起去山东贩盐的堂弟刘克敏，也因此而获利，“克敏与伯兄克昌业山东鹾务，逾年竟获厚赀”[⑥]。山西盐商从海滨引盐后多转运至山东各地销售，其中就包括运河附近地区。其盐业多由掌握盐引的晋商控制。比如鲁西茌平县，清初盐业为山西刘姓盐商所垄断。至清末民国年间，全县尚有三分之一的盐票掌握在山西商人郑仲明、赵维楫手中。[⑦]在运河流经的鲁南峄县，其盐业直到清末仍然为晋商所主导，“自道光以来，领运者多山右巨贾”[⑧]。在南方地区，运河流经的扬州多盐场，是晋商引盐要地。据万历《扬州府志》记载，有许多徽商、晋商和陕商在扬州从事盐业，他们寓居于此，持有边引，可下盐场支盐，然后转卖给水商，水商再通过运河将盐转运至其他地方销售，商人中有自己利用运河转运者，但数量较少，大约只占到十分之一。[⑨]直到清代，山西商人仍多有寓居扬州业盐者。

除徽商、晋商外，明清时期利用运河从事贩盐活动的商人群体还包括来自陕西的商人。明前期实行开中法，商人输粟边塞，换盐引行盐贩卖。由于陕西靠近北部边疆，陕商多输粟

---

①《休宁西门汪氏宗谱》卷四《处士福坚公行状》，转引自王云：《明清时期山东运河区域的徽商》，《安徽史学》2004年第3期。

②歙县《丰南志》第四册《光禄兄六十序》，转引自王云：《明清时期山东运河区域的徽商》，《安徽史学》2004年第3期。

③〔清〕李斗撰，汪北平、涂雨公点校：《扬州画舫录》卷一三《西桥录》，北京：中华书局，1960年，第296页。

④民国《沧县志》卷八《文献志二》。

⑤同治《浮山县志》卷二三《孝义》。

⑥民国《洪洞县志》卷一三《人物志下》。

⑦民国《茌平县志》卷九《实业志·商务·盐商》。

⑧光绪《峄县志》卷一三《田赋考·杂税》。

⑨万历《扬州府志》卷一一《盐法志上》。

引盐。同时，明代两淮（淮安府管辖的淮北盐场、扬州府管辖的淮南盐场）是全国最大的盐区，产量多、品质好、盐价低、行盐地最广、人口最密集，加之“当江河之冲”，四通八达，通过运河运盐比较容易，故陕西商人多从两淮引盐，沿运河运往各处贩卖。清人刘光蕡在《烟霞草堂文集》卷四《候选同知袁君耀宗墓志铭》中写道：

> 前明用开中法，以盐实边，输粟塞上，得捆盐于淮南北，明边重西北，山陕输粟便，故淮盐以西商为大宗。然商极苦辽远，乃屯塞上，得粟即输，省运费，边益实，而商益富，则多赖陕。①

依靠开中法这一历史性的商机，陕西商人积极行动，一时间输粮塞上、引盐两淮的大有人在。如三原石象之父“河浒公以商起家，令君商，君商三原会宁间，已用盐筴起货淮上”②，三原王一鹤、王一鸿、王一鸣三兄弟起初以贩布起家，“久之，用盐筴淮扬亦无闲言，赀益大起，里中人指数兄若弟友爱，善起家者，必首曰王某某云云。”③三原高尧山，“邑大贾也……乃与诸从子走湟中西夏，尽以赀易取粟入储边帑，而领部檄收盐利于淮浙，如此数易，赀大归，君与邑中巨富人埒矣”④。泾阳张泽、张巍父子“用盐筴便，输粟塞下，鬻盐于淮南北、浙东西，积财巨万”⑤，富平李月峰“起为边商，输粟延安之柳树涧……数千万石，事安边定边安塞军数万人，通引淮扬”⑥。

陕商在两淮引盐，通过运河北运，沿途而售，运河沿线淮安、扬州都有很多的陕西商人。如明中叶，李丙自陕西迁居淮安业盐。⑦在扬州，有咸宁张臻“度盐至公益昌其业，与兄弟泰风西走河东，东至辽阳，北至甘凉之墟，得淮海而南，率以盐贾”⑧，输粟换引范围更广，几乎全部边境都跑遍了，后来成为陕西盐商首领，“成化中乃挈其家卜扬州居焉……与诸兄弟者，盖以贾显，于是关中贾扬者，皆推戴公”⑨。泾阳刘

---

①〔清〕刘光蕡：《烟霞草堂文集》卷四《候选同知袁君耀宗墓志铭》，《清代诗文集汇编》第751册，上海：上海古籍出版社，2010年，第177页。

②〔明〕温纯：《温恭毅集》卷一一《志铭·明耆宾石君墓志铭》，景印《文渊阁四库全书》第1288册，台北：台湾商务印书馆，1986年，第645页。

③〔明〕温纯：《温恭毅集》卷一〇《志铭·明寿官王君暨配墓志铭》，景印《文渊阁四库全书》第1288册，台北：台湾商务印书馆，1986年，第635页。

④〔明〕来俨然：《自愉堂集》卷二《明寿官尧山高君墓志铭》，《四库全书存目丛书》第177册，济南：齐鲁书社，1997年，第352页。

⑤〔明〕李维桢：《大泌山房集》卷九七《张仲公杨孺人墓志铭》，《四库全书存目丛书》第152册，济南：齐鲁书社，1997年，第738页。

⑥〔清〕李因笃：《受祺堂文集》卷四《先府君李公孝贞先生行实》，《清代诗文集汇编》第124册，上海：上海古籍出版社，2010年，第105～106页。

⑦民国《泗阳县志》卷二一《氏族》。

⑧王恩九：《濮波集》卷一五。

⑨同⑧。

文明“以盐筴贾塞上广陵间”[①]。三原大商贾师庄南“客淮扬，久观万货，大约用盐起，二子相递为客与家”[②]。三原师从政“用盐筴贾淮扬三十年，累数万金”[③]。三原商人秦四器“祖业淮盐，万历四十六年举于乡，崇祯初知郯城县，朝廷意旨左迁，出天津资斧竭，乃归扬州，将复理祖业”[④]。明崇祯末，孙技蔚为脱贫而流寓广陵，曾作诗描绘经商的原因是“丈夫不学贾，作妇徒可怜。别妇来广陵，乱余稀人烟。荆楚涂开方，盐商握重权。特偶学其术，亦得三倍钱”[⑤]。这里“偶学其术”是谦逊之词，此人慧性很高，很会做生意，“学小贾，则已倾广陵诸中贾；稍学中贾，又倾广陵诸大贾。孙子学中贾之三年，三致千金”[⑥]，已使广陵诸商为之惊服。此外，三原张恂，“明崇祯十六年进士，以盐筴流寓扬州，工诗文善书画……所居有随园，与诸名士联吟唱和无虚日”[⑦]，是在扬州业盐的著名儒商。明代，行盐扬州的陕西商人不但数量众多，而且巨商也多。据《淮鹾备要》卷九记载：“明中盐法行，山陕之商麇至，三原之梁……泾阳之张、郭、西安之申、临潼之张，兼籍故土，实皆居扬，往往儿子兄弟分居两地”，而文中所举张、郭、申等姓，都是当时陕西有名的大盐商。

入清后，随着两淮盐业的恢复，陕西盐商在两淮地区仍有一定实力，并对清初两淮盐业的恢复产生过重大作用。如张于逵，“陕西蒲城人，父自清业盐，于逵年十六……弃儒而贾……国初以淮南北商盐充饷，众商欲散去。于逵捷身出答，却御史李元发疏，请以扬坦六万引还商办课，自是盐务复振”[⑧]。康邦候，“陕西泾阳人，业盐……康熙二十八年偕徽商黄家珣等蠲免串场河之役，商众赖之”[⑨]。王旬，“陕西三原人……习知盐法掌故”[⑩]，众商常垂询。清代，有不少旅居扬州的陕商子弟以盐筴占籍科举入仕。据嘉庆《两淮盐法志》卷四七统计，从顺治三年到乾隆十七年，陕西商籍在扬州考中进士的有 10 人，考中举人的有 20 人，其中有不少人成为朝廷重臣或地方官吏，使江都陕商“一时人文极盛”，如申甫“陕西三原人，祖元会业盐，父承德商籍诸生……乾隆六年举顺天乡试，由中书入军机”[⑪]；梁浩之“陕西人，

---

①〔明〕李维桢：《大泌山房集》卷一〇七《赠户部主事刘公强安人墓表》，《四库全书存目丛书》第 153 册，济南：齐鲁书社，1997 年，第 169 页。

②〔明〕来俨然：《自愉堂集》墓志卷二《明寿官师庄南公墓志铭》，《四库全书存目丛书》第 177 册，济南：齐鲁书社，1997 年，第 357 页。

③〔明〕温纯：《温恭毅集》卷一一《志铭·明寿官师君墓志铭》，景印《文渊阁四库全书》第 1288 册，台北：台湾商务印书馆，1986 年，第 646 页。

④《两淮盐法志》卷四三。

⑤〔清〕孙技蔚：《溉堂集》前集卷一《坩斋诗》，《四库全书存目丛书》第 206 册，济南：齐鲁书社，1997 年，第 488 页。

⑥乾隆《三原县志》卷一九《轶事》。

⑦《两淮盐法志》卷四六。

⑧《两淮盐法志》卷四四。

⑨同⑧。

⑩同⑦。

⑪同⑦。

康熙五年与弟湘之同举于乡，知金乡县，浚河，民享其利，至今呼为‘梁公河’”①；刘祈谷“陕西人，有神童之目。年十五以商籍补扬州府学”②。据清人李澄编纂的《淮鹾备要》卷七记载，至清代乾嘉两淮盐务全盛时，家藏千万两白银的陕西商人在扬州有十数户，他们“萃集邗上，蓄集以七八千万计”。

纺织品运销。棉布、丝绸等纺织品运销也是明清时期商人在运河沿线的重要商贸活动。明代京杭运河贯通后即有徽商沿着运河运销棉布。歙县有布商吴良友生于明嘉靖二年（1523），从其曾祖父吴有贵、祖父吴继善开始，吴姓族人即沿运河贩布于河北、山东一带，已形成家族贸易传统。③明嘉靖年间，歙县还有李姓商人常往来于运河沿线的山东临清和苏州府南翔之间，“嘉定南翔，大聚也，多歙贾，君遂居焉，亦时时贾临清，往来江淮间。间岁还歙，然率以嘉定为其家”④。嘉定南翔是明清时期京杭大运河南段重要的棉布产地之一，而临清是大运河北段重要的中转城市，李姓徽商通过运河从南翔运往临清的货物中，自然少不了棉布一项。明后期徽商中已有不少布商世代活跃于运河沿线城市。刻于万历四十五年（1617）的临清普照寺《舍利宝塔第六层纪造碑》所记载的王道济一家，便是世代居住在临清经营棉布的徽州布商，“信官王道济，捐资独立完工，济字康叔……年六十岁，祖籍徽州府歙县，世习临清布业”⑤。除棉布外，丝绸也是徽商沿运河经营的重要纺织品。比如运河边上的山东张秋镇，明代就有徽州商人、南京商人及凤阳商人所开设的绸缎铺，“安平都会街，盛时江宁、凤阳、徽州诸段铺比屋居焉，其地百货亦往往辐辏，乃镇之最繁华处”⑥。明末徽商云集的北京城更是如此。据载，明末李自成攻陷北京城时，正阳门外就有徽商所开的绸缎店，“甲申三月，李自成陷京师，正阳门外有徽商开设绸缎肆者，无计逃出又不甘坐以待杀，与其妻商议，共谋饮砒霜酒以死”⑦。

明清时期，晋商也是沿运河从事纺织品运销的重要商人群体。尤其是清代，晋商多以苏州为中心，赴周围的市镇收布，然后运销各地。在徐州府睢宁县，亦多有山西及其他地区商人侨居县中，经营布帛、盐等业，“若布帛、盐鹾诸利率皆秦、晋、徽、

①《两淮盐法志》卷四六。

②同①。

③歙县《丰南志》第五册《良友公状》，转引自王云：《明清时期山东运河区域的徽商》，《安徽史学》2004年第3期。

④〔明〕归有光：《震川先生集》卷一八《例授昭勇将军成山指挥使李君墓志铭》，上海：上海古籍出版社，2007年，第456页。

⑤《舍利宝塔第六层纪造》，原碑刻于万历四十五年，现存于临清普照寺舍利塔上。

⑥康熙《张秋志》卷二《建置志·街市》。

⑦〔清〕卢秉钧：《红杏山房闻见随笔》卷一二《巾帼随笔》，《四库未收书辑刊》第九辑15册，北京：北京出版社，2000年，第441页。

苏之侨寓兹邑者”[①]。在运河流经的山东德州，多有晋商从事布业。如德州地区的齐河县，素产棉布，号称“齐河大布”，清代晋商在齐河城镇设有专门的布庄，收购后运往口外销售。这一商贸活动尤以乾隆年间最为兴盛。[②]德州地区的恩县，清末民国时期该县市镇中有许多染布的染房，主要就是由晋商所控制，“惟营业者，多系山西人”[③]。山东馆陶县亦有不少布庄，几乎全为山西和陕西商人所垄断。[④]在号称“江北水乡”的聊城，有山西、陕西商人开设的布店。清代聊城山陕会馆碑刻中就记载有五家经营棉布生意的商号，分别是信成、丰泰、文盛、重盛、天章。此外，丝绸也是山西商人在运河沿线经营的主要商品之一。京杭大运河流经的浙东一带，是明清时期丝织业最发达的地区，像苏州等地素以盛产丝绸而闻名。据载，早在明代就有山西、陕西等北方商人前往浙东地区从事丝绸贸易，“秦晋燕周大贾，不远数千里而求罗绮缯布者，必走浙之东也”[⑤]。晋商等收购到丝绸后，再通过运河或者陆路转运到各地进行销售。在大运河的北段，据山东聊城山陕会馆碑刻记载，聊城有专门经营丝绸的“天兴锦”“缀云锦”等商号。

利用明清运河贩运纺织品的还包括陕西商人。明清江南苏州、杭州、松江等地所产标布最为有名，而在明代垄断江南标布市场的主要就是山陕布商。其中又以陕西商人为重，尤其是三原、泾阳、渭南、大荔等地从事标布贩运的关中商人。陕西三原是关中地区的布业中心，其商人多因贩布江南而致富。如三原著名的盐商王一鹤三兄弟最早就是从江南贩布起家的，后来，王一鸿还“居吴越间为布贾”[⑥]。三原师庄南也是因贩布江南起家，“处士故贾……往来姑苏于越诸处，贸迁有无”[⑦]，其子师从政，“自舞象之年操钱千，市布崛起，人以君椎也，争斋子钱贾吴越，往来无宁日，其息倍已，又出捐子钱贷人，其息亦倍之”，由此成为陕西布商在苏州的“伙头”[⑧]。此外，三原张处士也是贩布起家，“名满邑里及姑苏”[⑨]；还有员伯子“小贾邑市，已贾吴鬻布，有天幸，家日起”[⑩]。

---

① 康熙《睢宁县志》卷七《风俗》。

② 光绪《齐河县乡土志·商务》。

③ 民国《恩县志》卷六《实业志》。

④ 光绪《馆陶县乡土志》卷八《商务》。

⑤〔明〕张瀚：《松窗梦语》卷四《商贾纪》，北京：中华书局，1985年，第83～84页。

⑥〔明〕温纯：《温恭毅集》卷一一《志铭·明寿官峩东王君墓志铭》，景印《文渊阁四库全书》第1288册，台北：台湾商务印书馆，1986年，第644页。

⑦〔明〕来俨然：《自愉堂集》墓志卷二《明寿官师庄南公墓志铭》，《四库全书存目丛书》第177册，济南：齐鲁书社，1997年，第357页。

⑧〔明〕温纯：《温恭毅集》卷一一《志铭·明寿官师君墓志铭》，景印《文渊阁四库全书》第1288册，台北：台湾商务印书馆，1986年，第646页。

⑨〔明〕温纯：《温恭毅集》卷八《序·寿张居士六十序》，景印《文渊阁四库全书》第1288册，台北：台湾商务印书馆，1986年，第589页。

⑩〔明〕温纯：《温恭毅集》卷一一《志铭·明员伯子墓志铭》，景印《文渊阁四库全书》第1288册，台北：台湾商务印书馆，1986年，第643页。

明代陕西布商从江南将标布运往陕西，运输路线主要有两条，明人黄汴《一统路程图记》对之记载甚详："陕西、河南二省，大同、宁夏等边，苏杭客货，皆由南北二河而上，至汴城王家楼或孙家湾起车至陕西省，或自南京大江至汉口，换船由襄阳府淅川县入武关至西安府"[①]。据此，明代江南标布运往陕西，一条路线是从苏杭走运河转入长江，经南京至汉口，再换船经水道达西安。另一条主要走的就是运河，即从苏杭沿运河北上至临清，经卫河至开封，再转旱路运往陕西。大运河在明代陕西布商"南布北运"的长途贸易活动中发挥了重要作用，陕商利用运河从江南贩布陕西，北至临清后再西折，在路程上要比第一条线路绕远，但却有其益处。临清所在东昌府是明清时期山东的重要棉产地，《古今图书集成·职方典》卷二五五记载说，山东"棉花六府皆有之，东昌尤多，商人贸于四方，民赖以为利"，并且具体指出东昌府"高唐、夏津、恩县、范县宜木棉，江淮贾客列肆赍收，居人以此致富"。东昌府临清、聊城均在运河之上，陕商可从临清或聊城装运棉花后，经运河运往江南销售，返程时再沿运河北上，将江南生产的棉布运往临清、聊城销售，或转运陕西销售，从而形成棉、布兼营的复合模式，获利丰厚，故不少的陕商都愿意通过运河贩运棉布。入清以后，由于多种因素，陕西布商前往江南贩布者日少，去鄂、豫二省贩土布者大增，[②]导致江南标布市场一落千丈，"标客巨商罕至，近来多者挟资不过万金，少者二三千金，利亦微矣"[③]。尽管如此，清代仍有一些陕西布商，以运河沿岸的苏州为据点，在周边市镇收购棉布。[④]此外，运河北段的聊城也有很多山陕商人开的布店，如信成号、丰泰号、文盛号、重盛号、天章号等十数家，其中就包括陕商开设的布店。

在利用运河贩运纺织品方面，山东商人也是一股重要力量，其中尤以济宁商人最为著名。康熙十六年（1677），济宁众商捐银在苏州吴江县盛泽镇之西购地，营造济宁会馆（即任城会馆，又称大王庙），作为联乡谊、通商情、祀神祇之处。该会馆在盛泽镇的诸多神祠中"尤为巨丽"，建庙所用的所有"斧斤垩墁以及雕绘诸匠"，皆是从济宁一带南运而来，仿北方祠宇而建，"先后靡金钱者数百万计，固济宁一州诸大商之力居多"[⑤]。至嘉庆二十二年（1817），济宁众商多次捐资对其重修、重造，[⑥]包括同茂号、来顺号、恒兴号、通德号、元和号、宁盛号、世全号以及靳肇吉、师众正、

① 〔明〕黄汴：《一统路程图记》卷五《江北水路》，《四库全书存目丛书》第166册，济南：齐鲁书社，1997年，第519页。
② 李刚：《陕西商帮史》，西安：陕西人民教育出版社，2008年，第322页。
③〔清〕叶梦珠：《阅世编》卷七《食货五》，上海：上海古籍出版社，1981年，第158页。
④ 范金民：《明清时期活跃于苏州的外地商人》，《中国社会经济史研究》1989年第4期。
⑤ 江苏省博物馆编：《江苏省明清以来碑刻资料选辑》，北京：三联书店，1959年，第442～443页。
⑥ 江苏省博物馆编：《江苏省明清以来碑刻资料选辑》，北京：三联书店，1959年，第445～446页。

宋景淮、靳宗良、高潇山、吴家梁、程景贤、孙文芳、张文源、王兆龄、许桂、吴志锐、蒋俊、刘埰、李大岩、蔡芳伦、吴瑞霖、张裕宁、车镇、徐瑞虞等人。其中商号有七家，属团体捐款，另有商人二十人，应是个人捐资。震泽是明清时期著名的丝绸产地，济宁商人聚集此地，将收购的丝绸通过运河北运到北方地区销售。

粮食运销。贩运粮食也是明清时期商人沿运河从事的主要商贸活动，尤其是山东商人在这方面最为活跃。早在明代，就有山东商人沿运河贩运粮食的记载。如明代聊城人傅完贞，先以贩硝起家，后又贩大豆致富，“会南北大祲，又获利数倍”，再后来于家中囤积粟谷数百斛，在歉年之时，远贩至江淮一带，“君积粟数百斛于家，为岁歉计，遂远贩至淮”[①]。入清后，山东商人沿运河从事粮食贩运者仍旧不少。他们一般先在大的市镇或者运河沿线码头收购粮食，再经运河长途贩运到其他地方销售。例如，祖籍山东东阿的石家，便一直从事粮食贩运。乾隆五十年（1785），石万程靠运输粮食为业，发家后定居杨柳青，成为天津八大家之一。有些山东商人通过运河贩运粮食后，还在当地从事粮食加工业。据北京、通州等地文献记载，清代北京的粮食业就掌握在山东人、山西人手中。清中后期山东商人还逐渐实现了对北京粮食业的垄断。咸丰年间，最早的山东铺户之一大顺粮店在北京崇文门外平乐园大街开业，随后由于同乡亲友互相援引，山东人经营粮业的铺户日渐增多，逐渐取代山西人掌控了粮食业。夏仁虎《旧京琐记》对此记载：“北京老米碓房，都是山东人所开，相沿已久，又称山东百什房。”除此之外，济宁商人还在天津北门外西崇福庵建有济宁会馆，作为其在京津一带活动的根据地。道光二十四年（1844），济宁一带小麦丰收，粮价降低，济宁“商人纷纷赴直（隶）售卖”[②]。

典当。除贩运货物外，典当业也是明清时期商人在运河沿线开展的重要经济活动。上文提到的歙县吴良友，其曾祖父、祖父自明中期以来通过运河贩布于河北、山东一带，积累起资本后，到其父亲吴自宁时又从事典当业，遂成巨商，“父自宁公，蒙故业而息之，赀益大饶，累巨万”[③]。除吴自宁外，他的同胞兄弟吴自富也在山东从事典当业，自富死后，其子吴良儒还到过山东收账，“于是收责齐鲁，什一仅存”[④]。至明后期，徽商在运河城乡社会所开的典当业已十分发达。明末运河北端北京城内有名为汪箕的徽商，因开典铺而成巨富，“汪箕徽州人也，居京师，家赀数十万”。北京被攻陷后，李自成部下宋献策甚至认为汪箕

---

① 宣统《聊城县志》卷中《明孝子完贞傅君传》。

② 道光二十五年十一月初四日崇恩折，转引自许檀：《明清时期山东商品经济的发展》，北京：中国社会科学院出版社，1998年，第234页。

③ 歙县《丰南志》第五册《良友公状》，转引自王云：《明清时期山东运河区域的徽商》，《安徽史学》2004年第3期。

④〔明〕汪道昆：《太函集》卷五四《明故处士溪阳吴长公墓志铭》，《四库全书存目丛书》第117册，济南：齐鲁书社，1997年，第650页。

比坊间传说的还要富有，“此人家赀数百万，典铺数十处，婢妾颇多”①。由汪箕观之，明后期徽商在京城开办的典当业十分兴盛。明清之际战乱不断，徽商在运河沿线从事的典当业受到影响，各地发展不一，总体呈现衰退趋势。在运河中南段常州府金坛县，入清后当地的典当业仍然由徽商所把持，“又金坛典铺俱系徽商”②。在常州府江阴县，乾隆以前典当业皆由徽商操控。至道光年间，徽商多有退出，本地人逐渐控制当地的典当业，“典业在乾隆以前皆徽商，今则大半皆土著也”③。在山东临清，徽商开办的典当业衰败最为严重。据乾隆《临清州志》记载，大致在明代其典当业多由徽商、浙商所控制，达到鼎盛。入清一段时间，徽、浙二商陆续退出，土著商人逐渐进入典当行业。至乾隆年间，徽、浙二商全部退出，典当业皆由来自山西、陕西的山陕商人掌控，“两城典当旧有百余家，皆徽浙人为之。后不及其半，多参土著。今合乡城仅存十六七家，皆西人”④。

除徽商外，也有不少晋商在运河沿线城镇从事典当业。如江苏泗阳县，据民国年间编修的县志记载，清代在该县开典当铺的多为山西商人，“百年以前，著籍商界之人大都属于客民，若酒业、典业多晋商”⑤。在运河流经的山东西部、南部地区，典当铺亦多为晋商开办。比如，在鲁南峄县经营典当业者，“多山右人”⑥。鲁西的临清，在清代以前该地的典当业多由徽商、浙商所控制，到乾隆年间城乡共有十六七家典当铺，全部由山西和陕西商人所垄断。⑦运河经过的鲁西东昌府，有不少晋商开办的典当铺，据聊城山陕会馆碑刻记载的，就有正昌典、庆裕典、亨正典、义顺当、兴聚当等。

除以上行业外，明清时期商人群体在运河沿线的贸易活动还包括珠宝业、药材业、竹木业、食品业、钱业、茶业、铜铁业、毛皮业、陶瓷业、烟草业以及其他日用杂货的销售。商人群体沿运河贸易以上诸物，既促进了南北物资的交流，同时也推动了沿河地区社会经济的发展。

二、盗匪

运河是中国古代重要和繁忙的交通运输渠道之一。运河之上百舸争流，承载着丰

---

①〔清〕计六奇：《明季北略》卷二三《补遗·富户汪箕》，北京：中华书局，1984年，第672页。

②〔清〕花村看行侍者：《花村谈往》卷二《金坛海案》，《丛书集成续编》第26册，上海：上海书店出版社，1994年，第316页。

③道光《江阴县志》卷九《风俗·四民》。

④乾隆《临清州志》卷一一《市廛·典商》。

⑤民国《泗阳县志》卷一九《实业·商业》。

⑥光绪《峄县志》卷七《物产》。

⑦同④。

富的米粮、盐茶、布帛以及各种物资，不仅促进了沿线市镇经济的繁荣，也为沿线地区盗匪的滋生和发展提供了土壤。故盗匪成为运河沿线最活跃的社会群体之一，其来源多样，无业贫民、贩夫走卒、船夫水手、沿岸居民，甚至是官兵都可能沦落为运河盗匪，他们抢劫运河船只、掳掠运河沿线城镇、盗决运河水源，严重影响到运河沿线的社会秩序。

运河沿线之盗匪，早在两汉时期就已出现。为捕捉盗匪，汉代便设有督军粮侍御史，以维持运河沿线的社会秩序。其后，后汉所置护漕都尉官、东晋所置督运御史官，皆有平息运河盗匪之责。《通典》载："《汉官仪》曰：'侍御史出督州郡盗贼，运漕军粮，言督军粮侍御史'。至后汉，复有护漕都尉官，建武七年省，晋太元六年又置督运御史官。"[①] 隋唐以降，大运河贯通南北，历朝历代对运河盗匪之记载逐渐丰富起来。

（一）隋唐时期运河沿线的盗匪

隋唐时期，有关运河盗匪的记载多见于"安史之乱"以后。《册府元龟》载：唐代宗永泰元年（765）四月诏称，彼时"自东都至淮泗，沿汴河州县，自经寇难，百姓凋残，地阔人稀，多有盗贼。漕运商旅，不免艰虞"[②]。时值安史之乱结束，运河汴河段沿线社会秩序尚未恢复，盗匪时常出没行劫，商旅往来多受阻碍。

此后，运河（从汴河至邗沟、江南河上游）以及长江下游河段，时常活跃着叫作"劫江贼"的盗匪。会昌五年（845），李昉《文苑英华》记载："江淮诸道私盐贼盗多结群党，兼持兵仗劫盗及贩卖私盐，因缘便为大劫，江贼有仗者，虽未杀人，不在该恩之限。"[③] 提及劫江贼为活跃于江淮运河一带的私盐武装。贩卖私盐，不过是劫江贼的一个营生而已，其在运河区域的活动还包括抢劫运河沿线船只、市场，私贩茶叶等，会昌五年杜牧《上李太尉论江贼书》对此记载甚详。其文记载劫江贼活动的区域为："濠、亳、徐、泗、汴、宋州贼，多劫江西、淮南、宣、润等道，许、蔡、申、光州贼，多劫荆襄、鄂岳等道。"[④] 其中提到，劫江贼分为两支，一支生活在运河沿线的汴、宋、泗、徐州等地，其劫掠的淮南、宣、润等道，即运河流经的江淮地区。概言之，运河之汴河、邗沟和江南河上游河段，以及长江下游河段，均是这支劫江贼活动的范围。另一支活跃于河南道的许、蔡、申、光等州，劫掠地区为荆襄、鄂岳等道。

劫江贼通常为团伙作案，一般一次少则二三十人，多则五十人、百人不等，驾驶两三只

---

①〔唐〕杜佑：《通典》卷二四《职官六》。

②《册府元龟》卷六四《帝王部·发号令第三》。

③《文苑英华》卷四百二九《赦书十·禋祀赦书六》，景印《文渊阁四库全书》第1137册，台北：台湾商务印书馆，1986年，第60页。

④〔唐〕杜牧：《樊川文集》第一一《上李太尉论江贼书》，景印《文渊阁四库全书》第1081册，台北：台湾商务印书馆，1986年，第617页。

船在江淮运河段劫掠往来商旅。其手段残忍，即使未成年的亦不放过，对运河沿线的社会秩序造成巨大危害，杜牧云："伏以江淮赋税，国用根本，今有大患，是劫江贼耳。某到任才九月日，寻穷询访，实知端倪。夫劫贼徒，上至三船两船，百人、五十人，下不减三二十人，始肯行劫，劫杀商旅，婴孩不留。所劫商人，皆得异色财物。"

江淮地区盛产茶叶，是唐代主要的产茶区之一。劫江贼在运河上劫得商旅财物后，为便于销赃，遂混入商人当中，到江淮一带茶山换取茶叶，再运输到淮河以北地区销售，"劫得财物，皆是博茶，北归本州货卖，循环往来，终而复始"。而茶山所在地方官兵畏其人多势众、持有器械，多不敢过问。劫江贼劫获财物后换取茶叶的情形，杜牧在《樊川集》第十一中有详细的记载，其言劫江贼劫获财物后：

尽将南渡，入山博茶。盖以异色财物，不敢货于城市，唯有茶山，可以销受。盖以茶熟之际，四远商人，皆将锦绣缯缬、金钗银钏，入山交易，妇人稚子，尽衣华服，吏见不问，人见不惊。是以贼徒得异色财物，亦来其间，便有店肆为其囊橐，得茶之后，出为平人，三二十人，挟持兵仗。凡是镇戍，例皆单弱，止可供亿浆茗，呼召指使而已。镇戍所由，皆云"赊死易，就死难"。纵贼不捉，事败抵法，谓之赊死；与贼相拒，立见杀害，谓之就死。若或人少被捉，罪抵止于私茶，故贼云："以茶压身，始能行得。"言随身有茶，即人不疑是贼。凡千万辈，尽贩私茶。

除航行于运河中的船只外，唐代江淮运河沿线兴起的商业市场——"草市"，也经常被劫江贼打劫。据杜牧记载，劫江贼入市行劫，多在白天，除抢夺财物外，还杀人放火，明目张胆。江淮运河沿线之草市皆被其掳掠，无一幸免。劫江贼狡诈无比，州县捕盗，得者多为被贼威胁充数之小民，枉死狱中者不少，而真正的劫江贼却逍遥法外：

亦有已聚徒党，水劫不便，逢遇草市，泊舟津口，便行陆劫。白昼入市，杀人取财，多亦纵火，唱棹徐去。去年十月十九日，劫池州青阳县市，凡杀六人，内取一人屠刳心腹，仰天祭拜。自迩已来，频于邻州，大有劫杀，沉舟灭迹者，即莫知其数。凡江淮草市，尽近水际，富室大户，多居其间。自十五年来，江南、江北，凡名草市，劫杀皆遍，只有三年再劫者，无有五年获安者。一劫之后，州县糜费，所由寻捉，烽火四出。凡是平人，多被恐胁，求取之外，恩雠并行，追逮证验，穷根寻叶，狼虎满路，狴牢充塞。四五月后，炎郁蒸湿，一夫有疾，染习多死，免之则踪迹未白，杀之则赃状不明。一狱之中，凡五十人，中二十人，悉是此辈，至于真贼，十人不得一。[①]

劫江贼能顺利在江淮运河抢劫、走私茶盐，除自身武装强大外，亦与当地富户的庇护有关，“江淮富户大家，纳利殊少，影庇至多，私贩茶盐，颇挠文法”[②]。此外，抢掠江淮运河船只、草市的，不仅仅是外来的劫江贼，江南本地乡村之人因贪图小利，不乏与劫江贼相互勾结一同劫掠者，“更有江南土人，相为表里，校其多少，十居其半”。江南乡村宗族势力强大，社会关系复杂，村民又多蓄器械，即使公然为贼，地方官兵亦不敢深入捉拿。所能拿获者仅限于当地被胁迫临时参与抢劫的一二船夫而已，真正的劫江贼以及当地有势力的盗匪却难以捉获：

> 盖以倚淮介江，兵戈之地，为郡守者，罕得文吏，村乡聚落，皆有兵仗，公然作贼，十家九亲，江淮所由，屹不敢入其间。所能捉获，又是沿江架船之徒，村落负担之类，临时胁去，分得涓毫，雄健聚啸之徒，尽不能获。为江湖之公害，作乡闾之大残，未有革厘，实可痛恨。

为肃清江淮运河沿线的盗匪，会昌年间为官江淮的杜牧，曾建议在宣、润、洪、鄂、淮南五道增设船只、官兵，昼夜巡逻，护送往来商旅，稽查走私，以根除盗匪：“今若令宣、润、洪、鄂各一百人，淮南四百人，每船以三十人为率，一千二百人分为四十船，择少健者为之主将。仍于本界江岸创立营壁，置本判官专判其事，拣择精锐，牢为舟棹，昼夜上下，分番巡检，明立殿最，必行赏罚。江南北岸添置官渡，百里率一，尽绝私载，每一宗船上下交送。同阻风，风便同发，名为一宗。是桴鼓之声，千里相接，私渡尽绝，江中有兵，安有乌合蚁聚之辈敢议攻劫。”[③]

唐代，运河沿线的盗匪还包括盗决运河堤坝、偷窃水源者。为打击此类盗匪，唐律规定，凡偷决河堤的，杖一百（是指偷水以供私用。若是检校官吏，虽偷水供官用，也按此规定处罚）。如果因偷水决堤而损害人家以及漂失了财物，获罪重于杖一百的，按赃论处；因偷水决堤而杀伤人的，减斗杀伤罪一等。如果通水进入人家，导致损害的，也按这个规定论处。至于故意决河堤的，处徒刑三年；因此而漂失财物获罪重于徒刑三年的，比照盗窃罪论处；因此而杀伤人的，按故意杀伤人论处。[④]

---

①〔唐〕杜牧：《樊川文集》第一一《上李太尉论江贼书》，景印《文渊阁四库全书》第1081册，台北：台湾商务印书馆，1986年，第616～617页。

②《追收江淮诸色人经济本钱敕》，〔清〕董诰等编：《全唐文》卷七四。

③〔唐〕杜牧：《樊川文集》第一一《上李太尉论江贼书》，景印《文渊阁四库全书》第1081册，台北：台湾商务印书馆，1986年，第617页。

④《唐律疏议》卷二七《徒应役无兼丁》。

（二）宋元时期运河沿线的盗匪

宋元时期，运河沿线亦活跃着各种盗匪，其不法行径主要包括劫掠运河商旅财物、盗窃运河水资源、盗劫运河沿线榆柳、偷盗漕粮等。

1. 劫掠商旅

盗匪于运河沿线劫掠商旅财物的情形，早在北宋便有记载。天禧五年（1021），同提点开封府界诸县镇公事张君平在其奏疏中，便提到汴河至泗州的运河段常有盗匪出没抢劫财物，官兵不能止，并请求于沿边驿站添设官兵，“汴河至泗州千里堤，多盗贼剽劫，虽有县镇监押、巡检，又缘地里遥远，各有烟火、仓场、库务所系。欲乞每两驿添置巡检使臣一名，却废自京至楚州夹河巡检”①。此议引起朝廷重视，经讨论后，于汴河沿线加派官兵、船只巡逻，以缉捕盗贼，“枢密院请于沿汴每两驿置捉贼使臣一员，选差与人员、兵卒七十人，器甲六分，人船一只，于空迥处立廨舍，却省夹河巡检。从之”②。同期，运河惠民河段因遇荒年，亦有盗贼出没，抢劫行旅。《宋史》载：继宣，字舜举，幼善骑射，颇工笔札，知读书。以恩补西头供奉官，惠民河巡督漕船。会岁饥多盗……”③。北宋后期，任伯雨任开封府雍丘县知县（约在1082年），该县倚靠汴河，因漕运往来船只停靠境内而多有盗贼行窃，官兵屡捕不获。到任后，伯雨探知其故，遂下令漕船不得夜宿境内，盗贼因此敛迹，史载“任提官伯雨知开封府雍丘县，县枕汴流，漕运上下，盗窃扰人无虚夕，未有获者。伯雨知其故，乃下令纲运不得宿境内，不从者断其缆，趋京师者督护以出境，自是外户不闭。”④雍丘县此次治理汴河盗匪虽有成效，但并不能改变整个汴河盗匪出没的情况。至北宋末年，仍有盗匪时常活跃于汴河上下，杀人越货，以致负有相关责任的官员或被罢免，或被降级。政和元年（1111）六月，张堂、贾君文二官便因缉拿汴河盗贼不力，受到朝廷处理，“二十三日，提点京畿路刑狱张堂放罢，西京左藏库副使、提举京畿保甲兼提刑贾君文降两官。以言者论其不戢盗贼，无辜被害，汴河流尸故也”⑤。

两宋之交，战火频仍，社会动荡。盗匪趁机盘踞运河，劫掠行旅的现象更为突出。建炎元年（1127）八月十九日，陈东上书言，江南运河钱塘段有盗匪劫掠行旅、杀毙

①《宋会要辑稿·职官四八》。

②同①。

③《宋史》卷二八九《高琼附子继勋、继宣传》。

④〔宋〕张镃：《仕学规范》卷一七《涖官·任伯雨》，景印《文渊阁四库全书》第875册，台北：台湾商务印书馆，1986年，第93～94页。

⑤《宋会要辑稿·职官六八》。

漕运官吏，“近日盗发钱塘，擒太守，杀漕臣，屠戮郡官吏甚众”[①]。建炎三年，又有五丈河盗匪邵青率众乘舟，由汴河前往泗州劫掠，成功后又通过运河驾船返北，“五丈河舟师邵青素为盗，甚得其徒之心，乱后聚舟往来淮上，至是入泗州城掠其金而去。青，济南人也”[②]。“三月，盗邵青掠泗州，青本五丈河舟人，去为盗，聚兵劫楚、泗州。”[③]南宋初年，盗匪窃据运河，还曾一度影响到朝廷的军需储备。绍兴元年（1131），南宋即因运河多盗贼，军需储备转运不济，下令从江浙、湖南和籴粮米，以纾解当时困境，[④]南宋时期，淮河以北为金朝所属，淮河以北的各段运河亦不乏盗匪出没。尤其是金末宣宗迁都汴州以后，汴河沿线盗匪更炽，以至于沿线百姓不得不联合起来共同抵御，“苗道润，贞祐初为河北义军队长。宣宗迁，汴河北盗起，土人团结者众”[⑤]。

元代，运河沿线亦不乏盗匪出没。大德年间，从北京到江南各运河段，盗匪盘踞，劫掠往来商旅，已是常态，“近为御河、会通河道，北自大都，南抵江淮，递运系官诸物，富商、客旅经行，多有盗贼生发”[⑥]。为消除盗匪危害，朝廷两次差官前诣各处，讲究弭盗方略，但收效甚微。究其原因，官兵人少、缺乏器械是一大因素，“致盗之源，盖因见设巡捕去处地里穹远，所设弓兵并官给弓箭数少，处防频并，前去后空，贼徒窥伺空隙，往往悬带弓箭，执把军器，恣行出没为盗。其捕盗官兵犹空手而拒刀剑，无衣甲而御箭镞，彼强我弱，实难擒捕”[⑦]，故大德三年（1299），朝廷“自通州至两淮漕河，置巡防捕盗司凡十九所”[⑧]。然大运河纵贯南北千余里，仅设十九所巡防捕盗司并不足以消弭运河沿线的匪患，故此后仍多有盗匪劫掠运河商旅。为了自保，一些运河船只企图通过假充王船、添置武器、鸣锣击鼓等方式吓退前来劫掠的盗匪。[⑨]

运河船只采取的这些办法亦未能奏效。元朝后期，盗匪抢劫运河商旅的现象越演越烈。至正六年（1346），不超过四十人的盗匪，便劫掠了会通河船只三百艘，而官兵却对之束手无策，“三月，盗贼三四十人阻会通河道，劫船三百艘莫能捕焉”[⑩]。两淮运使宋文瓒上书，

---

① 〔宋〕陈东：《少阳集》卷三《书·上高宗皇帝第二书》，景印《文渊阁四库全书》第1136册，台北：台湾商务印书馆，1986年，第314页。

② 〔宋〕李心传：《建炎以来系年要录》卷二一，“建炎三年三月壬寅”条。

③ 〔明〕冯琦：《宋史纪事本末》卷一五《平群盗》。

④ 〔宋〕李心传：《建炎以来朝野杂记·甲集》卷一五《财赋二·东南军储数》。

⑤ 〔明〕邵经邦：《弘简录》卷二三三《载记·金诸将三·苗道润》，《续修四库全书》第308册，上海：上海古籍出版社，2002年，第81页。

⑥《元典章·刑部》卷一三《典章五十一》。

⑦ 同⑥。

⑧《元史》卷二〇《成宗本纪三》。

⑨《元典章·刑部》卷一九《典章五十七》。

⑩ 〔清〕曾廉：《元书》卷一五《顺帝本纪第十五上》，《四库未收书辑刊》第四辑15册，北京：北京出版社，2000年，第84页。

请求挑选精锐官兵剿灭盗匪，亦未能获准。[①]

元末，群雄并起，天下大乱。运河沿线各路盗匪更加肆无忌惮，局势已不可收拾，“时李大翁啸众唱乱，劫漕舟，杀使者，有司捕不获”[②]。

2. 偷窃水源

宋元时期，盗匪在运河沿线的另一活动是盗窃水资源。这些所谓的“盗匪”多为运河附近的百姓，因私自盗取运河水源，而发展为盗贼。这一现象在唐代即已出现，北宋初年，为惩治盗匪盗决堤坝、取水私用，基本延续了唐代的律法。北宋时期，李纲上有《乞措置防护汴河斗门及引水入壕札子》，提到黑夜有盗匪从汴河斗门盗水，导致汴河之水干涸，请求派兵防护，并从蔡河、金明池、金水河等引水济汴：“臣伏奉御批送到札子，为壕河水势陡落，见有人涉水过往，夤夜不便，令多差人守御。臣已札下四壁，疾速依应施行。契勘汴河水涸，今已累日，虑被贼人开决斗门，欲遣将兵防护。汴河堤岸司官吏前去相度收斗门水，并南有蔡河，西有金明池、水柜、金水河，皆可引水入壕，增助水势，欲乞指挥都大提举汴河堤岸司同共相度，疾速措置施行。谨具奏知。”[③]后来查明，汴河干枯是因为上流被盗匪盗掘所致，由此造成漕运不济，两京因缺粮而粮价飞涨，“初，汴河上流为盗所决者数处，决口有至百步者，闭塞久不合，干涸月余，纲运不通，两京乏粮，米价腾踊”[④]。

除直接盗决运河以窃取水资源外，宋代亦有盗匪盗取与运河相连的湖泊水源。因这些湖泊具有补充运河水以助运的作用，故盗决这些湖泊实与盗决运河无异。其中较著名的当属南宋时期盗匪对丹阳练湖的盗决。南宋名臣郑兴裔（1126 ～ 1199）有《请浚练湖疏》对此记载甚详：

> 臣窃见丹阳练湖幅员四十里，纳长山诸水，漕渠资之，故古语云：湖水寸，渠水尺。在唐之禁甚严，盗决者罪比杀人。本朝寖缓其禁以惠民，然修筑严甚。春夏多雨之际，潴蓄盈满，虽秋无雨，漕渠或浅，但泄湖水一寸，则为渠一尺矣。建炎兵变以后，多废不治，堤岸圮阙，不能贮水。强豪因而专利，耕以为田，遂致淤淀，岁月既久，其害滋广，望责长吏浚治堙塞，立为盗决侵耕之法，永着于令，

①《元史》卷四一《顺帝本纪四》。

②〔清〕周昂：《元季伏莽志》卷七《盗臣传·方国珍》，《续修四库全书》第 520 册，上海：上海古籍出版社，2002 年，第 119 页。

③〔宋〕李纲：《李纲全集（上册）》卷五〇《奏议·乞措置防护汴河斗门及引水入壕札子》，长沙：岳麓书社，2004 年，第 573 页。

④〔宋〕李纲：《李纲全集（下册）》卷一七五《建炎进退志总叙上之下》，长沙：岳麓书社，2004 年，第 1622 页。

庶几练湖渐复其旧，民田获灌溉之利，漕渠无浅涸之患。[①]

因练湖与运河相连，盗匪盗决该湖，不但影响到运河水位高低和漕运畅通与否，而且对附近农田亦造成威胁，故郑兴裔请求立盗决侵耕之法，以解除盗决之患。

3. 盗窃树木、漕粮等

宋代，还有运河沿线官兵沦落为盗匪者，他们的罪行主要包括盗窃运河沿线树木、偷盗漕粮官物等。

为减轻风力对运河船只航行的影响，确保运输安全，隋唐时期便在运河沿线栽种榆树、柳树。宋代运河沿线亦多榆柳，由此也引起盗匪之觊觎。盗窃榆柳者，多为汴河沿线的河清兵。河清兵是北宋时期厢军中规模最大的一支水利专业兵种，主要分布在黄河中下游堤埽，其主要职责是黄河防汛、抢险以及埽岸、堤防等相关的水利工程建设。同时，在汴河沿线也分布着河清兵，承担汴河的堤防维护和河道疏浚。[②]利用治理汴河之便，河清兵中多有借机盗窃沿河榆柳者。朝廷对此打击亦严，如天圣五年（1027）正月，“勾当汴口康德舆言：‘沿汴河清军士，盗伐榆柳，自来杖配西京开山指挥，缘比汴河功役尤轻，故要移配。欲望自今后止配汴口广济指挥。’奏可”[③]。天圣七年四月，“知滑州李若谷言：‘河清军士盗伐堤埽榆柳，准条：凡盗及卖、知情者，赃不满千钱，以违制失论，军士刺配西京开山军。诸色人决讫纵之，千钱已上系狱，裁如持杖斗敌，以持杖窃盗论。臣所部州多此辈，盖堤埽重役，故图徒配，欲望自今河清军士盗不满千钱者，决讫仍旧充役。千钱以上及三犯者，决讫刺配广南远恶州牢城。诸色人准旧条施行。’事下法寺，请如所奏，凡京东西、河北、淮南濒河之所，悉如滑州例，从之。”[④]除河清兵外，百姓盗窃汴河榆柳者亦多。为此，北宋时期还专门设有相关的官职，以缉捕盗匪。如宣和七年（1125）十一月二十四日，诏“朝散大夫、京东路都大提举汴河堤岸榆柳贼盗皇甫彦今任满日，特令再任。”[⑤]

宋代漕运以厢军为主，故多有漕卒借机盗窃漕粮、官物而沦为盗匪者。北宋皇祐二年至三年（1050～1051）强至为泗州司理参军时，便遇到五名漕卒盗窃官米之案，“强至郎中，初为泗州司理参军，尝摄司法事，漕运卒盗官米，狱具，议赃抵死者五人。至言，议赃未应律，州疑其事以奏，而大理寺果纠正如至言，皆得不死。官吏皆被罪，独至不预”[⑥]。又，江淮运卒多有自行凿沉漕船而谎报失事，以盗窃米粮者。北宋元丰二年（1079），知都水监丞范

①〔宋〕郑兴裔：《郑忠肃奏议遗集》卷上《请浚练湖疏》，景印《文渊阁四库全书》第1140册，台北：台湾商务印书馆，1986年，第203页。

②《宋会要辑稿·刑法四》。

③同②。

④同②。

⑤《宋会要辑稿·职官六十》。

⑥〔宋〕郑克：《折狱龟鉴》卷四《议罪·强至》，上海：商务印书馆，1937年，第57页。

子渊曾提及这类行为："江淮漕船免为舟卒镌凿沉溺以盗取官物，又可减溯流牵挽人夫，九也。"①

（三）明代运河沿线的盗匪

有明一代，盗匪始终活跃于运河社会之中，对运河沿线社会秩序产生了诸多负面影响。早在明朝建立之初，运河沿线便经常有盗匪活动。其时，群雄割据局面并未彻底消除，战乱、灾荒频发，导致运河沿线的社会秩序极不稳定，散兵游勇乃至寻常百姓，皆有可能趁机劫持往来船只而沦落为盗匪。洪武元年（1368），河南蔡河一带便有盗匪抢劫船只，以致明朝漕运船只受阻，后经劝谕，盗贼逃散，方得以通行：

> 薛祥字彦祥，无为州人也。以军镇抚从高祖渡江，与议军政，常从军中传密旨报事。洪武元年，漕运河南抵蔡河，盗欲夜劫之。祥谕盗曰："汝众皆良民也，兵乱啸聚则不得已。今圣天子出矣，当归家安田里，无作过累妻孥。汝等纵有千人夜劫吾粮，不过得千石，我所部不下二十万，曙搜捕汝，汝罪大矣。"众闻皆散。②

此后，随着明成祖朱棣迁都北京以及运河疏浚工程的开展，运河沿线社会经济逐步恢复和发展，但盗匪仍不时出没，劫掠往来船只。景泰六年九月（1455），"庚子，漕河多盗，命捕之"③。成化七年（1471），运河淮安至扬州段盗匪频发，理南京督察员事张鹏改督漕运，剿抚兼施，盗迹有所收敛，"辛卯春，复改都察院总漕运，巡抚淮扬等处，明年盗发境内，申敕巡视凤淮扬庐四府、徐滁和三州，以恩信为治，缉捕有方，逾年盗息"④。弘治年间，运河盗匪再起，弘治十八年（1505）四月，"镇江孟渎等河盗劫漕粟千二百石有奇"⑤。正德年间，盗匪劫掠运河船只现象日益突出。正德六年（1511），上虞人谢忠任都水郎，奉敕督视漕河，"群盗焚掠运艘势甚炽，独徐、沛以南在忠所部者不敢犯"⑥。

明嘉靖时期，受自然灾害以及腐败吏治的影响，运河沿线多盗匪劫掠行旅。嘉靖二年（1523），江淮运河沿线的扬州、镇江、常州、苏州、嘉兴等府旱涝灾害并发，

---

①〔宋〕李焘：《续资治通鉴长编》卷二九七，"元丰二年三月庚寅"条。

②〔明〕何乔远：《名山藏》卷五九《臣林记·洪武臣四》，《续修四库全书》第426册，上海：上海古籍出版社，2002年，第560页。

③〔清〕谈迁：《国榷》卷三一，北京：中华书局，1958年，第1999页。

④〔明〕雷礼：《国朝列卿纪》卷四七《张鹏》，《续修四库全书》第522册，上海：上海古籍出版社，2002年，第776～777页。

⑤〔清〕谈迁：《国榷》卷四五，北京：中华书局，1958年，第2829页。

⑥〔明〕徐象梅：《两浙名贤录》卷四二《恬裕·湖广布政司纠议谢汝正忠》，《续修四库全书》第542册，上海：上海古籍出版社，2002年，第470页。

形势颇为严峻，地方税收不能完纳，“苏州并松、江、常、镇等府，浙江杭州并嘉、湖、宁、绍等府，今年四月以后亢阳为虐，入秋以来大雨不止，旱涝相继，灾异非常……本等钱粮不能办纳”，而徐州、邳州、淮安暴发特大水灾，死者无数，生者甚有出卖儿女换钱以充饥者，“又况经过地方淮扬等府邳徐等州，见今水患非常，高低远近，一望皆水，军民房屋、田土尽被渰没，百里之内，寂无一爨之烟，流徙死亡，难以数计。所在去处，白骨成堆，幼男稚女称斤而卖，十余岁者仅得铜钱三十余文，有经数日卖不能得，母子相视，痛哭投水而死者”。此时，朝廷不但不积极赈济灾民，还试图派内织染局官员去苏杭提督制造，一切物料、工匠俱由地方出办，差点激起民变，“若又差官织造，一应物料、工匠何从出办拨给，非惟逼迫逃亡，抑恐激成他变”。由于朝廷赈济不力，运河沿线灾民不得不起而为盗，“各该地方官员奏要赈济，该部为因公私匮乏，钱粮无从出办，方且昼夜忧惶，计无所措。自今至于麦熟之时，尚有数月，各处饥民岂能俯首枵腹，坐以待毙，其势必将起而为盗”。最终，泗州洪泽一带走投无路的灾民聚而为盗，对运河船只、商旅进行劫掠，“传闻凤阳所辖泗州地名洪泽，饥民聚集舟中者已不下二千余人，劫掠过往客商船只，莫敢谁何”①。

嘉靖十九年（1540），由于运河淤积、官员治河不力以及放纵盗匪等原因，江阴出现大盗黄艮、秦璠等抢劫运河漕船、商船，杀毙官兵的事件。黄艮、秦璠为崇明沙寇，常常出没于海沙，以劫掠为害。官兵屡捕之不获，则行招抚、笼络，致使二者势力得以日益壮大。后，明朝副使王仪轻率出兵，以水师围剿二贼，结果大败而归，都御史王学夔见状亦称疾往还南京，以至于黄艮、秦璠二盗目无官兵，日益骄横，“盗夜榜文于南京城中，自称靖江王，语多不逊”②。嘉靖十九年，黄艮、秦璠趁丹阳、丹徒间运道淤积阻塞，船只改行孟渎之机，率众驾舟，大肆掳掠运河船只，酿成巨祸：

> 黄艮等据江阴县之马驼沙，聚众数百人，出没江洋，劫掠商旅。时丹阳、丹徒间运道堙阻，漕舟不通，乃自奔牛镇北入孟渎，达大江。是年三月，黄艮、秦璠率盗舟数十艘溯江上游，扼孟渎口，掠商舶。时漕舟出渎浪，璠鼓众夺去七艘，杀死运卒数十百人。四月初，又劫商舶五十余舟，杀溺商旅四十余人。府卫捕盗官督兵追捕，艮、璠拒杀官兵甚众，执捕盗官一人，缚樯上，射杀之，焚其舟。远迩震动。③

大盗黄艮、秦璠等此番率众行劫，夺去漕船七艘、商船五十余艘，杀死商旅四十余人、官兵数百人，引起朝野震动。镇江知府、丹阳知县以及相关文武官员，或因治理运河不力，

---

①〔明〕杨廷和《杨文忠三录》卷二《请停止织造疏》，景印《文渊阁四库全书》第428册，台北：台湾商务印书馆，1986年，第796页。

②〔明〕徐学聚：《国朝典汇》卷一六五《兵部》，《四库全书存目丛书》第266册，济南：齐鲁书社，1996年，第456页。

③同②。

或因防御盗匪不力，皆遭不同程度的弹劾及惩治：

南京给事中杨雷劾镇江知府张琉、丹阳知县周宁不浚漕渠，致运舟冒险遇寇，暴殄军储，伤残人命，乞将琉、宁及守备水利诸官俱置于理。

上谓：江寇猖獗，守土巡江等官俱难辞责，下都察院议。夺操江都御史胡宾禄俸；仪真守备指挥解明道、金山备倭指挥董杨及张琉、周宁俱巡按御史收问。①

与此同时，明朝派遣总兵汤庆驻守镇江，令副使王仪、都御史王学夔、夏邦谋等官协助围剿黄艮、秦璠等匪，“已而，以汤庆为总兵官，驻镇江剿之”②，“仪、学夔皆住俸，与邦谋俱戴罪，会同总兵汤庆协心调度，刻期剿平”③。最终，汤庆带兵在崇明南沙将黄艮剿灭，秦璠也被其部下所杀。

万历年间（1573～1620），盗匪于运河劫货杀人的现象变得更为严重。万历初年，在南方即有运河大盗陶文、赵三等，于深夜抢劫千户安国官船，夺取官银一千余两。

陶文，运河盗也。万历初，千户安国转轻赍银一千九百七十余金往太仓。既行，至七级下闸。会暮，诸舳舻皆止舍，而大盗陶文、赵三等诇知，官舟多金钱，夜半，拥众四五十人，入舟……夺之金。④

事发后，当地漕运各官畏罪，隐瞒情状，并凑钱以偿被劫官银，希图脱罪，“于是河上诸臣工皆大惧，奈何以巡儆不法，而使府库金中道而散于诸偷乎？吾等度自知有死罪，诚惶恐，而又久遮留使者，罪益深。旦日即贷金如数，悉付使者，然后告于备兵使王元敬”⑤。结果，官船银两被劫一事还是被御史官奏报，地方相关文武官员皆遭弹劾，“于是台御史傅希挚、御史张宪翔并以其书报上。是时，给谏蔡汝贤则劾奏备兵使王元敬、衮州守游季勋；御史商为正则劾奏通判孙仲科、县令李荫、丞谢湘，事皆下大司马谭纶覆奏”⑥。经议，“上有诏：罚游季勋俸，凡半载；王元敬住俸，而以孙仲科等，属御史逮问”⑦。至此，涉案要员皆受到惩处。两年后，大盗陶文才最终被拿获，并枭首运河之上，以儆效尤。

南方运河扬州段亦多盗匪。万历年间任南京兵部尚书的徐必达所修《南京都察

---

①〔明〕徐学聚：《国朝典汇》卷一六五《兵部》，《四库全书存目丛书》第266册，济南：齐鲁书社，1996年，第456页。
②同①。
③〔明〕徐学聚：《国朝典汇》卷一六五《兵部》，北京：书目文献出版社，1996年，第2013页。
④〔明〕瞿九思：《万历武功录》卷一《两京·北直隶·闸河贼陶文列传》，北京：中华书局，1962年，第43页。
⑤同④。
⑥〔明〕瞿九思：《万历武功录》卷一《两京·北直隶·闸河贼陶文列传》，北京：中华书局，1962年，第43～44页。
⑦同④。

院志》记载，该地“乃陵寝之门户，漕粮之咽喉。南北通衢，商贾辏集。素负繁华虚名，奸宄易发，强盗每垂涎于兹”[①]。运河沿线经济繁荣，客商云集，为盗匪的滋生提供了重要的环境。

在北方地区，著于万历二十五年（1597）的《广志绎》记载，运河流经的山东东平，盗贼横行，劫掠往来船只，“东平安山左右乃盗贼渊薮，客舟屡遭劫掠。武德亦多盗之地，以北直、河南三界往来，易于窜匿”[②]。万历三十二年，与东平相去不远的沛县，又有水贼号红面大王者，率众于运河抢劫商旅船只、财物。明臣黄克缵的奏报对此记载颇详：

> 有沛县水贼，撑驾双桅大船二只、单桅大船二只，外有帮附渔船二十余只，贼首头戴神巾、涂抹红面、身穿红袍，称号大王。船头竖立赛宋江旗号。在于鱼沛湖内，忽入漕河，白昼将载姜船只程客截住、捆缚，劫去财物；又打劫丰县富民张斗峰，捆至朱家寺内，得财释放等因。

盗匪于运河抢劫的原因，主要与天灾人祸有关。自万历三十一年（1603）以来，沛县一带发大水，运河决口，百姓受灾严重，不得不四出劫掠，以渡过难关。“丰沛、鱼台自去年河决以来，千里成湖，万姓为鱼，浮沉漂泊，以偷旦夕之命。今有沛县贼首称红面大王者，聚党湖中，时入漕河劫掠商财，势甚可畏。又据兖州府知府石九奏禀称：沛县贼船访有七只，每船可容二百人，船中火药、兵器种种皆具，劫财则留其半，且给以号票，不复重劫，其举动颇类宋江辈所为”。万历年间（1573～1620），明朝政府派出矿监税使四出收税敛财，加之运河地方百姓又遭遇自然灾害，不堪负重，于是纷纷效仿收税敛财之法，于运河之上借收税之名，劫人财物，遂沦为盗匪。黄克缵对此深有所悟，极力奏请朝廷收回各处矿监税使，并赈济运河沿线地方之百姓，以缓解危局：

> 臣会同巡按御史严看得民之为盗，非其天性好乱，盖皆为饥寒所逼，不得已而然也。自河决苏家庄，而鱼台、沛县荡而为湖，济宁、单丰半没于水，老弱葬于鱼腹，壮者以渔为生，渔不能继，则有相聚为盗而已。此盗之源也……臣密使人侦探前贼，则自十月初旬以来，公然舣舟桥头河边，欲掠取客货，且明告人曰：吾欲抽税，其意以国家富有四海，尚纵中官邀截人货，强取其半，况彼辈穷民无以为生，分人之有救己之命，不亦可乎？[③]

① 万历《南京都察院志》卷一二《职掌五·操江职四》。

② 〔明〕王士性：《广志绎》卷三《江北四省》，《四库全书存目丛书》史部第251册，济南：齐鲁书社，1997年，第735页。

③ 〔明〕黄克缵：《数马集》卷二《谨报水贼聚散情形疏》，《四库禁毁书丛刊》集部第180册，北京：北京出版社，1997年，第27～28页。

运河沿线的盗匪除劫掠船只外，还有盗掘漕河，以取私利者。卫河就因此屡被盗掘，“沧、德、天津之间，河决无岁无之，亦有水不甚盛、河不甚盈而决者，非尽由堤岸卑薄也。一则盐徒盗决以图行舟私贩。一则鰷薄地土盗决以图淤肥。一则对河军民盗决以免冲决彼岸……巡守当严而防察，当预也”①。为打击盗决河防，阻碍漕运之匪徒，万历元年（1573）规定，“直隶、徐邳上下，凡系黄河经由去处，如有盗决、故决河防，干碍漕运者，悉照山东、河南事例，为首者，民发附近卫所充军，军调边方卫所”②。除盗掘外，运河上还有一类专门敲诈勒索客商的匪徒，称为“水老鸦”。“水老鸦者，扬州舟猾也。舟人多托故与客哄，其一即跳入水中，久不出。其一与索命，行旅亦爽然自失，不得不多与金帛求息。然跳水者伏行水中已在二三十里外登岸矣。”③水老鸦之伎俩主要是合伙骗取客商钱财，一人假装与客商口角跳水身亡，一人则趁机索取赔命钱，客商在外怕惹官司，往往受其蒙骗，拿钱与之，以息事宁人。

明朝末年，国运日下，各地叛乱日益增多，盗匪劫掠运河船只的事件亦频频发生。明代著名文学家冯梦龙的小说《醒世恒言》刊于天启七年（1627），其中卷二九便有盗匪抢劫运河客商之情节，“且说知县那日早衙投文已过，竟不退堂，就要去赴酌，因见天色太早，恐酒席未完，吊一起公事来问。那公事却是新拿到一班强盗，专事在卫河里打劫来往客商，因都在娼家宿歇，露出马脚，被捕人拿住，解到本县”④。此处描述当取材于冯梦龙生活时代之社会现象，从一个侧面反映出明末运河沿线地区匪患之严重。

崇祯年间，已是多事之秋，活跃于运河上下之盗匪更为猖獗。崇祯五年（1632），应天卫指挥耿秉孝之官船在天津与北京之间停泊，等候过关，于深夜为盗匪所劫。官银七百余两被抢，衣物被洗劫一空，随从二人被杀，漕船被烧，漕粮五百六十余石被毁，指挥耿秉孝本人亦身受重伤，最终不治身亡。⑤未久，盗匪仍充斥运河沿线，劫掠如故。崇祯十二年，明朝著名文人钱士升在给陈几亭的书信中便提到，江南一带有大盗劫掠运河船只：“传闻江洋大盗，窜入漕艘，昼伏夜劫，莫敢谁何。此从来未有事，且此番米多干折，包藏祸心，更为叵测，若不及今整顿，将来漕事必至决裂，江南自此不得安枕矣。”⑥崇祯十四年，山东又有大盗李青以护漕为名，率众数万人，于梁山一带

① 〔明〕刘天和：《问水集·运河》，《四库全书存目丛书》第221册，济南：齐鲁书社，1997年，第259页。
②《万历会计录》卷三五《漕粮额数》。
③〔明〕姚旅：《露书》卷九《风编中》，福州：福建人民出版社，2008年，第203页。
④〔明〕冯梦龙：《醒世恒言》卷二九《卢太学诗酒傲公侯》，天津：天津古籍出版社，2004年，第449页。
⑤〔明〕毕自严：《题运弁耿秉孝被盗劫杀疏》，《度支奏议·云南司》卷一五，《续修四库全书》第490册，上海：上海古籍出版社，2002年，第28页。
⑥〔明〕钱士升：《赐余堂集》卷七《与陈几亭》，《四库禁毁书丛刊》第10册，北京：北京出版社，1997年，第513页。

焚掠漕船。[①] 次年，山东运河段盗贼充斥，漕运受阻，已严重影响到明朝的安危。

（四）清代运河沿线的盗匪

随着运河的疏浚和全面贯通，清代运河社会经济迅速恢复和发展，运河沿线盗匪的活动也非常频繁。

清朝建立之初，社会秩序尚未完全恢复，运河沿线多有盗匪出没劫掠。顺治初，为防御盗匪行动，维系漕运的正常运转，时总理河道的杨方兴曾建议朝廷沿运河十里设一台，三十里建一城，以加强对运道的控制。“顺治初年，四方盗贼窃据，漕艘难行。总河杨方兴设方略，十里置一台，三十里建一城，联络泛守，安集流亡，粮运无阻”（吴熊光《伊江笔录》下编）。然顺治时清廷忙于统一全国的战争，这一建议并未能付诸实践，直到顺治末年，盗匪依然充斥运河，阻塞漕运。陆世仪在回复王登善的书信中便提到当时运河沿线盗匪肆掠的情形，“今京储告竭，上下嗷嗷，群盗毁闸，漕艘阻塞，何法可使疏通，稍纾目前之患”[②]。

康雍乾时期，清朝统治逐步稳固，出现了“康乾盛世”的局面。与之相伴的是，运河沿线社会经济逐渐复苏和发展，盗匪的活动也接连不断。康熙中叶，江苏巡抚汤斌便提到盗匪劫掠运河商旅的现象：“苏郡为南北通衢，商贾往来如织。又素称泽国，河港繁多，经商贸易之人，皆赖舟楫以利攸行。应由官塘大河而走，晓行夜泊，以保无虞。且沿塘各处巡船汛兵，联络防守，稍有警息，亦可呼应追捕。乃有无知船户，或贪捷径，或图赶路，每每竟由荒僻冒险夜行，以致盗贼乘机窃发，莫能救援。”[③] 雍正年间（1723～1735），或因运务繁重，或因客商求利心切，江南运河多有船只不顾禁令夜行，以致屡有盗匪趁夜行劫，“盗案大抵于河道内行劫者居多。夫从来河道船只，夜行原所禁止，奈江浙差务繁多，遇夜势难停泊……加以各路客商云集，赶程心急，或所载系水鲜时物，不可越宿，更临年趁节，恐贸易失时”[④]。

由于江南富庶、船只又多有夜行的情况，故江南运河时常有盗匪抢劫船只。雍正年间就有不少这类案件发生。雍正七年（1729），大运河沿岸的常州府附近便有盗匪抢劫上粮船只。是年十月，嘉兴府平湖县监生叶德福带银三百九十余两，与另外四人驾船一只，取道台治徐舍地方，前往常州府。船内有上纳官府的谷物。二十六日，船只停泊于常州府治下的徐舍镇店口河。至二更的时候，突然有大盗十余人，驾驶两只贼船而来，对叶德福等人进行抢劫：“据浙江嘉兴府平湖县监生叶德福报，为大盗劫杀事，内称生系平湖人，带银三百九十两有余，摇船一只，同伙四人，俱上粜谷，路由台治徐舍地方，本月二十六日，船歇徐舍镇店口河下，

① 〔清〕万斯同：《明史》卷三六七《张国维传》。

② 〔清〕陆世仪：《论学酬答》卷二《答王登善漕河问》，《续修四库全书》第946册，上海：上海古籍出版社，2002年，第82页。

③ 〔清〕汤斌著，范志亭、范哲辑校：《汤斌集》，郑州：中州古籍出版社，2003年。

④ 中国第一历史档案馆编：《雍正朝汉文朱批奏折汇编》第三册，南京：江苏古籍出版社，1991年，第833页。

时及二更，忽遭大盗拾数余，凶驾船两只。”[①] 雍正八年三月初九日，无锡县民王宗元利用大运河水运，在无锡与苏州之间运输生猪、大米，于深夜被盗匪打劫。[②]

雍正九年（1731），常州府武进县栖鸾乡钱秉文、张考先被盗匪打劫。是年六月二十一日，两人借钱合伙做生意，沿大运河至武进县东南戚墅堰，在谢茂承之店头，购买麻豆饼七十余石。二十四日晚上，二人回家，将船停于河边。二十五日，钱秉文前往宜邑官村打探豆饼价格，张则留守船内，不料被盗匪打劫，货物被盗贼强行带到羊家塘旷野地方。[③]

雍正十年（1732），嘉兴府人梅尚臣在江南运河嘉兴府、苏州府之间遭到盗匪的打劫。梅尚臣以贩卖衣服与棉等物品为业。是年九月，他在正仪、双凤等地卖完货物后回家，于十二日夜间停舟于尹山，十三日五更时分出发，船只行至夹浦桥地方时，遭到盗匪的抢劫。[④]

此外，江南一带运河还有一些盗匪善于使用闷香，使人昏迷，从而行劫。雍正年间户部右侍郎景日昣就曾提到盗匪用闷香行劫船只的情形：“又闻南方水程之上有一种船贼，驾艇揽载，诱致行旅。或孤单，或三五伴，一入其舱，总隶冥录。暗投蒙汗药于茶饭中，入咽辄晕，遂勒项毙之，而掷之于深渊，名曰闷香船。”[⑤] 此类盗案不少，行旅亦想法趋避，其中一种方法便是于舟中置清水一盆，以化解闷香的效力，“五行各有利用，而水更能辟邪，如人出行，舟行及旅店中夜卧，贮清水一盂，则闷香无效”[⑥]。

乾隆年间（1736～1795），运河盗匪更加活跃。乾隆二年（1737），江南运河苏州、常州之间有盗匪抢劫船只。被抢劫者叫作陈能约，苏州府长洲县人，是年十月，至常州府治下的阳湖县杨巷史禄余行内购买大米，是月三日黄昏时刻行至常州府八四房坟前港内，遇到一只大船，船上有盗匪十余人，各自拿着刀棍，闯入他的船内，抢走银两等物品。[⑦] 乾隆三年，江南运河镇江府丹徒县与丹阳县之间出现盗匪抢劫案件。“丹阳县民王靖章与浙客张姓，于乾隆三年六月十八日夜，同舟行至丹徒县辛丰金涵口地方被劫。”[⑧]

乾隆七年（1742），休宁人汪铨补山东德州卫守备，在任政绩卓著。数年后，汪

---

①《明清档案》A43-80，转引自〔日〕松浦章：《清代内河水运史研究》，南京：江苏人民出版社，2010年。
②《明清档案》A45-40，转引自〔日〕松浦章：《清代内河水运史研究》，南京：江苏人民出版社，2010年。
③《明清档案》A50-94，转引自〔日〕松浦章：《清代内河水运史研究》，南京：江苏人民出版社，2010年。
④《明清档案》A55-44，转引自〔日〕松浦章：《清代内河水运史研究》，南京：江苏人民出版社，2010年。
⑤中国第一历史档案馆编：《雍正朝汉文朱批奏折汇编》第三十三册，南京：江苏古籍出版社，1991年，第112～113页。
⑥〔清〕褚人获：《坚瓠集》广集卷四《水能辟邪》，上海：上海古籍出版社，2012年，第970页。
⑦《明清档案》A82-17，转引自〔日〕松浦章：《清代内河水运史研究》，南京：江苏人民出版社，2010年。
⑧《明清档案》A87-36，转引自〔日〕松浦章：《清代内河水运史研究》，南京：江苏人民出版社，2010年。

铨离任，从德州乘船沿运河还乡途中便遇到盗匪劫掠，“及致仕，自卿士大夫、农工商贾暨满汉营伍皆焚香执酒泣送之归。舟泊运河，夜有盗，舟妇惊呼曰：此无物可劫，但送汪某归耳。盗曰：‘汪某我素知所，谓清官者，忍相劫耶。’遂太息而去。”①

乾隆二十三年（1758），常州府金匮县船户周万安在沿运河运输过程中被盗匪抢劫。是年二月九日，周万安被吴静安雇用，载糯米十石五斗，在舱内还有糯米三石，欲前往苏州府常熟县贩卖。二更左右，将至烧香的时刻，在接近西湖阔井处遭到抢劫。②同年，丹阳县人周以兴与买卖上的伙伴阮君弼等人，经由大运河往常熟卖货，事毕在常熟搭乘另外的船只回家。一行人在途中遭遇盗匪：“据周以兴报称，窃身丹徒县人，皆伙阮君弼，由常熟卖货回里，于三月初一日，在常熟顺搭徐受舍船只，初三日，在宪治马桥停泊，是夜被盗。”③同年，在大运河扬州之北、高邮之南的邵伯湖附近，还有徽州商人遭遇盗匪。受害者黄鲁卿，与同伴汪学等人，代客人运送木材。他们将船停泊于邵伯后河，等待起风过湖。八月初一日二更时分，一行人熟睡后被盗匪所窃，“据事主黄鲁卿禀称，窃身籍属徽州，同店伙汪学等，代客运木。停泊邵伯后河，候风过湖。八月初一日二更时分，俱各睡熟，被盗”④。

乾隆中叶以后，运河流经的山东、江苏等地无业平民日益增多。他们在运河沿线以出卖劳力为生计，或充当水手，或拉短纤，流动性强，行踪不定，聚散无常。若是无船雇用、缺乏用度，他们则在运河沿线偷窃财物，甚至铤而走险，劫掠往来漕船、官船及民船。乾隆三十九年（1774）六月，运河淮安府段有生员遭遇盗匪抢劫落水。是月初一日，生员王纪乘船去淮安府，同夜，船到达沟口地方，在此遇到了盗匪。一个盗匪上船，将他拉出船舱，他与船户王凡受惊落水，“据事主生员王纪报称，本月初一日，生坐王凡船只往淮，傍晚，船至相近流均沟口地方，遇有一船，在船五人，阻生去路。一人上船，将生拉出船舱，生同船户王凡惊落下水……被盗处所相距县城一百四十里，并无村舍，亦无墩防营汛”⑤。

乾隆四十一年（1776）七月初五日，常州府白粮帮旗丁王益周回空漕船，行抵夏津县一处名为油坊的地方停泊。深夜二更时，一伙来路不明的盗匪将之打劫：“有劫贼多人，扎头，明火持械上船，打破舱门，进舱行劫。比副丁王本周上前支架，被贼擒住，用械打伤头面，水手头舵人等被贼持刀喝禁，不能出救，众贼肆行掳劫。适遇该帮运弁李世登、随帮李继武巡夜至彼，被贼将跟役周子元打伤头面倒地。李世登等遂鸣锣传集各船丁舵人等捉拿，贼即负赃而逃，黑夜追拿未获。”⑥

---

① 道光《上元县志》卷一五《人物志·仕绩》。

②《明清档案》A198-007，转引自〔日〕松浦章：《清代内河水运史研究》，南京：江苏人民出版社，2010年。

③《明清档案》A198-6，转引自〔日〕松浦章：《清代内河水运史研究》，南京：江苏人民出版社，2010年。

④《明清档案》A198-118，转引自〔日〕松浦章：《清代内河水运史研究》，南京：江苏人民出版社，2010年。

⑤《明清档案》A222-122，转引自〔日〕松浦章：《清代内河水运史研究》，南京：江苏人民出版社，2010年。

⑥ 乾隆四十一年七月初七日《漕运总督阿思哈等为常州帮旗丁王益周回空粮船被劫事奏折》，《历史档案》2015年第3期。

另一件盗匪劫掠运河船只的要案发生于乾隆五十二年（1787）。是年夏，山东新任学政刘权之家眷乘船沿运河从北京前往山东，六月十八日傍晚行至直隶静海县梁王庄时，突遭盗匪多人抢劫："六月十八日，行至直隶静海县梁王庄地方，时将薄暮。尚未停泊，突有贼众多人，斫断纤缆，登舟刃伤水手二名，旋即进仓，强逼金银，开劈箱笼。因止搜得碎银二十余两，不满所欲，船中男妇有被驱逐落水者。适值有山东押运回空人役相离不远，闻信前来救护，始行走散。除当即将被盗情形报明该管地方官查验，并伤重水手一名赵旺已据静海县知县刘以观带回衙署调治。"①

刘权之家眷被劫案的第二年，江苏布政使奇丰额家眷船只行至运河台庄丁庙以西停泊，也遭到了盗匪打劫："四月十八日，江苏布政司奇丰额眷属船只行至台庄地方，因马头墩铺船多拥挤，即在丁庙以西僻阑处所停泊。是夜二更，有贼数人拨开舱门进船行窃。家人杨松龄醒觉，贼人当欲跑避。杨松龄喊人捕拿，贼人出仓，在船头声言：我等过路行人，缺少盘费，求毋声喊。杨松龄喊捕愈急，贼人当即逃逸。查点船内，失去小箱一只，内贮银三百两并耳挖一枝、豆瓣金簪一对及腰刀等物。"②

乾隆以后，运河部分河段逐渐淤塞。道光以来开始试行漕粮海运，运河的重要性下降，但直到清末，通航的各运河河段仍发挥交通运输作用，故依旧有盗匪的活动。

道光元年（1821）在江南运河吴江县境内，接连发生了三起船只遭遇盗匪的案件："吴江县报案内开，道光元年十一月初九日，据事主震泽县民陈景源报称，伊往嘉兴置货，十一月初七夜，船至吴江吉庆地方，被盗……同日又据事主马秉汇呈称，伊载货船至嘉兴交卸，十一月初七夜，至吴江七里湾地方，被盗……同日又据事主浙江仁和县民徐春泉报称，伊由苏州回籍，十一月初七夜，船至吴江唐家路地方，被害。"③道光十七年，有商人船只苏州附近运河上遭遇盗匪。是年八月初一日，丹徒县职员郭凌运及民间人士陶以交，共同雇用陈添桂的船只，前往浙江购买烟叶。八月一日黎明时分，到长洲县潘家角地方时碰到盗匪打劫后驾船逃跑。④

光绪五年（1879），陕西按察使薛允升升任山东布政使并署理漕运总督。是时，江淮运河有巨盗为患，被薛允升率领官兵擒获："为漕督，会淮上有巨盗为害未获，

---

① 乾隆五十二年七月初六日《山东学政刘权之为报眷属船只于直隶静海县被劫事奏折》，《历史档案》2002年第2期。

② 乾隆五十三年五月初三日《山东巡抚长麟为江苏藩司奇丰额眷船被窃查参疏防官员事奏折》，《历史档案》2002年第2期。

③ 中国第一历史档案馆所藏《刑部档案》7075案卷，转引自〔日〕松浦章：《清代内河水运史研究》，南京：江苏人民出版社，2010年。

④ 中国第一历史档案馆所藏《刑部档案》7136案卷，转引自〔日〕松浦章：《清代内河水运史研究》，南京：江苏人民出版社，2010年。

遣干役侦察得其巢，督文武员弁缉之，岁除，盗聚饮不虞，骤至，悉数就擒。”[①]光绪十七年，运河盗匪肆掠，公然抢劫官船。是年三月，山东运河道耆安在滕县监督运河工程时，突有盗匪登船抢劫，打伤水手、挑夫，抢去银两及衣物等：“该道员督挑运河，舟泊滕县西湾地方，于三月二十七日戌刻当员役人夫歇工散后突有匪徒多人各持枪械，蜂拥上船，劈开船艄，劫去挑河银一千两及零星衣物等件。该道员夺护关防，致被拒伤嘴唇，碰落门牙一个，又被开洋枪轰伤水手一名、挑夫一名，并棍伤水手三名，禀请察究等情。”[②]此外，运河盗匪劫掠的现象直到光绪末年仍不时发生，光绪二十六年，清人管鹤便提到南运河两岸素以沧州多盗贼。据清末的上海报纸《中外日报》记载，光绪二十九年七月十六日，杭州与塘栖镇之间大运河河道上有航船遭到盗匪的劫掠。浙江省城杭州至塘栖镇之间向来有航船往来，某晚，突有盗匪驾船打劫了往返两地的航船，掠走乘客衣服以及银元若干，并于次日在塘栖镇典当行将衣物典当，结果被当场抓获四人，其余盗匪逃窜。[③]宣统元年（1909），在江南运河嘉兴与苏州之间，还发生了一起盗匪抢劫航船的事件。是年十二月十六日傍晚天尚未黑时，一艘嘉兴开往苏州芦堰镇的航船行至距离芦堰镇七八里处，突然有盗匪十余人各持快枪、驾驶两条船只行劫，抢去现洋200余元以及火腿、锡箔以及乘客的衣物。[④]

清代运河盗匪的活动除劫掠船只外，同前代一样，也盗决运河堤防、偷窃运河水源。如乾隆《柘城县志》记载：“南河、运河两岸奸民穿穴盗水，名曰‘塞洞’。”[⑤]又据光绪《上虞县志》记载：“（咸丰九年）告示略云：据绅董俞晋、刘辉、钱宝常禀称：运河西小坝叠被姚民盗放泄水，防御久无善策。”[⑥]清朝对此亦有相应的惩治措施，据《读例存疑》卷五〇《工律·河防》记载：“故决盗决山东南旺湖、沛县昭阳湖、蜀山湖、安山积水湖、扬州高宝湖、淮安高家堰、柳蒲湾及徐邳上下滨河一带各堤岸并河南、山东临河大堤及盗决格月等堤，如但经故盗决尚未过水者，首犯先于工次枷号一个月，发边远充军。其已经过水尚未侵损漂没他人田庐财物者，首犯枷号两个月，发极边烟瘴充军。既经过水又复侵损漂没他人田庐财物者，首犯枷号三个月，实发云贵两广极边烟瘴充军。因而杀伤人者，照故杀伤问拟。从犯均先于工次枷号一个月，各减首犯罪一等。”

①〔清〕姚永朴：《光禄大夫刑部尚书薛公状》，闵尔昌：《碑传集补》卷四，《近代中国史料丛刊》第100辑，台北：文海出版社，1973年，第310页。

②〔清〕朱寿朋：《东华续录》“光绪一百三”条。

③《中外日报》第1822号光绪二十九年七月十六日（1903年9月7日）外埠新闻《航船被盗》。

④《时报》宣统元年十二月二十一日《地方通信·嘉兴通信·白日抢劫》。

⑤乾隆《柘城县志》卷九《人物志一·陈天清》。

⑥光绪《上虞县志》卷二三《舆地·水利》。

第二章

运河社会组织

自隋唐大运河贯通以来，运河沿线地区便活跃着一批与运河具有紧密关系的社会群体，包括运军、水手、商人、盗匪，等。他们往来于运河上下，或寓居于运河城镇当中，在长期的历史发展过程中，逐渐结成了相应的社会组织。譬如，以运河工商业者为主形成的行、会馆及公所；由应对运务的运军子孙所发展而来的家族；以沿运河经商的商人为主导而兴起的家族；以及由运河水手、盐贩、盗匪等发展而来的各种帮会组织，等等。这些社会组织因运河而兴起，也因运河而发展、衰落。

第一节 行、会馆与公所

隋唐以来，运河沿线的工商业者为了应对官府以及自身发展需要，逐渐形成了相应的社会组织。早在隋唐宋元时期，运河沿线工商业者就已经形成以行业为划分标准的组织——行。明代以来，随着同籍商人在运河沿线经商规模的扩大，超越行业划分而以地域为核心的会馆组织日益增多。明末清初，运河沿线工商业内部的竞争与合作加剧，一些同业者逐渐摆脱依靠地缘乡籍为核心的会馆的限制，走向同业之间的联合，又形成了许多以行业为基础的公所（公会）。

一、行

隋唐以来，纵贯南北的大运河的开通为商品运输提供了便利条件，促使运河沿线社会经济逐步发展起来，尤其是位于运河之上或附近的城镇，呈现出百货云集、商贾辐辏、店铺林立的景象。为应对官府的差役、课税，同时也为了形成行业内部规矩，在运河城镇中开设店铺的商人（铺户）根据所经营的行业成立了许多称为“行”的组织。

据隋人杜宝《大业杂记》“大业元年”条记载，当时大运河中心洛阳的丰都市，行业众多，店铺林立，“丰都市周八里，通门十二，其内一百二十行，三千余肆，甍瓦齐平，遥望如一，榆柳交荫，通衢相注”。

在继承和发展隋朝大运河的基础上，唐代运河沿线城镇获得持续发展，经济繁荣，商人众多，商人组织“行”也有了进一步的发展。据《河南志》记载，唐代运河中心洛阳的南市就有120行之多：“唐之南市，隋曰丰都市，东西南北，居二坊之地……四壁有四百余店，货贿山积。”除洛阳外，大运河最北端的幽州（今北京）也出现了许多的行。据房山云居寺保存《石经》资料显示，当时幽州可考之行包括：白米行、大米行、粳米行、油行、肉行、五熟行、屠行、绢行、大绢行、丝绸彩帛行、总绢彩帛行、丝帛行、市绢行、小彩行、丝绵行、布行、幞头行、磨行、生铁行、炭行等三十余种。另外，北段运河沿线的涿州也有肉行、椒笋行、果子行、靴行、新货行、杂货行、染行，等等。①在运河南段的重镇苏州，则有金银等行。②

唐代，不仅是运河城镇的中国商人有自己的同业组织“行”，甚至在其中开店的外国商人也成立了“行”这一组织。这些外国商人，被称作“胡商”。在南市、北市及邻近的修缮坊、会节坊、立德坊等地有他们信奉的“胡祆祠”“胡祆神庙”和“波斯胡寺”等建筑。《太平广记》对此亦有载：“唐河南府立德坊及南市西坊，皆有胡祆神庙，每岁商胡祈福，烹猪杀羊，琵琶鼓笛，酣歌醉舞，酬神之后，募一胡为祆主。”③

作为一种社会组织，唐代运河商人组成的“行”有其相应的组织系统，包括“行”的领导——“行头”（或称“行首”）和一般成员。行头对外主要是处理本行与官府之间的事宜，对内则领导行内的各种事务，包括商业活动、宗教祭祀活动，等等。④如唐人李玫所撰《纂异记·刘景复》便记载了运河城市苏州金银行的行首领导所属铺商祭祀吴太伯的活动：“吴太伯庙，在东阊门之西……时乙丑春，有金银行首纠合其徒，以绡画美人，捧胡琴以从，其貌出于旧绘者，名美人为胜儿。盖户牖墙壁会前后所献者，无以匹也。”⑤唐代《灵鬼志》亦载：“吴太伯祠，在苏州阊门西，人多献牲牢以祈福。时乙丑春，有金银行首，画美人以献。”除金银行外，苏州其他的“行”也多在春秋时节由行首率行众进行祭祀吴太伯的活动。

在隋唐奠定的运河网络基础之上，宋代社会经济进一步发展，运河城镇由商人组成的“行”，在这一时期特别发达。以北宋大运河的中心京师汴梁（今河南开封）为例，就有果子行、姜行、纱行、牛行、马行、大小货行、肉行等诸多“行”的存在。宋孟元老《东京梦华录》对此记载甚详：

西宫南皆御廊杈子，至州桥投西大街，乃果子行。（卷二“宣魄楼前省府官宇”）

自宣德东去，东角楼乃皇城东南角也。十字街南去，姜行。高头街北去，从纱行至东华门街、晨晖门、宝箓宫，直至旧酸枣门，最是铺席要闹。（卷二“东角楼街巷”）

以东牛行街，下马刘家药铺、看牛楼酒店，亦有妓馆，一直抵新城……土市北去，乃马行街也，人烟浩闹。（卷二“潘楼东街巷”）

北去杨楼以北，穿马行街，东、西两巷，谓之大、小货行，皆工作伎巧所居。小货

---

① 曾教公：《在北京石刻中保存的重要史料》，《文物》1959 年第 9 期。

②《太平广记》卷二八〇《梦五·刘景复》。

③《太平广记》卷二八四《幻术一·河南妖主》。

④ 全汉昇：《中国行会制度史》，台北：食货出版社，1986 年，第 37 ～ 39 页。

⑤ 同②。

行通鸡儿巷妓馆，大货行通牒纸店白矾楼，后改为丰乐楼，宣和间，更修三层相高。（卷二“酒楼”）

马行北去，乃小货行，时楼大骨传药铺，直抵正系旧封丘门，两行金紫医官药铺……（卷三“马行街北诸医铺”）

相国寺每月五次开放万姓交易……近佛殿，孟家道院王道人蜜煎，赵文秀笔及潘谷墨；占定两廊，皆诸寺师姑卖绣作、领抹、花朵、珠翠头面、生色销金花样幞头帽子、特髻、冠子、绦线之类。（卷三“相国寺万姓交易”）

绣巷，皆师姑绣作居住……以东街南高阳正店，向北入马行。（卷三“寺东门街巷）

马行北去，旧封丘门外祆庙斜街，州北瓦子。（卷三“马行街铺席”）

其杀猪羊作坊，每人担猪羊及车子上市，动即百数。如果木，亦集于朱雀门外及州桥之西，谓之果子行。（卷三“天晓诸人入市”）

坊巷桥市，皆有肉案，列三五人操刀，生熟肉从便索唤，阔切、片批、细抹、顿刀之类。（卷四“肉行”）

卖生鱼则用浅抱桶，以柳叶间串，清水中浸，或循街出卖。（卷四“鱼行”）

北宋汴京的各种“行”，也有其领导者，称为“行老”，其职能与唐代的行首类似。行老对外处理本行与官方之间的各种事务，对内在某行所办理的各种商业事务中发挥重要的作用，以至于“凡雇觅人力，干当人、酒食作匠之类，各有行老供雇”①。依照当时律令，举凡五行八作从业者，必须加入相应的行会。“行”在约束本行行规方面发挥了重大作用，使运河沿线的商业活动及其秩序井井有条：“凡百所卖饮食之人，装鲜净盘合器皿，车檐动使，奇巧可爱、食味和羹，不敢草略。其卖药卖卦，皆具冠带。至于乞丐者，亦有规格。稍似懈怠，众所不容。其士农工商诸行百户衣装，各有本色，不敢越外。谓如香铺裹香人，即顶帽披背；质库掌事，即着皂衫角带不顶相之类；街市行人，便认得是何色目。”②

南宋建都临安（今杭州），偏安江南一隅，版图虽不如北宋广大，但以都城为中心的运河系统仍发挥了重要的交通运输作用，促进了运河沿线城市经济的繁荣和商人及手工业者群体的发展。故南宋时期“行”这一社会组织比前代更为发达，不但包括了商人的同业组织，而且也涵盖了手工业者组织。以运河中心临安为例，据南宋咸淳《临安志》记载，当时的临安有各种“行”：鲜鱼行，在候潮门外；鱼行，

---

①〔宋〕孟元老：《东京梦华录》卷三《雇觅人力》，郑州：中州古籍出版社，2010年，第67页。
②〔宋〕孟元老：《东京梦华录》卷五《民俗》，郑州：中州古籍出版社，2010年，第87页。

在余杭门外水冰桥头；南猪行，在候潮门外；北猪行，在州北打猪巷；布行，在便门外横河头；蟹行，在崇新门外南土门。①

从位置来看，这些行大都处在运河水道的附近，说明“行”是因为运河而兴起和发展起来的。然而，以上所列之行仅仅只是当时诸行的一小部分。在南宋人耐得翁所撰《都城纪胜·诸行》中，还可见到有关临安之行的更多记载：

> 市肆谓之行者，因官府科索而得此名。不易其物小大，但合充用者，皆置为行，虽医卜亦有职。医克择之差，占则与市肆当行同也。内亦有不当行而借名之者，如酒行、食饭行是也。又有名为团者，如城南之花团、泥路之青果团、江干之鲞团、后市街之柑子团是也。其他工伎之人，或名为作，如篦刀作、腰带作、金银镀作、钑作是也。又有异名者，如七宝谓之骨董行，浴堂谓之香水行是也。大抵都下万物所聚，如官巷之花行，所聚花朵、冠梳、钗环、领袜，极其工巧，古所无也。

南宋时期，商业的行会为同业商人所组织，又别名为“团”，偏重于货品的买卖，如鱼行、肉行、果子行等均属这类。手工业的行会，为同行的手工业者所组织，偏重于工业品的制造。然而手工业的行会不专称为“行”，又别名为“作”。以上《都城纪胜》所举南宋临安的工商业之行亦仅为部分。《西湖老人繁胜录·诸行市》对当时临安的行记述得更为详细：

> 川广生药市、象牙玳瑁市、金银市、珍珠市、丝锦市、生帛市、枕冠市、故衣市、衣绢市、花朵市、肉市、米市、卦市、银朱彩色行、金漆桌凳行、南北猪行、青器行、处布行、麻布行、青果行、海鲜行、纸扇行、麻线行、蟹行、鱼行、木行、竹行、果行、笋行，京都有四百十四行。略而言之：闹慢道业，履历班朝，风筝药线，胶矾斗药，五色箭翎，银朱印色，茶坊吊挂，琉璃泛子，粘顶胶纸，染红牙梳，诸般缠令，修飞禽笼，修栗恩贾，成套筛儿，接象牙梳，诸般耍曲，札烫斗，丁看窗，侈砧头，照路遣，扫金银……

以上记载南宋临安有“四百四十行”，比起隋唐时期运河中心洛阳“一百二十行”多出不少。除“行”以外，文中还有“市”，也是“行”的别称，南宋钱塘（杭州）人吴自牧所著《梦粱录》卷一三“团行”条载：

> 市肆谓之“团行”者，盖因官府回买而立此名，不以物之大小，皆置为团行，虽医卜工役，亦有差使，则与当行同也。然虽差段，如官司和雇支给钱米，反胜于民间雇倩工钱，而工役之辈，则欢乐而往也。其中亦有不当行者，如酒行、食饭行，而借此名。有名为“团”者，如城西花团、泥路青果团、后市街柑子团、浑水闸鲞团。又有名为“行”者，如官

---

① 咸淳《临安志》卷一九《疆域四·市》。

巷方梳行、销金行、冠子行、坡北鱼行、坡东蟹行、姜行、菱行、北猪行、候潮门外南猪行、南土及北土门菜行、坝子桥鲜鱼行、横河头布行、鸡鹅行。更有名为“市”者，如炭桥药市、官巷花市、融和市、南坊珠子市、修义坊肉市、城北来市……其他工役之人，或名为“作分”者，如碾玉作、钻卷作、篦刀作、腰带作、金银打钑作、裹贴作、铺翠作、裱褙作、装銮作、油作、木作、砖瓦作、泥水作、石作、竹作、漆作、钉铰作、箍桶作、裁缝作、修香浇烛作、打纸作、冥器等作分。又有异名“行”者，如买卖七宝者谓之骨董行，钻珠子者名曰散儿行，做靴鞋者名曰双线行，开浴堂者名曰香水行。大抵杭城是行都之处，万物所聚，诸行百市，自和宁门杈子外至观桥下，无一家不买卖者，行分最多，且言其一二。

除运河中心临安外，运河重要城市苏州及其附近的昆山亦多商人组织的行：

望江，钉行、茶行；庙堂，鱼行……（《吴地记后集》“昆山县桥梁十四所”条）

富仁坊，鱼行桥东……馆娃坊，果子行；和丰坊，米行……嘉鱼坊，鱼行桥西。（宋范成大《吴郡志》卷六“坊市”条）

南宋时期，运河城镇各行亦有其首领行老。行老之作用同北宋时期，负责处理行业内外的各种事务。对内，行首“各雇赁银鞍闹妆马匹，借倩宅院”①，维持行业之运作。对外，因行老为行业首领，熟悉行会中的利弊、秘密等情事，官府非常倚靠他们。以至于官府“凡顾倩人力及干当人……俱各有行老引领。如有逃闪，将带东西，有元地脚保识人前去跟寻”，甚至“官员士夫等人，欲出路、还乡、上官、赴任、游学，亦有出陆行老，顾倩脚夫脚从，承揽在途服役，无有失节”②。

由于有大量行会、行老的存在，南宋时期运河城镇的商业活动亦如北宋汴京一样秩序井然：“杭城风俗，凡百货卖饮食之人，多是装饰车盖担儿，盘盒器皿新洁精巧，以炫耀人耳目，盖效学汴京气象，及因高宗南渡后，常宣唤买市，所以不敢苟简，食味亦不敢草率也。”③

元代，京杭大运河贯通，运河沿线的工商业及商人、手工业者再度获得发展，由其形成的社会组织“行”仍可见到。如乔孟符《扬州梦》第一折“混江龙曲”记载，扬州有一百二十行，“列一百二十行，经商财货”。又马可·波罗记载当时的杭州，“此城有十二种职业，各业有一万二千户，每户至少有十人，中有若干户多至二十人四十人不等。其人非尽主人，然亦有仆役不少，以供主人指使之用。诸人皆勤于作业，

①〔宋〕吴自牧：《梦粱录》卷二《诸库迎煮》，杭州：浙江人民出版社，1984 年，第 13 页。
②〔宋〕吴自牧：《梦粱录》卷一九《顾觅人力》，杭州：浙江人民出版社，1984 年，第 183 页。
③〔宋〕吴自牧：《梦粱录》卷一八《民俗》，杭州：浙江人民出版社，1984 年，第 161 页。

盖其地有不少城市，皆依此城供给也。”[①] 据全汉昇研究，此十二种职业，概指十二行，每行有一万两千家行户。这只是部分记载，其实际数量当不止十二行。[②]

自元以后，随着运河社会经济的发展，运河沿线城镇中由同乡商人建立的会馆，或者同业商人、手工业者组成的公所日益兴起，逐渐取代了隋唐宋元时期“行”这一社会组织。

二、会馆

明清时期，大运河作为连接南北的主要商路，是各路商人竞相逐利的通途。他们或挟巨资奔走南北，或泛舟载货走集各地，辛苦异常，为解决在外期间遇到的贸易、生活等方面的困难，同乡商人逐渐在运河沿线城镇设立起会馆这一以商业为核心的社会组织。运河商人会馆由此兴起。

（一）运河沿线会馆的分布

明清以来，运河沿线城镇大多有商人会馆的分布。然因地位轻重、商人多寡等而有所不同。位于运河最北端的北京，既是明清两朝的政治、经济、文化中心，同时又是运河首位城市。作为首善之区，五方杂处，万商云集，工商业最称繁荣，故明清以来商人会馆林立。据统计，明清时期北京有 40 多个商人会馆。[③] 这些会馆是由各地在京商人、同乡同行或同乡几行成立起来的地方商人组织，是为商人开会、存货、订立行规而设立的，故又称之为“行馆”。明朝时，北京已出现许多商人会馆。最早的商人会馆为明永乐年间安徽芜湖商人在北京设立的芜湖会馆。[④] 其他主要是明中叶以后创办，如山西平遥颜料商所建立的颜料会馆。清乾隆六年（1741）碑文记载：“我行先辈，立业都门，崇祀梅、葛二仙，香火悠长，自明代以至国朝，已有百余年。”这个会馆是清康熙十七年（1678）重修的，按碑文上推百余年，其创建年月，当在明万历以前。此外，成立于明朝的会馆，还有山西临汾、襄陵两县油、盐、粮商建立的临襄会馆；山西临汾纸张、干果、颜料、杂货、烟叶等五行商人建立的临汾东馆（亦称“临汾乡祠”）；山西临汾商人建立的临汾西馆；山西潞安州铜、铁、锡、炭、烟袋诸商建立的潞安会馆；浙江宁波药材商人建立的四明会馆；陕西关中商人建立的关中会馆，等等。[⑤]

明清之际，在清统治者入关和镇压李自成农民起义过程中，北京社会经济曾遭受到严重破坏。清朝初年，随着运河的开挖疏浚及社会秩序的逐步稳定，北京工商业开始逐渐恢复和

---

①〔意〕马可·波罗著，冯承钧译：《马可波罗游记》，上海：上海书店出版社，2006 年，第 330 ～ 331 页。

② 全汉昇：《中国行会制度史》，台湾：食货出版社，1986 年，第 85 ～ 86 页。

③ 李华：《明清以来北京的工商业行会》，《历史研究》1978 年第 4 期。

④ 王日根：《明清时代会馆的演进》，《历史研究》1994 年第 4 期。

⑤ 同③。

发展起来。顺治末年，内大臣索尼《上言十一事》就曾指出："四方血脉宜通。商贾往来贸易，络绎不绝，然后知京师之大。今闻各省商民，担负捆载至京。"至康熙末年，北京工商业更加发展，市场繁荣，人烟稠密，已经达到"京师近地，民舍市廛，日以增多，略无空隙"的程度。由于商人的增多，北京的商人会馆也随之显著增加。在康、雍两朝建立起来的会馆，主要有正乙祠（又名银号会馆，康熙六年，浙江绍兴银号商人建立）、仙城会馆（康熙五十一年，广州商人建立）、河东烟行会馆（雍正五年，山西烟商建立）、太平会馆（清初，山西太平县商人建立）等。

清乾嘉时期，随着大运河的全面整治和利用，清代封建经济发展到鼎盛，北京工商业也十分繁荣。乾隆中期，"京城为辇毂重地，商贾云集"。乾隆末年，前门外一带，商店林立，工商业空前繁盛。游人顾客，车水马龙，来往不断。时人有诗云："晴云旭日拥城闉，对面交言听不真。谁向正阳门上坐，数清来去几多人。"嘉庆年间，北京"第宅云连，市座茶布，为四方会集之区。大小街巷，设立推拨栅栏""文物声华，日见其盛，车轮马足，实繁有徒"。最繁华的正阳门大街两旁，"向有负贩人等，列肆贸易"，以致"侵占轨辙"，影响到"车马往来"；"沿街铺户""稽棚露积，致碍官街"。在北京工商业高度发展的同时，商人会馆也犹如雨后春笋般出现。乾隆时人汪启淑所著《水曹清暇录》指出，"各省争建会馆，甚至大县亦建一馆"，以致引起前门、崇文、宣武三门以外地基房价的直线上涨。嘉庆二年（1797）《新置盂县借鏈行六字号公局碑》记载："京师为四方士民辐辏之地，凡公车北上与谒选者，类皆建会馆以资憩息。而商贾之业同术，设公局（商人组织的一种）以会酌事宜者，亦所在多有。"直到晚清时期，北京商人会馆林立的现象依旧显著。道光十八年（1838）《颜料行会馆碑记》便提道："京师为天下首善地，货行会馆之多，不啻什百倍于天下各外省。且正阳、崇文、宣武门外，货行会馆之多，又不啻什百倍于京师各门外。"[①] 据统计，将明清时期北京会馆情况附列如下：

1. 颜料会馆。前门外北芦草园4号，明中叶山西颜料、桐油商人创建。原名平遥会馆，又名集瀛会馆，后改颜料会馆。清末民初，改称颜料行同业公会。

2. 天龙寺会馆。广渠门内天龙寺6号，明万历年间金华等八县旅京商人创立，清康熙二年（1662）重修。

3. 临汾乡祠（临汾东馆），前门外打磨厂120号，明代山西临汾纸张、颜料、干果、烟行、杂货等五行商人创立，乾隆三十二年（1767）重修。

4. 临襄会馆，前门外晓市大街138号，明代山西临汾、襄陵两县在京油商创建，

---

①《颜料行会馆碑记》，李华编：《明清以来北京工商会馆碑刻选编》，北京：文物出版社，1980年，第7页。

原名右会馆，康熙五十三年（1714）改称临襄会馆，清末改称油盐粮行同业公会。

5. 临汾西馆，前门外大栅栏 18 号，明代陕西临汾商人创立，清代乾嘉年间重修，清末再修。

6. 四明会馆，右安门内郭家井 2 号，明代浙东药材商创建，原名鄞县会馆，1922 年改名四明会馆。

7. 关中会馆，宣武门外保安寺街 4 号，明代陕西商人创立。

8. 歙县会馆，宣武门外大街 51 号，明代徽州茶、漆商人创建。

9. 潞安会馆，广渠门内炉神庵，明代山西铜、铁、锡、炭、烟袋诸帮商人创建。

10. 正乙祠（银号会馆），前门外西河沿 189 号，清康熙六年（1667）浙江绍兴银号商人建立，又名银号会馆。

11. 梨园会馆，前门外东珠市口精忠庙内，成立年代不详。

12. 西金行会馆，前门外庆云巷大院 6 号，成立年代不详，目前发现最早的碑刻立于康熙三十六年。

13. 仙城会馆，前门外王皮胡同 3 号，清康熙五十一年（1712）广州绸缎、珠宝、药材、香料、干果商建立，嘉庆十四年（1809）重修，同治元年（1861）再修。

14. 成衣行会馆，前门外晓市大街 129 号，浙江慈溪县成衣行商人会馆，又名浙慈馆，约在清初成立，光绪十六年（1880）重修。

15. 太平会馆，南堂子胡同晋高庙，山西太平县商人会馆，乾隆四年（1739）重修。

16. 襄陵南馆，虎坊桥五道庙 24 号，山西襄陵县商人会馆，约清初建立，嘉庆年间（1796～1820）重修，民国初年再修。

17. 河东会馆，广安门大街 449 号，清雍正五年（1727）山西烟商建立，又名烟行会馆，自乾隆至嘉庆，屡次重修扩建。

18. 晋翼会馆，前门外小蒋家胡同 11 号，清雍正十一年（1733）山西翼城布商建立，故又名布商会馆。清末为人和、泰和两家布商典当，民国初年与翼城会馆合并。

19. 浮山会馆，前门外鹞儿胡同 37 号，清雍正七年（1729）山西浮山县商人建立，乾隆以来屡次重修。

20. 通州晋翼会馆，通州教子胡同七、八号，清乾隆四年（1739）由山西翼城商人建立，清末分别改为布行公所与染坊公所。

21. 延邵会馆，崇文门外英子胡同 22 号，清乾隆四年（1739），福建延平、邵武二府纸商建立，又名纸商会馆。

22. 长春会馆，和平门外小沙土园 6 号，玉器行商人建立，又名玉行会馆，成立于清乾隆五十四年（1789）。

23. 盂县会馆，宣武门外椿树上二条17号，山西盂县六家氆氇行于乾隆末年筹备，嘉庆二年（1797）建成。九年中，六家共捐银二千三百余两。

24. 靛行会馆，前门外珠市口西半壁街49号，染坊商、蓝靛商共同建立，又名染坊会馆，约在乾隆末嘉庆初建立。

25. 平定会馆，前门外西柳树井52号，山西平定县雨衣、钱庄、染坊等商人会馆，成立年代不详，目前发现最早的碑刻立于嘉庆十五年（1760）。

26. 药行会馆，前门外东兴隆街3号，原在南药王庙成立行会，清嘉庆年间迁此地，改名药行会馆。

27. 东元宁会馆，前门外长巷下三条11号。南京绸商会馆，成立年代不详。

28. 文昌会馆，和平门外小沙土园4号，文昌会馆有二：一在东琉璃厂东口路北，为南方书商建立，遗址被毁；另一在小沙土园，北方书商于同治三年（1864）建立。

29. 襄陵北馆，前门外西河沿余家胡同4号，山西襄陵商人会馆，成立年代不详。

30. 棚匠会馆，陶然亭黑窑厂，成立年代不详。①

天津，是因运河而兴起的移民城市。“土著之民，凋零殆尽，其比间而居者，率多流寓之人”②。这些流寓之人中就包括来自广东、江西、福建、山西、浙江、山东等省份寓居于此的商人，因此建有不少的商人会馆。如江西会馆，成立于清乾隆十八年（1753），位于北马路，原称“万寿宫”，宫内供奉许真君。③乾隆五十年，流寓天津的广州、潮州、福建的闽广帮商人建立了“闽粤会馆”，“闽粤会馆，乾隆乙巳年月建造，在针市街。”④嘉庆十三年（1808），山西盐、铁、票、染、锡、茶、钱、账、洋布、皮货、颜料、杂货、当行等商人在天津河北锅店街创建山西会馆，“山西会馆，嘉庆戊辰年九月建造，在锅店街”⑤，内有前后两殿和春秋楼戏台，后殿供奉关帝。同治四年（1865），山东济宁商人在肉市口建济宁会馆，“济宁会馆，同治四年八月建造，在肉市口内西杂粮店街。”⑥此外，还有光绪二年（1876）由河南旅津药商集资建立的怀庆会馆、光绪十三年由浙江商人建立的浙江会馆以及光绪十九年由江苏商人建立的江苏会馆。⑦

在山东省境，明清时期贯通南北的京杭大运河从其西部流过，使这一区域成为南

① 李华编：《明清以来北京工商会馆碑刻选编》，北京：文物出版社，1980年，第1～127页。
② 康熙《天津卫志》卷二《利弊》。
③ 尚洁主编：《天津民俗》，兰州：甘肃人民出版社，2004年，第265页。
④ 光绪《重修天津府志》卷二四《公廨》。
⑤ 同④。
⑥ 同④。
⑦ 同④。

北交通的重要通道。优越的地理位置和便利的交通条件，吸引了徽商、西商、洞庭商、江右商等全国著名的商帮云集于此。江南商人转售棉花绸缎，西北商人贩运粮食布帛，闽广商人以糖茶、纸张打开山东市场，江西商人用瓷器换取麦豆，辽东商人的人参、貂皮畅销鲁西，胶东商人的鱼盐海味进入内地城乡……他们在山东运河沿线或开庄设店，或长途贩运，为联系乡谊、团结互助、扩大工商业发展，来到运河沿线的各地商人纷纷建立起会馆组织。从德州桑园镇到兖州台儿庄，分布着来自全国各地的商人商帮建立的大大小小数十座会馆（亦有以庙、观或公所称之），成为明清时期运河商业文化的见证。

据统计，明清时期山东运河沿线德州、临清、聊城、济宁、台儿庄等地有会馆 45 所。其中明代会馆 10 所，多以庙、宫等名出现。如明前期，浙江绍兴商人在济宁建有浙绍公仁堂。万历年间（1572 ~ 1620），杭州商人、福建商人、山西商人在临清分别建有大王庙、天妃宫、机神庙。明末有山陕商人在阳谷阿城建大王庙。天启年间（1621 ~ 1627），浙江商人、安徽商人在济宁分别建有浙江会馆、安徽会馆。崇祯年间（1628 ~ 1644），西商朱之运等在阳谷张秋建大王庙。其余明代所建时间不详之会馆还有苏州锡箔商、福建商所建同仁公所、福建会馆。入清后，随着战乱的平息和运河运输的恢复，各地商人在山东运河沿线城镇贸易者日益增多，使得这些地区的会馆数量大幅增长，先后建有会馆 40 余所。如康熙年间（1662 ~ 1722），就有山西茶商在临清修建的大王庙，山西商人在聊城修建的太汾公所，山陕商人在阳谷张秋修建的山陕会馆。至乾隆年间（1636 ~ 1695），随着运河商人人数的增加，山东运河沿线的会馆修建也达到了顶峰。这一时期，有山西商人在馆陶修建的两所山西会馆，山陕商人在聊城修建的山陕会馆，山西盐商等在阳谷阿城修建的运司会馆，周村盐商在阳谷阿城修建的淤陵会馆，山西盐商在汶上修建的西晋会馆，上元、江宁、当涂商人在济宁修建的元宁会馆，晋陕豫商人在济宁修建的三省会馆。直至清末仍不断有商人在运河城镇修建会馆。这些会馆中，控制了整个北中国市场，山东运河流域出现晋商独执商界牛耳的局面。故山东运河区域城乡西商会馆最多，占到总数一半以上（23 所），其次是江南商人会馆（10 所），再次是福建商人会馆（4 所）和江右商人会馆（3 所）。明清时期山东运河沿线会馆见表 2-1：

表2-1　明清山东运河区域商人会馆一览表

名称	地址	年代	建造者	资料来源
山西会馆	德县	清	山西商人	民国《德县志》卷四
山西会馆	恩县	清道光	陕西商人	光绪《恩县乡土志》
山西会馆	武城四女寺	清	山西商人	田野调查
山西会馆	馆陶	清乾隆	山西商人	光绪《馆陶乡土志》卷八
山西会馆	南馆陶	清乾隆	山西商人	光绪《馆陶乡土志》卷八
大王庙	临清运河南	明万历	杭州商人	乾隆《临清州志》卷一一

续表

名称	地址	年代	建造者	资料来源
大王庙	临清运河西	清康熙	山西茶商	乾隆《临清州志》卷一一
天妃宫	临清	明万历	福建商人	《梼杌闲评》第二回
神机庙	临清	明万历	山西丝绸商和临清织工	乾隆《临清州志》卷一一
山西会馆	冠县	清道光	山西商人	道光《冠县志》卷二
太汾公所	聊城	清康熙	山西商人	聊城山陕会馆碑记
山陕会馆	聊城	清乾隆	山西、陕西商人	保存完好，有碑刻19通
江西会馆	聊城	清道光	江西商人	聊城《万寿宫记》碑
武林会馆	聊城	不详	杭州商人	田野调查
赣江会馆	聊城	不详	江西商人	田野调查
苏州会馆	聊城	清嘉庆	苏州商人	田野调查
山西会馆	聊城	清	山西商人	光绪《聊城乡土志》
运司会馆	阳谷阿城	清乾隆	山西盐商和盐运司	现仍存大殿、门楣等
大王庙	阳谷阿城	清明末	山陕商人	田野调查
淤陵会馆	阳谷阿城	清乾隆	周村盐商	现仍存山门及大殿
北会馆	阳谷阿城	不详	周村盐商	田野调查
山陕会馆	阳谷张秋	清康熙	山陕商人	现仍存大殿、门楣
山西会馆	阳谷张秋	不详	山西商人	田野调查
大王庙	阳谷张秋	明崇祯	西商朱之运等	康熙《张秋志》卷一〇
山西会馆	东阿	清道光	山西典当商	道光《东阿县志》卷二
陕西会馆	梁山靳口镇	不详	山西商人	《梁山文史资料》第8辑
山西会馆	东平	不详	西商	民国《东平县志》卷一五
西晋会馆	汶上	清乾隆	山西盐当商	汶上宝相寺现存碑刻
浙江会馆	济宁	明天启	浙江商人	田野调查
元宁会馆	济宁	清乾隆	上元、江宁、当涂商人	道光《济宁直隶州志》卷四
句容会馆	济宁	不详	句容商人	田野调查
江西会馆	济宁	清道光	江西商人	田野调查
安徽会馆	济宁	明天启	安徽商人	田野调查
金陵会馆	济宁	清初	南京铜业商人	田野调查
浙绍公仁堂	济宁	明前期	浙江绍兴商人	道光《济宁直隶州志》卷二
同仁公所	济宁	明代	苏州锡箔商	道光《济宁直隶州志》卷二
福建会馆	济宁	明代	福建商人	道光《济宁直隶州志》卷二
三省会馆	济宁	清乾隆	晋陕豫三省商人	道光《济宁直隶州志》卷二
湖南会馆	济宁	清道光	湖南商人	道光《济宁直隶州志》卷二
济阳会馆	济宁	清中期	济阳绸布商	济宁玉堂酱园现存碑铭
山西会馆	邹县	不详	山西长治商人	《邹县文史资料》第5辑
姑苏庙	滕县	不详	苏州商人	民国《滕县志》

续表

名称	地址	年代	建造者	资料来源
天后圣母宫	峄县台儿庄	清咸丰	福建商人	光绪《峄县志》卷一〇
山西会馆	峄县台儿庄	清雍正	山西商人	现存关公殿、石狮及碑刻
妈祖庙	峄县台儿庄	不详	福建商人	田野调查

资料来源：转引自王云《明清山东运河区域的商人会馆》，《聊城大学学报（社会科学版）》2008年第6期。

在大运河中段，作为明清时期漕运重地的淮安，商业繁盛，人口众多，四方商贾会集于此，“水陆之冲，四方辐辏，百工居肆，倍于土著”①。清代，各地商人相继在此建立会馆，如定阳会馆、浙绍会馆、润州会馆、福建会馆、江宁会馆、四民会馆、新安会馆、镇江会馆、江西会馆等。②淮安附近的重要运河城市宿迁，也建有不少商人会馆，如苏州商人所建苏州会馆，“中天王庙，在治北前马路口，俗名天曹司，是为苏州会馆”；福建商人所建闽中会馆，“天后宫，即福建会馆，在新盛街”③，“闽中会馆，即天后宫，在新盛街”④。此外，还有浙商建的浙江会馆、泾县商人建的泾县会馆等，“浙江会馆，在迎薰门外河清街。泾县会馆，在通岱街南，同治十三年（1874）建。京江会馆，在洋河镇西大街。江西会馆，在窑湾镇”⑤。

同在大运河中段的扬州，扼运河咽喉，商业素称鼎盛，“扬州为南北通都大邑，商贾辐辏，俗本繁华”。明清时期的扬州更是盐铁转运、南北货物贸易中心，故有大量来自陕西、山西、安徽、湖广、江西等地的商人到扬经营盐业和南北货，以至于明后期扬州“土著较游寓三十之一”⑥，数十万人口之中客商人数就占了很大的比例。各地商人在扬州积累起巨额的商业资本的同时，为了在商业交往上互通声气、联络乡谊等，建立了许多以同乡为基础的商人会馆组织。这些会馆的建立从明代后期兴起，清康雍乾时期随着运河的平稳运转而进一步发展。到清末同治、光绪时期，扬州会馆达到繁盛，有浙绍会馆、湖北会馆、湖南会馆、安徽会馆、宁波会馆、岭南会馆、山陕会馆，等等。兹将扬州商人会馆情况概述于下。

浙绍会馆，在达士巷，乾隆年间（1736～1795）浙江绍兴商人建。

湖北会馆，即禹王宫，咸丰二年（1852）湖北木商捐造，同治二年（1863）重修。

岭南会馆，在旗杆巷，同治八年（1869）广东商人建。

湖南会馆，在南河下街，旧为歙人修撰洪莹宅，名小盘窝，后归丹徒。

① 乾隆《淮安府志》卷一五《风俗》。

② 王明德：《明清时期的运河商人会馆》，《江苏商论》2010年第11期。

③ 同治《宿迁县志》卷一一《祠祀志》。

④ 同治《宿迁县志》卷一三《营建志》。

⑤ 同④。

⑥ 光绪《江都县续志》卷二《建置考》。

江西会馆，在南河下街，江西商人建。

湖北会馆，在南河下街，湖北商人建。

安徽会馆，在花园巷，安徽商人建。

嘉兴会馆，在新城仓巷，嘉兴商人建。

天后宫，在七濠口公兴街，光绪七年（1901）宁波人公建，为米业会馆。[①]

从地域分布来看，明清时期扬州分为新旧二城，新城靠近运河，集中了与运河转运作用密切相关的城市功能，为行盐的方便，新城沿运河一带成了盐商集中聚居区。据统计，新城建成后至清康熙年间（1662 ~ 1722），除了个别盐商还宅居旧城外，绝大多数盐商都集中在扬州新城，其中一半以上位于北河下到南河下长达四里的狭长地带。这样，商人们用来发展商业、联络乡谊、议事叙情、公共聚会的会馆，自然就集中在这一片区域。这充分显示出扬州商人会馆因运河而生、因运河而发展壮大的特点。

在明清京杭大运河的南段，苏州地处长江三角洲，濒临太湖，位于大运河与娄江的交汇处，“南达浙闽，北接齐豫，渡江而西，走皖鄂，逾彭蠡，引楚蜀岭南”。在以河运交通为主的时代，苏州特有的优势不言而喻。运河便利的交通条件，为商品的流通、人口的交会流动开启了一条大动脉，使苏州成为财货聚散、商业繁荣之地，文献称其“商贾辐辏，百货齐聚，上自北京，下至两广，远及重洋，贸易之盛甲于天下”“为东南一大都会，商贾辐辏，百货骈阗，上自帝京，远连交、广，以及海外诸洋，梯航毕至”“市阛间，商贾填益。四方之人，等于土著”。大量外乡商人寓居苏州的主要目的是从事工商业活动，开展贸易和经营。若想在苏州这样一个东南经济中心立足，单枪匹马未免势单力薄，所以就需要联络同乡，互相帮助。比如明代安徽人“贩脂、盐、茶、木材……居于吴者数十年累巨万”，入清以后，安徽宁国商人鉴于“乡人既多，不可无公馆以为会集之所”，于是建立了宛陵会馆。此外，安徽人还先后建立了大兴会馆、徽郡会馆、新安会馆、宣州会馆等商人会馆。在这样的社会背景和群体心理之下，明清时期苏州的外省商人纷纷建立会馆。“五方商贾，辐辏云集，百货充盈，交易得所，故各省郡邑贸易于斯者，莫不建立会馆”[②]，以至于苏州出现商人会馆特别发达的局面，“会馆之设，肇于京师，遍及都会，而吴阊为盛”[③]。

① 光绪《江都县续志》卷二《建置考》。

② 《嘉应会馆碑记》，苏州历史博物馆等编：《明清苏州工商业碑刻集》，南京：江苏人民出版社，1981 年，第 350 页。

③ 杭世骏：《吴阊钱江会馆碑记》，江苏省博物馆编：《江苏省明清以来碑刻资料选集》，北京：三联书店，1959 年，第 24 页。

据吕作燮统计，仅苏州附郭的吴、长洲、元和三县境内明清时期的会馆就有 48 所。这 48 所会馆，建于明朝的 3 所，建于清初的 1 所，建于康熙年间的 13 所，建于乾隆以前的 2 所，建于乾隆年间的 14 所，建于嘉庆年间的 1 所，建于道光年间的 2 所（元宁会馆附此），建于同治年间的 4 所，建于光绪年间的 5 所，建于宣统年间的 1 所，不明建馆年代的 2 所。其中建于明朝和清朝前期（到乾隆末年止）的 33 所，约占会馆总数的 69%。清朝前期的会馆到嘉庆以后经过重修或重建的只有 8 所（民国重修重建者不计）。这些数据显示，苏州会馆的总体演变进程是明末清初为产生期，康乾时代为成熟期，鸦片战争后为衰亡期。①

就性质而言，这些会馆大体可以划分为三类：第一类为商人所建的会馆，共 31 所，占会馆总数的 65%。第二类为仕、商共建的会馆，共 11 所，占会馆总数的 23%。第三类为官僚、军人建的会馆，共 2 所，占会馆总数的 4%。不明建馆者身份的 4 所，占会馆总数的 8%。明确与商人有关的会馆共 42 所。其中可以确定由手工业者创建的，只有宁吴会馆 1 所。有手工业者参加的会馆，也只有东越会馆、宣州会馆、武林杭线会馆、高宝会馆等 4 所，这说明明清时期苏州的会馆实际上多数为商人会馆。兹将吕氏所统计明清时期苏州会馆情况详列于下：

1. 岭南会馆，明万历年间（1573～1620），由广东士商共建于阊门外山圹桥西。康熙五年（1666）廓新，雍正元年（1723）建广业堂。

2. 三山会馆，明万历年间，由福建士商共建于万年桥大街。康熙十五年（1676）和道光十年（1830）先后两次重修。

3. 东莞会馆，明天启五年（1625），由广东东莞商人建于阊门外半圹街。康熙十六年（1677）东莞商人新建宝安会馆，拟将此馆移并，以所供武帝像不能动，仍存之，俗呼老会馆。

4. 潮州会馆，清初从南京迁苏，由广东潮州府属海阳、澄海、潮阳、饶平、惠来、普宁、揭阳七邑众商共建于阊门外北壕，康熙四十七年（1708）移建于上圹街。

5. 宝安会馆，康熙十六年（1677），由广东东莞商人建于阊门外山圹街，岭南会馆之东。

6. 冈州会馆，俗称扇子会馆，康熙十七年（1678），由广西义宁商人建于阊门外山圹街，宝安会馆之东。

7. 大兴会馆，康熙十九年（1680），由江苏各府木商共建于齐门外西汇。同治四年（1865）重建于娄门外东汇。

8. 东齐会馆，康熙二十年（1681），一说在顺治间（1644～1661），由山东胶西、

① 吕作燮：《明清时期苏州的会馆和公所》，《中国社会经济史研究》1984 年第 2 期。

潍邑诸商；一说为山东胶、青、登三州商人，共建于阊门外桐桥附近。雍正四年（1726）增建，乾隆四十二年（1777）重修。

9. 江西会馆，康熙二十三年（1684），由江西士商共建于阊门外留园附近。自康熙至乾隆年间多次扩建、重修。民国年间为江西同乡会。

10. 宛陵会馆，康熙三十六年（1697），由安徽宁国士商共建。

11. 漳州会馆，亦称霞漳会馆，又称霞漳公所。康熙三十六年（1697），由漳州士商共建于阊门外南濠街，有乾隆南巡时题匾。

12. 泉州会馆，又名温陵会馆，康熙四十六年（1707），由福建泉州商人建于阊门外张家园南。

13. 邵武会馆，康熙五十年（1711），由福建邵武士商共建于阊门外南濠街，有乾隆南巡时题匾。

14. 汀州会馆，康熙五十七年（1718），由福建上杭六串纸商建于阊门上扩街。光绪十三年（1887），永定皮丝烟商参加一起重建。光绪二十年，同乡商人争执馆政，改由在苏之汀州同乡官员总督经理，从此成为士商合办会馆。

15. 高宝会馆，亦称江淮会馆，康熙五十七年（1718），由江苏海、淮、洋、泗四帮商人共建于阊门外潭子里。乾隆、嘉庆年间均有重修。

16. 兴安会馆，康熙年间由福建莆田、仙游商人共建于阊门右圣观弄。

17. 浙绍会馆，康熙年间浙江绍兴商人建于盘门新桥巷。

18. 洞庭会馆，具体建馆年代尚难确定，但应在乾隆以前。由苏州吴县洞庭东山商人建于阊门外枫桥镇。

19. 浙宁会馆，乾隆以前由浙江宁波商人建于阊门外南濠街。

20. 武林杭线会馆，乾隆初年由浙江杭州线商、杭州绸、箔商建于阊门蒋家桥弄。道光年间绸、箔二商分立出去。同治九年（1870）重修时，邀请苏州线商加入会馆，从此变成了线商会馆。

21. 宣州会馆，乾隆初年，由安徽宁国府泾、旌德、太平三县烟商共建于阊门吴殿直巷。同治六年经过重修。

22. 陕西会馆，亦称全秦会馆，又称雍谅公墅。乾隆六年（1741），由西安商人邓廷试、刘辉扬等筹建于阊门外山扩街，二十年后始由陕西在苏官员董其事，并最后建成，成为士商共建会馆。

23. 延宁会馆，亦称延建会馆，乾隆九年（1744）由福建延平、建宁商人共建于曹家巷。

24. 金华会馆，乾隆十七年（1752）由金华府属金华、兰溪、东阳、永康、义乌五县商人共建于阊门外南濠街，道光十六年（1836）重修。

25. 钱江会馆，乾隆二十三年（1758），由浙江杭州绸商筹建，三十年建成于桃花坞街。

26. 毗陵会馆，俗称猪行会馆，又名毗陵公墅，也称猪业公所、讨账公所。乾隆二十七年（1762），由江苏常州猪商建于阊门外山圹街莲花兜。

27. 全晋会馆，又名山西会馆，以其神殿前有白石牌坊，俗呼白石会馆。由山西钱行众商于康熙六十年（1721）筹建，乾隆三十年（1765），建成于阊门外山圹街半圹桥。

28. 徽郡会馆，乾隆三十五年（1770），由安徽徽州府涝油、蜜枣、皮纸三帮商人共建于镇抚司前。

29. 中州会馆，乾隆三十七年（1772），由河南商人建于天启桥西三元坊。

30. 江鲁会馆，亦称江鲁公所，乾隆四十六年（1781），由兖、徐、淮、阳等府商人建于大马路。

31. 吴兴会馆，乾隆五十四年（1789），由浙江湖州士商共建于曹家巷。

32. 仙翁会馆，乾隆五十八年（1793），由福建纸商建于沿河街长衢。

33. 新安会馆，乾隆年间，由安徽歙县商人建于阊门外上圹街后十家巷，民国时为新安同乡会、歙县同乡会。

34. 嘉应会馆，嘉庆十四年（1809），由广东嘉应府属程乡、长乐、兴宁、平远、镇平五邑仕、商共建于胥门外枣市街，道光二十五年（1845）重修。

35. 东越会馆，道光二年（1822），由浙江绍兴蜡烛商人建于阊门外三乐湾。光绪十八年（1892）重建。

36. 元宁会馆，太平天国战争（1851～1864）以前（具体年代不详），由金陵商人建于中街路高师巷。同治十三年（1874）重建，1917年改名江宁会馆，1926年为江宁同乡会。

37. 安徽会馆，同治六年（1867），由安徽士商共建于南显子巷。

38. 湖南会馆，同治九年（1870），由湖南湘军建于通和坊。

39. 八旗奉直会馆，同治十年（1871），由奉天、直隶八旗官员建于拙政园。

40. 宁吴会馆，同治年间由江苏宁、吴两地铜、铁、锡手工业共建于尚义桥。

41. 两广会馆，光绪五年（1879）筹建，八年建成，由两广士商共建于侍其巷。

42. 湖北会馆，光绪十年（1894），建于西摆渡。

43. 武安会馆，光绪十二年（1896），由河南武安（今属河北）绸商建于天库前舒巷。

44. 全浙会馆，光绪三十一年（1905），建于长春巷。

45. 山东会馆，光绪年间，建于阊门外山圹街。

46. 云贵会馆，宣统三年（1911），建于葑门十全街。

47. 仙城会馆，建馆年代不详，应是广东广州商人建，馆址在阊门外山圹桥西。

48. 翼城会馆，俗称老山西会馆，由山西翼城商人建，建馆年代应早于全晋会馆，馆址在小武当山西。①

（二）会馆的组织结构、运作方式和社会功能

作为一种社会组织，明清运河沿线的会馆一般都有自己的章程。如创建于清代中叶的北京长春会馆便订有章程 10 条，光绪年间增订为 14 条。② 各会馆即根据各自制定的章程形成组织结构和运作规则，并发挥相应的社会功能。

在组织结构上，会馆一般由董事、会员和其他人员构成。每一会馆设有董事（或称总董、首事、会首等）若干名，轮流负责经营和管理会馆，董事从会员里素有声望和殷实商号者或商人中推选产生，不能父子承袭。如北京长春会馆规定“本行各值年会首，原以公正老成素望之人办理馆事，无论该会首等子孙如何贤能，不得接替承办馆事”③。又如，苏州潮州会馆规定“所以敦请董事，必择才具贤能、心术公正之人”④。会首必须公正办事，如果有徇私舞弊、停业、无暇履行职责等情况，会馆可改选其他成员为会首，“会首办理各项公事，倘有徇私，同行人知觉者，即行更换。应行值年各字号，如有歇业或本身无暇，即请自行辞退，以后不得干预公事”⑤。

在运作方式上，董事是会馆组织具体的管理和经理者。会馆公推的若干名董事经常聚集在一起讨论会馆在日常运作过程中遇到的各种问题，包括举行祭祀、收取公费、核查财物、修缮房舍、调解纠纷、举办宴会，等等，都由其出面主持。因此，董事实际上就是会馆组织的领导核心。如北京长春会馆的会首即具有如下领导职能：“馆中应用诸物，全在账簿登注。每逢交接值年时，限同众会首，逐一查点清楚，万勿草草了事”；“每月朔望，本年值年会首，亲自到馆。一则随时稽查照料，并应收取各住户房租，即行入账，以免拖欠”；“本馆原为祀神议事之所，非京师各处香火庙宇可比。各会首轮流值年，尽心将事，托庇神佑”⑥。除董事外，会馆还有若干会员，凡是同乡者符合会馆章程的一般都能申请成为会员。会员享受会馆所规定的各种权益，同时对会馆也有一定的义务，如接受董事们的领导，按照会馆规定从业，参加会馆的会议及

---

① 吕作燮：《明清时期苏州的会馆和公所》，《中国社会经济史研究》1984 年第 2 期。

②《玉行规约》，李华编：《明清以来北京工商会馆碑刻选编》，北京：文物出版社，1980 年，第 115 ～ 117 页。

③《玉行规约》，李华编：《明清以来北京工商会馆碑刻选编》，北京：文物出版社，1980 年，第 116 页。

④《潮州会馆碑记》，苏州历史博物馆等编：《明清苏州工商业碑刻集》，南京：江苏人民出版社，1981 年，第 340 页。

⑤ 同③。

⑥《玉行规约》，李华编：《明清以来北京工商会馆碑刻选编》，北京：文物出版社，1980 年，第 116 ～ 117 页。

修建、捐款各种活动，等等。除董事、会员外，还有专门负责看管会馆的看门人（或称长班、主持等名目），看门人由会馆雇用而来，其工作主要是料理会馆日常起居事务，包括启闭馆门、打扫卫生、看管物品、防火防盗以及每天早晚给馆内供奉的神祇添换香火，等等。如长春会馆的看门人，叫做看管长班，“看管长班，宜选择勤慎可靠之人看守，须责成该长班启闭门户，早晚焚香，打扫殿宇，毋须懒惰”①。

在社会功能上，会馆组织的主要作用是为同乡工商业者生前活动和死后安息提供各种便利和帮助。归纳起来，会馆主要有以下四个方面的社会功能：

一是为同乡工商业者提供祭祀、聚会和居住场所，以达到联络情感、互帮互助的目的。如，北京仙城会馆的创立便是为同乡做生意之人提供祭祀、聚会等场所，“称会馆，何也？为里人贸迁有事，祃祀燕集之所也”②。苏州潮州会馆的创建也是为了同乡祭祀和聚会，“迓神庥，联嘉会”③。北京晋翼会馆的创建也出于相似目的，“以妥神明，以慰行旅，以安仕客”④，其服务对象相比前者更广，除工商业者外，还包括了其他的同乡在京者。会馆为同乡之人提供以上活动之场所，最终以达到联络情感、互帮互助之目的。如浙江商人在北京所建银号会馆最终目的是为了“立商约，联乡谊，助游燕也”⑤。山西临汾、襄陵两地商人在北京所建临襄会馆亦有同样的目的，“粤稽会馆之立，所以联乡情，笃友谊也”⑥。浙江金华商人在苏州建立的金华会馆亦如此，“为想春风秋月，同乡偕来于斯馆也，联乡语，叙乡情，畅然霭然”⑦。又如苏州东齐会馆亦认为：“盖夫会馆之设，所以答神庥、睦乡谊也。”⑧

二是设立义冢，为客死异乡的同乡工商业者提供安葬、祭祀之所。例如，康熙年间（1662～1722），浙江商人在北京建立的银号会馆，于永定门外土地祠旁购有六十亩空地作为义冢，用以安葬那些逝于北京不能返乡的浙江商人及其家属，“乡人殁而无归者，皆殡焉”。雍正年间，又在土地祠义冢之南北两旁增置二郎庙、回乡亭两处义冢。南者为回乡亭，占地四十亩；北者为二郎庙，占地百亩。道光初年，又增置葛家庙义冢，占地七十亩。道光四年（1824），又在二郎庙西南购地三十余亩，新建东庄义冢，由此形成五处义冢并存的局面。此外，银号会馆“每岁又有孤祭、修茔诸善举”⑨。

---

①《玉行规约》，李华编：《明清以来北京工商会馆碑刻选编》，北京：文物出版社，1980年，第116页。
②《创建黄皮胡同仙城会馆记》，李华编：《明清以来北京工商会馆碑刻选编》，北京：文物出版社，1980年，第15页。
③《潮州会馆碑记》，苏州历史博物馆等编：《明清苏州工商业碑刻集》，南京：江苏人民出版社，1981年，第340页。
④《创建晋翼会馆碑记》，李华编：《明清以来北京工商会馆碑刻选编》，北京：文物出版社，1980年，第29页。
⑤《重修正乙祠碑记》，李华编：《明清以来北京工商会馆碑刻选编》，北京：文物出版社，1980年，第11～12页。
⑥《修建临襄会馆碑记》，李华编：《明清以来北京工商会馆碑刻选编》，北京：文物出版社，1980年，第23页。
⑦《金华会馆碑记》，苏州历史博物馆等编：《明清苏州工商业碑刻集》，南京：江苏人民出版社，1981年，第331页。
⑧《重修东齐会馆碑记》，苏州历史博物馆等编：《明清苏州工商业碑刻集》，南京：江苏人民出版社，1981年，第337页。
⑨《重修正乙祠碑记》、同治四年《重修正乙祠整饬义园记》，李华编：《明清以来北京工商会馆碑刻选编》，北京：文物出版社，1980年，第12页。

三是为同乡商人从事转运贸易提供驻足和存货的地方。苏州各地商人设立会馆便是如此，“查商贾捐资，建设会馆，所以便往还而通贸易。或货存于斯，或客栖于斯，诚为集商经营交易时不可缺之所”①。会馆的这一作用意义重大，它可避免同乡工商业者因无处所而“寄货物于牙行”所受到的种种勒索。例如，清初在北京贸易的广州绸缎、珠宝、药材、香料、干果等商人起初因未有地方存货，无奈只好将货物存放在牙行并受其抽利剥削，“始里之辐辏京师者，则有若挟锦绮者，纨纻者，绢、谷、哆啰、苎、葛者，莫不曰：吾侪乃寄动息于牙行，今安得萃处如姑苏也？既而有裹珠贝者，玻璃、翡翠、珊瑚诸珍错者，莫不曰：吾侪久寄动息于牙行，今安得萃处如湘潭也？既而挚药之若桂、若椒者，果核之若槟、若荔者，香纸若沈、若速、若檀、若美人选、若鹧鸪斑者，莫不曰：吾侪终寄动息于牙行，今究安得萃处如吴城也”。十余年后，在京的广州绸缎、珠宝、药材等商人有了一定的资本积累，为免受牙行剥削，于是建立起仙城会馆，“凡十数年，是图会馆也”。有了仙城会馆这一场所，广州各商可将货物暂时存放在会馆内，避免了牙行的剥削，“牙侩之侵剥吾利者除”②。

四是议定行规，垄断市场交易。同乡会馆往往是由同籍同业商人所组成，他们通过会馆制定出一系列的行业规定，以垄断运河城市及其附近某一行业的市场交易。例如，乾隆四年（1739）山西翼城布商在运河沿线的通州建有晋翼会馆，布商即在该会馆内设置议事厅，并在其中议定行规、垄断当地布业市场。后来有会董认为在神前议事，恐亵渎神明，故在会馆偏东空地盖起专门的议事厅，议事与祀神分开进行。③又如，浙江绍兴烛商在苏州创办的东越会馆，除了祭祀、聚会外，还在会馆内议定价格、制定条规，对苏州城乡蜡烛产业加以垄断，“并为同业公定时价，毋许私加私扣。如遇不公不正等事，邀集董司诣会馆整理，议立条规，藉以约束”④。可见，订立行业规矩、统一市场口径也是同乡会馆的重要社会职能之一。

三、公所

清初以来，大运河促进了沿河地区城镇商品经济的持续繁荣，同时也加剧了运河

---

①《吴县永禁官占钱江会馆碑》，苏州历史博物馆等编：《明清苏州工商业碑刻集》，南京：江苏人民出版社，1981 年，第 22 页。

②《创建黄皮胡同仙城会馆记》，李华编：《明清以来北京工商会馆碑刻选编》，北京：文物出版社，1980 年，第 15 ～ 16 页。

③《重建晋翼会馆碑序》，李华编：《明清以来北京工商会馆碑刻选编》，北京：文物出版社，1980 年，第 37 页。

④《烛业东越会馆议定各店捐输碑》，苏州历史博物馆等编：《明清苏州工商业碑刻集》，南京：江苏人民出版社，1981 年，第 267 页。

沿线工商业内部的竞争。一些同业者逐渐摆脱依靠地缘乡籍为核心的会馆的限制，走向同业之间的联合，从而形成了许多以行业为基础的公所（有的称“公会”）。公所与会馆的最大区别，即公会以行业为纽带，而非会馆那样以入会者所来之地域为中心。从记载来看，也有的会馆虽名为会馆，但实际上也是由不同籍贯的同业者所组成，此类会馆与公所（公会）无异，只是名称上仍延续了传统的会馆称法而已。

（一）运河沿线公所的分布

在运河沿线城市中，公所最多的主要有位于运河北端的北京以及位于运河南段的苏州。北京公所的出现始于康熙年间，如康熙二十八年（1689）建立的皮箱公会，康熙四十八年建立的南案（南方糕点商）、北案（亦称“京案”，即北方糕点商）两帮商人的糖饼行公所。此时，已经开始出现不分籍贯、由从事于同一行业的工商业者会聚在一起成立的社会组织——公所，超越地域限制而以行业为基础是其显著的特征。此后，乾隆年间成立的约为2所，其余主要是嘉庆以后所成立。兹将北京公所的具体情况附列于下：

1.皮箱公所，天坛北门外牟家井8号，清康熙二十八年（1689）由皮箱商建立，光绪十九年（1893）、三十四年重修。

2.糖饼行公所，广渠门内栖流所3号，清康熙四十八年（1709）由南案、京案糖饼商建立，乾隆以后屡次重修，嘉庆五年（1800）共有80余家参加。

3.帽业公会，前门外銮庆胡同1号，清乾隆年间，在东晓市药王庙成立行会，清末庚子赔款之后，行会瓦解，1928年成立帽业同业公会。

4.绦行公所，陶然亭内哪吒庙，绦行商人建立，建立年代不详。目前发现最早的碑刻立于乾隆四十年（1775），清末民初改称绦行同业公所。

5.当商公会，前门外西柳树井59号，清嘉庆八年（1803）成立公合堂，又名当商公会，光绪二十六年（1900）前，京、乡共计200余家，庚子之后，仅存不足百家。

6.青韭园行公会，位于丰台区樊家村、岳各庄，清嘉庆、道光间，仅有数家青韭园成立行会，咸丰六年（1856）时，发展至七十余家。光绪三十年（1904），分裂为南（樊家村）、北（岳各庄）二派。

7.手工业造纸同业公会，右安门内白纸坊51号，山西造纸商建，成立年代不详。

8.酒业公会，崇文门外东柳树井41号，成立年代不详。

9.煤行公会，门头沟圈门村窖神庙，成立年代不详。

10.猪行公会，西四北大街46号，成立年代约在乾隆前，现存最早的文物资料是道光二十九年（1849）行规。

11.靴鞋行公会，前门外肝井胡同28号甲，清咸丰年间，设立靴鞋行财神会，全城120余家靴鞋店，仅20余家参加。光绪八年（1882）靴鞋行工人罢工后，120余家全部入会。

12. 瓦木作，朝阳门外东岳庙，成立年代不详。

13. 刻字行公会，和平门外皈子庙街15号。北京刻字行，向分南、北二派，北方刻字商于光绪二十三年（1897）建立。

14. 花木业，右安门外花神庙，成立年代不详。

15. 京师商务总会，前门外西珠市口54号，清光绪三十二年（1906）冬，奉农工商部命令建立。

16. 牛骨行公会，前门外东河沿107号，崇文门外南河岸五号，成立年代不详，光绪初年开始有行规，1927年重申行规，后改称骨器业同业公会。

17. 织云公所，前门外三里河38号，光绪末年北京绸缎、洋货商人建立。

18. 米面业公会，前门外煤市街小马神庙10号，乾隆年间成立马王会，1913年改称米面业公会，1929年后，陆陈、米庄由此分出，另组公会。

19. 整容行公会，前门外煤市街小马神庙31号甲，光绪三十二年（1906）设立整容行公会益会，民国初年改称理发业同业公会。

20. 饭庄商会，前门外李铁拐斜街87号，1913年成立饭庄商会。

21. 估衣行公会，前门外大市北上坡1号，约在民国初年成立公会，参加公会者共有300余家。

22. 芝麻油业公会，前门外东柳树井2号，1915年成立芝麻油业商会，1926年，油业由此分出，另组公会。

23. 五金行公会，崇文门外大街55号，1923年成立同业公会。

24. 钱业公会，前门外西河沿202号，1928年成立，原名银钱号公会，1933年改称银钱业同业公会。1935年，与炉房公会合并，改称钱业公会。①

除北京以外，作为清代大运河南段商业中心的苏州也是公所林立。《江苏省明清以来碑刻资料选集》共收录了122个公所。吕作燮根据文献资料的不完全统计，苏州似有公所149个，而实际还要超过这个数字。在这149个公所中，有年代可考的89个，其中7个为民国时期建造，所属行业明确的有136个，公所所在地最明确的有127个。②以下仅将有年代可考的82个清代公所（民国时期的7所除外）附列如下：

1. 崇德公所，原名崇德书院，康熙十年（1671），由书坊业建于汪家坟，道

① 李华编：《明清以来北京工商会馆碑刻选编》，北京：文物出版社，1980年，第129～189页。

② 吕作燮：《明清时期苏州的会馆和公所》，《中国社会经济史研究》1984年第2期。

光间改名公所，同治十三年（1874）重建于石幢衢。

2. 梨园公所，乾隆二年（1737），由昆、弋腔戏曲业建于镇抚司前，初称如意会，嘉庆二十二年（1817）重整新规，改称公所，道光、光绪年间先后重修。

3. 剞劂公所，乾隆四年（1739），由刻字业建。

4. 面业公所，乾隆二十二年（1758），由面馆业建于宫巷。

5. 光裕公所，乾隆四十年（1775），由说书业建于宫巷第一天门。

6. 成衣公所，乾隆四十五年（1780），由成衣业建于金阊门北正三图，同治五年（1866）重建于九胜巷。

7. 菜业公所，乾隆四十五年（1780），由酒馆业建于宫巷关帝庙，光绪二十八年（1902）迁建东美巷。

8. 磨坊公所，乾隆五十五年（1790），由磨坊业建。

9. 豆米公所，乾隆年间（1736～1795），由豆米商建。

10. 炉饼公所，又称“集庆公会”，乾隆年间，由炉饼业建于玄妙观雷尊殿。

11. 花商公所，乾隆年间，由花商建于阊门外山圹下塘，道光四年（1824）扩建，光绪十九年（1893）重建。

12. 允金公所，亦称“允宁公所”“永宁公所”，由硝皮业建于隆兴桥，嘉庆二十二年（1817）重修。

13. 园金公所，嘉庆五年，由园金业（打造飞金、金叶、金箔）建于蒲林巷，原名经匠差局公所，同治十二年（1873）重建，光绪二十年（1894）重修。

14. 江镇公所，嘉庆十三年（1808），由剃头业建于马医科巷，同治三年（1864）重修。

15. 时入公所，嘉庆十四年（1809），由煤炭树柴船业建于阊门外四摆渡东山庙南。

16. 小木公所，嘉庆十五年（1810），由小木作业建于憩桥巷，道光二十四年（1844）重修，同治九年（1870）重修。

17. 南枣公所，嘉庆十七年（1812），由南枣、橙、橘商建于胥门外枣市街胥台乡庙。

18. 柏油公所，嘉庆二十四年（1819），由柏油商建于阊门外水信心巷。

19. 珠昌玉业公所，嘉庆二十五年（1820），由苏州琢玉同业建。

20. 咏勤公所，嘉庆年间，由洋货、洋布商创设于梵门里肖家园，同治二年（1863）重建于阊门宝林寺右侧。

21. 梁溪公所，嘉庆年间，由梁溪膳业（羊肉面店）建于养育巷海红坊，1919年重修。

22. 巧木公所，道光元年（1821），由红木、巧木业合建于憩桥巷，1915年重修。

23. 膳业公所，道光初年，由饭馆业建。

24. 七襄公所，道光五年（1825），由绸缎商店建于宝林寺之东文衙弄。

25. 水炉公所，道光十一年（1831），由水灶业建于东北街皮石弄。

26. 礼茶公所，原名掌礼通业公所，道光十五年（1835），由掌礼业建于社坛巷内，同治五年（1866）重建于富仁坊巷东口，并改名为礼茶公所。

27. 咸庆公所，道光十六年（1836），由瓜帽艺业建于神仙庙，咸丰九年（1859）移建于承天寺后。

28. 丽泽公局，道光十六年（1836），由金箔业建于刘家滨，1916 年重建，称丽泽公所。

29. 性善公所，道光十七年（1837），由漆作业建于斑竹巷，道光二十五年、咸丰元年（1851）两次重修。

30. 承善公所，道光十七年（1837），由置器业建。

31. 永和公所，道光二十年（1840），由木柴商建。

32. 嘉凝公所，道光二十年（1840），由金线业建于小王家巷，同治八年（1869）重整旧规。

33. 明瓦公所，道光二十年（1840），由明瓦商建于东海岛一弄，光绪五年（1879）重建。

34. 醴源公所，道光二十四年（1844），由酒商建于胥门外。

35. 三义公所，道光二十五年（1845），由肉店业建于夏侯桥。同治三年（1864）被禁革，后改名敬业公所。

36. 梓义公所，道光三十年（1850）瓦木匠建于洙泗巷内，光绪十二年（1886）重修。

37. 枲义公所，道光年间，由弹花业建于景德路华严寺，1912 年重建。

38. 锡善公所，由锡器业铺户建于咸丰以前，同治十年（1871）重建于桃花坞廖家巷，1917 年重修。

39. 梳妆公所，红木梳妆业初建有三义公所，后遭兵被毁，光绪十五年（1889）重建于桃花坞廖家巷底，改名梳妆公所。

40. 云章公所，估衣业向有公所在塔儿巷，毁于兵火，光绪二年（1876）重建。

41. 心兰堂领业公所，太平天国战争前绒领业即有公所，建于黄鹂坊桥弄，后领业日衰，光绪三十四年（1908）将公所并入洋货业长生会。

42. 永和公堂，咸丰八年（1858），由海货商建于阊门外南壕黄家巷，后因战乱爆发被毁，同治四年（1865）归入南北杂货，同治十二年（1873）在旧址重建。

43. 太和公所，亦称药业公所，又称饮片铺公所。咸丰九年（1859），由山药材铺户建于养育巷柳巷内，毁于兵，同治十二年（1873）重建于旧学前。

44. 丝业公所，由丝经行、丝行商人创建于咸丰以前，同治九年（1870）整顿行规，光绪元年（1875 年）于祥符里轩辕宫重建。

45. 红业丹霞公所，咸丰十年（1860），由红布头绳、丝经、梅红三业合建于虎丘冶坊滨。

46. 云锦公所，同治年间，纱缎业商人建于祥符里轩辕宫。

47. 梁溪膳业公所，同治四年（1865），由梁溪饭铺业建于景德路磨坊弄。

48. 锦文公所，同治六年（1867），由刺绣业城西同业建于阊门之香橙弄。

49. 安怀公所，同治七年（1868），由银楼业建于紫兰巷，光绪三十二年（1906）重修。

50. 浙南公所，浙江粗纸箬叶商向在阊门外南濠谈家巷建有浙南公所，战乱时被毁，同治七年（1868）重建。

51. 尚始公所，同治七年（1868），由布商建于中街路。

52. 两宜公所，同治九年（1870），由纸商建于宝林寺西。

53. 浙绍公所，亦称“浙绍长生公所”。同治九年（1870），由浙江绍兴山阴县咈布染坊业建于阊门外蓬花兜。

54. 巽正公所，同治九年（1870），由山木行众商建于娄门外西汇路。

55. 皮货公所，同治九年（1870），由皮货商建于梵门桥弄。

56. 存仁公所，同治九年（1870），由铜丝业建于西大营。

57. 集德公所，同治十一年（1872），由置器业、置器漆作业合建于因果巷。

58. 绚章公所，同治十一年（1872），由山蜡笺纸业建于宝城桥弄珍香街。

59. 裘业公所，同治十二年（1873），由硝皮业建于阊门外下塘官宰弄。

60. 酱业公所，同治十二年（1873），由徽、苏、宁、绍四帮酱坊业建于颜家巷。

61. 香业公所，同治十二年（1873），由香业商人建于马医科巷。

62. 猪业公所，同治十三年（1874），由山猪行商人建立于齐门新桥下圹。按此公所系由毗陵会馆、讨账公所发展而来，专供贩猪客住宿之用。

63. 厨小甲公所，光绪元年（1875），由膳食业建于东采莲巷。

64. 江鲁公所，腌腊、鱼蛋、咸货等业向有公所，可能是从江鲁会馆演化而来，光绪元年（1875）建在胥门外官路上。

65. 钢锯公所，钢铁锯锉店业向有公所，建在镇抚司前，光绪二年（1876），移建雍照寺衖底清荫堂后。

66. 五丰公所，亦称“米商公所”，光绪三年（1877），由粮食业建于菉葭巷。

67. 四明公所，光绪十三年（1887），浙江宁波人建。

68. 京腔梨园公所，光绪十五年（1889），由京剧活赛猴郑长泰劝募筹建于阊门外三乐湾义慈巷。

69. 安仁公所，光绪十七年（1891），由寿衣业始建于司衙前南采莲巷。二十三年建成。

70. 粉业公所，光绪十八年（1892），由粉业建。

71. 采绳公所，光绪二十三年（1897），由辫绳业建于承天寺西海岛。

72. 腿业公所，光绪二十七年（1901），由腿业建。

73. 友乐公所，酒馆业向在宫巷关帝庙设立公所，移建于东美巷。

74. 钱业公所，光绪二十九年（1903），由钱业商人建于东中市。

75. 永康糖食公所，光绪三十年（1904），由糖食商人建于施相公弄。

76. 石业公所，光绪三十二年（1906），由石作业建于半边街绣花弄。

77. 崇礼堂公所，光绪三十三年（1907），由抽拔金银丝业建于装驾桥。

78. 彩章公所，光绪年间，由回须业建于桃花坞廖家巷打线场。

79. 玉业公所，光绪年间，由金陵玉业商人建于天库前。

80. 坤震公所，宣统元年（1909），由山西煤炭业建于阊门外南濠街。

81. 霞章公所，宣统二年（1910），由纱缎机工匠建于乔司空巷。

82. 镇扬公所，宣统二年（1910），由镇江、扬州同乡建于阊门外上下津桥下圹。①

以上共录有年代可据的公所82个，其中建于康熙年间的1所，建于乾隆年间的11所，建于嘉庆年间的9所，建于道光年间的21所，建于咸丰年间的5所，建于同治年间的16所，以前的公所在同治年间重修或重建的13所，光绪年间新建的16所，重修或重建的10所，宣统年间新建的3所，反映出苏州公所兴起于康熙、乾隆时期，而兴盛于嘉庆、道光以后，即会馆走向衰落的时候，正是公所的兴盛时期，这也是运河哺育下苏州商品经济进一步发展、行业分工进一步细化的重要表现。

（二）公所组织结构、运行方式与社会功能

与会馆类似，清代运河沿线的公所（公会）组织亦有自己的章程（或称“规章”），并围绕章程组织、运作和发挥社会功能。

公所一般由首事（或称“会首”“会董”“董事”）和会员组成。首事是公所的管理者，由会员公推公正且有名望和能力者担任，轮流负责管理公所的各项事务。如北京当行公会选举12家当商为首事，按月轮流值事，在每月固定日期内处理公所各项

① 吕作燮：《明清时期苏州的会馆和公所》，《中国社会经济史研究》1984年第2期。

事务，“今议定每月十六日午刻，为公议之期。按首事十二家字号，轮流值月，遇闰连值。首事诸公，务须早临等候。倘各号有应商应达公事，亦于是日候至申刻散局，迟则不候”①。首事所涉及的事务包括组织会员商讨公务，主持章程的修订，清算和核查公所财务、账目，等等。例如，北京牛行公会首事便具有召集会员并组织订立章程的职能。②又如北京牛行公会新旧首事交班之日负责清算和管理财物，“承办首事人等，于是日清算账目，所有一切物件，均交新班首事人承管”③。公所会员来自同行业者，符合条件者可申请加入，入会后必须遵守公所章程和行规，享受一定的权利和履行相应的义务。

运河沿线的公所（公会）主要是为维护同行利益、促进行业发展所形成的社会组织，其发挥的社会功能主要有以下几点：

一是为同行提供商议本行事务的场所。如苏州锦文公所创立之目的，即“爰集同业，捐资创立锦文公所，为同业会议之处”④。又如苏州漆业之性善公所为同行议事之地，“窃漆作一业，向于苏城斑竹巷中设立公所，凡同业有事，均于此中会议”⑤。再如苏州剃头业者商议行业事务即在该行所建江镇公所内进行，“每逢同业约议行规，均在公所会聚，久有成规”⑥。

二是通过祭祀行业神团结同行，促进工商业的发展。运河沿线各公所（公会）由同行工商业者组成，均有各自所崇拜的行业神，并认为行业神对本行的发展兴旺具有重要的意义，“况京师为首善之区，名利之薮，百工相聚，千里谋生，孰不沾圣时之雨露，而仰神灵之庇荫哉”⑦。因此，各个公所皆通过祭祀各自的行业神来凝聚同行之力，以促进各行各业的顺利发展。如北京皮箱公所祭祀鲁班、关公、增福财神；糖饼行公所祭祀雷祖大帝；北京猪行公会、靴鞋行公会祭祀财神；苏州锦文公所祭祀顾儒；苏州崇德公所祭祀梓潼帝君；苏州永宁公所祭祀关圣帝君，苏州江镇公所祭祀罗真人，等等。

三是慈善功能。公所发挥的慈善功能主要体现在生养、死葬两方面。一方面救助公所下属同行中的贫困、老弱、废疾等弱势人群。如苏州七襄公所，“爰筹公费，立规条，如同业中有老病废疾不能谋生者；有鳏寡孤独无所倚藉者；有异乡远客贫困不能归里者，由各肆报之公局，令司月者核实，于公费中量为资助”⑧。另一方面，公所一般设有义园，为在当地

---

①《当商公会条规》，李华编：《明清以来北京工商会馆碑刻选编》，北京：文物出版社，1980年，第113页。
②《牛骨行行规碑》，李华编：《明清以来北京工商会馆碑刻选编》，北京：文物出版社，1980年，第159页。
③同②。
④《刺绣业创立锦文公所缘起碑》，苏州历史博物馆等编：《明清苏州工商业碑刻集》，南京：江苏人民出版社，1981年，第39页。
⑤《性善公所办理同业伙友义冢碑》，苏州历史博物馆等编：《明清苏州工商业碑刻集》，南京：江苏人民出版社，1981年，第152页。
⑥《苏州府为剃头业借关帝庙权设公所给示禁约碑》，苏州历史博物馆等编：《明清苏州工商业碑刻集》，南京：江苏人民出版社，1981年，第296页。
⑦《糖饼行雷祖圣会碑》，李华编：《明清以来北京工商会馆碑刻选编》，北京：文物出版社，1980年，第159页。
⑧《七襄公所碑记》，苏州历史博物馆等编：《明清苏州工商业碑刻集》，南京：江苏人民出版社，1981年，第28页。

死亡而无力返乡埋葬的同行提供安葬之地。据清代北京《绦行公所碑》记载，设立义园是公所的重要社会功能之一："窃惟京都为百行聚集之区，人数日繁，往往有卒于旅次，而贫不能抚梓回籍者，每致无处安厝，骨殖抛残，良可叹也。是以各行或设立义园，或公捐寄费，俾无力孤魂，得有依归，此亦仁人君子之所以仰体天地好生之德耳。"[①] 这说明清代北京各行业之公所曾普遍建有义园来帮助同行中的贫困者处理后事。如北京皮箱公所在康熙年间先买地数亩建成祖师庙，后"迤东又买数亩，作为本行义地用"[②]，即修建了义园。又如绦行公所于嘉庆二十三年（1818）在北京黑龙潭庙前购有四亩地作为义园，"嗣后吾行中，凡有客死京邸，棺木无力回里者，准其报明会中，杠抬入地安葬，庶死者入土为安，而夜台当无零露之悲矣"[③]。又如北京糖饼行公所，早在康熙年间便购有坟地作为义园。[④] 上述生养死葬之善举，在很多公所中均有体现。如苏州布业之尚始公所创立之目的，即在于帮助同业之孤寡者，为其生养死葬予以经费援助。[⑤] 又如，由纸业商人创办的苏州两宜公所，"习斯业者，异乡人士居多，而年老失业，贫病身故及孤寡无靠者甚众……爰集同业，议立两宜公所于吴邑北正二图宝林寺前西首，专办同业老病、孤寡、义园诸善举"[⑥]。

四是议定行规，维护行业秩序。公所（公会）由同行业者组成，其主要目的之一即通过商议和制定本行行规，以维护行业秩序、促进行业发展。行规涉及的方面甚多，包括入行手续、商品或服务价格、招收学徒、学徒出师等等，各公所对此均有相应的规定。例如，北京猪行公会规定新开猪店必须神前献戏和宴请同行，方许入行，"新开猪店者，在财神圣前现戏一天，设筵请客同行之人，方许上市生理……此皆年远日久，议规未申，以故废饬。今同行公议，重整行规，以申旧制。自议之后，如有新开猪店，必须在财神圣前献戏一天，设筵请客，方准上市生理。如不献戏请客，同行之人，概不准其上市生理"[⑦]。又如在议定价格方面，咸丰九年（1859），北京糖饼行规定："五月二十四日，合行增长工价五吊文。六月十五日，在文昌会馆献

---

①《绦行公所碑》，李华编：《明清以来北京工商会馆碑刻选编》，北京：文物出版社，1980 年，第 129 页。
②《皮箱行祖师庙碑》，李华编：《明清以来北京工商会馆碑刻选编》，北京：文物出版社，1980 年，第 170 页。
③ 同①。
④《糖饼行雷祖会碑》，李华编：《明清以来北京工商会馆碑刻选编》，北京：文物出版社，1980 年，第 130 页。
⑤《布业建立尚始公所办理善举碑》，苏州历史博物馆等编：《明清苏州工商业碑刻集》，南京：江苏人民出版社，1981 年，第 82 页。
⑥《纸业两宜公所办理同业善举碑》，苏州历史博物馆等编：《明清苏州工商业碑刻集》，南京：江苏人民出版社，1981 年，第 97 页。
⑦《猪行公议条规碑》，李华编：《明清以来北京工商会馆碑刻选编》，北京：文物出版社，1980 年，第 151 页。

神戏一台（春台班）”[①]。同治九年（1870），该行又再次整体增长工价。[②]正如苏州坤震公所所言，公所通过对工价、商品价格等加以规定，以实现行业的公平发展，“窃经商营业，首重公平，故各业皆有社会，创立公所，由董事组织，评定甲乙价目，公道贸易，庶几有条不紊，进行发达之端，关乎商业兴旺之一大宗旨也”[③]。再如在收徒方面，北京糖饼行公所规定，“各家炉房，收徒弟一名，各徒弟家出银三两，请师入行写字。收二班徒弟，立字撤去头班徒弟字具。收徒弟者，永远三年后各家收徒弟一名。如要各家不到三年后收徒弟者，合行诸位伙友，立罚柜上掌案神戏一台。徒弟入行三年后，账下开工价银一两”[④]，即规定了本行各家三年才能收徒一名，徒弟学习三年才能出师入行，如有违背者，罚献神戏一台。

五是应对外部势力，维护成员利益。在外部功能上，公所的一个重要作用便是防止和处理各种外部势力对内部成员的侵害，以保护成员的利益。一方面，公所具有协调官府与公所成员关系的作用，避免双方利益受到损害。如清代北京各衙门每年有官款存入各当行生息取利，为避免当行因拖欠官款利息发生纠纷，当商公会每年定期核查本会所属各当行，“因昔年原有各衙署官款法商生息，由首事当商，轮流值年，严查各当分领虚实，以免拖欠官款”。反之，如官府以摊派等名目勒索、剥削同行，公所亦设法干预，“难免嗣后各官衙署诸多挟制，以及另出名目，勒派捐款，若人所难者，大家公商。不拘何家，倘有道路可以设法，应即火速进行，期与我行中有益”[⑤]。另一方面，除官府外，公所还要防止和对付地方权贵、无赖、恶霸等势力对会员的侵害。北京当商公会即为此而成立，并在实际运作中取得成效：“后又因各当柜外，常有无赖匪徒，以及宗室觉罗，讹诈行凶，强当硬赎，或持凶器，自相残伤等事。种种不法，层见叠出，受害非浅。故此本行前辈，公同商酌，创立公合堂。如一家遇有被讹诈之事，众家帮同经理，嗣后渐见平安。”[⑥]

第二节　家族

明清时期，由于受到京杭大运河和漕运的影响，运河沿线地区及有漕运任务的省份逐渐形成了一些与运河密切相关的家族组织。

①《合行增长工价碑》，李华编：《明清以来北京工商会馆碑刻选编》，北京：文物出版社，1980年，第134～136页。
②《同行公议增长工价碑》，李华编：《明清以来北京工商会馆碑刻选编》，北京：文物出版社，1980年，第140～141页。
③《煤炭业创建坤震公所整顿行规碑》，苏州历史博物馆等编：《明清苏州工商业碑刻集》，南京：江苏人民出版社，1981年，第278页。
④《糖饼行永远长久碑记》，李华编：《明清以来北京工商会馆碑刻选编》，北京：文物出版社，1980年，第149～150页。
⑤《当商公会条规》，李华编：《明清以来北京工商会馆碑刻选编》，北京：文物出版社，1980年，第112页。
⑥《当商公会条规》，李华编：《明清以来北京工商会馆碑刻选编》，北京：文物出版社，1980年，第110页。

一、因运务而形成的家族

明清时期，漕运卫所之运官和运军承担着运送漕粮的任务。随着人口的自然繁衍，运官、运军子孙人数逐渐增加，为应对沉重的运务，运官、运军之子孙逐渐展开了一系列的家族建设，如设置族田、修订族谱，等等，推动了其家族组织的形成。明清围绕漕运运务而形成的家族组织颇多，在此仅以湖北黄冈蔡氏、李氏为例说明，以见一斑。①

（一）黄冈蔡氏

关于湖北黄冈蔡氏，据民国年间所修《蔡氏宗谱》记载，其祖先蔡寿卿原籍江西，是明初黄州卫的一名运军，负责往北京运送漕粮：

> 漕运之设，肇于汉唐，以迄宋元，然皆兑运也。至明太祖定为长运，上以裕国储，下以便民生。每军十名共运一船，如民户之一里九排，每军一名，给屯粮六石为一分，使之自耕自养，是即古者寓兵于农之意焉。无病于民，无累于军，法诚良也。而且飞挽、天庾有行粮以膳军，月粮以宁家，三修有费，诸般杂项有费，厚恤夫军者无涯矣。我祖寿卿公实肩厥任，户名蔡黄郎，载在黄州卫版图。②

此外，《蔡氏宗谱》也记载了蔡寿卿的兄弟蔡荣卿、蔡昭卿。荣卿在江西原籍，昭卿住湖北麻城县望花山。然而，宗谱当中未见有三支子孙往来的任何记载。这说明运军蔡寿卿以蔡黄郎之名在黄州卫立户以后，他的子孙都居住在本卫，逐渐形成一个在蔡黄郎名下共同承担运务的血缘群体。

经过明清更替，清初黄州卫军户大量逃亡，所剩无几，“迨本朝定鼎之初，人苦明季之累，黄卫全军八百五十户逃亡几尽，全屯八百五十分荒芜不治”。这一变故导致清初漕运卫所运军人数大为减少，剩余未逃亡的运军面临沉重的运务负担，黄州蔡氏也不例外。《蔡氏宗谱》对此记载道：“我朝命所存之军各垦各屯，相为挽运，我族独运一船，虽上、中、下、西，四六之分，或分歉于人，或人歉于财，而疲苦为甚。”③为应对繁重的运务，蔡氏将子孙分为上、中、下、西四股，四六分摊运务，然而因为

---

① 本节黄冈蔡氏、李氏家族的具体情况可参见徐斌：《明清军役负担与卫军家族的成立——以鄂东地区为中心》，《华中师范大学学报（人文社会科学版）》2009年第2期。本节黄冈蔡氏、李氏的家族谱牒等资料亦转引自该文，特此说明。

② 黄冈《蔡氏宗谱》卷一《黄冈蔡氏漕务纪略》，九思堂刻本，1918年。

③ 同②。

人数和财力有限，负担仍然很重。以至于在康熙二年（1663），蔡氏子孙无力再单独承运一船，转而与另一军户李信保共同承担一艘漕船的运务，故将户名改为“蔡李保”。康熙八年，黄州卫又拨班军十名帮助蔡氏运漕，蔡氏运务压力有所缓解，但各种负担仍旧很重。此时蔡氏十三世子孙有名为调九公者，捐资并独立承担了三回漕运任务，使得“通族宁逸，乃非一年”，然而这种以一己之力为全族解困的办法并非长久之计，必须要有制度性的安排方可使运务得到妥当的解决。在这一背景下，蔡氏将本军户名下因明清之际战乱而荒废的屯田重新进行了整顿：

> 至屯田坐落堵城者，不惟草宅是嗟，而亦无人认著也，调九公捐资建屋市生，招佃开垦，付户众收租以帮运费，其亦创业焉，笃本之意欤。①

这些屯田也因此而成为蔡氏家族的公产，用来应对蔡氏一族的运务。此后，蔡氏名下的屯田便以祖先的名义进行管理，他们将名下及帮贴的军屯数详细记录在一世祖的祭田之内。可见，在运务压力下，蔡氏开始清理屯田、设置族产、经营族产，家族组织得以形成。不但如此，围绕运务负担的轻重问题，蔡氏第十四孙蔡景尚带领蔡氏其他子孙在康熙四十六年（1707）、雍正元年（1723）两次与同船的李姓军户对簿公堂，蔡氏均胜出，运务负担有所减轻。为了防止李氏翻案，维护蔡氏在运务上的利益，蔡氏子孙还进一步将明清本族运务的由来以及与李氏的官司编成族谱资料，以便后人知晓：

> 此皆功垂后裔，永毗世世，非有自私之心，祖宗之灵爽，讵不默相乎第，竭心力以安户众者。长厚者之责，阐文词、纪旧事以表于不朽，未必不赖有人也，倘不序其事以著于刊，则后之人或侵食公租，或吞噬屯地，只知利己，不恤族人焉。知前此者之为户众虑，至深且远哉！因而纪其略于右。②

围绕运务而展开的官司，不但强化了蔡氏族人的认同感和凝聚力，而且推动了其族谱的修撰，蔡氏家族由此得到进一步的发展。

在应对本户运务的过程中，蔡氏子孙当中成长出一些才干出众的精英人物，为蔡氏家族的兴旺和发展提供了必要的领导阶层。上述蔡氏中捐资独立承担三回漕运的蔡调九，以及带领蔡氏子孙与其他军户构讼的蔡景尚等人都是家族发展过程中的关键人物，并且正是在二人的大力推动下，蔡氏建立了祠堂。为紧紧团结蔡氏子孙，共同应对漕运运务，康熙四十一年（1702），调九公、蔡景尚出任“督匠事”，领导蔡氏子孙修建了蔡氏祠堂，为蔡氏家族的形成作出了重要的贡献。

---

①黄冈《蔡氏宗谱》卷一《黄冈蔡氏漕务纪略》，九思堂刻本，1918年。

②同①。

纵观黄冈蔡氏，其子孙为应对漕运运务而逐步清理屯田、经营族产、编修族谱和修建祠堂，在此过程中，一个承担运务的家族组织得以形成和发展。

（二）黄冈李氏

除蔡氏外，黄冈李氏家族亦是围绕运务而形成。李氏起初为民户，清初由于黄州卫军户逃亡严重，缺少运军，在官府清理军户过程中，李氏户名因与一逃亡军户户名音同，被误作军户，从此开始承担运军出运的任务：

> 吾乡李旻户，运军籍也。光绪乙未岁，余客于春溪公家数月，问其充籍之原因，得览其家藏遗迹，与其故老之传闻。呜呼，何其冤哉！我朝之兴也，大鼎初定，军户脱落甚多，官府按册稽查，颇有讹误。册有班军李铭者，脱籍也，卫督以字异音同之故，误“旻”为“铭”，遂充之。

经过明清更替，清初黄州卫运军死伤、逃亡者较多，李氏在此时被充军出运，面临很大的压力和负担。充军承运这件事对李氏子孙的发展造成严重的影响，《李氏宗谱》对此记载说：“自是富者不安于土，贫者不乐其生，负戴逃亡，遍于数省，而李氏之毒遂成附骨之疽矣。”把运务之危害比作附骨之疽，足见李氏出运负担的沉重。

在漕运的压力下，挂靠在同一户名之下的李氏子孙便不得不团结起来共同应对繁重的出运任务，由此逐渐推动了李氏家族组织的形成。

首先，出运漕粮虽然有国家给予的月粮等补贴，但由于各种陋规的存在，所得补贴远不足应付出运花费。为了应对漕运带来的经济压力，李氏子孙将充军后所分到的六石屯田设为李氏族产，轮流耕种，以其所出接济漕运。通过设置和经营族产来帮助漕运，这一办法贯穿李氏运务始终。直到道光年间漕运停止以后，为防备将来恢复漕运需要大量开销，李氏子孙仍旧通过经营族产来积累资金，“李氏有屯粮六石，自道光二十五年后即停漕无费，以其田之出，分八股而生息之。非有所利也，有鉴于先人之艰苦，积以待不时之需耳”。可见，正是漕运运务推动了李氏族产的设立和家族组织的形成。

其次，如同黄冈蔡氏一样，漕运运务还促使李氏子孙成长出一些才干出众的精英人物，这些精英人物的出现又进一步推动了李氏家族的建设和发展。例如，李氏子孙中的李发贵，便是这样一个对于运务和家族建设都产生重要影响的人物。《李氏宗谱》当中有一段关于他为维护家族族产挺身而出的记载：

> 先是，公族有屯粮六石，其田离家居将百里，地名芦洲，皆依堤傍水。同治间议筑堤防，掘压屯田甚多，计粮六百余石，例许减粮二百石。有军户史册芳者，

冈邑庠生也，总理堤务，连结数百户，将附近屯粮移派公田，以致压其田，而仍其税。公以“办公不公，摊派不平”讼于官。会审之际，合族有退志，公聚族众议曰：“诸公固长者，事至此，退将为害，虽然贵之亲老矣，离家大讼，吉凶不可决，能兼顾乎？试与公等约，贵所不能为者，公等共为之，公等不能为者，贵独为之。”众皆唯唯。公曰：“若然，则赴汤火、蹈油鼎，贵不惧矣。”议毕，慷慨赴郡。抵城，甫二鼓，史人侦知之，乘其猝而无备也，赂差役迫公对质，公从容无难色。比登堂，卫督盛气，坐史党六十人，皆缙绅冠带者。爱公者，莫不为公危也。公侃侃陈辨，堂折数十人。督不能屈，以裁田减税结案。后遂无小觑李氏者，由公之先声之夺也。

此事发生于同治年间（1862 ~ 1874），地方修建堤坝，占了李氏不少屯田，按照惯例应该减去被占屯田的税粮 200 石，然而办理堤务的军户史册芳处置不公，占了李氏之田却仍课其税，引起李氏族人的不满。同治年间湖北虽已停止漕运，但正如上文所说的那样，为防备将来漕运恢复，李氏族人仍旧十分重视屯田（即其族产）的经营，屯田被占不但会减少将来漕运恢复后李氏出运所能筹措的费用，而且还要为被占的屯田支付额外的税粮，这无疑会进一步加重出运的经济负担，故李氏子孙对屯田被占却需继续缴税一事不满。这时，正是李发贵挺身而出，带领族人向官府状告史册芳不公。在案件即将审理之际，李氏族人因畏惧而突然临阵退缩。李发贵却站出来，说服族人坚持状告、争取减免税粮，并最终一个人作为代表前往公堂周旋。在公堂之上，李发贵激昂辩论，侃侃而谈，以一人之力应对史册芳的同伙六十人，最终说服卫官，免除了李氏被占屯田的税粮。李氏一族的负担也因此得到减轻。由于李发贵在争取减免被占屯田税粮一事过程中，维护了李氏子孙的利益，减轻了将来可能继续出运所带来的经济压力，因此受到大家的尊敬。此后，李发贵被举为户首，并带领户众修建了李氏祠堂和族谱，由此进一步推动了李氏家族组织的建设和发展。

可以看出，黄冈李氏家族的形成亦与漕运运务有着密切的关系，正是在运务带来的压力之下，李氏家族的建设和发展得以一步步进行。

二、因运河而兴起的家族

运河和漕运促进了沿河地区商业经济、文化的发展，为沿河地区人口的繁衍和人才的培养奠定了重要的经济和文化基础。至明清时期，随着京杭大运河的畅通和人口的流动，运河两岸社会经济发达、人口众多、文风鼎盛。受此影响，运河沿线兴起了一大批以经商或漕运发家，再由商渐儒，最终发展成为地方名门望族的大家族，如山东聊城傅氏、高唐朱氏，江苏扬州郑氏、梁氏，常州屠氏，苏州汪氏、潘氏、贝氏，洞庭秦氏、沈氏、翁氏、席氏，杭州汪氏、许氏等，便是因运河而兴的家族的重要代表。

（一）聊城傅氏、高唐朱氏

明清时期，京杭大运河的开通使得鲁西地区的交通条件大为改善，吸引了众多客籍商帮前来贸易，运河沿线的聊城、临清、德州等逐渐成为重要的商埠，不仅商业繁荣，而且文化发达。经济文化的繁荣，为运河沿线地区家族的崛起提供了必要的条件，诸如聊城傅氏、高唐朱氏等家族，皆是依靠运河经商从普通之家发展成鲁西的名门望族。

聊城傅氏，原籍江西吉安之永丰，明朝成化年间有祖傅回到山东冠县做官，生有七子，任满时夫人李氏不愿随行，于是四子与傅回南归，三子留北侍奉李氏。其中傅祥随母亲李氏寓居东昌，成为聊城傅氏的开基始祖。“傅氏，其先江西吉安之永丰人。明成化中，祖仕为冠县令，任满归，四子从而南，三子留北。有讳祥者奉母李侨居东昌，李殁葬城南，祥不忍去，遂占籍焉。”[①] 傅祥娶孙氏，生子四人，各子又生有三四子不等。傅祥以力农起家，尚可供子女们读书，经过人口繁衍与分家析产，到孙子辈时（第三世），傅氏已经变得穷困不堪，“时以子姓蕃衍，既析箸，俯仰不能给”[②]。于是第三世傅谕（字汝克，号晓窗），不得不放弃举业，走上经商之路。明代聊城是京杭运河北段重要的商埠和东昌府的经济文化中心，当地人口众多、刻书业发达，对棉布、纸张的需求量很大，故有福建客商通过运河将产于南方的棉布、纸张贩运到聊城。傅谕看准这一商机，从福建客商手中购入棉布、纸张在聊城销售。他做生意讲究诚信，赢得了福建客商的信赖。因有货源保障，他每年的营业额高达数万，家境逐渐富裕起来，“（傅谕）乃始习计然策，延平估客鬻纸布，闻信义声，来者如归，岁无虑数万，资用稍裕”[③]。

傅谕之后，第四世傅天荣（号肖窗）、傅天恩（号宠吾）两叔伯兄弟继续经商。傅天荣的父亲傅谕五十八而卒，使其不得不弃学从商，然规模不大，“公乃修先业而息之，朝夕经营，供甘旨，殚力弗懈”[④]。傅天恩则“以儒兼贾”，但“不能候时转物，贱入贵出，屡营屡蹶，后乃大困”[⑤]。为摆脱家贫的困境，傅天恩之子傅思义（字完贞）决定弃学从商。起初他资本有限，不得不早起晚睡，艰苦操劳，“遂弃儒习贾，囊仅十余缗，蚤夜操作，与仆同艰苦”。后因聊城有运河之便，而傅思义资本渐厚且善于抓住商机，很快便脱颖而出。硝，是制造火药的重要原料，聊城产硝，硝在当地货多价廉，傅思义便趁机低价收购、囤积了大量的硝。不久，东南沿海一带倭寇作乱，对硝的需求剧增，

①〔清〕李蔚：《晓窗肖窗心海传公三代神道碑》，宣统《聊城县志》卷一二《杂缀》。

② 同①。

③ 同①。

④ 同①。

⑤〔明〕许其进：《明孝子完贞傅君传》，宣统《聊城县志》卷一二《杂缀》。

硝价暴涨，有商人沿运河求购以转运东南，傅思义便高价卖出，获利不菲。此后，他又贩豆，豆也是聊城当地特产，价格低廉，无人看好。傅思义则低价购入，大量囤积。后来，南北方同时出现灾荒，粮价暴涨，有商人沿运河来聊城贩运粮食，傅思义高价售出所囤大豆，从中获得巨利，“初鬻硝，宠吾公诟詈之，谓奈何居所不售。会海上倭变起，价腾贵，获利数倍。已又贩豆，豆直贱，人弃置不顾，宠吾公怒甚，欲加捶楚。会南北大祲，又获利数倍”。此后，他延续这一策略，在家囤积粮食，等待荒年，通过运河往南贩运至两淮一带销售，“君积粟数百斛于家，为岁歉计，遂远贩至淮”[①]。

大运河作为沟通南北的重要交通线，为聊城带来了众多商机，善于抓住商机的傅思义致富后，对傅氏家族产生了巨大的影响。他偿还了其父亲傅天恩手上欠下的巨额债务，“宠吾公业以不善贾负人三百金，债家日噪于门，将以闻官。宠吾公仰屋窃叹，欲以身殉。君罄囊如数立还，债家咸惊顾错愕，相率罗拜，袖金以去”[②]。其次，他在分家时给其他兄弟多分财产，改善了傅家诸兄弟的经济条件，“当析箸，时君有自置腴田百亩，祖遗屋宇数楹，并室中什物直可数百金，君悉推予诸昆弟，已毫无利焉”。傅氏兄弟子侄读书习业、婚丧嫁娶的开销皆得到傅思义的资助，“伯季先后游泮，衣冠及谢师仪币俱先期置办。不以关伯季。诸侄以谦、以晋、以渐相继游泮。以渐复补廪，一切资费俱取办于君，一如给伯季者。岁延魁宿，训诸子侄，束修馆谷，皆君自备，颇给丰腆，称有礼焉。嗣是，诸弟侄有贫不能婚嫁者，竭力资助，如侄以乾辈五六人。有丧不能殡殓者，给棺衾，如弟思恭等”[③]。特别是在培养家族子弟读书这件事上，傅思义用力最勤，子弟就学的一切费用均是由他提供。对此，侄子傅以渐（字于磐，号星岩）说：“少年读书时，束修、衣食俱系伯父完贞公资给，全不知有贫贱之苦，如此者十二年，至伯父卒方止。”[④]借助运河致富的傅思义，奠定了傅氏一族的经济、文化基础，使得此傅氏一族在清初得以崛起。在傅思义的资助下，侄子傅以渐于顺治三年（1646）高中状元，成为清朝开国的第一位状元，历官至武英殿大学士、兵部尚书。为示恩宠，顺治帝又封赠傅以渐的曾祖父傅谕、祖父傅天荣、父亲傅恩敬俱为光禄大夫、少保加太保、内翰林国史院大学士加一级之勋号。自此以后，聊城傅氏便荣冠当世，泽及后代。傅以渐以后，聊城傅氏成为典型的官宦世家，获取功名，中举人、进士、为庠生、太学生者不下百余人，在朝为官和出任封疆大吏者几代不绝，成为鲁西望族。

高唐朱氏的经历与聊城傅氏相似，也是通过运河经商而发展成为地方大族。高唐朱氏，原籍山东益都。明万历年间（1573 ~ 1620），朱氏有朱仲卿者从益都迁至高唐。朱仲卿有

①〔明〕许其进：《明孝子完贞傅君传》，宣统《聊城县志》卷一二《杂缀》。
② 同①。
③ 同①。
④〔清〕李爵：《晓窗肖窗心海传公三代神道碑》，宣统《聊城县志》卷一二《杂缀》。

子名朱美先，少时读书，聪慧过人，后因家贫而不得不辍学，以操持家计。高唐与临清接壤，与运河相去不远。朱美先弃学后，便沿着运河南下到鲁西南、苏北一带做生意：

朱公讳美先，高唐人也。生而魁岸，双眸炯炯照人，少授书，有早慧之目，念家贫，菽水不给，无以奉二亲，若以一卷书匏系，愈重其困矣，弃去，问生计于萧、砀、费、泗间，每经营毕事，多置甘脆，归奉高堂，其备极色养，有古人负米之风焉。①

由于有着极好的商业头脑，才过了短短几年的时间，朱美先即从运河沿线的生意当中获得丰厚回报。此后，他又持巨资沿着运河向北到河北、天津、北京一带进行贸易，取得巨大成功，家境日益宽裕：

夫先生固天下才，出智惠绪余，权盈缩贵贱数年，立致奇赢，渐操巨资游燕赵，长袖之舞，所役使诸疆以四出，货殖千里之外，俨若朝典，罔不毕力用命，获倍羡以归者。②

致富后的朱美先，成为族人、乡邻所赖以依靠的对象，不论是族人的成年、婚配开销，还是乡邻的生活用度，他都毫不吝啬地施以援手，"伯仲叔氏冠婚诸礼皆取给于公，乡邻亦待以举火"③。由于乐善好施，方圆十里之内的乡邻都来找他帮忙，"数十里以内，里社征求，咸取办于先生，先生从容解囊，左右四应，里社诸父老生不知城市，但闻先生"④。因运河而致富的朱美先，如同明清时期大多数的成功商人一样，在家乡置办了田宅产业，而且努力培养族内子弟读书入仕。族中有贫寒子弟者，他像照顾自己儿子一样，让他们同己子同住同读，接受教育，"伯氏之殁，藐诸孤自襁褓，以逮子衿与诸子居必同处，读必同塾，卵翼提诲，以玉子成，不知其为犹子也。"⑤通过努力，高唐朱氏从朱美先子辈开始在文教和官场上崛起。朱美先有子五人：光祚、昌祚、昇祚、宏祚、丕祚。其中，光祚为贡生；昌祚顺治年间官至山陕总督、兵部尚书；宏祚进士出身，官至闽浙总督。此后，家族中高中进士、举人以及低级功名者亦有不少。高唐朱氏的崛起，与运河有着十分密切的关系。正是朱美先抓住了运河商机快速致富，才使得高唐朱氏从一默默无闻的贫寒之家，变成山东地区资财雄厚、人才辈出的名门望族，"先生高曾之传，初不过茆屋数椽，斥卤几亩耳，比且营宅第，拥膏腴，骎骎山以左著姓矣。"⑥

① 康熙《高唐州志》卷八《人物上·朱美先》。
② 《少川朱公行状》，康熙《高唐州志》卷一〇《艺文下》。
③ 同①。
④ 同②。
⑤ 同②。
⑥ 同②。

（二）扬州郑氏、梁氏

明清时期的扬州，既是京杭大运河的重要商埠，也是产盐之区。便利的交通、繁荣的经济和丰富的物产，哺育出了诸如郑氏、梁氏等一批重要的商宦家族。

扬州郑氏，原籍徽州府歙县长龄村。始迁祖名为郑景濂，嘉靖、万历年间人，早年务农为生，时家庭衰败，族内纠纷不断，家产为之耗尽。万历二年（1574），郑景濂到池州经商，积攒了一定资财，万历四年时携母程氏及弟郑国宝、郑锦淳迁居扬州。扬州是江南漕政、盐政中心，由于有运河之助，盐运便利，获利丰厚，故郑景濂迁居扬州后便选择从事盐业，“独谓盐策可以起家，饶智略，干局坐，筹贵贱，赢缩之征如指掌上，诸曹耦辐辏归之，悉听部署”，因善于经营，逐渐成为扬州富商，“久之，讼稍挺，渐拓饶赀”。歙县老家的亲友看到他在扬州经商成功，纷纷前来投靠。到他晚年时，扬州郑氏“食指以千数”，成了一个大家族。郑景濂之后，其三弟郑景淳、次子郑之彦相继接管生意。郑之彦在盐业上取得巨大成功，不但交结了御史袁世振这样的高官，而且还被众商公推为“盐荚祭酒”，成为当地盐业总商，代理盐务。郑之彦有四子，长子元嗣、三子元化继续经营盐业，次子元勋、四子侠如与家族生意的关系也很密切，他们将家族事业推向了最高峰。

郑景濂定居扬州致富后，延请名师为子弟授学，其子郑之彦十九岁便考取了秀才。郑之彦对子弟的教育也十分重视，由于有雄厚的经济基础和教育条件，郑之彦次子郑元勋天启四年（1624）中举，其侄郑元禧于天启七年中举。崇祯四年（1631），郑元禧高中进士。十六年，郑元勋、郑为虹同中进士，叔侄同榜，创下郑氏一门三进士的局面，郑氏由此名噪一时，“当是时，郑氏为扬州最著姓”。郑氏从明中期一个外来的普通家庭变成明末扬州著姓，与大运河流经扬州带来的繁荣经济、便利交通是密不可分的。正是有了这些重要条件，再加上郑氏的善于经营，才使其一跃而成为明代扬州颇负盛名的家族。①

明清时期从外地（包括徽州、陕西、山西等）来扬州经商并定居的姓氏很多，尤其是盐商，其中不少都与长龄郑氏有着相似的经历。在大运河便利交通的影响下，明清扬州商业繁华，加之产盐，吸引了外籍客商前往业盐。他们开始以业盐起家，逐渐致富，再由商渐儒，发展成扬州著名的家族。在这些家族中，除上文的长龄郑氏外，以来自陕西三原的梁氏最为典型。扬州梁氏，原籍陕西三原县，至第六世梁一山、梁一仓两兄时，梁氏开始往扬州经营盐业，遂富冠乡里。到第七世梁选橼继承家族盐业生意之后，便开始寓籍于扬州，并成为巨商，“居广陵，言利事，析秋毫而善任人，资相其质，足以比成，事立而授之，无不贾三倍，遂以赀雄广陵”。梁选橼之后，其兄长子梁炜继续从事盐业，“罔不奇中，用是赀亦积累巨万万”，将家族生意发扬光大。从第六世梁一山、梁一仓开始到第八世梁炜，梁氏在扬州繁

① 冯剑辉：《明清徽商“脱贾入儒”研究——以歙县长龄郑氏为中心》，《黄山学院学报》2008 年第 4 期。

衍人口，积聚资财，逐步发展成为当地的富裕之家。与此同时，梁氏亦积极培养人才，第六世梁一山发家后便“延师教孙”，第八世梁文烨（梁选橼长子）更是广资财，“延名士为师”。此后，扬州梁氏终于在科举、仕途上开始崛起。第八世梁文煌、第九世梁应昌中进士，第九世梁应禄官至山东巡抚，第十世梁铉中进士。此外，中举者还有梁应基、梁文熙、梁士骏，其余中秀才者亦有不少，郑氏亦因此成为明末清初扬州著名的商宦家族。[①]

（三）常州屠氏

明清常州屠氏家族的兴起，亦与运河有着密切的关系。常州屠氏原籍苏州洞庭，元末有名为屠明者迁至常州子城厢金斗坊落居，世称“毗陵屠氏”。明初，大运河复通，商贾云集常州，有徽州木商来常州贩木，停泊在运河边上，屠明次子屠仲亨为之接洽，故其子孙多以木业为生，屠氏遂形成世代从事木材生意的格局，“因导徽商贩木千章，泊于青山门外，商人感其信义，至者踵接，为子孙开衣食之源”。为方便沿着运河从事木材生意，至第四代屠文达时，屠氏迁居运河旁边的青山桥。随着通过运河来常从事贸易的客商日益增加，明清时期，屠氏的木材生意越做越大，积累起巨大的财富。在此基础上，清顺治十一年（1654），在第十世子孙屠葶衷的倡导下，屠氏利用同运河客商做木材生意挣来的银两，在常州北直街内创建了屠氏宗祠。乾隆年间，第十四代子孙屠恭成为常州木行行董，时值乾隆皇帝三次南巡，地方亟需木料修造，屠氏作为常州木业领袖，办理得宜，得到地方官府的大力嘉奖，以至于常州城内非屠姓不得开办木行成为当地一条不成文的规矩。至此，屠氏逐渐垄断了常州的木业生意，成为当地知名的商业家族。道光二十六年（1846），第十四代族长屠应淦重修宗祠，经费正是来源于家族所从事的木业生意，从木业提用（佣金）项下支付得以完成。

至太平天国时期，常州城陷，屠氏一族遭到前所未有的浩劫，屋宇荡然无存。同治初年，屠氏重理旧业，第十七世子孙屠洪修、屠洪亮二人有鉴于出外购运木料不便，遂邀请西部木商旧友熊大有、钟有铍、赖宇昆等人通力合作，遇有西部木商来常州贸易，即招待备至。当时漕粮已改为海运，运河内并无粮船通行，屠氏便引导木商船只停泊运河发售木材。时值战乱初息，百废待兴，但凡涉及兴建之事先需木料，西商来者货到即空，生意异常的兴旺。此后，渐有南赣两帮大批巨商接踵而至，无不利市三倍，出现运河上自西仓桥直至奔牛镇，皆停泊有木商客船的局面，常州木业由此再度兴盛，

① 郎菁：《馆藏山本探秘：明刊〈三原焦吴里梁氏家乘〉及清刊〈三原梁氏旧谱〉记载的一个山西盐商家族发展史》，《当代图书馆》2008年第1期。

屠氏一族也因为运河的缘故，再度成为当地有名的富商家族。①

（四）苏州汪氏、潘氏、贝氏

苏州是江南运河的枢纽，为当地丰富的物产，如丝绸、棉布、盐、木材等物资的运输提供了极大的便利，因此吸引了各地的商人前往贸易，久之定居其地，并逐渐发展出一批资财雄厚、文化发达的世家大族，如汪氏、潘氏、贝氏等。

苏州汪氏，原籍以徽州府为多。因苏州运河航运便利、交通发达、商业繁荣，自明末清初以来，以石塘桥汪氏、吴趋汪氏、钱塘寓苏汪氏、娄门汪氏、山塘汪氏、盘门梅家桥汪氏、东花桥巷汪氏等为代表的汪氏族人，陆续因商由徽州迁吴中。定居苏州后，各支汪氏多以商业起家，他们经营的行业非常广泛，包括丝织业、刺绣业、布业、木业、木作业、漆业、颜料业、酱业、酱菜业、菜业、猪肉业、糖食业、面业、盐业、米粮业、酒业、腌腊业、典当业、银楼业、玉业、纸业、印书业、铜锡业、洋货业、南货土货业、皮货业、瓜帽业、柏油业、油店业、火烛业、杂货业、工料业、剃头业、粪业、航运业、渔业、梨园业、说书业，等等。其中又以布业、木业、漆业、盐业为主。明清时期，苏州汪氏的商业活动范围很广，他们以苏州为中心，通过京杭大运河及其他水路、旱路将货物销售至浙江、两湖、苏北、山东、河北、北京等地。

在大运河的影响下，苏州汪氏经商取得成功，家财累至巨万者不在少数。在此基础上，他们纷纷建立宗族组织，修建祠堂，修族谱，设义庄，不惜重金培养子弟参加科举考试。经过数代人的努力，各支汪氏在科举上也取得巨大成功，出了不少进士、举人及高官厚禄者，实现了“贾与儒”的迭相为用。而通过科举踏上仕途的那些汪氏士人，多能书善文者，涌现出一大批诸如“吴中四汪”“盘溪才子”“娄门二汪”“翁门六子之首”“清初散文三大家之一”“章门四子之一”等众多名士，也不乏对书法、诗文、书画、碑版、收藏等有深厚研究者。也正是这些人提升了汪氏家族整体的文化素养，积淀和形成了“尚文崇儒”的家学传统，使汪氏成为苏州屈指可数的名门望族。②

清代苏州潘氏家族的兴起，也与运河有着密切的关系。苏州潘氏原籍安徽歙县孝女乡大阜山南，故称苏州大阜潘氏。苏州是京杭大运河的重要枢纽，又是明清时期最著名的盐产区之一，故明末清初时即有潘氏族人潘仲兰（1609 ~ 1677）前往江淮间经营盐业，并侨居苏州南濠。入清以后，随着京杭大运河的再次贯通以及沿河社会经济的复苏，族人潘景文（1639 ~ 1706）为运河商机所吸引，于康熙初年从大阜迁往苏州黄鹂坊桥巷定居，成为大阜潘氏迁苏始祖。迁到苏州以后，潘景文隶属商籍，利用运河之便继续从事祖上的盐业生意。

---

① 仲兆宏：《晚清常州宗族与社会事业》，博士学位论文，苏州大学，2010 年，第 39 页。

② 陈加林：《明清以来苏州汪氏家族与社会变迁》，博士学位论文，上海师范大学，2013 年，第 289 页。

他在苏州先后生有九子，其中长房敷九公（兆鼎）和次房舜邻公两支继承祖业，均以业盐为主要的生计，获利丰厚。在此基础上，依靠运河经商起家的长房子孙于乾隆年间在苏州建立了潘氏祠堂，开始了宗族建设。与此同时，通过运河经商积累起来的资本为潘氏逐渐由商就儒、走向读书入仕之路提供了必要的条件，到第五世时，长房子孙潘奕隽、奕藻先后于乾隆三十四年（1769）、四十九年高中进士，此后又有长房第六世子孙潘遵礼、第七世子孙潘馥先后中举，潘氏一族得以在苏州兴起，逐渐发展成为当地颇有名气的家族。①

苏州贝氏原籍浙江金华府兰溪县，明中叶，贝氏兰堂公因行医和贸易迁往苏州府吴县，定居阊门外南濠，"行医来吴，贸易为生，遂占籍焉"。贝氏迁吴后，第二代贝兰亭、第三代贝和宇都承袭祖业，经营药材生意。贝和宇时将药摊发展成药店，即"贝和宇广行"。至第四代、第五代时，贝氏生意有所滑落，家道中衰。至第六代时，贝钰、贝钺又逐步将药店生意发扬光大。贝钰原习举业，但为操持家族生意，毅然弃儒从商，沿着大运河将生意从苏州做到杭州等地，家业逐渐丰厚起来，为族人的生活和读书提供了重要保障。贝钰的父亲贝珽对此颇为自豪地说："时余家道中落，独立不能，自奋兢兢株守。钰甫弱冠事帖括，即见颖慧，视余拮据多艰，慨然投笔而起曰：'长兄既食饩学宫，可慰父母之望，我当经营四方，以代亲忧，且成诸弟之业。'因操资南游浙水，往来不倦，丝毫不入私橐，迄今有室可居，有居可业，一家数十口不耕不织，稍可自给，皆其未雨绸缪、劳心竭力所致也。"贝钰之后，其弟贝鉽接管生意，至雍正十年（1732）将药店交给第七代贝绍溥（1705～1769，号慕庭）打理。贝绍溥以苏州为中心，借助运河航运的便利，将药材生意向南扩展到杭州，向北扩展到南京、河北、北京等地，"南走钱塘，北至金陵，又北至燕冀，露宿风餐，备尝客况。夙兴夜寐，几无暇晷，近则谨守先业，远则贸易殊方。及五旬外，始置田房产业，迄今恢大家业，亦可谓无愧于先人矣"。通过利用大运河经营药材，贝氏积累起巨额财富。乾隆年间，在贝绍溥的主持下，贝氏置办了族产并在虎丘桐桥修建了贝氏祠堂，将族人凝聚起来，使贝氏成为乾隆年间苏州著名的大家族。②

（五）洞庭秦氏、沈氏、翁氏、席氏

除上述苏州汪氏、潘氏、贝氏家族外，苏州洞庭秦、沈、翁、席等家族的发展也同样受到运河的影响。苏州洞庭东山、西山秦、沈、翁、席等姓，是明清时期苏州商人的重要代表，但他们一般不以苏州商人自居，而以洞庭商帮闻名于世，号称"钻天

① 徐茂明：《清代徽苏两地的家族迁徙与文化互动——以苏州大阜潘氏为例》，《史林》2004年第2期。
② 李志强：《吴中贝氏家族研究》，硕士学位论文，上海师范大学，2016年，第217页。

洞庭”。这里各姓商人的经商活动都与运河有着密切的关系，其家族的崛起亦受到运河的影响。如洞庭西山秦氏、沈氏，借助其族人在北方、两湖为官的社会关系，早在明初就已经惯走齐鲁、两湖之地，进行长途贸易，积聚颇富。此后，其子孙居临清、青徐及湖广者日多，其生意主要是通过运河展开的。明代稍晚一些沿运河经商的洞庭人有翁氏、席氏。翁氏居东山，生活于嘉靖年间的翁参（字良预，号春山），即交游四方，沿运河达于清源（临清）。时值当地逢大疫，死者遍地，翁参不忍，在城郭外买了块地以安厝死者，并建东岳行祠，名声遂传遍齐鲁间。后来，其子翁笾（字文夫，号少山）挟资贸易，顺着运河渡江越淮，以清源作为主要的经商之地，从事布帛、棉花等生意。由于其父有恩于清源，加之翁笾善于经营，翁氏生意越做越大，形成以清源为中心，北到京辽，南达闽粤的局面。翁笾由此获得滚滚巨利，人称“翁百万”。洞庭东山翁氏，也正因为他的成功而成为知名的商业家族。[①]

翁氏之后，洞庭东山以沿运河经商著名的还有席氏，运河对其家族的发迹影响重大。洞庭席氏世居洞庭东山，早在明代以前，席氏就有个别从商者，但声名不著。明代以来，席氏一族主要从事转输贸易活动，辗转各地，于东西南北间贩运货物，从中谋取利润，成为富甲一方的大族。在这些生意当中，沿着运河经商贸易，是明清时期洞庭席氏的一条重要线路，故运河对这一家族的崛起产生了直接的影响。据史料记载，明清时期，席氏经商的线路主要有三条：一条从东山往东至松江，一条往北到北方诸省，一条往西至湖广、西北。其中的北线，即经运河北上，前往淮扬、齐鲁及其以北。当年东山的翁百万售布于荆楚、建业，远及辽东等地。席氏端樊（字公超，号左源）、端攀（字公援，号右源）兄弟兴盛之时，也把松江棉布运销北方诸省：

> 遣宾客子弟，北走齐燕，南贩闽广，不二十年，资累巨万。凡吴会之梭布，荆襄之土靛，往来车毂，无非席商人左、右源者。

洞庭席家人在北方的活动区域，从方志、家谱上反映出来的资料看，主要集中在这些地区：齐、鲁、燕、豫；江淮、济汶之间；临淄、海岱之交；也有“抵洛阳街，历青齐燕赵之郊”。席氏兄弟的商队驰骋于运河两岸、江淮大地，也有到过长城以北，甚至远涉辽左、西北的，在北方地区知名度很高，“布帛衣履天下，名闻京师、齐鲁、江淮”[②]。其在北方贸易的重要区域有二：一是淮扬，二是临清。

运河北上去淮扬，水路极为便利。这里的席家，有直接来自于东山的，也有从东山迁往外地辗转而去的，如常熟的席琮，属席庭松一脉，他曾经“与善贾者贸易淮扬、徐泗间，岁以再往返为率”，经销布匹丝帛，大有收获，“贾三年，果益富，米粟充牣，布帛山积”。

① 马学强：《江南席家：中国一个经商大族的变迁》，北京：商务印书馆，2007年，第17～18页。
② 马学强：《江南席家：中国一个经商大族的变迁》，北京：商务印书馆，2007年，第27～29页。

这条商路，从元明以来，迄于近代，一直为洞庭席家人所熟识，许多地方分布着他们的销售网点。席姓子弟世代经营于淮扬、徐州，因经商的缘故，一些人家即迁居徐州，发展为席氏徐支。洞庭席家人散居于淮、徐各市镇，如徐州府睢宁县的李家集，就有不少席家子弟在那里开店经营。宿迁的皂河镇，紧靠大运河，旁有骆马湖，水运发达，自东山叶四恩携子祥宇、孙星北迁居于此后，前来这里经商者日众，也包括一些席家人，席家子孙后代在那里定居者不少。近代，东山人已集聚了数千户，于是建起姑苏洞庭会馆。①

从淮扬沿着运河再往北的临清，也是洞庭席氏经商贸易的重要地点。临清，乃明清时期运河沿岸的一大名镇，因交通发达、客商云集而称盛一时，那里有洞庭席家人开设的店铺，经营着布匹杂货。明代嘉靖、万历年间，席森来临清开设布帛铺，稍后到席左源、席右源时，名声大震。万历年间，席有功在临清开设手帕铺，并于万历四十三年（1616）捐资修建临清舍利塔。清初，席家在临清的经营受到很大损失，一场大火烧掉所有店铺。后又逐渐恢复，直至道光年间，席家依然活跃在山东运河沿岸的各个城镇。② 从席氏家族的发迹来看，运河沿线是席氏商业贸易的重点。洞庭席氏家族在明后期的崛起与运河密不可分。

（六）杭州汪氏、许氏

杭州汪氏，原籍徽州府黟县宏村。明后期，汪氏族人汪元台到杭州经营盐业，因羡慕运河之便以及杭州的繁华，遂于万历年间举家从黟县迁至杭州定居，成为迁杭汪氏之始祖。居杭后，汪氏仍旧依靠运河从事盐业经营，同时利用经营所得开始培养子孙修习儒业。汪元台的诸子当中，即有生员和太学生。在其孙辈当中，如珍为生员，时英为贡生。汪氏迁杭后的三代，虽未门楣大显，但已出现蒸蒸日上的发展之势。通过几代人的不懈努力，汪氏借助杭州位于京杭大运河南端、物产丰富、商贾云集的区位优势，逐步积累起巨额的财富，“以历代勤俭积累，颇以富著”。在此基础上，汪氏继续培养家族人才。资本的积累，人才的培养，为汪氏形成名门大族奠定了重要的基础。到迁杭第六代时，汪氏出了日永、日孜、日赞、日章、日茭五个举人。其中，汪日章由内阁中书官至江苏巡抚。第七代时，汪宪高中进士，官至刑部陕西司员外郎。在运河的哺育下，杭州汪氏终于从一个普通的移民商贾之家发展成为地方的名门望族。③

① 马学强：《江南席家：中国一个经商大族的变迁》，北京：商务印书馆，2007 年，第 27 ～ 29 页。
② 王云：《山东运河区域社会变迁》，北京：人民出版社，2006 年，第 167 ～ 168 页。
③ 周元：《杭州〈汪氏家谱〉述略——兼家族社会定位分析》，《中山大学研究生学刊（社会科学版）》1995 年第 1 期。

明清时期，杭州许氏家族的发展同样与运河关系密切。许氏原籍富春，原姓沈。沈显荣（1480～1536），号五云，籍隶仁和，故定居杭州。显荣死后，其子因由表妹夫许魁抚养，遂改为许姓。其过程，在《高阳许氏家谱》中有详细记载：

吾家系出富春，原姓沈氏。曾祖讳大谦，字思益，以茶为业，生子六。我祖五云公讳显荣，其季也。先是弘治间，祖有从母弟贾椿者，充杭州前卫运旗，亲虽中表而谊如骨肉，常至富春收茶，止祖家，往来有年。及曾祖疾革，以幼子托椿，椿视若亲生，尽心教育。及长，聘仓桥杨氏仲女为配，分货各自经营，生女一男二，长纪，次立，女适黄氏次子。祖乃挈家往京生业，颇盛。而祖性豪华，不事琐屑，施恤挥霍，生计遂窘，罄罄不乐，嘉靖十五年殁京邸。藐诸孤流落无倚，而贾氏有女即予祖之表妹，也适杭州前卫指挥千户许魁，适以解运军器之役进京造访，祖已物故。扼腕久之，乃将所遗什器并予父伯，挈附便舟，复归于杭，予（三世祖崇礼）父与伯父即与表姑父许氏同居。是时杭城有新河德胜坝行业，例以军民各分贸易，予父依于许，遂有舍人名色，乃更名许纪、许立，而谋生于两坝之间，此易姓许之所自来也。①

明中叶，沈大谦以茶叶贸易为生。沈大谦生有六子，其中老四称沈显荣（号五云）。沈大谦表弟贾椿（字国祥）是杭州前卫的运军，沈大谦在世之时，他常来富春收茶，作为私货带上粮船，并在出运过程中沿运河销售。由于沈大谦以贩茶为业，帮了不少忙，故两家关系甚密。沈大谦临死前，将幼子沈显荣托付给表弟贾椿抚养。贾椿视沈显荣为己出，待其成年后，给他娶了杨氏次女为妻，生有沈纪、沈立二子。成家后，在贾椿的资助下，沈显荣也走上经商之路，举家寓居北京贸易。借助贾椿为运军，便于用粮船携带货物至京这一关系，沈显荣在北京的生意做得颇为兴隆，但他不善管理钱财，后来生计窘迫，于嘉靖十五年（1536）郁郁而终，留下沈纪、沈立二子。此时，刚好贾椿女婿（即沈显荣的表妹夫）——杭州前卫指挥使许魁押送军器进京，得知表哥沈显荣已故，于是将其家财物连同二子一起带回杭州，并收养了他们。是时，杭州新开运河之处形成市场，按例只许军户做生意，为使沈纪、沈立能借此谋生，许魁准其二人改为许姓，成为舍人。于是沈纪、沈立改名许纪、许立，得以在新开运河处经商。此后，许纪、许立后人便成为有漕卫所的军户，一直在运河沿线经商，随着人口的繁衍增长，逐渐形成许氏家族。由于该家族有长期在运河沿线经商的传统，积累起丰厚的财富，至清乾隆初年以后，家族开始兴盛。从乾隆三年（1738）始到光绪二十九年（1903）的166年间，许氏一共出了33名举人、进士，成为杭州著名家族之一。②

① 许引之等：《高阳许氏家谱》，转引自宋永林：《科举门第文化世家——浙籍士人许宝蘅家世考》，《浙江档案》2018年第12期。

② 宋永林：《科举门第文化世家——浙籍士人许宝蘅家世考》，《浙江档案》2018年第12期。

第三节 帮会

清代以来，随着运河沿线人群的流动和形势变化，以水手、盐枭等为主体形成的帮会组织活跃于运河区域。

一、水手行帮

水手行帮，是清中叶以来漕粮水手以粮船为活动中心而形成的帮会组织。其内部有着严格的等级制度、完备的权力体系及鲜明的宗教、宗法特征。各帮在维护本帮水手利益方面发挥着重要的作用，同时也对运河沿线的社会秩序有着重大的影响。

（一）水手行帮形成的历史背景

水手行帮形成于清中叶，但其渊源却可追溯到明中叶，与罗教创立后在运军、水手中的传播以及清中叶朝廷对水手罗教的打击密切相关。

罗教，始称无为教，创教祖师为明朝人罗梦鸿（道号“罗清”“罗静”），故后世又称之为“罗教”“罗祖教”。罗梦鸿生于明正统七年（1442），卒于嘉靖六年（1527），祖籍山东莱州府即墨县，世代隶属军籍。罗梦鸿三岁丧父，七岁丧母，由叔叔、婶婶抚养成人，青年时成为北直隶密云卫的一名戍军。受从小父母双亡的影响，罗梦鸿时常思考生死这一问题，并于成化六年（1470）开始拜师悟道，历经十三载，至成化十八年，终于悟出“无为大道”，创立了无为教，并开始外出四处传教。据传，在一次传教过程中，罗梦鸿被捕入狱，后在当时一名身份显赫的太监帮助下，与两名弟子在狱中相见，并口吐经文，让其笔录，即罗教的经典五部六册真经。又经二十六年时间，至正德四年（1509），五部六册真经刊版印刷，大量在民间传播，罗教也因此逐渐大行于世。

在教义上，罗教提出，人生苦难无穷，欲得解脱，就要摒弃各种邪见杂法，一心阐扬无为大法、无极正道，只要顿悟明心，回归真空家乡，与无边空虚合为一体，就能伴无极圣祖左右，自在纵横，安享极乐。这套宗教思想通俗易懂，对民众具有较大的吸引力，因此罗教在明代创立后不久就迅速在北方地区传播开来。万历十四年（1586），名僧憨山德清来到山东东部即墨一带看到的景象是，民众几乎皆尊信罗教，而绝不知有佛教三宝，感到十分震惊：“方今所云外道罗清者，乃山下城阳人，外道生长地。故其教偏行东方，绝不知有三宝。予居此，渐渐摄化。”[①] 在山东西部地区，罗教也十分盛行。《万历武功录》记载：“侯表，鱼台人也，常与金乡、钜野、南皮人，群辈数千，诵罗道五部六经。于是分为三千余社，每社立社长一人，社举一人，社出金一分，封输社长。诸社一旦有缓急，不能办，即以社金□之。人人皆以罗教利赖己，乃益尊崇表，殆如神明矣……而是时，鲁府镇国将军，亦执弟子礼，东乡坐表师事矣。”[②] 此外，万历十五年正月庚子，都察院左都御史辛自修奏称罗教等宗教在华北地区传播非常广泛，信徒众多：“白莲、无为、罗教，蔓引株连，流传愈广，踪迹诡秘，北直隶、山东、河南颇众”[③]。

罗教自创立后在北方地区传播迅速，尤其对北方运河沿线的运军、水手影响较大。明代大运河北端通州与密云卫之间有通济河相连，又称白漕，是从通州运送军粮至密云的漕路，“白漕者，即通济河。源出塞地，经密云县雾灵山，为潮河川。而富河、罾口河、七渡河、桑乾河、三里河俱汇于此，名曰白河。南流经通州，合通惠及榆、浑诸河，亦名潞河。三百六十里，至直沽会卫河入海，赖以通漕。”[④] 而罗教的创始人罗梦鸿本人就是密云卫的一名运粮军人，“正德间，山东即墨县有运粮军人姓罗名静者，早年持斋，一日遇邪师，授以法门口诀，静坐十三年，忽见东方一光，遂以为得道”[⑤]。罗梦鸿运军出身，从通州运粮至密云是他及其后代长年从事的活动，故罗教在北方运河沿线得以迅速传播。从传教对象上看，明代密云一带的运粮军人、守备军人是罗教的重要信众。嘉庆二十一年（1816），直隶总督那彦成在密云县调查罗教，当地父老云：

> 罗道始于明季，系山东即墨人当年流寓距石匣六十五里、距古北口二十五里之司马台堡外建造讲台，自称罗道，并持眷口移居石匣。[⑥]

罗梦鸿在密云境内的司马台建立经堂，开堂讲经传教，其安家之处为石匣。石匣在潮河右岸，运军运粮至司马台、古北口必经石匣，而司马台距军事重地古北口仅二十里，是守备军人、运粮军人云集之地。罗梦鸿在此设经堂讲经传教，运粮军人、守备军人自然是其主要的听众之一。罗梦鸿成化十八年（1482）得道，至嘉靖六年（1527）去世，在这一带传教长达四十五年之久，对当地运粮军人及守备军人的影响很大。罗梦鸿的后代亦定居于此，世代传教，使得运河沿线的卫所军人成为最早的一批罗教信众。

---

①《憨山老人自序年谱实录》“四十岁”条，转引自马西沙、韩秉方：《中国民间宗教史》，北京：中国社会科学出版社，2004年，第146页。

②〔明〕瞿九思：《万历武功录》卷一《罗道教侯表列传》，北京：中华书局，1962年，第29页。

③《明神宗实录》卷一八二，“万历十五年正月庚子”条。

④《明史》卷七九《食货志三》。

⑤《藏逸经书标目》五部六册条，转引自马西沙、韩秉方：《中国民间宗教史》，北京：中国社会科学出版社，2004年，第146页。

⑥嘉庆二十一年三月二十一日直隶总督那彦成奏折，《军机处录副奏折》，转引自马西沙、韩秉方：《中国民间宗教史》，北京：中国社会科学出版社，2004年，第193页。

随着明后期运军的逃亡、改差，漕船主体发生了变化，雇募的水手成为漕运的主力，他们与运军长期共处，也逐渐成为罗教的信众。不仅如此，明代大运河北起通州，南抵杭州，贯通南北，是当时国家皇粮和物资运输的大动脉。粮船可上溯白河直达密云，与罗教发源地贯通，这大大便利了南来北往的水手将罗教从北方地区传播到南方地区。在这一背景下，至明朝末年，大运河最南端的杭州就已经成为罗教的活动中心：

> 明季时有密云人钱姓、翁姓，松江潘姓三人，流寓杭州，共兴罗教，即于该地各建一庵，供奉佛像，吃素念经。于是有钱庵、翁庵、潘庵之名。因该处逼近粮船水次，有水手人等借居其中，以致日久相率皈教。①

钱姓、翁姓来自罗教的发源地密云，他们本人很可能就是运粮军人或水手，长期往来于运河南北，最终流寓杭州，并在当地建立庵堂传教。由于庵堂靠近运河水次，又或因为他们本身就是水手，故其他一些水手借居在他们所创的庵堂里，受其影响，最后接受罗教，成为其信众。

入清以后，随着运河的疏浚和漕运的兴起，罗教进一步在漕粮水手当中传播开来。比如康熙年间（1662～1722），就有名为李道人者在杭州前卫帮充当水手，信奉罗教，康熙末年病故。十二年后，其徒弟刘把式称：“我系山东兖州府阳谷县人，在嘉兴帮当水手……我师父李道人，是杭州前卫帮水手，病故有十二年了。”②

雍正年间，漕粮水手信奉罗教者日益增多，罗教在运河沿线得到迅速发展。雍正元年（1723），刑部尚书励廷仪就指出运河沿线多有漕粮水手信奉罗教的情况：

> 凡有漕七省之水手，多尚罗门邪教，而浙江、湖广、江西三省，其党更炽。奉其教者，必饮生鸡血酒，入名册籍，并蓄有兵器。按期念经，则头戴白巾，身着花衣，往往聚众行凶，一呼百应。③

至雍正时，罗教已在漕运水手当中得到广泛传播，尤其是浙江、湖广、江西三省水手信奉者居多。其信仰罗教的人数，史料并无明确记载，但雍正五年（1727）嘉兴帮信奉罗教的水手刘把式曾提道：“从这教门不止我一帮的人，每帮也有四五人，也有十数个人的。我们教主罗道是罗祖的后代，自罗祖至今有八辈子了。我没有见过教主，听他说在京东石拉子里住。”④

---

①《罗教案·崔应阶折》，《史料旬刊》第12期，北京：北京图书馆，2008年，第93页。

②《罗教案·抄录刑部咨文》，《史料旬刊》第2期，北京：北京图书馆，2008年，第108页。

③ 雍正元年十二月七日刑部尚书励廷议奏折，中国第一历史档案馆编：《雍正朝汉文朱批奏折汇编》第2辑，南京：江苏古籍出版社，1987年，第363页。

④ 同②。

当时，这些信奉罗教的水手主要的聚集场所，是分布在运河附近的庵堂。据雍正五年（1727）十一月漕运总督张大有秘密调查，杭州就有几处罗教庵堂供水手居住，“又密访得杭州地方有数处指称罗教名色，开设庵店，容留粮船水手住歇者”①。同年，雍正帝谕令凡是有罗教庵堂的地方，其督抚务必查明并奏报庵堂的相关情况，“凡有罗教庵院地方，行文该督抚，将当日建造之由，并现今庵内或止做会，或另有用处，及庵内居住者系何等之人，逐一查明报部。”②是年底，浙江巡抚李卫奏报称浙帮水手中信奉罗教者甚多，而且浙江北关一带有大量的庵堂分布：

浙帮水手，皆多信奉罗祖邪教。浙省北关一带，有零星庵堂，居住僧道老民在内，看守其所。供神佛各像不一，皆系平常庙宇。先有七十二处，今止余三十所。各水手每年攒出银钱，供给养赡。冬日回空时，即在此内安歇，不算房钱。饭食供给余剩，即留为沿途有事讼费之需。而淮安、天津、通州、京师俱有坐省之人，为之料理。各帮水手多系山东、河南无业之辈，数以万计。歇店饭铺，不敢容留。若将此等庵堂尽行拆毁、驱逐，则冬月回空各水手，无所依归，反生事端。且细查其教，亦止吃斋念经。其可恶之处，在于借此齐心，欺人生事，尚无别项不轨之处。③

除浙江外，雍正六年（1728），江苏巡抚陈时夏亦查出苏州有阎庵、俞庵、王庵、西来庵、施茶庵、马姓庵、李庵、半野庵、倪庵等12处罗教庵堂，其中有漕粮水手传习罗教：

查以上各庵，房屋不过数间，供三世佛，诵经做会，非僧非道，每与粮船水手同教往来。粮船来南，多以米粮资其食用，或粮船水手有疾病流落者，各庵之人亦资其盘费。查粮船水手多有不法之徒，恃众打架，生事横行。④

雍正时期运河沿线的水手罗教具有五个重要的特征：第一，水手罗教具有浓厚的宗教色彩，表现在信奉罗祖、供奉神佛、吃斋念经等方面，位于运河沿线的庙宇庵堂是其主要的活动地点；第二，水手罗教在东南江浙一带运河沿岸地区最为兴盛，庵堂数量众多。其中，浙江庵堂原有72所，至雍正五年（1727）李卫调查之时仍有30余所。江苏苏州亦有12所；第三，江浙一带的漕粮水手多为来自山东、河南的穷苦之人，他们信奉罗教的主要原因是为了解决现实生活问题，因粮船回空后，当地旅店不敢收留外地水手，而罗教庵堂可为其提供

① 雍正五年十一月漕运督张大有奏折，《朱批奏折》，转引自马西沙、韩秉方：《中国民间宗教史》，北京：中国社会科学出版社，2004年，第197页。
② 瞿宣颖纂辑：《中国社会史料丛钞》上册，上海：上海书店出版社，1985年，第467页。
③ 瞿宣颖纂辑：《中国社会史料丛钞》上册，上海：上海书店出版社，1985年，第446页。
④ 雍正六年正月二十九日苏州巡抚陈时夏奏折，《朱批奏折》，转引自马西沙、韩秉方：《中国民间宗教史》，北京：中国社会科学出版社，2004年，第202页。

食宿，因此他们纷纷皈依罗教。罗教庵堂不仅成了其传教授徒的场所，而且也是他们在粮船回空后的栖身之地，故对于广大漕运水手来说，庵堂极为重要，甚至许多水手的生老病死都与罗教庵堂紧密联系在一起，“其中有老病无归者，即留堂长寄，死后代为埋葬”[①]。罗教庵堂能满足水手们的生计需要，是这些水手信奉罗教的主要原因；第四，雍正年间，江浙一带的水手罗教组织松散而不严密，没有形成强有力的权力核心，共同的宗教信仰和回空后的生活需要是水手罗教主要的维系力量；第五，雍正时期，江浙一带水手罗教虽然内部比较团结，但此时没有公然与清政府相抗衡，成员除部分“欺人生事”外，并没有直接影响政局的行为，也没有明确的政治口号及政治目的。

雍正年间的水手罗教是一个分布于运河沿线的具有较强互助特点的民间宗教组织。其组织形式在当时的档案资料中也有所反映。雍正五年（1727），漕运总督张大有指出：“各帮粮船舵工、水手各立教门，多收门徒，结为死党，一切任其教主指使，纲缚、烧炙、截耳、割筋毫无忌惮，为害殊甚。”[②]水手罗教中地位最高者为教主，主要以师徒方式传承，故其内部成员多以师徒、师父、师叔、干爹、干儿等相称。

雍正时期，信奉罗教的水手虽有打架斗殴、动用私刑等不法行为，但其并未抗击官府，而且庵堂有助于漕粮水手回空期间歇住，清朝对水手罗教采取比较宽容的态度。雍正七年（1729），雍正帝表达了对罗教的看法：“查罗教始于明代，流传已久。其中有聚众生事者，亦有无知附和者。概严不可，概宽亦不可，惟在地方官随事因人分别轻重，首倡生事者不可不惩，无知附和者量加宽宏，未有尽行解送来京之理。惟期化导愚顽，去邪归正，以杜蛊惑人心之渐，岂可株连无辜也。”[③]与此同时，雍正帝采纳了浙江巡抚李卫的建议，保留罗教庵堂，并将其改为公所，以便漕运水手往来自由歇住。

由于雍正时期对水手罗教采取比较宽容的政策，因此直到乾隆中叶，杭州、苏州等地运河沿线许多水手罗教的庵堂得以保留下来。据乾隆三十三年（1768）的调查显示，杭州北新关外仍有23处庵堂，均由明末杭州建立的钱庵、翁庵、潘庵三个罗教庵堂发展而来（表2-2）。历经时代变迁，此时三个老庵堂的名称也发生了变化，钱庵亦称老庵，翁庵亦称万庵，潘庵亦称王庵：

> 朱光辉所在之老庵本系钱庵，因年久遂称为老庵；又唐潮所住之万庵即系翁庵，因万姓改建，遂名为万庵；王世洪所住之王庵即潘庵，因续经王姓改建，故改名

① 乾隆三十三年九月二日江苏巡抚彰宝奏折，《军机处录副奏折》，转引自吴琦：《清代漕运水手行帮会社的形成：从庵堂到老堂船》，《江汉论坛》2002年第12期。

② 约雍正五年十一月抄录刑部咨文，《朱批奏折》，转引自马西沙、韩秉方：《中国民间宗教史》，北京：中国社会科学出版社，2004年，第201页。

③ 瞿宣颖纂辑：《中国社会史料丛钞》上册，上海：上海书店出版社，1985年，第461页。

王庵。[1]

此三庵形成杭州的三个罗教派别，三派之下各有庵堂若干，共计23处：

其余刘天元所住之李庵、丁天佑所住之刘庵，及陆云庵、八仙朱庵、滚盘珠庵、刘庵、李庵、周庵、阎庵、石庵，俱系钱庵分出；又杨钦所住之刘庵、李应选所住之李庵、周成龙所住之王庵，及章庵、黄庵、虞庵、彭庵皆自翁庵分出，各习罗教；又高万成所住之清凉庵、丁文学所住之王庵、张国柱所住之刘庵，系由潘庵分出。内清凉庵系习大乘教。[2]

表2-2 乾隆三十三年杭州罗教庵堂统计表

派别	庵堂数	庵堂名称	守庵人
钱庵（老庵）	11	老庵	朱光辉
		李庵	刘天元
		刘庵	丁天佑
		陆云庵	缪世选
		八仙朱庵	仲寿成
		滚盘珠庵	陈起凤
		刘庵	宋起文
		李庵	王德生
		周庵	韩德山
		阎庵	沈世荣
		石庵	吴吉士
翁庵（万庵）	8	万庵	唐潮
		刘庵	杨钦
		李庵	李应选
		王庵	周成龙
		章庵	余得水
		黄庵	周子万
		虞庵	虞少亭
		彭庵	吴洪明
潘庵（王庵）	4	王庵	王世洪
		清凉庵	高万成
		王庵	丁文学
		刘庵	张国柱

资料来源：《罗教案·永德折》，《史料旬刊》第12期，北京：北京图书馆，2008年，第86～87页。

① 《罗教案·永德折》，《史料旬刊》第12期，北京：北京图书馆，2008年，第86页。
② 《罗教案·永德折》，《史料旬刊》第12期，北京：北京图书馆，2008年，第86～87页。

杭州的这些庵堂皆由明末的三座罗教老庵堂发展而来，其信徒主要是粮船水手，水手们因为每年回空之际借住在庵堂之中，久而久之便皈依了罗教。后来因为皈依的水手人数越来越多，不够居住，于是扩建了很多新的庵堂，最多时达到72所。到雍正五年（1727）浙江巡抚李卫调查时仍有30所，至乾隆三十三年（1768）还存以上23所。这些庵堂在庵外置有土地，供守庵之人耕种糊口以及埋葬死亡水手之用。各庵堂守庵之人均是皈依罗教的水手，与其他皈依的水手在庵堂中传习罗教。此外，也有部分未皈依罗教的水手借住在庵堂当中。每年漕运平安归来以后，水手们每人出银五分，在庵内酬谢神灵的保佑。以上庵堂形成的细节以及皈依的水手们在庵堂中居住生活和传习罗教的情况，在乾隆三十三年闽浙总督崔应阶的奏折中有详细的记载：

> 杭州府北新关外拱宸桥地方，向为粮船停泊之所。明季时有密云人钱姓、翁姓和松江潘姓三人流寓杭州，共兴罗教，即于该地各建一庵，供奉神像，吃素念经，于是有翁庵、钱庵、潘庵之名。因该处逼近粮船水次，有水手等人借居其中，以致日久相率皈教，该庵遂为水手己业。复因不敷居住，筹资分建至数十庵之处。庵外各置余地，以资守庵人日用，并为水手身故义塚。每年粮船回空，其闲散水手皆寄寓各庵，积习相沿，视为常事。此水手皈教之由来也……守庵之人为水手皈依罗教之人，因年老有病，遂各进庵看守，或相沿收经卷，或并未收经卷，或旧曾学习念罗经，或并未识字不能念诵，皆赖耕种余地以资糊口……其各庵借寓之水手，亦不尽归罗教之人。而每年平安回次，则各出银五分，置香烛素供在庵酬神。向来守庵之人，是日念经数卷，其水手归教念经者，亦即随之。如守庵之人不会念经，则为与水手等人焚香礼拜，别无夜聚晓散，及煽惑民人之事。①

除杭州外，苏州的罗教庵堂也大部分保留了下来。至乾隆三十三年（1768），据江苏巡抚彰宝调查，苏州仍然有11所罗教之无为、大乘二派庵堂，名为削墩庵、南堂、北堂、西来庵、马庵经堂、傅姓经堂、闻姓经堂、罗桥经堂、阎庵经堂、楼下经堂，此外还有1所庵堂无人看守，不知名号（表2-3）。

表2-3 乾隆三十三年苏州罗教庵堂统计表

教派	庵堂数	庵堂名称	建立时间
大乘教	6	削墩庵	康熙十六年建
		南堂	康熙三十九年建
		北堂	康熙五十二年建
		傅姓经堂	乾隆初年建

①《罗教案·崔应阶折》，《史料旬刊》第12期，北京：北京图书馆，2008年，第93～95页。

续表

教派	庵堂数	庵堂名称	建立时间
大乘教	6	闻姓经堂	乾隆初年建
		罗桥经堂	乾隆初年建
无为教	4	西来庵	康熙五十三年建
		马庵经堂	康熙六十一年建
		阎庵经堂	乾隆年间
		楼下经堂	乾隆年间
	1	无名经堂	不详

资料来源：表 2-3 根据马西沙、韩秉方《中国民间宗教史》，北京：中国社会科学出版社，2004 年，第 146 页提供数据绘制。

以上各罗教庵堂分别有数间至二十余间房屋不等，服务对象也主要是漕粮水手，一是给他们提供住宿，二是收留及安葬无家可归的老年及患病水手，“平时有各处驾船水手入教往来，每至堂住宿，给与香钱，多寡从便。惟驾船外出回空时，助银数两及数钱不等，以作堂费。其中有老病无归者，即留堂长寄，死后代为埋葬。”因此，借居庵堂的漕粮水手多皈依罗教。同时，这些庵堂也是入教水手传习罗教的场所，“该管堂之人非僧非道，藉称各有宗派，开堂施教。平日茹素诵经，招徒传授，并与无籍水手往来存顿”①。

从以上可以看出，水手罗教以各庵堂为其活动中心，以各庵教首为宗教首领，以皈依水手为信众，形成松散的宗教组织结构。它以宗教为纽带，将粮船水手拢合在一起，解决了他们现实生活上的很多问题，加之清前期，官府对水手罗教实行宽容政策，故从明末到清中期，水手罗教及其庵堂在江浙一带运河沿线地区得到了很大的发展。然而，乾隆中叶，清廷一改以往的宽容政策，对水手罗教实行了沉重的打击。

乾隆三十三年（1768），南方运河附近州县屡屡发生割人发辫以摄取魂魄的案件，引发全国性的妖术大恐慌。乾隆帝震怒之下，下令严查各地尤其是南方地区民间秘密宗教活动，在杭州、苏州运河沿线水手中传习的罗教及其庵堂也因此受到牵连。是年九月，江苏省在巡抚彰宝的领导下查出苏州罗教的大乘、无为二派 11 所庵堂，从中抓获教首、庵堂主持及在庵住宿的水手信徒 70 余人：

> 访出久经奉禁之大乘、无为二教，经堂十一处，拿获管堂人朱文显、傅浩然、闻汉公、陈文高、姜汉如、鲍士凤、郭肇中、周士华、胡士英及僧人性海等，共计师徒二伙、住宿各犯七十余名。②

①《江苏大乘、无为二教案·彰宝折》，《史料旬刊》第 15 期，北京：北京图书馆，2008 年，第 337 页。

② 同①。

江苏当局对这些被拿获的罗教信徒施以了严厉的惩治。其中，大乘教教首朱文显、无为教教首性海，“均依为首律拟绞监候”。各庵堂守庵的二十二人被“各杖一百，流三千里”，有的被发往乌鲁木齐为奴，有的被发往云贵两广“极边烟瘴充军”。被庵堂收留住宿的水手也根据情况受到不同的杖责。①

在审理该案过程中，无为教教首性海又将杭州罗教供出，称杭州孔圣桥地方有“钱庵、翁庵、潘庵三处，亦系罗教”，因此杭州罗教庵堂也受到牵连。根据性海的供词，浙江巡抚觉罗永德顺藤摸瓜，在杭州城外发现“有不僧不俗庙宇十余处，俱系供奉罗教、罗经之所”，并从中搜出《苦功悟道卷》等五部经书共计127卷、罗祖画像2幅。在处理杭州的水手罗教时，浙江巡抚觉罗永德效仿雍正年间李卫的思路，认为“各船水手于冬月回空时在内安歇，因恐尽行拆毁，则此辈水手皆各省异籍之人，饭铺不敢容留，回空之日无所依归”，因此在处理上主张采取宽容的办法，“毁去庵名，改为公所，止许回空时暂为栖止。责令该管卫所帮弁稽查，并禁止一切粮船再称罗教等名色，方可散党类而绝邪教。”② 但乾隆帝不同意这种做法，谕令务必从严处置，将水手罗教的庵堂一概拆除，以根除后患：

奉上谕：据永德奏，北新关外查出庵堂十余处，庵内收藏经卷，供奉罗像，每年粮船回空水手容留托足，请将皈教之人从重处治，毁其经像，革除庵名，改为公所，仍许水手回空时栖止等语。所办尚未尽妥协。杭州各处经堂向系粮船水手所设，借止栖为名，信奉罗教，本应严禁。从前虽经李卫查毁经、像，而房屋尚存，以致故智复萌，各庵内仍藏罗经、罗像，是其恶习难返，非彻底毁禁不能尽绝根株。若仅如该抚所奏将庵堂改为公所，数年之后查禁稍疏，伊等势必又将公所变为庵堂，总非正本清源之道。至水手栖止之所，原不必官为筹画。此辈皆旗丁临时雇募应用，更非官丁可比。即或散居各处，至期自能赴帮应雇，何必为之鳃鳃过计？……况此等游手好闲之人群居一处，必至滋生事端，于地方又有何益。著传谕永德，除将本案从重处理外，所有庵堂概行拆毁，毋得仍前留存，复贻后患。钦此。③

在乾隆帝的授意下，浙江、江苏当局一改雍正时期的宽大政策，对水手罗教采取了严厉打击的措施。是年，浙江杭州的22所罗教庵堂、江苏苏州的11所罗教庵堂全部被拆毁，庵堂中的水手信徒也受到不同程度的徒刑，水手罗教遭遇到前所未有的沉

①《罗教案·崔应阶折》，《史料旬刊》第12期，北京：北京图书馆，2008年，第96～98页。
②《罗教案·永德折》，《史料旬刊》第12期，北京：北京图书馆，2008年，第88页。
③《罗教案·永德折》，《史料旬刊》第12期，北京：北京图书馆，2008年，第89～90页。

重打击。与此同时，位于北京密云的罗教第七世教主罗德林家也遭到查抄，所藏经书、画像以及罗梦鸿的坟墓均被销毁：

查密云县罗明忠，于雍正五年，因传习罗教，问拟绞罪，减流存留养亲……兹委北路同知李化楠，亲赴该犯住居之处，严密搜查。于罗明忠之孙监生罗德林家，搜出画像一轴，上书“无为居士罗公之像”字样，又旧补一副，外无经卷等项。讯据罗德林供：伊始祖罗梦鸿，曾拜一和尚为师，于前明自山东即墨县移住密云，人称罗道……其罗梦鸿坟上塔座树木，先经同“无为境”字碑，一并销毁。今罗德林已逐归案，所有罗梦鸿坟冢应平毁，俾人知习邪教者身后不能保其嗣冢墓，仍出示晓谕，共知儆惕。①

清朝对南方运河沿线的水手罗教采取严厉的措施，是在当年南方运河沿线爆发妖术大恐慌的背景下发生的，其目的在于切断江浙水手与北京罗教系统之间的联系，根除水手信教结社的现象，以稳定运河沿线的社会秩序。然而自明末以来，水手信教结社之风已长达两个世纪之久，至清中叶已根深蒂固，难以铲除。清当局采取打击罗教、拆毁庵堂等措施，使水手们失去了重要的宗教互助组织和生活空间，反而在客观上促使他们突破原有的宗教外衣，形成新的水手组织，以应对现实生活的需要。水手行帮就是在这一背景下诞生的。

（二）水手行帮的形成及其组织形态

在清廷的查禁之下，粮船水手们长期以来生死依托之所荡然无存。漕运水手组织被迫由陆地转移到水上，由以庵堂为活动中心转向以老堂船为活动中心。据嘉庆十三年（1808）的一份档案资料记载，各个粮帮内都有一条名为老堂船的粮船，里面供奉着罗祖的画像，老堂船由此成为新的水手组织——水手行帮的活动中心：

粮船上素来供奉罗祖，护庇风涛。其供奉罗祖之船名老堂船，设有木棍一根，名为神棍。奉祀罗祖之人名老官。凡投充水手必皈叩罗祖。其教不许人酗酒滋事，违者，老官取木棍责处，不服者送运官责逐，实藉以慑服水手，并无符咒、歌词、运气等事。②

随着这一转化的完成，水手行帮的组织结构也得以形成。每帮内都有一名为老管者③，“南

① 乾隆三十三年九月二十一日直隶总督杨廷璋奏折，《军机处录副奏折》，转引自马西沙、韩秉方：《中国民间宗教史》，北京：中国社会科学出版社，2004年，第137页。

② 嘉庆十三年十二月二十五日山东巡抚同兴奏折，《军机处录副奏折》，转引自马西沙、韩秉方：《中国民间宗教史》，北京：中国社会科学出版社，2004年，第211页。

③ 关于水手行帮之头目称呼，有的史料称“老官”，亦有史料称“老管”，实则为“老管”，而非“老官”。道光五年七月二十四日江苏巡抚陶澍的奏折对两者有明确的解释：“查粮船雇用水手率多无业之民……甚至有老庵、新庵等名目。其头目则称老管，犹乞丐之有丐头也。至于老官之称，则凡丁舵水手之年长者彼此相呼，均称某老官，乃指年老之意，非谓头目也。”

粮帮次，往往帮内有一吃斋之人，皆称为'老管'，凡本船吃斋之水手、纤夫服其管束"①。"每帮有老官船一支，供设罗祖，入其教者投拜老管为师"。老管也称"当家"或"会首"，一般由数人轮流充任，共同组成该帮的首领集团，其议事场所即为老堂船。在人选上，老管通常由帮中公认的资格最老、辈分最高、最具权威的人担任，是帮中权力的象征。不仅掌本帮宗教事务，而且掌管帮内财政，"公派一人专管香火，并通帮水手用钱账目，为当家"②。此外，水手行帮作为水手间的互助组织，帮扶入会水手的具体事务也由老管来负责，包括帮会内患病水手的救助、死亡水手的埋葬，等等，"闻老管所司，每水手所得雇值按名提出若干，收存生息，遇水手患病医药，或身故买棺，则老管即于此项内酌量资助。其平时未经出钱者，即无人为之照管，是以顽蠹之辈利其缓急有恃，乐于从事"③。由老管组成的首领集团是帮内的权力机构，该权力机构制定有一系列的入帮仪式以及帮规。对于帮中水手来说，这一权力机构有着生杀予夺的大权，其议事的老堂船内陈设着标志"帮规""家法""家礼"的"神棍"。而且，为了保证水手行帮组织的严密性和对外行动的一致性，各帮建立起了本帮的联络信号，遇事即传出"红箸""溜子"为号，"人即立聚"④。

在管理方式上，水手行帮内部实行严格的家长制管理，体现了鲜明的宗法家族特色和森严的等级秩序。这与水手罗教组织有着很大的区别。在水手罗教阶段，尽管水手皈依者众多，如雍正五年（1727）号称"数以万计"，但一般每帮"有四五人，也有十数人"，并非所有的水手都皈依罗教，而且其组织的主要功能在于以宗教为纽带，实现水手之间的互助。随着乾隆年间清朝政府对水手罗教的查禁，水手行帮组织逐渐形成，加入其中的水手与日俱增，至嘉道年间，各帮会控制的水手不下四五万人，"沿途牵手尚不在此数"，并且"凡投充水手，必拜一人为师，派到辈分，彼此照应"⑤。此时，水手行帮组织不但在人数、规模上远胜于水手罗教组织，而且其内部成员之间的关系也从松散变得严格。道光初年，水手行帮中以二十四字排列辈分，成员根据不同的字辈在帮内处于不同的等级序列之中，权力和地位均不相同。其中，一般老管的辈分、地位最高，处于权力的核心。他凭借所谓的"家礼"和"家法"来控制全帮上

① 嘉庆二十一年三月十七日直隶总督那彦成奏折，《军机处录副奏折》，转引自马西沙、韩秉方：《中国民间宗教史》，北京：中国社会科学出版社，2004年，第211页。

② 道光五年九月二十一日浙江巡抚程含章奏折，《军机处录副奏折》，转引自马西沙、韩秉方：《中国民间宗教史》，北京：中国社会科学出版社，2004年，第211页。

③ 道光五年七月二十四日江苏巡抚陶澍奏折，《军机处录副奏折》，转引自马西沙、韩秉方：《中国民间宗教史》，北京：中国社会科学出版社，2004年，第216页。

④ 马西沙、韩秉方：《中国民间宗教史》，北京：中国社会科学出版社，2004年，第212页。

⑤ 道光五年七月十六日浙江巡抚程含章奏折，《军机处录副奏折》，转引自马西沙、韩秉方：《中国民间宗教史》，北京：中国社会科学出版社，2004年，第212页。

下，平日要求水手们孝敬和服从师傅，如果帮内出现违反帮规、寻衅滋事的水手，必定被送往老堂船中，由老管来处治，轻则棍棒及身，重则立毙水手，沉尸灭迹，名为“替祖代法”[①]。这使得水手行帮在管理上具有浓厚的封建宗法色彩。

从组织结构及管理方式上看，随着水手行帮组织的形成，其内部创建起一套完备的权力体系及森严的等级秩序。

（三）水手行帮的派系分化

水手行帮由水手罗教转化而来，在派系的划分上与之有直接的关系。道光年间，雍正、乾隆时期原来属于翁庵、钱庵、潘庵的粮船水手已形成三大帮派，“翁安呼为大房，钱安呼为二房，潘安呼为三房”[②]。每帮分别招收门徒，各分党羽。三派之下，又分为很多小的派系，如嘉白帮：

> 钱安分为钱安、陆安、王安、刘安、八鲜安、严安六支；潘安即新安，亦分四支，每帮有老堂船一只，悬挂罗姓图像……
>
> 嘉白帮钱安六支，翁安一支，总名为老安，每安立会首一名，为七老会。钱安以李明秀为首，陆安以任兆林为首，刘安以在逃之文得为首，八鲜安以黄第五为首，严安以席明为首，翁安以王松年为首。潘安系韩赞逵……为首。杭三帮老安系吴在明当家，潘安系郭世正当家。嘉白帮水手归会首管束，杭三帮水手归当家管束。潘安人多强横，与老安素不相睦。[③]

此处“安”即“庵”，钱安、翁安、潘安，接明末庵堂之名。其余钱安、陆安、王安、刘安、八鲜安、严安等是入清后发展出来的新庵堂。在长期的发展过程中，水手以不同的庵堂为中心，组成相对稳定的帮派势力，并通过师徒相传，辈分相依，传承不绝。至道光年间，水手行帮依然继承了水手罗教时期分化出来的帮派系统，各粮帮有翁安、钱安、潘安三派，翁、钱二派创始人同来自于北京，二派关系向来较密切，故合称“老安”，潘安则称新安。运河沿岸的水手行帮，大体上分为这两大帮派。如浙江粮帮内，嘉白帮、杭三帮、宁波帮等，都分成老安与新安两大派。江苏、山东等地的水手也是如此。

（四）水手行帮在运河沿线的活动及影响

清代，由漕粮水手组成的帮会组织不但人数众多、势力强大，而且十分活跃。各水手行

---

① 马西沙、韩秉方：《中国民间宗教史》，北京：中国社会科学出版社，2004 年，第 212 页。

② 道光八年九月六日漕运总督讷尔经额奏折，《朱批奏折》，转引自马西沙、韩秉方：《中国民间宗教史》，北京：中国社会科学出版社，2004 年，第 212 页。

③ 道光五年九月二十一日浙江巡抚程含章奏折，《军机处录副奏折》，转引自马西沙、韩秉方：《中国民间宗教史》，北京：中国社会科学出版社，2004 年，第 212 页。

帮长期盘踞于运河上下，控制漕船、贸易私货、索添工钱、控制码头、开设堂口、争夺资源，对运河沿线的社会秩序产生了巨大的影响。

1. 控制漕船

清代漕运实行军运，根据规定，运弁、运丁是漕船的管理者和领导者，对漕务负有直接的责任。然而随着水手行帮的形成和力量的不断增强，至嘉道年间情况发生了很大的变化，漕船的控制权逐渐从运弁、运丁手中转移到水手帮会手中。据道光五年（1825）十一月河南巡抚程祖洛奏折记载，此时水手行帮头目已取代运弁、运丁控制了各帮漕船：

> 各帮粮船舵手设有三教……每帮有老官船一支，供设罗祖，入其教者投拜老官为师……今则旗丁与舵手不敢过问，并屡受其挟制。所以然者，以运弁不能责成，而旗丁无权故也。弁之所以不能责成旗丁者，则以上官只图无事，即相率苟且一时，而运弁亦无权故也。旗丁、运弁既不能管束，其权即渐移于头目，因是遂有老官之名，罗祖之号，溜子、红箸之令，并设教拜师，挟索械斗之事。其设教本为敛钱树党，原与实在习教匪徒不同。但党羽既众，弊锢遂深，一经滋事，官弁等畏其人多，亦遂佯为弗知，畏葸不前。案愈大则讳匿者愈深，讳匿深则藐法者益众。其弊不在立法之不善，而在行法之无人。①

嘉道年间，运弁、运丁普遍受到水手行帮头目的挟制，漕船的控制权已从运弁、运丁手中转移到水手帮会手中。各水手行帮组织“霸占帮船，视同己业”，已牢牢控制了漕船，为其把持漕务，垄断运河沿线漕运行业奠定了基础。

2. 贸易私货

漕运过程中允许运军、水手贩运私货的情况在宋明时代就已有之，清代亦是如此。为增加水手微薄的收入，保障漕运的顺利进行，清前期政府即规定漕粮水手可以携带一定的私货，在出运过程中沿途贸易。随着水手行帮的形成，入帮水手的人数越来越多，水手帮会逐渐控制了漕船，私货贸易的权力便不可能再像以前那样属于个别水手，而是由水手帮会所把持。水手的私货贸易从此前的个人行为转变为集体行为，其获得的收入也从此前的水手个人所有转变为帮会集体所有。帮会所掌握的私货贸易收入，主要分为两大部分，一是用于帮会内部成员的福利分红，二是用于帮会组织的各项开销，如出运过程中的各项陋规费用、举办宗教活动的开销，等等。水手行帮控制漕船后，在运河沿线从事私货贸易成为帮会一项重要的收入来源。

---

① 道光五年十一月河南巡抚程祖洛奏折，《军机处录副奏折》，转引自马西沙、韩秉方：《中国民间宗教史》，北京：中国社会科学出版社，2004年，第213页。

由于各帮入会的水手众多，清朝额定携带的私货数量远远不能满足帮会组织的需求，故利用漕船和运河走私成为水手行帮的重要经济活动和收入来源。其走私方式主要包括超额携带私货、揽运商人货物、贩运私盐等违禁物品等。这些走私行为一方面加重漕船负担，延误运粮时间，危害正常的漕运秩序，另一方面逃避关税，减少官府的收入，故遭到清朝的严厉禁止。然而，水手行帮的走私行为在一定程度上促进了南北物资的交换，满足了运河沿线地区老百姓的物质生活需求，同时也繁荣了这些地区的商品经济，故运河沿线不乏商人、巡役、甚至普通百姓参与水手行帮的走私活动。与此同时，水手行帮人多势众，在运河沿线的社会关系网络盘根错节，使其走私活动比较隐秘。加之水手行帮内部团结、合作，常常可以顺利逃避官府的稽查，甚至是利用人多势众的优势，抗拒稽查。这些使得清代各水手行帮的走私活动成为一种普遍的现象，屡禁不止。由于各水手行帮走私货物数量巨大，从中所获得的收入也远远超过了正常的私货贸易收入，成为直接影响水手生活质量和帮会组织发展的主要经济来源。

3. 索添工钱

在水手要求旗丁、运弁增加工钱的经济斗争中，水手行帮发挥了重要的作用。为保障漕运秩序，清政府对各帮水手的雇募价格有明文规定，如《漕运则例纂》记载："嘉白等十帮，重运头工银五两钱，舵工银五两三钱，水手每名四两"，回空时"舵工银一两七钱，水手每名银一两三钱。"① 在极高的劳动强度下，一般的漕粮水手每年仅挣得"五两三钱"银子。微薄的收入无法满足他们的生活需要，"粮船水手每年身工不过七千余文，远不足以养赡"。不但如此，漕粮水手每年还要受到官吏的层层剥削，处境窘迫，比如每帮贿赂领运千总、坐粮厅验米以及仓场经纪的费用达到两千六百两之多。②

在此背景下，漕粮水手们"索加身工，聚众殴官，习以为常，恬不为怪"③。乾隆五十年（1785），处州卫前帮水手为增加工钱聚集在泊头地方不肯继续前行，其中四名水手被官兵抓获，因此引发其他水手的反抗斗争。④ 随着水手行帮的形成和力量的增强，帮会组织在水手要求增加工钱的斗争中扮演了重要角色，水手们往往以帮会作为后盾，在老管的领导下集体向旗丁、运弁索要更高的工钱。如道光五年（1825），浙江嘉白帮、杭三帮"在水次时即向旗丁勒加身工及装米钱文"。在途中，"每帮水手复捏称旗丁侵蚀道光元年皇赏银两，每船勒索钱五十三千文，传发溜子，挨船讹诈，人众势汹，旗丁惧祸，不敢不给，或写立欠票，

①〔清〕杨锡绂：《漕运则例纂》卷九《舵手身工》。

②〔清〕孙鼎臣：《论漕》，《畚塘刍论》，清咸丰十年武昌节署刻本。

③〔清〕陈文述：《漕船递年减早议》，〔清〕葛士濬编：《皇朝经世文编续》卷四七《户政》。

④《清高宗实录》卷一一二九，"乾隆五十年四月丙申"条。

或变卖客货，每帮四五十船，先后约被横索三千余百千文”[①]。这场索要银钱的斗争持续了数月之久，影响很大，“以致江淮四等十二帮亦复先后效尤”。同年八月，庐州三帮漕船已行至山东临清，水手人等二十余人“起意勒索”，“声言如不给钱，大众走散”，管事者畏惧，答应每船增加工资二十五千文。九月，太仓后帮行至仓州地方，四十余名水手“同至千总杨学礼泊船处所”，上船索钱。杨学礼不允，水手遂将其殴伤。[②]此后，凤常等帮在行至天津一带时也效仿前帮传发溜子，索要银钱，“迨后凤常等三帮停泊直隶静海、南皮、景州、吴桥等处，探闻前帮均有需索，亦复先后效尤。”这些经济斗争都是在帮会组织的领导下进行的。在漕船行进过程中，老管传出一纸，称为“溜子”。溜子本为各帮头船沿途发给水手钱文所写单据，交给在后各船，照单开发。传发溜子，是帮会行为，并非一般水手个人所能做到。老管通过传发溜子的方式，集合水手们一起索添工钱，这显然是一种组织行为。这种勒索工钱的方式，多为通帮共同行动，如漕帮中有水手不愿统一行动，则立即将其逐出漕帮。江浙船帮受罗教影响较大，老管为水手行帮之首，多找名目传发溜子勒索身工银。江广各船帮虽无罗教传播，也无老管在船，也效仿江浙船帮传发溜子，传发溜子者多为行帮中具有影响力之人。由于水手帮会人多势众，传出溜子向旗丁索取钱文，旗丁多不敢不从。水手帮会组织的存在为其经济斗争的胜利提供了重要的保障，“当角力斗狠时，执箸传呼，挺身相助，竟敢勒索旗丁，目无长官，皆由恃众之故”[③]。

为遏制水手帮会集体索添工钱的行为，清政府在道光五年（1825）紧急新增条例，规定“粮船水手纠众传发溜子，欺凌运弁，横索旗丁钱文，情凶势恶者，照棍徒设法诈财例，为首拟斩立决，帮同吓诈情节凶恶者依为从拟绞监候，仅只附和助势者发新疆给官兵为奴”[④]。这条法令引起了水手们的不满。次年，各帮水手在帮会组织的领导下，再次发动了大规模索添工钱的斗争。据道光六年琦善的奏折记载，是年太仓后帮、江淮四帮、宣州帮、宁太帮、江淮头帮、淮安二帮、苏州前帮、兴武六帮、兴武七帮、大河三帮、江淮二帮、宁波前帮、庐州三帮等十三帮漕运水手“滋事不法”，有的水手殴打千总，甚至在水上围住江安粮道座船要求增加工钱。[⑤]这次事件对运河沿线秩序造成不小的影响，当局为平息这次事件，抓捕了七十四名水手。据统计，

① 道光五年七月十六日浙江巡抚程含章奏折，《军机处录副奏折》，转引自马西沙、韩秉方：《中国民间宗教史》，北京：中国社会科学出版社，2004 年，第 219 页。

② 道光六年六月三十日琦善奏折，《军机处录副奏折》，转引自马西沙、韩秉方：《中国民间宗教史》，北京：中国社会科学出版社，2004 年，第 220 页。

③ 道光五年七月二十四日江苏巡抚陶澍奏折，《军机处录副奏折》，转引自马西沙、韩秉方：《中国民间宗教史》，北京：中国社会科学出版社，2004 年，第 216 页。

④ 同②。

⑤ 马西沙、韩秉方：《中国民间宗教史》，北京：中国社会科学出版社，2004 年，第 220 页。

新增条例发布后，道光五年、六年两年内，就有近百名舵工水手因为类似事件受到了斩决、监候、发配边远地区为奴的处罚。尽管如此，索添工钱的抗争活动此后时有发生，甚至在道光十六年又爆发了规模较大的抗争活动。在这次斗争中，水手帮会又起到了组织作用。漕船帮队往往首尾衔接前进时，忽然停止靠岸，老管传出“溜子”，上写增价若干，向旗丁、运弁索添价值，其他水手、工舵人等则上岸或在船上起哄助威，直至运弁、旗丁答应其要求。从道光十六年五月至八月，仅直隶当局就抓获了索价、殴斗、结帮“凶犯”五百余名。在以上持续不断的抗争活动中，水手行帮组织起到了重要的领导作用，对改善水手的生活困境有一定的帮助。

4. 开设堂口

为联络成员、储存物资，水手行帮还以各种形式在运河沿线码头开设自己的堂口，通过这些堂口来方便帮会的各种活动。

道光十六年（1836），苏州地方官查获一家名为“得胜轩”的茶馆，实际上就是一处水手帮会的堂口，对内称“合智堂”，成员主要是兴武帮水手，[①] 该堂口内“供奉如来、韦陀及太子佛像，名为合智堂，诱人投师习教，敛取香烛钱文，择期建作道场，聚散无定，有力者送钱数千文至数十千文不等，无力者不派”[②]。

道光十七年（1837），安徽巡抚色卜星额也提到水手行帮在运河沿线隐秘之处通过开设茶酒店铺为掩护，建立堂口，储存帮会之货物，“水手巢穴所在水次，则有经堂供奉神牌，设立老官师傅之位，在帮中则据漕船为经堂，号召徒众……沿途则多于河滨旷僻处所开设茶酒等铺，约集匪徒，寄存赃物”[③]。

道光以来，水手帮会在运河码头或通过自开店铺、或控制饮食店家建立秘密堂口，形成其特有的组织联络形式，这种风气一直延续到民国时期。

5. 争夺资源

运河沿线的水手行帮大体上分老安、新安两大派，它们在与清政府争取权益方面具有共同利益和一致性。与此同时，水手组织又具有狭隘的宗派特点和浓厚的封建性，这使得水手帮派表现出强烈的排他性，在这方面新安较老安更为偏激，这决定了老安、新安之间存在严重的对立冲突和彼此相互竞争的矛盾关系。运河沿线的各种资源，包括漕船、码头、就业机会，等等，都直接涉及两帮派的经济利益。因此，老安、新安两帮派经常为争夺这些资源而发生械斗，并长期在运河水系形成相互对峙的局面。尤其是当清朝漕运政策变化或运河沿线经济

① 林则徐：《林文忠公奏稿》，《拏获罗祖教教徒郭蕴得等片》，台北：文海出版社，1986 年，第 346 页。

② 同①。

③ 道光十七年正月二十日安徽巡抚色卜星额奏折，《军机处录副奏折》，转引自吴琦：《清代漕运水手行帮会社的形成：从庵堂到老堂船》，《江汉论坛》2002 年第 12 期。

变动引起漕运运输减少或出现资源短缺的时候，老安、新安两水手帮派之间的斗争就变得异常激烈。

道光年间（1821～1850），由于北方部分运河河段淤积，漕运运输困难，清朝逐步试行漕粮海运，裁汰水手。在这一背景下，为维护自身的生存和发展，水手帮派之间的竞争和冲突日趋激烈。道光二年（1822），浙江省最先解雇水手、舵工，减少漕运。道光六年，江苏省实行海运，大批水手面临失业的困境。迫于生存的压力，各水手帮派的对立公开化，彼此将对方视为影响自身存亡的最大隐患。在此情形下，原本就不和睦的老安、新安之间发生了多次大规模的械斗。道光五年，为了争夺几只新造漕船的归属权，老安和新安之间发生了一场惨烈的械斗：

> 道光五年，各帮船分泊秀水县城外。嘉白帮有新造八支，应归老安水手管驾。二月初三日，潘安水手韩赞逵等将新船占管四支。老安水手各向会首吵嚷，李秀明邀同任兆林、贾胜九……至老船商议起意，各带本支水手殴打泄忿。随与当家之陈长泰即在罗姓像前烧香磕头，出钱买削竹枪……赴各船通信，逼勒老安水手……各水手因籍充水手度日，被会首逼迫，均各允从。初四日早，李秀明等各率本支水手……共百余人……各带竹枪器械至西门塘寻殴。韩赞逵亦率本支水手及处前帮潘安水手……数十人互斗。①

此次械斗从二月四日开始，直到二月七日结束，历时四天，两派均伤亡惨重。新安水手四十余人死亡，老安水手死亡约十人，先后从河中捞获五十九具水手尸体。事后，老安首领刘秀明及马文得向官府自首，官府将老安的七个会首当众斩首。这次两帮水手为争夺漕船械斗的事件震动了整个运河，其惨烈情形在民间传播和发酵，给时人造成了极为恐怖的印象，比如包世臣在其所撰《中衢一勺》中记载道：“乙酉夏，嘉兴白粮帮在水次杀人数百，反割截首级，悬挂头檐，自嘉兴至淮安，莫敢过问。”

道光八年（1828）九月，台州前帮老安水手因新安水手“杂入其中”，“遂至处州后帮勾结老安教水手，将潘安教内在处州后帮充当水手之人杀毙多命”，以至于“河内尸身纷纷抛弃”②。道光以来，迫于严峻的形势，水手帮会间的械斗事件屡屡发生，对运河沿线社会秩序带来危害。为此，清政府采取了一定的措施惩治水手帮派间的械斗，但事关根本利益，这些措施不可能从根本上遏制械斗之风，故漕粮水手“结党传徒，

① 道光五年九月二十一日浙江巡抚程含章奏折，《军机处录副奏折》，转引自马西沙、韩秉方：《中国民间宗教史》，北京：中国社会科学出版社，2004年，第217页。

② 道光八年九月六日漕运总督讷尔经额奏折，《朱批奏折》，转引自马西沙、韩秉方：《中国民间宗教史》，北京：中国社会科学出版社，2004年，第216～217页。

动辄纠众滋事，近年以来虽屡经惩办，而犷悍之风总未尽息”[①]。

二、青帮

青帮，是道光以后以水手行帮为主而正式形成的帮会。道光六年（1826），江苏省开始试行漕粮海运。咸丰三年（1853）浙江改为漕粮海运，导致大批的漕运水手失业。咸丰、同治年间清军与太平军交战于苏南、浙江一带，大批水手被阻于淮北，在生计受困的情形下，粮船水手以江苏安东、清河为基地，组成了新的帮会组织——安清道友，又称“安庆道友”“安庆帮”“安清帮”等，俗称“青帮”。

青帮以失业的漕运水手为主体，起先主要活跃于淮北一带，从事私盐贩运活动：青帮者，当日漕河运丁。拜师傅、拜老官之余孽也，久浸淫于淮河流域。[②]随着形势的发展，至清光绪初年，一些散兵游勇、无业游民，乃至武举、秀才、官差等也加入其中，使得青帮势力不断壮大，“当之今，则居然武库中之秀举，仕途中之子弟，衙署中之差役，憨不畏法，自以为雄，乐居下流，毫不为怪。”[③]与此同时，青帮的活动范围也逐渐从淮北沿着运河向南扩展到淮南、江南、浙西等地：

> 青帮者，其徒本皆以运漕为业，岁取粮船，船北上时夹带南货，南下时夹带北货。所谓“粮船帮”者是也。既改海运，艰于衣食，乃秘密结会，江、浙为多，淮、徐、海尤盛，皖北亦有之。[④]

青帮活动范围的扩大，与太平天国运动期间青帮成员加入清军有关。太平军与清廷的战争爆发后，淮扬一带部分青帮成员被清朝招募为绿营兵，后来随军收复江南，因此得以向南发展：

> 咸丰间，贼踞江介，仅淮扬一隅，北至袁浦，南至邵伯，东至通海，西至仙女庙，保有岩疆，与贼接壤，五方杂处，禁令不行。所恃以无失者，庙镇商贾来自上江木厂，悍夫多而善斗，无事则啸聚为匪，有事即应募为勇，当时颇得其力，而私立盟会，渐成祸机。殆解严，散勇半为盗流，其人多楚产，及苏常降众遣散入江，中途遗落，并降为兵勇而复散，其营本不在遣列者，潜与勾结，遍布江南，吴门尤甚。初以重兵分扎苏、松、

---

① 道光十六年三月二十六日大学士长龄等：《为遵旨筹议约束漕船水手章程事奏折》，《历史档案》1990 年 4 期。
②《论江浙枭匪》，《东方杂志》光绪三十二年一月二十五日，第 1 页。
③《道友滋事》，《申报》光绪二年五月二十四日，第 1 页。
④〔清〕徐珂：《清稗类钞》第八册《会党类·哥老会》，北京：中华书局，1986 年，第 3659 页。

京、瓜，慑不敢动，及撤防益久，匪势益横，曰哥老会，曰安庆道友。①

壮大后的青帮，仍然从事贩卖私盐的活动。比如，淮军中多有青帮成员，原为安徽巢湖一带的粮船水手，清廷从太平军手中收复江南一带后遭到遣散，这些人此后盘踞在太湖流域，从事贩卖私盐的老营生，因此又被称为“焦湖帮”（即巢湖帮）。“克复苏湖之淮军，承其支派，虽遣不归，盘踞于浙湖郡县，而以贩盐为生，于是有焦湖帮之名称。”②淮北的青帮，在清光绪年间也仍然继续从事着贩运私盐的活动，“淮北海州一带小民，以拜安庆道友，仍以伙运私盐为业。”③此外，青帮活动也有了进一步发展，包括绑架勒索、买卖人口、欺行霸市、开设赌场、杀人越货等，都属其活动的范围。“安清道友多在水北，所有劫杀重案及包贩私盐、掠卖妇女，皆其伙党所为”④。“在市内强取货物，恃刀逞凶；在乡则淫劫勒赎，无恶不为”，“收徒霸赌，坐地分赃”，屡屡“杀人不法”⑤；“沿江一带会匪、盐枭，安庆道友甚多……平时专以抢劫为事，口号皆悖逆之语”⑥；“有红帮、青帮各种名目，其籍贯以皖省之焦湖人为最多，两湖人次之，温台人亦杂出其间，平日以包赌贩私为事业，遇便则抢劫、讹诈，无所不为，恃太湖为出没之所，沿湖各府州县踪迹无常，一闻官兵搜捕，往往四散逃匿，或竟持械抗拒官兵，反致失利，如是者已数十年”⑦。

青帮主要由失业的漕运水手行帮发展而来，其内部组织结构也延续了水手行帮所具有的特点，非常重视师徒关系，有很强的封建宗法性。师父是帮内的家长，新成员入帮称“进家”，帮内强调“收徒如生子”“一日为师，终身为父”。同时，青帮也延续了漕运水手的互助传统，强调“兄弟如手足”“有福同享，有难同当”。青帮字辈有前二十四字和后二十四字，前二十四辈为“清净道德，文成佛法，仁伦智慧，本来自性，元明兴礼，大通悟觉”。光绪二十七年（1901），青帮又订有后二十四字，即“万象依皈，戒律传宝，化度心回，临持广泰，普门开放，光照乾坤”。帮内成员依据字辈确定其在帮内的位置。严格的师徒关系和辈分划分，使青帮成为一个严密的

---

①〔清〕陈锦：《勤余文牍》卷一《与琴岩论善后余事书》，《续修四库全书》第1548册，上海：上海古籍出版社，2002年，第534页。

②《论江浙枭匪》，《东方杂志》光绪三十二年一月二十五日，第1页。

③《口获盐沿》，《申报》光绪十年九月初四日，第2页。

④《清德宗实录》卷二〇，“光绪元年十月壬午”条。

⑤光绪二十六年四月四日安徽巡抚邓华熙奏折，转引自吴琦：《漕运与中国社会》，武汉：华中师范大学出版社，1999年，第97页。

⑥〔清〕刘坤一、张之洞：《沥陈拳会难恃外衅勿开联络洋人力保长江会衔电奏》，复旦大学历史系中国近代史教研组：《中国近代对外关系史资料选辑1840～1949》上卷第二分册，上海：上海人民出版社，1977年，第157页。

⑦〔清〕朱寿朋：《东华续录》，“光绪二十四年正月庚寅”条。

组织体系。凡属于青帮成员，不管身处何地，只要能对上字辈和暗号，就能得到当地青帮组织在衣食住行上的帮助：

安庆道友，多脚夫、船户、肩贩、手艺及游民、游勇者流，借烟馆、赌场、茶坊、小押为巢穴，行劫为非，声气甚广。以先入者为长辈，次入者为幼辈，已及五七，辈辈不知若干人，均以口号字第为凭，随地联络，所至不携介文，可得居处饮食，遇事群起应之，口号所通，趋救立至，不必素相识也。①

作为帮会组织，青帮有其主要的活动场所，并制定有严格的帮规和家法。青帮的主要活动场所称为香堂，是帮主的驻地，用来议事、联络帮内成员、发展新成员等。香堂又称“老窝子”，某青帮帮主也因此称“某某老窝子”。青帮香堂主要是仿照哥老会而来，“党众势强，多以贩私为名，肆行不法，并仿哥老会匪恶迹，纷立会堂，散放飘布，派费入伙。”②至清末时，青帮设立香堂已十分普遍，在江苏、安徽、浙江以及上海的租界内都可以见到。据光绪十八年（1892）两江总督刘坤一的奏折称，上海、吴淞等地就有青帮开设的香堂：“缉获陈金龙即陈殿魁，系红会首匪，为长江三龙之一，在上海、吴淞等处开龙华、玉龙等山堂，讯据供认为安清道友通字辈不讳。”③与此同时，香堂的规模也逐渐在扩大。宣统年间（1909～1911），江苏青帮头领朱盛春所建香堂即是其家宅，前后三进院子，围有高墙，墙内设有枪眼，有大批的护院。此外，青帮还有严格的帮规。如“十大帮规”：

一、不准欺师灭祖。违者，轻则用香板责打，严重者被捆在铁锚上烧死。或驱逐出帮，此后不准入帮。

二、不准藐视前人。违者，轻则警戒或香堂责罚，重则斥革出帮，不准再入帮。

三、不准爬灰倒笼。凡属将帮内兄弟的秘密，潜行告诉别人，或共同做某一件事，不守信义，个人图谋功利，以致涉讼，称之“爬灰”。如误导别人拜师，破坏别人的师徒关系，称之为“爬灰倒笼”。违者，将烧死在铁锚上。

四、不准江湖乱道。违者，一经发现，应由引进师负责拘留在香堂，用家法严加责罚，如再犯，则斥责出帮。屡犯不改者，则实施火刑。

五、不准搅乱帮规。违者，轻则用香板责打，重则打死勿论。

六、不准引法代跳。入帮者在帮内有了地位和声望，嫌自己所占字派太小，或嫌先

① 〔清〕陈锦：《勤余文牍》卷一《与琴岩论善后余事书》，《续修四库全书》第1548册，上海：上海古籍出版社，2002年，第534页。

② 光绪二十六年四月四日安徽巡抚邓华熙奏折，《军机处录副奏折》，转引自马西沙、韩秉方：《中国民间宗教史》，北京：中国社会科学出版社，2004年，第216～233页。

③ 光绪十八年三月十八日两江总督刘坤一奏折，《朱批奏折》，转引自曹金娜：《清代漕运水手研究》，博士学位论文，南开大学，2013年，第160页。

人没有声望，而另行投靠有声望者，一经发现，即由引进者负责处罚。如第二次引进亦同犯此条，则按帮规重重斥革，并通知各帮不要将此人收入帮中。如有故意收者，当以叛帮论罪。

七、不准以卑为尊。违者，立即严加处治，并通知各帮共同惩治。

八、不准开闸放水。开闸放水者，即只顾自己利益不顾众人性命，自私自利，殃及他人者，或烧死在铁锚上，或活埋，或斥革，永久不得入帮。

九、不准欺孤凌弱。违者，轻则斥革，重则活埋火烧。

十、不准奸盗淫邪。违者，或被烧死，或被活埋。

除上述十大帮规外，青帮内部还有一系列的规矩，不得逾越。例如“十禁”：一徒不准拜二师；父子不准同一师；师死不准再拜师；关山门不准重开；徒不收不准师收；兄弟字派有高低；本帮与本帮引道；师过世不得代师收徒；在道不准诽谤道；香头低不准爬高。青邦内部成员还另有“十戒”：戒万恶淫乱；戒截路行凶；戒偷盗财物；戒邪言咒语；戒讼棍害人；戒毒计害人；戒假正欺人；戒聚众欺寡；戒倚大欺小；戒烟酒骂人。此外，还有“十要”：要孝顺父母；要热心做事；要尊敬长上；要兄宽弟忍；要和睦乡邻；要夫妇和顺；要交友有信；要正心修身；要时行方便；要济老怜贫。

三、青皮

为适应粮船水手、风客走私私盐的需要，嘉庆以后，两淮盐区的运河附近出现了专门为粮船通线销售私盐的帮会组织——青皮。早在嘉庆二十年（1815），包世臣就曾提到江苏海州有“刁劣生监纠结青皮，串通蠹役，以收规包送为揽载，截河拦船为娄载，每至争夺马头，凶狠不殊枭匪。”[①] 海州，东临黄海，西、南邻近徐州、宿迁、淮安等运河城市，是淮北地区重要的盐产区，历来多有贩私盐之风客。青皮为风客提供保护，将私盐护送到运河沿线码头囤积，待粮船回空南下之时，再帮助风客联系粮船水手，让粮船夹带私盐往湖广、江西等省销售。

青皮有着严密的组织结构。据嘉庆二十五年（1820）包世臣记载，青皮组织的首领叫作“大仗头”，副首领称“副仗头”，其下有秤手、书手等职设。参与该组织即被称为当青皮，“枭徒之首名大仗头，其副名副仗头，下则有秤手、书手，总名曰当

①〔清〕包世臣：《齐民四术》卷三《农三》，北京：中华书局，2001年，第99页。

青皮”[①]。青皮不止一伙，在两淮一带运河沿线各地码头分布有很多这样的组织：“淮南以深江孔家涵子为下马头，而瓜州老虎颈为上马头。淮北以新坝龙苴城为下马头，而钱家集古寨为上马头。大伙常五六百人，小亦二三百为辈，皆强狠，有技能。”这些青皮组织专门为风客和粮船水手走私私盐作掩护并充当中介人，从中抽取保护费和中介费，由此发展壮大起来，逐步垄断了两淮地区运河沿线的私盐代理生意，“各站马头，私盐过其地则输钱，故曰盐关。为私贩过秤，主交易，故又曰盐行”[②]。

为争夺码头、抢占市场，各地青皮之间经常在白昼发生械斗，场面激烈。此外，青皮之间也有趁天黑偷袭对方的情况。为防止偷袭，大的青皮组织在自己的地盘上修筑有防御工事，并设置有枪炮、刀矛等武器。

> 争夺码头，打仗过于战阵。又有乘夜率众贼杀者，名曰放黑刀。遣人探听，名曰把沟。巨枭必防黑刀，是以常聚集数百人，筑土开濠，四面设炮位，鸟枪、长矛、大刀、鞭锤之器毕具。[③]

出于维护生计的考虑，嘉庆时期青皮的武装主要是用来与同行械斗以及自卫，并非用来对抗官府，“然相约不拒捕，非力不足也。知拒捕则官兵必伤败，恐成大狱，阻坏生计耳”[④]。相反，为保证私盐代理生意的顺利进行，青皮通过行贿方式买通地方官府，与之相互勾结。地方受贿的官吏，则为青皮提供保护，或为青皮通风报信，或不认真抓捕青皮，或让青皮随意交出一二无关紧要者以及数百斤私盐抵罪，“犹幸文武吏卒利规贿，缉捕不尽力，上司催促甚，则商之仗头，取其役使数人，以盐数百千斤解交，名曰送功”[⑤]。在地方官吏的庇护之下，青皮在运河沿线代理走私的活动更加肆无忌惮，对两淮盐政形成很大的危害。包世臣对此感叹道：“若皆认真巡缉，使枭徒晓然共知私之不能复贩，则解释仇怨，并力以争一旦之命。其为害岂特十百于阻坏盐法而已哉。”[⑥]

道光年间（1821～1850），粮船水手和风客走私私盐的现象依然很突出。道光十五年（1835）五月，两广总督邓廷桢对长芦、两淮盐场的私盐如何通过运河走私的情况向朝廷做了详细报告，指出：“安徽省过境粮船最多，湖广、江西三省，夹带芦私、淮私，皆有棍徒

---

①〔清〕包世臣：《庚辰杂著五》，《安吴四种·中衢一勺》，《近代中国史料丛刊》第30辑，台北：文海出版社，1966年，第189页。

②同①。

③同①。

④〔清〕包世臣：《庚辰杂著五》，《安吴四种·中衢一勺》，《近代中国史料丛刊》第30辑，台北：文海出版社，1966年，第189～190页。

⑤〔清〕包世臣：《庚辰杂著五》，《安吴四种·中衢一勺》，《近代中国史料丛刊》第30辑，台北：文海出版社，1966年，第190页。

⑥同⑤。

陆续收囤……长芦私盐，则出自天津之公口岸；淮南私盐，则在扬州高邮、宝应境内，由水路上船；淮北私盐，则由海州沭阳县陆路而至。”[①]为满足道光年间粮船水手、风客等走私私盐的需求，两淮运河沿线仍然活跃着大大小小的青皮组织，帮助他们从事私盐贩运活动：

更有一种匪徒，盘踞码头，专为粮船通线散销，从中取利，名为青皮。其著名码头，如当涂之四合山、铜陵之大通镇、桐城之枞阳镇、五倡拐，望江之华阳镇、无为之土桥，最为扼要。此外不著名者，亦复不少。其积惯青皮，如山东岳泳庭等。[②]

道光以来，青皮为私盐提供保护，危及清政府的盐政。此外，青皮在运河沿线大量分布，其人数众多，容易滋生事端。“如一船之中，在册水手以十名为率，合全漕而计，即不下四万人。此外，游帮之短纤、短橛在岸随行觅食者更不啻倍蓰。所谓‘青皮’‘散风’之类亦即杂处其间，难以数计，且回空比之重运更易滋生事端。”[③]为维护两淮盐政、稳定社会秩序，道光年间清朝对青皮采取了严厉打击的措施。道光十一年（1831）十一月，清朝官兵即在江苏海州查获了一个刚成立不久的青皮组织。该青皮组织以夏天辅为大仗头，李从梁为副仗头，于是月十五日设立码头，护送私盐，并从中收取保护费：

讯系夏天辅起意为首，自充大仗头，李从梁为副仗头，于十一月十五日设立码头，护送私盐抽费分用不讳。[④]

获知这一情况后，署海州知州事邳宿运河通判谢肇瀛、护理海州营参将漕标守备陆棠于是月二十五日率领官兵前往捉拿夏天辅等人。与嘉庆年间（1796～1820）不同的是，这伙青皮因为拒捕，与官兵发生了激烈冲突，结果这伙人被官兵击败，大仗头夏天辅等十七人被当场捉获，其余人等纷纷逃散。此外，官兵还缴获其枪械、秤杆以及大量的私盐：

讵匪徒竟敢持械迎拒，该员等奋力上前，四面兜拏，匪徒畏惧奔散，当获夏天辅等犯十七名，并搜获枪械五十一件，秤一杆，私盐七万三百斤。[⑤]

---

①《清宣宗实录》卷一八八，“道光十一年五月辛酉”条。

②同①。

③〔清〕林则徐：《林文忠公政书》卷八《江苏奏稿·覆奏稽查防范回空粮船折》，北京：中国书店，1991年，第63页。

④〔清〕陶澍：《拏获枭匪私立马头并护伙抽费各犯恳恩鼓励出力人员折子》，《陶云汀先生奏疏》卷三一《江督稿》，《陶澍全集》第2册，长沙：岳麓书社，2010年，第316页。

⑤同④。

事后，两江总督陶澍向朝廷奏报了这次打击青皮的情形，并举荐为此事出力的谢肇瀛、陆棠二人："惟该州谢肇瀛等于匪犯甫设码头护枭，即能访知的确，督带兵役，直抵巢穴，不避迎拒之众，立时擒获首伙十七犯，并私盐七万余斤、枪械多件，实属留心地方，缉捕勤能。核与部议'盐在五千斤以上、人数多至十余名，应从优保奏'之章程相符。且现当整饬淮纲，缉私紧要，该州等所获各犯为害盐务地方，较之大伙枭贩更巨，若没其微劳，殊不足激励人才而收群力。相应仰恳天恩，将署海州知州、邳宿运河通判谢肇瀛，交部从优议叙，护理海州营参将、漕标中军守备陆棠，以应升之缺升用，以示鼓励。"为鼓励地方官兵积极打击青皮，维护两淮盐政，朝廷依陶澍之奏对二人的事迹予以褒奖。①

除拒捕外，道光年间青皮的活动方式也有了变化，不仅仅局限于在两淮运河沿线开设码头，也出现了跟随粮船上下行走、沿途为其购销私盐的情况。清朝根据青皮不同的活动方式，采取了不同的打击措施。对于随粮船上下之青皮，官兵在粮船到岸后抓捕，而对于盘踞码头的青皮，则在粮船未到码头之前抓捕，收到了较好的效果：

> 安徽巡抚色卜星额覆奏：粮船青皮匪徒，往来无定，缉捕亦无定法。有随帮上下为水手售私者，则宜缉于粮船既到以后。有盘踞村镇马头，勾结为匪者，则宜缉于粮船未到以前。现已访获王大本等二十八名，分别惩办，仍饬于空船到境时，加意稽查防范，报闻。②

道光以来，青皮随粮船行走，与水手的关系越来越紧密，以至于不少人误以为水手即是青皮。清末张佩纶在回忆道光年间青皮诸种行径时便将青皮与水手混为一谈：

> 漕船水手号曰"青皮"，所过之处，官畏之如虎豹，民更畏之如蝗蝻，大抵逢村扰村，逢县扰县，强买市物，械斗打降，其最可恨者强污擅杀，惟所欲为，百姓含冤，官不为直，商贾因以遏绝，居民至于夜惊，至今父老言之，犹为蹙额，则其弊在开盗源。③

这一时期，青皮与水手的关系越发紧密，而且青皮的活动已经突破了帮助水手、风客走私私盐的范畴，开始杀官扰民、强买强卖，对地方社会秩序造成很大破坏。水手对此起到了推波助澜的作用，由于粮船水手人多势众，运丁、运弁往往受其挟制，对帮助粮船走私的青皮加以庇护，一定程度上助长了青皮的气焰。道光十六年（1836），御史刘梦兰在其奏折中便提到这一现象："粮船积惯匪徒，号为青皮。偶值汛丁捕役查拿，本帮运丁运弁，辄向该

①〔清〕陶澍：《拏获枭匪私立马头并护伙抽费各犯恳恩鼓励出力人员折子》，《陶云汀先生奏疏》卷三一《江督稿》，《陶澍全集》第2册，长沙：岳麓书社，2010年，第316页。

②《清宣宗实录》卷二九〇，"道光十六年十月癸酉"条。

③〔清〕张佩纶：《涧于集》奏议卷一《河运万难规复折》，《续修四库全书》第1566册，上海：上海古籍出版社，2002年，第215页。

丁役等饰词容庇，往往已获之犯，仍行释放。”为此，朝廷要求运河沿线州县官吏严查粮船，防止其勾结青皮：“嗣后帮船过境，沿河州县应如何亲身带领捕役，协同汛弁上船确查之处，著漕运总督有漕督抚会议具奏。”①

关于如何处理青皮这一问题，时人意见也有所不同。一些人主张采取严厉打击的政策；也有部分人士认为，青皮在嘉庆年间仅仅是走私私盐，并不抗拒官府，正是因为后来采取了严厉打击的措施，才导致青皮杀伤官吏、扰害地方。道咸年间的杨士达就持后一看法，主张不要严厉打击青皮，他在给某王御史的书信中写道：

> 昔嘉庆间，粤盗谭阿招自称平波王，闽盗蔡牵自称镇海王，并杀伤官吏扰害数年，其始特贩盐之枭徒耳，捕急遂流毒至此。此往事之明征也。夫桀骜不驯之兽有深山大泽以养之，则帖耳弭首，伏其中而不出，必赭其山而伐其草木，彼无所得食，必走城市而啮人。风闻江南洲渚深阻之地，盐枭成群，为首者有大仗头、副仗头之目。虽经节相蒋公捕其渠魁，而余党至今未解，若是者，诛之而不胜诛也，将使之弭首帖耳乎？抑使之走城市而索食乎？此督抚之任，亦言臣之责也。阁下留心民瘼，其审所可焉，毋忽。②

咸丰、同治年间，太平天国、捻军席卷江南、两淮，运河沿线的部分青皮组织也参与其中。平复以后，青皮虽然遭到一定程度的打击，但在两淮、江南一带仍可见到其活动。如光绪元年（1875），沈葆桢便提道：

> 犷猂游食之徒萌蘖其间，所谓“青皮党”“安清道友者”引类呼群，恃众把持，成固结不可解之势。前两江督臣陶澍忧之，乃创为海运之说，明以节省经费，暗以消患无形……迨发捻事起，此辈潜入其中，南北荡平，消磨殆尽，虽阛阓市镇尚有此等名目，然无大渊薮以容之，偶或什伍成群，良有司足以治之矣。③

经过几十年的发展，到光绪三十三年（1907），两淮运河沿线的青皮组织又有所恢复，沿袭并发展了道光年间以来的一些生计活动，如走私、抢劫、绑架，等等：“伏查苏、浙两省枭匪，即蔡乃煌折内所称浙西之青红帮匪、太湖之盐贩、苏松一带之青皮、光蛋，平日以贩私、开赌为生，与民杂处，恃众横行，有时强借、强索，有时掳人勒赎，有时白昼抢劫，官兵往拿，兵少则拒捕，兵多则窜逸，其窟穴多在太湖附近支河汊港之间，

①《清宣宗实录》卷二八五，“道光十六年七月壬辰”条。
②〔清〕杨士达：《与王御史论淮盐第一书》，〔清〕葛士濬编：《皇朝经世文续编》卷四三《户政二十》。
③〔清〕沈葆桢：《漕项无从拨划海运难以议分疏》，〔清〕葛士濬编：《皇朝经世文续编》卷四〇《户政十七》。

聚则为匪，散则为民，与大股巨寇攻城略地、抗敌叛逆者情形迥不相同。”①

四、掖刀会

清代嘉庆年间（1796～1820）开始，在以鲁西南、苏北大运河沿线为核心的地区出现了名为“掖刀会”的组织。掖刀会，也称为掖刀，其成员称掖刀手，因其外出活动时身怀刀具，故名。他们主要在运河沿线以及邻近的地区从事有组织的劫掠活动。

清代，掖刀会活跃的地区较广，山东、江苏、河南、安徽等省都有该组织分布。如在山东西南部的滕县即有掖刀会，据嘉庆年间童槐记载：“滕县之南山社离县城二百四十里，山径错杂，地方辽阔，常有掖刀匪徒窜迹其中，仅于相距百十里之临城驿驻一县丞不足以资弹压，似应奏请添设营汛，以杜隐患。”② 嘉庆十四年至十六年间（1809～1811），浙江人冯潮任滕县知县，对该县境内的掖刀会进行了严厉打击，“时邑有土棍，名掖刀会，结党玩法，公至痛惩之，凡构讼有金刃者，皆论如律，遂解散。”③ 从滕县往东，位于鲁南的兰山、郯城也有掖刀会组织。嘉庆时期山东鲁南、鲁西一带掖刀会势力较盛，为维护地方社会秩序，官府曾呼吁百姓不要加入该组织，“毋连掖刀手之凶会”④。此外，鲁中泰安亦存在掖刀会组织。道光三年至十年（1823～1830），徐宗干任泰安县知县期间，发现该县有掖刀会之害，设法解散了其党羽，“先生为政，以化民训士为先，以除莠安良为急。初仕山左，泰安之掖刀会匪深匿徂徕山谷，先生亲往捕之，得其渠而散其党”⑤。

在江苏，苏北与鲁南郯城、兰山接壤的海州一带，也是掖刀会活跃的地区。据嘉庆《海州志》记载，该州“有游手狡悍之徒，十百为群，持械剽掠，曰掖刀手，扰害市集，侵劫行旅，追胥畏缩，居民苦之”⑥。除海州外，海州往南的阜宁县也有掖刀会的活动。咸丰年间（1851～1861），浙江上虞人林绍芝在阜宁县任知县期间，就有掖刀会危害地方，“林绍芝，浙江上虞县人，顺天大兴籍监生。咸丰间军兴以来，游兵遣勇以及掖刀、青皮往来镇集，为商民害，绍芝勤于巡缉市廛以安”⑦。

---

①《两江总督端方为江浙设防事与赵尔巽等商拟致军机处电》，中国第一历史档案馆、北京师范大学历史系：《辛亥革命前十年间民变档案史料》上册，北京：中华书局，1985年，第280页。

②〔清〕童槐：《今白华堂文集》卷二〇《答陈笠帆中丞书》，《续修四库全书》第1498册，上海：上海古籍出版社，2002年，第259页。

③ 道光《滕县志》卷六《宦绩志》。

④〔清〕王引之：《王文简公文集》卷三《阐训化愚论》，《续修四库全书》第1490册，上海：上海古籍出版社，2002年，第382页。

⑤〔清〕桂超万：《惇裕堂文集》卷二《徐树人中丞〈斯未信斋文编〉序》，《续修四库全书》第1510册，上海：上海古籍出版社，2002年，第117～118页。

⑥ 嘉庆《海州直隶州志》卷一四《建置考》。

⑦ 光绪《阜宁县志》卷八《仕迹》。

在河南、安徽，也有掖刀会活动。杭州钱塘人邵希于嘉庆二十一年（1816）出任河南桐柏县知县时，县内就有掖刀会，“二十一年补桐柏。县多悍民，有会曰掖刀，人苦其暴。君令乡各建栅，而家出一人为门夫，一警百呼，无事归业，暴者无所逞”[①]。此外，安徽的庐州府、凤阳府也有掖刀会分布。[②]

从地域范围上来说，清代掖刀会广泛分布于鲁、豫、苏、皖四省，不局限于运河沿线，但上述各省掖刀会活跃的地域，大部分与鲁南、苏北运河沿线邻近，而且直接受到运河的影响。例如，海州位于运河城市徐州、宿迁、淮安的东部、东北部，与运河邻近。海州之所以掖刀会活跃，即与鲁西南、苏北运河沿线的风客、青皮的勾引有关。苏州常熟人翁咸封，于嘉庆三年至十五年（1798～1810）任海州学正，曾亲眼目睹风客勾引该州掖刀会扰害地方的情形，并对此予以打击，“宽州民筹盐之禁，而翦锄枭贩钩致掖刀巨盗，置之法”[③]。又如，山东兰山、郯城掖刀会也常常活跃于海州一带，正是因为从江苏海州通过运河走私私盐的风客影响所致。

除鲁、豫、苏、皖四省与运河邻近的区域外，鲁西南、苏北运河沿线更是掖刀会主要的活动地区。比如运河穿过的山东兖州府以及江苏徐州等地皆有掖刀会组织，嘉庆皇帝曾指出，“且山东兖州以南毗连江南徐州，而徐州又与安徽庐凤各府接壤，向为盐枭匪徒窝聚，又有掖刀手等名目”[④]。嘉道年间人朱方增也提到运河沿线徐州等处有掖刀会活动，“江南、徐州等处则有掖刀手。”[⑤]道光二十二年（1842），山东巡抚托浑布等奏，运河途经的鲁西南兖州府有掖刀会，“遵查兖沂等属，素多枭贩及掖刀凶匪”[⑥]。运河沿线掖刀会总是与枭贩即走私私盐的风客有着密切的联系。除以上记载外，道光六年，两江总督陶澍对苏北运河沿线掖刀会的记载尤为详细。据他描述，在苏北徐州、邳州、淮安等运河沿线，以及与之交界的安徽、河南、山东三省，掖刀会十分活跃：

窃照江苏省徐、邳、淮、海一带，与皖、豫、山东等处犬牙相错，匪徒恶棍

---

①〔清〕梅曾亮：《柏枧山房全集》文集卷一五《墓志·桐柏县知县邵君墓表》，《续修四库全书》第1514册，上海：上海古籍出版社，2002年，第90页。

②《山东通志》卷首《宣宗成皇帝诏谕》。

③〔清〕唐仲冕：《陶山文录》卷八《海州学正翁君志铭》，《续修四库全书》第1478册，上海：上海古籍出版社，2002年，第465页。

④同②。

⑤〔清〕朱方增：《求闻过斋文集》卷二《陈除莠安良折》，《续修四库全书》第1501册，上海：上海古籍出版社，2002年，第325页。

⑥《清宣宗实录》卷三八〇，“道光二十二年九月壬子”条。

出没其间，兼之民俗强悍，以佩刀执械为能事，伤人酿命之案倍于他属。[①]

此外，他还叙述了运河沿线及邻近地区掖刀会的发展过程：

> 惟查此等匪棍其始亦不过寻常游手任性而行，漫无拘束，渐至三五联络，藉端吓诈，稍有睚眦，即拔刀相向，庸懦畏势，不敢与较。以致益鸣得意，愈肆横行，久之遂成掖刀渠恶、骚扰棍徒，凶抢仇杀，为害遂烈。虽屡加创艾，总未能杜绝根株，良由习与性成，其来已非一日。[②]

掖刀会成员起初不过是些居无定所的游民，并没有什么组织性。因运河沿线及附近商业发达、经济繁荣，这些游民常常以运河为核心区域寻求生计，后来慢慢地三五成群，相互联络，才渐渐有了组织性。他们开始只是组织起来借故敲诈牟利，与人发生争执则拔刀械斗。地方百姓畏惧其人多势众，不敢与之争斗，使得这些持刀生事者越来越肆无忌惮，最后发展成持刀抢劫地方的帮会组织——掖刀会。

掖刀会平日虽配带刀具、敲诈逞凶，但因其活动有计划、有组织，很难被抓到抢劫、杀人等犯法实据，官府往往只对其成员加以杖责，然后释放，这就助长了其违法的气焰："查定例，掖刀匪徒在于场市结伙抢夺原有斩绞之条，棍徒生事行凶亦有遣戍之例，一经犯案，不难按例加重办理，而此等佩执凶器，偶然挟诈逞凶，平日又无犯法实迹，按照本例，仅止枷杖，既不敢稍存周内强相比附，而责释之后，故智顿萌，转以轻于尝试，长其犯法之心，实属大为民害。"[③]为惩治苏北运河沿线的掖刀会，陶澍奏请仿照嘉庆年间四川、广东两省之例，对犯罪被获的掖刀会成员进行惩戒。具体办法是，用铁杆对其进行锁禁，并根据其表现情况决定释放的期限：

> 臣思，刑戮施于小人，与其治之于已成而穷搜远捕，诛不胜诛，自不若防之于未然，而小惩大诫，辟以止辟。伏查嘉庆十六七年间，四川、广东两省因啯匪及无籍棍徒携带刀械行窃吓诈，奏请锁系铁杆，钦奉谕旨允行，厥后匪徒稍知敛戢。今江苏省徐、淮、海三属匪徒与四川、广东情形相类，应请仿照该省成案，除常用小刀不在例禁外，如有佩带凶器刀械之挟诈棍徒，一经拏获，每名锁系铁杆一枝，以四十斤为度，定限一年，果能改悔自新，即予释放。若不悛改，再系一年，倘仍始终怙恶，即按其情节照棍徒屡

① 〔清〕陶澍：《严惩刀械匪徒折子》，《陶云汀先生奏疏》卷一三《苏抚稿》，《陶澍全集》第1册，长沙：岳麓书社，2010年，第316页。

② 同①。

③ 同①。

次扰害行凶之例，分别从严究办，庶几消其桀骜，力挽颓风于惩创中，即寓振兴之意。[①]

除苏北运河沿线外，陶澍还奏请将这一办法推广到山东运河沿线以及河南、安徽与山东、江苏运河邻近的地区："再，江苏省接近如山东之兖、沂、曹三府，河南之汝、陈、光等府州，安徽之颍、凤、泗三属，民情劲悍，地界相连，可否一体仿照办理，于壤错相连之处缉捕更为有益。臣为戢暴安良起见，谨会同两江总督臣琦善恭折具奏，伏乞皇上圣鉴训示遵行，谨奏。"[②] 以上奏请得到了道光皇帝的准许。然而，咸丰、同治以来，太平天国、捻军在鲁南、两淮等地区十分活跃，分散了清廷的精力，使其无暇顾及掖刀会。上述针对掖刀会的惩治措施实际上并没有得到认真的贯彻，收效甚微。因此直到光绪年间，在鲁南、苏北一带仍可见到掖刀会的活动。比如光绪《阜宁县志》记载："射湖之北，水利失修，弥望平衍，今虽宇内肃清，而掖刀者流时时劫掠，为商民害。"[③] 又载："牛嘴以上淮河各渡，安、海掖刀、青皮，每渡河入县境抢掠滋事，黄淮合流时大率与渡夫相首尾济贼阻追，深为民害。咸丰以后，河枯渡废，匪人益以横行。今导淮议兴沂泗淮水，将以次归故道，则渡当复设，应查明各处渡口，责成南北岸附近庄村绅富、公保、渡夫，随时约束，有偷渡前项匪人以致失事者，根查并究，庶以弭盗源而靖地方，非小补也。"[④]

① 〔清〕陶澍：《严惩刀械匪徒折子》，《陶云汀先生奏疏》卷一三《苏抚稿》，《陶澍全集》第 1 册，长沙：岳麓书社，2010 年，第 316 ~ 317 页。

② 〔清〕陶澍：《严惩刀械匪徒折子》，《陶云汀先生奏疏》卷一三《苏抚稿》，《陶澍全集》第 1 册，长沙：岳麓书社，2010 年，第 317 页。

③ 光绪《阜宁县志》卷二《围寨》。

④ 同③。

第三章
运河社会变迁

运河是中国古代历史上重要的交通线路，大量的人口和物资通过运河得以不断流动，这不仅对运河沿线的社会经济产生了深刻影响，而且还影响到沿河地区的科举文化及民俗民风。自隋唐至明清，大运河不断经历着整治、畅通、湮没的兴衰起伏，运河沿线的社会经济、文化和民俗民风也随之发生了重大变迁。

第一节 运河沿线经济的变化

隋唐至明清时期，运河沿线地区的社会经济获得了很大的发展，但其发展的特点却各有不同。大致而言，隋唐两宋时期，运河沿线地区个别大城市经济发展显著，而其他中小城市经济发展并不突出，运河沿线经济呈现出点状发展的基本格局。元明清时期，运河沿线社会经济从点到线全面发展，沿途大中城市乃至一些小市镇的经济逐步走向繁荣。

一、隋唐两宋时期运河沿线经济的点状发展

（一）隋唐时期大运河沿线经济发展特征

隋唐大运河由永济渠、通济渠（唐称“汴渠”）、邗沟、江南河组成。这四条运河以洛阳为中心，往东北方向的为永济渠，往东南方向的依次为通济渠、邗沟和江南河，史称南北大运河。大运河北到涿郡，南至余杭，贯穿了今北京、天津、河北、山东、河南、安徽、江苏、浙江 8 个省市，全长 5 000 里，将海河、黄河、淮河、长江、钱塘江五大水系连接起来，成为世界上开凿距离最长的一条人工运河。大运河贯穿南北，为南北地区物资的运输创造了便利条件。这一时期，大运河沿线经济呈现出发展不平衡的特点。运河沿线个别大城市，如扬州、汴州、宋州、苏州、杭州经济比较发达，其余城市也有一定起色，但与前者相比尚有较大的差距。

隋唐时期，大运河沿线经济最发达的当属扬州。扬州经济在隋以前就很有名，隋炀帝开凿通济渠和疏浚邗沟，最初的目的就是要把南方扬州等地丰富的物资运输到北方地区。随着大运河的全线贯通，扬州的交通地位变得日益重要。扬州位于大运河“邗沟”段的南端，往北经过邗沟、通济渠（汴渠）可通往北方地区，往南则可通过江南运河、长江及其他水系与南方广大地区相联系，以至于西到长江上游的成都，南到湘南、广西、闽粤等地，都能通达扬州。具体而言，船舶从成都出发沿长江而下，转入邗沟可达扬州；

湘南、广西、闽粤都有水系连接湘水，船舶通过湘水进入长江，再经邗沟亦可达扬州。邗沟的成功疏浚，使得扬州能与南方诸水系相连，从而成为运河的重要交通枢纽。自大运河贯通后，西南地区的粮食、货物以及行旅，都可通过当地水系转入长江南下，再经过邗沟到达扬州，在扬州集结后顺着通济渠（汴渠）北上，到达长安。而东南地区的物资则可通过当地水系进入江南河北上，再从长江北岸进入邗沟到达扬州，然后继续沿着运河往北运输到北方地区。总之，南来的物资最终都汇聚到扬州，再经过邗沟、通济渠（汴渠）运往北方。故唐人在提到汴渠时有云："自扬、益、湘南至交、广、闽中等州，公家运漕，私行商旅，舳舻相继。"[①]此外，扬州本地物产丰富，是粮食和盐的重要产区，扬州的锦和铜器也很有名。借助运河，当地物产可输往北方地区。由于扬州有便利的运河交通和从各地转运而来的丰富物资，因此聚集了大量的商贾，其中除了扬州本地以及中国其他地区商人外，扬州还有大量来自域外的商人。在运河推动下，扬州百货云集，商贾辐辏，成为隋唐时期运河沿线经济最为发达的城市。唐代，扬州经济繁荣的程度达到顶峰，在其之后的为成都，故时有"扬一益二"之称。

除扬州外，汴州、宋州、苏州、杭州也是隋唐时期运河沿线经济比较发达的地区。隋朝开通了从汴州到楚州的通济渠，汴州（又称"梁州"）成为大运河沿岸城市之一。从汴州沿着通济渠（汴渠）往东南可达扬州，交通十分便利。南来的粮食、货物、商人在扬州聚集后北上到达洛阳、长安，必经汴州，而汴州又是著名的绢产地，当地所产之绢也经通济渠运往都城。在通济渠的沟通和促进下，汴州的社会经济快速发展，成为运河线上的一大繁华都市。这一点在唐代的文献中多有记载，"大梁当天下之要，总舟车之繁，控河朔之咽喉，通淮湖之漕运"；"河南，汴为雄郡，自江淮达河洛，舟车辐辏，人庶浩繁"[②]；"此州都会，水路辐辏，实曰膏腴"[③]。正因为其经济繁荣，又通达江南富庶之区，因此隋唐时期也是兵家必争之地，控制了汴州，也就控制了漕运之枢纽，国家之命脉。汴州往东三百里的宋州，也位于通济渠之上，交通地位同样重要，是连接扬州和洛阳的桥梁，对南北地区的沟通交流具有深远的影响。时称"梁、宋之间，地当要害，镇压齐鲁，控引江淮"[④]，"梁、宋之地，水陆要冲，运路咽喉，王室藩屏"[⑤]。正因为地当孔道，隋唐时期宋州的经济也得以发展起来。加之当地是绢的重要产区，唐代宋州之绢位列全国一等，而在当时一等者仅有宋、亳二州，南北商贾多有经汴渠而来贩绢者，大大促成了汴州经济的繁荣，使之成为运河沿线的富庶都市。曾游历过宋州的杜甫为其繁华所吸引，以诗赞美之："昔我游宋中，惟梁孝王都。名今

---

①《元和郡县图志》卷六《河南道一·河南府·河阴县》。

②《旧唐书》卷一九〇《齐澣传》。

③《旧唐书》卷六四《鲁王灵夔传》。

④〔唐〕陆贽：《议汴州逐刘士宁状》，〔清〕董诰等编：《全唐文》卷四七五。

⑤〔唐〕白居易：《与韩弘诏》，〔清〕董诰等编：《全唐文》卷六六四。

陈留亚，剧则贝魏俱。邑中九万家，高栋照通衢。舟车半天下，主客多欢娱。”①

这一时期运河沿线经济发达的地区还有苏、杭二州。苏州地处太湖之滨，自然环境优越，适合农耕，隋唐时期成为全国有名的富庶之地。到唐中叶以后，苏州人口超过了十万。而唐代赋税主要就是从这一带而来，杜牧曾提到“三吴者，国用半在焉”②。三吴，即苏州（吴郡）、常州（丹阳）、湖州（吴兴）。此外，苏州物产丰富，有海陆之利，百货齐聚，南北商人经过运河来此贸易，带动了苏州经济的发展，故早在唐初时即有人说苏州“有海陆之饶，珍异所聚，故商贾并辏”③。苏州往南的杭州，为江南河的终点，也是隋唐运河的最南端。运河虽到此为止，然从杭州可以沿着其他水路继续南下，达到更远之处，故杭州可以汇集其以南各州的租赋和货物。唐时，杭州“南派巨流，走闽禺瓯越之宾货，而盐鱼大贾，所来交会，每岁官入三十六万千计”，这些租赋和货物通过运河输送到北方，促使杭州发展成为唐代经济繁荣的商贸城市和江南最为富庶的地区之一。其地位仅次于苏州，位列江南第二，“钱塘于江南，繁大雅亚吴郡”④。

隋唐时期，运河沿线的润州也有一定程度的发展。润州（又称“京口”）位于隋唐大运河江南河段的北端，北与扬州隔长江相对，南与苏州（又称吴会）相近，交通便利，“京口东连吴会，南接江湖，西连都邑，亦一都会也”⑤。当时的润州还是全国著名的绫缎和麻布产地，京口绫衫缎是重要的供品之一，而京口火麻布的品质位列全国第一等，这些特产经由运河上的官船往北输送到北方地区，或由商贾通过运河贩运各地销售，形成一派繁忙的运输景象，唐人李德裕有诗曰：“水国逾千里，风帆过万艘”⑥。

隋唐时期北方永济渠沿线的魏州、贝州、幽州因为有运河带来的便利交通，在经济上也有所发展。魏州位于永济渠的南口，永济渠与通济渠相连，可通江淮之货。隋唐时期，政治、军事中心在北方，粮食、货物等物资经江南河、邗沟、通济渠转运至中原，再经永济渠输送到位置更靠北的贝州、幽州等军事重地，必经魏州。此外，唐代河北道各州盛产丝织品，魏州当地也是如此，其花绸、锦绸、平绸、绢皆被列为土贡，这些丝织品以及其他各种物产的外运，主要就是依靠永济渠这条水路，向南运输同样必过魏州。永济渠的开通使魏州可享南北货运之利，因而这一时期魏州经济发展

①〔唐〕杜甫：《遣怀》，《杜诗详注》，北京：中华书局，1979年，第1447页。
②〔唐〕杜牧：《唐故银青光禄大夫检校礼部尚书御史大夫充浙江西道都团练观察处置等使上柱国清河郡开国公食邑二千户赠吏部尚书崔公行状》，《杜牧全集》卷一四，上海：上海古籍出版社，1997年，第134页。
③《隋书》卷三一《地理志下》。
④〔唐〕杜牧：《杭州新造南亭子记》，《杜牧全集》卷一〇，上海：上海古籍出版社，1997年，第99页。
⑤同③。
⑥〔唐〕李德裕：《李卫公别集》卷三《诗上·述梦诗四十韵》，景印《文渊阁四库全书》第1079册，台北：台湾商务印书馆，1986年，第261页。

渐有起色。魏州往北，位于永济渠中部的是贝州，唐天宝年间又称清河郡，南北物经过水路或陆路转运到永济渠，再通过永济渠输送到贝州积储，史称："国家旧制，江淮郡租布贮于清河，以备北军费用，为日久矣，相传为天下北库。今所贮者，有江东布三百余万匹，河北租调绢七十余万，当郡彩绫十余万，累年税钱三十余万，仓粮三十万。时讨默啜，甲杖藏于库内五十余万，编户七十万，见丁十余万。计其实，足以三平原之富；料其卒，足以二平原之疆。"[①] 贝州积储甚多，号称"天下北库"，这对当地经济发展有一定促进作用，然其主要任务是储备军需，对经济发展的影响是有限的。贝州往北，即为永济渠的终端幽州，也是整个南北大运河的最北端。幽州是隋唐时期北方的军事重镇，所需要的很多物资，皆通过永济渠从江淮地区以及河北道转运而来，永济渠的开通主要也是为了这个目的。此外，幽州以北地区所产的货物要往南运输，主要也是通过永济渠这条水路。在永济渠的沟通之下，幽州社会经济也有了一定程度的发展。安史之乱起源于幽州，除了强大的军事实力外，还需有一定的经济实力，这也能从侧面反映出隋唐时期大运河对幽州社会经济发展起到的推动作用。

（二）两宋时期大运河沿线经济发展特征

两宋时期，由于受到政治形势、交通地位、区域资源等因素的影响，大运河沿线经济发展依然呈现出不平衡的特点，总体而言，这一时期个别城镇经济比较发达，而其余地方经济发展并不突出。因此，两宋时期运河沿线社会经济仍然呈现出较为明显的点状发展格局。这一特征不论是在北宋还是南宋时期，均有所体现。

1. 北宋时期

与隋唐时期相比，宋代形成了新的运河体系，运河沿岸的社会经济发展与隋唐时期相比有所变化。北宋时期，运河以开封府为中心，有汴河、蔡河（惠民河）、广济渠（五丈河）、金水河与开封相连，称"漕运四渠"。除此以外，汴河往东南方向延伸，连接扬楚运河、江南运河，这些河段构成了北宋时期大运河的主要运输体系。

这一时期，大运河沿线的开封、苏州、杭州和扬州都是经济比较发达的地区。在北宋各条运河河段之中，以汴河的重要性最大。汴河出于开封，经陈留、睢州、商丘、夏邑、永城、宿州、灵璧、泗县，入洪泽湖，全国最富庶的东南六路（淮南路，江南东、西路，荆湖南、北路，两浙路）的漕粮百货，先由江南运河、扬楚运河北上，再由汴河运往京师，"唯汴之水横亘中国，首承大河，漕引江湖，利尽南海，半天下之财富，并山泽之百货，悉由此路而进"[②]。开封城内外数十万驻军、数十万户居民，仰给在此一渠。因此，汴河也被视为北宋立国的生命线："今日之势，国依兵而立，兵以食为命，食以漕运为本，漕运以河渠为主……

---

①〔唐〕殷亮：《颜鲁公行状》，〔清〕董诰等编：《全唐文》卷五一四。

②《宋史》卷九三《河渠三》。

汴河废，则大众不可聚。汴河之于京师，乃是建国之本，非可与区区沟洫水利同言也。”① 汴河的开通，促进了沿线地区社会经济的发展，其中受益最大的莫过于开封。开封位于汴河的起点，东南财富和商人悉数由汴河而来，促进了开封社会经济的繁荣。开封州桥一带繁华夜市的形成就是一个典型的例子。州桥是汴河入开封城后的一个主要码头和仓场所在，汴河运来的货物在此卸船，由此形成了繁华的夜市：“自州桥南去，当街水饭……金丝党梅、香枨元，皆用梅红匣儿盛贮。冬月，盘兔、旋炙猪皮肉、野鸭肉、滴酥水晶鲙、煎夹子、猪脏之类，直至龙津桥须脑子肉止，谓之杂嚼，直至三更。”②

除开封外，随着大运河的开浚和唐宋时期经济重心的南移，宋代大运河沿线苏、杭二州的经济稳步发展，出现了繁盛的局面。北宋时期，苏州社会经济相比隋唐时期又有了进一步的发展，这主要得益于运河的推动。苏州西临太湖、北依长江，南与浙江嘉兴、湖州接壤，自然环境优越，成为北宋时期东南地区主要的大米产地。而且大运河纵贯苏州南北，交通运输十分便利，南北而来的货物可通过运河输入，而苏州本地所产的大米、丝绸等也可通过运河输出，故苏州社会经济十分发达。北宋初，即有人以诗描绘苏州说：“江南江北接王畿，漕运帆樯去似飞。”③ 北宋中期的朱长文在讲到苏州时，称苏州在唐代号称“雄郡”，宋时则“为东南达州，地望优重”④，“井邑之富，过于唐世。郛廓填溢，楼阁相望，飞杠如虹，栉比棋布，近郊隘巷，悉甃以甓。冠盖之多，人物之盛，为东南冠”⑤。

北宋时期，杭州发展迅速，经济出现繁荣景象。随着江南运河的疏浚，杭州重新成为宋代大运河的最南端，为杭州本地以及相连地区物资的运输提供了重要保障。此外，杭州特别重视对城内外运河的疏浚，保持交通的畅通。如元祐四年（1089）七月，杭州就对城外运河进行了一次大的疏通，“首先运河干浅，使客出入艰苦万状，谷米薪柴，亦缘此暴贵。寻划捍江军兵士及诸色厢军得千人，自十月兴工，至今年四月终，开浚茅山、盐桥二河，各十余里，皆有水八尺以上。见今公私舟船通利。”⑥ 这次疏浚较为深广，史称“三十年以来，开河未有若此深快者”⑦。河道的疏浚，为物资的运输创造了条件，杭州城郊形成了十余个小型的卫星市镇，如钱塘县有南场、北关、安溪、西溪四镇；

①〔宋〕李焘：《续资治通鉴长编》卷二六九，“熙宁八年十月壬辰”条。
②〔宋〕孟元老：《东京梦华录》卷二《州桥夜市》，郑州：中州古籍出版社，2010年，第42～43页。
③〔宋〕王禹偁：《小畜集》卷七《献转运使雷谏议》二首之二，上海：商务印书馆，1937年，第73页。
④《吴郡图经续记》卷上《州宅下》。
⑤《吴郡图经续记》卷上《城邑》。
⑥ 咸淳《临安志》卷三五《山川十四·河·城内·清湖河》。
⑦《宋史》卷九七《河渠志七》。

仁和县有临平、范浦、江涨桥、汤村四镇。此外，属县还有东安、南新、保成（城）、长安四镇。这些市镇物资通过水路得以顺利运往杭州，或在杭州就地销售，或通过江南运河向北转运，杭州因此成为重要的物资集散地，城外的运河码头繁荣起来。当时杭城北部武林门外（今湖墅一带），就是运河大小码头集中的区域，装卸货物，日夜不停；人来客往，热闹异常。

有了便利的交通和充足的货源保障，杭州城内的商业、手工业也变得发达起来。北宋时期，杭州已成为江南丝织业的中心，北宋至道元年（995），杭州设置“织务”，专门管理和收购本州及附近州县的丝织品。每年收购的绢数高达 25 万匹，占浙东七州的三分之一。北宋熙宁十年（1077），杭州及其所属九县的夏税是：纳绢 95 831 匹，绸 4 486 匹，绫 5 334 匹，绵 54 000 匹。崇宁年间，宋徽宗曾命童贯置造作局于苏、杭，仅织绣工匠即达数千人。除此之外，雕版印刷、酿酒、造船、制扇等业都很发达。苏东坡说“天下酒官之盛，未有如杭者也，岁课二十余万缗”。与北宋东京开封府、西京河南府、南京应天府、北京大名府相比，杭州的酒课额名列第一。杭州城市商业繁荣还体现在商税上，熙宁十年之前，杭州每年商税 12 万贯左右，当年商税高达 183 800 多贯，超过了江宁府（今江苏南京，57 283 贯）、成都府（171 630 贯）、广州南海郡（68 695 贯），还超过了当时的东京、西京、南京、北京等税额。

在大运河的孕育下，北宋时期杭州社会经济非常发达。在当时人看来，杭州已是江南地区屈指可数的富庶之地，京都开封人称赞说：“余杭百事繁庶，地上天宫。”嘉祐年间，欧阳修作《有美堂记》，称杭州“四方之所聚，百货之所交，物盛人众，为一都会……民幸富完安乐，又其俗习工巧，邑屋华丽，盖十余万家”。他曾作《送梅龙图公仪知杭州》诗一首，开头两句便是“万室东南富且繁，羡君风力有余闲”，夸赞杭州的富饶。北宋杭州，因位于大运河南端，交通便利，社会稳定，人口众多，经济稳步、快速发展，已超越苏州和扬州，成为名副其实的“东南第一州”①。

北宋时期的扬州，处于漕运要地，借助运河之便，经济仍然比较发达。司马光就曾赞道：“万商落日船交尾，一市春风酒并垆。”②诗句反映出北宋时期的扬州水运交通便利、商船众多、商贾辐辏、市场繁盛、商业兴旺的景象。不过，由于北宋时期港口体系发生了变化，扬州作为运河城市，虽然经济仍旧发达，但却不及唐代。沈括的《长兴集·扬州重修平山堂记》对此有所提及：“扬州常节制淮南十一郡之地，自淮南之西，大江之东，南至五岭蜀汉十一路，百州迁徙贸易之人，往还皆出其下，舟车南北，日夜灌输京师者，居天下十之七。”唐代扬州作为运河漕运的中转站，经济发达，号称“扬一益二”，富庶几无出其右者。而到了

①〔宋〕陈岩肖：《庚溪诗话》卷上，北京：中华书局，1985 年，第 2 页。

②〔宋〕司马光：《送杨秘丞秉通判扬州》，〔清〕曹庭栋编：《宋百家诗存》卷五《传家集》，景印《文渊阁四库全书》第 1477 册，台北：台湾商务印书馆，1986 年，第 127 页。

北宋时期，扬州虽然仍为运河沿线重要的商业城市，但其繁华远逊于唐时，已经被苏、杭二州所超越。无怪提起扬州，苏辙会感叹说："扬州繁丽非前世，城郭萧条却古风。"①

除开封、苏州、杭州、扬州之外，北宋运河沿线一些地区虽未出现经济繁盛的局面，但因受运河影响，经济也有了不同程度的发展。首先，汴河沿线个别城镇经济因有运河之利而发展起来。如埇桥，由于汴河经过，北宋时期此地出现"淮浙巨商，贸粮解，贾万货，临汴无委泊之地"的局面。又如柳孜，又名柳江口，位于汴河南堤上，受汴河漕运的影响，北宋时期成为商业大镇，过往商旅行人多于此处宿留居停，乃宋州至埇桥间一要会。再如汴河经过的泗州，经济也颇为发达，"买卖宝物食物，如杭州市。"②北宋神宗熙宁五年（1072），日本僧人成寻溯汴河自泗州至汴京，对沿途社会经济有所记载，讲到他的船每每皆在大桥下过夜，桥上有市，入夜后灯火万千，买卖繁昌，店家多得不可计数，歌舞之声很远就能听到。③其次，蔡河的开通，对沿线社会经济发展也有一定的促进作用。北宋时期，蔡河主要输送陈（今河南淮阳）、颍（今安徽阜阳）、许（今河南许昌）、蔡（今河南汝南）、光（今河南潢川）、寿（今安徽凤台）等州所提供的粮食及其他物资，但它所沟通的地区却不仅限于此。自开封沿蔡河南下入颍，由颍入淮，可达长江下游地区。自开封向西南经颍、沙等水，可与邓州（今河南邓州市）、襄阳府（今湖北襄阳）等地相通。惠民河可沟通东南和西南二路，是仅次于汴河的另一条南北水运要道。④为了对过往商船征收商税，北宋时多在江河通津处设置拦河锁，而在通许县至淮阳县北的一段蔡河之上，就曾先后设置有六处拦河锁，⑤这说明北宋时期蔡河沿线的商业经济亦有发展。

除了以上开封、苏州、杭州、扬州四个经济中心，以及汴河、蔡河沿线个别城镇外，其余沿运地区经济发展相对缓慢，北宋大运河沿线社会经济呈点状发展的特征较为明显。

2. 南宋时期

南宋时期，由于疆域发生了较大的变化，北宋时期的大运河以淮河、大散关一线被分为南北两部分。北宋时期的五丈河、汴河、蔡河的部分为金朝所有，而扬楚运河、江南河则在南宋控制之下。受战争、政治等因素影响，南宋时期大运河沿线社会经济发展不平衡的现象更加突出。

南宋时期，由于运河常年失修，原本繁荣的开封以及部分经济有所发展的城镇迅

① 〔宋〕苏辙：《栾城集》卷一五《送杜介归扬州》，景印《文渊阁四库全书》第1112册，台北：台湾商务印书馆，1986年，第169页。

② 王卓然、梁丽：《北宋运河走向与政治、经济中心转移》，《华北水利水电学院学报（社科版）》2007年第5期。

③ 井红波、杨钰侠：《唐宋汴河与宿州的兴起》，《宿州学院学报》2010年第1期。

④ 邹逸麟：《宋代惠民河考》，《开封师院学报（社会科学版）》1978年第5期。

⑤ 陈有忠、陈代光：《北宋时期的惠民河》，《史学月刊》1983年第2期。

速衰落。例如，汴水在北宋末年就出现了淤塞的情况，由于战乱等原因，无暇修治，最长时竟然二十年不一浚。金兵大举南下后，汴河“堤岸失防，汴流久绝”。北宋亡后，汴水为金所有，战争连年不断，更无暇疏浚，汴河航运逐渐衰落。加之黄河屡次夺淮入汴，加剧了汴河河道的淤塞，时间一长，汴河下游的河道便湮废了。南宋建炎二年（1128），汴京留守杜充为阻挡金兵南下，决黄河堤坝，黄水沿汴河东流，至徐州入泗，再由泗入淮，汴河几乎丧失了运输的作用。南宋乾道五年（1169），宋孝宗赵慎派遣楼钥出使金国，自灵璧北行数十里，途经汴河时，看到的景象是“河益湮塞，几与岸平，车马皆行其中，亦有作屋其上”[①]，汴河的部分地段已完全不能畅通。南宋淳熙五年（1178）十一月，户部尚书充贺金国生辰使周辉沿汴河北行，看到汴河河水极浅，几成污渠，两天后到虹县，“晚宿灵璧县，汴河自此断流”[②]。汴河这一曾盛极一时的南北大动脉随着形势的变化，至此湮废了。由于汴河阻塞不通，北宋时期主要依赖汴河而发展繁荣的开封，到了金朝迅速衰落。有金一代，开封始终没有恢复北宋时的繁盛，其经济无法与前代相提并论。[③]不仅开封如此，汴河沿线其他原本经济繁荣的市镇也衰落下去。北宋时期，汴河南岸的柳孜镇经济繁荣，入金后由于汴河淤废，漕运不兴，该镇亦渐渐失去昔日的繁盛景象，变得“倾圮”不堪。唐宋时期，受汴河漕运影响而经济逐步发展起来的埇桥在宋南渡后，也随着汴河的淤塞走向衰败。[④]

入金以后，惠民河仍有航运之利，但主要是为了对宋战争的军事需要。天德元年（1149），金朝“自洺州输燕子城运米八十万斛，由蔡水入淮，馈伐宋诸军”[⑤]。贞祐二年（1214），金朝在南川（今尉氏县西南洧川）置惠民仓，至金末哀宗天兴元年（1232）五月，还曾“凿洧川漕渠”[⑥]。金朝迁都开封后，时北有蒙古大军压境，南有宋朝军队袭扰，蔡河的航运只是沟通开封和淮河之间军事物资运输，其规模远不如宋代。金朝对宋代人工修筑的几条供水渠道，根本无暇加以维护和修缮，蔡河的水源和航运受到严重影响，其沿线社会经济日渐凋零，远不如北宋时期兴盛。[⑦]除汴水、惠民河外，广济河在金代记载甚少，其河道较短，并非漕运的主要线路，金代对于汴水、惠民河尚无暇治理，广济河自然更是如此，其沿线社会经济也不可能有进一步的发展。

南宋定都临安（杭州），以扬楚运河、江南运河为主干，并开发了浙东运河，形成了新的运河体系，运河沿线社会经济各有不同程度的发展。

---

①〔宋〕楼钥：《攻媿集》卷一一一《北行日录上》，景印《文渊阁四库全书》第1153册，台北：台湾商务印书馆，1986年，第688页。

②〔宋〕周辉：《北辕录》，北京：中华书局，1991年，第2页。

③ 王曾瑜：《金代的开封城》，《史学月刊》1998年第1期。

④ 朱玉龙：《汴河对安徽淮北地区的影响》，《安徽史学》1985年第2期。

⑤《金史》卷九二《曹望之传》。

⑥《金史》卷一七《哀宗本纪上》。

⑦ 邹逸麟：《宋代惠民河考》，《开封师院学报（社会科学版）》1978年第5期。

南宋初年，为了防止金兵南下，宋朝将扬楚运河堰闸毁坏，“绍兴初，以金兵蹂践淮南，犹未退师，四年，诏烧毁扬州湾头港口闸、泰州姜堰、通州白蒲堰；其余诸堰，并令守臣开决焚毁，务要不通敌船。又诏宣抚司毁拆真、阳（扬）堰闸及真州陈公塘，无令走入运河，以资敌用”①，扬楚运河遭到巨大破坏，失去运输能力。绍兴五年(1135)，金兵退至淮河以北地区，南宋朝廷又才诏令淮南宣抚司，募民开浚瓜洲至淮口运河浅涩之处。经过一番疏浚，扬楚运河复通，船只可从扬州达于楚州（淮安），楚州再往北即为金朝地界。孝宗时期，楼钥出使金国时，记载了从扬州乘船到楚州的情况：“乾道五年十一月十九日辰时，到邵伯埭，去扬州才四十五里。张帆南行，三十里过露筋，三十里到高邮，三十里过矿头。二十日晴，三十里过界首，二十五里过氾水，三十五里至宝应。夜风。三十里过黄埔，二十里过平桥，二十一日辰时到楚州。”②随着扬楚运河的疏浚和通航，其沿线社会经济逐步恢复。孝宗时，这一带出现“田野加辟，年谷屡登”的景象。南宋诗人杨万里曾经乘船过瓜洲，作有《过瓜洲镇》一诗描述当地农业经济恢复发展的状况：“夜愁风浪不成眠，晚渡清平却宴然。数棒金钲到江步，一樯霜日上淮船。佛狸马死无遗骨，阿亮台倾只野田。南北休兵三十载，桑畴麦垅正连天。”③另一位南宋诗人陈杰则在《过扬州城楼》一诗中提到“东南赋甲天下处，万里西风生黍禾”④，表明扬州经济也随着运河的疏浚而恢复发展。不过，南宋时期，扬楚运河位于北部边境，时刻受到金兵南下的威胁，虽然沿线社会经济有所恢复，但与北宋时期相比还有一定的差距。尤其是南宋末年，随着元朝军队的侵扰，扬楚运河沿线屡屡遭受战火，经济再度衰退。时人林泳有《扬州杂咏》一首“落日吟诗望戍楼，烟花空忆古扬州。开明桥下千家市，但见朝朝挂髑髅”，描述了南宋末年扬楚运河沿线社会经济再度衰败的情形。

与扬楚运河不同，江南运河沿线经济在南宋时期得到进一步的发展。南宋时期，江南运河从镇江丹徒起，至临安（杭州）止，沿途经过丹阳、武进、无锡、苏州、嘉兴等地。这条运河穿过的地区自唐宋以来就日益富庶、经济发达。南宋定都于杭州，很重要的原因就是看中这一带的农业生产能力和社会经济条件。江南运河对于南宋朝廷汲取这些富庶之地的赋税和物产，具有至关重要的作用。南宋时期多次对江南运河

①《宋史》卷九七《河渠志七》。

②〔宋〕楼钥：《攻媿集》卷一一一《北行日录上》，景印《文渊阁四库全书》第1153册，台北：台湾商务印书馆，1986年，第686页。

③〔宋〕杨万里：《诚斋集》卷二七《过瓜洲镇》，景印《文渊阁四库全书》第1161册，台北：台湾商务印书馆，1986年，第291页。

④〔宋〕陈杰：《自堂存稿》卷三《扬州城楼》，景印《文渊阁四库全书》第1189册，台北：台湾商务印书馆，1986年，第765页。

加以整治，以保持航运畅通。江南运河的疏浚为沿线地区创造了便利的交通条件，促进了沿线地区社会经济的进一步发展，其中苏州、杭州便是两个典型代表。

南宋时期位于江南运河中段的苏州，河道纵横，物产丰富，尤其稻作最为出名，时有“苏湖熟，天下足”①之称。江南运河的疏浚，为当地农产品及手工业品的买卖、运输提供了便利条件，各地商人纷纷前来贸易，苏州成为商贾云集、经济繁盛的大都会，“田畴沃衍，生齿繁伙，则吴实巨擘焉……粒米狼戾，四方取给……水浮陆转，无所不至……繇是商贾以吴为都会，五方毕至”②。就连稍远的闽粤商贾，亦先通过海道前来，再经由江南运河前往苏州贸易，“井邑之富过于唐世……乘风航海，不以为险。故珍货远物，毕集于吴之市”③。借江南运河之便，苏州成为南宋著名的繁华都市，其经济发达程度不亚于都城临安，故有“天上天堂，地下苏杭”④之誉。

临安是南宋的都城，位于江南运河的最南端，依靠江南运河与富庶的苏、湖等州沟通。随着江南运河的疏浚和新开，南宋时期临安与苏、湖等州之间水路交通非常便利，“水运之程，行经运河，如履平地，川广巨舰，直抵都城，盖甚便也”⑤，故百姓多乘各种船只往来其间，“若士庶欲往苏、湖、常、秀、江、淮等州，多雇船、舫船、航船、飞篷船等”⑥。还有一种叫作“落脚头船”，“为载往来士贾诸色等人，及搬载香货杂色物件等”。杭州所需漕粮以及其他物资，也主要通过位于余杭门外北新桥北的运河，从苏、湖等州运来，“凡诸路纲运，及贩米客船，皆由此河达于杭都”，其运输船只非常之多，“早夜不绝可也”。在江南运河的推动下，临安不仅是南宋的政治中心，而且也发展成为经济、贸易中心，城内不但有众多来自各府州以及域外的商人，而且店铺、酒馆林立，“大抵杭城是行都之处，万物所聚，诸行百市，自和宁门杈子外，至观桥下，无一家不买卖者”⑦。“都会之下皆物所聚之处，况夫人物繁伙，客贩往来，至于故楮羽毛扇牌，皆有行铺，其余可知矣”⑧。其中，最负盛名的一百多家店铺，几乎全部坐落在运河的两侧。这些店铺营业时间通宵达旦，“杭城大街，买卖昼夜不绝，夜至三四鼓，游人始稀，五鼓钟鸣，卖早市者又开店矣”⑨。到南宋后期，杭州商业繁荣、经济鼎盛，全国无与之比肩者，“南渡以来，杭州行都百余年，户口蕃盛，商贾买卖者十倍于昔，

---

①绍熙《吴郡志》卷五〇《杂志》。
②绍熙《吴郡志》卷三七《县记》。
③《吴郡图经续记》卷上《海道》。
④同①。
⑤《宋史》卷九七《河渠七》。
⑥〔宋〕吴自牧：《梦粱录》卷一二《河舟》，杭州：浙江人民出版社，1984年，第113页。
⑦〔宋〕吴自牧：《梦粱录》卷一三《团行》，杭州：浙江人民出版社，1984年，第115页。
⑧〔宋〕耐得翁：《都城纪胜》，上海：上海古籍出版社，1993年，第11页。
⑨〔宋〕吴自牧：《梦粱录》卷一三《夜市》，杭州：浙江人民出版社，1984年，第119页。

往来辐辏，非他郡比也"[①]。

南宋时期，为了满足临安的需要，除疏浚扬楚运河和江南运河外，还整治了浙东运河。浙东运河位于浙江东部，西起杭州钱塘江南岸的西兴，往东到萧山、钱清、绍兴城，经鉴湖至曹娥江，再东经上虞、丰惠到通明坝与姚江汇合，之后经余姚、明州（今宁波）汇合奉化江后称为甬江，东流至镇海入海。浙东运河全长400余里，沿途经过西兴、钱清、绍兴、余姚、明州、奉化等地。南宋为了扩大财富来源，把富饶的浙东宁绍平原纳入运河体系，对浙东运河进行了全面的整治，包括绍兴至余姚县、慈溪江、鉴湖、西兴至萧山等段河道进行了开挖和疏通。经过修整后的浙东运河，从杭州往东穿越宁绍平原，可直达于海，成为浙江东部的一条交通要道。浙东地区的粮食以及盐、渔获、牲口、水果、花卉、药材、丝绸、瓷器、竹木、铜镜、漆器等物资，通过运河源源不断地转运到都城临安，再通过江南运河可到达江南、淮南地区。此外，来自日本、高丽、越南、南洋诸国，西亚及欧洲诸国的香料、宝货、纺织品等也可通过海路来华，再经过浙东运河到达临安。反之，淮南、江南所产，如丝织品、瓷器、茶叶、书籍等，亦可通过浙东运河输出到浙东地区以及国外。浙东运河成为南宋时期一条繁忙的运道。

浙东运河修治后，运河沿线的社会经济获得了巨大发展。首先，依靠宁绍平原优越条件，运河沿线粮食生产规模扩大，余粮尽数出售，粮食商品化程度大大提高，成为仅次于太湖流域的第二大商品粮生产基地。其次，运河沿线工商业发达，商贾云集，商业经济十分繁荣。位于浙东运河中部的绍兴，"开元寺在府东南二里一百七十步……岁正月几望，为灯市，傍十数郡及海外商贾皆集，玉、帛、珠、犀、名香、珍药、组绣、髹藤之器，山积云委，眩耀人目，法书、名画、钟鼎、彝器、玩好奇物亦间出焉"[②]。在浙东运河影响下，绍兴在南宋时期已经成为全国重要的商业城市，"今天下巨镇，惟金陵与会稽耳，荆、扬、梁、益、潭、广皆莫敢望也"[③]。南宋时期，借助浙东运河，明州成为东南重镇，大量对外贸易、贡使来朝等依赖明州港作为国家级的海陆交通和贸易枢纽，"风帆海舶，夷商越贾，利厚懋化，纷至沓来"[④]。南宋各地生产的瓷器、茶、丝织品、书籍、文具、铜钱等，成为明州港对外贸易的主要输出品。这种往来贸易，极大地促进了明州经济的发展。除像绍兴、明州这样的大城市外，浙东运河沿线的市镇如西兴、三江口、曹娥镇、渔浦镇、三界镇、钱清镇、蛟井镇、枫桥镇等，经济亦

---

①〔宋〕吴自牧：《梦粱录》卷一三《两赤县市镇》，杭州：浙江人民出版社，1984年，第114页。
②嘉泰《会稽志》卷七《宫观寺院》。
③〔宋〕陆游：《陆放翁全集上渭南文集》卷一四《会稽志序》，北京：中国书店，1986年，第82页。
④《乾道四明图经》卷九《重建州学记》。

发展迅速。

二、元至清中叶运河沿线社会经济的全面发展

自元代开始，中国运河体系与隋唐、两宋时期相比有了很大的变化。隋唐至北宋时期的运河是以洛阳、开封为中心，分别向东南和东北延伸，形成“人”字形的横向运河。宋金时期，虽然南北对峙，南宋形成新的以临安为中心的运河体系，但如果算上金朝境内北宋原有的部分湮塞、部分畅通的运河，这一阶段的运河走向与隋唐、北宋时期比较，并没有太大的改变。元朝定都大都（即今北京），粮食等物资仰赖江南，如果利用隋唐、两宋时期的运河则从江南出发，向西南到达洛阳、开封一带，再向东北折往大都，绕道颇远。而且宋金时期，北方运河大多淤塞，不能通航，难以全部疏浚。因此，元朝在利用南宋时期畅通的扬楚运河、江南运河的同时，先后在山东西部开凿了济州河（济宁—东平）、会通河（东平—临清），在北京开凿了通惠河（通州—北京城）。济州河以下，通过黄河、泗水与扬楚运河、江南运河连接，船只可从杭州北上直达大都，从而形成一条南北垂直走向的运河，史称“京杭大运河”。京杭大运河裁弯取直，大大缩短了隋唐大运河时期北京到杭州之间的行船距离。元代运河走向的巨大变化，对其沿线地区经济产生了重大影响。自元代至清中叶，从北到南，运河沿线各河段逐渐形成了较多经济发达的商业城市，尤其是明清时期，除了沿运城市外，运河附近还兴起了众多经济发达的市镇，从而改变了隋唐、两宋时期运河沿线经济点状发展的格局，形成由点到线的发展趋势，开启了运河沿线社会经济全面繁荣的时代。

（一）元代

1. 通惠河、会通河、济州河沿线经济的崛起

元代，随着济州河、会通河、通惠河的开通，漕运量逐年增长。从至元二十年（1283）到泰定三年（1326），漕粮从每年 27 万石增长到 335 万石。每年众多的漕船、兵丁和民夫往来于运河之上，极大带动了通惠河、会通河、济州河沿线民间商运的发展。活跃在这些运河之上的，不但有漕运兵丁、普通的商民，甚至还有一些权贵商人打着皇室的旗号行船。为增加大都的货运量，元朝还对会通河之民船采取了保护政策，“禁权要商贩挟圣旨、懿旨、令旨阻碍会通河民船者”[①]。民间商运的活跃，促进了南北物资的流通，南方地区的米、茶、盐、纺织品、瓷器等，通过济州河、会通河、通惠河，源源不断输送到北方大都等地，“江淮、湖广、四川、

①《元史》卷二三《武宗本纪二》。

海外诸番土贡、粮运、商旅懋迁，毕达京师”[①]。尤其是北方大都等地民间所用粮食，主要通过通惠河、会通河等运河转运。元代的一份文书提到，大都里每年百姓食用的粮食，半数以上是商人通过御河运输而来。[②]当时大运河北段的会通河等运河河段十分繁忙，以致水陆交通变得日益拥挤。商人嗜利的本性驱使他们建造超大货船载货，以获取更高利润。初开会通河时，只许走一百五十料（舟船载重单位）的船只，后来竟然有权贵富商造三四百料或五百料船行于其中，导致河道拥堵，“江南行省起运诸物，由会通河以达于都，多逾期不至。诘其故，皆言始开河时，止许行百五十料船；近来权势之人，并富商大贾，造三四百料或五百料船，于此河行驾，以致阻滞往来舟楫”[③]。这也从侧面反映出元代会通河、济州河、通惠河等河段往来商船众多、航运繁忙的景象。

随着往来于济州河、会通河、通惠河的运丁、商人、民夫的增多，南北货物的流动，运河沿线城镇的商业经济逐渐兴起。特别是其中的大都、沧州、临清、济宁，逐渐发展成为元代北方运河沿线经济繁荣的工商业城市。大都作为元朝的都城，地处京杭大运河的最北端，会通河开通后，漕粮等物资可通过运河从南方运达，使得大都商贾云集、商品众多，市场十分繁荣。意大利旅行家马可·波罗曾到达元大都，对其情形记载颇详：

> 应知汗八里城内外人户繁多，有若干城门即有若干附郭。此十二大郭之中，人户较之城内更众。郭中所居者，有各地来往之外国人，或来入贡方物，或来售货宫中。所以城内外皆有华屋巨室，而数众之显贵邸舍，尚未计焉。
>
> 外国巨价异物及百物之输入此城者，世界诸城无能与比。盖各人自各地携物而至，或以献君主，或以献宫廷，或以供此广大之城市，或以献众多之男爵骑尉，或以供屯驻附近之大军。百物输入之众，有如川流之不息。仅丝一项，每日入城者计有千车。用此丝制作不少金锦绸绢，及其他数种物品。
>
> 此汗八里大城之周围，约有城市二百，位置远近不等。每城皆有商人来此买卖货物，盖此城为商业繁盛之城也。[④]

元代大都又称为汗八里，从以上记载可看出元代大都商业经济之繁荣。除大都外，元代位于会通河以北运河边上的沧州经济亦颇为发达。元朝时，另一位意大利旅行家鄂多立克，于延祐元年（1314）从威尼斯出发前往中国。他从杭州一路沿着江南运河而上，再经扬州运河进入济州河、会通河、通惠河往北，到达元大都。其间，他在离

①〔元〕苏天爵：《元朝名臣事略》卷二《丞相淮安忠武王》，景印《文渊阁四库全书》第451册，台北：台湾商务印书馆，1986年，第512～513页。

②〔元〕拜柱编：《通制条格》卷二七《杂令》，杭州：浙江古籍出版社，1986年，第287页。

③〔明〕陈邦瞻：《元史纪事本末》卷一二《漕运》，北京：中华书局，1979年，第69页。

④〔意〕马可·波罗著，冯承钧译：《马可波罗行纪》，上海：上海书店出版社，2001年，第237～238页。

开扬州后沿着运河北上，“沿澄清的水道旅行”，八天后到达了临清。再沿着运河往东北方向到达沧州。“我沿着该河向东旅行，又经过若干城镇，这时我来到一个叫作索家码头的城镇，它也许比世界上任何其他地方都生产更多的丝，因为那里的丝在最贵时，你仍花不了八银币就能买到四十磅。该地还有大量各类商货，尚有面食和酒，及其他种种好东西”①。在运河的带动下，元代沧州的手工业和商业发达，成为一座商品众多、市场繁荣的商业城市。

沧州以南，位于会通河北端的临清发展也很迅速，成为元代北方地区经济发达的商业城市。马可·波罗曾从河北景州至临清，然后水陆兼行南下。经过临清时，马可·波罗为其富庶所吸引，他描述其商业经济繁荣的景象：“沿途见有环墙纸城村甚众，皆隶属大汗。其中商业茂盛，为大汗征收赋税，其额甚巨。此强格里城中央有一宽而深之河流经过，河上运输有丝、香料及其他巨价货物不少。”②“强格里城”即临清。穿过临清的河流，即会通河。元代会通河开通后，大量南来的丝绸、香料以及其他贵重商品经临清而输往大都，促进了临清城市经济的繁荣。元代临清设有税关，可征收到巨额的商税。

顺着会通河南下，位于元代济州河南端的济宁，也是运河沿线商业经济发达之处。据马可·波罗记载，元代济宁“颇富丽，工商茂盛……有一河流，彼等因获大利，兹请言其故。此河来自南方，流至此新州码头城，城民析此河流为二，半东流，半西流，使其一注蛮子之地，一注契丹之地。此城船舶之众，未闻未见者，绝不信其有之，此种船舶运载货物往契丹、蛮子之地，运载之多，竟至不可思议，及其归也，载货而来，由是此二河流来往货物之众可以惊人”③。元代济宁的运河上，船舶多到难以想象，各种货物通过济州河往北输送到大都，济宁也因此成为此运河线上工商业最为发达的城市。

2. 淮扬运河、江南运河沿线经济的发展

元代，随着京杭大运河的畅通，从淮安到扬州的淮扬运河以及镇江到杭州的江南运河沿线经济也得到了发展。运河沿线淮安、宝应、高邮、扬州、镇江、苏州、杭州等，都是商业繁华的都市。

淮安位于淮扬运河的起点，交通便利，城内百货云集，市场繁荣，马可·波罗游历淮安时曾写道：“淮安是一甚大城市……其城有船舶甚众，并在黄色大河之上，前已言之也。此城为府治所在，故有货物甚众，辐辏于此。缘此城位置此河之上，有不少城市运货来此，由此运往不少城市，惟意所欲。应知此城制盐甚多，供给其他四十城市之用，由是大汗收入之额甚巨。”④元代淮安成为南北货运（尤其是盐运）的中转站，商业发达，经济繁荣。

①〔意〕鄂多立克著，何高济译：《鄂多立克东游录》，北京：中华书局，1981 年，第 72 页。
②〔意〕马可·波罗著，冯承钧译：《马可波罗行纪》，上海：上海书店出版社，2001 年，第 320 页。
③〔意〕马可·波罗著，冯承钧译：《马可波罗行纪》，上海：上海书店出版社，2001 年，第 322 ～ 323 页。
④〔意〕马可·波罗著，冯承钧译：《马可波罗行纪》，上海：上海书店出版社，2001 年，第 332 页。

淮安往南依次为宝应、高邮、扬州，皆位于淮扬运河旁，工商业发达。马可·波罗提到，从淮安出发，一日即可到达宝应，当地百姓生活富裕，“行此一日毕，则抵宝应美城……恃商工为活，有丝甚饶，用织金锦丝绢，种类多而且美，凡生活必需之物皆甚丰饶”①。与宝应相去不远的高邮，也以工商业著称，“抵高邮城，城甚大……恃工商为活，凡生活必需之物悉皆丰饶。产鱼过度，野味中之鸟兽亦夥”②。高邮往南，即为扬州，是淮扬运河的终点。元代扬州同样以工商业出名，“城甚广大，所属二十七城，皆良城也。此扬州城颇强盛，大汗十二男爵之一人驻此城中，盖此城曾被选为十二行省治所之一也。应为君等言者，本书所言之马可·波罗阁下，曾奉大汗命，在此城治理亘三整年。居民……使用纸币，恃工商为活。制造骑尉战士之武装甚多，盖在此城及其附近属地之中驻有君主之戍兵甚众也。”③元代扬州城内及附近驻扎有大量的军队，其装备皆由扬州制造，足见其工商业的发达。

扬州往南即为镇江，与扬州隔长江相望，是江南运河的起点。元代镇江生产丝织品，多富商大贾，不但工商业发达，而且物产丰富，“镇江府……产丝多，以织数种金锦丝绢，所以见有富商大贾。野味及适于生活之百物皆饶”④。

位于江南运河中部的苏州在元代时仍旧繁华，并以工商业著称。马可·波罗描绘苏州时说道：“其城甚大，周围有六十里，人烟稠密，至不知其数……此城亦有文士、医师甚众。此城有桥六千，皆用石建，桥甚高，其下可行船，甚至两船可以并行……此城统辖十六大城，并商业繁盛之良城也。”⑤

苏州往南为杭州，是元代江南运河终点，也是京杭大运河的最南端。从南宋到元代，杭州从都城变为行省所在，政治地位明显下降，然而其经济却依然很繁盛。据《马可波罗行纪》记载，元代杭州是当时“世界最富丽名贵之城”，城很大，周围百里有余，由于有江南运河等河道的沟通，各地商人携带物资大量输入，城内“有商贾甚众，颇富足。贸易之巨，无人能言其数”，市场异常繁荣，“每星期有三日为市集之日，有四五万人携消费之百货来此贸易。由是种种食物甚丰，野味如獐鹿、花鹿、野兔，禽类如鹧鸪、野鸡、家鸡之属甚众，鸭、鹅之多，尤不可胜计”；“此种市场常有种种菜蔬果实，就中有大梨，每颗重至十磅，肉白如面，芬香可口。按季有黄桃、白桃，味皆甚佳”。因杭州商业繁荣，元政府从中能征收到巨额商税，“大汗在此城警戒甚严者，盖因其为蛮子地域都城，并因其殷富，而征收之商税甚巨，仅闻其说而未见其事者绝不信之”。

①〔意〕马可·波罗著，冯承钧译：《马可波罗行纪》，上海：上海书店出版社，2001年，第333页。
②〔意〕马可·波罗著，冯承钧译：《马可波罗行纪》，上海：上海书店出版社，2001年，第334页。
③〔意〕马可·波罗著，冯承钧译：《马可波罗行纪》，上海：上海书店出版社，2001年，第336页。
④〔意〕马可·波罗著，冯承钧译：《马可波罗行纪》，上海：上海书店出版社，2001年，第347页。
⑤〔意〕马可·波罗著，冯承钧译：《马可波罗行纪》，上海：上海书店出版社，2001年，第350页。

直到元末至正年间，杭州经济依然非常繁荣，史载："舟航水塞，车马陆填。百货之委，商贾贸迁，珠玉象犀，南金大贝。侏儒雕口，诸藩毕萃，既庶且富。"①

（二）明至清中叶

明清大运河在利用元代运河的基础上进行疏浚、开凿而成，延续了元以来北起北京、南到杭州的运河格局，故亦称京杭大运河。大运河的贯通，为南北地区的物资运输创造了便利的交通条件，对沿线地区经济发展起到了很大的推动作用。

明初至清中叶，运河沿线各地经济都有不同程度的发展。明初以来，随着各段运河的治理，京杭大运河全线贯通，沿线地区商贾辐辏，物资丰富，市场和贸易兴旺，地区经济兴起。到明中后期，运河沿线地区的经济发展达到高峰。明清易代，运河沿线经济遭到影响，但入清后大运河航运快速恢复，运河沿线经济又逐步发展起来，到清中期乾隆、嘉庆年间，基本上都出现了兴盛的局面。大致而言，明初至清中期，运河沿线各地经济呈现出逐步发展的趋势。从北京往南，天津、沧州、德州、临清、聊城、济宁、徐州、淮安、扬州、苏州、杭州等地都获得了不同程度的发展。

天津，位于卫河之上，是南来船只进京的咽喉。随着明初以来大运河的贯通，大量漕粮、商品经过天津，在此集散或者销售，促进了天津社会经济的发展。"天下粮艘、商舶鱼贯而进，殆无虚日"②；"南北舟车，并集于天津，下直沽、渔阳，犹海运之故道，河间、保定商贾多出其途，实往来通衢"③。天津成为"商贾之所萃集，五方之民所杂处"的繁华的商业中心城市。由于南北商旅频繁往来，天津商业日渐发达，从事商品交易活动的场所也与日俱增。宣德至成化年间，天津市集已有五处，弘治元年（1488），又"添设五集一市"，市场颇为兴盛。时人李东阳描绘当时天津市集的繁荣景象："玉帛都来万国朝，梯航南来接天遥。千家市远晨分集，两家河平夜退潮。贡赋旧通沧海道，星辰还像洛阳桥。何由四塞襟喉地，重镇还须借使轺。"④清代，随着运河的畅通，天津经济进一步发展，冠盖往来，商贾辐辏，舟车络绎，百货山积，鼓角管弦之声不绝于耳。清代诗人崔旭称道天津的繁华："畿南巨镇此称雄，都会居然大国风。百货懋迁通蓟北，万家粒食仰关东。市声若沸鱼虾贱，人影如云巷陌通。记得销金锅子里，盛衰事势古今同。"⑤

位于天津以南的沧州，是明清北方地区重要的盐产地，运河又为其创造了便利的交通条

①〔元〕贡师泰：《玩斋集》卷九《杭州新城碑》，景印《文渊阁四库全书》第1215册，台北：台湾商务印书馆，1986年，第674页。

②康熙《天津卫志》卷首《吕跋》。

③〔明〕张瀚：《松窗梦语》卷四《商贾纪》，北京：中华书局，1985年，第82页。

④〔明〕李东阳：《过天津》，乾隆《天津县志》卷二二《艺文志》。

⑤〔清〕崔旭：《津门》，同治《续天津县志》卷一九《艺文四》。

件，故商贾纷至，百货聚集，经济得到发展。至明中后期，沧州已经成为运河沿线重要的商业中心城市。清代，随着运河的恢复，沧州借助“北拱幽燕，南控齐鲁，东连渤海”的交通优势，在经济上取得了进一步的发展。清人兰维毅描绘沧州交通位置之显要和市井之繁荣：“渤海岩疆笔底收，长芦名郡今沧州。巍巍雄峥齐燕际，北锁京津据上游。东近地维连海岱，鱼盐富饶冠蓟幽。大河南来波奔撼，陡折西回挂玉钩。潆回水抱冲和气，中有城郭万家稠。做客停舟邀共赏，帆樯都为夕阳留。”①

从沧州顺运河南下便是德州。明初会通河疏浚以后，德州成为运河沿岸的重要码头，不但各种商帮纷纷入驻，从事坐贾与转运贸易，漕运军丁每年北上与回空时沿途包揽，亦沿路脱载，夹带之货往往多于额装之米，进一步刺激了德州商贸的繁荣，成就了德州陵县神头镇、凤凰镇、滋博店、柏林店等历史名镇。弘治时，南京国子监祭酒谢铎路过德州时留诗一首：“今夜客中宿，德州城外船。山东余土俗，蓟北少风烟。军馈交相集，舟行不可前，时闻赢老语，菜熟是丰年。”②诗句反映出当时德州客商、运丁云集，商业发达的景象。至正德六年（1511），德州经济发展已经突破地域的限制，旧的德州卫城已不能满足商业发展的需求，时德州知州宁河、守备桂勇筑外罗城，延袤二十八里，形成了“九街八巷”“二角”等繁华区，出现了工商繁荣、客商云集、货物山集、交易繁盛的景象。到万历四十年（1612），“御河西徙浮桥口，立大小竹竿巷，每遇漕船带货发卖，遂成市廛”③，德州已成为运河沿线重要的商贸城市。入清后，随着清京杭大运河的疏浚、畅通，德州经济在经过明清战火的短暂影响后，逐渐恢复发展。明初到清中期，德州以运河与发达的交通为依托，经济发展达到高峰，成为运河沿岸的重要的商业城市。

从德州顺流而下，下一重要运河商埠是临清。明朝永乐九年（1411）济宁至临清的一段运河疏通后，临清成为内陆南北咽喉重地和江北五大商埠之一。成化年间，大学士李东阳作《鳌头矶》诗称赞临清：“十里人家两岸分，层楼高栋入青云。官船贾舶纷纷过，击鼓鸣锣处处闻。”④弘治年间（1488～1505），临清的商业规模已声名远播。弘治元年（1488），朝鲜李朝使臣崔溥在其日记中记述：临清“在京师之要冲，商贾辐辏之地，其城中及城外数十里间，楼台之密，市肆之盛，货财之富，船舶之集，虽不及苏杭，亦甲于山东，名于天下矣”⑤。嘉靖年间（1522～1566），临清已成为山东首屈一指的商业城市。万历年间（1573～1620），临清经济更为兴盛，城内有

①〔清〕兰维毅：《沧州图古歌》，民国《沧县志》卷一六《事实志七》。
②〔明〕谢铎：《宿德州》，《谢铎集》卷二，杭州：浙江古籍出版社，2012年，第14页。
③乾隆《德州志》卷四《疆域》。
④〔明〕李东阳：《鳌头矶》，民国《临清县志·艺文三》。
⑤〔朝鲜〕崔溥：《漂海录》卷二，“三月十四日”条，北京：社会科学文献出版社，1992年，第134页。

布店73家，绸缎店32家，杂货铺65家，纸店24家，辽东货店13家，大小典当百余家，客店数百家，其他大小店铺、作坊共计千余家，商业规模扩大，“北起塔湾、南至头闸，绵亘数十里，市肆栉比，有肩摩毂击之势”，街市延伸到土城北三里以外，“商贾往来日夜无休时”。由于运河的畅通，临清贸易范围“南达闽粤，北通辽海”，“精美轻赍之物附粮舟而趋至，盖尤易也”。明清易代之际，经历战火的临清虽有短暂衰落，但经康乾盛世，又迅速恢复和发展，康熙末年即重新出现“市肆毂击肩摩，不减临淄、即墨”[①]的繁荣景象。至乾隆年间，临清发展达到鼎盛。城内商贾云集，店铺林立，市场一片繁荣，成为山东重要的商业城市，“为漕运咽喉，漳河载河南粮西南来，会通河载南数省粮东南来，至州城西南与漳汇合，每漕艘往来，西河帆樯络绎，货物盈街衢”，“临清傍运河，富庶甲齐郡”[②]。

明永乐年间（1403～1424）会通河重新贯通后，位于临清以南不远的聊城（东昌）政治、经济地位不断提高，史称：“南接济、兖，北连德、景，漕河所经，要冲之地，襟卫河而带会通，控幽、蓟而引淮、泗，泰岳东恃，漳水西绕，实齐鲁之会也。万国贡赋，四夷朝献胥由此达，古今言地之冲，此其最焉”[③]。明代聊城的棉花与果业非常发达，众多外地商人利用运河转贩而获利，“棉花，六府皆有之，东昌尤多，贸于四方，其利甚博”，“梨，六府皆有之，其种曰红消、曰秋白、曰香水、曰鹅梨、曰瓶梨，出东昌、临清、武城者为佳。枣，六府皆有之，东昌属县独多，种类不一，土人制之，俗名曰胶枣、曰牙枣，商人先岁冬计其木，夏相其实而值之，货于四方”，便利的交通加强了南北商货的流通，扩大了当地特产的销路。至万历初期，聊城商业发展十分兴盛。入清后，随着社会的稳定和运河的不断治理，聊城商业发展环境改善，乾隆、嘉庆年间，聊城商业发展走向高峰，当时大量的山西、陕西商人来此经营，从事粮食、杂货、棉花、钱当、布匹等行业，他们除开设商铺外，还修建了山陕会馆，用以密切乡情、贸易交流，当时“东郡商贾云集，西商十居七八”，“殷商大贾晋省人为最多，昔年河运通时，水陆云集，利益悉归外省”[④]，占据了聊城商业的主体，甚至连府城东门外都“人烟辐辏，为南北往来水衢”，聚集了大量外省商人。

明清时期的济宁，“南通江淮，北连河、济，控邳徐之津要，扼宋卫之咽喉”[⑤]，是山东运河线上重要的商埠。明代，北方北京、天津等地的商旅去两淮、江南一带，必经济宁，“悻勋戚之家贸易于两淮于三吴者，联樯大舶，必驻济宁”[⑥]。而南方商人通过运河北上至京，

---

① 康熙《临清州志·序》，

② 乾隆《临清直隶州志》卷首《宸章》。

③ 嘉靖《山东通志》卷七《形势》。

④ 宣统《聊城县志》卷一《方域志》。

⑤ 道光《济宁直隶州志》卷二《方舆志三》。

⑥〔明〕程敏政：《篁墩集》卷二五《赠工部主事程节之序》，景印《文渊阁四库全书》第1252册，台北：台湾商务印书馆，1986年，第441页。

同样要经过济宁。商贾大量聚集在济宁，带来大量的商品，“江南之材，从河入漕；山西之材，从沁东下，由济濮故渠入漕……服食器用，鬻自江南者十之六七”。依靠地处运河重要节点的交通优势，济宁商业兴旺，经济发达。至万历年间，济宁“当河漕要害之冲，江淮百货走集，多贾贩，民竞刀锥之利，趋末者众”[①]。清初经过短暂停滞，济宁经济依靠运河漕运的通畅再度繁荣。康熙年间（1662～1722），济宁已出现“四百万漕船皆经此地……冠盖之往来，担荷之拥挤，无隙晷也”的局面[②]。乾隆年间（1736～1795），济宁城内店铺、商号众多，商贾云集，成为山东运河沿线经济最发达的商埠之一。

济宁以南的滕、峄二县，在明清时期随着运河的开凿而兴盛起来。万历年间开通泇河，滕、峄两地“邑当午道，南襟漕河，江淮四百万粟皆取道于此以北上”。东南商货与携带大量土宜的漕船在泇河沿岸的交易，使地方市场与国内市场得到了交流与融汇。明末清初，县属台儿庄，“跨漕渠，当南北孔道，商旅荟萃，居民饶给，村镇之大，甲于一邑，俗称天下第一庄”，“台庄濒运河，商贾辐辏，亦徐兖间一都会也”，其经济发展水平与贸易繁荣的景象已超过一般的县城。由运河所贯穿起来的水陆交通网，使滕、峄二县与江南徐州府、淮安府以及山东兖州府、济宁府的诸多商业城镇相连接，加强了彼此之间的商业贸易与交流，促进了地区经济的发展与繁荣。乾隆、嘉庆时，江浙、湖广诸行省漕粮数千艘皆经峄县北上，商旅往来不绝，奇物珍货集聚，本地所有麦豆及煤炭诸物亦得善价而售，行销各地。道光年间（1821～1850），峄县仍然商贾辐辏，矿业大兴，炭窑时有增加，而漕运舟船数千艘，在此连樯北上，一派繁忙景象。

由滕、峄二县往南，进入江苏境内。随着明初运河的通航，徐州舟车鳞集，贸易兴旺，逐渐成为南北物资交流的中心，“凡江淮以来之贡赋及四夷之物上于京者，悉由于此，千艘万舸，昼夜罔息”。明人陈仁锡《重建徐州洪神庙记》称：“凡四方朝贡转漕及商旅经营者，率由是道。”成化年间（1465～1487），李东阳在其《重修吕梁洪记》中记载当时的徐州“使船来往无虚日，民船、贾舶多不可籍数，率此焉道，此其喉襟最要地也。”[③]水陆交通的便捷，商品经济的繁荣，使徐州城市规模不断扩大。到明代中期，“城外临河而居者，皆负贩之细民也”[④]。至万历年间（1572～1620），徐州已成为繁荣的运河城市，“舳舻衔尾，旅店如云，贸易商贾，在在闹市，不惟土著者获利无穷，即宦于其地者，用物宏而取精多”。朝鲜人崔溥在其著作《漂海录》中说：“江

① 乾隆《济宁直隶州志》卷二《舆地·风俗》。

② 道光《济宁直隶州志》卷二《山川》。

③〔明〕李东阳：《怀麓堂集》卷三三《重修吕梁洪记》，景印《文渊阁四库全书》第1250册，台北：台湾商务印书馆，1986年，第349页。

④ 同治《徐州府志》卷一六《建置考》。

以北，若扬州、淮安，及淮河以北，若徐州、济宁、临清，繁华丰阜，无异江南。”[①]万历年间，为避开黄河水患对运道的威胁，开凿了泇河，运道东移，徐州城经济受到影响，但徐州境内新河道流经的窑湾镇经济却发展起来，成为运河徐州段的重要商埠，“窑湾，邳宿错壤，绾毂津要，一巨镇也。昔者，漕艘停泊，帆樯林立，通阛带阓，百货殷赈，有幸使过客之往来，或舟，或车，胥宿顿马，繁富甲两邑，大腹巨贾，辇金而腰玉；倚市之女，弹筝砧屣，有扬、镇余风”[②]。晚清时期的窑湾，会馆、店铺林立，多达 600 余家，有“苏北小上海”之称。

徐州之南的淮安，位于苏北腹部，西滨洪泽湖，运河绕城而过，扼南北水陆之冲，是明清时期漕运总督驻扎的重镇，也是盐关之要，素称商业重地。淮安社会经济的繁荣与发展是与漕运和盐利分不开的。江南各省漕船所运米石均在淮安盘验，“漕督居城，仓司屯卫星罗棋布，俨然省会。夏秋之交，粮艘衔尾入境，皆停泊于城西运河”。[③]漕船携带的大量“土宜”对丰富淮安城物资供应有极大作用。大量流动人口的涌入，对拉动淮安经济发展也有重要意义。此外，这里还聚集着不少南来北往的商船，因此淮安城商业早在明代即已相当繁盛。《淮安府志》记载，明天启年间（1621 ～ 1627），淮安“豪右趋势逐利，以财力侈靡相雄长，细民逐趋末利”，“缘五方杂处，豪商巨贾互相矜炫，靡然从风”，“第以水陆之冲，四方辐辏，百工居肆倍于土著”。

扬州为淮安以南重要的运河城市。明代京杭运河畅通后，扬州成为南来北往必经之地，交通地位凸显，“为江南北大都会，至雄巨矣”[④]。扬州商贾云集，百货辐辏，成为明代东南地区重要的商业中心。尤其是来自徽州、山陕的盐商，人数众多，对扬州经济的发展起到重大推动作用。至万历期，扬州城内每年商税银达到 13 000 两。明末增加到 25 600 两，盐税尚未包括其中，足见其商业经济的繁荣。清代，扬州经济又有进一步发展。随着京杭大运河的贯通和漕运的恢复，位于运河线上的扬州，成为南北往来必经之地，“以地利言之，则襟带淮泗，锁钥吴越，自荆襄而东下，屹为巨镇，漕艘贡篚岁至京师者，必于此焉是达。盐策之利，邦赋攸赖”[⑤]。由此，扬州商贾聚集，人口繁衍，经济获得极大发展。至乾隆年间，“四方豪商大贾鳞集麇至，至侨户寄居者不下数十万”[⑥]，成为东南屈指可数的商业中心城市。

位于江南运河沿线的苏州，历来是经济发达地区，明清时期更是如此。随着明代京杭运河的通航，从明前期到中期，苏州经济日益发展。明人王锜曾说：“迨成化间，余凡三四年

①〔朝鲜〕崔溥：《漂海录》卷三，“六月初四日附”条，北京：社会科学文献出版社，1992 年，第 193 页。

② 民国《邳志补》卷五《建置》。

③ 宣统《续纂山阳县志》卷一《疆域》。

④ 万历《扬州府志·序》。

⑤ 嘉庆《扬州府志·序》。

⑥ 乾隆《淮安府志》卷一三《盐法叙》。

一入，则见其迥若异境。以至于今，观美日增，闾阎辐辏。”[①] 至万历时，苏州进一步发展，商业兴旺，经济发达，“财赋之区，商贩之所集，财货之所辐辏，游手游食之辈，异言异服之徒，无不托足而潜处焉，名为府，其实一大都会也”。明人王心一曾描述苏州阊门一带的商业繁华：“尝出阊市，见错综连云，肩摩毂击，枫江之舳舻衔尾，南濠之货物如山，则可谓此亦江南一都会。”[②] 入清以后，随着京杭大运河的通航，苏州经济持续发展，至乾隆年间（1736 ~ 1795）达到高峰，此时的苏州“为东南一都会，商贾辐辏，百货骈阗。上自帝京，远连交广，以及海外诸洋，梯航毕至”，已是江南地区最为繁华的大都市。

明清时期，杭州处于大运河的最南端，是江南地区最繁华的商业中心之一。明初，随着京杭大运河的畅通，杭州经济逐步从元明易代的影响中恢复，至成化、弘治年间，杭州因“物产之富……商贾货财之聚，为列郡雄”[③]。明末清初，由于战争的影响，杭州经济受到一定影响。随着清初运河的再次全线贯通和漕运的恢复，杭州经济迅速复兴。到康熙二十年（1681）时，杭州“衢路周通，轩车络绎”“布货疏通，远商云集”，逐渐兴盛起来。雍正、乾隆以后，杭州又恢复了昔日繁华的景象。清人记载，杭州城内“每至夕阳在山，则樯帆卸泊，百货登市，故市不于日中而常至夜分，且在城闉之外，无金吾之禁，篝火烛照如同白日。凡自西湖归者多集于此，熙熙攘攘，人影杂沓，不减元宵灯市”[④]。

三、晚清时期运河沿线经济的部分衰落

清中期以后，因河道年久失修，京杭大运河不能全线通航。清朝陆续实行漕粮海运，以致淮安以北运河河段船只剧减，其沿线原来依靠漕运而发展的地区逐渐走向衰落，其余河段沿线则大致保持了经济繁荣的局面。

清代嘉庆年间（1796 ~ 1820）以来，运河部分河段逐渐淤塞。此后，清朝开始试行漕粮海运。道光六年（1826），苏松粮道一百五十多万石漕粮从海上运往天津。道光二十八年起，苏、松、常、太四府一百多万石漕粮改为海运。咸丰三年（1853），湖北、湖南、江西、安徽四省漕粮实行改折，以银两取代粮食。只有江苏、浙江两省继续征收漕粮，漕运量大为减少。此后，漕船不经过淮安北上，淮安及其以北运河沿

---

①〔明〕王锜：《寓圃杂记》卷五《吴中近年之盛》，北京，中华书局，1984 年，第 42 页。

② 崇祯《吴县志·序》。

③ 成化《杭州府志·序》。

④ 乾隆《杭州府志》卷五《市镇》。

线经济逐渐走向衰落。咸丰五年，黄河在河南铜瓦厢决口，截断山东张秋段运河，导致济宁以北运河或断流或淤塞，船只不能通行，进一步加剧了淮安至沧州之间运河沿线地区经济的衰退。

晚清时期，大运河沿线的沧州、德州、临清、聊城、济宁、枣庄、徐州等地经济从之前的繁荣走向衰落。沧州，“自漕船停运而盐池不复，减水河下游又复淤塞，水不归海。数十里盐卤不毛之地，期间村落荒凉，人民痛苦，加以减河两岸冲决频仍，近村引浊水以淤田，不无微利，而远者岁被水患，沃壤即成瘠土，由是民贫”①，这正是河道改变、漕运终止后沧州衰败景象的真实写照。德州，漕运通畅时，“首称孔道，繁庶无比”，运河停运后，“井里萧条，往来之车日无数辆，顿宿之舍镇无几家”；“商埠开而京道改变，漕运停而南泊不来，水陆商务因之大减”，经济从此一蹶不振。从陶城埠至临清沿线，“自河运停罢后，商贾裹足，乡井萧条，食力舟车之辈早已徙而之他处”。以往“每届漕运时期，帆樯如林，百货山积”的临清，“自漕运既停，汶河亦塞，百货之转输仅赖卫水一流”，“形势已大不如昔”②。

号称“江北水乡”的聊城，在“海运未行之前，运河实通南北之气脉”，最为繁盛，“嗣因黄河东徙，运道中梗，此路遂成荒寂”。以征收厘金为例，“各局每年收厘之数，泺口则自四五千金至万余金，张秋、姜家沟二处合计则自一二千金至五六千金不等，馆陶则自一万六七千金至四万五六千金，计惟馆局所收为最旺，聊城则最旺之年曾收至三千余金，常年皆不过一二千金，并有仅六七百金者，因该处近值运河淤塞，必待伏汛黄水灌入，商船始通，终年计不过三四个月，故收厘独少”。运河停运后，聊城经济迅速衰退，能交纳的厘金很少，甚至不如一般的市镇。当地百姓生计也很艰难，“迄今地面萧条，西商俱各歇业，本地人之谋生为备艰矣”。据统计，光绪时聊城“本境居民业农者十常四五，士与工商大略相等，统查士九千八百余人，农六万四千余人，工七千七百余人，商千五百余人”。自停运后，本土工商人士所占比重很少，昔日聊城商业繁盛的局面不复存在。

作为运河重镇的济宁，“在昔驿站遍设，运河疏通，济实居水陆之冲，是以商业发达”③，运河淤塞后，济宁失去了交通优势，“运河自辍运以后，情移势迁，与其为交通之航路，无宁谓为水利之沟渠”④，经济也逐渐衰败，昔日繁华景象一去不返。“前人所谓市杂荆吴客者，已觉其寥落”。曾经因运河一度兴盛的峄县，“自道咸之变，漕运中废，重以关津税厘之朘削，商贾疑惧。于是外货不进，内货不出，而峄之生计乃大困，况又习于佚乐，不知作苦，其游惰者既流于圜夺而无耻，而廉勤而有心计者亦以浮费支绌而不能自振，以致奸豪大贾乘

① 民国《沧县志·序》。

② 民国《临清县志》第六《疆域志五·河渠》。

③ 民国《济宁县志》卷二《法制略·交通篇》。

④ 民国《济宁县志》卷一《疆域略》。

隙而攘其利权，日掺奇赢以恣圣断，而吾邑之情形更不堪问矣。自军兴数十年来，世家巨族日益凋耗，而负贩细民又为重息所困，至于山川自有之物产皆无力自为之”[①]，经济渐趋衰落。

徐州、淮安也由于北方运河河段多处淤塞，漕运不通，道光、咸丰年间漕粮陆续改由海运，导致经济走向衰落。光绪年间，淮安绅商士庶公建的“恩公路碑”记述淮城的盛衰状况时指出，“清淮扼南北水陆之冲，揽河漕、盐关之要，夙称繁盛”，然自“漕艘停运，江海通轮，舟车罕至，遂日即凋敝”。

与以上运河沿线城镇在晚清时期经济的急剧衰退不同，北京、天津运河沿线因为漕粮改为海运，粮食及其他货物继续从海上而来，受到运河停运影响较小，故清中叶后仍然保持着经济繁荣的局面。晚清时期，淮安以下的运河畅通，继续发挥着便利的交通作用，其沿线经济受运河停运的影响亦小。虽然晚清咸丰年间的战乱对淮南、江南扰乱较大，但平息之后，运河继续通航，当地经济又快速恢复繁荣局面。

第二节　运河沿线文化的发展

文化的发展受到诸多因素的影响，其中经济是重要因素之一。尤其是在古代以科举为文教主流的时代，士子参加应试所需不菲，没有一定的经济基础是难以企及的。隋唐以来，在大运河的带动下，运河沿线地区经济有不同程度发展，为文教的兴盛创造了条件，故科举兴盛是运河沿线地区重要的文化特征之一。与此同时，运河沿线地区通常商业兴旺，市井生活丰富，市井文化日益兴起，这是运河沿线地区在文化上的另一重要特征。

一、科举的逐步兴盛

隋唐至明清时期，大运河的畅通逐步推动了运河沿线地区经济的发展，并为其创办各种学校和进行人才培养创造了良好的条件。正因为有着较好的经济基础，运河沿线地区的科举事业得以逐步走向兴盛。

隋代是南北大运河开创的时代，这一时期，江南及广大南方地区的物资转运至洛阳、长安必先在扬州汇集，扬州作为重要的运河枢纽而率先发展起来，成为当时大运河上

① 光绪《峄县志》卷七《物产略》。

经济最为发达的地区。良好的经济基础推动了扬州科举的兴起。据统计，隋代科举及第且有籍贯可考者有 85 名，其中扬州为 5 名，运河沿线其他地区未见有及第者。[①] 这说明当时受运河影响最深、受益最大的扬州在科举方面也最为兴盛。

唐代，随着大运河的畅通，江南运河沿线地区在科举方面发展迅速。浙江嘉兴、江苏苏州等都出了不少的进士。例如嘉兴，据统计，唐代嘉兴出了 24 名进士，数量居浙江之冠。[②] 唐代江南运河沿线科举获得重大发展，尤其是在中唐以后。以苏州为例，唐初苏州科举人才相对较少，唐中期，苏州科举人才辈出，到晚唐，苏州人才总数几乎没有明显减少的趋势。[③] 比如苏州归氏家族，从唐懿宗咸通十年（869）至唐哀宗天祐二年（905）的 36 年中，先后考中 5 名状元。[④] 这在其他地区是绝无仅有的。与江南相比，其他各道（尤其是北方）整体上是从中唐开始科举人才逐渐呈现下降趋势。由于安史之乱，中唐以后北方地区经济总体上呈衰退趋势，唐王朝越来越依赖大运河连接富庶的江南地区，并将租赋和各种物资转运到北方，由此带动了江南地区经济的发展，为江南运河沿线的苏州、嘉兴等地培养科举人才创造了良好的经济条件，故其科举文化在唐中期以后逐渐兴起。

宋代，随着经济重心的进一步南移，江南成为全国的经济中心，江南运河沿线地区在科举方面获得了空前发展，而淮河以北的汴河等北方运河沿线地区在科举上远不及江南兴盛。尤其是南宋时期，淮河以北为金朝所有，加之北方运河大多淤废，经济大不如前，北方运河沿线地区科举情况更不及北宋；淮河以南扬楚运河沿线的楚州、扬州在南宋时期处于北部边境，经常遭到战火的影响，科举发展也不如江南。仅以江苏为例，两宋时期江南运河沿线的苏州、无锡、常州、嘉兴等地科举录取名额较多，而江北徐州、楚州一带录取名额较少。[⑤] 例如，宋代嘉兴中进士者高达 717 人（其中包含武进士 94 人）[⑥]；常州仅北宋时期中进士者即达到 500 人。其中北宋熙宁六年（1073），常州人余中高中状元，此外还有 40 多名常州人中举，“是岁，州举进士中第者四十余人，号称东南儒学之盛”[⑦]。北宋大观三年（1109），常州中举者颇多，时人费衮说该榜“吾州至三十有二人，为天下最”[⑧]。

元代，京杭大运河再次全线贯通，然而科举时断时续，加之元朝存在时间短暂，大运河沿线，尤其是江南运河沿线地区在科举上有所衰退。比如嘉兴，宋代中进士者达 717 人，而

---

① 路莉莉：《隋代科举制度考论》，硕士学位论文，曲阜师范大学，2011 年。

② 黄明光、李佳芳：《浙江科举状元考订、进士人数探讨及盛况背景剖析》，《浙江工商职业技术学院学报》2016 年第 2 期。

③ 邓小泉：《唐代科举人才区域分布概况及原因》，《西华师范大学学报（哲学社会科学版）》2003 年第 5 期。

④ 许友根：《苏州科第习俗初考》，《孝感职业技术学院学报》2002 年第 3 期。

⑤ 孙显军：《江苏宋代科举论略》，《江苏大学学报（高教研究版）》2004 年第 3 期。

⑥ 同②。

⑦〔宋〕葛胜仲：《丹阳集》卷一二《朝议大夫施公墓志铭》，景印《文渊阁四库全书》第 1127 册，台北：台湾商务印书馆，1986 年，第 518 页。

⑧〔宋〕费衮：《梁溪漫志》卷六《大观廷策士》，上海：上海古籍出版社，2012 年，第 119 页。

元代仅有进士 20 人（其中含武进士 2 人），[1] 远不及宋时兴盛。

明清时期，统治者进一步疏浚运河、发展漕运，大运河沿线社会经济总体上呈上升趋势，加之明清两代社会局面长期稳定，大运河沿线地区在科举上普遍获得长足发展，出现全面兴盛的局面。在江南运河沿线地区，明清时期中进士者最多，其中苏州 1 861 人，杭州 1 369 人，常州 1 281 人，嘉兴 962 人，镇江 398 人。[2] 具体详见表 3-1。

表3-1　明清时期江南地区科举进士统计表

排序	地域	明代进士数	清代进士数	明清总进士数
1	苏州	1 025	836	1 861
2	杭州	477	892	1 369
3	常州	636	645	1 281
4	嘉兴	471	491	962
5	镇江	187	211	398

资料来源：范金民《明清江南进士数量、地域分布及其特色分析》，《南京大学学报》1997 年第 2 期。

明清时期，江南运河沿线地区在科举上整体呈现出兴盛的局面。其中尤以苏州的科举最为突出。据统计，清代全国共出状元 114 名，江苏 49 名，而苏州一地就有 26 名。苏州的状元人数占全国状元总数的五分之一多，占江苏状元人数的半数以上，号称“状元之乡”[3]。明清时期江南运河沿线科举的兴盛与京杭大运河的影响是分不开的。京杭大运河带动了江南运河沿线地区经济的发展，不仅为当地培养科举人才奠定了重要的经济基础，也为这些地区士子进京参加科举考试提供了便利的交通。

明清时期，淮扬运河沿线地区在科举上亦颇为兴盛。淮安是明清时期漕河二督驻扎之处、漕船中途停泊查验之枢纽，发达的漕运和繁荣的经济，推动了科举事业的发展，出现了人才兴旺的局面。据统计，明清两代淮安有进士 262 名、举人 948 名，其中状元 4 名、榜眼 3 名、探花 4 名。尤其是淮安的河下镇，紧邻运河，商业发达，明清时期该镇人才辈出，出过状元、榜眼、探花及各甲进士共 67 人。此外还有 123 名举人，140 多名贡生，11 名翰林。该镇的刘氏家族五世魁科、一门六进士，淮安科举之兴盛可见一斑。[4] 淮扬运河沿线的扬州，也是科举发达之地。明清时期，大量盐商

① 黄明光、李佳芳：《浙江科举状元考订、进士人数探讨及盛况背景剖析》，《浙江工商职业技术学院学报》2016 年第 2 期。

② 范金民：《明清江南进士数量、地域分布及其特色分析》，《南京大学学报》1997 年第 2 期。

③ 李嘉球：《苏州状元》，苏州：苏州大学出版社，1999 年。

④ 吴鼎新、张杭：《明清运河淮安段的社会经济效益评价研究》，《淮阴工学院学报》2009 年第 4 期。

寓居扬州，他们在当地修建书院、学校，推动了扬州科举人才的培养。据研究，明代1371～1643年间，两淮盐商考中进士的达到106人。清代1646～1804年间，两淮盐商中产生的进士人数为139名。两淮盐商依靠财富创造了高度发达的文化，使得有清一代扬州府的进士总数达到348名，而且还出过11名一甲进士。①

由于明清时期商业经济繁荣，山东运河沿线地区也出现了科举兴盛的局面。诸如济宁、临清、聊城、德州等都出了不少的科举人才。济宁中进士者，明代58人，清代84人，其中清代济宁还出过3位状元。临清中进士者，明代64人，清代30人。聊城中进士者，明代24人，清代55人，明清时期共出了5位文武状元，清代开国的第一位状元傅以渐就是聊城人。德州中进士者，明代36人，清代47人。② 这些地区科举的发达都与运河有着密切的关系。山东运河沿线地区经济发达，在文化教育领域的投入较大，如明代山东全省共建有书院77处，而鲁西运河沿线地区就有19处，占到全省总数的四分之一。清代山东全省共有书院75处，运河沿线地区就有27处，占比达到36%。这对运河沿线地区科举的发展具有很大的推动作用。明清时期，山东科举进士人数分布最多的两个地区之一便是运河沿线地区。③

明清两代，河北运河沿线地区的科举也逐渐发展起来。仅以中进士者为例，明代通州有37名，清代增至73名。明代武清有8名，清代增至28名。明代天津有10名，清代增至123名。明代静海有11名，清代增至34名。明代沧州有29名，清代增至49名。④ 其中尤以天津的科举最为兴盛。天津为运河重镇、漕粮进京咽喉，又有海道相联，交通便利，经济发达，因此在科举方面也比较兴旺发达。

二、市井文化的兴起

隋唐至明清时期，随着大运河的全线贯通和漕运的进行，运河沿线城市逐步获得很大发展，出现了商业发达、经济繁荣的局面，市井文化亦随之兴起。

早在唐代，扬州的市井文化就已非常兴盛。据《太平广记》等书记载，当时的扬州是全国经济最发达的城市，城内商贾云集、店铺林立，珠宝、珍玩、绫罗绸缎等应有尽有，酒馆、茶肆、质库、青楼一应俱全，所谓“广陵为歌钟之地”，沉浸在一派热闹和喧嚣当中，以至于商人、文士对之流连忘返。唐代诗人张祜年轻时曾到过扬州，为其发达的市井文化所吸引，甚至到了晚年还对之念念不忘：“十里长街市井连，明月桥上看神仙。人生只合扬州死，禅

① 何炳棣：《明清社会史论》第二章，台北：学生书局，1966年。
② 张增祥：《明清时期山东进士的时空分布研究》，硕士学位论文，南京师范大学，2008年，第5页。
③ 王耀生：《明清时期山东进士地域分布特点及经济、区位、民风的关系》，《中国地方志》2005年第9期。
④ 刘虹、张森：《明清河北进士时空分布之刍议》，《河北大学学报（哲学社会科学版）》2009年第1期。

智山光好墓田。”唐代大诗人杜牧曾在扬州为官，晚年仍怀念扬州的市井生活：“落魄江湖载酒行，楚腰纤细掌中轻。十年一觉扬州梦，赢得青楼薄幸名。”唐代苏州城市发展虽不及扬州，但其城内亦多商铺、酒店，夜市兴盛，市井文化呈现发展之势。

宋代，运河沿线城市得到进一步的发展，汴京、苏州、杭州、扬州等都是著名的都市。其中尤以北宋时期的汴京（开封）和南宋时期的临安（杭州）市井文化最为发达。北宋时期，汴京为国都所在，亦是大运河的枢纽。随着运河漕运的发展，汴京商业经济繁荣，市井文化发达。汴京城内旅店、商铺、酒馆、茶肆、青楼林立，各种交易市场众多，贸易兴盛。还有众多勾栏瓦市中的戏曲表演，汴京城内歌舞升平，一片繁华景象。《东京梦华录》记述了汴京东角楼街巷的繁华景象：

自宣德东去东角楼……街南曰鹰店，只下贩鹰鹘客，余皆真珠匹帛、香药铺席。南通一巷，谓之界身，并是金银彩帛交易之所，屋宇雄壮，门面广阔，望之森然。每一交易，动即千万，骇人闻见。以东街北曰潘楼酒店，其下每日自五更市合，买卖衣物、书画……饭后饮食上市，如酥蜜食、枣砂团子、香糖果子、蜜煎雕花之类。向晚卖河娄头面、冠梳、领抹、珍玩、动使之类。东去则徐家瓠羹店。街南桑家瓦子，近北则中瓦，次里瓦，其中大小勾栏五十余座……场瓦中多有货药、卖卦、喝故衣、探搏、饮食、剃剪、纸画、令曲之类。终日居此，不觉抵暮。①

南宋时期，淮河以北地区为金朝所有，汴河逐渐湮没不通，汴京市井文化走向衰落。这一时期，南宋都城临安成为运河的中心。随着运河运输的发展，临安的商业经济获得了空前的繁荣，市井文化在当时各运河沿线城市兴盛起来。据《梦粱录》记载，临安商贾云集，商业繁荣，城内有各种钱会、团行、铺席、市场、夜市及诸色买卖。②为满足商人、官员、文人及一般市民的生活需要，城内还有茶肆、酒肆、分茶店、面食点、从食店、米铺、肉铺、鱼铺等提供饮食，③有各种妓乐、百戏伎艺、角觝、话本说唱来满足其娱乐需要。④

元代以降，随着运河沿线城市经济的全面发展，运河沿线地区的市井文化得以从点到面，全面兴起。尤其是明清时期，运河沿线很多城市都出现市井文化兴盛的局面。在南方地区，运河最南端的杭州，是明清时期著名的商业中心城市。城内客栈、店铺、酒肆、茶馆甚多，且生意兴盛。如明嘉靖二十六年（1547）三月，“有李氏者，忽开茶坊，饮

①〔宋〕孟元老：《东京梦华录》卷二《潘楼东街巷》，郑州：中州古籍出版社，2010年，第46页。
②〔宋〕吴自牧：《梦粱录》卷一三，杭州：浙江人民出版社，1984年，第114～122页。
③〔宋〕吴自牧：《梦粱录》卷一六，杭州：浙江人民出版社，1984年，第140～150页。
④〔宋〕吴自牧：《梦粱录》卷二〇，杭州：浙江人民出版社，1984年，第191～196页。

客云集，获利甚厚，远近仿之，旬日之间，开茶坊者五十余所”，极大方便了市民的物质及文化生活需要。到了清代，杭城市井文化盛极一时，“五步一楼，十步一阁”，“卖酒的青帘高飏，卖茶的红炭满炉”[①]。吴山一带，单是卖茶的就有二十多处。另外，在城隆庙一带，左右约里许皆为茶室，著名的有放杯楼、景江楼、见苍楼、望江楼、兰馨楼、映山居、紫云轩等。

明清时期，扬州是运河沿线著名的商业城市，当水陆之冲，人来客往十分频繁，城市繁华，市井文化也非常发达。城内茶社、酒馆、客栈、浴室十分普遍。此外，有专供富商大贾以及过往官绅享乐的街巷，如富春巷、宝和元巷、春巷（茶社）、醉仙居巷、吃吃看巷、长庆巷等。而酒肆则以南郊最多，孙枝蔚有诗云：“繁华惟有南郊外，落日归途半醉人”[②]。

明清时期的苏州，工商业发达，尤其以纺织业著称，城内形形色色的商铺不下几十种，四方商人居城内者众多。在此基础上，苏州城内为市井生活服务的客店、酒馆、茶肆、青楼、赌场、戏园子林林总总，市井文化十分兴盛。尤其是苏州的赌场，生意红火，当地也形成了好赌之风，“三吴赌风甚盛，地方查拿，不过小赌，其真正大赌，皆属富绅……役不能拿，人不敢问”[③]。此外，苏州南城镇还分布有大量的戏园、戏馆。戏馆不仅可以赏戏，还提供宴席，常常座无虚席。顾禄曾说：“盖金阊戏园不下十余处。居人有宴会，皆入戏园，为待客之便，击牲烹鲜，宾朋满座。”[④]

明清时期，淮安是漕运的重要枢纽，经过运河北上的船舶都要在此接受盘验，使得淮安商贾辐辏、商业兴盛，市井文化也非常发达。为满足商贾客人等食宿和娱乐需要，淮安从山阳城到清河码头镇，长达十里的水道两旁，挤满了客栈、酒楼、饭店、饼铺、面馆、青楼、赌场，呈现出一片歌舞升平的繁华景象。明正德年间，蔡昂描绘淮安沿河一带情形：“清淮八十里，临流半酒家……淮浦高楼高入天，楼前贾客常纷然。歌钟饮博十户九，吴歈不羡江南船。”[⑤]明代有不少文人都对淮安的市井生活有过描写，如明人丘濬写道：“十里朱楼两岸舟，夜深歌舞几曾休。扬州千载繁华景，移在西湖嘴上头。”[⑥]诗句称赞明代淮安已经超过扬州的繁华，亦反映出淮安市井繁荣、歌舞升平之状。

明清时期，北方运河沿线市井文化也有所发展。临清是会通河上重要的商埠及税关所在，四方商贾前来贸易，商业特别发达，由此带动了当地各种服务行业的发展，如客栈、邸店、

①〔清〕吴敬梓：《儒林外史》第十四回《蘧公孙书坊送良友　马秀才山洞遇神仙》，北京：华文出版社，2018年，第122页。

②〔清〕孙枝蔚：《溉堂集》续集卷一《饮城南酒家同谈长益方尔止张季昭何雍南程千一》，《四库全书存目丛书》集部第206册，济南：齐鲁书社，1997年，第691页。

③〔清〕袁景澜：《吴俗箴言》，《吴郡岁华纪丽》，南京：江苏古籍出版社，1998年，第1页。

④〔清〕顾禄：《清嘉录》卷七《青龙戏》，上海：上海古籍出版社，1986年，第122页。

⑤〔明〕蔡昂：《淮阴曲》，乾隆《淮安府志》卷三〇《艺文》。

⑥〔明〕丘濬：《琼台诗文会稿》卷四《七言绝句·夜泊淮安西湖嘴》，呼和浩特：内蒙古人民出版社，2002年，第266页。

酒馆、茶庄、青楼、戏园子等。明代，临清著名的繁华大码头，有“三十六条花柳巷，七十二座管弦楼”，比秦淮河还要热闹三分。为满足南来北往商旅的娱乐生活，斗鸡斗狗一类的活动在北方山东运河沿线地区较为流行，而其中尤以临清最为著名，“斗鸡走狗，齐俗也，而清源为甚”[①]。到了节庆期间，临清市井生活更为丰富，如元宵节期间，城市内多处兴办灯会，市民几乎倾城出动观灯，摩肩接踵，街市上彻夜灯火通明，客商坐在酒店里，边喝酒边观灯，整个城市呈现出一派节日狂欢的热闹景象。清人沈启祚《灯市篇》云：“炮花齐发吐朱丝，金菊葡萄满树梨，好事多方搏夺制，幻作浮图灯百枝，此时见灯不见市，嘈嘈失失声音碎，狂客使酒似颍川，醉奴狼藉当炉睡……”[②]明清时期天津的市井文化也颇为兴盛。天津为运河孔道，漕运进京之咽喉，四方商贾辐辏，商业兴盛，故城内市井生活丰富，史称天津“地为漕运孔道，冠盖之所往来，商贾之所辐辏，舟车络绎，百货骄填，鼓角管弦之声不绝于耳”[③]。

明清时期运河沿线市井文化的发达，还体现在市井小说的创作和传播上。明清时期四大名著《三国演义》《水浒传》《西游记》《红楼梦》以及著名言情小说《金瓶梅》均诞生于运河沿线区域，其作者、成书背景、内容都与运河有着密切的关系。同时，明清时期运河沿线地区刻书业很发达，南方的杭州、苏州、扬州等地，北方的东昌府都以刻书业兴盛而出名。这些带有运河沿线生活背景的著作，通过船舶沿着运河传播到南北各地，使得孕育于运河沿线的市井文化所辐射的地域范围更加广阔。

第三节 运河沿线风俗的演变

隋唐至明清，大运河成为南北交通的大动脉，加速了其沿线人口的流动、物资的交换和经济的发展，运河沿线地区的民俗民风亦随之发生了不同程度的变化。人口的流动使得南北风俗逐渐沿着运河传播开来，商业的发展导致运河沿线重商之风日益形成，物资的丰富促使运河沿线奢靡之风兴起。

一、南北风俗的传播与交融

隋唐以来，大运河沟通南北，东南一带的商旅和物资沿着运河到达北方，北方的

① 乾隆《临清州志》卷一一《风俗》。
② 同①。
③ 乾隆《天津县志》卷七《城池公署志附园亭》。

商旅及其特产亦可通过运河到达东南地区。这种双向流通大大促进了南北之间人口和物资的流动。在其影响下，南北运河沿线的一些风俗习惯也传播到彼此地区，为当地民众所接受，从而改变了当地的风俗习惯，使两者在风俗上具有了某些相似性。

唐代，大运河推动了南方饮茶习俗向北方地区的传播。隋唐时期，茶叶主要产于南方淮南、江南等地，而北方不产茶。唐代以前，喝茶主要是南方人的习俗，北方人很少喝茶。“茶……南人好饮之，北人初不多饮”①，有的北方人甚至以“漏卮”“酪奴”“水厄”等不雅之名称呼茶饮，并以饮茶为耻。“虽设茗饮，皆耻不复食，惟江表残民远来降者好之”②。随着唐代大运河的通航，江淮一带所产茶叶不断通过运河运往北方地区，导致北方地区饮茶之风渐起。“自邹、齐、沧、棣，渐至京邑城市，多开店铺，煎茶卖之，不问道俗，投钱取饮。其茶自江淮而来，舟车相继，所在山积，色额甚多”③。从此，北方地区逐渐养成了喜喝茶的习俗，“关西、山东，闾阎村落皆吃之，累日不食犹得，不得一日无茶”④。“此古人亦饮茶，但不如今人溺之甚。穷日尽夜，殆成风俗。自始中地，流于塞外。”⑤唐代，北方运河沿线地区饮茶之风更盛，从宋州沿着运河往北到大梁（开封）再往北到幽州（北京），人皆喜饮茶，数千里之间，茶商不绝于道。⑥正是在南北运河的沟通下，大量茶叶得以从南方地区转运到北方地区，促使北方尤其是运河沿线饮茶之风的兴起。此后，饮茶遂成为运河南北地区共有的习俗。除饮食外，唐代运河通航后，随着运河沿线人口的流动，北南地区的社会风气也得以顺着运河沿线传播。比如位于南北运河中间的汴州，“当四会五达之通庄”，既受到北方社会风气的影响，同时也深受南方社会风气的浸染，出现“杂燕赵悲歌之人，迩吴楚剽轻之俗”的局面。⑦

两宋时期，大运河的畅通进一步推动了南北习俗的传播，其中最为突出的便是饮食习俗。北宋以开封为都城，形成以开封为中心的运河系统，通过汴河、邗沟、江南运河，将京城与东南财富之地相连接。东京开封不仅有从南方各地转运而来的粮食、货物，还有大量南来的官员、商人、士兵，等等。他们通过运河北上，最终经汴河进入开封城。城内紧挨运河的相国寺附近即有大量的客店，经运河而来的南方人多留宿于此：

> 大内前州桥之东，临汴河大街，曰相国寺。有桥平正，如州桥，与保康门相对。

---

①〔唐〕封演：《封氏闻见记》卷六《饮茶》，景印《文渊阁四库全书》第862册，台北：台湾商务印书馆，1986年，第442页。

②〔北魏〕杨衒之著，周祖谟校释：《洛阳伽蓝记校释》卷三《城南·报德寺》，北京：中华书局，第127页。

③同①。

④〔唐〕杨晔：《膳夫经手录》，《续修四库全书》第1115册，上海：上海古籍出版社，2002年，第524页。

⑤同①。

⑥同④。

⑦〔唐〕刘宽夫：《汴州纠曹厅壁记》，〔清〕董诰等编：《全唐文》卷七四〇。

桥西贾家瓠羹、孙好手馒头，近南即保康门潘家黄耆圆。延宁宫禁女道士观，人罕得入。街西保康门瓦子。东去沿城皆客店，南方官员、商贾、兵级皆于此安泊。[①]

为满足南来之人的饮食需要，开封城内开设有符合南方人味口的饭店，名曰“分茶”。“向者汴京门，南食面店、川饭分茶，以备江南往来士夫，谓其不便北食故耳”[②]。据《东京梦华录》记载，北宋开封“大凡食店，大者谓之分茶，则有头羹、石髓羹、白肉、胡饼、软羊、大小骨、角炙犒腰子、石肚羹、入炉羊、罨生、软羊面、桐皮面、姜泼刀、回刀、冷淘、棊子、寄炉面饭之类。吃全茶，饶齑头羹。更有川饭店，则有插肉面、大燠面、大小抹肉、淘煎燠肉、杂煎四件、生熟烧饭。更有南食店，鱼兜子、桐皮熟脍面、煎鱼饭”[③]。这些分茶饭店中的川饭店、南食店，就是为了满足南方人饮食习惯而开设的，然而其中并非全部是南方食物，也包括北方的各种面食。北宋时期，在大运河推动下，南方人口向北方运河沿线流动，也将南方的饮食及饮食习俗传播到了北方地区。与此同时，南食当中也融合了北方的饮食特点，不再是纯粹的南方饮食。像这样南北兼容的南食店，在开封城内就有很多。如寺东门大街附近的小甜水巷，“巷内南食店甚盛”[④]。马行街附近也有不少的南食店，其中有两家最为出名，“南食则寺桥金家、九曲子周家最为屈指”[⑤]。

宋室南渡后，以临安（杭州）为都城，包括开封在内的大量北方人口顺着运河逃亡到南方地区，使得南方运河沿线地区的饮食及饮食习俗发生了改变，其中杭州最为典型。史称“南渡以来几二百余年，则水土既惯，饮食混淆，无南北之分矣”。[⑥]南宋时期杭州城内不仅有南方风味的分茶店，还有大量带有北方饮食特色的面食店，亦被冠以分茶之名，“大凡面食店，亦谓之分茶店”[⑦]。除饭店外，杭州还有专门卖荤素馒头的从食店，蒸制各种馒头，如四色馒头、生馅馒头、杂色煎花馒头、羊肉馒头、太学馒头、笋肉馒头、鱼肉馒头、蟹肉馒头、笋丝馒头、菠菜果子馒头，等等。[⑧]这些面食都具有北方饮食的特点，又兼具南方食材，实际上是经过改良的北方饮食。

元明清时期，京杭大运河的通航使得南北地区的交流更为频繁，进一步推动了南

①〔宋〕孟元老：《东京梦华录》卷三《大内前州桥东街巷》，郑州：中州古籍出版社，2010年，第56～57页。
②〔宋〕吴自牧：《梦粱录》卷一六《面食店》，杭州：浙江人民出版社，1984年，第145页。
③〔宋〕孟元老：《东京梦华录》卷四《食店》，郑州：中州古籍出版社，2010年，第82页。
④〔宋〕孟元老：《东京梦华录》卷三《寺东门街巷》，郑州：中州古籍出版社，2010年，第60页。
⑤〔宋〕孟元老：《东京梦华录》卷三《马行街铺席》，郑州：中州古籍出版社，2010年，第63页。
⑥〔宋〕吴自牧：《梦粱录》卷一六《面食店》，杭州：浙江人民出版社，1984年，第145～146页。
⑦〔宋〕吴自牧：《梦粱录》卷一六《面食店》，杭州：浙江人民出版社，1984年，第146页。
⑧〔宋〕吴自牧：《梦粱录》卷一六《荤素从食店》，杭州：浙江人民出版社，1984年，第147～148页。

北风俗的传播和交融。明代，大运河的疏浚为南方大米运往北方创造了条件，运河沿线地区逐渐流行吃米饭的习俗。以明代鲁西社会为基础而创作的《金瓶梅》中，就提到江南无锡运来的大米，如在《金瓶梅》第七十七回中，花子由对西门庆说："门外一个客人，有五百包无锡米，冻了河，紧等要卖了回家去。我想着姐夫，倒好买下等价钱。"有了南方运来的大米，这一地区也逐渐形成了吃米饭的习惯。如《金瓶梅》第六十八回，郑家鸨子为讨好西门庆，用米饭挽留他："老爹大坐回儿，慌的就起身，嫌俺家东西不美口？还有一道米饭儿未曾上哩！"明代米饭在鲁西运河沿线的普通人家看来，算是珍贵之物。不过，在富贵人家，米饭不是什么稀罕之物，《金瓶梅》第四十二回中，西门庆吩咐玳安给谢希大安排饭吃，"不一时，就是春盘小菜、两碗稀烂下饭、一碗肉粉汤、两碗白米饭"。

除大米外，明代产于南方的水果、海鲜也经过运河输送到北方地区，影响了北方运河沿线地区的饮食习惯。《金瓶梅》中就提到许多从南方运来的水果和海鲜，包括橙子、柑橘、杨梅、鲥鱼，等等。为满足位于大运河最北端的政治中心北京的需求，明代从南方地区运来大量的水果和海鲜。这从皇帝赐给臣僚的物品中可以看出，弘治年间，大臣程敏政被皇帝赏赐鲜货，其中就有来自南方的各种水果、海鲜和蔬菜："（戊申）四月二十八日起，屡赐鲜笋、青梅、鲥鱼、枇杷、杨梅、雪梨、鲜藕。"程敏政感激之余，赋诗一首："都城三伏暑方炎，天上分鲜我亦沾。缄发紫泥留榼笆，香生青箬带冰盐。南舟远贡来何数，北客初尝味更添。为感岁时翻赐帖，不知残日下踈帘。"[①]这些鲜货当中的鲜笋、青梅、鲥鱼、枇杷、杨梅、鲜藕皆产自南方，正是通过运河转运而来。据《明会典》记载："南京各衙门，每年进贡物件共三十起，用船一百六十二只"，其中"用冰物件六起"，包括鲜梅、枇杷、杨梅、鲜笋、头起鲥鱼、二起鲥鱼；"不用冰物件二十二起"，包括鲜藕、荸荠、橄榄、鲜茶、木樨花、柑橘、甘蔗等。这些仅是供给皇帝享用之物。此外，还有民间的商船运载南方货物到北方，以供应北京的市场。据明人谢肇淛言，万历十五年（1587）前后，北京的市场上很少见到有海鲜出售，如果偶尔有鱼卖就已经很难得了，"余弱冠至燕市上，百无所有，鸡、鹅、羊、豕之外，得一鱼，以为稀品矣"[②]，过了二十年，情况发生了很大的变化。产自南方的海鲜通过运河输送到北京，使得北京的市场上不仅海鲜品种繁多，而且价格比江南还便宜，"越二十年，鱼、蟹反贱于江南，蛤蜊、银鱼、蛏蚶、黄甲，累累满市，此亦风气自南而北之证也"[③]。明代南方食材转运到北方运河沿线，不仅改变了当地的饮食习惯，也丰富了这一地区的烹饪方法。据统计，《金瓶梅》中出现的烹饪方法有

---

①〔明〕程敏政：《篁墩集》卷八一《四月二十八日起屡赐鲜笋、青梅、鲥鱼、枇杷、杨梅、雪梨、鲜藕》，景印《文渊阁四库全书》第1253册，台北：台湾商务印书馆，1986年，第625页。

②万历《大明会典》卷一五八《兵部四十一》。

③〔明〕谢肇淛：《五杂组》卷九《物部一》，上海：上海书店出版社，2009年，第185页。

40余种，其中属于鲁菜烹饪特点的约占百分之六十，如煎、炒、拌、爆、炸、白煮、烹、熘等。具有苏菜烹饪特点的约占百分之四十，如水晶、蒸糟、烧、腊、炖、鲊、腌、酿、扒、白切、火熏等。[①]清代，北方运河沿线地区的南食之风长盛不衰，一些高档的南方饮食逐渐走向了民间。道光年间（1821～1850），济宁民间宴客时，就有南酒、鱼翅之类产于南方的食物。“酒席之过于丰盛也……从前所饮不过本地烧酒、黄酒，今则非南酒不可……何如仍照旧俗，每席以八样、十样为准，有减无增，鱼翅、烧烤、南酒之类，一概不用，岂不省而易办？”[②]

二、重商之风的形成

隋唐至明清时期，随着运河的开凿和治理，运河沿线地区工商业发达，商品经济兴盛，逐渐改变了“以农为本”“农本商末”“重农抑商”的社会观念，“舍本逐末”“弃农从商”“亦农亦商”的思想逐渐兴起，运河沿线社会形成一股重商的风气。

隋唐以来，中原王朝利用大运河连接南北，尤其是将大运河作为转运东南地区财富的重要命脉，国家经济重心随之逐渐转移到东南一带，东南地区开发迅速，尤其是商业日益发达。唐宋时期，东南地区运河沿线的扬州、苏州等地就率先兴起了重商之风。唐代，随着运河漕运的发展，扬州商业发达，经济繁盛，成为大运河沿线最为富庶的地区。受其影响，当地民众就已出现了“弃农从商”的现象，《新唐书》云：“扬州，江吴都会，俗喜商贾，不事农。”[③]唐后期，经济重心进一步南移，至宋代，苏州大米产量不断提高，余粮通过运河向外输出，带动了当地经济的发展，苏州的繁荣已超越了扬州。苏州百姓以农起家，有一定积累后便逐渐脱离农业生产，走向从商之路。“田畴沃衍，生齿繁伙……故其民不耕耨而多富足，中家壮子，无不贾贩以游者。繇是商贾以吴为都会，五方毕至”[④]，苏州成为继扬州之后重商之风兴起的地区。

元代以来，京杭大运河的改道缩短了南北运输的距离，极大推动了运河沿线地区商业经济发展，以至于明清时期，不论是在北方还是在南方，运河沿线重商之风普遍形成。

在北方，京杭大运河所穿过的山东西部地区深受儒家思想的影响，历史上长期以农为本，重农抑商的思想根深蒂固。隋末唐初，有记载说：“徐兖同俗，故其余诸郡，

① 李志刚等编：《〈金瓶梅〉酒食文化研究》，济南：山东文化音像出版社，1998年。
② 道光《济宁直隶州志》卷三《风土》。
③《新唐书》卷九一《李袭誉传》。
④ 绍熙《吴郡志》卷三七《县记》。

皆得齐鲁之所尚，莫不贱商贾，务稼穑。”[①] 在时人看来，农贵商贱，从商是低下的职业。甚至到元代，这一思想仍在当地占据主流。如元代《淮州书》所言，临清地区“家习儒业，人以文鸣，农桑务本，户口殷富”。然而，自从元代在山东开通济州河、会通河以后，情况有了很大的转变。运河穿过鲁西，使得这一带商业兴旺、经济发达，“至元、明建都燕京，全国经济端赖河运。临清处汶、卫流域，每届漕运时期，帆樯如林，百货山积，经数百年之取精用宏，商业遂勃兴而不可遏”[②]。手工业与商业的繁荣，改变了鲁西运河沿线人们的生活观念和社会风气，加之经济利益的诱惑与刺激，商人的地位明显提高，人们争相趋从，纷纷弃农为商。如嘉靖《山东通志》记载：“其小民力于耕桑，不贱商贾。”[③] 百姓对商贾的看法与元代及其以前已有了很大的改变，不再将从商看作是低贱之事。明嘉靖以后，位于鲁西运河沿线的东昌府博平县从事农业生产的人逐渐减少，而经商之人日益增多，出现“务本者日消，逐末者日盛”的局面。[④] 据明人穆孔晖《玄庵晚稿》（卷二《重修蓄锐亭记》）记载，运河所穿过的临清州，在正德、嘉靖年间就已经是“四方商贾辏集，多于居民者十倍”。隆庆、万历年间，临清百姓在各地商人的影响下，纷纷投身商业，甚至沾染上奸商的习气。顾炎武在《肇域志》（卷二十）中记载道：“临清州，州绾汶、卫之交而城，齐、赵间一都会也。五方商贾鸣棹转毂，聚货物坐列贩卖其中，号为冠带衣履。天下人仰机利而食，暇则置酒征歌，连日夜不休。其子弟亦多椎埋剽掠，不耻作奸。”东昌府馆陶县与临清州接壤，受运河影响很大，万历年间，当地也出现百姓争相弃农从商的现象，“密迩临清，服室侈华，自部使监兑境上居民，馆中州富户而利其奇赢，俗争弃农务贾”[⑤]。东昌府博平县“地狭，小饶，什五市贩”[⑥]，从商之人占到当地人口的半数。位于运河冲要的济宁，明代商贾云集、百货辐辏，“济当河漕要害之冲，江淮百货走集，多贾贩”。受之影响，万历年间的济宁“民竞刀锥之利，趋末者众”[⑦]，重商之风兴起，从商之人越来越多。在运河影响下，万历年间鲁西冠县也兴起了重商逐利之风，“其俗纤巧逐末”[⑧]。

入清以后，随着京杭大运河的通航，鲁西运河沿线地区商业经济得到恢复、发展，重商的风气继续在当地蔓延。康熙年间（1662 ~ 1722），临清借助运河之利已从明清易代的战乱中恢复，“盖此地五方走集，四民杂处，商贾辐辏，士女嬉游，故户列珠玑，家陈歌舞，

①《隋书》卷三一《地理志下》。
②民国《临清县志》卷八《经济志》。
③嘉靖《山东通志》卷七《风俗》。
④道光《博平县志》卷五《民风》。
⑤嘉庆《东昌府志》卷三《风俗》。
⑥同⑤。
⑦乾隆《济宁直隶州志》卷二《舆地·风俗》。
⑧同⑤。

饮食宴乐，极耳目之观”。在运河与地方商业的影响下，临清本地人“逐末者多，力本者少”[①]，“服贾者居田什之六”[②]。随着运河沿线经济的发展，当地从商者的比例在乾隆年间进一步增加，“逐末者十室而九”[③]。

在南方，江浙一带运河沿线地区唐宋时期就有个别地区兴起了重商之风。明清时期在运河的推动下，这一带的商业经济更为发达，从商者更多，商业气息更为浓厚。如明代苏州，在运河漕运的带动下，工商业得到巨大发展，受此影响，从商者多如过江之鲫。至明末，苏州城东“居民大半工技，金阊一带，比户贸易”[④]，从工从商，蔚然成风。随着运河沿线商品经济的发展，明中叶以来苏州掀起了一股重商思潮。明末，苏州城就连不少士大夫也改变了以往“重农抑商”的传统，重视经商致富，“吴中缙绅士夫多以货殖为急”[⑤]，“吴人以织作为业，即士大夫家多以纺绩求利，其俗勤啬好殖，以故富庶”[⑥]。

三、消费风尚的演变

运河的贯通为南北商品的流通创造了便利的条件，运河沿线汇聚了从不同地方运来的各种物资，极大满足了人们的物质生活需求。随着运河沿线物资数量的增多、品种的丰富以及财富的增长，人们的物质生活越来越丰富，消费观念和消费行为也发生了变化，逐渐从过去注重节俭变得崇尚奢靡。奢靡之风的形成是明清时期运河沿线地区百姓生活水平大幅度提高的重要表现，代表着社会的发展和进步，值得肯定。与此同时，奢靡之风也造成不同程度的挥霍浪费，对社会发展又有着一定的消极影响。二者一体两面，展现出明清时期运河沿线地区消费风尚的变迁。

明代中期，生活奢靡之风就已在江南运河沿线的苏州出现，“大抵吴人好费乐便，多无宿储，悉资于市也”[⑦]。到明中后期，江南运河沿线奢靡之风盛行。明人张瀚就曾写到苏、杭二州侈靡日甚的情形：“毋论富豪贵介，纨绮相望，即贫乏者，强饰华丽，扬扬矜诩，为富贵容……二三十年间，富贵家出金帛，制服饰器具，列笙歌鼓吹，招至十余人为队，搬演传奇；好事者竞为淫丽之词，转相唱和；一郡城之内，衣食于此者，

① 康熙《临清州志·序》。
② 康熙《临清州志》卷一《风俗》。
③ 乾隆《临清直隶州志·旧序》、卷九《商榷》。
④ 崇祯《吴县志》卷一〇《风俗》。
⑤〔明〕黄省曾：《吴风录》卷一，中华书局，1991 年，第 4 页。
⑥〔明〕于慎行：《穀山笔尘》卷四《相鉴》，北京：中华书局，1984 年，第 39 页。
⑦ 正德《姑苏志》卷一三《风俗》。

不知几千人矣，人情以放荡为快，世风以侈靡相高，虽逾制犯禁，不知忌也。”① 明清之际，江南运河沿线奢靡风气越发浓厚，清初文人龚炜称：“吴俗奢靡为天下最，暴殄日甚而不知返。”②

淮南运河沿线，情形亦如江南。乾隆《淮安府志》记载：“四方豪商大贾，鳞集麇至，侨居户居者不下数十万……富庶相沿，奢侈成俗。”③ 在北方，京杭大运河所流经的山东西部地区也盛行着奢靡的风气。如临清州，自明天顺以来“丰阜之余，习于侈靡”④；东昌府堂邑县，“成化间盛修诗书之业，隆庆后渐渐以侈靡”⑤。至清代中期，奢靡之风仍旧在鲁西运河沿线蔓延。时人评价说：“山东习俗，东朴西华。”⑥ 以上所说的奢靡之风，在明清时期运河沿线地区的服饰、饮食、婚丧等方面都有具体的体现。

（一）服饰

运河沿线的奢靡之风首先表现在服饰方面。明清京杭大运河的畅通，刺激了运河沿线工商业的发展，其中江南地区的纺织业最为发达，为人们追求服饰品质的改善创造了条件。而在北方运河沿线地区，南来的绫罗绸缎逐渐增多，满足了这些地区人们的物质生活需要，并且助长了其追求服饰华美的心理。明清时期大运河沿线，不论南北，在服饰上都逐渐兴起了一股奢靡之风，甚至出现所谓的僭越礼仪的现象。

在南方运河沿线，明初对服饰的质料、颜色、图样等有严格的等级规定，加上当时工商业还处于恢复阶段，人们对服饰品质的要求不高。如位于运河沿线的扬州府通州，在明中期不论士大夫还是一般百姓多以价格便宜、色彩朴素的布匹制作服饰，“吾乡之俗，远者不可睹已，弘德之间犹有淳本务实之风。士大夫家居多素练衣，缁布冠，即诸生以文学名者亦白袍、青履，游行市中。庶氓之家则用羊肠葛及太仓本色布，此二物者价廉而质素，故人人用之，其风俗俭薄如此。”⑦ 随着运河沿线工商业的发展、经济的兴盛以及物质生活的充裕，明后期通州士庶一改过去简朴之风，不惜花重金购买各种华丽绸缎制作服饰，“今者里中子弟谓罗绮不足珍，及求远方吴绸、宋锦、云缣、驼褐，价高而美丽者以为衣，下逮裤袜亦皆纯彩”⑧。在奢靡之风的影响下，运河沿线地区已普遍突破了封建等级制度对服饰的诸多限制，引起保

① 〔明〕张瀚：《松窗梦语》卷七《风俗纪》，北京：中华书局，1985 年，第 139 页。
② 〔清〕龚炜：《巢林笔谈》卷五《吴俗奢靡日甚》，北京：中华书局，1981 年，第 113 页。
③ 乾隆《淮安府志》卷一三《盐法叙》。
④ 乾隆《临清直隶州志・旧序》。
⑤ 嘉庆《东昌府志》卷三《风俗》。
⑥ 嘉庆《禹城县志》卷六《典礼志》。
⑦ 万历《通州志》卷二《风俗》。
⑧ 同⑦。

守的士大夫的不满和抨击，“今男子服锦绮，女子饰金珠，是皆僭拟无涯，逾国家之禁者也。”①

从明到清，苏州人士的服饰越发注重品质。明末清初人褚人获记录了一首《吴下歌谣》：“苏州三件好新闻，男儿着条红围领，女儿倒要包网巾，贫儿打扮富儿形。”②贫者在服饰上与富者看齐，说明明末清初苏州服饰奢靡之风已不仅仅局限于社会上层，也盛行于下层社会。随着苏州工商业经济的发展，清初以来，苏州在服饰上的奢靡之风越来越甚。据龚炜回忆，康熙年间（1662～1722）苏州仅有士人穿裘，而雍乾之际，就连普通的妇孺皆以穿裘为荣。“予少时，见士人仅仅穿裘，今则里巷妇孺皆裘矣，大红线顶十得一二，今则十八九矣，家无担石之储，耻穿布素矣；团龙立龙之饰，泥金剪金之衣，编户僭之矣”③。妓女、奴婢等人也常常穿着奢华的绸缎衣服。“市井之妇，居常无不服罗绮。娼优贱婢以为常服，莫之怪也”④。乾隆以后，苏州男女服饰奢华已是常态，不足为奇了，“男人俱是轻裘，女人俱是锦绣”⑤。

随着漕运和地方商业的发展，明中叶淮安也逐渐兴起奢靡之风。尤其是在服饰上，追求奢华的风气日盛。明代末年，淮安已是“衣饰云锦，豪富绮靡。至于巾裾奢侈异制，闺阁丽华炫耀，佣流优隶混与文儒，衣冠相杂，无分贵贱”⑥。清代中期极盛之时，“市宅竞雕画，被服穷纤绮，歌伶嬉优，靡宵沸旦，居民从而效之，甚有破赀鬻业，以供一日之费”⑦。清末，淮安府城更是“市不以夜息，人不以业名，富庶相沿，奢侈成俗”⑧。甚至到了清末淮安城市繁华已逝的时候，“惟华服盛馔侈靡之风今乃加厉，衣必纨，縠务精，藻缋海外来者，尤重主与客相耀，野与市相驱，家无千金产，一衣之费多至数十金，弗惜也。妇女去缘饰，学南人妆，衣不蔽膝，袖不掩手，光怪陆离，杂以珠宝，岁一易之，巧合时尚，诚以异服，弗顾也”⑨。

在北方运河沿线地区，明初亦崇尚服饰的简洁朴素，后因运河的疏浚和畅通，江南丝织品大量运输到北方，而运河沿线地区收益最多，各种绫罗绸缎充斥着当地市场，极大丰富了人们的物质生活。京杭运河在给当地社会带来繁华的同时，也带来一股奢靡风气。山东东昌府博平县，明嘉靖以前，民间在服饰上仍崇尚节俭之风，嘉靖以后，

①〔明〕张瀚：《松窗梦语》卷七《风俗纪》，北京：中华书局，1985年，第140页。
②〔清〕褚人获：《坚瓠集》补集卷六《吴下歌谣》，上海：上海古籍出版社，2012年，第1119页。
③〔清〕龚炜：《巢林笔谈》卷五《吴俗奢靡日甚》，北京：中华书局，1981年，第113页。
④〔清〕叶梦珠：《阅世编》卷八《内装》，上海：上海古籍出版社，1981年，181页。
⑤〔清〕钱泳：《履园丛话》卷七《臆论·骄奢》，上海：上海古籍出版社，2012年，第128页。
⑥同治《重修山阳县志》卷一《疆域》。
⑦同⑥。
⑧宣统《续纂山阳县志》卷一《疆域》。
⑨同⑧。

追求服饰奢华的风气逐渐滋长，并长期影响当地社会。“至正德、嘉靖间而古风渐渺……由嘉靖中叶以抵于今，流风愈趋愈下，惯习骄吝，互尚荒佚……其流至于市井，贩鬻、厮隶、走卒，亦多缨帽缃鞋、纱裙细袴。酒庐、茶肆异调新声，汩汩浸淫，靡然弗振。”① 万历年间（1573～1620），汶上县富民之服饰甚至比官员还要奢华，“宫室服饰什器之类，即品官所不敢备者，富民又惟意所适，不问宪典矣”②。明代北方运河沿线的这种奢靡之风历久不衰，直到入清后仍然在当地社会盛行。乾隆十四年（1749）临清知州王俊说：“民贫而俗尚不易，仆亦绮罗，婢皆翡翠，陈歌设舞，不必缙绅。”③ 当地从社会上层到下层，崇尚奢华服饰之风皆然。不独临清，临清下游的济宁、滕县也是如此。济宁百姓从前穿着朴实，后来逐渐奢华，至道光年间奢靡之风更盛。“从前耕读贸易之家所穿多系雅素棉布，充裕者亦不过茧绸、山绸、西机沈绸之类。今则湖绉、洋呢视为寻常，而且缨帽缎靴，天青、元青色外褂，样样必备。至于女衣之装饰，更极踵事增华”④。滕县，道光年间不论男女，皆以服饰奢华为荣，“闾阎服饰，恣所好美，益僭滥，男子冠巾丝履，妇女珠翠金宝，绮縠锦绣罗纨，但有财尽能索耳”⑤。

（二）饮食

除服饰外，明清运河沿线兴起的奢靡之风还体现在饮食方面。这在明清时期南北运河沿线地区都有所反映。

明成化年间（1465～1487），北方运河沿线的东昌府还保持着衣着、饮食节俭的风气，“成化间盛修诗书之业，服食朴素。士宦归里，不张车盖”。随着运河沿线经济的发展，商品的丰富，该府百姓自嘉靖年间以来服食日益转向奢靡，“嘉靖间，生齿滋蕃，盖藏露积，庠序之间，断断如也。里党宴会，少长不均，茵席而坐。隆庆后，风恣侈靡，庶民转相仿效，器服诡不中度，游闲公子舆马相矜，盛饰蜉蝣之习，意气扬扬，娉鄙闾里，濒河诸城尤甚”⑥。东昌府博平县也是如此，自明朝嘉靖以后直到清代道光年间，邑人在饮食上日益转向奢靡，“由嘉靖中叶以抵于今，流风愈趋愈下，惯习骄吝，互尚荒佚，以欢宴放饮为豁达，以珍味艳色为盛礼。”⑦ 明清时期，饮食奢靡之风在北方运河沿线蔓延。除东昌府聊城、博平县外，位于其下游的济宁也在所难免。按照以往的风俗，济宁以前宴请客人时尚注重节俭，后来也逐渐沾染

---

① 道光《博平县志》卷五《民风》。
② 万历《汶上县志》卷四《风俗》。
③ 乾隆《临清直隶州志·旧序》。
④ 道光《济宁直隶州志》卷三《风土》。
⑤ 道光《滕县志》卷三《风俗》。
⑥ 嘉庆《东昌府志》卷三《风俗》。
⑦ 同①。

上奢靡之风，民间宴客大都以奢靡为荣，“从前旧俗，早饭不过八碗，晚饭不过十喜而止，从无热吃、烧烤之说。今则无论贫富，每有宴会，动以十六样、二十样为美食，未及半厌饮，以后诸品竟属虚设，岂非暴殄？”“从前所饮不过本地烧酒、黄酒，今则非南酒不可，似此靡费，往往一饭破中人之产”[①]。奢靡之风不仅造成极大浪费，而且影响到人们的心理，以至于民间多以宴会奢靡程度竞相炫耀、攀比，即使贫寒之家也不能免，“至若富显，召宾颇以饮馔相尚，水陆之珍常至方丈，中人慕效之，一会之费，几耗数月之食”[②]。

不独北方运河沿线如此，明清时期淮南以下运河沿线地区，在饮食上也追求奢靡。位于运河附近的扬州府通州，明代万历以前民间宴客的规模小，所用酒食皆平常之物，庶民之家长年不宴客，富裕之家宴客亦颇为简单，“吾乡先辈岁时燕会，一席而宾主四人共之。宾多不能容，则主人坐于宾之侧，以一瓷杯行酒，手自斟酌，互相传递。肴果取具临时，酒酤于市，惟其土风，不求丰腆，相与醉饱而别以为常。庶氓之家终岁不燕客，有故则盂羹豆肉相招一饭，人不以为简也。贵家巨族非有大故不张筵、不设彩、不用歌舞戏。间有一焉用歌舞戏，则里中子弟皆往观之，谈说数日不能休”[③]。明代末期，通州民间宴客时则已讲究排场，主宾分坐，所用酒食也为来自远方的珍品，且有歌舞助兴，奢靡之风由此可见，“今乡里之人，无故燕客者，一月凡几，客必专席，否则耦席，未有一席而三四人共之者也。肴果无算，皆取诸远方珍贵之品，稍贱则惧其渎客，不敢以荐。每用歌舞戏，优人不能给，则从他氏所袭而夺之，以得者为豪雄”[④]。入清以后，饮食奢侈之风在江浙运河沿线仍盛行不衰。乾隆元年（1736），乾隆皇帝在上谕中批评了这一风气，“惟江苏两浙之地，俗尚侈靡，往往家无斗储，而被服必期华鲜，饮食靡，甘淡泊，兼之井里之间，茶坊酒肆，星列棋置”[⑤]，“岂可习于侈靡，转相仿效，日甚一日，积为风俗之忧也”[⑥]。杭州附近的於潜县，直到光绪年间依然存在奢宴宾客的风气，“饮食款客，竞务丰腆，遇喜庆事，肆筵设席，饮食以献酬交错为敬，多有留连永夕者，具足觇人情之厚，然未免过靡矣”[⑦]。

除通州、杭州等地外，明清时期南方运河沿线的苏州在饮食上也逐渐形成了奢靡之风。明初，苏州俗尚俭朴，宴会既少，品物无多，如常熟“享宾或二品或四品而已”，江阴设宴也只以八盘为限，四人合凑一席。但明中叶以后，宴会无时，刻意求精，一

① 道光《济宁直隶州志》卷三《风土》。
② 同①。
③ 万历《通州志》卷二《风俗》。
④ 同③。
⑤ 乾隆《江南通志》卷首《皇上诏谕》。
⑥ 同⑤。
⑦ 光绪《於潜县志》卷九《风俗志》。

席之中，水陆之珍俱全，一宴之费，动辄数十百金。非但富人的正式宴请如此，即使普通百姓家的“寻常宴会”，也是“无山珍海错，群以为羞”。尤其是从明末到清初，苏州宴会上的饮食奢靡之风进一步蔓延。清人叶梦珠对此有颇为详细的记载：

崇祯初始废果山碟架，用高装水果，严席则列五色，以饭盂盛之。相知之会则一大瓯而兼间数色，蔬用大铙碗，制渐大矣。

顺治初，又废攒盒而以小瓷碟装添案，废铙碗而蔬用大冰盘，水果虽严席，亦止用二大瓯。旁列绢装八仙，或用雕漆嵌金小屏风于案上，介于水果之间，制亦变矣。苟非地方官长，虽新亲贵游，蔬不过二十品。若寻常宴会，多则十二品，三四人同一席，其最相知者只六品亦可，然识者尚不无太侈之忧。

及顺治季年，蔬用宋式高大酱口素白碗，而以冰盘盛添案，则一席兼数席之物，即四五人同席，总多馂余，几同暴殄。

康熙之初，改用宫式花素碗，而以露茎盘及洋盘盛添案。三四人同一席，庶为得中。然而新亲贵客仍用专席，水果之高，或方或圆，以极大瓷盘盛之，几及于栋。小品添案之精巧，庖人一工，仅可装三四品。一席之盛，至数十人治庖，恐亦大伤古朴之风也。①

从明末到清初，苏州宴会奢靡程度日盛，浪费也越来越严重。到了康熙中期以后，苏州宴会时，不论贫富，皆以奢华为荣，“肆筵设席，吴下向来丰盛。缙绅之家，或宴官长，一席之间，水陆珍馐，多至数十品。即庶士及中人之家，新亲严席，有多至二三十品者，若十余品则是寻常之会矣”②，以至于清人龚炜批评说：“吴俗奢靡为天下最……饮馔则席费千钱而不为丰，长夜流湎而不知醉矣。”③清中叶以后，苏州饮食奢靡的程度有增无减。人们有宴会常常去戏园子举办，一边看戏，一边吃喝。“居人有宴会，皆入戏园，为待客之便，击牲烹鲜，宾朋满座”。在戏园子办宴会，可以当众炫耀阔绰，满足东家的虚荣心，故戏园子内举办的宴席往往规格高、规模大，因此造成的浪费也很大：“其暴殄之最甚者，莫过于吴门之戏馆。当开席时，哗然杂还，上下千百人，一时齐集，真所谓酒池肉林，饮食如流者也，尤在五六七月内，天气蒸热之时，虽山珍海错，顷刻变味，随即弃之，至于狗彘不能食。呜呼！暴殄如此而犹不知惜耶！”④

（三）婚丧嫁娶

运河沿线的奢靡之风，还体现在婚丧的办理上。明清时期，南北运河沿线地区在婚丧嫁

①〔清〕叶梦珠：《阅世编》卷九《宴会》，上海：上海古籍出版社，1981年，第193页。

②同①。

③〔清〕龚炜：《巢林笔谈》卷五《吴俗奢靡日甚》，北京：中华书局，1981年，第113页。

④〔清〕钱泳：《履园丛话》卷七《臆论·骄奢》，上海：上海古籍出版社，2012年，第129页。

娶方面都出现了不同程度的奢靡风气。

在南方运河沿线地区，清乾隆时，两江总督管江苏巡抚事陈宏谋就曾指出：苏州婚嫁过于奢靡，不论是富豪还是贫民，都尽力追求婚礼的奢华，上下效尤成风，“嫁娶惟应及时，奢侈徒耗物力。自行聘以及奁赠彩帛金珠，两家罗列，内外器物，既期贵重，又求精工。迎娶之彩亭灯桥，会亲之酒筵赏犒，富贵争胜，贫民尤效”①。

在北方运河沿线的山东临清，康熙年间即出现操办婚丧宁可浪费，也不讲究节俭的现象。“婚丧诸礼及饮食聚会间，宁为过，勿为不及，盖亦其习尚然也”②。这一风气随着运河沿线经济的发展而越发严重。乾隆十四年（1749），临清知州王俊提到临清婚丧奢靡无度，地方仿效成风，为此感到忧虑，“婚丧之仪越礼逾制而不顾，骄奢相效，巧伪成风，岂独外腴中枯已乎，识者有隐虑焉”③。

这一时期，山东的另一运河城市济宁，在婚丧嫁娶方面的奢靡之风亦非常突出。济宁位于山东运河南段，与苏北接近，四方商贾与土著杂处，久而久之，当地人也纷纷染上奢靡风气。道光年间《济宁直隶州志》对此记载说，济宁“当水陆之冲，四方舟车所辏，奇技淫巧所集，其小人游手逐末，非一日矣；又迩畿甸圈田之后，缙绅冠盖往来侨栖，而转徙之民僦处浮寓，流土杂居，愚者务奢靡，沿流仿效；顽者争锱铢，欺伪丛生”④。这种奢靡之风在济宁的丧礼上体现得最为明显。“丧礼之过于虚靡也，丧具称家之有无，今则专事浮文，陈设铺垫，灯彩棚罩，无不精益求精”⑤。倘若丧礼中有贵客，主家往往还不惜重金，对出殡的车马予以打造，以博得脸面，“拟像宫室，锦绣金碧，雕缋陆离，贵者百金以上，贫者亦不减三五十金……呜呼，风俗犹江河也趋日下矣”⑥。

寻常百姓之间也纷纷效尤攀比，为避免被邻人耻笑，不惜花光家中积蓄，以至于有的家庭因此而变得贫困乃至破产：“奢侈而不节俭，凡婚丧吉凶之礼，交际来往之仪，与服食起居都无节制，争华斗靡，彼此竞胜，观其行事，似非富厚不能至此，究竟致饬于外，内实空虚，但图目前体面，不计日后艰难，人烟如此繁庶，幅员如此广阔，又系水陆都会之地，百货纷来，贸易有利，而闾阎不能殷实者，良由奢侈无度之所致耳。”⑦直到民国时期，济宁还有丧家不惜花费资财大办酒席，甚至出现为操办丧礼而不惜倾家荡产的情况。“其家中宴客前后十数日，每多至数百席，未免所费不赀，即贫寒之家亦皆用鼓吹，杠夫亦二十四人，家中亦设筵款客，甚至有以丧礼奢靡动荡家产者”⑧。

---

①〔清〕袁景澜：《吴俗箴言》，《吴郡岁华纪丽》，南京：江苏古籍出版社，1998年，第1页。

②康熙《临清州志》卷一《风俗》。

③乾隆《临清直隶州志·旧序》。

④道光《济宁直隶州志》卷三《风土》。

⑤同④。

⑥同④。

⑦同④。

⑧民国《济宁县志》卷四《风土篇》。

第四章

运河百业

运河的开通，催生了一系列与其直接相关的劳作方式与产业经济部门，具体如航运业、商贸业、林木栽植（河堤柳树栽植）、渔业（运河与运河水柜捕鱼）、河道疏浚、船舶修造等，同时也对沿岸区域的农业、商业、手工业等产业发展产生了很大影响。在此过程中，各劳作与产业部门亦产生了一系列与运河紧密相关的经济生产方式与习俗活动。

第一节　航运业

作为沟通南北的重要交通孔道，运河的主要功能在于船只的运输往来，因此航运业是与运河关系最为直接、也最为基础的产业部门。就运输部类来说，运河航运可分为货运与客运两个类别，这其中又以货运占主导地位。运河的货运可分为两个主要的部类，即政府机构的漕粮运输（含供品运送、邮递往来等）与民间的商贸运输。

一、漕粮运输

利用人工开凿的运河运输粮草，在我国有着悠久的历史。春秋时期，吴王夫差为北上争霸，开凿了邗沟；秦始皇为征讨南越，开凿了灵渠；西汉武帝时期，为方便粮食运输，开凿了漕渠。隋唐时期，出于沟通南北、军事征伐等方面的需要，开通了以洛阳为中心、北至涿郡（今北京）、南至余杭（今杭州）的大运河，漕运的规模也越来越大。中晚唐以后，随着经济重心的南移以及经济重心与政治中心的南北分离，漕粮运输更是成为维持政权生存与延续的重要命脉。明人席书曾对明代之前的历代漕运状况做了描述与分析：

> 春秋秦输粟于晋，自雍及绛相继，命之曰泛舟之役。漕运之舟始此。秦欲攻匈奴，使琅琊负海之郡，转输北河。海运之舟始此。汉耿寿昌籴关内之粟，筑仓理船，费直百万万余，当时船数之多可知。时萧望之识其不便，帝不从，卒用寿昌之计，漕事果便。唐刘晏即盐利雇佣，分吏督之，随江、汴、河、渭所宜，造歇艎支江船二千艘，每艘受千斛。唐漕法，江船不入汴，汴船不入河，河船不入渭。江南之运积扬州，汴河之运积河阴，河船之运积渭口，渭船之运入太仓。岁转粟百一十万石，无升斗溺者。宋皇祐中，漕纲法坏，用发运使许元议，诸路增置漕船，劳费甚巨，久之浸弊。宋漕运之法，分为四路：江南、淮南、浙东、西荆、湖南

北六路之粟，自淮入汴；陕西之粟自三门、白波转黄河入汴；陈蔡之粟，自闵河、蔡河入汴；京东之粟，自十五丈河历陈、济及郓，皆至京师。初，于各州置仓行转般法，岁漕粟七百万石，一变直达。久涉岁月，奸弊互生，而委积发运，名浮于实，漕政日坏。至是用元议，增舟输米，充岁计如故事。既而诸路纲亦不集，汴纲既不得至江，江船亦不至京师，船愈坏而漕愈减耗矣。①

明清时期，漕运对于国家的重要性进一步凸显，所谓“京师百司庶府、卫士编氓，仰哺于漕粮”②“漕为国家命脉攸关，三月不至则君相忧愁，六月不至则都人啼，一岁不至则国有不可言者”③，故漕运“为一代之大政”④，深受历代统治者的重视。

（一）人员与组织

运河漕粮运输的参与者，主要是驾船的船夫、水手及拉纤的纤夫，此外还有负责押解的官员等。漕粮运输者，在名称与身份来源上历代多有变化，汉代为漕卒，隋唐时期为服役民户，宋代既有军队亦有民户，明代则建立了独立而完备的漕运组织——卫所漕军，清初因之，只是将负责漕粮运输的卫所漕军更名为旗丁，又称漕运旗丁，简称“运丁”。漕卒、漕军、运丁外，在漕粮运输过程中，还有大量艄工、水手等参与其中。漕运水手、艄工的工作职能，主要是在漕运船舶上负责掌舵、划桨、升降桅杆等，他们是漕粮船只的驾驶者。此外，为保障漕粮运输的正常、顺利进行，在运河沿线还分布着大量的役夫群体，具体如纤夫、浅夫、泉夫等。这些人虽不直接从事漕粮运输事务，但却是漕粮运输过程中不可缺少的（关于漕运群体的详细情况，参见第一章第一节“漕运群体”、第二节“济运群体”）。

历代漕粮运输主要由政府组织进行，此外亦有民船受雇于政府运输漕粮，尤其是清中叶以后。如在天津独流镇，清光绪年间（1875～1908），受雇于政府运送漕粮的船户有200多家，船工2 000多人。这其中最大的船户为王家、于家、赵家、吕家和朱家。他们船大、船多，雇佣人工也多。其中王家先辈王福恩养船发了家，给四个儿子每人置办一条大船，每船可载重100多吨。兄弟四人雇佣船夫、纤工几十人，成为独流镇船户首富。⑤

漕粮运输具有特定的组织与管理形式。唐代宗时，刘晏主持江淮漕运，他针对当时漕运过程中所存在的管理不善、监督不力等问题，将十只漕船编为一组，称为一“纲”，指派一人负监督之责。宋初沿袭唐中叶以后形成的纲运之法，亦以十船为一纲，每纲派一人负责押

---

①〔明〕席书：《漕船志》卷三《船纪》。

②〔明〕孙承泽：《天府广记》卷一四《仓场·漕军》，北京：北京古籍出版社，1984年，第173页。

③《明史》卷六九《河漕志》。

④〔清〕葛士濬编：《皇朝续文献通考》卷七五《国用·漕运》。

⑤政协静海县委员会编：《静海运河文化》，天津：百花文艺出版社，2015年，第52页。

运。宋真宗大中祥符九年（1016），鉴于漕纲运输过程中所存在的押纲者勾结运兵侵盗船物的弊端，又“并三纲为一，以三人共主之，使更相伺察”①。此后三十船为一纲成为北宋纲运的基本定制。押纲人的职责在于监督和管理本纲的人、船与物，具有管束、处罚船夫、漕卒及纤夫的权力，可对不服管理者“以小杖行决”。其中，“运兵违犯押纲人，杖一百；刺面人违犯本辖官，徒一年，骂者各徒二年，殴者各加二等，配五百里；雇夫违犯押纲官，杖一百，骂者徒一年”②。与此同时，保证按时完成运量、负责运输安全等也是押纲人的重要职责，“及其欠折，但令主纲者填纳”，就是说如遇有损失，亦由押纲人承担。因此一些押纲人不得不卖妻卖女以赔偿损失。据罗大经《鹤林玉露》己编卷四《冯三元》所载，官员冯京的父亲买了一个侍妾，“其父有官，因纲运欠折，鬻妾以为赔偿之计”；邵伯温《邵氏闻见录》记载，王安石之妻为其买一妾，此妾之夫“为军大将，部米运失舟，家资尽没犹不足，又卖妾以偿”。

明初漕运，按漕军制度规定，每艘漕船设运军 10 人，“中推一老成者纲领之，谓之纲司，次纲者又有拦头、扶柁二人，相协持之”③。永乐以后，又根据漕运形势的发展，分别于成化、嘉靖、万历年间对漕运制度作了相应改革。其中万历年间，为加强对运军的管理，在漕运总督王宗沐的建议下实行连坐制，以五船为一甲，设甲长一人，另每船设旗甲一人。旗甲带本船十名运兵之姓名圆牌，甲长带五船旗甲姓名圆牌，相互监督，相互协助，一船出事，四船连坐。④在具体的运输过程中，通常五艘运船为一甲，甲设甲长。甲长之上则有帮长，其职务一般世袭担当，他们通常对运道有比较深的了解并具备比较熟练的驾运技术。清初，沿用明初的漕政体系，在沿运各地组织了以帮为单位的漕粮运输队伍，每帮有船十几艘到几十艘不等，故漕船又被称为船帮。每艘漕船的人员配备，康熙二十五年（1686）规定每船运丁数为 10 人。雍正四年（1726）后又根据各地情况作了更定，其中江淮兴武等 18 帮每船 12 丁，江南安庆前后两帮每船 17 丁，其余各省船帮每船仍为 10 丁。每十船，选家道殷实者一人为什长，负责监管从州县兑运到通州交粮之事。每次粮船出发运输，从该船配备漕丁中选取一人负责领运，其余船丁则出银帮贴济运。凡旗丁遇领运之年，除领运本人外，更于该丁兄弟子侄中佥派一人随运。清初之后，随着漕粮运输越来越多地雇用民人担任，旗丁领运制度逐渐废弛。为加强对漕运水手的控制，每名水手都要按籍贯、年龄、容貌等造册记录，按名发腰牌一个，并实行连坐法。十人之中，一人犯法，其余九人皆连坐而受

①《宋史》卷二九九《李溥传》。
②〔宋〕李焘：《续资治通鉴长编》卷四九四，“元符元年二月壬午”条、“元符元年正月丙子”条。
③〔明〕孙承泽：《天府广记》卷一四《仓场・漕军》，北京：北京古籍出版社，1984 年，第 173 页。
④〔明〕王宗沐：《乞优恤运士以实漕政疏》，〔明〕陈子龙等编：《明经世文编》卷三四三《王敬所集一》。

惩处。乾隆年间（1736～1795）来到中国的英国使团成员曾描述官员惩罚船夫的情形：

> 今天我看到对船夫施行打板子的惩处，对这一惩罚的相对宽大感到吃惊。一共要打25下，用半片竹子打在他们的大腿后侧。竹片长6英尺，宽2英寸。击打的力量很小，所受到的痛苦肯定不会超过学校里施行的尚能容忍的严厉鞭打。按照既成习俗，当惩罚结束时，犯人们要跪下向官员叩头道谢。这种做法看上去十分荒谬，现实中也不太自然，但它产生于家长式的管理理论，这一理论假定司法惩处自父爱对孩子的校正，因而不会轻易地施加。①

漕船运输井然有序的情景，给英国使团成员留下了深刻印象："我们看到沿途停泊着数量多得惊人的船只。这些船只首尾相连，从天津开始就没有间断过。它们装载着从各省运来的粮食，是帝国岁入的组成部分。有些船只据说来自非常遥远的地方，船尾的设备看上去像是饰有纹章的盾牌——所有的船只都停泊得整齐有序，后面的船头恰好停在前面船的船尾前面一点，整个队形就像是一个梯形。运送粮食的船队开始于一个叫北仓的大城镇。这些船的运输能力实际上不到118吨，尽管它们水面之上的船体就像是一艘300吨的大船那样大。"②

（二）漕船

漕粮运输的主要工具是漕船，漕船也是行驶于运河之上最多的船只。"长江、大河，一气流通。漕舟南来，远自岭北，辐辏于都下。君子占人国家之盛，于此可见其大者。故昔有远夷入贡者，见吾舳舻千里，谓丑类曰：'中国之樯橹，多小夷之甲兵，吾曹敢异志乎？'由是观之，漕舟所系，匪惟控御南北，所以跨四海而肃百蛮者，亦尚倚壮于斯"。③乾隆年间来到中国的英国使者也对运河上的漕船印象深刻："一路上遇到许多由通州驶出的大帆船，这些都是开往北京的运粮船，在入冬前要赶回原地……运粮船大部分是公家的，船上装载的粮食都是政府征收的实物税。"④

为保证漕粮运输的正常进行，历朝历代都必须要保有一支稳定的漕船队伍。历代漕船之数量，唐宋以前，受资料记载所限，具体数目不详，只可从零星记载中窥见一二。如"汉初，命河南以东造舟五百艘"，以漕东南之粟，"岁不过数十万石"。到汉武帝时，"岁始至四百万石"⑤，由此推断当时漕船有五六千艘。唐代建都长安，大量依赖江淮各地的物资供应，为此在江淮通往洛阳、长安的诸条水道上，有众多的官用漕船往来行驶。据《旧唐书》

---

①〔英〕亨利·埃利斯著，刘天路、刘甜甜译：《阿美士德使团出使中国日志》，北京：商务印书馆，2013年，第158页。

②〔英〕亨利·埃利斯著，刘天路、刘甜甜译：《阿美士德使团出使中国日志》，北京：商务印书馆，2013年，第59页。

③〔明〕席书：《漕船志·叙》。

④〔英〕乔治·斯当东著，钱丽译：《英使谒见乾隆纪实》，北京：电子工业出版社，2016年，第211页。

⑤〔明〕席书：《漕船志》卷一《建置》。

卷一〇五《韦坚传》所载，开元年间（713～741），裴耀卿担任江淮、河南转运使，“凡三年，运七百万石”；天宝年间（742～755）韦坚任水陆转运使，“于东京、汴、宋取小斛底船三二百只”，同时又从广陵、会稽、宣城等数十郡征用民船，用于漕粮运输，船只数量当不在少数。[①] 刘晏在督管漕运时，“岁转粟百一十万石”，为此他在“扬子置十场造船”，前后制造“歇踏支江船二千艘”[②]。从这些记载来看，唐代用于运输的漕船规模当十分巨大。

宋代，随着经济重心的逐渐南移，都城开封更是需要大量东南地区物资以资接济，为此政府专门建立了由东南诸路向都城开封的纲运业务，并保有一支庞大的运输船队。“汴纲船岁额千七百余艘，近准诏减数，止造七百四十八，以所减工料价钱封桩。本司岁运军储六百二十万石，而止用七百余艘，风水抛失，尚忧不足”[③]。这只是就各州每年造船数量而言的，实际所拥有的船只数量肯定要比这多得多。统领纲运事务的发运司所掌管的“汴纲二百，每纲以船三十只为额，通计船六千只”[④]。就是说，由发运司所管辖的、负责淮南运河及汴河运输的漕船有 6 000 只左右。若再加上长江流域以及浙东、浙西运河纲船，必将是一个庞大的数量。“诸州岁造运船，至道末三千三百三十七艘，天禧末减四百二十一”[⑤]，就是说每年造船约 3 000 艘左右。每艘船的使用年限，约“三年一小修，五年一大修”，根据造船数推测，北宋天禧末年漕船数约有 15 000 艘。

《元史》载：“元都于燕，去江南极远，而百司庶府之繁，卫士编民之众，无不仰给于江南。”为保证漕粮运输，至元二十年（1283），“于扬州、平滦两处运粮，命三省造船三千艘于济州河运粮”[⑥]。明代漕船数约在一万只左右。“天顺以后，始定天下船数，为一万一千七百七十五艘”。当然这一数字不是固定不变的，“洪武、永乐间……无定数。景泰中，河船数比今多三分之一”[⑦]。清代漕船的数量，“各省漕船，自雍正四年清查，定额七千一百二十只。续后镇江添造船四十八只，又浙江裁汰永减船一只，实运船七千一百六十七只，内除坍荒、兵粮减则加一裁定等案，裁船七百四十八只，至乾隆三十一年核明实现运漕白船六千四百一十九只”[⑧]。当然，这一数字也并非是固定不变的，而是历年均有增加或裁撤，但总体维持在六千多只。

---

①《旧唐书》卷四九《食货志》。

②《新唐书》卷五三《食货志》。

③〔宋〕李焘：《续资治通鉴长编》卷三三三，“元丰六年二月辛亥”条。

④《宋会要辑稿·职官四二·劝农使》。

⑤〔元〕马端临：《文献通考》卷二五《国用考三》。

⑥《元史》卷九三《食货一》。

⑦〔明〕席书：《漕船志》卷三《船纪》。

⑧〔清〕杨锡绂：《漕运则例纂》卷二《通漕运艘·漕船额数》。

用于运输的漕船，历代皆有一定的制式。据席书《漕船志》卷三《船纪》所载，明初“河、海运船未有定式”，“每年会议粮运合用船只，临时派造”。天顺年间（1457～1464）以后，始对运河漕船定式做了具体规定：浅船“底长五丈二尺；头长九尺五寸；稍长九尺五寸；底阔九尺五寸；底头阔六尺；底稍阔五尺；头伏狮阔八尺；稍伏狮阔七尺。梁头十四座；底栈每一尺四钉；龙口梁阔一丈、深四尺；两厂敢共阔七尺六寸；使风梁阔一丈四尺、深三尺八寸；后断水梁阔九尺、深四尺五寸。每船合用料物，底板厚二寸；栈板厚一寸七分，共享大中小楠木九根。”宋应星在《天工开物》卷中《舟车第九》中也对明代漕船做过较为详细的描述：“粮船初制，底长五丈二尺，其板厚二寸，采巨木楠为上，栗次之。头长九尺五寸，梢长九尺五寸。底阔九尺五寸，底头阔六尺，底梢阔五尺，头伏狮阔八尺，梢伏狮阔七尺，梁头一十四座。龙口梁阔一丈，深四尺，使风梁阔一丈四尺，深三尺八寸。后断水梁阔九尺，深四尺五寸，两廒共阔七尺六寸。此其初制，载米可近二千石（交兑每只止足五百石）。后运军造者，私增身长二丈，首尾阔二尺余，其量可受三千石。而运河闸口原阔一丈二尺，差可度过。凡今官坐船，其制尽同，第窗户之间宽其出径，加以精工彩饰而已。”《龙江船厂志》则对各类宫廷及政府部门所用快马船、座船、大小黄船等船只的式样做了详细记载，具体如：大黄船“船面自头至稍，八丈四寸。船底自头至无板处，五丈四尺一寸。无板虚稍一丈六寸。头阔一丈一尺五寸，深五尺三寸。中阔一丈四尺四寸，深五尺三寸。稍阔一丈三寸，深六尺七寸”；小黄船“船面自头至稍，七丈九尺五寸，船底自头至无板处五丈四尺五寸。无板虚稍一丈五寸。头阔一丈一尺七寸，深五尺二寸。中阔一丈五尺，深五尺二寸。稍阔一丈五寸，深六尺五寸”。两种船的载重量，大黄船四百料左右，小黄船一百到二百料之间。①

清代漕船的式样有旧式与新式之分。“各省漕船向例大小不同。康熙六年题定浙江、江西、湖广等省悉照准式一律成造；康熙十七年题准漕船载米不得过四百石，入水不得过六捺，空船不得过四捺；康熙十九年特遣部员酌定新式；康熙二十一年题准各省遵照新式长七丈一尺一律成造；康熙二十六年题准以新式船小，载重量加宽大；雍正二年题准江西、湖广漕船以十丈为率，短不得过九丈，其宽深丈尺酌量合式，其余各省仍照式成造。”具体式样，以旧式式样为例：

> 每船底长五丈二尺，中阔九尺五寸，厚二寸，头尾九尺五寸，阔六尺二寸，厚二寸；系搪浪稍长九尺五寸，阔五尺二寸，厚一寸二分；系封稍两，各长七丈一尺，阔八寸，中厚五寸；头稍各厚三寸；拖泥各长五丈三尺五寸，阔六寸，厚一寸七分；脚栈各长五丈五尺，阔六寸五分，厚一寸七分；两栈各长七丈一尺，深三尺六寸，厚一寸七分；头伏狮长八尺，阔一尺，厚三寸五；分稍伏狮长七尺，阔八寸，厚二寸五分；挐狮各长二

①〔明〕李昭祥：《龙江船厂志》卷二《舟楫志·图式》。

丈二尺；大头阔五寸，小头阔二寸，厚二寸；挽脚梁长九尺，阔一尺二寸，厚二寸；象鼻靠爪长四尺五寸，厚三寸；草鞋底一副，各长一丈四尺，阔九寸；上头厚八分，下头厚一寸。①

不过，上述尺寸只是政府规定的具体“标准”，为了能装载更多的“土宜”，以便在漕运过程中进行商贸活动，漕船的建造有时会超出具体的尺寸标准，所谓“各船身长厂敢阔，多添梁头，运军利于私载，运官敢于公占”②。另外，在具体承运的过程中，运丁们还往往会对自己的漕船进行一些外部装饰。这些漕船，“装载着从各省运来的粮食，是帝国岁入的组成部分。有些船据说来自遥远的地方，船尾上的设备看上去像是饰有纹章的盾牌……这些船的运输能力实际上不到 118 吨，尽管它们水面之上的船体就像一艘 300 吨的大船那样大”③。除在“船尾上的设备看上去像是饰有纹章的盾牌”外，还有些漕船的尾部，“画着精美的兽鸟等真实和想象的图案”④，船头部分则绘有两只大眼睛。之所以要在船上画眼睛，当时的西方人认为：“这是大多数古老的民族都采用过的装饰，并被认为是用来预示警惕和活力。然而中国人给了它一种不同的解释，他们说：‘有眼睛，就能够看；能看，就能够知晓；没有眼睛，就不能看见；不能看见，就不能知晓。’”⑤这些寓意，暗示了船只行进中变化莫测的危险情况，也有船员的祈福平安之意。

（三）时间规约

漕粮运输，有一定的时间之规。北宋初年，汴河漕运一年三次，纲船每运一次约需 80 日。但由于所运漕粮无法满足需要，在大臣陈从信的建议下，加强了对漕船运输时日的管理。“但令起程，即计往复日数，以粮券并支，可以责其必归之限，运至陈留，即预关主司，戒运徒先候于仓”⑥，在一年三运的基础上又增加了一运，即一年四运，每运约需 60 日左右。此后，北宋朝廷又曾试图增加汴河漕运的次数，但因种种条件限制而终未成功。北宋汴河漕运一般清明时节开口，十月份闭口。这主要是因冬季汴河不仅河水浅涩，还时常受黄河浮冰的影响，因而通航困难。而在闭口的这一段时间里，

①〔清〕杨锡绂：《漕运则例纂》卷二《通漕运艘·漕船额式》。
②〔明〕席书：《漕船志》卷三《船纪》。
③〔英〕亨利·埃利斯著，刘天路、刘甜甜译：《阿美士德使团出使中国日志》，北京：商务印书馆，2013 年，第 106 页。
④ 沈泓编译：《遗失在西方的中国史——〈伦敦新闻画报〉记录的晚清 1842～1873》，北京：时代华文书局，2014 年，第 66 页。
⑤ 同④。
⑥〔宋〕范镇：《东斋纪事·辑遗·陈从信》，北京：中华书局，1980 年，第 52 页。

漕运水手们可放假并进行修养调整。“河冬涸，舟卒亦还营，至春复集”，称之为“放冻”[1]。但北宋中期以后，随着财政负担的日益沉重，加之每年启闭汴口都要耗费大量的人力、物力，所谓“汴口每岁开闭，劳人费财，不惟民力重困”，越来越多的人呼吁冬日不再关闭汴口，以期有更多的漕粮运往京师并缓解财政危机。宋神宗时期曾做了两次增加漕运时间的尝试。熙宁六年（1073），神宗采纳朝臣范子奇的建议，冬日不再关闭汴口。为防止黄河浮冰涌塞，特制作了大量木筏以截汴口。但由于浮冰涌入、汴河河堤溃决，终又不得不恢复十月闭口之旧制。元丰三年（1080），兴工导洛入汴工程，将洛水引入汴河，以避开黄河浮冰的影响，由此漕船入汴的日期得以延长，由原来的清明日提前到了二月一日，汴河也由此出现了“江淮扁舟，四时上下，昼夜不绝”[2]的景象。

明初漕法，几经变革。“初支运，次兑运、支运相参，至支运悉变为长运而制定”[3]，即由长运代替了分程接运之法。由于实行长运，从南到北，最长可达两三千里航程。当然，漕船出发地不同，自然漕运里程亦长短不一，因此与北宋汴河短途漕运可一年四次不同，明代京杭大运河漕粮运输一般一年只能进行一次。通常在每年的一月，漕船开始到各水次仓接收漕粮，随后开始沿河北运，一般要到十月才能返回各自军营，前后长达十个月的时间。

清代大体沿用了明代漕运期限的规定，各地运丁工作与休息的时间与明朝差别不大。各省漕船一般在阴历十月至十二月间组成船帮向通州方向行进，而漕船通过各地的时间，均有一定时限规定。对此，雍正年间编纂的《漕运全书》卷一一《沿途催运》说：“各省漕船重运北上，自淮安至天津，沿途原有定限。”此外，各省漕船通过淮河亦有一定的时间限定。“漕粮过淮定限：江北各州县，限十二月以内；江南江宁、苏、松等府，限正月以内；浙江、江西、湖南、湖北限二月以内；山东、河南限正月以内，尽数开行。康熙四十一年，漕臣桑格题准江北改限正月以内，江南改限二月以内，江西、浙江、湖广改限三月以内。五十一年，江苏巡抚张伯行题准江南漕船仍限正月以内过淮。五十七年，漕臣施世纶题准江北仍限十二月以内过淮，浙江、江西、湖广仍限二月以内过淮”[4]。向北京运送漕粮的漕船，若出发地为长江以北的淮安、扬州等地，则阴历十二月末之前必须通过淮安北上；长江以南安徽池州及江苏苏州、松江、常州、镇江等地漕船，在来年正月之内必须通过淮安北上；浙江、江西、湖北、湖南等省的漕船，则必须于来年二月之内通过淮安北上。对于延期过淮者，“违限定例一月以上者，督抚罚俸三个月，粮道监兑官罚俸六个月；二月以上者，督抚罚俸六个月，粮道监兑官罚俸一年；迟至三月以上者，督抚住俸戴罪督催，抵通完粮日开复，粮道监兑官

①〔宋〕李焘：《续资治通鉴长编》卷七七，“大中祥符五年四月辛亥”条。
②〔宋〕李焘：《续资治通鉴长编》卷三四，“淳化四年十二月壬辰”条。
③《明史》卷七九《食货志三》。
④〔清〕杨锡绂：《漕运则例纂》卷一三《粮运期限·淮过例限》。

各降一级调用”[①]。

不过，漕船按期通过淮安并非易事。“查得各省粮船，俱系冬兑冬开，只因程途远近不同，所以过淮迟早限期不同。如江南之江宁、常、镇、苏、太等属帮船，至江路近，到淮亦近，即安庆各帮，路虽较远，但由长江东下，再遇西南顺风，日可行二三百里，不至有违限期。惟松江府属地，处苏州之东隅，有黄浦江泖淀诸湖之间隔，帮船经行未易径渡。且查浙省各帮，水次俱在杭、嘉、湖三府，开行至苏，近者一百七八十里，远者二三百里，皆由官塘大路，可以人力挽拽而行。而松属之华、奉、娄、金、青、福，至苏近二百里，远者二百七八十里。上海一县，计程三百六十里，南汇一县计程三百八十里，非由黄浦、大江则由泖淀诸湖，势必守候风潮，潮小而风顺，潮大而风长顶俱不能飞渡，虽有人力，无凭牵挽，迨到苏已届淮限，而浙江粮船又已先，不能挽越前进。”[②]

至于各漕船抵达通州的时间，亦有具体规定。嘉庆《钦定漕运全书》卷一三《漕通例限》说：“漕粮抵通定限，山东、河南限三月初一日至通，江北限四月初一日，江南限五月初一日抵通，江西、浙江、湖北、湖南限六月初一日抵通。”若不按规定时间到达，就会有相应的处罚措施：“山东、河南、江北完粮在三月之外，江南、江西、浙江、湖北、湖南完粮逾九月初十日者，均以违限题。违限不及一月者罚俸三月，一月以上者罚俸六月，二月以上者罚俸一年，三月以上者降一级留任。”

除对各省漕船出发及抵达通州的时间有具体规定外，漕船通过各段运河的航程时限亦有具体规定。《运河纪略》曾详细记录了从江苏淮安起，各地漕船航行至北京通州的航运时限。具体如：

江南：山阳县境内运河一百一十里限八日；清河县黄运河四十八里限五日；桃源县运河九十五里限五日；宿迁县运河一百五十里限八日；邳州运河一百二十里限四日。以上江南河道共五百二十三里限三十日。

山东：峄县运河一百一十里限四日；滕县运河五十里限二日；沛县运河四十八里限一日；鱼台县运河八十五里限二日；济宁州运河七十五里限三日半；济宁卫运河十八里限一日；巨野县运河二十五里限一日；嘉祥县运河十六里限一日；汶上县运河五十六里半限二日；东平州运河六十里限二日；寿张县运河二十里限一日；东河县运河十三里限一日；阳谷县运河六十里限二日；聊城县运河六十三里半限二日半；堂邑县运河十七里半限半日；博平县运河十七里半限半日；清平

①〔清〕杨锡绂：《漕运则例纂》卷一三《粮运期限·淮过例限》。

② 中国第一历史档案馆藏：《宫中朱批奏折·财政类·漕运项》，档案号：MF9-588、MF9-589。

县运河三十九里限一日；临清州运河四十里限三日；清河县运河二十里限半日；夏津县运河二十里限半日；武城县运河一百五十里限二日；恩县运河七十里限一日半；德州卫运河二百三十里限四日。以上山东省河道共一千三百零二里限四十日。

直隶：安陵泛河程六十四里限一日六刻；连镇泛河程三十里限五时；夏口泛河程五十六里限七时六刻；薛河湾河程六十二里限一日四刻；冯家口河程十七里限二时三刻；砖河泛河程三十七里限五时一刻；沧州泛河程五十里限四时七刻；兴济泛河程三十里限四时一刻；青县泛河程三十八里限五时二刻；马厂泛河程二十七里限三时六刻；唐家屯泛河程二十八里限三时七刻；陈家屯泛河程二十八里限三时七刻；存城泛河程二十九里限四时；渎流泛河程二十八里限三时七刻；杨青泛河程二十八里限三时七刻；北斜泛河程二十八里限三时七刻；北斜泛至天津关二十里限二时六刻，以上直隶河道共六百里限十日。天津关至河西务一百六十里限五日；河西务至木厂二十二里限一日；木厂至梗子三十里限一日；梗子至板会口三十里限一日；板会口至和合站三十里限一日；和合站至供给店三十里限一日；供给店至长店三十里限一日；长店至通州坝三十里限一日，以上河程三百六十二里限十二日。

自淮安至通州坝二千七百六十里限一百日。[①]

此外，《运河纪略》对各地漕船通州卸货后返回到达淮安的日程，即回空限期，亦有记载：自石坝至天津，限七日；天津至德州，限十二日；德州至峄县，限三十日七时；峄县至淮安府，限十四日六时。以上回空定限六十四日一时。

漕粮运输，“披星戴月，昼夜飞挽，犹恐违限，犹恐后时”[②]。在运输过程中，难免会碰到狂风、冰冻等阻碍，为能按时赶到目的地，漕运者们往往会求助于神灵：

惟时仲冬望，雨雪征途冥。北风夜怒号，咆哮如彪腾。
冯夷缩不出，天吴匿无形。珠湖十万顷，顿化玻璃城。
樯桅半倾倒，絙索徒纵横。官吏束手坐，无计催扬舲。
……
我无榷击冻，我无锥捣凌。所恃报君国，区区惟存诚。
维淮有神祠，山木女郎凭。神姿如古雪，神志如古冰。
冰古雪所积，雪古冰以凝。冰凝志自厉，冰解心愈莹。
凡兹开阖力，岂不惟神明？愿以一瓣香，祈为十日晴。[③]

①《运河纪略》，浙江省图书馆古籍部藏，善本乙，登记号：004465。
②〔清〕林起龙：《请宽粮船盘诘疏》，〔清〕贺长龄辑：《清经世文编》卷四六《户政二十一·漕运上》。
③〔清〕陶澍：《〈漕河祷冰图〉八十韵》，《陶澍集》下册，长沙：岳麓书社，1998 年，第 351 页。

（四）艰辛漕运

漕粮运输是一项非常艰苦的劳动，不仅持续时间长、工作环境艰辛，而且存在诸多的磨难与风险。

从唐至清代，历史上的漕粮运输基本都是由南向北、由东向西运，而运河通行区域内的地势环境恰好是北高南低、西高东低，这样粮船运输基本上都是负重逆行。受我国特定季风气候的影响，降雨一般集中于每年阴历的五月到七月，这就造成运河水位在洪水期与枯水期变动极大，尤其是长江以北的运河河段。而按规定，粮船出发的时间通常在每年阴历的十月至十二月间，五、六月份之前抵达通州，也就是说此一时段内恰值运河的枯水期，这无疑加重了漕粮运输的困难。在当时并不具备机械动力的条件下，船只负重逆行，只能依赖人力撑篙、拉纤行进。“动经旬日，或百夫拼力牵挽不行”[①]。在此背景下，十名运军，在南北几千里的运河之上，将装载四百石漕粮的粮船航行到目的地，劳动量与困难程度可想而知。对此，就连明仁宗也说：“官军运粮，远道劳勤，寒暑露暴，昼夜不息。”[②]运军归营后，往往又被卫所军官“加他役困之”，终年不能休息，“经年劳瘁还家，席未暖而官司已点新运矣”[③]。

冬季时分，运河受严寒天气影响而易于结冰，导致漕船无法正常航行。为此，船帮水手们不得不分段打冰以前行。清人李钧在《转漕日记》中以诗记述云：

> 运粮河畔船初乘，运粮船下冰早凝。扣舷且莫歌水调，自制新词唱打冰。
> 铁锹木杵森如林，但听千夫邪许音。薄冰打得琉璃碎，坚冰打作捣衣砧。
> 不分浅滩与深滩，打过一湾又一湾。前帮打冰冰早泮，后帮不打船难行。
> 无人不似听冰狐，有船都作负冰鱼。使君督战入冰阵，照见此心冰不如。
> 连朝打冰冰已开，大船小船衔尾来。挽入畿南合守冻，那管前途冰作堆。[④]

遇此情形，运河沿线的居民也多被动员起来，参与凿冰助漕的工作。“粮船冻阻则沿河州县例发民夫打冰，穷民盈千百，短褐单衣，露裸立于水上打之。乍开旋合，舟行不能数丈，而打冰者稍失足则沉入冰底，并尸不可得。其寒噤致疾而死者，更不知其几何，无论运丁不能造船，逃亡相继，漕运废阻，沿河州县畏催漕之难，多投牒求去尽，漕务之坏也极矣”[⑤]。

---

①〔明〕马卿：《攒运粮储疏》，〔明〕陈子龙等编：《明经世文编》卷一七〇《漕抚奏议二》。

②《明仁宗实录》卷六下，“洪熙元年正月乙未”条。

③〔明〕王宗沐：《乞优恤运士以实漕政疏》，〔明〕陈子龙等编：《明经世文编》卷三四三《王敬所集一》。

④〔清〕李钧：《转漕日记》卷一，“道光十六年十二月初五日”条。

⑤〔清〕李绂：《漕行日记》，《穆堂别稿》卷一八《记七》，《续修四库全书》第1422册，上海：上海古籍出版社，2002年，第343页。

除艰辛的劳动外，漕粮运输还会面临诸多风险。漕粮运输由南向北，必须要穿越淮河与黄河，历史上两河向以河患多而著称，尤其是宋代之后黄河夺淮入海，更加重了河患之险。“每届夏秋，则众水漫流故道，运军遏阻”[①]。有时山水暴涨也会给漕运带来巨大损失。“通州张家湾河道上接浑、白等河，每年山水泛涨，损坏粮船数多，况堤岸坍塌，逼近民屋，无处下橛系船，上用绳缆互相连系，一遇风浪，俱被冲流。今年水涨，将徐、邳、淮、泗等卫运船冲坏，漂流粮米，淹死人命，甚为不便。”[②]在此情形下，为保证京师供应，朝廷却并不顾及运军实际困难，催促他们照旧北上，往往造成诸多难以挽回的伤害与损失。如明隆庆五年（1571），黄河决口淹没运河，结果一次就毁坏漕船八百多艘，淹死运军近千人。[③]明人朱国桢曾在《涌幢小品》中记载了一次漕船事故：“损粮船二十三只，米八千三百六十石，淹死运军二十六人，不知名者尤多。”为应对这些灾害，政府出台了一系列措施以行救护。如清康熙二十六年（1687），在京口一带，“造护漕船十只，分泊南北两岸，漕船遇风，并出救护”[④]。此外，沿运河沿线各地的民船等，也有救助漕船的义务。清乾隆二十五年（1760）规定：“黄河两岸捕鱼小船，令清河县开具姓名，造册编号，责令管河县丞、河标把总、经管约束。遇有粮船失风，即令各驾小船，先行救米，次行救货。”[⑤]

此外，运军在漕粮运输过程中还会遭受诸多人为的刁难与盘剥，一路上押运官、领运官、闸官坝吏及仓场官吏等，无不借机勒索。以清代漕粮运输为例，从漕粮起运到最终运达通州，运丁需要交纳一系列的陋规费，所谓“有水次之苦，有过淮之苦，有抵通之苦”[⑥]。水次之苦，一是“买帮陋习”。运官在领运时，要想承领到好的漕帮，以便能顺利完成任务，就必须向有关衙门行贿，即所谓的买帮费，多者可达二三百两白银。漕帮有高低贫富之别，“高者丁殷易完，低者丁穷必欠。当佥运时，富弁行贿行帮，费至二三百金；贫弁坐得低帮”。于是“贫弁处必欠之势，而富弁甫佥运，已费二三百金”。二是“水次陋规”。运丁承运时，“有卫官、帮官常例，每船二三两不等，粮道书办常例，每船四五两、八九两不等。至府厅书办，各有常规。常规之外，又有令箭牌、票差礼，漕院粮道令箭令牌一到，每船送五两、十两不等，刑厅票差每船送一二两不等。其名目，则或查官丁，或查粮艘，或查修舟，或查日报，或查开帮，或提头识，名目数十，难以枚举。间或清廉上司，不肯差人到帮，书吏又巧立名色，止差人到粮道及刑厅处坐催。又在刑厅差人代为敛费，盖船未离次已费五六十金”。三是“勒靳行月二粮”。运军日常生活开支，按例由布政使司派给行月钱粮，由运军根据行文

---

①〔明〕沈榜：《宛署杂记》卷二〇《志遗一》，北京：北京古籍出版社，1980年，第241页。

②〔明〕谢纯：《漕运通志》卷八《漕例略》。

③〔明〕王宗沐：《乞优恤运士以实漕政疏》，〔明〕陈子龙等编：《明经世文编》卷三四三《王敬所集一》。

④《丹徒县志》卷一六《食货·漕运》。

⑤《大清会典事例》卷二百九《户部·漕运》。

⑥〔清〕王命岳：《漕弊疏》，〔清〕贺长龄辑：《清经世文编》卷四六《户政二十一·漕运上》。

到沿途各府州县领取。在实际派拨过程中，通常每船都要送给派粮书办银六七两不等，否则他们就会“派拨远年难支钱粮及极远州县”。此外，在沿途各州县领取行月钱粮的过程中，州县粮书也要索取一定的贿赂，通常每船二三两不等。因此，运军虽有“十金之粮，无五金之实”。

过淮之苦，指各地粮船在通过漕运总督驻地淮安时，“积歇摊派书吏陋规，投文过堂种种诸费”，每一船帮过淮，通常要花费五六百金或千金不等。抵通之苦，一是“投文之苦”。各地漕船经过长途航行到达通州后，为交接漕粮，需到仓院、粮厅、户部云南司等衙门投文，一般每船须费白银十两。在投送过程中，因是由保家包送书办，保家亦趁机从中索要一定的费用，常例是每船三两。二是“胥役船规之苦”。“坐粮厅总督、仓院、京粮厅、云南司书房各索常规银，每船可至十金。又走部代之聚敛，其不送者，则禀官出票，或查船迟，或取联结，或押取保，或差催过堂，或押送起来，或先追旧欠，种种名色，一票必费十余金”。三是“过坝之苦”。过坝时，有委官旧规、伍长常例、上斛下荡等费，每船又须十余两，“车户恃强，剪头偷盗，耗更不赀”。四是“交仓之苦”。交仓时，有仓官常例，“并收粮衙门官办书吏马上马下等等名色，极其需索，每船又费数十两。又有大歇家小歇家需索，虽经奉旨题革，今又改名复用，小歇家改名雇长，大歇家改名住户，借口取保，每船索银四五两不等。有送者可得先收，无送者刁难阻冻”。五是“河兑之苦”。河兑法本来为了收交两便，然而仍然发生践踏、偷盗、混等、抢筹等种种弊端。

漕运是一项艰苦、单调而又路途漫长的工作，日复一日，年复一年。无论是撑篙、摇橹、拉纤，还是升篷、起锚等，都要消耗很大的体力。为缓解疲累，漕运的船工们在劳作时都会唱一种专门的劳动号子，称为“漕运号子”。在运河沿线各区，漕运号子叫法各异，如山东德州一带称“船工号子”，枣庄一带称“粮米号子”。运河沿线的漕运号子在曲调上大同小异。以流传在山东德州地区的船工号子为例，有打篷号、拉冲号、打锚号、拉纤号、撑篙号、窜篙号、摇橹号、绞关号、警戒号、联络号、出舱号等十一种曲调。[①] 这些不同的号子对应不同的工作环节，或宛转悠扬，或短促有力，能起到协调动作节奏、提振精神、缓解疲劳、抒发情感、联络交流等效果。

二、民船运输

大运河开凿的主要目的在于运输漕粮，但除此之外，运河也为沿线居民及商业往

① 孙建军、冯宝庆：《卫运河船工号子概述》，中国人民政治协商会议山东省德州市委员会文史资料研究委员会编：《德州文史》第二辑，1984 年，第 130 页。

来提供了一条重要的通道。因此在运河上航行的船只，除各地漕船外，亦有大量的货船、商船及民用船只，这也给沿岸民众提供了谋生的手段和发展的机会。

如天津静海，地靠运河，当地多有人家养船从事运输生意，主要的有二街的刘家、杜家与张家，以及三街申家、五街张家等十来户人家。清代，静海独流镇船户分别建立了南街和北街两个船会，每个船会都有会长。船会每年组织一次活动，由会长邀请船主及家属、船伙友等一起集会，搭台唱戏，去独流镇龙王庙、凤仪村李爷庙等烧香上供，祈求神仙保佑航运平安无事。[①] 天津北郊（今天津北辰区），北运河由此而过，漕运兴盛，素有“皇家粮仓”之美誉。漕运的兴盛给运河沿岸的人民提供了谋生的手段，其中热门的职业就是从事船运。清道光二十年（1840），境内 83 村中，74 村有船户，共 876 家，村均 11.8 家。其中，北运河沿岸 39 村中，32 村有船户，共 656 家，村均 20.5 家。船户最多的是霍嘴、柳滩、丁字沽，有 258 家，村均 86 家。境内从事船运者达四五千人。天穆义德号穆家几代人经营大船，专司漕粮转输。[②]

在运河上跑运输的民船大小和载重量不一。在天津静海区，既有可装载近百吨的对槽船，也有只能装载十来吨的单船；有上河煤船、牤牛船、粮划子船、太平船、小太平船、小粮船、大舢板、马槽船、标船等。其中粮划子船长五十尺至一百尺，宽十尺至十五尺，吃水三尺至四尺，船上有房，载重量可达五万斤到十万斤。小粮船，又叫舢板划，主要是运输贡米，长约八十尺，宽十尺，高四尺，吃水三尺五寸，载重量五万斤。标船主要从事两地间的委托运送，主要运送现银及其他贵重物品。船上备有武器及小炮，航行时挂有三角形的红旗；夜行时，要挂上有镖局名称的提灯。船上配备壮丁，称二司务、三司务。这些壮丁武功较强，且熟知强盗暗号。使用此船价格较高，一般为普通货船价格的一倍，或按货物的种类、距离、日期等定价。[③]

在天津北辰地区，船运有对槽、粮划子、厂船、煤船、客运船（又称太平船）等十几种。清末，按吨位分六等发牌照，标准依次为 150 吨、70 吨、45 吨、35 吨、22 吨、2 吨。天津开埠后，轮船盛行，传统的船运日渐衰落，以撑船为业者大多失业。清光绪二十三年（1897）后，随着津卢（卢沟桥）、京汉（汉口）、京张（张家口）铁路相继通车，天津地区的内河民运愈加受到影响。清光绪三十一年（1905），货物运输量除食盐外，用水路运的占 53.1%。其中经北运河出入的民船为 16 306 条，占货运船总数 120 042 条的 13.58%；运量为 424 391 吨，占河运总量 2 516 132 吨的 16.87%。1912 年至 1921 年，北运河货运量占天津货运总量的份额，

---

① 中国人民政治协商会议天津市北辰区委员会文史资料研究委员会编：《北辰文史资料》第九辑《北运河》，天津：天津古籍出版社，2003 年，第 30 页。

② 同①。

③ 政协静海县委员会编：《静海运河文化》，天津：百花文艺出版社，2015 年，第 50 ～ 51 页。

年均为3.65%。[①]

在山东济宁一带，运河之上比较常见的船只为运盐船。这种船俗称“盐划子”，船形头尾翘起，以迎挡巨浪逆流；桅帆则较矮，避免兜风过大而致险；赶蹚略宽，便于船工行船时走动；窜口偏高，以挡避船只侧面的水浪；后舵装有可活动的吊链，遇到逆流、旋涡、险浪时，可进行推、拉、起、落的操作，保证船只航行顺利。除“划子”船外，还有撇子、橹鹰子、摇船、鸭梢子、驳子、抛子、西河牛、黄胯子、大方船、团船、杨木头、忙子、四爪船、溜子、鹰船、网船等。撇子船，船型狭长，首尾瘦削而略翘，无拉，仅上舷身板较厚，舭部呈折角线。载重4～11吨，吃水浅，轻巧灵活。西河牛，大小不等，大的载货30吨，顺风下行日行50千米，逆风不能航行，纤拉下航日行15千米。团船，即方船，大小不等，顺风下行日行25千米，逆风日行10～15千米。四爪船，一般长9米、宽2.42米、型深0.71米，载重7吨左右，适宜拉纤航行。船两侧各有一对“劈水”，像四只爪子。这些往来于运河的运盐船曾引起过乾隆年间（1736～1795）来到中国的英国使者的注意，“我们从几艘运盐的船只旁边经过，这些船只构造很独特，船尾翘起得不高，似乎完全是为运输而建的，并没有考虑到居住的需要”[②]。

盐运船只外，还有负责其他货物运输的驳船等。对于驳船，英国使团成员曾描述：“每艘驳船的载重量是200吨，船舱由2英寸的木板隔成12个间隔。船缝内塞着由石灰制成的黏合物，使其不透水……这种黏合物中包括石灰、油和一些竹质纤维，黏合作用非常好，而且不易燃，远远好过沥青、焦油和兽脂等物”“中国船的船舱都是分成间隔的。这样若一个隔间漏水，不致让水到处漫流，也不会流到其他隔间，损坏别人的货物，船也不致下沉。此外，一个商人的货物分装在几个隔间，一个隔间漏水，他还可以保存其他隔间的货物，不致损失过大”，“每艘驳船上都有两根木制的大桅杆，和欧洲船只上的桅杆比起来，直径要粗得多，但却没那么长。中国船的帆是方形的，大多由席草和竹片制成。驳船的船舵安在一端，宽窄同英国驳船差不多，牵引绳绕过船舵缚在船的两边”。[③]

北方地区，冬季受寒冷天气的影响，运河通常会有两到三个月的结冰期，结冰厚度有时会达五六十厘米。此时，漕粮官船停运，而民间出于日常商贸与生活的需要，便开展了冰上运输这一特殊的航运方式。如在北运河的天津地区，冰运的工具其形如

① 中国人民政治协商会议天津市北辰区委员会文史资料委员会编：《北辰文史资料》第九辑《北运河》，天津：天津古籍出版社，2003年，第30页。

② 〔英〕亨利·埃利斯著，刘天路、刘甜甜译：《阿美士德使团出使中国日志》，北京：商务印书馆，2013年，第190页。

③ 〔英〕乔治·斯当东著，钱丽译：《英使谒见乾隆纪实》，北京：电子工业出版社，2016年，第182～183页。

床，故又称冰床、冰橇，俗称“凌排子”“冰排”“拖床”等。拖床有大有小，相差悬殊，大的几米宽，十几米长，上面做成木架，下面装有冰刀，人站在拖床上，手握一根带有梭镖样铁头的长杆，用长杆在冰面上轻轻一点，拖床便轻快地滑行。拖床既能载物又能载客，一般载重货物 200 多斤，最多的能到 600 斤。最小的拖床只能容一人盘腿坐于其上，撑拖床的不再是长杆，而是滑行人两手各持一根铁钎，同时在冰面上撑下，小拖床便快速向前滑行。①清光绪年间张焘在《津门杂记》中记载：“每到天寒地冻，冰排盛行，往来密如梭织，四通八达，远近咸宜。撑排者，例备皮袄一袭，无客则自衣御寒，有客则奉客铺垫。随地雇坐，其价甚廉，如去一二十里之遥，所费不过京蚨钱数十文而已。”华长卿《沽上竹枝词》云：“海风猎猎水声凉，河冻坚冰到北仓。不用骡马不用轿，琉璃世界坐冰床。”

经由运河运输的物品多种多样，食盐是其中的重要一种。过去食盐都为官营，然后再由商人领“盐引”承运到各地。盐引，即由政府发给盐商的食盐运销许可证，盛行于宋庆历年间以后。商人先出资向官府购买“引”票，交税后，到指定盐场买盐并承运到各地销售。通常，一“引”约当今 400 斤。因南北均有盐场，故运河盐运通常分区运输。在运河沿线，天津是一个重要的盐运码头。清乾隆年间来到中国的英国使团途经天津时注意到：“一长列的盐堆或盐墩，每一行列，从头到尾，有五十个堆。这些盐墩有十八到二十英尺见方，二十四英尺高，顶上盖着草席，以御恶劣气候。有人告诉我，每一堆约有五百吨盐。像这样的行列，没有间断也没有改样，沿两岸达两英里长。”②再以山东省为例，作为历史上重要的产盐之地，山东沿海地区的渤海湾、莱州湾及胶州湾等地都有大量盐场，具体如信阳、涛雒、石河、行村、登宁、西由、海沧、王家岗、官台、固堤、高家港、新镇、宁海、丰国、永阜、利国、丰民、富国、永利等。③其中产于莱州湾利津等地的盐，多通过大清河运至济南泺口码头，政府专门于此设置了盐仓。历史上，由利津至济南泺口的大清河，又被称为运盐河。明人甘一骥《盐河议》云：“国初，山东盐河有东、北二大支。其北一支属泺口、蒲台二批验所。为大清河，泺口上流自东平坎河口、东阿、平阴、长清、齐河而东入泺口，下流经齐东、蒲台、滨州、沾化、利津入海，以通宁海、永阜、丰国、永利、利国、富民、丰民、王家冈等场，运盐出入八场，过蒲台、泺口二关而达运河。”④

食盐运至泺口，再由大清河至寿张入运河，南北分流，以供应河北、河南及鲁西北、鲁西南一带的用盐。盐运一般是在每年的七八月间。在运河沿线各地，分布着大量的食盐转运点。东平一带的盐转运点在州城镇北的北桥村，由泺口船运到北桥渡口，再陆运批发至各地

① 政协静海县委员会编：《静海运河文化》，天津：百花文艺出版社，2015 年，第 53 页。

② 〔英〕爱尼斯·安德逊著，费振东译：《在大清帝国的航行》，北京：电子工业出版社，2015 年，第 69 页。

③ 王赛时：《明清时期山东的盐业生产状况》，《盐业史研究》2005 年第 1 期。

④〔明〕甘一骥：《盐河议》，雍正《山东通志》卷三五《艺文》。

盐园。阳谷阿城也是盐的转运点，阿城镇位于阳谷县城东北，古运河东岸，为水陆通衢，南北来往船只甚多，商业颇为繁荣，西起山西、东至周村的商人纷纷来此经商，以盐、当二行业为主。盐商属于官商，当时盐的买卖、转运由盐运使署主办，清代于沿海和各重要产盐省份设盐运使，全称为都转运使司盐运使，简称运司，或运使、都转。阿城旧有 13 家盐园子，有管理运盐的组织，并设有盐巡，有专门用于运盐的石道。从东海边运来盐，再从阿城向南方转运。阿城著名的海会寺及运司会馆，就是当时山西盐商捐资修建的。济宁和微山夏镇也是盐的转运点。济宁在安居镇设有 4 家盐园，夏镇设有 2 家盐园，盐转运上岸后，销往鲁西南、苏北、豫东、皖北等 50 余州县，通过会通河的盐运量有 20 万引左右。①

食盐外，通过运河运输的物品还有很多种，如棉花、布匹、粮食、茶叶、纸张、瓷器、铁锅、白糖、药材、毛竹、煤炭等（详见本章“商业”部分）。

为便于运河之上的民船运输，出现了诸多指导航路的专门书籍，如明代黄汴的《天下水陆路程》及《士商类要》《天下路程图引》等，对运河之上的水路路程均有详细记载。比如由北京至南京漕路：“顺天府，四十里通州潞河驿。一百里和合驿，属通州。一百里河西驿。九十里杨村驿。一百二十里杨青驿，并属武清县。六十里奉新驿，静海县。六十里青县河流驿。六十里兴齐县乾宁驿。六十里砖河驿，属沧州。七十里新桥驿，交河县。七十五里连窝驿，吴桥县。八十里良店驿，属德州。七十里德州安县水驿。七十里梁家庄驿，属德州。九十里甲马营驿，武城县。八十里渡口驿，属临清。八十里临清州清源驿。七十里清阳驿，清平县。八十里东昌府崇武驿，八十里荆门驿，属阳谷县。七十里安山驿，属东平州。七十里开河驿，属汶上县。一百二十里济宁州南城驿，七十里鲁桥驿，属济宁。六十里沙河驿，属兖州。九十里沛县泗亭驿。九十里夹沟驿，徐州。九十里徐州彭城驿，七十里房村驿，属徐州。六十里新安驿，属邳州。六十里邳州下邳驿，六十里直河驿，六十里宿迁县钟吾驿，六十里古城驿，属桃源。六十里桃源县桃源驿。七十里清河县清口驿。六十里淮安府淮阴驿，六十里宝应县安平驿。六十里界首驿，属高邮。六十里高邮州盂城驿。六十五里昭伯驿，属江都县。四十五里扬州府广陵驿。七十五里仪真县仪真水驿，五十五里龙潭驿，属句容县。九十里南京应天府龙江驿。”②

此外，《天下水陆路程》等还对运河之上行驶需要注意的事项有专门记载：“仪真闸通上江运船，五坝过客货，须临大江，昼夜无盗，盐商时聚，地无所产。楠木商

① 高建军编著：《山东运河民俗》，济南：山东人民出版社，2018 年，第 122 页。

② 〔明〕黄汴著，杨正泰校注：《天下水陆路程》卷五《江北水程 · 北京由漕河至南京水驿》，太原：山西人民出版社，1992 年，第 140 ～ 141 页。

人聚于对江。自本县至淮安皆平水。昭伯之北，湖荡多，人家少，西高而东卑，水大之年，最怕西北风，巨浪能倒塘岸。船不能过。贼有盐徒，晚不可行。船户不良，宜慎。自扬州以北，风景与江南大别矣。淮安五坝过客货，闸通运船。凡写黄河大船进京，必须访实，或有欠债揽此长载，中途脱逃，客顾人夫而去，此常有者。黄河不可久延，四五月有河走之防。徐州入闸河，汶水泉出莱芜、宁阳二县，至南旺南北两分。旧闸河自留城至南阳，北高而南低，水易泄，闸常闭，所以客船难去，一闸曾有坐一月者，且让运船。自开新河，南高而北低，泉虽少而难泄，闸不常闭，各船皆快，无阻迟之苦矣。扬州至北，食品贱而不佳。临清州出卫河，直抵直沽，泊船难择地方。天津卫上水至通州，走沙水浅，夜宜谨慎。一水两分，南惟湘源，北独汶水。自淮安以北冬归宜速，守冻最难。日出，坚冰阴雾即释。”①

相较于朝廷与政府官员，漕运军士处于弱势地位，常遭受各种名目的盘剥与勒索。但与普通民船相比，运军“军人”及“官方”身份又使他们处于强势地位，往往会转向敲诈、勒索航行于运河之上的商民船只。漕船水手们在往返航行的过程中，经常设置各种圈套，敲诈、勒索过往民用船只。比如故意用破损的漕船冲撞民船，然后以毁坏官船的名义向对方索要赔偿费用。或故意将漕米倾撒到商船上，再诬之以偷盗官米之名，然后“讹诈分肥”，“非给费不能行，否则加以抢粮名目，人船并锁，借称送官究治，即可得钱”②。或借口在浅涩的河道上驳运漕粮，从而肆意占用民船，商民只有行贿后方能脱身，否则就会被扣押船只，货物亦会被抛撒、毁坏。若遇到无货船只，即强留为分载私货之用，须送至清江交卸后始得放回，若船户稍为理论，即掷弃水中，无所顾忌。更有甚者，漕船水手们有时会明目张胆地用漕船阻塞河道，或将漕船横截河中，来往船只非给钱不能放行，名曰“买渡钱”；或将两漕船直长并驳，使南北船只俱不能行，往往积至千百号之多，必各船给钱方能放行，名曰“排帮钱”。因此，运河上航行的商民往往视漕船水手为流氓恶棍，但惧其剽悍势众，只能任其宰割。其讹诈之处，如嘉兴府东门外之宣公桥，苏州储胥门外之虎街，浒墅关之市河，常州府之东西两埠，镇江府丹阳县之市河等处，最为受累。这些船帮水手的肆意盘剥勒索行为，严重影响了运河上商民船只的正常航行，并对沿岸民众生活及整体商业贸易均产生了不良影响。除此之外，运河沿线可能还会有盗匪出没，故为了保护漕粮运输及商旅往来等，“运粮河两岸每隔几英里就有一个兵站”③。

由于在运河及其附近水网上搞运输，经常会面临各种各样的危险，久而久之，运河船民们都形成了信仰神灵的习俗。如在江南运河地区，船民大都信奉菩萨。为保证行船顺利，每

① 〔明〕黄汴著，杨正泰校注：《天下水陆路程》卷五《江北水程·南京由漕河至北京路》，太原：山西人民出版社，1992年，第146～147页。

② 道光十三年十二月二十八日金应麟奏折，章开沅主编：《清通鉴：嘉庆朝 道光朝 咸丰朝》，长沙：岳麓书社，2000年，第579页。

③ 〔英〕乔治·斯当东著，钱丽译：《英使谒见乾隆纪实》，北京：电子工业出版社，2016年，第312页。

年开船的第一天要“请顺风”。请顺风仪式由德高望重者组织进行，事先备好菜与各种祭品，主要有一个整猪头，外加四只猪蹄、一个猪尾巴、一段小肠，意思是一只全猪，再加一只全鸡、一只全鸭和一条全鱼四种，另外还要有一些大红纸，一把菜刀，一把葱。除猪头、全鸡、全鸭要炖热之外，鱼必须是生的，一般是鲤鱼或青鱼、草鱼，黑鱼被视为下等鱼，不能作祭品。祭祀仪式开始前，用一只大红油漆八仙桌放在大船的船头。最年长的长辈将祭品摆放在桌上，将烧好的猪头、猪蹄、尾巴、小肠放在一个大的面盆里。猪头朝向和船头一个方向，一只公鸡、一只鸭、一条鲤鱼各自放在大盆子里，朝向跟猪头方向一致。鸡的嘴里衔着一根葱，两张笋干，放一把切菜刀。每样物品都要粘上大小不一的方形大红纸。另外放上两对用大红纸扎好的“慈姑”（三只一对）。桌子上放三只酒盅，一把酒壶。“请顺风”须用顺风马幛。制作马幛的纸五颜六色，以红色为主。顺风马幛的形象类似财神，在南北杂货商店里即可以买到。顺风马幛高约 40 厘米，宽 24 厘米，放在桌子一边的中央，坐北朝南。仪式开始时，点燃一对一斤以上的蜡烛，中间摆放一只香炉，香炉里插一股点燃了的香。摆好祭品，点燃蜡烛、香，仪式正式开始，长辈最先敬酒，然后船长等依次行跪拜礼，船员们按次序依次跪拜。船长要向顺风菩萨多敬一回酒。待香快要烧完时，所有的人再次跪拜。接着将马幛拿到河埠头或河滩的地上与锡箔、火纸等一起焚烧，然后燃放鞭炮，先吹灭一支蜡烛，将供品搬到灶头上，意思是要让灶公公过过目，仪式至此结束。此外还有请土地菩萨的仪式活动。“请顺风”在每年开船的第一天，而请土地菩萨则是在每年的除夕前夕。人们认为，船出行了一年，顺顺当当，多亏了各方土地菩萨的保佑，所以要在船上请土地菩萨。祭品有元宝头、一只猪脚、过年粑粑、水果、活全鱼、全鸡、糕、糖果、酒盅、两碗饭、筷子、一把刀、蜡烛、香、炮仗、纸元宝等物品，程序跟“请顺风”差不多。拜祭完毕，众人就在船上就餐。①

山东运河沿线地区的船民有“请伙计”的习俗。“请伙计”就是船家请一位辟邪厌胜的魂灵。济宁一带称“请伙计”，枣庄一带称“请老牌”。请伙计或请老牌有两种方式，一是到坟地上去请，二是在造船时就刻有木偶供奉在船上。如枣庄台儿庄运河上的船主请老牌，就是去岸边的坟地里。将船泊在靠近坟地的地方，搭上船跳，等到夜深人静，男女主人均可，下船到一个坟前，念叨说：“我来请您上船。”说完不回头往回走，回到船上要正好是一百步。然后把老牌安放在竖桅的舱里，挂上红布，老牌就算请上了船。平时初一、十五要给老牌上香，装货前也要上香。济宁一带的船民多在造船时请伙计。排船的木工活干完，下一步就要捻船了，线头会询船主：“要

① 嘉兴市文化广电新闻出版局、嘉兴市文学艺术界联合会编：《运河记忆：嘉兴船民生活口述实录》上册，上海：上海书店出版社，2016 年，第 161 ～ 162 页。

不要伙计？”船主若要，就嘱咐线头制作。待“伙计”木偶刻制好后，涂上鲜血，支走其他船匠，由线头和船主两人把“伙计”置于后杆舱内，用木块塞上。同时，船主还要拿着好吃的和白酒敬“伙计”，口中念叨：请伙计帮忙，保证大船平安无事、兴旺发达。请伙计，主要是让他“看舵”，过闸时，顺水行驶，船主就喊：“伙计，过闸了！”要是逆水走，船主便会换种喊法：“伙计，开始过闸了，注意！”过去，大船上都请有伙计或老牌，然而各船的伙计、老牌是各不相同的，并相互严守秘密。只是到了船易主时，买卖双方再说清所供的伙计，买主驾船临行时，念叨一句：“伙计，随我走吧。望你相助。”平日里，船主对伙计不必焚香、磕头、上供；年节或宴请宾朋时，头一杯酒端起后必须说一声“伙计请用酒”，同时滴洒一些在船板上，或用手指、筷子头沾一沾酒，滴在桌上，以示敬奉。[①]

三、闸坝管理

明清两朝，在运河上航行的漕船、民船成千上万，各段运河高程不同，为保证这些船只的通行，就需要在运河之上建造大量的船闸。为保证船只能安全、顺利地通过闸坝，历代均制定了严格的闸坝过往制度。

（一）赴闸管理

元代初开会通河时，只允许载重一百五十料（一料约合当时的六十斤）的船只通航，后权豪富商造出三四百料或五百料大船于河中运行，致航道常常堵塞。元延祐元年（1314），中书省因大船充塞于会通河中，阻碍其他船只的往来，命令在运河北端临清和南端沽头、金沟三处各建隘闸一座。隘闸宽九尺，以限制二百料以上大船过往，违者没收船只货物并治罪。但后来却有改建长船以过隘闸者，即船宽虽符合规定，但却加长船身至八九十尺，甚者超过百尺者。因船身过长，入闸时不能自由回旋，仍常阻塞河道。为此，都水监会同地方官、管闸官及监察御史等官员，又议定于南北隘闸下约八十步各立二石则（即石标尺），以验测过往船只，两石则相距六十五尺，过往船只若超过两则距离，则不许入闸。另外，严禁权势乘舟不候规定水深即令开船。又禁漕船于河内临时筑土坝，积水行舟，损坏河闸。为便于管理与操作，很多船闸都有士兵驻守，“每个水闸都有一间防守室，屯驻的士兵比寻常的多一倍，用来在需要时起落木板”[②]。

山东运河，“关键全在各闸，而最关要者，尤在天井、在城、荆门上下、砖板二闸也。

① 高建军编著：《山东运河民俗》，济南：济南出版社，2006 年，第 49 ～ 50 页。
② 〔英〕乔治·马戛尔尼、〔英〕约翰·巴罗著，何高济、何毓宁译：《马戛尔尼使团使华观感》，北京：中国旅游出版社，2017 年，第 416 页。

此六闸，启闭得宜，则粮运必无浅阻之患”[①]。各闸启闭有严格的规定：上启下闭、下启上闭。两闸之间的距离，近者数里，远者十余里，船只过闸还要求该闸上下游相邻闸门都关闭，通过令牌传递启闭指令。此种用来上、下两闸间联系，以防同时启闭造成水量浪费的方法，谓之“会牌”，“漕船到傍，须上、下会牌俱到，始行启放。如河水充足，相机启闭，以速漕运，不得两傍齐启，过泄水势”[②]。明朝总督河道万恭曾在《治水筌蹄》言：“理闸如理财，惜水如惜金。”还有一种在闸旁竖立或悬挂“红牌”的习俗，木板上有红纸黑字的过闸事宜告示，由闸官刊行，并监督过往船只和当地百姓遵行。还要求船只按行船秩序赴闸，严禁拥堵闸口。在济宁任城闸河岸，曾立有“往来船只不得挤塞闸口”的醒目石碣。[③]每次过闸，船只必须结队编组，不准单船航行，以减少启闭次数。南旺段运河上的柳林闸，因处运河“水脊”，故有特殊规定：须积二百余只船才启闸板，快速过船，船过后立即装闭闸板。

闸坝管理还有一个重要环节，就是闸门段的疏浚。明代万恭任总河时，曾根据漕船重载吃水最深 3 尺 5 寸、船宽 1 丈 5 尺的标准，提出闸门段疏浚尺度深不得过 4 尺、宽不得过 4 丈，“务令舟底仅余泛舟之水，船旁绝无闲旷之渠”，即“以少浅治多浅，以下水束上水”[④]，从而达到节水通航之目的。在船只赴闸管理上，对闸官索贿、守关军逼取财物严加惩治，下令运河之中各公私人等都不准拦截阻碍船只航行。弘治十三年（1500）规定：各闸积水已满，闸官必须及时开放，故意不开，勒取客船钱物者，要拿送治罪。各关津把守之人无故阻挡一天者笞二十，多一天加一倍，以五十为限。[⑤]

有明一代，在充分利用有限的运河河水、保证通航及航运安全方面积累了许多经验。如万恭所说：“闸河之水每思其太缩，有法以济其缩，令不竭。”[⑥]嘉靖前期总河刘天河还将济宁至徐州之间各闸以最高的枣林闸为准：“余悉培而平之”，遂使“启闭水不复泄”；又根据闸底深浅，“闸底过深者量留底板，均止以十二板启闭，则闸上之水益深”，船只可直达上闸，避免中途浅搁，遂为舟行永利。闸河主要依靠引汶水至南旺南北分流作为水源，但在春夏漕运繁忙时，汶水南北分流则水量不足，并流却有余，万恭因此创立“番休之法”，“如运舸浅于济宁之间，则闭南旺北闸令汶南流灌茶城”；“如运舸浅于东昌之间，则闭南旺南闸令汶尽北流灌临清，此役汶全力者也”。万历元年（1573），临清一带水浅，万恭采用此法，漕船一日出板闸七百艘，十日出六千多，

① ［明］张伯行：《居济一得》卷一《山东运河》。
② 《清史稿》卷九七《食货三·漕运》。
③ ［明］陆容著，李建莉点校：《菽园杂记》卷六，上海：上海古籍出版社，2012 年，第 44 页。
④ ［明］万恭：《治水筌蹄》卷下。
⑤ 正德《大明会典》卷一五九《工部一三》。
⑥ ［明］万恭：《治水筌蹄》卷上。

大大加快了航行速度。为了节约用水，还创立了“以漕治槽”和“以浅治浅”的办法。以漕治槽，也叫“填槽”，开闸前，令漕船预满闸槽，两闸间 1 里长运道可容船九十只，九十只船满槽而并过，“槽盈则水溢”，不仅可以防止上闸水走泄，还可将下闸水逆流灌入上闸，充分利用了水流。以浅治浅，是在二闸之间保留一个河床较高的淤浅处，长数丈，可以“蓄上流，以一浅省多浅”，起到拦水积水的作用，“船行至此虽少待，然积水不必盈闸即可越而直达上闸，舟行故速矣”①。

此外还采取措施抬高水位，冲刷淤浅。如限制河宽不得过六丈，“故水束而深”，并立“小河之法”，每年于秋尽水落时筑缕水小堤，束小河身，“槽立小则河立深，浮舟俄顷耳”，对航行十分有利。航行中如突遇水浅，“救急莫如加板”，可以很快抬高水位，还省去挑河之劳费。如果河道中有淤浅之处，则临时设置活闸。“木板为之，视槽之广狭而多寡焉，中留龙门十有八尺，遇浅则施，深则否，可导而上下者也”②，不但可以蓄水，防止河水走泄，还可冲刷淤浅。

为了缓解出闸急流，保障行船安全，又采取建土闸和设船堤的办法。土闸是于闸外设坝，“以留水与河接”，造成缓冲，但“龙门如制”，可以通船。船堤是用漕船数重堵塞闸口，“闸水为船所扼不得急奔”，大大减缓了流速，同时“留一口牵而上”，船只可以继续航行，其余的“递相为塞障而拥水也”，亦称“以船制船”。此外，开闸前令上下船只停于五十步外，“每启一板，辄停半晌”，称为“晾板”，等“水势杀，舟乃不败”。如船只顶闸停泊或通闸启放，“是竭河毁舟之道也，漕大忌之”。过闸时，前后船只要衔尾而进，使后船乘前船水势而进，可以使“闸夫省路一半，过船快利一倍”③。

漕运的衙门大多建在闸上，因此航行的管理一般也都在闸上进行。明代规定各种船只航行都必须持有文引，接受检查。洪武二十六年（1393）规定：“凡运粮、马快、商贾等船经由津渡，巡检司照验文引”④，如果势豪之人不服盘诘，拿送巡河御史郎中究治。但漕船以后只接受有关漕运衙门检查运军所带私货，其余衙门俱免投文盘诘。其他如马快船、驿船都要经巡河御史、管河管洪管闸等官盘检，将多带私货及附搭客货、私盐没收入官，并治罪。除载有进贡御用之物的船舶外，其他船只均不得使用响器，违者治罪，响器没收。

运河中皇室所用黄船畅通无阻，各种船只都要回避退让，其随从船则两岸分行，“不许混挤以阻粮运”。其他船只都要编号按顺序而行。景泰时军民船只“编号相兼而行”，后改为“军民船只各自编号”。嘉靖元年（1522），为了禁止民载船只假冒权要欺凌运船，户部重申旧

①〔明〕万恭：《治水筌蹄》卷上。
②〔明〕万恭：《治水筌蹄》卷下。
③同②。
④〔明〕谢纯：《漕运通志》卷八《漕例略》。

规：民载船只北行者由吕梁洪主事，东行者由临清管闸主事记录乡贤姓名、编成次序，除运纳军需钱粮验有官给明文外，其余但系官货船只于桅上大书号数，给与呈帖，跟随运船分岸鱼贯而行，民船不许越帮，争占搀越者治罪。在运河航行的各种船只通过闸座时，都要遵守闸座启闭规定，惟有进鲜船不在此例，随到随开，随到随过。各种官民船只过闸有一定顺序，漕运繁忙期间是：漕船——贡船——官船——民船。景泰四年（1453）规定：官船和民船各占一日轮流过闸。后来规定，九月以前每过粮船十只兼过一只民船，十月初一以后民船不许进闸，至运粮船过尽方许放行。[①] 过闸规定也常被破坏，如前所述，势豪官员多不守闸规，抢关而出；各处公差官员亦多不遵禁令，尽量谋求越权上洪过闸，致使粮船贻误运期。

（二）过闸拖坝

明清时期，京杭大运河山东段高差较大，所修造船闸也最多，故山东运河又有“闸河”之称。元至元二十六年到至正元年（1289 ~ 1341）建起了 31 座船闸，至清乾隆年间（1736 ~ 1795）又建闸 49 座。这些船闸，有两闸门的单级船闸，也有三闸门的多级船闸。其中的单闸，启闭时水位差大，产生的强大急流会使船只直坠而下，真可谓“下行似箭飞，上行如爬山”，船只过往有极大的危险。明李流芳《檀园集》曾描述：“济河五十闸，闸水不濡轨。十里置一闸，蓄水如蓄髓。一闸走一日，守闸如守鬼。下水顾其前，上水还顾尾。帆樯委若弃，篙橹静如死。京路三千余里，日行十余里。迢迢春明门，何时能到彼。”[②]

古时过闸，常与绞关相联系。绞关，既是牵拽船只过闸的工具，又指用绞关车牵拽船只过河中水浅处或越闸关的一种操作形式。据调查，船只过闸情形如下：

> 过去过闸，船要用绞关，闸背如同一道坎，水深流急，掌舵的都由经验丰富的船老大把使，重货物还要在河两岸两个关同时绞，关有一步关、两步关、三步关，一步关有七八步，由 8 个至 10 个操作人员两边对等分配，由篙工拿旗统一指挥，官府的运粮米船过闸不要钱，其他来往的商船根据载货量和船只大小交过闸钱。民国时一艘 20 吨的货船要交 20 块现大洋，其他还要给绞关的赏钱，不然指挥绞关的头提溜你、拿捏你，一给赏钱指挥篙工敲着小锣高喊，“船上 ×× 老板赏现大洋 × 块，咱要卖力啊！”喊后，大家一齐用力就过了关。[③]

①〔明〕谢纯：《漕运通志》卷八《漕例略》。

②〔明〕李流芳：《闸河舟中戏效长庆体》，《檀园集》卷一《五言古诗》，景印《文渊阁四库全书》第 1295 册，台北：台湾商务印书馆，1986 年，第 301 页。

③ 高建军编著：《山东运河民俗》，济南：山东人民出版社，2018 年，第 82 页。

按现代测量，从台儿庄到南旺地面高差为 10 米，主要是在台儿庄至韩庄间。此段运河上的船闸除闸板外全部用条石砌成，缓冲不够，闸里闸外水位落差大，所以船只过闸时大都流急浪高，惊心动魄，过闸如过鬼门关。动水过闸，水流湍急，浪头高溅，每闸都要几十人拉一条船，还常有船毁人亡的事情发生。在台儿庄一带驾船过闸，称为“过三浪”。过闸前，船工需用篷布将装载的货物覆盖严实，再将具有一定长度且坚硬的木棒固定在船底，然后用绳子将其连同货物一起左右捆绑，以防货物抛撒或船只倾斜掉入水中。绑扎完毕，船老大便开始挑选过闸船工，被选中的是那些身强力壮、胆大心细、身手敏捷、富有过闸经验的青壮劳力。为确保人身安全，过闸前用绳子捆住船工腰部系在船上，手持竹篙随时待命。待闸门打开，闸夫便转动绞轴将船只缓缓拉进闸门，这时船工就进入了高度戒备状态。就听“嘭”的一声巨响，船只如一块巨石投入水中，刹那间不见了踪影，但见三四米高的水柱冲天而起，又哗然而落。“过三浪”中的这第一浪最为危险，因为船只下落时水位落差太大，极易使船失去控制而沉入水底。这需要船工有良好的心理素质和快速的反应能力，做到出篙及时，撑篙有力，方能保证过闸时人船平安。紧接着船只又被浪头抛起，随之激起几股水柱，但其高度已不及第一次。待船只第三次起落，船只就安全过闸了。此时，船主才会长舒一口气。对船只过闸的场景，乾隆年间来到中国的英国使者也曾描述：“船只通过水闸时需要相当技巧。由一个水手拿着大桨站在船头指挥，船上的客人都站在船的护板两边。护板是用兽皮做的，当中塞进头发等软物，以减少船只碰到石头对船体产生的震动影响。”①

关于闸关之险恶和过闸之艰辛，前人诗文中多有描述。如写济宁段的：“任城南畔长堤边，桥压大水如奔湍。闸官聚水不得过，千艘衔尾拖双牵。”②“日维乙未月丙戌，青天无云月东出。舟人喧豗夜涛发，翻沙转石纷出没。是时水浅舟在地，闸门崔嵬昼方闭。闸官醉睡夫走藏，仓卒招呼百无计。民船弃死争赴闸，楫倒樯摧动交碎。舟人号啕哓性命，十里呼声震天地。”③临清有会通、南板、新开三大船闸，过之也很惊险。清初著名画家石涛曾作《舟过临清闸图》，并题诗《临清过闸口号》一首：“地倾水泻须凭闸，千里雷车倍怒嗥。卷浪抛开珠散彩，崩空舞碎雪分涛。七十二门向北牢，东归此去渐凭高。锦云旋绕织秋袍，仙障中分虎势绦。鸣锣击鼓壮滔滔，行人驻看跃渊艚。飞帆拥簇驾图旄，推窗卷幔得挥毫。”④康熙四十四年（1705）康熙帝过临清闸，也有一首《过临清闸》诗：“岸转蒲帆速，樯回树影低。波倾闸势险，溜急浪声齐。”⑤

今人樊运琪先生曾回忆儿时所见运河上漕船过闸的惊险场面：

---

① 〔英〕乔治·斯当东著，钱丽译：《英使谒见乾隆纪实》，北京：电子工业出版社，2016 年，第 318 页。

② 〔元〕朱德润：《飞虹桥》，杜建春编：《济宁历代诗选》，北京：中国社会出版社，2011 年，第 180 页。

③ 〔明〕李东阳著，周寅宾点校：《夜过仲家浅闸》，《李东阳集》第 1 卷，长沙：岳麓书社，1984 年，第 667 页。

④ 汪世清编著：《石涛诗录》，石家庄：河北教育出版社，2005 年，第 22 页。

⑤ 临清市地方史志编纂委员会编：《临清市志》，济南：齐鲁书社，1997 年，第 805 页。

夏季雨水多，河水便会猛涨。翻腾的黄水夹着旋涡，翻着浪花，呼啸而下。城内河上有几座著名的桥，如草桥、南门桥、大闸口、小闸口。由于河面在这里猛窄猛宽，桥下水面犹如开锅的水，气势雄伟，蔚为壮观，逶迤百余米才变为较平静然而仍然急湍的水面。这时候也正是夏粮收获后的季节，运粮的船特别多。故而老济宁人把船统称运粮船，运河则被叫作运粮河。运粮船一般都有七八丈长，油得黄黄的木板面船体、货仓、舵楼、夹在船身两边的劈水板，倒放的大桅杆，结构非常复杂，在这深深的河床里，显得特别大。再加上忙碌于船上的船夫和生活在船上的儿女，看得小伙伴们眼不够用。

顺水行船，船上最紧张的便是过闸口。水自然是特急，桥下两边石壁又陡又窄。船头上两个强壮的大汉，分别握长枪似的牢牢地抓着带铁尖的长竹篙，不断地向两岸石壁刺去，死命抵住，以防船和岸相撞。其他人也是跑前跑后，或用篙抵，或拿着一根头上系有麻袋球的绳子，不断地垫向那船和石壁中间。年纪大的老舵手牢牢地把着舵，两眼眨也不眨地直视着前面。岸两边和桥上都站满了人，憋住一口气静静地看着这惊心动魄的场面，直到大船顺利地过了闸口，进入河道，大家才松了一口气，恋恋而散。若是顶水行船，那是最吃力的时候，通常船两边的甲板道上，两个船夫各用肩顶着一个直插河底的长篙，两手紧握篙把，弓着腰，一步一步地向船后走。两岸的纤夫拖着长长的纤绳则一步一步往前行。船到闸口除了纤夫要上桥递换纤绳，船夫们少不了又是一番和急流、石壁搏斗的紧张……[1]

第二节　船只修造

航行于运河之上的船只各色各样，以明清时期为例，约有数十种之多。具体如漕船（运输漕粮）、快马船（运输进贡之物品）、黄船（运载宫廷所用之物品）、抽分座船（收税船）、使节船（外国使节所乘坐船只）、巡船（巡河官军及巡漕御史所乘坐船只）、红船（救生船只）、明堂船（船帮组织的押运船）、沙船（负责挑浚河道的船）、哨船（传递信息所用之船）、大篷船（押漕官员所坐之船）等，此外还有各种民用船只，如渔船、商船、客船、货船等。

在各类船只中，运输漕粮的漕船是最主要的一类。所谓“三代以下，国用之资莫

① 高建军编著：《山东运河民俗》，济南：济南出版社，2008年，第146页。

大于漕运，漕运之器莫大于舟楫”[①]，“京师为军民集区，万国水运以供储，漕舫所由兴也”[②]。漕船是运输漕粮的最重要工具，历朝历代都非常重视漕船的制造与维护。“治艘以转粟，国计允赖；建厂以治艘，漕政之所先也”[③]。由此产生了专门的漕船修造部门，且围绕漕船修造制定了一系列的制度与规矩。此外，民船制造也形成了一定的工艺流程与相关习俗。

一、漕船制造

运河开凿，以漕船运送漕粮，在中国有着非常悠久的历史。“汉初，命河南以东造舟五百艘，岁漕东方之粟于关中”[④]。唐代，扬州为当时长江下游地区最大的造船中心，官办造船工场多设于此。唐代宗时，刘晏主持全国漕运事务，“于扬子置十场造船，每艘给钱千缗”[⑤]。为了保证粮船的质量，刘晏专门派“专知官十人，竞自营办”[⑥]，前后共制造“歇踏支江船二千艘”[⑦]。宋代，有关纲运船制造的记载屡见于文献中，“诸州岁造运船，至道末三千三百三十七艘，天禧末减四百二十一”；治平二年（1065），“诸路创漕船二千五百四十艘”；元祐五年（1090），“诏温、明州岁造船以六百只为额”；大观三年（1109），“责限江、湖路打造粮船二千七百余只”；政和四年（1114），宋徽宗诏令两浙路转运司各打造三百料三百只，江南东、西，荆湖南、北路转运司各打造五百料三百只，所造船只全部送往开封；同年济河开凿后，又特意打造了座船一百只、浅底屋子船二百只、杂般座船一千只，以供济河漕运使用；建炎二年（1128），发运副使吕淙报告说：“依祖宗旧法，于虔、吉、潭、衡四州认定每年打造七百二十三只为额”。[⑧]元代至元二十年(1283)，“于扬州、平滦两处运粮，命三省造船三千艘于济州河运粮”。[⑨]

明代之前，虽然文献中多有关于粮船制造的记载，但对于当时具体的造船情况，如物料、造价、管理措施等，却少有记载。明清时期，随着国家对漕运的日渐依赖与重视，关于漕船制造的规范亦日渐严密起来，随之出现了大量关于漕船制造的相关记载，如明人席书的《漕船志》、李昭祥的《龙江船厂志》、杨宏的《漕运通志》，清人杨锡绂的《漕运则例纂》等。

明初还没有专门的漕船制造厂。据席书《漕船志》卷一《建置》记载：“是时，河海运

①〔明〕杨宏、谢纯：《漕运通志》卷五《漕船表》。
②〔明〕宋应星著，钟广言注释：《天工开物》卷中《舟车·漕舫》，广州：广东人民出版社，1976年，第234页。
③〔明〕席书：《漕船志》卷一《建置》。
④ 同③。
⑤《资治通鉴》卷二二六，“德宗建中元年”条。
⑥ 同③。
⑦《新唐书》卷五三《食货志》。
⑧〔元〕马端临：《文献通考》卷二五《国用考三》。
⑨《元史》卷九三《食货一》。

船俱派造川、湖诸省及龙江提举司。当时，每年会计粮运应用船只，俱派湖广、四川诸省产木近水州县，军民相兼成造，亦有造于龙江关者。”永乐年间（1403～1424），随着迁都北京及会通河的疏浚，漕运的规模不断扩大，对漕船数量和质量的要求也越来越高。永乐七年（1409），“肇建清江、卫河二厂，督造运船”。其中卫河船厂位于临清州州治之右，清江厂在淮安城西北。两厂所管辖范围，“南京、南直隶、江西、湖广、浙江各总里河浅船，俱造于清江。遮洋海船并山东、北直隶三总浅船，俱造于卫河。大约造于清江者，视卫河多十之七……先年，遮洋船多隶清江厂成造，寻改隶卫河”。里河浅船，即在运河航行之粮船；遮洋海船，即通过海路运输粮食之漕船。之所以要在清江、卫河建立造船厂，是因为两地濒临运河、交通便利，而两地发达的商业经济也可为船厂提供原料、人工及技术。此外，便于政府的管理与控制也是重要原因：“厂淮分天下之中，北达河泗，南通长江，西接汝蔡，东近沧溟，乃江淮之要津，漕渠之咽喉。船厂之建，非但便于转输，实我国家一统之讦谟、万世之长计也。”①

终明一代，清江船厂是最重要的漕船制造工厂。嘉靖三年（1524），为便于统一管理，卫河船厂亦被归并入清江船厂，成为其下属的四总厂之一。从弘治三年（1490）到嘉靖二十二年（1543）的54年间，清江船厂共造船27 031只，平均每年造船约500只。弘治十四年，南京翰林院侍读学士马廷用曾作《清江船厂记》（《漕船志》卷八），记述清江船厂之概况：

> 清江船厂在清河县之南，距淮安三十余里，因临于淮水，故名清江云。其地平衍，弥望旷然，盖南北一要冲也。我太祖高皇帝混一区宇，定鼎金陵，九州百夷，任土作贡。肆我太宗文皇帝中靖家邦，益隆继述，于顺天府肇建北京，爰命文武大臣各一员，浚闸河通舟楫，以省海运转输之半。行之未久，海运遂罢。今所谓清江、卫河二提举司，皆当时成议，以为便宜可久者。累朝相承，略加损益，至英庙时，江南、江北始限为船一万一千七百有奇，清江十九，卫河十一。后清江该造运船之数，复析浙江、南直隶等卫，俾归自成造。隶于清江者，惟南京、镇江、江北直隶诸卫所而已。每船价银一百二十两，所征船料初取诸江西、湖广、四川、福建、南直隶徽州诸郡县，民苦解纳，往返经年，破产荡家，公私俱困。军士亦往往有支料不敷，辗转陪补之患，始有缘此而鬻子出息，转相逋逃者，有司具实以闻。
>
> 朝廷采群议，湖广荆州府、浙江杭州府、南直隶太平府委部官抽分，以充清江、卫河造船之用；淮安抽分则令本司自领之。通计每岁例得银二万六百七十两，苏、

---

①〔明〕席书：《漕船志》卷一《建置》。

淮、扬三府人匠银三千三十两。每岁额造五百三十三只，江南诸省府不在数内。迄今遵守，以为定规。顷者总督漕运右都御史安福张公、总兵官都督同知合肥郭公奉诏入朝，会同本部尚书曾公等首建大议，复增入官银二千三百七十两，总计官给银二万六千七十余两，并各军士原旧自办银二万二千七百余两，总得每岁共享银五万余两。疲兵困卒，顿觉少苏。此晁大夫所谓节其力而不尽，邵夫子所谓宽一分则民受一分之赐者也。

夫论大计者不惜小费，图远效者不屑近功。今计费而给之，虽锱铢必较；计艘而督之，虽沉覆不恤。加以罗织多事之吏争炫虚名，远谤避嫌之人仅守成案。数运之后，为弊日滋。吾恐军民皆惫，上下匮乏，不知何拯救之方、通融之术，可以处此而后得耶！

嗟乎！天地间财货止有此数，不在民则在官。孔子曰："节以制度。"曾子曰："用之者舒正使。"刘晏诸人复用于世，千歧万径，徒尔纷更，吾圣贤言语足矣。理财之道要不过此，庸系此于末简，为《清江船厂记》。且以告夫将来从事者，万一吾君吾相有问焉，当执此以对。此余日夜所有志而愧未能也，亦文同所以刻石之意也。

明代，负责漕粮运输的主要是卫所士兵，即漕军。这些卫所分布于各地，很多距离清江或卫河船厂路途遥远，且造船木料运输困难。宣德年间（1426～1435），"议造江西、湖广、浙江、江南直隶各总浅船，俱归原卫，惟南京、镇江、江北直隶诸卫，隶于清江。各就水次兑运，不专在淮安常盈仓支运，故归原卫造船，以便物料"。不过，"各船虽归原卫，计料修造，仍从清江。凡各船回至清江本厂，行委提举司官匠，估计应该修理或改造合用料物，填注票贴，给官军回至原卫，照数支给，买料修造"[①]。也就是说，虽然船可由各卫所自行制造，但具体的物料明细等，仍需遵从清江船厂的规定。另外，各卫所所造船只，还必须接受清江和卫河提举司官员的监督与检查。成化二十一年（1485），山东、北直隶漕船准许自造；成化二十三年，镇江等卫所船只也改为卫所自造。

除船厂、卫所所造船只外，还有民造之船。卫军自造者称为军字号；民造者称为民字号；提举司造者称为运字号。"永乐、宣德间，造于湖广者，为'湖字几号'；造于江西者，为'江字几号'；造于浙江、徽州等府者，仿此。天顺间，始照各总类编。原系民造者，为'民字几号'，旗军自造者，为'军字几号'。又有'运字号'者，则造于提举司者也。"[②]

造船所用之木料，主要有松木、杉木、楠木等。这些木料，"俱派四川、湖广、江西出产处所。浙江、江南直隶不出木者，买办送纳"[③]。此外，船只制造还需要油（桐油、豆油等）、铁（切铁、钢铁、建铁、新钉、黄钉、钉坯、铁线、铁砧、铁条、篙错、秤铊）、麻（黄麻、白麻、山麻、苘麻）、炭（木炭、煤炭）以及竹（青竹、猫竹、筀竹、

①〔明〕席书：《漕船志》卷一《建置》。
②〔明〕席书：《漕船志》卷三《船纪》。
③〔明〕席书：《漕船志》卷四《料额》。

筸竹、水竹、箭竹、苦竹、滑皮竹、竹板）、石灰、黄藤、棕毛、芦柴、芦席以及樟、榆、槐、柏等杂木料。制造一艘载重为一千料的遮洋海船，所用物料为“杉木三百二根，栗木二根，杂木一百四十九根，株木二十根，橹坯三十八枝，榆木舵杆二根，钉线三万五千七百四十二个，杂作一百六十一个，桐油三千一十二斤八两，石灰九千三十七斤八两，船麻一千二百五十三斤三两三钱”。此外还需要“络麻一千二百九十四斤，黄藤八百八十五斤，棕毛二千一百八十三斤一十二两，白麻二十斤”①。大体言之，制造一艘里河浅船的花费约在一百二十两左右。具体造船物料，弘治年间按“军民七三”派征。民七，即民出船料价的七成，由地方官向百姓征收“船料银”；军三，即由漕军出办船料价的三成。其中民料解送布政司，军料解都司，各自收贮。

用不同木料制造的船只，其使用年限并不相同。“正统以前，所造船只，或用杉木，或用杂木，小坏则修理，大坏则改造。景泰以后，始有松木者五年一造，杉木者十年一造，或有株、楠、杂木者，七年一造，自成化十六年以后停止。各处解木清江厂，俱用楠木，十年一造”。此外，服务于不同地区的船只，其使用年限也有具体规定：“里河浅船、遮洋海船，俱十年一造。清江、卫河二提举司成造浅船、遮洋海船，每年俱于瓜、仪二处湾泊，各雇江船于各州县水次兑运，回至瓜、仪，上载不轻过坝，故十年一造……江南船俱五年一造。江南直隶并浙江、江西、湖广卫所，为外江船，因其往回经坝二次，故五年一造。”②

明代，除了有专门的造船厂，从中央到地方还设置了严格的管理体系。在中央由工部统一管辖全国各船厂，在地方则由下派的工部郎中或主事具体负责，其下还有提举司、厂官、大使、卫所官等众多的管理人员。“设工部，总四司，都水其一。永乐十三年，命工部差都水司官一员，督理清江船厂。先年差官川、湖等处，催造不为常例。是年，始差部官，专理厂事。是后或差主事、郎中，无定例焉。景泰后，例差主事一员，率三年一代。”③在各造船厂中，具体承担任务的为造船工匠。工匠有不同的工种，如拆船匠、大木匠、细木匠、锯匠、艌匠、画匠等，此外还有牙人、脚夫及钉钉子的等。不同的工匠有不同的工价，如建造里河浅船的，拆船匠工银三钱、大木匠工银五两、细木匠工银三钱、锯匠工银一两七钱、艌匠工银七钱、画匠工银一钱；建造遮洋海船的，由于船体更大、质量要求更高，相应工价也就高一些，如拆船匠工银五钱、锯匠工银二两一钱、大木匠工银五两五钱等。

---

①〔明〕席书：《漕船志》卷三《船纪》。

②同①。

③〔明〕席书：《漕船志》卷二《奉使》。

明代初年，实行轮班倒的班匠制度。“原拨苏、淮二府各色共四千名，二年一班，二千名在厂上工造船”。后为宽民力，又改为四年一班，但又造成了“班稀匠少，造船不敷”的状况，天顺二年（1458）“复令清江、卫河二提举司匠役，二年一班”[①]。但成化以后，班匠制度日渐废弛，工匠上工者少且多有逃亡，为此规定可纳银代役。“清江提举司，每年造船人匠二千名，卫河提举司二千一百八十四名，共四千一百八十四名，止有一百七十九现到兴工。虽有纳银者，不过六百二十名，未到三千三百八十五名。要行各该司府。今后不必解送人匠，令其照名出办银两，每年印封解送两提举司，如数给军雇人造船，庶得船只有完，军士不累。”[②]此后，工匠既可轮值上工，也可纳银代役，然后再由船厂雇人造船。但此后，这一制度亦是弊端丛生，“清江、卫河二提举司人匠，旧例俱二年一班，每班三个月，无力者上工，有力者每班纳银一两八钱，以为造船木价额料之需。近年以来，法久弊生，清匠官漫无稽查，匠役互相影射。上工者仅百之一二，而班匠银拖欠动以万计，弊斯极矣”[③]。

在漕船建造的过程中，徇私舞弊、偷工减料的事时有发生。概而言之，造船之弊有十，即板薄、钉稀、不精、不式、故板、省舱、稽延、克减、措诈、赔补[④]。为保证漕船建造的质量，政府对于造船木质、使用期限、尺度规模、维修管理等各方面，都制定了相关的法律规定与奖惩制度。“工部都水司主事朱为禁革造船奸弊以新漕政事，照得各厂改造漕船，旧有成规，比因奸弊日滋，良法浸废，钱粮侵费而漫无稽查，船只脆薄而不堪驾运。本职莅任以来，仰思国计之重，愿报涓埃。博采舆论之同，颇悉利弊。今将禁革条约开具于后，晓谕官旗、商牙、匠役人等，一体遵守，痛惩既往之愆，共睹更新之政。庶漕船之改造得济实用，而本部之职业亦少尽万分之一矣。如仍前作弊玩法，定行从重究治不贷，须至告示者。”这些措施，主要有定船式、严船号、比船限、查底船、处木料、选匠役、禁刁泼、弭火盗等。比如“严船号”：“凡各卫所旗甲领造漕船，分别军、民、运等字号，具载本部格眼册内，不及十年者不准收造，此漕规也。近访得厂官有等贪利之徒，往往出格预造，以致船事情混淆，钱粮不敷，深为未便。今后各厂凡遇该卫所帖到船只，即查字号与格眼册，年分相同，方许带领旗甲赴部投递到状及相拆呈文，以凭委官查复，委无违碍，方准领料改造。如船已损坏，而字号尚不及年者，暂准拆卸钉板寄厂，旗甲告回本卫，待及年赴厂改造”。再如“比船限”：“凡各厂造船，旧有漕规，酌定期限，最为宽裕。近日官旗匠役任意迁延，致误工程，本部决不差人催工，恐生骚扰。官旗人等各宜体悉，凡领有本部造船号票，给有木料，俱限十五日内排底兴工，二十五日内报完印烙。先期完日，量加犒赏，违限者责治，久则参究。”[⑤]

①〔明〕席书：《漕船志》卷六《法例》。

②〔明〕杨宏、谢纯：《漕运通志》卷八《漕例略》。

③〔明〕席书：《漕船志》卷四《料额》。

④〔明〕李昭祥：《龙江船厂志》卷六《孚革志·造船》。

⑤〔明〕席书：《漕船志》卷七《兴革》。

二、漕船维修

漕船在使用过程中，不可避免会出现损坏、折旧的情况。大体言之，漕船损毁有自然损耗、意外事故和人为损坏等几种情况。首先，作为由木头制造而成的船，时间一长，自然就会出现结构松弛、板木朽坏的情况，尤其是在遇到急流险滩时，损毁更是不可避免。“一艘挽拽几至二三百人”，“篁缆中断，船随粮摧，一舟撞损而尾后者三五相继”①。意外事故则多是因水火等原因造成漕船损毁，如明弘治七年（1494）与万历三十五年（1607），就分别因火烧与大雨，镇江卫与京师分别损毁漕船35只与23只②。人为原因则多是因为运军故意损坏，或因侵盗漕粮，而“妄称水火，至有凿船自沉者”③；或将漕船拆掉卖木材。为保证漕粮运输的顺利进行，就必须对船只进行定期或不定期的保养维护与修理。

宋代，规定包括纲船在内的官船“三年一小修，五年一大修”，若不及时修葺，二三年间必皆朽坏。当时一只纲船的维修费用并未有专门记载，但从其他船只的维修费来看，当不在少数。如据宋人叶梦得《石林奏议》卷一〇《奏乞参酌古制造战船状》记载，南宋初淮西宣抚司维修车船，“每只计用钱四百余贯”，甚至“每只恐非四百贯可了”。绍熙五年（1194），沿海制置司拨发官钱三万一千六百五十五贯五百钱，维修海战船十五只，平均每只维修费高达二千一百一十贯。④当然，与车船、战船相比，纲船不论制造还是维修费都相对低一些。

明代，对漕船的维修亦有明确规定，正统以前规定“小坏则小修，大坏则改造”。正统以后，对漕船维修进一步做了制度化规定。“凡在京并沿海去处，每岁海运辽东粮储船只，每年一次修理。其各卫征战风快船只等项，若有缺少损坏及当修理者，务要会计木、钉、灰、油、麻、藤及所用工具，依数拨用。如有不敷，亦当预为规画，或令军民采办，或就客商收买，或外处拨支，审度便利，定拟奏闻，行下龙江提举司计料明白，行移各库放支物料。其工程对象照依料例文册，然后兴工”⑤。

天顺二年（1458）规定：“卫河、通州、淮安船厂修造船只，松木二年小修，三年大修，五年改造；杉木三年小修，六年大修，十年改造。”⑥为不耽误漕粮运输，漕

①〔清〕顾炎武：《天下郡国利病书》卷二七《江南十五》引《淮安府河防记·通济新记》。
②《明孝宗实录》卷九四，“弘治七年十一月丙午”条；《万历邸钞》“万历三十三年丁未卷”。
③《明史》卷七九《食货三·漕运》。
④《宋会要辑稿·食货五十》。
⑤〔明〕席书：《漕船志》卷三《船纪》。
⑥万历《大明会典》卷二七《会计三·漕运》。

船维修必须要于限定时日内完成。“海运粮储，每年五月太仓开洋，直沽下卸，秋间回京。船只中多被损坏，亦有漂失不见下落者，俱用修理补造。分派江西、湖广、浙江等布政司，并直隶徽州等府，近水产木处所军卫有司相兼修造，俱限次年三月终完备，驾赴太仓应用”。[①] 不同卫所的船只，在不同的地方维修。如宣德五年（1430）规定：“南京、中都留守司、直隶卫所于淮安修，山东等都司于临清修，湖广、江西、浙江都司皆回原卫修。”[②]

为杜绝运军故意损毁漕船，保证漕粮运输正常进行并减少维修费用，官府对人为破坏船只的行为严加控制，制定了一系列惩罚性措施。如天顺八年（1464）规定：“运军或遇风水不测，损坏船粮，若在百里内者，务要府州县正官，在百里外者，许所在有印信官司勘实结，申总兵等官处，如有诈妄，罪坐勘官”，规定船只损坏者须及时上报。嘉靖二年（1523）规定，“不许变卖拆毁坏船。户部题：成化九年，工部题准，总督、总兵等官转行各处卫所，将运粮官民料造船只，每只出印信文凭一纸，开写原编字号、料力、打造缘由，付与驾船旗军收执运粮。如遇粮完，某船损坏，不堪驾驶，明白告知亲管官，赍执前项文凭，并不扶结状，赴大同关提举司，告委拨官匠相看是实，就将文凭收销附卷，官船着令拆卸，带回该卫或清江提举司交收。自造船只，听从发卖，仍送通州抽分竹木局，照例拆卸抽分，并行张家湾巡检司常川巡视。但有擅自拆卖官、私船只，捉获到官，转送法司问罪，追船并板片入官”[③]。

清代对漕船维修的规定更为明确。漕船每年有固定的维护费用，且根据船只的使用年限逐步增加例年的维修费用。“各省每岁修舱漕船，向例悉照出厂年份递增银数支给”。具体的维修的规定各地有所不同，如江南省：

> 江南省漕船，每船每年给六款工费，共银五钱四分，俱照现运船支领。又每船每年给篾箪共银一两一钱五分。又每船三年一次，即出水之第四年、第七年、第十年也，给黄麻共银一两三钱二分。又每船至第四年、第七年，即出水之第五年、第八年也，各一次给白麻共银七钱。又每船至第五年，即出水第六年也，给换大篷头篷共银五两，旧例止支银四钱五分，今工料稍贵，内新增银三钱五分。又每船已满十年，如果尚坚，始准照九年例不支黄麻，再支修舱银三年，余年一概不准支领。又每船运过一年，即出水之第二年也，给修舱银六钱后，按年递加。又每船运至七八九年，即出水第八年、第九年、第十年也，外加大修银三两。又初年新造出水船，物坚，全不给修舱什物，止给工费银五钱四分。又第一年，出水之第二年，给修舱篾箪工费工银二两二钱九分；第二年，出水之第三年，给修舱篾箪工费工银二两八钱九分；第三年，出水之第四年，给修舱篾箪工费、黄麻修篷共银五两五钱二分；第四年，出水之第五年，给修舱篾箪、白麻工费工

①〔明〕席书：《漕船志》卷六《法例》。
②《明宣宗实录》卷七一，“宣德五年十月癸酉”条。
③ 同①。

银四两七钱九分;第五年,出水之第六年,给修舱篾箪工费、换篷共银九两六钱九分;第六年,出水之第七年,给修舱篾箪黄麻共银六两五钱二分;第七年,出水之第八年,给修舱篾箪工费、白麻加大修,共银九两五钱九分;第八年,出水之第九年,给修舱篾箪工费加大修篷共银十两二钱九分;第九年,出水之第十年,给修舱篾箪工费加大修、黄麻共银十一两三钱二分。其过号船只,如尚坚固,照九年例再支三年,余年一概不准支领,即出水之第十一年、第十二年、第十三年也,不支黄麻,止给岁修银两加大修篾箪工费,共银一十两零九分。①

相比之下,江西省的漕船维修规定比较简单,只有小修、中修、大修之分:

第一年不给修舱银两,第二年每船给小修银三两,第三年每船给中修银五两,第四年每船给中修银五两,第五年每船给大修银七两,第七年每船给大修银七两,第九、十年每船给大修银七两。其过号等船,如尚坚固,仍可加修再运一二年者,量加修舱银两,仍令载运,照年扣算以上银两,每年照例支领。②

修船的费用,"定例在于各处粮道库内支给报销。其江、安、苏、松等处修舱银两,向系各卫官丁于过淮时造报总漕批给"。康熙二十七年(1688)之后,又统归为各省粮道拨发,只有天津、通州两地的维修费用,仍照旧例于坐粮厅、通济库内领取。而对于那些支领了银两而不维修船只或迟误维修的,一律严加处罚:"倘有迟误以及领得银两而不舱船者,总漕即将该粮道、监兑、押运、卫备等员弁题忝议处,修舱银两仍着落旗丁赔补。"对于未使用满十年而无故朽坏、不堪修舱或漂没、被火烧毁的漕船,要根据漕船料价银分别年份进行追赔:

每船料价银二百八十三两二钱七分三厘零,其追赔之银亦照料价定额。如船止经运一年者,该追赔银二百五十四两九钱四分五厘零;运过二年者,该追赔银二百二十六两六钱六分一厘零;运过三年者,该追赔银一百九十八两二钱九分一厘零;运过四年者,该追赔银一百六十九两九钱六分三厘零;运过五年者,该追赔银三十四两七钱五分一厘,不足年第什物银八两三钱二分七厘五毫,旧什物银三两四钱;运过六年者,该追罚银三十四两七钱五分一厘,不足年第什物银六两六钱六分二厘;运过七年者,该追罚银二十三两一钱六分七厘,不足年第什物银四两七钱九分六厘五毫;运过八年者,该追罚银二十三两一钱六分七厘,不足年

① 〔清〕杨锡绂:《漕运则例纂》卷二《通漕运艘·三修则例》。
② 同①。

第什物银三两三钱三分一厘；运过九年者、十年者，该船俱免加罚。[①]

三、民船制造与相关习俗

船只制造有一定的工序。关于历史上漕船制造的具体过程，文献中并没有清晰记载。在此我们以现代田野调查为依据，对历史上山东运河沿线地区木质船制造的传统工艺流程略做介绍，从中也可窥见历史上漕船的具体制造工艺与流程之大概。

木质船制造，在山东运河沿岸地区被称为“排船”——因为船只都是由一块块木板排接而成的。通常，用船的人家自己并不制造船只，而要找专门的工匠——“捻船匠”定做。在木质船制造的过程中，最为关键的工序环节是捻缝，故制造船只的工匠又被称为“捻船匠”。捻船匠与做家具的“细木匠”不同，称为“粗木匠”“大木匠”。由于运河之上船只众多，捻船匠总是很抢手，运河两岸有句俗语说他们是“一把斧头两把凿，叮叮当当饿不着”。排船的程序和仪式大体如下：

解料，即把用来造船的杉木、楠木等圆木解成一定厚度的木板。

放线。船的直线很少，多数都是一曲三折，因此排船的放线工作一般木匠做不了，必须是经验丰富、技术精湛的老把式才可以，这在排船行中被称为“线头”，亦叫“做头”。作为造船过程中的关键工序之一，放线必须择定一个良辰吉日进行。这天，亲朋好友们也都会到场祝贺并送给主家一定的钱物作为礼金，然后线头才开始放线。第一道工序是选好船底的中心板。中心板视所造船只的大小，选择厚薄适中、耐腐蚀、硬度高的材料。中心板选好后，在排船场地放中心线。线头右手执斧，左手拎一只红毛大公鸡，然后一斧见血，倒提着鸡让鸡血顺着线滴淌一周，以求大吉。摆好香案后，置放供品，燃香烛，放鞭炮，祭祀龙王和鲁班神。线头、船主齐跪于香案前，叩三个响头，敬请两位神灵接受香火。随后，线头对神祷告：“龙王保佑，黄金铺底。鲁班显神，顺风大吉。”连续祷告七遍之后，众人齐声唱歌庆贺。俗信女人会对船只不利，故不得有女性在场。

铺底，又称“铺址”，即将船底排上，意为落地生根。放线结束、庆贺的人群离开后，线头开始带领诸船匠进行施工。船底的木板数，只能是三、五、七、九等单数，不得用二、四、六、八等双数，因为“奇为阳，偶为阴”。船底中心板只能用木头或竹缝头（即钉）与其他船板相连接，绝对不能用金属钉。如果用铁钉，被称为“穿心钉”，俗信会对船主不利，甚至会遭遇厄运。其他船板上的钉也不称为“钉”，而是称“缝头”。

栽梁、下太平钱。栽梁，即将船只的横梁钉在船底板上。栽梁时，要先下太平钱。先用

①〔清〕杨锡绂：《漕运则例纂》卷二《通漕运艘·追赔变价》。

麻绳拧成一对“龙须”，再用细丝捆扎在船底中心板的中心线上，然后把一枚铜钱或银元放进去，俗称为“闭龙口”。在做此项工作时，线头要边做边吟唱：“太阳出来圆又圆，师傅（即鲁班）叫我来下太平钱。太平钱下在龙口内，荣华富贵万万年。”

上料，具体分为铣站、铣拉、铣口等几道工序，分别俗称为“上站”“上大拉”“上窜口”，即按“站”“拉”“口”的顺序，由下而上将船两侧的木板一一排上。排船的工作场地，妇女是不能进入的，俗信这样会不吉利。尤其是上大拉时，若有妇女从工作场地附近经过，这一天就只能停工。

铺扁赶。赶，即船舷。铺扁赶就是将船舷、赶蹚的木板钉上。

铺头，即将船头板钉好，同时要留出“梳窝”，以便安放桅杆。

钉面梁，将船只横梁的面板钉上。

转吊，即将船翻转过来。船家忌讳“翻过来”等说法，故称为“转吊”或“转过来”。

钉舱廊，又称“填舱”，包括钉前舱廊和后舱廊两个流程，其中排罾船还要“截断水”，即钉船尾的挡板。

钉棹窝，钉上放棹桨的木穴。捻船匠排船一般不配棹河桅，只留出棹窝和桅窝，船主让配才会去配。

请伙计，整体的木工活基本干完后，支走其他船匠，由线头和船主两人请“伙计”（即某位神灵）到船上。俗信这样能保证大船运行平安无事，生意兴旺发达。

捻船，又称“灌印子”“打排斧”。捻船要用船腻子，腻子由桐籽油、滑石粉和麻丝等混合搅拌而成，用凿子或斧头等把船腻子敲打填进船缝之中，以防止漏水。捻船是非常关键的一道工序，且工作量大，为了鼓舞士气、协调工作节奏，捻船人会统一行动，因此而形成一种有节奏的音乐形式，即打排斧。打排斧的曲牌多样，因人而异。通常线头不参加捻船的工作，而是楔一个枣核钉，领唱曲调，协调众人动作。众人一边挥舞斧头敲凿捻船，发出“丁空空，丁丁空空，丁空丁空丁丁空，丁空空丁丁空”有节奏的敲击声，一边高声唱和：“一打金！（丁空空！）二打银！（丁丁空空！）三打聚宝盆！（丁丁空空！）四打小男人！（丁丁空空！）”打排斧声音很大，周围几百米内都能听到，有节奏的声音常常会吸引许多寻乐助兴的人，他们往往会故意逗弄船主：“船捻三遍，金殿不换；船捻四茬，拿烟拿茶。”此时船主便会拿出好烟好茶，招待捻船匠和前来助兴的人们，并燃放鞭炮，以示庆贺。船的一面捻好，再捻另一面。

刷油，船捻好后，要用油漆涂抹几遍，传统多用桐油。

浇船头，即新船下水。新船下水是个非常隆重的事件，故一定要选个好日子，另外还必须要在太阳未出之前进行。船主事先准备好鞭炮、烟酒、糖果、红绸、香烛等，其近门亲朋等也会带礼物前来庆贺。浇船头有正吊、挂红、撒舱、下河等程序。正吊，就是把船调好头，使船朝向下水的方向。挂红，又称“上头”，线头左手拿四个元宝钉，右手持斧头，在船头朝水的方向钉四缕红绸布。线头一边楔钉挂红，一边唱：“上头金鸡叫，下边凤凰啼。老师（鲁班）空中过，正赶上头时。金钉银斧头，楔进檀香木里头。”这时，船主会送上用红布或红纸包好的钱币，这被称为“上头礼”。上头礼是喜钱，线头会不客气地收下。撒舱，就是船下水前，线头一边唱着喜歌，一边用簸箕（不能用筐）向舱内泼撒谷物、姜、葱、蒜、大枣、花生、瓜子、糖果、馒头和铜钱等物品。此时，必须要燃放鞭炮。线头所唱喜歌，被称为《撒舱歌》，线头领唱，众人唱和：

太阳出来亮堂堂（合：好！）
老师差我来撒舱（合：好！）
前赶去，后赶来（合：好！）
又得顺风又发财（合：好！）
前装金，后装银（合：好！）
当中装个聚宝盆（合：好！）
装一千，卸一万（合：好！）
扫舱扫出八百石（合：好！）
聚宝盆，落凤凰（合：好！）
凤凰三点头（合：好！）
今排新船明盖楼（合：好！）
天光光，我撒舱（合：好！）
管船的开船就兴旺（合：好！）
前三舱里装珠子（合：好！）
后五舱里装米粮（合：好！）
管船的嫂子生贵子（合：好！）
得中头名状元郎（合：好！）

此时，围观的人们也会跟着喊唱上两句：

十块银元跑不了！好！好！——好！
一桌大席跑不了！好！好！——好！

撒舱完毕，船主燃香、叩头，燃放鞭炮。还要请一位德高望重、熟谙船头规矩且声音洪亮的人站于船头之上，协调推船下水的动作。推船之前，要先选择好下水的路线，然后在上面铺好大葱（“葱”与“冲”谐音，意为劲大）。大船下水一般要请二三十位精壮劳力，使撬的使撬，拉縴的拉縴，和着号子，一起用力推着新船向水中划去。下水号子，也是一人唱众人合：

新船下河，亮堂堂哟嗨！
大桅树立，正当央哟嗨！
两边都是八仙路哟嗨！
当堂坐着个状元郎哟嗨！
状元娘子插金花哟嗨！
插出个刘海戏蛤蟆哟嗨！
刘海好比上八仙哟嗨！
行走不住地撒金钱哟嗨！
富主荣华万万年哟嗨！

这一号子会反复喊唱，一直到将船推入河中为止。

新船下水，在河中转上三圈，以示试航成功。尔后，船主设宴款待线头、船匠及诸位帮忙的人。席间，船主拿出用红布包好的“线头挂红礼”交给线头。挂红礼，实际上也就是船主交付给线头、船匠等的造船工钱。线头会根据所排船的大小、用工数量、和船主的关系等收取不同数量的“礼金”，然后改日再将钱分发给其他船匠。①

在江浙地区，船只修造过程中也有诸多的仪式与规矩。首先，在打造前要请菩萨、待亲戚，称为“叫利事”，意思是住进新船后太平度日、渔业丰收。在打造过程中，“定心”“利事头”“橹宁头”的安装都要看日子，一般是双日，最好是有“六”字的日子，如“初六”“十六”“廿六”等。在安装时，要点香烛，为了使木匠不作弄，做得好，还要送红包。所谓“定心”就是船底最中间的一块船板，相当于一个房子的正梁；“利事头”就是船头下面另附上去的一块木板，上面钉上六个铁菩头，有避邪作用，实际是起保护作用；“橹宁头”就是摇船时，橹套上去的铁头。橹宁头的安装位置、方向直接影响船是否好摇。因此造船时，这三部分不能忽视，形成了要专门看日子、送礼等习俗。在船的打造过程中，木匠不能在船上吃东西，据说是怕引来老鼠，咬坏船只和船上物品。船打好了，要抹上桐油，晒干后下水。新船下水，如同农村里新屋进宅，也要看日子、点香烛、请菩萨、待客人。船头上要系上两条红布。船下水时，船头向前，要往船后艄泼水，这叫“顺风水”，象征新船行驶中一路顺风。船下水后要“晃船”，

① 高建军编著：《山东运河民俗》，济南：济南出版社，2006年，第41～45页。

就是许多人将船左右摇晃，要晃得河水溢进船舱，这叫“有进水”，意味着以后能发财。[①]

船只维修时，先在河滩边挖一个比船大的“U”字形凹槽，然后召集青壮年男子合力将旧船拖上岸。将船搁两三天，等船体干燥后，用刀将船四周的青苔刮干净，再将船的木板拼接缝内的油灰剔清爽，把那些已经腐蚀的木板凿掉、换掉。修木船用的木料是杉木，请来的修船师按照要做船的吨位大小画好草图，计算吨位，再按船的吨位大小将木料做成船的木板料，并逐一将木板料编号或做记号。木板的厚度按船的吨位大小确定，一般为 10 厘米，大小就木料来确定，按照次序排列堆放好。然后将木板料按次序开好雌雄槽，画好拼木钉线，打好拼木钉的钉孔，钉孔大小一样，孔的深度一致，用铁钉，也有用粗毛竹做成的竹钉。将木板与木板拼接好，初步拼成事先设计的模型。还要将船的木料拼接缝之间刨光洁，边刨边检查拼接缝质量，然后嵌油灰。油灰由打油灰、敲油丝、麻皮丝组成。打油灰，由桐油与散石灰按比例拌匀合成，散石灰是用买来的石灰晾开后，让石灰在空气中吸入水分，让石灰发酵。再用绢筛筛石灰，石灰就细腻得像灰尘一样，放在石臼里加入桐油搅匀，再用木夯敲打至软绵。敲油丝是指在打好的油灰里加入上好的麻丝，再用木夯在石臼里反复敲打。麻皮丝是将麻皮撕成丝，然后在船木板接缝处敲入麻丝、油灰嵌牢。船的里面、外侧都要敲油丝。敲油丝是细致活儿，不能一次成型。第一遍是初敲，第二遍是细敲，第三遍才是精敲。精敲后表面看不到一根麻丝，光滑匀称。敲好油丝，等船干燥后，涂第一遍桐油。每次涂桐油由修船师傅把握船的干燥程度，一般涂三遍，考究的涂四五遍。涂一遍之后，要等桐油干后再涂第二遍。[②]

在造船的修造中有许多禁忌，比如忌钉子，即船的中心板不能用铁钉，只能用木、竹缝头等。忌讳说与“翻”“死”“沉”等字词相关的话语。船翻个，叫“转掉”或“转舵”；姓“陈”的船匠不能说姓陈，而要说姓“千斤”。造船工匠的技艺无论多高，不得做棺材活。船匠用的斧子不能砍土，因为砍土意为入土，用这样的斧子造的船会有沉船之祸。船底用木板数，必须是奇数，忌讳用偶数，因“奇”为阳，“偶”为阴。船造好后忌白天下水，必须在太阳出来之前下水，这样能得到诸神保佑。[③]

---

① 嘉兴市文化广电新闻出版局、嘉兴市文学艺术界联合会编：《运河记忆：嘉兴船民生活口述实录》下册，上海：上海书店出版社，2016 年，第 62 ～ 63 页。

② 嘉兴市文化广电新闻出版局、嘉兴市文学艺术界联合会编：《运河记忆：嘉兴船民生活口述实录》上册，上海：上海书店出版社，2016 年，第 162 ～ 163 页。

③ 山东省济宁市政协文史资料委员会编：《济宁运河文化》，北京：中国文史出版社，2000 年，第 315 ～ 316 页。

第三节　民间商业

运河的开凿虽主要是为了运输漕粮，但作为一条重要的运输水道，运河亦大大促进了运河沿线及南北间的商贸往来与发展，所谓“运河之利，固国计所赖，而贡赋商旅皆必由之，所系甚大”[①]。由此商贸业成为与运河紧密相关的一大产业。虽然商业发展无地、无处不有，但在近代沿海诸城市开放之前，运河及其沿线地带却是我国商业发展最为集中、最为发达的区域之一，并进而催生了一大批沿运河分布的商贸市场与城镇，形成了一系列富有特色的运河商贸习俗。

因运河而生的商业种类繁多，具体如粮食业、食品业、皮毛业、药材业、食油业、杂货业、果品业、竹器业、铁货业、茶叶业、布匹业、文具业、陶瓷业、食盐业、酒店业等。在经营主体上，则有漕运军人、专门的商人群体及沿运地区的普通民众等。在经营形式上，有夹带、代理、开庄、零售、行商、坐商等。

漕船夹带曾经是运河商业的一种重要的经营形式，对于沿线城镇的商贸和经济发展有着重要影响（本卷第一章对此已有述及）。除漕船夹带而兴起的商业发展外，在运河沿线地区亦兴起了发达的民间商业贸易。交通是经济的命脉，商人“贸迁四方”皆有赖于此。运河是各地商人借助的重要贸易通道。运河之上，舟船往来，络绎不绝；运河沿岸，人口聚集，百业俱兴。依运河而开展商业贸易者，有不同的商人群体，如山东商帮、山西商帮、陕西商帮、河南商帮、江苏商帮、安徽商帮、浙江商帮、江西商帮、广东商帮、福建商帮等，他们活跃于运河之上，在各沿运城镇开店营业；沿线各地民众也充分利用运河漕运与商业发展的便利条件，开展了各式各样的商业与服务业活动。由此，在运河市镇形成了许多繁华的商贸区，铺面作坊鳞次栉比，商会牙行竞相争市，戏楼酒馆灯红酒绿，运河地区的商贸业空前兴盛。

一、商业门类

相比于漕船夹带，民间商业的经营方式更加灵活多样，涉及的商业门类更为繁多与齐全，如粮食、皮毛、食油、药材、杂货、水果、竹器、铁货、茶叶、布匹、百货、文具、陶瓷、食盐等。

①〔明〕徐溥：《安平镇治水之碑》，〔明〕杨宏、谢纯：《漕运通志》卷一〇《漕文略》。

（一）粮食业

运河之上，通过漕船运输的主要物品是粮食，同时，粮食也是运河上的重要商品之一。产自各地的粮食通过运河进行贩运与流通，以满足沿线地区民众的日常生活所需。如山东济宁，为运河沿线重要的粮食集散地，有河市、东市、西市、北市等多个专门性的粮食市场。其中河市的粮食主要来自江苏丰县、沛县、宿迁及山东鱼台等地，主要为小麦，亦有少数杂粮；东市的粮食主要来自兖州、曲阜、泗水等地；西市来自菏泽、郓城、金乡、成武一带，多为小麦与绿豆等；北市的粮食则来自东平、肥城、宁阳与汶上一带。从事粮食业者，既有行商，亦有坐贾。后者以收购为主，他们在运河船运码头收购粮食，除通过代客买卖收取佣金外，还进行自营。在运河沿线各城市，有着大量的从事粮食收购业务的粮行，如济宁的仁和粮行、德和粮行、三和粮行，聊城的奎兴、协和、文盛、聚合等粮行。除重要码头及城市的粮行外，运河沿线的一些重要集镇也都有从事粮食收购者，如阿城、张秋等市镇。行商则主要从事长途贩运，他们在大的城镇收购粮食后，再通过运河长途贩运到其他地方。如祖籍山东阿城的石家，一直从事长途粮食贩运，后定居天津杨柳青，并成为天津八大粮商之一。据康熙《天津卫志》卷一《建置·集期》记载："城西北沿河一带，旧有杂粮店，商贾贩粮百万，资运京、通，商民均便。河东新创杂粮店，商贾贩粮通济河东一带村庄。"

（二）皮毛业

运河沿岸多有从事皮毛业者，皮毛加工是他们的传统手艺且世代相传。在运河沿线各城市，皮毛加工业与贸易往来繁盛。如在运河沿线的济宁、临清等地，皮毛加工业兴盛，由此亦带动了皮毛商业贸易的繁荣。济宁早在明代初年就有沙、马、文、王四大皮毛作坊，各雇工数百人，进行皮毛鞣制并加工裘皮与制革。这些皮毛产品，除在本地销售外，更多的是销售到外埠市场。据民国《济宁直隶州续志》卷四《食货志》载："绵、帕、毡出于济宁制法，甲于他处，四方货之杰。"仅在清代济宁就有各类毛皮行栈 30 多家，年行销皮张近百万。这些皮张，大部分即经过运河运销至天津、北京等地销售并出口。"牛皮万余张，羊皮七八万张，生皮由顺德即青曹水运来，合之土产制成熟货售之"①。

（三）竹器业

北方地区并不产竹，但受运河的影响，沿线的诸多北方城市，如济宁、聊城、临清、德州、天津、北京等地，都有着比较发达的竹器制作与贩卖业。运河沿线的许多商埠码头都有"竹竿巷"。元代会通河开通后，产自于浙江等地的毛竹、黄竹等由运河运向北方地区，在运河

① 民国《济宁县志》卷二《法制科》。

沿线各码头城市上岸交易，篾匠也随之来到这些地方谋生，各种竹器铺便在运河沿线如雨后春笋般发展起来，并产生了竹器制作与售卖的竹业街巷、竹竿巷。如济宁竹竿巷，顺河而设，为山东最大的竹器市场。受繁荣竹器业的影响，竹竿巷周围的纸坊街、汉石桥街、纸店街、清平巷、打绳巷、永丰巷、大闸口河南街等邻近运河的街区，也都产生了大量的竹器制作与售卖作坊，成为济宁手工业最为集中、商业最为繁华的地段。繁荣的竹器制造业吸引了各地客商纷至沓来，将当地所产的竹器贩运到曹州、沂州、京津甚至江南地区。虽然济宁的竹器业技艺来源于江南，但发展很快，竹器产品畅销各地，很多产品还销售到江南地区。

（四）盐业

大运河是食盐运销的重要通道，由此在运河沿线形成了诸多的食盐运输、销售的集散点，比如阳谷阿城、济宁安居、微山夏镇等。明清时期，仅阿城一地就有盐园13家。济宁安居，大运河沿线重要的食盐集散地，其盐园始设立于明代后期，到清代中叶形成为四大盐园，每年集散销售千万引盐，销往鲁西、苏北、豫东、皖北等50余州县。至清道光年间（1821～1850），其运销范围进一步扩大，每天靠岸的盐运船不下百艘。运河之上，舳舻相连，篷帆蔽日；河岸码头，盐包堆积如山，车辆塞满街巷；每日数百辆四轮畜力车穿行镇中。日间车水马龙，入夜灯火通明。盐业经营是凭引分片开设盐店，俗称“包片子”。负责包片者称“领庄”，伙计叫“庄友”或“帮庄”。领庄根据官方发给的不同的盐引凭证经销食盐。销售量大的盐店，如济宁的长沟、康庄驿、响铃阁、竹竿巷盐店，每年可销七八百道引，约四十万斤，故有“金长沟，银康庄”之说。销售量小的也在二三百道引。一般每个盐店七八个员工，如北关盐店，有领庄、外务、会计、盐店业务、零售营业、杂务等8人，批销对象为顺兴、聚盛等酱园和走乡串户的商贩。[①]

（五）茶业

茶叶运销是运河沿线地区重要的商业门类之一，在各城市码头设有很多茶庄、茶园等。明清时期，临清经营茶叶的店铺集中于卫河西，大小数十家，以山西商人经营的边茶转运贸易为主。茶叶来自安徽、福建等地，品种有松萝、雨前、天池等。茶船到临清，“或更舟而北，或舍舟而陆，总以输运西边”[②]。茶叶经销，经营方式分为茶行代客买卖、茶庄内批发、茶叶店批零兼营等三种。在茶叶运销重地济宁，较出名的

①黄茂林:《解放前的济宁盐业简述》,济宁文史资料委员会编:《济宁文史资料》第四辑,1987年,第102～103页。
②乾隆《临清州志》卷一一《市廛志》。

茶行有庆和公、复裕、源和厚、茂盛祥、源和以及德记茶庄等；茶叶店散布于市区各主要街道，较出名的有振兴、乾兴、天兴、永兴、如一、天吉、同诚、永贞、森记、六合、信盛、元大、鼎丰、锦春、永祥等28家。茶叶经运河运输，多来自于闽、浙、苏、皖等地，青茶多在当地销售，花茶、红茶多销往天津、济南、胶东。高档茶销往济南、天津、唐山等城市，中低档的六安产老火大茶、舒城产大茶、毛坦厂、大花坪等则在泰沂山区及淄博等地销售。如明末赵树屏家的茶行，除供应本城消费外，近销至鲁西南各县，远销至济南、天津、唐山等；天吉栈的主顾多来自北路的泰安、莱芜、淄博一带，批发兼零售；锦春店多销往东路沂蒙一带；振兴店以零售为主，占总销售量的80%，主顾为农村和当地茶社、旅馆、饭店；乾兴店，长年五六人驻茶区，收购茶叶，办理运输，经营灵活。①

（六）杂货业

杂货业主要经销南北各地的水产海味、红白糖、纸箔、山货、干果、土产等，最能体现运河这一黄金水道沟通南北经贸的功能。如济宁杂货业，鼎盛时期有120多家。有行栈批发、零售和果品店、海味店之分，经营商品主要是来自外埠的红白糖、江大米、纸张、海味、调料及祭祀品，并兼营土产、干果等。零售店有的设有作坊，自制糖果、糕点。批发行栈，年经营百多万元（银币），成交额大，与外埠结算一般都是通过银号汇兑。中华人民共和国成立之前，城区内的杂货行栈有东隆昌、复聚长、协盛、济源、庆和、同聚、同孚、同德、和顺、德太恒；杂货铺有振祥、春茂；果品店有兰芳斋、如葆斋、宝康、衡康、四美、金昌、公茂、马大兴；海味店有三如、玉和、合盛和等。②

（七）书业

受运河沿线地区经济发展的影响，运河沿岸市镇文教兴盛，科举考试的人数通常远高于其他地区，由此带动了书业、文具业的发展，在各地出现了许多大型的书庄、书坊。明代聊城为东昌府治所在地，堂邑为东昌府所辖，距聊城仅40里，往返十分方便。不少人刻印启蒙读物和通俗读物，来聊城串街叫卖，颇为畅销，因而明代聊城即出现了一些小型木版书作坊，“好友堂”是最早出现的一家。到了清朝，聊城更加繁荣，康、乾间，已达鼎盛时期。各地巨商大贾云集聊城。与此同时，聊城文运大开，书院满城。这期间，聊城木版书业蓬勃兴起，在运河沿岸城市中独占鳌头。当时较为兴盛的字号有书业德、善成堂、宝兴堂、有益堂“四大书庄”，以及与其合称“六大书庄”的敬文堂、文英堂，还有王家“三聚”（即聚锦堂、聚和堂、聚盛堂）。此外，崇文堂、文奎堂、万育堂、品文、魁元、三和、万兴成、三合、

① 高建军编著：《山东运河民俗》，济南：济南出版社，2006年，第164页。
② 高建军编著：《山东运河民俗》，济南：济南出版社，2006年，第165～167页。

三友、文焕、文锜等中小书坊也相继开业，小书摊更是不计其数。这些书庄，均集中在聊城古楼东大街以及东门口内外，书、笔两行，一跃成为聊城的主要行业。[①]

二、经营与组织形式

活跃在运河之上和运河沿线城镇的商人，可分为行商与坐贾两类。其中坐贾又称铺户，即坐地经商的商人，一般在沿运各城镇开设固定的商铺或者货栈，进行货物的批发或零售，直接与消费者打交道，通过贱买贵卖，获取一定的利润。行商的流动性强，并不固处一地，他们利用区域之间的物品差价，通过运河，往返贩运，赚取利润。在行商与坐贾之间，还有一类中介商，即负责进行联系的商人，也称“牙商”。牙商的作用在于沟通与中介，促成交易，从中赚取一定的交易费用。牙商通常为本地的商人，熟悉本地的行情。

在运河沿线各城市，还有大量走街串巷的流动小商小贩。往来的漕粮运输者、商人群体等，作为具有较强购买力的消费群体，必然会带动运河沿线商贸业的发展，故在依傍运河的各城镇，伴随着每年漕船的季节性到达，时常会有小贩贩卖货物。清人文康在其所著小说《儿女英雄传》第二十二回《晤双亲劳心惊噩梦　完大事矢志却尘缘》中说：“那运河沿河的风气，但是官船靠住，便有些村庄妇女，赶到岸边，提个篮儿，装些零星东西来卖，如麻绳、棉线、零布、带子，以及鸡蛋、烧酒、豆腐干、小鱼子之类都有，也为图些微利。”这些小本生意，既满足了漕运者的生活需要，也贴补了运河沿线百姓的日用。

坐贾通常都会有一个或多个带门面的店铺，经营规模大小不一，经营方式大体分为开庄买卖、代理开设行栈、分片销售、零售门市等。开庄买卖，即直接开庄到各产地或各大城市采购商品，然后运回当地进行批发或零售，兼具行商与坐贾的身份与特色。这些商户通常都资本雄厚，往来面广，交易量大。就具体经营形式来说，不同行业会有不同的经营方式。以粮食业来说，有合伙经营、个人单干两种形式。其中合伙经营者规模大、人员多，账目出入和伙计安排较正规。这些较大的店号，代客买卖，通常收取 20% 的佣金。另外还大宗自营，根据市情，籴迟粜快，从中赚取利润。投资者称为财东，财东只是出钱，年底分红，很少参与经营。财东共同委任一个经理，由他自行雇用职工经营粮行。买卖粮食，店方收取行佣二分（即成交的全部价款的 2%）。年终结算分红，除去一切开支的净利润，六成归股东，四成归经理。经理则拿分红的钱，

① 高建军编著：《山东运河民俗》，济南：济南出版社，2006 年，第 168 ～ 173 页。

按每个职工出力情况再做合理的奖励，是谓“花红”。经理接受众财东的股金，创立一个字号，被称为“领东”，伙计、客商称呼其“掌柜的”。掌柜的一要业务精通，秉性忠诚，为财东们所信任；二要有拉进来揉出去的操纵能力；三要有巩固经营业户、控驭职工的一套办法。店铺的职工叫“伙计”，学员叫“徒弟”。这伙计和徒弟，除经理物色外，也多由股东荐送而来。在伙计中有着优越地位的是每天执掌量数倒斗的“斛头”，俗呼“老头脑”，专管往外倒粮食，且有一种特殊诀窍，挟起布袋往斗里倒粮时，通过手上的细小动作，以少充多，可蒙过常人眼目。会计称“管账先生”，负责记录粮食的存放和卖出账目，为粜户结算，向买主讨款，周转银根，应付开支。大的店号，光会计就有两三人，应付每天大小不等的交易。粮行里还有帮助倒斛、清仓、倒库、解款、出差、打闲杂的其他职工，其待遇除工资外，粮行还供应膳宿。

粜户来粮行卖粮食，有时不会立即就卖出，可以指定限价把粮食放在那里代销；也可把粮储存在行里，先借部分钱使用。卖出算账时，粮行会开出清单，列出利息、栈租，还有倒仓、上垛、工力需扣除许多项目的耗费，粜户都得一一认账。

粮栈除了应得规定的佣金外，另有一种“鸽”的收入。所谓“鸽”，就是卖粮食倒布袋时，抛撒于斗（斛）外的粮食。一石粮食可得“鸽”二升，积习如此，自古已然。聊城、阳谷之间的七级、阿城、张秋，北路和临清搭界的梁水镇、康庄，西边和堂邑接连的沙镇等较大的村镇，除设有较大的粮行粮栈外，在村镇的集市上也有小型的粮食交易。集市上专管代客买卖粮食的经纪，叫作“斗户”，只是拉个笸箩，摆上一只斗，便可收佣收“鸽”。这类斗户，多由“集头”充当，每集可收不少的佣金和“鸽”。①

粮行业有“应行打差”的义务。地方有军队过境，索要马麸、给养，粮行要分担输送，按价讨款，但得不到佣金。地方政府偶有粮食需要，也是如此。过去，同业间还设有工会组织。新的粮行开业，事先须举行“和行”，摆几桌酒席，把同业户请来吃喝一顿，算是认可这家粮店正式加入了同行之列。②

三、商业规矩

在沿运各处的商业店铺中，有一套通行的商业规矩，如聊城运河商号中有大年初四“一夕定去留”的规矩。这一天，店铺掌柜要明确对雇员的留用或辞退。不同的说话方式，代表着掌柜不同的态度。一是全部留用。晚上把大家召集在一起，掌柜的和颜悦色地告诉大家，

① 史墨香、吴云涛：《聊城（解放前）粮食业及其“脚行班”》，中国人民政治协商会议山东省聊城市委员会文史资料研究委员会编：《聊城文史资料》第三辑，1995年，第60～69页。

② 高建军编著：《山东运河民俗》，济南：济南出版社，2006年，第134～137页。

过去一年都出力不少，全班人马一个也不动，希望诸位继续努力，将来生意兴隆，“肉肥汤也肥”。二是全部辞退。掌柜的当众说，本店股东方面重新调整，另外规划，暂请各位都回家休息，今后如能复业，定当优先聘用，这被称为“一鞭赶”。三是既有辞退也有留用的，则会采取个别谈话的方式。掌柜的坐在自己屋里，伙计们则在外面等候传唤。每进来一个，掌柜的都会亲自递烟斟茶，非常客气。对于想要留的人，既称赞长处，也会数落其毛病，一一指出一年之中的错处，让其引以为戒，最后再向其表示可安心供职、绝不亏待等。对决意要解雇的店员，掌柜的更是格外热情，敬烟敬茶，一味夸奖，绝口不提什么过错。继而话锋一转，说本店生意清淡，开支过多，只好请你回家住几天，几句话就算把你解雇了。对于那些确有些能力，但又脾气倔强、不服差遣的人，掌柜的则往往还有一手“真留假辞”的把戏。这天晚上，先指明让他“另谋高就”，但又暗中让人出面打圆场。一面说某人精明能干，是柜上的得力助手，应取其所长；一面指出他的缺点，劝其慢慢改正才是。若个别人性格桀骜不驯，恃才傲岸，一听要被辞退，便决意不再吃回头饭，也只好不再勉强了。对大部分人来说，因受雇于人，为了养家糊口，不得不委曲求全，况有人从中说和，也就向掌柜认错，掌柜则顺水推舟，收回成命，允许其继续留用。[①]

运河沿岸市镇码头商贾云集，各行各业在交易中，为避免外人摸清底细，便在货物名称和价码上出些花招，用行话（坎子）或暗语进行讨价还价的贸易。如商人见面相互问候，常常用暗语交流。比如问“好不好”，就问：“以不？”“不好”就答：“不以”或“苦二鼻”。挣钱多少，暗语是“使多少嘎”或“捏多少米”“弄多少海碟”；挣钱，暗语是“发伊台”；挣钱肥，暗语是“海碟肥”。过去，在运河沿线地区，诸如粮行、油行、酒行、国（中）药行等，都有各自的行话、暗语，这既是一种商业规矩，也是一种商业习俗，本卷第九章对此有较为详细的记述。

四、运河商业之影响

运河商贸的发展，在各方面均产生了深远影响。以漕船夹带为例，每艘漕船夹带的私货虽不多，往往只有几十石的额度，但考虑到历史上漕船数量之多，整体来看，通过漕船夹带方式运销的各类货物量是一个非常庞大的数字。以清朝前期为例，据《漕运则例纂》《清朝文献通考》及光绪《大清会典事例》《皇朝正典类纂》等有关漕运资料记载，在道光四年（1824）前漕运兴盛之时，每年通过漕船附带的南北货物即达

① 张竟放主编：《地方史志资料丛书·聊城》，香港：金陵书社，1998年，第134～135页。

420 多万石，超过每年运送京师漕粮之定额。而这一数字还未将沿途揽载的商货和违法夹带的私货包括在内。[①] 因此，虽然漕船夹带与私货贸易给正常的漕粮运输带来了诸多不利，如漕船违限、侵盗漕粮等，但也有其多方面的积极影响。首先，私货贩运可增加漕运者的收入，减少政府花费。正如清康熙年间曾任漕运总督的林起龙所说："屯丁借此觅利，沿途起驳，脚价有资，不动官粮，少助交纳，近无挂欠，其利二也。即论水手亦赤贫穷汉一名，每名只得身银六两，撑驾挽拽，泥水风雨，使尽筋力，只图转售营生，少资长途费用，苟全衣食，不致吃及正粮。"[②] 另外，漕船的私货运输在一定程度上又有利于提高漕粮运输者的积极性，比如明万历中期以后，漕军制已完全衰败，广大漕军面临破产的境地，即使在这段时期内，漕粮运输仍保持每年二三百万石的运额。个中原因，除了政府的强力督促外，私货贸易也起了一定的作用。如康熙二十年（1681），南方大旱，运河水浅。为了减轻漕船的吃水深度，政府下令各漕船禁止置办私货或替商人夹带货物，这使广大漕运兵丁与水手失去了附载商货和土宜的利润，从而出现了消极怠工的现象。康熙三十四年，面对漕运总督参奏运军夹带商人货物的问题，康熙帝斥责曰："从来总漕未尝禁漕船带货，而漕运并未迟误。今王樑禁止带货，而漕运迟误，至今尚未到。"[③]

漕船夹带、私货贩运与民间商贸往来，大大促进了南北物资的交流，满足并丰富了各地民众生活的需要。漕船和商船将产自南方的丝绸、瓷器、酒、茶等物品贩运到北方，又将产自北方的梨、枣、豆麦、棉花、煤炭等贩运到南方，有利于调节南北间的物资流通、满足各地的多种物品需要。如清代北京市场上销售的大米、竹木等即主要由漕船自江南一带运送而来，所谓"京师百货之集，皆由粮船携带"[④]，"京师万方辐辏，漕米而外，需求甚多。若停运一年，经南方之货物不至，北方之枣豆难消，物情殊多不便"[⑤]。故康熙年间漕运总督林起龙说："以南货载北，填实京师，百货不致腾贵，公私充裕。"[⑥] 这些南来北往的货物，很多在沿运河各地形成了众多的专门性市场。如早在明代万历年间（1573～1619），山东德州"御河西徙，浮桥口立大小竹竿巷，每遇漕船带货发卖，遂成市廛"[⑦]。除靠近运河的码头外，市镇内部也因南北各地涌入的货物，形成专门的街市，相应也出现了许多以商货命名的街道，如济宁城的"棉花市街""小纸店街""果子巷""扁担街"等。[⑧]

更为重要的是，沿运河进行的各种货物往来，大大促进了运河沿线各地的商业贸易与经

---

① 张照东：《清代漕运与南北物资交流》，《清史研究》1992 年第 3 期。

②〔清〕林起龙：《请宽粮船盘诘疏》，〔清〕贺长龄辑：《清经世文编》卷四六《户政二十一·漕运上》。

③《清圣祖实录》卷一六七，"康熙三十四年五月庚申"条。

④《清朝续文献通考》卷七七《国用考十五》。

⑤〔清〕陶澍：《覆奏海河并运疏》，〔清〕贺长龄辑：《清经世文编》卷四八《户政二十三·漕运下》。

⑥ 同②。

⑦ 乾隆《德州志》卷四《疆域·市镇》。

⑧ 道光《济宁直隶州志》卷四《建置·街衢》。

济发展，直接刺激了一大批运河沿线城市的兴起。按清政府的规定，重运漕船北上与回空船只南返，都要在苏州、扬州、淮安、济宁、聊城、临清、德州、天津等城市停泊，以便接受征税钞关的盘验。于是随船的运丁、水手们便在这些地方的码头上岸，出售自己携带的各种南北货物，并购买当地的土产杂货。各地及当地商贩亦纷纷聚集于各码头之上。每到漕运季节，漕船沿途停泊的各码头“牵挽往来”，“帆樯如林，百货山积”[①]，呈现出一派繁荣景象。日久天长，这些漕船停泊点也就成为南北物资的集散地与贸易场所，进而发展为重要的商贸城市。作为货物的集散中心与中转地，这些城市肩负着货物流转的功能，也是每年船帮到达的主要商贸区，然后通过运河城镇——附近村镇——集市的模式，将商贸与物资扩散到各地。频繁的商贸往来，便利的交通条件，又将各地的居民吸引至运河两岸，进一步促进了沿运河地带商贸与经济的繁荣和发展。

第四节　农业

运河与农业生产之间存在着相互影响的关系。一方面，历史时期的运河开凿与漕粮运输总是以农业发达地区为重心展开进行的，总是随着农业经济区的变化而相应发生变化。另一方面，运河开凿本身也对沿线地区的农业经济发展有着重要影响。

一、农业发展与运河开凿、漕粮运输

春秋战国时期，随着劳动力的增加与铁农具等的推广，黄河中下游地区经济发展在全国处于领先地位，其中又以关中与关东（今河南、山东两省及山西、河北南部地区）最为发达，所谓“关中之地，于天下三分之一，而人众不过什三，然量其富，什居其六”，“齐带山海，膏壤千里，宜桑麻，人民多文采布帛鱼盐”，“天下财富在关东，关东财富凑于齐梁”[②]。两地经济的发展与农田水利建设有直接关系。如魏襄王以史起为邺令，开挖沟渠，引漳河水灌田，“决漳水兮灌邺旁，终古舄卤兮稻梁”；秦国以郑国为水工开郑国渠，“关中为沃野，无凶年，秦以富强，卒并诸侯”[③]。秦末楚汉相争，

① 民国《临清县志》卷八《经济志·商业》。

② 《史记》卷一二九《货殖列传》。

③ 《汉书》卷二九《沟洫志》；《史记》卷二九《河渠书》。

刘邦正是依靠着关中地区的粮食供给，最终战胜项羽而得天下。

秦汉时期，黄河中下游地区经济持续发展，这一地区是秦汉之际漕运的重心之地，其漕运的走向是将山东（即关东）产粮运往关中地区。虽然关中地区亦农业经济发达，但毕竟地方有限，且作为京师所在地，人口众多，关中所产食粮无法满足需要，故需从经济发达的关东地区漕运米食。汉武帝元光六年（前 129 年），“令齐人水工徐伯表，悉发卒数万人穿漕渠，三岁而通”[①]。汉代，关东生产的米粟在国家财政供应上具有极为重要的地位，汉初为几十万石，武帝时更是增加到 400 万石。《史记·平准书》载：汉初，“漕转山东粟，以给中都官，岁不过数十万石”；汉武帝时，“诸官艺杂置多，徒奴婢众，而下河漕度四百万石”。两汉之交，刘秀起兵争天下，正是以关东之河内等地区为主要根据地的。刘秀曾对河内太守寇恂说：“河内完富，吾将因是而起。昔高祖留萧何镇关中，吾今委公以河内，坚守转运，给足军粮，率厉士马，防遏他兵，勿令北渡而已。”[②] 正因为此，刘秀定鼎天下后，放弃古都西安而迁都洛阳。

东汉以后，受气候转寒及频繁战乱等影响，黄河中下游地区的农业生产受到了严重冲击，不仅户口锐减，原有的水利设施也大都被破坏，一直到隋唐时期也未能完全恢复。“秦开郑渠，溉田四万顷；汉开白渠，复溉田四千五百余顷，关中沃衍，实在于斯。圣唐永徽中，两渠所溉，唯万许顷；洎大历初，又减至六千二百余顷，比于汉代，减三万八九千顷，每亩所减石余，即仅校四五百万石矣。地利耗损既如此，人力散分又如彼。欲求强富，其可得乎？！”[③] 唐中叶安史之乱后，北方地区经济环境与农业发展更是遭到了极大破坏。与北方地区相反的是，江南地区的农业经济却呈日益发展之势。虽然在司马迁写作《史记》的时代，江南仍旧是“卑湿，丈夫早夭”（《史记·货殖列传》），地旷人稀，生产落后，令中原人望而生畏。但东汉以后，随着北方地区大量人口的南迁及先进生产技术的传入，江南地区农业经济迅速发展，开始出现了从江南地区调拨粮食的记载。如东汉永初元年（107），“调扬州五郡租米，赡给东郡、济阴、陈留、梁国、下邳、山阳”[④]，此时江南农业已经有了较大发展，并有粮食剩余。此后经三国、西晋、南朝各代的发展，江南地区农业生产进一步发展，单位面积产粮持续增长。“地广野丰，民勤本业，一岁或稔，则数郡忘饥。会土带海傍湖，良畴亦数十万顷，膏腴上地，亩值一金，鄠、杜之间，不能比也。荆城跨南楚之富，扬郡有全吴之沃，鱼盐杞梓之利，充仞八方；丝绵布帛之饶，覆衣天下”[⑤]。唐中叶以后，江南地区的经济地位有了显著提高：

---

①《史记》卷二九《河渠书》。

②《后汉书》卷四六《寇恂传》。

③〔唐〕杜佑：《通典》卷一七四《州郡》。

④《后汉书》卷五《安帝纪》。

⑤《宋书》卷五四《沈昙庆传》。

今国家内王畿，外诸夏，水陆绵地，四面而远。而输明该之大贵，根本实在于江淮矣。何者？陇右、黔中、山南已还，硗瘠啬薄，货殖所入，力不多也；岭南、闽蛮之中，风俗越异，珍好继至，无不赡也；河南、河北、河东已降，甲兵长积，农厚自任，又不及也。①

唐代，国家财赋已越来越仰仗江南地区，故韩愈有“当今赋出天下，江南居十九”之说，反映出江南地区经济具有举足轻重的地位。

传统漕运的重心在北方关东地区，漕运线路是由东向西，故运河的开凿亦主要是东西向进行。东汉以后，北方地区经济日益受到破坏，已无力承担京师地区各方面的物质需要，只能越来越多地依赖日益富庶的江南地区，漕运重心开始转向南方地区。由于当时的政治中心仍在北方地区，于是运河开凿与漕运方向开始由传统的东西向改为南向北。隋炀帝大业元年至六年（605～610），由永济渠、通济渠、邗沟和江南河组成的南北大运河贯通，就是这一农业经济发展形势的直接反映。

唐代中叶安史之乱后，江南地区的经济地位越来越重要，通过运河运输江南粮米成为关系国计民生的大事。唐代漕运通道主要有东南运河道、江淮汉沔道、大庾灵渠道、灵渠道、嘉陵故水道、黄河汾水道等。②而在这诸多运道中，东南运河道是最为重要的漕运通道，有“东南四十三州地，取尽膏脂是此河”③之说。为了保证漕运的通畅，政府动员了巨大的人力物力，对这几条河道进行了修缮和治理。唐代漕运的重心转向了南方地区，江南地区漕运成为唐王朝的生命线，正所谓“天下以江淮为国命”④。这一漕运格局，与两汉时期已完全不同，根本原因在于江南地区的开发与长江流域农业经济的大发展。

五代十国时期，相比于北方地区的战乱频仍，南方地区相对安定。各地政权为了维护自己的统治，积极发展农业生产，如吴越王钱镠建立了专门的撩浅军，进行农田水利建设。到北宋统一全国后，江南地区已是“户口蕃庶，田野日辟”⑤，即使是原先的贫瘠之地也多有开发与耕种。尤其是苏、杭一带，成为经济最为发达的地区，有“苏湖熟，天下足”之说。在此背景下，东南地区成为宋代最为主要的漕粮来源地，尤其是淮南、两浙、江南东西和荆湖南北这东南六路。据《玉海》卷一八二《食货·漕运》记载，太平兴国六年（981），天下各漕河共运漕粮552万石，其中江淮占72.5%，

①〔唐〕罗让：《对才识兼茂明于体用策》，〔清〕董诰等编：《全唐文》卷五二五。
②吴琦：《漕运与中国社会》，武汉：华中师范大学出版社，1999年，第214～215页。
③〔唐〕李敬方：《汴河直进船》，〔宋〕计有功编：《唐诗纪事》卷五八，北京：中华书局，1965年，第881页。
④〔唐〕杜牧：《上宰相求杭州启》，《樊川文集》卷一六，上海：上海古籍出版社，1978年，第249页。
⑤《宋史》卷一七三《食货上一》。

黄河中下游地区仅占27.5%。宋真宗景德四年（1007），正式确定东南六路漕粮年额“上供六百万石”[①]。与此同时，北方漕粮不断减少，嘉祐四年（1059）更直接废掉了黄河漕粮，赵宋王朝更是“仰给江淮”[②]。东南六路之所以成为北宋王朝命脉所在，自然与这六路农业经济的发达有直接关系。正如范仲淹所说：“臣知苏州日，点检簿书，一州之田，系出税者三万四千顷。中稔之利，每亩得米二硕至三硕，计出米七百余万硕。东南每岁上供之数六百万硕，乃一州所出。”[③]仅苏州一州之产即可满足北宋所定东南六路漕运总额。在漕运东南漕粮的过程中，沟通江淮的汴渠又是最为重要的运输河道。“岁漕江、淮、湖、浙米数百万，及至东南之产，百物众宝，不可胜计。又下西山之薪炭，以输京师之粟，以振河北之急，内外仰给焉。故于诸水，莫此为重”[④]。北宋之所以定都汴梁（今河南开封），主要就是因为汴河的运输之利。

一直到明清时期，江南地区都是经济最为发达的地区。由此，江南地区也成为全国赋税最重的地区。明人丘濬曾在《大学衍义补》卷二四《治国平天下之要·经制之义下》中说：“韩愈谓，赋出天下，而江南居十九，以今观之，浙东西又居江南十九，而苏、松、常、嘉、湖五府，又居两浙十九也。”嘉靖时，礼部尚书顾鼎臣也说：“苏、松、常、镇、嘉、湖、杭七府，财赋甲天下。”[⑤]明清时期，除江浙地区外，湖广、江西等地区农业生产亦获得了很大发展，故又有“湖广熟，天下足”之说。正如浙江巡抚李卫曾奏称：“臣查各省米谷，惟四川所出最多，湖广、江西次之。”[⑥]由于产米众多，湖广、江西等地成为其他地区重要的粮食来源地。明人吴应箕在《楼山堂集》卷十二《江南平物价议》中称：“夫徽、池之间，人多田少，大半取给于江西、湖广之稻以足食者也。”明人包汝楫亦在《南中纪闻》中说：“楚中谷米之利，散给海内几遍矣。”

明初定都南京，而南京本身即位于最为发达的江南地区，因此大规模漕运一度停息。永乐十九年（1421），明成祖迁都北京，为满足京师宫廷、官僚及周边驻军的粮食需要，制定了南粮北运的漕运制度。为了保证南粮北运的顺畅进行，明政府又组织重开或新开了会通河、夏镇新河、泇河、通济新河、通惠河等运河河道。按规定，征收漕粮的省份共有六个，即南直隶（今江苏、安徽、上海）、浙江、江西、湖广（今湖南、湖北）以及山东与河南，其中山东、河南两省之粮称为“北粮”，其余四省之粮称为“南粮”。漕粮外，还有白粮，即专供宫廷皇室及京官俸米之粮，由苏州、松江、常州、嘉兴、湖州五府征运。从漕粮与白粮的征收区域来看，以江南地区为主。有明一代，在400万石漕粮中，南粮约320万石，占总

①〔元〕马端临：《文献通考》卷二三《国用一》。
②《宋会要辑稿·食货四二》。
③《续资治通鉴长编》卷一四三，“庆历三年九月”条。
④《宋史》卷九三《河渠志三·汴河上》。
⑤《明世宗实录》卷二四〇，“嘉靖十六年九月戊戌”条。
⑥〔清〕李卫：《遵旨覆奏事》，《朱批谕旨》卷一七四之五，雍正五年十二月初三日。

数的81%，山东、河南两省北粮占19%。南粮之中，苏州、松江、常州、镇江、杭州、嘉兴、湖州七府漕粮合计达180多万石，又占南粮的50%以上。[①] 这七府，恰恰是经济最发达的地区。虽然明中叶之后，单从粮食生产的绝对量上来看，苏湖地区已非全国最为主要的产粮区，甚至“半仰食江、楚、庐、安之粟”[②]，但考虑到此地更高的粮食亩产量以及发达的蚕桑与棉纺织生产，就整体经济发展来看，仍是最为发达的。

清代，沿袭明代南粮北运的漕运政策，以山东、河南、江苏、浙江、江西、湖北、湖南、安徽八省为漕粮征收省份，维持了明代以南粮为主的态势。具体来说，山东省漕粮正兑额28万石、河南省27万石、安徽省38.7万石、江苏省111.3万石、浙江省60万石、江西省40万石、湖北省13.3万石、湖南省11.7万石，南粮占总额的82%。这其中苏州府65.5万石、松江府20.3万石、常州府17.5万石、镇江府8万石、杭州府11万石、嘉兴府29万石、湖州府21万石，占全国漕粮总额的56.7%。[③] 为保证漕粮运输的顺畅，清政府投入了极大力量对运河进行浚治与维修，所谓“国之大事在漕，漕运之务在河”，“河道关系漕运，甚为紧要”[④]。与此同时，为保证有足够的漕粮征收，又极为重视江南地区的农田水利与开发。康熙四十六年（1707），康熙帝在一份兴办水利上谕中说：

> 江南、浙江生齿殷繁，地不加增，而仰食者众。其风土阴晴燥湿，及种植所宜，迥与西北有异。朕屡经巡省，察之甚悉，大抵民恃田苗为生，田资灌溉为急，虽东南名称水乡，而水溢易泄，旱熯难支，夏秋之间经旬不雨，则土坼而苗伤矣。滨河低田，犹可戽水济田；高丘之地，力无所施，往往三农坐困。朕兹为民生再三筹画，非修治水利，建立闸座，使蓄水以灌溉田畴，无以为农事缓急之备。江南省苏州、松江、常州、镇江，浙江省杭州、嘉兴、湖州各府州县，或近太湖，或通潮汐，宜于所有河渠水口度地建闸，随时启闭，水有余则宣泄之，水不足则潴蓄以备用。其有支河港荡淤浅者，宜并加疏浚，使引水四达，仍行建闸。多蓄一二尺之水，即田高一二尺者资以灌溉矣。多蓄四五尺之水，即田高四五尺者资以灌溉矣。行之永久，可俾高下田亩无忧旱潦，此与运道无涉，而于民生实大有裨益。今漕运总督与浙江督抚方料理截漕散赈，尔部速移文该督抚等，令将各州县河渠应建闸蓄水之处，并应建若干座，通行确察明晰具奏。[⑤]

① 李文治、江太新：《清代漕运》，北京：中华书局，1995年，第20页。
②〔明〕吴应箕：《楼山堂集》卷一〇《策·防江》。
③〔清〕杨锡绂：《漕运则例纂》卷一《漕粮原额·正兑原额》。
④〔清〕徐越：《敬陈淮黄疏浚之宜疏》，〔清〕琴川居士辑：《皇清奏议》卷一七，《续修四库全书》第473册，上海：上海古籍出版社，2002年，第166页；《清圣祖实录》卷一一六，“康熙二十三年七月”条。
⑤ 雍正《浙江通志》卷五二《水利》。

二、运河开凿与农业生产

运河开凿对沿线地区农业生产的影响，主要表现在如下三个方面：首先，运河是其沿线地区重要的灌溉用水源，涝灾发生时，又可以运河为泄水之途；其次，由于运河的开凿，运河沿线地区作物种植结构发生了变化；最后，运河为农产品的重要运输孔道，促进了南北各地农产品的贩卖与交流。

（一）以水灌溉

运河是诸多沿线之地重要的灌溉之源，除此之外，遇有大水之年，运河还可用作泄水之途，故对农业发展有着极为重要的作用。民国时期的武同举在《江苏水利全书》卷二七《江南运河一》中说：

> 江南运河，昔通漕运，其水无源，借江湖水为源，非行水干川，漕运既废，以迄于今，江海轮舟京沪铁路转输利捷，漕渠旧道，愈不关重要。虽然以江南水道系统言之，除太湖三江外，其间纵贯大渠，实以一运河挈其纲领，旧苏藩司所属四府一州之群水，皆与之为缘。江湖吞吐，不殊畴昔，有航溉之利。镇丹属境，虽苦水涩，尚可通轻舫。两岸冈坡支汊之水，及排宣田间积潦，亦皆以运河为承转之途径。漕可废，河不可废也。江南通漕之河有数道，而干漕则一。浙漕入苏，必自南而北，迄于京口。然运河北部地势南倾，京口受水东南流，过无锡望亭始平流，吴江之北斥平望一带，虽稍北流，地夷而溜缓，亦几等平流。故盱衡江南运河之大势，应以西北为首，以东南为尾，述水与述增，至有别矣。

在运河沿线之地，用运河之水灌溉农田有着非常久远的历史，尤其是在那些地势高昂之区。如在宋代，江南河就是沿岸诸多高昂之地重要的灌溉用水源。宋人詹体仁在《泉南杂志》卷下中称："浙右之有漕渠，非止通馈运，资国信往来而已，苏、秀、常、润田之高昂者实赖之。"在运河上兴建的斗门、埭等，虽然主要目的在于节水利运，然对所流经地段的农业灌溉也十分有利，尤其是对于那些河水灌溉不到的高田而言，埭与斗门可抬高水位，从而使这些高田得到有效灌溉。

运河沿线民众引河水灌田，方式多种多样，或于运河旁挖坑引水，或凿井汲水。如在运河直隶段，"乾隆九年，前督臣高斌通饬各州县开渠引水，以利农田，准民于河岸挖坑，引水灌田，共有一百九十二处。又于运河旁汲水开井四十四口，历来报明有案。查挖坑之处，俱贴河边，自十余丈至四五十丈不等。所开之井在田园隙地，均与堤工无碍。惟农民做坑汲水之时，正值运河水浅，河旁多一坑沟，河水即多一去路。现在一百九十余处坑沟，概令平垫，惟通杆井四十四口，二十余年从无溢井伤堤之事。主仍听民便，惟以后不许再添”[①]。这段记载，虽是以禁令形式发布的，但从中也可窥见当时运河沿岸民众引运河水灌溉的方式及引水之普遍。

在以运河之水进行灌溉方面，还有一种特殊的农业生产方式，即水上居民的农业种植。乾隆年间来到中国的英国使团，在乘坐船只沿大运河航行时，曾于清江浦见到了这种“漂浮的菜园”：“他们把一层土铺在漂于水面的竹筏上。他们在土上种植蔬菜。同样，他们也能在船上开辟这种人造菜园；他们在填满了土的箱子里，甚至在不断使之湿润的绒布上种上菜籽。”[②] 水上居民以船为房，生于斯长于斯，他们在铺在竹筏上的土层上或填满土的箱子里种植蔬菜，满足日常生活饮食需要，自给自足。当然，这种种植方式并非水上居民或船民所特有，而是中国古代早就有的一种土地利用方式，即元代王祯《农书·农器图谱·田制门》中所记载的“浮田”，又称架田、葑田等：“以木缚为田丘，浮系水面，以葑泥附于木架上而种艺之，其木架田丘，随水高下浮泛，自不萎浸。”

运河的开凿，使流经之地获得了灌溉水源，因而在一定程度上有利于农业的发展。但另一方面，运河的开凿亦会对一个地区的农业发展造成不利的影响。首先，运河的开凿往往会加重一个地区水灾发生的频率。如早在唐宋时代，为保证并增加江南运河的水量，政府在江南地区新增开了孟渎、五泄水等新运河。由于这些新运河是为补给运河水量而开，其流向是由长江等自然河流流入运河，形成与以往自然河流流向相反的逆辐射流向，并通过作为支线的各塘浦进而影响到其他正流向的河流，从而使本区的水网形势更趋复杂而紊乱，也由此影响到当地农业灌溉系统的布局，并进而造成了地区水患的频发。《宋史》卷三二一《陈襄传》载：“皇祐三年……陈襄知常州，运渠横遏震泽，积水不得北入江，为常、苏二州病。”北宋庆历年间（1041～1048），为了便于挽纤，在吴江县东筑石堤数十里，作为纤路，下设涵洞，以排太湖之水。历年后涵洞被泥沙所淤，菱篙丛生，“菱芦生则水。道狭，水道狭则流泄不快”。于是，太湖之水 “常溢而不泄，浸灌三州之田。每至五六月间，湍流峻急之时视之，吴江岸之东水常低岸西之水不下一二尺，此堤岸阻水之迹自可览也。”[③] 苏轼也曾指出：“昔苏州之东，官私船舫，皆以篙行，无陆挽者……自庆历以来，松江始大筑挽路……自长桥挽路之成，公私漕运便之，日葺不已，而松江始艰噎不快，江水不快，软缓而无力，

①《清高宗实录》卷八五五，“乾隆三十六年五月己未”条。

②〔法〕佩雷菲特：《停滞的帝国——两个世界的撞击》，北京：三联书店，2013年，第305页。

③正德《姑苏志》卷一一《水利上》。

则海之泥沙，随潮而上，日积不已，故海口湮灭，而吴中多水患。”①

保运而弃灌，也是运河开凿对地方农业生产的一个不利影响。运河运输与农业灌溉都需要一定量的水作为保证。在水量正常的年份，这不是问题。但一遇水旱灾害，运河水量过多或不敷使用时，则灌溉与运输用水之间的矛盾就凸显出来。这一矛盾，始于隋唐两宋时期，进入元明清之后则发展到十分尖锐的程度。个中原因，在于经济中心与政治中心的分离、通航时间与灌溉时间的重叠，以及运河用水占用农业土地。②就政府来说，为保证漕运的正常进行，往往会采取弃灌保运的措施。早在唐宋时期，政府就已采取了立法措施，对运河水源进行保护，在旱灾时弃灌而保运。如对练湖严加控制，禁止农民引水灌田，对私自引水灌溉者处以死罪。“练湖幅员四十里，纳长山诸水，漕渠资之，故古语云：‘湖水寸，渠水尺’，在唐之禁甚严，盗决者罪比杀人”③。宋宣和年间（1119～1125），淮南及两浙连年大旱，为了增加运河水位，政府不顾农田也急需用水的现实，多次下令征调民夫“车水济运”④。这不可避免会激化官民矛盾。南宋淳熙十四年（1187），“时久旱，郡民筑陂潴水灌溉，漕司檄郡决之，父老泣诉”⑤。

京杭大运河贯通南北，不同河段具有不同的地理环境，因而运河用水与农业用水间的关系亦有不同。运河与民争水的情况并非整个运河沿线都普遍发生，主要是在北方段运河，尤其是山东段运河沿线地区。这与山东段运河的地形条件紧密相关。受地势高昂及降雨稀少之影响，山东段运河水源匮乏，不得不更多利用周边之泉水，并广建水柜以济运。每年阴历四五六月份，正是漕船重运经临之时，河道内需要保持充足的水源，而此时正值春季苦旱，亦正是农田需要灌溉用水之际。但在济漕保运思想的指导下，漕河具有优先用水权。为了保障水柜蓄水济运，清廷专门颁布了一系列法令法规，严禁民人盗决水柜及临运大堤。如嘉庆年间（1796～1820）就规定：“故决盗决山东南旺湖，沛县昭阳湖、蜀山湖，安山积水湖，扬州高宝湖，淮安高家堰、柳浦湾及徐邳上下滨河一带各堤岸，并河南、山东临河大堤，及盗决格月等堤，如但经故盗决，尚未过水者，首犯先于工次枷号一月，发边远充军。其已经过水，尚未浸损漂没他人田庐财物者，首犯枷号两月，发极边烟瘴充军。既经过水，又复浸损漂没他人田庐财物者，首犯枷号三月，实发云贵两广极边烟瘴充军。因而杀伤人者，照故杀伤问拟，从犯均先于工次枷号一月，各减首犯罪一等。其阻绝山东泰山等处泉源，有干漕河禁例，军民俱发近边充军。闸官人等，用草卷阁闸板，盗泄水利，串同取财，犯该徒罪以上，

① 〔宋〕苏轼：《进单锷吴中水利书》，〔明〕张国维：《吴中水利全书》卷一三《奏状》，景印《文渊阁四库全书》第578册，台北：台湾商务印书馆，1986年，第389页。

② 邹逸麟：《从地理环境角度考察我国运河的历史作用》，《椢庐史地论稿》，天津：天津古籍出版社，2005年。

③《宋史》卷九七《河渠志第五十》。

④《宋史》卷九六《河渠志第四十九》。

⑤《宋史》卷三九一《蔡洸传》。

亦发近边充军。”[①] 此外，清廷还明确规定，山东、河南、直隶等地河流湖泉，要优先保障运河用水，不得随意灌溉农田。顺治十七年（1660）春夏之交，由于天气亢旱，卫水微弱，运河梗阻浅涩，河臣修筑堤堰，阻塞漳河灌溉民田之水，以便漳河全部入卫济运。其实朝廷明知不仅运河需水补给，农田更需水灌溉，但在保障漕运畅通与首都供应的国计面前，只能将农田用水放到了次要地位。康熙五年（1666），漕运粮船北行处处阻浅，在朝廷与河漕官员看来，原因在于山东安山湖、马踏湖周边靠近湖泉的土地，多被周边居民耕种，他们或者阻塞水流，不使湖泉进入运河；或盗决河岸，使湖泉只能灌田而不能济运，以致水柜水量日益减少，济运水源日益阻塞。因此漕运总督林起龙上疏，请求朝廷敕令河道总督亲自勘察，“诸湖曾否收水，水柜果否成田，柜闸有无堵塞，子堤曾否修筑，斗门是否填闭，堤岸有无废缺，诸泉果否开浚，务期浚泉清湖、深通河道”[②]。

康熙三十年（1691），朝廷规定，在雨水充足的情况下，每年三月初至五月末堵塞涵洞，使河泉汇入卫河济漕，但仍留余水灌田；若是亢旱之年，则三日放水济运，一日塞口灌田。雍正二年（1724），朝廷对此禁令重新加以申饬，以保障运河用水。此一禁令并非具文，而是推行得比较彻底，因为漕粮属于天庾正供，清廷对于误漕的官员处分极重，而误漕与否在于运道是否畅通。据金安清《水窗春呓》卷上《河工最重》记载：“河工向来比照军营法，故河督下至河厅得罪，有枷号者，有正法者。而年年安澜，皆有保举。”为了通运保漕，保障山东运河的水源补给，各级河务官员对于泉水优先补给运河的规定，执行得不遗余力，而农田灌溉则成为无足轻重的事情。

干旱少雨之时，运河与民争水，而当每年夏秋经旬霖雨、雨水盛涨之时，漕船已基本到达通州，漕河需要宣泄多余之水，以防冲决运道。而此时农田也需要排水以防淹没，若调节不合理或者不得力，极易产生冲突。光绪五年（1879），两江总督沈葆桢对此表示了忧虑：“意谓运道存则水利亦存，运道废则水利亦废，臣以为舍运道而言水利易，兼运道而筹水利难。民田与运道势不两立。兼旬不雨，民欲启涵洞以溉田，官必闭涵洞以养船。迨运河水溢，官又开闸坝以保堤，堤下民田立成巨浸，农事亦不可问。”[③] 当漕运与民田用水发生矛盾之时，朝廷总是以牺牲民田灌溉为代价来保全运道的畅通，这不可避免会给沿岸民众带来巨大的灾难与损失。清人曹楙坚在《昙云阁诗集》卷四《开坝行》一诗中说：“今年稻好尚未收，洪湖水长日夜流。治河使者计无奈，五坝不开堤要坏。车逻开尚可，昭关坝开淹杀我。昨日文书来，六月三十申时开。

①《大清会典事例》卷八五四《刑部二·工律河防》。
②《清圣祖实录》卷一八，“康熙五年春正月丁卯”条。
③《清史稿》卷一二七《河渠二·运河》。

一尺二尺水头缩，千家万家父老哭。”其题记云：“道光甲申冬，高堰十三堡决后，以次缮完。御黄坝堵闭两年。丙戌夏，洪泽湖水长，当事惧堤工不保，遂启五坝过水。扬郡七州县当下游者，田庐尽没，较嘉庆丙寅决荷花塘尤剧。余客海陵，人烟萧寥，万事波荡，加之盲风怪雨无节，触凄惨之怀，写流离之状，因事作歌焉。”

对于为保运而冲没民田的做法，运河沿线的很多地方官员出于民生的考虑，采取了诸多抗争措施，在江苏兴化等地流传的“魏公稻”传说就是对此现象的一个反映。明清时期，京杭运河从扬州至淮阴的里运河河段，向无西堤，河湖一体，受洪泽湖和高邮湖的影响，每到夏秋雨季便会湖水大涨。为了宣泄湖水，清政府在从高邮到邵伯的运河河堤上设置了南关坝、五里中坝、新坝、车逻坝和昭关坝五个堤坝，在高邮、兴化一带的早稻收割后即开坝放水。但是，至清道光年间（1821 ～ 1850），受长期湖水冲刷的影响，里运河西堤愈来愈低，为防止运河堤坝溃决，负责运河事务的官员们不等新谷登场，一见河水上涨，就随即开坝，即使秋收在即的稻谷被淹亦在所不惜，故当地时常闹饥荒，尤以“锅底凹”的兴化最为严重。道光二十九年（1849），魏源出任兴化县知县。时值夏秋季节，新谷正在抽穗，但高邮湖水上涨，运河官员只想早日开坝，致使当地农民与运河官员互相争执，情势紧张。魏源一面督促人工昼夜防护大堤，一面与运河官员们相持，要求他们暂不开坝。这一建议得到了两江总督陆建瀛的支持，于是开坝之议只好暂停。但受倾盆大雨的影响，湖水日渐上涨，运河大堤危在旦夕，运河官员们又一股劲儿地叫喊开坝。魏源冒着风雨，伏在大堤上哀号，愿以身家性命承担一切责任，只求暂勿开坝。而在他身后，则是十余万的民众。幸好暴风雨止息，运河河水亦不再上涨，里运河沿线地区的稻谷被保全了下来。新谷登场后，人们都说这是魏县令从水口里争取来的，因此称这年的稻子叫“魏公稻”。为避免此后开坝事件再次发生，魏源又亲自勘查寻访运河西堤旧址，吁请进行修复。经过一个秋冬，终使运河西堤再次巍然屹立。为防止运河官员妄议开坝，魏源又上书朝廷，于坝首刻石为令：湖涨，但事筑防，不得辄议宣泄，必须节逾处暑之后，秋稼登场，始可启坝。自此，动辄开坝的行为得到遏制，秋收得到了保证，灾荒亦随之大为减少。①

运河及其沿线水柜，除为民众灌溉田亩的重要水源外，人们还相信在沿河水柜中有龙蛰居其中，每遇旱灾，便往求雨水。元代时，中书省右丞李公主政淮西，是岁大旱，李公便率众往运河水柜雷塘祈雨：

> 维扬，两淮界郡也，西北十五里有塘曰雷塘。贞观、大和间，引塘水溉田。唐末迄宋，储水以备漕运，积而成渊，深不可测，有龙蛰其中，祠于唐，比封之曰“昭佑王”。皇元混一，淮西东仍隶于阳，命中书省右丞李公行司事，抚治两淮。岁大旱，公询于众，

① 徐从法等主编：《京杭运河志（苏北段）》，上海：上海社会科学院出版社，1998 年，第 703 ～ 704 页。

有以雷塘请水告者，公焚香拜祠下，目击殿宇倾颓，庙貌剥落，撤而新之。未几，果如其祷。明年庚子六月，仍少雨，螟螣肆灾。公斋沐，遵故典，贮塘水置诸寺中，不五日大雨，一月凡七。秋八月落成。①

（二）运河与沿岸种植结构变化

运河开凿之后，为保证漕运的顺利进行，政府往往会优先保证运河水量的充足，这就不可避免对沿岸地区的作物种植情况产生一定的影响，水稻种植的消涨就是一个典型体现。比如苏北地区，明清时期，由于运河的开凿，当地的水稻种植大大降低。历史上，苏北曾是一个非常适宜水稻种植的地区。北宋时期，此地仍是“土膏地润，足蒲鱼，宜稻菱，实为乐土”②。元代之后，随着运河的开通，由运河所导致的水环境及其他一些环境的变化，使水稻的种植大大减少。如山阳县运河东岸的鱼便河，因为土壤肥沃，水资源充足，明代时两岸还大量种植水稻，“明时两岸皆稻田，号为膏腴”。后来为便于食盐运输，专开盐河一条，因盐河底比鱼便河高三尺，受地势影响，很难蓄水，于是便在鱼便河头修筑三孔石涵洞以人工调控水流。由于大部分水被调控入盐河之内，鱼便河日渐淤浅，直接导致两岸稻田无活水遂为旱田。到清乾隆朝时，河已久淤，岸边皆麦田③。苏北的阜宁县也是如此，“自淮北纲监蓄水济运，而稻田废”④。

受运河开通之影响，运河山东段南段两岸的水稻种植亦大大减少。运河山东段为明清京杭大运河地势最高之处，水源相对匮乏，主要补给之河流为汶水与泗水，其次就是运河沿线各地之泉水。为保证运河用水之需，明清两朝都对水源进行严格管控，专门设立了泉官、泉夫等加以疏浚清理，不许民间偷截泉水进行灌溉。由于水稻种植需水较多，不可避免会与运河争水，为此朝廷屡次发布命令，严禁两岸之民截水灌稻田。康熙六十年（1721），康熙皇帝发布谕令称：“山东运河，全赖众泉灌注微山诸湖，以济漕运。今山东多开稻田，截湖水上流之泉，以资灌溉。上流既截，湖中自然水浅，安能济运？……地方官未知水之源流，一任民间截水灌田，以为爱恤百姓，不知漕运实因此误也。若不许民间偷截泉水，则湖水易足，湖水既足，自能济运矣。”⑤嘉庆十四年（1809），嘉庆皇帝又重申了这一禁令：“派明干大员前往履勘，如所垦之地已经成熟者，姑听耕种外，其余未垦及已垦复荒地亩，出示严禁，毋许再行私垦。

---

①〔元〕马允中：《重修雷塘昭佑祠之记》，〔明〕杨宏、谢纯：《漕运通志》卷一〇《漕文略》。

②〔宋〕石介：《上徐州张刑部书》，《徂徕石先生文集》卷一六，北京：中华书局，1984年，第307页。

③同治《重修山阳县志》卷三《水利》。

④民国《阜宁县新志》卷九《水工志·诸水》。

⑤《清圣祖实录》卷二九二，“康熙六十年四月庚子”条。

庶濒湖一带，泉流灌注，毫无阻滞，湖水愈蓄愈深，于运道方有裨益。倘此次示禁之后，仍有不遵，查明严行究办，以利漕运。”①

受上述政策之影响，运河山东段两岸的水稻种植大大减少。如滕县，自古以来富有粳稻鱼盐之利，元代时依然“有稻堰，称饶给”，但“明朝十八泉则一切规以济漕，而行水者奉法为厉，即田夫牵牛饮其流，亦从而夺其牛矣”②。为保证运河水运，牵牛饮水尚且不能，更何况引水灌稻了。百姓用于灌溉的水源日益减少，自然水稻种植也就大大减少了。再如峄县，至元代大德年间（1297 ～ 1307），境内依然是泉水散漫四野，灌溉稻田多达万顷。③但明代开凿泇河之后，为保运河之水，峄县境内的许多沟洫湮废。到清中叶之后，由于朝廷厉禁截留河泉灌田，峄县百姓坐受水害，“吾邑之人日居山水之间，既不知渠而陂之，以收灌溉之益，而湮塞者亦罕过而勤焉，至于壅淤既久，横溃四出，以酿为数世之患矣”④。因此，光绪朝《峄县志·物产志》中虽仍有水稻之记载，但已不再具有重要之地位。可以说，运河的开通，是导致山东诸多地区水稻种植减少的一个重要原因。对此，时人有清晰的认识：“粳稻既种之后，正重运北上之时。舳舻相接，惟恐愆期。巡役一来，则声言误漕，睢盱官吏肆虐愚民，甚则频频踵至，使闸堰屡启，泉水直泻，地涸苗枯，赀种并失。水田湮废之故，盖为此也。”⑤

当然，运河开通对作物种植的影响也有积极的一面，山东北部运河沿线地区棉花种植的增长就与运河开通有直接的关系。棉花在我国的大面积种植始于明代初年，明太祖朱元璋更是通过政令的形式在全国推行棉花种植。明人丘濬在《大学衍义补》卷二二《治国平天下之要四·制国用·贡赋之常》中称：“凡民有田五亩至十亩者，栽桑、麻、木棉各半亩，十亩以上倍之。不种桑，罚每年出绢一匹，不种麻及木棉，罚出麻布、棉布各一匹”⑥。至明代中叶以后，棉花已是“地无南北皆宜之，人无贫富皆赖之”⑦。明代中叶之后，逐渐形成了几个大的棉花产区，主要集中在北方地区，山东西部即是其一。具体说来，一是以高唐、夏津等为中心的东昌府棉区，二是以济宁、金乡等为中心的济宁棉区，三是以菏泽、定陶为中心的曹州棉区。在这些地区内，棉花已成为最重要的作物之一。如在濮州，“土之高者以十计，其二三率莳木棉”，甚至有植棉“万亩”的大植棉户，“以木绵易布”，“运之京边，利十

①《清仁宗实录》卷二二〇，“嘉庆十四年十一月庚申”条。
②道光《滕县志》卷三《山川志·方物》。
③光绪《峄县志》卷一三《田赋》。
④光绪《峄县志》卷五《山川考下》。
⑤道光《辉县志》卷一四《艺文志四》。
⑥《明史》卷七八《食货二·赋役》。
⑦〔明〕丘濬：《大学衍义补》卷二二《治国平天下之要四·制国用·贡赋之常》，郑州：中州古籍出版社，1995 年，第 333 页。

倍之”[①]。郓城县也是重要的产棉区，“五谷之利不及其半”[②]。至清代，山东西部地区的棉花种植进一步发展，“五谷之外惟种棉花”[③]。高唐，康熙年间（1662～1722）“秋成棉市”即已成为本地八景之一；乾隆年间（1736～1795），更是出现了棉田压倒粮田的倾向，“种花地多，种谷地少……其上田皆种木棉”[④]。这引起了地方政府的担忧，为此专门增设义仓多所，以备灾歉时赈济所用。在夏津，乾隆《夏津县志》载：“物产多棉花而少五谷”，农家“年之丰欠，率以此为验”。道光时期（1821～1850），冠县农民纷纷扩大棉花种植，将沙压贫瘠地“改种木棉”；曹州府，“地多木棉”，“转鬻他方，其利颇盛”，“几与九谷平分轻重”[⑤]。

明代中叶以后，中国北方地区成为棉花种植的主要地区，但因当地地土高燥且纺织技艺不精，导致“棉毳断续，不得成缕”，“纵能作布，亦虚疏不堪用”，故棉贱而布贵。相比之下，南方地区因土地卑湿且纺织技艺精良，“作缕紧细，布亦坚实”[⑥]，出现了集中的棉纺织生产区域，这其中以松江为中心的江南地区成为我国最为主要的棉布生产区，素有“买不尽松江布”之说。不过，受地理环境等方面的限制，南方地区无法广泛植棉，故棉贵而布贱。于是各地商人充分利用这种南北方的差异，借助运河的便利条件，进行北棉南运、南布北运的贸易。明人王象晋在《木棉谱·序》中说道：“棉则方舟鬻于南，布则方舟鬻诸北。”大量北方棉花被输往江南地区。如在郓城，商人们将棉花“转鬻江南，为市肆居焉”；东昌府的高唐、恩县等地，每到棉花收获季节，“江淮贾客，列肆赍收，居人以此致富”；清平县，“木棉市集向来新集最盛，近来王家、康家庄、仓上等处亦多买卖，四方贾客云集，每日交易以数千金计”[⑦]。天津一带，北河之棉，分别沿永平新河、白河运达天津；西河之棉，沿大清河、滹沱河、西河运至天津，南下售卖。在这一过程中，作为南北交通运输的大动脉，运河起到了极其重要的作用。明徐光启《农政全书》卷三五《蚕桑广类·木棉》云：“吉贝则泛舟而鬻诸南，布则泛舟而鬻诸北。”乾隆年间出使中国的英国人巴罗抵达天津附近时，“遇到的船只几乎都装载棉花袋”[⑧]。可以说，没有运河带来的便捷交通，就没有大量的棉花向南运销，山东西部等地的棉花种植也就不会如此繁盛。

---

① 嘉靖《濮州志》卷二《食货志》；万历《濮州志》卷四《货殖传》。

② 万历《兖州府志》卷二五《物产》。

③ 中国科学院地理科学与资源研究所编：《清代奏折汇编——农业·环境》，北京：商务印书馆，2005年，第81页。

④ 康熙《高唐州志》卷二《地理志》；光绪《高唐州志》卷三《仓储》。

⑤ 道光《冠县志》卷三《食货志》；光绪《曹县志》卷四《物产》。

⑥〔明〕徐光启著，陈焕良、罗文华校注：《农政全书》卷三五《木棉》，长沙：岳麓书社，2002年，第566页。

⑦ 万历《兖州府志》卷四《风土志》；万历《东昌府志》卷二《物产》；嘉庆《清平县志》卷八《户书》。

⑧〔英〕乔治·马戛尔尼、〔英〕约翰·巴罗著，何高济、何毓宁译：《马戛尔尼使团使华观感》，北京：中国旅游出版社，2017年，第415页。

因运河开通而获得进一步发展的还有果木种植。如山东运河沿线地区，果树栽植不仅广泛普及，规模也不断扩大。嘉靖《山东通志》载：梨，“六府皆有……出东昌临清、武城者佳”；枣，“六府皆有之，东昌属县尤多”。运河沿线地区的广大农家，不仅在自家的房前屋后栽植果木，而且还辟地建园，形成大面积的果木栽植。东昌府的恩县，早在明成化年间（1465～1487），运河沿线地区就已形成了“凡五六十里”的果木种植区，“枣梨桃李之属，获利颇多”[①]。武城县甲马营，当地居民在运河东岸辟建桃园且接连成片，春季桃李盛开，芳香袭人，被称为“小洛阳”。阳谷县的果木栽植亦非常普遍。清朝初年，谈迁沿运河北上，见阳谷境内“梨枣弥望”，颇具规模。堂邑、博平两县，因梨枣栽植众多，故有“堂梨博枣”之说；兖州府滋阳县，因桃树栽植而形成的桃园近二十里。在运河运输及南北果品贸易的带动下，运河沿岸地区出现了一些专门从事果树经营的专业果农户，他们面向市场进行果品生产，以果品种植作为主要的收入来源。东昌府的一些果木种植大户，因为经营规模大，果品产量多，“商人先岁冬计其木，夏相其实而直之”[②]。在兖州府，也有诸多以果木栽植为业的专业户，以果品收入作为“养生家所必需”，果品“每岁为他商预出直”，“衣食皆仰给焉”[③]。

运河沿线所产之梨、枣等果品，通过运河而广销各地。在山东运河沿线的临清、聊城、济宁、张秋、峄县等地，都有果品集散市场。南下回空的漕船及南下的商船等，多于此装载果品南运贩卖。光绪《峄县志》卷七《物产》云，“枣、梨、柿、楂尤有名，行贩江湖数千里。山居之民皆仰食焉”；高唐，“每岁行销鲜枣四五万斛”[④]。堂邑县，“每岁以梨枣附客江南”[⑤]。除直接贩运鲜果外，还形成繁盛的果品加工与贩运贸易。早在明代，运河沿线的诸多果农即将收获的鲜枣加工成“胶枣”“牙枣”等而“货于四方”[⑥]。清代以后，果品加工与贸易规模进一步扩大。据清人王培荀在《乡园忆旧录》中所载，人们将鲜枣“去皮核，而培以糖，名糖枣”。而这其中加工数量最多的则是熏枣。“东昌之熏枣……每包百斤，堆河岸如岭，粮船回空，售以实舱”。在聊城运河各码头，包装待运的各种枣品更是“有数百万之多”[⑦]。仅阳谷一县，通过运河“运销南省”的熏枣就“岁以数万袋记”；高唐州，“熏枣水运至上海、天津等处，行销岁约七八千斤”[⑧]。菏泽县出产柿子，当地人将鲜柿子“以刀旋去柿皮”，经日晒而成柿饼，年外销量“二百万斤”之多[⑨]。此外，运河沿线有些地区还会大量种植烟叶，

① 乾隆《平原县志》卷三《食货志》。
② 嘉靖《山东通志》卷八《物产》。
③ 光绪《峄县志》卷七《物产略》。
④ 光绪《高唐州乡土志·实业》。
⑤ 康熙《堂邑县志》卷一六《人物》。
⑥ 嘉靖《山东通志》卷八《物产》。
⑦ 宣统《聊城县志》卷一《方域志》。
⑧ 光绪《阳谷县志》卷二《物产》；光绪《高唐州乡土志·实业》。
⑨ 光绪《菏泽乡土志·物产》。

如乾隆年间来华的英国使者就注意到德州运河两岸地区“大量种植烟草，烟草的叶子非常大，烟草的口味非常柔和”[①]。

棉花、果木外，运河运销还促进了其他诸多粮食、瓜果等的种植。如在河北南皮，西瓜“夏日剖食，味甘而美，成熟时适在炎夏，食之颇可解暑，每年种植之盛，超过他瓜。西、北两区种者尤多，因得运河之便，易销外境也”[②]。

除因运销促进了棉花、西瓜等的种植外，运河本身也对作物种植产生了一定的影响。由于有运河水的灌溉之利，运河沿线地区土壤亦相对肥沃。乾隆《沧州志》卷四《风俗》载：“城北近卫河，多腴田。”由于土壤肥沃，用水方便，人们多于沿河之田种植各种蔬菜。如在沧州，“城西幅员无几，滨河皆蔬圃”[③]。这种情况，早在元代既已出现。泰定年间（1324 ~ 1327），一份上报给朝廷的奏疏说：“沧州地分水面高于平地，全藉堤堰防护，其园圃之家，掘堤作井，深至丈余或二丈，引水以溉蔬花。”[④]南皮县，“西五区，位于县城至西南部，西邻漕河之区，沃壤宜谷，泊镇附近多种菜”[⑤]。静海县，“菘，即白菜……其味松活适口，较他菜为优也，故俗云‘百菜不如白菜’。味美而食久。运河沿岸产者最良”[⑥]。景县，“菘，俗名白菜……食用甚美，为境内秋冬至春数月第一宗菜蔬。旧日惟中区黑土地及沿运河园圃中有种者”[⑦]。天津附近运河两岸的菜园，就给乾隆年间来到中国的英国使团成员留下了深刻印象：“河两岸大多数地方都种植着蔬菜，一畦畦的显得特别整齐。用高粱秸搭成的棚架上长着一种扁豆，给这些最为粗陋的菜园子平添了一丝雅致。”[⑧]

山东东平运河沿线流传的一首《青菜歌》，描述了运河沿线蔬菜种植的繁茂景象：

说山东，道山东，园里青菜成了精。
辣萝卜成精坐王位，胡萝卜成精坐正宫。
保国的军师独头蒜，成精的腊菜坐东平。
惊了豆芽子上前跪，把话说给我主来听。
南旺湖反了白莲藕，要夺我主江山一统。
辣萝卜听见心好恼，圣旨一下就发大兵。

①〔英〕亨利·埃利斯著，刘天路、刘甜甜译：《阿美士德使团出使中国日志》，北京：商务印书馆，2013年，第166页。
②民国《南皮县志》卷三《风土志上·物产》。
③乾隆《沧州志》卷四《风俗》。
④《元史》卷六四《河渠一·御河》。
⑤民国《南皮县志》卷二《舆地志下·土壤》。
⑥民国《静海县志》卯集《土地部·物产志》。
⑦民国《景县志》卷二《物产·园蔬》。
⑧〔英〕亨利·埃利斯著，刘天路、刘甜甜译：《阿美士德使团出使中国日志》，北京：商务印书馆，2013年，第144页。

大白菜领兵挂元帅，小白菜领兵做先行。

莴苣他忙把令旗扛，菠菜斜插着箭绞翎。

韭菜使劲动那双股剑，小葱子拧枪摆几层。

栽了个冬瓜当大炮，牵了根瓜秧当火绳。

惊天动地哟三声炮，打得那芫荽乱哄哄。

打得那茄子头朝下，打得那辣椒老来红。

打得黄瓜爬上了架，打得豆角子拧成绳。

数着白藕的心眼多，一头扎进了紫泥坑。①

（三）农产运销

运河对农业生产的直接影响，还体现在它是运河沿线地区众多农产品往来运输与销售的重要通道。前已述及，明清时期，每年通过运河运输到北京的漕粮约为400万石，以满足京畿地区各色人等的需要。除了漕粮运输外，运河也是民间粮食贸易往来与运销的重要通道，沿运各地城镇产生了一批地方性粮食集散市场，并形成了一套各自的粮食运销体系与网络。

中国古代的粮食贸易，多通过农村集市、中心集镇、地区性集散地以及具有全国影响的米市等多级途径进行。农村集市的粮食贸易，一部分通过互通有无就地消化，另有相当部分通过商人而集中起来，运销到缺粮地区。这样就出现了比一般农村集市更高一级的聚散点。这种聚散点，差不多每个州县都会有。这其中有的集散点，因为交通便利等原因而成为一方大市场，以运河沿线分布最多。以直隶地区为例，当时沿运河"聚集粜卖"的一方大市场，主要有东光县的连镇，交河、南皮二县的泊镇，沧州的捷地镇，青县的兴济镇，静海县的唐官屯、独流镇，天津的杨柳青和西沽，武清县的杨村、河西务，通州的张家湾等，这些大市场无一例外都位于运河之旁。除这些大市场外，在运河重镇沧州，则形成了一个更大的"聚集粜卖"点，即沧州大集。"综全城内外各街市成为一大集。城内共有五集，按五坊分配，每日一集，惟有大南门粮食市买卖繁盛。每年十二月初一日，移至小南门内，至明年正月灯节后，仍归大南门内"②。大集之上，云集着众多的粮栈，如永茂恒、春和公、广丰号等。不仅沧州四乡的人前来赶集，庆云、盐山、惠民、无棣等地的粮食商人也纷纷前来，甚至还有京津、德州、济南、临清等地的粮商，他们基本都是走运河水路。除这些大的粮栈外，大集上还有众多代客买卖粮食的斗店粮栈，比较大的有春和公、德兴厚、永茂恒、广丰、永顺、同兴、聚庆和、恒昌、兴记、永兴等。他们收购来自河北、山东等地的小麦等粮食，然后通

① 王玉芬、王德椿主编：《京杭运河齐鲁风情（东平卷）》，济南：山东人民出版社，2013年，第68～69页。

② 民国《沧县志》卷三《方舆志·建置》。

过运河集中运销到北京、天津等地。①

运河沿岸各地所出产的果品也多通过运河进行运销，如产于河北沧州等地的鸭梨。由于鸭梨含水量极大，运输途中若颠簸磕碰很容易造成损坏，而通过水路运输可很好地解决这一问题。于是鸭梨运输几乎都走水运，而运河又是其最重要的运输通道。大量的鸭梨被运销到天津后，再通过天津转运其他地区，于是原产于交河、南皮一带的交河梨被改称为天津鸭梨。沧州各地所产之枣，也多通过运河而行销到江浙一带，因为回空的漕船正好可以搭载。明代陈仁锡在《无梦园初集》集三《漕运积滞议》中说："今回空之船，无不满载枣梨之类，在彼置货，在此脱货。或自贩，或揽商。"清道光十一年（1831），两江总督陶澍在给道光皇帝的奏折中也说："本年漕船转瞬回空，该船等向载枣豆等物回南。现在枣熟尚迟，若在山东、河南经过之地专带豆麦来江销售……"②

沧州城西运河西岸的枣市是枣子大规模集散的地方，枣商在此等候南去的漕船或商船，若路途顺利，入腊前新枣即可在江浙等地上市销售了。清人赵怀玉在《亦有生斋集》卷一《舟行杂咏》诗中云："北地多栽枣，秋来剥满筐。贾人生好利，万斛载归航。"沧州地区的枣市，约形成于明末清初，主要有两个地点。一在泊头。周亮工路过泊头新桥驿，曾作《泊头》诗一首："共约舟窗并，帆开莫后先。津风濒海劲，吴酒渡河鲜。礓口珠梅闸，泊头红枣船。欲停不暂得，景物苦留连。"③同时期的浙江海盐人彭孙贻亦曾在《茗斋诗》卷十五《泊头》中写道："泊头近千室，卖枣贱于土。四金斛千斤，买者嫌多估……舟人买论载，货易价更廉。"一在沧州，这从沧州的古渡口名称中即可看出来。康熙三十年（1691）重修的《沧州新志》卷三《建置志·津梁》中记载说，在今河西菜市口北面不远处曾有一枣市口摆渡。乾隆八年（1743）《沧州志》卷二亦载有枣市口渡。光绪《重修天津府志》卷二一《舆地考》亦有枣寺庙渡。清代乾隆年间，浙江秀水人钱载写有关于沧州枣市的《枣市行》诗一首：

> 北人果树南人田，连村夹陌种枣骈。年年四月花始发，盼到八月扑击天。白头黄口竿在手，匝地虬珠错杂走。或用蒸之或暴之，人工乃毕已重九。大车小车声硠硠，运入河漘卖枣行。拥资大贾坐而致，执斗论价收盈筐。南行舟子舣楫买，舟客频催缆不解。贾人之意在漕舟，一漕舟十客舟倍。谁知转漕今岁严，寸晷弗容归棹淹。中秋衔尾尽南去，锥刀利未谋纤纤。燕齐农民苦积涝，买谷全凭卖秋枣。

① 孙建：《我们的大运河·物产卷》，北京：光明日报出版社，2014年，第179~181页。

②〔清〕陶澍：《请援照成案拨银采买米石运至灾区售卖并商贩米船请免纳税折片》，《陶云汀先生奏疏》卷三四《江督稿》，《陶澍全集》第2册，长沙：岳麓书社，2010年，第390页。

③〔清〕周亮工：《泊头》，《赖古堂集》卷五，上海：上海古籍出版社，1979年，第13页。

负戴偏逢市价低，饔飧那得家人饱。漕丁牵挽亦告劳，千艘空手归江皋。不如客舟舟子乐，载及枣梨兼蒲萄。我语舟子色勿喜，操舟汝匪漕丁比。前途榷税三五重，关吏法宁为汝弛。①

第五节　渔业

一、运河及沿线水网捕捞

运河中多有鱼、虾、蟹等水产品，这在地方文献中屡有记载。运河虽然是一条人工水道，但也是各种鱼类的生长、繁殖之所，运河沿线的各水柜、湖泊等（尤其是在江浙一带运河河段），盛产各种鱼类，由此在运河之上及其沿线地区就有了渔业捕捞，很多人家以此为生，并产生了诸多与渔业生产有关的信仰习俗。由于运河交通的便利，运河沿线许多地方形成了鱼类交易市场，并带动了水产品在各地的运销。一些地方还利用濒临运河的有利条件，发展鱼类养殖业。如万历《沧州志》卷三《四赋志、土产》记载说："地濒运河，鲤鲫颇肥。"乾隆《沧州志》卷四《物产·鳞属》："鲤，开河者颇肥。"此处"河"即指运河。民国《青县志》卷一〇《故实志·物产篇》："鲤，青俗以春时河冰初融所得者，曰开河鲜，味最美。"民国《景县志》卷二《物产·鱼属》："鲤，产东境运河内，各村水塘中亦有者。"

相比于运河，运河沿线与运河相连的水柜与湖泊，如微山湖、东平湖、洪泽湖、太湖等，更是盛产鱼虾等各种水产品。在运河沿线地区，生活着大批以捕鱼为业的渔家人。他们沿袭着水上人家传统的生活方式，随水而漂，居无定所，吃住都在船上，捕到哪里就住在哪里，并在当地出售渔获。梁山县一首歌谣唱道："俺家住在运河边，此有运河五道湾……三道湾里鱼儿肥，下了双钩拿钓杆。风里雨里捕鱼忙，歌遍河来笑满船。四道湾里水流急，抓鳖还得下深潭。千里运河浪打浪，长篙戳破水中天。五道湾里是渔家，大船小船肩靠肩。五湖四海来相会，天下船家心相连。"②

大量渔民和渔船聚集于运河沿线地区，对一些地方的地名称呼也产生了影响。如在浙江杭州湖墅富义仓两侧，就有两个名为渔家台与蟹舟弄的地方。民国之前，这一带的运河水面经常会聚集大量来自苏北以及浙江嘉兴、湖州与绍兴等地的渔船。清人傅泽洪《行水金鉴》曾记载天津卫所辖运河河道堤岸29处，天津左卫东岸有十处，其中一处即名为罾鱼口。罾

① 〔清〕钱载：《枣市行》，《蘀石斋诗集》卷一五《甲戌》，《续修四库全书》第1443册，上海：上海古籍出版社，2002年，第171页。

② 山东省济宁市政协文史资料委员会编：《济宁运河文化》，北京：中国文史出版社，2000年，第336页。

鱼是一种捕鱼方式，就是将渔网用竹竿或木棍儿撑开成方形，然后放入水中，待鱼游到网的上方时，拉动大竿，将网提起，这样鱼便进入网中了。此处之所以名为罾鱼口，就与人们通过罾鱼这种方式在此捕鱼有直接关系。

运河上流传着这样一句谚语："河上千层网，网网都逮鱼。"运河边和傍运濒湖的渔民们，常年在水上干着捕鱼摸虾的营生。不过，由于运河主航道往来船只众多，尤其是在繁忙的漕运季节，并不适合捕鱼，因此运河上的渔场都是在运河支流及与运河相连的一些湖泊中，这一点在江南地区又表现得最为明显。

渔民捕鱼的工具，因不同的季节与水面的深浅而有所不同，需要经常变换渔具，俗称 "作张"。在山东运河沿线地区，渔民捕鱼常用的渔具主要有三类：一是网类，主要有搬大罾、小提罾、大包网、小喝网、小豁网、小拉网、撒网、罱网、袖网、丝网、推网等。这些渔网，每年都要用猪血浸两次。以前没有尼龙绳，渔网都是用棉麻线做成，用猪血浸渔网，然后再将浸过的网放到锅里蒸，可增加其韧劲，结实耐用，同时留在网上的血腥味又可以作为鱼虾的"诱饵"。而血网出锅，对渔民来说是个非常重要的时刻，要一边敲锣打鼓，一边喊喜歌号子，如"一网两船""顺风顺溜"等，并忌讳女人靠近。二是各种箔类，根据大小可分为长箔、云箔、起竹箔、燕箔等，制作原料主要有竹、苇以及胶丝等。三是其他各类渔具，如各式鱼钩、卡子、侃罩、鱼鹰、照船、跳鱼船等。而在江浙一带，渔具也是多种多样。"宋张达明知吴江，尝增损为渔具图，各系以诗，凡十七……曰网、曰钓、曰罾、曰簖、曰罩、曰钓车、曰鸣榔、曰叉鱼、曰罱潭。其曰裹丛，则隆冬毕集，群鱼竭泽而捕之也；曰团罛，掉舟而合取也；曰帆罛，舟大而用帆也；曰旋网（今俗称撒网），则掷而散之也；曰篙枨，其法未详；曰摸鱼，则天寒以火自炙，以汤自沃，投石穴以取鱼也；曰虾笼，织筏为逆须而笼之，以取虾也；曰撩浮，聚草于水中俟鱼之来，依而取之也。盖至宋而取鱼之具与法，视唐为尤备焉。后之渔家，大都本于唐宋而巧密益甚。网有三等，最下为铁脚，鱼之善沉者遇之，中为大丝网，上为浮网，以截鱼无遗。"[①] 明代顾炎武在《肇域志·江南九》中也提到："渔于江浦者有挂网、塘网、编网、杠网、丝网，编竹断港曰簖，不出水者曰横帘。以数百钩系饵一绳牵之，曰张钩，无遗巧矣。"

不同地区用不同的渔具捕鱼，会有不同的捕鱼方法。作为山东运河重要水柜的微山湖，既是南北往来船只的重要水道，也是重要的产鱼之地。"在我还来不及数有多少运河以及有多少河上的石桥、木桥和视线以内的村落和市镇时，我们又到了另外一个湖：看样子，它比我之前叙述过的几个湖都要大。从四面八方来的大量船只在这里

① 乾隆《震泽县志》卷二五《生业》。

经过；好几百只渔船在湖面进行作业。人们说，这里产鱼甚富，我们取得的一些是小鱼，它们的大小与小鲳鱼相似，味道和样式像鳕鱼。”① 下面即以微山湖渔民为例，对其捕鱼方式略做介绍：

刺网，俗称丝网。网具呈长方形，渔场在鱼类经常回游的水域内。作业时用小船一只，两人操作，一人划船，一人放网。起网时，一人顶风划船，一人在风舷收网摘取渔获。一般是傍晚下网，翌日凌晨起网。主要捕捞鲫、鲤、鳊、鳜等鱼种。湖区多用定置刺网，在河流、水库地区则用流刺网或三层挂网。

罾网，也叫夹子网，是湖区最常用的渔具，通常每船必备。作业时用小船一只，由两人操作，一人撑船，一人持罾网捕鱼。渔民常以数条船同时作业，俗称为“打围”。除冰封期外，可长年作业。此种作业法主要用来捕捞底层鱼类，渔场多在水草较多的静水、浑水及软泥底质的水域。

提罾为湖泊小型网具。网衣为正方形，提绳为四根爪，下有沉子，上有浮标。作业前，先在罾内投放诱饵。下罾时，一人划船，一人下罾，每罾之间相距约 1.5 米，每船带罾 50 个左右。每隔 20 分钟，依次提上水面，取出罾内的鱼虾。提罾主要用来捕捞青虾、白米虾和挠头虾等，作业期一般在 4 月到 10 月。

顿钩亦称划钩或拉钩，每副钩由两只单钩呈背向构成，通过支线连在干线上，以钩刺拖挂鱼体而获鱼。作业时将拴有若干钩的干线敷设在水底，不断地往复拖拉，以刺拉底层鱼类。作业时用小船两只，每船两人，共带钩 100 对，一人划船，一人手持弹杆击水惊鱼，两船交替拉钩前进。当挂住三两以上的鱼时，操作者便觉得绳抖动，这时两端同时停止前进，其中一船收回拉绳和干线，摘取渔获。主要捕捞鲤鱼，另外就是鲫、鲶、乌鳢、鳜等鱼种。

滚钩，属于无饵延绳钩，操作时将钩横拦在鱼类游走的通道上，以钩尖挂刺鱼体。作业时渔民两人用小船一只，带钩 10 杆，将钩敷设在水底复杂、水草较多的水域。水温低时下沉钩，反之下浮钩，使钩保持在一定的水层。起鱼时，一人划船，一人提起钩线检查，有鱼则用小抄网捞取。此种方法除冰封期外均可作业，捕捞对象主要有鲤、鲫、鳜、鲶等鱼。

网箔，俗称“迷魂阵”，是一种大型网具，捕捞对象广泛，以鲫鱼为主。其操作方法是将网箔设置在鱼类的洄游场所，拦截诱引鱼儿入网。下箔时，先把下纲拉紧，并把拴在下纲上的茅子（即草把）牢牢地插入泥内，使下纲紧贴泥底。下箔时墙箔（行箔）要下成一条直线，每隔十几米插一根杆子，将上纲挂在杆子上，使之露出水面。设置网箔的部分，要拉紧升道网，升道网的末端保持在网箔内水面以下 30 厘米左右，拉直囊网，用绳扎紧底端拴在标杆上。起鱼时，将囊网提出水面，松开底部即可。该网具除冰封期间均可作业。

① 〔英〕爱尼斯·安德逊著，费振东译：《在大清帝国的航行》，北京：电子工业出版社，2015 年，第 174 页。

卡棒，一种用毛竹做成的捕鱼工具。先把用毛竹做成的卡棒弯成弓形，夹进诱饵，然后用芦苇圈套住端部，依次拴在线上，当鱼吞食诱饵后，卡棒弹开，就会撑住鱼的嘴巴。诱饵为熟玉米、大麦、面团、小虾及薄皮螺蛳等。下卡多在傍晚，用小船一只，两人操作，一人划船，一人将装好诱饵的卡棒依次缓缓投入水中。翌日清晨收卡起鱼。捕捞对象多为鲫鱼、鲤鱼、赤眼鳟及鳊鱼等。

起草捕鱼是东平湖渔民常用的一种捕鱼方法。其基本原理是利用冬季鱼类多栖息于水草密集水域的特点，在秋季割水草时，留下成片水草，在冬季结冰之前，用箔将水草围起来，割草捕鱼。用这种方法，可以捕到各种鱼。作业时用小船30只，其中割草船8只，每船4人；捞草船4只，每船2人；箔船2只，每船5人；罱船12只，每船2人。作业前，按先浅水后深水、先稀草区后稠草区、从上风到下风的次序，选好集鱼区，然后用箔将整个水草区围起来并保持集鱼区安静，推（割）草船进入圈内割草，捞草船将草捞出圈外，罱船则罱鱼。同时，箔船不断挪动箔墙，使包围圈逐渐缩小，直至集鱼区。集鱼区一般围成长20米左右的正方形，插牢围箔，以防止鱼群冲逃。

端把子是流行于微山湖的一种捕捞方法。春末，在鳊鱼、黄鱼、红尾鲤鱼产卵期间（渔民俗称“洒籽儿”），选择一定的水域下草把，引鱼来产卵，再在夜间划船偷袭，用“大鱼舀子”（即网兜）于草把下捕鱼。

放鱼鹰流行于微山湖渔区，是一项渔民用鱼鹰（即鸬鹚）捕鱼的集体作业。一般有5条到10条船，每船各有分工，如“带船”“打船”“舟留子”等。“带船”上载“带船头”，为整个船队的总指挥。“打船”紧随其后，负责传达“带船”的号令，船上的“打船手”必须年轻力壮。“舟留子”上的人则具体负责赶鱼鹰捕鱼。到渔场后，由“带船”引导，划一个大圆圈，名为“大环子”，然后沿大圈边小圆圈，称为“耍小环子”。“环子”迅速缩小，即放鱼鹰入水。“舟留子”上的人忙着取鱼，“打船”相帮，“带船”上的“带船头”则有节奏地用竹篙敲打船舷唱“鹰号子”。一次放鹰，从早上开始，傍晚结束，将鱼鹰用篙杆挑至船舷木棒上，行话叫“挑帐”。清王世桢《昭阳湖》诗曾描述渔人用鸬鹚捕鱼的情形：“满湖风皱碧琉璃，微子山前返照时。闲挂笭箵泊沙咀，红霞一抹晒鸬鹚。”[①]

拉凌网是东平湖渔民于冬季进行的一项捕鱼作业。所用渔具为大网，又称为“包网”，作业时需要15～20人相互合作，其中有1～2人为“网头”，负责指挥。渔场俗称“网地”，用木榔头在冰上敲出一个大窟窿，名叫“下网窝”。由“下网窝”处送入两根“水线杆”带网入水，用钩子拉网前进，称为“走杆”。每走一杆，

---

① 山东省济宁市政协文史资料文员会编：《济宁运河诗文集粹》，2001年，第187页。

砸一个“凌眼”，遇有阻碍，则砸冰下水排除，名为“起绾”。最后砸冰成“上网窝”收网取鱼。

打大网是流行于微山湖渔区渔民中的一种围网作业方法，时间通常在深秋时节。所用网具称为“网条子”。一般要用七八条船只，几十人轮流作业。具体分工为：“开艄”，负责掌握行船方向及网阵的大小；“头纲”“二纲”，负责拽网；“捏板”，负责清网倒鱼。在拉网时通常要唱渔歌号子。

卷园子，又称为“白手拿鱼”，通常由数人合作，选择水草丰茂的湖面，先拢起湖底苲草，围成草墙，这种草墙俗称为“园子”，然后再从四面向中心“卷园子”，挤成小圈，大家跳进园子中即可捕鱼了。

拉泥绠，在两船之间设一条长绳，俗称为“泥绠”，然后两船前行，泥绠掠过湖底，大鱼则惊起，水面泛起水花（俗称为“星”），船上的人即用罩或鱼叉取鱼。

除以上渔法外，还有其他许多种渔法。如照虾，多在雨后的夜晚进行。摇船入湖，挂灯笼于船尾或用根木棒挑灯笼于水面，草虾便循光而来，照虾人手持虾网捕捞即可。虚笼，流行于微山湖湖区，用来捕青虾用。用苇篾编成一至三尺的笼子，头粗尾细，中空置饵，两端有孔，腹中有倒须，只可进而不可出。作业时用竹竿固定于深水处，使之半浮半沉，一次放数十至数百只，早晚各“拾取”一次。堵笼，形似虚笼而略长，安放于湖边浅水内筑泥堰，诱虾顺堰入网，多用于捕捞中型虾（如“花腰”“毛头”）和小鱼。颤青，又称为“踏青”，是一种流行于马踏湖地区破冰作业叉鱼的方法。在冰上看见鱼，用木榔头敲打冰使其受惊逃跑，再敲再逃，直至鱼疲惫不堪时，敲开冰块用鱼叉取鱼。①

在南方江浙等地区，运河沿线传统渔业捕捞，也有各式各样的工具与方法。其中的两种重要捕鱼工具即钓子和丝网。钓子又分崩钓、挂钓和滚钓。挂钓就是在一根长长的线索上，悬挂很多用线吊着的鱼钩，钩上装上鱼饵。挂钓，有大钓和小钓两种，大钓二三寸长，小钓一二寸长，钓尖很锋利。挂钓每隔一托（约一米）挂一只，一副挂钓有的有三千多米长，可挂三千多只钓子，在河里要放六七里路长。渔民每天下午划船出去捕鱼，三四点钟开始放钓，一托一托放下去，六七里路长的钓子，要放一两个小时。放完之后吃夜饭，抓紧时间睡一会，到夜里十点左右，就点起一盏小马灯开始收钓。等钓子全部收上来，鱼放在盆里养着，天也快要亮了，赶快将船划到附近镇上，将鱼卖给鱼行。

季节不同，捕鱼的方法也不同。春秋季节比较适合放挂钓捕鱼。冬季，鱼都藏在水底，就要放滚钓捕鱼。滚钓是一种特殊的鱼钓，比挂钓的钩子更长更粗，特别锋利。这些钓钩都用线吊挂在一根绳索上，绳索上装有浮子，每隔半尺左右吊挂一把钩子，捕鱼时将

① 高建军编著：《山东运河民俗》，济南：济南出版社，2006 年，第 176 ~ 180 页。

滚钓成“之”字形放到河里，使钓钩离河底约两三寸距离。吊挂滚钓的绳索两端分别系在两根竹竿上，竹竿插在河边，竿上挂有一只铜铃，鱼在密集的滚钓边游过时，只要碰到一只滚钩，就会立即被钩住，这时鱼一挣扎，就会牵扯旁边其他钩子滚过来一起钩住。滚钓一般是钓花鲢、草鱼、青鱼等大鱼。另一种捕鱼方法就是下网。渔网有很多种，有夹网、旋网、拖网等。丝网就是用细的丝线结成的网，约一米宽，一二十米长，网眼一二厘米左右。捕鱼时将丝网悬在河当中，然后在船上敲击船板，鱼听到响声吓得乱窜，就会被网粘住。①

二、渔业交易

运河之上，渔民捕鱼所得渔获，有的直接售卖给沿岸人家。大多数时候，渔民捕获的鱼卖给专门的鱼贩。这样不仅可以提高贩卖的效率，还可以节约时间而专心从事捕鱼作业。这一点对于那些有大渔船的渔民来说更是如此。渔民与鱼贩之间的交易，可以于水面上进行，也可以到岸上进行。在微山湖，湖里贸易是渔民和鱼贩子在湖上的购销及渔家与百货船的交易。渔家打满鱼后，或因湖大船稀，或苇稠草高，因此靠吆喝是不行的，于是久而久之就形成了如下习俗：渔家用篙挑起一件衣物，称为“物子”，竖在船上，即表示有鱼要卖。在远离微山湖的德州地区，也有同样的习俗。若渔家捕获甚丰，有鱼可卖时，并不是大声吆喝，而是用篙竿挑起一件衣服，竖在船头上，表示有鱼要卖。鱼贩需要买鱼时，则在自己的船头挑起一个底朝下的篮子，以招徕渔家。②要买鱼的鱼贩，通常于头天晚上即赶到湖岸边的鱼行中住下，然后第二天早晨再乘坐鱼行的“行船”到湖里去买鱼。行船上的人除了负责撑船外，还负责为渔民和鱼贩间的交易讲价，起到了经纪人的作用，百抽二为利。通常，行船上的人会先将船撑到自己所熟悉的固定主顾的渔船等处去收鱼。如果鱼收得不够，就寻找挑“物子”的渔船，或在自己船头挑一只底朝下的篮子，表示要买鱼，有渔获的渔民便可上前与行船交易。行船收足鱼后，便将篮子底儿朝上挑起，或直接将篮子落下，表示已经收满了。

为满足湖上渔民所需，湖面上经常会有满载网线鱼钩、刀剪针线以及油盐酱醋等日常用品的百货船，渔民们可用钱币购买，也可直接用鱼获进行交换。湖岸贸易，则是鱼贩子与渔民在湖岸边或码头等处直接进行的渔获交易，这中间并没有鱼行行船居中讲价。为此，在南阳镇专门形成了一个夜市。夜市从半夜零点左右开始，最重要的

① 嘉兴市文化广电新闻出版局、嘉兴市文学艺术界联合会编：《运河记忆：嘉兴船民生活口述实录》下册，上海：上海书店出版社，2016 年，第 7、8 页。

② 王德胜、朱延华编著：《德州运河民俗》，青岛：青岛出版社，2013 年，第 23 页。

贸易物品就是渔获。在傍运河而设的鱼市上，渔民们直接将鱼卖给鱼贩或“坐地虎”，即坐地不动的卖鱼的头儿，对渔民十抽一得利。按传统习俗，不论在湖上还是湖岸贸易，卖鱼时不分鱼种，不分大小，“一篮子买卖”。除了鱼类外，微山湖还会有其他水产，如野鸭、甲鱼等。卖鸭子，不论斤，而论“连”，其中对鸭两只一连，四鸭四只一连，三鸭三只一连，孤鸭（张鸡子）六只一连，还有八只一连的八鸭。甲鱼也不论斤，而论个儿，大个儿的多少钱，小个儿的多少钱。[①] 此外，渔民也可直接将自家捕获的鱼卖与鱼行。

在江南运河及其沿线的湖泊水网地区，渔民们通常是将自己捕获的鱼卖与鱼行之中。在运河沿线的各个集镇上，一般都会有几家鱼行。这其中尤其以无锡和苏州光福地区为鱼行的集中地，共有鱼行几十家。这些鱼行，除直接从渔民处收购鱼虾外，还常以代客买卖的方式，向渔民们收取一定的佣金。此外，有的鱼行在收购渔获的同时，还兼营大米。因旧时渔民多穷苦，常常会面临青黄不接、无米下锅的窘境，于是便向一些鱼行“捉青苗鱼”，寅吃卯粮，先向鱼行借贷米吃，随后以捕获的鲜鱼来抵偿。如此，在借贷期间，渔民只能将自己的所得售卖与某家鱼行，而且通常价格要低于普通市价。还有的渔民没钱修船添网，只得向鱼行预借一部分“定洋”，而一旦借钱，就要将全年的渔获售卖与此鱼行之中，不能再向其他鱼行出售。鱼行外，还有在渔船和鱼行之间交易往来的“行账船”专门收鱼、销鱼。他们通常都有固定的收购对象，收购了渔获之后再将之转卖给固定的鱼行。做“行账船”生意的，大部分也都是渔民，在收购渔获时，一般先不付钱，而是记账，在将鱼获向鱼行售卖后，再付钱给渔民。也有的“行账船”则是受雇于鱼行，仅收取租金与运费而已。相比于大的渔船，小船渔民的渔获买卖则更为方便灵活，他们一般于隔夜或清晨起网捕鱼后，即靠岸将渔获出售。一是直接售卖与鱼行，由鱼行收购后再对外批发、零售，或进行长途贩卖。二是将鱼送到“牙行”，由“牙行”代销，牙行从中收取一定的佣金。但渔获能否卖出，牙行并不负责。三是渔民们自行沿村叫卖，或至集镇上设摊售鱼。当地俗语说：“鱼卖得快，捉得多；鱼卖得慢，捉勿牢。”故渔民一捕到鱼就赶紧卖掉，若卖不掉就认为会招晦气。[②]

大运河沿线发达的交通条件，促进了渔获远程贸易的发展。如在运河重镇夏镇，由于湖泊众多，水产品种类繁多，因运河而兴的商贸发展与人流往来，大大促进了本地捕鱼、贩鱼、咸鱼业的盛行。“自夏镇经赤山，至韩庄闸，百十里间总一湖，曰峄山湖。山在湖中，舟人有载贩鱼客至其地者，云山中地势高，不为水没，其内市衢宽裕，居人五百余家，以渔为业，其盐鱼皆用夏镇官盐。而粮船上下，带有津、淮私盐，皆鬻于夏镇者，以有峄山湖之鱼为消受也”[③]。经营长途渔获贩运贸易的，主要是一些规模大、资金雄厚的鱼行。

① 山东省济宁市政协文史资料委员会编：《济宁运河文化》，北京：中国文史出版社，2000 年，第 267 ～ 268 页。
② 朱年、陈俊才：《太湖渔俗》，苏州：苏州大学出版社，2006 年，第 51 ～ 52 页。
③〔清〕姚文然：《舟行日记》，〔清〕贺长龄辑：《清经世文编》卷四七《户政二十二·漕运中》。

三、以水养殖

运河中不仅出产各种鱼类等水产品，运河沿线的人们还可以引运河水来进行水产养殖。漕运未停之前，为保障漕船用水的需要，政府自然严禁此项活动。清光绪二十七年（1901）漕运废止之后，政府对运河水的管控不再那么严格，于是很多运河沿线地区的人们便在运河河畔开凿鱼池养起了鱼，最为典型的是位于通惠河畔的北京市朝阳区高碑店村。

高碑店村位于通惠河河畔，村子北边即平津上闸。明清时期，通惠河是南方漕粮输送至北京的重要通道，各式船只往来不断。平津上闸，又叫“高碑店闸”，高碑店村人都称之为“老闸窝”。老闸窝位于通惠河的“喉咙眼”上，靠水吃水，祖祖辈辈的高碑店人历史上就依靠着这条运河和老闸窝繁衍生存：不仅喝着通惠河里的水，还依靠在闸上扛皇粮维持生计，称为“扛大个儿”。

漕运废止后，通惠河不再有漕粮运输，高碑店人失去了“扛大个儿”的生计。漕运废止后，紧邻的平津上闸河面仍旧非常宽阔，蓄水能力很强，一到雨水季节，河道里的鱼就会顺着水流游到运河边的天然鱼塘里。高碑店村人利用靠近通惠河的地势，挖出了一个个鱼塘（当地俗称“鱼坑”），引通惠河水养起了鱼，在城里做起了贩鱼的买卖，时间一长，就形成了养鱼、捕鱼、贩鱼、卖鱼、运鱼的产业。

高碑店村的鱼塘主要分布在后街的老闸口以及老闸口以西一带。鱼塘里养的鱼主要是草鱼和小金鱼。草鱼苗买自怀柔县西口窦庄子，小金鱼苗则由自己繁殖。买来或繁殖好鱼苗后，便放入鱼塘内养殖。到八月中秋节前后，草鱼就可以上市出售了。北京城内的西河沿鱼市场、东单牌楼鱼店等都会来收购鱼。金鱼养殖始于开春时，弄一些草放在金鱼旁边，金鱼即产卵于草上，然后把鱼卵放在鱼塘里面晒，不久就能孵出小金鱼苗。秋天，这些小金鱼就能长到小拇指那么大。一到冬天，人们便开始打冰，用网把金鱼网上来，到春节就能卖了。

有的养殖户在北京城内还有自己的鱼店。等每年鱼快要上市的时候，他们就雇人淘水、清塘、摸鱼、打鱼、挑鱼。初秋时节，人们便开始下鱼塘摸鱼。摸鱼时，把网兜系在腰上，下河徒手摸。天气越冷，越容易摸到鱼。鱼摸上来，就要赶紧挑担子送到鱼市场去，路上还要不断地给鱼换水。高碑店村人最担心的就是下大雨。因为一下大雨，通惠河的水位就会急剧上涨，而河水一旦漫出河堤，就会把旁边的鱼塘冲掉，甚至会把村子给淹了。因此，每当下大雨时，锣声一响，村里人，不管是不是养鱼户，也不管白天还是黑夜，都赶忙跑到老闸窝那儿去起闸。高碑店村老闸窝的闸板共有13

块，由木料做成，非常笨重。为了启闭闸板，鱼户们还专门推选了一个闸夫（又称“把头”），专门负责起闸板。闸夫必须根据水位的高低决定要不要加板。

高碑店人引运河水养鱼，然后再把鱼送到北京城销售。高碑店人靠鱼吃饭的人很多，但真正有鱼塘的大户人家并不多，绝大多数人家都是靠“挑八根绳”于北京城里卖小金鱼儿养家糊口。腊月十五到正月十五是小金鱼的上市季节，能卖个好价钱。主要是因为时值春节，家家户户为图个吉利，讲究“年年有余”“红红火火”，都喜欢买几条小金鱼回家。[①]

四、组织与信仰习俗

渔业生产通常以“帮”的形式进行。因为捕捞方式、作业工具的不同，渔民们形成了一种“渔帮”组织。如在江南运河一带，渔帮主要有丝网帮、虾拖帮、张钓帮、夹网帮、塘网帮、鱼窠帮、横帘帮、河簖帮等。在山东微山湖及运河沿线，则有网帮、箔帮与罱帮等。在太湖地区，大中渔船有南湖帮、北湖帮、苏北帮等；小渔船则有吴兴帮、宜兴帮、无锡帮、杨湾帮等。虽名为“渔帮”，却并没有明确的帮规，只是一个互相关照、互相帮助的组织，可自由进出。帮内人员大都具有重义轻财的江湖义气，一旦入“帮”，往往不会轻易改变。凡是同帮的渔船，渔汛期和鱼场一般都相同，大家平时一同捕捞作业，一同下锚停泊。不同的渔帮，其内部组织与合作的方式也不相同。有的渔帮，如江南运河一带的虾拖帮、张钓帮、夹网帮等，由于捕捞工具小，不需要较大范围内的合作，只要一家一户自己作业就可以了，如夫妻、兄弟、父母、子女等一起作业。有的渔帮，比如塘网帮，因为网具大，需要很多人共同合作才能完成捕鱼作业，因此一般是几户人家合作捕鱼。渔具由大家出，所捕到的鱼按劳力来进行分配，这是一种合作捕捞的组织。还有一种组织类似于老板与雇工，有网具者为老板，其他合作的渔民都是工人，捕到的鱼，根据网具和人力分配。还有一种鱼窠帮，需要许多人在篙秧荡中一边围网一边捕捉，这种帮可以临时组合，围网大家提供，捕获的鱼大家平分。[②]一个帮的渔民，往往会与其他渔帮或外界相隔绝，所以男婚女嫁，大多也都是在本帮内进行，这样又进一步加强了渔帮的组织基础。在浙江杭州等地，运河渔民的渔船捕鱼有正行当与小行当之分。正行当是指那些从事捕鱼的各式渔船，这些活的技术含量较高，需要一定的力气和技巧；小行当则是指那些扒螺蛳、抓小虾的渔船。

在运河或沿线湖泊中捕鱼的渔民，很多时候并非固定于某处进行捕鱼作业，而是会沿运河四处漂泊、居无定所，捕到鱼后就地售卖。水上捕鱼非常辛苦，不管三伏酷暑还是数九寒冬，

① 高春利等主编：《高碑店村民俗文化志》，北京：民族出版社，2007 年，第 100 ～ 124 页。

② 嘉兴市文化广电新闻出版局、嘉兴市文学艺术界联合会编：《运河记忆：嘉兴船民生活口述实录》下册，上海：上海书店出版社，2016 年，第 61 ～ 62 页。

不管刮风下雨还是结冰飘雪，差不多天天都要开船捕鱼，不然就没有米下锅。在江南运河地区流传着这样一首歌谣："吃么吃点臭鱼头，着么着点破布头，困么困拉船艄头，盖么盖点网条头，黄昏做到五更头， 轲轲只有半篮头，碰着土匪吃拳头，渔民苦来没活头。"① 渔民地位低下，被人看不起。在山东微山湖与运河中流浪捕鱼的人，就被人蔑称为"湖里的猫子"。由于不能和当地的陆上居民通婚，所以通婚范围通常只限于族群内部。

渔民捕鱼，非常相信"运气"。在江南运河一带，渔民称运气为"水财份"，认为"水财份"好就能捕到鱼。而"水财份"全靠菩萨保佑。因此，渔民们每逢过年过节都要敬拜观音和财神。过年一般停船三天，年初四开船捕鱼。新年第一次捕鱼讲究吉利，最好第一钓收上来是条鲫鱼，讨"大吉大利"的好口彩。鲈婆鱼，渔民称为"财神鱼"，捕到财神鱼，预示这一年要发财。

渔船到四处河港里捕鱼，每到一处有寺庙的地方，都要上岸到寺庙里去烧烧香，拜一拜，求当方神灵保佑顺风顺水，鱼虾满舱。渔民终年生活在船上，对船的停靠、行驶有许多规矩：渔船靠岸停泊不能停在牛荡滩，或对着缺口停。渔船靠岸，岸上人不能用脚去蹬住船。晚上行船，开船时在船头前河中划几下，意思是赶走邪气。晚上如果听到小孩啼哭，就要换一个地方停泊。渔船对换糖人、肩上扛着铁搭的人、尼姑是不摆渡的。在行船中，如果有鲤鱼跳到船上，就认为这是吉利的，可以吃。如果白鳃鱼跳到船上，就是"恶兆"，要把鱼头拧掉后扔到河中，才能破掉恶兆。 渔船船头是捕鱼的工作场地。船头处都会有一个特殊的鱼舱，外面活水与舱内相通，捕到的鱼就养在此舱中。捕鱼归来后，鱼舱不能随便给外人看，也不随便看别人家船上的鱼舱。

渔民在捕鱼作业时，或在行船中，或停泊在湖荡中，如见有人掉入江河中，他们跳入水中去救人。但是救人也有规矩，如果被救的是男性，可以直接救到船上；如果被救的是女性，只能将人托到岸边，不能救上船；如果人已断气，无论是男是女，都不能上船，并且事后要到事发地点烧香拜神。碰到死人，就认为是"不利是"的事，烧香拜神，意思求得"利是"。渔民在生产生活中还有许多禁忌，如不能拿着没有刮锅底灰的铁锅在别人船头上走过。渔民的活水船头中不能空着没有鱼，至少要有一条，寓意是天天有余。②

① 嘉兴市文化广电新闻出版局、嘉兴市文学艺术界联合会编：《运河记忆：嘉兴船民生活口述实录》下册，上海：上海书店出版社，2016 年，第 8 ～ 9 页。

② 嘉兴市文化广电新闻出版局、嘉兴市文学艺术界联合会编：《运河记忆：嘉兴船民生活口述实录》下册，上海：上海书店出版社，2016 年，第 64 ～ 65 页。

第六节　手工业

运河的开通，大大促进了运河沿线地区手工业的发展。运河沿线与运河紧密相关的手工行业有很多种类，如铜器业、皮毛业、木器业等。这些手工业生产，或因运河开通而产生，如贡砖制造业；或因运河开通而得到了进一步发展，如毛皮业等。

一、贡砖制造

数百年来，北京流传着一个俗语："北京是漂来的。"之所以有这种说法，是因为明清时期营建北京城城墙、皇城、衙署、王府及园林所用的材料，大部分都是经大运河由南方各地运到北京的。如木材是从贵州等西南边疆地区采买，再经由水路，从大运河输送到北京。除了木材，还有一种重要的材料即砖。这些砖，都是由今江苏、安徽、河南、山东等地的官窑厂烧造的，很多窑厂即位于大运河河畔，然后经由大运河运到通州张家湾以北的中码头处，上岸存放。这些砖被称为贡砖。国家又在此设专门官员进行管理，称为"砖厂"。大运河的开通，为贡砖的生产与运输创造了条件。

（一）明清时期的贡砖制造

明王朝建立之初，随着营建项目的日益增多，对砖料的需要也开始日益增加。为满足营建的需要，政府开始大量征办，并设立了许多官办砖窑。如为营建南京、中都凤阳的宫殿与陵寝，在聚宝山窑厂烧制砖瓦、琉璃等建筑材料，并规定"凡在京营造，合用砖瓦，每岁于聚宝山置窑烧造"[①]。除此之外，还从山东、北直隶、南直隶等地广为征派。

砖窑的生产受多种因素影响，如土壤条件、气候因素、水源分布、交通运输条件、劳动力资源等，因此官办窑厂的选址，必须充分考虑各方面的条件。明初，由于大规模营建工程的需要，官办窑厂数量众多，分布地域也很广泛。根据明代相关历史文献记载、现存明代建筑砖上的题款以及考古发掘报告，明代初年，各府、州、县到各都司卫所，几乎都有官办砖窑。这些官办窑厂或归工部管辖，或由地方管理经营，或由军队卫所掌握。官办砖窑主要分布于燕云地区、黄河中下游地区以及长江中下游地区，涵盖了当时的南北直隶、山西、山东、江西、

① 万历《大明会典》卷一九〇《工部十·物料》。

湖广、河南等多个行省。[①]

明永乐十九年（1421），明成祖朱棣迁都北京，自明初以来的大规模项目营建暂告停息，官办砖窑越来越少。明嘉靖时期，官办砖窑基本上只剩下山东临清、都城北京以及应天、池州、太平、苏州、松江、常州、镇江七府之地，其他官办砖窑则大多被废止或转为民用。临清出产城砖，主要进贡北京，所以又被称为“临清贡砖”。以苏州为代表的苏松七府主要生产“金砖”，这类砖“面背四旁，色尽纯白，无燥纹，无坠角，叩之声震而清者，不碱不蚀，坚硬异常”[②]，主要被用于皇宫或皇家祭坛一类的建筑中。京师地区的官办砖窑，最典型的是由工部管理的黑窑厂，主要负责烧造筒瓦、板瓦等各类砖料，以供皇家及官府使用，另外就是瓷砖或琉璃砖，用以营建京郊的祭祀用土坛。清初，沿用明代的贡砖征派办法，仍以临清、江南七府及京城附近为主要的官办窑厂，只是康熙年间（1662～1722）以后，一直由工部管辖的黑窑厂逐渐被废止。

在明清时期的官办窑厂中，临清砖窑厂有着举足轻重的地位，可以说是最为重要的官办窑厂。临清生产贡砖，起始于“明永乐初”[③]，到清末才停烧，前后延续约500年。明代初年，临清所建砖厂有四，“砖厂有上中下后，有堂有门有坊，砖成运于厂漕，船至附之北输”[④]；砖窑有六，“孟守科，城东二十里在清平界；张泽，城南白塔窑；畅道，城南白塔窑；刘成恩，城西南吊马桥；周循儒，城东北张家窑；张有德，城东北张家窑，共建窑十二座”[⑤]。砖窑奉旨为皇家烧造“城砖、副砖、券砖、斧刃砖、线砖、平身砖、望板砖、方砖。二尺、尺七、尺五、尺二。四样，凡八号”[⑥]。城砖、副砖为砌城墙所用之砖，副砖比城砖尺寸小，用量亦小。券砖、斧刃砖、线砖为特殊形状的装饰性用砖，专为垒砌门窗上半部的半圆形券顶而生产。平身砖比城砖大，专为修建陵寝地宫而用。望板砖则是宫殿顶部紧贴木檩的登顶砖，方砖用于铺设殿外及其他地方的地面。明中期以后，临清主要负责烧造白城砖。“白城砖，旧例，每年一百万个”[⑦]，北京城营建所需要的城砖基本都由临清烧制，大量贡砖通过运河源源不断地运往北京。据明人何士晋《工部厂库须知》卷三记载，“临清厂每年烧造年例砖一百万个，运至大通桥砖厂堆放，年年不问旧存多寡，循例而烧，且有十余年。已烧之砖，已领之价，至今砖不起运者，本司于四十二年查明，砖厂贮有三百余万个，厂无隙地”。

① 伍毅：《从古代文献看明代官办砖窑的制度构建》，硕士学位论文，浙江大学，2015年，第18～23页。

②《四库全书总目》卷八四《史部政书类存目二·〈造砖图说〉》，北京：中华书局，2003年，第727页。

③ 乾隆《临清直隶州志》卷九《关榷志·附临砖》。

④ 同③。

⑤ 民国《临清县志》卷四《建置志》。

⑥ 万历《大明会典》卷一九〇《工部十·物料》。

⑦ 同⑥。

清代仍以临清为最大的皇家贡砖生产基地。顺治二年（1645）起，委派工部营缮司官员于临清提督砖厂，“烧造细砖”，“岁支额设砖料银二万四千两，烧造城砖六十万，斧刃砖四十万”[①]。此后，虽然临清贡砖生产时有停废，但却一直断断续续维持下来，一直到清末官窑停办，贡砖才正式停止生产。1933年，国民政府仿效清廷，于临清重又开办了两处官窑，但由于生产的青砖“苦陋不堪用”[②]，只得作罢。

1981年，中国社会科学院傅崇兰教授等人曾对明清时期临清运河沿线砖窑的规模和数量进行调查。据其调查所得，明清时期临清境内的官窑从今临清市西南约30里的东、西吊马桥到东、西白塔窑，再到临清东北部的张窑，最后延续到临清东南部的河隈张庄，呈人字形分布，长度达六七十里。有些地段官窑分布十分密集，如东、西吊马桥到东、西白塔窑，不到10千米的运河两岸，每20多米就有官窑一座。根据统计，东、西吊马桥有官窑72座；东、西白塔窑有官窑48座；张家窑和河隈张庄有官窑72座，共计192座。由于每个官窑无一例外地都有两个窑，因此共计384座窑。按每座窑分别划给40亩地（专供窑户取土、盖窑、堆柴、存放砖坯和成砖之用）计算，192座窑就占地7 680亩。贡砖的产量，通常一座窑每月出砖一次，考虑到天气变化等方面的因素，每年按10个月计，需出窑3 840次。由于窑的容量各有不同，如果平均按2 500块砖计算，每座窑每年出砖25 000块，384座窑每年就能出砖960万块。[③]关于从业人数，乾隆《临清州志》记载：“工部陶人，明时几二百户。”[④]陶人即窑户，明清两代，临清窑户大体维持在200户左右。

临清能成为明清两朝贡砖生产的基地，是由多方面原因促成的。首先，临清有适合生产高品质砖瓦的土壤，土质坚细，非常适合烧砖。沙土色浅白，黏土色赤褐，层层相叠，如莲瓣一样均匀清晰，因此当地俗称“莲花土”。“县境位于黄河下游之冲积平原，海拔43米，其地层黏土与砂子相间，纯系冲击层土质，约分砂土、埴土、壤土三种，惟壤土为砂子与黏土配合得宜之土壤，兼有砂土、埴土之长而无其短，在各种土壤中生产力最大，本县土质大部分属壤土，惟因含砂子与黏土成分多寡不等，故又有砂质壤土与埴质壤土之别。砂质壤土在本县所占区域最广，县城东南二方、城北城西南、沿卫河两岸县境西北隅、古隄以西下堡寺以北及十八村等地，均系此种土壤，质现轻松，色呈黄白，俗称莲花土”[⑤]。用这种土烧出的砖，敲之有声，断之无孔，坚硬茁实，不碱不蚀。国家文物局的研究人员曾用回弹仪对临清贡砖做测试，结果发现临清舍利宝塔里部分古砖的硬度达到200多号，比一般的石头还要硬，这样高硬度的砖在全国都比较罕见。

---

①《大清会典则例》卷一二八《工部·营缮分司·物材》。

②民国《临清县志》卷八《经济志》。

③傅崇兰等：《明清临清砖窑考察资料（三）》（未刊稿），临清市地方史志办公室藏，1981年。

④乾隆《临清州志》卷九《关榷志·附临砖》。

⑤民国《临清县志》卷六《疆域志》。

其次，临清有发达的交通运输条件。临清制砖业的发展也得益于会通河的浚通。自会通河疏通后，山东西部边境便有了一条贯通南北的水路，北经运河可直达京津，南与江淮运河相连可抵苏杭，“舟车络绎，商贾辏集，天下之行旅出乎其途”[①]。便利的交通优势为临清贡砖制造业的发展奠定了基础。相较河南、直隶、河间诸府，河南、南直隶路途遥远，会通河以南闸坝众多，如果水源不足就很容易搁浅，导致运输成本过高；河间诸府既没有漕运的便利，陆路运输又耗时耗力。而临清一方面距京师较近，另一方面位置险要，江南各省漕船均需经临清北上进京，而且有卫河做天然航道，水源充足，不易干涸。因此河南、直隶、河间诸府的砖窑逐渐被废弃，临清成为最主要的贡砖生产基地。

最后，临清有大量闲置的土地和较为充足的柴料。从五代开始直到明中期以前，临清所在的鲁西一带，长期处于北方游牧民族政权与中原汉族政权拉锯战争的蹂躏之下。由于饱受战乱，故经济残破，人口稀少，到处都是抛荒之地，这就为建造窑厂及大规模烧砖提供了充足的土地。此外，临清及其附近的州县，是棉花、大豆、小麦、玉米等重点种植区，这些植物的秸秆均可作为烧窑的燃料。

（二）贡砖烧造技艺与流程

砖块的烧制有一套复杂的程序。关于明代砖块烧制的程序与技艺问题，明宋应星在《天工开物》中做了介绍：

> 凡埏泥造砖，亦掘地验辨土色，或蓝或白，或红或黄。闽、广多红泥，蓝者名善泥，江、浙居多。皆以黏而不散、粉而不沙者为上。汲水滋土，人逐数牛错趾，踏成稠泥，然后填满木匡之中，铁线弓戛平其面，而成坯形。凡郡邑城雉、民居垣墙所用者，有眠砖侧砖两色。眠砖方长条，砌城郭与民人饶富家，不惜工费直垒而上。民居算计者则一眠之上施侧砖一路，填土砾其中以实之，盖省啬之义也。凡墙砖而外，甃地者名曰方墁砖。榱桷上用以承瓦者曰楻板砖。圆鞠小桥梁与圭门与窀穸墓穴者曰刀砖，又曰鞠砖。凡刀砖削狭一偏面，相靠挤紧，上砌成圆，车马践压不能损陷。造方墁砖，泥入方匡中，平板盖面，两人足立其上，研转而坚固之，浇成效用。石工磨斫四沿，然后甃地。刀砖之直视墙砖稍溢一分，楻板砖则积十以当墙砖之一，方墁砖则一以敌墙砖之十也。凡砖成坯之后，装入窑中，所装百钧则火力一昼夜，二百钧则倍时而足。凡烧砖有柴薪窑，有煤炭窑。用薪者出火成青黑色，用煤者出火成白色。凡柴薪窑巅上偏侧凿三孔以出烟，火足止

① 乾隆《临清直隶州志》卷三《公署》。

薪之候，泥固塞其孔，然后使水转泑。凡火候少一两则泑色不光，少三两则名嫩火砖，本色杂现，他日经霜冒雪，则立成解散，仍还土质。火候多一两则砖面有裂纹，多三两则砖形缩小拆裂，屈曲不伸，击之如碎铁然，不适于用。巧用者以之埋藏土内为墙脚，则亦有砖之用也。凡观火候，从窑门透视内壁，土受火精，形神摇荡，若金银熔化之极然，陶长辨之。凡转泑之法，窑巅作一平田样，四围稍弦起，灌水其上。砖瓦百钧用水四十石。水神透入土膜之下，与火意相感而成。水火既济，其质千秋矣。若煤炭窑视柴窑深欲倍之，其上圆鞠渐小，并不封顶。其内以煤造成尺五径阔饼，每煤一层，隔砖一层，苇薪垫地发火。①

以上所描述的只是普通砖块的制造流程，贡砖作为供给皇宫与官府机构使用的砖块，质量要求更高，自然会有一套更为严格的技术标准。关于苏州金砖的制造，明张问之曾撰《造砖图说》对其进行说明，此文今已不存，只在《四库全书》总目中有一提要。其中对金砖的制造过程略有提及：

自明永乐中，始造砖于苏州，责其役于长洲窑户六十三家。砖长二尺二寸，径一尺七寸。其土必取城北陆墓所产干黄作金银色者，掘而运，运而晒，晒而椎，椎而舂，舂而磨，磨而筛，凡七转而后得土。复澄以三级之池，滤以三重之罗，筑地以晾之，布瓦以晞之，勒以铁弦，踏以人足，凡六转而后成泥。揉以手，承以托板，砑以石轮，椎以木掌，避风避日，置之阴室，而日日轻筑之。阅八月而后成坯。其入窑也，防骤火激烈，先以穰草熏一月，乃以片柴烧一月，又以棵柴烧一月，又以松枝柴烧四十日，凡百三十日而后窨水出窑。或三五而选一，或数十而选一。必面背四旁，色尽纯白，无燥纹，无坠角，叩之声震而清者，乃为入格，其费不赀。②

关于临清贡砖的制造工艺，历史资料中并没有详细记载。不过，虽然清末以后临清贡砖停止生产，运河边的砖窑也已被夷为平地，但贡砖制造技艺却被当地民众保留了下来。20世纪90年代，临清市又恢复了传统的贡砖生产技艺，从中我们可以一窥传统贡砖的具体生产流程与技艺。贡砖的制作工艺十分复杂，大体言之，一块砖的完成要经历18道工序，包括选土、过筛、澄泥、熟泥、醒泥、制坯、晾坯、验坯、装窑、焙烧、洇窑、出窑等。

选土：一般是就地取材。取土方法不是逐层水平取土，而是垂直地把“莲花土”铲下来，混合有沙土、红土、黏土等各种土壤。如果只用沙土，烧出的砖不能成型；只用红土，烧出的砖会开裂，必须混合在一起作为烧砖用土来提取。其作用就是把黏性不同，含酸、含碱互

---

①〔明〕宋应星著，钟广言注释：《天工开物》卷中《陶埏·砖》，广州：广东人民出版社，1976年，第184～187页。
②《四库全书总目》卷八四《史部政书类存目二·〈造砖图说〉》，北京：中华书局，2003年，第727页。

不相同的土混合在一起，为后面加工时酸碱中和奠定基础。

过筛：将取来的土用人力粉碎，再将粉碎好的土用大小筛子筛过，提高细腻度。

澄泥：将筛过的土泡到水池里，不断加水过滤，一方面是为了捞出水中漂浮上来的树叶等杂物并沥出重的碎石，另一方面是将土中过多的酸和碱溶解于水中。这一工序，俗称“小练泥”，一般需要4天到5天的时间。这样沥出来的土，质地会更加纯净、细腻。

熟泥：俗称“压杠子”，类似于揉面。通过人或牲畜的反复踩踏，使泥完全软烂熟化。

醒泥：类似于揉面团时的醒面，将踩好的泥用草苫盖起来，放半个月之后取出，再用木棒反复碾打，使之无气孔。

制坯：制坯是个体力活，同时也非常讲究手法和技巧。一般是在做砖坯的地方先均匀撒上一层干土，放上模具，再在醒好的泥中取出一块重约六七十斤的泥团，将其用力摔进模具中。扣坯时必须四角都要填满，多了可以用铁弓刮下来，但少了就要重新摔，绝对不能补，因为补过之后烧出的砖就会开裂或出现缝痕，敲击的声音不清脆，属于不合格产品。将砖模端到空地上倒出，出来的砖表面光滑、棱角分明才算合格。

晾坯：小心翼翼地打掉模具的横框后，此时的砖坯还很潮湿柔软，需要熟练的工人轻轻地抢起它们慢慢地平放在地上进行晾晒。在此过程中，需要不断地进行翻个，以使阳光能均匀地晾晒到各个立面。晾晒的时间，一般需要七八个钟头。待砖坯晾干之后，将之抠出并立成排，因为砖上有毛刺儿，所以必须要进行整型，即用工具把砖坯打齐。

验坯：干透的砖坯经过官府人员严格的检验，合格的被盖上梭子，上面标明烧造年代、督造官员、窑户姓名等，不合格的干坯则被重新混入待制坯的泥中。

装窑：制作贡砖的窑主要有马蹄窑和罐窑两种，其容量有大有小，从1 000块到4 000块不等。装窑最重要的就是码窑，窑内砖块的码放错落有致，极其讲究。俗话说：“三分烧，七分码。”只有该稀疏的地方稀疏，该密集的地方密集，摆成合理的样式，码至适合的高度，才能使每一块砖受热均匀，达到理想的硬度。如果码放得不好，即使烧窑师傅技术再高，也烧不出好砖，有时甚至一窑砖都可能被废掉。

焙烧：这一环节是整个烧砖工作的关键。装窑完成后，封住窑顶，用柴火、豆秸或麦秸进行焙烧。临清当地有俗语说：“打官司是秀才，烧砖是豆秸。”意思就是秀才博学多才，能言善辩，民间打官司都去找秀才；用豆秸烧出来的砖成色好，因此烧砖都用豆秸。焙烧点火之前有一个简单的仪式，即放鞭炮，向窑神（太上老君）烧香上供，在窑工看来，砖窑相当于太上老君的八卦炉，掌握火候很重要，给老君上供是想让太上老君保佑烧出一窑好砖。砖是否能烧好，火候很重要。火候的掌握主要靠把式的眼力，“凡观火候，从窑门透视内壁，土受火精，形神摇荡，若金银熔化之极然，陶长辨之。”[1]

洇窑：即停止往窑内添加燃料，封上烟道口，在窑顶慢慢注入清水，使每块砖均匀地发生还原反应，之后砖块变成豆青色，是青砖之上品。洇窑是体力活，也是技术活。“砖瓦百钧用水四十石”[2]。在科技不发达的年代，往窑顶注水完全靠工匠一桶一桶往上提，水要一点一点地往下浸，不能灌水，否则会造成窑内气体急剧膨胀而发生爆炸。

出窑：经过一系列繁琐的烧造工艺，临清砖便诞生了。这期间差不多需要半个月的时间，故俗语说“紧抓紧挠，半月一窑”，意思是说一窑砖要足足烧够半个月时间，砖坯才能烧透。不过，并不是烧出来的每一块砖都是合格的，能否被运往北京而成为贡砖，还要经过严格的挑选，必须达到体坚、质细、色青、声脆的要求才可以，而未达到标准的贡砖有一部分则被周边的民众“埋藏土内为墙脚”[3]。

（三）贡砖生产的管理与组织

为加强对贡砖生产的组织与管理，明清两朝都设置了专门的管理机构和官员。在中央层面，明朝永乐年间以前，主管官窑生产的机构为工部虞衡清吏司，即掌管全国官用器物制造、收发并核销各地军费、军需以及军火开支的机构，当时的砖料主要被当作官用器物和军需物品使用。明永乐年间（1403～1424）以后，官窑烧造被转入营缮清吏司管辖，即负责全国官府、城垣、衙署、府第、仓库、庙宇、营房等工程修建的机构。“旧制砖瓦石灰具隶虞衡司掌行，永乐后谓为营边所需，故归本司。”[4] 除了直接隶属中央的京城黑窑厂外，临清、苏州等地的官窑厂都由营缮清吏司派员管理。如在临清官办窑厂，“永乐间差工部侍郎一员于临清管理烧造，提督收放”，后又改为由工部主事提领，并设工部营缮分司督之。嘉靖五年（1526）之后，又“以员外郎一人莅之，三岁一代”[5]。分司署设在临清，下辖上、中、下、后四个砖厂，各窑厂就近集中烧造而成的成品砖，经由运河运往通州。清初沿用明制，顺治十八年（1661），“裁工部营缮分司，以山东巡抚领之，监办官为东昌府同知，承办官为临清知州，分管官为临清州吏目：税课局大使、临清仓大使、夏津巡检、清平县巡检”；乾隆四十一年（1776）后，临清升为直隶州，贡砖烧造于乾隆五十一年“专归临清州管理”[6]。

为加强烧造的监督，政府还设立了相应的监管制度，任命督陶官进行管理。比如在临清，“凡差官烧造，永乐间，差工部侍郎一员，于临清管理烧造，提督收放。自直隶，至山东、

---

①〔明〕宋应星著，钟广言注释：《天工开物》卷中《陶埏·砖》，广州：广东人民出版社，1976 年，第 186 页。

②〔明〕宋应星著，钟广言注释：《天工开物》卷中《陶埏·砖》，广州：广东人民出版社，1976 年，第 187 页。

③同①。

④万历《大明会典》卷一八一《工部十》。

⑤万历《大明会典》卷一九〇《工部十》；康熙《临清州志》卷一《职官》。

⑥〔清〕于慎行：《司空大夫刘君陶政记》，乾隆《临清直隶州志》卷九《关榷·附临砖》。

河南各军卫州县，有窑座者，俱属统辖”；“嘉靖五年题准，差部属二员，一往南直隶各府，于苏州有窑处所，烧造方砖。一往山东、河南、北直隶各府，于临清有窑处所，督造方城斧券等砖”[①]。除了直接派员监督窑厂烧办工作外，政府还在一些具体环节上加强监管，以督促各官窑认真完成烧造任务。比如在官窑造好一批砖料后，在交付使用前会有专门人员对砖料质量进行审查，淘汰不合用的劣品，为工程营建选择合格的砖料。为了方便监管砖料质量，官府一直要求烧砖工匠将烧办砖料的责任人姓名烧刻在砖料上，这就是所谓的“物勒工名”制度。通过这一制度，官府可及时发现以次充好、鱼目混珠的不合格产品，以便及时追究责任。这一制度，从现在留存下来的明清官窑生产的砖块上可明显看出来。政府还专门制定了一系列惩罚制度，以督勉认真完成烧造任务、保证砖石的质量。如《大明律》规定：“虚费工力采取不堪用：凡役使人工，采取木石材料，及烧造砖瓦之类，虚费工力而不堪用者，计所费雇工钱，坐赃论……工匠、提调官，各以所由为罪。”[②]

除设立专门的机构与官员进行管理外，为了保证当时大规模营建的需求，明清政府还采取了一套严格的匠役制度，以确保有足够的烧办工匠进行生产活动。但由于强烈的人身控制，匠役制度存在着种种弊端，因此明代统治者逐渐放松了对匠户的人身控制。先是依照实际情况，以匠户工种的不同及劳动的强弱程度设定服役班次，即轮班匠制度。具体到烧窑的窑匠，为一年一班。[③]到明代中后期，随着工程量的减少和经济的发展，匠役管理进一步放松，出现了纳银代役制度，即允许窑户纳银代役，而不用到各官办窑厂去服役，需要服役时就在各官办窑厂邻近地区雇用专业的窑工进行烧砖工作。同时，砖窑厂也开始逐步由官办转变为官督商办，如嘉靖九年（1530），临清官窑“开窑招商”，此后民营砖窑逐渐取代了官窑，招承办砖窑的经营者称为“窑户”。不过，虽称之为“民窑”，所有权仍归官府所有，窑户只有使用权，且都是为官府烧造砖瓦。

砖窑内部，“有窑户、作头、匠人以及杂工等”[④]，分工明确，等级分明。窑户，也就是窑主，具有管理窑场、招雇工人的权力；作头，是窑场生产的参加者和直接组织者、指挥者；匠人是窑场中的技术工人，是被雇用直接从事造砖生产的劳动者。此外，每座窑上还必须有挖土、堆土、筛土、滤泥、踩泥、装窑、出窑、运柴、担水、洇窑和运砖到漕船上的杂工。每块砖在完成检验之后都要标识上窑户、作头、匠人的名字，

① 万历《大明会典》卷一九〇《工部十》。

② 《大明律》卷二九《工律一·营造》。

③ 万历《大明会典》卷一八一《工部十》。

④ 王云：《明清临清贡砖生产及其社会影响》，《故宫博物院院刊》2006 年第 6 期。

一方面是将责任落实到具体人，另一方面也说明窑户、作头、匠人是砖窑内部系统的主要组成部分。杂工虽然不属于在籍工匠，但同样是靠卖砖给国家领“工价银”，根据他们在生产中的地位不同，分配有多有少。仅靠在籍工匠难以完成每年将近百万的贡砖生产量，因此政府还需另外招募一些工人前来从事生产。其中，一部分是从外地前来谋生的人员，因为砖窑紧挨大运河，他们可以随时下船做工。

一块砖从烧造开始，每道程序都要经历经管官员的各种盘剥。万历年间（1573 ~ 1619）刘念庭任工部营缮分司主事，查除陶弊，“成而试其坚瑕，委诸从吏，陶则有赂；又使军尉别其良楛，印而志之，则又有赂；水陆转运送佣夫舟人僦赁出其中，则又皆有赂，四赂诚具，砖即苦窳，登也，如有所缺，砖虽坚白，格也。计所予值，不更其本，而费若此矣。”[①] 即便是在这样的重压下，匠人仍然要保证高质量地完成朝廷指派的任务，合格的砖价每块给工价银二分七厘，但“如挑出哑声者，每块变价银一分七厘，不堪用者每块变价银一厘七毫”[②]。另外，贡砖的烧造也给所在地方的民众造成了大量损失。一方面，制造贡砖需占用大量土地；另一方面，贡砖的烧造还需要大量的燃料，而这些燃料，也都是从地方民众手中低价购买的。如在临清，“每烧一窑约需柴八九万斤不等，办柴州县自东昌府属外，有东平、东阿、阳谷、寿张共十八处，每年领价办柴运送各窑……按各州县办柴俱由运河载送，其清平、茌平、博平三县皆附近窑厂不通水道，官悯其陆运之艰，往往挟资就州境采买”[③]。鲁西地区煤炭资源稀缺且价格昂贵，每年庄稼成熟之后的秸秆是老百姓烧火做饭的必需品，被政府以低廉的价格采买之后，给百姓生活造成了很大的不便，“清源（即临清）受薪桂之弊大率由此”[④]。据临清当地老人回忆，“皇窑所需要的豆秸、麦秸、棉柴等柴禾都由附近几个县供应。按期送来，不得有误。还有负责筹备柴禾的官员，看到谁家的柴禾适合烧窑，就把黄旗往你柴垛上一插，你就不准再动了，必须卖给窑上”[⑤]。

（四）贡砖的运送及保管

官办砖窑的目的在于满足京城及相关政府工程的建筑需要，因此砖块被烧制出来后，还有一个将产品运送到京城或工程所在地的问题。

明代初年，为满足大规模工程建设的需要，政府于各府州建立了官办窑厂，运输距离也相对较短。当时运送砖块等物料，主要是发动军士、窑厂匠户及里甲民众等来承担，其中派遣军士承担是最为普遍的一种形式。明代中后期，随着工程营建项目的减少，砖料的运输开始更多

---

① 乾隆《临清直隶州志》卷九《关榷志·附临砖》。
② 同①。
③ 同①。
④ 同①。
⑤ 傅崇兰等：《明清临清砖窑考察资料（三）》（未刊稿），临清市地方史志办公室藏，1981 年。

地采用出钱雇用人力搬运的形式。此外，利用罪犯搬砖也是一种比较常用的形式，比如“天顺五年，令官员与有力之人，照例运砖炭等物。每笞一十，运灰一千二百斤，砖七十个，碎砖二千八百斤，水和炭二百斤，石一千二百余斤。四笞、五杖，灰各递加六百斤，砖各递加三十五个，碎砖各递加一千四百斤，水和炭各递加一百斤，石各递加六百斤。徒一年，运灰一万二千斤，砖六百个，碎砖二万四千斤，水和炭一千七百斤，石一万二千斤。余四徒及流罪，灰各递加六千斤，砖各边加三百个，碎砖各递加一万二千斤，水和炭各递加九百斤，石各递加六千斤。杂犯二死，各运炭六万四千二百斤，砖三千二百个，碎砖一十二万八千斤，水和炭九千斤，石六万四千二百斤”[①]。

砖块运输主要靠人力、畜力与水力。明朝初年，由于各地均有官办窑厂，运输距离相对较近，因此人力、畜力相对较多。但明成祖朱棣迁都北京后，大量砖料需要进行长途运输，尤其是临清与苏州等地成为最主要的烧造中心后。在此过程中，运河水运就成为最为主要的运输方式。不过，对于砖石运送，并非如漕粮那样由专船进行，而是利用其他运输船只沿途顺带，将砖料运到通州，由工部验收后再统一解往仓库。为此，明朝政府出台了一系列规定。如洪武年间（1368～1398），“令各处客船，量带沿江烧造官砖，于工部缴纳”；永乐三年（1405），“每百料船，带砖二十个，沙砖三十个”；天顺年间（1457～1464），“令粮船每只带城砖四十个。民船，照依梁头，每只六个”；弘治十八年（1485），“带砖船只，除荐新进鲜黄船外，其余一应官民马快粮运等船，俱照例给票，着令顺带交割。按季将收运过数目，报部查勘。仍行沿河郎中等官，但遇船只逐一盘验。如有倚托势豪及奸诈之徒，不行顺带者，拿送究问。回船查无砖票者，拘留送问”；嘉靖三年（1524），“粮船，每只带砖九十六个。民船，每只十个”；嘉靖二十一年，“令经过临清粮船、官民船，顺带本厂官砖，至张家湾交卸。损失追赔”[②]。清代沿用了由船只顺带的政策与措施。

砖块是笨重的物品。以临清所生产之贡砖为例，大者每块70余斤，小者也近60斤。北上漕船本就是载粮重船，再加上几十块贡砖，等于每船又增加了几千斤的重量，这必然会大大加重运输的困难。对漕运粮船来说，作为官方船只，顺带运送砖料尚属应尽“义务”，对民船、商船来说，运送砖料就完全是强制性的了，况且如有损失，还要包赔。这激起了广大民众的不满。许多船主和船员为避免携带砖料，想方设法逃避官府的检查；被强制携带砖料的船只，有时也会偷偷将砖料抛弃于运河之中或岸上。如顺治十五年（1658）一月，漕运总督亢得时上奏说：“有尾帮九江卫运官许联经领船八只，广信所运官周胤昌领船七只到临（清）……照依旧例每船发运细砖四十五

① 万历《大明会典》卷一七六《刑部十八》。

② 万历《大明会典》卷一九〇《工部十·物料》。

块……（共）六百七十五块给批赴递交纳”，但实际上这些砖料并没有被交到通州。“据九江卫第二船手安永昌、广信所第四只船水手曹优合供称，本帮在于天津丁字沽倒流北上，运官赴通交粮，船即腾空南回，将砖乘夜抛弃沿河丁字沽一带岸上”①。面对此种境况，曾不断有官员上疏要求取消漕船运砖制度。如明嘉靖年间（1522～1566），工部尚书张瀚曾上《暂免运砖以恤运军疏》：“粮运带砖，始于一时权宜，今已遵行年久……往运河渠通利，加带不胜苦难，然数止四十八块，不令过重以伤挽力。继因工作迭兴，用砖渐多，加带亦渐增益，以至载重难行。”②虽不断有人呼吁，但终明清之世，这一政策一直未有改变。此外，各窑烧制的砖料，通常先运到一个地方，即砖厂贮存，然后船只再到各砖厂装船运送。但很多时候，砖厂远离水次码头，如临清的上、下、中、后四个砖厂，这无疑加大了漕船带砖的困难，导致漕运延期。明穆宗时期（1567～1572），有大臣上疏建议改变这一状况，“运船过临清，于上下二厂顺带城砖，水次辽远。宜就近改派于闸外下厂，毋致耽延”③。此后临清的四个砖厂被废弃，过往船只只需在各窑厂就近装载贡砖即可。

贡砖经由运河运送到北京之后，往往不会马上投入使用，通常会在运河口岸或内府官库中储存一段时间。通州作为运河上的一个重要节点，许多运送砖料的船只都要在通州口岸停船缴纳砖料，于是此地也有储存砖料的砖厂，如张家湾砖厂，“令经过临清粮船、官民船，顺带本厂官砖，至张家湾交卸，损失追赔”④。这些储存的砖料，经常会因管理不善而发生损失，或被主管官员私用及盗卖。据明人何士晋《工部厂库须知》卷四记载，“议关防砖料，查得本工所用黑城等砖及白城斧刃砖，往皆运堆社稷坛空地，验收成细，监督能查收时之数，不能预收后之防抵。缘内廷禁地，无人看守，各监肆意挪用，莫敢谁何。此亦贬非其地所，为防闲踈。合无知会皇城巡视科道，今后本工所取用砖料，车户运堆东西翼房收贮”⑤。据《皇明通纪集要》载，明宣宗时工部尚书吴中，就因私以官木砖瓦送太监杨庆营造私第而下狱。⑥

二、皮毛业

在运河沿线，很多地方都有着比较发达的毛皮制造业。如聊城，据万历《东昌府志》卷二《物产》所载：“郡土平原旷莽……地寒土疏，独宜畜牧，毡毳之利什居六七。”“羊裘、毡罽

①《顺治十五年一月漕运总督亢得时参运官抛弃钦砖请旨究治》，张伟仁编校：《明清档案》第32册，台北：联经出版事业公司，1986年。

②张瀚：《暂免运砖以恤运军疏》，〔明〕陈子龙等编：《明经世文编》卷三〇〇《张元洲先生台省疏》。

③《明穆宗实录》卷二四，“隆庆二年九月乙亥”条。

④万历《大明会典》卷一九〇《工部十》。

⑤〔明〕何士晋：《工部厂库须知》卷四。

⑥《明宣宗实录》卷四四，“宣德三年六月己亥”条。

出自府城、临清者佳。”运河开通之后，沿线地区毛皮业进一步发展，其中又以济宁的生产规模最大，临清的产品最为精致。济宁毛皮业兴于元，而盛于明。元代，西北地区的很多皮匠沿运河南下，定居在济宁地区，是为济宁毛皮业之始。加之运河通畅，交通便利，商贸活跃，明清两代济宁的毛皮业非常发达，出现了专门生产皮毛的街巷，即皮坊街。[①] 至清道光、咸丰年间，一些规模较大的毛皮业作坊相继出现，如马家作坊，雇工百余人，专门制作皮衣，经由运河运往江南苏州，再由当地皮庄收购包销。至清光绪年间（1875～1908），较大的作坊有20余家，其中以马振兴、牛养和、王增盛三大作坊最为有名，雇工全都在百人以上。除大的作坊外，越河两岸还有不少中小作坊。所产皮衣等皮货做工精细，在各地都享有盛名，深受用户喜爱。为防止假冒商品，各皮货作坊都有自己的戳记，也有另盖暗记的。各作坊生产各有特色，有专门生产高档名贵皮衣的，有专门生产羔皮的，有生产一般绵羊皮衣的。其中制作高档珍贵皮衣，技术非常复杂，如制作一件狐嗉、狐背、狐腿皮衣，往往需要几百张狐狸皮。先仔细将皮的头、嗉、背、腋、腿各部分卸下，然后按毛的大小、绒的厚薄与色泽等分别挑选开，最后按面积大小拼接、连缀成片而成衣。[②]

由于皮毛加工业兴盛、从业工人众多，同时亦有专门经营毛皮货的铺户，他们“代客买货，替贩推销”，从中牟利。济宁还专门成立了皮毛工人的同业组织“裁皮手艺同业会”，立于宣统元年（1909）的《洪川口碑文》载：

> 吾济南关皮货一业，习手艺者与铺户之家，非系亲谊即属故旧，相处其得，事在推让，做工价值从无有计较之说。无如近年以来，荒旱异常，薪桂米珠，拮据所得，不足一日俯仰之需，如不增价，势必草率做工，大与生业有碍；然铺户之家张增行价，恐有害先人之规；手艺人议增价，又恐失素昔与铺户交好之谊；事在再难，遂各咸口不道。行友张君淮、李君师瑞、沙君淮及王体红、朱茂春、程凤祥、朱建业、户庆荣、杨兴仁、杨清溪、朱风池、马克和、金明德、陈锋、文子忠、褚万衣、李林慧、王承吉、郭德鸿、韩兆林、石鸿、冯进保、张桂林、任宗立、程金芝、沙协恩、朱养金、马钧全、王贵起、吴协平、张文彩、白玉祥、王春和、马霖、周茂灿、张兆震等，因属同行，情难坐视，出为调处，走谒铺户，历陈手艺甘苦，加增行价。铺户之家既然允从，沿以为例，遵如众说。从此家给人足，吾侪得充盈之乐，醉仁饱德。敢忘公等行说之情，用伸曲衷，恭勒砥石，昭兹来许，永垂不朽。[③]

---

① 道光《济宁直隶州志》卷四《街衢》。

② 山东省济宁市政协文史资料委员会：《济宁运河文化》，北京：中国文史出版社，2000年，第101～102页。

③ 傅崇兰：《中国运河城市发展史》，成都：四川人民出版社，1985年，第317～318页。

临清的皮毛加工业在明代已非常有名，所产皮裘柔软而无膻味，广受好评，销路广大，清雍正年间（1723～1735）被列为贡品。“王俊旧志曰：市口皮及束鹿小羔皮，硝熟之，较他处特柔而不膻，此水土之异也。雍正五年，巡抚塞楞额兼榷务曾以恭进，嗣以为常。至乾隆六年，巡抚朱定元奉内廷发出皮样，遂改市西皮，岁进大西皮一千张，二西皮一千张，珍珠售毛皮一千张。每岁冬春，巡抚即预□皮价于临关委员，将给铺户采辞。”[①] 在各种皮制衣品中，又以千张袄最为有名。千张袄，又名千张皮，即以裁制皮裘的边角碎料拼接而成的一种皮衣式样。由于拼接时要安排好各碎皮料的形状、颜色以及毛毳纹路，所以特别考验毛皮工匠的手艺。千张袄是用毛皮碎料拼接而成的，故价格较为便宜，但在保暖性等方面却又丝毫不亚于由整皮制作而成的皮衣，可谓物美价廉，因此深受人们好评，销路甚广，成为临清之名产。清末，临清皮货行共有作坊百余家，其中70多家即以生产“千张袄”为业，产品行销北京、天津等地。民国《临清县志》载：

> 皮工类，一曰制裘。其生皮多运自西口，制成后推销于平津一带。其工厂名曰作坊，业此者多回教民族。附近居民，以缝皮为生者千数百户，聚处于临市西北部。所出之品，最著者为羔皮，一名珍珠毛。因曾纳贡于清初，故亦称贡皮。近日所造之寒羊，则皮厚而毛疏，赝品也。其次为西口二毛，俗称滩皮，殊非甘肃所产，此宗出品，销路最广。再次为千张皮，剪余碎皮，砌而成之，颇称技巧。最下者为本地皮，其货色最低，价亦甚廉。此临境制裘业之大略也。[②]

就生产工艺来说，皮毛生产可分为两大系列，即鞣制和裁制，其下每一系列又细分为若干工序。由原料生皮到制作成裘皮产品，大小工序共20多道。具体来说，鞣制是把原料生皮制成熟皮，供制作成品用；裁制是用熟皮裁缝成供使用穿戴的裘皮制品。其中鞣制的工艺流程主要有：

洗皮：将生皮放到河里泡软，洗净泥土、油等杂质，使皮呈鲜皮状态。这一工序用水甚多，故多到附近河里去洗。操作时，工人光腿赤脚，在河里来回踩动皮张，待皮软后，再用手清洗。

下缸鞣制：将洗好的皮，铲去皮上的老肉，放入大缸，加适量的土硝、黄米面和热水，使其酶化，约经十多天方能熟好。这一工作程序，劳动强度非常大。

铲皮：即经过下缸鞣制后，将熟好出缸的皮铲去二层肉，然后再把铲、撇完后的皮平整好。

招毛：绵羊皮鞣制前后，要先把毛绒理顺、招开，剪去多余的毛绒。招毛是鞣制过程中的一个特殊工序，有着非常复杂的技术工艺。

裁制工艺流程主要有：

---

① 乾隆《临清直隶州志》卷一《物产》。

② 民国《临清县志》卷四《经济志》。

配活：这是制作裘皮成品的首道工序，也是裁制的基础。先把皮张按大小分开档次，再把每个档次的皮，按毛的长短、花纹形状、色泽深浅分别挑选开，摞在一起，称为“撩户”。每一摞皮叫做“一户”，皮叫“户皮”，每一档次的皮最多时可摞成二三十户。撩户工人坐在中间，二三十户皮绕成一周。撩户工人多是裁活多年的老工人，懂皮识毛，户清不紊。配活是根据产品对皮质的不同要求和样板式样大小，用一户皮配成“活卷”。

裁活：首先把每件活卷的每张皮板用口喷水闷湿，这被称作“闷皮”。喷的水粒细如雾点，叫“蚂蚁水”。要闷得匀，闷后两张皮板合盖一起，让全皮吸匀水分。约经半日后，再将皮张放在案上用力搓揉，将上下左右拔开，称为“拔皮”。皮拔好后，按样板大小裁去四周无用的边欠，形成皮坯（一般为长方形），用线连结，拼成衣片。最后把所有的皮缝、小孔小洞缭好，衣片制成，这就是“缭活”。缭活时，针线要密（按要求要一寸十八针），插针要浅，线绠要细。

整修：活卷在裁缭过程中形成许多线梗，衣形也多收缩变形，更有未剪去的疵点或漏缭的小孔洞，需要补剪补缭，去梗整理定型。

皮毛生产工艺细致复杂，工序繁多，周期长，每道工序操作都要特别认真仔细，稍有不慎，就会造成半成品或成品质量降低，甚至成为残品、废品，造成经济损失。济宁皮毛业在长期生产中，积累了很多经验，也创造了一些济宁所独有的新工艺，如招毛工艺。

皮毛业的具体组织形式，以济宁为例，其皮毛的行栈与其他各行业有所不同，其他行业的行与栈是一体的，皮毛业的行、栈则是分设的，要通过中间商，即“跑行的”进行经营。皮行是卖方与货物的集中地，行主为卖方提供食宿与货物存放场所；皮栈是买方的集中场所，栈东为买方提供食宿并帮其购货。

跑行的，是皮行货主与皮栈购货客户之间的中间商。济宁皮毛业最盛时，操此业的多达四五百人。跑行的多三五成伙，集资少量资金经营买卖。他们终日穿梭在行、栈之间，了解各方情况，信息非常灵通。加上个个都是行家里手，懂皮识路，眼力很高，对各行栈、客商、品种、价格又非常了解，遇有合适的货就立即买下，先付部分货款或订金，马上转至皮栈卖给客商，收取货款，再回皮行付清所欠余额，从中牟利。他们的买卖，有时一日成交数宗，也有时几日不成一宗，因此有“今日有酒今日醉，明日无酒再掂兑”之说。跑行的皮贩有领导者，住皮行里，发展皮贩，行主不敢得罪他，如有得罪，他就会带着人跳行。①

济宁的皮行一般由商业资本家独资经营，也有少数合资经营的，资金多少不等。皮行设经理、业务员、会计各一人，职员数人至十余人不等。经理俗称“掌柜”，统

① 黄扬濂：《建国前的济宁皮毛行业》，济宁文史资料委员会：《济宁文史资料》第四辑，1987年，第105～116页。

管全行业务，多由行主自己担任，也有另聘业务能手担任的。业务员俗称“盘子手”，负责洽谈生意，与买卖双方联系，看货验质，开盘定价，促成交易。会计俗称“账房先生”，专管各种账目和核算、结算。盘子手、账房先生都有固定工资，逢年过节，行主视其利润多少给以适量“红封”，也即红包。职员俗称“店伙”，主要负责进出货物、扛抬、晾晒、点数、打捆以及运输杂物等。店伙无固定工资，多以卖方货主所给货物运费为收入；货主有时也给少许零钱，俗称“喝粥”，即给几文喝粥的钱。

皮行的经营主要是招揽各路皮商、皮贩投行，存货行内，待时卖货。这些客户，有的坐等皮货售出；有的定好价格委托行东代售，预借部分货款或少许川资，即离去再到外地贩货。货物价格由客商根据行情，自行定价。跑行的每天到各行走串，看有无所需货物，认为合适，即看货验质，开盘给价，几经要价还价，拍板成交。行主由卖方成交总额中提取3%的佣金。因行主的收益与皮货多少、成交额的大小直接相关，所以各行都想方设法多拉客商投行，广泛组织货源，促成买卖双方成交。殷实的大皮行以自己可靠的信誉、买卖的公平、招待的周到等优势，“任客投主”，故有“行大欺客，客大欺行”之说。长期的业务往来，形成了各行的固定客户，大的皮行多有四五十个固定客户，小的皮行一二十、二三十人不等。皮行的另一主要收益是，有的货物要价便宜，或行主看准了行情，遂买断该货，待货价上涨后再行出售，获取利润。此项利润往往比皮行所定佣金大出数倍，开行发财多赖于此。

皮栈的开设，资金大小、人员配备与皮行相似，但开设皮栈必须以皮行为依托，有 “一行一栈”的限制，即一皮行只能附设一个皮栈。皮栈开设前要与作为依托的某一皮行商谈好，方能开业。经营过程中，双方并无直接依附的经济关系，而是各自独立经营，自负盈亏。皮栈的主要经营业务是代客收购所需皮张，靠收取佣金为主要收益。大的皮栈有代客储存款项、垫付货款的，也有兼营汇兑的。

皮栈分“洋庄”“杂皮栈”两种。洋庄皮栈专营外商洋行和口岸皮商生意，收购出口皮张，如青猾皮、黄狼皮等，资金、成交额、利润都大。如最早的“义祥栈”，专与天津出口商交易。义祥栈还专门建筑了二层的“邸楼”，为洋商、天津客（多是为天津皮行跑外跑的河北辛集大营人）提供食宿服务。济宁最大的洋庄皮行是开在小南门里的沙义隆，从业者3000余人，门前矗立着约十米高的“通天大招牌”，日成交额常达10多万两白银。杂皮栈是经营狗皮、猫皮、兔皮等杂皮的行栈，资金、成交额、利润等相对较小。[①]

① 高建军编著：《山东运河民俗》，济南：济南出版社，2006年，第147～149页。

第七节 其他生产部类

以上记述的是与运河紧密相关的几个主要行业部类，除此而外，因运河而生、而兴的行业部类还有很多，具体如牵挽业、脚班业、竹木业、酒米业、餐饮业、网罟行等。下面对牵挽与脚班两个行业略做介绍。

一、牵挽业

受地形、气候与水源条件等因素的影响，运河北段尤其是山东段补给水源较少，为便于航行，需要多建闸门以蓄水。仅在济宁州河段内，“运河之水发源汶泗，在济宁州管辖之内，考南自珠梅闸北至寺前闸，为闸一十有五”[①]。水闸的修建，催生了运河沿线的牵挽业。繁忙的船只往来，使这些从事牵挽业的纤夫们日夜不停地劳作，光绪《峄县志》卷一二《漕渠》云：“过往差航，络绎旁午，每闸辄须纤夫数十名不等……前差未过，后差随至，南下方去，北上复来。”

运河两岸的居民，常常利用闲暇时间牵挽漕船北上，既获得了一定收入，又解决了枯水期粮船北上的难题。清代催粮官李绂在《穆堂别稿》卷一八《漕行日记二》中云：“粮艘上闸，谓之打闸。通帮派夫帮引，谓之打差。打差之人，有各艘派出者，亦有通帮公雇本地纤夫者。”此外，粮船搁浅亦需要拉纤或雇人力起米。道光九年（1829）六月初七，清人包世臣船抵临清小关，见卫河与汶河交汇的钳口草坝内“有江西粮艘搁浅，冠盖四五事络绎严催，用五六十人引缆，缆绝而船不行，乃于口外提拨船入拨米”[②]。

在运河沿线地区，很多人都以为运河中所行船只拉纤为业。如在山东夏津，大运河从白马湖师堤村入境，从渡口驿乡辛庄出境，境内全长22.22千米。不论是明清漕运兴盛之时，还是清末漕运停止后，直至民国时期，夏津县渡口驿都是北上天津、南下江浙的重要码头，仍有大量官船、私船在此停泊、打尖。此地拉纤为业者约有数百人，而于农闲时节从事此业者更是不计其数。他们一般只往返于临清至德州之间，也有少

① 道光《济宁直隶州志》卷二《山川志·漕运》。

②〔清〕包世臣：《闸河日记》，谭其骧主编：《清人文集地理类汇编》第4册，杭州：浙江人民出版社，1987年，第648页。

量随船北上天津或至河南境内的。拉纤者穿短裤、打赤膊，胸前斜挎纤板，将各自的纤绳共同拴在一条主绳上，俯身甩手，拖船而行，分外辛苦。遇到河滩陡峭之处，更是需要四肢并用，攀爬前行。

人多的时候拉纤，每个人的脚步一定要整齐，不能乱，后面的人要看着前面的人。涨水、遇到障碍物以及两只船交会的时候，一是要反应快，二是需要每个人的配合。为了统一步调，同时缓解拉纤过程中的疲劳，纤夫们经常会口喊号子前行，尤其是在碰到逆水、顶风或过运河“险工”（如转弯处）时。号子由领号人（俗称“号头”）领喊，众人回应。号子的曲谱和节奏一般是固定的，其词语可分为“传统固定式”和“即兴口占式”，以后者居多。通常，人们会把本地流行的地方小调儿和地方戏曲编入号子中。如在夏津渡口驿一带流行“乱弹剧”，大家就以戏词入号子。如领号人喊“李渊打马出了京”，众人应“哟上嗨”；领号人喊“出了叶家锦绣城”，众应“哟上嗨”；领号人喊“三军送爷十里铺”，众应“哟上嗨”，领号人喊“一个个难舍唐国公”，众应“呀儿哟的哟上嗨”①。

纤夫既有专以拉纤为业的短纤，沿途随雇，也有临时找的农民，他们都是没有固定职业的男性青壮年，处于社会底层，借拉纤糊口，工价低廉。“他们大多是老弱病残，有的瘦里巴干、面带病容、衣着褴褛，一群人看来应上医院就医，而不应去干苦活。我们的同伴解释说，租种河流或运河畔公家土地的农民，在租种期间都要在需要时刻出人力给政府的船只拉纤。”②“官员强迫附近的居民来做纤夫，只给他们很少报酬。这些纤夫每天赚的钱还不够他们一天吃的，因此他们寻到机会就逃走。有时夜里逃走一些人，第二天就得新找一批人换上。白天还有人手里拿着一根鞭子，在纤夫周围监督，让他们加快速度，同时防止他们逃跑。”③强行拉夫的情况多有存在，只是事后给予一定的工钱做报酬，乾隆年间（1736～1795），天津大沽口地区的纤夫每天的报酬为150文钱。④

二、脚行与脚班

运河的开通带动了沿线地区商业经济的大发展，南来北往的货物运输，离不开搬运工人，于是运河沿线各城市、码头等形成了庞大的搬运队伍，俗称脚夫。各地脚夫都建立了自己的组织——脚班。这些搬运人员，曾给乾隆年间来到中国的英国使臣留下了深刻印象：“中国人的效率很高，六百件礼品，绝大多数又笨又大，一船一船地搬运，在两三天内就全部搬完，

①韩福华等：《运河夏津段掌故钩沉》，《春秋》2010年第4期。
②〔英〕乔治·马戛尔尼、〔英〕约翰·巴罗著，何高济、何敏宁译：《马戛尔尼使团使华观感》，北京：中国旅游出版社，2017年，第415页。
③〔英〕乔治·斯当东著，钱丽译：《英使谒见乾隆纪实》，北京：电子工业出版社，2016年，第316～317页。
④〔英〕亨利·艾斯利著，刘天路、刘甜甜译：《阿美士德使团出使中国日志》，北京：商务印书馆，2013年，第59页。

没有一件损坏。”[①]

（一）聊城脚行

清末民初，聊城各个行业都有专管装卸搬运的脚行班，脚行班以行业分，但与该行业店号没有辖属关系。所分各行各地段，互不相扰。如东关驴市口一带的脚行班，专管给杂货行搬运货品；窦家营装卸伙计专为大街公盐店装卸盐包；后菜市脚行班承担乌枣装卸；茶叶、药材等则由行栈的专业脚行班搬运。

聊城有三个粮食业聚集之处，即东关闸口东的“粮食市街”，城内的“楼西大街”，东门外的“旧米市街”。这三个地方，都有八九家至十余家大小不等的粮行，称为“粮店”。每一处粮店经营区域，都有“脚行班”，专管给粜户送货，挣“脚钱”。东关粮食市街是较大的粮食市场，有“聚祥”“协和”“永盛”“振昌”“义聚东”等字号，资金雄厚，交易频繁，脚行班也随之而壮大。旧米市街、楼西大街（包括楼北）的脚行班，与东关粮食市街的脚行班情况大体相仿，只是活不怎么忙、人员少些而已。以下略述1930年前后东关粮食市街脚行班的情况为例。

东关粮食市街脚行班，约30个伙计，分为两派：刘家营派和本街派。刘家营派首领是刘兴奎、刘太合。他两人所领的是第一班、第二班，这两个班20人左右。本街派以郑、张两姓为首领，领第三班，约八九个人。脚钱（即运费），依据脚行班送粮食路程远近、粮食多少，有一定的价目。从东关粮食市，往城里送，每石粮食是六百文。如不足一石，五斗以上，也按一石算。如果不进城，只在东关，根据路程的远近，四百文、二百文不等。这三个班，虽然分为两派，但三班一体，通力合作，轮流按班依序分活，分派较公平合理。三个班的每天收入，都归到一起均分。一个班，不管有几个伙计、几辆车子，也不管新的老的都同样看待，没有上级下属之分，也没有先来者、后来者之区别。脚行和其他行会不同，没有师傅与徒弟的关系。虽为头目，但和班中伙计一样干活、一样分钱，只是头目的位置是世袭的。当头目的人，一般都具备一套对外交际的手腕和善于招揽生意的能力，处事公平，能让全体伙计们听其指挥。如果头目继承人能力不够，或另有职业，则由全班公推一位胜任者充任。班中有一个能写会算的先生（会计），这先生也是伙计，一样跟着干活，天天推车子运送粮食，钱也不多分。

脚行伙计要自备自己的一套工具：一辆小红车、几条布袋。脚行伙计最要紧的是机灵，会做“眼色活”。如倒斛时，忙着掇都子，倒布袋，挖巴斗。这虽然不是份内的活儿，也得主动去干。把粮食送到买主家，如果遇到买主“嫌好道歹”，还要会从

---

①〔英〕乔治·斯当东著，钱丽译：《英使谒见乾隆纪实》，北京：电子工业出版社，2016年，第190页。

中圆活儿，巧为解说，阻止买主退货。这一类买主，都是一要几十石的酒店、油坊主或囤户，因此要好生侍候，如果粮食打退了，不但店里受损失，伙计的脚钱也没了着落。

新入班伙计要“和班”。脚行班虽是“下苦力”的，但天天有活干，衣食不愁。年轻力壮的人很羡慕这一行，多有加入。入脚行班不太难，只要班上有活，需要添人，想加入的人花两个钱，先给班中说话有分量者送点小礼物，买买账，俗称“送好看、买流水”。班中人出面介绍和作保，就算加入了。上班后，当头目的领着新入班伙计到各家粮店走走，认识认识“掌柜的”，接着，这个新伙计就得打酒、叫菜，把全班同伙请出一顿吃喝，这就叫“和班”。

脚行还要应行打差。所谓“应行打差”，是官府派下来的义务劳动，哪一行业都有。只要官府需要什么物品，属于哪行业，就派该行业承办，这叫“应行”；打差，俗称“打官差”，是无条件尽义务。官差五花八门，官府也时常买粮食，如往下发给养，发马料，或供应过路客军等。向粮店买了粮食后，按例派脚行班运送，这种差事叫“送官粮”。送到后有时也管顿饭吃，有时多少给点赏钱，但不能按数讨要。应差的伙计，无论几辆车，几个人，也无论几天，全班每天见的钱都还有他们的份儿。应差出勤，伙计们轮流。如遇粮店里“倒仓”“清囤”，他们都会义务帮忙，完工后，店主招待脚行班伙计们一顿酒饭。

除送粮食挣脚钱外，还有一宗相沿下来的额外收入——承送红板。“红板”，是做棺材的原料。因旧时做棺材所用木料，是将整棵的柏树树身锯成板，板材色红，故称“红板”。每年阴历二月十九，东关陈家口有为期四天的骡马大会，木料市场上的红板层层叠叠。红板成交后，须由粮业脚行班运到买主家，以挣取脚钱。别业的脚行班不得插手这一活路，如果买主自己有车来拉，也要付少量的脚力钱给脚行班，这是规矩。

脚行班被称为“苦力帮”，家无恒产，又无其他技能，是凭卖力气过生活的社会底层人。他们虽没有明文的“帮规”，却有一些大家口头议定的制度。如在每天均分脚钱之前，从总数中提出百分之十储存起来，作为班内伙计们患病不能工作时的生活费，或用来扶助残疾者，资助婚丧等。

脚班尊奉的祖师是那位推车子过赵州桥的“柴王”。每逢阴历九月柴王诞辰日，城关的脚行伙计们借一处庙宇，临时挂上神像，一起焚香叩拜。这一天，大家休工，在庙里摆上酒席，畅饮同乐，以致祭祀。①

（二）济宁脚班

济宁脚班形成于明末清初。通河疏通后，济宁成为水陆交通枢纽，一年四季，货物运输

① 史墨香、吴云涛：《聊城（解放前）粮食业及其“脚行班”》，中国人民政治协商会议山东省聊城市委员会文史资料研究委员会编：《聊城文史资料》第三辑，1995 年，第 73 ～ 84 页。

十分繁忙，出现了很多从事装卸行业的脚班。

脚班有固定工和临时工之分。固定工，多为济宁城内的贫苦民众，有的祖孙三代都做脚班。临时工，多为近郊的农民，或外地到城里谋生的人。他们农闲时进城挣钱，农忙回家种田，流动性很大，就像放鸭子一样，吃饱就走，故名“放鸭子的”。脚班的主要业务是货运装卸，其中又具体分为粮食班、杂货班、皮器班、皮货班、煤炭班、药材班和豆饼班等。各班都有各班的班头，亦称“把头”，有大中小之分，其中大把头掌控济宁城的所有脚班，中把头则独霸一方，小把头管理一片或一个行业。他们主要活动在行栈、码头等处，其中搬运工所用工具主要为小红车，木轮、木轴、木耳，一人推一人拉，载重量一般在 300 斤到 800 斤，最多不超过 1 000 斤。装卸工所用工具则相对简单，或一人扛，或两人用扁担抬。脚班的生活，完全依靠着大运河，正如歌谣《济宁州赛银窝》唱的那样：“老运河，南北长，水流济宁到苏杭。交通方便行商多，南门枕着运粮河。船只不来货不多，扛大个的都闲着。船一靠岸就卸货，脚班搬运忙得多。”[①]

济宁脚班按各自势力范围而分为不同的区域：坝口脚班，主要包括粮食班、杂货班、竹木器班。南码头脚班，北从小闸口，南至赵村，主要负责船运装卸。炭业脚班和盐业脚班，其中炭业脚班在顺河门以东的中兴炭场，把从枣庄等地煤矿运来的煤、焦等运到城内或装船外运；盐业班则主要集中在顺河门外，负责来往食盐的装卸工作。东关片脚班，范围较大，东从半截阁，西到南门口，北从北关，南到赵庄，主要包括粮行、面行、油行、粉行、杂货行、药材行、干鲜果品和小烟庄等。此处脚班，“放鸭子的”相对较多。西南关片脚班，东起吉市口，西到税务局、皇经阁，南到南辛庄，分粮食、杂货、皮业三班。中心闸脚班，以装卸粮食为主，主要为 13 家粮行服务。北关片脚班，从北门里到三官庙、奶奶阁以南，主要运送从兖州到济宁的粮食，兼运少量杂货。观音阁片脚班，分粮食班和杂货班，其中不少是“放鸭子的”。东三里营、五里营脚班，主要是三里营、五里营村的农民，一部分管推运，一部分管装卸。

---

① 山东省济宁市政协文史资料委员会编：《济宁运河文化》，北京：中国文史出版社，2000 年，第 330 页。

第五章
衣食住行

衣食住行是人类生活的四种基本需求，是人类社会生活的基本内容与主要面向。历史上，运河的开凿、开通与漕运的进行，对活跃于其上及沿线地区民众的物质生活产生了很大影响。首先，运河本身成为诸多民众的衣食之源，成为其谋生的重要场域与手段。与水上劳作、生活方式相适应，产生了相应的物质生活方式。其次，作为一条航运与商业往来的重要通道，运河的存在，促进了各地间物资的交流，大大丰富了人们的物质生活，并对沿线民众的衣食住行等产生了深刻影响。

第一节 衣

因运河而兴、而生的与“衣”相关的习俗，主要表现在两个方面。一是活跃于运河之上及其沿线湖泊水柜等地民众的服饰习俗，具体如漕丁、水手、船民、渔民等；二是运河开通后，对沿线地区衣料、服饰及相关产业的影响，具体如布匹的北运、服装样式的南北交流、沿线地区纺织业与服装制造业的发达等。

一、漕丁、船民等的服饰

运河之上漕运兵丁或其他水运人员的服饰，文献中并无多少记载。就明清时期而言，由于漕运均由属军队系统的漕丁或旗丁负责，因此他们在漕运过程中所穿的服装，以军服为主。

对于军服，历朝历代皆有明确定制，明清时期亦不例外，从中或可一窥漕丁的服装式样。以明代为例，洪武二十一年（1388），明太祖对卫所马步军士服色做出明确规定：“惟驾前旗手一卫用黄旗，军士、力士俱红胖袄，盔甲之制如旧。其余卫所悉用红旗、红胖袄。”这其中胖袄的形制是“长齐膝，窄袖，内实以绵花。旗帜各分记号，用青蓝为边，玄黄、紫白间色俱不许用。凡为旗帜、衣装，布绢、绵花、苏木、枣木之类皆官给之，毋令军士自备”①。到明代中后期，士兵着大袖布衣并在外面加黄布背心者增多，称为“号衣”。对于漕丁这样的非作战部队的士兵来说，更是以穿“号衣”为主。如正统十四年（1449），“部言：今岁运粮旗军已留操备，然各军初启程时，不意久居于此。及至沿途遇浅盘剥，俱自陪办。况今官觅车辆，车价高贵，既无从出，亦无军装号衣，乞令每军原运三十石以上者内除五石，不及三十石者除四石五斗，与

①《明太祖实录》卷一九三，“洪武二十一年八月戊寅”条。

作车钱，仍各除二石与置衣装，庶得粮储易完，操备不误”。对此要求，明英宗允准照办。①作为军服之一种，号衣的制作有严格的规定，不能随意制备。如天顺二年（1458）秋七月，发生了弋阳王朱奠壏诬陷左布政使崔恭“潜造火夫号衣诸不法”的事件，为此英宗专门派遣太监怀忠同锦衣卫官做了调查处理。②

明代卫所士兵的军服来源，主要有两种途径，即日常配备与调拨赏赐。其中赏赐又以常例赏赐为主，不仅赏赐面广，而且有专门机构负责此事，对赏赐什么、如何赏赐等均有明确规定。据万历《大明会典》记载：“国朝赏赐用钞锭、胡椒、苏木、铜钱并银两、衣服等项。其系礼、兵者俱见二部，惟岁给军士冬衣、布花等项，沿革则例不一，系户部掌行。”不同时期，各地赏赐军服衣料的内容，因地因需而异。如“其南京卫所军士，止赏布匹，该三匹者，内二匹折绢一匹，一匹折胡椒一斤；该二匹者，折绢一匹；该一匹者，折胡椒一斤”。宣德五年（1430）又规定：南京各卫所军士的赏赐，全给棉布，不支棉花。嘉靖三年（1524）规定：“各卫所军士年例布花本色不足，照例每布一匹折支银二钱五分。其南京各卫所军士等，该赏布钞，照在京事例，各于该库关支给赏，俱不支绵花。”③

清代漕运沿袭明代之制，只是以“旗丁”代“漕丁”运输。关于清代漕运旗丁的服饰，或可从一桩盗贼劫持事件中窥见一二。乾隆二十八年（1763），隶属长淮卫宿州二帮的旗丁郭成章、陈桂勋因本帮粮船被风受灾，不得已只好去通州买米抵余，过商丘时不幸被盗贼所劫。在诸被劫行李中，就有一批衣服：“一张貂领，一条皂布袍，一件战裙，一条蓝袖袴，一条白布褂，一件白布袴，一条被套，一个山细被，一床羊皮褥，一条蓝面褥，一条白单子，一条红绒线，暖帽二顶，缎靴两双，皮套袴一副，衣搭一件，蓝布袄一件……皮鞋一双，黄包袱一个，白布棉被一双，山细夹袍一件。”④

漕路漫漫，漕运者难免要换洗衣物，为此每艘漕船上通常都会安放几个晾衣架。如清乾隆年间（1736～1795），英国人埃利斯出使中国时，就注意到漕船上“有几个突出来的大架子，经过询问得知是用来晾干衣服的”⑤。

漕丁、旗丁外，活跃于运河及其沿线湖泊水柜的还有大量其他人员。这些人员的服装，衣饰、模样与百姓并无任何不同，只是因区域或南北方经济发展水平的不同而有所不同。不过，活跃于运河之上的船民，与陆上的居民相比，虽然在服装的总体式样上相差不大，但也还是有一些不同之处。比如通常要更为破旧，正如嘉兴一带民歌所唱的那样：“头上帽子开花顶，

①《明英宗实录》卷一八一，“正统十四年八月辛未”条。

②《明英宗实录》卷二九三，“天顺二年秋七月辛卯”条。

③《大明会典》卷四《户部二一七·赏赐》。

④乾隆二十八年正月二十六日护理河南巡抚辅德：《题为持参商丘县典史章朝宗等员疏防长淮旗丁郭成章等领银前赴通州被劫事》，中国第一历史档案馆藏《题本》。

⑤〔英〕亨利·埃利斯：《阿美士德使团出使中国日志》，刘天路、刘甜甜译，北京：商务印书馆，2013年，第73页。

脚上鞋子无后跟，衣裳穿的布条筋。”[1]另外，与陆上居民相比，船民在穿着上还有比较特殊的一个地方，即很少穿鞋。尤其是在船上的时候，通常都是不穿鞋的。因为穿鞋在船舷上走动，很容易打滑。久而久之，船民们都养成了不穿鞋的习惯，甚至有时离船上岸也多不穿鞋。有的则形成了把鞋后帮踏在脚后跟下面，趿拉着鞋走路的习惯。

对活跃于运河或运河沿线水柜等处的船民来说，衣服还具有其他用处。比如在江苏淮安一带，当要寻人时便会在船的桅杆上悬挂一件衣衫或一块布。船家有人长出不归或在大风浪中离散久久未见，就挂出家人的衣服以让对方知道，或让过往船只帮助互通信息。有时被寻者也在别的船上或湖心滩地草荡里高挂衣物，以此祈盼与家人尽快相会。另外，当船在风浪中遭遇危险时，船上人就会手持衣物招摇，希望路过的船只或岸边人前来搭救。若船体已开始沉没，船上的人员更是都站在船的最高处摇衣呐喊。遇到此种情况，过往船只就会设法抢救，帮忙救人并抢捞船上财物。[2]

山东运河沿线地区的船民与渔民，其服装服饰主要包括体衣、头衣、足衣和佩饰等。清末民初，沿运河一带男人的一般穿着，体衣是对襟单褂、夹袄、棉袄、棉袍、皮袍、马褂，单、夹、棉的大裆裤，斗篷等；头衣是瓜皮小帽、马虎子棉帽、草帽、礼帽、三块瓦帽等；足衣是单、棉布袜，尖口鞋、圆口鞋、方口鞋等；佩饰多为香囊、玉佩等。女人，一般平民体衣是单夹皮棉的右大襟褂、大裆便裤，富家小姐、太太则是上衣下裙，知识女性也穿旗袍；头衣是勒子、平顶绒帽、手帕；足衣是单棉布袜，换鞋、网子鞋等；佩饰为簪、钗、耳环、戒指等。最有特点的服饰是大裆裤，俗称为“三般宽”，裤腿与腰同样尺寸。当地有一首民谣云：“毛蓝裤子大甩腰，前街串到后街上，这里出去三里路，裤裆还在床帮上。”微山湖渔家女子大多喜欢穿绣花鞋，故有“泖子（对湖上渔民略带贬义的俗称）上涯，一溜儿大花鞋”的俗语流传。

在山东运河和傍河之湖的船民渔家，还有制作和穿戴虎头服饰的习俗。虎头服饰又因特殊生活环境的需要而形成了系列，如虎头袢子、虎头帽、虎头暖袖、虎头鞋、虎枕等。

虎头袢子，因袢带上面有一个虎头饰物而得名。虎头袢子以黄士林布为底色面料，后面还有一层衬布，当中夹一层做鞋帮用的“革巴”，然后剪成虎头形状。虎头长约25厘米，宽约20厘米，制作时用类似布贴画的方法，但不是粘贴，而是用黑色、白色、褐色等色布穿针引线缝制而成。虎眼睛用黑布，眼球和虎牙用白布，眉毛、胡须则用黑线连出，虎眼、虎鼻子用褐色布包上棉花鼓凸出来，虎耳朵填少许棉花衲成凹形。虎头后面做一宽4至5厘米的背包带似的交叉袢带，袢带用3至4层红布密匝匝衲成，

[1] 嘉兴市志编纂委员会编：《嘉兴市志》，北京：中国书籍出版社，1997年，第1252页。
[2] 淮安市地方志办公室编：《运河之都——淮安》，北京：方志出版社，2006年，第185～186页。

极厚实、结实。袢带上还连有两条密密衲成的布带，2 米多长，带的末端还有一对用碎布装填棉花缝制成的 10 ～ 12 厘米长的似菱似锚形的饰物。虎头袢子是渔民们由于经年累月的水上生活，为防止孩子稍有不慎掉进水里而制作的，行船时戴在孩子胸部，然后再把那条连接袢带的长带子拴在船桅、船楼或将军柱等处。有的还在袢带上再拴个葫芦，这样就更保险，即使万一长带子没系紧或者断开，孩子亦能浮在水面上。渔家主妇们给自己心爱的孩子缝制虎头袢子时，都是极尽其心力的，因为一般虎头袢子只为第一胎或男孩子而做。在湖上人家，虎头袢子又能检验渔家主妇是否灵巧聪明，如谁的虎头袢子缝制得最好，她的声名就会传得很远，受到渔民的尊敬。① 在浙江嘉兴等地，渔民也有专门照顾小孩子的服饰，被称为“龙头带子”。“龙头带子”像一件衣服一样，没有袖子，后面有一条绳拴着，主要的功能是给小孩子学步用，另外也可起到安全保护的作用。②

虎头暖袖、虎头鞋，是渔家孩子的冬季服饰。虎头暖袖，缝在棉袄袖口上，在舱中不妨碍伸手拿东西，出外蜷起手来可护手保温。虎头鞋，渔家婴幼儿的一种服饰。一般是前绣虎头、后绣荷花，鞋帮、鞋底绣蛇、蝎、蟾蜍、壁虎、蜈蚣“五毒”等图案，既穿着保暖，俗信还可以辟邪驱祟。

布虎，用棉花填充、绣衲等工艺制成。布虎的面庞稍稍翘扬着，用棉花填充圆鼓鼓的两只大眼睛，五彩花线编织的隆起直挺的鼻梁占了虎头近三分之一；“虎无脊骨莫称王”，虎从脖颈至尾梢，红线绣衲成艳艳的绠绳样儿，在虎身中央拉成一条打眼的脊骨；后臀处竖起一条立木般略前弯的粗壮虎尾，尾梢缀三五簇红、黄、绿、粉的花球，与前额颊间的花球前后呼应；或上山之形，或下山之姿，却不给人以凶狠之感，而是三分的憨态、七分的天真，惹人喜爱。

虎枕，用做布虎的材料和工艺制作。将枕头顶上各做出一个虎头、两只虎爪，即成虎枕，既可做枕头，又可把玩。做虎枕，功夫在绣衲虎头上。过去多为黄、蓝士林布，后来一般用漂白布做底色面料，与衬布间加一层袼褙，然后剪成长五寸、阔七寸的虎头形状。先将脸庞和两耳轮廓，用红黄绿三色花边勾勒出，贴一圆形黑布做眼的衬布，用棉花填充黑布包裹的鼓鼓的眼球，用白丝线一针排一针地环状纳制在黑布上形成眼白，中间留出圆圆的黑眼珠，黑眸子的吊睛大眼便制成。用五彩丝线绣衲成从额间直通到嘴的鼻子。鼻下用小块的白布扎一束五彩线成胡须，小块白布黑线穿缀成三角形牙齿样儿，便是虎牙。额至两颊，依次有绿、玫、粉、红、黄九簇花线球点缀。③

① 山东省出版总社济宁分社编：《微山湖风情录》，济南：山东友谊书社，1987 年，第 82 ～ 83 页。

② 嘉兴市文化广电新闻出版局、嘉兴市文学艺术界联合会编著：《运河记忆：嘉兴船民生活口述实录（下）》，上海：上海书店出版社，2016 年，第 95 页。

③ 高建军编著：《山东运河民俗》，济南：山东人民出版社，2018 年，第 168 ～ 169 页。

生活于运河与船只之上的女性，很多也同男性一样，承担划船、掌舵的重任。为了便于工作，她们在穿着上与男性多有类同，同时头发也多盘于头顶。更为重要的是，生活于船上的女性并不裹脚，并且在日常生活中多不穿鞋袜，与生活于陆地之上的农耕人家女性颇为不同。这一点给乾隆年间来到中国的英国使团成员留下了深刻印象。"时不时可以看到有妇女在一些较小的船上掌舵，当有困难发生时，她们也积极参与解决，对此我深为震动。她们头发的梳理方式在这个省份的这一地区有了变化，头发不太正规地在头顶盘成一个绾。"①"在中国的河流和运河上，有大量的家庭都完全生活在他们的船上，而女人驾船的技艺跟男人一样精湛，尤其是在划船和掌舵上。她们的穿着跟男人们基本没有什么两样，区别主要是在头上，因为她们可以自由地留头发。有时候她们像男人们那样，在脑袋后面梳一根辫子……但更经常的是，她们把辫子盘在额头上。船姑们一般不会束小脚，而且脚上几乎都不穿布鞋或其他东西。她们也像男人那样抽烟，嘴里嚼蒌叶和槟榔。"②

二、运河对沿线衣料、服饰的影响

大运河是布帛等运输的重要孔道。漕运的主要物品是粮食，但除此之外，为满足皇室、达官显贵等各方面的需要，也会运输一些其他物资，比如制作衣服的布帛等。事实上，作为百官、士兵等的生活必需品，布帛的消费量非常大。布帛的产地往往分布于全国各地，需要由各地运往京师，其中漕运就是一种非常便捷的方式。如在唐时，各地百姓交纳的以"庸""调"为名的绢帛，有相当一部分就是通过漕运运送到长安的。北宋时，明确规定四川等不纳漕粮的地区，上贡应以布帛为主。宋代初年，吸收前代之教训，举天下之兵寓于京师之地，"衣食之给，一毫已上皆仰县官"③，加之宫廷、百官等所需，故每年征调的布帛达数百万匹，而这些布帛即主要通过运河运达京师汴梁。"陈、颍、许、蔡、光、寿等六州之粟帛，由石塘惠民河而至，京东十七州之粟帛由广济河而至，皆有京朝官廷臣督之。凡三水皆通漕运，而岁计所赖者，惟汴流焉。河北、卫川、东北有御河达乾宁军，其运物亦有廷臣主之。川陕诸州金帛，自剑门列传置分辇负担，以至租布及官所市布，由水运送江陵，自江宁遣纲吏运送京师。咸平中定岁运六十六万匹，

①〔英〕亨利·埃利斯著，刘天路、刘甜甜译：《阿美士德使团出使中国日志》，北京：商务印书馆，2013年，第153页。

②〔英〕威廉·亚历山大著，沈弘译：《1793：英国使团画家笔下的乾隆盛世》，杭州：浙江古籍出版社，2006年，第33页。

③〔宋〕宋秦观：《安都》，〔明〕李濂撰，周宝珠、程民生点校：《汴京遗迹志》卷一八《杂文》，北京：中华书局，1999年，第340页。

分为十纲。”[①] 为专门运送布帛，政府还专门建立了名为“布帛纲”的运输纲法。清代，为满足皇帝、后妃穿戴所需，清王朝专门在苏州、江宁等地设立了织造衙门，采办宫廷所需要的各种织品。这些采办的织品，通常也都是通过运河运达北京地区的。运河在运输布帛、衣物的过程中具有极其重要的地位与作用，因此一旦运河不通，人们的衣着便会陷入困窘之境。如唐建中二年（781），由于淄青、魏博藩镇叛乱，徐州等地失守，次年位于运河咽喉之地的汴州（今河南开封）亦失陷，致使漕运中断。受此影响，虽当时天已渐暖，但禁军却无春装可换，连德宗皇帝也只能继续身穿裘衣。“时李希烈阻兵江淮，输物留梗，乃徙饷道自颍入汴。绍及关，德宗已西狩，乃督轻货趣间道走洋州。绍先见行在，帝劳之曰：‘吾军乏春服，朕且衣裘，奈何？’”[②] 北宋末，受靖康之变的影响，“四方贡赋不至”，导致守卫汴梁的众多军士无衣服可穿。[③]

通过布帛等的运输，运河促进了棉布在各地的传播。中国人的穿着衣料，早期主要是麻与葛，明代以后，棉开始成为中国人衣料的主要来源。而在棉布向各地传播的过程中，大运河起了很大的作用。明代中叶以后，江南地区成为我国最主要的棉布产区。于是北方各地“富商巨贾操重资来市者白银动以数万计，多或数十万两”[④]。而这些由江南运往北方地区的棉布等棉纺织品，几乎全是经由运河运输的。其中运往山东、河北、京津及东北等地的“皆由漕河而去”，或运到山东运河各码头，或由临清、河西务、张家港等地起陆，山东运河沿线形成了众多的棉纺织品销售及中转市场。如临清，据万历三十年（1602）户部尚书赵世卿所言，“布店七十三座”[⑤]。另外，天津作为运河重镇，在“北棉南运、南布北运”的过程中也起到了非常重要的作用。运输棉花的船只北返时，就载南布抵天津，或就地销售，或转车、船运往他处。载布的河船经常沿清苑河西去，可一直抵达雄县城下。据《漕运则例纂》，由江南地区运往北方的布匹就有浜布、杂色布、水沙布、黄唐布、生白布、杂色布、手巾等。[⑥] 又据明人王象晋《木棉谱·序》记载，“棉则方舟鬻于南，布则方舟鬻诸北”。这种因运河而兴的“北棉南运、南布北运”的模式，大大促进了棉布在各地的推广，满足了广大民众的衣料之需。

大运河不仅促进了南北之间布匹的运输与售卖，还对不同地区服装花色、式样等的交流传播起到了一定作用。如宋政和年间（1111～1118），江南地区喜好“天水碧”颜色的服装，绢帛多染此色，很快这一风尚就通过运河传播到了北方地区。宋人萧绦《铁围山丛谈》卷三记载：“昔江南李重光，染帛多为天水碧，天水，国姓也。当是时，艺祖方受命，言天水碧者，

①〔元〕马端临：《文献通考》卷二五《国用考三》。

②《新唐书》卷一四九《王绍传》。

③〔宋〕沈作喆：《寓简》卷六，北京：中华书局，1985 年，第 42 页。

④〔明〕叶梦珠著，来新夏点校：《阅世编》卷七《食货》，上海：上海古籍出版社，1981 年，第 157 页。

⑤ 傅衣凌：《明代经济史上的山东与河南》，《社会科学战线》1984 年第 3 期。

⑥〔清〕杨锡绂：《漕运则例纂》卷一三《粮运期限·过淮签盘》。

世谓逼迫之兆。未几，王师果下建邺。及政和之末，复为天水碧，时争袭慕江南风流。”明代以后，苏州等江南诸城市成为全国纺织业的中心，其纺织品冠绝四方，在产品远销各地的同时，其服装式样也流传至各地，成为人们争相效仿的对象，“沿大江而下为金陵，乃圣祖开基之地，北跨中原，瓜连数省，五方辐辏，万国灌输，三服之官，内给尚方，衣履天下，南北商贾争赴。自金陵而下，控故吴之墟，东引松常，中为姑苏，其民利鱼稻之饶，极人工之巧，服饰器具，足以炫人心目，而志于富侈者争趋效之”①。

由于运河成为运输布匹的重要通道，运河沿线各地兴起了发达的布匹交易。如在临清，有专门以布匹命名的街巷，即白布巷，“抵卫河浮桥稍南曰白布巷”②。明清时期，临清周边地区为著名的产棉区，许多人纺纱织布，于是很多地方的客商都到临清购买布匹，由此形成了非常繁盛的白布纺织与交易市场，仅白布巷经营布匹、绸缎的店铺就有几十家。苏州，作为运河沿线重要的码头城市和江南地区丝织业的中心，亦有大量经营布匹与丝织品的店铺。如据康熙三十二年（1693）的一块碑记，上面所提到的布店就有76家。③在江苏淮安，“民居栉比，无机杼声”，因此“服饰之需，仰给于远方者十居八九”④。也就是说，淮安当地民众所需要的衣服布料，全都是由商人从其他地方运输而来，这其中又以山西、安徽商人为主，“民惮远涉，百物取给于远商……若布帛盐鹾诸利薮，则皆晋徽侨寓，大力者负之而趋矣”⑤。清代后期至民国年间，在淮安仍然有许多布店，如鼎成恒布店、华康布店、润源布店、临泰祥布店等。这些布店，除坐店售货之外，还有将布匹绸缎等货物批发给淮城大小布贩、摊卖商人等的业务。⑥

在漕运的北部终点通州，大量布匹商人聚集于此，或开设店铺，或进行小本经营，亦形成了专门街巷“布巷”。而在所有布行商人中，又以山西翼城商人为最，他们还专门建立了布行会馆晋翼会馆。立于雍正十三年（1735）的《创建晋翼会馆碑记》，对会馆的设立以及运作等有较为详细的介绍：

事非创其所未有，则其有之也难而易；情非出于所乐为，则共为之也易而难。晋翼会馆，则固未有而乐为者也。翼距京师二千里，历来服官者、贸易者、往来奔走者，不知凡几，而会馆之设，顾独缺焉。讵真无能为之人，能为之时，能为之力与？抑亦莫为倡之，谁为和之也。岁壬子冬，布行诸君子，以乡人之萃止于兹者，实繁有徒。

①〔明〕张瀚：《松窗梦语》卷四《商贾纪》，北京：中华书局，1985年，第83页。
②乾隆《临清直隶州志》卷二《建置志》。
③《苏州府处理踹匠罗贵等聚众行凶肆凶科敛一案并规定以后踹布工价数目碑》，江苏省博物馆编：《江苏省明清以来碑刻资料选集》，北京：三联书店，1959年，第34～37页。
④宣统《续纂山阳县志》卷一《物产》。
⑤乾隆《淮安府志》卷一五《商贾》。
⑥傅崇兰：《中国运河城市发展史》，成都：四川人民出版社，1985年，第333页。

虽向来积有公会，而祀神究无专祠，且朔望吉旦群聚类处，不可无以联其情而洽其意也。议于布巷之东蒋家胡同，购得房院一所，悉毁而更新之，以为邑人会馆。西向，凡四层，前后廊舍共二十五间。中厅关夫子像，左间火神、金龙大王，右间玄坛财神。龛座辉煌，烛几焕彩，享献有殿，奏格有台。门则廓弘，堂则高敞，院则深邃，路则纡回。供张之需，宴馔之具，罔弗周全而毕备焉。经始于癸丑之春，告竣于乙卯之夏，持筹而握算者有人，庀材而鸠工者有人。更有本邑橘行诸君子，尚义乐输，可不谓踊跃以从事、欢欣以赴功者乎！以妥神明，以慰行旅，以安仕客，诸君子之用心良为善，诸君子之劳力亦无余矣。至其先后费资之条项，输尚督率之姓氏，例应铸诸贞珉，示不磨也。若一传再传，久而勿替，诸君子自更有维持调停之法，后贤将必永遵而力行之，无庸今日之哓哓为也。是为记。[①]

立于乾隆四年（1739）的《创建晋翼会馆碑序》，其后记有所有的姓氏，计有布店、布铺、染坊等14家，具体如成记布铺、晋升布店、钦记布店、同升布店、存成布铺、天太布铺等。此外，还有102位以个人名义捐款的人，具体如刘玉植、刘玉枢、李泰时、樊秉诚、王子铨、阎密等。对于他们的身份，碑刻中并未提及，但从晋翼会馆为布行会馆的性质来看，这些人很可能也都是经营布匹买卖或相关行业的商人。[②]

在运河沿线诸码头城市，不仅有繁盛的布匹贸易，很多城市还有发达的棉纺织或丝织业以及成衣制作、毛皮业等。虽然很多地方都有纺织业，但运河沿线地区织业、成衣业的发展，很大程度上是受运河影响的结果。运河的存在，一方面使织业易于获得原材料，如“北棉南运”；另一方面易于将产品运往其他地区，如“南布北运”。明代，苏州为全国最为著名的工商业城市，“物产甚富，往往有名天下者，或以土地所宜，或以人力工巧”[③]。在各种手工行业中，又尤以纺织业最为著名。苏州生产的丝织品，有锦、罗、纱、绫、绢和绸等类别。为此，明王朝专门在苏州设立了织染局，“苏郡织染局，肇创于洪武，鼎新于洪熙”，“共计房屋二百四十五间。内织作八十七间，分为前、后、中、东、西六堂（原文如此——笔者注），又大堂两旁东西厢房等处，机杼共计一百七十三张。掉络作二十三间，染作一十四间，打线作七十二间”[④]。同时还实行“领织”制度，即以低价收购丝织品。此外，苏州也是著名的布匹生产地，所产布主要有八大类，即木棉布、药斑布、苎布、缣丝布、棋花布、斜纹布、麻布及黄草布等。到清代，丝织业仍是苏州城最为重要的手工业部门，规模宏大，产品精美，清政府亦于此设织造衙门，负责收购和管控各种纺织品。而这些纺织品，绝大多数都是通过运河销往各地。再如邻近运河的山东濮州，亦有着发达的棉布业，产品通过运河远销各地。“蚕

①《创建晋翼会馆碑记》，李华编：《明清以来北京工商会馆碑刻选编》，北京：文物出版社，1980年，第29页。
②《创建晋翼会馆碑序》，李华编：《明清以来北京工商会馆碑刻选编》，北京：文物出版社，1980年，第32～37页。
③ 正德《姑苏志》卷一四《土产》。
④〔明〕文徵明：《重修织染局记》，〔清〕孙珮编：《苏州织造局志》卷八《杂记补》。

桑之外有水绵，濮土之高者，以十计其二三率莳木棉。土人善为布，其坚密不在南织下，公私皆便之。而魏博卫郸以北，土虽多木棉，而鲜为布，男女有未尝织机杼者，故尽以资四远贩易。商贾乘其愚，坐要厚利以去，而其人率冻绥，独濮之人实资之。然民窘于用度，亦时取之以货卖"①。

历史上，山东地区曾一度是全国蚕丝生产与丝织业的中心地区之一，唐宋以后，受自然环境变迁等因素的影响，逐渐趋于衰落。明清时期，临清所在的山东西部地区，受地域环境、运河开通、江南丝织技术传入等因素的影响，丝织生产一直比较发达。如在濮州，"兖之桑，濮为上，入其境，荫蔽阡陌。当蚕而治丝帛者比邻，至不相往还。帛成，可以衣举室，其余则贸之卫，称抱布贸丝。盖自昔而已然欤！"②东昌府，"阖境桑麻，男女纺织以给朝夕，三家之布，人挟一布一缣易儋石之粟"③。其中又以临清的丝织业最为有名。元代会通河开通后，临清成为运河沿线的重要码头与商业重镇，由于交通的畅通，大批南方客商来到临清，从事丝绸与棉布等的贩卖。在此过程中，江南丝织品的生产技术也传播到临清一带，由此促进了临清丝织业的兴盛。对此，嘉靖《临清州志》称："机房旧在威武门内东北隅及永清门外南坊、柴市、卫河西、绥远门内，軥轧之声，行路皆闻。邢家园亦有数十家，文庙后亦多，其散于各街巷者隐约可见。"④"临清工组，帕幔备极绮丽，转鬻他方。濒河村聚，织薄纬萧为生。"⑤临清丝织业的原料，一是产于山东本地的丝，称为"东丝"；二是江南杭嘉湖一带贩运而来的丝，称为"南丝"；三是由河南而来的丝，称为"西丝"。其丝织品，主要有首帕、汗巾、帕幔、丝绸、丝线、帛货等，远销各地。其中哈达是各种丝织品中的佼佼者，远销蒙古各处。"工艺之较著者，如织丝缝皮等……丝工类，其最著者为粉绢行，一名哈达庄。收买运销者曰丝店，织户曰机房，染工曰浆坊。前清季世最为发达时期，全境机房七百余，浆坊七八处，收庄十余家，织工五千人。其织机有大小之别，出品有净货、浆货之分。净货为佛像、佛字丈、哈达、八宝、通面等；浆货为浇花浆、本丈绢等，统售销于内外蒙古及察绥等地。民国十年以前，年销货值常达百数十万元"⑥。临清哈达生产约兴起于清前期，其技术则来源于江南地区，"考此项丝织业发源于苏州，自太平军兴，遂转移于临清"⑦。就是说，临清哈达的技术来源于江南

① 嘉靖《濮州志》卷二《食货志》。
② 同①。
③ 万历《东昌府志》卷二《物产》。
④ 王云：《明清山东运河区域社会经济变迁》，北京：人民出版社，2006年，第221页。
⑤ 同③。
⑥ 民国《临清县志》卷八《经济志》。
⑦ 同⑥。

地区，太平天国时期，江南受战事影响较大，临清取代了江南地区成为哈达生产的中心之地。临清哈达品种众多，其中又以佛像哈达的技术性最强。临清丝织技术来源于江南。当地流传着这样一个故事：临清西门里有一位姓关的织工，为了能织成佛像哈达，装扮成聋哑人，到苏州姚家作坊学艺，前后历经十年。老板见他踏实能干，最终将技艺传授给了他。后来，他又两次前往江南，专门学习佛像哈达的织造技术，从此之后，临清哈达才开始享誉各地。[①]

在德州，则有着比较发达的成衣制造业。清代后期，德州成衣局有十几家，比较著名的有益和成衣局、东和成衣局等。这些成衣局，平时多做寿衣、嫁衣、便衣、长袍褂、裙子等。此外，德州的凉帽编制亦非常发达，畅销各地，尤其在北京等地非常受欢迎。“凉帽胎以特勒素草为之，草出口北。德州民业此者颇多，京师帽胎，悉从此去”[②]。这项产业，约兴起于清康熙年间（1662 ～ 1722），长期以来一直被城南的一位武姓大地主所垄断，附近所生产的凉帽，全都由武氏负责收购，除通过运河销往北京、天津等地外，还远销四川、西藏、云南、贵州等处。清代以后，德州凉帽产业逐渐消失。[③]

第二节　饮

运河对沿线地区“饮”之生活的影响，具体表现在三个方面：首先，作为一条水道，运河是沿线地区众多民众的饮水来源；其次，运河的存在，不仅促进了茶叶、饮茶之风由南向北传播，也促进了沿线地区茶馆业的兴盛；再次，运河为一些地区酿酒的水源，大大促进了沿线地区酒馆业的发达，出现了一批名闻遐迩的运河名酒。

一、水

在运河沿线各城镇、农村，运河水是民众日常饮用水的主要来源之一。当然，运河是人工开凿水道，并非天然河道，运河之水也是引自沿运各地的天然水源，如长江、黄河以及湖水、泉水等。

（一）用水

沧州为运河沿线的重要商埠。民国《沧县志》在谈及沧州饮用水时曾道：“运河沿岸汲

① 张荔：《临清哈达：劲舞运河五百年》，《聊城日报》2012 年 10 月 19 日。

② 乾隆《德州志》卷一一《从记·物产》。

③ 傅崇兰：《中国运河城市发展史》，成都：四川人民出版社，1985 年，第 284 页。

河而饮，其水甘软。全境井泉十九微咸，甘冽之井不一见，地近滨海之故也。”[①]由于近海，井水易受海浸而咸苦，因此沧州人习惯饮用运河水，不仅近河而居的人家吃的是运河水，饭店里用的也是运河水。对此，在沧州运河边上长大的刘玉身(1922～2010)在其《晚晴集》一书中回忆道：“住在河边上的人家，北到麻姑寺，南到南关，都喝运河水。自己能挑的去担，没有男劳力的家庭，妇女孩子也到河边去抬。住在河边以卖水为生的人家也大有人在。”[②]

沧州因滨海井水咸苦而饮运河水，其他非滨海而沿运之地也同样饮用运河水。如在苏州，家家户户喝水，靠的就是运河。大运河绕苏州城一周，户户依水而居，数步之内就能见到河。每家后门口，开门即是河滩，侧面用花岗石垒起一级一级台阶，日常取水、淘米、洗菜、洗衣裳，都在河滩上进行。在山东济宁，“锅前水罐门后缸”是运河边人家过日子的必备装备。每家大多是灶上放一陶质水罐，门后放一个大大的沙缸，缸边放挑水的水筲或水罐，搠一竹质或枣木扁担。需水之时，便挑担到运河中去取。其他地方，如江苏淮安和扬州、山东德州、河北故城等运河通航之地，沿河而居的人家，也都是取运河水而饮用之。

为盛水，家家户户都会准备一个大水缸，通常为陶制，外面涂上一层釉，以防止渗水。运河水取回后，即倒入缸内。由于运河为航运要道，并非天然水源，加之舟船往来，川流不息，河水易遭污染，通常都比较浑浊，一般不能直接饮用，必须要经过“滤清”这道工序。办法也很简单，将河水盛于缸内一段时间，待泥沙慢慢沉淀即可。有条件的人家，则用明矾净水。在水缸内加入一块明矾，然后拿竹竿在缸内顺一个方向搅动，待水平静后，泥沙沉入缸底，水质变得清亮，就可以放心饮用了，喝水、煮饭、烧汤，样样皆可。在山东济宁运河段，河水很浑浊，但两岸的人家并不嫌其“脏”，全都吃这运河水，人们认的是“流水不腐”。当然，河水是不能直接喝的，需要用明矾沉淀。当地人称明矾为“澄水清”。与井水相比，河水水质“软”，烧煮之时不会结垢。在河北故城一带，运河水被称为“阳水”，人们觉得运河水甜，熬出的粥格外好吃。不过，由于泥沙不断沉淀，因此隔三差五就要淘一淘水缸，把缸底的泥沙清理干净，然后再贮水使用。在山东济宁，淘水缸被称为“沏缸”。

漕粮运输需要一定的水位作为保证，而沿河附近居民取水饮用，势必会减少运河水量，从而影响漕船运输，尤其是在枯水时期。因此政府通常会明令禁止沿河居民取用运河水，并有河标营驻防，随时查防。直到清末铁路开通，漕粮停运，才开始向民众开禁。由于是饮用之水，所以人们对取水之地都极为爱惜，尤其是在枯水期。曾任

① 民国《沧县志》卷一一《生计·衣食》。

② 孙建：《我们的大运河·物产卷》，北京：光明日报出版社，2014年，第4页。

济宁艺术学校副校长的许庆山先生，曾回忆民国时期济宁人饮用水的习俗和运河枯水期取用水的情景：

> 运河水源其实并不丰，小时候听说：古时为保皇家漕运，河水是不准浇田、饮用的。到清末，铁路通了，河道不畅了，河标营撤走了，两岸用水这才开禁。可是年久失修的河道也时有干涸。这时，就会有人在干干的河底忙活着，挖一个漏斗形的大坑，水便从坑底慢腾腾地渗出来，于是那漏斗底部便存了一潭清水，壁上又用锨切出了一溜土台阶，整整齐齐直抵水边，济宁人叫它“井坑子”。十里河床几乎到处都有井坑子，那就是两岸居民枯水季节的饮水源了。
>
> 挖井坑子或许是卖水人为了生意，但那井坑子却是公用，附近人家谁都可以去汲。井坑底的水应是济宁的地下水，清凉甜润妙不可言。但是，死水极易污染，虽没有专人看管，附近的居民还是用心呵护着它的洁净，洗衣洗菜绝不近前。井坑子周围也时常闹些纠纷。偶有顽皮的孩子抛进了不洁的东西，便会立即招来一顿臭骂，闹不好告到他家里还要挨一顿打。这也难怪，水来之不易，尤其老人更爱惜水。譬如我外祖母，总是斜支着铜盆洗脸，少半盆水，一家人轮着洗，一轮下来已是黑水汤了，还是舍不得倒掉，说什么“水不龌人”，可见运河边人对水的珍重。[①]

（二）卖水

伴随着民众对运河水的饮用，在运河沿线众多城市出现了一个相关的服务性行业——卖水。水是人类赖以生存的基本要素之一，因此，基本上每个城市都有卖水这一服务性行业存在。不过，与非运河沿线的诸多城市不同的是，运河沿线城市卖的多是运河水。

在运河沿线城市沧州，卖运河水曾经是一个非常兴盛的服务行业。卖水之人，或肩挑木桶（当地俗称木筲），或推手推车，上装水桶，里面装满运河水，走街串巷叫卖，“倒——两——筲”“倒——两——筲”。运河水的价格，视距离运河的远近而有不同，离运河越近，自然也就越便宜。刘玉身先生在《晚晴集》之《再忆大运河》一文中曾描述说，“卖水的沿街叫卖：‘倒两筲！’到缸市街，一担水可卖两个铜子，一进城里，就要五个铜子，所以城里人吃水贵，舍不得浪费一滴水。”但总体来说，运河水的价格并不算贵，家家户户都吃得起。

“倒两筲”这一职业在沧州城内并非到处都有，只在南运河东岸的城内城外存在。其叫卖范围，主要是小南门、西门口、鸡市街、锅市街、江岔子以及缸市街、书铺街、钱铺街、晓市街等。城里南门口、北门口一带就少一些了，那里的人们食用井水。“倒两筲”只卖河水，因此在卖水人的眼里，这些运河水就是他们的钱，随之产生了一句歇后语：“倒两筲的

---

① 高建军编著：《山东运河民俗》，济南：济南出版社，2006年，第195页。

看大河——满眼都是钱。”

“倒两筲”的人从河里挑一担水并不容易，从河堤到水面，是一段比较陡的河坡，河坡上没有挑水专用台阶，上坡下坡都要非常小心。水边上有一条专用的跳板，一尺多宽，两米多长，一端安着两根叉开的木腿子，有腿子的一端插进水里，另一端放到水边的河坡上，前后调整几次使跳板水平，并用铁链子牢固固定在河坡上，防止涨水时漂走。挑水的人站在跳板的靠前部分，在扁担不离肩的情况下蹲下来，同时将两只水桶灌满水，然后站起来走离跳板，用力爬上河坡。①

由于“倒两筲”的叫卖声，“倒两筲”成为沧州卖运河水行业的代称与别名。由于从运河挑水并不收钱，因此贩卖运河水者并不需要多少本钱，弄一副木筲、一根扁担，到运河中灌满两筲河水，就可沿街串巷叫卖了。卖运河水既劳累，挣钱又不多，是旧时沧州穷苦百姓求生无门之时的一种谋生方式。正如“沧州通”孙玉山先生在《红荆花·剃头棚》中所说：“剃头、修脚、拾大粪、倒两筲是让人看不起的职业，同时也是人民生活中不可缺少的职业。”刘汝芳先生回忆沧州城的卖水人时亦曾说：

> 菜市口是沧州蔬菜集散地，也是沧州供水口。挑水卖是个养生职业。哪个穷人，只要买两个空桶、一条扁担，立在那个小水码头，把桶按在河里装满水，担上岸，便卖一个大铜元。如挑到近街人家去卖，每担水可卖到两个大铜元。每天挑上十担水，卖上两角钱，这一家生活便有了来源。有些坏孩子欺负那些穷挑水的，揪着扁担让那挑着水要上岸的人“学王八叫”，才放他上岸。那人只好高唱一声“倒两筲——”，否则扯住扁担不放，甚至拾两个大土块丢到他桶里，水就变成了泥汤，只得倾在河里，重挑。②

虽然卖水人辛苦且地位低下，但仍吸引了大量人参与到此行业中来，有的人还进入地方志有关孝行的记载中，如：“邢为锷，以卖水为业。母好饮，得钱辄行沽，婉容以进，终身无遽色”③；“顿六，业卖水，事母至孝。每日归，必买甘脂以奉母，己蔬食不饱，晏如也”④；青县人高义辅，“卖水为生，奉母孝。母寿至百十余岁，义辅已七十余，宛如老莱子”⑤。因卖水之人众多，在青县还专门有一条名为挑水巷的小巷。据民国《青县志》卷首所绘《青县关厢街市图》可知，此巷位于青县县城东门外运河北、小义渡的西侧。

---

①《倒两筲》，《沧州晚报》2013年2月22日。

② 孙建：《我们的大运河·物产卷》，北京：光明日报出版社，2014年，第6页。

③ 光绪《东光县志》卷八《人物·孝友》。

④ 民国《沧县志》卷八《人物·孝义》。

⑤ 光绪《天津府志》卷四四《人物》。

卖水有肩挑、车推两种。其中肩挑者多为个体散户，而车推者则往往形成有组织的团体。“杨鸿宾，沧之八里屯人，亦孙通之弟子，得孙之卸骨法。一日进城，误触推水车夫。车夫大怒，即以撑车棍击杨之颅顶。杨以手中折扇拨之，棍落而腕折，复以扇微指车夫之肩窝，车夫之膀即卸焉。未几，其他推水车夫大集，各以撑车棍进攻。杨以扇御之，撑车棍横飞于屋顶，车夫卸胯卸肘者，不计其数。”[①]这里虽主要是记述杨鸿宾（清道光、咸丰年间人）的武术高超，但从中也可以看出推水车夫是一个非常团结的团体。推水车夫们往往也居住在同一个街区。旧时沧州城里曾流传有一首《穷富谣》：“穷东头，富西头，不穷不富城里头，推水担脚的在南头。”

日伪统治时期，沧州修建了一家自来水公司，但绝大部分人家饮用的仍旧是买来的运河水。1947年，人民政府接管了日本人修建的自来水公司。20世纪50年代末，沧州开始修建东水厂，后来自来水厂规模不断扩大，家家户户开始饮用自来水。随着自来水的日渐普及，人们不再饮用运河水，“倒两筲”这一行业也悄然退出了历史舞台。[②]

在山东济宁，卖运河水也成了一门行业。卖水人被称为“水贩”。与沧州不同的是，济宁买水的一般是官宦与生意人家，普通人家大多自己挑水吃。济宁有很多朝向运河的小街，诸如“水路街”“打水巷”“水胡同”等，都是水贩们的专门通道，故而得名。水贩肩挑百十斤重的水筲，登石阶上岸，再串街入户送水，且风霜雨雪日日不辍，很是辛苦。除了挑担卖水，还有一些水贩推车卖水，他们推的是一种名为“土牛”的独轮木车。为保持平衡，卖水人在推车时必须将腰扭来扭去，车轮木轴磨得吱吱呀呀响，老远之外，人们就知道卖水的来了。车上两只大木桶分踞两边，桶顶各开一个大圆洞，以作灌水口；桶下边还有两个小孔，是出水口。每到一户，停下车，把木筲两边摆开，将堵在小孔内的小木塞一拔，两股水流便喷涌而出。水贩们的信誉都很好，时间长了，老主顾家何时需要买水，他们都心里有数，因此从来不会断水。另外，水贩们还常为人们免费清理水缸。[③]

在德州，过去人们吃水主要靠运河与浅水井。其中，吃运河水的多是城内官衙、商号、大户、饭馆、茶馆。卖水有两种经营方式，一是打好水，在水市街（今胜利街附近）坐等客户上门。二是长期主顾，定期送水上门。当时卖水的用木轮小红车，两边各有一个大水桶取推水，也有用肩挑的。1931年以后，推水的木轮车逐渐被小胶轮车取代，车两边八个铁皮桶代替了木桶，也出现了用驴车拉水。当时运河边的取水口主要有五个，即桥口、许家摆渡口（胜利桥）、石家园运河西岸、豆腐巷运河井、石家园街北，每天早晨推水的人络绎不绝。[④]

---

① 姜容樵：《写真秘宗拳·秘宗名人轶事》，姜容樵：《老拳谱辑集丛书》第八辑，太原：山西科学技术出版社，2012年，第364页。

② 孙建：《我们的大运河·物产卷》，北京：光明日报出版社，2014年，第5～7页。

③ 高建军编著：《山东运河民俗》，济南：济南出版社，2006年，第193～195页。

④ 王德胜、朱延华编著：《德州运河民俗》，青岛：青岛出版社，2013年，第42～44页。

（三）取冰

过去在春、夏、秋三季，卖水者或担或推运河水卖与沿河居民；冬季，人们还会从运河中取冰，以供来年夏天使用。在我国，冬季藏冰的历史非常悠久。早在西周、春秋时期，宫廷就专门设有“司寒”一职，负责冰的收藏和使用。《诗经·豳风·七月》云：“二之日凿冰冲冲，三之日纳于凌阴。”此一习俗，后代有延续，一直到民国时期仍有存在。

受气候条件影响，以运河冰为藏取对象，主要集中在运河北段地区。历史上，从山东到今北京通州，藏冰之事曾非常普遍。如在德县：“冬月取之，藏于窖中，以备来岁之需。居濒运河之人，有藏之者。”①“冰，明永乐往来两京，德州有皇殿，旁即藏冰处。”②康熙《天津卫志》卷一《建置》记载有冰窖三所，其中天津卫在南门里，天津左卫在东门里，天津右卫在三皇庙前。道光年间（1821～1850），唐尊恒在《津门竹枝词》中描写天津城的冰窖：“穹隆覆蔽窖深长，河水成冰应候藏。铜盏丁当敲卖日，饶瓷花碗泡梅汤。”③

藏冰必先凿冰。传统习俗，凿冰、藏冰有具体日期，即每年的腊月初八。对此，乾隆《沧州志》卷四《礼制·风俗》云：“十二月八日，食腊粥，兼饲贫。藏冰。”藏冰的主要目的在于来年夏天备暑，冰是皇家、官府、富贵人家的消暑奢侈品，也是某些行业（如水果业、鲜鱼业、饭店等）的必需品，因此市场需求旺盛。不过，与卖河水不同的是，凿冰、藏冰由于需要专门的冰库，非一般人家所能为，故主要是由官府出面组织进行。具体方法是：提前一两天在运河上选择洁净水源处，凿出若干一尺见方的冰块，然后在腊八这天，集中运到冰窖内码放，然后封窖，再在上面堆起柴草并以泥封之。沧州城冰窖位于今新华桥东头南侧，此处曾有一条“冰窖胡同”。该胡同东起书铺街，西到缸市街，地靠南运河东侧，全长100米左右，宽约2米。腊八藏冰，出冰的日期则是来年四月二十八，这天为沧州城药王爷庙会，届时城内商贾、仕女云集。由于这天开始出冰，街上各种新鲜冰镇食品纷纷叫卖，可趁庙会之机卖个好价钱。对此冰窖，刘玉身先生曾回忆说：

> 冰窖在白家口东岸不足百米处，也就是缸市街北头。冰窖只需几十米方圆的一块土地，下挖一人深，周围再筑起半人高的土墙，上覆木料梁檩，再盖上厚厚一层柴草，抹上一层泥就成了。在侧面留下仅容一人出入的小门，再将门口封严。

---

① 民国《德县志》卷一三《物产·制造类》。

② 乾隆《德州志》卷一一《丛记·物产》。

③ 雷梦水等编：《中华竹枝词（一）》，北京：北京古籍出版社，1996年，第456页。

只等明年夏天，开窖卖冰。每天，只午前开门卖一次，以免过多的消融。价钱不贵，零整都卖，以饭店饮食业用之最多。①

炎炎夏日，吃一口冰镇食品，实在是一件爽快之事，很多诗歌对此都有所记述。如清康熙、雍正时期南皮人白汝霖的《大热谢挚友人惠冰》诗云："火龙疾飞自南来，烈烈烧空天地赭。举头四望尽红岚，金乌喷焰流屋瓦。草木垂头怨祝融，鸟雀深藏避大冶。斗室浑如俊臣瓮，日日见推不肯舍。人间无处觅清凉，五脏如焚汗如泻。感君惠我寒玉盘，呼童急碎盈杯斝。一饮直欲倾西江，再饮腹如甘露洒。逐炎苍蝇丹砂头，畏此寒凉归去也。披襟当户受好风，为赋新诗酬大雅。"晚清时期，南皮诸生张延龄亦曾作《谢琪春馈冰即和原韵二首》诗，其一云："赠我云何事，寒冰最有情。况吟君妙句，心似玉壶清"②。

二、茶

历史上，我国的饮茶、种茶之风，有一个由南而北的过程。在这一过程中，大运河发挥了极其重要的作用，不仅促进了茶叶的大量北运，亦使饮茶之风日益北渐，并大大带动了沿运各地茶馆业的兴盛。

（一）南茶北运

自古至今，南方一直是我国茶叶的主产地。唐代之前，饮茶之风尚未普及，茶叶的种植规模一直比较狭小。中唐以后，随着饮茶习俗在南方地区的日益普遍及地区单一经济格局的逐步被打破，茶才开始在我国南方地区大规模种植起来。如据唐陆羽《茶经·八之出》所载，当时南方地区的产茶地主要有江南、淮南、浙西、浙东、剑南、江西、黔中等道，其中最重要的是江南道与淮南道。《新唐书》卷四十《地理四》载："江淮人什二三以种茶为业。"随着茶叶的大量种植，茶税开始成为政府税收的重要组成部分。如常州，据唐卢商《请增加盐额奏》所记："自开成元年七月二十六日敕，以茶务委州县，至年中所收，以溢额五千六百六十九贯，比类盐场铁院正额原数加数倍以上。"③

隋代大运河开通之后，很快成为南北方经济与文化交流的重要孔道。中唐之后，随着南方地区茶树的大量种植，茶叶开始源源不断地运输北上。尤其是江淮地区，为大运河贯通之地，同时也是最重要的茶叶产地之一，茶叶贸易非常繁荣。四方茶商云集于此，携带"银缗

---

① 孙建：《我们的大运河·物产卷》，北京：光明日报出版社，2014 年，第 8 页。

② 孙建：《我们的大运河·物产卷》，北京：光明日报出版社，2014 年，第 10 页。

③〔唐〕卢商：《请参加盐额奏》，〔清〕董诰等编：《全唐文》卷七五九。

缯素求市”，“或乘负，或肩荷”，或“先以轻舟寡载，就其巨艎”[1]，将本地或邻近州县所产茶叶输往各方。在当时，茶叶作为大宗商品，水运最为便捷，所以，沿运河北上是茶商最佳的路线选择。总体而言，唐及五代时期，茶叶运输路线主要分为东南、中部和西部三条，其中东部线与运河运输直接相关。东南线路的茶叶来自今天江西、浙江、江苏、安徽一带茶区，主要通过长江和淮河、泗水转京杭大运河直接运销今苏北、皖北和河南各地。而扬州作为当时大运河的咽喉之地，是江淮茶北运的必经之路。东南各地汇集到扬州的茶，从扬州沿运河北上，经高邮、楚州（今淮安）、泗州，由汴河（即隋唐大运河的通济渠）抵达汴州（今开封），再转运洛阳。[2]

虽然北方并非江淮等地茶叶的惟一目的地，但却是重要的销售地。“自邹、齐、沧、棣，渐至京邑城市，多开店铺，煎茶卖之，不问道俗，投钱取饮。其茶自江淮而来，舟车相继，所在山积，色额甚多。”[3]邹县隶兖州，属河南道；齐州在河南道北部，沧州、棣州在河北道南部，四地分列于黄河下游南岸，而这一地区及京城等地的茶叶都来自江淮一带。而茶叶在这些地区分散销售，往往选择汴河运至汴州城内集散，晚唐时期汴州城内已出现“水门向晚茶商闹”的热闹景象。当时茶叶都是沿淮、汴运至北方各地的。杜牧《上李太尉论江贼书》云：“濠亳徐泗汴宋州贼，多劫江西淮南宣润等道；许蔡申光州贼，多劫荆襄鄂岳等道。劫得财物，皆是博茶北归本州货卖，循环往来，终而复始。”[4]

宋元时期，产茶区又有新的发展。宋代，茶叶多产于长江以南区域，淮河以南各路亦普遍产茶，产茶州、军比唐、五代时期明显增多。据李心传《建炎以来系年要录》、沈括《梦溪笔谈》等记载，两宋产茶府、州、军共计 112 个。此时产茶地以两浙路为最多，江南西路、江南东路、荆湖南路等次之，淮南西路、淮南东路等又次之。元代产茶区域亦极为广阔，茶叶种植几乎遍及中国南方，茶叶产量也极为可观，据《元史·食货志·茶法》所载推算，延祐七年（1320），全国茶产量在 1 亿斤以上，这还不包括大量贡茶和走私茶。明清时期，由于商品经济的大发展及茶叶对外贸易的推动，以东南茶区为代表的茶叶生产更是进入历史鼎盛期。[5]

宋代茶叶运输路线分西线、东线和西南线，其中东路是东南诸路漕运的大动脉。《宋史》卷九十三《湘江渠志·汴河上》云：“汴水横亘中国，首承大河，漕引江湖，

---

①〔唐〕张途：《祁门县新修阊门溪记》，〔清〕董诰等编：《全唐文》卷八〇二。

② 陶德臣：《论运河在茶叶传播过程中的历史地位》，《农业考古》2013 年第 5 期。

③〔唐〕封演：《封氏闻见记》卷六《饮茶》，景印《文渊阁四库全书》第 862 册，台北：台湾商务印书馆，1986 年，第 442 页。

④〔唐〕杜牧：《上李太尉论江贼书》，〔清〕董诰等编：《全唐文》卷七五一。

⑤ 陶德臣：《清代东北茶叶市场》，《中国茶人》2008 年第 3 期；陶德臣：《明代北方茶叶市场的变迁》，《中华茶人》2009 年第 2 期；陶德臣：《元明时期各类茶园的商品生产》，《中国茶叶》2009 年第 7 期。

利尽南海，半天下之财富，并山泽之百货，悉由此路而进。”张洎《上太宗乞罢榷山行放法》云：“南国土疆，山泽连接，远民习俗，多事茶园”，“山泽之饶，茶茅居多”[①]，而此山泽百货中，茶自不必待言。与唐、五代时一样，东路仍是茶叶运输的最主要线路：从真州（今江苏仪征）、扬州入运河，北经高邮、楚州、泗州，转汴河经宿州、应天、陈留抵汴梁。元代在很长一段时间内一直实行海运政策，后又再次疏浚大运河，大大促进了茶叶的北运。明朝洪武年间以及明朝中后期实行严厉的海禁政策，大运河成为惟一贯通南北的水上交通要道，也是南茶北运的最主要通道。当时大运河的南茶北运，主要有三种途径：一是贡船运输，二是茶商的茶叶贩运，三是漕运中的南茶北运。据记载，明朝政府每年都会通过大运河运送大量的贡品到京城。据黄仁宇的研究，仅在 1547 年就大约有 126 000 磅茶叶需要在长江下游地区征收并经大运河运输至京城。[②] 明清时期，随着区域贸易的发展，商品流通范围的扩大，逐步兴起了诸多商帮，其中茶叶又是他们运销经营的重要商品之一。这时期的商帮主要有山西商帮、陕西商帮、广东茶商、福建茶帮、徽州茶商等，这其中又以徽州茶商实力最为雄厚。而在漕粮北运过程中，漕运官兵所携带的私货里面，也有大量产自江南一带的茶叶，此亦成为南茶经运河北运的重要方式之一。

隋唐以后，随着大运河的开通及南方地区茶叶种植面积与规模的日渐扩大，大量茶叶通过运河运送到北方地区，使北方茶叶市场日益成熟，北到蒙古草原，西到戈壁沙漠，都被纳入南茶销售区域之中。而这一局面的最终形成，运河起了重要的推动作用。

（二）茶风北渐

运河不仅是漕运要道，也是南北交通的重要孔道，进京任职的官员、科举赶考的南方文人，以及南来北往的商人等，都会有意无意地通过运河把饮茶之俗带到北方地区，促进了饮茶之风在北方地区的传播与流行。饮茶之风北渐与南茶北运是一个相互促进的过程。饮茶之风在北方地区的逐步推广，促进了南茶的大量北运，而南茶北运又反过来促进了北方饮茶之风的流行。

茶的食用或饮用在我国具有悠久的历史。相传茶被神农氏发现后，因其有解百毒之效，在较长时间内一直被作为药物或祭祀品使用，甚至被当作蔬菜来食用。从现存较早的茶叶文献——西汉王褒的《僮约》来看，至迟到西汉时期茶叶已被当作饮料，拥有了一定的消费群体，并相应形成了市场。但是，当时茶叶的消费尚未完全大众化，一定程度上仍被视为珍贵

---

①〔宋〕张洎：《上太宗乞罢榷山行放法》，〔宋〕赵汝愚编：《宋朝诸臣奏议》卷一〇八《财富门·茶法》，上海：上海古籍出版社，1999 年，第 1161 页。

②〔美〕黄仁宇：《明代的漕运》，北京：新星出版社，2005 年，第 4 页。

之物。魏晋南北朝时期，产茶渐多，饮茶之风开始传播日广，并有了较为完整的制茶、泡茶法。[①] 但在很长的时间里，饮茶之风主要流行于南方地区，在北方并不受欢迎，甚至会以饮茶为耻。如在北魏时期，据杨衔之《洛阳伽蓝记》卷三《城南》所记："（琅琊人王肃）初入国，不食羊肉及酪浆等物，常饭鲫鱼羹，渴饮茗汁，京师士子见肃一饮一斗，号为漏卮。"

唐中叶之后,饮茶之风逐步在北方推广开来,其最初的促进之力又与佛教直接相关。坐禅是佛家子弟的重要修行之一，而饮茶有醒脑提神之功，于是南北朝时期饮茶之风开始迅速在南方大小寺庙中流行开来，以致有"茶佛一味"之说。唐代，随着重坐禅、断食及苦思渐悟的北禅宗在北方兴起，茶叶更是成为与之相伴随的特殊饮料。对此风气，恭信佛祖者亦纷纷仿效，民间饮茶之风亦在北方地区渐渐推广开来。《封氏见闻录》卷六《饮茶》云："茶……南人好饮之，北人初不多饮。开元中，泰山灵岩寺有降魔师大兴禅教，学禅务于不寐，又不夕食，皆许其饮茶。人自怀挟，到处煮饮。从此转相仿效，遂成风俗。" 唐代中叶之后，随着饮茶之俗在北方地区的流行，大量南方茶叶通过大运河运到了北方地区。

由运河北上进入北方地区的茶，主要以两种方式进行流通：一种是作为茶水饮料在茶肆中进行交易，一种是茶叶的直接交易，然后再进入千家万户。不管是哪种方式，最终的结果，都促进了饮茶之风在北方地区的流行，无论宫廷还是民间、文人还是百姓、僧道还是隐者，都逐步接受了茶这种饮料。宫廷饮茶自不必说，每年大量进贡的茶叶就是明证。文人雅士亦与茶结下了不解之缘，在社交往来、吟诗作对时，往往少不了茶的陪伴。如刘言史《与孟郊洛北野泉上煎茶》云，"粉细越笋芽，野煎寒溪滨"，是在洛北野外煎来自越州的茶；白居易《晚春闲居杨工部寄诗杨常州寄茶同到因以长句答之》云，"闲吟工部新来句，渴饮毗陵远到茶"，是在渭水之滨品常州茶。同时，茶也进入寻常百姓家，成为普通民众的日常饮料。据《新唐书》卷一九六《陆羽传》，当时社会上 "尚茶成风"。另据封演《封氏闻见记》卷六《饮茶》："穷日尽夜，殆成风俗，始自中地，流于塞外。"唐杨煜《膳夫经》云："关西、山东闾阎、村落皆吃之，累日不食犹得，不得一日无茶"，"自梁、宋、幽、并间，人皆尚之。赋税所入，商贾所赍，数千里不绝于道路。"在北方地区，饮茶已成为一件很平常的事。另外，饮茶之人亦多而广，据陆羽《茶经》卷六《六之饮》，当时茶已呈"比屋之饮"之势。邹、齐、沧、棣等地，四方往来之人，"不问道俗，投钱取饮"[②]。与此同时，随着饮茶之

---

① 李菁：《大运河——唐代饮茶之风的北渐之路》，《中国社会经济史研究》2003 年第 3 期。

②〔唐〕封演：《封氏闻见记》卷六《饮茶》，景印《文渊阁四库全书》第 862 册，台北：台湾商务印书馆，1986 年，第 442 页。

风在北方地区的流行，人们对于饮茶的观念亦发生了改变，已不再视饮茶为可耻之事。

唐代之后，历朝历代，北方饮茶之风与时俱进，不断被赋予新的文化内涵。宋元时期，全国饮茶之风更加普及，影响远超唐、五代时期。如宋代人蔡绦在《铁围山丛谈》卷六中就说："茶之尚，盖自唐人始，至本朝为盛。而本朝又至祐陵时，益穷极新出，而无以加矣。"人们止津、祛病、驱疲、提神用茶，聚会、赏赐、馈赠、待客、交友、外交、婚嫁喜庆更离不开茶。茶饮不但是日常必需品，而且被视为治病良药。饮茶更成为一种礼仪和文化，进入"琴棋书画烟酒茶"的行列。比试茶艺高低的斗茶之习风靡一时，君王、大臣、士大夫都乐此不疲。相比之下，普通百姓则更多是从物质享受的层面去饮茶。饮茶之普遍，正如王安石所说："夫茶之为民用，等于米盐，不可一日以无。"[①] 周边少数民族也需要茶，他们饮乳食肉，对茶的需求更加迫切，饮茶要求还很高。据张舜民《画墁录》卷七《团茶》所载，辽国竟然"非团茶不纳也，非小团不贵也"，甚至"以大团为常供，密云为好茶"；《金史》卷四九《食货志四》则说金国 "上下竞啜，农民尤甚，市井茶肆相属"；西夏则以羊马毡毯之所输交换宋朝的茶彩百货，一旦互市受阻，茶叶绝源，老百姓就以"饮无茶"相抗议。

明清时期，随着区域商品经济的进一步发展，各地对茶叶的需求更是有增无减。不产茶的西北、华北、东北等地区茶叶需求量日益增大，饮茶完全平民化，茶叶市场更见广阔。将茶叶产区与茶叶销区联系起来的方式主要是贸易，以运河为主要通道的茶叶运销路线就是这种联系的最重要纽带。

（三）茶馆林立

饮茶之风在南北各地的普及与推广，直接催生了一大批以"茶"为售卖商品的商家，这既包括直接经营茶叶的商号，也包括出售茶水的茶馆。相比于茶叶商号，茶馆作为娱乐休闲的好去处，对于普通民众更具有吸引力。虽然茶馆在全国各地均有分布，但在运河沿线城镇更为集中，所谓"运河堤岸上，到处都有小贩卖茶，好似英国到处卖啤酒一样，一厘钱买一碗热茶"[②]。一方面，运河是茶叶运销的重要通道，沿运城镇自然有得天独厚的获取茶叶的便利条件。另一方面，运河上南来北往的人流及沿运各城镇因运河而生的人群，也为茶馆提供了丰富的客源，他们既可以借茶馆来放松自己的身心、纾解旅途的疲劳，又可将茶馆作为洽谈贸易、交换商业信息的重要场所。

唐宋时期，茶馆曾有一段繁荣的时期，此后因战乱而衰落，一直到明代中晚期，茶馆业才又重新兴盛起来。[③] 下面我们主要以明清时期为例，以分别地处大运河南端、中部、北端

①〔宋〕王安石：《议茶法》，《王文公文集》卷三一，上海：上海人民出版社，1974 年，第 366 页。

②〔英〕爱尼斯·安德逊著，费振东译：《英国人眼中的大清王朝》，北京：群言出版社，2002 年，第 67 页。

③ 吕聃：《明代大运河南茶北运及其对沿岸茶文化影响初探》，《农业考古》2010 年第 5 期。

的杭州、济宁、北京为个案，对沿运城镇茶馆做以点带面的概述。

1. 杭州茶馆

饮茶之风最初流行于我国南方地区，因此总体来说，南方地区的茶馆业亦比北方地区为盛。历史上，江南地区一直有着发达的茶馆业，而在沿运河的各城镇，茶馆业更是十分兴盛。杭州位于大运河的最南端，早在南宋时期即已出现了众多茶馆，只是当时多叫茶肆、茶坊。杭州的茶馆非常讲究，吴自牧《梦粱录》卷十六《茶肆》云："汴京熟食店，张挂名画，所以勾引观者，留连食客。今杭城茶肆亦如此，插四时花，挂名人画，装点店面。四时卖奇茶异汤，冬月添卖七宝擂茶、馓子、葱茶，或卖盐豉汤；暑天添卖雪泡梅花酒，或缩脾饮暑药之属。"当时杭州的茶馆除茶外，还售卖其他物品。为了扩大经营范围，有的茶肆甚至还销售服装、字画、古玩等物品，此外还添加各种各样的文化娱乐活动，有的奏乐唱曲，有的"挂牌儿"①，以此吸引顾客。

明清时期，位于京杭运河南端的杭州湖墅地区，成为当时重要的茶叶集散地之一。据《北新关志》卷十一所载，明嘉靖初年（1522），湖墅即有牙行数十家，到清雍正年间（1723～1735）更是发展到三百有余，可见当时茶行交易的繁盛。②受此影响，杭州城里茶馆林立，"旬月之间开五十余所，今则大小茶坊八百所。各茶坊均有说书人，所说皆《水浒》《三国》《岳飞传》《施公案》等"③。清代，杭州茶馆业繁盛如故。吴敬梓《儒林外史》对杭州茶室有较为详细的描述：西湖边的茶室是"五步一楼，十步一阁"，而吴山脚下的街上，"单是卖茶就有三十多处"，可谓热闹之至。据老人回忆，湖墅地区的运河沿线，是当年茶楼密集的地方。不少茶楼傍水而居，从拱宸桥东西桥堍、登云桥、茶汤桥，到湖墅的吴家石桥、华光桥、江涨桥、卖鱼桥、宝庆桥、信义巷、大兜、茶亭庙、沟狮滩，米市巷的德胜桥、左家桥、潮王庙、大王庙，小河的老大关桥、小河直街、河塍上、明真宫等地，都有不同规模的茶馆、茶楼、茶园。一些茶馆还形成了自己的某种风格，有着不同的文化功能，如联络感情、交流信息、欣赏文艺、洽谈生意、调节纠纷、评说公道、秘密会社、接头议事等。④

2. 济宁茶馆

明清时期，济宁为南通江淮、北达燕冀的最大码头，"百货物聚处，客商往来，南北通衢，不分昼夜"⑤。受此影响，当时济宁运河两岸茶行林立，成为鲁西南最大的茶叶集散地。如明末赵树屏家的茶行，除供应本城消费外，还近销至鲁西南各县，远

① 倪群：《南宋杭州茶馆》，《农业考古》1998年第4期。
② 雍正《北新关志》卷一一《季钞》。
③ 嘉靖《杭州府志》卷七《风俗》。
④ 顾希佳：《茶馆·茶亭·茶会——运河与茶忆旧》，《农业考古》2010年第5期。
⑤ 乾隆《济宁直隶州志》卷一四《风俗》。

销至济南、天津、唐山等城市。新茶上市时，各茶行、茶庄舟车盈门，人来人往。受来往人流及茶叶集散地市场的影响，济宁茶馆亦是星罗棋布。明末清初，较出名的茶行就有28家之多。[1]城关内外到处都有，但多集中于运河两岸、城南门和运河上的各闸口附近，从南门到顺河门更是几步一处，城内各要道口、城外四路通衢亦随处可见。沿运的城镇，如夏镇、鲁桥、安居、长沟、南旺等，河岸边、隅首旁也总设有几家茶馆。

高档的茶楼，大都为两层楼房，茶舍整洁敞亮，雇有伙计。桌凳齐全，或竹制躺椅，或木制大炕、炕几。茶叶有西湖龙井、铁叶大方、黄山毛尖、洞庭碧螺、六安瓜片等。茶肴常备黑瓜子、白瓜子，花生仁、蚕豆、核桃仁则有砂炒、糖粘、五香、水煮等多种，还备有柿饼、蜜枣、橘饼、栗子、白果、橄榄及各式花糖。茶舍之内，多备有各式棋具，有的还摆设着洞箫、竹笛、三弦和古琴等乐器，既展示茶社主人的雅好，也可供茶客自娱自乐。中档的茶社，多是平房数间或十数间，摆满桌凳，茶叶粗细均有，顾客可各取所好。规模较小者，临街或背运河而设，背运河而设的茶社俗称"河棚"，门头外表狭小，冲门设茶灶，数眼炉口上坐着炊子（水壶的俗称），开水不断。因各类茶馆设施及经营方式的不同，以及来泡茶馆之人身份的不同，天长日久，自然形成了各自的特色，有着不同的称呼，如鱼贩茶馆、豆芽茶馆、商业茶馆、清唱茶馆、官事茶馆、下棋茶馆、赌博茶馆等。

受南方人的影响，济宁人讲究喝青茶，这在喜欢喝花茶的北方地区是较特别的，有"夏喝龙井，冬喝大方，不冷不热喝旗枪"的茶俗。龙井，即杭州西湖龙井。大方，是产于安徽省歙县老竹岭的一种茶。旗枪，是种在龙井茶园边沿地区的一种茶叶，形状与龙井茶形差不多，但价格较龙井便宜。受南北漕运的影响，济宁茶馆的铺面格局、卖茶和饮茶风俗等都和江南茶馆相似。

济宁人喜欢去茶馆品茶、喝茶，称"泡茶馆"。旧时济宁人在茶馆饮茶，有五样讲究。一是茶叶，分三六九等，林林总总，各有千秋。二是茶具，由茶碗、茶盖、茶托盘三件组成，其中茶碗是主件，茶盖是配件，讲究一点的茶盖上都烧有草体"可以清心也"的回文题款，五字等距离排列于茶盖上方。茶托盘是附件，通常是铜质且带荷叶边，其功用是保证茶碗稳定，端茶碗呷饮以免烫手。三是茶壶，但凡讲究一点的茶馆都是用铜壶。四是水，济宁茶馆多用运河水，也有的用井水。五是桌椅，竹制桌椅，既是用品又是工艺品，椅子有靠背，讲究一点的用带扶手的"太师椅"。

最具文化特色的，要算茶馆的票友唱戏、作书场。唱戏，茶客自备乐器，借机消遣；书场，是茶馆邀请说书艺人来茶馆，泡茶馆的茶客随意给钱，如此能招徕更多的茶客，茶客也只有在这里才能不用买票听"白戏"。清顺治年间，荷兰使团的约翰·尼霍夫在《荷使初访

---

① 冯刚：《济宁运河饮茶风俗》，《春秋》2001年第2期。

中国记》就对此有所记录："这里所有的客栈和茶馆，都拥有自己的戏旦来取悦顾客，顾客只需付六七文钱就可坐着整天看戏。"①

3. 北京茶馆

地处大运河最北端的北京，元、明、清时期一直是帝都所在，漕运贸易及五方辐辏的人员流动，带动了茶馆业的兴盛。

老北京的茶馆始创于元明，鼎盛于清朝，种类繁多，星罗棋布，遍于全市大街小巷的各个角落。这其中，外城西区又是北京茶馆最主要的分布区，茶馆数目占到了全城茶馆的六成以上。②老北京的茶馆大体可分为清茶馆、书茶馆、棋茶馆和季节性茶棚等四类。清茶馆，专以卖茶为主，店内方桌木凳，壶盏清洁，在门前显眼的地方挂一块标有"毛尖""雨前"等茶叶名目的招牌，牌子下垂着红布条穗的幌子。茶客多是闲散老人和纨绔子弟。清晨遛鸟归来，便到茶馆里沏上一壶茶，谈茶论鸟叙家常，消磨时光。另一些茶客则在这里谈论买卖，互通信息。凡找手艺人的和手艺人没活干的，到本行茶馆坐上半天，也许就能如愿以偿。当时的茶馆除了提供茶饮外，还兼卖各种茶点、茶食以及各种有疗效的饮料。据《京华春梦录》所载："都中茶肆……座客常满，促膝品茗，乐正未艾。茶叶则碧螺、龙井、武彝、香片，客有所命，弥不如欲。佐以瓜粒糖豆，干果小碟，细剥轻嚼，情味俱适。而鸡肉饺、糖油包、炸春卷、水晶糕、一品山药、汤馄饨、三鲜面等，客如见索，亦咄嗟立办。阮囊羞涩者流，利其值贱，多于此鼓腹谋一饱焉。"

书茶馆是老北京最有特色的茶馆，营业时间多在下午和晚上。茶馆主人邀请艺人演唱，茶客边听书，边喝茶，其中东悦轩（东华门附近）、同和轩（地安门外）两处更是评书名角说书的好地方。那里的听书客欣赏水平很高，听起书来极为讲究。偶有一错，便受批评，以致不能发达。但艺员一经老书客好评，立刻便享盛名。当时许多老一辈评书演员的评书，如刘继业的《济公传》、王杰魁的《包公案》、赵英颇的《聊斋》都是很受欢迎的。在书茶馆里，茶客除付茶资外，每唱完一段后，还要付书钱一二枚铜元。这里的常客多为失意的官僚、政客、商号老板、账房先生等。

棋茶馆，多集中在天桥市场一带，茶客以普通市民和无业游民居多。茶馆设备简陋，长方形木板铺于砖垛或木桩上，上画棋盘格，茶客可边饮边对弈。这类茶馆只收茶资不收租费，每日下午多聚饮茶棋客，至傍晚方散去，因此总体来说生意较清淡。也有专门的棋茶馆，是闲士们消遣的好去处，如什刹海二吉子围棋馆、隆福寺二友轩象棋馆等。

① 高建军编著：《山东运河民俗》，济南：济南出版社，2006 年，第 219 ～ 225 页。

② 吴承忠：《清代北京茶馆的空间分布特征》，《邯郸学院学报》2011 年第 3 期。

季节性茶棚，除了厂甸等定期集市庙会外，以什刹海最为著名。每年自立夏至处暑前后，什刹海北岸形成一条茶棚的长廊。茶棚半在河岸，半凌水面。茶棚对面通常是卖风味小吃的各色席棚，售卖莲藕菱角、杏仁豆腐、豌豆黄、芸豆糕等北京特产、宫廷小吃，茶客在饮茶的同时可买诸种小吃来食用。

与其他地方相比，北京的茶馆文化更加面向大众，其中大碗茶的出现，便是此地茶文化走向市井的一个重要标志。明代北京编有“一百三十二行”，其中蒸作行中就包括卖大碗茶的，卖大碗茶成了一个正式的行业。在北京的街头巷尾，摆上一张桌子，几条凳子，一些粗瓷碗，为普通民众提供大碗茶。因其贴近大众生活，广受人们的欢迎。[①]

（四）茶人茶事

历史上，在长期的种茶、制茶过程中，产生了数以百计的名茶品种。许多名茶之所以出名，又与帝王的喜爱、推崇有着很大关系。而在这一过程中，大运河又起到了间接或直接的推动作用。[②]

1. 康熙帝与碧螺春

“碧螺春”，原名“吓煞人香”。乾隆《苏州府志》载：“洞庭东山碧螺石壁，产野茶几株，每岁土人持筐采归，未见其异。康熙某年，按候采者，如故，而叶较多，因置怀中，茶得体温，异香突发。采茶者争呼：吓煞人香！茶遂以此得名。”康熙三十八年（1699）春，康熙帝第三次南巡时，经大运河到达洞庭东山，巡抚宋荦从当地制茶高手朱正元处购得精制的“吓煞人香”进贡，康熙帝品后甚是满意，但认为“吓煞人香”之名不雅，遂取其色泽碧绿，卷曲似螺，春时采制，又得自洞庭碧螺峰，赐名曰“碧螺春”。从此之后，“碧螺春”开始作为贡品年年上贡，并经由运河的运输与传播，日益闻名于世。

2. 乾隆帝与龙井

历史上，乾隆帝亦曾六次巡游江南，而六次南巡又都是经由京杭大运河进行的。在六次南巡过程中，乾隆帝曾先后四次到杭州西湖龙井茶区，并写了多首吟咏西湖龙井茶的诗篇，对茶叶的采摘与标准、炒制过程、火工与水品以及茶农的辛苦生活等，都进行了细致描绘。对此，徐珂在《清稗类钞》“高宗饮龙井新茶”一条中有专门记载：“杭州龙井茶，初以采自谷雨前者为贵，后则于清明节前采者入贡，为头纲。颁赐时，人得少许，细仅如芒。瀹之，微有香，而未能辨其味也。高宗命制三清茶，以梅花、佛手、松子瀹茶，有诗纪之。茶宴日即赐此茶，茶碗亦摹御制诗于上。宴毕，诸臣怀之以归。” 由于乾隆皇帝对龙井茶的偏爱，

---

① 吕聃：《明代大运河南茶北运及其对沿岸茶文化影响初探》，《农业考古》2010 年第 5 期。

② 姚国坤、梁婷玉：《流淌在京杭大运河的茶文化》，《农业考古》2010 年第 5 期；顾志兴：《茶与运河》，《农业考古》2010 年第 5 期。

龙井成为清代贡茶的首选名品，从此誉满天下。

据载，乾隆帝第一次南巡杭州，是在乾隆十六年（1751）。他在西湖天竺观看龙井茶的采摘和炒制后，作《观采茶作歌》，诗曰：

火前嫩，火后老，唯有骑火品最好。
西湖龙井旧擅名，适来试一观其道。
村男接踵下层椒，倾筐雀舌还鹰爪。
地炉文火续续添，干釜柔风旋旋炒。
慢炒细焙有次第，辛苦功夫殊不少。
王肃酪奴惜不知，陆羽茶经太精讨。
我虽贡茗未求佳，防微犹恐开奇巧。
防微犹恐开奇巧，采茶竭览民艰晓。

乾隆帝第二次驻跸杭州，是在乾隆二十二年（1757）。他去西湖云栖参观，又作《观采茶作歌》。诗曰：

前日采茶我不喜，率缘供览官经理。
今日采茶我爱观，吴民生计勤自然。
云栖取近跋山路，都非吏备清跸处。
无事回避出采茶，相将男妇实劳劬。
嫩荚新芽细拨挑，趁忙谷雨临明朝。
雨前价贵雨后贱，民间触目陈鸣镳。
由来贵诚不贵伪，嗟哉老幼赴时意。
敝衣粝食曾不敷，龙团凤饼真无味。

乾隆帝第三次南巡至杭州，是在乾隆二十七年（1762）三月。当时，乾隆帝畅游了龙井，还到老龙井寺品茶，并作《坐龙井上烹茶偶成》一诗：

龙井新茶龙井泉，一家风味称烹煎。
寸芽出自烂石上，时节焙成谷雨前。
何必凤团夸御茗，聊因雀舌润心莲。
呼之欲出辨才在，笑我依然文字禅。

乾隆帝第四次南巡杭州，是在乾隆三十年（1765）。这次，乾隆故地重游，再次巡幸龙井，并写了《再游龙井作》诗。诗云：

清跸重听龙井泉，明将归辔启华旃。
问山得路宜晴后，汲水烹茶正雨前。
入目景光真迅尔，向人花木似依然。
斯诚佳矣予无梦，天姥那希李谪仙。

乾隆帝回到北京之后，仍对龙井茶念念不忘。为此，他又写了三首追忆龙井茶的诗篇。其中一首为《雨前茶》：

新芽麦粒吐柔枝，水驿无劳贡骑驰。
记得西湖龙井谷，筠筐老幼采忙时。

另一首是《烹龙井茶》：

我曾游西湖，寻幽至龙井。
径穿九里松，云起风篁岭。
新茶满山溪，名泉同汲绠。
芬芳溢齿颊，长忆清虚境。
寒苑夏正长，远人寄佳茗。
窗前置铛炉，松明火石猛。
徐徐蟹眼生，隐见旗枪影。
芳味千里同，但觉心神静。
西崖步晚晖，恍若武林景。

还有一首《项圣谟松阴焙茶图即用其韵》：

记得西湖灵隐寺，春山过雨烘晴烟。
新芽细火刚焙好，便汲清泉竹鼎煎。

三、酒

运河的开通，促进了南北方酒文化和饮酒习俗的传播、交融；运河上舟楫往来和各色人等的频繁流动，使得一些地方所产之酒名声远扬；运河地区的经济发展和商贸繁荣，也带动沿运城镇酒馆业的发达。

（一）沿运城镇的酒楼

作为重要的漕粮与商贸往来通道，大运河上人流往来频繁，如行商坐贾、漕运兵丁、政府官员、民间戏班、贩夫走卒、手工业者、进京赶考者、进香游客，等等。明清时期，随着全国商品经济的大发展，大运河更是舟楫辐辏、人流熙熙。为满足他们的日常生活所需，在各大小运河码头，餐饮服务业快速发展。明人徐复祚《花当阁丛谈》卷一《酒楼》云："今民设酒肆其间，以接四方宾旅。"

明清时期的临清，运河两岸商贸繁荣、酒楼林立。李东阳《怀麓堂集·临清二绝》云："十里人家两岸分，层楼高栋入青云。官船贾舶纷纷过，击鼓鸣锣处处闻。"临清的码头上、市井中，沿街开设了许多酒楼，由昼入夜，热闹非凡。"此地是冲要，昼夜闻歌呼。会通锡鸿名，万代稽典谟。穹碑照阛阓，列肆吹笙竽。过客立亭下，行行复踯躅"[①]。大大小小的酒楼饭馆门庭若市，宾客出入频繁，人们在此歇脚果腹、会友宴饮或洽谈生意。在水陆之冲的济宁，餐饮业也日益兴盛。明朱德润《飞洪桥诗》云："日中市贸群物聚，红毡碧碗堆如山。商人嗜利暮不散，酒楼歌馆相喧阗。"[②]运河两岸酒楼林立，宾客盈门，经营者自然是日进斗金。这种情形在小说《金瓶梅》中也有所反映。如第九十八回中，陆秉义对陈敬济说："杨光彦那厮拐了你货物，如今搭了个姓谢的做伙计，在临清码头上开了一座大酒店，又放债与四方趁熟窠子娼门人使，好不获大利息。他每日穿好衣，吃好肉，骑着一匹驴儿，三五日下去走一遭，算账收钱，把旧朋友都不理，他兄弟在家开赌场，斗鸡养狗，人不敢惹他。"

运河两岸的酒楼饭馆，按其门面、装饰、酒食、提供的服务等，有高低档之分。高档酒楼一般位置优越，门面宽敞，酒食丰富讲究，装潢精美华丽，服务周到细心，自然花费也就比较高，大多是公子王孙、富商大贾等前去消费。如《金瓶梅》第九十三回描写谢家大酒楼："原来这座酒楼乃是临清第一座酒楼，名唤谢家酒楼，里面有百十座阁儿，周围都是绿栏杆，就紧靠着山冈，前临官河，极是人烟闹热去处，舟船往来之所……但见：雕檐映日，面栋飞云。绿栏杆低接轩窗，翠帘栊高悬户牖。吹笙品笛，尽都是公子王孙；执盏擎杯，摆列着歌妪舞女。消磨醉眼，依青天万叠云山；勾惹吟魂，翻瑞雪一河烟水。楼畔绿杨啼野鸟，门前翠柳系花骢。"虽为小说家言，也反映出当时临清高档酒楼的奢华。

规模较大、规格较高的酒楼，服务亦是十分周到，因此宾客在此消费时，往往会付给小费。如徐珂在《清稗类钞》中说道："酒楼宴客，有于酒阑时，由酒楼之佣保

① 〔元〕朱思本：《临清会通镇》，《贞一斋诗稿》卷二，《丛书集成续编》集部第109册，上海：上海书店出版社，1994年，第340页。

② 山东省济宁市政协文史资料委员会编：《济宁运河诗文集粹》，济宁：济宁市新闻出版局，2001年，第9页。

自备二肴或一肴以敬主客者。主人必于劳金之外，别有所酬，然此惟北方有之。至饭时佐餐之盐渍、酱渍各小菜，则亦佣保所献，无论南北皆然。”

除高档酒楼外，在运河沿岸更多的还是一些小酒肆、小饭馆，主要供应船工、贩夫走卒、纤夫、搬运夫等底层百姓消费饮食。这些小饭馆、酒肆一般酒水简单、饭菜粗粝、设施简陋、服务单一、消费较低，但分布范围却十分广泛。

在沿岸酒馆等服务业繁荣发展的同时，各运河码头也出现了一批著名的酒楼，并随着南来北往的人群而声名远扬。在一些重要的运河码头，基本上都有一座或数座驰名南北的酒楼，比如沧州的南川楼、朗吟楼，聊城的光岳楼，济宁的太白楼，淮安的清溪馆，杭州的楼外楼，等等。而这其中，最能代表运河酒文化的，当属济宁的太白楼。

作为运河南北交通的中心枢纽，济宁是整个运河酒业的南北分界线。济宁以南的酒被称为南酒，济宁以北的酒被称为北酒。济宁太白楼，又叫李白酒楼、太白酒楼、任城酒楼，唐代以来就已名扬天下。据方志记载，济宁太白楼原是唐代贺兰氏经营的酒楼。唐开元二十四年（736），大诗人李白携夫人许氏及女儿平阳，由湖北安陆迁居任城（济宁）。在任城期间，李白经常到贺兰氏酒楼饮酒。唐咸通二年（861），吴兴人沈光敬慕李白，寻访贺兰氏酒楼，为该楼篆书“太白酒楼”匾额，并作《李翰林酒楼记》，彰显李白“酒醒神健，视听锐发”的豪气，从此贺兰氏酒楼便改称“太白酒楼”。宋、金、元时期都曾依原貌对酒楼加以整修。明洪武二十四年（1391），济宁左卫指挥使狄崇在重建“太白酒楼”时，以“谪仙”的寓意，依原楼的样式移迁于南城墙上，并将“酒”字去掉，名为“太白楼”，明清及民国时期，太白楼又经过了数十次较大的重修。①

明朝时济宁流传这样一种说法：唐朝时，贺知章曾经担任任城县令，李白来到任城投靠贺知章，两人诗酒相会，建造了太白酒楼。后来的济宁方志有贺知章于开元七年（719）至十年为任城县令的记载。明人宋懋澄《九籥集》之《瞻途纪闻·太白楼》这样记述：“济宁，古任国也。城南有太白楼，因城建基祠贺季真、李太白，八窗空豁可眺。季真尝为任令，太白客焉，因造酒楼，两公常宴晤于此。”据说明朝太白楼中供奉着贺知章和李白像。李白于唐开元二十四年来到任城，曾以诗酒自娱，在这一地区刻下了深深的印痕。《太平广记》卷二一引《本事诗》云：“白自幼好酒，于兖州习业，平居多饮，又于任城县构酒楼，日与同志荒宴其上，少有醒时。邑人皆以白重名，望其重而加敬焉。”晚唐时期的济宁太白楼虽不算富丽堂皇，但已是妇幼皆知。自此而后，济宁太白楼因李白而知名，吸引了无数文人墨客来此瞻仰。

明清大运河通航的辉煌时期，南北游客都会来到济宁太白楼观光游览，文人墨客还会吟诗作赋，讴歌运河上的这座酒文化标志。在这一时期的诗作中，李白的饮酒遗韵依旧贯穿于

---

① 王赛时：《济宁太白楼与运河酒文化》，《饮食文化研究》2017 年第 1 期。

运河南北，而济宁太白楼的文化地位也更加彰显。沈恺《环溪集》载《忆任城》诗云：“春风一渡鲁阳冰，夜月三更太白楼。安得四明狂客在，金龟换酒散春愁。”李贽《李温陵集》卷二〇《太白楼》诗云：“世事真同水上浮，金龟好换酒家愁。山东李白今何在，城下唯瞻太白楼。”张凤翼《处实堂续集》卷七《登李白酒楼》诗云：“不洒朱杨泪，来登李白楼。赋成游八极，名在自千秋。水落青徐出，天空海岱浮。酒人虽异代，犹可挹风流。”

（二）运河名酒

明朝初年，国家开放酒禁，不再干涉民间酿酒，酿酒业在全国各地兴盛起来。运河沿线地区是人流往来频繁之地，为满足各色人等的饮酒需要，酿酒业十分兴旺。如运河开通以后，贝州（驻地在今河北清河）成为运河沿岸的重要码头，来往的人流，繁盛的贸易，促进了贝州地区酿酒业的发展，当地流传着“要买酒，贝州走，大船开到城门口”“一杯状元红，醉得公鸡不打鸣；一壶高粱烧，醉得船家不开艄”等俗谚。状元红酒，俗传与唐初状元孙伏伽有关。孙伏伽为贝州武城人，相传他考中状元后，奉旨沿街“夸官”。当时贝州城内人山人海，纷纷上前向他敬酒。孙伏伽心情愉悦，来者不拒，开怀痛饮。有位酒店老板见孙伏伽披红戴花，口称“好酒”，灵机一动，便把自家所酿的好酒装进精致的酒坛里，以红绸蒙住坛口，起名“状元红”。此名一出，很快便风靡各地。唐代诗人张祜有一首《江南逢故人》诗，写自己在杭州与老家的朋友相逢，长夜饮酒叙旧，其中亦提到了贝州：“运河多陈事，江山半旧游。春风故人夜，又醉古贝州。”

明清时期，运河沿线区域民间酿酒、售酒、饮酒更加普遍。如据地方志记载，在山东沿运各州县，分布着众多的酿酒作坊。这些作坊，多被称为“烧锅”“酒房”等。万历《兖州府志》云：“酒醪醯酱，中人以上皆自储蓄，不取诸市。”酿酒“以黍米麦曲……芳烈清甘，足称上品。”为销售获利而生产的酒也遍布各州县，如东昌府茌平县丁家冈出产的“丁块酒”，用泉水酿造，甘冽清美，南北客商多购售。明朱国桢《涌幢小品》称其“号为天下第一”。酿酒需用酒曲，制曲贩卖可获厚利，故运河沿线产麦各州县，多有操此业者。如丘濬《大学衍义补》卷三十《治国平天下之要》云：“今天下造曲之处，惟淮安一府……其一年以石计者，毋虑百万，且此府居两京之间，当南北之冲，纲运之上下必经于此，商贾之往来必由于此，一年之间搬运于四方者，不可胜计。”明代，临清是运河沿线著名的粮食转运中心和加工地，每到麦收之际，富商大贾往往“挟持巨赀”而来，“广收新麦”，“安箱踏曲”，制酒售曲，蔚然成风。鱼台谷亭镇，在明代前期是山东运河南端的重要水陆码头，同时也是重要的粮食加工和集散市场，据万历《兖州府志》载："贾人陈椽其中，鬻曲蘖岁以千万。"

清代，山东运河区域的酿酒更为普遍。康熙年间（1662～1722），每年麦收之后，"富户客商在水陆城镇地方开店收麦，立春踩曲。每一春收麦多可数千石，少亦不下几百石"[①]。酿酒业的兴盛，消耗了大量粮食，政府出于对民食不足的担忧，曾多次下达禁酒令。据《大清会典事例》卷一九一《户部·积储》所载，乾隆二年（1737）就曾专门下过禁酒令，其中说道："踏曲一项系烧锅盛行之源，踏曲多则私烧广，有损盖藏。嗣后，违禁私烧照违制律杖一百；广收新麦踏曲开烧锅者杖一百枷两月；失察地方官每一案降一级留任，失察三案降三级调用；如官吏有贿纵等弊，照枉法律计赃论罪。"虽然朝廷屡下禁令，而酿酒之风却依然兴盛，沿运地区尤其如此。据道光《滕县志》卷十二《艺文志》载，"十室之聚必有糟房，三家之村亦有酒肆"，造酒之池"大者池数十，小者三四，池日一酿，酿费粟一石二斗"，"计人所食，不能居酒酤之半"。

运河沿线各城镇码头所产之酒，或在地方销售，以供应来往于运河之上的各色人等及当地民众之需要，或经由运河运往南北各地销售。如在山东武城县老城镇，民国之前曾有许多烧锅作坊存在。当时运河上南来北往的纤夫、生意人等，都喝这种由当地作坊酿出来的烧酒。还有人从酿酒作坊里将酒批发出来，用担子挑着到各处去卖。装酒的器具为酒篓子，用竹子编成，糊上纸，并在里面涂上猪血，据说这样就能保证不渗酒，不变味。又如沧州所产之沧酒，除在本地销售外，还通过运河远售外地。其中向北销到青县、静海、天津、北京等地；向南则销往南皮、临清、扬州、苏州、杭州等地。[②]

在大运河的带动之下，许多地方所产之酒名声远播，成为享誉南北的著名酒品。比较著名的有德州酒、沧酒、扬州酒、镇江酒、无锡酒、苏州酒等。[③]

1. 德州酒

德州酒业兴起于明末，很快就在运河酒界中占有了重要位置，并享誉清代。在此期间，罗酒、露酒、卢酒都曾通过运河而扬名天下。明清时期，德州所产之酒有很多品牌，其中罗酒的名气最大。阮葵生《茶余客话》卷一〇记载："德州罗酒，亦北酒之佳者。渔洋诗云：'玉井莲花作酒材，露珠盈斛泼新醅。清泠错着康王水，风韵还宜叔夜杯。'按罗侍御钦瞻，崇祯丁丑进士，官御史，巡按河南，刚直有声，嗜饮，传酿法，色味双绝，至今犹呼罗酒。"刘廷玑《在园杂志》卷四记载："镇江有百花，德州有罗酒，俱可用。"田雯《长河志籍考》卷七载："酒之美者曰罗酒，色白味洁。"雍正《山东通志》卷二《物产》记载："罗酒，出德州罗氏，色白而味醇。"据说能够品尝到罗钦瞻亲手酿制的罗酒，是清初官场上的美事，

①〔清〕岳秀峰：《题为请禁收麦作曲以重民食疏》，康熙《续修汶上县志》卷六《艺文志》。

② 孙建：《我们的大运河·物产卷》，北京：光明日报出版社，2014年，第164～174页。

③ 王赛时：《济宁太白楼与运河酒文化》，《饮食文化研究》2017年第1期。

很多与罗钦瞻同时代的官员品过罗酒之后，总是念念不忘。清初吏部侍郎高珩，与罗钦瞻同为崇祯朝进士，他在《尝罗钦瞻酒》一诗中写道："瑞露天浆总未真，每从德水想清沧。不惭名下如佳士，乍对尊前信故人。部署无双从事好，风流第一曲生亲。蒲城奢望吾何敢，一斗从君借小春。"（《国朝山左诗钞》卷六）淮南文士龚鼎孳在罗钦瞻府上品饮罗酒后，欣然赋诗："水递传芳酝，蒲帆竹叶凉。月高疑命驾，秋好恰鸣榔。计日添新瓮，逢君缓故乡。酒天辰汉后，几客到沧浪。"（《定山堂诗集》卷一〇《过德州饮罗钦瞻侍乡斋中》）时人刘正宗为了得到罗饮瞻亲酿的美酒，甚至不惜以家传秘药与之交换。

罗钦瞻去世之后，罗氏家族继续酿制罗酒，并逐渐形成了较强的生产能力。在德州，除罗氏酒坊之外，许多酿酒者也开始酿制以"罗酒"为品牌的美酒，从而使罗酒产量逐年增长，并在酒市中占据了显赫地位。王培荀《乡园忆旧录》卷八记载说："罗酒出德州，以罗氏善酿得名，而造者非止一家。田山姜云：酒色白清，香味鲜洁，酒熟时，互相延客。或馈京师，京师亦有仿为之者。" 当时沿运河一线，前来求购罗酒的船只络绎不绝。

继罗酒之后，德州又涌现出了著名的"卢酒"。卢酒产于卢家，原为德州诸多家酿酒之一，传至卢见曾时，远近始知其名。卢见曾，别号雅雨山人，是享誉一代的学者和藏书家，同时也是一位酿酒专家。他在总结前辈酿酒经验的基础上推陈出新，把自家后院的陈年佳酿改革变制，使其品格升级。乾隆年间（1736 ~ 1795），卢见曾出任两淮盐运使，他携带家酿美酒南下，在江淮酒界引起轰动。袁枚在《随园食单》称卢酒乃"卢雅雨转运家所造，色如于酒而味略厚"。袁枚曾排列南北各地名酒的位次，首推南方金坛于酒，次推北方德州卢酒。不过，由于卢酒的酿造方法始终密不外传，因而没有像罗酒那样推向市场，民众对于卢酒往往只知其名，不知其味。

清代，德州的酿酒业十分火暴，在罗酒、卢酒这些大户酒坊带动下，出现了许多地方佳酿，其中较为著名的是墨露酒。《长河志籍考》卷记说："酒之美者……又有墨露酒，色如黛漆，味比醍醐……善酿之称，侔于河东刘白堕也。"《茶余客话》卷一载："德州又有露酒，色如黛漆……俗呼墨露。"查慎行《敬业堂诗集》卷一八记述："墨露，德州名酿也，品在卢酒之上。"

2. 沧酒

沧州为运河南北交通要冲，运河的畅通给沧州带来勃勃生机。明清两代，沧州的餐饮业发展很快，酿酒行业也十分兴旺。当时在沧州城外的运河边上，各家酒店纷纷酿造美酒，借以吸引商客，由此推出一批上好佳酿，最为著名的即是沧酒，也称"麻姑酒"。

沧酒成名以后，通过运河而传销四方，名声大振。南北过客到此停舟沽酒，络绎不绝。纪晓岚曾说："沧州酒……著名已久，而论者颇有异同，盖舟行来往，皆沽于岸上肆中。"

（《阅微草堂笔记》卷二三）查慎行《敬业堂诗集》卷一八《沧州阻风谢别峰同年饷酒二首》诗，也谈到了运河与沧酒的关系："风程半日滞沧州，客恨除非醉即休。安得春江变春酒，萨摩陂外水如油。"江南名士钱谦益在崇祯年间曾为运河沧酒写下了两首著名的诗歌。《初学集》卷八载其《沧酒歌怀稼轩给事兼呈孟阳》诗云："君初别我新折柳，归帆约载长芦酒。今我南还又早秋，也沽沧酒下沧州。轻舟一叶三千里，长瓶短瓮压两头。与君去国如去燕，一水差池不相见。沧州芦花如雪披，沧水东流无尽期。沧州好酒泻盏白，照见行人鬓上丝。东皋秋清月舒彩，西湖采莲歌欸乃。期君开怀酌沧酒，醉拉程生戏墨海。"时人爱饮买沧酒，抢购成风，以至于把当地酒店一扫而光。有钱谦益《后饮酒》诗云："停桡买沧酒，但说孙家好。酒媪为我言，君来苦不早。今年酒倍售，酒库已如扫。但余六长瓶，味甘色复缥。储以嫁娇女，买羊会邻保。不惜持赠君，君无苦相找。涂潦泥活活，僮仆手持抱。郑重贮船舱，暴富似得宝。明灯吐新花，夜雨响秋草。君如不快饮，负此酒家媪。"

3. 扬州酒

明清时期，扬州酒业生产十分兴旺。城内酒坊林立，酿者众多，而其属邑也多有酿酒。刘廷玑《在园杂志》卷云："扬州古称'十千一斗金盘露'，而扬州不闻产酒，想谓属邑高邮之五加皮、木瓜、豨莶，泰州之秋露白，宝应之乔家白耳。"扬州所产的雪酒、细酒、天泉酒、豨莶酒、五加皮酒、木瓜酒、蒿酒、枯陈酒、蜜淋檎酒，很多都出产于属邑酒坊。

扬州雪酒又称雪醅，明朝时在运河沿线甚为出名。邵宝《容春堂集》有《雪酒诗为孙司徒赋》诗云："元酒曾闻侑大烹，酿来寒雪品尤清。也知承露能高致，须信藏冰为曲成。光重夜杯如有物，暖销春瓮本无声。相看莫谓人间味，一滴先天万古情。"王思任《王季重杂著》卷一《避园拟存诗集扬州清明曲》中曾写雪酒："酒旆翩翩红雨沟，小杨水槛亦风流。醇酿雪酒饶夸珀，一割鸡猪十斛油。"万历《扬州府志》曾介绍说："扬州饮食华侈……酿多雪酒，疑即宋云液琼花露遗制。"清代，雪酒仍为扬州酒的标志性品牌。康熙《江南通志》卷八六《食货》载：扬州府酒，"江都曰雪酒"。清人宋翔凤《浮溪精舍词望江南》有云："扬州忆，此意少人知。水重水轻全未觉，愁深愁浅定多时。雪醅触相思。"

扬州属邑高邮，古称秦邮，在明清时期被视为酒界胜地，人们路经高邮，总要欣赏这里的酒垆香酝。如陈维崧《湖海楼词·望江南》云："重五节，记得在扬州，歌板千群游法海，酒旗一片写高邮。茉莉打成球。"刘嗣绾《筝船词·减字木兰花·过高邮》亦有"酒旗风色，写出秦邮天似墨"之句。扬州府的许多名酿都产自高邮。宋起凤《稗说》卷三载："江北唯高邮有天泉、豨莶、五加皮诸酒。天泉为上，皮酒次之，豨莶复次之。天泉清，皮酒浓。"李斗《扬州画舫录》卷一三亦载："高邮木瓜、五加皮，宝应乔家白，皆为名品。"明清两代，高邮出产的豨莶酒、五加皮酒、木瓜酒，皆为扬州酒的品牌代表。

扬州属邑泰州，亦出产多种佳酿，知名者有枯陈酒、秋露白酒、鸡卵红酒、花雕酒等。

枯陈酒用红曲酿制，酒色鲜红，所以又称红酒。《海陵竹枝词》卷四所载储树人诗云：“红香酿出瓮中春，细雨槽坊味独醇。风雪天寒浑不觉，三杯佳酿饮枯陈。”并自注云：“泰邑出枯陈酒，性最暖。”同书卷五引朱余庭诗云：“枯陈美酒酿尊中，留客殷殷款曲通。”注曰：“陈酒惟泰州与江阴有，又名红酒。”泰州枯陈酒一般窖藏多年，芳香浓郁，故又有“陈酒”之称。《海陵竹枝词》卷一又载金长福诗：“当垆欲买枯陈酒，白衿青裙是主人。”注云：“枯陈，泰州酒名，以窖藏数载者为佳，色如琥珀，味甜美，饮之醉人。”据说清初时泰州有邹天德酒坊，首先打出“枯陈酒”招牌，雍正时其酒坊改由陈氏经营，改“陈德兴枯陈药酒”，其酒号一直保持下来。后来又有人配酿出“鸡卵红酒”，与枯陈红酒异曲而同工。《海陵竹枝词》卷六载王广业诗云：“一盏枯陈鸡二卵，嘱他纤手送深宵。”注云：“鸡卵红酒，泰州出产，御寒佳品。”

4. 镇江酒

明清时期，伴随着运河经济的发展，镇江的酿酒业开始活跃，并且生产出许多酒类产品，其中最著名的有百花酒、细酒和汴梁酒等。

百花酒，朱彝尊《食宪鸿秘》卷上记载说：“江南则镇江百花酒为上。”徐珂《清稗类钞·饮食类》记载：“惟常、镇间有百花酒，甜而有劲，颇能出绍兴酒之间道以制胜。产镇江者，世称之曰京口百花。”《调鼎集》卷八也说：“镇江百花酒，陈则与绍兴酒无异。”百花酒是一种传统的封缸酒，以精白糯米为原料，用酒药为糖化发酵剂，酿造中当糖分达到高峰时，兑入小曲米酒，立即密封缸口，故称封缸酒。清朝时，镇江出产的百花酒流行于江南各地，深受爱酒人欢迎。捧花生《画舫余谭》记载，南京秦淮河一带“画舫所需，向惟镇江之百花酒”。李斗《扬州画舫录》卷八也说：“镇江府百花酒，扬州盛行之。”沈大成《学福斋诗集》卷一九《春夜与春农饮汪对琴斋》诗有“京口酒可饮，宁嫌百盏多”之句，并自注云：“对琴出百花酒劝饮。”

细酒属于优质黄酒，长江下游地区多有生产，上面提到的扬州酒，其酒类产品中就有细酒。清人查慎行《余波词》中《满江红·京口晓发夜泊观音门外》词云：“把满壶，细酒酹波臣，开怀抱。”注云：“细酒，京口酒名。”京口为镇江之旧称。明清时期的镇江酿酒业，已能根据市场需求而生产出不同规格的黄酒，并通过运河转输到黄河中游一带。其中有一种汴梁酒，就是镇江生产而专门供应河南的黄酒。周亮工《书影》卷四载：“盖京口人岁治数万瓮，溯黄流而上，尽以供汴人，呼曰汴梁酒。”由于这种黄酒以外乡标准而生产，镇江本地居民并不爱喝，全部倾销于外省，所以外乡人“至京口，沽之无一滴”。

5. 无锡酒

早在元代，无锡就出产好酒，其中最出名者为蒋氏酒。宋起凤《稗说》卷三载：“昔业有蒋姓家，宋南渡时居梁溪，造酝得名，传至今，子孙不废业。近他姓亦酿之矣。”明清之际，蒋氏酒依然是无锡酒业中的一个老字号品牌。谈迁曾于顺治十年（1653）路过无锡，他在《北游录·纪程》中记述：“早泊锡山驿……尝蒋氏酒，甘而不洌。”清朝名士曹寅沿运河往来无锡之间，对蒋氏酒格外垂顾，曾屡次写诗歌咏蒋氏酒楼，如《楝亭诗钞》卷四《舟中望惠山举酒调培山》有云：“蒋家酒楼堪憩脚，十日醉倒青芙蓉。”又《楝亭诗别集》卷二《题锡山蒋氏酒楼》云：“秋树晴河一里烟，朝来洗漱尽名泉。买田阳羡应犹过，此处楼居即是仙。”

明朝时，与蒋氏比肩的酿酒户逐渐增多，范氏、华氏、何氏均为酿酒大户，并酿出名酝。其中著名者有华氏荡口酒、范氏荡口酒和何氏松花酒。王世贞《弇州山人四部稿》卷四九云：“荡口酒，范氏、华氏以鹅肫荡水酿，绝如绿竹色，而清旨爽洌。酾之，凉风生齿咽间，美而不酲，南酒第一也。余尝过其地，醉者两日。”王氏还赋诗一首，赞美荡口酒：“波如竹色酒如波，劝客仍倾翡翠螺。纵醉欲抛抛不得，教人无奈忆时何。”

无锡惠山有名泉，人称惠泉，又称天下第二泉，其水质甘润，清澈纯净，用以酿酒，醇美自生。早在宋代，无锡人就用惠泉水酿酒，并标以“惠泉”名号。清朝时，惠泉酒更成为无锡酒界的著名品牌。宋起凤《稗说》卷三记述：“锡山惠泉酒止一种，少有甘苦之别，究竟苦者仍不异耳。其水踞天下之胜，米又软白，诚南酒中极品。”时人对惠泉酒评价很高。全祖望《鲒埼亭诗集》卷七诗题云：“惠泉，泉之良也；惠泉酿酒，酒家之重台也。”清人方文《畲山集》卷三《惠泉歌》诗云：“惠山之泉天下闻，惠泉酿酒良清芬。平生雅嗜惠泉酒，恨未一看惠山云。”袁枚在《随园食单·茶酒单》中也说：“至于无锡酒，用天下第二泉所作，本是佳品”，但由于仿酿者众多，“市井人苟且为之，遂至浇淳散朴，殊可惜也。”梁章钜曾遍饮天下名酒，但喝惠泉极品酒也只有一次，他在《浪迹三谈》卷中说：“余记得三十余岁时，曾从徐望钦同年家饮所藏陈年惠泉酒，绝美，初不知何酒，据云其叔父十年前从无锡带回者，盖酒底本佳，历年复久，宜其超凡入圣矣。此后官大江南北者十余年，往来九龙山下者廿余次，不能一再遇之。”

惠泉酒在清代通过运河而声名远播，文人墨客纷纷为之倾尊吟咏。惠泉酒还被当作贵重礼品馈赠亲友。《红楼梦》第十六回提到，贾琏、凤姐请乳母赵嬷嬷上炕吃酒，凤姐说：“你尝一尝你儿子带来的惠泉酒。”清朝诗人垂意惠泉酒，吟咏者甚多，如袁枚《小仓山房诗集》卷一七《酒友歌》就有“惠山泉碧酒材良，赐汝一壶思渴羌”之句，其序云：“与程荆南同游惠山，饮惠泉酒大醉。”施闰章《学余堂诗集》卷三二所载《秦对崖分响惠山泉酒》一诗，表达对友人赠送惠泉酒的喜悦：“携来佳酿远，到手一开襟。短髩客方倦，黄花秋正深。寒禁燕市月，清见故人心。更把新诗好，床头细细斟。”其时惠泉酒充溢无锡市肆，购销两旺。沈大成《学福斋诗集》卷二三《无锡道中》描述街市情形，有“上街担压湖菱美，满店瓶堆泉酒香”之句。

6. 苏州酒

明清两代，苏州人多以糯稻酿酒，称为“白酒”。顾禄《清嘉录》卷一引《札朴》云：“糯米为甜酒，俗呼白酒，即稻醴也。”白酒属于黄酒类型，但保留了早期浊酒的某些特征，其中三白酒的酿制方式最有特色。三白酒是糯米酒，因白精米、白面曲和洁白之水这三种原料而得名。清虞兆隆《天香楼偶得》记载：“近来造酒家，以白面为曲，并舂白秫，和洁白之水为酒，久酿而成，极其珍重，谓之三白酒。”

三白酒显名于运河沿线，明朝时已流觞海内。顾起元《客座赘语》卷九记载：“后始有市苏之三白酒者，迄今宴会犹用之。”谢肇淛《五杂组》卷一一也说：“江南之三白，不胫而走半九州矣。”尤其在江南一带，三白酒风靡更甚。明人范濂《云间据目抄》卷二记载：“隆庆时，有苏人胡沙汀者，携三白酒客于松，颇为缙绅所尚，故苏酒始得名。年来小民之家，皆尚三白，而三白又尚梅花者、兰花者。”梅花 、兰花，指三白酒的包装。当时盛酒的酒坛多饰以彩绘，用各种花卉作图案，久而行之，这些花卉图案便成了酒质等级的标志，品酒者往往视酒坛图案而购酒。

三白酒中，以“顾氏三白酒”的历史最为久远。元人宋伯仁《酒小史》中就载录了“顾氏三白酒”。到明朝时，顾氏三白酒仍在苏州酒界峥嵘头角。王世贞《弇州山人四部稿》卷四九《酒品前后二十绝》云：“顾氏三白酒，出吴中，大约用荡口法，小变之，盖取米白、水白、曲白也，其味清而洌，视荡口稍有力，亦佳酒也。”王氏还为此赋诗云：“顾家酒如顾家妇，玉映清心剧可怜。嗣宗得醉纵须醉，未许狼藉春风眠。”苏州的“娄塘三白酒”也很有名。《徐文长三集》卷一一《渔鼓词》云：“娄塘九黄三白酒，此是老人骨董羹。” 后来，无锡 、松江也都仿制三白酒，但行家始终奉苏州三白酒为正宗。清朝时，苏州三白酒依然名气很大。朱彝尊在《食宪鸿秘》卷上曾评论南酒数种，最后说：“ 总不如家制三白酒，愈陈愈好。”当时，三白酒还沿运河北上，远销京华市场。在京城的上等酒席中，经常可以见到三白酒的踪影。《顺天府志》就列其为南来名酒之一。只是到了清代晚期，随着绍兴酒的崛起，苏州三白酒才逐渐消沉。

（三）运河酒俗

繁盛的运河漕运、商贸与人流往来，不仅带动了运河沿线城镇餐饮业与酿酒业的发达，也使得运河沿线人们的尚酒、善饮之风盛行，而这一点在运河北方沿线地区尤其是山东，表现得更为明显。

山东人素有豪饮之风。万历《濮州志》记载了一位名叫李明宦的商人，“性嗜酒，耽乐郡中，滑稽之徒，窥其意向，厚以所好奉之，取债数千，鲜有偿者”。《临清州志》中也谈到当地人对酒的迷恋，称“人仰机利而食，暇则置酒征歌，连日夜不休”。

徐珂在《清稗类钞》中称山东人“不好茶而好酒”，“朋辈征逐，惟饮酒，酒多高粱”。明清的笔记中，也多记有山东运河区域人嗜酒的趣事。朱国桢《涌幢小品》卷二十一记载：“明代东昌府夏津人粟祁，饮量甚洪，过吾里董宗伯宅，巨觥犹未洽，晲海斗，可容三斤，侍者持以前，戏曰：‘此太大，不能任。’宗伯即以寿，平饮自如。将毕，又曰：‘不可再。’凡三进乃怡，就座，畅饮而别。然公颜色不变，若未尝饮者。”这位名叫粟祁的夏津人，一连喝了十多斤酒，依然面不改色。王培荀在《乡园忆旧录》中说：“德州萧共辰，嗜酒，饮必醉，醉必吟诗，佳句多有。”东昌府著名理学家穆孔晖，“性豪迈，为诸生，每夜读，夫人温酒以俟。且读且饮，得意时连进巨觥，声彻四邻，以是为常”[①]。

受梁山好汉大块吃肉、大碗喝酒的影响，梁山泊一带，民众素有大碗喝酒的风气。特别是沿运村镇，多有善饮、豪饮者。有的村民串亲访友，不吃饭可以，没酒喝却不行，因此当地流传一句谚语：“有菜无酒不留客，有酒无菜是好席。”逢集、赶会，几个老酒友相逢，买一大碗酒，在店门口席地而坐喝起来，一小盘花生米或咸菜条就可以当下酒菜，甚至有的不吃菜干喝酒，一样喝得有滋有味。

在运河沿线，酒还与人们的生活紧密相连，并形成了诸多独特的饮酒习俗。作为一个因运河而兴的城市，台儿庄的船民和商人多来自异乡，为了寻求照应，这些人往往结成生死兄弟。他们歃血为盟，对天起誓，结拜仪式上，少不了大碗喝酒。这些结拜兄弟，在出航时一半在家留守，照顾整个团体的老小。留守的兄弟为远航者饯行，远航的人举起酒碗，说一声：“兄弟，我的一家老小，就托付给你了。”日后远航者平安归来，接风宴上照例又得猜拳行令，一醉方休。

台儿庄人喝酒很少用酒杯，而是用一种黑瓷大碗。喝酒时，首先要敬天地，然后敬河神，最后敬祖先。朋友相互敬酒，来者不拒。无论杯盏大小，碰杯时不能一口喝干，杯底要留下五分之一，叫做“留水路”。宴席上的整鸡整鱼，吃过一面，再吃另一面，不能说“翻过来”，而是说“转转舵”。每年农历二月二，是台儿庄人祭祀河神的日子。这一天，船民们家家户户在河边排起八仙桌，摆上丰盛的供品和道升酒坊的陈酿，举行祭河神仪式。鞭炮声里，人们把大碗美酒浇在河边，祈求河神享用，保佑出航者平安顺利。

第三节　食

与运河相关饮食习俗大体可分为两个方面：一是来往或生活于运河（包括运河沿线各水

① 高建军编著：《山东运河民俗》，济南：济南出版社，2006年，第216～217页。

柜）之上民众的“食”之习俗，如船民、运丁和渔民的饮食习俗等；二是运河对沿线各地饮食习俗的影响，如运河航运而导致的南北食材交流、运河沿线清真饮食的繁盛、因运河传播而蜚声各地的食品等。

一、兵丁与水手的日常饮食

漕运者的日常饮食全在船上进行。为应对日常口食之需，漕船上都携带有稻米脱壳工具，“一块四五英尺长的厚木板，一端装着沉重的石头，另一端站着一个人，用他的体重把木板压起来，另一端落在装在一个木钵里的粮食上。石头很重，落下来足以使粮食和壳分开”①。这些简陋的稻米脱壳工具与方法，满足了漕运者的食米需要。“煮米饭的过程是惟一清洁的办法。我看见过，他们先取出定量的大米，用冷水洗干净，然后用淘米箩滤掉水，放进沸水，等到米粒软化了，用一只戽取出，再经过筛把水分滤掉，放进一只清洁的锅，盖好，直到米粒完全变白，像雪一样的白，也很干，像面包皮一样干，这时就成为最出色的面包替代品。”②

食米外，对于漕运者的其他食用之物，受资料记载所限，所知不多。清乾隆、嘉庆年间来华的英国使团成员，曾在他们的使华日记或日志中记载了那些曾为他们划船之人的日常饮食，或可为我们提供某些佐证：

> 受雇为大使和随员划船的人，情况也不比农民好多少。他们十分感谢我们赏赐给他们剩余的东西，我们喝的茶叶，他们贪婪索取，烧开后食用。他们的主食包括一点米饭，一些蔬菜，通常是白菜和炒过的葱，一天只吃两顿，一顿约在早晨十点钟，另一顿在下午四五点钟。③
>
> 我们的船今天充满了最令人难以忍受的臭味，臭味来自一种特别配制的鱼，船上的水手们用它就着米饭吃……我们的船夫们在进入闸河时做了一次祭祀，不是献给船的保护者就是献给河神。早上一大早就杀了一只公鸡，鸡血洒在船头上，这只鸡后来被烧熟，和其他一些食物，包括煮熟的猪肉、色拉和酱菜，一起摆放在前甲板上一张彩纸的前面。这些食物附近放着一罐烧酒和两个酒杯，一双筷子。船主的儿子担任司祭，祭礼包括向船外抛洒两杯白酒和一些食物，然后烧一些金纸，

---

① 〔英〕亨利·埃利斯著，刘天路、刘甜甜译：《阿美士德使团出使中国日志》，北京：商务印书馆，2013年，第151页。

② 〔英〕爱尼斯·安德逊著，费振东译：《在大清帝国的航行》，北京：电子工业出版社，2015年，第74页。

③ 〔英〕乔治·马戛尔尼、〔英〕约翰·巴罗等著，何高济、何毓宁译：《马戛尔尼使团使华观感》，北京：商务印书馆，2013年，第409～410页。

放两串鞭炮，剩下的食物被拿走吃了。[1]

各种腌制的酱菜，因易于保存、食用方便，深受运河运丁、脚夫、纤夫、船户等的喜爱。他们往来航行于运河之上，都喜欢大量购买酱菜，以备路途之需。如在山东临清，每年农历四月至十一月漕粮北运期间，帆樯如织，百货山积，各色人等，林林总总，往来于临清码头，他们都喜欢购买临清本地生产的一些酱菜，因此酱菜在运河沿线消费量很大。从明朝到清前期，临清陆续开设了十几家酱菜铺子，每年销售酱菜可达三四万斤。[2] 腌制酱菜也成为临清的一大产业。“临清酱菜冠于全省，济美、茂盛、溢香等家尤为杰出，所制酱瓜色味俱佳，推销最远。”[3] 清道光年间（1821 ～ 1850），远香斋一家的酱菜品种就达数十种之多，仅黄豆一项，每年就需购进 3 000 余担。

乾隆五十八年（1793），随英国使团来华的画家威廉・亚历山大曾在一幅绘画中描绘了正在进食的运河纤夫的场景，他们或坐于草席之上，或席地而坐，手里端着饭碗，旁边有一个粗大的罐子，里面可能是汤或其他菜肴。[4] 相比于纤夫、水手等，负责漕船管理的漕运兵丁（旗丁），由于有行月二粮及其他生活补助，食物相对丰富一些。至于那些乘坐船只沿运河航行的官员和商人，饮食就更为讲究了，这从乾隆年间来到中国的英国使团成员留下的相关记载中可见一斑：

随行小船，专门装载厨师和各类食物水果，为特使准备餐点。这样，船只就可以在顺风顺水时一直航行，不必为上岸吃饭而耽误时间了。

吃饭时，每艘游艇上开一桌，按照中国的饮宴式样，菜品很丰盛……中国菜总是把肉类和蔬菜切成小块，加上各种调料，同样的菜能做出数种不同的味道。平常食用的肉类多是牛肉和猪肉，也有欧洲人常吃的家禽。菜品中最贵重的是前面提过的燕窝和鱼翅。这些东西，和甲鱼一样，需要加很多香料才能做得好吃。

主食是大米饭和其他谷类。大米经过水煮之后，涨得很大，作用相当于做面包时让面团发酵，做成的米饭很有营养，而且容易消化……中国人经常用小麦粉或其他植物磨成的粉做成各种面食。他们先把面粉制成团子而后用蒸笼隔水蒸。蒸笼是木制的，分成几层，将馒头放在栅格上面，四周密封。然后将蒸笼放在滚水上，用水蒸气将面食蒸熟。

每艘游艇上都供应很多黄葡萄酒和白酒，白酒的味道比黄葡萄酒好，后者品质不纯，容易发酸；前者很清澈，酒劲很足，没有焦臭味……船上还供应梨、苹果、李子、橘子、

---

① 〔英〕亨利・埃利斯著，刘天路、刘甜甜译：《阿美士德使团出使中国日志》，北京：商务印书馆，2013 年，第 91、171 页。

② 周为人：《闲话临清酱园》，《临清日报》2003 年 7 月 28 日。

③ 民国《临清县志》卷八《经济志・工艺》。

④ 〔英〕威廉・亚历山大著，沈泓译：《1793：英国使团画家笔下的乾隆盛世——中国人的服饰和习俗图鉴》，杭州：浙江古籍出版社，2006 年，第 92 页。

葡萄、杏等水果。桃子是北京附近种植的。船上供应清茶和武夷红茶，前者产自江南，后者产自福建。①

二、船民与渔民的饮食

往来于运河之上的民众，除漕丁、水手与往来官员、商人外，还有大量的水上居民，或以捕鱼为业，或以运输为生，船、运河及其沿线水柜是他们日常活动的主要空间与场所。尤其是在长江以南地区，与长江以北运河为单一河道不同，这里的水系多呈网状，纵横交错，四通八达，很多水道都可以通航，有以苏州为中心的运河网、以嘉兴为中心的运河网和以湖州为中心的运河网。正如乾隆年间英国使者所描述的那样："运河与运河相继交织，湖沼和江河又接踵出现，再有观察力的人也被大自然的鬼斧神工愚弄。在这变幻无常的景物面前我不能经常指出我们所航行水道的正确类型：有时江河的样子像是运河，而运河又有时可能大得像一条江河。"② 在这密集的运河水网之上，活跃着大量的船上居民。

一年之中，船民吃住皆在船上进行。旧时杭嘉湖一带有民谚曰："天下第一苦——摇船、打铁、磨豆腐。"行船被视为是一项非常艰苦的工作。清代有一首流传于湖州的民谣，道出了昔日船民生活的艰辛：

> 水里摇船水里歇，水里摇船能得几个大铜钱？
> 六月晒得泥鳅黑，十二月冻得紫蝴蝶。
> 水里摇船水里歇，水里摇船能得几个大铜钱？
> 穿身破衣千个穷心结，头上戴个井栏圈。
> 伸脚伸去到灶前，缩脚缩在下巴前。
> 水里摇船水里歇，水里摇船能得几个大铜钱？
> 绿汪汪水当褥子，丝草蓑衣盖身体。
> 万台眼浪当枕头，芦扉眼里望青天。③

由于经济条件差，也因为船上空间小，普通船民的饮食往往都比较简单，能将就便将就。据浙江嘉兴等地的老船民回忆，在船上生活，烧柴是一个大问题。由于船上空间狭小，不可能携带大量柴禾，只能临时靠岸购买补充。有时候只能到岸上野地里

① 〔英〕乔治·斯当东著，钱丽译：《英使谒见乾隆纪实》，北京：电子工业出版社，2016 年，第 189 ～ 191 页。
② 〔英〕爱尼斯·安德逊著，费振东译：《在大清帝国的航行》，北京：电子工业出版社，2015 年，第 182 页。
③ 蒲泉、群明编：《明清民歌选》乙集，上海：古典文学出版社，1956 年，第 105 页。

拾一些树枝柴禾将就，实在没辙了，就到岸上农田里去偷。新取的柴禾往往很潮湿，难以燃烧，一生火，满船烟雾缭绕。由于自己不种粮，只能夜里打鱼，早晨卖掉鱼获后再买粮，因此他们总是“早吃新鲜米，夜烧活树柴”。许多船民家轻易不生火，常常吃冷食。

与岸上居民不同的是，船民常年生活于水上，渔获方便，即使跑运输或干别的营生的船民们，也往往都是捕鱼的行家，因此鱼虾吃得很多。久而久之，船民都成了吃鱼的行家，把鱼放进嘴里，一会儿工夫，鱼刺便被干干净净地吐出来。船上地方小，船民吃饭时一般不用桌椅，而是盘腿坐在舱板上，饭菜也直接放在舱板上。哪怕是遇到重要日子或仪式活动，如过年过节、婚丧喜事，也是在船舱里坐着吃饭喝酒。有时是几条船靠在一起，酒席依次在舱板上摆开，大家盘腿而坐，开怀畅饮。盘腿这种坐姿，船民们称为“盘香坐”。时间久了，船民的腿都会有些畸形，得关节炎的也比较多。也有少数家境殷实的船民，会上岸临时搭棚摆酒席庆贺。①

船民、渔民的日常饮食中，鱼虾之类的水产品占有重要地位。如山东运河及其沿线水柜地区的渔家，终日生活在水上，平常的菜肴就以鱼为主。每当饭时，到艄后吊着的储鱼护篮里或舱里，捞几条活蹦乱跳的鲜鱼，点了灶火，用水瓢舀上几瓢河水倒入锅中，加上佐料，不一会儿，就香气四溢了。船工、渔民因生产生活条件特殊，从十四五岁就会喝酒，一般酒量都很大。

过去，微山湖渔民通常一天只吃两顿饭。为了不影响白天的活计，早饭很早就吃，往往天刚亮就吃完了；晚饭很晚，天黑以后才吃。吃饭时，全家人在船上围着饭锅，边吃边往碗里添。主食主要有高粱饼子、地瓜干窝窝、杂面锅饼、疙瘩汤、鲜地瓜等。生活贫困的，则直接把鱼剁成渣贴锅饼，或用鸡头根、菱角秧熬成鱼粥喝。有时连买盐的钱都没有，直接用白水煮鱼。菜食主要是蒌蒿芽、水芹菜等湖中野菜及咸菜加盐。富裕户还能吃一些面粉、小米。

熬鱼，是船家最常见的一种食鱼方法，所需原料即鲫鱼、盐、面、辣椒、河水等。“鱼糊涂”是船家常食的早餐或晚饭。旧时，为节省粮食，船家有“吃稀”的习俗，鱼糊涂便是这一习俗的产物。用面粉加水拌成面糊，称“面鱼”，拨进锅里，与鱼同煮。因用鲜鱼煮汤，故又称“鲜鱼汤”。船民、渔民中流传一首歌谣有言：“柏铃壳，摇铃铛。俺娘把俺送到粮船上，大米干饭、鲜鱼汤，端起碗来泪汪汪……”

中华人民共和国成立后，山东运河沿线船家的生活有了很大提高，吃两顿饭的习惯也被吃三顿饭所代替。吃的花样也很多，发糕、发天馍、牛鼻饼、老鳖靠河沿、千层馍、油盐卷子、豆腐卷子、团鱼包、枣窝窝等不下十几种。菜食品种就更多了，诸如筒子鱼、干熁鱼、醉鱼、醉虾、清炖鲫鱼、炒鱼片、烧鱼片、汪鱼丝、烧野鸭，等等。筒子鱼，一般多用二寸来长的鲫鱼，

---

① 嘉兴市文化广电新闻出版局、嘉兴市文学艺术界联合会编著：《运河记忆：嘉兴船民生活口述实录（上）》，上海：上海书店出版社，2016 年，第 20 页。

刮鳞，去头，顺脊骨用刀片下连皮带肉的鱼片，剔去绒刺，放入烫水中一焯，鱼片卷成筒状，因而得名。吃时，再将鱼片加鸡汤、木耳、银耳、鸡蛋皮、胡椒、香菜烧制而成。干熥鱼也是船家饭桌上的一道家常菜，把那些小杂鱼放在舱板或苇席上晒干，或放在锅里炒干。冬季没鲜鱼吃时，用干红辣椒一炒，卷在煎饼里，吃起来又辣又香，味道独特。醉鱼，鲤鱼和草鱼是首选，个头要大，剖肚去除内脏后，用盐稍微腌一下，系在船楼上，待风干后，切成块状，放入瓷坛中用酒浸泡，坛口封严，月余后便可食用，或蒸，或煎，或炖，味道俱佳。醉虾，以活的大青虾为最佳，剥皮后，放入酒中浸泡一个时辰，沾酱、醋生食，鲜嫩可口。

运河船家一般都很讲究待客之道。客人上了船，主人便吩咐家人递烟、让座、倒茶。如到饭时，主人出去安排酒饭，回来也不告知客人；待客人欲告辞时，主人才说酒饭备好了。如果客人执意要走，主人也不强留；客人留下了，渔家就端上酒菜，让客人在背靠左舷的上座就坐，如果客人不懂或十分谦让，也就主随客便。客人坐定，主人还会招呼邻船的亲朋好友或近支族人过来作陪，宾主盘腿而坐，大碗喝酒，其乐融融。①

过去，有不少船民、渔民为了丰富自己的饮食，会想方设法种上少量蔬菜，养一些鸡鸭等。乾隆年间出使中国的英国人巴罗就曾观察到，有的船民、渔民们会在自己的船后拖一竹筏，上面种植一些葱蒜。竹筏用芦苇和野草结扎而成，上面铺着泥土，船只拉着这些“水上菜园”前进，“妇女协助拉网，干各种捕鱼的活，年幼的家庭成员有的养鸭”。“渔舟上也养许多猪。事实上猪鸭都是可口的食物，肉肥，有营养，胜过其他牲口。人们把鸭子剖开，用盐腌，晒干，拿去交换谷米。”②

三、运河对沿线地区饮食的影响

运河对沿线地区饮食的影响，主要体现在以下几个方面：首先，运河作为运输漕粮的通道，其首要目的在于解决特定地区的粮食需求。其次，运河沟通南北，大大促进了各地区间的物质、文化等各方面的往来与交流，饮食亦是其中的一个重要方面，一些地方饮食依靠运河而声名远播，成为各地皆知的名吃。最后，南来北往各色人等的饮食需求，推动了运河沿线各地饮食业的发展繁荣。

① 高建军编著：《山东运河民俗》，济南：济南出版社，2006 年，第 190 ～ 193 页。

② 〔英〕乔治·马戛尔尼、〔英〕约翰·巴罗著，何高济、何毓宁译：《马戛尔尼使团使华观感》，北京：中国旅游出版社，2017 年，第 446 ～ 447 页。

（一）运河与京城食米

运河开通与漕粮运输的首要目的在于解决京师等特定地区、特定人群的粮食需求问题。以唐代长安城为例，唐开元年间（713～741），长安的粮食供应及消费大体如下：皇室、后宫及太监约3万人，年耗粮20余万石；京师文武官员2 621人，年给禄米151 533石；诸司役作84 058人，年用粮70余万石；京畿禁军107 000人，年用粮77万石；禁军战马7万匹，年耗粮151万石，以上合计年用粮330余万石。每年供应长安城的粮食有：关中租税粮115万石，关中和籴粮120万石，剩下缺额的100多万石，就是通过漕运提供的。[①]

再以清代北京城为例。北京是清代漕粮运输的最终目的地，而其主要用途在于给京师官兵发放俸米以及八旗旗人的生活用米。其中在京师附近，光驻扎的八旗士兵就是10多万，此外皇族子弟、满汉官员等也不在少数。除此之外，八旗士兵、满汉官员的家属人数更为庞大，总计不会低于几十万。约略估计，八旗兵丁、官员及其家属，总数不下50万。而这些人又基本都是不劳而食者，主要依靠赡养米粮而活。其中京官官俸和旗人官粮，又称甲米，两者约占漕粮总额的十分之六；发放给工匠的称匠米，约占漕粮总数的十分之一。此外就是发放给皇室子孙的恩米，清初皇室规模不大，大约只占百分之一。[②]

各等级皇室子弟、官员及旗人等，有着不同的俸米标准。据顺治七年（1650）的规定，亲王禄米12 000斛，郡王8 000斛，贝勒2 800斛，贝子1 600斛，公爵1 200斛。清乾隆年间（1736～1795）规定，闲散宗室年到20岁者月给米3斛，年总数为36斛；八旗承袭世职佐领人等，世职年到18岁，佐领年到16岁，当差行走的支全俸，不满年岁未上朝的支给半俸。[③]到清朝后期，宗室子弟禄米具体为亲王5 000石、郡王2 500石、贝勒1 250石、贝子650石、镇国公350石、辅国公250石。此外镇国将军、辅国将军、公主、额驸、格格等也都有从200石到15石的禄米不等，总数较清初增加了几十倍，其所占漕粮米额的比例也大幅度上升。照年400万石的漕粮总额度，其禄米总额约在100万石。此外八旗文武职官等，都按各自的品级发放俸米。乾隆年间，更是具体规定大学士、尚书、侍郎等官俸米加倍支给之制。其具体数额，从一等公的350石到最低品级的20石不等，其禄米总数约在12万石左右。八旗外任官员，家属留京师的在京支领俸米。各院部年老退休官员，照原官品级给发俸禄。另外就是在京汉人官吏，也按品级支给俸米，90到20石米不等，其总数约在18 000石左右。相比之下，领米最多的为八旗士兵。以清咸丰年间（1851～1861）为例，京师八旗官兵14万余名，共该领甲米173万余石，再加上养育兵俸粮合计约175万石。[④]总之，

---

① 王朝中：《唐朝漕粮定量分析》，《中国史研究》1988年第3期。

② 李文治、江太新：《清代漕运》，北京：中华书局，1995年，第59页。

③〔清〕鄂尔泰：《中枢政考》卷一五《俸饷》。

④ 李文治、江太新：《清代漕运》，北京：中华书局，1995年，第59～71页。

清代北京的王公贵族、文武百官、八旗官兵及其家属等，是一个庞大的消费群体，“大抵京通两仓所收米，曰官俸，曰官粮，亦名甲米，二者去全漕十之六”；据乾隆年间的记载，“每年支放八旗甲米约二百四十余万石”[①]。

清代，官员和八旗士兵的俸禄和兵饷分春秋两季领取，春季自二月起，秋季自八月起，限三个月内放完。官员和军队领取粮食，要持单据作为凭证，如八旗官兵支领俸米时，每一佐领给票一张，由仓场侍郎验票发粮。仓场支放粮米时，仓场侍郎必须严加督察。为了整顿仓场秩序，完善漕粮支放制度，康熙朝开始，对漕粮的发放进行了多次调整。康熙四十三年（1704）题准，八旗兵兵饷秋季改为十月发放，春季仍为二月，两季俱限两个月内放完，如果逾期未完，将题参户部查议。康熙四十四年题准，将每年应放的兵米匀作三份，从春季二月起至秋季十月，共八个月，两份米石俱在二月支领，从秋季十月起到次年春季二月，共四个月，余下的一份米石俱在十月领完。雍正元年（1723），清政府做了更为具体的调整，官员两季俸米自二月初一、八月初一起放，兵丁甲米则开始分三季支领，分别从三月、七月、十一月的初一日放起，官俸和兵米均限在两个月内放完。雍正三年，清政府准许在放兵丁甲米时，如果遇有雨水，可宽限一个月，永为定例。以后，到了乾隆年间，曾又将八旗兵米按四季发放。[②]

一般情况下，官员和兵丁都是支领食米，当时称之为“老米”，是一种较好的米。当时，礼部支用的太监食粮等，也均是老米。当然，也有因特殊情况而支付其他食粮的，如乾隆二十年（1755），由于京仓收贮黑豆甚多，便将满汉官员的俸粮以豆抵给。伴随着每次仓场支放官兵粮米，商人便开始了频繁的活动。许多官员家中存有粮食，领取俸米后，随即便出售给米局和商铺。一些仓场官吏也多有作弊出售粮米的现象，而一般的仓役在接受米局和商铺的贿托后，常有“撞斛多量”之弊。对于兵丁，每遇有需用银钱者，米商和铺户总是争先向其借贷，然后，以兵丁未领米石先期贱价抵押，这叫作“短米”。待至各仓向兵丁放米之期，铺户等串通仓役、仓书等，包揽冒领，最后将所领兵丁米石用以囤积，居奇抬价。对于这些弊端，清政府采取了种种措施，如支放俸米时，仓场侍郎必须严加访查，发现行弊者，送刑部治罪；遇有铺户将兵丁米石违禁预买者，仍令兵丁自行赴仓领取米石，所借铺户银钱不予偿还，兵丁只稍受查处，而商人如往索讨，允许兵丁向上告发，索债之人将从重治罪。虽然清朝统治者欲以政策和法律的形式杜绝各种不良现象，但是屡禁不止，收效不大。

赈济灾民是京仓漕粮的又一重要功用，其主要也在于解决“食”的问题。大凡直隶各地遇有天灾或其他情况，均从京、通各仓拨粮赈济，所用米种是次于老米的梭米。

---

①〔清〕载龄等纂修：《清代漕运全书》卷一七《京通粮储》。
② 同①。

赈济的方式主要有散赈和煮赈两种。散赈是将漕粮运赴灾区，酌情散发给灾民；煮赈则是由政府派员设厂，以煮粥的形式救济灾民。前者多用于直隶各州县，后者多用于京城城区。有时遇上青黄不接，民众口食维艰，清廷也以平价粜卖米麦的方式赈济百姓，这种方式一般在灾情较轻时施行。具体如："嘉庆五年，近畿一带雨量不足，贫民糊口维艰，顺天府再行煮赈一月"；"嘉庆六年，中顶庙内存留难民千余名，于该处设厂煮赈"；"嘉庆六年，永定门、右安门外有灾民二万二千余人，每日给米三合三勺，小口减半，俟一月期满，应否展赈，视具体情形。后将青、壮年灾民挑选前往治河，妇女、幼孩及老病残废等不能佣工者，集中在增寿寺设厂煮赈一月，每日给米三石"①。

平粜是广泛利用漕粮的又一方式，而其目的也在于解决"食"的问题。比如在清代，即便是京城，米价也不稳定，波动无常。每当京城米价渐昂，清廷便实施平粜，加以调节。此外，灾荒和漕粮存期过长，也是清廷实施平粜的因素。清前期，在京师的东、南、西、北、中五城均各设厂，一是用以日常赈济，二是用于城内平粜。从乾隆二年（1737）开始，在近京东、南、西、北四方添设八厂，拨米平粜。每厂设立监粜官，由各部院挑选司官八员，内务府分派司官八员，乾清门分派侍卫八员。所以，每厂监粜官是三员，每天二员在厂监粜，一员轮流察访，以防囤积等弊。每厂还设书吏二名，斗级八名，夫役四名，由地方官拨给供役，每官一员跟役三名，共给银五钱。夫役每名日给银六分，书役每名日给银八分，以作日用之需。各厂由仓场和顺天府派车运米，所粜银钱十天回收一次，解往户部。不久，又增设为五城十厂，城外四厂，城内六厂。由于散粜米石不断增加，乡民入城不无守候，于是，将城内厂移至城外关庙，每城增派御史一员监粜，所粜米石的钱文每逢初一、初六一次投批，每逢初五、初十一次查收，无论多少，尽数交纳。乾隆六年，每厂还颁发循环簿二本，逐日登填所卖米石钱文并实存米石数目，按月送交户部换给，以防卖多报少、挪新掩旧之弊。乾隆二十三年（1758）规定，监粜各官在六部司员内拣派，吏部派定中城，户部派定南城，礼部派定通州，兵部派定北城，刑部派定宁城，工部派定西城，成为定制。②

（二）运河与饮食交流、传播

运河的开通与漕运的往来，对于南北各地的饮食结构、饮食习惯等产生了重要影响。唐代之后，漕粮运输方向是由南向北，其中江南地区及安徽、江西、湖南、湖北诸省又是漕粮的主要来源地。以明清时期为例，在每年总计约 400 万石份额中，占 80% 以上。③而专供宫廷皇室及京官俸米的白粮，更是专由江南地区征运。而在这些省份与地区，所种植的主要粮

①〔清〕载龄等纂修：《清代漕运全书》卷六〇《京通粮储》。

② 吴琦：《漕运·群体·社会：明清史论集》，武汉：湖北人民出版社，2007 年，第 45 页。

③〔清〕杨锡绂：《漕运则例纂》卷一《漕粮原额·正兑原额》。

食作物为水稻，由此所征收的漕粮也就是稻米。大量稻米北运，必然会大大改变漕粮目的地民众的饮食结构。

唐代以前，北方地区曾有大面积的水稻种植。唐宋以后，受气候变干变冷、黄河泛滥以及战争等多种因素的影响，北方地区水稻种植面积总体呈下降之势。也就是说，就北方地区的饮食结构来说，主要为粟、豆、麦等，稻米并不占重要地位。而在京师地区，受运河开通及漕粮运输的影响，稻米却成为民众的重要食料之一。前述之皇亲国戚、各级官员以及八旗官兵等，其主要食粮都是稻米，这必然造成整个北京城的粮食结构的改变，进而对人们的饮食口味产生影响。如在清代，受漕运的影响，人们逐渐接受了大米，不仅北方的汉族臣民如此，满清王公贵戚们也逐渐习惯了大米。清代帝王每日的主食都离不了米，既有以粳米、糯米做成的米饭，也有米粥、米粉糕等。

除了大米，其他物品也通过运河大量传播到北方地区。如据明人谢肇淛所载："余弱冠至燕市上，百无所有，鸡、鹅、羊、豕外，得一鱼，以为稀品矣。越二十年，鱼、蟹反贱于江南，蛤蜊、银鱼、蛏蚶、黄甲，累累满市。此亦风气自南而北之证也。"① 清代，很多南方食品通过运河传播到北京地区，深受京城民众之欢迎，如南方的糖饼，销量就非常可观。售卖糖饼的商人还专门组织了一个糖饼行会，记述糖饼行会的一通碑刻云："如我江南糖饼行，在京贸易已久。"②

漕运对运河沿线地区饮食风尚的影响，不止体现在北京一地。山东济宁地方名吃甏肉干饭，就是受大运河及漕粮北运影响而出现的一种食物。甏是一种盛放食物的瓮类陶器；甏肉就是用甏烹制和盛放的肉，据传起源于北宋时期的梁山。当年众好汉齐聚梁山，投奔而来的人数日益增加，普通做饭的炊具已满足不了需要，厨师就用腌制咸菜的甏充当炊具，把大块的肉放入其中，加老汤以及葱、姜等佐料，文火慢炖，肉香四溢。元代京杭大运河开通，济宁成为运河沿线的重要码头，来自南方的漕粮经由此地运往北方。于是，人们把传统的甏肉与大米饭混在一起，吃起来别有一番风味。正宗的甏肉干饭制作所需要的"甏"，必须是江苏宜兴所产的深型砂罐，这种罐也是经由运河运输过来的。也有人考证，甏肉干饭其实源于运河上船工和漕帮的"瓦罐乱炖盖浇饭"③。虽然说法不一，但甏肉干饭无疑是一种因运河和漕运而生的地方美食。

在山东运河沿线的广大地区，无论贫富，但凡宴席必定会有鲤鱼，这其中尤其被人们所喜爱的是糖醋鲤鱼。糖醋鲤鱼是糖醋鱼的一种，而糖醋鱼又是一种典型因运河而生的美食。糖醋鱼的前身是糖酥鱼。相传明代时，山东莘县有个原籍江南的薛县令，

---

①〔明〕谢肇淛：《五杂组》卷九《物部一》，上海：上海书店出版社，2009 年，第 185 页。

② 李华编：《明清以来北京工商会馆碑刻选编》，北京：文物出版社，1980 年，第 132 页。

③ 毛蕾：《甏肉干饭》，《农业知识》2013 年第 8 期。

其厨师针对南方人嗜甜的习惯，每次为其送饭时，总要带些蜂蜜、糖稀等甜品。有一次，厨师误将糖稀和炸鱼混在了一块，没想到这位县令吃了却赞不绝口，以后便常常让厨师为其做糖鱼吃。很快，社会上也开始流传糖鱼的吃法，并逐渐在周边地区传播开来。当时在鲁西地区做官的南方人较多，受运河开通的影响，大量南方人往来于鲁西地区，糖鱼很快成为他们聚会交友、宴请宾朋的上等大菜。与此同时，由于运河的开通，大批山陕人活跃于运河沿线地区，其中聊城就是一个重要的落脚点。山西人嗜酸，不论做什么菜都喜欢加点醋。当时，聊城的山陕商人每年都要在临河的山陕会馆办大宴、唱大戏。宴席举办时有一个不成文的规定，就是谁做的菜得到大家好评，谁就会得到各商家的赏钱。因此厨师们总要拿出浑身解数，绞尽脑汁地做出好菜品，以迎合这些山陕富商们的口味。山陕商人嗜醋如命，有厨师在做糖酥鱼熬糖汁时加入了一些醋，端上桌后浓香四溢，不仅山西客商喜欢，南方客商和本地人也夸赞不已。此后，糖醋鱼逐渐在鲁西运河沿线周边地区传播开来。

糖醋鱼中的糖醋鲤鱼又被雅称为“鲤鱼跳龙门”，而之所以称之为“跳龙门”，也是为了迎合山陕商人进取好胜的心理。龙门，即山西省河津县与陕西省韩城县之间的一座大山。此山横跨黄河两岸，双峰夹峙，形如门阙，故名龙门。每年春季，黄河鲤鱼都要溯流而上，受阻于龙门之处，只有极少数能跳跃而过。龙门为山陕商人的故乡所在，“跳龙门”又有着吉祥的寓意，于是人们在做糖醋鲤鱼时，将其做成头尾高翘之势，呼之曰“鲤鱼跳龙门”。

再如享有盛名的山东济宁玉堂酱菜，也与运河有关。明清时期，济宁是运河沿线的重要漕运与商业码头。康熙五十三年（1714），沿运河北上的苏州船户戴某，看到济宁交通便利、商贸发达，便在济宁城南门外运河南岸地方购买了土地一块，盖了三间房屋，开了一家名为“姑苏戴玉堂”的酱菜铺，主要经营由苏州运来的各式江南小酱菜，此外也制作一些酱油、黄酱和醋之类的调味品。到乾隆后期，济宁当地富商冷长连和官僚孙玉庭的资本开始渗入这家酱菜铺，最终酱菜铺被卖给了冷、孙两家，改称“姑苏玉堂”。酱园聘请了店员出身、精明强干的梁圣铭为经理，扩建作坊，增招工人，又在原江南酱菜味道的基础上，创制了更符合北方人口味的“什锦”“八宝”等酱菜。酱园的业务也大大扩展，囤积粮食，酿造酒水，加工糕点，还发行钱票。至此，玉堂酱园进入其发展的第一个高峰，资金增长到近10万两白银。清光绪年间（1875～1908），玉堂酱菜被定为贡品，身价大增，很快畅销大江南北，有“味压江南”“京省驰名”之誉。玉堂酱园的产品有秋油伏酱、五香茶干、远年干酱、甜酱、独流老醋、干榨黄酒、绍兴零沽、关东虾酱、大仓糟油、南北各种小菜等，汇聚了南北各地之风格。除济宁玉堂酱菜外，山东运河沿线的临清、东阿、汶上等地酱菜制造业也很兴盛。[①]

在运河沿线各地的不少城市与码头，都有清真饮食传统，这一传统的形成，与运河开通

① 王云：《明清山东运河区域社会变迁》，北京：人民出版社，2006年，第200～206页。

及回族民众沿运河迁徙分布有着直接关系。运河沿线回族的分布肇始于唐宋时期，当时有不少回民商人在运河沿线从事商贸活动。其中有的人滞留并定居于运河沿线的杭州、苏州、扬州等城市中。元代，随着京杭大运河的开通，东南各省的回民商人大量向运河沿线迁徙。明清时期，大运河成为我国南北交通的大动脉。随着沿线商业的发展，回族商人在运河两岸的活动也达于顶峰，从南到北的运河沿线各码头成为回族商人的聚居地。①

回族民众历来有清真饮食传统。随着回族民众聚居于运河沿线地区，清真饮食传统亦在运河沿线地区推广开来。比如济宁，元明清时期，漕运发达，大量回族商人等来此定居，形成了回族集中居住区。受此影响，清真饮食业随之在济宁兴盛起来，其中又尤以越河最为发达。清代，济宁城经营清真餐饮的有 600 多家，其中经营面食小吃的有 500 多家，经营菜馆的有 100 多户，规模较大者则有 10 多家，历史悠久、享誉盛名的则有隆盛、马聚兴、文盛兴、温泰和、马家馆等。②

运河沿线的许多城市都有自己的特色名吃，具体如杭州西湖醋鱼、苏州松鼠鱼、镇江蟹黄汤包、扬州炒饭、德州扒鸡、淮安汤包、南京盐水鸭、徐州霸王别姬（主要食材是甲鱼、鸡肉）、济宁甏肉干饭、临清八大碗、河间驴肉火烧、天津大麻花，等等。这些名吃，有许多本就是运河影响的产物，如济宁甏肉干饭。受运河交通及南来北往人群的影响，有的名吃突破一地之限而声名远播，成为享誉南北的著名吃食。如德州扒鸡，其前身是德州烧鸡。元末明初，随着漕运繁盛，德州成为通衢之地，经济、商贸繁荣。为满足来往各色人等的需要，德州烧鸡应运而生。挎篮叫卖烧鸡的人，经常出没于运河码头、水旱驿馆附近。到清康熙年间（1662 ～ 1722），一位名叫贾建才的烧鸡制作人，一开始是挎篮贩卖，后生意扩大，在运河码头处开了一家烧鸡铺，每天煮一锅烧鸡，请一位小伙计帮忙打下手。一天，贾掌柜有急事外出，嘱咐小伙计压好火，没想到小伙计睡着而煮过了火。本以为白费了力气，没想到又酥又香，大受过往食客欢迎。后来贾建才在此基础上又悉心改良，正式创制出了德州扒鸡品种。德州扒鸡之“扒”，即文火之意也。贾家烧鸡出了名，便有人建议给鸡起个名字，有人主张叫“运河鸡”，有人说叫“德州香鸡”，还有人说叫“脱骨鸡”。相传临街的一位老秀才品尝了鸡肉，顺口吟出：“热中一抖骨肉分，异香扑鼻竟袭人。惹得老夫伸五指，入口齿馨长留津。”吟罢又赞叹：“好一个五香的脱骨扒鸡呀！”于是就有了“德州扒鸡”之名。后来，运河之上南来北往的

① 杨志娟：《选择与嬗变：运河回商与伊斯兰文化中国化》，《西北民族研究》2016 年第 2 期；王树理：《大运河与我国回族散杂居格局的形成》，《回族研究》2001 年第 4 期。

② 全国政协文史和学习委员会、济宁市政协：《运河名城济宁》，北京：中国文史出版社，2010 年，第 236 页。

人留驻此地，吃过扒鸡后都赞不绝口，其声名亦在运河沿线各地广泛传播开来。[①]

淮安汤包，淮点三绝之一，又称蟹黄汤包，是用肉皮、鸡丁、蟹黄、虾米、竹笋等20多种配料制作而成的一种包子。受大运河的影响，淮安汤包驰名南北。相传，乾隆皇帝微服私访时，曾带纪晓岚慕名前去品尝汤包。嘉庆年间（1796～1820），淮安汤包有“味盖三城，驰名京都”之说，成为官宦、商贾们到淮安必尝的美味佳肴。道光皇帝的老师汪廷珍即淮安人，他把淮安汤包带到京城，道光皇帝品尝后龙颜大悦，夸赞其为“人间第一鲜”[②]。

（三）运河对沿线地区饮食服务业的影响

大运河的开通，南来北往的人流以及运河沿线各码头商业的繁荣发展，大大带动了运河沿线城市、码头餐饮业的兴盛与发达。相比于其他地方，不论在餐饮的数量规模，还是品种花样上，都更为突出。

明清时期，天津为运河重镇与漕运重地，每年都有不计其数的各色人员从天津经过或在天津停留，大大带动了天津餐饮业和娱乐业的发展。当地流传一段“数来宝”：“想美餐，东门里，冀州馆，路南里，曹秃子，是经理，焖的饼，有名气，熏驴肉，味鲜美，切卖者，内掌柜。”[③]静海县唐官屯镇，由于紧靠大运河，漕运、客商来来往往，由此带动了本地工商业的兴盛。为满足南来北往的漕运兵丁、客商需要，市镇之上大饭店、小饭馆及各种小吃应有尽有。其中比较著名的饭店有义合居、玉升居、三义居等。饭馆有刘家饭馆、王家饭馆、杨家饭馆等，其中义和居聘用的厨师能做高档燕窝鱼翅席，名闻遐迩。[④]

山东济宁，为元代以后运河沿线的重要码头，元明清三代都曾于此设立运河总督衙门。京官或出生江南、两广的官员来济宁任职、巡察的颇多，他们往往都带有自己家乡的厨师，或于官船上设有小厨房，由此给济宁带来了许多名菜肴的烹饪技艺，促进了南北食风的交融，济宁大大小小的酒楼饭庄，推出了诸多适应南北方不同口味的风味菜肴。

济宁饭馆业经营的品种，既有南北风味的经济小吃，也有独具特色的地方名菜，尤以善于烹调湖鲜著称。清时，济宁饭店、菜馆逾百家，余为经营面食及各式小吃者。清末民初，较大的饭馆有20多家。有擅做鸭肝虾仁、炸鸡塌的宏源楼，擅做干贝溜黄菜、糖炒鱼片的温泰和，擅做翡翠鸡、凤尾虾、鳝鱼段的第一村，擅做鱼虾制品的宴月楼，擅做太史鸡、宫保鸡丁、松子鱼的紫云亭，擅做红烧鱼翅、氽虾仁的春华，擅做奶汤鳜鱼、炒双脆的竹林，以及各具特色的百花村、大兴村、春茗轩、新新园、松鹤轩、一品香、冬又冬、另一处、时

---

① 陈星耀：《漫话德州扒鸡》，德州：山东德州扒鸡总公司，2006年，第6～8页。

② 朱自清：《说扬州》，《人世间》1934年第16期。

③ 郭金智：《当年一段“数来宝”》，贾长华编：《老城旧事》，天津：天津古籍出版社，2004年，第96～97页。

④ 政协静海县委员会编：《静海运河文化》，天津：百花文艺出版社，2015年，第60页。

盛兴、鸿兴楼、隆盛鸡鸭老店、会景楼、楼外楼、文盛兴、三兴居、增盛楼、第一楼、同玉楼等。①

再比如扬州，一座典型因大运河而兴的城市。历史上，受运河漕运、盐业专卖等的影响，无数达官显贵、文人学士、富商大贾居留于此地，繁忙的漕运、发达的商贸使得扬州人流如织。为满足各色人等的需要，饮食业亦随之繁荣发达起来。尤其到明清之时，扬州饮食更是以其文人之雅、盐商之奢、厨艺之精、市肆之美而闻名于世。正如康熙《扬州府志》所载："扬州饮食华侈，制度精巧，市肆百品，夸视江表。市脯有白瀹肉、熝炕鸡鸭汤，饼有温淘、冷淘，或用诸肉杂河豚、虾、鳝为之。又有春茧𪎊𪎊饼、雪花薄脆，果馅餢飳、粽子、粢粉丸、馄饨、炙糕、一捻酥、麻叶子、剪花糖诸类，皆以扬仪为胜。"②"官家公事，张筵陈列方丈，山珍海错之味罗致远方，伶优杂剧、歌舞吹弹，各献技于堂庑之下。事属偶然，犹嫌太盛。若士庶寻常聚会，亦必征歌演剧，卜夜烧灯，肴尽珍羞，果皆异品。"③

各类食肆遍布扬州大街小巷，且各以特色取胜，"至城下间有星货铺，即散酒店、庵酒店之类，卖小八珍，皆不经烟火物，如春夏则燕笋、牙笋、香椿、早韭、雷菌、莴苣；秋冬则毛豆、芹菜、茭瓜、萝菔、冬笋、腌菜。水族则鲜虾、螺蛳、熏鱼；牲畜则冻蹄、板鸭、鸡炸、熏鸡。酒则冰糖三花、史国公、老虎油及果劝酒。时新酸咸诸名品，皆门户家软盘，达旦弗辍也"，星货铺相当于今日之冷菜摊或熟食店。徽包子店，即由徽州人开设的包子铺。食肆，即各种小饭店、小酒馆，"小东门西外城脚无市场铺，卯饮申饭，半取资于小东门街食肆，多糊炒田鸡、酒醋蹄、红白油鸡鸭、炸虾、板鸭、五香野鸭、鸡鸭杂、火腿片之属。骨董汤更一时称便"④。面馆，"城内食肆多附于面馆。面有大连、中碗、重二之分，冬用满汤，谓之大连；夏用半汤，谓之过桥。面有浇头，以长鱼、鸡、猪为三鲜。大东门有如意馆、席珍，小东门有玉麟、桥园，西门有方鲜、林店，缺口门有杏春楼，三祝庵有黄毛，教场有常楼，皆此类也。乾隆初年，徽人于河下街卖松毛包子，名"徽包店"，因仿岩镇街没骨鱼面，名其店曰"合鲭"，盖以鲭鱼为面也。仿之者有槐叶楼火腿面，合鲭复改为坡儿上之玉坡，遂以鱼面胜。徐凝门问鹤楼以螃蟹面胜，接踵而至者不惜千金买仕商大宅为之，如涌翠、碧芗泉、槐月楼、双松圃、胜春楼诸肆，楼台亭榭，水石花树，争新斗丽，实他地之所无。其最甚者鳇鱼、

① 刘玉平等编：《中国运河之都》，北京：中国文史出版社，2003年，第87～88页。

② 康熙《扬州府志》卷二〇《风物志》。

③ 嘉庆《重修扬州府志》卷六〇《风俗志》。

④〔清〕李斗撰，汪北平、涂雨公点校：《扬州画舫录》卷九《小秦淮录》，北京：中华书局，1960年，第197页。

车鳌、班鱼、羊肉诸大连，一碗费中人一日之用焉”①。“双虹楼，北门桥茶肆也。楼五楹，东壁开牖临河，可以眺远。吾乡茶肆，甲于天下。多有以此为业者，出金建造花园，或鬻故家大宅废园为之，楼台亭舍，花木竹石，杯盘匙箸，无不精美。辕门桥有二梅轩、蕙芳轩、集芳轩，教场有腕腋生香、文兰天香，埂子上有丰乐园，小东门有品陆轩，广储门有雨莲，琼花观巷有文杏园，万家园有四宜轩，花园巷有小方壶，皆城中荤茶肆之最盛者。天宁门之天福居，西门之绿天居，又素茶肆之最盛者。城外占湖山之胜，双虹楼为最。双虹楼烧饼，开风气之先，有糖馅、肉馅、干菜馅、苋菜馅之分。宜兴丁四官开蕙芳、集芳，以糟窖馒头得名。二梅轩以灌汤包子得名，雨莲以春饼得名，文杏园以稍麦得名，谓之鬼蓬头。品陆轩以淮饺得名，小方壶以菜饺得名，各极其盛。而城内外小茶肆，或为油鏇饼，或为甑儿糕，或为松毛包子，茆檐荜门，每旦络绎不绝。”②

第四节 住

对活跃于运河及其沿线水柜等处的漕丁、渔民、船民来说，船既是他们的工作场所，也是他们的生活空间。运河的开通，对沿线地区的聚落发展、街区布局、建筑样式、家具日用等亦均产生了一定影响。

一、漕丁与船民的住宿

船是运河之上各色人等最主要的居住之所。按漕粮运输过程中的规定，粮船行进时，不到固定的泊船地不许靠岸。如清代就规定：“淮北至通，沿河镇、道将领、员弁均有催重、儹空之责，漕船入境，各按汛地，立刻驱行，不许停泊。如催攒不严，以致粮船逗留及纵容丁舵、水手上岸生事者，听所在督抚题参。”③这就决定了以运丁为主的漕粮运输人员只能终日留守粮船，吃住都在粮船上，活动空间仅限于漕船各舱场。

漕粮运输距离远、时间长，因此有些漕运者会携带自己的家口参与其中。宋代诗人郑獬曾在一首诗中描写汴河船工：“汴流长恐日夜落，夜行愁杀刺船郎。橹声惊破老龙睡，船底触

①〔清〕李斗撰，汪北平、涂雨公点校：《扬州画舫录》卷一一《虹桥录下》，北京：中华书局，1960年，第266～267页。
②〔清〕李斗撰，汪北平、涂雨公点校：《扬州画舫录》卷一《草河录上》，北京：中华书局，1960年，第26～27页。
③〔清〕杨锡绂：《漕运则例纂》卷一三《粮运限期·沿途催儹》。

翻明月光。大儿灯下寻难字，小女窗间学剪裳。”[①]“刺船郎”是对船工的俗称。诗的内容表现了船工以船为家、儿女皆随船居住的情况。家眷随船，可以操持口食、照料起居。为满足运者及其家口的生活之需，“这些帆船的甲板上建有许多小房间，可以容纳几户人家，估计每船至少住50人。在天津到通州的航道上，我们至少遇到1 000艘这样的运粮船”[②]。也就是说，有大量人口居住、生活于水面船只之上。如英国使节巴罗就注意到：“我们发现一天中在这条大河上就驶过600多艘大船，每艘船都有一排建在甲板上的10个或12个独立的房间，每一间可容纳一家人。我们估计，平均每艘船上人数约50人，而我们实测漂浮在天津和通州之间河段上的这类船有1 000多艘。此外，不断往来，或靠在河岸上的各种舟楫满载男女和小孩，人数和大船的一般多，所以，在这条小河上，90英里的距离，生活在水上的人家不下10万人。”[③]按清代漕运规定，漕船每船旗丁一名，雇募水手9名。因此除去这负责挽运的10人外，多出来的人员应都是家属或随行人员。

除了漕船，用于运输货物的驳船也有供船员居住的空间。乾隆年间来到中国的英国使者描述：“船长和水手们的舱位就在祭坛周围。船长和水手一样睡在窄小的铺位上，床上只有一张席子和一个硬枕头。一艘驳船上有四五十名船员。”船员的床上之所以只有席子和枕头，应与使者们见到这些船只的时间为夏季有关。运送旅客的“游艇”等船只又有不同。“游艇的构造很简单，只有一层，旅客住在甲板上的房舱。全船长70英尺，宽15英尺。船底是平的，吃水很浅，只有几英寸。”显要人物乘坐的“游艇”则更是豪华，“长达80英尺，内里宽阔。房舱很高，便于空气流通……看上去非常高大”，“寝室、套间、会客室、厕所一应俱全……会客室内有一把方形太师椅，上面还有大靠垫。据说，中国所有高级官员的厅堂内都有这种椅子，是专供主人接见幕僚下属时坐的”。当然，此类船上也有专供行船水手居住的地方，“船尾有一小房间供水手居住，屋角摆着一个供奉的祭坛，上面燃着檀香，永远保持不熄”。总之，相比于普通“游艇”，显要人物乘坐、起居的“游艇”要豪华得多：“特使乘坐的游艇和其他游艇的区别在于前者的门窗镶嵌的是玻璃，后者主要是用纸糊的。这种纸是朝鲜制的，比欧洲纸更坚固耐久，经得起雨水和潮湿天气。玻璃在中国相对来说比较昂贵，多用作装饰。”[④]

而对船只的内部构造等问题，同为乾隆年间英国使团成员之一的爱尼斯·安德逊

---

① 〔宋〕郑獬：《汴河夜行》，《郧溪集》卷二七《七言律诗》，景印《文渊阁四库全书》第1097册，台北：台湾商务印书馆，1986年，第353页。

② 〔英〕乔治·斯当东著，钱丽译：《英使谒见乾隆纪实》，北京：电子工业出版社，2016年，第211页。

③ 〔英〕乔治·马戛尔尼、〔英〕约翰·巴罗著，何高济、何毓宁译：《马戛尔尼使团使华观感》，北京：中国旅游出版社，2017年，第162页。

④ 〔英〕乔治·斯当东著，钱丽译：《英使谒见乾隆纪实》，北京：电子工业出版社，2016年，第308、183、189、190页。

有着更为详细的描述，当时他们正是乘坐这些船只在内河航行的：

> 我记不起世界其他地方曾见过类似中国民船的构造形式。它是用木和竹建造的，平底；船身大小有好几种，长度从三十英尺起到一百英尺的都有，最大船的宽度有二十英尺到三十英尺，较小的船按比例缩小。
>
> 在这种船上，船面的上层有一排很精致舒适的舱房，收拾得很整洁，还用绘画加以装饰。内中有三间卧室以及餐厅，还有厨房和两间仆役住的房间。它的地板是活动的，可以提起。船四周都有活动舱板，每一块板有一个铜环。舱板底下是空的，可以装木料；大量货物可以储藏在内，几乎不能令人相信。
>
> 房舱的上层又是一排有十四五间的小房间。这是船上工作人员住的。另外一间是船长或船的主人住的。
>
> 在下面这个舱里，有木窗，很小的方洞，糊上一种油光透明的纸。窗架格一分为四，可以取下，以便空气流通，使房间消毒。外面有一个彩色的幕，从船头起一直到船尾，在很热的天气把幕撑开遮蔽强烈日光。窗外还有一层百叶窗用来抵御很冷气候的侵袭或任何季节性的严寒。
>
> 船的两边各有一条走道，大约三十英寸宽，人在走道上来往可以不通过任何房舱。这种船很多可以载运两三百吨货物，而船的吃水不到三英尺，因此可以安然轻便地航行于最浅水的河内。有些船有两根桅杆，但一般只有一根桅。船舵都是很笨重的。①

对广大运丁与漕运水手来说，船是他们的主要居住之所。一年之中，只有漕运停歇之时，他们才能返回各自家中。有些漕运水手生活贫穷，并没有自己的固定房屋与居所，于是便发展出一些相对特殊的居住方式，比如前已述及的罗教水手的“庵”。每座庵都有守庵人，由年老有病的水手充当。守庵人负责看守庵堂、经卷，接待水手，料理土地。水手在冬季停运后，或有病失业后，无处安身，便到诸庵居住，等到次年新运开始后，又纷纷应募出运，于是庵堂就成了这些无家可归者栖身、休养的重要场所。

德州船民的住船，就是自家的货运船，有大有小，大者一百二三十吨级，小者仅载二三十吨。这种船的居住空间是船凹。船凹，分上凹、中凹和下凹。一家不管有多少口人，男女老幼都住在这三间船凹里。以一百吨级的船为例，整个船凹长约十五尺，宽约八尺。上凹，俗称“倒坐”，长不过七尺，宽不过五尺，供晚辈居住。中凹，就是出入船凹和烧火做饭的过道，又称“当敞”，长不过五尺，宽不过三尺。下凹，是长辈住处及招待客人的地方，通常在靠前梁处摆一张小桌，左右放长六尺、宽四尺的对面铺。若人多住不下，则只能让孩

① 〔英〕爱尼斯·安德逊著，费振东译：《在大清帝国的航行》，北京：电子工业出版社，2015 年，第 60 ～ 61 页。

子们住在装货的马口舱和桅舱里。[1]

渔民坐家船，长六尺到八尺、宽二尺半到三尺的，叫“溜子”。长九尺到一丈二、宽三尺二到六尺的，叫“划子”。长丈二至丈四的，叫“四棹船”（即有四把棹桨）。长丈五至三丈长、宽七尺的，叫“大船”。旧时微山湖湖上渔民穷苦，以罾鱼为主辅以其他捕鱼方式的罾帮渔家，一只溜船，一副罾，一把叉，艄后养上几只鸭子，这就是他们的全部家产。一家有三只小溜船，就算是富裕人家。渔歌“一条小船八尺长，鱼网片子当衣裳”，描绘的便是他们的生活状况。以拖网或运输为主的大船帮，一般都是超过丈二的大船。中华人民共和国成立后，随着生活水平的不断提高，微山湖渔民的坐家船也在逐渐变化。由旧时在溜子、划子上用苇箔和苇席搭制的“窝篷船”，逐步过渡到木板搭制的“盖瓦船”，现在则多为丈五长、上下两层的“楼船”。

窝篷船，是在溜子或划子上“大舱”的四角立起竖杆，架上横杆，或干脆用竹批弯成弓形卡在“窜口”（即船舷）处，搭成苇箔篷或芦席篷，便成了旧时渔民的坐家船。冬季，再搭些稻草苫子、破布烂衫，以遮风蔽寒。旧时曾有歌谣唱道：“一条小船扁担长，祖孙三代住小舱。”盖瓦船，因将原苇箔、苇席的顶篷改为木制，故又称“盖板船”。前、左、右、顶，全用木板封起来，在后舱廊处设一小门以供出入。迁徙时，与窝篷船一样，用棹，或顺风时竖篙挂“风兜”而行。风兜一般用白棉布或床单。楼船，其前身是丈二的坐家船，由船头往后八尺处设“挡风”，如陆地宅院里的影壁。挡风之前为“大舱”“二头”“大头”，或装载渔具渔获，或做货舱载物。挡风之后一段，俗称“八尺”，此处兼作厨房，水缸、锅灶置于角落。这段走道的船板，名“八尺梭布”。再往后，起造“楼子”，或称“后艄楼子”。“楼子”平顶，夏日坐在上面吃饭、喝茶，“楼子”和“八尺”之上搭棚，名为“天遮”；冬春风大，棚上搭篷布挡风御寒，俗称“吊单”。两桅，前桅立船头“前面梁”，后桅立船头往后四尺半的“铺头”，桅上挂帆布风帆，因渔民忌说“帆”，故俗称“篷”。“楼子”便是卧房，前后有门，左右各辟小窗，窗洞由拉动的木板开闭。“八尺梭布”下称“八尺舱”，是成年未出嫁女儿的住处，又是从前船家供奉“伙计”（神）的地方。如今的楼船，“楼子”到“天遮”部分全部用木料建造，开门辟窗，面积也扩大到前舱廊处，原大舱、二头、大头都起为“楼子”，成为名副其实的二层楼房。船舱里也像陆上房子一样隔成一个个单间，“中舱”为卧室，“后凹”做厨房，“八尺”做客厅。“八尺”两侧设门，后艄做厕所，船头做天井，晾衣晒被。运输船上的“楼子”如旧制，依然在“八尺”之后，只是“八尺”不仅做厨房，还兼了舵房，货舱不装货时用木板盖上，便成了偌大的天井。

---

① 冯宝庆：《德州船民接受社会主义改造及生活变化的回忆》，中国人民政治协商会议山东省德州市委员会文史资料研究委员会：《德州文史》第三辑，2000 年，第 134 ~ 135 页。

因面积狭小，船居的陈设较为简单，但毕竟是个家，生活起居的东西一样不能少。比如现在的坐家船船顶，除存放渔具外，通常都会竖一架天线，用盆栽一些花草。船头放几把小椅子，供老年人冬季晒暖，或女主人做家务之用。楼子的底层卧室放一张床，一套组合橱。上层以一个布帘隔开，前面做卧房，后面做娱乐、宴饮的场所。后凹厨房里一个水缸，一个锅灶，锅灶上搁一板为菜案。艄后一般吊几个铁笼养鹅鸭，吊一只护篮坠入水中存放活鱼活虾。渔家的照明用煤油灯、马灯、气灯，现在用电灯，船上安有专门的发电机和蓄电电瓶。①

渔民、船民经常要在晚上劳作，养成了和衣而睡的习惯。对大多数船民来说，衣服只要挡寒就行，很多时候并不在乎穿着。有时在风雨中驾船劳作，小船若漏水了，为了救急，只能从棉被或棉衣上抠出一点棉絮，塞到船板上的漏洞里。一个地方漏水，就抠一点棉絮，往往一场风雨过后，棉被、棉衣也就破烂不堪了。在浙江嘉兴一带，船民睡觉，连伸脚都不敢大意，一不小心就会闯祸，把某件物品弄坏。因为船上空间有限，承载物品不多，往往需要一物多用，所谓“螺蛳壳里做道场”，一切只能将就。有时半夜起风，一个浪头打来，被子就被打湿了。老渔民有句口头禅：“一橹三蚌壳，要活性命大家兜”，弄不好船翻了，一家人就都没命了。由于生活条件差，虽然船上人家生育的子女比较多，但存活率却并不高。

每当家中孩子成年要结婚时，如同陆上居民要建房一样，父母总要千方百计为他们添置一条船。有条件的人家会打造一条新船，条件差的人家只好弄条破船来将就，让新成婚的年轻人住到船上去。与陆上居民不同的是，置办船只只是为了成婚，往往并不分家，婚后，小夫妻还是要到父母的船上去吃饭，打鱼等所获的收入也仍然要交给父母管理。②

平时，男人们成群结队驾船捕鱼，女人们则在船舱中用梭子织网。由于以船为家，故居无定所，船行到哪里，就将家安在哪里。夜晚时分，多条船聚集一处，按照传统的“帮”组合起来。彼时，帆篷错落，炊烟袅袅，俨然是一个漂浮的水上村落。因历史上捕鱼工具的不同，微山湖上的渔船组成了不同的船帮。其中主要的为三大帮，即网帮、箔帮与罱帮，此外还有货船帮、大船帮等。各个船帮的规模大小不一，大者上百条船，小的则十几或几十条船。白天他们一起在湖中捕鱼，晚上则一起泊船而炊。③

二、运河沿线居住习俗

（一）运河与聚落

运河的开通，促进了运河沿线聚落的兴起与繁荣。一方面，运河的开凿使运河沿线一些

① 济宁市政协、文史资料委员会、微山县政协文史资料委员会：《微山湖：微山湖资料考辑》，1990年，第165页。

② 嘉兴市文化广电新闻出版局、嘉兴市文学艺术界联合会编著：《运河记忆：嘉兴船民生活口述实录（上）》，上海：上海书店出版社，2016年，第19、21页。

③ 山东省济宁市政协文史资料委员会编：《济宁运河文化》，北京：中国文史出版社，2000年，第187页。

地方的地理环境发生了改变，使其拥有了比其他地方更多的优势，便于人口的聚集和聚落的发展；另一方面，某些特定的地方吸引了更多的人口在此聚集，如水路交汇处、物资转运处、官署或仓储所在地等。另外，国家在政治、经济、军事等方面的相关政策，亦对运河沿线聚落的分布产生了重要影响。

随着运河的开凿、改道、通疏以及漕运的兴衰，沿线的聚落等也会发生相应的改变。这更多体现在一些中小型的商业城镇上。这些城镇，有的是由原先的码头发展为商业市镇；有的是在运河需要疏浚和改造的重点区域，派驻专门的管理机构，并驻有军队，最终形成聚落。漕运本身的发展亦大大带动了运河沿线聚落的兴起与发展。由于漕运关系国家经济命脉，政府对漕运及运河总是精心维护，如设置粮仓、护漕、修漕船等，于是沿岸聚落也借机兴起并发展起来。

大体言之，运河沿线的聚落主要有以下几种类型：

一是交通汇集型，即在运河与其他河流相交汇处所形成的聚落。这类聚落区位优势明显，交通比较发达，往往成为不同地区货物的集散地，商贸活动频繁，经济发展迅速。如唐宋时期的开封城，虽然建城历史悠久，但真正快速发展却是在隋唐大运河开通以后。尤其是北宋时期，开封成为国都，形成了以汴河为中心，汴河、蔡河、五丈河、金水河“漕运四渠”穿城而过的运河网络。这一时期，开封的繁荣程度达到了历史最高水平。

二是码头聚集型。运河之上来来往往的船只，促进了沿岸各地码头的诞生，这些码头也成为商品交换的市场。商品交换需要装卸货物等，也就聚集了大量以搬运货物为生的民夫；往来人员需要吃住，进而促进了旅店、饭店等服务业的发展。码头汇集了各类人群，形成为聚落。如隋代通济渠开通之后，沿岸一些区位条件较好的地方，很快发展成为连接通济渠和附近主要城市的重要码头。这些码头，以前或无人居住，或仅为一般的小村落，但因交通之便，很快发展为规模较大的城镇，有的繁荣程度甚至超过了它所联结的中心城市。如今河南省开封市祥符区的朱仙镇，自唐宋以来，就因其靠近运河而成为水陆交通要道和商埠之地。尤其是北宋时期，朱仙镇作为开封城的南门户，南方地区的漕船先到达朱仙镇转运码头，再由运粮河运往都城。凭借着特殊的地理位置和便利的水陆运输条件，朱仙镇进入其历史发展的繁荣时期，成为因运河码头而兴盛的代表性聚落。明嘉靖以后，朱仙镇成为贾鲁河航运的终点，区位条件仍极为重要，由此一直保持了兴盛与繁荣。“自淮而南，邦国之所仰，百姓之所输，金谷财帛，岁时常调，舳舻相衔，千里不绝”[①]。至清康熙年间（1662～1722），朱仙镇更是达到其全盛时期，全镇民商 4 万余户，人口 20 多万，各种庙宇多达 100 多所，

①〔宋〕周邦彦：《汴都赋》，蒋哲伦校编：《周邦彦集》，南昌：江西人民出版社，1983 年，第 127 页。

号称“聚仙镇”。

三是粮仓守卫型聚落。运河运输，路途遥远，加之所流经区域的自然地理条件不同，河水含沙量与河床等特点亦不相同，因此多采用分段运输的办法。自隋代开始，为保证漕粮运输的正常进行，在大运河沿岸的许多重要地点修筑粮仓，用以存储其他地区运来的漕粮。为管理并护卫这些粮仓，政府在各粮仓设立了管理机构并派兵驻守，这就为聚落的形成和进一步发展提供了基础条件。而来往于各粮仓的官兵、水手、民夫等，大大增加了粮仓所在地的人口流动。为满足这些人的各种需要，服务业等随之发展起来。如著名的洛口仓，兴建于隋大业二年（606），主要储存经大运河运来的江南粮食，再转运至东都洛阳。洛口仓共有3 000多个粮窖，每个粮窖可储粮8 000石，为隋代最大的粮仓，驻有重兵把守。河南省巩义市七里铺村至今仍保留有长100多米、宽10余米的仓城遗址。①

运河沿线的聚落随运河开凿而兴盛，也会因运河废置而衰落。如上文提到的朱仙镇，曾与汉口镇、佛山镇、景德镇并称“四大名镇”，后来随着通济渠逐渐淤塞废弃，开封的地位下降，朱仙镇也失去了往日的繁华。又如原地处南北大运河“咽喉命脉所关，最为紧要”②之处的徐州，明代泇河开凿以后，漕船大部分沿泇河北上，不再取道徐州，在泇河开通的次年，经由徐州的漕船就减少8 000余艘。③后来徐州附近黄河决溢倒灌，运河阻塞，漕船便全部出邳州直河口经泇河北上。从此，“行旅不复取道彭城，其管洪主事，高枕空垒，无一客可延接矣”④。

运河不仅影响一个地区聚落的发展与兴废，还会对流经地区的地名等产生深刻影响。由于运河流经区域广，存续时间长，沿途有许多地名都与运河有关。如在今河南省台前县，运河主要流经夹河乡、吴坝乡和打渔陈乡，而这几个乡镇的地名皆具有明显的“运河”特色。其中，吴坝乡位于台前县东北角，辖晋城、马庙、牛三里、马三里、王三里、郑三里、堤头、李坝、王中坝、吴坝、东赵桥、西赵桥、石桥、徐垌堆、大洪口、陆庄、侯庄、柿子园、翁庄、韦庄、前董庄、后董庄、朱庄、邵庄、东周庄、马庄、沈屯、北姜庄、北张庄、东张堂、西张堂、东穆、西穆、西董、十里井、志门、杨洪、前高、后高等村庄。这些村庄的名称很多带有“堤”“坝”“河”“桥”“湾”“垌堆”“口”等与水有关的字眼。

这些与运河相关的村庄中，具体如沙湾村，又名三河湾，因元代会通河在这里改变流向，并与黄河、赵王河（曾为京杭运河分支）交汇，形成三河汇流的景象，故名三湾。另一说，大运河在这里转了三道弯（由沈堤到沙湾为东南—西北走向，到沙湾折向东到大坝为东—西走向，再由大坝折向北为南—北走向），故名三湾。后来黄河淤塞运河，形成一道曲线沙湾，

① 王金根：《隋唐大运河通济渠与沿岸聚落空间关系研究》，硕士学位论文，郑州大学，2012年，第28～38页。

②《明神宗实录》卷一九一，“万历十五年十月乙亥”条。

③ 同②。

④〔明〕沈德符：《万历野获编》卷一二《河漕·吕梁洪》，北京：中华书局，1959年，第329页。

故名沙湾村。明清时期，这里是黄河与京杭运河汇流处，北邻运河名镇张秋，南为京杭运河入东平湖的水路要塞，是黄河由游荡性河道进入稳定性河道的咽喉地带，具有非常重要的地理位置。沙湾村以北的村名分别有夹河、孙堤、沈堤、大坝等，亦均与运河有关。即使那些不带“坝”“口”等的村庄，许多也与运河紧密相关。明清两代京杭运河漕运发达，沙湾是明朝左佥都御史徐有贞的“河防营”驻地，近河村庄便出现了为来往客商、“河防营”官兵服务的手工业作坊，因而在村名上留下了鲜明的印记。如“马铁炉”，以善打马蹄铁得名；“前店子”“后店子”因客店聚集得名；“前柴”得名是因为为客人供应柴草；“枣包楼”为当时运河支河口岸，等待装船南运的乌枣“堆积如山”，故名枣包楼。当时“枣包楼”的乌枣、“柿子园”的柿子是客商们喜爱的秋季时令果品，也是输往南方的重要土产货品。①

（二）运河对沿线建筑风格的影响

1. 民居与商业街区

大运河的贯通，对沿岸地区的街道布局、民居风格等都产生了深刻影响。如山东汶上南旺镇，明清以来受运河的影响，镇上没有一栋正东正西的房屋，全部是东北—西南向。之所以如此，与此处运河为西北—东南走向直接相关。当地老百姓均以运河流向为方向标准，并将其视为正北正南。而在济宁，则出现了如南方吊脚楼那样的房舍，鳞次栉比建于蜿蜒的运河河畔。②

河南台前县曾是大运河畔的重要码头，运河亦给当地民居建筑风格留下了明显印记。总体上来看，过去台前县的民居建筑，西部多为土房，平顶；东部与济宁、聊城接近，较多砖房：窗子以下为砖石，窗子以上为土墙，高山墙（起脊），白墙蓝瓦，带有安徽或江南民居的风格，是外出经商的当地人模仿南方民居风格兴建的。由于台前东部三个乡在运河开通后商业往来十分繁盛，此类建筑也有不少是当地经商的外地（南方）客商按照自己家乡的建筑风格兴建的。在运河畅通期间，由于台前地处大运河中段，为京杭运河重要的交通枢纽和治运重地，被称为河漕“要害之冲”和“咽喉”之区，曾驻有大批治水的士兵，聚集了许多客商。沿运河两岸的房屋多依水而筑，人们临河而居，沿河房舍开窗即可俯视水流、汲水烧饭。运河沿岸还曾形成颇具特色的街道。从布局上看，这些房屋都是顺河而建，街道亦都是随河而弯曲。面向街道的商铺，全都是全敞开式板搭门面，不设隔扇，以最大限度地拓展经营空间。在整体建筑式样上，

① 许广州等：《台前大运河——大运河台前段历史沿革与运河文化研究》，长春：东北师范大学出版社，2011 年，第 130 ～ 133 页。

② 山东省济宁市政协文史资料委员会编：《济宁运河文化》，北京：中国文史出版社，2000 年，第 246 页。

多风窗阁楼式，上实下虚。房屋多为常见的硬山式，也有山柱、梁架外露的悬山式，但为数不多。街面出檐者较大，无飞檐。有的将两端封闭，即成楼上前廊；有的于楼层间再出雨棚伸向街面，也是为了扩大经营空间。①

聊城民居建筑则具有南北交融的特点，作为徽派建筑重要特征的马头墙，在聊城地区随处可见；临清的大街小巷，仿徽派建筑亦有很多。在商业街建筑上，也明显体现出南方文化的影响，其中的一个重要特点就是檐口较长。南方地区因为雨季较长、雨量大，为便于避雨，店铺的檐口都较长。明清时期，众多南方商人沿运河来到聊城地区经商，带来了这种檐口形式并得到了广泛应用。

运河对沿线码头、城市的商业街区亦有深刻影响，主要表现在两个方面：一是街巷均沿运河分布，并有大道直通运河码头；二是同样的店铺在地理位置上相对集中，形成按行业划分街巷的格局。仍以临清为例，运河呈人字形穿城而过，沿线街巷则与运河走向紧密相连，或四面靠河，或两面临运，均以运河桥梁或码头为起点，然后向运河两边纵深发展。南北走向的街道之间，又有许多东西走向的小街巷，呈现出一种网状分布格局。历史上，临清有“三十二街、七十二巷”之说。这些街巷多临河而设，并以商户所经营商品或手工业者所从事行业来命名，如酱棚街、草店街、茶叶店街、锅市街、白布巷、竹竿巷等。街巷之上的房屋，也多顺应运河走向，傍河而建，街巷蜿蜒曲折，很有南方水乡城镇的风格。②

受运河商业发展的影响，运河沿岸街巷多商肆店铺，经营模式则以家庭式的零售和手工作坊为主，形成一种“前店后宅”的院落布局，前面是外向的街市空间，即商业街巷和店铺组成的公共性空间，是进行商品经营活动的主要场所；后面是内向的居住空间，即由民居宅院组成的私密性空间，是供店铺经营者生活起居的地方。这种商业街巷与房屋，不仅是为了商业而建，亦是一种民居布局与形态。为了保证居住的私密性，在正对河道的宅门前方，多设一影壁。从街巷进入居住内院的入口一般都比较隐蔽，也不做过多的装饰。

2. 私家园林

运河沿线地区，受漕运及发达商业的影响，在各码头及商业城市中聚集了许多达官显贵、富商大贾，为了追求风雅，享受生活，他们纷纷修建自己的华美宅邸以及私家园林。园林之多、之胜，以运河沿线都会城市苏州、扬州最具代表性。有不少园林至今保存完好，如苏州的拙政园、沧浪亭、狮子林，扬州的瘦西湖、何园、个园等，堪称东方古典园林艺术的典范。明清时期，随着大运河的开通，南方的造园之风逐渐影响到北方地区。乾隆帝南巡时，陶醉于江南的园林之美，回京后仍念念不忘。乾隆在位期间，皇家宫苑在进行营造或改建、扩建时，

① 许广州等：《台前大运河——大运河台前段历史沿革与运河文化研究》，长春：东北师范大学出版社，2011 年，第 140 ～ 141 页。

② 赵鹏飞：《山东运河传统建筑综合研究》，博士学位论文，天津大学，2013 年，第 61 ～ 62、65 页。

对江南园林的造园手法多有借鉴和吸纳。

受江南园林的影响，许多北方城市亦有大量私家园林存在，并体现出明显的江南风格。济宁的私家园林就很有代表性。元朝以降，随着京杭运河水运的畅通和市镇经济的迅速发展，济宁逐步成为全国知名的工商业城市，也是运河沿线的重要商埠，聚集了相当多的富商大贾、士绅显宦。他们在此纷纷建造府第园林。地处运河中枢位置的济宁，其宅第园林的建造呈现出南北文化交融的深深印痕，除有着纵横交错的街巷外，城内外还有不少具有江南风韵的宅第园林，故而有“江北小苏州”之誉。[①] 据统计，宋元时期济宁共有宅第园林 6 处，明朝新建 40 余处，清代又新建约 50 处，至清末民初仍保有 20 余处，总计宋元至民国间共有宅第园林 100 多处。明清两朝是济宁宅第园林建造的鼎盛时期，这些宅第园林多呈现出简远、疏朗、雅致、天然之特色。清代，因运河而发迹的巨商大贾纷纷建造宅园，且像扬州、苏州商人那样，将宅园选址在贯穿古城的运河两岸。

济宁，位在北地，造园自有北方园林建筑的特色，又因元代以后地处运河的中枢位置，南北方文化在此交融，故而在造园艺术上又有着江南园林的风格特点，这在宅园的形制、筑轩建亭、累石凿池、花木栽植等方面，都有明显体现。如潚园、荩园、意园、西园、伴村园等，都有苏州、扬州造园技艺的体现。潚园双面透窗回廊的设计，房廊逶迤，透窗参错，有着“墙隔景不隔”的效果。伴村园巧妙地将上房院糅合在东园和西园之中，是典型的苏州庭园构设。荩园荷池院中的假山，南峰筑有南方风格的六角凉亭，北峰则建有北方的四角茅亭；以叠方砖透空花墙围园，屏山一列、上亭下沼、方池台榭的营筑手法，具有扬州园林艺术的鲜明特征，是江南造园艺术沿京杭运河向北传播的例证。

济宁宅第园林，不管是在整个宅园的规划设计、亭榭轩堂的造型、景观营造的叠山凿池、置石植树的大格局上，还是在匾额楹联的悬挂、木石砖雕等建筑物构件的细微装饰上，都可寻到南、北方造园艺术交流的痕迹。如石桥镇张家桥玉堂孙氏孙步和在郭家街东首路南的宅园，入门是一处四合院，南屋为过厅，出南屋门即进入花园。花园东南隅垒石筑环形假山，山石形态奇崛，色彩艳丽，有蓝石、绿石；上植高耸椿树一株，粗可合抱；遍植花木，四时绚丽。山半腰置石桌、石凳，石桌上刻棋盘，供随时品茶、手谈。假山西南侧凿有洞室。山之南建茅亭一座，山与亭间，有池水板桥，山下另植大枣树两株。园子西南角另立四角茅亭一座，与山旁之亭相顾望。用“缩龙成寸”之法，以少量水石，造成“一峰则太华千寻，一勺则江湖万里”的审美构设。在四合

① 孙竞昊：《经营地方：郑与侨与晚明及明清王朝交替之际的济宁士绅社会》，《历史研究》2011 年第 3 期。

院西南角上有个过道，是入花园的另一个通道，其间建一座小门。就是这个小门，也做了精细的设计：门旁矗有石狮门枕，不高不矮的门槛，门楣悬“曲径通幽”的门匾，旨在提示意境的转换。

清代李斗《扬州画舫录》卷六引刘大观语：“杭州以湖山胜，苏州以市肆胜，扬州以园亭胜，三者鼎峙，不可轩轾。”扬州以园亭胜，应为明清时人之共识。济宁城与扬州城相仿，城区平旷无山。扬州人看山，除北郊略似山形的蜀冈，难见崇山峻岭，济宁人亦如扬州人一样，将北门大街附近的一处略有起伏的高冈俗称为“渔山”。因此，济宁在筑建园林时特别注重借鉴扬州叠石造山的技艺，挖池堆山作主景，以增加山水情趣，弥补济宁人看山只能登楼东眺凫峄、西瞻嘉祥九十九座峰的遗憾。明人文震亨《长物志》说：“石令人古，水令人远。园林水石，最不可无。”济宁的宅园，大多数有着假山曲池、小溪板桥的造景，一半以上可见太湖石和金陵玲珑石的身影。如明代工部营缮司郎中孙景耀创建雅集园时，曾从金陵运来9块玲珑置石，使得构筑于平地的雅集园，借助山环水抱和奇石与山、水相望而形成幽险的景观，营造出了城市山林之神韵。至清代，济宁的宅园则多了一些人工雕琢的山林之趣，少了些鲜活原创力，更多地拘泥于形式和技巧，但享受生活的功能却大大增加了，几乎成为多功能的活动中心。一般是前为宅第，后为花园。宅第可饮食起居，可会聚亲朋，亦可接待客商；后花园有书屋花房、假山凉亭、小桥曲溪，可读书、弈棋、会友，又可坐览山水、登高望远。造园的主人则由原来的官僚贵戚，又增加了因运河而发迹的巨商大贾，因此便多了一份附庸风雅、争强斗富的心理趋向于其中。园林营造技术和艺术方面基本上借鉴了苏州、扬州盐商园林的风格，“园必隔，水必曲”，凡园必有假山曲池、透窗修廊，巧妙布局，小中见大，空间开合，景物借对，达到幽雅怡人的目的。尤其是被誉为全国之冠的扬州叠山技法，几乎在济宁私家园林中都能见到。此时的济宁园林建筑，正好处在中国古典园林成熟的最后时期，体现出造园技艺的最高水平和运河城市园林的特色。①

3. 会馆建筑

明清时期，运河沿线各城市出现了大量的会馆建筑。会馆是旅居异地的同乡在寄籍地所设立的“聚乡人、联情谊”的组织机构，其所建馆舍，主要供同乡寄寓或岁时聚会。明代以后，随着商品经济与长途贸易的大发展，为应对商人在各地所遭遇的种种不适，远离家乡的客商建立了诸多以乡情为纽带的社群组织，会馆即重要形式之一。所谓“会馆之设，通都大邑，所在有之”②。实际上会馆也是一种特殊的民居建筑形式。

受漕运及商业发展的影响，运河沿线成为会馆的一个重要分布区域。具体如北京，“货行

---

① 高飞、张静：《南北文化融会与诗意化营造——济宁近古宅第园林的文化意义》，《民俗研究》2016年第1期。

② 郭绍璞：《创建晋翼会馆碑序》，李华编：《明清以来北京工商会馆碑刻选编》，北京：文物出版社，1980年，第32～33页。

会馆之多，不啻什倍于天下各外省。且正阳、崇文、宣武门外，货行会馆之多，又不啻什百倍于京师各门外”[①]。天津，“去神京二百余里，当南北往来之冲，南运数万之漕悉道经于此，舟楫之所式临，商贾之所萃集，五方之民所杂处……名虽曰卫，实在一大都会所莫能过也”[②]。乾隆四年（1739），闽广商帮于此兴建了闽粤会馆，俗称“洋蛮会馆”。乾隆二十六年（1761），山西商人建山西会馆，作为“西客烟行聚议之所”；道光三年（1823），第二个山西会馆建立，以为“山西盐、当、杂货等商”聚议之地。另在杨柳青镇建立第三座山西会馆。此外，道光年间，江西会馆建立。[③]苏州，运河上之大都会，经济发达、商贸繁盛，“凡上江、江北所到菽麦棉花大贸易咸聚焉”“凡四方难得之货，靡所不有……天下财货莫盛于苏州”[④]。繁荣的商业贸易吸引了大量外地客商贸易、居住于此，随之而来的则是大量会馆、尤其是商业性会馆的建立。所谓“姑苏为东南一大都会，五方商贾，辐辏云集。百货充盈，交易得所。故各省郡邑贸易于斯者，莫不建立会馆”[⑤]；“会馆之设，肇于京师，遍及都会，而吴阊为盛”[⑥]。扬州，地处南北交通枢纽，各方货物在此集散，商业鼎盛，外省旅居扬州者众多，于是建立了大量会馆，具体如岭南会馆、湖北会馆、湖南会馆、江西会馆和安徽会馆等。淮安，“水路之街，四方辐辏，百工居肆，倍于土著”[⑦]，各地商人相继于此建立了定阳会馆、浙绍会馆、润州会馆、福建会馆、江宁会馆、四民会馆、新安会馆、镇江会馆、江西会馆等。此外，在山东运河沿线的聊城、张秋、济宁、武城、东平、临清、德州、德县、冠县以及运河沿线的一些镇，如淮安下河镇、江都邵伯镇等地，亦都建有不少的商业会馆。[⑧]

会馆的建筑，通常都是按照各自家乡的建筑风格建造，体现出与会馆所在地不同的建筑风格。以山东聊城山陕会馆为例，该会馆建于清乾隆八年（1743），是山西、陕西两省商贾联乡谊、祀关帝的处所，所谓“联桑梓而祀神明”。整座山陕会馆呈现出庙宇和会馆相结合的建筑风格，坐西面东，南北阔 44 米，东西深 75 米，主要建筑有山门、戏楼、夹楼、钟鼓楼、看楼、碑亭、大殿、春秋阁等，共计 160 余间。会馆在建筑布局上采用传统做法，山门、戏楼、春秋阁等主体建筑，均位于一条东西向的

---

①《颜料行会馆碑记》，李华编：《明清以来北京工商会馆碑刻选编》，北京：文物出版社，1980 年，第 7 页。
②康熙《天津卫志·序》。
③王日根：《乡土之链：明清会馆与社会变迁》，天津：天津人民出版社，1996 年，第 92 页。
④嘉靖《吴邑志》卷一二《城外河渠》；〔明〕郑若曾：《枫桥险要记》，康熙《吴县志》卷二六《兵防》。
⑤《嘉应会馆碑记》，苏州历史博物馆等编：《明清苏州工商业碑刻集》，南京：江苏人民出版社，1981 年，第 350 页。
⑥杭世骏：《吴阊钱江会馆碑记》，江苏省博物馆编：《江苏省明清以来碑刻资料选集》，北京：三联书店，1959 年，第 24 页。
⑦天启《淮安府志》卷二《舆地志》。
⑧王日根：《乡土之链：明清会馆与社会变迁》，天津：天津人民出版社，1996 年，第 93 页；高建军：《运河民俗的文化蕴义及其对当代的影响》，《济宁师专学报》2001 年第 2 期。

中轴线上；钟鼓楼、看楼、碑亭等则在主体建筑两侧作对称式排列，形成了一个规整的长方形院落。整座会馆布局紧凑、做工精细、装饰华丽。建造会馆的木工、瓦工、油工、画工等，大部分都是从山西太原、汾阳等地请来的，所以，山陕会馆虽地处齐鲁，却又体现出山陕两省的建筑风格。在装饰构件方面，斗拱、骑马雀替、柱础形式等，都带有山陕地区的特点。如六层如意斗拱形式，是山西省十分流行的建筑样式；在装饰材料上，山陕会馆房顶采用青黄相间的琉璃瓦材料，并且拼接出菱形图案；在装饰题材上，山西商人将当地的人物、山水、花鸟以及戏剧、民间传说等带到这里作为装饰题材，如“鹿鹤同春图”，就是山西民居中最为常见的一种图案形式。①

三、竹竿巷

受自然条件的限制，我国北方地区很少种竹，但在北方运河沿线各码头市镇，如济宁、张秋、聊城、临清、德州、沧州、天津、北京等地，却都有一条竹竿巷。竹竿巷是以制作、贩卖竹制品为主的商业街区。元代京杭大运河开通之后，伴随着漕运夹带等贸易形式的兴盛，产自江浙等地的毛竹、黄竹、斑竹以及各种竹制器具等，经由运河大量运送到北方地区，并在沿线各码头进行交易。与此同时，一大批南方竹器匠沿运河相继到来，在沿线各码头落脚，靠制作各种竹制器具为生。久而久之，当地百姓也从江南人那里学会了制作各种竹器。随着从业人员的不断增多，逐渐形成了竹器制作的专业街巷，专门生产各种竹编器具供应四方客商及当地居民使用。竹器店铺往往集商贸与居住于一体，后院加工、居住，前店销售，因此竹竿巷又不仅仅只是商贸街区，也是一个居住街区。而“居”不只涉及住房的问题，还有家居日用问题。随着大量竹制器具由江南地区运达北方以及北方运河沿线城镇竹竿巷的兴起，各种竹制器具亦在北方推广开来，满足了北方地区人们的家居日用需求。竹竿巷的兴起与发展，是大运河的产物，它对沿线码头地区的居住社区与家居日用产生了深刻影响。

在北方运河沿线各码头城市中，济宁的竹竿巷是较具特色的一个。关于济宁竹竿巷的形成，当地流传着这样一则传说：

> 竹竿巷本是一条普通的小巷，散居几百户人家，他们安静地生活。而京杭大运河的开通，促进了南北交流，吸引了许多南方人来到济宁。有一天，一位心灵手巧、善于竹业的江南师傅来到济宁运河沿岸，驻足在这条原本普通的小巷，他一眼便看中了这块宝地，在此择地建房，安家落户，开起了一个小小的竹器作坊。由于经营有方，不过几年，

① 中共聊城市委宣传部、聊城市政府办公室编：《中国历史文化名城——聊城》，济南：山东友谊出版社，1995年，第50～73页；李正文：《运河文化影响下的聊城山陕会馆建筑装饰艺术研究》，硕士学位论文，东北林业大学，2016年，第62～64页。

这位江南师傅就丰衣足食起来。师傅为人善良，思想前卫，为了扩大经营规模，他广招徒弟，将一手竹业绝活传授给当地人。徒弟们学成后，也纷纷自立门户，各自经营起自己的竹业小店，也都生意兴隆，财源广进。再之后，徒弟们也广招徒弟，一传十、十传百，一条普通的小巷慢慢变成了一条专营竹器的大街，并有了芳名——竹竿巷。①

济宁竹竿巷有狭义与广义之分。狭义的竹竿巷仅指运河南岸、沿运河而设的一条长约2里的街道。广义的竹竿巷则还包括纸坊街、汉石桥街、纸店街以及清平巷、打绳巷、永丰巷和大闸口河南街这一大片临河街区。这一片区域紧靠运河，是济宁手工业最为集中、商业最为繁荣的地段。河边庐棚蹲踞，竹垛条陈，街面铺青石板，板搭门面，篮笼为幌，竹器盈堂。店铺高低不一，样式各异，有的前伸，有的后敛，有的加台阶，有的漫平地，悬山硬山、斜墙曲壁不一而足。竹竿巷最初是由南方竹匠前来营业后形成的，因此在整体的建筑布局与风格上多沿用南方式样。此后的百年间，经过北方泥水匠的不断翻修，到清代，这一片街区便形成了与济宁其他街巷迥然不同的建筑风格，既有江南风，又有北方味。通常，竹竿巷是门前交易、后门泊船，这在北方地区是不多见的。

竹竿巷的最大特色在于商业店铺、手工作坊与民居融为一体，“前店后宅”的布局十分明显。面街是全敞开式的板门面，不设隔窗，最大限度拓展营业空间，铺面上方则铺设木板，做成简易的“楼”，以活动木梯作为垂直通道，这一般是伙计和学徒的宿舍。从街面上看，便是南方那种常见的风窗阁楼式建筑。因商业区的拥挤，整个铺面建筑布局紧凑，中间为一小天井，这是店铺里面主要的通风采光设施。过去，竹竿巷的房子大多是用苇子做的，房子的墙体是砖。盖房过程中先把竹子放到屋顶，团上苇子，苇子上面涂上泥，泥上面则是麻绳和白灰。

竹业生意代代相传，多为子承父业，有的甚至能够传承三五代。清初，各种竹器作坊有10余家，如王鸿盛、杜永兴等；光绪年间，较大的店铺有37家，从业者200余人；1920年后增加到60余家；20世纪三四十年代，更是发展到170多家。②诸竹器作坊中，经营历史悠久且规模较大的店铺有徐敬荣家开设的“太茂号”、杨敬仁家的“复兴号”、杨子祯家的“大同号”、田福庆家的“祥太号”等。③竹器制造业所需要的主要原料为竹竿、竹枝，多来自南方地区的浙江、福建、安徽、江西等省份。这些原料，最初是由船户行商沿运河运至济宁地区，通常是将竹竿扎成筏子带来，或在漕船两侧

---

① 刘运国主编：《济宁记忆》第二辑，北京：中国社会出版社，2011年，第121页。
② 高建军编著：《山东运河民俗》，济南：济南出版社，2006年，第142页。
③ 济宁市市中区政协文史资料委员会：《济宁市市中区文史资料》第四辑，1988年，第148页。

捆上竹篙、竹竿等捎运过来。

竹木加工是一门手艺活，不用太多的本钱就能养家糊口，故在各运河沿线的竹竿巷，都有着发达的竹制品生产。正如临清流传的一首民谣所说的那样："一把篾刀一弓锯，两把竹篾做生意。"竹器种类很多，有大小各式的筐、篮、筛、罩、笼等，还有赶牲畜用的鞭尖、船篙、帐杆、竹扁担、竹扫帚以及家用小竹竿、竹梯、竹筷、竹茶盘等。以济宁地区为例，在长期的制作、经营过程中，竹器业又分化为四行：一是篮子行。以编制品为主产，主要有磨坊用的水旱筛，酱园用的酱油秋江篮、江吉子，糕点店用的粘果斗，还有药材店用的柏子筛、丸药浅及其他筛药工具等。此外还有淘箩、方筐、车带筐、元宝篮、小方篮、大网篮、鸡篮、鱼筐、鸡罩、鱼罩、粉罩子、豆滤子、豆芽筛、鱼丝篮、打油圈、粉钎子、房钎、茶牌及各种竹扒等。二是笼子行，即编扎鸟笼，做工精细，剔透玲珑。选料以后，全是细活儿。先要经过摸竿、划竿、再起、拉条等近 10 道工序做出篾子来，然后用篾子去编扎鸟笼，一共需用几十道工序。其产品种类繁多，有大小方笼、圆笼、粗细画眉笼、大中小三号百灵笼、靛颏笼、各式打笼、大拉笼、鹌鹑笼、母子笼、蝤子笼等。三是扎轿行，主要制作结婚用的花轿、花棍、伞扇、裙灯等。做大轿要用大料，做工有粗有细，多行销至临沂地区的费县、平邑等一带农村。四是鞭条行，主要是扎扫帚，拧鞭条子，做三股条、四股条竹筢子等，销往农村，供庄户农民及运输赶车用。拧鞭条子，要先用火炉燎烤选好的竹枝，待竹枝燎出通体的油来，然后迅速用布将"油"抹去，趁热拧出各种鞭条子来。[①]

临清竹竿巷的竹器制造业亦非常发达，生产的各种竹器制品不下一百种。具体来说，可分为以下几类：农器类，如竹筢、扫帚、筛子、竹算、鞭条等；生活用品，如风门、竹帘、篮子、筐子、篓子、竹几、竹椅、竹担、竹杠、筷子、竹签、竹牌、绳刷、缸帽、童车等；装饰品和儿童玩具，如竹鸟花、竹呼哨等。[②]另外，为满足榨油业的需要，还生产油篓等物品，有一条名为油篓巷的街巷，"巷内人家俱以篓为业，编竹成之，内糊油纸，甚轻坚，客装油必用之。相传惟临清者鼠不啮"[③]。

竹竿巷生产的各种竹制品，或在本地销售，或运往其他地区售卖。如济宁周边的农民进城，多喜欢到竹竿巷转转，购买自家所需要的竹器；远方客商也常慕名前来购置竹器，然后贩运到曹州、沂州等处，或随漕船销往京津等地。[④]除此之外，经由漕船夹带等方式，还有大量产自江南地区的各种竹制器具被带到北方地区。如据《漕运则例纂》所载，经由运河运输的南方竹制器具就有小镜架、木桶、小漆盒、澡桶、筷子、木屐、伞、马桶、箭杆、笔管、

① 杨敬仁、冯维伦：《一度发达的济宁竹器业》，济宁文史资料委员会：《济宁文史资料》第四辑，1987 年，第 176 ～ 179 页。
② 王云：《明清山东运河区域社会变迁》，北京：人民出版社，2006 年，第 208 页。
③ 乾隆《临清州志》卷一一《市廛志》。
④ 高建军编著：《山东运河民俗》，济南：济南出版社，2006 年，第 142 页。

笔帽、藤鞭杆、藤、棕、圈篾、篾箩等。[①]

第五节 行

运河作为一条交通繁忙的黄金水道，各种各样的船只穿行其间，往来不息。为维护运河的航行秩序，政府制定了相关的航行规则。人行于运河之上，两岸风光、漫长的旅途，不可避免会让人产生种种情感与遐思。此外，为保证运河两岸间的民众与商贸往来，人们在运河上架设了桥梁、开通了渡口，这也是运河之“行”的重要组成部分。关于运河的航行秩序、航行规则以及运河的桥梁、渡口等，在《通运》《河道工程与管理》分卷中有专门的记述，这里仅从社会变迁、习俗演变的角度约略述之。

一、船只航行秩序与规则

在运河上航行的船只，主要有漕船、贡鲜船、商船、普通民船等。各类船只通过河道的重要节点时，如过淮河、过闸坝等，往往会持续几个月的时间。在这种情况下，为了保证航运的畅通，制定适当的行船次序是非常必要的。为此，历代均制定了运河行船次序，如明代就规定：“运舟过尽，次则贡舟，官舟次之，民舟又次之。”[②]而在各种类船只内部，亦有一定的航行之规。

在运河上运行的特权船只，主要有贡鲜船、黄船、马快船等。贡鲜船，即为皇家运送时鲜贡品的船只。据沈德符《万历野获编》卷十七《南京贡船》记载，“南都入贡船，大抵俱属龙江广洋等卫水军撑驾。掌之者为车驾司副郎，专给关防行军，入贡抵潞河，则前运俱归。周而复始，每年必往还南北不绝，岁以为常”。贡鲜船由朝廷发给专门的通行证，可在运河上通行无阻，而其他船只都要避让。其所运送的贡品，“名目不一，每纲必以宦官一人主之，其中不经者甚多。稍可纪者，在司礼监则曰神帛笔料，守备府则曰橄榄茶枇橘等物，在司苑局则曰荸荠芋藕等物，在供用库则曰香稻苗姜等物，御用监则铜丝纸帐等物，御马监则惟字据写本补，苜蓿一物，印绶监则诰敕轴，内官监则竹器，尚膳监则天鹅鹧鸪樱菜等物。其最急冰鲜，则尚膳监之，鲜梅枇杷鲜笋鲥鱼等物”。

①〔清〕杨锡绂：《漕运则例纂》卷一三《粮运期限·过淮签盘》。

②〔明〕万恭：《治水筌蹄》卷上。

各类物品的运送均有一定的季节与时限要求。以鲥鱼为例，明代规定每年五月十五祭奠孝陵后就需立即开船北上，限六月下旬到达北京，以备七月初一祭奠太庙时所用，然后供皇帝作为御膳品尝。鉴于鲥鱼出产时期为四月份，所以朝廷规定要赶在四月二十日前后开始采办，至五月初全部采完，同时预备好船只冰块，一经采办完毕便立即发运，于五月中旬左右便可通过淮河。因五月中旬正值黄河伏汛之前，正可进行筑坝的工作。淮安通济闸若来不及筑拦河坝，便容易遭遇伏水暴发，导致黄河倒灌。因此，贡鲜船只一定要按期采办发运，五月中旬一定要通过淮河，如此便可六月初筑坝，以保运河平安。运送鲥鱼的船只只能昼夜兼程、加快前进，沿途还要不停添加冰块。运送成熟期较晚的杨梅等物品的马快等船，应于未筑坝之前，预先过淮等候，停泊于坝外，及时利用空船接运南来的物品。

运送时鲜贡品的船只，主要是一些体积小、速度快的黄船、马快船等。此种用船制度，于明洪武初年创立于南京，其最初职能是“储备水战，以防不虞”。明成祖朱棣迁都北京后，宫中所需生活用品大都从南方调运，南京成为江南贡品的采办地。为及时往宫廷运送各类贡品，黄船、马快船便成为首选船只，“用黄快船以装贡物，设运船以挽漕粮”[①]。这些快船，“诸人不可乘，诸物不可载”[②]。

作为特权船只的黄快船、马快船，政府总是采取各种措施，保证其优先地位。如明宣德四年（1429）规定，凡运粮、解送官物以及官员、军民及商贾等船只到运河闸坝，都需要等待积水至六七板后，方可开闸放船，但运送紧要贡品的船只除外。为了能在运河之上顺利通行，有人打起了乘坐贡鲜船的主意。为此，明朝政府制定了一系列措施，如禁止附搭黄、马快船，禁止贡鲜船只夹带。不过纵然如此，各种私搭滥载、借机渔利的违例之事仍时有发生。明成化九年（1473）二月，朝廷不得不进一步下令，要求淮扬以北的运河官员，凡遇到南京运时鲜的船只经过，一定要逐一查验，核对无误后方可放行。对此，诸多特权豪势并不理会，并故意在船只上悬挂写有“御用”“上用”“钦差”“钦取”等字样的旗帜，“南北往来，道路如织，皆恃势纵横，强索财物，凌辱官吏，强迫军民，官司欲盘结，皆称‘御物’，人不敢阻止，嗟怨满道，所不忍闻”[③]。黄、马快船的用船制度严重影响了正常的运河通航与闸坝维护，加重了沿途居民与官府的负担，诸多官员与百姓均要求取消这种船只制度。

黄、马快船是明代运送贡品的船只，清代以后，这一用船制度终止。不过虽然不再有贡鲜船只的侵扰，但遇有皇家船只经过时，其他船只亦需纷纷避让。这就不可避免会对漕粮运输造成诸多影响，使得大量运粮船只不能如期到达通州。

在运河上通行的漕船，在航行次序上占有一定的优先地位。如淮安一带为防止黄河的侵

①〔明〕马国柱：《船政疏》，乾隆《上元县志》卷二六《艺文》。
②〔明〕胡瓒：《泉河史》卷二《职制》。
③〔明〕姜洪：《陈言疏》，〔明〕陈子龙等编：《明经世文编》卷一二二《姜中丞奏疏》。

扰淤垫，严格闸坝启闭，只允许“漕艘、鲜船”由闸出入，而其余官民船只“悉由五坝车盘”。通济等闸，亦只许漕船及贡鲜船只经行，待到六月初旬，两类船只全部过完后，才开始筑坝节水。这一规定此后一再被重申。如清朱之锡《运闸运船宜整理疏》即称，闸座启闭，务必要按照旧例，首先粮船，然后才是官商船。①

明清时期，大运河上运行的漕运船帮主要包括两大类：一是承担大规模漕粮运输的卫所船帮，一是承担“白粮”运输的民间船队。两者在运河上的通行次序是不同的。总体言之，漕船次于贡鲜船只，但优先于一般的商民船只。漕粮运输以“帮”的组织形式进行，运粮船挨帮而行。漕船按“帮”的次序行进，避免了行船的混乱，适应了运河河道的特点。据明人万恭《治水筌蹄》所载，在黄河与运河上按“帮”行进的情况是不同的，其中黄河上必须要越帮前进，否则“一艘不移，万艘皆滞，是惰者不能速，勇者又阻之使不得速”，而运河上则需要按帮次行进，“闸河序帮，乃倍速矣”。万历以后，各帮通过情况又有所改进。据《治水筌蹄》所载，一里长的闸道，以前是排满 30 艘船便放闸通过，极大地浪费了水资源，于是万恭将其改为 90 艘一帮。如此船只一多，可使闸道水盈，充分利用有限的水源。

运河之上，尤其是淮安以北河段，水闸众多。漕船过水闸，有一定之规。英国人阿裨尔曾专门描述过漕船过天妃闸的情景：“水闸的石工做得非常结实，叫天妃闸。跌水高度不会超过三四英尺。大船要用绳子慢慢地放下去，小船则顺水飞奔而下，冲过逆向的水流，溅起乳白色的泡沫，有几英尺高。船队在这一天内只行进了六七英里，不断因为要通过水闸而被耽搁。”②

清初，仍采取漕船按帮前进的做法，严禁后帮之船前行，或前帮之船后行。当时，运送江南漕粮的4 000余艘漕船，均需于仪（今仪征）、瓜洲两地停泊，等待编定序列，“挨次开行”。到清康熙年间（1662 ~ 1722），只要一帮到齐，即可开闸放行。当时漕船行进的次序是根据距离京、通两座漕仓的距离而制定的，其中山东、河南帮船在前，然后是江苏、安徽、江西、湖北、湖南等省船帮。为防止各帮抢先，严禁漕船不按次序通行。另外，一省之漕船，亦按照远近而定好次序。到清代后期，漕船违反时限的情况屡有出现。为改变此一状况，清道光年间（1821 ~ 1850）始对漕船前行次序做了更改，即不论帮次，先到者可随时过淮。该办法大大减少了因一帮延迟而影响整个漕运的弊病，但与此同时亦增加了运河河道的混乱秩序。道光朝以后，运河淤塞严重，漕粮海运逐渐代替了运河漕运而改行，运河漕船的行船次序问题自然也就不复存在了。

---

①〔清〕贺长龄辑：《清经世文编》卷四七《户政二十二》。

②〔英〕克拉克·阿裨尔著，刘海岩译：《中国旅行记（1816–1817 年）——阿美士德使团医官笔下的清代中国》，上海：上海古籍出版社，2012 年，第 141 页。

白粮是专供宫廷和京师官员食用的额外漕粮，多为质地精细的白米。明成化七年(1471)，漕粮运输由“改兑法”改为“长运法”，漕粮皆由专门的漕军运送，但白粮仍“民运如故”[①]。由粮长解运至京师，运输费用和途中损耗均由纳粮户均摊。白粮运输同漕粮一样，也需要按时兑运、开帮、过淮、过洪、抵坝、交纳。只是作为民运的白粮运输，在运河上的地位要大大低于军运漕船，不仅会面临更多浥烂、漂没的困扰，此外还有钞关船税、剥浅之费，沿途为官府夹带(如临清带砖)之苦。一路之上，不仅要遭受运军的骚扰、欺凌，还要忍受过洪、过闸的守候之苦，为此许多民运之家陷入破产的境地。明万历年间(1573～1619)，为能够按时限运白粮到京师，江南苏、松、杭、嘉、湖等有白粮任务的府，每府出“买帮银”几百两，作为运河通行的买路钱。同时，为解决漕船压制白粮船的弊端，户部尚书钱春还曾尝试采取“白粮先漕而行”的办法。[②]清初，漕政承明制，仍实施白粮民运的制度，由苏、松、常、嘉、湖五府及太仓一州承担。当时的白粮船分作五帮，依序通行，苏州、太仓为一帮，松江、常州各为一帮，嘉兴、湖州各一帮。后因白粮运输需临时雇募民船，往往延迟时日，于是由民运“改行官运”，后来又改由漕船分别带运。对此，《清史稿》卷九十七《食货三·漕运》记载说：“江、浙之运白粮也，初沿明代民运之制。嗣以临期雇募民船，时日稽迟，改行官运；仍不便民，乃令漕船分带，以省官民之累。”白粮由民运改为军运后，漕粮全部由卫所军承担。

运河上航行的船只，除各种特权船只、漕船外，还有商船及一般民船。运河以漕运为主，官船可以往来无阻，商船则必须避让。虽然运河并不禁止商船往来，但水少之时，商船往往受到很多的约束，等到水大时才听任行走。明代嘉靖初规定，不允许民船越帮行进，民运船只北行由吕梁洪主事负责，南行由临清闸主事负责，均在典簿上载明姓名籍贯，编成次序。九月以前，每放行十只粮船，允许放行民船一只。十月初一以后，则不许放行任何民船入闸，“直待运船过尽，方许放行”[③]。为此，一些商人设法租用皇家船只运载货物，不仅顺利行进，且可逃避征税。至于那些无法租用皇家船只的商户或普通民户，甚至有人会采取“拼死过闸”的极端做法。

清雍正二年(1724)，皇帝下旨要求管河官员体恤商船的通行，允许商船于“漕船先后，乘隙而行，毋许漕船拦阻，亦毋许商船拥挤”[④]。但开凿运河的目的，本不是为了民间通商，故“民船不得阑入”的规定被一再重申，商船成为运河上地位最低的一类，对他们而言，运河每年可提供的通航时间十分有限，且很多情况下是漫长而又艰苦的。

众多船只行驶于运河之上，磕碰之事时有发生，尤其是在晚上航行时，为此人们采取了诸多措施。比如夜间在船上悬挂灯笼。“在中国内河航行的船只都挂起一盏灯，一到天黑灯

---

①《明史》卷七九《食货三·漕运》。

②乾隆《江南通志》卷一四二《人物志·宦绩》。

③〔明〕谢纯：《漕运通志》卷八《漕例略》。

④《大清会典则例》卷一三三《工部·都水清吏司·河工三》。

内点蜡烛，悬在桅杆顶上，预防那些在内河航行中常易发生的冲撞事故。这些灯是用透光的纸糊成，灯上写什么字样，标明这是什么船或者船上乘客的身份；如果这位乘客是个显要人物，则通常挂上三盏灯。船的其他部分也有挂上灯的，特别是船舱的四周……这条河上航行船只异常之多，景色相当悦目，有时简直是一种壮观——这么许多丛集在一起的灯光沿着河水远近移动。”[①]在运河之上，过去有“有理街道，无理河道”的说法，船只航行时，同行的船只必须保持一定的距离，以免拥挤碰撞。[②]另外，在船上备铜锣，通过锣声加强交流与联系也是一种重要方式。“在靠近船头某个方便的地方，挂着一面铜锣，用来指挥纤夫的动作，并将锣鼓者的态度和意图传达给其他船只。当一支大的船队即将抛锚或停泊过夜时，从船队的各个位置都会发出震耳欲聋的敲锣声；每一声铜锣的含义都能被中国人明白无误地理解，因为每一声铜锣都是按特殊的方式敲出来的。”[③]明人李东阳有《咏鳌头矶》一诗云：“十里人家两岸分，层楼高栋入青云。官船贾舶纷纷过，击鼓鸣锣处处闻。”

二、乘船旅行

历史上，运河为人们的旅行提供了很大的便利。运河的存在，使出门远行变得相对比较容易。隋炀帝、明武宗、清康熙、清乾隆等帝王乘船几下江南，普通官吏、商贾、游客、文士以及百姓等，也都会利用运河往来于南北各地，由此运河交通成为人们长途旅行最便利和最重要的途径之一。

唐代的正史、野史、笔记小说等，都记载了大量的时人通过运河旅行的情形。举凡官员出使、赴任，商贾货利，士人漫游，举子赶考，百姓出门，多借运河而行。如著名诗人李白、杜甫和白居易等即经常经由运河，往来于南北各地，借此饱览江山民情，并在此过程中写下不少优秀诗篇。如唐宝历二年（826），白居易从苏州卸任回京，便是携家人、仆从乘舟沿运河北行的。白居易在《自喜》一诗中写道：“自喜天教我少缘，家徒行计两翩翩；身兼妻子都三口，鹤与琴书共一船。”[④]唐人小说有这样一个故事：某江南书生落第之后，想离开长安返回故乡，而他为自己设计的旅途路线即是“自渭泛于河，游于洛，泳于淮，济于江，达于家”[⑤]，只是后来因囊中羞涩而难以成行。唐

①〔英〕爱尼斯·安德逊著，费振东译：《在大清帝国的航行》，北京：电子工业出版社，2015年，第61页。
②淮安市地方志办公室编：《运河之都——淮安》，北京：方志出版社，2006年，第185页。
③〔英〕威廉·亚历山大著，沈泓译：《1793：英国使团画家笔下的乾隆盛世》，杭州：浙江古籍出版社，2006年，第71页。
④〔唐〕白居易：《自喜》，《白居易集》卷二四，北京：中华书局，1979年，第551页。
⑤《太平广记》卷七四《陈季卿》。

宣宗时，日本僧人圆珍为了来华参拜佛家圣地，从日本渡海西行，在明州（今浙江宁波）登陆后，先游览了国清寺，然后登舟沿运河北行，最后渡江涉河抵达长安的青龙寺。①

宋代，沿运河而行亦是非常流行的一种旅行方式，孔平仲《汴堤行》一诗描写了人们乘船远行的场景："长堤杳杳如丝直，隐以金椎密无迹。当年何人种绿榆，千里分阴送行客。波间交语船上下，马头一别人南北。日轮西入鸟不飞，从古舟车无断时。"②王安石罢官后赴江宁养老，便是从开封东水门，坐官船沿汴河而南下的。宋绍圣元年（1094），苏轼被贬，流放英州。当时，从其原本任职的河北定州到岭南的英州，路途有数千里之遥。当时苏轼已年近六旬，体弱多病，又恰逢酷暑时节，对南行很是忧虑。为此，他不得不给皇帝上了一道"赴英州乞舟行状"，恳求宋哲宗赐给舟船，让自己从水路南下，以免"陆行毙于中道"。靖康之难时，达官贵人纷纷乘船南奔，普通百姓也尽量寻找舟船沿运河南下。大诗人陆游当时尚为幼童，也随全家"渡河沿汴，涉淮绝江，间关兵间以归"③。

明清时期，南北方人们的长途旅行，大多经由运河。上至公卿显宦，下至平民百姓，只要有船可乘，必舍鞍马弃车轿。清顺治十年（1653），谈迁从嘉兴北上北京，就是乘坐运舟沿运河而行的，这在其《北游录》中有详细记载。而《杜十娘怒沉百宝箱》等文学作品，就描写了诸多发生在运河之上的悲欢离合故事。这些故事中的人物，如落魄书生、盐商子弟、贩夫商妇、势要权贵等，南来北往时，通常都选择走运河水路。

沟通南北的大运河，连接了中国最为富庶的区域，运河两岸田畴如画，绿树成荫，市镇繁荣。航行于运河之上，顺便观赏两岸优美的景色，也不失为一种美的享受。历代文人墨客留下了大量描写运河两岸风光的诗歌。如苏轼《自河北放舟归江南》诗："晓来铜雀东风起，春风凌乱漳河水。郎官惊起解归舟，一日风帆可千里。侵晨鼓舵发临清，薄暮乘流下济宁。南宫先生先我去，花时想达瓜洲步。寻君何处典春衫，杏花烟雨大江南。"元人李纲《济州西湖》诗："渺渺澄湖望不穷，画船曾驻夕阳中。千峰倒映嶙峋碧，一水平铺潋滟红。鸦背浮金归古戍，雁行如字写晴空。玉箫吹彻游人醉，十里荷香送晚风。"济州西湖，即马场湖，为济宁运河沿线重要补给水来源。明储巏《过鳌头矶》："十年三往复，此地忽重经。尘土长安辖，烟波汶水舲。平川涵夕景，远树隐春星。鲁酒偏难醉，从人笑独醒。"清王揆《临清阻泊》："河渠启闭问官程，闸吏威严阻客行。晓塔晴开篷外影，夜涛寒上枕边声。"④清施闰章《汶上道中》："半霁春阴好，平沙趁马蹄。桃花村径里，杨柳板桥西。薄雾笼香陌，清流绕旧堤。如何寒食后，不见燕衔泥？"⑤

①〔日〕圆珍：《行历抄》，转引自陈峰：《漕运与古代社会》，西安：陕西人民教育出版社，2000年，第214页。
②〔宋〕孔平仲：《汴堤行》，吴宗越，李宗新编选：《历代诗人咏淮河》，上海：学林出版社，1991年，第123页。
③ 陈峰：《漕运与古代社会》，西安：陕西人民教育出版社，2000年，第215页。
④ 高志超主编：《运河名城临清》，济南：山东友谊出版社，1990年，第85、89、108页。
⑤ 山东省济宁市政协文史资料文员会编：《济宁运河诗文集粹》，济宁：济宁市新闻出版局，2001年，第15、174页。

运河沿线的村舍、草木、牛羊、鸡犬，在往来运河之上文人的笔下，亦有诸多可爱之处。明胡俨《汶上开河与仲熙子棨登岸散步》诗："逶迤陟长坂，摄衣披草莽。遥见村落中，绿野平如掌。秀麦苗已交，柔桑叶新长。鸡犬适闲旷，牛羊遂生养。欣欣物自私，春光正骀荡。缓步随东风，林花飘惚慌。朝耕土脉阔，午炊孤烟上。草屋十数家，幽栖亦萧爽。童稚讶衣冠，车马绝来往。田夫荷锸归，村舂隔林响。依微辋川居，悠然快心赏。"曾棨《舟次开河同胡祭酒邹侍讲登岸步长林》亦有对同样景观的描述："芳晨蔼新霁，弭楫长河曲。眷兹丘园趣，褰裳陟平陆。郊原渺空旷，竚望舒远目。村中夜来雨，土脉高且沃。茆庐鸡犬静，日出烟树绿。牛羊散平野，隔水见樵牧。麦深雉初雊，桑柔蚕已浴。老翁多欢颜，生事一云足。偶兹一留憩，幽境惬所欲。仆夫戒前征，迤逦出林麓。缅想尘外踪，于焉恣游瞩。"①

舟行运河之上，虽有两岸风景可观，但漫长的航程、枯燥的旅行，也会让人倍感愁苦。正如元人萨都剌《再过梁山泊有怀观志能二首》诗云："故人同出不同归，运水微茫入梦思。记得题诗向芦叶，满湖风雨似来时。灯火官船夜睡迟，满湖风露袭人衣。无端惊起沙头雁，明月芦花各自飞。" 明人周述有《上荆门闸得风》诗："我辞京国游乡土，官船十日南风阻，客程空自算归期，谁识愁怀此事苦。"夜晚行船，更会让人感到孤单寂寥。明徐阶《夜行安山道中》诗曰："木落山萧萧，残灯照寂寥。病惊时日暮，愁厌客途遥。急涧听逾响，荒村语不嚣。明月如有意，深夜伴归桡。"明宗臣《南旺湖夜泊》："秋日孤舟下石梁，蒹葭寒色起沧茫。青天忽堕大湖水，明目长流万里光。中夜鸬鹚回朔气，南来鸿雁乱胡霜。他乡岁暮悲游子，滴泪时时满客裳。"②

三、运河桥梁

运河沟通了南北，但对运河沿线地区的民众来说，宽阔的河道也对两岸的交通造成了阻隔。为了使车辆、行人等到达对岸，最方便的办法是造桥。过去在运河之上有着各式各样的桥梁。这些桥梁在地方民众生产、生活中起着极为重要的作用。下面以杭州为例，对运河之上桥梁状况略作说明。

杭州地处江南，是大运河沿线的重要城市之一，从隋大业六年（610）隋炀帝"敕穿江南河"起，杭州就与运河紧紧联系在了一起。为方便物流往来与民众通行，运河

① 山东省济宁市政协文史资料文员会编：《济宁运河诗文集粹》，济宁：济宁市新闻出版局，2001年，第32、34、30页。
② 山东省济宁市政协文史资料文员会编：《济宁运河诗文集粹》，济宁：济宁市新闻出版局，2001年，第14、42、85、119页。

上修建了诸多桥梁，此后历朝历代均有修建。南宋时期，仅分布在城市港埠的桥梁就有德胜桥、江涨桥、大关桥、康家桥、卖鱼桥、西洋桥、沈塘桥、外万物桥、里万物桥、左家桥、黑桥等十几座。明代，为畅通河道，便于往来，巡抚周忱在杭州和石门间铺设塘路 13 000 余丈，并在沿线修建桥梁 72 座；明景泰年间（1450 ～ 1456）修跨塘桥，明弘治二年（1489）重建广济桥，万历年间（1573 ～ 1619）修建水澄桥、海月桥、华光桥等，明崇祯四年（1631）建拱宸桥，并在北新桥设关，上为桥，下为关，曰北新关。由于桥梁众多，当地有“城市街长十里遥，河港横卧十四桥”“运河水乡处处河，东西南北步步桥”之说。①

杭州的桥梁大体可分为两种：一种是拱式桥，无桥墩，用拱券支撑桥面；一种是梁式桥，以桥墩支撑桥面。就数量而言，为便于船只往来，横跨运河的桥以拱式桥为主。比如江涨桥，横跨京杭大运河，明代田汝成《西湖游览志》卷二十二《北山分脉·城外胜迹》曰：“江涨桥，在归锦桥北。元末开河，构木耳渡。宣德间，僧觉澂改建石桥。嘉靖间，圮，今复建。”嘉靖《仁和县志》卷二《封畛·桥梁》：“在归锦桥北。元末开河，构木而渡。宣德间，僧觉澂改建石桥。按武林门外，古亦海水所及，故一则曰江涨雾，再则曰江涨桥。”相传古时江湖涨潮至此，故名江涨桥。宋代，曾在桥西设税务司，即以此桥命名。明宣德年间（1426 ～ 1435）改建后，为三孔石桥，中孔净跨约 14 米，两边孔各净跨约 9 米，桥整体长 58 米，宽 4 米。石砌台墩，半圆石拱桥，桥面设石阶。宏伟的石桥本身就是一道风景，有“江涨暮雨”之称。早在南宋时，江涨桥就有“江涨东市”“江涨西市”之称，形成了繁茂的集市。人们在此贸易购物、送别友人等，很多诗文中都曾提到江涨桥。如苏轼《杭州故人信至齐安》诗：“还将梦魂去，一夜到江涨。”②陆游《送客至湖州市》诗：“偶驾鸡栖送客行，迢迢十里出关城。谁知小市萧条处，胜有丰年笑语声。”③

再比如拱宸桥，为京杭大运河最南端终点的标志，是一座现在仍在使用的桥梁。拱宸桥长 92.1 米，高 16 米，为杭州古桥中最高最长的石拱桥。整个桥为三孔薄墩联拱驼峰桥，边孔净跨 11.9 米，中孔净跨 15.8 米，采用木桩基础结构，拱券为纵联分节并列砌筑。桥身为条石错缝砌，桥墩逐层收分，桥面两侧做石质霸王靠。拱壁顶部有“双龙戏珠”浮雕，中拱券内还有浮雕荷花。整个桥身敦厚朴实，气势雄伟。④“拱宸”两字，一说为四方归向的意思，以此命名的桥一般位于府治或县治之交通要道，且通常规模较大、桥型别致。另一说，“拱”为双手示敬之意，“宸”指帝王宫殿，表示对朝廷的尊敬和臣服。清代康熙、乾隆两位皇帝数次南巡，由运河乘船而下，到杭州首先要通过此桥，“拱宸”之名即由此而来。

---

① 陈述主编：《杭州运河桥船码头》，杭州：杭州出版社，2006 年，第 14、21 页。

②〔宋〕苏轼：《杭州故人信至齐安》，《苏轼全集》卷二一，上海：上海古籍出版社，2000 年，第 256 页。

③〔宋〕陆游：《送客至湖州市》，《陆游集》卷五二，北京：中华书局，1976 年，第 1281 页。

④ 陈述主编：《杭州运河桥船码头》，杭州：杭州出版社，2006 年，第 43 页。

来往于运河之上的船只通常都装有桅杆，但受限于运河之上桥梁的高度，船只从桥下通过时，须将桅杆放下。这些桥梁与船只，给乾隆年间来到中国的英国使团成员留下了深刻印象。“中国的大运河，或是连接清国南北端的一系列运河、河流等水道，在内陆航行上肯定算得上是世界第一。运河上大小不一、形状各异的大量船只数不胜数……在经过所有的城镇周围都会经常出现的桥梁时，通常需要将桅杆放倒；但有许多桥梁本身就很高，可以让大型的平底船径直通过。桥梁的外形和建筑方法就跟那些船只一样变化多端，其中有些桥梁颇有点典雅的韵味。”① “若拱桥很低，船过桥时需放下桅杆。若是单桅杆，可以直接取下。有些船只是双桅杆，桅杆顶绑在一起，尾端分系在船头及船尾，好似等腰三角形的两个边。有些桥的桥拱很高，不用卸帆也可以通过。”②

很多横跨运河的桥梁都有士兵驻守，以确保行船安全，并对来往船只进行检查。乾隆年间马戛尔尼使团成员之一的爱尼斯·安德逊记载了他们所乘坐船只通过某个城市时的情形：“这天早晨，当我起身时，不胜惊奇地发现，船队已经停泊在一个大城市的中心，运河穿城而过。在这里一系列的桥梁横跨运河。在运河两岸桥与桥间用圆形的矮垣连接着，驻兵看守。船只由此经过，需经驻扎于此的官员的检查后才能通行……运河两岸排列着大量的军队，全副武装，头戴大盔，军容极壮，行列间竖着各色旗帜。”③

横跨运河之桥，沟通了运河两岸，便利了民众的出行，成为水陆人流、物流往来汇聚之处，因而桥梁附近往往会逐渐形成繁荣的商贸集市。如在杭州，在运河沿线的北新桥、德胜桥、宝庆桥、归锦桥、拱宸桥、江涨桥等处，都形成了繁荣的集市。清人丁丙有一首《七绝》，反映了清末民初宝庆桥、德胜桥、江涨桥等地集市的热闹景象：“宝庆桥连德胜桥，石灰江涨北新遥。夹城巷口尤繁盛，市镇同夸节物饶。”④ 其他地区运河沿线的不少桥梁，也发展成商贸辐辏之地与饮食娱乐之所，如济宁的飞虹桥。元朱德润《飞虹桥》一诗云：“任城南畔长堤边，桥压大水如奔湍……日中市贸群物聚，红氍碧碗堆如山。商人嗜利暮不散，酒楼歌馆相喧阗。太平风物知几许，耕商处处增炊烟。”⑤

四、运河渡口

为了方便运河两岸车辆、行人的通行，最好的办法是造桥。但桥梁修造费时、费力、

① ［英］威廉·亚历山大著，沈泓译：《1793：英国使团画家笔下的乾隆盛世》，杭州：浙江古籍出版社，2006 年，第 85 页。

② ［英］乔治·斯当东著，钱丽译：《英使谒见乾隆纪实》，北京：电子工业出版社，2016 年，第 331 页。

③ ［英］爱尼斯·安德逊著，费振东译：《在大清帝国的航行》，北京：电子工业出版社，2015 年，第 77、168、172、177 页。

④ ［清］丁丙：《七绝》，朱惠勇：《桥诗纪事》，北京：方志出版社，2005 年，第 187 页。

⑤ 山东省济宁市政协文史资料文员会编：《济宁运河诗文集粹》，济宁：济宁市新闻出版局，2001 年，第 9 页。

费钱，而且为了不妨碍桥下船只的通行，又必须将桥造得高大而又坚固。于是，在运河沿线又设立了不少渡船码头，作为运河桥梁的补充。仅据粗略估计，从北京到杭州的京杭大运河沿线，渡船码头就有数百个。如在山东东平境内，自元代开会通河经靳口入境、安山至戴庙出境，沿线共有靳口、王仲口、常仲口、安山、戴庙以及十里堡等 7 个渡口。而在静海，截止到 20 世纪 50 年代，沿运河共有 26 个渡口。①

历史上运河沿线的渡口有官渡、义渡与私渡之分。所谓官渡，是由地方官府组织并管理的渡口，其使用者通常为附近官署办公事的差人等，渡资免收。负责摆渡的渡工由官府出资雇用，或由官府拨付田亩，称“渡田”。与普通民田不同，渡田无需交税，如东平安山渡就属此类。义渡是由当地士绅或有钱人等出资设置的渡口，如东平靳口渡，渡工报酬由出资人承担，来往行人及货物等不用支付船资。义渡极大地方便了行人，促进了两岸物资与商贸的交流。在有些地方，为保证“义渡”的正常运转，也会由当地人捐款建造船只，置办渡田。如在高邮城西南 40 里的张公渡，“旧有私驾船者，操一舟射重利”，两岸百姓深感不便。康熙十五年（1676），由诸生张阳倡议，召集众人捐款设立了义渡，并在河南岸建庵堂一所，造大船一只，置渡田 20 亩。杨春茂和徐秀则设立了闵家义渡，置田 20 亩作为渡夫摆渡的工费。② 私渡是由私人出资设立的渡口，“靠水吃水”，通过帮人摆渡过河而收取一定的费用，这些费用即是他们生活的主要来源。私渡对过往行人都收费，也有的只对外地人收费，本地人只需付半价或付“月规钱”，如东平王仲口、常仲口等即私渡。在东平当地，运河上载客的小船称为“摆口”，大一点的载客货船则称为“捎脚”。③

在河北沧州，由于南北运河的阻隔，运河东西两岸行人和货物的往来只能靠摆渡。这些渡口被称为“义渡”，不收费，渡口、船只的修造以及船夫的雇用等费用，都由地方士绅或富裕之家捐资或募集维持。有些渡口来回摆渡的船只很大，连马车都可以赶上船。即使南北漕运停止之后，这些渡口仍旧是两岸民众往来的重要通道。

在静海县，渡口用于摆渡的船只一般都不太大，通常仅能容人畜渡河。渡船上既没有桨，也没有篙，而是在运河两岸各打下一根粗粗的木桩，将一根结实的铁绳拴在两根木桩上，再用一条铁链将渡船和铁绳连接起来。渡河时，船工站在渡船上手拽铁绳，脚下的船便缓缓驶向对岸。冬天运河水结冰，人们不需要渡船便可轻松过河，于是渡船便被拉上来，船底朝上扣在岸边。这些渡口很多都是由地方士绅倡议举办，以方便行人、商旅往来，被称为“义渡”。对此义举，官府会给予免除杂差等奖励。一块立于清同治五年（1866）的静海《东西双塘承办义渡永免杂差碑记》对此做了记述与说明：

---

① 政协静海县委员会编：《静海运河文化》，天津：百花文艺出版社，2015 年，第 56 页。

② 雍正《高邮州志》卷一《山川》。

③ 王玉芬、王德椿主编：《京杭运河·齐鲁风情（东平卷）》，济南：山东人民出版社，2013 年，第 14 ～ 15 页。

静邑东西双塘，为入省通衢，公私往来，项背相望……余宰是邑之明年，兹村士民合词以请，岁修所需，乡民自备，若复承办杂差，力实承招据。遂允所请，除皇差外，其余应办杂差概予优免，以示体恤。俾善举不至中坠，他处仍不得援例以请蠲。[①]

在天津北辰区北运河畔的柳滩村之西，曾有一个名为蔺家渡的运河古渡口，由该村蔺姓村绅世袭经营400余年，相传16代人。相传明初燕王扫北时，有王、康、徐、蔺等户随军迁徙到这里，形成村落。当时北运河上没有桥，只能靠船只过河。明嘉靖三十九年（1560），一蔺姓村民自置小船，渡行人、货物过河，靠收取一些费用维持。这个渡口就成了两岸村民往来的重要通道。蔺家渡口的设立带动了其他村户，一些较大的村庄也随后设渡口。清同治年间（1862～1874），北辰区境内北运河河段上有10个渡口，但仍属蔺家渡口较大。清末建北洋桥，但柳滩附近村民嫌绕道过远，仍习惯从渡口过河。渡口过往人流不断增多，渡船也越造越大。每趟船可同时装载12匹马、4辆大车。韩家墅食品三厂建立后，蔺家渡口成了运送牛羊的重要通道，每趟船上可装载四五十头牛或七八十只羊。

最初渡船靠划桨行驶，以后改用篙撑。篙是用一根毛竹做成，头上套一只带着倒钩的铁矛，就像是钩镰枪，人们叫它“挽枪子”。开船时，将挽枪子插进河底撑动船只，先逆流驶向河中心，然后再顺流靠向对岸，呈“>”形。快靠岸时，用挽枪子上的倒钩勾住码头上的木桩，使船贴近，再用绳索绑牢，搭上跳板，便于乘客和车辆上下。过去，北运河水流湍急，特别是开春淌凌时，解冻的河面上经常有一二尺厚、几米见方的冰板顺流冲下，船工们得不时地用挽枪子撑开冰凌，以防撞坏船只。1958年修筑海河建闸，控制河水入海，运河水流减缓，渡口两岸也架起钢缆，船工用手拽着钢缆使船直线过河，节省了时间。每天从凌晨四五点钟至晚上八九点钟，渡船往来不断。[②]

渡口沟通了运河两岸交通，成为各色人等的往来之地，久而久之，有的渡口便形成商贸集市。如天津静海的小集村，本来只是大运河边的一个渡口，运河两岸的人们从这个渡口过河，时间长了便成为一个集市，后又由集市发展成一个村庄。还有一个名为摆渡口的村庄，即直接依托运河摆渡发展而成的一个村庄。此村紧靠县城，人来人往，交通方便，清代还曾在此村西口设考棚，以便县城学生来这里参加考试。乡村的鱼、菱、藕等可通过渡口进城销售，城里的商品也可通过此流入乡村，渡口沟通了运河两岸的人文与物资交流。

① 政协静海县委员会编：《静海运河文化》，天津：百花文艺出版社，2015年，第17～18页。
② 关于蔺家古渡，参见中国人民政治协商会议天津市北辰区委员会文史委员会编：《北辰文史资料》第9辑《北运河》，天津：天津古籍出版社，2003年，第115～116页。

第六章
岁时与信仰

岁时节日与神灵信仰是人类社会所固有的两种社会与文化形态，两者之间有着紧密的联系：岁时之中处处包含着信仰的元素，而信仰一方面具有岁时性的节奏特征，另一方面信仰中的仪式活动，亦具有“岁时节日”的特性。运河，作为历史上重要的交通孔道并对沿岸及对中国政治、经济、社会等产生了深刻影响的一种社会存在，不可避免亦与岁时节日及神灵信仰有着千丝万缕的联系。

运河是沟通我国南北交通的物流和信息的重要通道，它不仅把南北各地联系在一起，带动了沿岸区域的经济繁荣，也促进了区域文化的交融与形成。在漕运的繁忙往来、河道的拓宽疏浚等过程中，人们祈愿水运通畅和行船安全，在沿河区域形成了大量与水神相关的民间信仰。这些水神信仰有的源于当地，有的来自南方沿海一带，在漕运的过程中逐渐传播至北方，与当地文化融合并扎根落地。运河流域的水神信仰不但种类繁多，而且分布的地域也非常广泛，在运河流经的城市、村镇都有一些祭祀各种水神的神堂和庙宇。每逢神灵的诞生之日，仪礼祭祀、酬神献戏、庙会市集等活动也成为区域一大盛事。

在众多的水神信仰中，代表性的有妈祖信仰、金龙四大王信仰、晏公信仰、龙王信仰、关公信仰等。天妃，也称天后、天后圣母，在闽、粤、台等沿海一带被称为妈祖，有些地方也称之为海神娘娘或娘娘，是南北地域都崇信的一位女性神灵。金龙四大王的原型人物是南宋时人谢绪，因宋亡，投水尽节而死，后被敕封为水神，成为黄河和漕运的保护神。晏公原本是江西地方性水神，明清时期晏公作为保障行船安全的神灵，得到了众多漕运官兵的崇拜。龙王信仰比较广泛，在运河沿线的信仰体系中，龙神及河神也是祭祀的主要对象。关公虽不是水神，但是随着晋商出入运河，也成了保佑行船安全和生意兴盛的神灵。

第一节　岁时节日

岁时节日，也就是一年之中的特殊时日，其最大特点之一即“非日常性”。节日有广义与狭义之分。狭义的节日仅指一般概念上的春节、端午节等传统节日；广义的节日则指生活中值得纪念的重要日子，从这一角度来说，各种不同于平日的仪式与纪念性活动等也都可称之为节日。具体到运河与岁时节日之间的关系，可大体分为以下几个层面：一是活跃于运河及其沿线湖泊水柜之上运丁、船民、渔民等的节日；二是运河对沿线地区节日习俗的影响；三是虽与运河没有直接关系，但却很大程度上是因运河而“生”的节日；四是将“运河”作为一种象征、资源与符号而在当下新创设的各种节日等。

一、运河民众的节日

在运河及其沿线湖泊，活跃着大量的漕船水手、船民、渔民等。作为重要的民俗主体，他们的节日是运河节日文化的重要组成部分。以下兹举数例。

（一）微山湖渔民春节与灯节

春节是中华民族的重大传统节日。与陆上居民不同的是，活跃于运河及微山湖之上的渔民们形成了自己相对独特的节日习俗。

同陆上居民一样，居住在船上的民众，也将春节视为一年之中最为重要的节日，也会请财神、贴春联等。在山东济宁等运河区域，船民过年请财神，会把财神画像贴在船舱内的上位；春联则贴在船上各个主要的部位，如大桅杆、将军柱、楼子、舵杆、蹚廊等。其中楼子上的春联，一般是贴在朝着船头的五六扇窗户的两侧，横批则贴在几扇窗户上面居中的位置。此外，还有在船头插青竹的习俗。插一株青竹，上面缀满花生、红枣和用“金纸”或锡箔等叠成的元宝串，这被称为“摇钱树”。清代著名诗人沈德潜曾在诗中记述了船民的这一过年习俗：

舟泊一湾分两省，楼高百尺记三层。
故宫魂魄常思沛，经界公私尚忆滕。
户插竹枝风自古，儿垂花胜岁方增。
夜寒篷底难成寐，坐拥残编对一灯。①

插青竹这一习俗对船民影响深远，中华人民共和国成立以后，许多船民已搬到岸上居住，当地流传的歌谣中，仍有过年插青竹的内容：“大年五更早开门，门里门外有财神。驴驼金，马驮银，骡子驮钱进大门。大门里面摇钱树，二门里头聚宝盆。摇钱树上拴骡子，聚宝盆里卧麒麟。”②

每到腊月十五，渔民们便开始停止生产活动，远出捕鱼、狩猎及外出的人也纷纷回到家中，准备与全家老少一起过年，享受天伦之乐。男的外出赶年集、置办各种年货，具体如猪肉、猪头、羊肉、活鸡、青竹、香箔、鞭炮、蜡烛以及各种调味品、春联等，还要给一家老少置办新衣

① 〔清〕沈德潜：《晚泊夏镇康阜楼下》，胡星、胡涛选注：《微山湖历代诗文选注》，济南：山东友谊出版社，1987年，第66页。

② 高建军编著：《山东运河民俗》，济南：济南出版社，2006年，第48～49页。

服。女的则负责在家里打扫卫生，船内船外、灶前灶后都擦得干干净净。为了期盼来年生活更美好，要蒸上几锅甚至是十几锅发糕、佛手以及玉兔糕等各式面食，还要用绣有“龙凤”图案的饭布盖在面食篓上。此外还要做上几大筐油炸酥菜，如酥鱼、酥肉、酥山药及酥土豆等。老年人则带着孩子去龙王庙敬龙王。白天，男的赶集，女的忙家务；晚上，一帮或数帮渔民还要组织起来排练耍龙灯、舞狮子、唱端鼓腔等。

年三十是最为忙碌的一天。男人们忙着贴春联，请“大王”神像和八大全神像，摆好祖先牌位。院子或船头插上早已备好的青竹，上面系上花生、红枣和元宝串等。然后，放上一挂鞭炮，一是为庆贺全年诸事顺利，二是招呼诸神来家里就位。放过鞭炮之后，邻近的亲朋好友互相走访，说些吉利话，名曰“辞岁”。女人们则忙着准备晚饭吃的饺子，名曰“填仓”。除夕之夜，全家老少群集守岁。年长者给小辈压岁钱，俗称“待岁钱”，同时每个孩子还会分得一份糖果。长辈还会告诫孩子“三不准”，即不准讲粗话、野话，不准打架骂人，不准做不礼貌的事。守岁时，全家人坐在灯前、炉旁，品尝美酒佳肴，叙旧话新，经常是通宵不眠。除夕“一夜连双岁，五更分二年”，因此渔民们都十分注重守岁。五更时分，点上香烛，放过鞭炮，全家人磕头供神、敬祖先。

正月初一这天，渔民们天不亮便起床，换上新衣服。早饭吃都是年三十晚上提前包好的饺子。一般在包饺子时还会放上一枚或几枚铜钱（硬币），谁吃到就预示着能交好运。为了讨吉利，一般是吃到后就放到家长碗里，以让家长交好运，全家跟着“托福”。当年若有新娶的媳妇，在包铜钱（硬币）的时候，再包上两个带枣的饺子，意思是吃枣“早得小子（男孩）”。包枣的饺子，一般都事先做好记号，便于盛给新媳妇。新媳妇若吃着包枣的饺子，一般不立即全部吃掉，而是故意慢慢地吃，或把枣核吐在显眼处，以便让小姑子或小叔子发现，好戏闹一番。万一包枣的饺子盛不到新媳妇碗里，若公婆吃到，就通过小姑子或小叔子转到新媳妇碗里。初一这天，谁家吃饭早，就意味着谁家新的一年勤勉有朝气；若有邻居来拜年时仍未吃饭，便会被认为是懒散之家。

吃过早饭后外出拜年。这天，全家老少更换新衣，姑娘、媳妇们都梳洗打扮得漂漂亮亮。吃过饺子，开始挨船挨户拜年。拜年要赶早，越早越好，这预示着在新的一年里勤勉兴旺。这一天，男的可以随便到任何人家去拜年，但女的只能去自家叔伯和本族人家拜年，不得到族外人家去。另外，拜年也并不是如平日那样打招呼，而是编了一套歌谣，谓之“喊好”。“喊好”有赞美之意，也有“恭喜发财”之类的吉祥之意。拜年时，主人先喊，拜年者随喊“好”！这一天渔民们相见会互相“喊好”，如别人到自家船上来拜年喊好，无论平时关系如何，都要好生款待，否则会被人笑话不懂事理。下午，家人相聚，美酒佳肴，共度新春。从初二起，便开始走访亲友，互相祝贺。女的去邻近外姓船上拜年，而后携夫带子去娘家拜年。年前排好的文艺节目开始演出，喜庆之气氛，会一直延续到正月十五元宵节。

节日期间所做的任何食品，不论是煎炸油菜，还是蒸制面食，第一批是不能轻易吃的，必须要先用来敬神、祭祖，然后才可以吃。如果先吃了，神灵就会怪罪，导致家庭有灾殃而不兴旺。此外，在制作年节食品时，不论自家还是别人家，不管制作多少，都不能说“多”字，制作完成后也不能说“完”了。如若说出了“多”字，说明你嫌多，这样神灵就会显灵把东西弄走。制作完成应该说“好了”，若说“完了”，便意味着好日子到头了。①

阴历正月十五为我国传统节日元宵节。在微山湖地区，元宵节这天的主要活动是家家户户挂莲花灯、蒸面灯、舞龙灯。挂莲花灯，即将自制的莲花灯，挂在船头。莲花灯的制作独具特色，灯架用芦苇秆经火烤加工扎制而成，底座像个大花篮，周围贴上用红纸剪好的莲花瓣，中间扎成四棱或六棱柱体样式，周围用水红色纸围贴上，然后再根据当年的年份贴上剪制的生肖图像和其他花样。篮内放上蜡烛或蒸好的面灯。通常莲花灯都扎得特别的大，灯里加的油也特别的多，以显示主人家底厚实，人财两旺，又预示着主家来年有好运。因此家家户户都竞相扎大灯，点亮灯。

蒸面灯为家家户户所看重。早在正月十五前后，渔家主妇们就和好面，发好引子（酵母），准备元宵节蒸面灯。所蒸的面灯花样百出、造型优美，有十二生肖灯、鱼灯、莲花灯、月灯、龙灯等不下一二十种。这其中，家家户户必蒸的是龙灯和月灯。龙灯制作精细，其中龙头最能体现渔妇的技艺和水平；技艺不精、经验不足的，就只好和龙身一样用发面蒸，但蒸出来的龙头往往过胖，刻好的五官、龙须、样貌等可能会面目全非。有经验的渔妇，龙头用死面，龙身用发面；龙头用面要和得硬朗，这样雕刻起来才能随心所欲，蒸好后不变形。面灯蒸好后，加上油，上好灯芯，点好放在船头。月灯的蒸制，平常年份蒸 12 个，闰年就多蒸 1 个，每个灯都按月份数捏褶。蒸面灯时，渔民们最关心的是蒸锅掀锅的那一刻，看灯里水多水少。哪只灯里水多，就意味着哪一个月份里雨水多。面灯蒸好后，放上数量相等的食油棉捻，并按月做上记号，点着后，看哪个面灯的油耗得快，哪个耗得慢。快的，预示那月的水多，收成便好；慢的，则预示水少，丰收无望。湖区不仅有莲花灯，还有鱼、虾、乌龟等式样的灯。点上式样各异的灯笼，挑在各自的船头上，很是美观。年龄稍大些的孩子撑着小船，在水上来回穿行，品评谁家的灯笼好。此时，湖面之上灯光水影，相映成趣。

舞龙灯。夜色降临后，一帮或数帮船只组成的龙灯队，便来到湖边岸上舞起龙灯。龙灯一般用竹木扎成 9 节或 11 节的骨架，通常长 15 ～ 20 米。节内设旋转的灯座，安上灯火。龙头、龙角有的用纸裱成，有的用木头刻成，再涂上油漆，以红绿麻线为髯，以钢丝盘簧为须，顶端再系上红绒球。龙角披挂红绿彩绸，迎风飘舞。整个龙身先用白布制成圆形，将各节连

① 山东省济宁市政协文史资料委员会编：《济宁运河文化》，北京：中国文史出版社，2000 年，第 285 ～ 287、316 ～ 317 页。

成一体，最后用金、银粉精心描绘出遍体鳞甲，洒红点翠，腹部描绘成乳白色的花纹。演出时，前面一人手持大珠，一锣一鼓协调动作。后面扮演风婆、雨婆、雷公、电母的，手拿火流球、硫磺火球、药筒紧随其后，队伍两侧不时燃放鞭炮，以烘托气氛。耍流球的人在前打场，持珠人引龙前行，举龙头人在半空中上下起伏，一时左右盘旋，一时侧仰着全身，一时龙头随珠、尾随龙头拼命追逐，宛如巨龙在腾云游水。其中南湖的渔民龙灯，每年正月十五，都要沿运河光顾夏镇。一个20多米长的庞然大物，分别载在五六条小船上，越过三孔桥，穿过闸口，缓缓北行到现在的东风桥一带。艄公们有意逗乐，船行得总是特别慢，岸边观众要求他们在船上即开始玩耍。一时间，龙身开始左右旋转，时高时低，恰似龙腾虎跃；又忽而跪在船头，将龙头伸向水面，龙尾翘起，左右摇摆，好似蛟龙吸水。此时火炮四溅，如同水珠般飘洒在遍体鳞甲的龙背上，龙身在滚滚的浓烟中时隐时现。两岸观众掌声如雷，纷纷燃放鞭炮，以示祝贺。①

（二）微山湖金龙四大王庙会

旧时，运河沿线及湖上渔民都有信奉大王的传统习俗，如张大王、黄大王、马大王、金龙四大王等。其中洪泽湖渔民信奉马大王，而微山湖渔民则主要奉祀金龙四大王。

微山湖畔的韩庄、厉湾、夏镇等地均有金龙四大王庙。金龙四大王，相传姓谢名绪，浙江钱塘人，因排行为四，故又称四大王。对此，光绪《峄县志》卷十《祠祀》云："金龙神庙，俗名大王庙。神姓谢名绪，行四，浙江钱塘安溪村人，隐于金龙山。宋亡，投苕水死，后敕封为神，列祀典。庙在台儿庄运河北，创建无考。雍正八年圮于水，嘉庆十年重建。道光二十九年，泇河厅李保安、知县朱彦华、县丞韩瑞东重修，一在韩庄湖口北。咸丰二年圮于水。"此外，在运河沿线的山东武城、临清以及江苏宿迁等地，也都有金龙神庙。武城，"金龙神庙，在西门外河东岸。《通志》，神姓谢，名绪，行四，钱塘安溪村人，隐于金龙山。德祐二年宋亡，投水死。明太祖取临安，见神金甲横槊，空中助战，后拥护漕河，屡著灵异，天启四年诏封护国济运金龙四大王。清康熙四十年，总督河道张鹏翮奏请"②。临清，"金龙神庙，在州城砖闸西岸，祀宋金龙四大王"③。宿迁县金龙神庙，谈迁《北游录》曾记载说："壬申，行十里至宿迁县西门，登金龙神庙。吾邑陈素庵编修时作碑记，颂其攘夷功。"④金龙四大王不仅仅

① 山东省济宁市政协文史资料委员会编：《济宁运河文化》，北京：中国文史出版社，2000年，第287～289页；济宁市政协文史资料委员会、微山县政协文史资料委员会：《微山湖：微山湖资料专辑》，1990年，第171～172页。

② 乾隆《武城县志》卷五《祀兴》。

③ 民国《山东通志》卷三八《建置》。

④〔清〕谈迁著，汪北平校点：《北游录》，北京：中华书局，1960年，第23页。

只被渔民所信奉，还因具有保护漕运之功能，亦被往来漕运兵丁所信奉。

微山湖上的渔家，每年春季三月三、秋季九月十七，都会举行盛大的大王会，又被称为“打喜神”，进行祭祀与祈祷。其中会首、船主由大家抽签或抓阄决定，届期全帮渔家齐集一处停泊，用各船桅杆将船连环排扎一起。共同捐资，推出执事人员等，分别备办祭品、果供、筵席等。帮内各端公（男巫）毕集，主持祈祷与祭祀之程序、礼仪。船主的船上，则高搭彩棚，摆设香案，当中供奉金龙四大王之神位，其余张大王、马大王、黄大王、邀鱼大士、赶鱼童子等神位，则分别立在两旁。祈祷之前，各端公皆易服化装，涂抹各种脸谱，扮成生、旦、净、丑等角色，每人手执一羊皮鼓，鼓上缀以九个圆环。祈祷开始，焚香、烧纸、燃放鞭炮，端公、渔家、各执事人等一起跪拜之后，端公们手执羊皮鼓，边敲、边喝、边舞。先唱《百神赴号》，继则祈祷。高潮之时是大王显灵赴会。只听端公高呼：“大王驾到！”顿时鞭炮齐鸣，会者鼎沸。端公手捧托盘，铺以黄表纸，将大王接于盘内，跪呈于香案之上，众皆环跪磕头，欢呼雷动，鞭炮震耳欲聋。大王会通常为三天，但有时也会持续五到七日者。祈祷之后，端公继则分角色（净、旦、生、丑等），敲打羊皮鼓，边舞边唱，演《小白龙治水》《张郎休妻》《刘文龙赶考》等节目，唱词多为七字韵、十字韵。分领唱、合唱、对句，不同于戏剧，亦不同于曲艺，渔家称之为“端公腔”或“端鼓腔”。[①]

（三）嘉兴网船会

网船会，又称刘王庙会、莲泗荡水上庙会，是一个活跃于江南运河水网之上以船民与渔民为主的节会活动。过去的渔民、船民，很多都是原来的漕运水手。太平天国战乱期间，南方漕运被阻断，清廷放弃漕运而改海运，后又由官督商办的招商总局总揽海运，致使诸多漕运水手失业而改行为渔民与船民。今天江南运河水网的船民、渔民等，仍有以清帮始祖潘清为祭祀对象的，有的自认祖先是“运皇粮的有功之臣”，在有关网船会信奉神灵刘猛将军的传说中，也保留着诸多与运粮有关的情节。这都显示出这些船民、渔民与历史上漕运、运河的紧密关系。

网船，泛指旧时江浙一带颇为常见的传统渔船，又称丝网船，一般备两支桨，或手划或脚蹬，击水向前。清顾禄《桐桥倚棹录》云：“每出操小舟，以丝结网，截流而渔，俗称‘丝网船’。”[②]丝网船以撒网捕鱼为主要功用，后亦泛指各种渔船，因此当地农民往往把渔民统称为网船上人。网船会大约兴起于清代咸丰年间。光绪十二年（1886）《点石斋画报》载图《网船会》并配文曰：“嘉兴北乡莲泗荡……八月十三日为刘王诞期，远近赴会者扁舟巨船不下四五千艘，自王江泾长虹桥至庙前十余里，排泊如鳞，是日奉神登舟，挨荡巡行，午

①李近仁：《微山湖上渔家》，《微山湖区史缀》第三册《增撰纪考》，济宁：济宁市新闻出版局，2000年，第183～184页。
②〔清〕顾禄：《桐桥倚棹录》卷一二《市荡》，上海：上海古籍出版社，1980年，第169页。

后回宫，俗名为网船会云。”[1]民国《重修秀水县志》引《闻川志稿》曰：“按礼部则例，神姓刘名承忠，元时官指挥，为民驱蝗，元亡自沉于河，世称刘猛将军。《大清会典》《通礼》皆同。《苏州府志》载，刘猛将军名锐，宋刘锜弟，没而为神，驱蝗江淮间，有功，遂建庙。每年正月二十日为开印，八月十四日为诞辰。届期凡江浙之渔船咸集荡中，以数万计，演剧献牲，岁以为例。至二三月之交，船之集多于前数，谓网船会。泾人借以谋利，颇有益商市，而一时烟波画船、衣香鬓影，辄荡漾其间，亦韵事也。”[2]1958年庙会活动中止，20世纪80年代后重又复兴。如今，每次集会活动时间为四五天，参与者达数万之众。

清末至民国时期，网船会的规模非常大。庙会期间，江浙沪一带，尤其是嘉兴周边各县区的商船、烧香船、盖棚的连家渔船、驳船、脚划船等，都会聚集于莲泗荡一带水域。船队从莲泗荡的刘王庙口一直延伸到京杭大运河，长达10多里，把水域面积6 000多亩的莲泗荡挤得只剩下一条单行航道，蔚为壮观。据1948年8月28日的《嘉善民权报》所载：“莲泗荡的刘王庙愚民五十万虔诚顶礼，劳民伤财耗资五千亿……民国三十六年，刘王庙庙会有十八万三千之多的猪头献上神座。据统计，高高竖着桅杆的大船约有八百余艘，轮船二十四艘，其他汉口船三艘，青岛和香港来的船各一艘，其余小网船和民船更不知凡几。”

网船会期间，各地船民、渔民赴会，一般都以宗族或民间社团的组织形式参加。网船会上的民间社团，俗称“班口”，有首领并世代相袭，组织井然有序。参会时，各个班口按约定俗成的顺序排列在莲泗荡口，其中小班口依附于大班口，船只停泊位置不得随意更改。届时，各个班口船头高耸社旗，许多社旗呈三角形，绣有青龙，与清代漕运船帮的旗帜颇为相似。班口有的以宗族形式组成，有的则是一种香会组织，由香头带领参加庙会。令行禁止，有一系列习俗规制，还有专门用来传递信息的“海波罗”。在这些社团中，至今还留存有祖辈流传下来的神偶、会旗、祭祀用品、宝卷等物品，并世代传承着颇为独特的祭祀仪式和在仪式上吟唱的神歌。

网船会会期一年四次，分别是开印、清明、中秋和封印，其中尤以清明庙会最为隆重。正月二十为刘王庙开印日，届时南六房各社团的船头、船舱中，摆放着三块肋条肉、三条鱼、三个鸭蛋、九碗小菜和各色水果等，司仪斟酒布杯，焚香祭祀。在庙中，门神开道，锣鼓喧天，众人将前一年十二月二十日贴的封条撕去，预示着家家户户开渔、动土。同时，这一天还要决定清明会期的具体时间以及其他各项事务。

清明庙会，其时间随清明时间而定。若当年清明在农历二月，则庙会就定在清明

① 子琳：《网船会》，《点石斋画报》第九十一期，光绪十二年，第4～5页。

② 民国《重修秀水县志·坛庙》。

之后三四天；若清明在农历三月，庙会则在清明之前三四天。清明庙会是一年之中最隆重的一次，届时一百零八个班口齐聚，祭拜刘王并进行表演。船只到达后停泊在庙前的莲泗荡里，渔民们则烧香拜菩萨，顺便拜会亲朋好友。祭祀完毕后，会首的船与其他各船用大型松木板以铁钉钉成船排，排上搭棚，供社团祭祀之用。此外，清明还有更为隆重的刘王老爷出会仪式。各个社团按南六房的排班和各自职能，亮出令班、十禁牌班、轿班、旗班、龙虎班、龙灯班、大爷班、护香班、音朝班、腰鼓班、扎肉提香炉等仪仗、技艺队。他们首尾相衔，护送刘王神像在各船、各村中巡游，长度可达几里。

中秋庙会，也是刘王庙会的开光节，而八月十三是刘王的诞生日。八月十二、十三两天，人们在庙中给神像上漆，烧香祭拜，俗称“洗面”。农历十二月二十日为封印仪式，由各个社团的代表点香议事，将盖有“普佑上天王”玉印的签条封掉。等到春节前夕，大家摇船为刘王献上过年的供奉，网船会便宣告落幕了。

网船会是一种独特的水上庙会，是与江南渔民、船民的生产和生活习俗密切相关的一种活动。莲泗荡位于京杭大运河南段，网船会赴会民众的生活均与运河水系息息相关。他们长年在运河江南段水系中漂泊，“水里来荡里去”，平时很难相聚，宗族和民间社团间的联络远较陆上居民困难，宗亲、姻亲和乡亲常易失散。而一年一度的庙会，便成为他们认祖归宗、寻亲访友、打听渔讯、船讯的好机会。在网船会集会的日子里，渔民、船民们一边祭祀刘王，欣赏各种文艺表演，一边又寻亲访友、邀亲友欢聚、探听生意行情等。①

二、因河而“生”的节日

在大运河沿线地区，受漕运等运河运输的影响，产生了一些独具特色的节日。这些节日，或直接因运河或漕运而产生，或间接受运河影响而“生”、而“兴”。以下试举数例。

（一）通州开漕节

开漕节是一个因运河漕运而生的地区性节日，兴盛地为北京东大门、京杭大运河的北段——通州。

开漕节之所以在通州地区进行，与通州在明清之际漕粮运输中的重要地位有关。“通之水利，漕河为大。东南粟米，舳舻转输几百万石，运京仓者，由石坝；留通仓者，由土坝。故通于漕运，非他邑比”，“我国家疏浚修筑，利赖靡涯”②。开漕节又是为纪念明代巡按御史吴仲而起。元代与明代前、中期，漕粮运输的北部终点在今北京市通州区的张家湾，然

① 袁瑾、陈宏伟编著：《江南网船会》，杭州：浙江摄影出版社，2015年，第22～40页。

② 乾隆《通州志》卷三《漕运志》。

后再由张家湾或陆运、或船运至通州城内，以供北京城内之需。由于当时由张家湾至通州城的通惠河河道容易淤塞而难以行船，因而绝大部分时候只能依靠陆路运输将漕粮由张家湾运抵通州城内，但因运输困难、运输量小（花费却高），大大影响了漕粮转运。嘉靖七年（1528），直隶巡按御史吴仲上书嘉靖皇帝，要求疏浚、开凿通惠河。[①]嘉靖皇帝接受了吴仲的建议并命其主持重修通惠河。经此一工，不仅将通惠河河口由张家湾北移到通州旧城北门外迤东，还把通州至张家湾的河道进行了彻底疏理、整治，使漕船可以直接行驶到通州城东，这样就减少了陆路运输的艰难，也节省了大量费用。无论是北京、通州等地方，政府朝廷等机构，抑或是商贾行旅、一般民众都大大受益。为此，通州民众专门于嘉靖四十五年集资建立了一座通惠祠以祭祀吴仲，感念他对北京和通州民众的贡献。清于敏中《日下旧闻考》引《通州志》曰："原通惠祠，嘉靖四十五年建，以祀监察御史吴仲，有督学御史慈溪颜鲸碑记。"同书载颜鲸碑记曰："国家建都燕幽，岁漕自东南抵湾，僦车牛资丁壮陆挽以达京师，费脚价巨万。先是元郭守敬谓京西北白浮神山诸泉可瀹，以省搬运之苦，成化、弘治间言者交章，每为异论所乘，事辄中罢。嘉靖丁亥，毘凌吴公仲以御史按京储，周视水道，尽得其状，抗疏以闻。诏命仲专董其役。于是斥山通泽，决去陀泐漫患，而泉流始清，塞诸水口之罅陋旁溢者，而小川始入，则壤置闸鳞次，转运皆有程度，水利大通，千艘衔尾，直达都门。公去后数十年，民益思之，相与立祠，岁祀焉。"[②]

明清时期，朝廷为加强对漕运的管理，将有漕各省份所缴纳之漕粮依次运抵北京地区。受气候条件的限制，运河冬季结冰而无法行船。每年三月初一日，随着运河冰解，距离北京最近的山东漕船首先到达通州地区。这一天，通州官民聚集在石坝码头处，举行盛大的祭祀仪式，并在通惠祠以西的督储宫（又称石坝公馆）举行盛大的宴会活动。"石坝，在州城北关外，明嘉靖七年置，万历三十三年题定通州判官管辖。每年正兑京粮自此搬入通惠河，由普济、平津、庆丰等闸，递运至大通桥，以实京仓。"[③]通州人把在这天举行的祭祀活动称为祭坝，又称"开漕节"。除进行祭祀吴仲的活动外，还会进行"走会"等各种表演活动，场面壮观，气氛热烈。

开漕节这天，负责接收与管理漕粮的户部仓场侍郎、仓场总督、巡漕御史、坐粮厅丞等官员，率领仓监督、坐粮厅等各股吏役，经纪、车户、船户、斛头等，率先到达通州的第一批漕船的领运押运官兵、漕运总督、河道总督以及直隶省、顺天府、通州及其所辖各县相关官员、各界商民代表等，一齐聚集在石坝码头处，按照官阶等级

①〔明〕吴仲：《修理运河疏》，乾隆《通州志》卷一〇《艺术志·疏议》。
②〔清〕于敏中等：《日下旧闻考》卷一〇九《京畿·通州二》。
③ 乾隆《通州志》卷三《漕运志》。

列好队伍，每人高举三炷香，一起鞠躬祭拜吴仲与“坝神”。吴仲的牌位已事先从通惠祠中请出并安放在大案上，而所谓的“坝神”则是临时挑选的、肩扛臂夹四石漕粮的大力士。祭拜之时，鼓乐喧天，狮子狂舞，整个场面庄重而热烈。

祭祀完毕之后，吴仲的牌位由一位官员捧托，坐上肩舆返回通惠祠，前面则有乐班引领，户部侍郎率领众官员恭送吴仲牌位到达通济桥头，然后大家一起参与公共宴会活动。此时，各种走会活动也随即开始，前后共几十档花会，如开路、狮子、双石、高跷、小车、少林、龙灯、竹马、跑驴、扛箱、大鼓、吵子、五虎棍等。各花会按照特定的次序，沿运河大堤向运河北端、位于客船码头处的小圣庙前进香祭拜。一路之上会经过土坝码头、土坝公馆、潞河驿、大王庙、关帝庙、东岳庙等衙署与庙宇，此外还有商业码头及其近旁的商业店铺等。沿途的庙宇、店铺都在自家门前摆上茶水，以供表演者饮用，各花会则在各家门前停留并各显其能地表演一番。成千上万的观众紧跟在各花会之后，尽情地欣赏着表演。整个运河沿线观者如潮，摩肩接踵，热闹异常。而当各花会行进到商业码头时，一些商人为图好彩头，更是兴奋地将自己店铺中的各种商品拿出一些来往岸上扔，让观看花会表演的民众任意抢拿，气氛十分热烈。最终，各花会来到小圣庙前，进香祭拜。

小圣庙，始建于元代，面东向河，为一个二进的院落，里面供奉有河神和漕帮护卫小圣王培玉，此外还有观世音菩萨等。这天，庙内僧人为多获得供品、银钱，会故意将山门紧闭，因此欲进庙内进香，必须先叩开山门。众花会来到门前，一人向前扯嗓子高喊：“豆——来！”庙内僧人开门，列队迎请众花会入内。“豆”是古代的一种食器，形似高足盘，用来盛放食物，是重要礼器之一。僧人听得门外供品已到，故开门迎接。祭拜之后，开漕节仪式方才结束。

这天，通州城内外的民众在参加或观看完祭祀及花会表演活动后，纷纷回到家中吃过节饭，附近乡村或由北京来的观众则下饭馆吃饭，或买些便宜的风味小吃果腹。大家边吃边聊，兴奋地谈论着刚刚结束的祭祀与表演活动，余兴未消。

农历三月初，繁忙的农事活动已陆续开始。为此，开漕节这天，在商业码头的沿河一线，自发地形成一个农贸市场，摆满了琳琅满目的各种劳作和生活用品，人们纷纷驻足选购，自是另一番热闹景象。

开漕节之后，各省漕船、商民的货船、行旅的客船等开始陆陆续续地抵达通州，运河之上呈现出一派繁荣热闹景象。[①]

1905 年之后，随着运河漕运的废止，开漕节这一盛大的节日亦渐渐消失不见。

（二）夏镇泰山奶奶庙会

微山夏镇泰山庙，俗称为泰山奶奶庙，又称“碧霞宫”，是祭祀碧霞元君的行宫所在。

---

① 光绪《通州志》卷三《漕运志》。

历史上，夏镇运河为水运要道，南北漕船往来，商贾云集。受发达交通与南来北往人流、物流的影响，明代中期以后，祭拜泰山奶奶的泰山行宫在夏镇及其周边地区建立起来。据民国《沛县志》（当时夏镇为沛县属地）所载："泰山庙，府志有六：一在夏镇新河口，一在田李集，一在邵玉集，一在汇子村，一在骦城，一在徐家村。又《光绪志稿》有五：一在治东南二十里铺，一在杨庄闸东岸，一在阎家砦南二里，一在杨明集，一在七山砦内。"①

在沛县的多座泰山奶奶庙中，位于夏镇南端的碧霞元君庙，大运河经庙西转弯向南绕道东流，形成对庙宇的环抱之势。据说，此庙始建于明代天启年间，每年四月十五至十八为庙会之日，前后延续四天。从四月初十开始，周边几百里甚至上千里的善男信女们便纷纷沿运河等道路而来。与此同时，诸多客商也云集此地，进行商品交易。整个庙会的会址南起火神庙，北到华祖阁，西至运河西沿，东到小新河西岸，每日来赶庙会的不下五六万人。南从南庄、北到造纸厂十多里的运河里，渔船你挨我、我靠你，整个河道上都看不见水面。正会期间（十五日至十八日）周围三五十里的村庄，男男女女，老老少少，穿上新衣裳，结队前来赶会。周边一二十里的村庄，大多全部出动，可达十万之众。

夏镇泰山庙会的主要内容有三：一是香客敬佛，二是举办大型文化娱乐活动，三是进行物资交流。物资交流是泰山庙会的主要活动之一，庙会期间上市物资繁多，商贸活动十分多样，生意也极为兴隆。清代末，每天经营额 20 多万吊，整个庙会期间商业经贸额多在 200 万吊左右。除来自上海、江浙、西安、郑州、唐山、青岛等地的香客外，苏北、豫北、皖北、鲁南、鲁西等六七十个县的商贾摊贩也云集庙会。卖布的、卖绸缎的、卖京广杂货的、经营五金的，从事百货、日用品、饮餐服务的，经销铁、木、草编、苇编的，卖针头线脑、儿童玩具的，卖猪、马、牛、羊、驴、骡大牲畜的，卖香帛纸、耗子药、狗皮膏药、大力丸的，还有拔牙的、点痣的，算卦、拆字、合年命的，一应俱全。

庙前广场，除西头唱戏的外，中东部均为白棚。白棚分二道街四行，一百多家。地方的白土布，鲁西南的鲁锦，苏杭的绫罗绸缎，白洋布、花洋布，规格十分齐全，品种不下四五十个。庙东临墙到庙后的 200 多米处，全是香帛市场。各种香帛、"元宝""纸币"齐全。大更香、小更香、盘香、金帛、银锞、"金条"等，应有尽有。上千平方米的香帛市场，香客如流。庙后的东西大街，全是黑棚，包子、辣汤、油条、糁汤、牛肉汤、羊肉汤锅 80 多家、1 500 多个座位，座无虚席。就餐人南腔北调，弄

① 民国《沛县志》卷六《古迹志》。

上几两水酒，叫上几盘佳肴，猜拳行令，热闹异常。前拨没走，后拨又至。在诸包子铺中，以姜五包子最具盛名，个大，馅多，肥而不腻。牛肉汤中，以马文清的牛肉汤信誉最高，碗大，肉多，汤多，价钱公道。

庙西到运河东沿，至华祖阁的200多米，全是占星问卜的，合年命的，拆字的。占卜先生各自亮出祖传名牌，拿出看家绝技招揽会客。有问仕途官运的，有问吉凶祸福的，有问生男生女的，有问生意兴衰的，有合年命的，有查八字合婚姻的、拆字的，无所不有。

从华祖阁到康福楼几百米的街道两侧，则全是叫街的。他们油口滑舌，或坐或跑，装出一副可怜相乞求赶会人施舍。白天坐地乞求，晚上集体到康福楼住宿、“分账”。南来北往的叫街的，都要到此报到方可出门“营业”，否则就会被驱逐。只要报到在册，都可平等参与分红。

庙东大街到小闸口的1 000多米的大道上，南半截为卖面食的。面食品种很多，有馍馍、烧饼、卷子、油盐花卷、挎包火烧、牛鼻锅饼、煎饼、杂面窝头、发糕、水饼、单饼、大明犁、烤牌等十几种，还有大米饭、苇叶粽子等。一篓连一篓、一囤接一囤，卖的卖，运的运，一手交钱，一手递饭，忙得不可开交。北半截为牲口市，牛、马、驴、骡、生猪、山羊，上市万余头（只）。买者卖者讨价还价，牛马经纪从中说合。庙会期间日成交牲畜万余头（只），成交额四五万吊。

庙前运河南岸为日用陶瓷、木料、家具市。西段为瓷器市，日用陶瓷有饭碗、菜盘、茶碟、茶碗、茶壶、酒具、花瓶等产品，多为江西景德镇、山东淄博、江苏宜兴等地的上等好货。中段为家具市，高中低档齐全，油漆好的和没上油漆的都有。什么顶子床、八仙桌、隔山、屏风、太师椅等，做工都很精致，雕刻精美。中低档的家具如面子床、单人木床、地八仙、小菜桌、五斗橱、大衣箱、风箱、面板、脚搭子、木衣柜等各种规格款式都有。除了家具外，还有木锨杆、木锨头、扒叉子、场刮板、桑木叉、牛梭头、小红车等木制生产工具。东段为竹木市，多为当地杨、柳、槐、椿、榆等杂木，也有南方顺运河而来的竹子、杉木和柏松。买精细陶瓷、高档家具的多为远来的富商大贾和本地的一些士绅；买中低档日用家什、家具的多为当地百姓，用于日常生活、生产。泰山庙会正值春夏之交，木料家具、生产用具生意十分火爆，每年会期的成交额十几万吊。

庙东南至运河沿，北至闸口南，东到现在的小新河为“杂巴地”。“杂巴地”多为庙地，每年冬春什么都不种，专列为庙会场地。从西到东、自南至北列为八道大街，卖耗子药、虱子药、大力丸的，拔牙的，卖狗皮膏药的，点黑红痣的，卖眼药水的，治瘊子的，卖“催生子”的，什么都有。

除此之外，卖衣服的、卖鞋帽的、挎糖篮的、变戏法的、唱渔鼓的、唱坠子戏的、跑马戏的、打拳卖艺的、耍猴的、弄蛇的、耍傀儡的、“看风水”的、拉洋片的、卖“王八打鼓”

的、卖汽水的、卖茶的，等等，都在这“杂巴地”里。产品有好有孬，服务有优有劣，艺技有高有低。好的孬的，适应不同层次，都有市场，也都生意兴隆。

泰山庙会的这种盛景，自明朝漕运兴起以来，一直长盛不衰，并随社会的发展进步、漕运规模的扩大而越来越兴旺。由于知名度较高，虽然清末漕运停止，泰山庙会规模、气势仍不减当年。[①]

（三）寿张集古会

寿张集位于古运河畔，距今梁山县城9千米，于元代建村，因系古寿张县城所在地，且为贸易集市，故名为寿张集。村内街道，分东西方向和南北方向两大主街，市面宽阔，各长里许。小街小巷错落有致，摊位密布。主街两旁的金货铺（百货）、杂货铺、药铺、盐店、铁货铺、货栈、饭馆、客店、馍房、包子店、文具店、茶馆、菜馆、剃头铺，等等，均是油漆板搭门面，装饰典雅，各有特色。清朝年间，街道两旁就有18家钱号，尤以“万成”“恒大”两家最大。每到夜晚，店铺内外各自张灯，五光十色，壮美可观，直到半夜才收场。

寿张集村四周筑有寨墙，设东、西、南、北四大寨门和小南门。每逢集日，一大早，推车的、担担的、锢漏锅（即锔锅）的、卖线的、牵赶牲畜的、会亲访友的、赶集上店的，男女老少接踵而至，从五门入集市，人潮涌动。寿张集逢三、八为集日，在梁山一带历来颇有影响。而寿张集古会，更是因其时间长、规模大等原因，在周边省、县十分有名。

寿张集每年的古会有五次，各有其特点。因为古会较多，每个会起于什么朝代现已难以稽考。据传，五个古会，一是三月初三的地藏王庙香火会，时值春季，正是农村兴土木搞建设的黄金时期，所以古会交易以土建材料为主；二是四月初八的阎王庙香火会；三是四月二十三日的观音庙香火会，时值麦收前夕，会上交易货物以生产工具、麦收配套用具为多；四是十月二十三日至二十八日的“十月会”；五是十一月的骡马会。其中，后者为物资交流大会。五个古会都有剧团唱戏，各项买卖齐全，其中又以十月会规模最大。

古会的组织准备工作由会首承担。清末、民国年间，一般由王、井两姓的头面人物担任，负责管理会上的交易、抽税、敛会费和安全保卫等事项，下设分行等具体办事人员。会前一两个月发出请帖，说明会期、交易货物种类，邀请客商届时来会贸易。发帖的对象多系以往来过而又熟悉的大商大贾，如蒙古的骡马商、山西的寒羊和皮货商、

---

① 山东省济宁市政协文史资料委员会编：《济宁运河文化》，北京：中国文史出版社，2000年，第268～272页。

鼓城及柘沟的窑货（土陶、瓷器等）商、济南与天津的洋庄、济宁泰顺家的铁货铺、苏杭的绸缎商，等等。同时，在邻近县境内小有名气的商店、集市都贴出广告，主要是招徕当地的土特产品前来交易。请帖发出后就得准备招待，光靠本镇的客栈旅店远远不够，镇附近五六里以内村里富余的房屋需腾出部分备用。吃饭问题更要妥善考虑，每次都要招请几家有名气的酒菜馆，以供官员、大贾阔商享用。饮食业都由行会组织，会首给他们划出经营地段，“棚头”再指定具体棚地，为丸子锅、包子棚、馍馍车、烧饼果子炉以及粥、羊汤、面条、酒、肴等棚点，合理配搭布局。地段确定之后，一般不再变动，到时各找棚地即可。另外，此地还有“叫客”的风俗，即附近村庄十之八九的住户都把远村的老亲少眷请来听戏、逛会，所以古会期间附近村村都很热闹。

十月会除与其他古会有共同的场景之外，更为突出的是牲口和皮货交易。会时牲口市设在东门外，占地十余庙。收税的除中间一棚设总柜外，四周还有四个分柜，每柜都设三四条大缰，并设有一个“号子罐”。牲口上缰后就算成交，交税后打上红印，如无印记就要受罚。柜上除该会组织的人员外，负责总牲畜税的人员还必须亲临监督。此外，牲畜市场占谁的地归谁拾粪，这也是个老规矩。会期一天所上牲畜，数以万计。上市牲口一般分为两种情况：一是本地喂成的膘牛和西北来的骡马，是必定要卖的；二是方圆几十里以内的牲口户专来“专价”的。因此时农活已忙完，地净场光，正是倒腾牲口的时候，合适就卖，不合适就不卖。对于第二类人，会首也欢迎他们来凑热闹、壮场面。只是这类牲口的成交率没有膘牛、骡马高，通常不过十之一二。

膘牛每会成交数以千计，品种多为鲁西大黄牛。膘牛大都卖给天津、济南、青岛洋行的买办。但买办并不直接在会上买牛，即使他们到会上来也是与附近县的膘牛贩子订合同，交“在钱”，言明吨价，过磅后在洋行付款。贩客在会上直接买牛。牛贩子不易当，首先眼要真，因估个买，按称卖，走了眼就要赔钱。但通常他们都是很有经验的，量量个头，算算体积，摸摸膘色，抹抹脂块，再看看悬蹄的着地程度，就能估个八九不离十。看好后再通过经纪撮合，上缰成交，言明付款日期，找好踏实保人，交税打印后，即牵到店里喂养。会后成批送城市洋行交货，洋行把款汇到寿张集钱庄。能干的膘牛贩子再找两个帮忙的，一趟能赶十几头甚至二十几头，可赚一二百元。当然也有出了事故而倾家荡产的，所以人们说：“要想穷，贩毛虫（牛）”，即说挣钱容易，赔钱也快。

骡马的上市与成交数量大大逊于膘牛。因当地喂养的少，上市的多系西北的“口马”，本地富户除买车骡外，不喜喂马。马的买主，一是为军队添置坐骑的军界人士，二是东南的贩客，组成帮贩往江南。这种交易不成则已，一成就论批。至于耕牛、毛驴的成交额也很可观，因为按节令正是牲畜更新的好时机。小户人家卖了大的买小的（幼畜），养一冬一春即能使活，又能抽出几个钱使；大户人家则是卖了老的买壮的，或是卖了残的换好的。

屠宰户这时也最活跃，对膘牛、骡马他们不敢问津，眼睛盯的主要是老、病、残畜或抵人的牛、咬人的驴。通常，熟人们不愿卖给他，因为知道他们要宰杀，故总感觉不太人道。而且屠宰户往往爱耍滑，一般人不愿为其保账，有头脸的经纪人也不愿招徕他们。可是他们的办法也不少，总能找到爱占小便宜的人。所以会上他们往往也能满载而归。

说到牲口行还得提到“牛经纪”。经纪者，也即交易员，他们依仗着能说会道的嘴和善于察言观色的眼，手持一杆小鞭上市，往往吃饱喝醉还能腰缠数贯而归。寿张集古会牲口市上每天经纪都有三四十人之多。他们挣钱的方法主要有两种。一是暗码交易，从中“砸角割耳朵”，具体做法是袖中摸码，比如卖主说要价 50 元，到买主那方夸一阵后，摸码说非 55 元拿不下来，再发一通血誓。这样，5 元钱的空额除给柜上缰印钱 1 元外，余下 4 元就是经纪的了。不过，这个钱一般不能一个经纪人独得，别的较熟的同行伙计凑过来照牲畜屁股甩一鞭子，说句“行！不贵！”就得分给他两三毛。另一种是明码交易，买卖双方一方找上一个经纪，摸码后他俩有时摸码有时明谈，谈的都是“行话”，行外人听不懂。什么“拐子嘎”“月子嘎”“柳子嘎”等，成交后照例抽取百分之一二的佣钱。再生法，或多要两毛，或柜、缰、印钱由买主开。传统规矩是买的开行，卖的抽佣。如果是亲戚朋友或有身份的叫他买卖牲口，通常就不敢胡来和捞外快了，但买主也得花两个钱，或请他喝酒，或给个块儿八角的钱。当地习俗是“卖牛不卖缰”，即买卖双方成交后，牵牲口的绳子不给买方，由卖方收留，换上买方的绳子。买主没带绳的，卖方也要用刀截一段自留，说上一句吉利话。

牲口行是大会的主要收入来源，每会下来，除官员吃喝、民团保卫等开支外，还可剩千元以上补助戏价。

因地近大运河，寿张集是西北和东南地区皮货交易的集散地。交易场所设在西南处几个大客店内。货源一是本地产的，一是外地进的，仅宁夏、甘肃、山西、陕西货商就来上百家。山狐、金钱豹、灰鼠、寒羊皮等应有尽有，还有本地的山羊皮、绵羊皮、草狐皮，特别是郓城、曹县来的猾子皮最为珍贵。皮货多系缝制好的筒子，如狐肷、狐膝、狐腿、狐脊、全狐等，亦称直毛货。羊皮中分大一生、小一生、二毛、大花皮、小花皮、红花皮等，成品分男大衣、女大衣、男大袄、女大袄、小袄、坎肩、狗皮裤、狗皮褥、貂皮帽、水獭皮领子等。

买皮货的客商主要有三种：一是大城市洋行的买办，他们主要是买猾子皮以及狐、豹、狼皮等出口；二是东路皮货商，主要买各种筒子；三是邻近县乡的用户。皮货行里也有经纪人，但与牲口行不同，得有点真本事，对各种皮子的产地、毛色、齿龄、熟皮质量等都须精通；捏起筒子货物一栽，毛即下倒，便可验出优劣。尽管如此，买客还是要请信得过的行家掌眼。皮货，每一会期成交额在千件以上，每件以 20 元计，共 2 万多元。

土特产品交易，主要有花生米、土布等。因当地的土质适宜种花生，十月会正值收获完毕，所以肩挑车推上市颇多。济宁、汶上、东平、济南等地的大糕点店与商贩都来此购货。土布是土产品中的重点。布市设在“曲阜”店内。此地旧俗，新婚后婆家给二斤半棉花就不管穿了，女婿、孩子的衣服就全靠媳妇织卖布赚钱去买。不少心灵手巧的妇女，运用五七把梭织出花格子、一条花、七错、五福捧寿、鸳鸯戏水等各种图案的被单、被面、窗帘、衣料等，拿到布市上去卖。布商多来自山西、安徽等省份。布行经纪人都有一种本领，不用尺量，浑身都是尺码，把一块布往身上一搭，即可喊出尺数、钱数，双方都不用争，即成交开钱。青年妇女在会上卖完布就三五成群，携儿牵女，大模大样地坐在丸子锅、包子棚、扁食（水饺）铺内吃喝一顿，喜气洋洋，临走再给家人捎着一串煎包或油条，这在当时也算是劳动妇女的一种享受吧！

十月会的娱乐项目也比其他古会多，会上除至少一台名班大戏外，光说书场就有道情、坠子、琴书、莲花落、花鼓、快书等十七八棚。此外还有拉洋片的、走大吼的、跑马戏的、打十番的，等等。

明代以后，运河改线，寿张集不再是沿运口岸，但由于每年五大古会的商贸交易，仍系运河流域重要的货物集散地。据传，每年古会成交的大批黄牛、骡马等大牲畜和各类皮货等，都通过古运河和黄河分别运往济宁、徐州、济南等地的洋行，再转销给日本等国的客商。[①]

（四）聊城山陕会馆庙会

聊城山陕会馆始建于清乾隆八年（1743），是由山西、陕西商人集资建立的。会馆有三个作用：一是联桑梓；二是洽谈业务；三是祭祀，就是祭拜关公。因此山陕会馆又俗名“关帝庙”。聊城山陕会馆因山陕商人在聊城经商而建，而大量山陕商人之所以汇聚聊城，又与聊城身为运河河畔重要码头直接相关。因此，聊城山陕会馆庙会亦是一个因运河而“生”的庙会节日。

清代初期，晋商以吃苦耐劳、诚信经营等美好品质誉满天下。山陕会馆是同乡聚会之所，每逢节庆，远离故土的同乡们在此聚集一堂，交流感情，相互帮助。为了加强感情联络，他们还把关公作为共同崇拜祭祀的神灵。

关公姓关，名羽，字云长，今山西省运城市解州镇常平村人。相传，关公年幼时便喜读《春秋左传》等儒家经典，深明大义，后桃园结义，跟随刘备，以忠义世代传诵。在漫长的中国

① 山东省济宁市政协文史资料委员会编：《济宁运河文化》，北京：中国文史出版社，2000 年，第 274 ～ 280 页。

封建社会中，尤其是在宋元明清四代王朝所处的中国封建社会后期，对关羽不断加封，使其成为后世景仰的“武圣”“协天大帝”。关公是人们心目中的神灵和圣人，为其建庙是庄严而神圣的大事，统治者对此十分重视，制定了各种严格的规定。尤其在清朝，由于把关公作为护国神，国家专门将祭祀关公作为一个礼仪。清代到民国时期，民间纪念关公的传统习俗和活动也很多，特别是关公庙会的举办比较流行。

清代聊城山陕会馆庙会一般是在农历正月的初一到十五，十分热闹。这期间，关帝大殿要挂上写着“协天大帝”的方形黄旗。平时，人们有了病灾，常请关帝降魔除妖；有了纷争，也常来关帝庙前辨别是非曲直。有的拜把子，还要来关帝庙换金兰谱，请关帝做盟证。此外，商人视其为保护神，农历五月十三日求雨者祀拜关帝，也把他视为雨神，这大概与道家所说的关帝的前身为雷首山泽的老龙有关。旧时，为纪念关公单刀赴会和诞辰，每年的农历五月十三日和六月二十四日，这里都要唱三天大戏。关公庙会规模盛大，内容十分丰富，四乡百姓云集，商贾小贩汇聚，人山人海，熙熙攘攘，热闹非凡。届时，演关公戏的、展出关公纪念品的、舞龙灯的、划彩船的、吹喇叭抬轿子的，在关帝庙内外闹得热火朝天。

20 世纪 90 年代以来，聊城关公庙会的性质发生了变化，主要是结合群众节日旅游休闲等需要，举办多种形式的民俗文化活动。山陕会馆内外有剧团演出，同时举办多种形式的民俗表演、工艺品展销等活动，人们在此可以品茶听戏，击鼓撞钟，感受传统文化的魅力。

三、祀典仪式

大运河不仅仅是一条漕运与商贸通道，也是一条人员往来通道。历史上，漕运水手、贩夫走卒、文人学士、高官显贵、帝王贵胄等都曾沿运河南北往来。

与漕运水手、贩夫走卒不同的是，文人学士、高官显贵、帝王贵胄等，由于时间相对充裕，因此在沿运河而行的时候，往往都会借机游览运河沿途两岸名山胜景，祭拜沿河地区相关的神灵。祭拜的目的，对于护漕官员、漕卒来说，主要在于祈求漕运的顺利进行。比如，漕运官吏都重视奉祀天妃。元代郑元佑《重建路漕天妃碑》记载：“刘家港建有天妃宫，漕府祀神于此。”每当转漕之际，“宰臣必躬率漕臣、守臣，咸集祠下，卜吉于妃，既得吉卜，然后敢于港次发舟”[①]。道光十六年（1836）任河南粮监道署理漕运事宜的李钧，在其《转漕日记》中，多次记载了祭祀漕仓以及沿途

① 李修生主编：《金元文》第 38 册，南京：江苏古籍出版社，1999 年，第 740 页。

相关神灵的活动。如十月初三日“祭库神盘库”；十七日，“出北门行二十五里，抵柳园渡口，以少牢祭河，礼生赞行二跪六叩礼，乃登舟，得句云：‘又向河壖一问津，簿书丛里暂抽身。凭君满掬东流水，洗尽胸间万斛尘。’”二十二日，“辰刻赴开厂，率总运、监兑祭仓神，开斛兑运”，为此还作了《漕仓十咏》诗。十二月“初一日黎明，诣关帝庙、大王庙行香”；“初三日辰刻，祭大王庙”；道光十七年（1837）正月初五，“常司马自百泉回，随中丞在关帝庙迎水。初六日卯刻，赴关帝庙行礼”[①]。

对于航行于运河上的帝王，如隋炀帝、明武宗、清康熙帝、清乾隆帝等来说，他们于巡幸沿途举行的祭典活动，则远较一般官员更为隆重，堪称为国家大礼，自然更应视其为不同于平日的隆重节日。而帝王的这些祭拜活动，之所以能够举行，与运河又有直接关系，正是运河的开通为帝王南巡及沿线祭拜活动创造了便捷条件。这些仪式庆典，也是因运河而“兴”的。康熙在位61年的时间里，曾分别于康熙二十三年（1684）、二十八年、三十八年、四十二年、四十四年、四十六年六次沿运河南巡，其中一个主要目的就是视察黄河河工。在沿运河南下的过程中，康熙皇帝登泰山祀泰山之神，往孔庙拜孔子，在南京拜明太祖朱元璋，在绍兴会稽山大禹陵祭大禹等。这在《清圣祖实录》以及康熙帝亲自撰写的《南巡笔记》中都有记载。

康熙二十三年（1684）九月丁亥，“以圣驾东巡”。十月壬寅，“上至泰安州。登泰山极顶。又东至秦观峰及孔子小天下处。东南至日观峰”。此后，“上诣东岳庙，躬祀泰山之神”，并谕大学士明珠等，“朕夙夜孜孜，勤求治理。深宫宁处，轸念闾阎。诹吉时巡，省观民隐。经行所至，登陟泰山。至圣遗踪，缅然可睹。一览众山，临眺九有，洵足揽天下之胜、察造化之奇。因书‘普照乾坤’四字，可于孔子小天下处建亭悬额。复书‘云峰’二字，于极顶处摩崖勒石。其本年泰山香税，免解该部，用以鸠工庀材，虔修泰山顶上各庙。”[②]

对此次祭拜泰山之神的仪式，康熙帝在其《南巡笔记》中亦有记载：

> 康熙甲子春日，有以时值上元，请行封禅及巡狩、燔柴诸典礼者。夫朕凉德菲躬，临御海寓，迩年以来，水旱兵戈，民亦劳止。虽邀天庇佑，四海荡平，万姓乐业，实未有丰功伟烈，足以昭示来兹。何敢效法前人，铭功纪德。至于巡狩，古天子所以周省侯国，使诸侯肆觐明堂，考其政绩。今天下之权统一于内，督抚之贤不肖，朕皆得而知之，又无事于巡狩之名也。惟是近畿郡邑，屡经巡幸，补助时施，而东南黎民风俗，尚未周知。乃于秋九月，陈请两宫，暂违定省。二十八日出京师，经河间，过德州，阅济南城，观趵突泉，题曰“激湍”，百姓遮拜马首，户口繁盛，比屋可封。昔称临淄之间，肩相

①〔清〕李钧：《转漕日记》卷一《河间》。

②《清圣祖实录》卷一一七，“康熙二十三年九月丁亥”“十月壬寅”条。

摩毂相击者，今尚有遗风焉。十一日至泰山，石径峻峭，缓步登陟四十里。御帐崖瀑水悬流，五大夫枯松犹在岩畔，或亦后人继植者。入南天门，扪秦时无字碑，至孔子小天下处，真可收罗宇宙，畅豁襟怀，题“普照乾坤”“云峰”诸字。宿泰山巅，月色清朗，赋诗遣兴。来日登日观峰，看扶桑日出。下山祀于岳庙。岳为五方之长，发生万物，故躬祀之，为苍生祈福。①

康熙二十八年（1689）正月，康熙开始二次南巡。正月乙酉，“上至泰山之麓，率文武诸臣，向岱宗行礼毕。遂谕部院诸臣曰：‘朕巡历所至，再经岱麓，重瞻祠宇，询其庙祝，知香火荒凉，日用难给。岱顶诸庙，亦复如之。念泰山为五岳之长，载在祀典，有功社稷，不宜使之渐就寥落。着将每岁香税钱粮内量给数百金，使上下岳庙与元君诸祠守祀者，得有资赖，晓夜尽心。兼可时加修葺，以壮往来观瞻，示朕崇祀之意。’”②康熙四十二年正月，康熙帝第三次南巡，途经泰安时，又登了一次泰山，并“遣官祭东岳泰山之神”③。

康熙二十三年（1684）十一月，康熙帝驻跸江宁，登钟山，祭明太祖朱元璋。“夫明太祖，以布衣起淮泗之间，经营大业，应天顺人，奄有区夏。顷过其城市，闾阎巷陌，未改旧观，而宫阙无一存者。睹此兴怀，能不有吴宫花草、晋代衣冠之叹耶！昔人论形势之地，首推燕秦，金陵次之。然金陵虽有长江之险为天堑，而地脉单弱，无所凭倚。六朝偏安，弗克自振，固历数之不齐，或亦地势使然也。明自文皇靖难之后，尝以燕京为行在。宣德末年，遂徙而都之。其时金陵台殿苑囿之观、声明文物之盛，南北并峙，远胜六朝。迨承平既久，忽于治安，万历以后政事渐弛。宦寺朋党，交相构陷，门户日分，而士气浇薄；赋敛日繁，而民心涣散。闯贼以乌合之众，唾手燕京，宗社不守。马阮以嚣伪之徒，托名恢复，仅快私仇，使有明艰难创造之基业，未三百年而为丘墟。良可悲夫！孟子曰：‘天时不如地利，地利不如人和。’有国家者，知天心之可畏，地利之不足恃，兢兢业业，取前代废兴之迹，日加儆惕焉。则庶几矣。”④除此次祭拜之外，康熙二十八年二月甲子，“上诣明太祖陵，进前殿行礼。复至陵前。奠酒毕，赐守陵人白金百两”⑤。康熙三十八年第三次南巡，又专门祭拜了明太祖陵：

（四月）庚戌，谕大学士等曰：“明代洪武，乃创业之君。朕两次南巡俱举祀典，亲往奠醊。今朕临幸，当再亲祭。”大学士等奏曰：“皇上两次南巡，业蒙亲往奠醊。

---

①〔清〕康熙：《南巡笔记》，乾隆《泰安府志》卷首下《御制诗文》。
②《清圣祖实录》卷一三九，“康熙二十八年正月乙酉”条。
③《清圣祖实录》卷二一一，“康熙四十二年正月癸酉”条。
④《清圣祖实录》卷一一七，“康熙二十三年十一月”条。
⑤《清圣祖实录》卷一三九，“康熙二十八年二月甲子”条。

今应遣大臣致奠。”上曰：“洪武乃英武伟烈之主，非寻常帝王可比。着兵部尚书席尔达致祭行礼，朕亲往奠。”

壬子，上至明太祖陵奠爵阅视陵寝。谕大学士等曰：“朕今日往明太祖陵寝致奠，见其圮毁已甚，皆由专司无人。朕意欲访察明代后裔，授以职衔，俾其世守祀事。古者夏殷之后，周封之于杞宋。即令本朝四十八旗蒙古，亦皆元之子孙，朕仍沛恩施依然抚育。明之后世，应酌授一官，俾司陵寝。俟回都日尔等与九卿会议具奏。”

甲寅，命修明太祖陵，并悬挂御书“治隆唐宋”匾额。①

康熙四十二年（1703）二月与四十六年三月南巡过程中，康熙帝又分别遣大学士马齐祭明太祖陵。其中康熙四十六年，康熙又亲自前往致祭。康熙二十三年十一月戊寅，康熙帝南巡北返途中，“驾幸曲阜”，己卯日，举行了隆重的祭孔祀典并参观孔庙与孔林。

对于此次祭拜孔子的祭典，康熙帝在其《南巡笔记》中亦有记载：

十六日，长至节，天气晴暖，无朔风祁寒，扈从诸人莫不欣喜。十七日，过少昊陵、吁子林，驻跸曲阜县南。十八日黎明，祀于阙里，斋心穆穆，若有所见。礼毕，坐诗礼堂，命孔氏子孙讲《周易》《大学》，遍观车服礼器及汉唐碑版。桧树在大成门内，古干苍然，苔藓润泽，真灵迹也。敬想至圣，道冠百王，前代留金银器具，皆人力可办，独以仗前曲柄龙盖留庙中，并书“万世师表”四字。过阙里，诗《古桧赋》。出北门，酾酒孔子墓下。伯鱼墓在孔子墓东十余步，子思墓在其前，西有子贡庐墓之所，左有宋真宗驻跸亭林，中奇树葱郁，未可计数。②

康熙二十八年（1689），康熙帝乘御舟沿运河南行，渡钱塘江至绍兴府会稽山麓大禹陵，“壬子，上亲撰祭文，诣禹陵致祭，率扈从诸臣，行三跪九叩礼。祭文曰：惟王精一传心，俭勤式训。道由天锡，启皇极之图畴。功在民生，定中邦之井牧。四载昔劳胼胝，永赖平成。九叙早着谟谋，惟歌府事。行其无间，德远益新。朕省方东南，道经吴越。睹长江之浩渺，心切溯洄；瞻高巘之嵯峨，企深仰止。幸矣松楸伊迩，俨然律度可亲。特荐馨香，躬修祀事。惟祈灵爽，尚克来歆。”③ 随后，康熙帝又敕谕福建浙江总督王骘对大禹陵加以整修并四时洒扫祭祀，并亲撰《禹陵颂》并作序。

除泰山、孔庙、明太祖陵、大禹陵以外，运河沿线的其他胜迹也曾在帝王、显贵们沿运河而往还时受到祭拜，比如仲子庙，为祭祀孔子弟子子路的庙宇，在今微山县鲁桥镇仲家浅村，古运河畔，始建于唐开元七年（719），宋、明、清的多次扩建重修。清康熙帝、乾隆帝沿

①《清圣祖实录》卷一九三，“康熙三十八年四月”条。

②〔清〕康熙：《南巡笔记》，乾隆《泰安府志》卷首下《御制诗文》。

③《清圣祖实录》卷一三九，“康熙二十八年二月壬子”条。

运河下江南，都曾登岸祭拜。康熙帝曾做《仲子庙》，其诗云："河口孤祠在，千年祀典存。当阶松半偃，绕碣藓堪扪。怀古题新额，遗风想圣门。行舟清昼永，岸草采芳荪。"[1] 清人朱彝尊《谒仲子庙》亦云："光岳钟青帝，明礼配素王。世家犹不泯，俎豆俨成行。力养嗟何及，长贫更可伤。如闻琴瑟在，千载感升堂。"[2] 今河南省台前县夹河乡八里庙村古京杭运河故道旁，曾有大河神祠旧址。明景泰六年（1455）六月三日，代宗派遣督察院左佥督御史徐有贞祭祀河神并亲撰祭文，立《御制祭文碑》一块。其中碑刻碑阴部分，记载了参加此次公祭河神的人员、分陪祭官和执事官等，共录府州县等官员 22 人。

四、运河对地方传统节日的影响

受运河开通与漕运的影响，在运河沿线地区产生了一些新的节日。与此同时，运河开通亦对沿线各地所固有的传统节日产生了诸多影响。每年数以万计的漕船、商船与人员于运河上来来往往，促进了文化的交流与传播，进而影响到沿运地区的节日风俗。

以端午节为例。端午节为我国四大传统节日之一，主要习俗活动有吃粽子、划龙舟等。就整体言之，我国南方地区端午习俗远较北方地区为盛。不过，受运河与漕运的影响，在北方运河沿线个别地区，如北京高碑店，端午节却成为一年之中最为隆重的节日。高碑店位于通惠河河畔，村北即平津上闸，历史上为往来漕粮运输的重要通道，大量来自南方的漕运船工往来其间。每年端午期间，这些来自南方的船工都会在高碑店等处停工休息，从而带动了高碑店端午节的兴盛。"在中国人十分讲究的春节、端午、中秋三大节中，高碑店人最为重视端午，并形成规模盛大的端午娘娘庙庙会，而且庙会日期与一般地方围绕神诞之日作为庙会日期不同，高碑店的庙会虽以娘娘庙为中心，却与'娘娘'诞辰毫无关系，说明高碑店的庙会主要受南方重视端午的习俗影响而成。"[3] 在高碑店，端午期间最为兴盛的节日活动是到娘娘庙中拜娘娘。高碑店村娘娘庙建于何时，今已无从查考。所供奉之娘娘，有说为云霄、琼霄、碧霄三位仙姑，也有说为天仙圣母。每年农历五月初一到初六，是娘娘庙庙会的日子，包括南方漕运船工在内的各地香客纷至沓来。庙会期间人来人往，做各式买卖的趁机云集于此，吃喝用度什么的都可以在庙会上买到，此外还会有唱戏酬神以及各种杂耍表演等。这些南来的船

① 山东省济宁市政协文史资料文员会编：《济宁运河诗文集粹》，济宁：济宁市新闻出版局，2001 年，第 187 页。
② 山东省济宁市政协文史资料文员会编：《济宁运河诗文集粹》，济宁：济宁市新闻出版局，2001 年，第 193 页。
③ 高春利：《打造通惠河沿岸文化产业带的理念与实践》，北京民俗博物馆编：《漕运文化研究》，北京：学苑出版社，2007 年，第 186 ～ 187 页。

工们趁此时机逛庙会、吃喝玩乐，充分放松自己。繁盛的庙会活动，使端午节成为高碑店一年之中最为隆重的节日，春节与之相比也相形见绌。之所以如此，主要是受运河影响的结果。一方面，运河使大量南方漕运船工聚集于此，他们随之将重视端午的传统带到了高碑店；另一方面，漕运废止后，高碑店人利用靠近运河又邻近北京的地理优势，办起了养鱼、卖鱼的产业。春节期间，大家挑鱼到北京城贩卖，以图卖个好价钱，自然也就无暇好好过年了（详见第四章第五节“渔业”）。为此，高碑店人才把对春节的重视转移到了端午节上。①

在江苏淮安，端午节同样因运河与漕运的影响而兴盛异常，其中最为重要的活动即端午节下午由漕运水手们组织参与的闹龙舟活动。所谓龙舟，就是把渔船装饰成龙的样子，先到洪门外龙王庙烧香敬佛，然后驶往闸口大塘。闹龙舟最精彩的节目是“丢标”“抢标”和“捞标”。“丢标”的内容之一是“放飞鸭”。选一只鸭子，在其头上划个小口子，放进盐后，再缝起来，丢下水去，由水手们去争抢。鸭子头上被腌，疼得厉害，加上两岸人声喧哗，大受惊吓而在水面上乱飞乱窜，因此想抢到它，亦非易事。“丢洋钱”，把银元放入水中，让水手捞摸。“衔鸭蛋壳”，即把鸭蛋里面掏空，使其漂在水面上，然后让水手们用嘴去衔，常是人未到蛋壳边，水浪早把蛋壳冲得远远的，因此要衔住并不容易。但由于参加活动的水手都是当地水中好汉，丢下的东西多数能抢到、捞到。每当得到标后，船上即将彩旗举起，以示祝贺。水手们到丢标人前道喜，丢标人给以奖赏。奖品以茶食、水果为多，也有衣物等。每当此时，两岸观者如潮，煞是热闹。②

再比如运河沿线各地的填仓节。每年正月二十五，为我国传统节日填仓节，其主要节俗活动为搬运填仓、打粮囤、祭祀仓神等，以祈求新的一年五谷丰登。而这一天，对运河沿线各粮仓、水次仓等漕仓及漕运官兵来说，更是一个极受重视的重要节日。比如清代，京师囤积大量漕粮，粮仓号“京通十三（或十七）仓”，负责管理的官吏和兵丁规模庞大，他们与粮商米贩一道，供奉仓神。所奉仓神，俗传即汉初大将军韩信，配祀之神有升斗之神、大耗星君等。京通十三仓中有不少粮仓建有仓神庙。对此，《燕京旧俗志》记载曰：

> 相传仓神为西汉开国元勋韩信，俗称曰韩王爷，不知何所根据而然。其神像系一青年英俊者，王盔龙袍，颇具一种雍容华贵之像。神前旗伞执事等类甚多，据传，非生封王爵者不能有此。尚有配享之神四尊：一老者，两壮者，据称为掌管升斗之神；另有一面目狞恶者，则系为流年星宿中之大耗星君，所以配享此君者，系传掌管仓中之耗子起见。③

① 高春利等主编：《高碑店村民俗文化志》，北京：民族出版社，2007年，第100～124页。

② 淮安市地方志办公室编：《运河之都——淮安》，北京：方志出版社，2006年，第173页。

③〔清〕韶公辑录：《燕京旧俗志·岁令篇·添仓》，清抄本。

他们会进行祭祀仓神的活动。对此，《燕京旧俗志》亦有比较详细的记载：

添仓，京师俗呼曰“天仓儿”，为正月二十五日之小节令也。因此日为仓神之生日，凡官府所管辖之各官仓，及有仓囤之各商店，如米面商等类，均须虔诚供祭仓神。

各仓祀神典礼极为丰盛，牺牲粢盛，异常丰满，燃放鞭炮，又由花户身后预备多数筵席，宴请该仓各项人等聚食，颇极一日之盛。此外，各米面庄等，各大商号，亦均燃放鞭炮祀神宴众，各仓房米囤之上多贴有“添仓大吉”之红纸条子。①

运送漕粮的官兵丁夫与粮仓有关，故也有仓神之祀。如清代山东济、武两府的运粮官员、旗丁皆供奉“廒神”，即仓神。清管同《德州廒神庙碑》载：

惟嘉庆十五年春二月既望，山东济、武二府运粮官吏、旗丁等奉醴牵牲，致祭于德州水次廒神之庙。仰而言曰：呜乎！我国家受天命，食万方，薄海之闲，供亿输将，惟虞不及，惟山东于王畿尤密迩，每岁仲秋，我二府官丁，挽粟飞刍，会于兹土，乃于河，即仓以贮，时则惟我廒神，鉴明德之馨香，矢其精灵，以佐我天子。故粟贮之日，不患寇盗，而亦不畏燥湿。由是方船而上入于京师，于以供玉食，于以为官禄，于以俯民赐，于以给军储。恢恢乎！御廪之攸需，太仓之攸蓄，未尝阙也！则亦惟我神实与相之。②

在运河沿线各地，还有一些节日，虽并未因运河开通而使习俗活动或祭拜人群发生变化，但在节日缘起的解释等方面却融入了“运河”元素，如山东梁山安山闸的七月十五节。七月十五为我国传统的节日，又称“鬼节”“中元节”“盂兰盆节”等，一般认为与道教的地官诞辰或佛教目连救母等有关。但在梁山安山闸一带，对七月十五节的解释，却明显加入了运河、漕运的元素。安山闸是微山湖区济宁北段的重要闸口，建于明成化八年（1472）。安山闸因坐落于安山镇而得名。安山镇是济宁到东昌府之间的一个运河水旱大码头，镇上街道沿运河修筑，经济繁荣。七月十五放河灯，是安山镇一个流传久远的习俗。而安山放河灯习俗的兴起，传说与运河、漕运有关。相传明代有一位漕运大将，不幸醉后落水而死。大将夫人点着他的官灯沿河招魂，七月十五晚上，夫人做了一个梦，梦中已被封为治水将军的丈夫前来辞行，说幸有灯光招魂才得以出水。从此之后，本地便形成了七月十五放河灯的习俗。

①〔清〕韶公辑录：《燕京旧俗志·岁令篇·添仓》，清抄本。

②〔清〕管同：《德州廒神庙碑》，《因寄轩文初集》卷六，《清代诗文集汇编》第532册，上海：上海古籍出版社，2010年。

河灯的制作并不复杂，先用漂浮力强的柳木等薄木板做底座，然后将木板裁成边长约12厘米左右长方形或船的形状。板的中间插上一根竹枝，再在竹枝上缠上在油中浸泡过的棉绒为捻，用油纸做灯罩，如此一个河灯便做成了。通常，这样一个河灯能在水中漂浮、燃烧五六个小时。

七月十五晚上放河灯时，先找一条大的摆渡船，把河灯摆放在摆渡船上。点着几根大蜡烛，一是为照明，二是用于点燃河灯。先在闸口下放入点燃的河灯，再回头顺流放漂，与闸下相连接，形成长达三里的河灯阵。闸官乘坐彩船，船上坐满了驻镇衙门的官员、缙绅大户、富商大贾以及各色头面人物等，既是放河灯的指挥船，亦是把酒临风、赏灯观舞之处所。这时水面上的灯光与倒影顺流相映闪烁，岸上的狮子、高跷以及各种民间杂要、曲艺小唱与河里彩船上的鼓乐队交织共鸣，热闹非凡。①

按照浙江一带的传统，济宁的浙江会馆也有在七月十五日在运河中放河灯的习俗。济宁浙江会馆为浙江旅济同乡会所建，创建于明天启七年（1627）。会馆坐落在运河南岸、纸坊街东首路北，为一江南风格的建筑。每逢七月十五盂兰盆会，济宁浙江会馆都会按照浙江地方习俗祭祀河神、超度亡灵，请和尚诵经，夜晚在运河燃放七彩河灯。②

行驶于运河之上的漕丁、旅客们，时值某一个节日时，也会临时停泊或上岸举行节日庆祝活动。如清乾隆五十八年（1793）十月五日，马戛尔尼使团乘船沿运河南下到江苏北部的众兴集村，恰值中国传统节日中秋节，船员们便上岸庆祝这一传统节日：

> 晚上很晚的时候，我们停在了众兴集。所有船只都立即开始准备过中秋节。像平常一样，在神前面摆上了食物和酒，用酒来祭奠神灵。仪式最后的时候，燃放爆竹并且烧了纸。献祭之后便是宴席了，祭拜的人们享用着剩余的食物。在这种场合，也给邪恶的神灵进行奉献。不过，我看不出他们供奉的不同神明间有什么区别。一些比较复杂比较重要的仪式好像是在岸上进行，因为我们看到两名士兵返回站岗的房子时，身上穿的衣服缀满了铜扣子，以模仿盔甲的样子。这些士兵身着钢铁胸甲，其头盔也是钢铁制成的，擦得锃亮，上面有深色的镶嵌细工。在这些上面装饰着2英尺长红色和褐色的羽饰。红色是毛发，就像官员无边帽上的一样，褐色的是毛皮。他们的武器是刀、弓和箭。这些衣服非常漂亮、威武。③

人坐舟中行于运河之上，漫长、孤寂的旅程常会使人不知今夕何夕，自然也就意识不到何年何节了。正如明代归有光《清明济上》诗说的那样："瀛州三月雪中行，千里寒风到济

---

① 山东省济宁市政协文史资料委员会编：《济宁运河文化》，北京：中国文史出版社，2000年，第279～280、393～395页。

② 刘玉平等编：《中国运河之都》，北京：中国文史出版社，2003年，第95～96页。

③〔英〕亨利·艾斯利著，刘天路、刘甜甜译：《阿美士德使团出使中国日志》，北京：商务印书馆，2013年，第184页。

宁。道上女郎斜插柳，始知今日是清明。”节日期间，漂泊在外，对家乡、亲人的思念之情自是油然而生。清人尤侗的《南阳九日》诗就描述了诗人乘船沿运河航行，恰逢重阳节而停泊于运河码头南阳镇时的思乡之情：“重阳九日泊南阳，何处登高可望乡？零落一身如苦叶，萧条两鬓已微霜。相思青镜应蓬首，反闭黄花空草堂。浊酒颓然成独醉，秋风济水正茫茫。”清人姚夔《韩庄闸舟中七夕》诗，则描述了七夕的晚上过微山韩庄闸的情景：“木兰桨子藕花乡，唱罢厅红晚气凉。烟外柳丝湖外水，山眉澹碧月眉黄。”①

清末，随着漕运的停止，运河的重要性亦日渐降低，虽然在一些地区，运河仍旧是重要的运输水道，但也有很多河段早已被废弃不用了。不过，纵然如此，今天，“运河”仍旧是其曾经流淌之地的重要经济资源与文化象征及文化符号。运河沿线的许多地方，诸如山东枣庄台儿庄，北京市通州区，浙江杭州拱墅区，江苏常州、淮安、南京、扬州，河北沧州等地，充分利用“运河”这一重要的文化资源，举办丰富多彩的新兴地方节会。这些地方节会，或“复兴”并利用已有之传统节日，或只是单纯将“运河”作为一个文化符号，举办一系列仪式与活动，构建出一个个现代运河节日，如台儿庄古城开河大典、通州运河文化庙会、通州运河艺术节、杭州拱墅大运河文化节等。

第二节　妈祖信仰

一、运河与妈祖信仰

妈祖信仰源于福建的莆田地区，宋以后从莆田逐渐传播至周围沿海以及东南亚一带。根据地方志的记载，祭祀妈祖的庙宇遍布运河沿线的乡村和城市，明清时期京杭运河沿线区域妈祖庙宇是伴随福建商人的北上而逐步建立的（表 6-1）。因此，从修建时间上来看，位于运河南段的淮安、苏州、镇江、嘉兴、杭州等地区的妈祖庙建立较早，而运河的北段山东、直隶等地的妈祖庙宇的建立相对较晚。从数量上看，运河南段的徐州和北段的天津妈祖庙较多。另外，需要指出的是，地方志文献中所见天妃宫（庙）、天后宫（庙）及有着相类似名称的庙宇所祀主神并不一定皆为妈祖。明清时期，南北不同区域很多地方性神灵都在民间有着天后或天妃的封号。如光绪《清河县志》记载惠济祠：“在运口，乾隆志云即天妃庙，在新庄闸口，……雍正五年，敕赐天后圣母碧霞元君”即表明明清时期，碧霞元君也曾被敕赐天后名号。一般来讲，

① 山东省济宁市政协文史资料文员会编：《济宁运河诗文集粹》，济宁：济宁市新闻出版局，2001 年，第 86 、175 、255 页。

凡是明确表述由福建商人所建或位于福建会馆的庙宇方可确定为妈祖信仰。

表6-1　明清时期运河沿线区域天妃、天后庙宇分布情况

州县名称	庙宇名称	数量	创建重修情况	资料来源
通州	天妃宫	2	一在州北门内，始建无考，明崇祯十三年修。一在州北门外	乾隆《通州志》卷二
天津	天妃宫	16	一在东门外，元朝建，明永乐元年重修。一在陈家沟，一在丁字沽，一在盐水沽，一在贺家口，一在葛沽，一在泥沽，一在东沽，一在前辛庄，一在后尖山，一在秦庄，一在城西马庄，一在河东唐家口，一在芦北口，一在城西如意庵南，一在大直沽	同治《续天津府志》卷四
青县	天后庙	3	一在城东北卫河滨，乾隆四十六年，典史石灉重修。一在兴济镇南，一在林缺屯大道西	光绪《重修天津府志》卷三四
静海	天后宫	1	在西门内迤南	光绪《重修天津府志》卷三四
德州	天妃庙	1	在南关，州人王权修	《古今图书集成·济南府祠庙考》
张秋	显惠庙	1	在北水门内河东岸，弘治七年建	康熙《张秋志》卷二
济宁	天后宫	2	一在天井闸河北，乾隆三十一年，河道总督李清时建。一在北关东北，又名天仙阁	道光《济宁直隶州志》卷一四
峄县	天后圣母宫	1	在城东南六十里台庄闸西	光绪《峄县志》卷一〇
沛县	天妃行宫	10	一在县治东关护城堤内，一在县东五里射箭台上，一在县东十里，一在县北三里吕母冢，一在县西北二十五里刘八店集，一在夏镇新河西岸，一在县西南戚山北，一在县东南十五里，一在县东南三十里里仁集，一在县北三十里庙道口	同治《徐州府志》卷一四
宿迁	天后宫	1	即福建会馆，在新盛街	民国《宿迁县志》卷四
泗阳	天后宫	1	在众兴镇西骡马街，系闽商会馆	民国《泗阳县志》卷一三
山阳	天后宫	3	一在城西南隅，宋嘉定间安抚使贾涉建，康熙年间，漕运总督施世纶重修。一在察院西，一在新城大北门内	同治《重修山阳县志》卷二
清河	惠济祠	1	在新庄闸口，明正德三年建	光绪《清河县志》卷三

续表

州县名称	庙宇名称	数量	创建重修情况	资料来源
清河	天妃庙	1	在官亭镇北界，明万历四十年建	乾隆《淮安府志》卷二六
江都	天妃祠	1	一名天妃宫，旧在挹江门外，后移建于南门官河侧	嘉庆《重修扬州府志》卷二五
高邮	天妃庙	4	皆高邮卫因海运修建	嘉庆《高邮州志》卷一
丹徒	天妃庙	1	在竖土山东，旧在潮闸之西，南宋时建	民国《续丹徒县志》卷三
丹徒	天后宫	2	一在山巷后宝盖山前，康熙年间建。一在西津坊大马头镇，乾隆十九年建	光绪《丹徒县志》卷六
武进	天后宫	1	在武进怀北乡大王庙东，建时未详，同治间重建	光绪《武进阳湖县志》卷四
无锡	天后宫	1	在太保墩，乾隆初，邑人刘沛等倡建	光绪《无锡金匮县志》卷一二
吴县	天后宫	8	一在胥江西岸夏驾桥南，明万历四十一年，福建商人集资建，名三山会馆。一在阊十一都二十二图小石晖桥，康熙年间，漳州士商公建。一在阊十一都二十八图雁宕村，康熙间，泉州商人公建。一在阊十一都二十三图南濠王家港，宁波商人公建，名浙宁天后宫。一在阊二十二图南濠新巷北，名邵武天后宫，创建无考。一在阊二图南濠姚家街内，康熙年间，兴化士商公建，名兴安天后宫。一在阊二十八都五图上津桥上塘街汀州商人公建，名鄞江天后宫。一在阊二十八都五图上津桥东上塘街，康熙四十七年，潮州商人公建，名潮州天后宫	民国《吴县志》卷三三
长洲	天后宫	1	在郡北中路桥，宋代建	乾隆《长洲县志》卷六
嘉兴	天后宫	2	一在府治东北二里，宋乾德中建，明嘉靖年间，嘉兴所指挥巩洋捐建，道士沈道诚重修。一在南十三庄北称字圩，明崇祯年间创建，兼称福建会馆，乾隆五十年重修	光绪《嘉兴府志》卷一〇
杭州	天后宫	3	一名顺济圣妃庙，在艮山门外。一名天后宫，在武林门内北隅，雍正八年建。一名天妃宫，在孩儿巷，明洪武初建，同治四年重修	民国《杭州府志》卷九

资料来源：胡梦飞《明清时期京航运河沿线区域的天妃信仰》，《淮阴工学院学报》2015年第2期，第3页。

（一）妈祖信仰北上

妈祖，名林默，福建莆田湄洲人，相传是五代时闽王统军兵马使湄洲都巡官林愿的第六女，生于宋建隆元年（960）三月二十三日，相传出生时“地变紫，有祥光异香”①，自幼聪明颖悟，5岁便能咏颂《观音经》，13岁得道士授法，故长大后通晓变化，妙用玄机，能预知吉凶，经常行善济人，救护难船，被称为“神女”“龙女”。林默28岁时，在海上救助时遇难，当地人为了感激林默生前的功德，为她建造了一座庙宇，称为“祖庙”，即湄洲妈祖庙。在《圣墩祖庙重建顺济庙记》中有如下记载：

姓林氏，湄洲屿人。初，以巫祝为事，能预知人祸福；既殁，众为立庙于本屿。圣墩去屿几百里，元祐丙寅岁，墩上常有光气夜现，乡人莫知为何祥。有渔者就视，乃枯槎，置其家，翌日自还故处。当夕遍梦墩傍之民曰：“我湄洲神女，其枯槎实所凭，宜馆我于墩上。”父老异之，因为立庙，号曰“圣墩”。②

妈祖的信仰起源于福建莆田湄洲的民间传说。妈祖因救助海上船只，保佑出海渔民的安全，得到当地民众的笃信和崇拜。随着妈祖信仰在民间社会的不断传播，也逐渐得到官方的认可。妈祖最早出现在官方记录中是宋宣和年间（1119～1125），记有路允迪出使高丽遇险得以逃生的灵验故事：

（宋宣和中）遣路允迪使高丽，中流风作，诸船皆溺，独路舟有神灯降于樯杪，飘忽两千余里，胶泊一岛。询土民是何神庙，民曰：“‘女贞，莆田人，本朝都巡检林愿之女，生而神灵，能预言人祸福，矢心履救。没后乡人立庙于湄洲之屿。’允迪至庙祭之，遂获安济。奉使回奏，敕授灵应夫人。③

因妈祖护佑了出使高丽遇险的路允迪，宣和五年（1123），官方正式封妈祖为“灵应夫人”，御赐“顺济”庙额。妈祖作为抵御海寇、消除瘟疫、救灾救难的神灵，也由此不断被官方褒扬，并对妈祖进行数十次敕封，仅宋代对妈祖的敕封就有14次。元代，运往京师的漕粮等物质偏重海运，从东南经东海、黄海绕山东半岛进入渤海湾运抵直沽，至京师。因海运风险较大，对运河进行了拓宽、疏浚、取直等大规模的整备和改造。在这一时期，至元十八年（1281）妈祖被封为“护国明著天妃”，至元至正十四年（1354），共5次被敕封，封号由原来的“护国明著天妃”增改为“护国辅圣庇民广济福惠明著天妃”。《护国明著天妃诏书》有如下记载：

① 乾隆《兴化府莆田县志》卷三二《人物》。

② 廖鹏飞：《圣墩祖庙重建顺济庙记》，蒋维锬：《妈祖文献史料汇编》第一辑《碑记卷》，北京：中国档案出版社，2007年，第1页。

③〔清〕徐道：《历代神仙通鉴》卷一九，沈阳：辽宁古籍出版社，1995年，第1107页。

惟昔有国，祀为大事。自有虞望秩而下，海岳之祀，日致崇极。朕恭承天休，奄有四海，粤若稽古，咸秩无文。惟尔有神，保护海道，舟师漕运，恃神为命，威灵赫濯，应验昭彰。自混一以来，未遑封爵，有司奏请，礼亦宜之。今遣正奉大夫宣慰使左副都元帅兼福建道市舶提举蒲师文册尔为“护国明著天妃”。于戏！捍患御灾，功载祀典，辅相之功甚大，追崇之礼宜优，尔其服兹新命，以孚佑我黎民，阴相我国家，则神之享祀有荣，永世无极矣！①

明清时期，无论民间还是官方，对妈祖的崇信都很普遍。明代，官方对妈祖的推崇主要表现于明初经略辽东、运河漕运、郑和下西洋等活动上。明成祖时期，派郑和赴海外开展海事活动。郑和七下西洋，每次出使前重要的活动之一就是祭祀妈祖，祈祷出海顺利。永乐五年（1407），在南京龙江建天妃宫，并遣使祭献。根据《明史·礼志》记载，自永乐七年加封后，岁以正月十五日和三月二十三日由太常寺主持在南京天妃宫致祭。郑和七下西洋，从南京顺江而下，每到一处都要奏建或修葺妈祖庙。宣德六年（1431），郑和第七次下西洋时，在福建长乐停留，再次来到湄洲祭祀妈祖。

明代，对妈祖的祭奠在永乐初就纳入朝廷的祀典，在都城建立天妃宫，遣太常寺官致祭。明永乐十九年（1421），明成祖迁都北京后，运河漕运的意义再次凸显出来。随着明代漕运的兴起，因运河而延伸传播的妈祖信仰逐渐北上，在运河的沿岸出现了大量的庙宇，例如江苏淮安的清口位于京杭运河、黄河、淮河的交汇处，是漕运、盐运等南北交通的重要枢纽。在清口地区沿线拥有多处妈祖宫庙。据万历《淮安府志》记载：

灵慈宫：即天妃宫，为漕运立，凡三处。一在郡城西南隅，旧名紫极宫，宫前环池植柳，名万柳池，上有升仙桥，宋嘉定间楚州安抚贾涉重建，后毁，元至正又建。本庙宣德间改今名，漕运之香火在焉。②

明代，受漕运的影响，在地方建立了妈祖庙，并将其纳入地方的官方祀典。这也是妈祖信仰通过京杭运河进入北方社会的一个重要途径。

清代，妈祖信仰的发展达到了鼎盛时期。朝廷对妈祖的封号、祀典、祭礼的规格都超过了前代。从康熙十九年（1680）至光绪元年（1875），妈祖获得清廷褒封达16次之多，封号的字数也积至64字，爵位达到了无以复加的“天后”。妈祖的祭奠也纳入了国家祀典活动之中，实施春秋二祭，至此，妈祖的祭祀活动的规格达到了顶峰。

①《天妃显圣录》，孔昭明：《台湾文献史料丛刊》第九辑，台北：台湾大通书局，1987年，第48页。
② 万历《淮安府志》卷六《学校志》。

在古代官方文献中，妈祖被称为“夫人”“天妃”“天后”“天上圣母”“天后圣母”等，民间则称为“娘娘”“海神娘娘”等。

（二）运河沿岸的妈祖遗迹

唐宋以来，漕运是历代王朝的要政，在疏浚河道、保障漕运顺利运行的过程中，祭祀河神、水神、龙神、妈祖等仪式活动则被认为是抵御灾害、护佑安全的重要手段，是民众的一种精神寄托。因此，在运河的沿线保留有很多祭祀河神或妈祖的庙宇、祠寺、商会会馆等建筑遗迹。

1. 天津天后宫

在天津流传一句俗语：“先有天后宫，后有天津城。”天津东临渤海，背倚京师，地理位置重要，自金、元以来便成为舟车汇集的水陆交通枢纽，被称为“畿辅门户”。元代以来，海漕与河漕的发展，奠定了天津的重要经济地位。金代在此建立了直沽寨。元延祐三年（1316），将直沽寨改为海津镇，从此，南北运河与海河交汇的三岔河口一带，“舟车攸会，聚落始繁”，日益兴盛。天津天后宫就是在这种漕运大发展的背景下，于元泰定三年（1326）为了庇佑漕运建立的。[①]

天津的诞生与发展都与运河有着密切的关系，自元代开海漕以来，天津成为一个重要的水陆码头。明永乐二年（1404），明成祖朱棣在直沽设卫，为了纪念当年他在此处渡海河从而奠定了胜局，特取“天子渡津处”之意，赐名“天津”。随后朱棣废海漕为河漕，天津才成为运河和白河交汇入海的京畿门户。据光绪《重修天津府志》记载，天津天后宫“一在东门外，元朝建，明永乐元年重建，正德十年参将杨节重修……一在陈家沟，一在丁字沽，一在盐水沽，一在贺家口，一在葛沽，一在泥沽，一在东沽，一在前辛庄，一在后尖山，一在秦家庄，一在城西如意庵南，一在大直沽”。天津作为海运和运河漕运的交汇之地，其妈祖信仰的诞生与发展有海上和运河两条传播线路，而天妃庙的修建也因此而分为两类，一类与海运有关，一类则与运河漕运有关。从地理区位上说，天津东边靠海，运河从西边穿城而过，建在东边的庙宇一般与海运相关，而建在西边的庙宇则通常与运河漕运相关。

在天津地区的众多天妃庙宇中，天津东门外的天后宫最为有名。天后宫原名天妃宫，俗称娘娘宫，始建于元泰定三年（1326），明永乐元年（1403）重建，清康熙二十三年（1684）改称天后宫，是天津市区最古老的建筑群，与福建莆田湄洲妈祖庙、台湾北港朝天宫并列为三大妈祖庙。

随着海运漕粮的发展，漕船海难也时有发生，而天津是海运漕粮的终点，是转入内河装卸漕粮的码头。为了应对这种情况，时人在元泰定三年（1326）建天后宫（当时称天妃宫）

① 董季群：《天津文化通览》第1集《天后宫写真》，天津：天津社会科学院出版社，2002年，第13页。

于天津海河三岔河口码头附近，以奉祀海神天后。船工、水手、漕运官员在出海或漕粮到达时，都要向天后祈福求安。天后宫最初为船工祭祀海神天妃并举行酬神演出的场所，后逐渐在天后宫两侧的街道形成商业集市和年货市场，每逢农历三月二十三日，即天后诞生之日，天后宫都会举行皇会，表演龙灯、高跷和旱船等民俗艺术，还有各种生产和生活用品、手工艺品的买卖活动，届时人山人海，热闹非凡。天后宫建立后，无论是北上抵港或南下离港的船只；不管是水工、船工，还是商贾、官员，都要到此祭祀妈祖，或感恩酬谢海神的一路保佑。南北船只在此汇集，伴随着商品的交换，集结的人群也日渐增多，三岔河口地区由此成为天津城市最早的居民聚居地。

20 世纪 80 年代，天津市启动了天后宫的修缮和复原工作。1985 年，市政府对天津天后宫进行居民动迁、文物修缮和博物馆建设，对天津天后宫内的海神天后妈祖、王灵官和四大金刚等神像进行复原。1986 年元旦，天津天后宫经过重建重新对外开放。目前，天津民俗博物馆将天津天后宫内的配殿辟为民俗展品陈列室。俗话说："行船走马三分险。"如今改造后的天后宫又当初是为护佑漕运，即南粮北运而建，漕船待发，祝祷无恙；漕船到达，感恩神助。如今，改造后的天后宫又成为天津地域文化的承载空间，天津民俗文化的根脉之地。

天后宫如同一块反映天津历史年轮的活化石。这里，曾产生天津早期的集市、城市街道、年货市场。曾产生天津最早的商业网点、最早的商业街、最早的金融街、最早的电灯路灯、最早的民间娱乐活动场所及中心、最早的戏剧演出场所、以及最早的官绅祭坛。

旧时，天津传统节俗以天后宫春节年货市场为代表，曾享誉四方，多年不衰。在传统的人生礼仪民俗中，如"拴娃娃""戴锁""谢奶奶""订婚拜娘娘"等习俗，均以天后宫为著。"祭芒神"则非天后宫莫属。天津妇女喜穿红衣，年节尤甚，亦出自对天后的民俗崇拜，并沿袭至今。

如今，每逢天后诞辰以及春节、元宵节、中秋节等民俗节日，天后宫内仍然经常举办高跷、中幡、小车、狮子和大鼓等民俗表演。宫内依然人头攒动，游人如织，盛景不减当年。

作为天津民俗文化的发祥地，天后宫也衍生了许多地名，如"宫北大街""宫南大街""宫南街道居委会""宫北街道居委会""宫前街街道居委会""宫前二道街""宫南里""宫南别苑"等。

天后宫坐西朝东，面对海河，建筑面积 2 500 平方米，宫内供奉着天后娘娘。农历三月二十三日是娘娘的生日，每年这时都举行"皇会"，表演高跷、龙灯、旱船、狮子舞等。百戏云集，热闹非常。现存的古文化街包括天后宫及宫南、宫北大街，全长 580 米，宽 7 米。这里的建筑大多是仿清代建筑。街内有近百家店铺，主要经营文化用品、古旧书籍、民俗用品、传统手工艺品等。著名的杨柳青年画、泥人张彩塑、风筝魏风筝、刻砖刘砖刻等都在这里设了专门店铺。

娘娘宫在天津人的文化生活中有着重要的意义。以前，天津人在新婚时会到娘娘宫朝拜天后娘娘。天津人往往将海神妈祖和送子娘娘混为一体，他们认为妈祖娘娘能保佑早生贵子，故他们会去娘娘宫求取一个泥娃娃，认为这样可以带来子嗣。如果一年之中没有生育，会将泥娃娃抱到娘娘宫“洗澡”，换一个更大的泥娃娃回来。生下来的孩子，会尊泥娃娃为“大哥”，自己行二。因此以前天津人互相尊称“二爷”，没有叫“大爷”的，因为大爷一般都是泥娃娃大哥。天后神像旁有一个小神像被称为王三奶奶，据说是为天后送子的侍女，求子嗣的人要摸一下这个神像的手，据说有神效。

2. 山东沿运区域的天妃庙

明清时期，大运河山东段的枣庄、济宁、聊城、临清等地的妈祖信仰非常兴盛，甚至影响到了当地最为盛行的碧霞元君信仰。因此，妈祖信仰与碧霞元君信仰的交融是当地天妃庙以及相关祭祀仪式所呈现出来的特色。

根据地方志资料，该区域最早的庙宇为元泰定三年（1326）官府在大通桥边建立的天妃庙。济宁历史上有两处天妃庙宇，其中建于城北关外的一处天妃庙年代较早，又称为天仙阁或天妃阁，而位于济宁天井闸上的天后宫，为清乾隆三十一年（1766）河道总督李清时所建。山东聊城、临清的兴衰是与大运河紧密联系在一起的，在运河沿线遗留有大量的运河文化遗存，像山陕会馆等都是运河文化兴盛的见证。根据明工部尚书朱衡在临清天妃宫宴请钦差的记述，临清曾经也建有天妃庙。张秋镇祀奉天妃的是一座名为“显惠庙”的庙宇。明初，军事重镇德州随着京杭大运河的贯通而逐渐城市化，天妃信仰也非常普遍。德州历史上至少修建过四座天妃庙，最早应在明永乐、宣德年间出现。明嘉靖三十四年（1555），德州天妃庙因岁月侵蚀，栋宇垣壁复圮坏，德州耆老联络当地民众，共同捐资加以修复。嘉靖年间的这次重修天妃庙，是当地民众的自发行为，且捐资甚重，整修过的庙宇“正殿仍四楹，两庑仍各六楹……倍壮于旧，庙貌鼎新，观者肃然起敬焉”。明代前期，天妃信仰已为山东运河沿线区域民众所普遍接受。

随着福建商人在山东运河一带贸易的频繁，临清也出现了天妃庙。《安海志》记载，在临清有闽人建立的天妃庙，《梼杌闲评》中也有明工部尚书朱衡在临清天妃宫宴请钦差并看戏玩乐的描写。此外，山东运河沿线区域还有一些不称天妃庙或天后宫的庙宇，也崇祀天妃。自京杭大运河重新开通以后，运河沿岸民众将天妃和碧霞元君混为一神祭祀的情况较为普遍。

3. 江苏淮安天后宫

江苏淮安天后宫同样是京杭运河沿岸重要的妈祖祠庙之一。淮安位于京杭大运河中段，明清时期的淮安是黄河、淮河、运河的交汇处，为商旅必经的咽喉要道。明永乐年间（1403～1424）京杭运河重新贯通后，淮安因处于南北咽喉，成为重要的漕运枢纽。光绪《淮安府志》记载漕运兴盛时的淮安："秋夏之交，西南数省粮艘衔尾入境，皆停泊于城西运河，以待盘验，车挽往来，百货山列，河督开府清江浦，文武厅营星罗棋布，俨然一省会。"数量众多的官员、漕军、客商、船工、水手云集淮安，在淮安运河沿岸建立起众多祭祀各种水神的庙宇和祠堂，以满足不同社会群体的祭祀要求，其中就有专门祭祀天妃的祠庙。

同治《重修山阳县志》记载了当时山阳县境内的天后宫的修缮状况："城西南隅，宋嘉定间安抚使贾涉建，国朝康熙中漕督施世纶重修。又一庙在察院西，一在新城大北门内。"

明代，淮安府天妃庙称灵慈宫，永乐年间内阁大学士杨士奇在其《敕赐灵慈碑记》中记载："永乐初，平江伯陈公瑄奉命率舟师，道海运北京，然道险所致无几……遂作祠于淮之清江浦，以祀天妃之神，盖公素所持敬者。凡淮人及四方公私之人有祈于祠下，亦皆响应。守臣以闻，赐祠额曰'灵慈宫'，命有司岁有春秋祭祀"。清乾隆十六年（1751）二月，乾隆皇帝首次南巡，视察惠济闸和高家堰石堤河工，并瞻谒惠济祠，命重加焕饰。同年六月撰写《重修惠济祠碑文》："清江浦之涘，神祠曰惠济，鼎新于雍正二年，灵贶孔时，孚应若响，过祠下者，奠醴荐牢，靡敢弗肃。乾隆十六年，朕巡省南服，瞻谒庭宇，敬惟神功庥佑，宜崇报享。命有司焉鸠工加焕饰焉。"此后，乾隆皇帝又分别于乾隆二十二年、乾隆二十七年、乾隆三十年三次奉孝圣皇太后南巡，每次皆驻跸祠左。乾隆皇帝在视察河工、督理漕运之余，必奉孝圣皇太后亲临祠下，瞻礼上香，虔诚致祭，屡屡颁赐御笔所书匾额、楹联，并以"惠济祠"为题一共作了六首七律，对此钦定《大清一统志》有着详细的记载："乾隆十六年翠华南巡，御赐《重修惠济祠碑文》，二十二年、二十七年、三十年、四十五年、四十九年六次临幸，并有御制《惠济祠诗》，赐匾四、联四，旁建行殿，御赐匾二、联二。"道光以后，因运河淤塞、漕运转衰，清江地位下降，惠济祠逐步淡出朝廷的视野。民国年间，惠济祠仍然有房屋"九十九间半"，规模宏大，香客如云。之后历经水灾、战乱，日渐倾颓，以致荡然无存，只剩下一座乾隆御碑。①

（三）庙会

运河沿线海神、妈祖等庙宇的建立，以庙宇神灵为依托的庙会、酬神活动也随之在当地兴起。如天津天后宫建立后，祭祀妈祖的庙会活动规模宏大，集迎神赛会和商

① 胡梦飞：《明清时期京杭运河沿线区域的天妃信仰》，《淮阴工学院学报》2015年第24期，第6页。

品交易于一体，庙会活动持续至今。《天津皇会考纪》对当时的盛况有如下记载：

三月二十三日，俗称为天后诞辰。天津系濒海之区，崇奉天后，较他处尤虔。东门外有庙宇一所，金碧辉煌，楼台掩映，即天后宫，俗称“娘娘宫”。庙前一带，即以宫南宫北呼之。向例此庙于十五日启门，善男信女，络绎而来。神诞之前，每日赛会，光怪陆离，百戏云集，谓之皇会。香船之赴庙烧香者，不远数百里而来。由御河起，沿至北河海河，帆樯林立。如芥园、湾子、茶店口、院门口、三岔河口，如有可以泊船之处，几乎无隙可寻。河面黄旗飞舞空中，俱写“天后进香”字样。红颜白鬓，迷漫于途。数日之内，庙旁各铺所卖货物亦利市三倍云。

对于上述的场景，津门文人王韫徽有如下描述：

三月村庄农事忙，忙中一事更难忘。
携儿偕伴舟车载，好向娘娘庙进香。

天津的庙会最初被称为“天后圣会”或“娘娘会”，由于在清代受到康熙帝和乾隆帝的恩赏，后来被称为“皇会”。过去，皇会的日期分为三月十六日、十八日、二十日、二十二日、二十三日，共五天。第一天，名为“送驾”。由“扫殿会”会首上香，然后起驾。门幡、太狮前导，各参加队列依规定秩序而列，最后是銮驾、四位娘娘宝辇、天后华辇。大会出发，沿途表演，送至西头如意庵。第二天为“接驾”日。各会均集于如意庵，接驾返回天后宫，经过路线虽有不同，但表演大致无异。第三、四天为“巡香散福”。大会由天后宫出发，沿经各通衢大路，各地善男信女愿进香者，即候大会经过，将香烛投入接香会所抬之香锅中，即为致意。各会仍照旧表演，最后仍回天后宫。其取意为天后散福，俾各家男女儿童获福快乐。最后一天，为天后寿诞之正日，即在宫中受人间香火之祝贺。①

（四）信仰组织

无论是天后宫还是妈祖庙，在历史上都有着特定的信仰组织与信仰仪式。伴随着历史的发展和社会的进步，尤其是进入近现代社会以来，这些组织与仪式在社会大变革中不断浮沉，逐渐成为以民间传统艺术和文化的展演与传承为主的组织与活动，其中最具有代表性的便是天津的皇会活动以及相关的组织——法鼓会。

在天津的皇会活动中，酬神表演是一个重要的组成部分。参加酬神表演的老会或圣会都是民间自发形成的。老会与圣会在皇会期间的表演俗称“踩街”。尽管每次参与的数量有所不同，但至少都有30余种会档参加，出会的次序也是大体相仿。例如，清光绪二十年（1894）

① 望云居士·津沽闲人：《天津皇会考纪》，天津：天津古籍出版社，1985年，第4～5、17～18页。

三月的皇会有如下会档记录：净街会、门幡、太狮、捷兽、中幡、跨鼓、五虎老扛箱、老重阁、拾不闲、云照灵官、花音法鼓、鲜花会、广照、宝鼎、道众行香、西园法鼓、庆寿八仙、銮驾、接香会、日罩、灯扇、提灯提炉、送生娘娘宝辇请驾会、同心法鼓、斑疹娘娘宝辇请驾会、永音法鼓、东园法鼓、眼光娘娘宝辇请驾会、值符灯亭、金音法鼓、大乐、鹤龄、天后娘娘宝辇请驾会、护驾等。① 上述这些酬神信仰组织，现今大部分依然存在。

1. 天津刘家园祥音法鼓

刘园村位于天津市区北部，是北辰区北仓镇所辖 13 个自然村之一。据传说，清道光年间（1821 ～ 1850），刘家园村便成立了为娘娘（妈祖）出巡时随驾的法鼓老会，作为村落传统的文化标志，传承至今。

过去刘家园村坐落于北运河西岸，是一个人口较少、规模较小的自然村落，村民们多以种植蔬菜为生。村中的祥音法鼓老会，传说是在清道光年间传入并扎根本村所形成的民间花会组织。关于祥音法鼓的起源，刘园村法鼓老会的沈鸿林老人这样讲述：清朝道光年间，北京寺院有两位和尚来到刘家园。天津的锦衣桥法鼓和杨家庄法鼓同出一门。当时组织这个老会，也是为了丰富村里的文化生活，使村民更加团结友爱，也希望通过学法鼓，能给百姓带来一份祥和与平安。因为这是佛教的东西，老百姓比较信这个。过去的人比较穷，比较困难，都盼着通过这个能带来一份祥和与平安。由村里比较有威望的长辈组织，村民自愿地捐款捐物，就把法鼓会建立起来了。就靠大家的力量，大家捐款捐物。那时候，喜欢法鼓的后生们，经过师父的耐心传授，逐步掌握了法鼓的技艺，渐渐使法鼓兴旺起来了。因法鼓的演奏发出吉祥雅韵之声，代表百姓祈求祥和与平安的心愿，会里的老前辈，根据自己法鼓会的特点，就起了祥音法鼓这个名字。

在天津，以皇会、老会等相称的花会组织城乡各地都有。刘园村的上属行政辖区北仓镇，清代是皇粮漕运的集运地，当地建有娘娘庙，过往的船只都会前来朝拜祈福，在每年正月的迎请娘娘的仪式中，都有几十道当地花会参加。在 1921 年东顶圣母娘娘出巡散福会的仪式上，有 43 道花会参加，刘园村的法鼓老会便是其中一道。

鸦片战争后，天津作为对外门户，屡遭西方列强入侵，频繁的战乱对传统村落的冲击，也使地方花会组织活动起起伏伏。这一时期，刘家园祥音法鼓会也曾衰落，但在解甲归田的官绅曹克忠的资助下，祥音法鼓会的活动得以延续与传承。关于当时祥音法鼓会的情况，沈鸿林老人介绍：曹克忠是刘家园村的人，后来被慈禧太后认作干

① 望云居士・津沽闲人：《天津皇会考纪》，天津：天津古籍出版社，1985 年，第 24 ～ 26 页。

儿子。他在光绪十一年（1885）从甘肃辗转来到天津，住在这个村。他看会里的一些器具实在是破旧，无法使用，就出资为法鼓会置办些会具。还有村里一些买卖人和百姓的资助，以及全体会员的努力，才使法鼓会又逐渐恢复起来。①

清末至民国时期，刘家园祥音法鼓在村内官绅的资助下，发展比较稳定，参与者众多。到了抗日战争时期，刘家园的祥音法鼓会再次遭遇传承危机，法鼓会重要器具之一老鼓被日军毁坏。关于这架鼓的来龙去脉，沈鸿林老人这样讲述：当时会里有一面老鼓，是早年间在上海买的，纯江豚皮面，红面。这面鼓的独特之处在于，鼓里有两套簧片，击鼓时，通过声音的震动簧片发出共鸣，声音特别好听。日本人出于好奇，派人砸开了鼓皮，想看看里面究竟有什么东西，好好的一面鼓就这样被毁了。后来老百姓就把会具藏在村口的五仙庙的仙人洞里，才得以保存下来。②

中华人民共和国成立后，法鼓作为一种民间艺术，重新被民众恢复起来。1956 年，刘家园祥音法鼓参加了天津市第一届农民业余艺术会演大会，初次登上了北郊区的大舞台，展演了“民间艺术法鼓”，并获得了天津市文化局与天津市青年团委员会颁发的奖励奖。2007 年，刘家园祥音法鼓会被列为天津市第一批非物质文化遗产，2008 年被国务院与文化部批准为国家级非物质文化遗产。2009 年，祥音法鼓会得到了社会有识之士的关注与资助。2010 年，法鼓会迁入新社区会所，会员们为法鼓的传承做着各种努力。

2. 杨家庄永音法鼓

杨家庄位于天津市河西区。杨家庄永音法鼓会是一个有着 200 多年历史的民间花会，过去是作为祭奠娘娘（妈祖）的民间祭祀组织。

旧时，杨家庄的永音法鼓会是以本村为中心进行组织活动。当时一般都是本村的村长为会首，或是在村里对会有较大捐赠、在本村比较德高望重的人才可以做会首。在鼎盛时期，会员人数达百人以上。会员的分工大致为：行会、搬运用具、负责服装几种。会员人数的具体统计没有记载。

据 2007 年的一项调查，永音法鼓会的会员有 30 多人，大都是本村人。法鼓会对会员的加入和退出没有严格的要求，会员大多数是从小就开始练习，需要表演时，大人和孩子几乎都可以马上投入演出。现今的杨家庄永音法鼓会的会员年龄都比较高，年轻人参与的很少。会中年龄最大的已经 96 岁了，最年轻的会员十七八岁。

1996 年，杨家庄永音法鼓在天津北宁公园参加了迎接香港回归文艺大汇演。1998 年，天津市成立了中国第一个民间广场艺术团体——“天津广场艺术联谊会”，杨家庄永音法鼓

① 资料源于 2014 年 3 月 23 日对刘家园祥音法鼓会的采访调查；调查地点：祥音法鼓会会所；访谈人：赵彦民；被访谈人：沈鸿林，男，79 岁。

② 同①。

经挖掘整理，基本上恢复了原貌。2007 年 5 月，杨家庄永音法鼓会参加了天津银河广场的庆典活动并获奖，被评为“津门第一鼓”；同年 10 月又赴韩国参加了演出。杨家庄永音法鼓每年的固定活动主要是农历七月十五日的药王庙庙会和农历四月二十八日的土地神庙会。

二、祭祀活动

（一）祭祀时间

官方性质的妈祖祭祀活动和民间妈祖祭祀活动，在祭祀时间上有细微的差别。

早期，带有官方性质的妈祖祭祀活动主要有两种情况：一是朝廷为报答妈祖显圣护国而赐封妈祖的谢祭，一是地方官员因具体事宜而以地方政府名义举行的致祭。这两种祭祀活动既没有固定时间，也没有形成标准的仪式，基本属于随机而为，带有较强的功利性与针对性。两者的时间也有所出入。

明清时期，随着《伏上老君说天妃救苦灵验经》《天后显圣录》等文献资料的出现，逐步整合了当时流传的有关妈祖生辰、忌日的多种说法，约定俗成地将三月二十三日和九月初九日分别视作妈祖的诞生日和成道日，同时也是祭祀妈祖最重要的日子，从而为官方和民间的信仰者祭祀妈祖提供了统一的致祭时间。

元代《铸鼎余闻》引《临安志》云：“神为五代时闽王统军兵马使林愿第六女，能乘席渡海，人呼龙女。宋太宗雍熙四年，升化湄洲，常衣朱良，飞翻海上，土人祀之。”

妈祖的生地莆田县的县志记载：“天后姓林，世居莆田湄洲屿，五代闽王时都巡检林愿之第六女也。母王氏。宋太平兴国四年三月二十三日，妃始生。雍熙四年二十九日升化，一云景德九年十月初十日也。”

元天历二年（1329），元朝政府首次特命使臣代祀天妃，以翰林直学士布尼雅实哩、艺文太监宋本为使者，自天津至泉州，沿途遍祀各地天妃庙，并在此后成为定例，直至元亡而止。据《元史·祭祀志》记载：“凡名山大川、忠臣义士在祀典者，所在有司主之。惟南海女神灵惠夫人，至元中，以护海运有奇应，加封天妃神号……皇庆以来，岁遣使责香遍祭。金蟠一合，银一挺，付平江漕司及本府官，用柔毛酒醋，便服行事。”元至顺二年（1331）《敕赐天妃庙新祭器记》亦载：“天妃之祀，列在中祠，垂五十年，虽祭有常仪，而祭不称物。”至迟从元皇庆之后，妈祖已经列入朝廷祀典，属于非通祀的“名山大川、忠臣义士之祠”，且祭祀规格明显高于其他属于该类祀典的神灵。因为其他神灵只由地方官员主持祭祀仪式，而妈祖却能享受朝廷每年遣使致祭的待遇。

明永乐五年（1407），郑和第一次下西洋归来后，朝廷在南京龙江建立了具有国家性质的妈祖庙——龙江天妃宫，并在建成之后“每岁以正月十五日、三月二十三日遣南京太常寺官致祭”。明永乐十七年，又重建天妃宫于南京仪凤门外。至此，妈祖列入京都祀典，并在明代一直沿袭，在官方祭祀体系中的等级又有了明显的提升。据《天妃显圣录·历朝褒封致祭诏诰》记载，从永乐至宣德年间，明朝政府数次派遣郑和、杨洪等人在出洋前后致祭妈祖，并修缮妈祖宫庙。明嘉靖十三年（1534），吏科给事中陈侃赴琉球册封琉球国王，往返途中数次遭遇狂风巨浪，称幸赖妈祖显灵庇佑才得以平安回国。回国之后，陈侃为报答神恩，不仅在福建“致斋设醮，修庙立碑”，而且上疏朝廷，希望“令福建布政司与祭一坛”。明万历七年（1579），户科给事中萧崇业被任命为册封琉球正使，再次上疏朝廷，进一步奏请“令福建布政司于广石海神庙备祭二坛：一举于启行之时而为之祈，一举于回还之日而为之报。使后来继今者，永著为例”。同年，万历皇帝即遣册封琉球正使萧崇业和副使谢杰赴长乐县广石海神庙祭祀妈祖，成为明代册封琉球谕祭妈祖的首例，并在此后“永著为例”，一直延续至清同治五年（1866）最后一次册封为止。另据《伏明一统志》记载，金州卫旅顺口有天妃庙，或在正统年间即命有司春秋致祭。

康熙初年，清政府虽然已经册封了妈祖，但并未举行祈、报二祭。为此，汪揖根据明代萧崇业、谢杰所撰的《使琉球录》载有谕祭祈海神文、报海神文二道，上疏恳望朝廷依照明朝成例，恢复妈祖的祈、报二祭。康熙二十二年（1683），清廷以汪揖为册封琉球正使，林麟倡为副使，派两人赴闽安镇怡山院致祭海神天妃，成为清代册封使行祈、报二祭的开始。汪揖册封琉球回国之后，为报答妈祖护佑之恩，再次上疏朝廷，“议举春秋二祭，著令地方官敬肃奉行”。惜礼部不准。康熙五十九年，册封琉球正副使海宝、徐葆光平安归国后，又为妈祖的春秋祭奠上疏朝廷，“仰祈特恩许著该地方官春秋致祭，以报神庥”。终获朝廷批准，编入祀典。雍正十年（1732），福建总督郝玉麟、福建巡抚赵国麟上疏雍正帝，“恳求圣恩俯照湄洲等处，并颁御书匾额，敕令春秋祭祀，照依龙神之例，督抚依期主祭……凡在江海处所灵应感昭如响，其各省会地方如曾建有祠宇而未经设立祭奠之处，并请降旨，一例举行”。雍正不但批准了郝玉麟和赵国麟的奏请，而且做了更为完备周全的规定：“其春秋祭祀应照致祭龙神之例，令该督抚主祭，至凡江海处所俱受天后庇护弘施。其建有祠宇而未设祀典之处亦应如该督等所请，行令督抚照例春秋致祭。但各省天后祠宇不皆在省城之内，如省城旧有天后祠宇，应照例令督抚主祭；如省城未曾建有天后祠宇，应令查明所属府州县原建天后祠宇，择其规模弘敞之处，令地方官修葺，照例春秋致祭。其祭祀动用正项钱粮，造册报明户部核销。候命下之日，臣部通行各省遵奉施行。”在这一规定的推动下，甚至一些内陆江河的沿岸地区也将妈祖纳入官方祀典。嘉庆年间，为祈求漕运的顺通，嘉庆帝更在皇家御苑圆明园的绮春园内建造惠济祠，供奉天后神像，“著于每岁春秋二季一体致祭，届期奏派管理圆明园大臣一员肃恭将事”。

（二）祭祀仪式

随着妈祖信仰影响的不断扩大，官方举行的妈祖祀典也逐步形成了一系列特定的程式，不同地区间的差别一般不大。其典礼主要沿袭了儒家《周礼》的传统，祭祀的仪礼、程序及其祭品大致可以从《周礼》中找到相关的依据，具有明显的传统宗法性宗教的特色。官祭的整个过程不仅气氛庄严肃穆，而且参加者除官员外，只有一些地方绅士和名商获准参加，普通百姓是无缘参与的。在祭典结束后，有时官员会命令当地的富豪士绅搭台唱戏，普通民众这时才获准观看。此外，在民间祭祀妈祖活动中常见的出游、绕境等仪式，在官祭中也是不举办的。

在元代，官方主要的妈祖祭祀活动，还包括每年春夏漕粮起运前的例行祭奠。这其中既有朝廷遣使致祀，据元人黄向于泰定四年（1327）春正月所撰《天妃庙迎送神曲》云："每春夏起运，皇帝函香降祭，自执政大臣以下，盛服将事。合乐曲，列舞队，牲号祝币，视岳渎有加焉"；也有各地地方官主祭，如江浙地区每岁二漕，行省泊漕府官员命致祀于昆山新治之原庙，并通过占卜吉凶确定漕运行期。

民间传说娘娘宫的娘娘座下有海眼，可以控制水势。20世纪30年代末，天津遭遇水灾，估衣街的商人们买了桂顺斋糕点、义聚永玫瑰露、正兴德茉莉花茶作为供品，到娘娘宫，在娘娘供桌上设六斋：花、果、茶、酒、面、饭，烧三股高香，三叩九拜，祈祷娘娘显灵，保佑百姓免于水灾。

每逢农历三月二十三天后诞辰日，天后宫要举行"天后出巡散福"皇会表演，百戏云集、万人空巷。皇会的主要内容和形式都与纪念妈祖诞辰和妈祖散福省亲有关，最多时参加表演的团体有100多道会，荟萃了天津民间文化的精华。周汝昌先生在《礼敬天后宫》一文中描绘了民国时期的天后宫："第一次跨进天后宫门瞻拜娘娘圣像，是我初中年代的事情……走进天后宫大门，院落并不宽敞，被一个高约三四尺的砖台占据着。台上的建筑是一座形态十分古老而美观的大牌坊，这就是我平生所见的最为难忘的古代名胜景观——要知道，当时这种大牌坊的四周并没有留出多少行人的道路，并不像今天的大院子那么宽敞。"[①] 天津女子每逢婚嫁、年节，也要穿上"妈祖服"，同莆田湄洲女"穿红缀黑"的款式不同。天津的女子出嫁，头戴的凤冠上要盖一块"红盖头"，上身贴身穿红布小褂，外罩红绸袄，最外面配花衫子，下身贴身穿红布裤，外套红绸裙，裙外围上具有天津特色的"响铃裙"，脚上要穿红布袜，有的腋下还有一块红手帕。

现在的天津天后宫，从大门进去，先是灵官殿，沿甬路往前到娘娘殿，殿宇雄浑庄严，

---

① 周汝昌：《礼敬天后宫》，《今日晚报》2012年4月26日，第9版。

神像栩栩如生。天后宫里供奉的是一尊翡翠妈祖圣像，圣像高 32.3 厘米，通体为半透明绿色；另有一尊香樟木雕妈祖圣像，一同安座于天后宫大殿内。在滨海新区中新生态城，近年来建起了妈祖文化园，立起一座高 42.3 米的世界最高妈祖圣像。

活动一般从三月初五开始，至二十三日为止。但由于各地进香朝拜者众多，通常还要延续到四月份。在湄洲岛上，从三月十八日开始，全岛居民集资，演戏三天三夜，以后接着由渔民、商人等轮流捐钱演戏。所演的内容都是莆仙戏中有名的剧目，如《春草闯堂》等，有时也表演木偶戏。

从农历三月二十二日晚间开始，妈祖诞辰祭奠进入最高潮。妈祖庙内先鸣放铳炮，然后请六位经师做醮，照例奏鼓吹乐，并表演莆仙戏。庙内祭祀的供品主要有五牲、五汤和十锦。五牲即全猪、全羊、鸡、鹅、海味；五汤是用桂圆干、芡实、莲子、红枣、柿饼五种果实做成的汤点；十锦是用白豆着色，排出十种花样及文字，分别放在 10 个小碗内的干品。此外，还有烧金、贡金、贡银、表礼、夫使马、符帅等祭品。其中，表礼是将纸糊的各色绸缎彩帛卷成圆筒形，叠在一起，放置在供桌两端，直到新的表礼将旧的替换下去之后，才能将旧的焚化，而夫使马、符帅祭祀后随即焚掉，不可留到来年。

从祭祀的参与者来看，妈祖祭奠设有主祭一人，与祭若干人，司仪、司香、读祝文等各一人，还有司钟、司鼓、司乐、司僚等执事。祭奠在鸣炮、鸣钟、奏乐中开始，主祭、与祭等各就各位，虔诚地上香、行三跪九叩大礼，接着行“初献礼”，行“亚献礼”，行“终献礼”，最后“焚祝文、焚宝帛”，在香烟缭绕、钟鼓齐鸣、鞭炮震天中礼成。

天津妈祖祭奠于 20 世纪 80 年代民俗复兴的大潮中渐渐恢复，但都是小规模的祭典仪式。2005 年，天津皇会的遗规遗俗被复兴，名称改为天津妈祖诞辰祭典，由天后宫管理委员会和天津市妈祖文化促进会共同主办，这意味着妈祖祭典仪式由民间性质逐渐转化为政府官方性质。在传统的天津皇会中，天后宫的道士是组织者，政府和商家共同参与；而现代的妈祖祭典仪式如何进行，则完全由政府决定，商家提供资金支持，就连妈祖祭典仪式的主持者都是天后宫管理委员会的成员，他们代替道士成为人与神之间的沟通媒介。

天津妈祖祭典仪式和老皇会相比，虽有继承遗规遗俗之处，如会期仍是从农历三月二十三开始，但是会期时间大幅缩短，不再只是双日进行，也不再区分男女进香的日子，而是根据祭典规模随时变化。有时只是在三月二十三这一天同时完成祭拜仪式和妈祖出巡散福仪式。有时分两天来进行，送娘娘回娘家（有时回广东会馆，有一次回大毕庄）和妈祖出巡散福。无论是时间上，还是出巡路线和花会种类上，妈祖祭典仪式规模整体比天津皇会小很多小。

在妈祖出巡散福时，会有各种花会跟在娘娘宝辇后面踩街表演。但是花会的种类已经没有老皇会时多了。老皇会的扫殿会、净街会、请驾会、銮驾会等在服务和仪仗功能方面起到重要作用的花会类型已经从历史舞台中消失。参与踩街表演的花会多为以地域为标志的民间组织，出会所需的服装、道具都由自己承担，会员也多是相同社区的人，这种以社区为纽带组织而成的花会，具有非常强的地域认同性感。受天后宫管理委员会邀请参加妈祖祭典仪式的现代花会，多以高跷、法鼓、蹬竿、舞狮、小车会为主。其中参加过妈祖祭典仪式的花会——津门法鼓（北辰区刘家园祥音法鼓、河西区挂甲寺庆音法鼓銮驾老会、河西区杨家庄永音法鼓）2008 年被列入国家级非物质文化遗产名录。参加妈祖祭典仪式花会的民众并非都信仰妈祖，对他们来说，妈祖祭典作为天津市最为隆重的一个祭典仪式，能够参与其中是一件非常荣耀的事情。

天津妈祖祭典更多地是参照湄洲妈祖庙的祭拜仪式，日渐与世界范围内的妈祖祭典仪式趋向一致。湄洲妈祖庙祭拜仪式为：①响鼓三通，鸣礼炮；②仪仗队、仪卫队、乐生、舞生就位；③主祭人、陪祭人、与祭人就位；④迎神、上香；⑤奠帛（先盥洗）；⑥诵读祝文；⑦行“三跪九叩”礼；⑧行“三献”礼，奏“三献”乐（伴舞）；⑨焚祝文、焚帛；⑩“三跪九叩”；⑪送神。天津妈祖祭典分传统祭拜仪式和天后出巡散福。先是从早上九点开始传统祭拜仪式，分司祭、主祭和陪祭。主祭一般是天后宫管理委员会负责人，陪祭一般是各级官员和资助此次妈祖祭典的商家代表。仪式包括钟鼓齐鸣、放飞和平鸽、宣读祭文、恭燃祭表、行迎神之礼、行问询之礼、行读祝之礼、行饮酒受祚之礼、行敬献之礼、行送神之礼等程序内容。敬献的供品有猪、牛、羊三牲，还有香茶、五谷、时蔬、江山（生姜）、红米团、鲜果、鲜花等。

妈祖出巡时，“天后娘娘”乘坐华辇，其他“娘娘”乘坐宝辇。华辇通体为金黄色，顶部雕有十只贴金腾舞彩凤，辇架上为蟠龙绕柱镂空图案，辇座上雕有双龙抱塔纹饰。四架宝辇也在座基上重新雕刻了莲花桩，其上方矗立起绣有代表几位娘娘神职图案的绸缎华盖宝伞。天后娘娘的华辇和每位“娘娘”的宝辇右侧都挂有一个香资袋，信众可往里放香火钱，还可往宝辇上放香、鲜花、钱、各种鲜果点心等，更多信众都会跑过来摸娘娘的宝辇，希望能带来好运。每位娘娘后面都要有扛着凳子随驾的人，宝辇需要休息的时候，随驾人需将凳子放在宝辇下方，让抬驾的人也可以休息。妈祖出巡，沿街商铺竞相在店门口摆放桌子，桌子上摆放各种供品：香、香茶、各式水果、各式糕点，有的甚至在店门口跪拜，口中念道“给老娘娘拜寿、给老娘娘拜寿”。娘娘回宫后，先是天后宫人员进行祭拜，民众则把自己的供品给天后宫人员，有些民众上的供品是生日蛋糕。

天津妈祖祭典的仪式程序保留了天津本地的民风民俗。尤其有特色的是在妈祖诞辰的前一天即农历三月二十二，要向众人舍饺子；在妈祖诞辰的三月二十三，则要向众人舍面。这一有趣的活动来自天津的诞生礼习俗，俗话说：“催生的饺子落生的面”，生日前一天吃饺子，好落生；生日当天吃面，则意味着长寿。这一祭典仪式与习俗有别于其他地方的妈祖祭典。妈祖诞辰时，众人能够吃到舍面和饺子，是一件很幸运的事，意味着“聚福气”。舍饺子从早上10点半开始，舍饺子之前要先给天后宫里的诸位神像上供，由天后宫工作人员手端刚煮好的饺子分别进入到每一座大殿上供，最先上供的是主殿，也就是五位娘娘所在的殿，有几座神像就需要上供几碗饺子，主殿供奉5碗饺子，但在元辰殿，也叫六十甲子殿，则是象征性地摆放十几碗饺子，一般一碗盛放6个饺子。包饺子者以女性为主，有天后宫的工作人员、天后宫的理事和古文化街的商户，大都身着红衣，头戴喜字花。包的一般是津味儿素馅儿的饺子。面也是素面，先给天后宫里的诸位神像上供后，才开始向民众发放，民众往往一大早就要来排队等候，吃到饺子和面意味着这一年有好运。

在传统天津皇会中，整个接驾、送驾和出巡的仪式，管理和表演并没有女性参与，女性只是观赏者和求神保佑者。但去天后宫求神烧香的则大多是女性。过去，组织者们不仅在皇会期间会将男人和女人进庙求神的日子分开，而且还规定，在出会的过程中，男人不能盯着女子看，否则就被认为是违反了会规，要受罚。随着时代的发展，现在的妈祖祭典仪式已经有许多女性参与，其中很多理事也由女性充当，她们在皇会中负责做催生的饺子和落生的面；另外，花会表演阶段也有许多女性参与。

第三节　金龙四大王信仰

“金龙四大王”是运河沿岸与黄河下游地区很具影响力的神祇之一，其主要神职为保护漕运，因此金龙四大王的信仰伴随着漕运的兴起而盛行于明清时期。金龙四大王的原型人物为谢绪，是南宋钱塘县北孝女里（今浙江杭州良渚镇安溪）人。据史料记载和民间传说，谢绪为东晋名士谢安之后，其堂姑母为南宋理宗皇后。谢绪虽少有才华，志向不凡，但眼见宋朝气数将尽，遂不愿出仕，在金龙山上建望云亭隐居于此。宋亡之后，他四处奔走，企图联络抗元未果，投苕溪而亡。谢绪死后，世人感念其德，立庙而祀。明清以来，对谢绪的祭祀被纳入国家正祀体系之中，在政府对其的不断敕封与民间的信仰仪式的发展变化过程中，谢绪逐渐由人成神，神职也一再发生变化，最终形成了以运河沿岸和黄河下游地区为中心的金龙四大王信仰。

一、运河与金龙四大王信仰

（一）金龙四大王信仰

谢绪之所以被称为“金龙四大王”，与明清两代朝廷对他的敕封有关。光绪五年（1879）最后一次加封后，谢绪几乎成为中国传统文化中封号最长的神灵，其全称共44字，为“显佑通济昭灵效顺广利安民惠孚普运护国孚泽绥疆敷仁保康赞翊宣诚灵感辅化襄猷溥靖德庇锡佑国济金龙四大王”。明清以来，历代朝廷都对金龙四大王及其信仰极为重视，这既反映出了谢绪的品德和神职与朝廷所需的契合，又反映出了金龙四大王信仰深厚的民间基础和广泛的影响力。

1. 从谢绪到金龙四大王：历史文献中的谢绪

目前已探知的历史文献中关于谢绪其人的记载，最早见于宋末元初吴县徐大焯的《烬余录》：

> 谢绪，会稽人，秉性刚毅，以天下自任，咸淳辛未，两浙大饥，尽散家财赈给之，知宋祚将移，构望云亭于金龙山祖陇，隐居不仕。作《望云亭》，诗云："东山渺渺白云低，丹凤何时下紫泥。翘首夕阳连旧苑，漫看黄菊满新蹊。鹤闲庭砌人稀迹，苔护松筠山径迷。野老更疑天路近，苍生犹自望云霓。"未几国亡，绪北向涕泣，再拜曰："生不能报效朝廷，安忍苟活？"即草一诗云："立志平夷尚未酬，莫言心事付东流。沦胥天下谁能救，一死千年恨未休。湘水不沉忠义气，淮淝自愧破秦谋。苕溪北去通流塞，留此丹心灭寇仇。"吟毕赴水死。[①]

这段文字记叙了谢绪以天下为己任，乐于捐施，因宋亡慷慨赴死等事迹，尚未有成神之说。此时的谢绪仅仅是一位坚贞不屈的爱国义士形象，对于其所谓“谢安之后、皇室外戚”的出身和家世也并没有介绍。后来谢绪在民间不断被神化，其主要神迹就在于元末在山西吕梁显圣，驱动洪水击溃元兵，助朱元璋反败为胜。这则轶事最早见于明嘉靖年间张应桢所作的《拜金龙四大王墓》一诗：

> 觥觥谢戚畹，世隐安溪东。生而具灵异，宝珠腾空中。
> 赈饥灾未澹，天目崩高峰。江潮断三日，呜乎宋祚终。
> 不忍作媵仆，愿追屈子踪。
> ……
> 真人起淮泗，战士风云从。旌旗见云际，奏捷吕梁洪。
> 功成大褒赠，首膺王爵崇。云仙与水仙，兴云三相公。
> 王也齿居四，上追三代封。黄河挽北流，济运神仓充。[②]

这首长诗将谢绪称之为谢戚畹，首次表明了谢绪作为皇室外戚的身份，并强调其“生而具灵异”，出生的时候就有宝珠腾在半空中。诗文还提到了谢绪等人因为吕梁之战

---

①〔元〕徐大辉：《烬余录》甲编，成都：巴蜀书社，1993年，第265页。

②〔明〕张瀚：《奚囊蠹余》，《丛书集成续编》第116册《集部》，上海：上海书店出版社，1994年，第640页。

的显圣，而被皇上敕封以及谢绪成神以后“黄河挽北流，济运神仓充”的职责。明中期以后，金龙四大王的信仰已开始流行，明代徐渭《金龙四大王庙碑记》云：

元末，我太祖与元将蛮子海牙战于吕梁，元师顺流而下，我师将溃，太祖忽见空中有神披甲执鞭、驱涛涌浪，河忽北流，遏截敌舟，镇动颠撼，旌旗闪烁，阴相协助，元师大败，太祖异之。是夜梦一儒生，披帏语曰：“余为宋会稽谢绪也，宋亡，赴水死，行间相助，用纾宿愤。”太祖嘉其忠义，诏封为金龙四大王。金龙者，因其所葬地也；四大王者，从其生时行列也。自洪武迄今，江淮河汉四渎之间屡著灵异。①

徐渭的《金龙四大王庙碑记》详细记载了谢绪助战的过程和金龙四大王封号的来源，“江淮河汉四渎之间屡著灵异”反映出金龙四大王信仰的传播在明中期以后主要集中在长江、淮河、黄河、汉水四河流域。明万历《钱塘县志》则从不同的视角描述了这件事情：

谢绪……元末预梦之乡人曰：“胡虏乱华，吾饮恨九泉百余年，今幸有主。越数日，黄河北徙，其验也。汝辈当归新君，明年春吕梁之战，吾其助之。”丙午年春黄河果北徙，九月太祖高皇帝取杭州。丁未三月，傅友德与贼大战吕梁，见金甲神人空中跃马横槊擒虏，众大溃。文皇议海运不便，复修漕运，凡河流淤壅，力能开之；舟将覆溺，力能拯之，神之显著于黄河特甚。嘉靖中，奉敕建庙鱼台县。隆庆中，遣兵部侍郎万恭致祭，封金龙四大王。②

根据《钱塘县志》的记载，自朱棣开漕运，谢绪就成了漕运之神，尤其是在黄河区域最为灵验。而关于金龙四大王的封号的取得，县志的记载与徐渭文有所不同，徐渭认为是朱元璋敕封的，而县志则记载是隆庆年间明穆宗朱载垕所封。曾在万历朝做过首辅大臣的浙江吴兴（今浙江湖州南浔）人朱国桢在《涌幢小品》中也记载了金龙四大王保护漕运的一则传说：

金龙大王，姓谢，名绪。晋太傅安裔，金兵方炽，神以戚畹，愤不乐仕，隐金龙山椒，筑望云亭自娱。咸淳中，浙大饥，损家赀，饭馁人，所全活甚众。元兵入临安，掳太后、少主去，义不臣虏，赴江死，尸僵不坏，乡人义而瘗之祖庙侧。大明兵起，神示梦，当佑圣主。时傅友德与元左丞李二战徐州吕梁洪，士卒见空中有披甲者来助战，虏大溃，遂着灵应。永乐间，凿会通渠，舟楫过洪，祷亡不应，于是建祠洪上。隆庆间，大司空潘季驯督漕河，河塞不流，司空为文责神，河塞如故，会司空有书吏以事过洪，天将暮，遇伍伯，擒以见神，神坐庙内，诘问书吏曰：“若官人，胡得无礼，河流塞，亦天数也，岂吾为此厉民？为语司空，吾已得请于帝，河将以某日通矣，若掌书不敬，

①〔明〕徐渭：《徐渭集》第四册，北京：中华书局，1983年，第1298页。

② 万历《钱塘县志·纪制·庙》。

当罚。” 书吏诉不得，受朴去，以告司空，已而河果以某日通，于是司空祗事神益虔。[①]

这段文字记载了谢绪本人的出身以及死后助战、封神、显灵的事迹，并提到了谢绪对运河漕运的护佑。至此，金龙四大王谢绪的形象在文献中丰富了起来。他被塑造为东晋名士谢安之后、皇室外戚；饥馑之时，开仓济民；亡国之后，慷慨赴死。成神之后，随着会通渠的开通成为运河上的保护神，只要过往船只诚心祈祷，就会有求必应。后来金龙四大王还承担起了保证漕运畅通的职能。文章后半段记载的故事就颇有意思，隆庆年间，大司空潘季驯负责督导漕运，恰巧遇到运河堵塞，漕运不通，司空一气之下，发文责问金龙四大王。面对凡人的冒犯，金龙四大王还是保持了克制，并没有降下责罚，而是向书吏讲明了河流堵塞的原因和解决方法，结果河流果然按时恢复了流通。经此一事，司空对金龙四大王等神灵的侍奉也更加虔诚。

入清以后，金龙四大王的信仰依旧在南北方的运河沿岸十分盛行。著名史学家谈迁著有《北游录》一书，记述了他于顺治十年至十三年（1653~1656）在北京的所见所闻，其中在“纪程”卷中详细记载了位于北京通济渠闸门附近的金龙大王庙及谢绪的生平事迹：

十五里通济闸，初，陈瑄虑黄河灌内河易淤塞，设通济、兴福、清江三闸，慎其启闭……通济闸最险，势若建瓴，各舟并力而挽，又崖上启轮绞之，得不退堕，过此人人色喜。北岸甘罗城……甘罗城西数百武曰清口。金龙大王庙最着灵，无舟不祷，优唱灌耳。

……大王职黄河，将军职淮。孙吴时，张栢尝屯兵闽泉之青山，御海寇，没葬焉。建炎南渡，虞允文与金人战采石，见大旗上题张将军姓字，询土人之从军者，得其神迹，进封为侯。至景炎元年，敕封灵安王，诞辰十月二十三日，惠安令致祭为常。意即其神或别有所出，未可知也。淮清河浊，而黄强于淮。隆庆初，朱尚书衡分黄导淮，力刷清口，淮黄交相为用。天启辛酉，福清叶文忠向高应召导淮而胶，得张将军风助，见庙记中。

其大王始末，壁刻曰：谢绪，晋太傅安之十一世孙也。安与王羲之好，游上虞之东山。从子玄，居上虞徙安溪之下墟湾，今钱塘孝女北乡也。宋徽宗时，谢达明远提举淮浙，以蔡京柄国，遂庐钱塘之石门岭，及卒，显灵于乡。

再传生绪，英迈轩举，望之岩岩可畏。髫龀时，与里儿浴溪上，获光明大珠，

①〔明〕朱国桢：《涌幢小品》卷一九《河神》，北京：中华书局，1959年，第438页。

一摩弄，辄溪云滃集，咫尺莫辨，有神龙扬鬣雷电中，似欲攫珠去者，急以垢秽匿之，晴霁如故，绪视龙犹蝘蜓蜥蜴。稍长，更折节就学。性刚决，遇不平事，辄慷慨持论，怒发裂眦而起。以谢太后戚畹，绝意仕进。建望云亭于祖茔金龙山之巅，题曰：

东山渺渺白云低，丹凤何时下紫泥。翘首夕阳连旧眺，漫看黄菊满新溪。

鹤闲庭砌人稀迹，苔护松阴山径迷。野老更疑天路近，苍生犹自望云霓。

性倜傥好施，值岁饥，多散钱谷，赈下墟之饿人。甲戌八月，大霖雨，天目山崩，绪泣曰："天目主山也，而崩，宋其亡矣。"德祐二年正月，帝遣杨应奎上传国玺降表，元命宋内侍王埜入宫，收衮冕、图籍、宝玩、车辂、辇乘、簿麾等物，索宫女内侍及诸乐官。三月，伯颜传免帝牵羊系颈之礼，趣帝及太后入觐，太后全氏与帝肩舆出宫，度宗母隆国夫人黄氏、庶僚、三学生等，独太皇太后谢氏以病留临安，元人从官人舁其床以出，侍卫七十余人同赴燕。绪大恸，题云：

立志平夷尚未酬，莫言心事赴东流。沧胥天下谁能救，一死千年恨未休。

湘水不沈忠义气，淮淝自愧破秦谋。苕溪北去通胡塞，留此丹心灭虏酋。

莫笑狂夫老更狂，推轮怒臂勇螳螂。三军未复图中土，万姓空悲塞北乡。

动地声名悬宇宙，擎天气概荡边疆。忠心自古人人有，莫笑狂夫老更狂。

书毕，赴水死。时苕水高丈余，状若龙斗。绪尸逆流而上，经旬不仆。面目如生，远近骇以为神。祔葬祖茔金龙山之麓。元末，乡落皆梦绪为神，曰："中华有主矣。黄河北流，此其验也。"明初，傅有德败元人于吕梁，为神助云。天启丙寅，加封护国济运金龙四大王，华亭陈继儒有传。

余谓谢太傅以来，历唐宋殆九百年，至绪不当十一世。明远既徽宗时提举，历德祐且百余年，不当再传生绪，世次恐未核。是日，舟人致祷，太史为告虔焉。[①]

这段文字重点描述了谢绪成神之前的事迹，对于成神之后的事情则少有述及。文中将谢绪明确为谢安第十一世孙，其祖为徽宗年间的谢达，从时间上看，这种说法显然是不成立的，谈迁也认为其"世次恐未核"。可惜的是谈迁没有说明壁刻的具体年代，不过类似这样的说法却不止这一处，清代钱塘（今杭州）籍学者仲学辂在《金龙四大王祠墓录》中收录有明陈继儒《宝颜堂秘笈》中所述谢绪之事，也曾提到谢绪为谢安第十一世孙，谢达为其祖父：

晋太傅文靖公安之一十一世孙也。安与右军王羲之好，游上虞之东山，其从侄康乐公玄分居上虞，宋时讳达字明远者，徽宗时提举淮浙，见蔡京柄国，遂徙安溪之下墟湾。下墟湾只有谢氏盖自此始，今属钱塘县治之孝女北乡矣。及卒显灵于乡，再传而生绪，

①〔清〕谈迁：《北游录·纪程》，北京：中华书局，1960年，第19～21页。

英迈轩举，望之岩岩可畏，髫龀时，与里中儿浴溪，获光明大宝珠，间一摩弄，辄溪云滃集，咫尺莫可辨，有神龙扬鬣雷电中，似欲攫珠去者，急以垢秽物匿之，晴霁如初，绪视龙犹虫蝘蜓蜥蜴也，稍长更折节就学，褒衣缓带，斌斌有儒者家风，性刚决，遇不平事辄慷慨持论，怒发裂眦而起……其后往来，拥护漕河，猝呼应，往往凭巫传语。

这段话与前文谈迁所抄录之壁刻多有重复之处，只是谢氏宗族迁居下墟湾的时间有所不同。而关于谢绪的祖父谢达，在地方县志中多有记载，根据明成化年间《杭州府志》所载："灵惠庙在县西北孝女北管下墟，神姓谢讳达，业儒，屡游场屋不利，退隐林壑间，殁而显灵。宋建炎初金虏犯境，乡民彷徨，忽闻空中金鼓声现，旗旌振耀，显露谢公神号，金虏退遁，乡民赖焉。邻境屡有虎豹，不入其境。咸淳庚午元夕，乡民梦神云今岁当大旱，宜先开井浚源，夏秋果旱，赖井灌田成熟，自后旱潦祈祷辄应，乡耆状于两浙运司以闻，赐额至今，子孙奉祠灵响不衰。"谢达与谢绪的经历有许多相似之处，都是归隐林泉，同时也都"殁而显灵"，一个吓退金兵，一个击溃元兵。更重要的是，文中并未提及谢达为谢绪之祖，整本县志中也并没有与谢绪相关的记载。至万历二十一年（1593）《钱塘县志》则有了谢绪的名字："灵惠庙在孝女北管下墟，祀宋谢达、谢绪，旱潦祈祷辄应，咸淳中赐额建庙……达字明远，晋太傅谢安次子琰之裔也……岁以三月三日社会。谢绪，达之孙……嘉靖中，奉敕建庙鱼台县。隆庆中遣兵部侍郎万恭致祭，封金龙四大王。"① 在此之后的历代县志也是如此记载，灵惠庙也因此被当地士人学者认为是谢氏的家庙。

清代的文献资料对谢绪家世的梳理更为详细，谢绪的父辈与侪辈都有了名姓。康熙《钱塘县志》载："绪之先为康乐之苗裔，世居上虞东山，祖达，徽宗朝为淮浙提举，以蔡京柄国，弃官徙家安溪，及卒，祠于乡，咸淳中封广应侯。伯孟英，宋封五道十一相公；父仲武，登进士，仕至司徒，宋封司徒十三相公；叔季略，宋封横充五相公，妻吴并受神封。"

据清钱塘县谢氏《东山家谱》载："太祖因祷天将乞示姓名以护封，是夜遂梦一儒生入告曰：'吾宋时会稽诸生姓谢名绪是也，祖名达，宋敕封广应侯，伯名孟英，敕封五道十一相公，父名仲武，敕封司徒十三相公，叔名季略，敕封横充五相公。余弟兄四人，长名纲，善驾云致雨；次名纪，善制水往来；次名统，善兴风扬沙，余居第四，恶金元乱中原，力不能勒，赴著水死，尸葬金龙山麓，饮恨九泉百余年。圣主出时为拥河北流以伸平生之志也。'言毕而出，太祖惊醒，遂传旨敕封纲为云仙一相公，

① 万历《钱塘县志·纪制·庙》。

纪为水仙二相公，统为兴风三相公，以绪为建功之首，查号金龙，因敕封金龙四大王，祖父伯叔又加追封焉。”

通过对这些文献的梳理，我们不只看到了谢绪从人到神的过程，同时也看到了谢绪在成神以后，如何一步步被世人从一个真实与否尚待考证的人物塑造成为出身名门、家世显赫、谱系清晰的人神。这一过程如同谢绪被朝廷一次次地加封一般，是伴随着金龙四大王信仰的逐渐兴盛而不断被强化的。

2. 民间传说中的金龙四大王

民间传说中多用其封号“金龙四大王”来指代谢绪。通过收集运河沿岸以及黄河中下游流域不同地方的金龙四大王传说文本，我们发现，在民间以口耳相传的方式流传的大多数传说，其核心事件与前述文献的记载基本一致，只是在具体内容和细节上有稍许不同，“金龙四大王谢绪传说”在全国范围内拥有广泛认同。但在少数地方也流传着不同于通行版本的金龙四大王传说，如流传于衡水境内的“金龙四大王张敕传说”。另外，在山东聊城、枣庄、济宁等地，金龙四大王还有着类似于小蛇的形象。

（1）金龙四大王谢绪传说。浙江杭州临安区为东苕溪上源所在地，苕溪即为传说中谢绪投水之地，因此临安本地流传有金龙四大王的民间传说：

金龙四大王就是谢绪，他的祖宗很厉害，是谢安之后，世世代代都是大官，姑姑还当了太后。到了他爸爸这一代，生了四个孩子，谢绪排名第四，三个哥哥也因为谢绪的关系，后来都封了神，也都有神通，老大叫“云仙一相公”，擅长兴云布雨；老二叫“水仙二相公”，擅长驱使水流；老三叫“兴风三相公”，擅长兴风扬沙。三个哥哥都是相公，惟独谢绪叫“金龙四大王”，这也说明谢绪有过人之处。

传说谢绪七八岁的时候，跟小伙伴们一起在溪水里玩，他就敢抚弄捡到的一颗有神力的珠子，使得那天上风起云涌、电闪雷鸣，惹得那真龙也在天上水里蹿上蹿下，想要来夺他手里的珠子。小伙伴们早就吓得抱头痛哭了，谢绪居然一点也不害怕，还用计谋把珠子藏在了搓澡搓出的灰中，灰隐藏了珠子的光华，龙没找到就回去了。事情发生以后，别的小孩子动都不敢动，谢绪却还在说笑话，说看到的龙样子像壁虎。

后来，宋朝国运不行了，谢绪的姑姑谢太后也被人抓走了，谢绪就非常悲痛和气愤，虽然他很有才能，但就是不愿意做官，居住在一座叫金龙山的山上，建了一座望云亭，做起了隐士，天天吟诗作对，跟老百姓一起种地。一遇到灾荒的时候，他还会拿出自己的粮食来赈灾。后来宋朝灭亡，谢绪心灰意冷，大哭了一场，做了一首绝命诗，就跳了苕溪，这就叫忠臣不事二主。

谢绪的行为感动了上天，他跳进苕溪的时候，路过的村民们看到谢绪的尸体竟然逆着苕溪往上走，走着走着就升上了天空，这时候人们知道谢绪被玉皇大帝带去当差了，从此以后就位列仙班了，于是村民们立马跪下朝着谢绪磕头，后来还在谢绪隐居的地方修了庙宇纪念他。其实谢绪的庙宇不光是祭祀谢绪，谢绪的爷爷也是个能人，叫谢达，传说也修成了神仙，跟谢绪一起接受供奉。

朱元璋为夺取天下，跟元兵在黄河边打得难解难分。元兵当时从上游往下游冲击，朱元璋从下游往上游打，地势上不占优势，眼看着被元兵打得丢盔弃甲，马上就要抵挡不住的时候，朱元璋就看到天上一阵黄风之后，出来一个穿着金盔金甲、拿着金鞭的神人。这个神人一声令下，黄河的水竟然掉过头来从下游往上游灌，水流很急，多少人马也抵挡不住，一阵狂风大浪过去，元兵被冲得七零八落，统帅也被冲没了，朱元璋稳下心来一看，立马带着三军将士冲杀过去，就跟砍瓜切菜一样，没几下元军就大败了。朱元璋乘胜追击，最后才把元朝灭掉，建立了明朝。

大获全胜以后，朱元璋还惦记着白天见到的那个神仙是谁，想来想去想不出来，最后迷迷糊糊睡着了。朱元璋睡着以后做了一个梦，梦到一个穿着金盔金甲的年轻将军走到他床前给他作揖，朱元璋一问，才知道原来这个神仙叫谢绪，钱塘人。生前的事情也都了解了，庙宇所在地也都问明白以后，朱元璋一想，既然谢绪是在金龙山隐居，死后也葬在那里，庙宇也在那里，家里又是排行第四，就封他个“金龙四大王”吧。于是“金龙四大王”正式成为谢绪的封号。

金龙四大王本身是钱塘人，却又到北方显灵，慢慢地人们就发现金龙四大王沿着大运河走，跟运河联系的每条河流他都管着，保佑运河以及其他河流不拥堵，不干涸；还保佑水上的船家不出事，不遇险。这样一来，无论是官家还是船家、民家，都开始祭祀金龙四大王，金龙四大王的庙就多起来了。因为运河上的事比较多，金龙四大王管运河管得也多，运河又叫漕运，金龙四大王也就有了“漕运神”的称号。

（2）金龙四大王张敕传说。河北省衡水市位于京杭大运河西岸，大运河衡水段全长 179.05 千米，在这里不仅有华家口夯土坝、郑口重力挑水坝、郑口山西会馆遗址、建国卫运河遗址、头屯村黄窑遗址、阜城县码头运河遗址、戈家坟引水闸、霞口扬水站等重要建筑、文物、文化遗存，还流传着完全不同于通常所见文本的“金龙四大王”传说。位于衡水市冀州区的淄村有座金龙大王庙，供奉的乃是“金龙四大王”，根据庙中碑文的记载，此金龙四大王原身为张敕，明洪武三年（1370）生人。张敕字廷惠，在家中排行第四，是冀州淄村人。据传，张敕为人宽厚大方，年幼时虽然聪颖好读，但因屡试不第，志向难以伸展，而不再属意于功名，只身遨游于海内，后来隐居遁世于青龙山。张敕非常仰慕谢绪的为人与品格，时常赞叹谢绪为国殉难的壮举。永乐十八年（1420）六月，连年的大雨导致黄河决口，张敕目睹了民众遭受水灾的惨状，顿生悲悯之心，于是纵身跳进了洪水之中，以自己的生命阻止了洪流。当地负责督管河流工事的官员，向皇上奏明此事，并讲述了张敕生前对谢绪的崇拜，于是皇帝也册封他为“金龙四大王”。在冀州民间流传的张敕传说则更加丰富多彩：

相传张敕排行第四，小时候家里因为兄弟多而生活非常穷困，家里没钱供他上私塾，在跟他差不多大的伙伴们都跟着先生读书的时候，张敕只能背着筐子漫山遍野地挖野菜，拾柴禾。张敕从小就热爱学习，每天做完该做的劳作之后，就跑到村里的私塾，趴在窗台前认真地听先生讲课。张敕天资聪颖，尽管没有完整系统的学习时间，但他却仍然能够在有限的时间里将先生教授的内容融会贯通。后来私塾先生发现了偷学的张敕，了解了他的出身之后，非但没有责备他，还把他喊进了教室，让他在教室里旁听。从此张敕拼命地学习知识，不仅将先生教授的内容都了然于心，还自己钻研《易经》等术书。苦读十年，张敕逐渐开悟，成为一位精通周易八卦的算命先生，因能够准确预测吉凶而在当地非常受人敬重。

明朝末年，各地农民纷纷揭竿而起，起义军层出不穷，张敕推算出各支起义军队伍中李自成最有帝王之命，于是便有心追随李自成攻取天下，到时候可以谋个一官半职，也能光宗耀祖。后来张敕打听到李自成已经占领了山陕，目前正在攻打河南，于是便收拾行囊动身前往河南迎接闯王。

不知走了几个日夜，张敕来到了河北馆陶县。在经过一个村子时，张敕看到人们在晾晒麦子，他推算了一下，知道不久就会下雨，就想展现一下自己的能力，于是对晒麦子的老乡说：“过了午时三刻就会有暴雨，赶紧把麦子收起来吧。”老乡听了以后将信将疑，但还是跑去告诉了主人。主人知道后赶忙把张敕领到家中，详细询问他下雨的事情。张敕非常自信地说：“这场雨不多不少将会下三寸两分四毫，所以一定要听我的话，否则今年的收成可就没了。”主人回答：“你算得一点不差，确实是三寸两分四毫雨，不过你没有算出来，这场雨就下到距离我麦场一尺半处，浇不到我的麦子。”张敕不信，便与主人打赌，过了午时三刻，果然下起了瓢泼大雨，一阵风雨飘摇之后，两人出门查看，果然雨只下到距麦场一尺半处，分毫不差。张敕羞愧难当，起身告辞。

出门之后，走不许久天色就暗了下来，张敕找了个旅店，店家给他安排了一个房间。进门之前张敕掐指一算，算出这间房屋将要倒塌，于是张敕坚决不肯住此房间，并向店家讲明了缘由。店家回复：“你只管住就行，我算过了，房间在你走后才塌，除了这一间也不再有其他房间了，不信咱俩可以打赌。”张敕虽然刚刚经历过一次失败，却还抱有侥幸心理，于是又慨然应允。到了第二天早上房子还是迟迟未倒，张敕为了能够赌赢，在房间里一直待到十一点才出门，一出门就听得轰隆一声，身后的房子就倒塌了。张敕这才知道“天外有天、人外有人”，向店家俯首认输。店家看他态度诚恳，就告诫他：“我知道你急匆匆南下是要去找闯王，但是你只算出闯王能当皇帝，却没算出闯王造反十八年，只能当十八天的皇帝，所以你还是打消这个念头吧。”张敕听后既羞愧又尴尬，跌跌撞撞跑出门外，一口气跑到了黄河边，一头扎进了黄河里，跳水自尽了。

当年秋天，李自成带领队伍路经此地，准备渡过黄河直取北京，却不想因为黄河没有桥梁而被拦在了黄河南岸。无奈之下，李自成只得下令就地安营扎寨，准备着手营造大船。第二天一早，李自成突然发现原本滔滔不绝的黄河水竟然结了一层一尺多厚的冰。李自成赶忙催动军队顺利渡过黄河。过河之后，馆陶县的人告诉闯王，是有个叫张敕的帮助了他，还对李自成详细讲述了张敕的故事。李自成听了以后非常感动，就敕封其为金龙四大王，并下令各地都要建庙祭祀金龙四大王张敕。

从此以后，中原地区的民众只要开船，就先高喊一声：“有冀州的吗？”这时候人群中就有人回答：“有！”只有这样船家才会开船，目的就在于假装让张敕听到船上有他的冀州老乡，从而得到他的护佑；倘若有人回答没有，则会有船翻人亡之险。当地传言，若是船上果真有冀州人，船过冀州之时，会突然有一条二尺长的红鲤跃到船上，这时船老大就会说：“金龙四大王来看望老乡了，诸位快行大礼。”于是船上所有人开始对着红鲤跪拜，口诵“谢金龙大王保我平安”，随后再将红鲤放回河内，便可一路无虞。

除此之外，金龙四大王张敕的传说在淄州还流传着另一个版本，与前述版本又相差甚远：

淄州有个金龙四大王庙，供奉的神仙原名叫张敕，是村里的一名寻常老百姓。有一年他去南边办事，需要渡过黄河，坐船行至黄河中心的时候船突然翻倾，张敕掉到河里淹死了。当地有个说法，就是淹死的人不能立即转世托生，其魂灵需要在水里当值三年，满三年后，魂灵就可以根据阎王的指令去找一个人做自己的替死鬼，才能往生极乐世界。张敕无奈，只得在水里受了三年困顿。三年后，阎王又要他再找一个替死鬼。

按照阎王的指令，张敕来到水边等了一会儿，发现一位抱孩子的妇女，沿着河岸从远方走来，张敕赶忙跑过去拽住了她的胳膊，不由分说就要往水里拉，但他无意中看了孩子一眼，突然间想到，如果把妇女淹死了，这个孩子该怎么办呢？于是他放弃了轮回的机会，眼睁睁地看着这位妇女抱着孩子走了。回到阴曹地府后，张敕因为没有完成任务，不得不再次当值三年。

三年后，张敕再次来到水边，这次他要抓的是一个拉板车的中年男子。张敕正准备上前拉那位男子的时候，突然看见板车上坐着一位瞎眼老太太。善良的张敕为了老太太能够老有所依，再一次放弃了机会，又回到河里待了三年。

三年过后，阎王实在不放心张敕，便派了牛头马面护送张敕“执行任务”。这一次要被拉下水的人是一位年轻女子，张敕看到年轻女子怀里抱着一个两三岁的孩子，后面跟着一个四五岁的孩子，还搀扶着一位老人，又一次动了恻隐之心，无论牛头马面怎么催促，张敕都没有出手，而是眼看着那个女子带着老人孩子走远，张敕再一次回到了河里。在他准备好再当值三年的时候，阎王却打算要放张敕回到人间了。原来牛头马面将所见所闻都告诉了阎王，阎王非常感动，认为张敕是一个值得世人尊敬的好人，于是便下令封张敕为“金龙四大王”，并在张敕的家乡广建庙宇，让他享受世世代代民众的供奉。而张敕成了金龙四大王之后，有了法力，开始掌管黄河和运河，时常显圣保佑船民安全，成为人们供奉的水神。

同样是流传于民间的人物传说，张敕的传说更多了些民间特有的诙谐成分，谢绪的传说则更接近于史传。此外，衡水等地流传的对张敕的崇拜与信仰并不避讳谢绪的存在，反而承认谢绪是最早的“金龙四大王”，甚至说是张敕一直仰慕谢绪，同样被封为“金龙四大王”。

（3）金龙四大王法身相关传说。在鲁西北、鲁西南一带，还流传着“金龙四大王”的相关传说：谢绪投水成神以后，曾在元末吕梁之战中显圣助战，因此被朱元璋敕封为金龙四大王，成为黄河及运河上船民的保护神，从此以后金龙四大王便不再以谢绪之形象显圣，而是幻化成一条小蛇，在船民们摆供祭祀时现身，享受供奉，只是在不同的地方，蛇的具体形态也有所不同。

位于鲁西北的聊城，地处山东、河北、河南三省交界之处，黄河与运河在这里交汇，依据有利的区位和运河漕运条件，聊城于明清时期即走向繁荣，各地商人通过运河在此相聚，以护佑漕运为神职的金龙四大王自然也在此受到敬仰。当地人相信，金龙四大王的法身是一条长不盈尺的金黄色小蛇，每当黄河、运河施工的时候，它就会出现在水面上，当地官员只要一见到，就立马毕恭毕敬地将其请到庙宇中，亲率百姓祭祀。

枣庄市的台儿庄古城区处于山东、江苏两省交界地带，刚好位于京杭大运河的中心点处。运河台儿庄段是目前为止保存最为完整的古运河段，因此被世界旅游组织称为“活着的古运河”，台儿庄也被认为是“京杭运河仅存的遗产村庄”。台儿庄的船民们习惯称金龙四大王为“大王老爷”，与聊城的金黄色小蛇的形象不同，当地人认为金龙四大王的法身是一尺多长的小蛇，通身灰白色，头顶有一个纯白色的“王”字，生有四足，每足五爪。每逢有祭祀活动，金龙四大王就会出现在洪水的洪峰之上，随水流来到船头。船老大就会将其请到托盘上带回庙中祭祀。

济宁微山湖一带的船民们虽然也会在祭祀活动中将一条小蛇（因活蛇不好捉且不好保存，他们通常会用死掉后特意晒干的干蛇）摆放在最显眼的位置，但他们对金龙四大王法身的认知与聊城、枣庄等地的民众有着较大的区别，这一带的民众并没有明确的法身的概念，尽管蛇的出现非常明确地代表了金龙四大王的在场，但却没有人认定这条蛇就是金龙四大王本尊。相比较之下，微山湖一带在祭祀活动中所用的活蛇或干蛇，其性质如同祖先或神灵的牌位一般，更加倾向于是金龙四大王的“替身”。

（二）金龙四大王信仰圈

金龙四大王信仰始于明初。自明景泰年间（1450 ～ 1457）金龙四大王被纳入国家正祀体系开始，其信仰圈逐步扩展为黄河中下游地区及整个运河区域。对于信仰的起源地，学界历来多有争论。在对方志、碑刻、古籍、族谱等大量文献资料梳理的基础之上，有的学者根据谢绪作为江南人的身份背景以及江南多巫觋的文化背景，认为金龙四大王信仰起源于江南地区；[①]有的学者则根据金龙四大王黄河显圣助战的“事迹”以及其最初被封黄河神的身份，并结合黄河、运河交汇一带金龙四大王庙宇的分布状况，断定金龙四大王信仰兴起于鲁、豫、苏、皖一带的运河区域，[②]这些不同观点的碰撞从侧面反映出了金龙四大王信仰的地域广泛性和区域差异性。

有学者统计，明代碑刻、古籍及方志文献中有明确记载的金龙四大王庙总共有 49 座，其中运河沿岸 40 座，其余 9 座分布于开封、怀庆、归德等黄河中下游地区。分布在运河沿岸的庙宇中，位于中运河段的兖州、徐州、淮安分别有 5 座、9 座、13 座，占据了总庙宇数量的近 70%，且建庙时间较早，有一半的庙宇建于嘉靖以前；江南运河区域的扬州、镇江、松江、杭州等地则总共有庙宇 9 座，基本建于万历以后；其余 4 处则位于枣庄至北京运河沿线。黄河中下游地区的金龙四大王庙宇，除有一处建于

① 蔡泰彬：《明代漕河四险及其守护神——金龙四大王》，明史研究小组：《明史研究专刊》第十期，台北：大立出版社，1992 年；申浩：《近世金龙四大王考——官民互动中的民间信仰现象》，《社会科学》2008 年第 4 期。

② 王云：《明清时期山东运河区域的金龙四大王崇拜》，《民俗研究》2005 年第 2 期；向福贞：《济宁商帮与金龙四大王崇拜》，《聊城大学学报（哲学社会科学版）》2007 年第 2 期；褚福楼：《明清时期金龙四大王信仰地理研究》，硕士学位论文，暨南大学，2010 年，第 14 页。

弘治年间（1488～1505）外，其余能考证的同样都建于万历以后。[①]

明代，中运河段是最早形成金龙四大王庙宇群的地域，也是截止到明嘉靖年间金龙四大王信仰圈的主体区域。明万历以后，随着江南运河区域以及黄河中下游地区庙宇群的出现，金龙四大王信仰圈进一步向南北扩展，形成了以中运河区域为核心区，中运河区、江南运河区、黄河中下游地区三足鼎立的局面。另外，山东西北部、河北、北京、山西、陕西等地少量庙宇的出现，也能看出金龙四大王信仰在北部运河以及黄河中游区域的流传。

清代，金龙四大王庙宇大幅增多，文献可查有230座以上，其中运河区域有113座，分别为中运河区域37座，江南运河区域51座，山东济宁以北的北方运河区域25座。这一时期，江南运河区域的金龙四大王庙宇有了爆发性的增长，占据了整个运河区域庙宇数量的50%。从庙宇的城市分布来看，位于今江苏省的徐州（12座）、淮安（17座）和扬州（30座）三个城市内的庙宇数量最多。徐州、淮安皆位于中运河区域，而扬州虽在地缘上属于江南运河区域，但恰巧处在中运河与江南运河分界处，因此，大运河中段仍然是金龙四大王信仰的核心区域。

在运河区域之外，山西境内于清朝年间新建9座庙宇，但大多与其他神灵并庙合祀。河南地区有庙宇59座，其中位于黄河中下游沿线的有53座。河南是黄河水患最为多发的地区，金龙四大王作为黄河之神而在此地被官方和民间所崇拜。与此相类似的还有安徽地区。据记载，安徽有37座庙宇，主要分布于淮河流域（19座）和长江流域（11座），淮河流域金龙四大王信仰的兴起与“黄河夺淮”的多发有关。黄河一旦决口即“冲塌内堤、缕越堤二百余丈，南注灵、虹诸县，入洪泽湖，夺淮而下”[②]，给民众带来了无尽的灾难，人们便寄希望于金龙四大王，希望能在其的庇佑下免遭灾祸。

从明清时期金龙四大王庙宇的区域分布和历史变化来看，大运河区域和黄河中下游地区形成了以中运河区域为核心的密集的祭祀带，构成了金龙四大王的主要信仰圈。这条祭祀带从明中期以前的点状分布到清中期以后各区域连成一片的历史发展过程，体现了金龙四大王信仰圈在大运河及黄河干流区域的不断扩展。淮河流域、长江流域以及山西等地相关庙宇的增加主要是由于国家及地方官员的推动，表现在两个方面：第一，金龙四大王的相关祭祀仪式于明景泰年间被纳入国家祀典，金龙四大王作为国家正祀神祇，为“固礼之所当祀者”[③]，对他的祭祀与崇拜符合国家礼制，不会受到压制和打击；第二，地方官员尤其是主管漕运、河道的官员不仅常有官祭金龙四大王的现象，凡遇大事还会亲自主持修建金龙四大王庙宇，这些活动都推动了这一信仰的不断扩展。

① 褚福楼：《明清时期金龙四大王信仰地理研究》，硕士学位论文，暨南大学，2010年，第15页。

②《清史稿》卷一二六《河渠一·黄河》。

③ 万历《兖州府志》卷三〇《群记》。

（三）祭祀活动

金龙四大王的祭祀活动非常丰富，从参与群体的身份上看，可分为官祭与民祭两种，从祭祀时间的选择上说，可分为特定节日祭祀与特定事项祭祀。此外，在不同的地域，祭祀方式也有所不同。

明洪武二十四年（1391），因黄河决口，大运河会通河段被黄河洪峰所带来的泥沙阻滞，三分之一的河道被毁，该段的运河漕运也被迫中止，南方漕粮难以北上。明永乐九年（1411），明成祖朱棣命官员发动30万民夫重开会通河，因分水枢纽选址失当而宣告失败。明景泰二年（1451），会通河的淤塞情况仍旧没有找到好的解决办法，明代宗令洪英、王暹两位重臣联合治水，“务令水归漕河”。两位大臣用尽各种方法仍然收效甚微。景泰三年，两人向皇帝上书，认为会通河的河道淤塞已久，且水流湍急，整治工作“非人力可为”，因此希望皇上能够允许“设斋醮符咒以禳职”。明代宗“命工部尚书石璞往治，而加河神封号……三年五月，河流渐微细，沙湾堤始成。乃加璞太子太保，而于黑洋山、沙湾建河神二新庙，岁春秋二祭”[①]。第二年，黄河又一次决口，明代宗再次下诏加封封号，并在沙湾修建“感应祠”以供奉大河神。此时，“护国金龙四大王”于大河神左侧陪祀。至景泰七年，金龙四大王从陪祀的角色变为主神：“景泰七年十二月，建金龙四大王祠于沙湾。从左都御史徐有贞请也。”这是官祭金龙四大王的最早记载。

民间祭祀活动的内容则更加丰富，不同的区域在祭祀时间、形式与内容上多有不同。在江南运河区域，清代学者洪亮吉曾有诗描写了江南地区因祀金龙四大王而迎神赛会的场景：“五色牙旗按五方，东西北庙爇真香。更穿白马司徒港，去谒金龙四大王。”杭州既是大运河最南端的城市，又被传为谢绪故乡，因此该地的金龙四大王信仰及祭祀仪式呈现出与其他地区不同的特色，金龙四大王在这里不仅是漕运之神，还被认为是本乡本土的乡土之神，同时还被钱塘安溪谢氏家族视为祖先之神。因此杭州的金龙四大王庙宇并不像其他地域那样沿运河或黄河分布，祭祀仪式也呈现出了本土化的特征。据史料记载，杭州钱塘安溪的金龙四大王庙始终有专门的祭田，用于修缮庙宇和祭祀所需各项支出。雍正十年（1732），钱塘县儒学《祭田收支规则碑》载：“（租田）原以置供祀产，该县原详，每祭动用二十两，春秋二次，共银四十两。买备祭品，及俎豆、牲醴、楮帛、果釆、香烛等项，庶为适中。临期，本府委员往祭，听子孙自行散胙，以沾宪恩。”当地对金龙四大王的祭祀分春秋两季，地方官员往往也会参与其中。

①《明史》卷八三《河渠一》。

1908 年创刊于上海的《图画日报》描述和记录了上海各地金龙四大王祭祀仪式的概况。上海等地的相关祭祀活动大致分为两种，一为有着固定节期的庙会活动，时间是每年的清明节，主要活动除了祭祀神灵的仪式之外，还有歌舞、戏剧等各种民俗活动，甚至还曾有被官方定为“怪象”的民间活动：“金龙四大王庙，本在新闸之东，嘉庆间，始移建闸西。巡抚陈銮曾设救生局于东庑。今该地即以大王庙名。沿浦有码头，一即曰大王官码头。庙中每届清明，乡民有奉神赛之举。除执事外，踵事增华，甚至有乔扮荡湖船等淫杂剧，并卖盐婆、拣湖丝阿姐种种怪象者。现为当道严禁始止，居民快之。”二为非固定节期内因特殊事项而举办的祭祀活动，如久旱不雨之时，当地人就会抬着金龙四大王的神像游行祈雨：“时交夏令，火徵高张，田畴龟坼。上海新闸逸西一带乡民，舁金龙四大王偶像，游行各处，以迓甘霖。除寻常仪仗外，扎成龙灯四十余架，或青或白，婉然蜒然。每架间以锣鼓一班，镗镗然，咚咚然，喧阗杂沓之声不绝于耳。其中书‘祈求雨泽’‘沛然下雨’‘立沛甘霖’等字样者，皆三角旗也。中更杂以水门一出，扮成小青白娘、许仙法海、虾兵蟹将等，如醉如狂，惟妙惟肖。行经英租界大马路，该处正在修路，中西捕出而阻止，乡人不依，致被拘获两人。乡人遂将神像舁至会审公廨呼冤。蔡太守与捕头婉言商榷，将所拘乡人释去，并向神像拈香叩首，乡人始欢欣簇拥以去。”

在江苏，民众普遍认为农历九月十七是金龙四大王的生日，各地都有相应的祭祀活动。如南京的船民们每年农历九月都要举行“金龙四大王巡游”仪式，当地人称之为大王会。《金陵杂志》载：“大王会，神是黄河福主金龙四大王。此会主事以水旱两西门外船户为多，每年于九月间，例出巡一次。”无锡、常州等地的船商也于此日开坛纪念，举行行会。光绪十年（1884）创刊的《点石斋画报》曾记载了苏州民众祭祀金龙四大王的情形，金龙四大王法身为一小蛇，由淮安漕帮带来，被当地僧人接入庙中，民众纷纷前来祭祀，场面热闹非凡。宿迁市老城区附近曾建有四座金龙四大王庙，该地以农历九月十七为金龙四大王诞辰，四座庙宇皆于此日举办名为“金龙四大王诞”的庙会活动。其中无论从庙宇的建制还是从祭祀活动的规模来看，当时位于宿迁县西皂河的金龙四大王庙最为重要，因其“介于黄、运两河之间”，是清朝历代皇帝加封祭祀金龙四大王的主要场所。顺治三年（1646），顺治帝因治理黄河泛滥，加封谢绪为“显佑通济之神”，特意指出其“庙祀江南宿迁县”；康熙四十三年（1704），康熙帝在南巡途中，下令将宿迁等地的金龙四大王庙宇纳入春秋祀典；乾隆皇帝也曾先后五次去往皂河龙王庙祭祀金龙四大王。中央王朝如此重视，再加上该地黄河水患的频发以及运河漕运的发达，民众对祭祀活动的参与度极高。除此之外，每年的农历正月初八至初十，民众还会自发组织皂河龙王庙庙会，以正月初八为焰火日，正月初九为正祭日，正月初十为朝山日，该项活动自清代起一直延续下来，已有几百年的历史。

在山东省，运河沿岸的民众普遍认为金龙四大王的法身是一条或金黄或白色的小蛇，因此各地都有祭拜小蛇的习俗。民国《济阳县志》载："当夫河决之时，河工人员于堵口之处，先即备有香烛、木盘及黄表纸等物，时留意于大王之发现，往往于断坝残埽、水边岸旁见有小蛇状者，即以黄表纸铺于木盘之内，以手持盘，心祝口祷，恭送于大王之头前或项下，左右逢源而迁就之……河工人员接得大王，则锣鼓喧阗，旗幡招展，演戏祈灵，焚香顶礼，手舞足蹈，如庆安澜。至六七日后，大王僵于盘内者，名曰脱壳；不及六七日而忽然不见者，名曰起驾。"与江苏不同，山东各地通常以农历九月初九为金龙四大王诞辰，于是日举办祭祀活动。运河、黄河上的船商、船工们在航行开始前也有祭拜金龙四大王的习俗，船家在红纸上写"金龙四大王之神位"放置于船舱内，临行前需摆上肉、鸡等供品，烧香纸，放鞭炮，祈求神灵保佑其出行顺利。在休渔期，船商们则每逢农历初一、十五都去船上祭祀金龙四大王。

除了祭祀内容不同之外，官祭和民祭还有祭祀动力方面的不同。官祭代表的是国家、统治者对金龙四大王的祭祀，目的是对整个区域甚至国家的政治或经济利益的维护，保障漕运的安全顺利。而民间的祭祀则多是出自个人的需求，一般情况下地缘关系决定了同一祭祀圈的不同个体的需求具有一致性，如因遭受洪涝灾害而希望得到护佑，因收成不好而祈求丰收，因旱灾不退而祈求降雨等等。但与此同时，民间也广泛存在着为自己的私事而单独向金龙四大王许愿致祭的行为，如《扬州画舫录》记载了一则传说：贫穷的船民陈周森为了医治好母亲的重病，去金龙四大王庙里祈福，进殿以后却迷迷糊糊睡着了，恍惚之间金龙四大王的神像开口讲话了，神灵告诉他要割肝救母，方能母子皆愈。陈周森照做之后，母亲果然痊愈。另外，《醒世姻缘传》《聊斋志异》等小说中也都有关于金龙四大王的记述。

二、金龙四大王遗迹

金龙四大王作为以攘除水患、保护漕运为神职的重要神灵，其庙宇曾经遍布运河及黄河下游沿岸区域，仅清代各地县志中记录在册的就有200多座。其中淮安、扬州的庙宇数量最多，北方运河区域则以鲁西南的济宁和鲁西北的聊城为基点形成了两大信仰核心。上述四地当今皆有金龙四大王庙宇的遗存，且仍在乡村社会中发挥着重要作用。

（一）淮安

淮安，旧称楚州，历史上又因地处淮河南岸而得名淮阴，位于江苏省中北部。中国大运河最早被开凿的河段——春秋战国时期吴王夫差开挖的邗沟，就从此地经过。

邗沟沟通长江与淮河两大水系，使得淮安成为南北水上交通的咽喉之地。隋唐大运河的开通让淮安的交通枢纽地位进一步提升，也造就了淮安在隋唐宋三代的繁荣，时称楚州的淮安，被白居易赞为“淮水东南第一州”。元代济州河、会通河与通惠河先后开通，京杭大运河正式形成，淮安也由淮扬运河的终点一跃而成为京杭大运河的中枢。明清时期，淮安依据有利的地理位置成为京杭大运河的漕运中心、漕运总督驻地、河道管理中心、船舶制造中心和盐务中心，是运河沿线的四大都市之一。“漕运之都”“运河之都”“南船北马、九省通衢”“血脉中枢”“天下粮仓”等诸多称呼见证了淮安内河航运的繁荣，也展现了淮安在中国漕运史上的重要历史地位。

在水系发达、河道复杂的淮安，与辉煌的漕运相伴而生的是无穷无尽的水患。北宋以来，淮河频繁受到黄河泛滥的侵袭，由于淮河流域的地势要大大低于黄河河道，含沙量极大的黄河一旦在河南、山东等地决口，裹挟着大量泥沙的黄水就直接倾泻到淮河流域，使之成为黄泛区。据统计，南宋期间，平均每七年就发生一次黄河夺淮的水患，元代则平均一到三年就发生一次。明清时期，黄河流入淮河流域的水量大大增加，甚至多次出现了“黄水漫城”的现象，以致“漂流房屋孳畜甚众，民不堪命”①，“一没尽倾，郡志惟徒存空名而已”②。水患还带来了生态环境破坏、疫病频发、干旱等严重的次生灾害，让当地民众深受其苦。

淮安既是漕运的关键枢纽，又是治黄保运的重点区域，由此也带来了金龙四大王信仰在此地的兴盛，明代整个运河区域县志有载的金龙四大王庙宇共40余座，仅淮安一地就有13座。淮安府清河县恰巧位于黄河、淮河、大运河交汇处，受水患侵扰最为严重，庙宇数量也最多。光绪《清河县志》记载：“神姓谢名绪，宋处士，隐于金龙山，元兵入，赴水死，明初封王建祠，国朝崇奉尤盛。一在八面佛，原建石马头，嘉庆十九年移此，一名草大王庙；一在兵四堡，原建老坝，嘉庆二十二年移此；一在小河北西，洪武年建，乾隆年改建；一在抬花巷北，嘉靖五年建，乾隆五十五年重建；一在五孔闸，嘉庆二十五年重建；一在吴城七堡，嘉庆二十三年建……有御赐匾；一在马头镇，天启年间建；一在西滩镇，嘉靖年间建，雍正年改建；一在惠济越闸，康熙四十九年建，嘉庆二十二年修；一在惠济正闸，崇祯三年建，乾隆三十九年修；一在官庄，康熙年建，嘉庆二十五年重建。”③

时至今日，清河县已改称清河区，境内的10座庙宇也大多消失不存，仅有清江大闸东边轮埠路上还存有惟一一座金龙四大王庙。虽已历经变迁，时而辟为住宅，时而用作仓库，但庙宇的主体结构尚存，尤其是大殿，尽管里外都已经翻修过，旧的格局还算清晰。整个庙宇高处于小山之上，庙门与主殿的门都没有像一般庙宇那样面向南方，而是直冲着运河，昭

①〔清〕傅泽洪辑：《行水金鉴》卷六二《淮水》。

②嘉靖《清河县志》卷一《建置·街坊》。

③光绪《清河县志》卷三《建置·坛庙》。

示了它存在的意义和历史价值。据当地老人回忆，这座庙宇在他刚记事时就已经没有神像了，但是这并不妨碍祭拜金龙四大王仪式的继续进行，熙熙攘攘的人群将各种供品举过头顶，好不容易爬上小山却又不得不被庙里的人群堵在门外，外面的人进不去，里面的人出不来，这样的场景成为老一辈清河人对于这座庙宇的真切记忆。

（二）宿迁

宿迁位于江苏北部，北邻徐州，南接淮安，携洪泽、骆马二湖，境内拥有淮河、沂沭泗两大水系，大运河穿城而过，水文特征非常复杂，是一个非常典型的水乡。宿迁的运河史从春秋战国时期就开始了，徐国国君徐偃王与吴王夫差两位前后相差四百多年的君主让宿迁的运河贯通南北，从此宿迁成为内河漕运的重要城市。在宿迁境内有一条老汴河，其前身即可追溯到隋唐时期，是通济渠之一段。宋金对峙时期，南宋与金以淮河为界，彼此之间战争不断，通济渠因此而荒废，大部分河道淤塞不通，惟有 30 多千米长的老汴河仍然保持原貌，这也是中运河宿迁段被列入京杭大运河世界文化遗产名录的原因。

因地理位置和地形的原因，历史上宿迁同样屡受黄河洪流的冲击。对于宿迁名字的由来，当地民众流传一种“宿城三迁”的说法，即宿迁为了躲避黄河泛滥，其治所历史上曾经有三次大规模的迁移，尤其是唐开元二十三年（735），黄河洪流将时称宿豫的县城冲毁，县治所不得不迁至原下相城址，驻县城之内的泗州治所也不得不南迁至今淮安境内。由于水患不断，金龙四大王信仰在宿迁一带也很流行。

据清同治《宿迁县志》记载，当时宿迁县内共有金龙四大王庙宇 4 座。其中一座“在城西南，明知县宋伯华建。康熙二十四年，总河靳辅改建于城西南堤上，有敕祭文。又大王庙一在中渡口，一在东关，一在小杨庄。”[①] 当时宿迁城内最主要的金龙四大王庙即是明知县宋伯华所建的大王庙。

位于城西南的这座金龙四大王庙，建于古黄河东岸边，对这座庙宇的文字记载最早出现在万历《宿迁县志》。康熙《宿迁县志》则记载得更为详细：“隆庆辛未，兵备冯敏恭、知县宋伯华建。万历辛卯，参政郭子章、知县聂鋐重建。万历丙申，知县何东凤重修。入本朝圮于河，康熙二十四年，总河靳辅捐资委原任宿迁丁艰、知县胡天龙改建于城西南堤上。大殿五间，勇南王张将军、九龙将军配祀，东廊房五间，西廊房五间，东西耳房各二间，戏楼三间，东西二门。御制看河阅工诗碑亭一座，门楼一座，红围墙一周，前木栅一周，木枋三座，影墙一座。”[②] 如今这座庙宇早已不存，

---

① 同治《宿迁县志》卷一一《祠祀》。

② 康熙《宿迁县志》卷二《建置·祠庙》。

毁圮时间已无从考证，仅能根据文献记载，大致推测庙址约位于今黄河一号桥附近，占地约有 1 000 平方米，不过县志中所述的皇帝敕赐祭文却保留了下来，原文如下：

> 康熙四十六年五月二十九日，上谕吏部。朕屡念河防，屡行亲阅，凡自昔河道之源流，及历来治河之得失，按图考绩，靡不周知。粤从明季寇氛，决黄灌汴而洪流横溢，岁久不治，迨于本朝。在河诸臣未能殚心修筑，以致康熙十四五年间，黄淮交敝，海口渐淤，朕乃特命靳辅为河道总督。靳自受事以后，斟酌事宜，相度形势，兴建堤坝，广疏引河，排众议而不挠，竭精勤以自效。于是，淮黄故道次第修复，而漕运大通。其一切经理之法具在，虽嗣后河臣互有损益，而规模措置不能易也。至于创开中河，避黄河一百八十里湍悍之险，因而漕挽安流，商民利济，其有功于运道民生，至大且远。朕每莅河干，遍加咨访，沿淮居民感颂靳辅治绩，众口如一，久而不衰。夫人臣有大建树于国家者，奖励酬庸，宜从优渥，虽赐恤易名，已循彝典，尚应特予褒叙，贲以殊恩，靳辅著加赠太子太保仍给世职，拜他喇布勒哈番，用彰朝廷追美劳臣之典。为矢忠宣力者劝。尔部即遵谕行。[①]

宿迁境内原东关口的一处庙宇，大约建于清中期，原有庙门三间，正殿三间，北观音殿三间，南客堂和居室四间，是典型的北方风格建筑。20 世纪 50 年代末，该庙宇的大部分建筑被拆除，仅剩面阔 12 米、进深约为 8 米的正殿三间。2004 年，宿迁市政府对大王庙进行维修，整修过程中意外发现了镶嵌于墙壁上的三块碑刻，分别制于康熙四十六年（1707）、乾隆二十九年（1764）以及嘉庆三年（1798），其中嘉庆三年的碑文保存最为完好：

> 宿迁县城外东南圩运河之西岸，有金龙四大王庙。中供大王像，左供张老爷像，右供先曾祖文襄公像，旁列侍者二人。庙之建不知起自何时。而文襄公像则江西各帮官丁塑以供奉者。相传康熙年间，江西粮船渡黄时已深夜，遇风几危，莫知所向。遥望前船桅上有灯，仿佛总河靳字随之行，始得入中河口。前船与灯倏皆不见，因塑像于庙中以报德。嗣后，乾隆四十七年间，河水盛涨，庙之山门前殿尽付洪流，惟文襄公像屹然不动，人惊异之。水退后，遂移于后殿，即今之奉龛所也。凡此异迹灵应，钟吾父老至今犹津津乐道之。恭惟文襄公治河丰功伟绩，载于国史昭昭，在人耳目。而创开中河，俾漕船既出清口，截流径渡北岸，避黄河一百八十里风涛之险，尤为千古不朽之功。康熙四十六年，钦奉上谕，特沛殊恩，加赠太子太保予骑都尉世职，寰等世世子孙感戴天恩，靡有纪极。至今粮艘官丁，庙貌以崇之，塑像以传之。
>
> 百余年来，有如一日，寰仰承先泽，备员粮运，每年押运北上，入庙瞻依，焚香肃拜，

① 康熙《江南通志》卷五三《河渠志·黄河》。

敬念先人之遗泽孔长。而寰之年年督运安流，免致陨越者，皆仰赖文襄公之庇佑。至文襄公之所为，经天纬地，体国经野者，又非寰一人之私言，而实河道中万世所永赖也。谨记。

嘉庆三年三月谷旦，松江府押运通判曾孙光寰谨识。

在这段碑文中，前文所述河道总督靳辅又一次成为“主角”，此时的靳辅已经由因治河有功而被皇帝赏赐的功臣，转换成了引航救人的河神，体现了民间社会中特有的一种文化现象，即将对本地域有着突出贡献的名人加以神化，使之成为有着特定而又稳固的信仰圈与祭祀圈的地方性神灵。

另外，宿迁境内还有一座龙王庙一直保留至今，因庙宇位于宿迁市皂河镇，因此又被称为“皂河龙王庙”。皂河龙王庙在历史上的官方称呼为“敕建安澜龙王庙”，大致建于清顺治年间，历经多次整修扩建，目前已经形成了占地约 36 亩的三院九进建筑群，乾隆皇帝六下江南，有五次都驻跸于此。因此，龙王庙还建有乾隆行宫，以及乾隆下旨建造的御碑亭。整个庙宇规模宏大，气势恢宏，同时也是全国范围内规模最大、保存最为完好的乾隆行宫。皂河龙王庙于2001年6月被认定为全国重点文物保护单位。2014 年，中国大运河被联合国教科文组织列入《世界遗产名录》，其中皂河龙王庙行宫成为世界文化遗产点。虽然现在龙王庙主祀的神灵为东海龙王，但根据史书记载，皂河龙王庙也曾祀过金龙四大王，乾隆元年（1736）的御制祭文记载：“江南宿迁县之皂河庙祀显佑通济昭灵效顺黄河之神由来久已。其地前控大河，后临运道，洪流湍波，远近奔汇，号称最险，莫厥民居系神功是赖。”[①] 文中提到的显佑通济昭灵效顺黄河之神，即为金龙四大王。

（三）济宁

济宁位于山东省西南部，地处黄淮海平原北部边缘地带。随着明代会通河的开通，京杭大运河全线贯通，济宁恰巧处于大运河中游，因此成为大运河漕运的南北枢纽。凭借独特的地理位置优势，济宁于明代中期已经成为一座商业大都会，南方运往北方的木材、竹器、纸张、大米、丝绸，北方运至南方的棉花、煤炭、皮毛、药材、面粉等都经济宁中转。明人陈伯友《重修通济桥记》云：“济当南北咽喉，子午要冲，我国家四百万漕艘皆经其地。仕绅之舆舟如织，闽广吴越之商持资贸易者，又鳞萃而猬集。即负贩之夫，牙侩之侣，亦莫不希余润以充口实。冠盖之往来，担荷之拥挤，无隙晷也。”济宁本地人也充分利用资源，纷纷转贩经商，逐渐形成了在明清时期名噪一时的济宁

① 同治《宿迁县志》卷一《宸翰》。

商帮。在山陕商帮几乎垄断山东商业往来的大环境下，济宁商帮依然能掌控本地经济，诚如清人包世臣所言："西客（指以晋商为代表的山陕商人）利债滚剥遍天下，济宁独不能容。"入清以后，济宁商帮已经沿运河发展到省外。济宁时称任城，本地的商人只要在外地形成一定规模，就会建立任城会馆。鉴于运河对当地经济发展的重要作用，济宁人奉金龙四大王如奉乡土神一般，各地的会馆也往往单独设有供奉金龙四大王之场所，因此济宁的金龙四大王信仰遗迹除了本地的庙宇之外，还有济宁商帮所建会馆中的金龙四大王神龛或神庙。

据统计，明清时期济宁的金龙四大王庙宇并不算多，县志可查的明代只有1处，清代有3处，但每一处庙宇规模都很大。因为南来北往的船商很多，济宁各庙的香火都很旺盛，明陈文所著《重建会通河大井闸金龙四大王庙碑》对此作了详细介绍："江浙、江西、两广、八闽、湖广、云南、贵州及江南、直隶、苏、松、常、镇、扬、淮、太平、宁国诸郡军卫有司，岁时贡献之物道此闸（济州城南东去五十步之天井闸）趋京师。往来舟楫日不下千百。旧有金龙四大王庙，凡舟楫往来之人皆祈祷之，以求利益，岁久颓毁。前总督漕运石参将汤公节俾州卫官属及郡之义士捐资以更新之。经始于正统十三年（1448）十月三日，至腊月而庙成。三间五楹，高二丈一尺，广三丈四尺，深二丈三尺。视旧庙基址规模益宽广，壮丽数百倍矣……予时总督浙江粮饷七十余万石，载巨舫凡四千具，经是闸，感神荫相得以天虞，于是谒庙而拜焉。"

比起济宁本地的金龙四大王庙，更为人所津津乐道的是济宁商帮在外地所修建的金龙四大王祭祀场所，其中规模较大的是盛泽济宁会馆，是济宁布帛商人于康熙年间在今江苏省苏州市吴江区盛泽镇集资修建的，会馆正殿树立了一尊金龙四大王神像，时时摆供祭拜，因此当地人多将济宁会馆直接称为"大王庙"。盛泽是丝绸纺织重镇，四大绸都之一，吸引了众多商会在此地长期驻扎。在诸多的会所中，盛泽人还是对"大王庙"最为赞叹。清代吴江人陈沂震在《敕封黄河福主金龙四大王庙碑记》一文中说到："惟大王一庙，尤为巨丽，其捐金购地也，故滨盛湖，湖水壮阔，波涛际天。恐有啮食之患，则为卫以葭苇，防以堤石，缭以垣墙。其庙制也，一仿北地祠宇，凡斧斤垩墁以及雕绘诸匠，悉用乎北。故其规模迥别，眼界聿新，有非常诸庙所得而伦此者。"① 不光建筑风格上偏北方，竟然连所需的材料和匠人，都不远千里从家乡济宁寻来。这样的事情在南北方的运河区域并不是孤例，南至江浙，北至京津，都有崇祀金龙四大王的济宁会所的存在，以至于有学者认为金龙四大王信仰兴起于济宁，并随济宁商帮的南上北下而散播于运河、黄河两岸区域。

① 江苏省博物馆编：《江苏省明清以来碑刻资料选集》，北京：三联书店，1959年，第433页。

第四节 晏公信仰

一、运河与晏公信仰

晏公与金龙四大王一样，也是以保护漕运为主要神职的神灵。据传，晏公信仰起源于江西。明代，因晏公受到朝廷的敕封，逐渐扩展到运河区域，明清之际是晏公信仰的繁盛时期。

（一）晏公信仰的形成

关于晏公信仰的起源地，比较通行的观点是晏公信仰诞生于江西。而关于晏公的身世及晏公信仰的形成，则有多种版本。通过对古文献和民间口述资料的搜集与整理，大致有以下几种较为通行的说法。

1. 晏戌仔殁而为神

晏公为神的相关记载，最早见于元明年间的《三教源流搜神大全》："公姓晏，名戌仔，江西临江府人也。浓眉虬髯，面如黑漆，平生疾恶如探汤。人少有不善，必曰：'晏公得无知乎？'其为人敬惮如此。大元初，以人才应选入官，为文锦局堂长，因病归，登舟即奄然而逝，从人敛具一如礼。未抵家，里人先见其扬驺导于旷野之间，衣冠如故，咸重称之。月余以死至，且骇且愕，语见之日，即其死之日也。启棺视之，一无所有，盖尸解云。父老知其为神，立庙祀之。有灵显于江河湖海，凡遇风波汹涌，商贾叩投所见，水途安妥，舟航稳载，绳缆坚牢，风恬浪静，所谋顺遂也。皇明洪武初诏封显应平浪侯。"

晏公原型名为晏戌仔，一说为"晏戍仔"，是江西临江府人。无论从其"浓眉虬髯，面如黑漆"的形象，还是"疾恶如探汤"的性格特征来看，晏公生前是一个相貌凛然、刚正不阿的人，生平见不得坏事，人人敬畏之。病死他乡之后灵魂未灭，化而为神，从此乡人祀之。晏公成神之后，经常在江河湖海之中显灵，保佑水上往来船只，过往商贾有求必应。在明洪武年间（1368～1398），晏公被封为显应平浪侯，正式进入国家正祀体系。这一说法与金龙四大王谢绪成神的传说基本一致，体现了在不同地域诞生与流传的民间传说、信仰，在生成机制上的相似性。明代神魔小说《三宝太监西洋记》第九十八回"水族各神圣来参，宗家三兄弟发圣"中也有相关记载：

去犹未了，只见船头下一道红光烛天而起，红光里面又闪出一位神道，浓眉虬髯，面如黑漆，纱帽圆领，皂靴角带，连声叫道："万岁，万岁，万万岁！"天师道："来者何神？早通名姓。"其神道："小神姓晏名戌仔，官拜平浪侯，本贯临江府清江镇人氏。"天师道："原来是晏公都督大元帅。"晏公道："小神忝居天师桑梓，但上下之分相悬，不及请益。"天师道："尊神平生疾恶如探汤，少不善，必面叱之。乡人起敬起畏，动辄曰：'得无晏君知乎？'贫道平日敬恭之有素者，只不知尊神初仕居何官？"晏公道："小神元初以人材所选入官，为文锦局堂长。元人暴虐，征求无厌。局官旧管供应宫锦，有机户濮二者，坐织染累，鬻二女、一子赔偿上官。小神怜其无辜，出俸资代之；不足，脱妻簪珥满其数。濮得爷子完聚，日夜焚香告天。上帝素重小神刚正廉谨，遂命为神。小神承上帝命，奄忽于官，家人初不之知也。小神死之日，即先畅驺导于里之旷野，峨冠博带，护呵甚严，里中人见之愕然，莫不称叹，说道：'晏氏之子荣归故乡，人材官如此夸耀。'月余，小神舆榇而归，里中人且骇且疑。及至相语，则见之日，即小神官舍死之日也。里中人始惊异。家人启棺相视，棺中一无所有，乃知小神尸解为神，立庙祀之。厥后小神颇奉职于九江八河之上，无少差失云。"天师道："久仰！久仰！今日到此，有何尊干？"晏公道："因为宝船中有圣旨在外，故此特来朝参。"天师道："朝参已毕，请回罢。"晏公应一声"是"，一拥而起。①

文章以晏公自述的方式，交代了晏公由人成神的过程及神职，主要情节与前文无异，但细节上更加丰富。相较于前作，晏公刚正不阿的形象通过其为官之时的一些具体事件而显得更加生动、立体。

除以上两部作品外，晏公乃晏戌仔殁而为神的说法还见于明清其他文献中，摘录于下。

明王士性《广志绎》："江湖社伯到处有祀萧公、晏公者，其神皆生于江右。萧公讳伯轩，庞眉、美髯、白皙，生而刚直，善善恶恶，里闾咸质之。没于宋咸淳间，遂为神，附童子言祸福，乡人立庙于新淦县之大洋洲，洪武初曾遣官谕祭。晏公名戌仔，亦临江府之清江县人也，浓眉、虬髯，面如黑漆，生而疾恶太甚，元初以人材应选，入为文锦局堂长，因疾归，登舟遂奄然而逝，乡人先见其驺从归，一月讣至，开棺无所有，立庙祀之。亦云本朝封平浪侯。"②

尽管晏戌仔的生平事迹并不见于明代正史，不过，晏公为"晏戌仔殁而为神"的说法频繁见于历史文献。地方知识精英在著述中大多采用这一说法，因此，该说法在民间的传播范围最广，也最受民众认可。

2. 妈祖收晏公

晏公在一定地域范围内还有晏龙的称呼，这一称呼与晏公成神的另一种说法有关。传说

---

①〔明〕罗懋登著，陆树仑、竺少华校点：《三宝太监西洋记通俗演义》，上海：上海古籍出版社，1985 年，第 1258 ～ 1259 页。

②〔明〕王士性著，吕景琳点校：《广志绎》，《四库全书存目丛书》史部第 251 册，济南：齐鲁书社，1997 年。

晏公曾为海中的怪物，时常兴风作浪，毁坏舟楫，甚至随意吞噬过往客商。妈祖听闻此事后，特来铲除晏公。晏公与妈祖在海上激战，力不能敌，幻化成一条恶龙盘旋于空中，想以飓风强浪摧毁妈祖战船，妈祖抛锚定浪，斗败恶龙，晏公臣服，甘愿为妈祖卒。妈祖见晏公法力过人，又诚心悔过，便特封其为部下总管并永存法力，从此晏公成为妈祖的陪祀之神而受民众崇拜。

这一说法，最早见于明万历年间的《天妃显圣录》："时有负海怪物曰晏公，每于水中趁江豚以嘘风，鼓水妖以击浪，翻溺舟楫，深为水途大患。后游至东溟，见一碧万顷，水天涵泓，半晷间，江心澎湃。舟子急呼曰：'桅舵摇撼矣！'后令抛碇。见一神掀髯突睛，金冠绣袖，随潮升降，触缆拂樯，形如电扫雷震。后色不动，显出灵变，忽旋风翻浪，逆湃倒澎。彼伏神威叩谢，荡舟而还。但一时为法力所制，终未心服。继假逞色相，变一神龙，挟雾翼云，委蛇奔腾。后曰：'此妖不除，风波不息。'乃抛碇中流，龙左翻右滚，机破技穷，仍还本象。唯见整然衣冠，俨一尊神，驻碇不动。后命投下系律绳。彼近前附摄，不觉随摄随粘，牢固难解，漂荡浮于水上，始惧而伏罪。后嘱之曰：'东溟阻险，尔今统领水阙仙班，护民危厄。由是永依法力，为部下总管。'"[①]清乾隆年间林清标编写《天后志》也记载了"妈祖收晏公"的神迹，并附上了一张"收晏公"图：波涛汹涌之中，妈祖手拿红色绫缎傲立在船头；绫缎另一端缠绕在一条恶龙身上，恶龙欲挣脱而不得，龇牙咧嘴，身体扭曲。恶龙的一侧则有一黑面虬髯的大汉仰视着妈祖，双手作揖，呈现出拜服的神态，演绎了妈祖降服晏公的过程。相较于"晏戌仔殁而成神"的说法，"妈祖收晏公"在故事情节上更具可读性，因此也被后人改编成民间传说或故事，作为妈祖降妖除魔的系列故事流传于民间。

明清时期，妈祖在船民中有着至高无上的地位，随着历史的发展，在民间有许多司职水上的神灵都渐渐被民众列为妈祖的陪祀之神，他们一方面单独享受供奉，另一方面又与四海龙王、伏波将军马援、施琅等神仙一同存在于妈祖陪祀神灵的队列中，备受民众爱戴。

3. 朱元璋敕封晏公

在"晏戌仔殁而为神"的各相关文献中，文末总有晏公成神之后因护航之功而于"明洪武初诏封显应平浪侯"的说法。这一说法最早见于明郎瑛的《七修类稿》，该书于卷二十记载了晏公先后两次帮助明太祖朱元璋，并被朱元璋敕封的事情：

> 至正十七年，天兵既取建业，命将四出，攻取京口、毗陵、浙西等处。时毗陵乃张士诚之将张德为守，徐达屡战不利。太祖闻而亲率冯胜等十人往援，皆扮

① 蒋维锬编校：《妈祖文献资料》，福州：福建人民出版社，1990年，第298页。

为商贾，暗藏军器，顺流直下。时江风大作，舟为颠覆，太祖惶惧乞神。忽见红袍者拖舟，转仰沙上。太祖曰："救我者何神？"默闻曰："晏公也。"又曰："有船可济。"视之，江下果有一舟来，太祖呼江，即过以渡。开至半江，舟人执利刃示太祖曰："汝等何处客人？知吾名否？"太祖微笑，而邓愈应声曰："艄工，毋送死耶！我等图大事者。汝欲富贵，当降以去！"舟人曰："汝非朱官人乎？"愈曰："然。"舟人遂拜曰："吾辈江中剽掠。昨夜闻人呼我兄弟，明晚有朱官人来，授汝一生富贵。今日可知其豪杰也！"遂呼船尾避者一十余人皆拜之。闻其姓名，一名张赫，一为朱寿，《功臣录》不知，误言也。[①]

清赵翼《陔余丛考》云："常州白云渡口有晏公庙，莫知所始，及阅《七修类稿》乃知，明太祖所封也。时，毗陵为张士诚之将所据，徐达屡战不利。太祖亲率冯胜等十人往援，扮为商贾，顺流而下。江风大作，舟将覆，太祖惶惧乞神，忽见红袍者挽舟至沙上。太祖曰：'救我者谁也？'默闻曰：'晏公也。'及定天下后，江岸当崩，有猪婆龙在其下，迄不可筑。有老渔教炙猪为饵以钓之……遂钓而出，岸乃可成。众问老渔姓名，曰'姓晏'。倏不见。明太祖闻之，悟曰：'盖昔救我于覆舟者也。'乃封为神霄玉府晏公都督大元帅，命有司祀之。"[②]

根据这一说法，晏公先是助力朱元璋与张士诚之战，在朱元璋舟楫即将倾覆之际显灵，救朱元璋一行人于滔天巨浪之中。后又帮助朝廷解决了鼍（扬子鳄）毁坏江堤的棘手问题，从而被朱元璋敕封为晏公都督大元帅。

除了上述三个传播范围较广的说法之外，关于晏公成神不同的文献和地域还有许多特别的版本，因其流布范围和影响力有限，不再一一列举。

（二）分布区域

明以前，晏公信仰主要集中于江西省范围内，为江西地方性水神。自明初敕封平浪侯之后，遂向全国范围内扩展。尤其是明清时期运河漕运的兴盛，晏公成为大运河区域在庙宇数量和分布范围等方面仅次于金龙四大王和妈祖的神祇。与此同时，晏公信仰也沿着长江、黄河等主要内河航段进一步往西扩展，几乎遍布全国。

1. 晏公信仰的诞生

关于晏公庙宇的记载，最早见于明初胡行简所撰的《清江县晏公祠庙碑》，碑文记载：

清江县旧有晏公庙，历世滋久，莫之改作。谒而祀者见其隘且陋，欲撤而新之不果。洪武甲子，里人彭士宽慨然曰："神食于斯，永福我民，而庙貌不足，揭虔妥灵，非缺

①〔明〕郎瑛：《七修类稿》卷三二，北京：中华书局，1959年，第187～188页。

②〔清〕赵翼：《陔余丛考》卷三五，北京：商务印书馆，1957年，第774页。

典钦。”凡徽福者闻其言，或助之金，或输之粟，以相其役。乃度地于宝金山之侧，建殿庭，立门庑，规模位置增其旧数倍，既逾年弗克就，郡守钱恕还自京师，过而叹曰：“独力之难成也。”如此乃捐俸以为之倡，于是乡邑官吏咸相率鸠赀以相其成，不待劝而能也。远近之见者闻者，争效其力，逾数月竣事。里父老士庶击牲酾酒，告成功于神。咸愿勒石以纪成绩，前守以属予因次第记其说，以为之文。按郡乘镇之地故金阳县也，山川英淑之气代产，异人以庙食于斯，聂公友喻公法先是也。公生乎是镇，与二公匹，修祠而祭之亦宜也。稽诸礼经，能为民御灾捍患，则列之于祀公之威灵。始乎乡里，著于江右，南至湖湘，东暨京口，以至川峡河海莫不仰其英风，钦其肸蚼。上自朝廷，下逮士庶，舟楫之行，材木庶物之运，卒遇风涛之险，往往叫号神明。其免于危难之余，而措之坦夷之际，易危而安，如履平地。祠宇所在，晔然相望，矧公桑梓之乡可弗加之意乎。礼莫大于报本，不于祠祀致恭不可也。①

文中所记时间，洪武甲子年即为明洪武十七年（1384），也就是说，清江县晏公庙至迟在洪武年间就存在了，且已经“历世滋久”，呈现出了“隘且陋”的破旧之庙的状态。按照碑文的讲述，晏公信仰最先在清江县乡里发生；而后逐渐闻名于江西（江右）；及至碑文写就之时，西至湖湘、东至京口都有晏公信仰的踪迹。至此，晏公信仰的地域分布范围就不仅仅是江西一地了。

2. 晏公信仰的扩展及神职变迁

明清之际，全国三分之二的省市区建有晏公庙、晏公祠、晏侯庙，或是祭祀晏公的水府祠、小圣庙等。这些信仰空间主要分布在江西、江苏、安徽、福建、浙江、湖北、湖南、上海、四川、云南、贵州、广东、广西、海南、山东、山西、河北、宁夏、甘肃、陕西等20个省份，共97所。惟东北地区未见有记载，明显呈现出南多北少的分布格局。主要集中分布在江苏（23处）、江西（10处）、安徽（8处）、福建（7处）等省。②晏公信仰与妈祖信仰一样，在地域扩展上经历了一个由南向北的过程，因晏公有着保护航运的神职，其北上的路径基本是沿大运河扩展的。而两湖、四川、贵州以及山西、甘肃等地晏公庙的出现，除了移民因素之外，大体也是晏公信仰沿长江、黄河由东南沿海向内陆扩布的结果。不同地域的晏公庙及晏公信仰所担负的基本职能都以护航为主，但随着地方社会政治、经济、文化背景的区域变化和历史发展，晏公的职能也在一定程度上经历了本地化的改变。晏公于明初被敕封为平浪侯，进一步促进了晏公信仰地域范围的扩大。在此之后，全国各地新修的大部分庙宇或为官修，或政府督工，

① 〔明〕胡行简：《樗隐集》卷六，影印《文渊阁四库全书》第1221册，台北：台湾商务印书馆，1986年，第154页。
② 宋希芝：《水神晏公崇信考论》，《江西社会科学》2014年第11期，第120页。

或官民合谋，基本都有官方参与的背景。

（1）晏公信仰北上。晏公信仰北上大致有两种方式，一是明初移民政策的实施，大批江南民众迁移至北方；二是沿着京杭大运河由南至北。晏公信仰北上之后，因北方的地理环境、气候条件与南方有很大不同，民众对晏公祈求的内容也有所差异。在甘肃、陕西等旱涝灾害频发的内陆省份，晏公除了护航的神职外，还具备抗旱排涝的神职。尤其对于西北地区来说，更是如此。

甘肃省兰州市曾有一座晏公庙，位于黄河铁桥东侧旧城墙下，1958年被拆除。据当地老人回忆，晏公庙原本就不算大，里面有两尊神，主神是晏公，穿着一身铠甲，手里拿着利剑，瞪着眼睛，龇牙咧嘴，凶神恶煞。旁边则是一副将，手里攥着一条水蛇，也是一脸凶相，看了让人害怕。晏公庙曾长期都是其所在区域的标志性建筑。过去黄河兰州段最危险的航段为煮锅峡，传言峡内到处都是旋涡，水流乱拍，犹如沸水煮锅一样，因此而得名。过往的船商都不敢擅自穿越，必须要专门雇请当地技艺高超、熟悉河流状况的“转峡把式”帮忙才能顺利过河，而这些把式必须得去城里的晏公庙去找，晏公庙也因此而被外地客商所熟知。

普通民众多认为晏公庙的存在与当地流传的晏生勇斗恶蛟的传说有关，人们为了纪念晏生，立庙祀之。正因为如此，晏公神像为一披甲执剑的武将形象。不过，当地的文史专家则普遍认为，晏公庙的修建与历史上的大移民有关。据文献记载，“明之初，兰人自江南迁徙而来者十居八九”。来自江南的移民群体一度造成了兰州满城吴语的现象，而江南一些特有的生活习惯、民间风俗和神灵信仰也随之在兰州落地生根，晏公庙就是江南移民因崇信水上保护神晏公而修建，以保佑黄河风平浪静，往来舟楫平安。

宁夏也有类似的情形。宁夏银川市兴庆区有一处晏公庙旧址，目前已被确定为银川市26处历史文化名城遗迹标识点之一。该庙相传为明初所建。据嘉靖《宁夏新志》载：“（晏公庙）在感应坊北。宁夏多江南人，故立是庙以祀之。寿官丁瑄重修。”另外，宁夏中卫市有一处晏公庙，位于中卫市沙坡头区永康镇，约建于明初，迄今已有600多年的历史。乾隆《宁夏府志》载：“晏公庙，在文庙南，明初迁谪多南人，故立是庙。”乾隆《中卫县志》载：“晏公庙位中卫永康渡口南，南人多信海神，为保佑黄河航运平安，故立庙。”2009年，中卫晏公庙遗址发现一明代鱼龙石雕，雕刻具有江南风格，在北方非常罕见。

晏公信仰传播到旱涝灾害频发的西北地区之后，又拥有了抗旱排涝的神职。学者发现，宁夏一带的晏公庙从一开始就担负了传统民间信仰中龙王该具有的责任，“与人民祈雨相联系”[①]。而晏公排涝的职能则见于《畿辅通志》：“明成化六年，大水冲城，知州胡瑛呼神求救，水退城全，次年构庙于此。明成化十八年，滹沱河溢水冲城坏，知州李德美跪祷间，适有麦

① 杨帆：《明清宁夏平原水利兴修与水神信仰初探》，《宁夏社会科学》2010第3期。

秸顺流而下，与所塌城楼土石并塞，由是水不入城，因重新之。”①

（2）晏公信仰西迁。晏公信仰西迁也是晏公信仰向全国范围内扩布的重要方向之一。明代早期，文人们就已经注意到，晏公信仰不仅在东南沿海极为普遍，同时在“川、蜀、江淮之间”也广为流传。明清之际，地处边陲且以少数民族为主的贵州不同地区都出现了大量的晏公庙。

天柱县：晏公庙，在县治（天柱县）南门内，设自明初，后建天妃宫于其右。②

铜仁府：晏公庙，在府城东，洪武十六年建。按《铜仁志》作萧、晏二公庙，在万寿宫内。③

贵阳府：晏公庙，明初建。萧晏二公庙，在陈亮堡，崇祯时建，嘉庆时重修。

大定府：晏公庙，在东关，雍正间江西客商建。

南笼府：晏公庙，在府城北门外。

兴义府：晏公庙，在北门外，通志云，在府城北门外。

普安州：晏公庙，在卫城城隍庙之下。

威宁州：萧晏二公庙，一在卫治东关上，一在北凤岭山。

毕节县：晏公庙，在东关，雍正间江西客商建。遇公事群集于此，以为会馆。

除此之外，一些卫所中也已经有了晏公庙的存在：

普定卫：晏公庙，在卫治内北，洪武间都督顾成建。

永宁卫：晏公庙，在西门外。

普安卫： 晏公庙，在卫治城隍庙左。

赤水卫： 晏公庙，在卫治南。

乌撒卫：萧晏二公庙，在卫治东关上。

明清时期，晏公庙几乎遍布贵州各府州县及卫所，这一现象与江南移民大量迁入贵州的历史背景有关。从江西、福建等地迁徙而来的移民，总会尽可能地保留故土的风俗习惯，“自明初设郡后，汉族之移住者皆川、湖、江、闽等籍，而以江西为最多。聚处既久，各沿其旧，相习成风”④。

（3）运河区域的晏公信仰。京杭大运河在晏公信仰北上方面发挥了最关键的作用。明清时期，运河区域的官民们修建了大量的晏公庙宇，使得运河区域迅速成为晏公信仰的核心区域。有学者根据地方志等史料的记载，对明清时期京杭运河区域的晏公庙

① 康熙《畿辅通志》卷九《祠祀》。
② 康熙《天柱县志》卷上《坛庙·庵寺观附》。
③ 弘治《贵州图经新志》卷七《黎平长官司·祠庙》。
④ 民国《石阡县志》卷一〇《风土志·风俗》。

宇做出了统计与整理（表 6-2）。

表6-2 明清时期京杭运河区域晏公庙分布情况表

州县名称	数量	设置及分布情况	资料来源
通州	1	在州东关，明万历六年建	乾隆《通州志》卷二
天津	1	在丁字沽，明代建，康熙年间改建为恬佑祠	同治《续天津府志》卷四
德州	1	在小西门南	乾隆《德州志》卷一一
临清	3	一在会通河闸，一在新闸，一在南板闸	嘉靖《山东通志》卷一八
邳州	1	在旧治东南	同治《徐州府志》卷一四
宿迁	1	在洋河镇，旧在城南	民国《宿迁县志》卷四
宝应	1	在北门外，后改建碧霞宫	嘉庆《重修扬州府志》卷二六
高邮	1	在平水大王庙旁	嘉庆《高邮州志》卷一
甘泉	1	在东关外	嘉庆《重修扬州府志》卷二五
兴化	1	在胜湖里龙舌津上，一名老祖庙	嘉庆《重修扬州府志》卷二五
泰州	4	一在千户所，一在经武桥，一在荻柴巷，一在北门外新桥	道光《泰州志》卷一二
仪征	1	在巡检司西，洪武间，尚书单安仁建	道光《重修仪征县志》卷一九
丹徒	3	一在丹徒镇，一在江口昭关，一在小沙	光绪《丹徒县志》卷五
武进	1	在安西乡奔牛镇	光绪《武进阳湖县志》卷四
阳湖	1	左厢白云渡，明洪武年间建	光绪《武进阳湖县志》卷四
无锡	1	在北门外，咸丰十年毁，同治间重建	光绪《无锡金匮县志》卷一二
吴县	1	在阊门内专诸巷，明初卫军士建，万历时废	苏州民国《吴县志》卷三三
昆山	1	在周庄镇西北王家浜南白蚬江滨，道光九年重修	光绪《周庄镇志》卷三
太仓	2	一名晏公堂，在朝阳门内之西。一名晏公庙，在黄渡镇，明洪武间建	嘉庆《太仓直隶州志》漕运官卷五一
嘉兴	1	在务前里	光绪《嘉兴府志》卷一〇
桐乡	1	在六都十一图	光绪《桐乡县志》卷三
杭州	2	一在武林门北夹城巷崇果寺内，一在翁家山	民国《杭州府志》卷九

资料来源：胡梦飞《明清时期京杭运河沿线区域的晏公信仰》，《华北水利水电大学学报》，2015 年 10 月，第 31 卷第 5 期，第 12 ～ 13 页。

明清时期，大运河沿线的主要州县基本都建有晏公庙，而且庙宇大多修建于明中期以前。明中期以后，随着金龙四大王等新的水神信仰的兴起，新建晏公庙的数量持续走低。而在地方志收录庙宇的总体数量上，晏公庙有 20 所，远远低于金龙四大王庙的 153 所，晏公信仰似乎要远远弱于金龙四大王信仰。

（三）信仰活动

晏公信仰主要表现为在特定时期围绕晏公庙举行的各种仪式，又表现为有着特定职业的民众在日常生产和劳作中对晏公的崇信。晏公祭祀仪式及晏公庙会因大部分庙宇的消失而失传，迄今为止在全国范围内尚有一定影响的只有福建省福鼎市前岐晏公宫庙会、江西鄱阳县晏公庙庙会。这两处庙宇严格说来都不在大运河区域，但是通过对这两处庙会的认知，有助于加深我们对大运河沿岸城市历史上曾经有过的晏公祭祀仪式的了解。

1. 前岐晏公宫庙会

前岐位于福建与浙江交界处，是隶属福建省福鼎市的一个乡镇，因背靠前岐山而得名。前岐虽为乡镇，但是文化底蕴非常深厚，保留了大量的古迹和优秀的文化遗产，其中最为著名的便是前岐晏公宫。据庙中碑文记载，前岐晏公宫始建于清同治年间（1862 ～ 1874）。现有的建筑群落重建于 20 世纪 90 年代初。重建之后的庙宇比原来扩大了 2 倍有余，牌楼、大门、前殿、后殿、戏台从前到后位于晏公宫的中轴线上，左右两侧还有花园、鱼池、亭台、封侯碑、伙房、客房等建筑物，是前岐镇最大的建筑群落。

每年农历的六月二十四至七月初三，是晏公宫庙会的日子，也是整个前岐镇最热闹的时候。长达近十天的庙会实际上是两个传统活动连缀到一起的结果，其中农历六月二十四是当地民众在醮会的领导下举行的太平醮仪式，以祈求风调雨顺、国泰民安，仪式结束后会请戏班连续唱几天大戏来酬神、娱神。农历七月初三则是晏公诞辰日，在当地政府的参与下，这一天已经成为晏公宫活动最丰富、参与人数也最多的一天，不但有大型的庙会市场，还会在晏公宫内举行百席宴来纪念晏公诞辰。

2. 鄱阳县晏公庙庙会

鄱阳县管驿前的晏公庙据传为土地庙改建而成，20 世纪 80 年代以来经多次重修改建，现为纵深式三进庙宇，前殿供奉的是定将王，中殿供奉的是晏公，后殿供奉的是观音。据当地老人讲，之所以呈现这样的格局，是村里的善男信女们将村里原先三个旧庙合成一处的结果。传统的晏公庙会始于何时已经无人知晓，现在的庙会是从 1992 年开始的。

庙会以斋醮仪式、拜寿、圣宴、唱戏为主要活动内容，时间是每年的农历十月初一至十月初六，为期 6 天。其中斋醮仪式为核心活动，但斋醮仪式并非每年举行，而是逢奇数年才办的“三年两头庆”。仪式全部由鄱阳道教协会的道士完成，从农历九月三十开始至十月初六结束，大致程序有迎神、祈愿、禳灾、游神、送神等等，具体为：九月三十，布置神坛，请神落座；十月初一，抬祈雨亭取水、借地旋坛；十月初二、初三，迎神以及“通达民情”“朝天宝忏”等祈愿仪式；十月初四、初五，“良度喜关”“安龙奠土”等禳灾仪式；十月初六，游神、送神。

除此之外，一年一度的酬神大戏也会贯穿庙会的始终，且一日分日场、夜场，在晏公庙对面的“管驿前晏公庙万年台”举行。这是鄱阳县最大的露天剧场，占地约 2 000 平方米，还设置了石制长条凳，可同时容纳 1 200 余人看戏。庙会请的戏团以演唱鄱阳赣剧与安徽黄梅戏为主。当地人传言农历十月初三为晏公诞辰日，民众会于此日集结起来为晏公祝寿，仪式非常简单，按顺序先后作揖跪拜即可。圣宴则在庙会的最后一天进行，主要是在晏公庙中宴请捐资人。近几年来随着庙会知名度的扩大，捐资人越来越多，圣宴已经由几十桌扩增至两百多桌，赴宴人数达 2 000 人以上。

管驿前晏公庙庙会自恢复以来，始终由一批老人管理，在他们的经营下，庙会规模越来越大，庙会的影响力也逐渐扩大，目前已经成为鄱阳县范围内最大型的传统民俗活动。

二、晏公遗迹

明清之际，地方志记载的大运河沿岸州县晏公庙宇有 20 所左右。清代中期以后，晏公信仰逐渐衰落，晏公庙宇也是衰败者多，修复新建者少。

明清时期，临清为中国北方最大的纺织品交易中心，布匹年销售量至少在百万匹以上。临清又是中国北方最大的粮食流通中心之一，中央政府在临清建粮仓，储粮米，并设立派出机构——户部督储分司管理储粮事宜。临清还是当时全国最大的贡砖烧制中心。临清段运河为汶、卫交汇之地，其中汶河运道自清平县属二十里铺入县境，西北流 20 里，入土城东北门，至鳌头矶，转而南过新开闸，至土山南端，折而西逾南板闸，至漳神庙前入卫河，计程 24 里。自漳神庙（汉河河口）至直隶清河县界，为卫河运道，全长 30 里。

受自然气候的影响，临清段运道春夏之交时常面临乏水问题，而到夏秋季节又有溃决之虞。乾隆《临清直隶州志》云：“境内之水运河为大，汶与漳河、卫交汇于城之西南，北流以渠直沽，漕运所关系重，而商贩行旅帆樯之所往来必由于此。顾春夏之交，每忧于浅，及乎水潦盛长，亦间有溃决之虞。”运道水量过小或水势过大，漕船都无法正常通行，其中尤以运道缺水问题最为严重。再加上山东运河段多闸，过闸时水流湍急，漕运船只极容易遇险，当人力无所施时，自然要请求神助。因此，临清境内水神庙宇众多，既有祭祀晏公的晏公庙，又有祭祀金龙四大王的大王庙以及祭祀漳河神的漳神庙。其中金龙四大王也被看作是运河闸神，临清州会通闸、临清州南板闸、临清州新开闸都有大王庙。据《钞青门考源》记载："粮船至三大闸时，先在大王庙内焚香唱戏谢神。人集如山，百官照料，而后过闸。过闸船由下而上，非神功不能做到安渡危境。"漳神庙则由于老漳河经常泛滥的原因，主要担负起了防止老漳河水患的职能；而晏公庙则以保护过往舟楫的平安为主。漕粮运输和水上航行的现实需要使得祭祀金龙四大王、晏公等运河水神的庙宇遍布运河沿岸地区，频发的水旱灾害则导致了当地治水神和祈雨神信仰的盛行。

临清晏公庙在古代临清人的生活中占据着重要的地位，文学作品中也出现过临清晏公庙的身影。《金瓶梅》第九十三回写王杏庵送陈经济到晏公庙做道士："王老到了马头上，过了广济闸大桥，见无数舟船，停泊在河下。来到晏公庙前下马，进入庙来。"晏公庙遗址现在位于临清市小白布巷85号，其不远处即为广济闸桥和临清钞关旧址。《金瓶梅》所写清河去临清晏公庙经广济桥，晏公庙又在临清闸附近。此三者不仅地名全同，且书中地理位置也与临清相吻合。从语言上看，也大都是临清周围的方言土语。而《金瓶梅》一书中的人物，又都活动在运河城市，当时的临清是军事重镇、商业都会，故有学者考证《金瓶梅》一书中主要故事情节的发生地就在临清。

德州地处黄河故道，也是一座因运河而兴的城市。自隋代开通大运河后，特别是元代运河南北贯通以来，德州成为沿河的四大漕运码头之一。当时人们称德州城内是"车舟所会，食货集散"，运河码头上"漕粮船挤、游人如织"。因河南、河北、山东、江苏、安徽、浙江、江西、湖北、湖南等九省，其进京的水路、旱路均需经由德州，是九省进京之要道，故称"九达天衢"。

明永乐年间，明王朝迁都北京后，运河里漕运兴盛，德州御粮仓的作用大升，因河而兴的德州一跃成了全国三十几个重点城镇之一，成为北方文化名城。桥口街得名源于运河改道。明洪武三十年（1397）建城以来，运河紧贴西城墙而过，为防水患，雍正十二年（1734），运河挑直后形成目前的河道走向，河道迁徙，河上浮桥随之而动，渡河处名为浮桥口，西侧东西走向的街道得名桥口街。桥口街由三段组成，西头叫"桥口"，东边称"牌坊"，中间是"西关"。桥口街有浮桥，浮桥两岸均有一座九达天衢牌坊。平时浮桥走行人，等来往船只积聚到一定数量的时候，拆开浮桥过船。

桥口街附近庙宇很多，例如刘猛将军庙和晏公庙。明嘉靖二年（1523），兵部副都御史赵时春镇守德州时，发现德州经济之所以发达，主要靠的是运河，然而德州却没有与河神有关的庙宇。他认为，船民们行船、出漕，均有拜谒河神、水神的需求，于是召集当地乡绅、名流，商议建河神庙的事宜，时晏公信仰在运河区域最盛，于是在旧城小西门外建了一座晏公庙。

德州晏公庙位于桥口街东头的旧运河岸边（现尚城国际小区的中南部），与将军庙隔河相望。庙宇四周地势平坦，没有民宅相连，背城面水，山门外不远处便是回龙坝。晏公庙系两进两出的院落，小巧玲珑，因顺河而建山门偏向西南，庙门上挂有晏公庙的匾额，门外有两个石狮子，为典型的明朝建筑风格，建筑物全部用灰色圆筒瓦挂顶。正殿内供奉着晏公的泥塑雕像。小巧的前院里有十字形方砖甬道，东堂、西堂各三间，作为客厅和守庙人的住所。后院较小，其正殿里供奉着道教的水神北帝。后来，赵时春又在今北厂街处建了一座比晏公庙规模更大的河神庙。

德州晏公庙虽是官修的庙宇，但由于地理位置不佳，庙前虽是来往船只的必经之地，却无法停靠，因此去庙里参拜的人寥寥无几。清雍正年间（1723 ~ 1735）运河改道后，晏公庙基本上也就无人问津了。1909 年前后修筑津浦铁路时，在这一带取土垫路基，这里就成了茂盛的芦苇塘，晏公庙也就彻底消失了。

第五节　关帝信仰

一、关公信仰与运河

关公信仰也是中国社会普遍存在的民俗信仰。关公，又被民众称为关帝、关老爷，是中国民众奉祀的主要神灵之一。关公信仰的本质就是对安全的向往，对赤胆忠心品质的崇尚。关公不仅是保护神，还演化成为财神。又因关羽是山西人，所以格外为晋商所推崇，他们希望这位神勇无二的家乡神灵能够庇佑他们在异地平平安安，人财两旺。关公信仰也伴随着晋商的脚步传播到了大江南北，哪里有山西商人的影子，哪里就会有关公的神像。特别是在运输发达的水陆通衢，山西商人们集聚的会馆便是关公信仰集中分布的地方。京杭大运河两岸的城镇更是少不了山西会馆和关公信仰。

（一）关公信仰的形成

关羽本是东汉末年三国时期的一位武将，《三国志》称赞其为“万人敌”。在史书及后来的小说、民间说唱、戏曲中，关羽的形象深入人心，经过政治、世俗等多种力量的推动，关羽这一历史人物逐渐被神化。关羽一身几乎具备了传统社会君子、大丈夫的所有美德，忠勇无双，义薄云天，文韬武略无所不备。不仅被历代王朝统治者屡屡追封，还被民间尊为庇佑一方的神灵。在中国的神灵崇拜中，关羽贵为“武圣”，与“文圣”孔子分享人间香火。在今天，关帝庙仍然遍布于中国的城市和乡村，甚至随着华人的足迹，在海外华人集聚的社区也有广泛的影响。

一般认为，对于关羽的神化在隋唐时期就已经开始，关羽显圣、神造玉泉寺的传说流传甚广，当时关羽还被纳入佛门神系，尊为伽蓝守护神。北宋末，宋徽宗追封关羽为“忠惠公”，标志着朝廷对于民间祭祀关公的承认与接纳，关公不再仅仅是民间崇拜的对象，同时也被纳入官方祀典。崇宁三年（1104），关羽又被追封为“崇宁真君”，四年后再次被追封为“武安王”。宣和五年（1123），朝廷再次追祀关公为“义勇武安王”，并为关公塑身筑庙，享官民香火。宋室南渡后，失去故土的统治者更加推崇忠勇神武的关公，对于关羽的追封也更为频繁。南宋高宗于建炎二年（1128）再次加封关羽为“壮缪义勇武安王”，宋孝宗在淳熙年间（1174～1189）加封关羽为“壮缪义勇武安英济王”。

万历十年（1582），明神宗敕封关羽为“协天大帝”，八年后再次加封为“协天护国忠义帝”。自此关羽正式被称为“关帝”，祭祀的规格也从关羽死后刘备所追谥的“壮缪侯”升格到了王庙祭祀。四年后，明神宗再次加封关羽为“三界伏魔大帝神威远镇天尊圣帝君”，关羽造像着冠冕袍带，大典三日，神宗亲献祝词。清初，仍然尊奉关公，顺治帝敕封其为“忠义神武关圣大帝”。康熙帝亲自拜谒关羽故里，雍正帝甚至将关羽的父亲、祖父和曾祖都追封为“公”。乾隆帝为关羽追加谥号“神勇”“灵佑”，嘉庆帝追加谥号“仁勇”，道光帝加谥号“威显”，咸丰加谥号“护国”“保民”“精诚绥靖”，同治加谥号“翊赞”，光绪帝加谥号“宣德”。到了民国时期，封建帝制被推翻，但是官方对于关羽的崇拜并没有消失，他们把关羽和岳飞合祀于武庙，而从军之人的宣誓大典都要在这两位武神的见证下进行。

关羽不仅成为官方正祀中的重要角色，在民间信仰中，还是民众普遍崇拜的对象，全国的关帝庙数不胜数，在各州县的庙坛体系中也占有重要的地位。明清时期，无论军事活动、水旱灾害，甚至包括科举活动，关羽都是重要的祭拜对象。每年的农历五月十三日是祭奠关公的传统节日，民众都会前往关庙内举行盛大祭奠仪式，烧香叩头，祈福消灾。义薄云天的关羽也是民间结社重要的崇拜对象，尤其是帮会组织和秘密宗教，例如天地会内部便设有忠义堂和关帝庙，正中供奉“敕封真武关圣帝君”。这些结社希望关羽的忠义精神能够灌输到每个成员的思想之中，以维系社团的团结。值得一提的是，关羽还被某些行业视为行业神。明清时期，随着社会经济的发展，出现了风气浓厚的行业神崇拜，皮箱业和皮革业便拜关公为行业神。

关公还是民间社会特别重要的财神。在中国民间神灵体系中，财神往往都是文人，关羽加入之后，财神遂分文武，人们往往把比干当作文财神，把关羽当作武财神。关羽忠肝义胆、形象威武，当作财神可以护佑平安、招财进宝。在商界，关公是经商者们最为敬仰的保护神，关公的义气和信用都是经商之人最为看重的品质。时至今日，我们还能够在许多店铺中发现经营者供奉的关帝神像。

（二）山西会馆与关公

明中叶以来，随着交通条件的改善和社会经济的发展，地域性商帮得到了迅速发展。其中，徽商、晋商是区域性商帮中的佼佼者，所谓“江南推新安（徽商），江北推山友（晋商）”，两大商帮对近世社会产生了巨大影响。明代晋商已经发展成为在全国享受盛誉的大商帮。清中叶以后，晋商的足迹更是遍布日本、东南亚、西亚、俄罗斯，资金之雄厚可见一斑。晋商的发展模式、社会组织自有独特之处。晋商以地缘关系为基础，与徽商大不一样的是，晋商整体上放弃了在宗族内部选拔经商人才，而是选择同乡出任经理和伙计，遵循避亲举乡的经营策略。晋商在外地经商游走，要想在某个地方站稳脚跟，便需要与同乡抱团取暖，互相照应。为了达到这一目的，就需要物质的基础和精神的保障，山西会馆在全国各地的建立，为晋商同乡之间联络感情、共商商事提供了场所，而关公信仰的确立则为晋商同乡之间的凝聚力、向心力提供了精神保障。

山西会馆的分布极广，京师以及许多省区的大都会、重要商埠都建有山西会馆。山西会馆的另一特点是多与陕西商人共同建造，这主要是因为两省生活习惯、民间信仰以及商业经营理念及模式的相似性。据李华《明清以来北京工商碑刻选编》（1961 年）的调查显示，当时仅北京一地存在的 55 个行业性会馆当中，就有 15 个为山西会馆，其中 5 个建于明代，8 个建于清代，2 个年代不详。根据众多山西会馆中重修的关圣帝庙碑可以看到，几乎所有山西会馆中都有关帝庙或关帝殿，关公信仰和山西会馆某种程度上合为一体了，许多山西会馆的名称甚至直接以关帝庙或伏魔大帝宫等命名，但实际作用还是行业会馆。大量互相联系的山西会馆建立，不仅表现出晋商的资金雄厚，还体现出当时晋商作为一种社会组织的规模与完善程度，这样规模庞大的社会组织，仅有雄厚的资金保障并不能保证其长远发展，关公信仰正好弥补精神层面的缺陷。

明清时期，许多山西会馆都是在已经破败的关帝庙基础上建立的。无论是从原先破败的关帝庙发展而来的山西会馆，还是一开始就作为行业会馆建立的山西会馆，都成为晋商联络感情、洽谈商业事务的最佳场所，关帝信仰作为其中的精神纽带，自然而然成为祭祀的中心。

关公信仰作为晋商精神中最为重要的一种精神因素，无疑对晋商的发展起到了非常重要的作用，其中的“信”和“义”更是得到晋商的推崇，这一点在商业社会交往中尤其为人所看重，以致后来关公信仰作为财神发展为全体华人文化信仰中的重要一环。关公信仰中“忠、义、仁、勇”等精神内涵，在晋商发展过程中，表现为晋商身上普遍体现出的勤奋、敬业、诚信、善行和开拓精神。

（三）晋商的信仰传播

关公信仰并不是晋商中所独有的信仰，中国各地民间社会中都有关公信仰，但是关公信仰却发展为晋商信仰中最重要的信仰成分，并随晋商在全国各地甚至全球华人世界的发展壮大而不断发展变化，山西会馆也发展为表现关公信仰的直接、丰富、具体的场所。晋商信仰的传播是以山西会馆为现实载体，在全国各地逐步发展扩大的，山西会馆在全国各省的建立，正表现了晋商信仰的传播方式。晋商的形成与明初山西人口的大量外迁有很大关系。山西人口大量外迁，其中很大一部分从事商业贸易，山西商人在商业上的成功又刺激更多的山西人外出经商，逐渐形成了晋商这一群体。人口的大量外迁，也造成了民间文化信仰的迁移，关公信仰作为山西地方的一种民间信仰必然掺杂其中，又加之晋商这一群体对关公有意识地崇拜、祭祀，关公信仰逐渐成为晋商信仰的核心部分。

晋商在对外拓展时，首先选择的是经济能力较强的京师地区、各省大都市及重要商埠，京师所有行业会馆中，山西会馆所占比例最高，这显示了晋商及晋商信仰在京师地区的广泛传播。这既体现了晋商的规模庞大、资金雄厚，也体现了京师地区对以关公信仰为核心的晋商信仰的接受和认可程度。京师地区作为明清两朝的首都，受到官方意识形态的严格控制，但是关帝信仰逐渐得到官方的认可和推崇，为以关公信仰为核心的晋商信仰在这里广泛传播创造了条件。

晋商信仰在山东的聊城和济南也很流行，山西会馆在这一地区建立的时间也比其他地区更早。晋商信仰在山东地区得到广泛传播，是与关羽在儒家文化中的重要地位分不开的。山东自古以来作为孔孟之乡、礼仪之地，深受儒家文化影响，商人的地位并不高，但却极其推崇作为“仁义”化身的关羽，认为其身上所具有的“忠君爱国”思想正是儒家文化的体现，以致山东各地明清之际出现了大量的关帝庙或祠，关公信仰因其中的诚信、仁义色彩，在山东地区得到广泛传播。沿海地区的上海、扬州、南京、苏州等地作为重要的贸易港口和商埠，同样成为晋商信仰广泛传播的城市，这些沿海城市作为经济繁荣之地，对待不同的文化信仰有着巨大的包容作用，加之本地民间信仰中所包含的关帝信仰因素，晋商信仰在这一地区广泛传播有着天然的经济和人文优势。

明朝嘉靖和隆庆年间，江浙沿海地区遭遇倭寇之乱，山陕商人出资、出力协助地方官抗击倭寇，在晋商之间传为美谈。这一明显体现忠君爱国思想的晋商行为，正是晋商信仰在全国范围内广泛传播的关键。此外，晋商中“富而不骄”并常有善举的仁义行为，也得到了广泛的认可，山西运城的李家大院祠堂中，几乎每面墙壁上都有不同形式的善字，其创业和经营理念，一直秉承“仁义”和“善举”，在普遍认为“无商不奸”的传统观念中，晋商信仰中的这种经商理念无疑成为一股新潮，促使晋商信仰向更加广阔的范围传播。

二、运河沿岸的山西会馆

山西会馆分布极广，几乎所有的省区都会有山西会馆，而在大都会、商埠、码头以及工商业发达的城镇，都能找到山西会馆。明清时期，运河作为南北交通的大动脉，不仅是朝廷漕运的要道，也成为沟通南北经济的主要通道。大运河沿岸的城镇往往汇聚了来自四方的商人，其中山西商人的会馆在运河沿岸城市更是分布广泛。

（一）台儿庄

台儿庄是京杭大运河的中心点，地处鲁苏两省交界地带。古城肇始于秦汉，发展于唐宋，繁荣于明清，清乾隆帝称其为“天下第一庄”。台儿庄作为“运河古城”，拥有最能体现明清运河沿岸居民生活特点的古村庄“纤夫村”，城内至今仍有大量的古街巷、古建筑。运河上还保留着较为完好的驳岸、被水石堤、水门等水工遗存。因台儿庄地处南北过渡带，运河落差大，各路商贾纷纷云集于此，定居经商，带来了不同的文化，使这里成为运河文化的典型代表。明清时期，作为鲁南重镇、水旱码头的台儿庄古城，经济贸易繁荣，吸引了大量山西商人纷至沓来，在台儿庄经商落户，万家大院、日昇昌记票号、晋元号等山西商铺都是台儿庄著名的商号。

晋商在台儿庄的集聚之地是台儿庄的关帝庙。明清时期，这座位于台儿庄南部、古运河东岸的古庙香火旺盛，不仅是民众祭拜关公的地方，还兼作山西会馆。

台儿庄古城历史上曾有两座关帝庙，其中一座规模较小的关帝庙后被改称为花庙。这座小关帝庙位于古城鱼市巷与繁荣街交会的东侧，坐东朝西，有大殿三间，每年的农历腊月初八是这座关帝庙的进香日。台儿庄古城内另有一座大型关帝庙，建于清雍正十三年（1735），为来鲁经商的山西商人集资修建，因此也被称为山西会馆。该庙后经乾隆、嘉庆年间三次扩建整修，由大殿、春秋楼、东西配殿、东西厢房、戏台、钟鼓楼、庙前广场等组成。布局精巧，宏伟瑰丽，是山西会馆中的经典建筑。这座关帝庙也成为当时古城内香火最旺的庙宇之一。该庙院南北朝向，共分四进院落，后两院各修东西月圆形跨院，专供山西商人议事和主持师傅居住；前院建有一座大戏楼，专供香火庙会日唱大戏用，后来每年的春节也要聘请各路戏班来此唱戏；庙门前有座石台旗杆，两旁并列两尊威武的雄狮，守护庙门。

这座关帝庙正殿中塑有一尊关帝的高大坐像，枣红面颊，蚕眉长须，身着绿袍，一手抚须，一手执笏，正义凛然，威武雄壮。两旁有两位配神，跟民间的关公像一样，一边是捧汉寿亭侯印的关平，一边是手持青龙偃月刀的周仓。关公手拿《春秋》的坐像则位于该庙后院中的三层春秋楼之上。每年农历的五月十三日，凡在台儿庄及周边的山西商人都要聚集到会馆里，通过祭祀关帝、迎神赛会、庙会献戏等形式，来表达对关公的崇拜，以求保佑人财两旺、生意兴隆。1938 年台儿庄大战期间，这座关帝庙成了守城部队的临时指挥部。官兵英勇善战，赢得了台儿庄战役胜利，台儿庄因此被誉为扬威不屈之地。

2008 年，枣庄市启动了台儿庄古城重建工程。机缘巧合的是，又是来自山西的企业总体承接了台儿庄古城关帝庙恢复重建工程，可说是台儿庄与晋商再续前缘。工程历时两年，一座地道的晋派大型寺庙建筑在关帝庙原址上被重建起来。

这座重建的关帝庙为二进院格局，由正殿、配殿、戏台、钟鼓楼、山门、庙前广场、九龙照壁等组成。其中关帝庙的正殿为重檐歇山顶结构，这里是祭祀关帝的神圣殿堂，殿内精致的木雕神龛之中供奉的正是头戴冠冕、刚毅肃穆的关帝神像。大殿门前有一副对联：“孔夫子关夫子万事两夫子，修春秋读春秋千古一春秋。”

（二）聊城

聊城，明清两代是东昌府治，也是政治军事重镇。明永乐以后，随着会通河的畅通，聊城因地近漕运而商业逐渐繁荣。尤其到了清代乾隆、道光年间，聊城的商业达到极盛，成为运河沿岸九大商埠之一，享有“江北一都会”的美誉，吸引了南来北往的商界巨贾，资本雄厚的晋商在此纷纷置房买地，在运河沿线的聊城地区建起了众多的山西会馆。明清时期，山东运河中段城镇是山西商人分布较为密集的区域，其中又以聊城、临清最多。东阿、冠县、馆陶、高唐、张秋等县、镇也有不少山西商人。到清咸丰年间（1851 ～ 1861），在聊城经商的陕西、山西商人的店铺近千家，有“西商十居七八”之说。

表6-3 聊城境内山西会馆一览表

名称	地址	创建时间	出资人	资料来源
山西会馆	馆陶	乾隆年间	山西商人	光绪《馆陶乡土志》卷八
山西会馆	馆陶	乾隆年间	山西商人	光绪《馆陶乡土志》卷八
山西会馆	冠县	道光年间	山西商人	道光《冠县志》卷二
太汾会馆	聊城	康熙年间	山西商人	聊城山陕会馆碑记
山陕会馆	聊城	乾隆年间	山西、陕西商人	聊城山陕会馆碑刻
山西会馆	朝城	清代	山西商人	光绪《朝城乡土志》
运司会馆	阳谷阿城	乾隆年间	山西盐商和盐运司	现存遗址
山西会馆	阳谷张秋	不详	陕西商人	现存遗址
山西会馆	东阿	道光年间	山西典当商	道光《东阿县志》卷二

资料来源：李泉、王云《山东运河文化研究》，济南：齐鲁书社，2006 年，第 196 ～ 197 页。

早在明崇祯年间（1628 ～ 1644），西商朱之运、梁儒英等联络众商，捐资修建了“金龙四大王庙（会馆）”，规模壮观；清代山西商人在张秋运河边建立山西会馆，这一会馆在 20 世纪 50 年代仍存有山门及殿庑数间，山门上书“乾坤正气”四个大字。此外，山西商人还联合与自己地缘关系密切的陕西商人组成区域性会馆，如聊城至今保存完好的山陕会馆。在聊城的晋商不仅数量多，其经营范围之广，资本实力之雄厚，也让其他地区的商人难以匹敌。

据山陕会馆碑刻记载，嘉庆十六年至二十年（1811 ～ 1815），来自山陕两地的公信风、元正吉、福星和、大魁和、隆义和等商号经营规模较大，每年经营金额均在 4 万两白银以上，特别是公信风商号年经营额达到 8.6 万两。嘉庆二十一年至二十五年（1816 ～ 1820），福星和商号扶摇直上，年经营额达到 11.3 万两之巨。山陕会馆碑刻还记载，当时仅有名号可考的山陕商号就有三四百家。其中，晋商在这里主要经营食盐、粮食、丝绸、木材、药材及典当等行业。除了传统优势项目外，还经营煤炭、铁器、布匹、纸业、茶叶、生漆、皮货、烟草、钱庄、纸张、海味、日用杂货等行业。

山陕会馆与其他山西会馆一样，也是一座供奉关帝的庙宇和山陕商人集聚的会馆相结合的建筑群体。该建筑始建于清乾隆八年（1743），四年后，山门、正殿等主体工程竣工，后来逐年扩建，至嘉庆十四年（1809）方具现在的规模。作为聊城最为著名的建筑之一，山陕会馆坐西面东，南北阔 43 米，东西深 77 米，整个建筑群由山门、过楼、戏楼、夹楼、钟鼓二楼、南北两看楼、南北两碑亭、关圣帝君大殿、财神大王北殿、文昌火神南殿、春秋阁、望楼、游廊、南北两跨院等组成，共计 160 余间。在这所会馆中，还保存有记载历年修建、扩建事宜的碑刻 19 通，楹联 13 副，浮雕、透雕的精木质额坊 42 方，殿阁楼廊极富唐宋遗韵。会馆山门右侧门的石质阳刻额匾为“履中”，左侧门为“蹈和”，这四个字正是山陕商人的经商信条，“中”与“和”出自《中庸》：“喜怒哀乐之未发，谓之中；发而皆中节，谓之和。中也者，天下之大本也；和也者，天下之达道也。”会馆的正殿供奉的是会馆的主神关帝。正殿前檐下悬挂着“大义参天”的巨幅木匾，既是对关帝的高度评价，也是众商们追求的目标。殿内柱刻有阳文楹联，上联曰：伟烈壮古今，浩气丹心，汉代一时真君子；下联曰：至诚参天地，英文雄武，晋国千秋大丈夫。山陕会馆关公大殿的两边，北为财神和河神殿，南为文昌和火神殿。这座山陕会馆是山东现存规模最大、保存最为完好的一所会馆，1988 年被定为全国重点文物保护单位。

（三）泰安

京杭大运河泰安东平段，也是古运河的黄金水道。泰安与商贸重镇淄博距离较近，这里也聚集了不少晋商。大汶口西南的山西会馆是康熙年间建造的，其主体建筑保存至今。泰安也曾有山西会馆存在，主体建筑仍保存完好。

坐落在泰安市岱岳区大汶口驻地西南方向的山西会馆，是大汶口镇著名名胜之一，也是山东省级重点保护文物。会馆整体坐西朝东，分南北两院，北为关帝庙，南为戏楼院，总面积 2 283 平方米。据重修山西会馆碑文记载，雍正三年（1725）夏曾重修关圣帝庙，该馆于乾隆二十四年（1759）在关帝庙基础上扩建而成，修庙、建戏楼全由山西商人出资，建成后作为山西同乡聚会和接待过往的山西官员、商贾、同乡之所，民国时为食宿招待所和学校。中华人民共和国成立后，又先后改为盐业公司和供销社的仓库，后来会馆大殿等主体建筑坍塌，其他建筑也均已残破不堪。2011 年 5 月 31 日，山西会馆修复动工。

（四）新沂

窑湾古镇位于江苏省徐州市新沂市西南边缘，京杭大运河及骆马湖交汇处，与宿迁、睢宁、邳州三市县相连。古镇西依大运河，东临骆马湖，三面环水，为南北水运枢纽和重要的商品集散地，素有“东望于海，西顾彭城，南瞰淮泗，北瞻泰岱”之说。水运的兴盛带动了窑湾工商业的繁荣，依托水运的优势，窑湾逐渐发展成为京杭大运河上的重要码头和商业重镇。在明清漕运鼎盛时期，窑湾为南北水陆要津，往来船只南达苏杭，北抵京津，工商贸易曾昌盛一时。到民国初期，镇上常住人口达 3 万人，流动人口达 1.5 万人，故一时有“小上海”之称。合资企业有中美合资美孚石油公司、中英合资亚西亚石油公司、中法合资五洋百货公司、中英合资鸡蛋清厂等。古镇设有 8 省会馆和 10 个国家商业代办处，美、英、法、意大利等多国商人和传教士来窑湾经商传教。镇上有钱庄、布庄、当铺、商铺等各种店铺作坊 360 余家。

窑湾山西会馆始建于康熙年间（1662 ～ 1722），内设关帝庙，房屋达百间，总面积近万平方米，为山西商人所建。清乾隆年间，尊孔敬儒，山西会馆主事闫一忍在关帝庙建孔圣殿、岳王殿，在院中建钟鼓楼。正中门楼书写“心印尼山”四字，钟鼓楼右边两块石碑刻记建会馆捐款人名单，左边一块是建会馆事记，另一块是唐代建关帝庙事记。会馆大院地面青石板铺地，院东西两边各建 5 间花厅。正前门 3 间楼，正中大门上方石板刻“山西会馆”四字。前门楼北面就是戏台，东西两边花厅楼都能观赏戏楼演戏，前门楼两边还有厢楼各一座。

20 世纪 20 ～ 50 年代，山西会馆改为小学，后改为窑湾绿豆烧酒厂，现保存了东厢楼 5 间原屋。2011 年 3 月初，窑湾镇投资 4 000 万元，启动山西会馆景点修复工程。2012 年 11 月完工，并于 2012 年 12 月 24 日和 28 日举行了关帝庙开光仪式。新修建的山西会馆恢复了关帝庙、古戏台、山西会馆的东西厢楼，并修建了庭院式建筑——三晋风情园。

（五）徐州

徐州为五省通衢，地处南北咽喉要道，水陆交通便利。清代，徐州所辖的丰县与直隶省东明县仅 100 多千米的路程，由东明至山西又有陆路可通。雍、乾时期，山西商人在徐州经营当铺、药材、布匹、棉纱、茶叶等，主导了本地的经济命脉，当时徐州的主要商业街区活跃着许多著名的晋商商号。

山西会馆位于徐州云龙山东麓，始建于清乾隆年间（1736 ～ 1795），占地近 5 000 平方米，内有关圣殿、财神殿、福神殿、火神殿、戏楼等建筑。清初，一些来徐州经商的山西商人，为方便往来贸易、物资集散和乡人聚会，同时也为寻求关圣神灵保佑，建造了山西会馆，并建关圣殿、塑关圣像以供乡人拜祭，建戏楼以供乡人娱乐。因馆内历年供奉关帝圣君与火、财、福诸神，故有“四圣会馆”之称。

据会馆内现存的清顺治十八年（1661）《重修云龙山关圣殿记碑》载，旅居徐州的山西同乡常于岁时伏腊在云龙山关圣殿集会，以寄故土之思，讲桑梓之好。这一关圣祠原为石佛寺伽蓝殿，明朝晋商重修后，作为山西商人集会祭祀之所。顺治年间，石佛寺主持又在伽蓝殿祀伏魔帝君、火神、水神，并改名为“相山神祠”。乾隆七年（1742），山西同乡集资扩建相山神祠，该祠已初具山西会馆之功能。以后又分别于乾隆十七年、道光五年（1825）、光绪十三年（1887）进行三次大规模的重修扩建，使之坚固不移，巍然屹立。这几次重修扩建的记事碑如今完好地镶嵌在会馆大殿的内墙，成为山西会馆建筑史的见证。据现存的五块石碑可知，山西会馆的最后一次重修是在光绪十三年，据光绪重修碑记，重修之因在于栋宇倾颓，丹青剥落，不足以安神灵。

山西会馆虽经历 300 余载世事沧桑，但关帝神采依然。1995 年春，依据有关史料记载对山西会馆重新进行修缮，并重塑关帝像。现在的山西会馆占地 4 850 平方米，有关圣殿、南北配殿、戏楼等，山西会馆是徐州淮海经济区至今保存最完整和规模最大的清代会馆建筑。1987 年 11 月，被徐州市人民政府批准为市重点文物保护单位。2006 年 6 月 5 日，被定为江苏省省级文物保护单位。

（六）苏州

苏州历史上曾先后有过 260 多处会馆公所，留存至今较为宏大且具代表性的当属晋商建立的会馆。明清时期，大量的山西商人来到苏州。初来时，他们遇到人地生疏、语言交流不便的困难，而且商业竞争十分激烈。为了扩展自己的商业版图，获取更多的商业利益，他们广泛联络寓苏同行，以求抱团取暖，共同致富。苏州本来就是一个商业发达、财富集聚的城市，行业门类齐全且发展成熟，晋商在这里最为著名的就是钱庄和票号了。苏州的全晋会馆，主要就是山西从事金融业的商人们集资筹建的，也是他们交流联络的重要场所。

全晋会馆位于苏州市区张家巷，于咸丰十年（1860）毁于兵燹。光绪五年（1879）至民国初，山西丝茶商人重建新馆于今址。该会馆是苏州现存会馆中规模最大、保存最完整的一座，较好地保存了晋派建筑的精华，成为一处完整的典型会馆建筑群。全晋会馆坐北朝南，分为东西中三路。东路共四进，依次为门房、厅堂和前后楼，楼房之间以厢房贯通。西路建有门房、桂花厅和楠木厅，两厅之间为庭园。中路系迎宾、祭祀、演戏酬神之所，建筑为庙堂殿宇式，重脊筒瓦，精雕细刻，飞金涌碧，宏伟庄重。全晋会馆不仅具有山西建筑特色，同时融入了江南建筑的风格，例如东西两路的客商议事、寄宿、存货及管理用房，就与苏州第宅庭园建筑风格相类似。

1986年10月，全晋会馆作为苏州戏曲博物馆馆舍正式对外开放，辟有昆曲、评弹、苏剧、民族乐器等专题陈列，还有古典戏台和清式茶园书场两处复原式陈列兼演出场所。2003年11月22日，中国昆曲博物馆又正式在全晋会馆挂牌成立。2006年5月，全晋会馆被列为全国重点文物保护单位。

第六节　镇水神兽

长期以来，为祈求运河运输的畅通，还有在运河沿岸桥梁、庙宇等处设置镇水神兽的传统习俗。

一、运河神兽的由来

在我国，利用镇水神兽来制服水患的“厌胜法”由来已久，古代文献中也多有记载，如汉代扬雄《蜀王本纪》曰：“江水为害，蜀守李冰作石犀五枚，二枚在府中，一枚在市桥下，二枚在水中，以厌水精，因曰石犀里也。”[①]古代用于镇水的神兽有很多，其中又以铁牛居多。《论旨》曰：“盖因蛟龙畏铁，又牛属土，土能治水，是以制铁牛肖形，用以制钲。”洪泽湖现存镇水神牛腹部所刻清代康熙年间河道总督张鹏翮所作铭文，谈及古人以铁牛为镇水神兽的原因：“维金克木蛟龙藏，维土治水龟蛇降。铁犀作钲奠淮扬，永除昏垫报吾皇”，“维金克木，蛟龙远藏，土能治水，永钲此邦。”[②]

① ［汉］扬雄著，张震泽校注：《扬雄集校注》，上海：上海古籍出版社，1993年，第257页。
② 钱宗武、梁莹：《论“镬”的文化引申及古词音义流变的逻辑》，《扬州大学学报（人文社会科学版）》2008年第1期。

清罗元龙《铁犀》诗云："似牛不耕地，露宿总江边。漫说中流柱，真能两岸肩。蛟龙潜避舍，舟陆各安眠。未见风波险，哪知功万千。"[①] 此外，用以镇水的神兽还有趴蝮（又名叭嗄）。趴蝮为龙生九子之一，似狮又似虎，生性好水，外形古怪威猛，俗信能震慑水怪，消除水灾，故古代造桥建闸时，往往把趴蝮雕刻成桥柱或建筑上滴水的兽形，安置在桥梁或闸坝之中，以镇服水患。如明叶盛《水东日记》卷九："好饮者曰叭嗄，石桥两旁俯水兽也。"杨慎《升庵集》卷八十一："俗传龙生九子不成龙，各有所好……六曰趴蝮，性好水，故立于桥柱。"清高士奇《天禄识余·龙种》曰："俗传龙子九种，各有所好……六曰趴蝮，性好水，故立于桥柱。"流传于洪泽湖区的"九牛二虎一只鸡"的故事传说，就反映了人们用各种神兽"镇水"以除水患的行为：

早期的洪泽湖是一个平静的湖泊。传说有一年，洪泽湖来了条妖龙，从此洪泽湖及湖边的大青山失去了平静。这条妖龙上天为云，忽又入水为雾，将湖水掀起，打翻大船，拉断鱼网，时不时地还到大青山作恶，闹得湖上渔民和湖边百姓人心惶惶，叫苦不迭，日夜不得安宁。老子见妖龙作恶多端，就好言相劝，妖龙不思悔改，于是老子随即向玉帝上奏，玉帝派来了两只老虎和十头水牛，与妖龙打斗，直斗了七七四十九天，妖龙败下阵来，逃进了水底龙宫。后来玉帝又派来大公鸡，站在最高处，见妖龙出现就打鸣，唤醒老虎和牛，不让妖龙再出来兴风作浪。老子炼丹得道后，骑一头青牛升天而去。在洪泽湖就留下九头牛，两只虎和一只鸡，保护着山林，保护着洪泽湖不再遭灾。

在运河重镇台前，则流传有铁牛铁鼠的故事：

传说有一年秋天黄河决堤，冲毁运河，大量役夫正在大堤上抢险。忽见东堤外平地涌出一股泉水，水柱向上喷出一丈多高，人们忙用柴草沙石来填堵。可是堵上什么冲走什么，水势不减分毫。在张秋镇东北角涌出一个深潭，潭中央喷水如注，并有蛟龙上下翻滚，很快淹没了十几个村庄。女巫说，这是海眼，是蛟龙在搅动海水作怪。当地县令紧急报到兖州。兖州知府不敢怠慢，火速上报朝廷。皇帝降旨，命正在东阿一带治理河患的宰相李谷前往查看水情并组织救灾。但民众奋战月余未见结果，李谷忧心如焚。

一天傍晚，忽见一白发银须的老人向他走来，李宰相急忙上前施礼求教治水之法。老人笑着说："有铁牛铁鼠在此，何必求我！"言罢，不见了踪影。李谷知是仙人点化，但百思不得其解。一日傍晚，李谷在潭南的一个篱笆门前经过，听一老妇人喊"铁牛！铁鼠！回家。"一会儿，便在树林中走出一对男女孩童，看长相不过十一二岁，二人抬着一根丈余长的黑铁杵，嘴里喊着"奶奶"走了过来。李谷心头一亮，立即想到治理深潭和蛟

① 彭小中主编：《茶陵文选》，长沙：湖南人民出版社，2007年，第57页。

龙的重任就应在这两个孩子身上。

次日一早，李谷带着随从进了篱门，向老妇人请教治水之法。此时，两个孩子说："不就是堵海眼治蛟龙么！没什么难的。"铁牛对李谷说："大人可准备柴薪千担，土石万方，另率领两万人役在潭边等候。"第三日凌晨，李谷就率众在潭边等候。辰时刚到，只见铁牛扛着黑铁杵，铁鼠扶着老妇人来到潭边。面对汹涌的潭水和时隐时现的蛟龙，二童显得特别镇静。他们来到李谷面前跪下叩头："大人，我们要去了，准备好了吗？""孩子，一切准备妥当。"二人又回头拜别奶奶，然后转身目视深潭。蛟龙突然从深潭中跃起，水柱也旋转着汩汩喷涌。铁牛急忙喊道："妹妹，快！"二人抓起铁杵向水中冲去。蛟龙见铁杵刺来，张开血盆大口咬住。二童乘机上跃，压在铁杵的另一头上。铁杵刺进了蛟龙的喉咙。蛟龙摇头摆尾挣扎着，渐渐向水中沉去，二童仍紧紧压着杵头不放，也慢慢地陷入蛟龙的口中。

人们被眼前的场面所惊呆，好一会儿才发现潭水停止了喷涌，水面一片平静。人们痛惜地呼唤他们的名字，李谷立即命令两万人一起行动，向潭内抛柴捆、投石、填土。傍晚，深潭被填平，但是军民的劲头仍然十足，不顾劳累和饥饿，掌灯夜战，到次日中午，已经在深潭上筑起了一座十几丈高的土岗。为了纪念铁牛、铁鼠二位神童，人们铸造了"铁牛""铁鼠"。直到今天，人们在运河边还能见到铸造的"铁牛""铁鼠"。①

二、运河神兽的分布

运河作为运输漕粮的重要孔道，关乎国之大计，故多有在运河桥、闸等处设置镇水神兽的习俗。一方面具有观察水位线涨落及作为河道疏浚标志的实用价值，如曾为元代大运河大水闸的今北京万宁桥，在其桥体两侧的南北护岸上就分别置有镇水兽，位置高低不同，具有标志运河水位深浅的功能。另一方面也具有镇水、防止水灾发生的功能。镇水兽作为运河上桥、闸的重要装饰构件，通常成双成对地镶嵌在桥身上，也有在河坝底部的地基下安置用石函盛装卧姿大铁牛者。此外还有在运河码头及运河旁龙王庙等安置镇水神兽的习俗，以祈求漕运通畅。故历史上，镇水神兽作为治水神物与实际功用的"标志"，在运河沿线地区多有分布。据文献记载，在京杭大运河沿岸，曾经置有大量的镇水神兽，尤其以明清两代居多。其中比较著名的，如清康熙四十年（1701）时任河道总督张鹏翮于淮阴县码头铸造的"镇水犀"16尊。乾隆年间

---

① 许广州等：《台前大运河大运河台前段历史沿革与运河文化研究》，长春：东北师范大学出版社，2011年，第158～159页。

（1736～1795），曾任江南河道总督的谢启昆在视察清口时，曾作《铁犀歌》，记述了此16尊铁犀的制造和安置情况。其歌云：

我昔扬帆泊清口，但见一犀镇河壖。揭来河储搜掌故，铸相十六窥其全。五行厌胜古有法，聚金恰用辛金年。吉诹午月铸镜节，造化为炉火云煎。重逾九鼎不易范，重阳蒇事阳气宣。年命支干各相配，处以人道非偶然。豪筋隽骨四体具，除民昏垫宜仔肩。缅维仁庙四十载，文端衔命拯颠连。九州一错董安国，拦黄坝筑海口湮。马家港开害更大，长楗难下茭谁搴。折坝塞港灾用澹，功成铸象铭词镌。夏家桥逮邵伯埭，险工几处甲乙编。九十年来荷奠定，碧绣角胝苔花圆。睿谟旬宣咨大帅，汝但高枕平沙眠。既免浮鼻逐鸥鹭，又不负重遭笞鞭。岂若木龙挑涡浪，反逊土牛堆陌阡。童律黄魔供使役，龟蛇蛟鳄驱蜿蜒。分水有灵职毋旷，慎勿坐视同疣悬。蜀江之石尚可转，陕州之铁亦可迁。尔质虽坚安足恃，作歌谱入河防篇。①

这16尊铁牛的具体位置，分别为夏家桥第一牛，安东县第二牛，高堰坝第三牛，马家港第四牛，茆家圩第五牛，高良涧第六牛，龙门坝第七牛，清江浦第八牛，清水塘第九牛、中河第十牛，谈家庄第十一牛，戚子堡第十二牛，清水潭第十三牛，郭家嘴第十四牛，清口第十五牛，邵伯更楼第十六牛。“五月端阳日开铸，九月重阳日告成。”② 其中邵伯更楼铁牛，通身长1.98米，高1.1米，作俯伏状，腹中空，扣之有声。咸丰二年（1852），尚书董恂于牛身补撰《铁犀铭》以赞，其文曰：“淮水北来何泱泱，长堤如虹巩金汤。冶铁作犀镇甘棠，以坤制坎柔克刚。容民畜众保无疆，亿万千年颂平康。”不过，这16尊铁牛并非全部是用来镇运河的，而是分别用来“镇”洪泽湖、黄河、淮河与运河的。但鉴于四者间的紧密关系，只有洪泽湖、黄河、淮河安稳了，运河才能获得安稳。

在今天的北京、山东、江苏、浙江等省份，出土或保留了大量的运河用镇水神兽。北京后门桥，初名万宁桥，为元代大运河的终点。2000年后门桥抢险修缮时，在淤泥中出土了6尊由青石雕刻的龙形镇水兽，其中桥东北护岸上的石雕颌下刻有“至元四年九月”的字样，可知为元代所建。2007年，在万宁桥至东不压桥之间长约550米的玉河遗址中，亦出土了元代镇水兽遗物。位于北京市朝阳区建外街道东三环的京杭大运河通惠河庆丰闸遗址，亦曾出土重约5吨的元代镇水兽。位于北京朝阳区管庄与通州交界处通惠河上的永通桥，在桥东西两侧雁翅部，各雕刻有伏踞状镇水兽4尊。2003年，通州张家湾镇通运桥遗址出土4尊镇水兽，为明万历三十三年（1605）建，该镇水兽龙头、蛇尾、蜥蜴尾巴，

① 〔清〕谢启昆：《铁犀歌》，《树经堂诗初集》卷七，《清代诗文集汇编》，上海：上海古籍出版社，2010年影印本，第392册，第279页。

② 同①。

遍体鳞甲，长约 2.6 米，重约 1 吨。始建于至元三十年（1293）的张家湾镇土桥村通惠河广利桥，在东南向雁翅上亦曾嵌有圆雕镇水石兽，为青石质，头长犄角，瞪目张嘴，面目狰狞，遍体鳞片，长尾回蜷，长约 1.5 米，高 0.51 米，宽 0.85 米。山东汶上南旺分水龙王庙古建筑群，在连接运河和庙宇的四道台阶上，每道台阶前端两侧各放置一对头向运河、面面相觑的石兽，共 8 尊。2008 年南旺分水枢纽遗址曾出土青石质镇水兽 1 尊，长 1.42 米，宽 0.97 米，高 0.62 米，双眼突出，两耳鼓竖，足有爪，身有鳞。在分水龙王庙北侧古河道中亦出土镇水兽 1 尊。根据龙王庙出土的光绪十四年（1888）《汶邑西南南旺镇分水碑》可推测，此两尊镇水兽为明清时期遗物。聊城山陕会馆后院现放置有至少 4 尊石质镇水兽，由本地各处运河桥闸遗址搬运而来。2004 年开放的聊城中国运河文化博物馆内也陈列有 3 尊镇水神兽，其中两尊为元代聊城梁闸雁翅上的遗物，另一尊在运河改造工程中出土于王口桥南的运河古道中。阳谷七级镇古闸遗址和张秋镇西关桥桥头上至今仍存有石雕镇水兽，均为元代遗物。泰安东平戴村坝文管所保存有水坝遗存的镇水神兽，整体造型与南旺一致。江苏扬州湾头镇北街村北侧虎坝遗址现存有 1 尊石壁虎。浙江嘉兴长虹桥（始建于明万历年间）、杭州拱宸桥（始建于明崇祯四年）有石质龙形镇水兽数尊。从这些现存镇水石兽实物的形制与地域特点来看，北京地区运河沿岸发现的神兽造型繁复、细腻，犄角凸现而分明，四肢较长而伸张；山东以南的神兽则较为简约、稚拙、敦厚，一般阔头方面，犄角、四肢和尾部紧贴躯体，显得较为局促。①

第七节　祭祖习俗

运河纵贯南北五大水系，沿运地区风土民情各异，祭祖习俗也呈现出南北汇融的特色。沿运地区的祭祖习俗和仪式与距离运河较远的内地也有所不同，呈现出独特且多样的特征。忌日有祭，清明有祭，七月十五有祭，十月一日有祭，除夕有祭。除了忌日之祭有着固定时间外，其他祭礼则多在传统节日期间举行。在这些特定的日子里，人们都会恭敬地祭拜祖先，以示尽礼尽孝。

① 王元林：《京杭大运河镇水神兽类民俗信仰及其遗迹调查》，《中国文物科学研究》2012 年第 1 期。

一、春节祭祖习俗

（一）德州

元代京杭大运河全线贯通后，德州被列为四大漕运码头之一，满河船桅，纤夫盈堤。明清时期，德州段的运河漕运达到鼎盛。随着大运河的舟楫往来，这里的民风民俗渐渐发生了改变，形成了独特的民俗文化。

德州地区过年最隆重的就是拜祭祖先、请神祈福的仪式。该地祭祖从除夕早上的修供开始。先将“家堂主子”[①]在家中正房八仙桌后供好，再摆上鸡、鱼、菜肴、水果、枣糕等各色祭品，上面覆盖菠菜叶，谓之“青头”。置酒上茶后，就可以带上香和鞭炮去请祖先了。请祖先是在村头的十字路口，全族的男丁不论年龄大小，每人手持一炷香，按辈分排列下跪，点燃信香，举过头顶，由辈分最高的人领着念“请老祖先回家过年”。磕头、鸣放鞭炮后，大家各持信香回家。请神的香不能灭，如果灭了就会被认为不吉利。在路上遇到转弯处，要在墙角插上一根香，叫“引香”，这是为了防止祖宗们迷路，起导向作用。进了大门要挡上拦门杠，据说这样除了神仙和祖宗以外，其他孤魂野鬼就进不了门。到院内要放下几根木桩，叫“挂马桩”，是给回家过年的祖先拴马用的。进屋后，将剩余的香插到家堂前的香炉里，再烧纸钱，磕头，祖宗就算是请回家了。

祖宗请到家里供奉后，案前的香不能灭，要不停地续。除夕夜煮好的饺子，要先盛出来上供，再由家中的老人领着，在家堂前给祖先磕头。正月初一上坟恭送祖先，上坟前须先在家堂前焚化纸钱，纸钱化成的灰飞得越高，表示祖先越能收到家人的供奉。到了坟地，还要烧纸钱，并燃放鞭炮，以恭送祖先。

（二）聊城

元初会通河开通后，大运河聊城段就成为漕运的繁华河段，聊城的运河文化非常厚重。聊城地区过年祭祖也是一个重要事项。《博平县志》对此有记载：“正旦鸡鸣时，举家夙兴，盥漱，设果醑、脯糒。拜天地、祀祖先毕，乃称尊罍寿亲长，以次序拜。”[②]

聊城地区的祭祖仪式和德州在程序上基本一致，但细节有所不同。除夕之日，要祭祖先、祭天地。设供桌，安放祖宗亡灵牌位，或悬挂家堂轴子。院内设天地桌或香台，供奉“天地三界十方万灵真宰君之神位”，也有的供奉玉皇大帝、王母娘娘。神位前摆上供品，备好香烛。近中午或下午时，男子衣帽整齐，到村外朝祖坟方向作揖磕头，请祖先之灵回家过年，也就

---

①“家堂主子”也简称“家堂”或“主子”。指祖先的牌位。

②道光《博平县志》卷五《土俗》。

是俗称的“请家堂”。请进家后，大门口放置拦门棍，以防邪魔鬼祟入宅。在院内撒芝麻秸或谷草，叫作“撒岁”，人走在芝麻秸或者谷草之上谓之“踩岁”。

家堂请回家后，在供桌的香炉内插三炷香，自此要不停地接香，直到初二将家堂送走为止。祭奠祖先就是把过年准备的炸鸡、炸鱼、炸藕、炸丸子、炖肉等制成供品，一般是五盘六碗，再配以果盘、水饺、馒头等，还要放上三杯清茶、三杯酒。之后，由家中年纪最长者在供桌前上香、烧纸、行四拜礼（磕四个头），然后家人一一磕头。入夜，秉烛焚香，家堂桌上要点上蜡烛，彻夜不灭，称为“守岁”。全家老小喝团圆酒，吃年夜饭。子时吃饺子，取“更岁交子之意”，食之前先供祖先。

与德州不同，聊城的民众送家堂的日子是大年初二。送家堂时，长者点上三炷香，在祖先牌位面前拜一下，然后在供桌前烧纸叩头。这时，年少者将各门上的拦门棍拿开，长者口中念着：“爷爷奶奶，祖宗三代，年过完了，送您回程。”年少者则拿好香、纸、水饺、糕点、鞭炮等供品，还要带上水饺汤，陪长者一直到坟地里。在每个坟头都烧香烧纸后，将水饺汤浇祭在地上，放一挂鞭炮，就算把祖先们送回了。

（三）徐州

徐州地区春节要祭神拜祖，磕辞岁头。吃罢晚饭，便开始摆供。正屋正中的墙上，高悬神轴。神轴下摆供案，案上摆迎接过年而制作的食品，如枣花馒头、水饺等。此外，再加上栗子、白果、红枣、桂圆、核桃等五种干果，俗称“素供”。供物前摆上香炉、香烛等，条几前置一方桌，方桌上摆一盏点燃的铜灯、一副铜磬。桌前地上再放一块红毯，作跪拜用。偏屋内供祖宗神龛、神主，各种摆设一如祭品。但五种干果换成鸡、鱼、肉、丸子、海味，俗称为“荤供”。定更（晚八时左右）前后，全家老少换新衣，妇女戴上首饰，装扮一新，准备敬神。敬神前，先在院内焚松柏籽壳，俗称“偶岁”①。偶岁后，仪式开始，斟酒三杯摆于桌上，点燃通宵烛，上大炷香，桌前烧锡箔元宝，再拜神像。每拜一次，敲一下铜磬，并洒酒于地上。同时鸣放鞭炮，俗称“迎神”。跪拜时尊卑长幼依次进行。拜神后，再到祖宗神龛前跪拜，顺序一如拜神，俗称“磕辞岁头”。

（四）宿迁

宿迁地区过春节，最重要的一项就是祭拜祖先。除夕这天，点香烛，化纸箔，供神灵，祭祖先。家族中的男性带着黄纸、鞭炮到祖坟，以年糕、三牲奉祀迎祖先回家过年。祭祀时，念叨一下“回家过年了”。祭拜完成后，便领着祖宗回家过年了。这天一个重要的活动就是祭祀祖宗，称为“送年食”，吃过晚饭，男性来到院子，摆上供品并

① 徐州方言，物体燃烧时不冒火焰，只有烟，这种燃烧状态谐音为“偶”。偶者双也，有吉祥之意。

祭酒，锅台上也要摆上香炉、供品。年夜饭做好了，要先敬给祖宗吃，让亡故的亲人与生者一起享用除夕夜的美食，从而寄托哀思。

（五）常州

常州地区在除夕这一天一要团圆，二要祭祖，三要守岁。祭祖仪式从除夕上午“接神子”开始，接神子就是将列祖列宗的神像依照辈分大小依次悬挂中堂，备香烛设供案，待晚上供祖宗。

据《清嘉录》载：“金介山云，祖先画像，杭俗称谓之神子，落灯夜供毕收神子。”① 除夕的下午，中堂屋打扫一清，摆好祖宗遗像或是牌位，八仙桌的桌缝朝向大门，桌子三面放长凳，有凳的一面放酒盅和碗筷，考究的人家桌上挂台帏，桌前放毡垫或拜垫，桌上放香烛、香台、香炉、供果、糕点，还有猪头、整鸭、鲤鱼、扣肉以及豆腐和豆芽等祭菜。然后由主祭者拈香在门口祷告：“请列祖列宗家来吃年夜饭！”家人按辈分大小，分立两侧。主祭者手提酒壶倒入酒盅，一般敬的祖先是上三代。这时所有人不能碰到桌凳，意为让祖先安坐。点烛上香后，主祭者先磕头，再按辈分磕头，顺序是先男后女、先长后幼，同时烧纸钱、元宝。大约一炷香的时间，整个供祖宗的祭祀仪式结束，由主祭者先移动凳子，意味祖宗已离开，再到门口念叨：“列祖列宗走好，明年大年夜再家来吃年夜饭。”除夕祭祖至此便完成了。

（六）嘉兴

春节期间，嘉兴民间祭拜祖宗是在大年三十的午后。祭拜仪式由家庭主妇主持，先列供品，摆好酒盅、筷子，在酒盅里斟上黄酒，点上香烛，待红烛燃过大半，或香即将焚完时，开始烧“金纸”（一种贴着金箔、折成元宝状的纸钱，俗信经过念经才有效）。同时燃放鞭炮，最后撤馔。撤馔前要先移动供桌前的椅子。拜祖时，供桌上的礼品不准动；凡祭拜过的供品，除糕点果品外，均要重新煮过或经蒸热才能吃，否则就是对神灵、祖宗的不敬。众人食用过供品后，春节祭拜祖宗的仪式就完成了。

二、清明节祭祖习俗

（一）嘉兴

清明节上坟祭祖，是中华民族的传统习俗，体现了“慎终追远”的传统美德。在运河沿线地区，由南到北，不同的地域和城市，清明节的祭祖习俗也有所差异。与其他沿运城市相比，嘉兴地区清明节内容更加繁复一些，包含了请菩萨、拜太太、上坟、踏青、祈蚕丰收仪式。

---

①〔清〕顾禄：《清嘉录》卷一，上海：上海古籍出版社，1986 年，第 5 页。

在嘉兴，清明祭祖的很多仪式都在清明前一天夜晚举行，当地人称之为清明夜，形式上有点类似于春节的除夕，节俗仪式上是先请菩萨，再拜太太，拜太太俗称拜阿太、拜上祖，也就是祭祀祖先。根据祭拜对象的不同，有“自家太太”“房里太太”和“外室太太”等区别。“自家太太”即指自己家族谱系中一脉相传的先祖们，也叫作“家堂太太”。“房里太太”指死去的孕产妇和夭折的婴儿等。“外室太太”又叫外太太，是指跟自家没有血亲关系的人，这些人生前没有后代，死后无人祭祀，逢年节时，可享受到外人的供奉。相对而言，祭拜自家太太的仪式相对更受重视一些。祭拜时，要把请菩萨时横过去的供桌原地转九十度，顺过来，跟平时家用时一样。

祭祖的供品一般有鸡、鱼、猪头或大块猪肉，所用的肉菜等必须全熟。可以用前面请菩萨所用的供品，但要回锅做熟。粽子及水果、饮料等也一并摆到桌上，祭祖时，以一个酒盅和一双筷子为一组，一列排开，分别摆在桌子的东西北三面。桌子南面摆一对烛台。还要在桌子相应的三面放上凳子，让祖先们安稳坐享。摆好后，家中男主人点燃蜡烛，斟酒，行跪拜礼，然后家中其他男性依次跪拜祖先。过了约一顿饭时间，祖先们都“享用”完毕后，就要送走祖先。送之前，一些人家还要在供桌前焚烧纸钱，然后吹灭蜡烛，撤去供品，祭祖的仪式即告结束。

清明节的上坟主要有老坟添土、放升箩、烧纸钱、挂拉花纸钱等仪式。上坟之前，要在家中先请土，即请坟墓土。请土的对象是管坟墓的土地菩萨。请过坟墓土，才能在坟前除草、动土。清明节当天上坟的供品照例用鸡鱼肉和时令蔬果等，只是不用糯米粉蒸制成的各种食品。来上坟的人多带着铁锹、冥币和塑料拉花。先添土修葺坟墓，再用铁锹在附近挖出上宽下窄的梯形土方，形似量米的斗，当地人俗称“升箩”，放到坟上面，祈求祖先保佑子孙后代节节高升。祭拜时，按族中祖先的不同辈分，从高到低依次进行，这时要把长长的拉花缠绕在柏树上。坟堆高，拉花多，能体现出家族的人丁兴旺。清光绪《嘉兴府志》就有记载：“（清明）系纸球于穴，谓之招魂。”“清明祭墓，挂纸球先茔，曰‘标墓。’”[①] 近现代在坟地挂拉花的做法，就是从挂纸球演变而来的。祭拜之后，把冥币烧掉，祭祖仪式也就结束了。

（二）临清

临清也有清明节上坟祭祖之风俗。是日，家人带着供品、纸钱、供香等，扛着铁锨，到自己的祖茔坟地，先将祭品供祭在墓前，然后焚纸燃香，叩拜祭奠，再给坟墓上添新土，并于墓顶压上白纸条，叫“压坟头纸”，表示子孙已来上坟。据说这是给祖先修屋，

① 光绪《嘉兴府志》卷三四《风俗》。

以防夏天雨大漏水，以示对祖先的悼念。旧时临清还有着“清明不插柳，红颜成皓首”的俗谚，在清明节上坟时，会折几枝嫩绿的新柳枝，插在坟上，然后叩头行礼祭拜。若是清明当日在外不能回家，则于城外或村外路口，面对故乡方向，叩头祭祀。

（三）扬州

在扬州，人们会在清明节带着菜肴和纸钱去往坟地祭拜先人，还会有踏青活动。明末清初文学家张岱就曾记述清明时节扬州的情形：“城中男女毕出，家家展墓。虽家有数墓，日必展之。故轻车骏马，箫鼓画船，转折再三，不辞往复。监门小户亦携肴核纸钱，走至墓所，祭毕，则席地饮胙。自钞关南门、古渡桥、天宁寺、平山堂一带，靓妆藻野，袨服缛川。随有货郎，路旁摆设古董古玩并小儿器具。”“是日，四方流寓及徽商西贾、曲中名妓，一切好事之徒，无不咸集。长塘丰草，走马放鹰；高阜平冈，斗鸡蹴踘；茂林清樾，劈阮弹筝。浪子相扑，童稚纸鸢，老僧因果，瞽者说书，立者林林，蹲者蛰蛰。日暮霞生，车马纷沓。宦门淑秀，车幕尽开，婢媵倦归，山花斜插，臻臻簇簇，夺门而入。余所见者，惟西湖春、秦淮夏、虎丘秋，差足比拟。”①

清代孔尚任长期寓寄扬州，亦记述过扬州北郊红桥一带的清明祭祖场景：“纸灰乱舞荒冈草，遮断红桥柳树烟。最好溪边安冢处，儿孙拭泪看游船。”②与张岱在《扬州清明》中描绘的景象大体相同。在扬州，清明时分，城中的人们都会外出，家家户户都会去拜扫先人的坟墓，即使有些人家有许多墓要拜，也一定要在当天拜完。轻盈的马车、装饰华丽的游船来来往往。平民百姓也都带着菜肴和纸钱，来到墓地。祭拜完后，席地而坐，共饮祭酒。扬州因运河而兴，为四方杂处之地。这一天，客居扬州的外乡人，徽州与山西的商人，有名的艺妓，三教九流之徒，纷纷出城，扫墓踏青，也从侧面体现了运河带动的商业繁荣。清明节时，正值春光明媚，祭祖已毕，民众也不急于归程，转而游览胜地，驾舟泛湖。因此，每逢清明，运河里会集结很多船只。

（四）常州

清明节前，常州人有“上坟”的礼俗。添土修墓的时间多在清明节前夕，先将坟上的杂草清除干净，加新土修整，如果墓碑上的字模糊不清，还要用油漆描写，使之清晰。将白钱纸头放在墓顶，用泥块或者瓦片压住，叫作“飘钱纸”。修葺完毕，便开始祭拜祖先，点燃香烛，摆上准备好的酒菜、糕团，按长幼辈分依次跪拜，同时焚化锭箔，告慰先人。“吃祠

---

①〔明〕张岱：《陶庵梦忆》卷五，北京：紫禁城出版社，2011 年，第 116 ～ 117 页。

②〔清〕孔尚任：《清明红桥竹枝词》，潘超、丘良任、孙中铨等编：《中华竹枝词全编（三）》，北京：北京出版社，2007 年，第 725 页。

堂酒”也是常州人清明节的一项活动。祭祖仪式由族人公认有威望的长者主持，对着祖宗牌位或遗像行跪拜礼，体现“睦族敦宗，慎终追远”的传统。

（五）天津武清

天津是名副其实的因运河而生，因运河而长的城市。傍海临河，漕运发达，地当九河津要，路通各省舟车。商贾云集，城市也迅速发展。运河给武清带来了物产的丰饶和经济的繁荣。市民也由明初的以军籍尚武为主的人员，变成了五方移民的杂居共处。运河带来了南北文化的交融，武清由富庶而文明。慷慨仗义、不忘根本成为武清的乡风。武清人缅怀逝去的家族先辈亲人，非常重视祭祀的仪式。每年在清明节、中元节、十月初一这三个冥节中，最首要的当数清明节。清明节俗称“鬼令”，清代张焘在《津门杂记·岁时风俗》中对祭祖习俗这样写道：“清明日，男妇各上坟，陈祭品，焚纸钱，增土于塚上，曰添坟。哭新鬼尤恸。”[①] 天津武清的清明祭祀过程大体与这个记载无异：生者来到先人坟前，先清扫干净墓碑前的空地，仔细擦拭墓碑。再铲除坟上杂草，往坟的上面培添新土，象征为先人修房。在培土时，人们往往还要在坟茔四角压上用锡纸制作的银锭，祈求家庭日子越过越富有。然后在墓碑前供上水果糕点，在武清，祭奠供品还要加上煮熟的饺子，接着焚香燃烛，烧纸钱，洒酒。祭奠过后，磕头站起，大多数人还要燃放一挂鞭炮以示驱赶小鬼别来纠缠。武清北部村庄，一些上坟的人还有折松枝戴在胸前或头上的做法。

（六）宿迁

宿迁民间十分重视拜祭祖先，一年中的四时八节都要祭扫祖坟，俗称“上坟”，清明时节的扫墓祭祖尤为隆重。宿迁地区清明上坟可以提前几天，但不能推后，一般都是在清明当日。头天晚上，家家户户都要把酒菜、纸钱以及用锡箔折成的金元宝和银锭等供品准备好。与其他时节上坟不同的是，清明要带上镰刀、铁锨等器具，用以整修坟墓，称为“圆坟”。到了墓地，要先清除坟上及周围的杂草，给坟上添一些新土，用铁锨在边上取一块像碗一样的土块，上面大，下面小，并将一张半尺见方的红纸压在坟的顶上，叫“压坟头”。如果坟的边上有树，就在树上挂些白纸条；要是没有树，也可以在坟边插一根竹竿代替。这也和嘉兴地区清明祭祖习俗相类似。举行祭祀仪式时，将祭品摆在供台上，参加祭祀的人都要亲手给祖先烧一些纸钱，祈求祖先保佑。晚辈则要将每种菜夹一些放到火里，将酒也倒在火上，请祖先享用。纸钱、金元宝、银锭等都烧完之后，大家依次跪在坟前磕四个头。新娶媳妇一定要上祖坟，俗称“簪花坟”，

①〔清〕张焘著，丁锦孙、王黎雅点校：《津门杂记》卷上，天津：天津古籍出版社，1986年，第36页。

规定“新坟不过清明，老坟不过立夏”，一般人家都选择在清明上“篱花坟”。

（七）杭州

杭州地区清明节祭祖习俗与别的地方有所不同，如果亲人新逝，头三年必须 “上新坟”而且要在“正日子”上坟。三年过后，叫作“上老坟”。清明一般都要上坟，冬至则不限，上坟的时间也放宽为清明节的“前三天、后四天”。清明祭祖要先铲除坟前杂草，放上供品，再倒上黄酒，酒第一次不倒满，祭祀中间再加酒，以示对祖先的尊重。还要于坟前上香祷祝，燃纸钱金锭，以寄托对先人的怀念。

三、运河社会不同群体的祭祖习俗

明清时期，大运河作为连接南北的主要商路，是四方客旅、各路商帮竞相逐利的通途，徽州商帮就是其代表之一。从明朝中叶到清朝中叶的三四百年间，徽商称雄商界，领尽风骚。运河沿线城市更有“无徽不成市”的说法。徽州地区有一个不成文的乡俗：在外经商谋职的人，春节可以不回家过年，但每年的清明是务必要回家扫墓祭祖的。每年的春节期间，正是商业最旺的季节，倘若此时回家，既错过了生财的机会，又平添了旅途的拥挤。而清明前后乃是商业淡季，却正逢农忙时节，此时回家祭奠祖先，既能与家人团聚，又能帮上农忙，因此许多在外经商的徽商即使再忙，也会在清明节回乡祭祖。

清明节祭祖的形式大多是墓祭。在大的环节上以《朱子家礼》为准，也可以根据具体的情况，在仪式和时间的安排上有所变通。“祭礼，尽遵文公《家礼》，各乡小异大通，曰挂钱，亦曰挂纸。举于清明，标识增封也。族祖则合族祭之，支祖则本支祭之，下及单丁小户，罔有不上墓者。”① “每届清明节，五日内务备祭物，举各房长少，遍历先垄，拜担致奠，将胙分食。”② 清明祭祖的主要内容是清理坟茔上的杂草，砍除荆棘。如祖坟有倾颓，还要培土修整，称作“添土”。将准备的祭品按次序摆放在坟墓前面，在坟前的香斗上点燃烛香，坟前挂纸钱，焚烧锡箔做成的纸钱，同时燃放鞭炮。等香烧尽时，拿起贡品向四周祈福，安慰周围孤魂野鬼。纸钱燃尽后，依次磕头行礼。

除了商帮，运河上还有一些特殊人群，如旗丁、水手等。他们长年累月地奔走于运河之上，河道中的浅滩、岩石，暴涨的河水，冬春季节的大风，都会给行船带来风险，因此水神、风神就成为旗丁、水手的主要祭祀对象，这也在一定程度上削弱了祖先祭祀的影响力。而生活在运河沿线的渔民，常年出没于河湖港汊，以淡水捕鱼为生，船既是生产工具和工作场所，

---

① 许承尧著，李明回、彭超、张爱琴点校：《歙事闲谭》卷一八，合肥：黄山书社，2001 年，第 609 页。

②〔明〕《歙县泽富王氏宗谱》卷八《宗规》，明隆庆六年刻本。

也是渔民全家老少的生活空间，他们在祭祖方式上和陆居农民有所不同。

渔民们处处无家处处家，通常也不会有祖茔坟地，所以他们也特别重视家族谱系的传承。过去在山东省泰安市东平湖，当地渔民有续家谱仪式，这是一种特定的敬祖敬神的仪式。续家谱仪式没有固定地点和时间，习惯是五年一小敬，十年一大敬。以老湖村为例，续家谱仪式一般包括邀家前、神进棚、坐五方、开坛、拉刀子、敬财神、交坛、斩脚神等内容。

邀家前。邀家前是续家谱仪式的第一个程序。"家前"是祖先的牌位，所谓邀家前，就是各家将各自的祖先牌位请出来，由一男一女两个端鼓腔演员表演祖先早年艰苦求生的经历，然后在祖先牌位前报告各项事宜。这项程序意在告诫子孙后代不要忘记祖先操持家业之艰难，珍惜现在的生活。另外，也有向祖先汇报家族的近况、祈求祖先保佑家族平安顺利的意思。

神进棚。神进棚是指族人将自家供奉的神像请进神坛挂起，享受子孙的香火。在仪式中享受祭祀的主神是天地老爷、金龙四大王和财神，这表明在渔民的心中，河神和财神已经达到和天、地平起平坐的地位；副神则是灶君、三十六家大王、七十二家将军等。这反映了渔民信仰的庞杂，也说明渔民在水上生活的时候，祭祖和祭神是不分离的，祖先和神灵构成了渔民信仰的重要内容。

坐五方。坐五方就是一手拿公鸡，一手拿"并齐"①，将"并齐"往鸡脖子上绕，东西南北中五个方位各绕一遍，这就是坐五方。这个仪式和招魂类似，意在将分散在四面八方的祖先灵魂召集在一起，共享子孙的香火供奉。

开坛。开坛是整个仪式中最重要的一部分。开坛时有开坛词，紧接着表演一个特别的曲目：《张老爷下水》。这个曲目讲述了一个流传很久的故事：城里人张郎带人去南方给妹妹买嫁妆，准备乘船返回时，遇见了白妈妈。白妈妈把张郎请上船去，划船过江。途中，张郎上岸买了祭祀物品，回到船上祭拜河神和金龙四大王。船到江心时，白妈妈见张郎所带嫁妆价值不菲，心生歹意，设计将张郎一行人捆绑起来，扔到了河里。附近有几位渔民虽见到了这一幕，却因白妈妈威胁，只能袖手旁观。张郎死后，托梦给他的老父母。他父母急忙来到了大王庙里，求神灵给张郎讨回公道。以金龙四大王为首的神灵到了张郎遇害处，找到渔民为张郎作证。白妈妈被捕入狱。白妈妈想贿赂县令免罪，张郎显灵托梦县令。县令下令将白妈妈处死。最后张郎如愿封神，成为条河两岸的张将军。有一天，官兵运南方木材进京，困在运河里不能前行，张郎显灵，对押运木材的官兵说，留下木材给我盖座庙，就能离开这儿。于是官兵就开始给张将

---

① 一种类似鱼骨形状的丝带，上面画着祥云等图案。

军盖庙，这个庙整整盖了五年。庙成之日，“也不兴猪，也不兴羊，一个炒鸡进庙堂”，由于太过仓促，没有其他祭物，只有把炒鸡送进了张将军的庙。从此以后，张郎就成了保障条河两岸渔民和行船人安全的水神。

拉刀子。即民间“卜法”的仪式。主要以人血酬神，用刀在胳膊和胸上划出血来，意为“血财血旺”，主持者口中念咒语，喝口水然后一吹，最后用纸一擦，就达到了止血的效果。

敬财神。“财神老爷坐正东，摇钱树上乱哄哄。我问财神哪里去，我给东家添财又威风。”财神的信仰在中国比较普遍，渔民也一样。渔民主要通过唱曲来酬谢，有的唱两个曲目，也有的唱三个曲目。其中重头戏是《张相休妻》。在唱完《张相休妻》之后，还会有很多小曲目，中间夹杂着“转灯”和“了卦”两个程序。“转灯”就是微山湖端鼓腔中的“走灯”，与古代的招魂仪式差不多，意在将分散于不同地方的祖先魂灵召集起来，共同享受子孙的香火；“了卦”，就是坛头用两枚铜钱占卜，问主家是求平安卦、顺利卦还是发财卦，这是借助祖先的力量来保障子孙，也是敬祖仪式的重要功能之一。

交坛。交坛意味着开坛正式结束，可以进行下一项也是最后一项仪式“斩脚神”了。

斩脚神。脚神就是长脚的神仙，负责在神棚内看住被请来的祖先和神灵，防止他们跑了。东平湖一带的斩脚神仪式是这样的：找一块木头，将两个顺治铜钱放在上边，拿一根筷子横放在两个顺治铜钱上，然后一人拿起斧子，将筷子和两个顺治铜钱斩为两半。顺治铜钱表达的是顺利的意思，而将铜钱斩为两半，意味着把阻碍主家运势的东西斩断了。然后各家将各家的神请回去，摆坛祭奠。此时也是同姓族人沟通感情、商讨家族事务的重要机会。另外，还要唱“鸡来鸣”，也叫“京鸡啼”，鸡鸣，有发财和平安的寓意。至此续家谱仪式结束。

每当举行续家谱仪式时，民众们齐聚一堂，气氛庄重而又热烈。这个仪式具有双重的意义：一方面，沿运区域的渔民长期漂泊在水上，举行这种敬祖仪式，可以增强家族的凝聚力。另一方面，族人齐聚，也可借机处理一些家族内部的事务。

在济宁的微山湖区，还有续家谱的习俗。旧时，微山湖区域生活着大量渔民，渔民每日与水打交道，风里来雨里去，生活缺少安全感，所以他们非常重视祭祀祖先和保护神，以求规避水上生活的风险。和泰安东平湖湖区的渔民一样，微山湖地区续家谱的敬神祭祖仪式也是每五年或十年举行一次，以家族为单位，将散落各地的族人聚集在一起，共同祭祀祖先，敬拜神灵，并把每户家中的神像带来，接受族人的供奉。早期这些仪式基本都在湖上举行。主家找来两条大船系在一起，停靠在岸边，作为祭祀和表演的场地，族人从四面八方驾船而来，带着自家的神像，供在大船船舱即神棚内，摆放香烛和供品，仪式结束后带回家。后来渔民们陆续上岸定居，结束了居无定所的漂泊状态，这个仪式也慢慢转化为宗族大会，以祭祖的契机，团聚族人，祭祖的内涵也更加突出。微山湖渔民的续家谱仪式，主要分为唱家前、拜五方、神进棚、酬神、上礼、斩脚神六个部分，与东平湖一带的续家谱仪式基本相同。①

在微山湖一带，当地渔民除了续家谱仪式中的祭祖，每年农历正月初一、正月十五、五月初五等节日都会在家中祭祖。正月十五和五月初五祭祖时不挂神像，仅在神龛前摆上几盘水果点心，程序较为简单。每年的清明、十月初一和大年三十，渔民们也会带着元宝、黄元、香烛去墓地上坟。当地渔民除了大年三十这天要去上坟，整个春节祭祖过程与墓地没有关系。这是因为渔民常年在水上漂泊，对于祖先的墓地，并不像岸上的居民那么看重，在他们看来，家中供奉的祖先牌位，才是与自己生活息息相关的，是家人的保护神。因此，这些节日中最为隆重的就是春节祭祖，从祭品的准备、场地的布置及人员的组织等，都体现出当地渔民对春节祭祖特别重视。

当地渔民春节要祭拜“老祖”，老祖并不是特指某一个神，而是包括菩萨、明堂、大王、唐神②、师傅老爷③、财神、钟馗在内的一组神。其中最重要的是明堂，即先祖。神像上方画着一张香案，案上摆着一个牌位，上写“某氏三代宗亲”，下面又是几个牌位，分别写着始祖儿子的姓名，一直到自己这一辈，下边还空着几行，则是留给儿孙的。这张神像上记载着本家族列祖列宗的名字，因此实际上也就起着家庙的作用。这与渔民过去的船居生活有很大关系。渔船空间狭窄，且远离陆地，没有祠堂供奉祖宗牌位，便用神像象征家庙。当地春节祭祖主要是以家庭为单位。祭祖之前首先要准备各种祭品。渔民们一年中除春节以外一般都不休息，因此他们对春节时的祭祖仪式格外重视，这一点从祭品上就可以看出来，一般人家的祭品有40盘、60盘或者80盘，多的人家能达到一二百盘。准备好祭品后便开始祭祖仪式，大致上可分为送老祖、接老祖、除旧迎新三个阶段。

第一个阶段是“送老祖”，大多在腊月二十三进行。送老祖的仪式主要分两部分，早晨五六点钟左右，先把神像摆出，北墙上挂师傅老爷、唐神和钟馗三位神的神像，唐神居中，左边师傅老爷、右边钟馗。再摆上祭品，桌边居中的位置摆放香炉，插三炷香，香炉前放三杯酒，两边分别摆上果盘。接着点蜡烛烧香。待一切准备妥当，家中男性齐聚，先拿出一张直符放在香案上，然后众人磕三个头，主祭者开始祷告。祷告结束后，主祭者拿出两张黄元和直符一起烧掉，黄元即用黄纸做的纸钱，是给信使的“路费”，直符代表信使。然后取一些锞子（成串的“金银元宝”）和黄元出去烧，最后放一挂鞭炮，仪式结束。天黑以后进行仪式的第二步。此时信使已将老祖请到家中，接下来便要请他们享受祭品，送他们上天，向玉皇大帝汇报人间的情况，所用的祭品

① 刁统菊、佘康乐：《从“敬神”到“祭祖”：微山湖湖区渔民宗族文化的建构》，《民俗研究》2014年第4期。
② 唐神据说是从唐朝传下来的神。关于唐神的来历，有很多种说法，有人认为，唐神应写作“堂神”，是家堂之神。
③ 师傅老爷都是在湖里淹死而成神的，据说能保佑渔民在湖面上生产生活的安全，所以渔民也格外重视这组神。

以甜食居多，也是希望老祖们能够上天言好事。此时要焚香燃烛，所有男性跪拜于老祖面前，主祭左手抱公鸡，右手拿兵鸡旗并不时挥舞，面对神像祷告。“兵鸡旗”是指挥兵鸡上天的旗帜，约二三十厘米长，由五支彩色的旗帜扎成一捆，每支旗帜一种颜色，分别是红黄蓝绿黑，代表东西南北中五个方位。磕完头，主祭者用兵鸡旗遮住公鸡眼睛，将公鸡抱送到院子中。这是为了避光，鸡喜欢亮光，若是灯亮，在送它出去的时候，鸡会回头看，这样就代表老祖不愿意走，不吉利。安顿好鸡，主祭者回来取下神像，将神像展平，然后拿一串锞子，在神像上扫，口中念着“天归天，地归地，好人相逢，坏人远离”，再将神像卷好，用红布裹上，放回神龛。神像收好后，再拿一些锞子和黄元出去烧，最后放一挂鞭炮，至此整个送老祖的仪式就结束了。

第二个阶段是“接老祖”。同送老祖一样，接老祖也分为两步，第一步早晨的仪式与送老祖那天基本一样。第二步仪式在天黑以后进行，焚香燃烛，家中所有男性跪于老祖面前，主祭者怀抱公鸡手拿兵鸡旗祷告，与此同时，家中一位晚辈会拿水瓢装一些酒或者热水，当主祭者说到哪个神的祭品时，就浇一点酒或水在祭品上，意味着老祖收到了祭品。然后主祭者说祝词，说完后由主祭者把鸡杀掉，将鸡血倒在事先备好放了糖和酒的碗里。倒进碗里的鸡血越多，象征这家越兴旺。放完鸡血，主祭者举起鸡，朝老祖拜一拜，众人跟着磕头。杀掉的公鸡，要留到大年初一，因此暂时和簸箕一块儿拿到院子里，接着再烧一些锞子和黄元，最后放一挂鞭炮，接老祖的仪式就结束了。

最后一个阶段是辞旧迎新。除夕天亮之前，家中摆上一桌大供，将猪头、鸡、鱼、肉、蛋、馍馍、各色干鲜水果等摆好，焚香燃烛，家中男子跪于香案前，由主祭者向老祖祷告。祷告完毕，拿一些锞子、黄元烧掉，放一挂鞭炮。晚上，每家每户都会拿一个水舀子，里面倒上酒，把酒点着，在家中每间屋里转一转，有的还会在小孩身边转一转，谓之“打坨”，俗信能祛除晦气。至此整个仪式结束。

第七章

娱乐竞技

流行于运河两岸的民间游艺活动，大致包含两大类内容，一类是娱乐类活动，如高杆船技、杂技、评书等；另一类是竞技类活动，如武术、赛龙舟、风筝竞技等。这些娱乐竞技活动，有的诞生于运河之上，如高杆船技，有的并非诞生于运河区域，如武术、放风筝等，但在流传到运河区域后，经与当地的文化传统进行充分融合，体现出显著的地域特色。

第一节 运河上的休闲与娱乐

一、吴桥杂技

杂技在中国有着悠久的历史,在地域分布上也极其广泛,且呈现出不同的地域特色。就运河区域而言，纵贯中国南北的京杭大运河，将华北、江淮、江浙等不同的文化区域连成一体，形成了既各具特色又具有文化统一性与整体性的运河文化带，运河上的杂技艺术也具备了此种特征。不同区域的运河杂技在种类和表现形式上，既有所不同又相互联系，体现出鲜明的运河文化特色，而其中又尤以吴桥的杂技为代表。

（一）吴桥杂技的起源

吴桥县位于河北省东南边缘与山东省交界处，隶属河北省沧州市，东邻山东省宁津县、陵县，南邻山东省德州市，西靠南运河，北接沧州市东光县。吴桥县设于金大定二年（1162），最初为一座土城，城内的街道狭窄复杂，被称为“九丁十八巷”。直至明弘治年间（1488～1505）知县李钦率众重修，方初具县城模样。明崇祯十一年（1638），知县余尚春将县城全部改建成砖城。

1957 年，考古专家们在吴桥县境内的小马厂村发现了一座古墓，后经勘测确定墓葬为南北朝的北魏时期，墓的主人出自当时的北方望族之一——封氏家族。在这次勘探中,专家们最大的发现便是墓中的一幅壁画,上面清晰地显示出了“双手据地而立”“肚子顶人”“倒立行走”“马上站立”等杂技特有的动作，这不仅是当地也是全国发现最早的与杂技相关的出土文物。这幅壁画从考古学意义上将吴桥乃至整个中国的杂技艺术追溯到 1 500 多年以前，同时也展示了南北朝时期我国杂技艺术的主要表演形式，如“倒立”“肚顶”“马术”“蝎子爬”“转碟”等。

吴桥位于古冀州的南端，根据地质学的研究，吴桥所在区域在大约 5 亿年前是一片大海，后经大规模的地壳升降运动，成为退海地带，形成了大片的盐碱地。这里地势低洼，被称为“吴桥坳陷区”，过去黄河曾从此地经过，黄河一旦泛滥，这里就会率先变成一片汪洋。吴桥位于中原地区，远离海岸线，气候上属于大陆性季风气候，全年降雨集中于七八月份，其他季节则相对干燥；冬季寒冷、夏季炎热、春季多风沙、秋季温差大，植物生长期短，对农业生产非常不利，吴桥的有些老人甚至都能回忆起他们小时候家里长辈拿土壤晒盐的场景。另外，频繁的自然灾害让这里颗粒无收几乎成为常态。根据县志统计，清光绪九年至十六年（1883～1890）的8年间，该地竟然发生了6次规模较大的水灾。不仅如此，当地还经常有旱灾、雪灾、蝗灾，当地农民的生活条件非常艰苦。吴桥杂技艺人中流传的一段“卖口儿”：

天苍苍，地茫茫，
蝗遮日，碱荒荒。
蛇蝎豺狼齐当道，
财主狗官连裤裆。
天地之间无所求，
无所求，拜吕祖，
学套把戏走江湖。

为了生存，吴桥人选择了“跑江湖”的谋生方式。这既与吴桥的杂技传统有关，也与当地恶劣的生存环境有关。有一段歌谣唱出了吴桥杂技艺人四处漂泊闯荡的艰辛：

小小铜锣圆悠悠，
学套把戏江湖走。
南京收了南京去，
北京收了北京游。
南北二京都不收，
运河两岸度春秋。
财主种有千顷地，
老子玩耍不侍候。

这段歌谣不仅道出了杂技艺人漂泊无依、地位低下的心酸，也点出了杂技艺人的主要活动地域，即以北京、南京为主的大运河区域。早期吴桥杂技艺人外出卖艺，主要是沿着运河走南闯北的，因此吴桥杂技的兴盛和传播与运河有着密切的关系。

吴桥西靠南运河，为京杭大运河之一段，南起山东省临清市，经山东省德州市，河北省吴桥、东光、泊头市、沧县、青县，天津市静海区、西青区、红桥区，至三岔河口与子牙河汇合后注入海河，全长509千米，是我国最古老的运河之一。南运河的源头是东汉末年，曹操为了攻打乌桓而开凿的平虏渠。隋大业四年（608），隋炀帝利用曹魏旧渠凿通永济渠，后隋炀帝乘坐龙舟沿永济渠直抵涿州（时称涿郡），因此又称永济渠为御河。元至元年间（1264～1294），济州河、会通河、通惠河先后开通，京杭大运河正式通航，京杭大运河北段又以天津三岔口为界，以北为北运河，以南为南运河。明清乃至民国时期，早期的吴桥杂技艺人就是沿着南运河走出去的。他们或沿运河北上，或沿运河南下。北上可去沧州、天津、北京；南下可去德州、聊城、济南、济宁，过了徐州还可以一路向南直抵南京。

明清时期，大运河沿线的一些大城市中出现了许多专门的艺术表演场地，如北京的天桥、天津的“三不管”、杭州的瓦舍勾栏、镇江的“鲶鱼套”等。在这些场地中表演杂技的艺人，基本上都来自吴桥。虽然大多数吴桥人都选择四处漂泊，但如果在某个地方混出了名堂，他们当然更加愿意长久驻扎下来。慢慢地，定居在外地的吴桥人越来越多，他们通过组建团队和带徒弟，进一步促进了吴桥杂技在外地的发展与传承。

（二）吴桥杂技的发展

在吴桥的杂技艺人中，流传着许多与杂技有关的民间传说，尤其是一些杂技名人的传说，这些传说印证了吴桥杂技的历史久远和实力雄厚。比如有一个专门介绍手技之祖先的传说：春秋时期，宋国有个叫宜僚的人，从小就喜欢抛接物品以取乐。经过刻苦训练，宜僚竟然能用双手同时抛接9个铃铛，成为手技表演的佼佼者。有一次，强大的楚国攻打宋国，两军摆开阵势后，面对数倍于己的楚军，宋国的军队士气低落。眼看着楚国要发起进攻了，宜僚突然间出现在两军中间的空地上，不声不响地就开始了手技表演。只见在他双手之间，9个苹果般大小的丸铃上下翻飞，如穿花蝴蝶一般，令人眼花缭乱。一时间，两边的士兵都看呆了，以致忘记了他们正在对垒。最终的结果是宜僚用高超的手技劝退了楚兵，消弭了一场一触即发的大战。宜僚成为宋国的英雄，而他的手技也成为人们争相学习的技艺，宜僚也因此被尊为手技的表演之祖。

关于吴桥杂技的起源，除了壁画和民间传说，古代文献中很难找到确切的佐证。根据一些零星的史料可知，南宋时期，随着市民文化的兴起，运河沿线的一些大城市中出现了瓦舍、勾栏、撂地等演艺场所，在这些场所中就有吴桥杂技艺人的身影。吴桥杂技真正走向繁荣的时代是在明清时期，其中的标志性事件就是“黄镇九月庙会”的举办。

黄镇九月庙会是一个专业性很强的杂技庙会，是当地的杂技艺人相互交流切磋和表演的场所。黄镇又名“黄家镇”，位于吴桥县与山东德州宁津县的交界处，行政上隶属河北沧州吴桥县。黄镇原先只是一个小村庄，村里曾有一座碧霞元君宫，也就是当地人俗称的“奶奶庙”，每年农历三月十八都有庙会活动。后来当地的杂技艺人商议，于每年的九月在此举办杂技专题庙会，一是为了展示杂技艺人的技艺，艺人们可以相互观摩、交流，取长补短；二是庙会上还会有杂技道具的买卖，供艺人们按照自己的需要采买。这个庙会推出后，受到杂技界人士的欢迎。

明清时期，吴桥杂技艺人基本都是半农半艺，农闲时在外漂泊卖艺，农忙时则返乡处理农事。当地的农作物为一年两熟，民众每年也就有夏收和秋收两个农忙时期。因夏收时天气炎热，外出归家的艺人要少一些。农历九月的秋收时节，天气转凉，是种小麦的关键时期，而且挨着中秋节，大部分在外卖艺的艺人都会选择在这期间返乡，既能在中秋节与家人团聚，也可以帮着家里忙秋收，因此在九月举办庙会最为合适。

黄镇九月庙会的会期长达近一个月。每年农历九月初五庙会正式开始，黄镇逢五排十为集，每个集日都会迎来一个活动高潮，其中尤以九月十五的集日最为盛大。艺人们在庙会上扎起一座座大棚，在里面表演各种杂技艺术，每天都能吸引近万人前来观看。后来，黄镇九月庙会的名声越来越响，甚至还吸引了黑龙江、吉林、广东、广西、福建等省的杂技艺人前来参与庙会，从而促进了不同地域、不同流派杂技艺术的相互融合。

在吴桥，杂技艺人都很看重黄镇九月庙会，艺人中流传着一则俗语：“不赶九月会，不是生意人。”这是因为参与庙会的艺人们无论是切磋技艺，还是采买道具，最主要的目的都是为接下来的外出卖艺“插班搭伙”。有些年轻人会借机在庙会上选择自己中意的项目或艺人，拜他们为师，学习杂技艺术。庙会一结束，搭建好团队、补充好道具的艺人们告别家乡，走上了“运河两岸度春秋”的谋生之路。黄镇九月庙会从明永乐年间（1403～1424）开始举办，历经明清两朝未曾中断，民国以来仍声势不减。1940年日军占领此地，并在黄镇设立了据点，黄镇九月庙会至此停办。

明代以来，吴桥杂技进入了一个繁荣期，这不光体现在杂技表演场所和表演机会的增多，还体现在杂技艺术本身的发展。明代以后，杂技艺术脱离宫廷，走向民间，并汲取了民间社会其他娱乐活动的优点，整体上得到了充实和提高，这一时期甚至出现了很多以杂技表演为主要内容的戏曲形式。杂技走向民间后，“跑江湖”成为杂技艺人的主要表演方式和收入来源。为了吸引观众，艺人们精心设计了许多新节目，原有的老节目也都推陈出新，尽量添加一些惊险刺激的高难度环节。根据资料记载，明清时期，比较受观众喜欢的杂技节目主要有“爬竿”“刀门子”“驯兽”“转碟”“舞中幡”“走钢索”“踩高跷”等。其中“驯兽”节目最为精彩，也最受欢迎，老北京天桥杂八地有位外号叫“狗熊程”的吴桥杂技艺人，就是以驯熊著名，被北京人称为“老北京天桥八大怪”之一。

吴桥杂技艺术在明代取得长足进步的项目还有“马术”。明万历年间（1573～1619），时任工部尚书的东阁大学士范景文回老家吴桥探亲时，看到家乡艺人们的马术表演后，写了一篇《游南园记》，记述了当时在祭风台观看表演的盛况：

> 闻有祭风台，盍往观之，御骑以往。至则数健儿在焉。见所乘马跷腾，不胜气作，命取驰骤道上。于是，人马相得，据鞍生风，蹄蹴电飞，着眼俱失。急于雾中细辨之，见马上起舞，或翻或卧，或折或踞，或坐或欹，或抢或脱，或跃或立，或顿或侧。时手撒辔，时脚蹑蹶，时身高蹬，以为势将坠矣，而盘旋益熟。观者无不咋舌，而神色恬然自若也。[①]

当时吴桥的马术技艺已经达到了非常高的水准。明代的马术表演既保留了“马上站立”“马上倒立”等传统技巧，又增加了更加精彩刺激的“翻马”“仙鞍”“八步赶蟾”等技巧。比如“八步赶蟾”就需要表演者体力、速度与技巧的精妙配合，骏马在前面奔腾，表演者在后面大步流星地追赶，要求在不作调整的情况下，不多不少正好八步追上骏马，然后在电光火石之间，抓着马尾顺势翻身上马。所有动作必须一气呵成，不能有半点闪失，否则就会功亏一篑。

入清以后，杂技艺术进一步市井化、街头化。由于戏曲的兴盛和武戏的繁荣，杂技艺人的生存空间被大大压缩，生活更加艰难。即使在这样的情况下，吴桥杂技艺人仍然不断创新自己的技艺，最突出的表现就是推出了“剑、丹、丸、豆”等系列幻术，广受好评。清末至民国时期，吴桥杂技又迎来了一个高峰期，艺人们开始走出国门，去往世界各地表演杂技，出现了不少长年在欧美、印度、日本、东南亚等地演出的杂技团，也有许多艺人加入了国外的杂技团体，从而涌现出一些著名的艺人和团体，如一代杂技宗师孙福有和他创建的“中国国术马戏团”，能讲六国语言的史德俊和他创建的“北京班”，在日本演出 20 多年的大力士田仕合，获得过埃塞俄比亚皇帝金质奖章的姚振奎等。他们在与国外同行的交流中，展现出中国杂技的最高水平，也推动了世界杂技艺术的发展。1951 年，吴桥县政府对吴桥籍杂技艺人进行了统一登记和注册，全县当时登记在册的马戏团、杂技团和杂技组共有 333 个，注册艺人 3651 人，成为当之无愧的“杂技之乡”。

（三）吴桥杂技的传承与现状

1. 吴桥杂技的演出场所

吴桥杂技艺人以运河两岸的大中城市为主要活动区域，其演出场所从最初的“撂地”“圈棚”，到后来的剧场，在几百年的历史中也发生了巨大的变化。

---

① 〔明〕范景文：《范文忠集》卷六《记传》，〔清〕潘锡恩辑：《乾坤正气集》，台北：环球书局，1966 年。

撂地又叫“撂明地”，有点类似于集市上的摆地摊，指的是杂技团队在街头或者集市上随便辟出一块地方，等围观的人多了，就开始进行表演。据传，撂地的演出方式起源于宋代，是当时的主要演出形式。直到今天，在农村的一些集市上，仍然还有杂技艺人以撂地的形式进行表演。“撂地”看似简单，实则也包含了不少规矩。

杂技艺人们新到一地“撂地”演出，必须要先去拜见一下这个地区的混混头子，俗称“拜码头”，拜见时不光要准备好四色礼品，还要送一个大红包，只有对方点头答应了，才可以“画锅撂地”。所谓“画锅撂地”，就是在平地上画一个圈，作为表演的舞台。“画锅”需要一定的时机和程序，不能一开始就把圈画好，而是到了地方以后先敲锣打鼓，吸引观众。等观众到得差不多了，全体艺人们上场，先表演一些小节目，以期能留住观众。时机差不多了，就可以“画锅”了。过去，一些初出道的年轻艺人，通常会先在城镇乡村撂地表演，也算是练练手，等到技艺精熟了，再去大一点的城市撂地。

圈棚是撂地的高级形式。撂地只是象征性地圈出一块地来进行表演，而圈棚则是在表演的地方搭一个没有顶的棚子，或者拉一圈围子，在里面进行表演。吴桥杂技艺人大约在明代开始使用圈棚的表演形式。圈棚与撂地一样，都是因为艺人们的演出场所不固定，需要东奔西走，所以尽可能简单方便，可以随做随撤。与撂地相比，圈棚显得正式一些，而且边界比撂地要清晰很多，观众们只有进到圈棚里，才能看得到节目，这在一定程度上能够避免只要一开始收钱就有观众开溜的情况。

后来，又从没有顶的圈棚进一步发展到了有顶的盖棚。盖棚不仅可以遮风避雨，还能够辅助艺人进行空中表演，但是盖棚除了搭建更为复杂之外，还对照明设施有着比较高的要求。因此直到 1928 年，中国才有了第一个真正意义上的盖棚。

剧场是伴随着现代都市的产生而诞生的。一直以来，杂技艺人的流动性很强，收入也不高，所以不可能在某个地方建固定的剧场。一些大城市在城市发展的过程中，会注意到公共设施的建设与完善，如体育场、博物馆、剧场等。有了剧场之后，杂技艺人们就不需要像以前那样带那么多辎重了，而且剧场在灯光、舞美、音响等方面都有盖棚不可比拟的优势。在剧场舞台设施的配合下，杂技的表演效果也更加精彩刺激。随着社会的发展进步，剧场已经成为杂技艺人们常用的演出场所，而撂地、盖棚等表演方式则仅在一些农村的集市或庙会上才能看到。

2. 吴桥杂技的规矩

过去，吴桥杂技艺人因为流动性强，且分散于各地，难以建立相关组织进行统一管理，于是一代代的吴桥杂技艺人们在生存发展中逐渐形成了诸多行规，通过大家的共同遵守，来规范和维持行业内部的秩序。

吴桥杂技艺人尊吕洞宾为祖师爷。祖师爷除了能保佑事业有成、财源广进，还可以解决团体内部的矛盾与争端，增强团队凝聚力。如果行业内部出现了难以评判和解决的事情，团队的负责人通常就会提出举行“请老祖”仪式，请祖师爷来评判是非曲直。具体程序是，先恭恭敬敬地把吕洞宾的神位摆好，负责人带领大家上香之后，就代表着祖师爷已经下凡，在祖师爷面前人人平等，没有大小高低之分，争端的双方都可以申诉、陈述自己的理由，但不能言语粗鲁或编造谎言。也就是说，祖师爷的“到场”，实际上是营造了一个公正、公开的环境，有利于更好地解决矛盾。

每当有徒弟拜师学艺时，师傅首先要向徒弟传授行业的“十大规矩”：不许欺师灭祖，不偷不摸，不扣窑挖相，不欺上瞒下，不取不挂，不得欺兄灭弟，不得眼中无人，不坑不骗，不搬弄是非，不嫖不赌不抽。这十大规矩既体现了对个人品行的要求，也有助于维护整个行业的形象，规范和维持行业内部的秩序。其中第三条“不扣窑挖相”，是指在外演出时，不许随意或暗中破坏人家的东西，同行在竞争中不能互相拆台，相互压价。为了守住看家本领、独门秘籍，行业还规定，师傅教授徒弟时，不能有其他人在场；师傅指责徒弟时，其他人也不能随便插嘴。

吴桥杂技艺人走南闯北，四处漂泊，到了别人的地盘上必须小心行事。其行业规矩中有不少是在外地“跑江湖”的规矩。比如他们强调“先到者为大，后来者为小”。如果同一个区域来了两支表演班子，那么后来者就要多尊重先来者的意见。为了避免同行业竞争，先来者往往会要求后来者必须“合棚”演出，而在收入分配时，先来者得大头。如果后来者不同意，就必须要远离先来者的大棚，在较远的地方圈棚表演。如果后来者主动要求“合棚”而先来者不同意的话，后来者就可以在任意的地方圈棚卖艺了。对一个地方同时有两支以上班子的情况，大家在事先讲规矩的同时，也事后谈感情。在两方都遵守规矩的前提下，如果一方没有挣到钱，那么依照“一碗饭两家吃”的规矩，挣到钱的一方会多少给另一方一些吃饭钱。一来给双方一个台阶，彼此不会太过于尴尬，同时也有助于维护两支班子之间的感情，日后可以彼此关照。

在演出团队内部，也有诸多的规矩，因为团队演出讲究配合和默契，所以维持团队内部的人员稳定是班主的重要工作之一。据行业规定，几个艺人搭伙组建团队，只要一加入团队，就必须干满一个完整的演出季。一般来说，吴桥杂技艺人外出跑江湖，一年内共有两个演出季，分别为夏季和冬季，如果有艺人未干满一个季就提出离开，那么班主有权利不付给他任何报酬。

在具体的演出场合中，行业内部也有详细的规定，比如艺人们扎圈棚时要注意圈棚大门不能朝向东南和西北两个方位。在做表演的各项准备工作时，必须避开不相干的人。在节目开始时，要以锣开场，且需根据圈棚的大小来确定锣的尺寸和品种。如只有圈棚内艺人的数量达到二三十人以上，方可使用钢锣。

3. 吴桥杂技的传承

在传统社会，作为一个行业和一门手艺，杂技的传承主要依靠传统的师徒关系，而且杂技是一项极其神秘的艺术，具体的艺术表演中总会有一两处关键的地方，自己很难悟透，必须要有师傅的指点才能掌握，因此拜师仪式就显得尤为重要。另外，有明确的师承关系和传承谱系的艺人，才更容易被行业内部和观众所认可；而那些没有明确师承关系的艺人，虽然有技在身，甚至有某些绝活儿，但还得要拜一位师傅，否则很难在行业里立足。

因为杂技是一种高危险性的行业，拜师仪式进行之前，师傅往往要与徒弟签一份契约。曾有学者收集并展示了契约的内容，现援引如下：

> 立字人边永延，因家贫，渡（度）日难过，有一亲生小女名教（叫）维头，年长八岁，情愿任（认）范登峰为师学徒作艺。因岁数太小，七年为满。同来人边文成说明安家洋壹佰叁拾元，现交柒拾元，后有六（陆）拾元贰年交齐。如有天灾病业，逃（跳）井透（投）河，车前马后，逃走迷失，并无有领徒人的干系，恐后无凭，立合同为证。
>
> 领徒：范登峰
>
> 任（认）师人母：边王氏
>
> 来人：边文成
>
> 任（认）师人舅父：王奎元
>
> 民国二十五年三月二十八日立[①]

虽然拜师学艺者大多家庭贫困，但拜师的仪式却非常隆重，一方面要体现出拜师人对于拜师的强烈意愿和对师傅的尊重，另一方面也是师傅考虑自己的面子而对徒弟的要求。拜师仪式一般在师傅家举行，参与者除了师徒及其主要家人外，还要有安排各个事项的司仪、在一旁见证的嘉宾以及显示出师门壮阔的同门长辈和师兄弟们。

仪式第一项是请祖师爷吕洞宾。此时徒弟仍不算入门弟子，所以只能在门外等候，由师傅带领已经入门的徒弟来完成。弟子们摆好供品之后，师傅会手持燃香朝南磕头，口中默念“请老祖下界”，再恭敬地持香走至供桌前，一边插香一边说“请老祖归位”，这就意味着祖师爷吕洞宾已经落座了。在场的所有艺人都要按辈分依次向祖师爷磕头、上香、行礼，完毕后按次序坐好。如果在场的有师傅的长辈，则需安排在左边第一位入座，师傅为左边第二位；担保人坐右手边第一位，引荐人坐第二位，代笔人坐第三位；师兄弟们则分站两排，按入门先后排在后面。大家都坐定之后，拜师仪式才正式开始。

司仪引导徒弟先后谢过右手边入座诸人，而他们也要依次起身向大家行江湖之礼，同时

---

① 边发吉：《吴桥杂技老照片》，石家庄：花山文艺出版社，1999年，第160页。

依照自己的职责发表讲话，讲话的内容多为介绍和确保拜师之人具有良好的品行，之后代笔人会根据讲话内容整理出一份如上文所示的契约合同，所有人签字以后，交予徒弟。虽然有文书在手，但拜师人仍还未进师门，等司仪引导拜师人依次拜过祖师爷、师傅、长辈和同门师兄弟，才算正式入门。最后由师傅讲话并宣读门规，拜师仪式才算结束。拜师人需大摆宴席，宴请师门众人，家中的亲朋好友都会带着贺礼前来祝贺。

徒弟学成后到处漂泊卖艺的生活固然艰苦，作为学徒学艺的经历同样让他们刻骨铭心。吴桥籍杂技艺人赵师傅曾经回忆自己12岁做学徒时生活的艰难："每天要给师傅全家人做饭、看孩子、洗衣、打扫卫生，从早上五六点起床，一直忙到晚上十点睡觉。徒弟挨打不全是因为练功练不好，很多时候是为师傅干活干得不满意，很多徒弟做的工作比仆人还辛苦，比如给师傅、师娘打洗脚水，捶背；夏天在师傅和师娘休息后自己都不能休息，要给他们扇扇子。一次，我也实在太困了，打了个瞌睡，把扇子掉到了地上，惊醒了师傅，遭来一顿打。就这样师傅还总说：'我供你吃，供你喝，一切都是理所应当的。'"①

4. 吴桥杂技的现状

20世纪80年代末以来，吴桥县政府开始对吴桥杂技进行整体的规划与设计，先后成立或推出了吴桥杂技艺术学校、吴桥县杂技团以及中国吴桥国际杂技艺术节和吴桥杂技大世界，这些举措间接或直接地改变了吴桥杂技传统的师徒传承模式。

吴桥杂技艺术学校于1985年成立，是中国第一所由国家主办的杂技专业学校，以专业化培训杂技演员为目的，于1988年正式列入国家中专教育体系，并具备了招收留学生的资格。吴桥杂技艺术学校成立30多年来，已经向国内外输送了大批的人才，许多学生都成为各个艺术团体的主力，学校创作的一些精品项目也多次在国内外获奖。吴桥杂技艺术学校的开办，为吴桥杂技艺术的传承与发展提供了新的渠道，成为徒弟制、跟班制等传统传承方式的有力补充。专业化的培训与教学，也在一定程度上保障了学员的人身安全和基础教育。另外，在吴桥杂技艺术学校的带动下，吴桥县先后诞生了30多所民办杂技学校，这些学校又成为专业杂技教育的补充。国办专业学校、民办学校、以徒弟制为代表的传统传承方式共同保障了吴桥杂技的存在、发展与创新。

吴桥县杂技团是吴桥县惟一的国办杂技团，目前拥有100多名演员。吴桥县杂技团每年都会在美国、日本、韩国、俄罗斯、英国、法国、伊朗、新加坡、朝鲜等十几个国家进行多场演出，具有很高的知名度。除此之外，吴桥县内还有着许多民间杂技团体，这些团体则仍旧沿袭了"运河两岸度春秋"的传统，沿着运河闯荡南北，其中

① 王立芳：《艺人再造——吴桥杂技学童群体研究》，博士学位论文，厦门大学，2009年，第167页。

一些高端团体主要以剧场演出的形式在大中城市进行表演，而那些低端的团体则主要以搭篷演出的方式，活跃在各地的城镇和乡村。

为了更好地宣传吴桥杂技，1987年，河北省对外交流协会、中国杂技艺术家协会、中国对外演出公司、河北省文化厅、河北省旅游局、石家庄市人民政府、吴桥县人民政府在河北省石家庄市联合举办了“中国吴桥国际杂技艺术节”。此后，杂技艺术节每两年举办一次，至今已举办了16届。从第7届开始，中国吴桥国际杂技艺术节正式升级为国家级节庆活动。目前，中国吴桥杂技艺术节已经与法国的明日与未来杂技节、摩纳哥蒙特卡洛杂技节齐名，是全球第三大世界杂技赛场，成为一个受国际同行认可的国际性节庆。

吴桥杂技大世界创建于1993年，是吴桥县出资建造的一个杂技文化主题公园。吴桥杂技大世界在保留原汁原味的民间杂技表演的同时，还展现了杂技表演的“江湖”世界。其核心景区为“江湖文化城”，区域内既有吴桥古县城的景观，又重现了当年吴桥杂技人沿着运河走南闯北，去往北京、天津、上海、扬州、杭州以及南京等地撂地演出的场景，特别是修建了“北京天桥”“天津三不管”“上海大世界”“南京夫子庙”四大历史上主要演出场所的文化景观，杂技艺人在其中表演传统绝活，再现了老一辈杂技艺人在外地撂地演出的情景。吴桥杂技大世界的创建，在宣传与发展吴桥杂技文化的同时，也为吴桥的杂技艺人们提供了一个谋生和展示自己的场所，许多杂技艺人常驻杂技大世界进行表演，不再四处漂泊。

二、杭嘉湖高杆船技

杭嘉湖平原位于太湖以南、钱塘江以北，行政范围包括嘉兴市全境、湖州市大部及杭州市部分地区，区内地势低平、河网密布，京杭大运河从三市交界地带穿越而过。杭嘉湖平原以其独特的地理条件和气候资源，成为中国最大的桑蚕产业基地，区域内民众的生产贸易、日常生活、社会交往和社会流动都渗透着桑蚕生产的影响，形成了独特的桑蚕习俗，素有“中国蚕乡”之誉。当地民众在陆地上种桑养蚕的同时，也通过水路将所生产的蚕丝销往外地，平时出行也常走水路。久而久之，杭嘉湖平原孕育了不少与水有关的娱乐项目，其中以高杆船技最具代表性。

高杆船技是在蚕神祭祀仪式上表演的民间传统娱乐项目，主要在高杆船上进行。高杆船，又名“标杆船”，一般由2只农用木船并排绑扎，船面铺满木板，船上竖一根长长的“杆”，也就是一支长长的带梢毛竹，以石臼为杆基，以3支较粗的毛竹绑扎成的三脚架为支撑，被牢牢地竖立在船上。表演时，利用人的重力和毛竹天然的柔性与韧性，毛竹会自然弯曲呈90°，以致上半部分几乎与水面平行，形成类似于单杠的表演区域。平伸的毛竹又巧妙地将演出者引出船体而置身于水面之上，恰巧提供了一种安全保障，即使表演失手，也不会有什么危险。高杆船技的表演形式是表演者身着白衣在杆上翻转腾挪，做出一些模拟蚕宝宝的动作，体现了原始的蚕神崇拜的印记。高杆船技有相对固定的表演时间，一般是在每年清明节前后 3 天的蚕神祭祀典礼期间，有时候也会持续表演 6 日～ 7 日。

高杆船技起源于明末清初，距今已有300多年历史，尤以清代后期和民国时期为盛。高杆船技的艺术表演活动曾经遍布杭嘉湖一带的运河两岸，目前则仅分布在嘉兴桐乡、湖州南浔等地。2011 年，嘉兴桐乡高杆船技入选国家级非物质文化遗产名录。高杆船技是在独特的地理、经济、文化环境中形成、演变和不断发展的，它既源自于当地历史上种桑养蚕的生产、生活传统，又与处在京杭大运河沿岸的特定地理区位相结合，体现了富有运河特色的桑蚕文化。

高杆船技起源于浙江省嘉兴市桐乡一带，这里没有高山大川，但有众多河流流经，属长江流域太湖运河水系，其中诸多溪流都与运河相连，京杭大运河经市境段长达 41.77 千米。全市共有骨干河道 46 条，大部分河道与运河垂直，呈现网状分布，河网密度高，属于典型的江南水网平原。桐乡境内民众的生产生活与大运河的关系极为密切，其地方文化的诞生、传承和发展也打上了大运河的鲜明烙印。

高杆船技多在运河上进行表演，与运河有着密切的关联，但运河主要是影响和改变了高杆船技的表演内容和形式。从根本上说，高杆船技源自当地人种桑养蚕的悠久历史。桐乡属于亚热带季风气候，气候温润，四季分明，雨水充沛，具有春湿、夏热、秋燥、冬冷的气候特点，十分适宜桑树生长。桑农冬天栽桑，春天施肥，培育桑苗，春夏秋采桑养蚕，世代相传。

高杆船技是一种水上杂技类民间娱乐活动，既具有娱乐性，也有着深厚的文化底蕴。桐乡自古以来就有种桑养蚕的传统，也形成了别具特色的蚕乡文化和蚕农生活习俗。根据文献记载，魏晋南北朝时期，太湖南岸杭嘉湖一带都是以种植桑树为主的大片农田，养蚕业已相当发达。唐代，洲泉一带生产的丝绸已作为贡品进献朝廷。宋代，丝绸作为夏税的主要项目向官府缴纳。南宋绍兴十四年（1144），两浙转运史李椿年所制定的夏税设置中有绢、绸两项，分派给积善乡（今洲泉镇一带）的定额是“绢四百八十匹、绸二匹”。明清时期，桐乡的养蚕业十分兴盛，形成了“家家织缎”的景象。清末民国时期，随着通商口岸的开放，桐乡的生丝和丝织品开始大量出口，进一步刺激了蚕民种桑养蚕的积极性。民国前期，桐乡生丝总产量达到顶峰，当地有“金戒子挂满桑柴拳头”的说法，金戒子即金戒指，民众以此来形容蚕桑业带来的丰厚收入。上千年的养蚕历史，给当地留下了丰富多彩的蚕俗文化，其中就包括植根于蚕神崇拜的高杆船技。

桐乡高杆船技的流传地域有限，除了乌镇等旅游景区的固定演出，纯粹民间的高杆船技艺术表演活动仅局限于洲泉一镇，并以镇域西部农村为主。洲泉镇河流纵横交错，湖泊星罗棋布，密集分布着大小 100 余条河港以及 300 余条浜汊。这里几乎家家户户的门前屋后都有河埠，过去人们出门交货、走访亲友多走水路，每个家庭至少有一条船，大户人家则有好几条。大运河作为连通当地与嘉兴、杭州、湖州甚至苏州、上海等大城市的水上通道，更是发挥着重大作用。高杆船技具有很强的观赏性，但也有一定的危险性。在表演地点的选择上，必须注意以下几点：交通便利，便于观众的集聚和疏散；水面必须比较开阔，以保证表演有足够的空间，同时也能方便观众观赏；水流应比较平缓，以确保表演者的安全。而位于运河支流旁的一些村庄都符合这些要求。高杆船技的表演集中在洲泉镇的夜明村、马鸣村、圳轿村、清河村和晚村村等，尤以夜明村与马鸣村的高杆船技历史最为悠久。

夜明村位于洲泉镇西部，距中心镇区约 2 千米，是一个自然环境优美、民风民俗淳朴的村庄。这里是高杆船技的起源地。马鸣村是一个处于桐乡、余杭、德清交界的小村落，村里有一座马鸣庙。清末民初，马鸣庙前有条河，过去这里有夹河搭台唱“对台戏”的传统。两个戏台子，一个在河南边，一个在河北边，隔河对峙，许多外来的江湖戏班子都会在此竞演卖艺。“对台戏”的举行和传统高杆船技表演时间差不多，都是在每年清明节前后 3 天，因此清明节成了当地民众的盛大节日。这期间，河道上大大小小的舟船穿梭往来，河岸上人来人往，川流不息。他们或在戏台下看戏，或在岸边欣赏精彩刺激的高杆船技表演，锣鼓喧天，丝竹悦耳，人声鼎沸，一派喜气洋洋的节日气象。

高杆船技是一项高难度的民间群体文化活动，与龙舟竞渡、打拳船等比较，虽说都是在水上进行表演，但是高杆船技所用的道具更多、更复杂，要求也更高。高杆船技表演最重要的道具是竹竿，称为“总竹”“蚕花竹”。通常选用生长三年以上的毛竹，五到六年最佳。还要求笔直挺拔，不能生蛀虫，最好在竹梢上还留着竹叶，这样的毛竹晃动时比较平稳、轻柔。总竹一般七八个月就会更换一次，表演者还会对毛竹进行定期检查、维护与修理。除了竹竿，所要使用的道具还有农船、石臼、升箩、棉绳索（或白丝绸条）、木板、牮竹、转杠、绳团（也可用废轮胎代替）、红绸布、炮仗，等等。

高杆船技表演者模仿的是蚕宝宝，所以服饰一般是白衫白裤。衣服材质多使用棉布，因为棉布具有吸汗性强、附着性强、柔软轻薄的优点。表演者光脚，不戴手套，腰上系安全带。高杆船技表演之前，还要做好准备工作：一是要检修道具，如“总竹”是否有霉变或折断的痕迹，船是否漏水，石臼是否有裂痕，臼底是否有污泥等。二是拼装船杆。表演前，要先将两条符合要求的农船摇至一起，抛缆固定，然后绑扎在一起。船舱上铺好木板或排跳，石臼置于正中，总竹的竹梢上系好红绸布，将粗的一端放于石臼中竖起，架起四支牮竹支撑和固定总竹，确保安全牢固。

高杆船技表演主要是模仿蚕宝宝的形象和动作，每个动作都有很高的难度，要求表演者具有强健的身体素质和极好的平衡能力。传统的高杆船技表演，全套共有 18 个动作：顺撬、反撬、反张飞、硬死撑、扎脚背、扎后脚、扎脚踝、扎脚尖、扎后脑、坐大蒲团、咬大升箩、咬小升箩、围竹、掮竹、蜘蛛放丝、张飞卖肉、田鸡伸腰、倒扎滚灯等，整套动作连贯紧凑，惊险刺激，令观众目不暇接。其中的“反张飞”，要求表演者单手伸到竹竿前面，反手抓住竹竿，然后双脚离开竹竿，竹竿在上、人在下，只靠那只抓竹竿的手来保持平衡，稍有不慎，表演者就可能会从竹竿上掉落河中。此外诸如“掮竹”“张飞卖肉”“倒扎滚灯”等动作，难度也非常高，极具观赏性。

高杆船技的表演者基本都是土生土长的普通农民，包括蚕农、渔民，并不是以卖艺为生的艺人。平时他们以种桑、养蚕、捕鱼为生，到清明时节举行蚕俗活动时，才出来表演一番。高杆船技并没有严格的师承关系，可以看作是一种家族继承的技艺。过去，每到清明时，由于养蚕所用的匾需要修理，乡民们会到山区买毛竹。孩子们把竹子一头插到窗户上，捆绑牢固，就可以在上面练习最基础的高杆船技动作。孩子们的长辈中，有的就是高杆船技表演的高手，这时就会传授一些难度较高的动作。有的孩子天生胆大，对长辈传授的技术要领领悟得快，加之勤学苦练，久而久之就会脱颖而出，成为高杆船技的继承人。

过去，高杆船技表演者生活在社会底层，也没有什么文化，他们的一些事迹不见于文献记载，只是在民间口头流传。有一位高杆船技高手胡华六，因在解放战争中荣获“战斗英雄”称号，收入《桐乡县志》“人物卷”，从而留下生平事迹。胡华六（1917～1988）是夜明村薛家坝人。自幼家境贫寒，靠给地主家放牛度日。胡华六很小的时候就善演高杆船技，能爬至数丈高的竹竿顶端，表演顺撬、反撬、张飞卖肉、蜘蛛吐丝等惊险动作。每届当地的迎神赛会，胡华六都能以其高超的技艺，赢得乡民的交口称赞，被称为“高杆阿六”，名闻遐迩。

高杆船技对于表演者的体力和身体的柔韧度、灵活性有着很高的要求，一般来说，表演者超过 60 岁，就不能再继续表演了。如今高杆船技传人已经为数不多，其中影响最大者为屠松根，洲泉镇夜明村杨西浜人。他是目前高杆船技最有影响的表演者。2015 年，屠松根还参加了北京卫视的《传承者》节目。

高杆船技的每个动作都是在挑战人体的极限，是力与美的完美结合，也是一种民俗传统和体育精神的展示，对观众有着很大的吸引力，故而才能经久不衰。2011 年，桐乡高杆船技表演被列入第二批国家级非物质文化遗产名录。

三、庙会与民间技艺表演

（一）蚕花会

蚕花会是杭嘉湖平原特有的由蚕神崇拜所派生出的庙会祭祀活动之一，主要在清明节期间举行，一般为民众自发组织，以祭拜蚕神、祈求蚕业兴旺为目的，伴之以民间游艺竞技、民间曲艺展示、武术表演、传统技艺展示、商品交易等多种活动。目前为止，最具代表性的蚕花会有桐乡市清河村双庙渚蚕花水会、湖州市南浔区善琏镇含山轧蚕花和湖州德清新市蚕花庙会。三个庙会所依托的地域恰好位于京杭大运河东西两岸，其活动的中心地呈品字形排列，相距不过 20 千米，形成一个桑蚕文化的核心区。

蚕花会兴起于何时已无从考证，从目前已知文献来看，至迟在南宋，就已经出现祭祀蚕神马明王的仪式了。马明王是中国民间影响最大、流传最广的蚕神，在民间也有马鸣王、马鸣王菩萨、马明菩萨、蚕花娘娘、马头娘、蚕姑、蚕皇老太等称呼，杭嘉湖一带的地方文献中多写作“马鸣王菩萨”。过去在杭嘉湖平原，几乎每个种桑养蚕的村落都会在清明期间举办祭祀蚕神的活动，往往是相邻的几个村落依托某个蚕神庙，形成或大或小的蚕花会。因此一到清明节，这一带就会呈现出“千千万的马鸣王，数不尽的蚕花娘”的景象。“蚕花娘”是指从事养蚕业、参与祭拜马鸣王菩萨的妇女。蚕花会在杭嘉湖平原、运河沿岸的兴起与发展并不是偶然的，而是与该地域特殊的地理环境和农业传统有关。

三个庙会活动都在清明节举行，尽管庙会之间并没有建立统一的组织和有序的联系，但由于地缘上的邻近，活动内容也很相似，当地人早已将这三个庙会看成一个统一的整体。2008 年，“含山轧蚕花”被列入国家级非物质文化遗产名录。三大庙会中，惟有双庙渚蚕花水会是以水上娱乐表演为主，马鸣王菩萨祭拜仪式、高杆船技、摇快船、踏白船、打拳船、缫丝船等项目，基本保留了传统样式。

双庙渚蚕花水会因在清河村双庙渚举行而得名。双庙渚位于清河村的中心地段、五河交汇之处，相传此地过去曾建有顺和庙、许福庙，因此被称为“双庙渚”。双庙渚后来还建了一座贵和庙（现为双庆寺），因与近邻芝村的龙蚕庙、南松村的富墩庙都供有马鸣王菩萨，民众将这三处庙宇的马鸣王菩萨并称为“姐妹仨”。每年清明期间，各村民众都会抬着马鸣王菩萨出巡，当地人称“姐妹仨会面”。双庙渚一带人工河道较多，水面宽阔，尤其是流经此地的大运河支流——南金山漾与北金山漾，河宽几十米，河道两岸平整开阔，非常适宜举办水上娱乐活动，逐渐发展成为“姐妹仨会面”的场地，形成了在运河上举行的以马鸣王菩萨的巡游、祭祀、酬谢为主要活动的蚕花水会。

虽然“姐妹仨”来源于三个村落，但除参与主要活动的除清河、芝村、南松三村的村民外，还有桐乡市晚村、义马、青石、永秀、大麻等地的蚕农。而前来旁观的观众则大多来自北至含山、南至新市范围内的乡村，甚至还有从吴兴、德清、余杭等地赶来的蚕农。近年来，随着双庙渚蚕花水会的影响力越来越大，一些周边省市并不从事养蚕业的民众也会特地前来观看。

双庙渚蚕花水会的主要活动包括节日前的准备、节日的主体活动以及节日后的总结三个阶段。其中，节日前的准备工作包括：一是检修庙会器具，在农历三月份找一个晴天，把神袍、红旗、轿子、仪仗等晾晒、检修一遍；二是准备庙会用品，如扎蚕花（妇女们戴在头上参加祭祀的头饰，用丝绸和蚕茧做成）、绞蚕猫（一种民间剪纸，形象为蚕与虎的结合）、做清明团子（又名艾窝窝，清明前后食用，也是祭祀蚕神的供品之一）等；三是分配庙会具体任务；四是节目排练。正式庙会开始前，参与民间游艺竞技活动的如高杆船技、摇快船等，为了不影响观赏效果，会提前演练。

节日的主体活动以马鸣王菩萨祭祀仪式为核心，由一系列仪式和游艺竞技类活动组成，按先后顺序可分为奉神、祭神、娱神三个环节。“奉神”在清明节前一天（当地人称为“头明日”）举行，清河及邻近村落的“蚕娘”（从事养蚕业的妇女）要到马鸣王菩萨庙中，为蚕神拜忏、化妆、更衣；“祭神”在清明节当天（当地人称为“二明日”或“正明日”）举行，男人们将蚕神神像“请”到特制的辇上，连同用蚕茧、蚕丝制作的“蚕龙”“蚕宝宝”以及旗罗伞扇、开路牌等一同抬到庙外，经过特定的路线巡游一番之后，抬至一艘带棚大船之上，再将船行至运河中央，然后设台摆供，插香燃烛，祭拜蚕神。“娱神”在清明节当天及后一天（当地人称为“三明日”）举行，名义上是表演一些娱乐活动给马鸣王菩萨看，实际上是蚕农们在忙碌的养蚕季到来之前的一场狂欢，所有活动都在船上进行，包括高杆船技、打拳船、摇快船等。

在整个庙会活动中，民间游艺竞技类的活动最受民众欢迎。其中高杆船技的杂技类表演活动最具观赏性，难度也很大。打拳船则是在船上表演武术，源自当地尚武的传统，表演形式有开场拳、对拳、刀枪单人表演、刀枪双人表演、刀枪五人表演等。摇快船又叫“赛船”，参与者皆为技术好、力气大的青壮年男性，使用船只为当地圆底、翘梢、以轻便灵巧为主要特征的“鳅菩头船”，以先至指定终点者为胜。这些活动表演之时，整个蚕花水会达到高潮，如若天气晴好，每年都会有近十万人前来观看表演。

（二）江南网船会

江南网船会又称嘉兴网船会。前文已经述及，网船会是杭嘉湖一带的渔民、船民们自发组织的一种民间庙会活动，为的是祈求神灵保佑来年风调雨顺。当地人民将元末除蝗救灾英雄刘承忠作为刘王老爷的原型，也称“刘猛将军”。网船会实际上就是一场祭祀刘王老爷的仪式活动。网船会是一场特殊的水上庙会，前来参加网船会的渔民的船只，大多是江南地区常见的丝网船，“网船会”因此而得名。这种丝网船在江浙一带普遍流行，形似柳叶，首尾微微翘起，每只船上都备有两把桨，用水划或者用脚蹬，行驶的速度较快。

网船会期间，远近地区前来赴会的船只除了丝网船之外，还有商船、烧香船、盖棚的连家渔船、驳船、脚划船、轮船、船头雕着鱼眼珠的海渔船。大大小小、浩浩荡荡的船只，从莲泗荡的刘王庙门口，一直延伸至京杭大运河，把600多亩的莲泗荡挤得密不透风，只留下中间一条单行航道，场面十分壮观。

在网船会上，各种船只会进行丰富多彩的娱乐表演，这些表演统称为“踏白船”，又称“摇快船”“哨船”“水嬉”等。踏白船起源于宋代，“踏白”这个名称最初是宋代边防军的番号，意思是开路，带先锋。踏白船体现了杭嘉湖一带渔民和船民赛船竞渡的习俗，带有浓厚的地方文化特色。每逢会期，远近的村落组织青壮年男性村民参加踏白船，同村人则在岸边为自己的队伍鸣锣呐喊助威。

杭嘉湖一带是重要的丝绸产地，这里的民众自古就有种桑养蚕的传统。过去，每到蚕宝宝生长的季节，对桑叶的需求量很大。乡民们外出采桑或购买桑叶，回来的路上都会加紧行船，速度慢了，家里的蚕宝宝就得挨饿，而且如果桑叶失去了新鲜度，蚕宝宝也不爱吃。因此，运送桑叶的交通工具通常都是那种轻便的快船。有时河道上几条运桑叶的船碰到一起，大家你追我赶，各不相让。久而久之，这种即兴的竞渡就演化成了“踏白船”的习俗。

踏白船的船只是一种狭长的小木舟，每排坐两人，并肩划桨。对人数没有严格的限定，一般都是根据船身长短，安排相应的人数。所有人必须紧密配合，协调一致，才能在比赛中胜出。每个人在船上都有明确的分工，有摇橹的，有吊绑的，还有人专门负责处理大橹或者小橹退不出去或者扳不回来这种特殊情况，叫“重绑”。指挥开船或停船的人称为“主桨”，这个人一般在村里有一定的地位。有的负责通过在麻袋上的起坐动作控制船头俯仰，称为“桩大白”。有的队伍中“主桨”和“桩大白”为同一个人。负责看护、扶正船尾，避免船艄与其他船只碰撞的人叫“拉艄”。

网船会期间，河面上汇集着各村来的船只，上面有人在表演拳术，这种拳术被称为“船拳”。《湖州府志》载：“寒食节，乡村以农船驾四橹，上设采亭旗帜，列各种器械，互较技勇诸艺，谓之‘哨船’，驱行南北山前，而东乡双福桥尤盛。”[①] 船拳的表演项目包括打拳、耍刀、舞棍、举石担、抛钢叉、挺石锁等。船拳作为一种表演艺术，为了吸引看客的兴趣，拳师们会改革拳法，使之更具有观赏性，长此以往，船拳的形式愈来愈丰富，有“小红拳”“岳家手”“小金枪”“八虎闯幽州”“猴拳”“醉八仙”“梅花桩”等招数。网船会还有其他的娱乐表演，如抬轿、抬锣、师娘班、大纛旗、扎肉敲锣、犯人班、荡湖船、清音班、高跷班、打莲湘等。其中打莲湘实

① 同治《湖州府志》卷二九《舆地·风俗》。

质上是一种民间舞蹈，源于外来的逃荒者或者难民的乞讨方式。女性在表演时用一根竹竿击打身体肩、背、腰、臀、四肢各个部位，也有的会在竹竿两端刻上槽，装上铜钱，击打时可以发出悦耳的响声。也有的把竹竿涂上色彩，在两端扎上红绿绸带，打击时彩绸飞舞，赏心悦目。

第二节 运河上的竞技活动

一、武术

（一）沧州武术

沧州地处河北省东南部，北依京津，南接山东，因东临渤海而得名，意为“沧海之州”。京杭大运河蜿蜒曲折，贯穿沧州南北全境，将沧州分为东西两部分，现在沧州人还习惯把运河以西的沧州地区叫作“运西”，运河以东的区域叫作“运东”。沧州有一个行政区，就叫作“运河区”，这也是惟一一个以运河直接命名的城区行政区划。

由于地理位置重要，沧州早在明代就已经发展成京杭大运河上的一座大码头。明清时期，朝廷重视漕运，大运河在其流经区域的国计民生中扮演着重要的角色，不仅有着运输漕粮的功能，也促进了运河沿岸商业活动的发展。地处南北水旱交通要冲的沧州，是京、津、冀、鲁、豫商品流通的必经之地和集散中心，各地客商往来不断，商肆店铺鳞次栉比，货品琳琅满目。商业和运输业的发达，也促进了当地保镖行业的兴盛。自古燕赵多慷慨悲歌之士，沧州之尚武风气更是闻名四方，素有“武术之乡”的称誉。江湖上也广泛流传“镖不喊沧”的说法，为南北各地镖局所奉行。

沧州习武之风自古有之，乾隆《沧州志》载：“沧邑俗劲武尚气力，轻生死，自古以气节著闻。承平之世，家给人足，趾高气扬，泱泱乎表海之雄风。一旦有事，披肝胆，出死力，以捍卫乡间，虽捐弃顶踵而不恤。”[①] 京杭大运河为沧州带来了商业和运输业的繁荣，也为习武的沧州人带来了一种生计方式。沧州作为重要的水陆交通枢纽，也是官府巨富走镖要道，对保镖业和镖师的需求，使得沧州的镖行发展兴盛起来。清代沧州有“三多”，即“练武功的多”“买烧酒的多”“摇摆渡、干脚行的多”。练武之人多从事保镖的行当。镖局主要是为客商押运货物或银两，俗称“走镖”。走镖时，负责押运、保护物资财产的都是武功高强，且在江湖上大名鼎鼎的武师，称为“镖师”。

① 乾隆《沧州志》卷一四《艺文》。

在押送物品路上，镖师们有“喊镖”的习俗，喊镖又分为“威武镖”（喊出镖局的江湖名号）和“仁义镖”（如“走镖不易，兄弟们赏口饭吃”），众镖师偶尔也会呼“以武会友”之类。喊镖也有一定的禁忌，那就是运镖的队伍每当到达了省会城市或者是镖局所在地时，便要停止喊镖，镖师要下马步行。

所谓“镖不喊沧”，说的是运镖队伍路过沧州时，必须放下镖旗，悄然而过，不能大张旗鼓、招摇过市，否则便可能会有意外发生。有关“镖不喊沧”的传说有许多，讲的都是某些镖局在沧州地界喊镖所遭遇到的教训，显示出沧州习武人士的高超技艺。其中一个流传很广的传说与运河有关，说的是沧州武师李凤岗的故事。据金恩忠的《国术名人录》记载：

> 或有诉于李者，李意弗善，乃以粪筐赤足着布衫布裤，作乡民拾粪状，绕至城南八里许，地名红孩口者，系运粮河湾，由镖车之前面，以粪叉迎头铲粪。镖车来，伪而不知者，镖师高声詈曰：老乡，欲速死乎，须即滚开。李则置若罔闻，铲粪如故，镖师愈怒。下车走向李曰：尔小子聋乎，抑或寻对头耶？！近前欲攫李，意在至于河堤，方伸手，遽为李捉住右腕，用卷拿法掷镖师于寻丈外，镖师目瞪口呆，右腕伤矣。镖师者，身强体壮，虎背熊腰，远胜李十倍，人皆为李危。镖师视李，瘦小枯干，似无缚鸡力者，亦易之。所谓轻敌者败，信哉！①

李凤岗威震镖师的故事在江湖上传开之后，沧州武术更是威名远扬。沧州武术刚劲威猛，技击性强，既有大开大阖的勇猛之势，又有推拨擒拿的绝技巧招。沧州武术在江湖上独树一帜，除了拥有代表性拳种的八大门派以外，疯魔棍、苗刀、戳脚、阴阳枪等拳械为沧州所独有。沧州武术还兼收并蓄，水陆交通的发达为习武之人切磋技艺、比试武功提供了很好的条件，因此许多南方的武术也随着京杭大运河流传至此，与当地的传统武术融为一体。

沧州武林门类计50余种，有六合拳、八极拳、太平拳、八盘掌、地趟拳、青萍剑、昆吾剑、秘宗、功力拳、太祖拳、通臂拳、弹腿、劈挂、唐拳、螳螂、昆仑、飞虎闯王刀、疯魔棍、二郎拳、苗刀、燕青拳、形意拳、戳脚、翻子、少林拳、埋伏拳、花拳、勉张拳、短拳、阴手棍、杨家枪、太极、八卦掌等。其中以沧州八极拳和劈挂拳最具代表性。②

（二）津门武术

元代京杭大运河的全线贯通，极大地促进了运河两岸的城市发展，天津凭借其为河、海漕运的交通枢纽，一跃成为京师门户。在这一过程中，河西务、杨村成为运河两岸工商业繁荣的市镇。城市居民中，商人、手工业者、漕运人员成为主要群体。作为京师门户、交通枢纽、

---

① 金恩忠：《国术名人录》，太原：山西科学技术出版社，2000年，第28页。

② 吉尔印象编著：《璀璨中华：中国非物质文化遗产完全档案》上册，北京：金城出版社，2009年，第224页。

军事要地、商业重镇，天津也成为武术文化发达的地区。在不同时期，这里都聚集了一大批武术人才。天津的武术文化融合了军事武术和其他区域的武术类型。北少林武术、回族重刀武术、拦手门、迷踪拳、无极拳等拳种成为天津的特色拳派。[①]

早在先秦时期，天津武术就已经开始萌芽。隋朝大运河的开通，天津便成为兵家的必争之地。元代京杭大运河的全线贯通，使得各地的武术资源逐渐汇聚到天津，为天津武术的发展开辟了一个新的时代，也为天津传统武术的形成和发展奠定了良好的基础。明永乐二年（1404）设卫以后，天津传统武术进入快速发展时期。随着各路门派的高手、江湖绿林和镖师们于此地会聚，各种不同风格、不同流派的拳种、套路也传入津门，并得以发展、成熟和完善，逐渐形成了体系。

明代以来，天津还出现了一些因武术而著名的社区，天穆村便是其中的代表之一。明清时期，天穆村中以漕运为业的船工和赶马车跑陆路运输的人较多。在天津因运河而兴的同时，天穆村亦逐渐兴盛、发展起来。天穆村紧邻北运河，受尚武之风的影响，天穆村人特别重视体育健身，并且出现了一个游泳世家——穆家。1939 年，在有外国人参加的大赛中，穆成宽首夺两项冠军。此后，穆氏家族及其弟子称雄中华泳坛数十年。[②]

（三）山东武术

山东的武术文化历史悠久，底蕴深厚，尤其是运河流域涌现出的武术名人、流派、优秀拳种、武术典故等数不胜数。明清时期，山东临清依靠运河漕运迅速崛起，成为江北五大商埠之一，有“繁华压两京”“富庶甲齐郡”之美誉。明代，临清钞关税收居运河八大钞关之首。从隋唐时期开始，一直到元代，临清处于绕道洛阳的京杭运河沿岸，经济繁荣，寺院众多。聊城与河南、河北交界，在黄河文化和运河文化的双重浸润下，聊城人既有齐鲁文士温厚重礼的儒家情怀，又有燕赵豪侠弹剑悲歌的侠义气概。

临清特殊的地理位置和风土人情，为当地武术的发展提供了良好的条件，无论是军旅武术的传入，还是民间武术的交流融合，都得益于大运河的存在。临清和周边地区有许多闻名全国的武术门类。唐宋时期，临清龙潭寺的潭腿名重一时。潭腿充分利用腿部力量，内外兼修，成为北腿名门。清道光年间（1821 ～ 1850），临清人张东槐善于用肘法和拳法制敌，创编了著名的临清肘捶，成为冀鲁豫地区较有影响的一支武术流派。清中叶以来，习武之风更是遍及临清城乡。清末著名武术家马永贞就是临清人。《清稗类钞 · 技勇类》载：“光绪朝，马永贞以大力著名于沪。一日，有卖艺

① 杨祥全：《津门武术》，太原：山西科学技术出版社，2013 年，第 16 页。
② 杨祥全，苏连勇：《天穆村体育的传承与发展》，《体育文化导刊》2011 年第 10 期，第 142 页。

力士约武伶十余人与决斗，皆避易而退。马少时为松江正营教师……马之拳为大架子。”马永贞曾在河南、上海等地卖艺、传拳。

潭腿为昆仑大师所创。五代后周时期，昆仑大师出师东征，返程至临清时，后周被宋所灭，昆仑大师遂隐居临清龙潭寺，传下潭腿。后宋太祖诏令天下比武，临清潭腿以腿长力大一举夺得18家之首，从此名声大振，此为临清武术名扬天下的开始。龙潭寺旧址位于临西县境内，临清潭腿的“潭”字正是借用龙潭寺的“潭”。临清潭腿是一种以腿法见长的拳种，古语云：“手是两扇门，全凭腿打人。潭腿四只手，人鬼见了都发愁。”临清潭腿十路腿法招招致命，有“北腿之杰”之称。临清潭腿以腿功见长，拳势古朴，功架完整，刚劲有力，意气相合。其主要腿法有踢、撩、扫、点、弹、踹以及三十六天罡、七十二地煞连环腿等。发力方式同武术散打，出手由脊出，出脚从臀出，要求一步一脚，连环踢打，手脚并用，身法要求中正、灵活。临清潭腿注重步法，要求快、巧、稳、轻、重、健。临清潭腿器械众多，除了传统的刀、枪、剑、棍等四大传统器械外，还有钩、橛、镗、带等器械共50余种。拳脚和器械套路众多，少有重复。①

明清时期，运河不再过洛阳而改道过聊城，但临清依旧处在改道后的运河沿岸，为南北通衢。这样的地理位置，便于临清武术与外地武术的交流。道光年间，张东槐综合各地武林人士的肘法、拳法加以变化，创编了临清肘捶。张东槐（1844～1901），临清唐元乡瑶坡村人。鸦片战争后，身处乱世、心怀国家的张东槐以武艺教授乡里子弟，从学者甚众。张东槐认真领悟武艺真谛并复演其义，分为若干势，命名为肘捶。《张公肘捶谱·自序》云：“俾少年循习，即可以不坠先型，复可以壮其身体，无敌于天下。”肘捶的功法主要有两通、十趟捶、四季捶、八方捶及天地人字号散手等。肘捶经张公首传以来，在临清城乡流传甚广，影响巨大，造就了许多出类拔萃的武术家，刘汝勤、于跃舟、周子岩、冯延福、赵延庆、燕瑞、孙景元、孙景仲、赵公香等人皆为武坛一时之秀。临清肘捶现主要分布在临清、临西及周边地区，在北京、济南、山西、湖南、广东等地都有传人。2010年，临清肘捶入选国家级非物质文化遗产。

京杭大运河济宁段开通之后，济宁凭借着融汇南北、沟通东西地理优势，成为水陆通衢、商业重镇。商贸活动在济宁蓬勃发展，南来北往的武林人也在济宁留下了丰富的武术文化遗产。其中济宁查拳便是很有代表性的拳种。关于济宁查拳的起源，有这样一种说法：在明朝末期，倭寇屡屡犯边，戚继光受命抗击倭寇。在戚继光的队伍里，有一个西域青年名叫查密尔（也有说法叫沙米尔），他武艺超群，在抗击倭寇的战斗中杀敌无数。倭寇平定后，查密尔留在了济宁居住，并将毕生武艺传授给当地民众。后来，他又将自己的结拜兄弟滑宗岐引荐至此，两人共同传授武功。济宁人为了报答他们，将查密尔所教的拳法叫做查拳，将其兄

① 赵景磊，董春磊：《临清潭腿的传承与发展研究》，《搏击（武术科学）》2012年第9期，第40页。

弟所授拳法命名为滑拳。后来，人们又将这两种拳法结合起来，称为查滑拳。[①]

查拳之所以能够在济宁发展起来，成为一个知名的武术流派，与流经济宁的大运河也有着密不可分的联系。古代，驻守运河的军队会在军中练习军体拳，顺着运河而来的五湖四海的人则将不同地区的武术流派带到济宁，使得济宁地区崇尚武艺的风气日渐浓郁。商业贸易的发达促进了当地运镖业的发展，这里也会聚了来自武林中的各路运镖拳师，各种武术流派在互相切磋中交流融合。历史上，为保证漕运的安全，济宁曾开设了不少镖局，其中“汇源镖局”就是当时影响很大的镖局。[②] 镖局的押镖人员大都是武术高强的拳师。济宁查拳在此过程中博采众长，既保留了自己独特的风格，又融汇了其他武术的特长，并将查拳带到全国各地，推动了查拳的传播、发展。查拳在发展的历程中，出现了以任城李恩聚为代表的“李氏查拳”，以张其维为代表的“张氏查拳”，还有以冠县杨鸿修为代表的“杨氏查拳”。[③] 查拳三大流派套路虽拳理基本相通，但也各有其精妙之处，可谓各逞其技。

查拳体系庞大，并非只是一套拳术，构成中国查拳体系的项目有弹腿、查拳、器械、对练、查拳技击五个部分，其中每一个部分又有详细的分支，如查拳体系中器械类分为查刀、昆吾剑、锁口枪、群羊棍、查钩、拦马橛、双手带、偃月刀等八大主要器械。[④] 查拳全系以十路查拳为本，还包括三路滑拳、三路炮拳、四路洪拳、两路腿拳。其中十路查拳的名称分别为头路母子、二路行手、三路飞脚、四路升平、五路关东、六路埋伏、七路梅花、八路连环、九路龙摆尾、十路串拳。[⑤]

枣庄滕州（原滕县）作为京杭大运河的重要节点，也是一座与大运河同生共长的历史文化名城。大运河对滕州武术文化的发展，同样产生了不可忽视的影响，主要体现在两个方面：一方面是通过运河，其他地区的武术流派传入到滕州；另一方面则是因运河而发展起来的商业和运输业，为习武之人提供了舞台。

滕州武术大致兴起于清朝乾嘉年间，就拳种而言，可以分为大洪拳（流行于县城）、梅花拳（流行于乡下）。除了大洪拳和梅花拳两大流派在滕州流布广泛之外，少林功夫也有流传，主要分布在界河镇的郑寨、胡庄、南界河等村落。

大洪拳的传入和发展与运河有着紧密的联系。相传，滕县人冯佩少年时曾习武于河南嵩山少林寺，学成回乡之后，便在滕县城城北开设“冯家镖局”，为运河沿岸的商户提供保镖、运货的服务。镖局开设以后，冯佩将自己所学的武艺传授给招收押货

---

① 刘衍顶：《济宁运河文化对查拳起源、传承与发展的影响》，硕士学位论文，苏州大学，2016 年，第 14 ～ 15 页。

② 翟德强：《济宁查拳文化发展的影响因素及对策研究》，硕士学位论文，南京师范大学，2017 年，第 22 页。

③ 胡俊刚：《黑虎查拳源与缘》，《少林与太极》2015 年第 6 期，第 87 页。

④ 张文广：《中国查拳简述》，《体育教学》1989 年第 2 期，第 74 页。

⑤ 翟德强：《济宁查拳文化发展的影响因素及对策研究》，硕士学位论文，南京师范大学，2017 年，第 11 页。

运财的伙计，使得大洪拳的受众越来越多。清末，该镖局停办，冯氏家族便专门设场收徒，以传授武艺为业，由此城关武术发展起来。大洪拳主要流传于城关、城郊、鲍沟、界河、西岗等乡镇。

滕州五里屯素有“武术之乡”的美誉，这里的民众有习练大洪拳的传统。相传，村人狄玉清曾拜冯佩为师，苦练十余年。后来，狄玉清沿京杭大运河南下，在江南地区不断与武林人士交流、切磋武艺，同时学习了不少其他流派的功夫。清光绪六年（1880），狄玉清和狄氏族人在上海开设“锦源公镖局”，在上海、苏州颇有名声。后来狄玉清返回故里，在滕县五里屯开办武馆，培养了不少的武术人才。

梅花拳兴盛于清嘉道年间，由两位外地拳师孙长久、罗岩石传入滕县。两位拳师先后在大坞镇小坞村、大刘庄设拳场，广收门徒。梅花拳的拳术、器械、套路技能，具有舒展大方、刚柔相济、攻防兼备的特点，很受欢迎。民众习练梅花拳，既能强身健体，又能防贼保家。这几个村落每逢节庆，总有梅花拳弟子献艺助兴，娱神娱人。小坞村由于地处滕县西北边境，与邹县、鱼台、济宁接壤，同时毗邻南四湖，过去多有匪患之扰。由于小坞村梅花拳名声在外，吓得贼人不敢进村骚扰，保护了村民人身和财产安全。

滕州由于地处运河边，运河码头上流传着不少武林旧事。相传在清咸丰年间，滕县有位商人在徐州占据了一个码头。当时的交通主要依赖运河，因此码头上的生意很是兴隆，遭到了一帮地痞流氓的觊觎，为首的地痞便向这个滕县商人下了战书，声言如果商人打不过他们，就必须让出码头。商人赶紧派人赶回滕州，找了几个功夫了得的同乡前来应战。其中有一位练过“金钟罩”的武师，名叫贾尚达，身材魁梧，力大无比。双方商定，以“文打”的方式决定输赢。所谓“文打”，是将一把椅子放在河边上，由滕州的武师坐在椅子上，背对河流，对方派人将坐在椅子上的人连打三拳。如果武师被打下河中，便要将码头的生意转让；如果三拳并不能将武师击倒，那么挑战一方则必须服输，不得再来寻衅滋事。条件讲好之后，贾尚达一马当先，在河边的椅子上坐稳。对方派出的是一个皮肤黝黑的壮汉，虎背熊腰，煞是威风。只见他使出浑身气力，一拳打在贾尚达的胸膛上。只听得“咔”的一声，众人皆以为贾尚达被黑脸大汉打折了骨头，可是贾尚达却仍然稳稳坐在椅子上。再看那黑脸大汉，双眼紧闭，痛苦不已，原来是他的手腕骨折了。于是这帮地痞只能乖乖认输，灰溜溜地离开了码头。[①]

（四）扬州武术

扬州自古便有尚武好勇的风气。《汉书·地理志》云：“吴、粤（越）之君皆好勇，故

---

① 滕州市政协文史资料委员会编：《滕州文史资料》第12辑，1992年，第115～117、196～198页。

其民至今好用剑，轻死易发。”《吕氏春秋》也有“吴王好剑客，百姓多创瘢”的说法。扬州现有的拳种，主要有太极拳、形意拳、八卦掌、少林拳、查拳、洪拳、六合拳、梅花拳、戳脚、象形拳、西凉掌、佑家拳，等等。其中最有代表性的当属西凉掌和戳脚。

扬州武林有“学了西凉掌，打人不用想”的俗语，这是清末武林中人对西凉掌的赞誉。西凉掌，又称曦阳掌或西阳掌。关于西凉掌的起源有两种说法，一是说该拳种是由三国时期西凉人蜀汉五虎上将马超所创；二是说西凉掌是魏文帝时少林寺的僧人创立。西凉掌发源于西北凉州地区（今甘肃一带），扬州的西凉掌是由“神手”唐殿卿传入。据《中华武术大辞典》记载，唐殿卿是清末民初著名的武术大师，出身于河南商丘的一个武术世家，精通石头拳。成年后，唐殿卿便设场收徒，影响范围遍及徐州、南京、镇江、扬州一带。相传，唐殿卿还曾被聘为李鸿章后裔的武术教师，同时担任李家保镖。由于唐殿卿在武林中负有盛名，很快他的名声便传到了扬州，于是众多盐商便出重金邀请唐殿卿南下扬州，为富甲一方的盐商看家护院、保镖护航。当时水路上活跃着不少抢劫盐船的土匪“盐枭”，尽管官方设有缉私营，但仍不能保证盐运的安全，很多盐商都会不惜重金雇用保镖押船的武师。唐殿卿到扬州后，凡是他所押运的盐船，贼人都不敢轻举妄动，保证了盐路的安宁、畅通。唐殿卿在扬州期间还开设武馆，传授武艺，门下习练者人数众多。

唐殿卿在扬州传授的武术，既有轻功、梅花枪、梨花枪，也有刀棍功夫，但还是以西凉拳为主。西凉拳是由三套拳术组成。第一套是青毛狮拳，该拳除起势、收势外，分为八段，注重拳打一线，外方内圆。第二套是石头拳，也称为七星梅花势，拳势威猛，刚劲有力。第三套便是西凉掌了，该拳分为上下两路，除起势、收势外，共由 172 个动作组成。扬州武术界将这三套拳统称为“西凉三拳”，或西凉上中下三套。①初学西凉拳时，首先需要学习者苦练基本硬功，练习方式有抓酒坛、五指撑等，然后再学习套路，进而从理论上深悟“三节明”“四梢齐”“五行闭”的道理，掌握西凉拳术内外结合、刚柔相济的拳理要领。②学习者练习时注意两掌之间攻守兼备，虚实结合，行拳走势之时，手掌上下左右，明暗一体，讲究一气呵成；要求连接紧凑，并以击响予以配合，俗话说“西凉掌一百零八响，三十六响手脚响”，多种掌法并配以击响成为西凉掌节奏分明的标志。③西凉拳在扬州流传了 100 多年，受到本地文化的熏陶，这一套来自西北的拳术也逐渐江南化了。

扬州另一享誉武林的流派便是戳脚门拳系。相传戳脚起于宋代，盛于明清，有“北

① 赵昌智主编：《扬州文化研究论丛》第 11 辑，扬州：广陵书社，2013 年，第 92 页。
② 王资鑫：《绿杨武踪》，扬州：广陵书社，2008 年，第 111 ～ 116 页。
③ 韩薇：《扬州武术文化研究》，硕士学位论文，扬州大学，2018 年，第 36 页。

腿之杰”的美称。戳脚以腿法、脚功见长，在武林久负盛名。丰富的脚法是该拳种的最大特点，有丁、踹、拐、点、蹶、错、蹬、碾八大技法，是北方拳种的典型代表之一。扬州武术中的戳脚门是由清末民初的河北戳脚名师张庆恒传入的。张庆恒，晚清人，祖籍天津，与武术大师霍元甲同乡，是中原武林之中赫赫有名的高手。据传，张庆恒的戳脚功夫是在闯关东的时候学习练成的，江湖上有“铁腿”的绰号。张庆恒之所以能够来到扬州，也正是因为扬州的繁华，商贾巨富众多，催生了运镖业的发展，身怀武艺的人都希望凭借着自己一身本事，在扬州安身立命。张庆恒先在扬州开设镖局，经营武场，广纳门人传授武艺。据传，张庆恒在扬州主要护送“生辰纲”。从扬州到北京，运河上时有盗匪出没，杀人越货。幸得“张铁腿”名声在外，保证了“生辰纲”的安全运达。民国以后，扬州的经济地位已不如明清之时显赫，张庆恒所从事的保镖行业也日渐式微，他也顺势将所有的精力放在传授武艺上，将毕生所学传授给扬州子弟，对于戳脚门扎根扬州做出了开创性的贡献。

二、划龙舟

划龙舟又称赛龙舟、龙舟竞渡、龙船赛会等。作为一项水上运动，划龙舟主要流行于南方，尤其是河湖港汊密集的水网地区。随着京杭大运河的开通，龙舟文化逐渐流传到北方，并逐步分化出了在陆地上开展的赛纸龙船、划旱船、跑旱船、采莲船、彩龙船等。南北不同形式的赛会和表演活动，构成了中国历史悠久、内涵丰富、形式多样的龙舟文化。

龙舟竞渡历史悠久，影响广泛，深受民众喜爱。竞渡中最常见的用船，形体狭长，两头窄，中间宽，呈梭形，船身装饰简单，划起来轻快、便利。 这种龙舟的前身是早期的战船。《隋书・地理志》记述当时荆楚地区的竞渡场面：“迅楫齐驰，棹歌乱响，喧振水陆，观者如云。”受不同地域习俗的影响，各地的龙舟准备、试船训练、赛前祭神、比赛规则、夺标领赏、赛后庆祝等各个环节都具有浓郁的地方特色。

元明清时期，竞渡之风仍以南方水乡为盛。不过，随着大运河的开通，竞渡之风也不断向北扩张。每年农历五月，明代皇帝在中南海紫光阁观龙舟。到了清代，龙舟竞渡在圆明园的福海举行，乾隆、嘉庆帝等均往观看。民国时期，受到西方体育的影响，龙舟竞渡比赛开始采用“淘汰制”，竞渡的规则也开始规范和统一。中华龙舟文化作为一种特色鲜明、广受欢迎的民俗文化，流传广泛，历久不衰，且在不同的历史时期被赋予了不同的文化意义。

龙舟竞渡盛行于南方水乡，这里河流湖泊很多，人们的水上活动频繁。吴越地区更是河湖密布，这一带的民众习惯于“以舟为车，以楫为马”的生活，很早就有水上游戏和水上祭祀等活动。杭州地处杭嘉湖水乡，北接京杭大运河，南通钱塘江，水网密布，河道纵横，桥梁众多，航运畅达。杭州自秦朝设县治以来已有 2 200 多年的历史，曾是吴越国和南宋的都城，为中国八大古都之一。杭州城依水而建，因水而兴。杭州集江（钱塘江）、河（京杭大运河）、湖（西湖）、海（杭州湾）、溪（西溪）于一城，面海而栖，濒江而建，傍溪而聚，因河而兴，由湖而名。西溪的龙舟胜会，集民间传说、风俗信仰、宗教仪式于一体，也打上了运河文化的鲜明印记。

（一）西溪龙舟竞渡

西溪位于杭州西郊，东到古荡，西至余杭五常，北起余杭塘河一带，南到老和山、北高峰一线北麓。《方舆胜览》载："西溪，络以小河，又北汇余杭塘，合于市河。"[①]西溪地处江南核心区域，是天然的江南水乡。西溪龙舟胜会正是在这优越的自然地理环境中发展起来的。龙舟胜会的仪式是西溪地区的人们龙崇拜、祈社福、祝丰年的重要文化载体，是该地居民对传统文化的记忆与传承。西溪龙舟胜会是西溪五常、蒋村、仓前、和睦桥一带端午节划龙舟活动的统称，西溪湿地为各地的划龙舟活动提供了良好的地理环境。参加胜会的龙舟样式大体相同。

在西溪一带，每年农历五月初五举行的龙舟胜会，称为"大端午"龙舟胜会。而在农历五月十三日举行的龙舟胜会，因在端午节之后，故被称为"小端午"龙舟胜会。"小端午"龙舟胜会是西溪龙舟胜会的最大特色。西溪龙舟胜会的独特之处，在于其拥有内容丰富的仪式：启动龙舟会、扎龙舟、请龙王祭龙仪式、龙披红、搡漾、龙王巡游、认龙祖、谢龙王、吃龙船酒和龙王散福。整个仪式过程均是在公众参与中进行的，每个环节都体现着人们对龙和龙舟胜会的虔诚。

启动龙船会。一般以一个自然村组成一条龙舟。如果自然村规模较小，则以几个自然村为一个单位组成一条龙舟；如果自然村规模较大，则会分置数条龙舟。负责龙舟胜会事宜的组织称为龙船会。龙船会是一个临时组织，一般一个自然村一个，龙舟胜会结束以后，龙船会的使命也就完成了。龙船会以"村名＋龙船会"命名。龙船会决定请龙王的日期、龙王巡游的路线、谢龙王的日期、龙舟胜会期间的开支管理等等事宜，有时候还会商议是否添置新的龙舟及物件。龙船会一般都由村里德高望重的长辈或乡绅主持，称为龙船头。每年龙舟胜会结束谢龙王仪式开始之前，龙船头都会将本次划龙舟活动的所有收支，包括收赏所获之物向大家做出说明。大部分村庄还会列出明细账目张榜公布，称为"明心榜"，一是为了表明主事者清清白白，无愧神明；二是为了表达对龙的虔诚。所有仪式结束后，如果还有余款，则会将款项用于购置、修理划龙舟的相应用具上，或存为下年的经费。也有部分地区会将余款用于村内公益

① 〔清〕顾祖禹：《读史方舆纪要》卷九〇《浙江二》，北京：中华书局，2005年。

事业，如修桥、铺路等。

扎龙船。扎龙船即为装饰龙船。每年临近端午的时候，只要在村内敲响锣鼓，村民就会主动前来参与扎龙船。在西溪地区的所有龙舟中，最容易装饰的是赤膊龙船，最难装饰的是全彩船。装饰赤膊龙船主要是安放龙颈、防浪设施，其中最难的是防浪设施的安置。在完成请龙王仪式并将龙头安扎在龙船上的时候，会在龙头的下颚处挂一个秤砣或差不多重量的器物，在划龙舟的过程中，随着船体的颠簸，龙口就会一张一合，同时也能使得水从龙口中喷涌而出。彩龙船的装饰过程比较复杂，一般需要一两天时间。

请龙王。请龙王即将龙头安放到已经扎好的龙船上，在这个过程中要举行隆重的祭龙仪式。赤膊龙船和半彩船的龙头都是选用上等木材雕刻而成，全彩的满天障（满天装）龙船的龙头用竹篾和绸布制作。请龙王一般在端午节前一周举行，主事者会带领所有人将各种物件拿出来，将旗帜穿好分立在大门两侧，然后架起双梯，将存放在宗祠、庙宇或主事者家堂高处上的龙头取下，迎至举行仪式处的供桌上，将龙头放于供桌的中心后半部分，且面朝南方正位。供桌上摆上各式供品，点燃大红蜡烛，从主事者开始，众人依次敬香叩拜。祭品主要是当地的土货、特产、应节食品（粽子等）、猪头三牲（猪头、鲤鱼、大红雄鸡）。众人敬香完毕，主事者带领大家将龙头从供桌上请下，由主事者双手恭捧，龙头朝向前方，在锣鼓声中由两面龙旗开道，簇拥着达到河埠，登上已经扎好的龙船，将龙头安放在龙船上，给龙头插上龙角，还要在龙角上缠上象征吉祥的红丝锦，称为“龙披红”。披红结束，会在河埠燃放鞭炮，在龙船的船头燃起一小对蜡烛，由德高望重的人用毛笔蘸上清水在龙的眼睛上点一下，谓之“点睛”，象征着龙王已经睁眼，可以开始活动了。

搡漾。这是一个西溪地区的方言，指的是驾着龙舟到村前或者村子附近某个较为宽敞的水域进行试划。这实际上是龙舟盛会的热身活动，也是检验龙舟性能的过程。随着锣鼓声响，龙舟上的人们各司其职，向举行试划的水域出发。到达后，会演练一下划龙舟的系列动作。这个环节是必不可少的，因为只有经历了搡漾，龙舟才能去各个村庄巡游。

龙王巡游。龙舟上的人按照龙船会规定的路线，将龙舟划遍附近村庄，这是龙舟盛会开始的阶段。巡游即是提示端午将至，旨在营造龙舟胜会的节日氛围。每条龙舟的巡游路线不尽相同，但一般都会选择沿途商铺和亲朋好友多的线路。巡游的龙舟沿着河道前行，边划边敲锣打鼓。当地人认为，龙舟巡游的时候能来到自己的村庄，龙王将会保佑村子平安祥瑞、风调雨顺、蚕花茂盛，西溪地区的居民都会以龙舟进村为荣。村民们纷纷在河埠等待迎接龙舟，不只是在看热闹，更是在庆贺。到了村子后，龙舟会先在村内的河道里划上三个来回，再靠近各家河埠。在村内河道划龙舟有很多讲究：如果村内主要河道是东西走向的，龙舟就必须从村东划到村西；如果是南北走向的，则必须从北向南划行。龙舟巡游时，岸上人家会准备丰富的礼物献给龙王，以此犒赏龙舟。龙舟收取犒赏称为收赏。向龙舟献上礼物后，村民们会将木桶或者其他器具交给龙舟划手，让划手舀取龙舟舱内的一些积水给其带回家擦洗大门和门槛，这些积水叫作“龙舟水”。据说用“龙舟水”清洗过的地方可使毒虫、瘟疫不入门户。在巡游过程中，如果有初逢龙舟的男婴男童，家长一定会将其抱出为龙头披红，然后将孩子交给龙舟中的头档左侧划手，逐档向后递传，最后由右侧的头档划手将孩童送回大人手中，整个过程会有锣鼓声伴随，这一过程称为“认龙祖”，意味着小孩以后就是龙的传人，而且也会得到龙王的保佑，健康成长。“认龙祖”的孩童父母会向龙舟献上特别丰厚的礼物，所封的红包也特别重。

谢龙王。旧时，谢龙王仪式一般都在龙舟胜会（包括大端午龙舟胜会和小端午龙舟胜会）结束后的一两日内进行。谢龙王之前，要先将龙头从龙舟上请下来，恭敬地用双手捧至主事者家中，供奉在摆着供品的供桌上，敲锣打鼓，燃放鞭炮，焚香烛、锡箔“银锭”，众人依次持香叩拜。仪式结束，龙船会组织摆酒席欢宴，称为吃龙船酒。旧时来吃龙船酒的是村里的男人，现今妇女也可以参加，一些外村犒赏特别丰厚的人，也会被邀请来吃龙船酒。吃完龙船酒，还要举行“龙王散福”仪式。参加吃龙船酒的人会将龙头上的红丝绵扯下，带回家中珍藏，等到秋季天凉之后，将其置于孩子棉衣的心窝处，这样孩子就能够得到龙王的保佑。

（二）长安镇龙船竞渡

长安镇是浙江省嘉兴海宁市的一个小镇，南临钱塘江，北邻嘉兴桐乡市，西南接壤杭州市余杭区。长安镇境内有上塘河和下塘河，这两条河属于海宁市的京杭大运河水系。自隋唐以后，长安镇逐渐发展，市井繁荣，成为一个水域交通要塞。长安镇的龙舟竞渡是在清乾隆中期以后出现的节俗，源于南方水居民族庆祝龙神再生的祭典。

关于长安镇所祭河神，有龙王、河神伍子胥和海神胡令公三种说法。龙王为运河沿线城乡民众普遍信奉的神灵。伍子胥的故事传说在江浙一带流传很广。伍子胥是楚国人，父兄均为楚平王所杀，子胥愤而投奔吴国，助吴伐楚，大胜。后因吴王夫差听信谗言，子胥自刎而死，尸体被投入大江，因此相传端午节亦为纪念伍子胥之日。海神胡令公名暹，字进思，婺州义乌人。唐宪宗时，佐中丞裴度平淮西，升武任将军。宣宗时，奉命至海昌，回至长河，过海神祠，立化于庭。宣宗追封令公为昇平将军，与海共祀。

长安镇划龙舟的路线主要在长安三闸附近区域。长安三闸即长安闸，因有上闸、中闸和下闸，故此得名“长安三闸”。《长安镇志》对长安龙舟竞渡的时间和区域有描述，“上河段自小渡桥至姚家涧，下河从庄婆堰到卢家桥，从五月初一至初五”。小渡桥至姚家涧一段即上塘河一段区域，庄婆堰到卢家桥一段即下塘河一段区域。竞渡的时间是每年的五月初一至五月初五，正是端午时节。龙舟竞渡的大致流程是，每年五月初一，准备龙舟竞渡，并在海昌亭为龙王做生日。其中，海昌亭位于长安坝闸之间水中台基上，三面环水，一面直接面向长安闸和长安老坝。海昌亭是接官亭，由于长安镇处于运河水利要冲地带，官员要从北往南到杭州等地任职，或者从南到北进京述职等，必须经过长安镇，故此设有海昌亭以接待各处官员。后来，在海昌亭中供奉了一尊龙王，故此海昌亭又有“龙王堂”之称。初二，在上塘河举行龙舟竞渡。起点是王婆弄河埠头，终点是兴福高桥。初四，主要是经组织龙舟竞渡的董事们研究出竞渡的名次后，在龙王堂举行龙舟竞渡的颁奖仪式。参与龙舟竞渡并获奖者，会到龙王堂领取奖赏，这是所有参加龙舟竞渡的民众最欢乐的一天。初五，举行祭神祈福仪式。

（三）嘉兴桐乡摇快船

嘉兴桐乡市有一个与划龙舟相似的传统习俗，叫摇快船，又称“踏白船”。关于摇快船的起源，前文已经述及。蚕宝宝吐丝结茧前几天，饲叶量大增，经常会遇到桑叶不够吃的情况，这时蚕农必须及时去外地调剂，而当时的交通工具是船，若路远，桑叶在船中存放时间太久，桑叶会因蒸热而变质，俗称“着了”，不仅无益，反而有毒；另一方面，家中蚕宝宝在等着饲叶，蚕是一时一刻也不能挨饿的，蚕一挨饿，茧子产量大量下降，所以购买后必须争分夺秒，尽快返回。所以，摇快船成了蚕区青壮年男子一项必备的技能，久而久之，就形成了摇快船这一习俗。清明赛船是一项娱乐活动，也是养蚕前夕摇船的一次训练和演习，能起到检验船只设施、功能的作用。

摇快船一般选择水面开阔、无兜曲、两岸少树木和房屋等遮挡物的水域。比赛所用的“快船”俗称“鳅菩头船”，就是把一只能载二吨半至三吨货物的木质农船加以改装，使之能在人们的合力作用下快速行驶的船只。该船圆底，翘艄，船体灵巧。为减少阻力，一般都要求是新落水船或新修落水船，船肚下生有青苔或载过死人的船，是不能用的。船下水后，两旁船舷都装护栏木。船头前用短横木绑实在护栏木上，称“出跳”或“龙出跳”。船后艄也用木架向后伸出，称“挑龙艄”。头舱平鳍板要改为低翻台（低平舱）。比赛时，头舱架两桨，一左一右，船艄支两橹，也一左一右。参加者均为摇船技术出众、水性好、力气大的青壮年。每船人数相同，均为八人，两人划桨，一人摇大橹，一人摇小橹，其余四人轮流扯大橹绷绳。摇大橹者不必使很大气力，主要是把握船的方向和吃水深浅，起到指挥者的作用。扯绷绳者需使大力气，直接影响船只速度，所以一般每人只扯十八扳（即十八个来回），马上由预备者接替，犹如短跑接力赛。中舱放有稻草柴，一人扯完十八扳，跳入舱中休息，一人接着扯绷绳，如此往复连续，以先到终点者为胜。比赛时，村中男女老少聚集河的两岸，呐喊助威，喊声震天，场面十分壮观。

嘉兴东部的平湖市也有摇快船的习俗。关于摇快船的来历，当地人也有自己的说法，主要有三种：第一种说法，认为摇快船是一种娱神活动，是为了纪念爱国诗人屈原的。第二种说法是平湖西南境养蚕业较发达，因养蚕多种桑少，蚕熟时常到海宁、桐乡等地去买桑叶。而平湖良田多杂地少，养蚕多种桑少，蚕区流行一句话："平常卵呖呖，全靠四月里。"养蚕户为了四月里养蚕能有好收成，纷纷到外地抢购桑叶。俗话说："救蚕如救火。"开船去买桑叶总嫌船速慢，于是拼命摇橹划桨，以抢时间争速度。第三种说法是新丰的施王菩萨很灵验，所以种落黄秧后，都要到那里去烧"汰脚香"，预防蛀脚，顺便摇快船取乐。

关于摇快船的历史，还可以追溯到同为江南水乡的昆山。摇快船始于清初，流行于昆山澄湖周围的周庄、锦溪、大市及南港南部的几个村。昆山一带湖河港汊纵横交织。旧时，几乎家家户户都有大小各异的船只。船是交通工具，进镇串村要用它，走亲访友要用它，下地干活要用它载人、装农具、运作物，所谓"咫尺往来，皆须舟楫"。在昆山的周庄、锦溪、大市等地，每逢节讯、庆丰收和婚嫁迎娶的良辰吉日，将船只装饰成快船、灯船，参加欢庆仪式，演绎成昆山的民俗，代代相传，沿袭至今。

昆山摇快船的来历，据传是为了纪念抗清义士陆兆鱼。清顺治年间（1644～1661），江南各地风起云涌，纷纷起兵反清，邻镇陈墓（今锦溪）的秀才陆兆鱼仗义响应，组织抗清水军，日夜操练于周庄、陈墓毗邻的澄湖和明镜荡。顺治二年六月，陆兆鱼率师进军苏州。义军摇着快船，以迅雷不及掩耳之势，一举攻占南门，直捣巡抚衙门。凯旋时突遭清军伏击，陆兆鱼只身得脱，隐居为僧。事后，为了纪念他，周庄等地乡亲们每年在农历三月二十八日、七月十五日举行庙会，在水上进行摇快船比赛。经过悠悠三百多年的沿袭，摇快船已成为民间良辰佳节、喜庆丰收、婚嫁迎亲时群众喜闻乐见的大型娱乐活动。农民自备船只、服装、道具、锣鼓，自娱自乐，既具有浓郁的水乡风情，又能显示村民的凝聚力。

昆山一带的农村中流行"无快船不成村"和"有快船有人气"之说。多数村庄都有快船一二条，其中周庄祝家浜（今复兴村）、锦溪千家甸都拥有专门供比赛用的快船六条，大市李泾村也有供比赛用的快船三条。每逢节讯、庙会、社戏和村民婚嫁迎娶时，村里总要开出几条快船，展示村庄雄风。与普通的农船不同，正规的快船船体大而狭长，中舱内可放置四张八仙方桌，船头和船艄形似火箭状，且高高翘起。每条快船都有一个生动好听的名字，有的叫"老寿星"，该船船身最大；有的叫"小青龙""小白龙"，这些带有"小"字的船，船身稍小一些；还有的叫"三枪""竹叶青""川条鱼"，这些船的船身中等，但船体狭长，船头、船尾高翘，摇起来速度很快。

每逢举行摇快船的前几天，村中当事人和船主共同商量装置快船。正规的快船在船头中央安装一支形似橹的长桨，在快船行进时，由有经验的掌船人做舵手，把握快船的方向。农船改装的快船，一般将船舵安装在船艄后面。船头上站立一名身强力壮的村民，手持竹篙，配合舵手把握快船的方向。举行摇快船之日，锣鼓一声，参加摇快船的村民紧束腰带，脚蹬草鞋，从四面八方汇集而来，根据自己的特长选定位置。首先在四块板上站立四名壮汉“出跳”，再配四名橹手把持住大橹、中橹和小橹，另外众多的水上行家里手分别排列在船艄橹绷处等待扯绷。随着铿锵的锣鼓声，快船启动，船与船比，村与村比，你追我赶，各不相让。这时，立于船头上的篙手（或桨手）将船撑离岸边，“出跳”的壮汉立在船舷外侧的跳板上猛力拉绷。在船艄上扯绷的人时而猫着腰，时而挺着胸，一面奋力拉推橹绷，一面跺脚吆喝，几个回合下来，排在身后的马上接力，如此循环。随着扯绷的人拉、推橹绷，把橹的橹手沉稳地推艄和扳艄，与“出跳”的和扯绷的默契配合。篙手或桨手则稳立在船头，尽使拿手绝招，点篙（操桨）调转方向，指挥自如。随着锣鼓紧敲猛打，快船犹如骏马飞驰一般快速前进，故有“吴儿驶船如驶马”之说。

第八章

民间语言

民间语言，通常是指广大民众用来表达思想并传承民间文化的口头习用语。长期以来，京杭大运河的南北运行，带动了运河沿线各地的人员、商贸与文化等方面的交流、融合。可以说，一条运河纵贯南北，流布于运河沿岸的各种民间语言在历史的长河中也在不断发生着交融和变迁，并逐渐形成了地域特色鲜明的方言、行话、隐语、谚语和俗语等不同语言表达形式。沿线各地的民众南来北往于京杭大运河之间，无论是低吟浅唱的江南吴语，抑或是字正腔圆的北方官话，在历史的长河中共同描绘了一道靓丽的运河语言风景线。而这些日常生活用语的使用与表达，不仅是观察和理解运河沿线社会生活习俗的重要窗口，其中也蕴含着运河民众千百年来积淀而成的语言智慧。

第一节　方言

大致说来，方言是一个民族共同语的地域分支，广义层面的方言主要包括地域方言、社会方言、文学方言等几种形式，狭义层面的方言则多以地域来区分。京杭大运河纵横南北，其跨越的地域十分广袤。事实上，这条流动的运河不仅推动了沿线不同地区人员之间的商贸交往，也促进了运河地域方言的频繁交流，塑造了特色鲜明的方言文化。综而观之，江南一带水网密布，商业文化发达，以杭州方言、嘉兴方言、苏州方言和无锡方言为代表的江南吴语区呈现出“石骨铁硬”“柔软绵长”等典型特征；以扬州方言、淮安方言、宿迁方言为代表的江淮官话区，则兼具南北方言之交融特色，表现出“不南不北”等典型特征；至于以枣庄方言、济宁方言为代表的中原官话区和以聊城方言、德州方言、沧州方言、天津方言为代表的冀鲁官话区，则更多地受到京杭大运河北端北京官话的影响，体现出“直言直语”“低沉、浑厚、憨直、生动”“哏儿”等典型特征；以武清方言和通州方言为代表的北京官话区，则呈现出“抑扬有致”等典型特征。正是这些充满着地方生活趣味的方言表达形式，构建了京杭大运河沿线绚丽多姿的地域方言文化，并在沿线民众不断的交流、使用中得以传承。

一、江南吴语

（一）杭州方言

作为浙江省省会的杭州，历史传承悠久，文化底蕴深厚。一般认为，杭州方言是历史上宋室南渡建都杭州而形成的一支带官话色彩的吴语，故又被称为江南官话。据清雍正《浙江通志》记载："自左氏吴语越语，而后有越绝吴越春秋之作。"① 先有吴越之方言传播，此后才有吴越之文字记录。清嘉庆《余杭县志》中亦有提及："余邑语音，与吴越诸邑本无甚异。"② 从历史发展进程来看，东晋时期永嘉南渡、南宋迁都临安以及清代八旗入驻，北方移民三次群体性迁入杭州，对杭州方言兼具南北杂糅的语言特色产生了较为深刻的影响。不仅如此，历史上杭州方言的形成还曾受到绍兴方言的滋养。由于过去一部分杭州百姓的祖籍隶属于绍兴地区，绍兴方言自然对杭州方言的变化有着潜移默化的影响，在当地还普遍流传着"杭州萝卜绍兴种""经济人断勿得杭州路"等民间谚语。③ 当然，从狭义层面看，杭州方言起初只通行于杭州十城门之内，其外则流行余杭方言，杭州人至今还传有"枪篱笆外的话""打白杭儿"等说法，杭州城内、城外乡民所使用方言之间有相对明确的地理界限。明成化《杭州府志》云："其民，老死不识兵革，四时嬉游歌鼓之声，至于今不废。"④ 在过去，杭州一带的乡音土语保存较为完整，且外人较难理解，呈现出一定的地域封闭性特征。据清乾隆《杭州府志》所记："民有至老不见官府者，见人唯作方言，一时不能通晓，有古人遗风。"⑤ 总体而言，杭州方言以吴语为主，同时兼有少部分徽语、闽语及官话等。如在杭州城区及其所辖的桐庐、临安等地，民众擅讲吴语，并分属杭州、临绍、湖州三小片区。值得注意的是，虽然杭州为运河大都会之一，但杭州方言在浙江吴语地区所占比重并不大。据不完全统计，目前国内以杭州方言为母语的人口约为 150 万人。此外，建德、淳安等地的乡民多用徽语，而在杭州的余杭、西湖等地区还有一小部分闽语在民间传承。

从语言表达特征层面来看，杭州方言在吴语地区可谓是独树一帜。它既不同于绍兴方言的刚中带柔，也不像苏白方言那般柔中带刚，而是在语音传递上呈现出典型的"石骨铁硬"特征。具体从杭州方言的声韵调系统来说，它包括 30 个声母，38 个韵母，阴平、阳平、阴上、阴去、阳去、阴入、阳入 7 个单字调。⑥ 例如，"你不要有趣"中的"有趣"要发阳去调。同时，在杭州方言词汇的具体使用方面，主要以不文不白或半文半白为特色。例如，"火出郎当"指做事不沉稳，"呼呼泡"意为很烫之意，"有数没账"指说话做事没有轻重，"有趣答煞"指不太知趣，等等。从语法使用层面来看，杭州方言的特点体现在否定词、儿缀、代词系统的差异等方面。⑦ 前已述及，受南北语言融合影响，杭州方言不少词汇用法与普通话类似，可被视为江南吴语与北方官话互相接触的产物。例如，人称代词多用"你、我、他"，

① 雍正《浙江通志·序》。

② 嘉庆《余杭县志·凡例》。

③ 王洪君：《历史语言学方法论与汉语方言音韵史个案研究》，北京：商务印书馆，2014 年，第 359 页。

④ 成化《杭州府志》卷一七《风土·风俗》。

⑤ 乾隆《杭州府志》卷五二《风俗》。

⑥ 钱乃荣：《当代吴语研究》，上海：上海教育出版社，1992 年，第 52 ~ 53 页。

⑦ 徐越：《杭州方言与宋室南迁》，杭州：杭州出版社，2013 年，第 164 页。

复数多加“们”，否定副词常用“没有”和“不”，还经常把“很”“非常”等程度副词用于形容词和动词的后面。而且，杭州方言的儿化音具有明显的地方特色，即“儿”字自成一个音节，比如“老婆儿”“姑娘儿”“皮夹儿”等。这种“儿”化用法非常普遍，也为杭州方言中一种独特的“儿尾词”现象。杭州方言词语内容丰富，以下选取部分较为典型的杭州日常生活用语示例。

日里：白天。

日中：中午。

晚快边儿：傍晚。

旧年子：去年。

落雨：下雨。

男人家：男人。

小伢儿：小孩子。

额角头：额。

手膀：胳膊。

温吞水：温水。

麻巧儿：麻雀。

抽斗：抽屉。

高头：上头。

吃力：累。

好好交：好好地。

做事体：干活儿。[①]

（二）嘉兴、苏州方言

嘉兴地处浙江省东北部，属于杭嘉湖平原地带，是中华远古文明的重要发祥地之一，也孕育了多姿多彩的嘉兴方言语种。嘉兴曾是春秋时期吴越两国的交界地，故其方言保存着吴语、越语的古风。嘉兴方言的生成、发展过程深受地方民俗文化的持续影响。如明崇祯《嘉兴县志》所载：“语云百年成俗，盖谓民性纯白，耳目互濡，相渐以成。”[②]嘉兴方言归属吴语太湖片区中的苏沪嘉小片，是浙北吴语的重要语种之一，分布区域内兼有绍兴话、下江官话及中原官话流布，又被称之为“嘉兴闲话”。元、明两朝，

① 任镇泰主编：《杭州市志》第2卷，北京：中华书局，1997年，第320～323页。

② 崇祯《嘉兴县志》卷一五《里俗》。

嘉兴方言曾长期影响着上海方言、松江方言的语言发音方式。近代以来，嘉兴方言则趋向于向上海方言靠拢，主要分为新老两派。从地理分布来看，过去嘉兴方言以嘉兴城为主体，下辖各县方言与其大同小异，包括中心片、洪合片、王店片等五个小片区。就发音语调而言，嘉兴方言多用重叠之调，细听起来又比相邻地区的吴语略显高亢、清晰。① 嘉兴方言具体包括 28 个声母，43 个韵母，8 种声调。② 其中，两字组连续变调有 64 种调类排列，归并后有 21 种连调模式。③ 例如：嘉兴方言中的“东风”本来调值为 51+55，连续变调为 44+51，这是阴平字与阴平字的组合变调情况；“火车”本来调值为 44+51，连读不变调值，这是阴上字和阴平字的组合变调情况。④ 嘉兴方言中保留了部分全浊声母，当地人无法准确区分舌尖后辅音与舌尖前辅音；嘉兴方言中单元音韵母使用比较常见，保留了一部分后鼻音韵尾和喉塞音韵尾，但没有鼻化音和归音；嘉兴方言的声调保存了普通话的 4 个声调，也保留了部分古入声字。在方言词汇的语音使用方面，受普通话等官方语言的交互影响，嘉兴方言中方言词和官话词交互使用的情形较为普遍。例如，当地人会把“时候”讲成“辰光”，把“这边”讲成“格灭”，把“那边”讲成“爱灭”，等等。以下选取嘉兴方言中的部分称谓词汇和时间词汇示例。

吾，吾奴，阿奴，吾伲，吾啦：我。

倷，侬，讷：你。

伊：他 / 她。

吾卡：我们。

倷拉：你们。

伊拉：他们。

阿爹，阿爸：爸爸。

姆妈：妈妈。

家婆：老婆。

大爹：爷爷。

亲妈，娘娘：奶奶。

阿哥：哥哥。

阿姐：姐姐。

上昼：上午。

① 嘉兴市志编纂委员会编：《嘉兴市志》，北京：中国书籍出版社，1997 年，第 1943 页。

② 钱乃荣：《当代吴语研究》，上海：上海教育出版社，1992 年，第 50 页。

③ 徐越：《浙江吴音研究》，杭州：浙江大学出版社，2017 年，第 60 页。

④ 曹智峰、吴嫣斐：《嘉兴方言两字组连读变调的非线性分析》，《嘉兴学院学报》2011 年第 2 期。

下昼：下午。

今朝：今天。

明朝：明天。

昨日：昨天。

早阵头：早上。

夜里向：晚上。

该阵：现在。

老底：以前。

通过以下两首旧时流传于嘉兴地区的民间童谣，亦可以感受到这种方言表达形式的独特性。

嘉兴闲话蛮滑稽，称呼搭人家勿一样。囡囡拉妈妈叫姆妈，姆妈拉姆妈叫外婆，姆妈拉爸爸叫外公。爸爸拉爸爸叫大爹，爸爸拉姆妈叫亲妈。嘉兴闲话真滑稽，称呼搭人家勿一样。

啥东西为得飞？吊为得飞，吊哪哈飞？拍拍翅膀飞来飞去。啥东西为得游？红为得游，红哪哈游？摇摇尾巴点点头。啥东西为得跑？马为得跑，马哪哈跑？四脚腾空往前跑；啥东西为得爬？虫为得爬，虫哪哈爬？木牢牢脚慢慢叫爬。①

苏州方言是吴地方言的代表性语种之一。古城苏州，在历史上曾因京杭大运河的存在而成为商贾云集的重地，也曾是士绅名流心向往之的游学胜地之一。早在商代，上古吴语的出现已经影响到苏州方言的生成。汉末，受南北文化交融的影响，中古吴语逐步定型。及至南朝，吴语影响力渐增。据清同治《苏州府志》记载："吴之土风习俗，隋志详矣……吴音清乐也，乃古之遗音。"② 明代以后，苏州所处的江南地区经济富庶，文化繁荣，苏州方言一度成为当时士大夫阶层的通用语言，也即"苏白"。流传至今的苏州评弹、昆曲、越剧等民间曲艺，皆选择"苏白"作为标准音。这种语言形式在当时江南一带的精英阶层颇为流行，"苏白"亦与京白、韵白、粤白并称为"四大白话"。不仅如此，江南地区的民间百姓过去也以学讲"苏白"话为荣，苏州方言的社会影响力可见一斑。苏州方言隶属太湖吴语大区中的苏嘉沪小区，其所涉范围包括苏州城区、虎丘区、吴中区等地，由于地理的区隔，即便是不同区县之间，也存在"乡音土语"的细微差异。据明弘治《吴江县志》记载："风

① 吴冬姝：《杭嘉湖地区方言童谣辑注》，杭州：浙江工商大学出版社，2016年，第122、130页。

② 同治《苏州府志》卷三《风俗》。

土不同，语言亦异，古称吴，为东夷。其言快舌，以今观之，则有未尽然者，大抵正音多而快音少……又有三侬，自称曰我侬，称人曰你侬，指他人而称曰渠侬。”[①] 当地方言发音系统呈现出正音多、快音少的特征。总体而言，苏州方言与周边相邻地方的吴语发音相比，其最明显的发音特征是“清、柔、轻、美”[②]。民国《吴县志》云：“吴音清而柔缓，故音韵之学独盛于南方，虽土音各限，方隅不若中州之正，而流利明晰，纤悉必分，舒齐宛转，则其所长。故吴音自古独重。”[③] 具体说来，苏州方言包含 27 个声母，43 个韵母，阴平、阳平、阴上、阴去、阳去、阴入、阳入 7 个单字调。[④] 其中，零声母开头有轻微喉塞音。在使用连续变调时，主要有广用式和窄用式两种变调方式。苏州方言阴平、阳平、阴上作为前字不变调，例如，西瓜、仁丹、火车等词汇。[⑤] 此外，苏州方言在使用轻声时，有喉塞音尾用 2 短调，无喉塞音尾用 21 调，而且它与变调的 21 调无法区分。如新郎 = 心浪（心上）。[⑥] 苏州方言在日常使用过程中主要体现出三个特征：一是完整保存了中古语音系统的全浊声母，韵母大多由单元音构成，还有成批的文白异读和复杂的连续变调；二是它的人称代词与指示词用法独特；三是常用合音词，语言表达较为婉转含蓄。[⑦] 因此，苏州方言听起来更具“柔软绵长”的语言特色。以下选取部分苏州人常用的生活词语举例。

霍显：闪电。

空阵头：光打雷不下雨。

凌唐：冰锥儿。

梗灰：生石灰。

蓬尘：灰尘。

垂夜快：傍晚。

雨麦：玉米。

白葫芦：生西瓜。

矮模样：差不多了，快到时间了。

辣火：辣椒。

肌夹：翅膀。

① 弘治《吴江志》卷六《风俗》。

② 徐静主编：《吴文化概说》，苏州：苏州大学出版社，2013 年，第 199 页。

③ 民国《吴县志》卷五二《风俗》。

④ 钱乃荣：《当代吴语研究》，上海：上海教育出版社，1992 年，第 37 ～ 38 页。

⑤ 叶祥苓：《苏州方言的连续变调》，《方言》1979 年第 1 期。

⑥ 李荣主编：《苏州方言词典》，南京：江苏教育出版社，1993 年，第 5 ～ 7 页。

⑦ 徐静主编：《吴文化概说》，苏州：苏州大学出版社，2013 年，第 198 页。

上代头：父母以上的长辈。

家小：妻子。

庭柱：柱子。

眼膛：眼眶。

新妇：媳妇。

囡五：女儿。

吃局：可吃的东西。

利市饭：丧事办完后丧家办的“豆腐饭”。

薄浪汤：形容极稀的粥。

铜钿：钱。

木人头戏：木偶戏。

摆炮：摆着做样子。

打统账：混在一起。

吃开口饭：当教师或演员等。

收末会：殿后，处于最后。

出戏法：变花样，玩花招。

出空身体：丢开所有的事情。

果肉：花生仁。①

（三）无锡方言

无锡位于江苏省南部，邻近苏州、常州、常熟、江阴等地，紧依太湖，京杭大运河贯穿其中。从历史上看，无锡曾是京杭大运河南北水陆交通的商贸重地。据元至正《无锡县志》记载：“无锡为浙右名邑之冠，当南北之冲会。土地沃衍，有湖山之胜，泉水之秀，商贾之繁。”② 由于它地处苏州、常州、宜兴的中间位置，又属于长江三角洲江湖走廊地带，一般认为无锡方言归属北部吴语区。民国《江阴县续志》云：“盖不明古语，不能明古义；不通今音，亦无以明今语。方言虽多，俗音其辗转递变，皆有所本。”③ 依照地理分布，无锡境内自西向东分为城区、鸿声、羊尖、八士、洛社、胡埭、雪浪等七种方言形式，目前无锡方言使用人口在 200 万人，当地流传着“十里不同音”的说法。从近代无锡发展史来看，由于无锡地区经济、社会、文化相对发达，

① 苏州市地方志编纂委员会编：《苏州市志（方言卷）》，南京：江苏凤凰科学技术出版社，2014 年。

② 至正《无锡志》卷一《邑里 · 风俗》。

③ 民国《江阴续县志》卷九《风俗》。

故无锡方言能够在北部吴语区中占据一席之地。著名学者赵元任曾将无锡方言列入《现代吴语的研究》中33处调查点之一。[①] 具体来说，无锡方言大致涵盖东西两片区域。其中东片包括厚桥、鸿声、硕放等乡镇、街道，当地民众使用的方言与苏州、吴县等地的发音形式比较相似；而西片的无锡方言，则与苏南、上海等江南吴语接近。

无锡方言保留了吴语区的主要语言特征，例如塞音塞擦音三分、有短促入声等，皆属于吴语方言的特色。从历史脉络看，无锡地方志书中早就有对该地方言具体词汇用法的相关描述。如据清光绪《江阴县志》所载，“坎曰潭，孔曰洞……饮食曰吃，器物曰家生”。从无锡方言的发音系统来看，包括27个声母，48个韵母，7个声调。[②] 无锡方言保留了古浊声母用法，发音时也做尖团音区分，还存在文白异读的特点。此外，无锡方言多使用单韵母，读开口呼字较多，合口呼字较少。[③] 无锡方言中保留着分别表示陈述、疑问、祈使和感叹语气的语气词，但因声调差异，读法多有变化。例如，当地民众用“怕”表示疑问语气中的“吧”（佗大概会来葛怕？），用“吗”表示祈使语气中的“啊”（你勿要瞎说吗）。[④] 在词汇使用方面，无锡方言中还常会用到一些充满着民俗趣味的生活惯用语，如用“相野眼”来形容思想上开小差，用“看中”来形容相中，用“吃生活”表示挨打之意，语言意象十分生动、传神。因为无锡人语速较快，故当地方言又被称为“无锡闲话”。以下选取部分无锡方言词汇作为示例。[⑤]

倷伲：我们。

你俚：你们。

伲格：这个。

伲搭：这里。

伲嗨点：到这边来一点。

哪夯：怎样，怎么办。

啥：什么。

拨：表示给予或被动。

来勒：在。

搭：和。

啰格：谁。

蛮：很。

---

① 黄明明：《20世纪无锡方言研究综论》，《江南大学学报（人文社会科学版）》2005年第5期。

② 钱乃荣：《当代吴语研究》，上海：上海教育出版社，1992年，第36页。

③ 曹晓燕：《无锡方言研究》，硕士学位论文，苏州大学，2003年，第5页。

④ 翁寿元：《无锡、苏州、常熟方言本字和词语释义》，苏州：苏州大学出版社，2014年，第229页。

⑤ 周福昌：《无锡方言存录》，北京：北京语言大学出版社，2013年，第49～53页。

几乎：多少。

早起头：早晨。

昼间头：中午。

日脚：日子。

日里头：白天。

旧年头：去年。

寻酿头：从前。

裸角：行为，表现。

阴损：暗中损害人。

弄松：暗中使手脚。

喽白相：指人们互相招惹逗乐。

二、江淮官话

（一）扬州方言

江淮官话主要分布在淮河以南、长江以北一带。其中江苏境内的江淮官话又被分成南京片、扬淮片及通泰片三处小方言片区。作为江淮官话片区的典型性方言语种之一，扬州方言在该区域有着重要的地位。扬州地处江苏省中部，江淮平原南部，位于长江与京杭大运河交汇处，素有“中国运河第一城”“淮左名都，竹西佳处”等美誉。扬州古称广陵、江都，在历史上曾是江南地区的经济和文化中心。如据明万历《扬州府志》所载：“昔称扬一甲于益都，华实之产，九土上腴，谣俗喜好，杂沓有殊。”[①] 又据清雍正《扬州府志》所记：“扬州土壤膏沃，擅鱼盐布谷之利，商贾懋迁有无，百货廛积，故历代繁华。喜奇淫而恶朴拙，都美盛丽之风，靡靡成习，亦其地使然也。”[②] 扬州厚重的历史文化底蕴也塑造了独具地方特色的语言形式，使其成为江淮官话的代表性方言语种。据万历《扬州府志》所载：“汉扬子云所载《方言》，在江淮之间者，爱曰怜，只曰䫉，或曰睠，盛曰洍，眄曰睊，或曰略，坚曰锴，骂奴曰臧骂，婢曰获，鸡头曰芡，快曰逞，尻曰慰，杀曰虔，代曰侹，禅衣谓之褋，古谓之深衣，襜褕谓之穜褣……今方言，处所谓高头，无为、没得、不谨为攫掉，不洁为龌龊，不慧为呆，假寐为盹，觇视为睄，厕为坑，庭为天井，额为业楼，颔为颊腮，膝为波罗，胫为孤拐，虹霓为杠，电为闪，小儿为芽子，乳妇为奶子，辱□为姥姥，蝙蝠为别伏，乌鸦为老呱，寒蝉为

① 万历《扬州府志》卷二〇《风物·风俗》。

② 雍正《扬州府志》卷一二《风俗》。

遮留，蚯蚓为曲鳝又，口吃为急子，猫为毛，雁为案，咸为寒，鞋为孩，蟹为海，则音之转也，其类不可殚记，姑识其略。”[①] 时至今日，在扬州民间广为流传的扬州清曲、扬州评话、扬州弹词、扬剧等曲艺形式仍采用扬州方言。扬州方言成为传承扬州文化的重要载体，这在地方民歌、劳动号子等民间艺术中均有体现。[②] 当然，广义的扬州方言涵盖区域包括邗江、仪征、高邮、江都、宝应等地区以及安徽天长、淮安金湖等地的方言；而狭义的扬州方言主要指扬州城区范围内的方言。城郊之外，则被称为“街上话”。从地理分布来看，扬州方言具体又分成市区话、山上话和洲上话。其中，市区话包括扬州市区及蒋王（街道）、霍桥、汤汪、湾头、杭集、泰安、汊河（街道）、八里、施桥、瓜洲等 11 个乡镇；山上话包括西湖、平山、城北（北部）、杨庙（火车站周边除外）、甘泉（街道）、杨寿、方巷、公道、槐泗、大仪、刘集等 11 个乡镇；洲上话包括沙头、李典、头桥等 3 镇。若从方言特征分析，扬州市区方言发音相对柔软，郊区方言则略显生硬。

扬州老城区使用的方言通常被视为标准江淮官话方言，而扬州所在的洪巢片区是江淮方言的中心。由于其地处南北方言过渡地带，故扬州方言特点也被学者形容为“亦南亦北，不南不北”。[③] 从其语言发声特征来看，古全浊声母在扬州方言中全部清化，拥有独立的韵母系统，音调值偏高且短。扬州方言不区分尖音与团音，也不对前后鼻音韵尾做区分。扬州方言包括 17 个声母，46 个韵母，5 个声调。[④] 其中声母与江南官话类似，韵母的特点则是保留了入声韵，入声收喉塞音韵尾，所以扬州方言要比普通话多出一个入声调。扬州方言的韵母与普通话大致对应，但普通话中的双元音在扬州方言中多被读成单元音韵母。在扬州方言的传承过程中，还形成了地方特色鲜明的常用方言词汇。例如，“不得”表示“没有”，“多晚哉”表示“什么时候”，“小爬爬”表示“小板凳”。这些词汇一部分与吴语共用，也会与北方官话共用。此外，扬州方言的语法特点之一是两种反复问句共存。如扬州方言中问“吃不吃饭”，既可以说“可吃饭”，也可以说“吃饭不吃饭”。[⑤] 以下选取部分扬州人常用的方言词汇和语句举例。

沙星：流星。

昂风：迎风，顶风。

丢点：开始下雨。

汪塘：水塘。

塘灰：灰尘。

---

① 万历《扬州府志》卷二〇《风物·风俗》。

② 陶思炎主编：《江苏特色文化》，南京：南京师范大学出版社，2009 年，第 43 页。

③ 曹永森主编：《扬州特色文化》，苏州：苏州大学出版社，2006 年，第 149 页。

④ 王世华：《扬州话的声韵调》，《方言》1992 年第 2 期。

⑤ 王世华：《扬州方言里两种反复问句共存》，《中国语文》1985 年第 6 期。

先门子：以前。

打春：立春。

大冬：冬至。

日天：白天。

高头：上面。

和头：过后。

上熟：上半年可以收割的农作物。

家积肥：家用肥料的总称。

秧门：秧田中留下的走道。

红豆子：赤小豆。

芦书：高粱。

洋山芋：马铃薯。

老姑娘：排行最小的女儿。

大师父：技艺高的人。

扒柴鬼子：顽童。

他就是这们一个人，你不要睬他。

这东子坏得这杠子了，还能用啊？

我这块不得钱，他那块有。

这万子几点钟啦。

吃到碗头，望到锅头。

我正忙着，不得功夫。

这个事情你晓得不晓得啊？

你们今个上课没有上课啊？

这碗饭你吃得下吃不下？

你狠似他，他拿你没得办法。

儿子大似老子。①

（二）淮安方言

淮安地处古淮河与京杭大运河的交汇点，历史上曾与杭州、苏州、扬州并称为京杭大运河沿线四大都市。它位于江淮平原东部，也是江淮流域古文化的重要发源

① 扬州市地方志编纂委员会编：《扬州市志》下册，上海：中国大百科全书出版社上海分社，1997年，第3070～3091页。

地之一。淮安境内无崇山峻岭，地势相对平坦，以平原为主，而且河湖纵横，属于典型的“平原水乡”。淮安旧时曾是京杭大运河南北漕运的重要中转地，商贸往来十分繁盛。据清乾隆《淮安府志》记载：“第水陆之冲，四方辐辏，百工居肆，倍于土著……民惮远涉，百物取给于外商，即有兴贩者，白稻秫麦菽园蔬水鲜之外无闻焉。若盐鹾之利，则皆侨寓，有大力者负之而趋矣。”[①] 又据清光绪《淮安府志》记载：“国朝为淮北网盐顿集之地，任鹾商者，皆徽扬高赀巨户，役使千夫，商贩辐凑。秋夏之交，西南数省粮艘，衔尾入境，皆停泊于城西运河，以待盘验。”[②] 目前淮安下辖清江浦区、淮阴区、淮安区、洪泽区、涟水县、盱眙县、金湖县等四区三县。淮安独特的自然地理与历史文化风貌也直接影响着当地方言的日常表达形式。总体来看，淮安方言是江淮官话区的重要组成部分，被归为北方方言区及南部吴语区的过渡地带。在淮安当地传有“南蛮北侉”的说法，而淮安方言却因“不蛮不侉”的语言特征被称作“淮平子”。淮安方言在其境内又被鲜明地划分为两类，其中淮安南部的方言与吴语区相近，多用入声词汇，并且没有卷舌音；淮安北部县区的方言则与北方方言接近，日常用语多见卷舌音。这一南北方言差异在淮安的地方曲艺表演中尤其突出。例如，在淮安北部流行着粗犷、豪放的淮海戏，而在淮安南部流行着略显柔情的淮剧，这两大地方剧种皆以淮安方言为表演语言，深受当地百姓的喜爱。

淮安方言作为江淮官话音系的代表性语种，又被称为“淮语”，它属于江淮官话洪巢片中的淮扬小片。一般认为，明清时期淮安方言以淮安府城淮城口音为标准口音。明朝期间，“淮语”曾被定为官方语言。四大名著之一《西游记》的作者吴承恩也曾在其书中大量使用淮安方言。[③] 淮安当地民众所使用的方言以市区通行用语为标准，大致说来，淮安清江浦区最能代表淮安方言。具体从语音系统来看，淮安方言共包含 18 个声母，46 个韵母，阴平、阳平、上声、去声、入声 5 个声调。主要特点有古全浊声母全部清化；没有前后鼻韵尾之区分；古入声字今仍读入声，不分阴阳。淮安方言中韵母与声母同样趋硬，在普通话中发音饱满的音调，通常在淮安方言中并不饱满。从语法使用方面来说，淮安方言中的词缀多用“子”或“个”，同时会采用儿化音，且儿化并不局限于词尾，如呆子、明儿个等用法。而在使用句子时，通常淮安方言的选择句多采用“肯定 + 否定”的动词格式，如“你吃没吃过”，以此表示疑问之意。[④] 以下选取部分淮安人在日常生活中常用的方言词汇、语句示例。

凉月：月亮。

水汪子：水坑。

---

① 乾隆《淮安府志》卷一五《风俗》。

② 光绪《淮安府志》卷二《疆域》。

③ 刘怀玉：《西游记中的淮安方言》，《明清小说研究》1986 年第 1 期。

④ 沈晋华、蒋留生主编：《普通话基础与训练》，北京：中国农业出版社，2001 年，第 199、202 页。

好天：晴天。

发水：涝。

上冻：结冰。

大妈：伯母。

今个：今天。

丈人：岳父。

老头儿：泛指老年男性。

地蛋：马铃薯。

小气鬼：吝啬鬼。

关门：倒闭。

吸铁石：磁铁。

即刻儿：现在。

上半天：上午。

中午心：中午。

哪块：什么地方。

末末了：末尾。

稻粒子：稻谷。

棒头：玉米。

纽扣子：扣子。

干面：面粉。

弄菜：做菜。

弄饭：做饭。

颈项脖子：脖子。

大拇手指头子：大拇指。

手指盖子：指甲。

一天到晚：整天。

挂水：打吊瓶。

号脉：诊脉。

天老爷：老天爷。

灶老爷：灶神。

你晓不晓得？

你到没到过北京？

你平时吃不吃烟？

你把碗洗一下子。

帽子挨风刮走了。

即个手巾多脏啊，撂掉了吧。[①]

（三）宿迁方言

宿迁位于江苏省北部，居于长三角北翼，自古便有“北望齐鲁、南接江淮，居两水中道、扼二京咽喉”的说法。据民国《宿迁县志》记载：“宿邑之水，皆自西北来，东南流入沭阳，桃源界，其流之最远者莫如运河。”[②] 宿迁境内不仅有京杭大运河流经，还拥有淮河和沂沭泗两大水系，同时兼有洪泽湖、骆马湖两大湖区，属于典型的“苏北水乡”。宿迁古称下相、宿豫，是西楚霸王项羽的故乡，具有 5 000 余年的地方文明史和 2 000 余年的建城史。宿迁方言属于江淮官话的代表性语种，主要分布在宿迁境内，其中一部分区域也分属中原官话中的郑曹片，故其呈现出明显的中原官话与江淮官话相互交织的特征。从广义层面看，宿迁方言大致包括沭阳方言、泗阳方言和泗洪方言三种，属于江淮官话的洪巢片。狭义的宿迁方言则特指宿迁市区（宿城、宿豫）民众使用的方言，一般被视为宿迁本地主流通用语言，并被当地民众普遍使用。即便如此，这两区以运河为界，东西两岸的方言语调亦有不同。

从发音系统来说，宿迁方言包括 21 个声母，36 个韵母，阴平、阳平、上声、去声 4 个声调。[③] 而从语言发音特色来看，宿迁方言具有中原官话的典型发音特点，即古入声消失，通常古入声清音声母和次浊声母字今读阴平，古全浊声母字今读阳平，因此宿迁方言用语发音相对较重。在宿迁部分地区有明显的尖团之分，同时对平翘舌音及前后鼻音均有较为明确的区分。从词汇上来讲，宿迁方言中的副词、语气词使用与普通话略有差异。例如，宿迁方言用“拢共”“划”“寡”来表示“全”“都”的意思，用“包许”来表示“估计”之意，等等。[④] 需要注意的是，宿迁下辖的宿城区、宿豫区所使用的方言属中原官话区，而其下辖的沭阳、泗阳、泗洪三县所使用的方言属江淮官话之洪巢片，此种方言的典型特征是 n、l 不分，并带有入声，但对前后鼻音和平翘舌音并未区分。从地理分布上来说，由于宿迁位于鲁南丘陵和苏北平原的过渡地带，其境内乡民日常生活中所使用的方言声腔差异较大，这在当地形式多样的地方戏曲中尤其明显。例如，沭阳、泗阳两地盛行淮海戏，泗洪流行泗州戏，宿城、宿豫则流传着淮红戏、琴书、大鼓和评词等民间曲艺形式。以下选取部分宿迁方言词汇示例。

---

① 江苏语言资源资料汇编编委会编：《江苏语言资源资料汇编》第 8 册《淮安卷》，南京：凤凰出版社，2015 年，第 21 ～ 43 页。

② 民国《宿迁县志》卷三《山川》。

③ 江苏省地方志编纂委员会编：《江苏省志·方言志》，南京：南京大学出版社，1998 年，第 202 ～ 203 页。

④ 陈世海、蔡兆银主编：《宿迁风物志》，北京：方志出版社，2011 年，第 131 页。

太影：太阳。

埂子：田埂。

山洼子：山谷。

窟窿洞：窟窿。

着火：失火。

冷水：凉水。

一整天：整天。

花骨枝：花蕾。

脊后：背后。

边口：旁边。

啧：正在。

抠：吝啬。

刁：小聪明。

印了：熄灭。

溜欢：麻利。

哪何儿个：什么地方。

照葵：向日葵。

憋乎：蝙蝠。

山芋：山药。

花喜喜：喜鹊。

官蜻蜻：蜻蜓。

老鸹子：乌鸦。

小秫秫：高粱。

大秫秫：玉米。

小米子：谷子。

辣萝卜：萝卜的统称。

拐子：角儿。

外头：外面。

腊梅花：梅花。①

① 江苏语言资源资料汇编编委会编：《江苏语言资源资料汇编》第13册《宿迁卷》，南京：凤凰出版社，2015年，第22～25页。

三、中原官话

（一）枣庄方言

枣庄作为山东省的南大门，其东与临沂接壤，西濒微山湖，南连江苏徐州，北靠济宁邹城，是鲁南地区的交通要地。枣庄历史悠久，文化底蕴深厚，距今 7 300 年的北辛文化是黄淮地区考古发现最久远的文化类型，也是东夷文化的源头。枣庄境域古时属峄县、滕县辖地，先秦时期曾有滕国、薛国、鄫国、郳国、郧国、小郳国及偪阳国等 7 座古城邦，也是中国古都城密集区之一。历史上枣庄一带民风豪爽，曾深受鲁、齐、楚等遗风之影响。清光绪《峄县志》云：“所赖先王礼义之化，洙泗之教，犹在人心，而风移俗易，迁染于诸国者，亦多有之。其质直怀义，类鲁；其宽缓阔达，类齐；其轻剽任气，类楚。至小民羯羠，悍劲相随，椎埋掘冢，作奸草莽，俚语不可究解，至今犹染遗风，此谣俗大较也。”[①] 京杭大运河横穿枣庄市南而过，境内全长 39 千米，孕育了灿烂的运河文化。目前当地共有枣庄港、滕州港、台儿庄港和峄城港四大港口。开凿于明万历三十二年（1604）的京杭大运河枣庄段，其在贯通之后长期助推着运河沿线市镇的经济、社会和文化繁荣。例如，明清时期的台儿庄古城就曾一度发展成为当时的“鲁南重镇”。据《峄县志》记载：“台儿庄濒运河，商贾辐辏，田匮栉比，亦徐兖间一都会也。”从历史上看，枣庄一带“民函五常之性，而其刚柔缓急，音声不同，系水土之风气”[②]。枣庄方言属于北方方言语系中的中原官话之兖菏片区，又归属山东方言的西鲁片区。枣庄方言处于山东方言和江苏方言的交接地带，目前这一方言的使用范围主要涵盖薛城区、市中区、高新区、峄城区、台儿庄区、山亭区和滕州市一带。

枣庄方言是中原官话的代表性语言之一。从发音系统来看，枣庄方言共有 23 个声母，37 个韵母，4 个声调。[③] 枣庄方言没有前后鼻音韵母之分，声调与普通话类似，没有入声，而且具有阴平字多、去声字少的特征。[④] 枣庄方言通常又被分为新老两派，两者在语音、词汇、语法等方面基本一致，新派主要受普通话影响而形成。如新派枣庄方言读 lü 的字，如驴、旅、吕等，在老派枣庄方言中统一念 lu。[⑤] 枣庄方言与其他北方方言相比，在成语、歇后语、形容词、倒装句、声调的使用方面尤显风趣幽默。例如，当地方言用“焦黄”形容很黄，用“通红”形容“很红”，用“虚紫”形容很紫，语言生动形象。又如枣庄人见面打招呼时，用“奏吗地”表达“干什么去”之意，用“藏稳来地”表达“什么时候来的”之意。在具体

① 光绪《峄县志》卷六《风俗》。

② 道光《滕县志》卷三《山川・风俗》。

③ 张凯、葛婷：《枣庄方言语音研究》，济南：山东人民出版社，2011 年，第 10 ～ 14 页。

④ 吕俭平：《枣庄方言语法研究》，济南：山东人民出版社，2011 年，第 6 页。

⑤ 枣庄市地方史志编纂委员会编：《枣庄市志》，北京：中华书局，1993 年，第 1705 页。

的词汇使用方面，枣庄方言亦是特色鲜明。首先，在枣庄方言中多用单音节词。例如，当地常把集市称为集，把镰刀称为镰，将铁锨称为锨，等等。其次，枣庄方言大量采用土语或俗语词汇。例如，枣庄方言习惯使用“洋××”格式的词汇，如“洋火”“洋钉”“洋车子”等；当地方言用“出门子”表示出嫁，“管”表示“可以”等，俗味浓郁。再次，枣庄方言中还保留了不少古语词。例如，用“艮”表示食物不脆或者说话生硬，用“攒”表示凑集之意，当地还流传有“吃屎的狗离不开秫稽攒”等民间俗语。①此外枣庄方言里的形容词还有专门的构词词缀。如“绿不莹的”“白不差的”“紫不溜的”等，在形容词之外的音节表达虚拟之意。从语法使用来看，枣庄方言多用“子”的词缀来表达词意。例如，天顶盖子、腮帮子、牙花子、肩膀子，用以称呼人的身体器官。从句式使用看，枣庄方言常用倒装句。比如，当地人会把普通话中的“不知道”讲成“知不道”。以下选取枣庄人常用的方言词汇示例。

青木天：凉爽的阴天。

半阴天：多云天气。

煞风：停止刮风。

雾娄毛子：毛毛雨。

小雪纺：下小雪。

冷子：冰雹。

冻冻：冰。

月姥娘：月亮。

湖：田野。

山夹沟：山涧。

坷垃：土块儿。

林：墓地。

每年：往年。

五黄六月：阴历五六月间。

月黑头：没有月亮的漆黑夜晚。

胧明儿：天刚亮的时候。

一崩儿：一段时间。

多咱：什么时候。

眼世：现在。

---

① 李方元：《枣庄方言古词语例释（二）》，《枣庄师专学报》1994年第1期。

棒子：玉米。

长果：花生。

皮子：狐狸。

家雀子：麻雀。

乌喽牛：蜗牛。

影目呛：影壁墙。

门嵌子：门槛。

坐床子：面宽而矮的方凳。

小小子儿：小男孩。

小闺女儿：小女孩。

身子骨：身体。

胳娄拜子：膝盖。

溜沟子：比喻奉承，巴结。

眼巴眼望：盼望。

搀越：拖延时间。

每儿来：以前。①

（二）济宁方言

济宁位于山东省西南部，北依泰安，南邻枣庄和江苏徐州，西接菏泽，东邻临沂，属于鲁苏豫三省结合部，是京杭大运河沿岸重要的工商业城市。济宁地处鲁南泰沂低山丘陵与鲁西南黄淮海平原交接地带，境内地形以平原洼地为主，东部则多低山丘陵。济宁历史文化悠久，作为东夷文化、儒家文化、水浒文化的发祥地，素有“孔孟之乡、礼仪之邦”的美誉。元、明、清三朝，都曾在济宁设立河漕衙门，京杭大运河的流经也造就了济宁地区丰厚的运河商业文化。清道光《济宁直隶州志》云：“济当河漕要害之冲，江淮百货走集，多贾贩。民竞刀锥，趋末者众。”②济宁方言是中原官话的典型语种之一，属于山东方言中的西鲁方言片或蔡鲁片。从历史上来看，济宁方言的形成受古代鲁国方言的影响较大。济宁方言在其内部各地区之间仍有较大差异。据民国《济宁县志》记载：“地志向载方言，盖以当时之语，沿袭既久，音义各殊，以讹传讹，而其中之深意即无可考据，著于记载，可免讹误。兹亦依例搜采，兼附诠释，非仅通雅俗之邮已也，亦以存语言于著录耳。先民有言，询于刍荛，似不得以谚语而

① 孙井泉编：《枣庄民俗》，青岛：青岛出版社，2006 年，第 236 ～ 238 页。

② 道光《济宁直隶州志》卷三《风土・风俗》。

略之。”[①] 过去济宁方言中还流传着一些常用的民间口头语，透过这些方言形式可以辨别出其人群所属的地理区域。广义的济宁方言主要涉及济宁全境民众使用的语言。目前济宁方言主要在任城区、兖州区、微山县、鱼台县、金乡县、嘉祥县、汶上县、泗水县、梁山县、曲阜市及邹城市等地使用。狭义的济宁方言则指在旧济宁城内及周边范围所使用的方言，一般局限于任城区境内。

总体而言，济宁方言的语言特征与北方方言保持了很大的一致性。具体从发音系统来看，济宁方言与中原官话的核心区相比，其在发音上出现了尖团音合流的现象，并且只有两套塞擦音。此外，济宁方言发音不区分平翘舌音。济宁方言包括 24 个声母，40 个韵母，阴平、阳平、上声、去声 4 个声调。济宁方言是山东方言中比较简单的系统之一，也是声母数目最少的方言点之一。[②] 济宁方言作为中原官话的代表，入声字派入四声，大体遵循着清入、次浊派入阴平，全浊派入阳平的语言特点，具体文字的读法以读阴平居多。从词汇用语来看，济宁方言的典型特点是“直言直语”，外人初听甚至会误解为骂人之语，但实际上只是感叹词或玩笑之言。旧时济宁方言用“子”表示名物助词，用“阿”表示应词，用“艮”表示极是词，用“们”表示辈分，用“邪浒”表示惊异词，[③] 等等，基本上遵循着中原官话区的语词逻辑。此外，至今济宁方言中还保存着一些与普通话有较大差异的地方专用词汇，前缀和中缀词并不多用。例如，用“俩夹儿”代指小偷，用“挂帐子”表示下雾，用“喷”表示正在之意。从语法使用来看，济宁方言多用程度副词、语气词和后缀词表达丰富的语言情感。例如，“办喽”表示“办得了”之意，句尾多用“不”或“没”表示反复之意。[④] 在济宁方言中有不少用法固定的“四字格”用来表示形容词。这四字中只有首字具有实际含义，后三字则类似后缀。例如，用“假二马哈”表示“虚伪”之意，用“愣儿吧唧”表示“愣头愣脑”之意，用“胡里倒嘟”形容“糊涂”的状态。以下选取部分民国时期和现代济宁地区使用的方言词汇及一则济宁民间歌谣作为示例。

民国时期济宁方言

打闪：电也。

瓜拉：霹雳也，俗言打瓜拉，以其声名之，无正字。

晌午：正午也。

晚晌：午后也。

今里、明里、后里：犹言今天、明天、后天也。

---

① 民国《济宁县志》卷四《故实·方言》。

② 钱曾怡主编：《山东方言研究》，济南：齐鲁书社，2001 年，第 64 页。

③ 同①。

④ 济宁市地方史志编纂委员会编：《济宁市志》，北京：中华书局，2002 年，第 1688 页。

厌每、欠每、大欠每：犹言昨天、前天、又前天也，按此只谐声，无字义之可考。

二胡：靠不住，不着实之词也。

不得：有病也，俗称有小病，曰不得羌。

拉话：谈话也，俗作拉寡，无正字。

红砖：暴横者之容貌也，俗亦作二红砖脸。

打架：相斗也。

清早：早晨也。

清起来：早起来也。

平白地：无故也。

不相干：无妨也。

可不是：是也，以人言为是，则曰可不是？亦反言之词。

老爷爷：太阳也。

月老娘：月也。

不离：也罢了，差可也。[1]

现代济宁方言

盖体：被子。

灶突：烟囱。

夜儿里：昨天。

山喳子：喜鹊。

芋头：白薯。

栽排：嘱咐。

多咱：什么时候。

月老娘：月亮。

糖球儿：糖葫芦儿。

电棒子：手电筒。

酸楂：山楂。

疼顾：疼爱。

迭不得：来不及。

静板：安静。

这海儿：这里。

① 民国《济宁县志》卷四《故实·方言》。

黄子：东西。

皮锤：拳头。

达：父亲。

娘：母亲。

大爷：伯父。

大娘：伯母。

姑娘：姑母。

拢人：骗人。

哄么、么儿：什么。

特故意儿、得为意儿：故意。

勺子星：北斗星。

晌晴天：万里无云的天气。

凉凉儿：阴凉的地方。

雹子：冰雹。

上冻：结冰。

风水连：月亮周围的光晕。

琉璃：屋檐下垂挂的冰锥儿。

坡里：地里，野外。

地分儿：地方。

坷垃：土块。

当街：街上。

整天家：整天。

年根儿家：年底。[①]

拄棍歌

拄棍一，拄棍一，

我手拿拄棍身无力。

拄棍两，拄棍两，

拄着拄棍真够呛。

拄棍三，拄棍三，

儿的饭碗真难端。

---

① 济宁市地方史志编纂委员会编：《济宁市志》下卷，北京：中华书局，2002年，第1700～1705页。

拄棍四，拄棍四，

儿媳妇的恶气受不得。

拄棍五，拄棍五，

小老儿自来的命苦。

拄棍六，拄棍六，

好难缠的热馒头。

拄棍七，拄棍七，

家有灾祸是爹的。

拄棍八，拄棍八，

我的家业儿当家。

拄棍九，拄棍九，

老天爷不叫我自走。

拄棍十，拄棍十，

死要七天人不知。[①]

四、冀鲁官话

（一）聊城方言

聊城位于山东省西部，因古有聊河而得名，地处鲁冀豫三省交界地带。聊城境内主要有黄河、徒骇河、京杭运河等河流流经，其中京杭运河在聊城段又被称为小运河，自南部阳谷县张秋镇入境，北至临清入卫运河。过去聊城运河沿线南粮北运，商贾云集，曾是京杭大运河山东段的商业重镇，“漕挽之咽喉，天都之肘腋”[②]。据清乾隆《临清直隶州志》载：“境内之水运河为大，汶与漳、卫交会于城之西南，北流以渠直沽，漕运所关系重，而商贩行旅帆樯之所往来必由于此。”[③]又据清光绪《聊城县乡土志》载：“殷商大贾，晋省人为最多。昔年河运通时，水陆云集，利益悉归外省。”[④]聊城历史文化悠久，在春秋战国时期属于齐国西部边境的一座城邑，秦朝时设置聊城县，元代设置东昌路，明、清时期为东昌府。目前，聊城下辖东昌府区、临清市、莘县、阳谷县、茌平县、东阿县、冠县及高唐县。聊城方言是典型的冀鲁官话之一，分布区域内兼有中原官话流布。一般认为，冀鲁官话的主要特征是清

① 济宁市市中区民间文学三集成办公室编：《济宁市市中区民间文学集成资料本》，1988年，第184～185页。

② 宣统《聊城县志》卷一三。

③ 乾隆《临清直隶州志》卷一。

④ 光绪《聊城县乡土志》卷一《方域》。

入声字今读阴平，次浊入声字今读去声，全浊入声字今读阳平。当然，有些次浊入声字在聊城方言中被改读阴平，这实际上与聊城所处的地理位置密切相关。而在聊城下辖的阳谷县、莘县南部和东阿县西南则以讲中原官话为主，语言特征与聊城城区的冀鲁官话有所不同。因此，聊城方言常被视为冀鲁官话与中原官话的过渡性语种。

从发音系统来说，聊城方言共包括20个声母，36个韵母，4个声调。另据不完全统计，聊城方言共有1 100多个音节。值得注意的是，聊城方言的36个韵母中，除了卷舌韵母er之外，其余均可儿化，有时多用连续变调，由此产生丰富的语义。[①] 从词汇使用方面来看，聊城方言也有新老两派方言之分。如新派聊城方言将医生称为“大夫”，老派方言则称为“先生”。在聊城方言中多用单音节词，如“街道”称为“街”，“眉毛”称为“眉”，“天空”称为“天”。而且，聊城方言通常把三音节或者四音节的地名简化为双音节，如“侯家营”被称为“侯营”，“军王屯”被称为“军屯”，“阎觉寺”被称为“阎寺”。[②] 从语法结构来看，聊城方言还常用语气词“喽”来表示可能之意。例如：这酒你喝喽喝不了？这房子你买喽买不起？聊城方言中也大量使用地方特有的形容词组，如用“旺相”来形容老年人身体健康，用“泼实”来形容少年身体健壮等，这都呈现出典型的地域方言特色。以下选取部分聊城方言词汇示例。

月老娘地儿：月光照射的地方。

孬天：阴雨天。

老旱天：久旱又遇上万里无云的天气。

过路雨：阵雨。

冷子：冰雹。

穴拉子风：方向不定的风。

办喽：办得了。

旺相：健康。

闲地处儿：空地。

河崖：河沿。

围子：环绕村落的土墙。

半处腰儿里：半截处。

漫地里：田野里。

年时：去年。

① 山东省聊城市地方史志编纂委员会编：《聊城市志》，济南：齐鲁书社，1999年，第643～644页。

② 张鹤泉：《聊城方言志》，北京：语文出版社，1995年，第142页。

过年：明年。

夜儿里：昨天。

晌午头儿：正中午。

这合门儿：这里。

小子：男孩，男青年。

公母俩：夫妻。

么个：什么。

打吊针：输液。

闯实：不腼腆，不怯场。

生分：不熟悉；因有嫌隙而关系疏远。

拉偏手儿：拉架时偏向一方。

护局子：护短，多指偏袒自己的子女；好护短的人。

吃十八两：占便宜。

断路儿：断绝关系。

扁食：水饺。

歇子：休息。[①]

（二）德州方言

德州位于山东省西北部，地处黄河下游冲积平原地段，是华东、华北的重要交通枢纽。它北依河北沧州，南连济南、聊城，东靠滨州，西邻河北衡水，是山东省的北大门，过去曾有“九达天衢”之美誉。一定程度上而言，德州因河而生，依河而兴，正是因为京杭运河漕运的兴盛，德州成为运河沿线经济发达的市镇之一。受运河商贸文化所影响，德州一带既有燕赵侠义之风，又具邹鲁礼仪之习。民国《德县志》称：“德邑南接邹鲁，北连燕赵，有慷慨任侠之风，无强暴相凌之习。家知礼让，俗尚敦庞，人民读书。而外居城市者服商贾，处畎亩者力耕耘。”[②]德州方言属于冀鲁官话区石济片的聊泰小片，同时也归属山东方言的西齐片区。它处于河北方言与山东方言的交叉地段，方言形式也受到北京及周边方言的影响。德州方言通行范围较广，根据德州境内地域划分，德州方言又可被分为东西两片。东片包括庆云、乐陵、宁津、临邑、陵城、平原等地，西片包括德城、武城、夏津、禹城及齐河等地。其划分的主要依据在于是否区分平翘舌音，西片发音与普通话相似。同时，受普通话影响，德州方言也因个别声母、韵母及声调上的差异被分成新老两派。

---

① 聊城市地方史志编纂委员会编：《聊城市志》，济南：齐鲁书社，1999 年，第 649 ～ 655 页。

② 民国《德县志》卷一三《风土 · 礼俗》。

在外人看来，德州方言听起来相对较“哏”。德州方言共有24个声母，39个韵母，阴平、阳平、上声、去声4个声调。[①]与标准普通话相比，德州方言大致包括以下四点特色：一是古清声母入声字多归阴平；二是不使用明显的n韵尾；三是单元音比较丰富；四是零声母字少。从发音系统来说，德州方言最重要的特征是通过四个声调及语流变调出现的新调值几乎没有弯曲调，均为短直的升、降、平调。[②]从具体词汇的日常使用来说，德州方言独具本地特色。例如，用“胡打牙”表示“没正话”，用“胀饱儿”表示“傲气十足”，用“撒么”表示“四处看”，等等。另外，德州方言习惯使用单音节词，如把“水桶”称为“筲”，把“牙齿”称为“牙”，把“屁股”称为“腚”。从语法方面来看，德州方言通常把词缀中的“子”尾与“儿”尾并用，例如耳道眼子（儿）、豆角子（儿）；当地民众也经常用“价”“家”等词缀，如“大黑夜价”“娘们儿家”等；形容词多用“楞”字，如皮楞、柴楞等。此外，德州方言还常见于各类民间曲艺中。如在德州当地流行的“一勾勾”“哈哈腔”“渔鼓腔”等传统剧种，多采用德州方言进行舞台表演，深受地方百姓喜爱。以下选取部分德州方言俗语和歌谣作为示例。

瞎娘抱着个秃娃娃，别人不夸自己夸。

敲着鞋底梆子念佛。

跐着鼻子上脸。

零拉肉不疼。

碗大勺子有则儿。

常逮井沿上打摸拾儿，没有掉不下去的。

望乡台上打跟头儿，不觉死的谷谷丢儿。

起遛个早五更，赶遛个晚集。

钻头不顾腚。

能给好汉子牵马坠镫，不给赖汉子当祖宗。

省囤尖儿，别省囤底儿。

使车玩船，命在眼前。

鸡不尿泡有便处。

驴不走，还赖那驴纣棍子。

么蝇子下么蛆儿。

① 山东省德州市德城区地方志编纂委员会编：《德州市志》，济南：山东人民出版社，1997年，第654～656页。

② 曹延杰：《德州方言实录与研究》，北京：线装书局，2010年，第2页。

百巧儿百能，必定受穷。

好汉难治没奈何。

叫唤蝈子没有肉。

打发不完的闺妮，办不完的年。

半大小子吃死老子。

谁家烧窑来？

谁家烧窑来？俺家。烧的吗？烧的砖。砖呢？卖俩。花儿呢？戴俩。几盼骡子几盼糕，腰溜掖着大红刀。红刀快，切洋菜。洋菜老，切红袄。红袄红，切白绫。白绫白，切丝菜。丝菜依，切马尾。马尾麻，切白蛇。白蛇硬，切板凳。板凳高，呼喽呼喽又一遭。①

（三）沧州方言

沧州位于河北省东南部，因东临渤海而得名，取意沧海之州。它南邻山东，北靠京津，京杭大运河穿城而过，是北方的陆海交通要地。京杭大运河过去在沧州当地被称为南运河，据民国《沧县志》记载："南运河原名卫河，又名御河，发源于卫辉府苏门山之百门泉。纳淇洹诸水，东北流至直隶大名元城县境，又东北至山东馆陶县西秤钩湾，合漳河，又东至临清州，南接汶河，下流为漕运北通州仓之正路，故名南运河。"② 早在春秋时期，沧州一带就成为南北交通要道，亦属兵家必争之地。宋与辽、金对峙时期，沧州曾是双方交战的古战场之一。明清时期，沧州是京杭大运河沿线重要的商业重镇之一。据清乾隆《沧州志》载："商通有无，大抵缯帛来自江苏，铁器来自潞汾，农具为多。粟米视年之丰歉，或籴之使来，或粜之使去。其为市者皆依日为集，州城日一集，乡镇旬日两集，相沿岁久，民皆便之。"③ 又据民国《沧县志》记载："沧县商务当长芦运使驻节之时，鹾商麇集于此，文绣膏粱，纷华奢丽，商业繁荣非他处所及。自康熙丁巳运署移津，咸丰癸丑而后仕宦散居各乡，治城之经商者顿形冷落矣，嗣后整理市廛，讲求贸易，商业亦渐次恢复。就近今二十年考之，盐商、堂商而外，厥惟钱商、粮商及布商、木商、洋广货各商约计七十余行业，亦云盛矣。"④ 明初移民带来的人口流动，使得沧州方言的语言传播极具地域特色。从方言分区来看，沧州方言属于冀鲁官话区仓惠片。目前下辖沧州新华区、运河区、泊头市、任丘市、黄骅市、河间市、沧县、青县、东光县、海兴县、盐山县、肃宁县、南皮县、吴桥县、献县、孟村回族自治县等地，当地民众日常所用语言统称为沧州方言，依据调型差异又被

① 曹延杰：《德州方言实录与研究》，北京：线装书局，2010 年，第 297 ~ 301 、471 页。

② 民国《沧县志》卷二《河流 · 南运河》。

③ 乾隆《沧州志》卷四《风俗》。

④ 民国《沧县志》卷三《建置 · 交通》。

细分成东西两片。实际上，按照地理区划区分，沧州北部县区所使用的方言更接近于天津方言，而沧州南部的吴桥、东光、孟村等地则类似于冀鲁官话区石济片方言，沧州西部任丘一带与“保唐片”调型类似，沧州西南献县、泊头一带则声调曲折，语音婉转，与衡水方言相似。此外，受明初山西移民影响，沧州方言中的部分词汇还与山西方言相近。需要指出的是，在沧州孟村回族自治县仍保存着比较完整的具有民族特色的语音、词汇。①

沧州方言是冀鲁官话的代表性语种之一，其在传承过程中又不断吸收、融合周边地域的方言，形成了鲜明的方言特征。具体说来，从发音系统看，沧州方言共有 24 个声母，37 个韵母，3 个声调。②其中，辅音声母数量多于普通话中的声母；韵母中的主要元音舌位靠后，西南片通常会把元音鼻化，东南片缺少复元音韵母。沧州方言音低沉，结构变化相对简单，大部分地区只有 3 个调型，古入声字都派入平声、上声和去声。此外，沧州方言中的单音节字变化较少，但在连续语流中，则会出现音变现象。沧州方言的韵母中，除 er 之外，其他均可儿化，但在带有后鼻韵尾的词儿化时，容易丢掉韵尾，主要元音不鼻化，这与普通话读音有较大差别。因此，有学者总结，沧州方言具有“低沉、浑厚、憨直、生动”等四个基本特征。③与其他地区的方言合成构词方式类似，沧州方言的合成词主要包括重叠词、派生词和复合词等类型，句法则多用被动句和倒装句等。其中，沧州方言的本土词汇内涵丰富，趣味横生。如用“热火燎炭”形容天气炎热，用“天刚擦黑”形容傍晚，用“红不唧”形容不太红，用“硬科”形容坚固等，词汇表意十分传神、生动。以下选取部分沧州当地常用的方言词语示例。

爷儿爷儿：太阳。

贼星：流星。

月亮地儿：月亮能照到的地方。

蒙星雨：毛毛雨。

马连浆子雨：大暴雨。

沙土包子：沙地。

地界儿：地方。

大前儿啦个：大前天。

一后晌：通宵。

---

① 张海燕：《沧州方言的语法特点》，《沧州师范专科学校学报》2000 年第 1 期。

② 李旭：《河北省中部南部方言语音研究》，博士学位论文，山东大学，2008 年，第 12 、38 、85 页。

③ 沧州市志编纂委员会编：《沧州市志》第 4 卷，北京：方志出版社，2006 年，第 2801 ～ 2808 页。

擦黑儿：黄昏。

黑下：晚上。

一时儿：一会儿。

多咱：什么时候。

一抻子：很多天。

花花轿：瓢虫。

弹弹沟：尖头蝗虫。

潮虫子：土元。

凿打木子：啄木鸟。

转家莲：向日葵。

山芋：红薯。

茅子：厕所。

水筲：水桶。

篦子：屉。

呜哇儿：唢呐。

娘娘儿：伯母。

姑奶儿：已婚女儿。

大大伯子：丈夫的哥哥。

老生子：最小的孩子。

毛毛腾腾：毛手毛脚。

二五眼：缺少心计。

少道：说法不着边际。

就头儿：菜或咸菜。

上粪：施肥。

车脚：车轮。

新媳妇：新娘子。

陪送：嫁妆。

扎古：打扮。

拉叨儿：聊天儿。

泛泛：背后说别人坏话。

卖派：当众炫耀自己。[①]

（四）天津方言

天津因漕运而兴，地处华北平原海河五大支流交汇处，素有“河海要冲”和“畿辅门户”之称。天津东依渤海，北靠燕山，海河穿城而过，过去曾是南北漕运的中心，北方地区工商贸易的重镇。据清乾隆《天津府志》记载：“郡东邻大海，西接群淀，南控青齐，北拱神京，纵横数百里，为一大都会。其间士民以农桑为先，务以诗书为要领，而鱼盐之利，甲于燕冀诸郡，所储者饶矣。”[②]又据民国《天津县新志》载：“天津舟车四达之区，百货云集，故工之所制作，商之所懋迁，大率以远物为贵，非土产也。土产之饶者，惟盐最著。”[③]明清以来大量外地移民的持续涌入，带动了天津经济、社会和文化的长期繁荣，形形色色人群的交流也对天津方言的塑造产生了重要的影响。天津方言是冀鲁官话区内规模最大的城市方言区，它属于冀鲁官话区保唐片天津小片。一般认为，天津方言的分布范围主要包括以老城为中心的市区，也就是所谓的“天津卫老城里”。其中，天津东部、南部和西部分别被静海方言片所包围，北部则与属于北京官话区的武清方言片交融，东北部大致与归属保唐片的宁河方言、宝坻方言相近。目前，天津市下辖滨海新区、和平区、河北区、河东区、河西区、南开区、红桥区、东丽区、西青区、津南区、北辰区、武清区、宝坻区、静海区、宁河区和蓟州区等16个区。除了上述天津方言片之外，境内又可细分为蓟宝宁方言片、静海方言片、武清方言片和沧州方言片等四大方言片区。

天津方言的一大语言特色是“哏儿”，甚至有外地人形容天津人讲话“像唱歌”。实际上，天津方言往往被视为北方方言区皖北方言与冀鲁方言互相交融的结果。[④]从发音系统来看，天津方言包括22个声母，37个韵母，4个声调。[⑤]天津方言的语调特征非常明显，即阴平声的调值低平。如“光、天、灰”等字在天津方言中均为低平调。在天津方言的老派口音中，没有卷舌音之说。另外，天津方言中的“儿化”现象较为普遍，有34个韵母可儿化，而且儿化韵式较多，听起来十分亲切、生动。[⑥]例如：样儿、村儿、月儿等。从词汇和语法使用方面来看，天津方言与周边地区的方言类型虽然差别不大，但却蕴含着深厚的地域文化特质。天津方言具有俚俗质朴、简洁明快、乐观

---

① 沧州市志编纂委员会编：《沧州市志》第4卷，北京：方志出版社，2006年，第2810～2822页。

② 乾隆《天津府志》卷五《风俗物产》。

③ 民国《天津县新志》卷二六《物产》。

④ 谭汝为：《天津方言与津沽文化》，北京：中国国际广播出版社，2015年，第2页。

⑤ 黄良喜、严修鸿、陈渊泉：《疑难与路向：论天津方言的连读变调》，北京：商务印书馆，2003年，第4～6页。

⑥ 祁淑玲：《析天津方言儿化韵》，《语言研究》2016年第3期。

幽默和生动形象等四个特征。[1] 例如，天津人习惯用“海了”代表很多之意，用“掰了”代指决裂之意，用“嘛”表示什么之意，等等。这些本土词汇和方言用法，饱含着天津民众的语言智慧。此外，天津既是各地方言的大熔炉，也是民间曲艺的荟萃之地。天津作为闻名海内外的曲艺之乡，评戏、大鼓、时调、相声、快板等各种曲艺形式深受百姓欢迎。在这些曲艺表演的背后，其实都离不开天津方言的文化支撑。以下选取部分天津方言词汇示例。

扒皮：水蛭。

巴巴儿：说漂亮话。

拔呲：故意刁难人。

掰腕子：两人比试臂力。

白毛儿汗：吓出来的汗液。

白吃饱儿：光吃饭不做事的人。

保准儿：保证。

抱醋坛子：吃醋。

般配：合适。

半半落落：不熟练，不连贯。

半截搂儿：半截，中途。

吃顺不吃戗：吃软不吃硬。

吃人儿：占人便宜。

大面儿：表面。

大头：吃亏上当的人。

大拿：主事的人。

大嘴马虎儿：形容吃东西时狼吞虎咽的样子。

大仁果儿：花生。

大尾巴鹰：没有自知之明，说大话的人。

得人：做事受欢迎。

带搭不理儿：态度冷淡的样子。

德性：指人的品行恶劣或者模样不好看。

带带：擦拭一下。[2]

---

① 谭汝为：《天津方言与津沽文化》，北京：中国国际广播出版社，2015 年，第 4 页。

② 韩根东主编：《天津方言》，北京：北京燕山出版社，1993 年，第 36 ~ 60 页。

五、北京官话

（一）武清方言

武清位于天津市西北部，地属海河中下游，又因其处于京、津两大直辖市的中心点，素有“京津走廊”之美誉。武清旧称武清县，属于华北地区最古老的县城之一。京杭大运河纵贯武清县城而过，孕育了独特的地方历史人文景观。据清乾隆《武清县志》记载：“星临析木之津，地扼转漕之要，潞水绕其左，浑河衍其西，北拱神京而层峦叠嶂，南窥瀛海而万派朝宗，当水陆之冲衢，聚旗民而杂处，洵畿辅咽喉，而河流薮泽也。”[①]武清过去不仅是兵家必争之地，也是京杭大运河沿线的商贸重地。武清方言属于北京官话的代表性语种之一，通常被认为是最接近普通话的一种方言语种。从行政区划来看，虽然武清为天津辖区，但由于其更靠近北京，所以武清方言被列入北京官话区，属于北京官话区与冀鲁官话区的交融区域。其境内所辖镇街的方言为北京官话区怀成片，语音极为接近标准普通话。

武清方言的典型特征是四声明晰，抑扬有致，具有鲜明的韵律感和节奏感。从语调系统来看，武清方言中掺杂上声变调、儿化与轻声等音变现象，以及双声、叠韵、叠音等发音方式的使用，使得这种方言形式极具音乐美感。根据不同的发音特点，武清方言具体又可细分成坨泥寺、汉沽港和王庆坨三个小区。在武清方言中，重叠音节的形容词变调相对考究。当单音节形容词重叠时，不论之前发什么声调，都可以变成阴平。例如：好好的，慢慢的，等等。而双音节形容词重叠时，前两个字读轻声，后两个字读阴平。[②]例如：痛痛快快，滑滑溜溜等。遇到儿化音时，武清方言主要元音的舌位后移而不鼻化。在武清境内，还保存着一些本土方言词汇，如称蝴蝶为“花蜂蜂儿”，称啄木鸟为“奔搭木儿”，称麻雀为“老家仓”，等等。这也是武清方言与其他方言相区分的重要参照。近些年来，随着普通话的推广，武清方言的语音出现了与普通话更加趋同的衍变态势。以下选取部分武清方言词汇示例。

大伙儿：大家。

咱们：我们

自己个儿：自己。

脑瓜儿：头。

---

①乾隆《武清县志》卷一《形胜》。

②武清县地方史志编修委员会编：《武清县志》，天津：天津社会科学院出版社，1991 年，第 183 ～ 186 页。

胳肢窝：腋窝。

脚丫子：脚。

夜猫子：猫头鹰。

耗子：老鼠。

花蜂蜂儿：蝴蝶。

鸡子儿：鸡蛋。

棒子：玉米。

喇叭花儿：牵牛花。

来年：明年。

后儿个：后天。

日头：太阳。

月亮爷儿：月亮。

老家局儿：家里主事的人。

黑眼儿：孙子或孙女。

水鸡子：失败的人。

甩子骨：无才无德不求上进的人。

驴货：坏蛋。

垫背：替罪羊。

兜肚子：系在腰带上的钱包。

割挠：碎的豆叶。

针碴儿：细小之处。

堵搡：用不礼貌的话来堵人。

叽咕：小声说话，背后议论。①

（二）通州方言

通州，取“漕运通畅周济”之意而得名，古称通县。通州地处北京市东南部，位于京杭大运河的最北端，自古水路交通发达。通州全境处于永定河、潮白河洪冲积平原上，地势相对平坦。自元代以来，官方在通州设置漕运衙署，明清时期又设重兵屯田守卫。因此，历史上的通州曾是交通要冲和漕运仓储的重地，被誉为“畿辅之襟喉，水陆之要会”②和

① 武清县地方史志编修委员会编：《武清县志》，天津：天津社会科学院出版社，1991 年，第 189 ～ 192 页。

②〔清〕于敏中等编：《日下旧闻考》卷一〇八《京畿·通州一》，北京：北京古籍出版社，1985 年，第 1795 页。

"京师屏障"[①]，民间还有"一京、二卫、三通州"的说法。旧时京杭大运河通州段漕运十分繁盛。据清光绪《通州志》记载："通之水利，漕河为大。东南粟米，舳舻转输几百万石，运京仓者由石坝，留通仓者由土坝，故通于漕运，非他邑比。"[②]至民国年间，通州城内商号店铺已达九百余家，"马驹桥镇二百七十余家，西集镇二百四十余家，永乐店镇一百五十余家，燕郊镇一百三十余家，张家湾镇四十余家，牛堡屯镇四十余家"[③]。运河漕运的发达促进了人员的交流，也塑造了通州一带与众不同的商贸文化。如据地方文献所载："走集之交，聚会之所，习为商贾，勇于奔竞，喜声名者有雄桀之风，好诗书者多慷慨之致。""当水陆之冲，财货集焉，往往逐末者多，务本者少。"[④]受元、明两朝官方移民屯田政策影响，南北人员的流动也带来了语言的融通。由于通州特殊的地理位置，通州方言还夹杂着老北京方言、河北方言和天津方言等诸多语种特征，是多种语言交流、融合的结果。[⑤]从地理分布来看，通州方言主要在其所辖的县域内流行和使用。过去通州县城面积并不大，约有16平方千米，呈刀把型，并辖有六处集镇。整个通州城区内部及周边所用的方言形式听起来抑扬顿挫，饱含着浓郁的北京官话韵味。

通州方言是北京官话的典型语种之一，并且极为接近标准普通话。通州方言的发音系统与北京官话差异不大，但仍有部分字音和标准普通话有所区别。例如，在通州方言中，部分汉字的声母将唇音p读成b，把f读成p，词汇发音也随之变化。从声调来看，通州方言与普通话大部分一致，分阴平、阳平、上声和去声4个声调，调号、调值与普通话差别不大，只是在具体字音的音调上与普通话有细微差异。例如，"反正"一词中的"反"字，通州方言读一声，普通话则读三声；"尽管"一词中的"尽"字，通州方言读四声，普通话则读三声。同时，通州方言受元杂剧及元曲等民间曲艺的影响，在使用时多用儿化音，这也是其发音系统的与众不同之处。通州方言的儿化音主要在以下七种情形中使用：如用来表示怜爱（如小白兔儿）、憎恶（如穿小鞋儿）、拟声（如嗷儿嗷儿）、述形（如条儿条儿）、物品（如笔尖儿）、事物（如出芽儿）、称呼（如小陈儿）等多重含义。[⑥]加入儿化音后，通州方言听起来更具生活气息。从词汇使用方面来看，通州方言也保留了不少蕴含着丰富乡土韵味的词汇和语句。例如，在通县方言中，壁虎被称为蝎虎子，桌子被称为抽屉桌儿，太阳被称为老爷儿，等等。此外，

---

① 通县地名志编辑委员会编：《北京市通县地名志》，北京：北京出版社，1992年，第15页。
② 光绪《通州志》卷三《漕运》。
③ 民国《通县志要》卷九《风土·工商》。
④ 光绪《通州志》卷九《风土·风俗》。
⑤ 通州区地方志编纂委员会编：《通县志》，北京：北京出版社，2003年，第771页。
⑥ 通州区地方志编纂委员会编：《通县志》，北京：北京出版社，2003年，第777页。

通州方言还包括不少有音有义却无固定字形的词句，例如：用“噘牙花子”形容事情难办，用“七嚓咔擦”形容做事迅速。综而观之，通州方言之所以能够成为北京官话的代表性语种之一，除了与其所处交通要冲的地理区位优势有关之外，亦是因其为北方地区多种方言形式碰触、融合的语言结晶。以下选取部分通州人常用的方言词汇示例。

头年：去年。

黑晌儿：晚晌儿。

马唧鸟：蝉。

蚂蚱点儿：蝗虫。

拉拉蛄：蝼蛄。

蛐蟮：蚯蚓。

蝎虎子：壁虎。

毛毛虫：松毛虫。

草鸡：母鸡。

瞎八斗：高粱。

棒子：玉米。

妈妈九：地黄。

白果树：银杏。

咱这群儿：我们。

单褂儿：单衣。

起子：小苏打。

火烧：烧饼。

电驴子：摩托车。

把儿勺：炒勺。

胰子：肥皂。

电匣子：收音机。

飞艇：飞机。

盒子枪：手枪。

老爷儿：太阳。

呱呱叫：完美。

钻愣觅缝：想方设法。

七嚓咔擦：做事迅速。

挠头：事情难办。

妥滑儿：偷懒。

打嘎巴牙儿：闲聊不干事。

拉忽：不认真。

黄了：失败。

瞅乎着：旁边看着。

愣了吧唧：冒失。

打哈哈：开玩笑。

花里呼哨：不实在。

矫情：无理狡辩。①

第二节 行话、隐语

行话是流传于不同行业之间的一种特殊语言交流方式，通常被行业内部人员在日常工作、生活中所使用。市井隐语一般也被称为江湖行话，主要是在特定的地域或行业内部传播、使用。在京杭大运河沿岸及周边地区流传的行话、隐语，涉及行业众多，语言内容丰富，主要应用于农业、船渔业、工商业、娱乐业和传统帮会等社会领域中，充满着鲜明的地域语言特色。

一、农业行话

农业行话主要指乡民在长期从事农事劳作过程中总结而成的行业内部交流话语形式。千百年来，京杭大运河贯通南北，沿线各地区形成了与众不同的农业劳作类型，并由此孕育了丰富多样的行话表达方式。京杭大运河沿线比较典型的农业行话类型包括杭嘉湖养蚕业行话与苏州稻作业行话。

（一）杭嘉湖养蚕业行话

杭嘉湖地处京杭大运河南部，这一带的杭州、嘉兴等地也是江南地区著名的“鱼米之乡”和“丝绸之府”。据考证，杭嘉湖地区种桑养蚕、缫丝织绸的历史距今已有

① 韩旭：《京郊方言》，北京：中国书店，2015年，第324～328页。

4 000余年。杭州蚕桑业肇始于秦汉，发展于晋和南朝，及至宋、元、明时期，杭州已成为江南重要的蚕桑产地。如在明朝时，杭州西溪一带即有“陇下碧垂双表秀，陌头翠压五桑肥。男勤耕稼妇勤织，冬有余粮寒有衣”[①]的景象。到清朝时，杭州更是出现了“公私仰给，惟蚕丝是赖”[②]的盛况。据清乾隆《杭州府志》记载：“过蚕月，邻里水火不相借，谚云闭蚕门，至蚕熟茧成，始相问慰。”[③]嘉庆《余杭县志》则详细记录了当时杭州养蚕业内部常用的行话：“自蚕出种之日，以至登箔缫丝，夜勤昼作，大约四十日为期，有司特停征讼。寒食后数日，取蚕种，置暖处，谓之护种。出种数日为初眠，又四五日为二眠，其后三眠，大眠亦如之。又逾数日，而登箔，谓之上山。采茧谓之下山，以筐数多少较茧数之重轻，以定分数，有七八九分十分者。”[④]至民国期间，杭州蚕桑业规模达到鼎盛。当时乡民种植的桑园主要分布于京杭大运河沿岸，沿岸地区成为重要的蚕桑区。[⑤]嘉兴地处长江三角洲杭嘉湖平原的东北，位于京杭大运河、钱塘江和太湖的交汇处，早在新石器时代，即有蚕桑业萌芽。历经秦汉、南北朝的发展，到唐宋时期，嘉兴商贸业已经十分发达。其中，丝绸等商贸业的兴盛带动了嘉兴蚕桑业的持续发展。据明弘治《嘉兴府志》所记：“嘉兴自唐宋迄今，民物蕃庶，得尽地利，遂成膏腴沃衍之区……至于杂货所须，皆仰给于四方商旅之懋迁。”[⑥]栽桑育蚕成为杭嘉湖地区乡民日常农业劳作的重要组成部分，并逐渐形成了一系列与之相关的蚕桑行话。例如，位于杭州市余杭的塘栖镇，京杭大运河穿镇而过，是苏、沪、嘉、湖地区的水路要津，也是杭州地区著名的蚕桑之乡，曾位居“江南十大名镇”之首。在蚕桑业发展的过程中，当地民众不仅积累了丰富的蚕桑农事劳作经验，还形成了特色鲜明的养蚕业行话，以下简举几例示意。

1. 扫蚕花地

每到农历正月，杭州、嘉兴一带的养蚕农户会请专人来家中，举办驱邪消灾、祈求丰收的蚕桑仪式活动，俗称“扫蚕花地”。被邀请来的仪式专家一边演唱，一边表演，主要模仿清扫蚕室、暖种、掸蚁蚕、打眠、采茧、缫丝、织绢等蚕桑活动的主要流程。

2. 茧圆

通常是指杭嘉湖地区的蚕农用来祭祀“蚕神”的食品。一般在养蚕时的“蚕种”需要经历“三眠”，过了这段时间之后即称“出火”。此时蚕茧的收成状况已成定局，蚕农们会制作一种米粉小汤团，当地俗称“茧圆”，以此祭祀蚕神。

---

① 〔明〕释大善：《唐村》，《西溪百咏》卷上，《中国风土志丛刊》，扬州：广陵书社，2003年影印本，第51册，第39页。
② 临安市农业志编纂委员会编：《临安市农业志》，2000年，第167页。
③ 乾隆《杭州府志》卷五四《物产》。
④ 嘉庆《余杭县志》卷三七《风俗》。
⑤ 杭州市地方志编纂委员会编：《杭州市志》第3卷，北京：中华书局，1999年，第478～479页。
⑥ 弘治《嘉兴府志》卷二《贡赋》。

3. 轧蚕花

杭嘉湖一带的蚕农们将赶庙会时人群互相挤轧的习俗称为“轧蚕花”。清明节前后，当地举办各种民间庙会祭祀蚕神，会期一至三日不等。此时蚕农们不分男女老幼，都会在拥挤的人群中走一走，模仿人群互相挤轧的盛况。乡民认为，人们互相挤轧，意味着当年蚕农家的养蚕收成会越来越好。庙会期间，本地养蚕农妇也会买花插在发髻上，农夫则将花插在帽子上，寓意把吉祥带回家中。

4. 蚕月

蚕农们把整个农历四月称为“蚕月”，一般将清明节作为蚕事大忙的初始阶段。过去，杭嘉湖一带的蚕桑农户流行在清明节时祭“蚕神”、喝“蚕花酒”，“蚕月”期间，人们主要食用笋、藕等食品，以此祈求蚕茧洁白结实，具有鲜明的象征意义。

5. 关蚕门

杭嘉湖一带的蚕农们在养蚕期间，忌讳“蚕宝宝”被生人冲撞，故当地还流传着“关蚕门”的行话。旧俗在蚕蚁出壳之后，整个蚕月期间，所有蚕农亲友停止往来走动，甚至连地方官府也要暂停向蚕农们催收赋税，俗称“蚕关门”。此时，蚕室内外要保持安静清洁，不准外人进入，不能高声言语，也不能在蚕室内用餐。为防止外人随意进蚕房，当地蚕农们会在门口挂一束桃枝，门旁贴上“育蚕”“蚕室免进”“蚕月知礼”等文字予以告知。如若有事必须登门，来访的客人需手抓一把桑叶或者一根桃枝，告知事由后要尽快折返，不能长时间停留在蚕农家中，以免影响蚕农劳作。

6. 开蚕门

在“蚕宝宝”结茧以后，蚕农之间可以开门走动来往，当地称之为“开蚕门”。乡亲邻里好友之间，通常也会携带肉蛋、水果、糕点等食品互相探望，并询问当年的蚕事收成状况，也被称为“望蚕讯”。

7. 蚕花娘娘

在杭嘉湖一带，蚕事饲养工作一般由乡间的家庭妇女承担，她们多被称为“蚕娘”或“蚕花娘娘”。在从事蚕食劳作期间，能够获得“蚕花娘娘”称号，对这些蚕妇们而言亦是莫大的荣耀。通常从暖种程序开始，已婚“蚕娘”便要净身沐浴，不得穿华丽衣服，不能涂脂抹粉，不可使用香水。在此期间，蚕娘须独居蚕室专心饲养“蚕宝宝”，外人不得轻易打扰。

8. 蚕花廿四分

杭州、嘉兴一带的蚕农，习惯于用“蚕花廿四分”的说法来互祝蚕花丰收。当地乡民一般将农事劳作过程中的农作物收成分为十二分，而“廿四分”则意味着双倍丰收，体现了蚕农之间祈求丰收的美好愿望。时至今日，一些上了年纪的蚕农们在育蚕期间仍会念叨几句“蚕花廿四分”的吉利话语，以求蚕花丰收。

9. 其他禁忌行话

养蚕期间，杭嘉湖地区的乡民们还流传着许多农事禁忌话语，以此规避这些话语对养蚕造成的不良后果。例如，日常生活中蚕农们忌讳用亮、扒、僵、鼠等词汇，于是把天亮称为“天开眼”，将“酱油”称为“颜色”，把“老鼠”称为“夜佬儿”等。此外，蚕农们把“蚕”称为“宝宝”，蚕在生长过程中“长了”叫作“高了”。乡民还忌讳用破匾养蚕，认为破匾谐音为塌匾，用此匾养蚕可能会导致“倒蚕”的不良现象发生。①

（二）苏州稻作业行话

苏州作为京杭大运河沿线重要的“鱼米之乡”之一，土壤肥沃，水源充足，适宜稻米的大面积种植。稻米不仅是苏州乡民的日常主食，由此孕育的稻作文化也成为苏州地域文化的典型代表。一般说来，“南方惟赖稻米，北方则兼种黍稷粱粟”②。据考古资料证明，在苏州吴县地区曾出土一批距今 6 000 年的碳化粳米、籼稻谷，表明苏州先民在那时已掌握了人工水稻种植技术。到明清时期，由于农业稻作技术与生产工具均有了较大进步，苏州水稻亩产已达 3 石左右。苏州地处东南水陆交通要冲，京杭大运河的长期运行使得稻米这一重要粮食产物的南北流通更加便捷。据地方志记载，清乾隆四十年（1775），苏州府产稻米约 2 000 万石，苏州成为清政府在江南地区所依赖的重要“粮仓”。民国期间，苏州农业劳作模式以一年稻麦两熟为主，夏种秋粮以粳稻为主，秋播夏熟以三麦为主。③苏州一带普遍种植的水稻品种十分繁杂，大致包括籼稻（如早籼、红籼稻、长籼稻等）、中稻（如小白稻、木樨臼、桂花黄等）、晚稻（如宣六叶、凤凰稻、老来青等）和糯稻（如白壳糯、麻经糯、拖过山糯）等。苏州民众在长期以来的稻作生产实践中，不仅积累了丰富的农事劳作经验，还传承着具有鲜明农业语言特色的稻作业行话。

1. 尽手一托，尽脚一缩

旧时苏州地区的稻农们主要采用大棵稀植的水稻种植方式，这种种植方法俗称为“尽手一托，尽脚一缩”。水稻种植期间，稻农先将稻田灌水耙碎，再用木板把稻田格平，整块稻田仅在四周留有水沟，稻农播种水稻时需用脚踩出一道印子。稻种用清水淘清漂去瘪谷后，稻农按照每亩地大约插 1 万穴、每穴插 5 ～ 8 根不等的数量进行人工播种。

2. 浸种

一般在水稻种植前，苏州地区的稻农们要先把稻种谷集中晒上一天，然后在河中淘洗干

① 丰国需：《塘栖风俗》，杭州：浙江摄影出版社，2006 年，第 22 页。
② 雍正《浙江通志》卷首一《诏谕》。
③ 苏州郊区志编纂委员会编：《苏州郊区志》，上海：上海社会科学院出版社，2003 年，第 183 页。

净，主要是为了把稻种中的瘪谷和草籽洗掉。稻农们将洗净的稻种放进水中浸泡两日，再将其从水中捞出晾晒，大概用一天左右的时间催芽，之后便可以用来播种，稻农们将此流程称为“浸种”。

3. 塌秧板

稻农们在整置稻田时，通常要先将稻田的土壤翻理一遍，待其松软、细碎后，再开沟放进水流，进而做出稻田的垄头，俗称为“秧板”。稻农们把稻种均匀地撒在“秧板”上，然后再用铁铲轻轻地将谷压在泥浆中，此即“塌秧板”。随后稻农还会在“秧板”上撒一层草木灰，防止稻谷芽被晒坏，也能防止稻种被鸟偷吃。

4. 开秧门、关秧门

苏州地区的稻农习惯于把第一天拔秧的日子称为“开秧门”，而拔秧的最后一天，则被称为“关秧门”。旧时稻农拔秧需要双手并用，先将两把秧苗合在一起，然后用稻草缚成一扎，劳作程序相对繁琐。

5. 做稻田、基肥

苏州稻农一般将育秧的田地称作“秧田”，而把种秧的田地称为“稻田”，这一耕田的整体过程统称为“做稻田”。因为生产技术的限制，过去苏州一带大多使用牛来耕种稻田，驾犁的稻农需要穿上特制的耕田鞋。这种鞋子是用老青布做成的厚袜子，可以防止蚊虫叮咬，也可避免被田土中锐利的东西伤害。等做好稻田之后，稻农还会把积攒的猪羊灰、河泥等撒入田中，这些在播种前施用的肥料又叫“基肥”。

6. 莳秧、补棵

莳秧又叫插秧，通常情况下，在稻田平整之后即可进入插秧程序。苏州地区的稻农们在插秧时，通常遵循着“每排六棵、每棵五六株”的要求。秧苗插种不仅要横平竖直，而且棵与棵、行与行之间的秧苗间距要基本相等。在过去，苏州一带的插秧能手备受尊敬，雇短工种秧时，这种行家能手通常要插第一排的稻秧。主家请客时也多将其安排在首席，请其动头筷，以示尊敬。此外，如果稻农们在插秧时发现漏苗，还会想办法及时补上秧苗，俗称“补棵”。

7. 搁田

插种的秧苗在稻田中顺利存活并返青之后，稻农会把稻田中的水流放掉，然后让阳光照晒，直至田板变硬，苏州民间俗称“搁田”。此后，稻农还要往稻田中引入水源，一直到最后稻谷收割，不可中断。灌溉的农具一般有风车、水车、牛车、手牵车、拷水巴斗和拷水木桶等。

8. 耘耥

苏州一带的稻农们将修苗劳作的过程称为“耘耥”，一般是在稻苗生长到一尺多高的时候进行，它是整个稻作农事活动中最辛苦的一道工序。耘耥的稻农们上身穿马夹，下身穿草裤，手戴指头篮，先将其中一条腿弯曲，另一条腿则跪在泥水中，双手边拔草边推土，若有杂草直接掩埋用作肥料。稻农们通常在稻田中采用横向、纵向相结合的耘耥方式，多使用长、短耥耙进行劳作。长耥耙一般长约 40 厘米，宽约 10 厘米，上装 6 排铁钉；短耥耙则长 25 厘米，宽 10 厘米，一般装四排铁钉。

9. 汰脚

稻农在种完秧苗后，一般还会举行“汰脚”的仪式。通常全村男性稻农要带上猪头、猪尾、猪脚、咸鸭蛋、老酒和香烛纸箔等物品去附近土地庙祭祀，然后聚众宴饮，俗称“汰脚”。在当地，乡民将插种完稻秧的第二天视为“汰脚日”。

10. 抬猛将老爷

旧时每年农历八月期间，苏州一带的稻农还传承着祭祀“猛将老爷”的民间信仰习俗，稻农们称之为“抬猛将老爷”，以此祈求稻田免遭病虫害的侵扰，保佑稻田丰收。举办“抬猛将”仪式活动期间，稻农们不仅要焚香点烛，备好各种祭祀供品，还要虔心祭拜“猛将老爷”，并抬“猛将老爷”巡游街巷和稻田，祈求其保佑稻田里的水稻免遭虫害。如遇干旱年份，也会通过抬“猛将老爷”的民间仪式活动来祈求雨水。[①]

二、船渔业行话

古往今来，各种形制的船只在运河上航行，成为沟通南北的主要交通工具。船民或渔民们基于日常生计或社会交往等方面的需要，创造并传承着一套与其他行业有明显差异的船渔业行话。在日常生活中，这种行话主要借用隐语或者暗话的形式表达。在运河沿线地区中，较具代表性的船渔业行话类型有杭州渔业行话、苏州船渔业行话及微山湖渔民行话等。

（一）杭州渔业行话

杭州是江南地区著名的“鱼米之乡”，渔业素来发达。尤其是京杭大运河杭州段的河道纵横交错，水网密布，在历史上盛产鱼虾，品类众多，曾是杭州地区重要的内河捕捞区域。北宋初年，杭州即有人工辟池养殖鱼类者。据民国《杭县志稿》所载：“杭县水乡，夙为淡水鱼繁殖之所。明清之际，塘栖西南乡曾有据地成池，畜鱼种藕”，“故运河南岸，迄今为渔业最胜区域”，“五杭、博陆、东塘、金佛寺、古荡、留下等处，均有鱼行设置”。[②]据清康熙《建德县志稿》所记，当时杭州所产鱼类包括青鱼、草鱼、鲤鱼、鲫鱼、鲈鱼、河豚

① 蔡利民编：《苏州民俗采风录》，苏州：古吴轩出版社，2014 年，第 182 ～ 185 页。

② 杭州水产志编纂委员会编：《杭州水产志》，北京：中华书局，1996 年，第 2 页。

等十余种。过去渔民在运河沿岸活动，主要以捕鱼为生，长期吃住在水上，其生产用船主要有木质渔船、两头扛、塘里鳅等。由于渔业规模的不断扩大，杭州一带逐渐形成了群体性的渔业组织，如各类渔民协会、鱼鲜贩协会和鱼秧、鱼鲜同业公会等。这一类渔业组织大多承担着维护渔船秩序、组织鱼货贸易等职能，在其内部也形成了特色鲜明的渔业行话。以下简举几例。

1.“十二生肖木船构件”

这是杭州一带非常典型的船渔业行话形式之一，当地渔民将木质帆船上的重要构件以十二生肖命名，如老鼠跳、牛扼、老虎劗、卯兔梁、龙筋、蛇头、马口梁、羊角、猴留、鸡爪拎、狗腿、猪头板等。这种渔船线型瘦长，首尾尖削，操纵灵活，航速较快，被当地渔民称为“十二生肖木船构件”。

2.“一网一船，鱼行赚钱；网网落空，渔民吃风”

此为杭州塘栖水乡渔民常用行话，形容乡民日常所从事渔业工作之不易。如若渔民们打到一网好鱼，鱼行也能跟着得利；如果打出了空网，渔民们的生活可能要陷入困境之中。因此，当地还流传着“见鱼眼开花，歇落无饭米”的说法。

3.“夺大头”

过去杭州余杭地区的渔民，通常会在农历六月十五日和九月十六日举办争选捕鱼河面的仪式活动，俗称“夺大头”。举行仪式时，渔民们首先各自推选出一条船代表队伍，由 1 人负责掌艄，另外 2 人负责划桨。随后，各支队伍相约在宽阔的河面会集，听从裁判者发号施令，竞赛划船速度，胜者即可优先选定当年河面捕鱼的最佳位置。仪式结束，邻近渔民摆宴聚餐，其乐融融。

4.“兜斗网”“打网”

过去生活在运河周边的杭州渔民，几乎家家都使用着一种捕鱼工具，这种工具网眼大小不一，两侧装有两根长竹竿，网上设有“鱼浮”，网下沉“拉锡”，渔民俗称为“兜斗网”①。捕鱼时，渔民站在渔船上撒网，待网沉入水底时收拢拉起，此时底部约有近一尺的网向内卷起，然后将鱼捕住，又称“打网”。

5.“蟹簖”“排筒”

“蟹簖”是杭州渔民在捕捞蟹子时所使用的一种工具。一般是在河流的中游设簖，然后在岸边建造竹亭守望，并露出微弱的灯光。蟹子见到灯光后，会沿着簖爬上来，渔民听到声音后，用火光照射，然后再拿小网兜捞蟹即可。当地渔民还使用一种用粗毛竹制成的工具捕捉鳜鱼，一头塞，一头通，俗称为“排筒”。

---

① 衙前镇志编纂委员会编：《衙前镇志》，北京：方志出版社，2003 年，第 410 页。

6. “抢潮头鱼”

旧时在杭州一带，流传着一种名为“抢潮头鱼”的民间习俗。居住在杭州湾一带的渔民们，每到钱塘江涌潮时，手持一种用长竹竿制作的“海斗”，先在岸边等候。等潮水过来时渔民迅速向潮头跑去，见到鱼就用力一杓，水平高超的渔民一杓就能捕到数十斤鱼，当地俗称为“抢潮头鱼”[①]。

7. “车夜水”

杭州西溪一带的渔民，在其从事渔业生产活动中形成了每隔两年放干鱼塘的劳作经验。由于这一工作多在夜间进行，所以当地渔民将其称为“车夜水”。渔民先把塘坝扒开一个缺口，然后将鱼塘中的水放至与河水平。安装好手摇或脚踏的水车后，渔民轮番上阵，一般需要用两三夜的时间才能把鱼塘中的水放掉。[②] 如果是在白天车水，渔民又称为“打白水”。

8. “运河里的浪软”

过去乡民从事农业或渔业相关劳作活动，没有准确的天气预报信息作为参考，杭州运河沿线的渔民主要依据天气情况决定是否起航打鱼，由此也积累了不少判断气象状况的渔业行话，如“运河里的浪软，太湖上的浪硬，黄浦江口的江猪一出就发风”“太阳白，要起西北风”等。这些充满着渔民智慧的船渔业行话，在其日常渔业劳作过程中发挥了重要的指导作用。

（二）苏州船渔业行话

苏州是名副其实的“江南水乡”，河网纵横，水陆交通便捷，因此船渔业十分发达。明清时期，苏州段运河沿线及外城河畔，分布着各种造船、修船的船厂和木行。如清康熙年间，在吴江同里镇“造作之属曰船厂，在辽浜，居民多于此设厂造船”。据清道光《苏州府志》记载：“土狭民稠，民生十七八即挟赀出商，楚卫齐鲁，靡远不到，有数年不归者，以舟楫为艺，出入江湖，动必以舟，故老稚皆善操舟，又能泅水。”[③]20 世纪 50 年代，苏州地区保存的木船总量仍在 2 600 艘左右。[④] 苏州运河沿线的渔民、船工等群体傍水而生，久而久之便积累了数量众多的与信仰习俗相关的船渔业内部行话，以下选取几种苏州船渔业代表性行话类型示例。

1. “利市钉”

一般每年五月是鱼群的产卵期，苏州地区的渔民在此期间禁止打渔，并将工作重心放在造船、修船和织网三个方面。对渔民们而言，造船属于家庭大事，需要举全家之力才能完成。通

① 杭州水产志编纂委员会编：《杭州水产志》，北京：中华书局，1996 年，第 76 页。

② 王藻主编：《西溪民俗》，杭州：杭州出版社，2012 年，第 31 页。

③ 道光《苏州府志》卷三《风俗》。

④ 苏州市政协文史委员会编：《运河名城：苏州》，苏州：古吴轩出版社，2012 年，第 44 ~ 45 页。

常渔民们在制造新船时，会办三次酒席来专门宴请船匠师傅。第一次开工时的酒席被称为“开工酒”，第二次上船梁的酒席被称为“定星酒”，第三次船只建造完毕后的酒席被称为“下水酒”。此时，亲朋好友会给渔家送上馒头、定胜糕和甘蔗等贺礼。在新造好的船只下水时，渔民要在船舱内部提前摆放红饭（赤豆糯米饭）、定胜糕、云片糕盘等各种食品。此外，在聚宝盆（脚炉）中还要盛放渔民用米粉做的鲤鱼、石榴、秤、万年青等各式点心，取其吉利谐音以讨口彩。而在船头部分，渔民多会钉上四枚悬挂红绿绸带的“如意喜钉”，当地俗称“利市钉”。

2.“老小船”

旧时生活在苏州一带的渔民多习惯以船为家，他们将居住的船只称之为“老小船”，又叫丝网船。这些渔民们大多来自苏北地区，在日常生活中十分崇敬龙王和各种水神。长此以往，在渔民中间还形成了各种帮会组织，如太湖地区的兴隆帮和北洋帮便聚居在苏州一带。中华人民共和国成立后，在地方政府的帮扶下，部分渔民开始上岸居住，继续从事与渔业相关的工作。其中在苏州各大菜市场从事渔业生意的女性渔民，主要以卖鱼为生，故又被苏州人称为“卖鱼娘娘”。

3.“水路菩萨”“娘娘风”

苏州渔民依水而生，形成了十分繁杂的水神信仰，比如旧时渔民们敬拜黑老虎大王、五老爷、王二相公、刘王神等地方水神。在太湖地区的渔民多信奉禹王，并称其为“水路菩萨”，认为他能保佑渔民平安。每到正月时，当地渔民会去西山平台山禹王庙祭祀敬拜禹王，庙会会期长达半月之久，渔民们也会在此时挑选雇工。苏州渔民也将天妃视作掌管水路平安的水神加以崇拜，把每年农历三月二十三日作为天妃的纪念日，在当天要携带香火供品前往娘娘庙祭拜。而在此日前后所刮的大风，渔民俗称为“娘娘风”，渔民认为这是天妃在显灵。

4.“拜水仙老爷”“拜伍相公”

旧时在苏州地区，当地渔民还信仰一种被称为“水仙老爷”的水上神灵。每年一到“水仙老爷”诞辰日，众多的渔船汇聚到苏州胥门万年桥下面，渔民们在船上点烛焚香，虔诚敬拜，为“水仙老爷”庆祝寿诞，当地渔民称为“拜水仙老爷”。此外，当地渔民还流传着祭拜伍相公的民间习俗，他们将伍子胥视为涛神。渔民一般会在家堂中张贴伍相公和伍夫人的神像。每当渔船进行打渔作业时，渔民需在船头举行祭祀活动，民间俗称为“拜伍相公”。

5. 其他船工行话

苏州一带的船渔业素来发达，除了数量众多的渔民之外，当地还有大量的船工靠船为生，生活非常艰辛。他们在日常生活中也积累了许多船工行话。比如，“世上有三苦：撑船、打铁、磨豆腐”“做人莫做船上人，勿养老，勿养小，年纪大了无人要”“三面靠水，一面朝天，行船起马，历尽艰险”“困朝天铺，盖金丝被，着八卦衣，喝薄浪汤”“做起来像猴子，吃的食像猪仔，上岸时像花子”“一年修船三年还，旧债未清船又烂，借不完的高利贷，还不清的阎王债”“竹船好比上刀山，关卡犹如鬼门关，刺刀搁在脖子上，拳打脚踢当便饭”“轮船两头尖，当中一蓬烟，烟棚黑，铜钿完；船板干，无生意”①。

（三）微山湖渔民行话

微山湖位于京杭大运河中段，地处鲁南、苏北之间，由微山、昭阳、独山、南阳 4 个湖泊相接组成。因微山湖所占面积最大，故统称微山湖。微山湖南北长约 120 千米，水域面积广阔，渔业资源十分丰富，有“日出斗金”之说。微山湖作为我国北方大型淡水湖泊之一，主要盛产鲤鱼、鳖、大青虾、河蟹、田螺等水产品。数百年来，微山湖区的渔民们主要从事淡水捕捞业，他们日常捕鱼所使用的传统渔船大致包括大粮划、三截杆船、四爪船、小溜子和小划子等五种类型，使用的网具则包括拖网、袖网、虾拖网、箔滩网、撒网、刺网、网箔、鱼花布箔、地笼、独笼等多种类型。当地渔民世世代代以打鱼为生，吃住都在渔船上。男性擅长捕鱼，性格粗犷豪放；女性心灵手巧，操持家务。他们在这片富饶的水域上长期扎根生活，孕育了独具湖区特色的水上风俗和渔民行话。②

1.“连家船”

微山湖地区的众多渔民祖祖辈辈都在渔船上生活，渔民们所使用的船只具有生产、居住两种功能，被称为“连家船”。因条件相对简陋，故有“一条小船扁担长，祖孙三代住一舱”之说。这种船只外表看似粗简，但它不仅能够装载各种网箔渔具，还可以供渔民饲养狗、猫、鸭等。条件富裕一些的渔民家户，也会在船只上布置桌椅床铺等家具，与在陆地上的房屋居住摆设并无太大差异。通常船只的前舱用来储藏粮食，中舱用来居住，后舱用来做饭。这些船只串联在一起，逐渐形成了多姓氏杂居的微山湖渔村和船帮组织。

2.“老鳖靠河沿”

过去微山湖区的渔民生活水平普遍较低，日常饮食比较粗简，很少能吃到细粮。渔民们多以高粱、地瓜干为主食，且以小鱼、小虾做主菜。生活条件差一些的渔民家庭，则会把湖边的水生草种晒干加工成面饼食用。每日就餐时，渔民全家围锅而食，通常一天只吃两餐。当地渔民对午餐最为重视，一般要炒菜炖鱼。炖鲜鱼时，渔民会把用白面做成的面饼贴在锅沿上面，因面饼形似甲鱼，故渔民俗称此菜为“老鳖靠河沿”，多用来招待重要宾客。

---

① 昆山市政协文史委员会、昆山市文化馆编：《昆山习俗风情》，1994 年，第 161 页。

② 济宁市政协史资料委员会、微山县政协文史资料委员会编：《微山湖：微山湖资料专辑》，1990 年，第 163 ～ 171 页。

3.“蛤蟆皮”“穿红着绿”

旧时，在微山湖区一带，渔民服饰相对单一。通常儿童上身穿花布褂，下穿鸳鸯裤，也有儿童身穿连体衣裤，渔民俗称“蛤蟆皮”。年轻渔民多身着花布夹袄，或者红花布做的棉坎肩，下身穿绿花裤，又称为“穿红着绿”。这种服饰充满了浓郁的渔区气息，后来随着渔民生活水平的不断提高，此种穿衣习俗渐废。

4.“打砣”

由于微山湖区的渔民长期在水上居住，饮食习惯和生活方式的差异也影响着女性的生育水平。旧时湖区渔民家庭普遍生育孩子较多，但受制于医疗等因素影响，孩童成活率并不高，所以渔民在生育期间有一种特殊的“打砣”习俗。通常在妇女生产期间，渔民要提前准备好酒和秤砣，然后放到盆中用火点着，同时附近的渔船要拴绑在一起。生育的渔家主人还要端着火盆绕船行走一周，祈求孩子出生平安。

5.“送粥米”

一般在妇女顺利生产三天之后，丈夫要去丈母娘家报喜。如果渔民携带的是笔和书，则意味着生了男孩；若携带的是鲜花，则表明生了女孩。此后孩童的姥姥家要准备鸡蛋、小米、红糖、鞋帽等物品，还要选择合适的日期给新生儿庆祝，通常男童选择在出生后七日至九日，女孩则选在出生后十日至十二日。当天要用船载而去，主家需摆宴席盛情待客，俗称“送粥米”。

6.“虎头袢子”

当微山湖区的新生孩童成长到了一周岁时，渔民家庭要专门为其“过生”庆贺。当天，渔民不仅要撑船带孩童去岸上照相馆拍照留念，孩童母亲还会专门制作一种虎头式样的袢带给其穿戴。这种袢带呈交叉样式，上系两条约两米长的长布带，同时用碎布及棉花装饰。渔民在湖上打鱼期间，常用这两条袢带拴住孩子，防止其落水，当地俗称为“虎头袢子”。

7.“排船”“浇船头”

微山湖一带的渔民习惯于将造船称为“排船”。“排船”期间，一般禁止妇女观看。等新船造好之后，渔民要将船只从岸边陆地推至水中，此时渔民会举办一种庆贺仪式。渔家的亲朋好友们也会在当天携带一些烟酒等礼物到场祝贺。主人家要燃放鞭炮，摆设宴席，款待宾客，以示感谢，当地俗称为“浇船头”。

8.“打端鼓”

在微山湖区流传着一种特有的民间曲艺形式，渔民称为“端鼓腔”。过去，这些生活在水上的渔民们主要崇敬龙、蛇等“大王”水神。当渔民在日常生活中举办丧葬仪式、续修家谱或请巫师医病等活动时，通常会邀请民间艺人到现场唱颂《百神赴号》的曲牌，用端鼓伴奏，不用其他乐器。渔民们把这种特殊的民间仪式称为“打端鼓”。

9.“四孔鲤鱼”

微山湖区盛产鲤鱼，鲤鱼是当地第一大经济鱼类。与其他地方的鲤鱼种类相比，微山湖区的鲤鱼特色在于其有“四个鼻孔”和“四根鱼须”，不仅体型饱满，而且味道鲜美，在湖区鱼类品种中堪称上品。每年到鲤鱼收获季节，渔民争相使用各种响网、三层挂网等渔具捕捉。每逢婚宴等重要场合，微山湖“四孔鲤鱼”是重要的压轴大菜，深受当地渔民欢迎。[①]

三、工商业行话

自京杭大运河开通以来，南北水陆交通日渐繁盛。明清时期，漕运政策的持续施行，不仅带动了运河人流的跨区域交往，也推动了运河沿线城市工商业的发展。诸如造船业、瓷器业、酿造业、纺织业、印刷业、造纸业等各类官私商业形态，在运河沿线城市渐次兴起。运河流域是中国经济最富庶、物资最集中、人口最稠密、交通最发达的区域。杭州、苏州、济宁、天津和北京等运河城市，商贾买卖，往来辐辏，成为区域性商业中心，各种商业店铺鳞次栉比，人口迅速增加，促进了我国南北地区规模空前的物资交流，形成了独具特色的运河工商业文化，各个城市内部形成了固定的商帮、商会等商业联合互助组织。运河沿线的工商业行话就普遍流行于这些流动的运河商人和商帮之间，是他们内部进行商业活动和人际沟通、交往的重要工具和纽带。

（一）杭州商号行话

杭州作为京杭大运河的南端起点，是以“商贾并辏”而著名的运河都市。例如在南宋期间，运河的终点即为临安，此时杭州已是规模最大的工商业中心，“商贾买卖者十倍于昔，往来辐辏，非他郡比也”[②]。杭州民间各种工商业组织向来发达，过去便有“三百六十行”“五行八作”等说法。提及杭州老字号，当首推创设于明朝崇祯年间的张小泉剪刀厂，其他有名者，还有云裳丝织厂、胡庆余堂制药厂、张允生百货商店、边福茂鞋店、方裕和南北货商店、采芝斋食品商店等。[③]长期以来，杭州一带的商人主要经营丝绸、粮米、水产、鞋帽、典当等生意。他们在城内设置商业店铺，以商号之名，孕育了许多生动形象、通俗易懂的杭州商号行话。据明代田汝成《西湖游览志余》云：“乃今三百六十行，各有市语，不相通行，仓猝聆之，

① 济宁市政协史资料委员会、微山县政协文史资料委员会编：《微山湖：微山湖资料专辑》，1990年，第101页。

② 全国政协文史和学习委员会、政协杭州市委员会编：《运河名城：杭州》，北京：中国文史出版社，2009年，第217页。

③ 杭州市地方志编纂委员会编：《杭州市志》第2卷，北京：中华书局，1997年，第249页。

竟不知为何等语也。”[①] 不同的商号种类，行话交往方式也截然不同。例如，杭州米店商号有“一子、二力、三削、四类、五香、六竹、七才、八发、九丁、十足”的行话，而钱行商号则有“一田、二伊、三寸、四水、五丁、六木、七才、八戈、九成”的行话。以下简举几例示意。

1.“头顶天，脚踏边”

旧时在杭州城内流传着不少“商号”行话。如“头顶天，脚踏边”，这是杭州城内鞋帽商号行话，大意是指头顶要戴“天章”的帽子，脚上要穿“边福茂”的鞋子，这两家的鞋帽产品是杭州鞋帽业的代表。杭州帽业的代表是“天章”牌，始创于清朝光绪年间，采用前店后厂、自产自销的经营方式，最初以售卖“瓜皮帽”和“毡帽”起家。边福茂的创办人叫边春象，曾是一名鞋匠。在清朝道光年间，边鞋匠最初在杭州下城五老巷口茶店门口摆一处鞋摊，因其自创的“宽蹬一字平，穷腰富后跟”制鞋手艺十分精湛，顾客经常光顾。后来他将茶店盘下，开设鞋店，取名“福茂”。“头顶天，脚踏边”成为杭州城内妇孺皆知的商号行话。

2.“抄庄”

“抄庄”是杭州地区丝绸店铺与商客之间的传统交易行话之一。过去杭州运河沿线的蚕桑业十分兴盛，出现了以专给绸庄收购土丝为生的行业组织——丝行。丝行交易具有明显的季节性特征，通常初春时节为淡季，五月至七月为旺季。至清朝中叶以后，杭州集中进行土丝交易的丝行主要分布于坝子桥、新桥和武林门等地区。如遇外县客商到杭州售卖丝货，多半也由丝行提供食宿。这些丝行一般在每年的正月十六日正式开门营业，当日店主要提前准备饭餐宴请宾客。同时，店家将卖家带来的土丝称重并唱价，前来买丝的客人现场挑选并对账结算，先去除附属物，再称重净丝，等来日上税时，再送往其家。这种代客买卖的交易方式，当地称之为“抄庄”。[②]

3.“五杭四昌”

杭州工商业发达，各种商业店铺遍布于城区内街巷之中，当地流传着“五杭四昌”的说法。“五杭”即杭扇、杭剪、杭线、杭粉和杭烟。这一类店铺主要采用“前店后厂”的经营方式，前面经营店铺，家院后面设置手工作坊，往往世代传承。“四昌”则是指杭州城内的四家大南货店，分别为顾德昌、胡宏昌、胡日昌与冯仁昌，它们是专营一种商品或综合类商品的纯商业店铺。“五杭四昌”可谓是杭州工商业名店名产的典型代表，盛名传承至今。

---

①〔明〕田汝成著，刘雄、尹晓宁点校：《西湖游览志余》卷二五，上海：上海古籍出版社，2018年，第1198页。
② 杭州市地方志编纂委员会编：《杭州市志》第2卷，北京：中华书局，1997年，第246页。

4. “分岁酒”“油菜汁水年糕汤”

在杭州地区的工商业经营者，除了在日常生活中经营店铺生意之外，每逢春节等重要传统节日，还会举办各种庆贺仪式，祈求来年财源广进，生意兴隆。例如，每年除夕夜，这些商号店主会提前在自家供奉的财神堂上悬挂“纸元宝”，取“财神送宝”之意；还流行在钱柜上面挂财神菩萨神像，张贴“一本万利”字样的红纸条，秤尾扎红线等。除夕晚上，商号店铺还要置办“分岁酒”，又称为“吃岁饭”“吃年夜饭”，由店主摆宴席招待店内的员工，管账先生需携带“红单”账目清算当年账务，店主还要为员工斟酒祝福。酒席过后，商号每人都会喝一碗“油菜汁水年糕汤”，寓意来年商号的生意油水丰厚，祈求获取更大的收益。

5. “争接青龙”

每年正月十五前后，杭州城内的商号店铺都会张灯结彩庆贺元宵节，当地还传有“争接青龙”的商号行话。一般是在每年的正月十二，杭州地区的民间龙灯组织到吴山龙王庙举行“挂红点睛”的赛会活动。等龙灯开光后，龙灯会在杭州城各大街巷的商号店铺门口巡游。商号店主此时要争相将其迎入，准备点心、香烛、红包等物品，以求利市。舞龙人进入商号店内舞动一番，还要念叨类似“天下太平万年长，青龙飞舞到殿堂；一祝店家生意好，财源茂盛达三江；二祝店上多利市，生意兴隆四海旺；三祝东家身健康，多子多孙财满堂”等吉利话。如若龙灯组织嫌商号店主所付红包数量不多，舞龙人会将龙灯倒退而出，又称“倒拔龙”，认为这会对店家生意造成不利影响。

6. “敬元宝茶”

杭州一带的商号，一般将每年正月初五视为“五谷财神日”，商号店主会准备供品祭祀，以求“利市”。对于新年之后第一位登门的商客，店主通常也会施以礼节，专门为客人准备一杯放入两枚青果或金橘的茶水，当地俗称“敬元宝茶”。他们认为，开年头一桩生意顺利，则意味着当年的生意都会红红火火。

7. “青龙匾”

旧时在杭州城内，各式商号店铺经营着不同的商贸生意，当地流传着“青龙匾”的商号行话。由于这些商号店铺格局大同小异，商号内部通常会布置一处曲尺形柜台，里面竖放一块长方形的“青龙招牌”，多为黑底，以正楷金字书写，以示店铺经营范围。如酒店商号多会题写“太白遗风”“杜康佳酿”等字样，米店商号则书写“食为民天”字样，酱菜商号会题写“调和鼎鼐”字样。此外，也有商号店家在“青龙匾”上书“戒欺”“童叟无欺”字样，以此彰显商号诚信至上的经营理念。①

① 杭州市地方志编纂委员会编：《杭州市志》第2卷，北京：中华书局，1997年，第250～253页。

（二）苏州商号行话

苏州水陆交通繁盛，是京杭大运河沿线的商业重镇之一。早在春秋时期，即有“吴市”之说；汉代时，苏州坐拥“三江五湖”之便利，成为富甲一方的东南商业城市；隋朝时京杭大运河江南段的开通，促进了苏州工商业的进一步繁荣；及至宋朝时，苏州已是“舟航往来，北自京国，南达海徼，衣冠之所萃聚，食货之所丛集”“郡郭三百余巷”的商贸盛况；[①]到了明清时期，苏州是东南地区重要的物资集散地，苏州枫桥不仅拥有全国规模最大的米豆市场，在阊门外还有从事青蓝布匹踹染加工、销售的苏布商贸店铺。阊门亦有“天下第一码头”之称号，例如久负盛名的苏州绸布业，素有“绸缎肆坊甲于天下”之美誉，南来北往的各地丝绸商皆“以吴阊为绣市”，商贸活动十分活跃。而且，在苏州运河一带有着许多徽帮、晋帮、闽帮、粤帮和浙帮等商帮互助组织以及各类同业公所、商业会馆，这些商号群体也孕育了独具特色的苏州商号行话。苏州比较著名的老字号店铺有乾泰祥绸布商店、戎镒昌鞋帽商店、稻香村茶食糖果店、采芝斋糖果店、陆稿荐熟肉店、生春阳腌腊商店、同四茂南货店、雷允上诵芬堂药铺等。以下简举几种苏州商号行话示例。

1.“夫妻老婆店”“水客”

旧时苏州城区街巷各种工商业店铺多是以家庭雇工为主，小本经营，当地人俗称“夫妻老婆店”。如果规模较大，商号则采取独资或合资两种方式进行经营。通常合资经营由股东各认股份，共同推选商号经理和协理，经理负责全面业务，协理负责批发和零售等业务。同时下设账房先生负责管理账目，商号也会雇用一些员工和学徒。他们把专门跑外勤的员工称作“跑街”或“跑外水”，俗称“水客”。一般每年农历正月十五时，店家还要召集商号股东聚会，并公布一年的经营账目情况，对年终收入予以分红。

2.“肖龙牌”

商号皆有店名，苏州一带的商号将悬挂的店名招牌称为“肖龙牌”。 一般商号在取名时，多选取“乾、泰、隆、盛、昌、裕、丰、鼎、兴”等吉利字样，寓意生意兴隆。如是合股经营，商号店名多冠以“合、聚、同”等字样；独资或以店主姓氏起名。从事批发业务，则招牌称为“庄”；从事零售业务，则称为“店”；从事大型批发生意或代客成交，则称为“行”或“栈”。苏州商号使用的“肖龙牌”是一种黑底金字的木制招牌，多立于柜台正中尽头处，上书四个大字。招牌名号通常要引经据典，凸显商号行业风范。

---

① 《吴郡图经续记》卷上《物产》。

3. “幌子”

过去苏州城区内的商号店铺，在日常经营生意时还要悬挂形式各异的标志，俗称“幌子”。例如，麻店商号会挂几缕麻；修车店铺悬挂一只车圈；药材店铺悬挂一块四周白色、中间黑心的木板，上下为直角三角形，寓意半贴膏药，中间为菱形，代表整贴膏药；耳科店铺悬挂一块木板，上画一只耳朵图样；寿衣店铺则在门前放一只大黑靴。

4. 苏州绸布业行话

苏州绸布业素来发达，其行话类型主要由绸缎业、华洋布业和土布业三部分构成。由于行当的差异，形成了不同的行话表达方式。清末民初时，在苏州观前街共有六家绸缎顾绣局（店），分别为乾泰祥、同仁和、协大祥、宝大祥、恒大祥、丽华，同时在东西中市还分布着老人和东号、老人和西号、大纶等商号。他们所使用的绸缎业计数行话为“车（一）、季（二）、沙（三）、子（四）、古（五）、兴（六）、林（七）、木（八）、角（九）、同（十）”。华洋土布业在苏州并没有形成统一格式的行话，而是各自使用一套内部流传的行话系统。例如，宏大兴记（胥门外）为“宏（一）、兴（二）、商（三）、业（四）、广（五）、协（六）、力（七）、基（八）、万（九）、年（十）”；大记慎（道前街）为“大（一）、业（二）、造（三）、岭（四）、南（五）、威（六）、名（七）、镇（八）、关（九）、东（十）”；振大福（上塘街）为“引（一）、利（二）、顺（三）、卖（四）、吾（五）、商（六）、化（七）、穴（八）、仇（九）、仕（十）、福（零）”。又如苏州荣泰布店，因其紧依上塘河，故将阊门外沿上塘河至枫桥的吊桥、普安桥、文德桥、同泾桥、白莲桥、马铺桥、凤来桥、汲水桥、枫桥、江村桥等十座桥取其首字编码后作为商号交易行话。至于苏州城内的土布业，一般由布店兼营，这些商号多是常熟的大土布庄在苏州开设的分号，其使用的行话为“一为旦底，二为元头，三为横川，四为倒目，五为坏丘，六为断大，七为皂底，八为分头，九为坏丸，十为田心”[①]。

5. “挑八根系的”“惊闺”

过去在苏州一带，除了有在固定地点从事商业经营的店家之外，还有许多从事小本买卖的摊贩和小贩。一般来说，苏州城区的摊贩有固定的经营地点，他们主要靠设摊来售卖商品。也有小贩挑担子走街串巷售卖商品，通常具有很强的流动性。这些小贩们肩担两头，多用四股绳系联携带的货物，当地俗称为“挑八根系的”。具体又细分为“软八根”“硬八根”“不软不硬八根”等小贩种类。例如，菜贩属于“软八根”，补锅匠属于“硬八根”，箍桶匠则属于“不软不硬八根”一类。小贩所挑的担子又可根据各自特点分为不同类型。如卖小吃的担子叫“骆驼担”，因其多用一种竹制的形如骆驼的挑担，故又称“一担挑”；贩卖日常用

① 苏州市地方志编纂委员会办公室编：《苏州史志资料选辑》，2003 年，第 108 ~ 109 页。

品的担子为货郎担，一头为货架，另一头为货箱。小贩们走街串巷期间，要靠吆喝来招揽街巷的顾客。也有商贩使用一种被称作“唤头”的器具，吸引商客的注意力，在苏州当地又被称为“惊闺”。

（三）北京工商业行话

北京作为京杭大运河北端的终点，是运河线上重要的商贸集散地之一。自隋代始，京杭大运河的开通不仅促进了北京水陆交通的发展，也带动了北京工商业的持续繁盛。金元时期，京杭大运河北京段承担着漕粮运输及商贸交往等重要功能；到了明清之际，京杭大运河北京段的漕运功能更加凸显。来自江苏、浙江的漕粮先经由大运河北上，货物到达北京通州码头后再被转运至京城。北京俗语有云“三百六十行，行行出状元”，当地工商业种类繁多。据齐如山《北京三百六十行》记载，仅在1941年，分布在北京的绸布店、大饭庄、金银楼、大药堂等商业、服务业行当就多达700余种。此类商号店铺字号亦是各有特色，有的以姓氏为商标主体（如茶汤李、年糕张、爆肚满、钢刀王等），再配以招幌、牌匾、楹联等饰物招徕顾客。这些工商业行当与京城百姓日常生活密切相关，在北京当地形成了许多饶有趣味的工商业行话。例如，北京人常用“戗行市”表示同行业之间的生意竞争，用“做倒了行市”表示失去了尊严，用当铺行当中的“过五”表示超期等。[①] 这些行话用语都是北京商业民俗和社会生活的反映。

1.“不养三爷”

旧时分布在北京的各种老字号店铺，除了采用“前店后厂”的家庭经营方式之外，为提高经营水平，部分店铺还会采用股东合营制方式。在经营期间，商号店铺经营者会尽量避免任人唯亲，回避各种裙带关系。凡是与管理者有亲属关系的“少爷”“姑爷”“舅爷”等人员，均不可参与店铺的日常经营管理事务，北京工商业行话将这种做法称为“不养三爷”。

2.“旧账不过年”

过去北京运河沿线一带的商家，为拉拢客户，保证稳定的客源，会以赊购的方式向买家出售商品，待到年底时，商号店家会安排管账先生和店铺的伙计一同找客户结清账目。北京大部分商户都遵循着“旧账不过年”的民间规矩。尤其是小本经营的商户，他们平时主要通过代购代销赚取利润，如果年底时不与商家结算清楚账目，来年可能出现无本钱做生意的窘况。欠债还钱是北京工商业界基本的诚信准则，如若店铺的确出现财力不足的状况，无法及时还清账目，则需店家在正月初一当日去债主家中拜年

① 北京市地方志编纂委员会编：《北京志·民俗志》，北京：北京出版社，2012年，第189页。

请安，约定来年账目结清日期。

3. “打包儿”

北京茶叶店或中药店铺学徒工常用的行话之一。一般学徒进店之后，第一件事是学“打包儿”，即将茶叶或中药等商品包装整齐后再售卖给顾客。通常情况下，茶叶包要包成长方形，类似小枕头式样，要确保不用绳子扎也不会散；而中药包则需要把每一味药包装成单独的小包。包装纸上面会印有店铺的地址、联系方式及商品介绍等信息。①

4. “羊肉床子”

旧时北京经营牛羊肉买卖的商户店铺被称为“羊肉床子”，床子是指用来切割、陈放牛羊肉的案子。

5. “饽饽铺”

北京城内习惯将售卖糕点的商户称为“饽饽铺”。其中，有的店铺专门售卖奶油糕点；也有店铺专门售卖南方风味糕点；还有店铺售卖素油糕点，同时也向寺庙供应糕点供品。旧时在北京从事“饽饽铺”行当的店铺与人员数量曾居各行业之首。

6. “八大祥”

“八大祥”是指北京绸缎布业的商号代表，过去首推瑞蚨祥、谦祥益等商号店铺。他们以经营绸缎和布匹为主业，其中大多数店铺由山东人经营。规模较大的绸缎庄，在苏杭等盛产丝绸之地还会安排专人负责坐庄经营业务，并委托专门的镖局负责包运货物。

7. 北京餐饮商号行话

京杭大运河的运行，也带动了北京餐饮商号的发展。在餐饮商号内部，也形成了各种交往行话。例如，他们将面点厨师称作“白案的”；将餐饮商号中负责跑腿的小徒弟称作“瞧茶火”，因其在跑堂之前主要负责烧火、沏茶等事务；将二灶台的厨师称为“瞧二火”；厨师饭菜即将做成时，通常自己要先舀起一勺，品尝生熟咸淡，行话称为“尝底子”；烤鸭厨师被称为“烤炉的”。② 北京餐饮商号行话的使用，一方面是为了保守商业秘密或者避讳，另一方面也可以增强这一群体成员内部的行业认同性。

四、娱乐业行话

京杭大运河不仅影响着沿线一带运输业、船渔业、工商业等行业的发展，还带动了运河沿线城市娱乐业的兴盛。各种商帮、商业会馆的形成加速了运河不同地域之间的人员流动和社会交往，也使得各种民间曲艺、杂技等娱乐业在各地生根开花。旧时京杭大运河沿线从事

① 北京市地方志编纂委员会编：《北京志·民俗志》，北京：北京出版社，2012 年，第 104 页。

② 欣归：《浅谈商业行话》，《商业研究》1990 年第 1 期。

这一行当的艺人社会地位普遍不高，他们大多是为了满足生计需要而登台表演。长此以往，在其组织内部也积累了形式各异的娱乐业行话，以便内部秘密交流。这种带有隐语性质的行话又被称为“揣语”，也是京杭大运河沿线“江湖文化”“草根文化”的重要符号象征。

（一）苏州评弹行话

苏州评弹是苏州评话和苏州弹词的合称，它是江南运河民间曲艺的典型代表。其中，苏州评话是用以苏州话为代表的吴语方言讲说表演的曲艺说书形式，主要流传于江苏南部和浙北一带，又称“大书”；苏州弹词则是以苏州方言且说唱结合的方式进行表演的“小书”类曲艺说书形式，其流传范围主要包括苏南、浙北和上海等地，二者总称为“说书”。据民国《吴县志》记载：“明清两朝，盛行弹词、平话，二者绝然不同，而总名之皆曰说书。发源于吴中，相传乾隆南巡，曾召王周士御前弹唱。”[①] 从表演形式来看，苏州评话主要以第三人称即说书人的口吻来进行叙述，中间插入第一人称视角进行模仿，代表性曲目如《三国》《隋唐》《西汉》等；苏州弹词的表演形式则以说为主，但说中带唱，常以三弦或琵琶伴奏，曲调婉转动听，代表性曲目如《三笑》《描金凤》《白蛇传》等。苏州评弹具有深厚的民间艺术传统，同时在这一曲艺组织内部也长期传承着许多评弹行话，用于评弹艺人之间的日常交流。以下列举部分内容简要示例。

说书——苏州评话、弹词的统称。

大书——苏州评话的俗称。

小书——苏州弹词的俗称。

着甲书——代表故事中人物多为穿盔甲、争斗时骑马的武将的书目。

长靠书——即着甲书。

短打书——故事中人物争斗时手执朴刀、短剑等短兵器的书目。

公案书——评话中以审理冤案、疑案为主要故事情节的书目。

折子书——能独立成篇的长篇中的某一段。

关子书——内容造成悬念后，可以将故事推向高潮的情节部分。

弄堂书——形成关子之前的铺垫内容。

软裆书——即指弄堂书。

还魂书——刚表演过的书再从头复演。

---

① 民国《吴县志》卷七九《杂记》。

书络——全书故事情节的脉络。

开书——第一天演出。每天上台开始表演也称开书。

剪书——演出告一段落。

一排书——演出十天。

童子戳——儿童上台演出，靠天真稚气讨人喜欢。

码头老虎——一些专门在某一乡镇演出，而生意特别兴旺的艺人的代称。

晾行头——艺人为显示阔绰，引起听众兴趣，不断更换演出服装。

家什——弹词的伴奏乐器。

落回——每天演出结束，暂告段落，中间片刻休息叫小落回。

单档——单身一人演出。

双档——双人合作演出，有“雌雄档”“夫妻档”“兄妹档”“男女双档”等。

敌档——在临近地方相遇或在对面书场内演出的档子。

响档——在听众中影响力大、有号召力且上座率高的演员。

道中——对同行的称呼。

出码头——到外地说书。

踏场子——寻找书场说书。

接场子——定书场。

盘洋——定金。

场东——书场老板。

开青龙——新开的书场或第一次演出的艺人。

破口——艺人第一次上台说书。

篇子——弹词中的唱词，也叫“唱篇”。

口冲——台上说书说错。

口传心授——师父口头逐句向艺徒传授书艺并做书台示范表演。

五台山——比喻书场内只有五张方桌，三位听客，表示演出生意不好。

坐庄听客——每天必到的听众。

神仙、老虎、狗——场方对艺人的态度。业务好，酒肉款待，敬如神仙；业务稳当，惧之如虎，不敢怠慢；业务差，冷淡轻视，呼来喝去，贱视如狗。①

扫脚——农历十二月中旬至年三十的演出档期。

受戳——演出受到听众或同行的欢迎、赞赏。

---

① 中国曲艺志全国编辑委员会编：《中国曲艺志·江苏卷》，北京：中国ISBN中心，1996年，第642～643页。

热接——紧接前档开书，中间不留间隙。

冷接——停演一段时间的书场开书。

凿开——也称戳开，指活跃气氛的表演。

踏空——演员因未落实演出而停演。

踮脚——在前档演员演出结束，后档演员尚未当场的空隙，由别的演员做短期填补性演出。

后艄翘——书的后半回比前半回精彩。

跌听客——上座率下跌。

踹交椅——场方擅自违约，演员被迫提前结束演出。

百脚凳——老式书场中置于竖放长桌旁的一排排长凳，因其形如蜈蚣而得名。

插边花——艺徒加座于老师旁，唱一支开篇或分担少量正书。

状元台——书台正前方竖摆的长桌。

面子书场——一地有数个书场，其中上座率较高的场子。

夹里书场——上座率较低的场子。

温档——上座率较低，仅可维持演出的档子。

内家——内行。

叫鸟——艺人对喜欢妄加评论的演员或听众的贬称。

抽签——因书技低或书情不对路等原因，听众中途退席。

过路听客——路过的听客。

飞兄——未经主管部门批准而演出的演员。

票友——旧时对业余苏州评弹表演者的称呼。

漂档——因水平较低而经常提前剪书的演员。

码头先生——因技艺不高，只能长年跑码头演出且收入低的演员。①

（二）吴桥杂技行话

吴桥是著名的“杂技之乡”，素有“人间游乐无双境，天下杂技第一乡”的美誉。明代时，在吴桥与宁津交界处的黄镇曾有专门的九月杂技庙会。当时吴桥杂技主要分为两派，一是以北牟乡为中心的东派，后拓展至宁津、南皮等县；另一派是以仓上乡、范屯乡为中心的西派，后来实力不断增强，流布至吴桥全县，且以刘家门、陶家门、齐家门等为主。清末民初时，吴桥杂技逐渐形成了一个固定的组织群体，并划分成武术、

① 中国曲艺志全国编辑委员会编：《中国曲艺志·浙江卷》，北京：中国 ISBN 中心，2009 年，第 547 ~ 548 页。

杂耍、驯兽、魔术等四大门类。目前，吴桥杂技主要分布于吴桥县、山东宁津、陵城等地。长期以来，吴桥杂技孕育了独具特色的表演项目，在表演、道具、组织、传承等方面也形成了较为稳定的管理机制，在当地还传有“十方杂技九籍吴桥”“没有吴桥人不成杂技班”的说法。[①] 在杂技行当内部，秘密传承着丰富多样的行话类型，主要供杂技艺人日常生活交流之用。而且，新入门的吴桥杂技艺人在拜师学艺时必须要学习杂技行话。如若不懂内部行话，即便技艺再高，也无法获得杂技同行的认可。以下按照杂技人员、艺人交往、演出道具、表演方式等九个方面简要分类举例示意。

1. 杂技人员类

老和：江湖艺人的自称。

象夫：艺人之间的尊称。

志和：专业艺人。

票友：业余艺人。

正点子：对方的头儿。

掌穴的：艺人班主或头儿。

老帅：艺人对师傅的称呼。

大将：艺人中最有本事的人。

老汪家：艺人中对老大的称呼。

挑厨供：专表演魔术的人。

海李子：在茶馆里搭台变戏法的人。

对包李子：敲锣聚众表演吞剑者。

放从卖：挂着布招牌专卖戏法者。

使活的：戏法中的主演。

量活的：戏法中的助演者。

抱棚门：跟着棚圈走的人。

拉把的：守圈棚门的人。

站把：护圈棚的人。

把合：看守东西的人。

瓜头子：出事时顶事的人。

海青腿儿：没有师傅的人。

家当子（家达子）：指撂地的家庭班子。

① 冯骥才主编：《中国非物质文化遗产百科全书·代表性项目卷》，北京：中国文联出版社，2015 年，第 570 ～ 571 页。

老阁家：内行人。

控子：外行人。

门里：自己人。

门外：外人。

埝子：观众。

2. 艺人交往类

八忌：指不能讲“梦、桥、虎、蛇、龙、兔、塔、牙”这八个字，一定要说行话，否则属于犯忌。上午讲的话，要赔偿对方一天的损失。

没有住过生意下处：不懂得江湖的规矩。

方块：犯忌讳，不用行话。

搏春：艺人间用行话交谈。

通象：艺人间相互问好。

拜象：江湖上的客人拜主人，行客拜坐客。

吐春点：讲行话。

咬春：懂行话。

半开眼：对艺人行一知半解。

撮亮：明白江湖上的事。

过活：把节目的门子告诉别人。

3. 演出道具类

苗：戏法魔术表演用的线。

硬苗：戏法表演用的铁丝。

浮子：戏法中的布绸方巾。

囊子：戏法表演的口袋。

平面子：桌子。

三股子：飞叉、马叉。

冷子：鼓。

哄子：锣。

顺子：竹板。

大叶子：表演的钹铙。

青子：刀剑兵器之类。

黑子：狗熊。

4. 表演方式类

打买卖：指卖艺演出。

拉拴：艺人自己开地演出。

撂地：艺人在空地上露天演出。

清买卖：专以卖艺为生的撂地演出。

混买卖：指卖艺只是为了招徕观众，实际上以卖东西为目的的演出。

守土：艺人在本地表演。

上园子：指艺人在园子里演出。

走堂会：艺人在豪富之家的厅堂或宴席间演出。

广巷：艺人在城市走街串巷的露天演出。

磨杆：指小型杂技演出队在农村露天演出。

走穴：艺人流动演出。

开穴（过帐）：艺人转移码头演出。

走马穴：没有固定演出地点的演出。

回头穴：回演过的地点演出。

拔地：转移地点演出。

阳念：南边演出。

倒念：东边演出。

窃念：西边演出。

没念：北边演出。

夹磨：训练。

捋叶子：偷学技艺。

5. 表演场地类

穴眼（穴）：演出剧场。

正地：场地正，能多容观众的地方。

流水地：撂地时人来人往留不住人的地方。

杂巴地：旧社会杂耍艺人、小买卖和赌博者聚集的集市。

神凑：会。

凑子：集。

带盖儿：指有盖儿的马戏棚圈。

喜头棚：展览动物的棚圈。

嘴子棚：带老虎的棚。

愲棚：假的戏法棚子。

内子棚：指带妇女的小棚圈。

架货摊儿：指没有马的马戏棚圈。

6. 表演技艺类

硬生意：指能挣钱的玩意儿。

挂子：武术。

尖挂子：真功夫的武术。

愲挂子：假功夫的武术。

边挂子：撂地卖艺的武术。

黑挂子：指偷盗者的武术。

明挂子：指当差、护院、保镖者的武术。

老马：艺人们真真假假的生意经。

活儿：节目的代称。

托：杂技节目道具中的机关。

门子：指杂技或魔术节目中机关秘密的地方。

彩：魔术戏法中变出来的东西。

番儿：节目中的动作。

拨眼：指杂技或魔术节目中的关键要领。

法儿（范子）：杂技节目的技巧。

7. 姓氏亲属类

蔓儿：姓。

虎头蔓儿：王。

跟头蔓儿：张。

合手蔓儿：李。

亮子蔓儿：赵。

齐啃蔓儿：朱。

顺水蔓儿：刘。

才星子（孙势、生死）：人。

可实儿：男人。

果丈（立势）：女人。

斗（竹竿、念鼓）：女。

苍点孙：老年。

中点利：中年。

尖点孙：少年。

苍毛（苍才）：老年男人。

苍果立（苍果）：老妇。

中果立：中妇。

尖果立：少妇。

尖立：小媳妇。

立土码子：媳妇。

帐子：做媳妇的女人。

才大兴：妇人。

怀儿怎：孕妇。

空心果：寡妇。

兜花子（兜棵子）：姑娘。

陈囚：孩子。

参棵子（铃铛）：小男孩。

并肩：哥们。

朋恳：朋友。

亲恳：亲戚。

8. 社会阶层类

翅子点：官宦。

古子缺：官。

翅子：当官的。

漂星翅子：官长。

劳巴点（差把）：衙役。

草巴（土地）：地方。

榜漂（海又错）：单人。

册缺：文生。

择错（仄缺）：武生。

海择错：武举。

令漂：进士。

苍芳：童生。

挂洒火（火马点、火点、火生）：有钱人、富人。

海火点：大财主。

行火点：次富。

窑家子：店主。

化巴（念三）：和尚。

智巴（念四）：老道。

念巴（水念三、耀斗、安斗）：尼姑。

元辰：先生。

师恳：老师。

页子点：学生。

判官：书班。

挑册子的：读书的。

转冷子（毛管生）：读书人。

徒恳：徒弟。

传册：教书。

叫册：念书。

受授：学习。

工念：手艺人。

金点（明埝子）：算卦的。

分朵的：拆字的。

搿片儿的：卖字的。

匆昤的：卖饭的。

扇火：铁匠。

撇柴：拿牙。

机子点：裁缝。

帮点孙：戏子。

扫苗点（柳风的）：剃头的。

画上的：拉洋片的。

柳上的：唱戏的。

千张生：乡下人。

坷郎点子（坷垃孙）：农民。

挂洒水（水码子、水点、水生）：穷人。

展点：男佣人、茶房、听差。

果点：女佣人。

中尖火点：庄稼主。

水点：穷汉。

叫点：乞丐。

比散：要饭的。

苦果：妓女。

苦星立：娼妇。

亮苦：明娼。

冷子点：兵。

冷巴子（海冷）：当兵的。

土冷子：民兵。

鹰爪：侦探，便衣侦探、侦缉队。

戎（戎点）：贼。

老荣（小绺、摄把子、荣码子）：小偷、扒手。

轰码子：土匪。

吃横梁子：劫道的人。

9. 食品、物品类

齐落子：馒头。

翻张子（反罗）：饼。

穴空子：饺子。

气罗：包子。

蒸罗：馍。

蒲阳子：粉条。

干条：面条。

火山子：酒。

底子：油。

锁底：香油。

南底：桐油。

滚子底：豆油。

酥底：驴油。

海沙：盐。

捕陈沙：酱。

恳会：醋。

龙宫：水。

叶子：栗。

苗须：青菜。

行客：随身带的物品。

轮子：车。

尖轮子（简灵子）：小车。

海轮子（海灵子）：大车。

漂子：船。

海托：大缸。

羊古子（馇罗）：碗。

龙古子：茶盅。

山古：酒盅。

山吊子：酒壶。

挑罗：筷子。

方子：砖。

客枚子（灵芝）：柴禾。

攒红：火。

崩星子：火柴。

龙宫草山：水烟。

草山勾：烟袋。

描文：笔。

转心子：手表。

夯子：公章。

叶子：证明信。

金子：尺。

挑横梁子：秤。

喷子：枪。

青子：刀。[①]

（三）北京京剧行话

京剧的诞生与发展、兴盛，与运河有着密切关系。当年徽班进京，出发地就是运河城市扬州，而后沿运河北上。大运河为京剧艺术的兴盛提供了肥沃的土壤。如运河沿线的临清，素有“京剧之乡”的美誉。临清人酷爱京剧，票友遍布全城。

京剧作为中国五大传统戏曲剧种之一，也是京杭大运河沿线影响力最大的剧种。它的形成主要立足于传统徽戏和汉戏剧种，兼收昆曲、秦腔等戏曲剧种之特长，又因其主要在北京发展、传播，故名“京剧”，距今已有200余年历史。京剧在我国有着深厚的传承基础，素有“国剧”之美誉。清末民初时，曾涌现出程长庚、谭鑫培、梅兰芳、程砚秋、荀惠生、尚小云等一批京剧表演艺术名家。[②]旧时，京剧在运河沿线的兴盛也带动了这一行业群体组织的发展，并逐渐影响到天津、河北等地，深受民众喜爱。如据民国《天津志略》记载：“昔日多以伶人出身微贱，故高人雅士，皆不以唱戏为然。近年来思想骤变，风气急转，曩者所认为微贱之伶人，今则身价高抬，名满神州。于是京剧之空气，浓漫津门，甚至妇人孺从，亦能哼哼两句。而一班达人雅士，更组织团体，延教师，制行头，做深切之推求。于是票房剧社，有如雨后春笋，终日金声木声肉声，嚣援尘上，且不时登台彩排，以露头角。进更有女票房之设立，可谓别开生面矣。”[③]无论是拜师学艺，还是日常人员管理，京剧戏班内部皆遵循、使用着一套较为有序的行话系统。这一行话对于京剧行内人而言，通俗易懂，言简意赅，主要包括表演艺术行话和日常生活行话两大类。从行话专业形式来看，京剧行话又可分为表演、音乐、演出、传艺、舞台、后台等多种类型。而且，京剧行话善用比喻手法，使用时生动形象，便于理解记忆。以下按照表演类、音乐类、演出类、舞台类等类型简举几种示例。

1. 表演类行话

叫板：指演员在未开始演唱之前，先用或哭或笑、或喜或怒、或忧或悲等声音，引起锣鼓音乐，为演唱作铺垫。

打上：指用锣鼓引角色上场。

---

① 教育部语用所社会语言学与媒体语言研究室编:《语言规划的理论与实践：第四届全国社会语言学学术研讨会论文集》，北京：语文出版社，2006年，第465～468页。

② 冯骥才主编：《中国非物质文化遗产百科全书：代表性项目卷》，北京：中国文联出版社，2015年，第369～370页。

③ 民国《天津志略·例言》。

打下：指用锣鼓送角色下场。

打背供：背供，指背人的言语。凡戏中人用袖或手中所持之物遮面，对台下观众做出言语或动作，都称为“打背供”。

打出手：武戏中为表现神仙斗法，互掷法宝的场面，即将手中武器互相抛掷传递，并编排各种炫奇高妙的姿势，称为“打出手”。

耍下场：指剧中角色在战胜敌人后，舞动手中兵器，做出各种工架来，表现胜利的情绪，称“耍下场”。

暗上暗下：非正式的上下场，即既无规定之姿势，也无规定之音乐伴奏的上下场。

留腿儿：亦称甩上句。指一个唱段唱到最后一句时，暂时留下不唱，接着进行表演，然后再由这个角色或其他角色接唱留下的一句。留腿儿后接唱的最后一句称 “缝腿儿”或“缝上”。

三条腿儿：京剧唱词分上下句，词句成双，其押韵为上仄下平。但也有例外，只有上句，而略去下句，以锣鼓“扫头”代之。这种处理也称“扫一句”。

抢戏：亦称搅戏。演员在台上演出时，不顾剧情需要，一味地卖弄、突出自己。既搅了别人的戏，又破坏了整个舞台气氛。

掐戏：演出时，因演出时间过长，临时把一段戏略去不演。

戏肩膀：演员在台上演出时，对鼓师或同台演员的交代和暗示，使鼓师或同台演员了解自己的意图，做到配合默契。

压堂：指演员的演技精湛，台风漂亮，一出场就抓住了观众。

一顺边儿：演唱时不分上下句，落腔与前面相同，称一顺边。

一道汤：指京剧演员缺乏独特性的表演，在不同戏中演不同角色的表演互相雷同，致使角色形象不鲜明，千人一面。

寸劲儿：指演员在完成某个身段动作时，所用的一种巧妙的、起关键作用的劲头。

劲头：指演员舞蹈动作幅度大小、力度强弱的运用。通常用于身段表演。也指演员演唱中的“心劲”“口劲”和行腔中某一重音的渲染和结合。

尺寸：指京剧表演上唱念做打的节奏速度。准确地把握节奏速度，是正确表现人物的关键。

关子：指表演技巧的窍门，也指情节与情节之间衔接的“扣子”。

俏头：优秀的京剧演员在演唱或表演时，在关键处善于做一种特殊处理，如改变节奏，或是加一个细节动作。这种细微的处理，往往能使演唱增色，使人物的性格和神情格外生动，收到很好的剧场效果。

节骨眼儿：关键之意。一是指表演上的关键部分，如某个唱段，某句念白，或某组身段动作，等等。如果能将这些关键部分处理好，便可起到画龙点睛的作用。二是指身段技巧动作的诀窍，只有掌握这个诀窍，才能将动作完成得干净漂亮。三是指情节发展的紧要关头，如矛盾的转折点。

讨俏（巧）：指无须花费很大的气力，就能讨好，收到事半功倍的效果。有些角色虽然戏不多，却因戏剧性强，戏料足，演员只要凭借不多的技巧或唱念，便会受到观众的欢迎。

大路活：也叫“通大路”，指演员们按照一般基本套路来演出。

绝活：通常指属于独家所创，人皆不能的技巧，也有专指难度较大的武功技巧。

盖口：人物对唱或对念时，彼此衔接处称为盖口，有“死盖口”与“活盖口”之分。前者指固定化的对口戏词，不能任意变动；后者指戏词不固定，一方临场发挥，另一方要有相应的对答。对口紧凑严密，叫“盖口严”，否则就是“盖口不严”。

亮相：指剧中人在上、下场或一段舞蹈动作结束时的短暂停顿，通过形体造型，表现人物的精神状态。亮相有单人、双人、多人的不同形式。

碰头好：演员刚一上场，就得到观众的叫好声，称为“碰头好”。

子午相：指演员在舞台上坐、立姿势的形体角度。要向左或右微侧，忌正身平面直向观众。既要挺拔，又不能傻气。

边式：指演员身段利落、干脆、漂亮；或指演员化妆、穿戴干净、合适。

两下锅：亦称“梆子皮黄两下锅”。指梆子和皮黄两个剧种同台演出，而剧目和表演均各自保持原状，不相混合。也有在同一剧目里用两下锅的演法，半出皮黄，半出梆子。

噱头：“噱”为吴地方言，发笑的意思。“噱头”指演员为营造剧场气氛、活跃观众而临场发挥的表演，如运用恰当，能收到很好的效果。如运用不恰当，或脱离剧情和人物哗众取宠，就只能使观众感到厌烦。

馊哏：指在演出中，演员以不健康的笑料迎合一部分观众的需要，制造剧场气氛。

懈场：演员在表演时，由于思想不集中或精神懈怠，造成游离于剧情之外的表现。

闹鬼：亦称“鬼打墙”。演员在演出某个戏时曾出现失误，或念错，或唱错，以后每演这个戏，因为心里紧张，便不受控制地在同一个地方犯同样的错误。

拿贼：指在演出中，演员因为戏词不熟，或因为嗓音不佳等原因，临场表现出一种手足无措、极不顺畅的紧张状态。

跷辙：辙，作韵解。京剧唱词每句的末一个字要求押韵，单数句为仄声，双数句为平声。如果双数句未押韵，就称为“跷辙”。

倒字：指演员将字音念错，称为“倒字”或“念倒了”。

喝了：指甲演员胜过了乙演员。

韭菜：指演员演出时出现错乱的情形。

错骨不离骨：指演唱中灵活处理节奏的一种方法。为表达角色的情感，有意把唱段中的某些词句放慢，给人一种跟不上板的感觉，而实际上并没有脱离原有节拍的轨道，是对节奏常规的一种突破。常在四分之一节拍的“快板”中运用，其他板式也有使用。

杀黄：指演员在舞台上忘词时，临时用的戏词。

滚口：指演员在舞台上将念白念错或顺序念颠倒了。

起范儿：指演员在未做抢背、吊毛等动作之前所呈现的脚跟用劲、屈颈纵身等准备姿势。

过合儿：角色在舞台上所呈现的你来我往的调度。

饮场：旧时演员在演唱或表演间隙饮水，称“饮场”。传至民间，则有“饮嗓子”之说。

魂子：指在戏中饰演鬼魂的演员。

踏白虎：指演员误从上场门下场或从下场门上场。

2. 音乐类行话

合弦：亦称“巴弦”。指演员的演唱与胡琴的伴奏配合默契，无丝毫偏离。

合槽：指台上表演时演员与乐队之间配合默契，达到了尽善尽美的境界。

场面：指所有的音乐伴奏人员。

六场：指胡琴、南弦、月琴、单皮、大锣、小锣等乐器。

打通：又称开场锣鼓、闹场、打闹台。指京剧开场时的锣鼓演奏。常分三通，每通之间可留有间隙。头通，小堂鼓领奏，打击乐配合，点子较简单；二通又称响通，以鼓板领奏，全堂打击乐配合；三通又称吹通、吹台，唢呐领奏。

过门：演员演唱间断时，胡琴所奏的音乐。

入调：演唱时与所定的调门相同。

大字：曲词谓之大字。

3. 演出类行话

笑场：亦称喷场。指演员在演出中脱离剧情与角色而失笑，破坏了舞台艺术的严肃性与真实感。

误场：指演员未能按时到达剧场扮戏，延误了上场。

冒场：本不应上场时而误上了场，称“冒场”或“冒了”。

怯场：演员因为初次登台经验不足或对所演之戏生疏等缘故，临场心慌而失去控制力，使演出效果受到影响。

晕场：演员由于对戏不熟练或精神过于紧张等原因，造成表演慌乱，出现忘词、唱错、失手等舞台事故。

冷场：指演员由于忘词、误场等原因，造成舞台演出的突然停止。这是舞台演出最忌讳的现象之一。演出中，不管发生什么事情，都不应中断。

救场：指对演出中突然出现的失误，同台的有关人员要及时采取相应措施，予以补救，使演出能继续进行。

翻场：演出时，演员认为同场演员或乐队有所失误，引起不满，当场给对方予斥责，使演出中断。

明场：相对于暗场而言。凡演员在台上表演的情节，都称明场。

暗场：相对明场而言。某些剧目中的部分情节不在台上表演，而放在幕后进行；或通过人物的台词加以说明，或运用音响效果表明。

谢场：亦称送客或金榜谢场。京剧戏班的旧俗，演出结束，由小生（穿大红官衣，戴驸马套翅）和旦角（穿霞帔，戴凤冠）各一人至台前向观众行礼感谢。有时走下舞台，送观众到剧场门口。

听场：后台候场的演员注意力集中于舞台上的演出，以便自己能准时出场。

候场：指演员将上场之前，守候在入场处幕后，做好准备。

吊场：指主演还未化好妆，让配角先上场敷衍。

帽儿戏：亦称开锣戏。指演出时的第一出戏。旧时帽儿戏多为《天官赐福》《百寿图》之类情节较为简单的戏。后来帽儿戏的剧目逐渐变化为火炽精彩的小武戏和能活跃观众情绪的风趣剧目。

轴子：指一场折子戏演出中作为轴心的主要剧目。旧时京剧戏班排戏，将台词用毛笔写在长条纸上，卷起来似一轴画卷。戏大纸长，卷起的纸卷就粗；戏小纸短，卷起的纸卷就细，便有大轴、中轴、小轴之说。

大轴儿：也叫“送客戏”。旧时一场戏往往要演出五六个小时左右，时间过长，观众不等终场就离座。因此戏班常把剧目的重点放在压轴戏上，最后一出则安排演些技术性较强的小型武打戏或趣味性浓的玩笑戏，让观众在这无足轻重的演出中逐渐散去，故有此称。

压轴儿：指一场折子戏演出的倒数第二个剧目，由于紧压大轴而得名，演压轴戏的一般都是戏班挂头牌的主要演员。

4. 舞台类行话

九龙口：演员出上场门数步，稍停亮相之地谓九龙口。旧时乐队在舞台中央，鼓师座位也在此地，以显示其地位的重要。现今，九龙口仍处于舞台的黄金分割点上，符合舞台美学的表演规律。

上场门：指剧中人出台时所走的门。

下场门：指剧中人入台时所走的门。

大边：即下场门所在的一侧。

小边：即上场门所在的一侧。

内场：舞台上以桌为界，桌内称内场。

外场：舞台上以桌为界，桌外称外场。

切末：也作“砌末”，指戏中所用的布景、道具等。

形儿：指戏中所用的假禽兽，多为人扮。

台口：指戏台的前面。①

五、帮会行话

京杭大运河纵贯南北，明清以来，随着漕运政策的施行和运河沿线物资、商品和人员等方面的交流，在运河沿线地区形成了各式各样的行会、帮会及商业会馆组织。这种帮会主要以“兄弟结社”为连接纽带，从广义上看属于一种民间互助组织。运河沿线的各类帮会组织通常以内部行话作为主要交流语言。一方面，这种带有秘密属性的行话可以确认对方是否为本帮成员，维系帮会组织的安全性；另一方面，使用帮会行话也能够增强其成员内部认同感，确保帮会组织的稳定性。分布在运河沿线的帮会、行会组织名目繁多，以下选取京杭大运河沿线较具代表性的淮安安青帮行话、聊城脚行行话及北京镖行行话简要举例。

（一）淮安安青帮行话

“安青帮”，又名“清帮”“青帮”，是一个典型的因运河漕运而兴的帮会组织，起初在北京、山东一带传播，后沿京杭大运河发展至江苏、浙江和江西等地，俗称“潘门”“潘家”。“安青帮”分为两个帮派，一派是主帮，主要由浙江温州、台州人组成；

① 于建刚：《中国京剧习俗概论》，北京：文化艺术出版社，2015年，第232～243页。

一派为客帮，主要由苏北、皖北人组成。其成员主要是漕运水手和部分手工业工人。“安青帮”成员之间讲究“以义气为重”“救危济急”“分帮不分家”。之后因漕粮改海运，“安青帮”势力逐步衰落，便在苏北等地转化为以贩卖私盐为主要营生的流民组织。[①]因此，“安青帮”也被认为是在水手行帮解体的19世纪50年代晚期至19世纪60年代早期，于苏北淮安等地出现的一种行帮组织。它的成员由原属于“新安派”水手行帮的漕运水手和专职私盐贩组成。[②]由于青帮团体规模不断扩大，影响到地方社会的治安问题，这一群体后来便成为运河沿线官府重点打击的对象。明清时期，淮安本是两淮产盐的集散地和漕运交通要道，在多种因素共同影响下，淮安在运河沿线的城市中的影响力不断增加，而活动于运河之间的“安青帮”在当地的势力也逐渐扩大，有着较深的社会根基。“安青帮”内部遵循着起初祖传的二十四字“家谱”辈分，传承着较为严苛的内部帮规，并秘密流传着供成员之间内部交流的行话。示例如下。

祖爷：罗祖，即“安青帮”鼻祖。

主爷：帮中的祖师，为罗祖的徒弟，指钱、潘、翁三人。

老头子：师父。

徒肯：徒弟。

开香堂：收徒弟。

进门槛：加入帮会。

空子：未入帮会的人。

自家人：帮会中人。

放布：名片。上面写明老头子的姓氏、年纪、简单履历、字辈等，分给众徒弟持为凭证。

同参：师兄弟。

脱节：得罪人。

难过：帮会会员间有隔阂。

打招呼：陪礼。

前人：师父及师父的师兄弟。

三堂：钱保堂、潘安堂、翁佑堂。

六部：指青帮中的监察部、司礼部、引见部、掌印部、用印部、传道部。

前班人：老头子的师兄弟或老头子的老头子。

开山门徒弟：师父的第一个徒弟，每当师父外出时，代理师父行管理职责。在众师

① 蔡鸿源、徐友春编：《民国会社党派大辞典》，合肥：黄山书社，2012年，第286页。

② 高建军编著：《山东运河民俗》，济南：济南出版社，2006年，第118页。

兄中，有权力第一个收徒弟，其人须精干机敏。

关山门徒弟：即最后一个徒弟。

家法：用以惩罚违反帮规的用具。

参祖：吸收新徒弟时，带领新徒弟叩见罗祖及三主爷。

道情：帮会发展史。

字辈：帮中以名字作为辈分标志，共有四十字。

老大：帮中人彼此的尊称，除前辈外皆可互称老大。

乱道江湖：泄露帮中秘密。

引水：背叛本帮，出首告密，充当内线。

招牌：各种暗定规则，如吃茶时把碗盖朝里、斜放左边等。

挂招牌：帮员外出，只要暗挂招牌，如斜扣碗盖、筷子放在酒杯外侧等，帮会成员会热情接待。

架相：劝诱别人加入本帮。

敲生意：不正当的经营。

修道运：外人新入帮，则将家中财产交付帮会。

吃小虫：采取各种手段刁难小商贩，以榨取钱财。

开码头：帮会手中无钱时，到各码头转一转，同帮人则管食宿，临走时还有所赠送。

开堂：收徒弟。

开门口：逼迫外地贩来的妇女从事娼妓活动。

吃斗：蛮横无理。

吃相：捞钱。

三吓头：先以大话吓唬，继而威胁，最后施以拳脚。

虫囊子：鸭屎。

地界拘得到：朋友遍天下。

赌软把：用赌牌来诱骗他人钱财的人。

斤头：诈骗。

包生意：代人调停事端或代做打手，事成后收取一定报酬。

保险行：承包贩运妇女、小孩。

避风头：逃避官府捕捉。

办地界：不能到曾经作案被捕的地方去。

拔清码子：警察或官兵。

堂皇生：官员。

土店：专门经营本地土特产的店铺。

朝阳生：店铺主人。

踏青早：专门在早晨动手偷东西的窃贼。

赶黄昏：专门在傍晚动手偷东西的窃贼。

走乌里：专门在夜间偷东西的窃贼。

排扇子：撬门盗窃的贼。

寻口子：掏包贼。

挨摸老：锍子手。

矗天表：专偷他人晾晒衣服的窃贼。

放生意：走江湖卖艺人的统称。

失风：偷抢拐骗之事走漏风声，或有人告密。

风头紧：官府有来拘捕的迹象。

开武相：持枪抢劫，并顽抗拒捕。

开文相：干拐骗赌偷之类的事。

人头兜得转：认识很多头面人物。

沾祖爷灵光：加入了帮会。

磕头：拜师，成员之间问拜谁为师时说“向谁磕的头”。

静堂瑶：开香堂时备酒菜宴请成员。

赶香堂：新收徒弟时，邀请其他朋友来同贺。

净口：开香堂时，帮会成员下跪，嘴里含着清水漱口。

上钱粮：开香堂结束，烧纸钱以求吉利。

抽跳师：最初收徒都是在船上举行仪式，下船入帮时要把跳板抽掉，所以称引见师为“抽跳师傅”。

牛子：诈骗对象。

得水：进财。

小刁：敲诈期间，如果自己人过去干涉，其他成员称之为“小刁”，为帮规所禁止。

保牛子过关：敲诈对象为帮中人的亲友，作为帮会成员不能保护亲友。如果保护，则称为“保牛子过关”，为帮规所不允许。[①]

① 赵戈：《江湖行话大全》，兰州：敦煌文艺出版社，1992年，第22～27页。

（二）聊城脚行行话

聊城地处鲁西，京杭大运河自阳谷县张秋镇入境，至临清入卫运河，故其也曾为运河九大商埠之一。明清时期，聊城工商业、手工业、运输业等行业持续发展，南北汇聚的人流、物流和资金流交易更加频繁，城内遍布着粮店、盐店、茶叶店、皮货店，江苏、浙江、山陕商人往来不断，商业十分繁华。到清代后期，聊城成为京杭大运河山东段北段最重要的商品集散地。[①] 旧时聊城范围为各种帮会、行会组织繁多，较具典型性的行会组织如聊城脚行等。

脚行专门从事商业货物搬运，通常按照行业划分地段，各自工作，互不干扰。如在聊城东关驴市口一带的“脚行班”主要负责为杂货行搬送货物；窦家营“脚行班”主要负责在大街公盐店装卸盐包；后菜市“脚行班”主要负责乌枣装卸；其他诸如茶叶、药材等行业，也有专门负责搬运的“脚行班”，不允许外人插手。因为从事脚行工作的人员多是地位相对低下的农民或无业人士，主要靠体力赚钱，故从事脚行也被称为“下苦力”。与其他行会组织不同的是，在“脚行班”内部并无师徒之分，虽设有管理头目，但头目与其他人一样都要参与搬运活动，只是头目的位置可以世袭，外人不能随意替代。在“脚行班”内部，也形成了较为系统的脚行行话。下以旧时聊城粮食“脚行班”日常使用的行话示例。

斗户：集市上专门负责代客买卖粮食的经纪人。

脚钱：通过搬运货物出苦力挣钱，也是运费。

刘家营派：清末民初时聊城著名的“脚行班”，主要负责给籴粮户送货。以聊城刘家营村的刘兴奎、刘太合等人为首领，他们带领20余位伙计在聊城从事脚行工作。

本街派：清末民初时聊城著名的粮食“脚行班”，以生活在聊城城区街巷的郑、张二姓为首领，带领约八九位伙计工作。

家伙：“脚行班”成员工作时的用具，一般包括一辆小红车，几条布袋。

眼色活：干活时要脑袋灵光，有眼力劲。

吃碴：买来东西自己食用。

嚼谷：维持生活的必需品。

识趣：见风行事。

好看：有面子。

---

① 张从军主编：《山东运河》，济南：山东美术出版社，2013年，第47～48页。

支呼：招呼、喊叫。

倒斛：从事粮食搬运的一道工序。

赚好道歹：褒贬货物质量问题。

和班：新入班者请“脚行班”喝酒吃饭。

下苦力：表示工作很辛苦。

添人：脚行班增加人手。

掌柜的：商业主要经营人员，也叫经理。

伙计：员工。

徒弟：学员。

老头脑：斛头。

花红：奖励。

领东：经理人接受财东股金，创立字号。

苦力帮：出苦力的帮派。

管账先生：会计。

柴王：“脚行班”敬拜的祖师。[①]

拉拢：疏通关系。

捧场：亲自到场参加活动。

挚运银钱：赚钱。

财东：集股投资者，年底享受分红。

热麦市：麦汛，指每年收割麦子的忙碌季节。

跑街：上街讨债的伙计。

卖空囤：买空卖空，并无现货。

鸽：卖粮食倒布袋时，抛撒于斗外的粮食。一石粮食可以得“鸽”二升。

行坎：一到九的数字分别用“枪、亚、彦、丰、土、要、现、翘、欠”等字代替。讲“坎”时还要在每字下加一“零”字作缀词。

粮食市街：聊城东关闸口东的粮食交易地。

承送红板：额外收入。

送官粮：指“脚行班”给官府运送粮食。

应行：官府分派的义务劳动。

打官差：完成官府分配的任务。[②]

---

① 杨达、马军、朱希江主编：《聊城古城故事》，北京：华艺出版社，2009 年，第 196 ～ 198 页。

② 聊城市文史资料委员会编：《聊城文史资料》第 3 辑，1985 年，第 61 ～ 82 页。

（三）北京镖行行话

旧时分布在京杭大运河沿线城市的帮会、行会组织中，北京镖行是众多行会组织的典型代表。镖行以保镖、护镖为主业，从事这一群体的组织被称为“镖局”。清末民初，北京分布着会友、源顺、永兴、志成、正兴、同兴、义友、光兴等八大镖局，尤以会友镖局规模最大，历史最悠久。[①] 在从事保镖、护镖工作的人员内部，传承并使用着一套秘密交流话语，俗称为镖行行话。其内容主要涉及走镖、保镖事务和日常生活用语交流等方面，以下简举几例示意。

保镖：负责保送财货、银两等。

走镖：也即保镖。

丢镖：护送的财货、银两被夺。

达官爷：对镖师的尊称。

扎手的：盗匪对镖师的称呼。

顺手的：无力抵抗的商旅客户。

宝局：赌场。

起旱：旱路镖。

镖车：装运财货、银两的车辆。

镖师：护送财货、银两的武师。

水路镖：走水路运输镖物。

闷棍：打杠子，社会劫镖人员。

大刀王五：京城源顺镖局的镖师王子斌，功夫高强。

打杠子：业余土匪。

山大王：占山为王的匪徒。

地头蛇：当地难惹的地痞。

走趟子：走镖。

合吾：镖师走镖时所喊的镖号，以号会友，减少出行障碍。

凤凰三点头：镖师过桥、过山口时要将“合吾”二字喊得抑扬迂回。

当家的：匪首人员。

掌柜的：走镖负责人。

借路：同意放行。

---

① 周维秀编：《北京记忆》，北京：中央文献出版社，2009年，第563～564页。

点春：与劫匪谈判。

饿虎：劫匪对财物志在必得。

大门坎：后台。

车把式：赶车人。

镖单：走镖开具的单据。

路引：由官方发放的信物，路途中有官兵见者，亮出即可放行。

秧子：专门捣乱的公子哥。

花船：载妓而行的客船。

套子：中计。

打过尖了：吃过饭了。

腰间之物：手枪。

盒（同“匣”音）子：驳壳枪。

六响炮：左轮手枪。

手冲子：土火铳。

细软：钱财。

口外：出了长城统称口外。

洗脸：到家了的意思。镖师路途中不洗脸，如果说“明天该洗脸了”，则意味着明日即将归家。

习水：会游泳。

吃“馄饨”：被绑上手脚装入麻袋中，扔进水里。

颠马：未经驯服的马匹。

飞蹬：镖师一只脚刚踏上马蹬，还未及翻身入鞍，马即飞奔起来。在飞跑的过程中，骑者翻身入鞍，另一足入蹬。

宅门：特指富户大院。

坐夜：为商户看管店铺。

明火：匪徒进店中明着抢劫。

上板：停止营业。

送客：镖师喊一嗓子“捉贼”，让盗贼逃跑。

夜行服：镖师护院穿的服装。

半路货：水平不高的镖师。

运河漕运的兴盛不仅带动了沿线各地农业、渔业、商贸业等各种行业的繁荣与发展，还孕育了独具运河特色的内部行话。杭嘉湖养蚕业行话和苏州稻作业行话为当地乡民从事蚕桑、稻作生产提供了丰富的劳作经验指导，而苏杭地区和微山湖区的船渔业行话与禁忌则是运河船民生活民俗的缩影，北京和苏杭一带的工商业行话体现了运河商贸传统的深厚，吴桥杂技、京剧、评弹等民间游艺类行话则反映出过去运河娱乐业的发达。运河行话主要在其行业内部传承和使用，这些充满着“秘密性”和“地方性”色彩的行话类型，其实也是运河民众日常生活智慧的语言结晶。

第三节 谚语、俗语

一般认为，谚语是民众共同创作、言简义丰、广为流传并较为定型的艺术化语句。[①]传承至今的运河谚语、俗语，是地方民众在日常生产和生活实践中的集体智慧与普遍经验的凝结。此类语言表达、交流形式虽然言语简练，内涵却十分丰富。这种民间语言可以为民众日常生活提供经验指导，具有典型的通俗性、哲理性、经验性、教育性和地域性等特征。京杭大运河纵贯南北，在带动沿线城市经济、文化、语言、习俗等方面的交流方面起着重要的纽带作用。运河的畅通不仅带来了商品物资交流的融通，也促进了各地农业、手工业、商贸业、船渔业者的社会成员交往，他们在交往过程中总结而成的谚语、俗语种类繁多，形式多样。较具代表性的运河谚语、俗语内容包括农业类、船渔业类、手工业类、商业类等，它们或是对农业劳作技术经验的凝练总结，或是对手工业、商业经营的技术指导，或是对船渔业从业人员社会交往的经验提炼。这些谚语、俗语与带有秘密色彩的运河行话不同，其传播和使用的范围更加广泛。

一、农业、渔业谚语

农业谚语和渔业谚语是京杭大运河沿线地域较为常见的谚语形式之一，通常简称为农谚、渔谚。农谚是运河沿线的乡民开展农业劳作实践活动时的长期经验总结，它既有对土地、肥料、播种、管理、收获等方面劳作的技术指导，也有对时令、节气、物候等方面的经验判断，还有为人处世、社会交往等方面的教育警示；渔谚则是运河流域范围内特有的民间语言类型之一，它不仅记录着京杭运河一带的渔民们从事捕鱼、养鱼活动的经验，还反映了渔民们日常渔业生活的丰富样态。流传于运河地区的农谚、渔谚内容数量众多。以下选取部分杭州、嘉兴蚕桑谚语、苏州稻作谚语及微山湖渔业

① 李耀宗：《民间谚语谜语》，北京：中国社会出版社，2006年，第7页。

谚语等作为示例。

（一）杭州、嘉兴蚕桑谚语

杭嘉湖一带历来是江南蚕桑业的重镇，当地民众在种桑、养蚕、缫丝过程中积累了诸多内容丰富的民间谚语，主要涵盖桑树种植、育蚕管理、时令节气和气象占验等几个方面。这些蚕桑谚语既是乡民日常劳作、生产生活的经验总结，也是保障蚕桑技艺稳定有序传承的重要方式。

1. 劳作技能与生活哲理类

好稻要好秧，养蚕先培桑。

田地靠肥料，肥料向蚕要。

看蚕好来真的好，种田好来勉强饱。

要吃饭，多种粮；要钞票，多种桑。

种得一亩桑，可免一家荒。

种桑一年，采桑一世。

家不兴，少不齐；桑不兴，少河泥。

桑条从小压，大来无办法；桑条从小吊，小人从小教。

人怕心口痛，桑怕钻心虫。[①]

丝车一响，铜钱进账。

卖贵叶不如养病桑。

桑养羊，羊养桑。

一缸油盐一缸酱，要靠蚕桑出粮饷。

一树桑叶，一树钱。

养蚕无巧，食足便好。

吃看田里，穿看匾里。

男人家望种田，娘娘家望看蚕。

种桑养蚕，勿愁吃穿。

收不尽的魏塘纱。

苗好三分稻，桑好一半蚕。

条要青，苗要新。

小桑树种百，不如老桑树发一发。

① 刘文、凌冬梅：《嘉兴蚕桑史》，杭州：浙江工商大学出版社，2013年，第152页。

生蚕做勿来硬茧。

一口桑叶一口丝。

养鱼防瘟，养蚕防僵。

若要桑树好，桑地勿见草。

仙人难断叶价。①

2. 节气与时令类

养蚕养到小满上，养蚕娘娘要吃糠。

男采桑，女养蚕，四十五日见现钱。

六十日旱稻不种是懒汉，廿八日龙蚕勿养是懒婆。

桑叶逢晚霜，愁煞养蚕郎。

三月思种桑，六月思筑塘。

蚕花娘娘，清明种。

谷雨三朝蚕头白，小满三朝见新茧。

大麦黄，养蚕忙。

三月十六鸟叫晴，春蚕娘子要上绳。

三月三日晴，桑树挂银瓶。

四月天，难做天，蚕要温和麦要寒。

春蚕勿吃小满叶，夏蚕不吃小暑叶。

冬季捻河泥，桑树长破皮。

小蚕勿吃露水桑，老蚕勿吃温叶桑。

宁叫蚕老吃不尽，莫到吃尽老了蚕。

谷子出畈百廿日，蚕花上山四十天。

蚕无夜食不长，马无夜草不壮。

蚕要朝朝除砂，地要天天洒扫。

一年两熟蚕，相抵半年粮。

小满三朝丝上街。

大麦发了黄，家家养蚕忙。

蓬头赤脚养次蚕，光头滑面吃一年。

蚕茧一熟，粽子裹肉。

蚕熟麦收百无忧，黄鱼白肉把客留。

① 程长松主编：《杭州丝绸志》，杭州：浙江科学技术出版社，1999年，第568～569页。

谷雨三朝掸花蚕。

谷雨上头眠。

楝树花开捉出火。

梓树花开捉大眠。

二眠顶重要，宁可勿困觉。

大眠以前长蚕体，大眠开饷长丝肠。

冬天河泥挑上地，春天桑树胀破皮。

头二蟥光光，桑树蒲头翻光。

清明青条，老叶金条。

立夏穿棉袄，蚕娘活倒灶。

立夏三朝雾，老叶换豆腐（意为桑叶多，便宜）。

做天难做四月天，蚕要温和麦要寒，种桑哥哥要天雨，采桑娘子要晴干。

谷雨雨勿休，桑叶好饲牛。[①]

（二）苏州稻作谚语

京杭大运河的商贸繁盛带动了苏州稻作农业的发展，苏州的稻米不仅可以满足本地乡民自用之需，还曾作为税粮、商品粮经运河大量外运，苏州亦有“天下粮仓”之美誉。苏州稻农在从事稻作活动的过程中，积累了许多地域特色鲜明的稻作谚语。这些谚语一方面用来指导稻农们的农事劳作，另一方面也能够为稻农的日常生活提供经验帮助。大致说来，苏州稻作谚语主要分为稻作技能类、节令类、气象类、生活类等几方面内容，语言表达短小精炼，生动形象。

1. 稻作技能类

磨刀不误割稻工。

秧好半年稻。

秧好稻好，娘好囡好。

造屋看梁，稻好看秧。

莳秧要莳篾片秧，儿子要有亲爹娘。

莳秧要莳混水秧。

① 中国民间文学集成全国编辑委员会、中国民间文学集成浙江卷编辑委员会编：《中国谚语集成·浙江卷》，北京：中国 ISBN 中心，1995 年，第 754 ～ 762 页。

莳秧要莳当日秧。

种秧要种扁蒲秧，娶亲要娶好姑娘。

秧苗莳得稀，耘稻笑嘻嘻；割稻一包气，牵砻哭啼啼。

担绳挑秧箩挑稻。

莳秧莳大棵，耥稻笑呵呵；割稻乱柴窠，牵砻打老婆。

行阔锄头细，割稻笑眯眯。

行阔埭（条）头稀，割稻一肚气。

莳秧莳到边，多收油盐钿。

若要稻苗长得好，黄秧落地先除草。

耥稻要耥三来回，坌稻要坌六塘耙。

一耘一耥荒不了，一粥一饭饿不煞。

秋前拔稗，胜似放债。

秋前勿搁稻，秋后喊懊恼。

人怕老来穷，稻怕秋里干。

打铁自把钳，种秧自下田。

早稻早种，晚种遭虫。

牛是农家宝。

种新稻，不及养老稻。

娇养的儿子勿养爷，早倒的稻子独长柴。

种子年年选，产量节节高。

好种长好苗，好苗长好稻。

什么种子长什么苗，什么葫芦开什么瓢。

勿吃稻种谷，勿下空秕谷。

连种三年老来青，陈年宿债全还清。

种子调一调，等于上肥料。

有钱人买种，无钱人买秧。

稻看平（整齐），麦看墩。

种子纯一纯，产量增一成。

田要肥养，稻要肥长。

花草香香，稻像小墙。

花草薄摊摊，豆饼要上担。

花草红彤彤，白米挑勿动。

若要收成好，罱泥捞水草。

养猪勿赚钱，回头看看田。

养了三年蚀本猪，壮在田里勿得知。

有钱垩田勿放债。

一把扫帚垩三亩田（指勤劳积肥）。

种田勿垩，白忙一夏。

腊肥是金，春肥是银，春肥腊施银变金。

没有粪臭，哪来饭香。

腊粪一笃（滴），春粪一勺。

种田不用问，只要工夫粪。

种田种到老，勿要忘记河泥稻。

肥田不如先肥秧。

大水耥稻，赛过粪浇。

耘稻要唱耘稻歌，两腿弯弯泥里拖。眼窥六只棵里稗，双手爬泥捧六棵。

开店容易守店难，种秧容易管理难。

黄秧落地三分稻，七分管理在后头。

千遍万遍，抵不上头遍。

种田好不好，但看有无草；耥稻好勿好，但看白芽蹿起有多少。

田横头兜兜，白米三斗。

稻兴欺草，草兴欺稻。

只种勿管，打破饭碗。

稻莠齐，摸摸长层皮。

山歌勿唱忘记多，好田不做变草窠。

一日养草，十日拔草。要拔草芽，勿拔草爷。

一戳头（指耥稻粗放），三塘耙，一生一世种勿发。

稻勿经耥谷勿长。

稻耥黄秧草耥芽。

稻熟三潮水，米重粒子饱。

黄秧搁一搁，到老不发落。

秧搁谷，稻搁伏。

黄秧淘一淘，到老十分稻。

深耕浅种出黄金。

深耕细耙，稻子长到下巴。

田要深耕，儿要亲生。

麦莠风来甩，稻莠雨来淋。

读书人怕上考，种田人怕耘稻。

2. 节令类

麦怕三月寒，稻怕秋里干。

麦怕清明连日雨，稻怕寒露早下霜。

小暑发棵，大暑长粗，立秋长穗（晚稻）。

夏至种秧勿算晚，铁扁担挑稻两头弯（晚稻）。

处暑肚里一粒谷（晚稻）。

白露白迷迷，秋分稻莠齐。寒露无青稻，霜降一齐倒（晚稻）。

立秋不落耥，处暑不耘稻。

清明浸种，谷雨下秧（早稻）。

六月初三南潦阵，上昼耘稻下昼困。

立夏秧田光（晚稻）。

九月十三雨扬扬，稻穗头上出青秧。

九月十三晴，稻罗不结顶。

三莳三送，低田白种。

3. 日月雾霜类

日落胭脂红，不是雨来便是风。

月亮着蓑衣，明朝落不稀。

月亮发毛，大雨滔滔。

朝虹雨，夕虹晴。

虹高日头低，明朝着蓑衣；虹低日头高，明朝晒得背皮焦。

断虹高挂，有雨不怕。

日出猫眯眼，落雨不到晚。

日出东天一点红，不是雨来便是风。

日出有须，今要下雨。太阳发白，飞沙走石。

日枷风，月枷雨。

星月照烂泥，连夜落不及。

要知明天热不热，但看夜星密不密。

早霞不出门，晚霞行千里。

日出城墙云，下午雷雨阵。

三日春霜九日晴。

霜吊南风连夜晴。

霜夹雾，干得走投无路。

春雾吊秧，秋雾吊虫。

雾夹霜，热得慌。

早霜晴，晚雾阴。

雾里日头，晒开石头。

春雾雨，夏雾晴，秋雾凉风，冬雾雪。

黄梅迷雾，雨在半路。

三朝迷雾发西风。

迷雾毒日头，晒开癞痢头。

雾吃霜，起大风。

4. 风云雷电类

西南风，稻生虫。

东北风，雨太公。

东风急溜溜，难到五更头。

雨后见东风，未来雨更凶。

西风煞雨脚，不等泥头白。

早西夜东风，日日好天空。

伏里西风多秕谷。

莳里东北（风）常常雨，莳里西南（风）日日晴。

十月南风当日转，九月南风二日半。

东风两头大，西风腰里粗（冬天）。

冬天南风三日雪。

早有碰门风，夜有笃壁（墙）雨。

早怕南云涨，夜怕北云起。

上昼薄薄云，下昼晒煞人。

卯前雷，卯后雨来催。

南闪火门开，北闪有雨来。

东闪西闪，晒煞泥鳅黄鳝。

电光西南，明朝日头炎炎；电光西北，明朝雨落绵绵。

八月无空雷，有雷定有暴。

阵头隔夜，要落七日七夜。

一夜起雷三日雨。

5. 动物占验类

燕子低飞蛇挡道，牛舐前蹄雨就到。

燕子低飞，暴雨淋堤。

雀声发愁，大雪纷飞。

夏至前头鸽登叫，勤人做来懒人笑。

猫吃青草天要雨，狗打喷嚏天要晴。

鸡“咕”风，鸭“嘎”雨。（“咕”“嘎”形容鸡鸭叫声）

晚鸡怕入笼，雨在二天中。

蜻蜓低飞蛇过道，大雨不久就来到。

久晴田鸡叫，大雨就要到。

雨天知了叫，不久就天好。

蛐鳝（蚯蚓）唱山歌，有雨不会多。

蚂蚁搬家要下雨。

九月田鸡叫，十月犁头跳。①

（三）微山湖渔业谚语

微山湖作为中国北方面积最大的淡水湖，京杭运河傍湖而过，当地不仅传承着丰富多彩的渔业民俗，还孕育了诸多充满着生产、生活智慧的渔业谚语。渔业谚语是微山湖区渔民们日常生活交流常用的民间语言形式之一，主要包括生活谚语、风俗谚语、气象谚语和讽劝谚语等几种类型，大多通俗易懂，合辙押韵，凝结着当地渔民们的群体生活智慧。这些谚语包罗万象，既有关于捕鱼作业本身的劳作总结，也有对天象长期观察形成的自然经验，还包括一部分与渔民日常生活道德、伦理等相合的渔业谚语。下面简举微山湖一带渔民流传的渔业技能类和生活经验类谚语示例。②

① 昆山市农业志编委会：《昆山市农业志》，上海：上海科学技术文献出版社，1994 年，第 374 ～ 388 页。

② 王映雪主编：《民间文学》，济南：山东友谊出版社，2009 年，第 610 ～ 612 页。

1. 渔业技能类

隔网不逮鱼，隔树不打鸟。

渔人不怕狂风，猎人不怕虎狼。

撒网要撒迎头网，开船要开顶风船。

撑船的不慌，坐船的稳当。

艄公多，打烂船。

船慢跑死马。

摆船摆到岸，救人救到底。

船载千斤，掌舵一人。

船靠舵，帆靠风，利箭还要靠强弓。

船靠舵，箭靠弓，吹散乌云靠北风。

开顺风船练不出好舵手。

不是撑船手，不拿竹篙头。

船在水中走，人在路上行。

船无水难行，鸟无翼难飞。

坐得船头稳，不怕浪来颠。

大浪当前不可丢桨，大敌当前不可丢枪。

水面无风不起浪，水深必定有大鱼。

十网九空，一网成功。

不看鱼情看水情。

下浅水只能抓鱼虾，入深潭方能擒蛟龙。

针刺螃蟹不出鱼。

浅池养不了大鱼。

钓鱼要稳，捉鱼要狠。

钓鱼不在急水滩。

舍不得鱼饵，钓不得大鱼。

一篙子插不到底。

2. 生活经验类

光见鱼喝水，不知花鳃漏。

鲤鱼跳龙门，泥鳅钻乱泥。

藕叶莲生，十指连心。

螃蟹不忘横着爬。

鲜鱼要烂，先从肚起。

鱼锅里熬不出素豆腐。

塘里有鱼水不清。

逼着公鸡下蛋，赶着鸭子上架。

莲子好吃苦在心。

鱼找鱼，虾找虾，乌龟王八做亲家。

救了落水狗，反被咬一口。

小洞爬不出大蟹。

鱼怕离水，草怕见霜。

鱼过千次网，网网都逮鱼。

大鱼吃小鱼，小鱼吃虾米，虾米吃烂泥。

池里无鱼虾最大。

一条小泥鳅翻不起大浪。

贪食鱼儿易上钩。

泥鳅滑难捉，坏人心难摸。

一根线容易断，万根线能拉船。

十丈水易测，一人心难量。

庄稼人看天，打鱼人看水。

庄稼人识不完谷，打鱼人识不完鱼。

山高自有行路人，水深自有打鱼船。

荷花出水有高低，十个指头有长短。

不做贼，心不凉，不吃鱼，嘴不腥。

人多事早完，水大好撑船。

洪水再大，也淹不过鸭背。①

二、商业谚语

（一）杭州商业谚语

明清以来，杭州作为江南地区的商业重镇，孕育了较为深厚的商业传统。杭州素

① 济宁市政协文史资料委员会编：《济宁运河文化》，北京：中国文史出版社，2000年，第352～355页。

以“世风温和”而闻名，当地商人不仅善于经商，而且讲究和气生财，注重商业道德。在各种商贸活动交往频繁的同时，也积淀了诸多内容精炼的商业谚语。这些谚语既涉及各类商业行当的交往规矩，也是商业群体日常为人处世的社会法则。例如，杭州是我国重要的蚕丝业生产地之一，不仅农桑并进，丝绸贸易同样十分发达，被誉为江南地区著名的“丝绸之府”。清代时杭州城内曾遍布各类官营、私营的丝绸作坊，丝绸贸易非常兴旺。在长期的丝绸交易过程中，杭州丝绸商们积累了丰富的商业谚语，以下列举部分谚语示例。

千里迢迢来杭州，半为西湖半为绸。

坝子门外丝篮儿。（坝子门即艮山门，旧时此处从事丝绸业者众多）

绸缎三分利，床上有棉被；豆腐对半利，困觉盖蓑衣。

过了八月半，绸缎销一半。

浆糊一笃，洋钿一托。（指清末杭州生产的官纱，加浆后获利丰厚）

早上没饭吃，晚上有马骑。（指旧时丝绸经营者，朝夕即可由穷变富）

梭子两头尖，歇落吃饭钱。织的绫罗缎，穿的破衣衫。

人进机房，牛进磨房。

日里开机，夜里拉车。鸡叫出门，鬼叫进门。

手捏“板头”，爬上“龙头”，等到“号头”，要进“当头”。

吃过年夜饭，整理旧衣衫。

倒贴铜钿白吃饭，吃了年夜饭叫滚蛋，一世做到腰板弯，到头还是困门板。（指旧时丝织工人被雇主宰割）

白天做六朵花（指织绸），晚上做两朵花（指拉黄包车）。

歇新丝，摸螺蛳。

桑叶发芽进城来，梧桐叶落回乡去。（旧时丝绸工作多为季节工，半年做工，半年务农）

谷上仓，丝上行。

穿勿破个板纱（即杭纺），吃不过个板油。

一只缸，两根棒，酸碱浓淡靠嘴尝。（指旧时印染的落后生产方式）

学会锯、砌、箍、裁（缝），勿怕改朝换代。

洋车（指缝纫机）剥落笃，歇落吃薄粥；裁缝做到老，不及一根草。（指旧时服装工人生活之艰苦）

七死八活九还魂。（指旧时服装业七月为淡季，八月逐渐好转，九月生意兴旺）

晴天一百个日头，雨天一百只钵头。①（指旧时丝绸印染企业厂房破烂景象）

苏州打货杭州卖，不图赚钱只图快。（表示苏杭两地的商贸往来）

脱货求财说好话，切莫开口就骂人。

杭州风，一把葱；花簇簇，里头空。（形容只讲空话，不务实）

苏空头，杭铁头。（寓意只重外表，不重内里）

钱塘不管，仁和不收。（形容推诿扯皮）

饭店门口摆粥摊。

一天省根线，百日把牛牵。

吃勿穷，着勿穷，不会打算一世穷。

好话不要讲完，坏事不要做绝。

不听老人言，吃苦在眼前。

瞎子帮忙，越帮越忙。

出门看天色，进门看脸色。

强中自有强中手，莫在人前自夸自。

有借有还，再借不难。

吃苦不记苦，到老无结果。

学好三年，学坏三天。

外行人看热闹，内行人看门道。②

有技术进工厂，有门路去经商。

红萝卜上在蜡烛账上。

上赶江头，下赶湖墅。

急奔二龙头。（形容办事着急忙慌）

城外楼外楼，城里天香楼。

初二十六，店员吃肉。

元旦书红，万事亨通。

经营信为本，买卖礼当先。

人无信不立，店无信不行。

要想多挣钱，就得货物全。

少市不欺客，畅销不抬价。

一客失了信，百客不登门。

---

① 程长松主编：《杭州丝绸志》，杭州：浙江科学技术出版社，1999 年，第 569 ～ 570 页。

② 余杭县志编纂委员会编：《余杭县志》，杭州：浙江人民出版社，1990 年，第 819 ～ 820 页。

死店活人开，兴衰在人才。

忠厚不折本，刻薄不赚钱。

钱塘门外香袋儿。

打得船来，过了端午。

年廿九，家家有；到除夕，家家急。[①]

（二）苏州商业谚语

南北大运河的畅通带动了苏州沿线漕运的发展，也促进了当地经济、政治、文化的持续繁荣，使苏州成为大运河江南段的枢纽要津，素得“江左名城、东南都会”之美誉。苏州城内外水巷交错，街衢纵横，成为运河南北商贩的集散地，曾一度出现了“居货山积，行人流水，列肆招牌，灿若云锦”[②]的商贸盛况。漕运与商业贸易的繁盛，诸如丝绸店、米行、南货行、茶食铺、酒行、布行等店铺遍布于苏州各商贸街巷，极大地推动了苏州工商业经济的发展。苏州商人在从事商业经营的过程中，还传承、使用着数量众多的商业谚语。他们把长期以来积累的各种生意经、行铺店规等内容用通俗易懂的谚语形式表达出来。这些谚语言简意赅，押韵上口，是苏州商人从商经验和日常生活的智慧结晶。

一分行情一分货。

勿怕勿识货，只怕货比货。

三年勿接客，接着个弯喇叭。

东头走到西头，一石剩七斗。

鞋子落地一半价。

吃力勿赚钿，赚钿勿吃力。

勿做饿煞，做做气煞。

做一行，怨一行。

卖酒勿掺水，赛过勒骗鬼。

裁缝勿落布，死脱家主婆。

羊肉当狗肉卖，烧酒当河水卖。

风吹一半，雨落全无。

望天讨价，着地还钿。

换糖姥姥三绕头。

---

① 任振泰主编：《杭州市志》第 2 卷，北京：中华书局，1997 年，第 331 ～ 332 页。

②〔清〕孙嘉淦：《南游记》，〔清〕张潮：《虞初新志》，上海：上海古籍出版社，2012 年，第 220 页。

十支生意十样做。

经一道手，剥一层皮。

出门勿认货。

死店活人开。

开店容易守店难。

敲锣卖糖，各入一行。

三句勿离老本行。

同行是冤家。

隔行如隔山。

大懒差小懒，小懒差门槛。

算珠盘，拨一拨，动一动。

猪困长肉，人困卖屋。

亲兄弟，明算账。

算盘珠浪勿饶人。

坐要坐钿，立要立钿。[①]

（三）天津商业谚语

明清以来，天津为漕运进京船只的必经之地，南北船只往来不息，帆樯林立。当时在天津城厢附近即有宝泉集、仁厚集、货泉集、富有集、大道集等商贸市集逐渐设立。在天津运河沿岸，还曾设有南仓、北仓、上仓等多处粮仓。京杭运河漕运的繁盛，使得南来北往的商货、商人和商帮在天津不断聚集，天津商业经济进一步发展，成为重要的商贸物资转运中心。天津作为“商贾之所萃集”[②]的大都会，商业民俗亦是丰富多彩。如在天津商业信俗中，当地商人崇敬财神和利市天官。在从事商贸经营活动时，天津人特别重视商业信誉和道德，讲究货真价实，童叟无欺。[③]在此民俗文化背景下，天津商界积淀并形成了为数众多的商业谚语。有些谚语警示经营者要诚信经营，有些则强调经商过程中要善于察言观色。总体来说，这些谚语表达诙谐幽默，内容平实押韵，体现出典型的天津商业语言特色。

十年铺子，人捧字号；百年铺子，字号捧人。

庄稼钱，万万年；买卖钱，四十年。

① 苏州市文联编：《苏州谚语选》，1963 年，第 27 ～ 29 页。

②〔清〕张焘著，丁绵孙、王黎雅点校：《津门杂记》，天津：天津古籍出版社，1986 年，第 1 页。

③ 马庆株、谭汝为、曾晓渝：《天津方言研究与调查》，天津：天津人民出版社，2014 年，第 218 ～ 222 页。

买卖不成仁义在。

耍奸不耍赖。

当面银子对面钱。

买卖低头做，没有回头客。

刷子马勺韦陀庙，鸡毛掸子南头窑。

不怕不卖钱，就怕货不全。

不怕不识货，就怕货比货。

不怕家着火，就怕掉臭沟。

不怕生意小，就怕顾客少。

天津卫，天天集，今天不齐明天齐。

要想富，开当铺。

要想人前显贵，非得背后受罪。

用人不疑，疑人不用。

用人朝前，不用人朝后。

烟台苹果莱阳梨，不如刘庄萝卜皮。

贪小便宜上大当。

生行别进，熟行别出。

三句话不离老本行。

人分高低上下，货分三六九等。

亲兄弟明算账。

内行看门道，力巴看热闹。

买卖常算，庄家常看。

卖瓜的没有说瓜苦的。

卖布的不怕扁担量。

买嘛儿的吆喝嘛儿。

卖席的睡土炕。

漫天要价，就地还钱。

没有不开张的油盐店。

脸皮厚吃个够，脸皮薄吃不着。

开张的饺子，关门的面。

经得起赚，经不起赔。

店大欺客，客大欺店。

打南京到北京，买的不如卖的精。

买卖不懂行，瞎子撞南墙。

买卖争毫厘，人情送马匹。

生意买卖千条路，谁有信誉谁先富。

生意无大小，信誉是个宝。

人叫人不应，货叫人就灵。

不穿三年木头裙，学不成一个买卖人。

北门富，南门穷，东门贵，西门贱。①

作为世界上最长的人工河流，京杭大运河的持续繁盛带动了我国南北地区运输业、商贸业、农业和渔业的有序发展。经流不息的京杭大运河与往来不绝的人群相互交融，又孕育了五彩斑斓且灿烂辉煌的运河语言民俗文化。广泛流布于运河沿线的方言、行话、谚语等民间语言形式，呈现出鲜明的地域性、丰富性、实用性和趣味性等语言文化特征。

第一，流传于运河沿线不同地域的方言、行话及谚语虽然内容各异，但总体呈现出较为典型的“在地化”色彩。从杭州、嘉兴、苏州等为代表的江南吴语方言，到淮安、微山湖、吴桥等地秘密流传的内部行话，再到临清、天津、北京等地被誉为“生意经”的商业谚语，长期以来它们与当地的生活方式密切融合，彰显了运河沿线各地域丰富多彩的语言特色。此外，京杭大运河南北两地持续不断的贸易往来，也在一定程度上促进了南北语言的进一步交融。例如，以扬州方言、淮安方言、宿迁方言为代表的江淮官话区，表现出“不南不北”等典型语言特征，而这正是运河南北语言持续互动影响的结果。

第二，运河沿线的方言、行话、谚语及俗语等内容极其丰富，涵盖范围亦十分广阔。京杭大运河因水而兴，不同地域的社会人员交往带动了民间语言的使用和传播，同时也不断创造、传承着大量新的方言、行话、谚语和俗语等运河语言形式。这些民间语言涉及运河沿线乡民日常生活的方方面面。例如，杭嘉湖一带的民众利用民间谚语来指导蚕桑作业，北京镖行秘密传播的行话则是其走镖、护镖过程中的重要沟通“暗号”，运河船民们从事渔业生产、生活时的语言禁忌在一定程度上也是渔民们长期生活、劳作的经验总结。凡此种种，涵盖了运河民众的衣食住行、生产生活、社会交往等诸多方面是运河沿线民众日常生活智慧的凝结。

第三，流布于京杭大运河一带的民间语言，兼具实用性和趣味性特征。运河民间语言的实用性是其传承、发展的基础。例如，明清以来，运河漕运的兴盛带动了沿线

① 谭汝为：《天津方言词典》，天津：天津人民出版社，2014 年，第 307 ～ 309 页。

市镇工商业和娱乐业的发展。同时，在运河沿线地域聚集了大量南来北往的人群，并逐渐形成了各式各样的民间组织群体。在日常生活中，他们内部多采用行话进行语言交流，相对提高了运河民间组织间的沟通效率。而在运河沿线传播的各种方言及民间谚语、俗语等语言形式，大多具有较强的趣味性，诙谐幽默，便于传播记忆。诸如苏杭商贸业的生活处事谚语和济宁、枣庄一带的方言土语，不仅语言内容凝练，而且表情达意生动形象，有利于在民众日常生活中活用和传承。

总而言之，无论是北京方言的“字正腔圆”，还是天津谚语的“诙谐幽默”，抑或是苏州评弹行话和京剧行话的“秘不示人”，这些充满着浓郁运河生活气息的民间语言表达形式，恰恰是京杭大运河沿线地域商业文化和民俗文化的缩影。古往今来，运河民间语言的生成、使用和传播无不与运河沿线民众的日常生产、生活方式紧密相连。与此同时，运河民间语言在流布过程中反过来又不断滋养着地方民众，生成新的生活方式，进而丰富、拓延了至深至厚的运河文化内涵，成为中国南北、东西文化交流的重要语言纽带。

第九章

民间文学

在运河社会文化中，民间文学是一个重要的方面，而且体现出鲜明的运河特色。本章记述的民间文学，主要包括民间歌谣、民间传说、民间故事三个部分。流传在运河沿线各地的民间歌谣，品类繁多，比如反映水上生产和生活的船歌和渔歌、歌咏沿线各地民情风物的风物世情歌以及人们在劳作时所唱的劳动号子等。运河民间传说按照故事主题，可分为水利工程传说、建筑地名传说、风物民俗传说三类。这些传说都是运河文化的产物，内容丰富多样，呈现出地域化的色彩。这类传说属口头文学范畴，但也从一个侧面反映了运河沿线整体社会经济的发展，具有独特的历史价值。运河民间故事从内容和主题上，可分为皇帝南巡故事、智慧故事、世情故事等。这些在民间口口相传的故事，承载了运河的历史记忆，反映出丰富的民间智慧，也有的故事通过描写人物的德行与遭遇，达到宣扬道德教化的目的。

第一节 歌谣

运河沿岸的歌谣不仅具有一般歌谣的特点，而且有着鲜明的运河文化的色彩，主要表现在以下几个方面：

第一，歌谣反映了运河沿线整体社会经济的发展。如江南的蚕桑歌、渔歌、撑排歌，高邮的数鸭蛋歌，山东的青菜歌等，展现了沿运农村地区的蓬勃活力。杭州城的民俗歌、无锡的《无锡景》、苏州的《苏州景》、河北吴桥的锣歌、济宁城的地名歌、天津运河市井歌、北京的儿歌等，反映了沿运地区人口的流动、工商业的发展、市井文化的繁荣。沿运地区农业、渔业的市场化程度较高，与城镇工商业的互动广泛而深入。从歌谣反映的内容看，运河的影响力甚至扩展到水路不甚通达的地方，例如北京密云的花会歌，就有反映通州运河拉纤的内容。而远在河北中西部的保定，也有反映京杭大运河航运的歌谣。江南运河区域流传的《三十六码头》涉及的各地物产，除了来自运河区域，也包括广东、广西、云南、福建、安徽、河南等地，表明京杭大运河带动的不仅是不同经济部门间的互动，也是更大地理范围的经济循环。

第二，歌谣中频繁出现地域文化间的交流场景，带有许多南北文化融合的特征。例如苏中、苏北的船民常出现在杭州码头，济宁城聚集了南北不同的小吃，河北农民常往返于南京和京津，天津码头则多有南方口音，北京民歌戏曲也带上了南方曲艺的特点。如扬州的《好一朵茉莉花》，歌词与曲调出现在山东、河北、北京等地；《孟姜女》及十二月花名的民歌在运河沿岸被人们普遍传唱；北京、天津的时调《探清水河》，其曲调、曲风则直接受到江南小调《无锡景》的影响。

第三，歌谣展现了普通人追求个人幸福与自我表达的心声。歌谣中常见的衣食、婚恋、家庭、劳动等主题，反映出普通人的喜怒哀乐、悲欢离合。例如河北歌谣中多次出现的去天津、北京谋生的情节，就是人们追求美好生活的表现。以男女爱情为主题的歌谣，在运河沿线流传甚广，反映出人口流动、交通发展、工商业繁荣带来的人们思想上的解放和行动上的自由，有着鲜明的时代特征。

以内容划分，运河沿岸的歌谣主要有五种：船歌与渔歌，即反映水上生活的渔民、船工、纤夫等人日常生活的歌谣；风物世情歌，即各地风土风俗之歌，反映沿运各乡村、城镇社会经济情况和具有特征的风物；仪式活动歌，即各地在节日或举行祭祀仪式时所唱的歌谣，通常具有表演性质，是仪式的一部分；桑间濮上歌，即反映男女情爱的歌谣；劳动号子，即行船、拉纤、打夯时所唱的歌谣，其功能主要是协调行动和消解疲乏。

一、船歌与渔歌

（一）杭州运河船歌

杭州作为大运河的南端终点，经常聚集着许多来自各地的漕夫、船工。有些船歌描述了他们的生活情状。例如20世纪20年代何中孚编的《民谣集》，收录了一首杭嘉湖江河间的《走险》歌：

天当棺材盖，地当棺材底；
余仔三千里，仍在棺材里。①

歌中“余仔三千里”并非泛指漫长的航路，而是指长达三千多里的京杭大运河，这首船歌生动展现了在大运河中行船的风险和船民命运的悲苦，带有自嘲的意味。

过去船民长期在外漂泊，且生活困苦，一般岸上居民都不愿意将女儿许配给他们，因此有不少船民一辈子打光棍。这首杭州民歌唱出了他们的无奈：

有女不嫁弄船郎，一年空守半年房。
有朝一日回家转，点灯熬夜补衣裳。

杭州船工一般住在运河沿岸大关桥至塘栖一带的棚户区，很多船民来自长江以北地区，被鄙称为“江北佬”。由于船上储柴困难，这些江北船民常需上岸捡柴烧。在大运河终点杭州横河桥，有这样一首民谣：

① 何中孚编：《民谣集》，上海：泰东图书局，1924年，第55页。

江北佬，背稻草，一背背到横河桥。

吧嗒一声跌一跤，捡来当柴烧。[①]

这首民谣不仅反映了他们生活的艰苦，而且凸显了身份上备受歧视的境遇。

（二）杭州渔歌与撑排歌

杭州北部的塘栖镇，位于京杭大运河沿岸，明代广济桥的修筑，使得塘栖成为繁荣的运河市镇。这里水网密布，是著名的渔乡。当地流传的不少渔歌，描写了渔民生活的艰辛及他们渴望捕捞顺利、改善生活的愿望。

《渔民吃风》：

网网见鲜，鱼行赚钱。网网落空，渔民吃风。

《渔民伤心》：

见鱼开眼死，歇落无饭米。杨柳青，断鱼腥，渔民好伤心。

《三代同床合条被》：

烂泥补船底，麻袋当裤衣。吃的杂粉米（粞碎米），三代同床合条被。

《墨鸭歌》：

乌里乌，乌里乌，脚踏麻绳蹚江湖，人家说我吃饱饭，我其实是饿着肚皮做生活。

当然，并非所有的渔歌都是悲苦的，因为唱歌本身就是他们的一种娱乐方式，例如《渔父》：

勿唱山歌是哑巴，勿听山歌是聋聱；拉开喉咙唱一唱，摇船公山歌满肚肠。

旧时产自浙西北山区的竹木，由撑排工人沿运河和钱塘江水道运往各地城市。杭城内拱宸桥至大关桥的运河上，密密麻麻地停满了竹排和木排。这首采录于杭州江干区的歌谣就是撑排人生活的写照：

撑排人，没做头，日日夜夜在外头。

头顶晒日头，汗流脚踝头。背纤背到五更头，霜打额角头。

吃的冷饭头，盖的破被头。浪头打湿破被头，冻得浑身格格抖。

吃的苦头，拿的零头，你要讨添头，请你吃拳头。

① 朱秋枫主编：《杭州运河歌谣》，杭州：杭州出版社，2013年，第83～84页。

老来没劲头，一脚踢出门外头，只好睡在屋檐头，冻死在街头。

（三）湖州摇船山歌

湖州和江南运河水路相连，许多人依赖水运谋生，例如这首采录于湖州的《摇船》：

水里摇船水里歇，水里摇船能得几个大铜钱？
六月晒得泥鳅黑，十二月冻得紫蝴蝶。

水里摇船水里歇，水里摇船能得几个大铜钱？
穿身破衣千个穷心结，头上戴个井栏圈。
伸脚伸去到灶前，缩脚缩在下巴前。

水里摇船水里歇，水里摇船能得几个大铜钱？
绿汪汪水当褥子，丝草蓑衣盖身子。
万台眼浪当枕头，芦扉眼里望青天。①

这首歌谣在江南运河地区普遍流行，但最早是出自湖州民间刻本《唱本》。歌曲共分三节，形象描绘了船工戴着破草帽、蜷坐船上、幕天席地的生活场景。

杭嘉湖地区的一些船民，还从事利润相对丰厚的私盐生意。例如当地流传的这首《摇船山歌》，以妇女叮嘱丈夫为内容：

新打亮船两头尖，情哥你外出卖私盐。
顺风顺水三月到，逆风逆水大半年。
到了外头吭人顾，声声句句要交代你清：
船勿要摇在梗橹上，转弯抹角自小心。
撑篙勿可当头撑，撑篙容易戳篙难。
把盐卖完转家门，免我在家挂心怀。②

歌中的“梗橹”是安在船尾用以支撑橹的小铁柱；“戳篙”，就是将篙戳入河底，试探河水深浅。从短则三月，长则大半年来看，无疑是在沿大运河长途贩运私盐。清末漕运停止，改行海运，许多失业的漕运水手和长期依附漕船贩运私盐的盐枭组成青帮，后来普通的脚夫、船户也多有加入。浙江作为重要的产盐区，吸引了众多的安青道友，尤其是浙西嘉湖一带，有很多被官府称为“盐枭”的私盐贩。

---

① 朱秋枫主编：《杭州运河歌谣》，杭州：杭州出版社，2013 年，第 85 ~ 87、93 ~ 95 页。
② 冯智全编：《吴地民间歌曲解读》，上海：上海音乐学院出版社，2011 年，第 68 页。

（四）嘉兴船歌

嘉兴境内的运河与众多河道、湖泊相通，嘉兴船民在河浜之间漂泊，有从事航运业的还经常往返于江北江南。这首嘉兴歌谣展示了船民浮家泛宅的生活：

日里像棵浮萍草，夜里像只无窝鸟。头上帽子开花顶，脚上鞋子无后跟，衣裳穿的布条筋。

船民风餐露宿，破衣烂衫，且常赤脚，即便穿鞋也常常把鞋后帮踩在脚跟。不仅如此，船民亦有孤独的精神苦恼：

月儿弯弯照嘉禾，扁舟湖上荡清波。
有心开口唱一曲，不知哪条船上和。[①]

运河江南段及苏北段都有讲述船民生活的“头字诀”，每句都以“头”字结尾。例如《运河记忆——嘉兴船民生活口述实录》收录的一首“头字诀”：

脚踏破船头，手摆竹楞头，头顶猛日头，全身雨淋头，寒风刺骨头，大雪草盖头，穿的打结头，小船露钉头，篷盖枯竹头，黄昏干到五更头，螺蛘摸到一篮头，上街喊到下街头，换来糠皮半篮头，碰到坏种吃拳头，碰到渔霸墙撞头，一年四季立船头，剩下十根手指头，泪水汪汪啊我老头，哪天能出头？

该歌谣有多个版本，例如“螺蛘”唱成“螺蛳”，末尾“哪天能出头”唱成“哪天有尽头”等，但内容基本相同。这种歌谣可说可唱，例如有老人讨饭被打伤，妇人哭时会如此唱：

昏死我家笨老头，上岸讨饭带斧头。
一天到晚是奔到头哪，回到船上是血满头啊。

船民普遍存在结婚不易的情况。《运河记忆——嘉兴船民生活口述实录》一书收录有反映船民婚姻状况的歌：

有女不嫁弄船郎，一年空守半年房。
有朝一日回家转，点灯熬油补衣裳。
你娶我妹我嫁兄，两家对调亲加亲。
叔接嫂来伯续姨，闲人闲话当阵风。

---

① 朱秋枫：《京杭大运河的古今歌谣》，《中国文化报》2012年11月15日，第14版 。

为解决婚姻难题，往往会出现两家船民互为婚姻的现象。又因为水上生活多风浪之险，船倾人亡之事时有发生，故船民又有弟弟娶寡嫂等特殊的婚俗，这类船民会因此承受着世俗社会闲言碎语的压力。

嘉兴市南湖、磨糖荡、湘家荡及嘉善县杨庙等地生产一种特产——南湖菱，是菱中之珍品，清代曾被列为贡品。乾隆皇帝南巡江南，曾三次驻跸南湖烟雨楼，在楼前荷花池摘食南湖菱，并写下了“夏中让彼泛锦芰”的诗句。关于采莲的歌谣，有1956年采录的嘉兴市周阿二唱、滕英盛记《采菱山歌》：

东南风吹来暖洋洋，伢烟雨楼造起湖中央。
四面自有青菱塘，塘中出路有船行。
八月桂花开来喷喷香，伢姐妹双双采青菱。
采得青菱要到何处去卖，采得青菱要到行里去卖。
留开几只南湖新鲜生菱，要去上北京。①

歌谣提到的烟雨楼及到北京售卖南湖菱，显系与皇帝南巡及南湖菱进贡的历史相关。

（五）苏州、无锡船民山歌

苏州船民喜欢唱山歌，且常以水上生活为主题，当地流行的开场山歌即是。其中有一首《山歌勿唱忘记多》：

山歌勿唱忘记多，
搜搜索索肚皮角落里还有十万八千九淘箩，
吭嗨哩嗨扛到仔苏州格宝带桥浪去唱，
压坍仔桥墩塞满西太湖。

歌谣以压垮宝带桥为喻，显示自己掌握的山歌之多，歌中方言“仔”是“了”之意，“格”是“的”之意。

另有一首同样是苏州吴县开场山歌《辣辣豁豁唱一场》：

新打快船柏木香，一船胡椒一船姜；
胡椒打翻姜船里，辣辣豁豁唱一场。②

船民以熟悉的造新船，以及船运的货物胡椒和姜为比喻，引出了即将到来的“山歌对唱”。

---

① 中国民间文学集成全国编辑委员会、中国民间文学集成浙江卷编辑委员会编：《中国歌谣集成·浙江卷》，北京：中国ISBN中心，1995年，第14～15页。

② 苏州市文学艺术界联合会、江苏省民间视觉工作者协会苏州市分会编：《吴歌》，北京：中国民间文艺出版社，1984年，第3、7页。

无锡也有一首船民的《我唱山歌解解愁》：

太湖茫茫跨三州，竹叶渔船无路走；

亲爷亲娘眼泪流，我唱山歌解解愁。①

“三州”指的是太湖沿岸的湖州、苏州、常州。这首歌同样是“山歌对唱”的开场部分。

江南运河沿岸的船民出远门，路上风险多，家人往往反复叮咛。民国年间《吴歌乙集》中有一首《日头直仔航船开》，描写了苏州女性船民出门的情况：

日头直仔航船开，姐要打扮动身哉。爹娘吩咐：“出门要当小，年纪轻轻有人害。路上枯庙住勿得，半路饭店上勿得。”“日日当心自家身，爷娘在家请放心。”②

描写船民悲苦生活的歌谣颇多。例如苏州光福、太湖地区流传的《春二三月闹饥荒》：

春二三月闹饥荒，只只渔船朝北航。

谭东、窑浪借米吃，光福街浪当衣裳。

歌谣描写了船民没有收获，靠借米、当衣服度饥荒的情景。光福在苏州城西50里，谭东在光福之西，窑浪在谭东之西。

另外一首《渔民贫困苦难当》：

水上渔霸像豺狼，渔民贫困苦难当；

勿交塘钱命来偿，算盘一响网上梁。③

渔民在渔霸的湖塘捕鱼须交塘钱，收获不足的话，连渔网也被渔霸掠去，挂在梁上。此类歌谣在苏州、无锡等太湖周边地区流传颇多。

（六）常州船歌

江南运河常州段有条支流，从常州溧阳市发端，往北经常州金坛区，在丹阳境内与大运河主河道合流。这条支流上的船民，是沟通运河常州段与腹地的重要力量。他们常在半夜一二点钟疲劳时唱歌解乏驱困。已公布的夜班船歌有两首，为金坛区船工所唱，其一《隔河望望花正红》：

① 苏州市文学艺术界联合会、江苏省民间视觉工作者协会苏州市分会编：《吴歌》，北京：中国民间文艺出版社，1984年，第4～5页。

② 王翼之编：《吴歌乙集》，广州：国立中山大学语言历史学研究所，1928年，第137页。

③ 苏州市文学艺术界联合会、江苏省民间视觉工作者协会苏州市分会编：《吴歌》，北京：中国民间文艺出版社，1984年，第52～53页。

隔河望望花正红，郎要赏花路不通；

急忙搭桥来不及，路通花谢一场空。

另一首《年轻的孤孀吪郎伴》：

好一个日头好一个天，好一个亮月掉半边，

好一个光场吪稻子晒，年轻的孤孀吪郎伴。[①]

此类歌谣曲调较为自由，船工们随水势急缓吟唱，悦耳动听。

金坛还流传一些民歌，显然也是这条河上的船民所唱，如《郎要开船趁风浪》：

摇一橹调一浜，我船当中走出摇船郎。

船要快来双开橹，姐要风光独占郎。

好一个日头好一个天，好一个亮月缺半边。

郎要开船趁风浪，姐要风光趁少年。[②]

此歌描写了船工摇橹转换河道的情景，显系船工的情人所唱。而金坛佚名唱，程久成、舒野记录的麒麟调《震九霄》也是为船户所作：

震九霄，宝舟上的龙灯真不小。宝舟赛如是走大路，宝舟上的老板撑宝篙。一篙子下在江心里，打一声梆号是撑倒艄。龙行一去三千里呀，驾鹤祥云震九霄。[③]

唱麒麟是当地春节期间的一种曲艺表演。麒麟用竹扎纸糊，配合锣鼓，表演者至各家门前演唱并索取赏钱。麒麟调曲调相对固定，唱词较为自由，演唱者可根据实际情况即兴创作新词。这首歌谣唱的“龙行一去三千里”，系指沿运河的远途运输。

此外，金坛区的某些传统行业的唱词也与河道运输有关。例如卖梨膏糖的艺人往往边拉小手风琴，边唱小曲，如金坛区陆文宝唱、张仲樵记录的《金坛风光》：

小风琴响连番，金坛风景谈一谈。

小南门外有座轮船站，人山人海闹番番；

① 中国民间歌曲集成全国编辑委员会、中国民间歌曲集成江苏卷编辑委员会编：《中国民间歌曲集成·江苏卷》，北京：中国 ISBN 中心，1998 年，第 500 ～ 501 页。

② 中国民间歌曲集成全国编辑委员会、中国民间歌曲集成江苏卷编辑委员会编：《中国民间歌曲集成·江苏卷》，北京：中国 ISBN 中心，1998 年，第 504 页。

③ 中国民间歌曲集成全国编辑委员会、中国民间歌曲集成江苏卷编辑委员会编：《中国民间歌曲集成·江苏卷》，北京：中国 ISBN 中心，1998 年，第 1081 ～ 1082 页。

又有老来又有少，又有二八大姐女红颜。①

歌曲的名称与内容受附近流传的《无锡景》《苏州景》的影响，其中重点提到轮船站的人山人海，描绘了运河运输的兴盛繁忙。

（七）扬州、高邮船歌

扬州民歌历史悠久，宋代郭茂倩编的《乐府诗集·杂曲歌辞十二》收录有南朝乐府民歌《长干曲》：

逆浪故相邀，菱舟不怕摇。

妾家扬子住，便弄广陵潮。

“扬子”“广陵”皆指扬州。秦汉时期，扬州的广陵潮是一大名胜奇观，汉魏名士对此多有吟咏。

高邮的船歌历史也很悠久，通过运河往来的文人墨客对沿岸的渔歌或船歌多有提及。元明间胡俨《盂城八景》第二首中有“只今一片蘼芜绿，时有渔歌闻扣船”的句子，盂城是运河边的重要驿站；杨士奇《高邮》一诗中有“草舍津头市，菱歌柳外船”之句，写的是高邮码头及附近渔船；黄琼《采莲歌》中有“十里锦香看不尽，西风明月棹歌还”之句。这些诗句中所说的“渔歌”“菱歌”“棹歌”，皆指高邮船歌。明代成化年间举人张旭作《高邮渔歌》：“琼花赏罢过盂城，欸乃歌声满钓汀。鸥鹭不惊波浪息，鱼龙将出水云腥。芰荷雨后腔尤润，杨柳风前调更清。”其中第一句提到扬州赏琼花之后经过运河边的盂城驿，听闻船歌。民国时期高邮诗人韦柏森在《秦邮竹枝词》中记载了高邮的船歌：“十亩栽荷算插禾，玉亭来客动吟哦。哪如田父秧歌趣，齐唱家家隔垛多。”

旧时高邮端午节有运河划龙船、赛龙舟的习俗。端午节前10天左右，就有龙舟到大运河里去训练。端午节这一天，大运河边人山人海，锣鼓喧天，鞭炮齐鸣，人们扶老携幼前往观看。高邮市佚名唱、钟仁淑记的《划龙船》就是在运河上划龙舟时所唱：

上江么龙船飘，下江么淮河高。

淮河上的个细妹子哎，慢把龙船摇。

淮河上的个细妹子哎，慢把龙船摇。

① 中国民间歌曲集成全国编辑委员会、中国民间歌曲集成江苏卷编辑委员会编：《中国民间歌曲集成·江苏卷》，北京：中国 ISBN 中心，1998 年，第 1236 ～ 1237 页。

划些快些，划些快些，

划些快些！划划划！划划划！[1]

此外，扬州一则龙王开河的故事中，也曾记载有一首泰兴境内运河行船之歌，演唱的是水上行程：

老龙河呀，九十九个弯唷，初一、十五潮上滩。

八脚毛蟹横着行来唷，纤船无篷走得慢。

过了回龙港唷，又过阴阳滩；

再过顾家坝唷，离黄桥三里三。[2]

（八）淮安船歌

淮安船歌多流传于南闸镇一带，该镇位于白马湖边，东依大运河，西近洪泽湖，为漕运枢纽。唐代已有诗称赞这里的民歌："白马湖平秋日光，渔歌引来马上郎。"[3]清代《安宜县志》亦称："高宝歌台上千首，风味最佳新河头。""新河头"即南闸集镇所在地。现存南闸民歌中有些属于"唱凤凰"一类。"唱凤凰"是苏中地区的一种年俗，由民间艺人走村串户演唱，表示对主家的美好祝愿，其中有的表达了水上人家对生意兴隆的祈愿：

金龙口，银龙口，金银财宝样样有。

舱门外清风明月，做生意趟趟得手。

中舱内积玉堆金，到行里老板请酒。

有的表达了顺风顺水、一路畅通的良好愿望：

你闭龙口我闭艄，多用桅杆少用篙。

一日行万里，万山后头抛。

九曲三湾随舵转，五湖四海任逍遥。

另外一些民歌则是船民自己传唱的，例如下面这首歌描绘了普通船民艰苦的日常生活：

脚踏破船头，手摆竹楞头；

头顶猛日头，全身雨淋头；

寒风刺骨头，大雪草盖头。

---

① 中国民间歌曲集成全国编辑委员会、中国民间歌曲集成江苏卷编辑委员会编：《中国民间歌曲集成·江苏卷》，北京：中国 ISBN 中心，1998 年，第 1065 ～ 1066 页。

② 扬州市民间文学三套集成编委会编：《扬州民间故事集》，北京：中国民间文艺出版社，1989 年，第 149 ～ 150 页。

③〔唐〕刘禹锡：《相和歌辞·采菱行》，《刘禹锡全集》，上海：上海人民出版社，1975 年，第 238 页。

这种“头字诀”亦多见于江南运河的杭州、嘉兴等地。这种现象应该是大运河南北不同地方的船民长期交流的结果。另外一首反映了女性渔民日夜不得休息的劳作生活：

网船娘姨苦凄凄，夜夜困块冷平基。

日里张鱼拖虾网，夜里还要捉田鸡。

捉着三条臭鳑鲏，一早上市换麦粞。

另外有些歌则是描述渔民节俭的生活习惯：

鲤鱼鲤鱼千千，逮个鲤鱼腌腌。

吃半边留半边，再留半边到春天。

淮安还有一首儿歌《水母娘娘淹泗州》，讲述了淮、运交汇的泗州被淹的历史：

南徐州来北徐州，苏杭二州和徽州。

扬州有个天星荡，水母娘娘淹泗州。

歌谣所唱的“南徐州”指的是镇江，南朝宋元嘉八年（431），以江北为南兖州、江南为南徐州。泗州于清康熙年间淹没于洪泽湖，民间有“水母娘娘淹泗州”的传说，在运河沿岸广为流传。从淮安往北到徐州，往南到扬州、镇江、苏州、杭州、徽州等地，绝大部分路程都是走的京杭大运河。

此外，淮安还有一首《十只帮船》的情歌，以男女对答的方式，描绘了淮安船只到盐城、东台、如皋、海安、兴化、扬州、如东、宜兴、上海等地的情况，这些地点主要分布在江苏里下河地区以及长江沿岸，皆与京杭大运河相通。

（九）微山湖船歌

微山湖横跨枣庄、济宁的多个县（市），是鲁运河的重要部分。微山湖歌谣繁多，包括儿歌、情歌等，内容则多反映河工劳作、日常生活等，许多与运河有直接或间接的关系，极具湖区特色。

第一类是儿歌，例如《牙葫芦》：

牙葫芦，虎头帽，俺哄娃娃哈哈笑。

网船大，娃娃小，啥时长到桅杆高。

另一首《杨巴狗》描述了杨树花（杨巴狗）在湖区飞舞的场景：

杨巴狗，满天飞，

从湖东，到湖西。
来年芦苇出水了，
跟着发芽长出绿。

微山湖不少儿歌涉及摘菱角、打蔄苗、采莲子等劳动场景，主角多是女性与儿童，颇具水乡风情。例如《渔娃娃》：

渔娃娃，水上漂；
摘菱角，打蔄苗，淹死渔娃谁知道？
天知道，地知道，俺爹知道娘知道。

歌谣反映了船民孩子帮大人干活的情景，蔄苗是苦茳草的籽实，又叫芒子米，可碾成面粉做饼。

第二类是情歌，多反映男女渔民情爱的内容。如《采菱歌》：

七月老，八月落，
新娶的媳妇摘菱角，舱里的菱角没腰窝。
挨着个“扁子”还好过，挨着个“刺头”扎死我，
该死的光笑不疼我。

短短几句，形象地描绘了驾船采菱、夫妻说笑的劳动场景。

另一首《嫩菱角》：

嫩菱角，一股水，她娘杀鹅她逮腿。
娘啊娘啊吃块肉，这个小妮真馋嘴！

歌谣以拟人化的手法描绘菱角之鲜嫩。

微山湖还有一首情歌《采莲曲》，描绘了男女青年驾船采莲的劳动场景。湖区的《花船调》同样有“一船那个莲蓬一船藕”的句子。湖区还有一首《金七月，银八月》：

金七月，银八月。
莲子熟，菱角落。
大肚子媳妇钻苇棵。

另外一首《采莲蓬》：

太阳出来暖烘烘，塘里荷花飘香风。
二妮划船摘莲蓬，老鳖扒船露笑声。

为啥用力划船桨，碰得我的眼睛疼。

第三类是日常生产与生活的歌谣，有的描绘了捉鱼虾、捉泥鳅的劳动场景，颇见渔民辛苦情状。例如《逮泥鳅》：

二十七八月黑头，黑两口子逮泥鳅。

一塘泥鳅没逮完，黑妮养个黑丫头。

歌谣描绘的是夫妻两人摸黑逮泥鳅的场景。

再如《大风叫》：

大风叫，霜花花，二狗湖里捉鱼虾。

冰窟窿里放下网，浑身冻得光发麻。

猛跺脚，用力拉，突然冰烂网着他。

歌谣描绘了渔民冒着严寒，凿冰窟窿打渔，一不小心冰破掉进渔网的情形。

还有一首《逮个蛤蟆叫哇哇》：

老天爷，心太黑，搬着水缸倒雨水。

田里变成河，庄里都是水。

屋漏风大叫，孩子病得直蹬腿。

明天太阳出来了，孩子病好去游水。

捉筐鱼，捞筐虾，逮个蛤蟆叫哇哇。

连日大雨造成了土地、村庄被淹，房屋漏雨，孩子生病，歌谣表达了期盼早日天晴、孩子尽快痊愈的心情。

在军阀混战时期，微山湖渔歌唱的是苍凉、悲凄的调子，如泣如诉地述说着渔家悲惨、凄苦的生活，如《苇棵棵》：

苇棵棵，乱晃晃，俺娘卖俺粮船上。大米干饭鲜鱼汤，端起碗，想俺娘，搁下碗，饿得慌。张大爷、李大娘，捎个讯儿给俺娘，俺娘是个花大姐，俺爹是个打渔郎。

此歌有大同小异的不同版本，例如：

柏铃壳，摇铃铛，俺娘把俺送到粮船上，大米干饭鲜鱼汤，端起碗来泪汪汪，搁下碗饿得上。[①]

① 高建军编著：《山东运河民俗》，济南：济南出版社，2006年，第191页。

另有一首《爹娘去世网未撒》：

爹娘去世网未撒，一只划子扁担长；
捕鱼捞虾汗流尽，交完捐税空了舱；
吃糠咽菜难活命，卖儿卖女奔他乡。

（十）枣庄粮船歌

山东枣庄、东平等地通常将运河称为“运粮河”。枣庄有《九只粮船歌》[①]，以干哥哥、干妹妹的问答为内容：

一只哎粮船哎摇三摇呀哎，一船那个葫芦一船瓢，还有那一船水樱桃哎。哎哎哟，还有那一船水樱桃。

干哥哥啦，干哥哥啦，什么叫做葫芦？什么叫做瓢？什么叫作水樱桃哎？

干妹妹啦，干妹妹啦，团的是葫芦，半个是瓢，干妹妹就是水樱桃哎。哎哎哟，干妹妹就是水樱桃哎。

……

歌谣共九段，每段先是描述运河里的船及船上的货物，然后两人以此为题答唱。每段开头都是以粮船做引子，而船上的货物包括葫芦、瓢、水樱桃、银子、钱、金莲、鸭子、鸡、莲蓬、藕、盒子、石榴、梨、甘蔗、高粱、麦等；此外，还有船上的各色人物，包括和尚、僧人、小妖精、黄瓜妞、大人、小孩等等。尽管有的事物主要是为了押韵，但它从一个侧面反映了运河上船民生产、生活的特点。

类似以运河船只为内容的民歌同样出现在沿运其他地区。微山湖区也有一首类似的《花船调》，演唱时，男作撑船状，女作驾船状，绕场边跑边唱。歌词与《九只粮船歌》类似，都是男女对唱，但篇幅只有五段。开头是“小船，小船”而非“粮船”，货物没有葫芦、瓢、水樱桃、石榴、梨、甘蔗等，但多了萝卜、葱，人物没有和尚、僧人、大人、小孩，但多了花大妮，更具本地特色。

枣庄的《九只粮船歌》、微山湖等地的《花船调》、淮安的《十只帮船》这几首歌谣，流传的地域比较接近，民俗相通，皆是各地演唱的小戏花船调，内容和形式相互影响。

除了《九只粮船歌》，枣庄还有一首《峄县是个好地方》，唱出台儿庄运粮码头的繁忙：

峄县是个好地方，青山绿水好风光。
抱犊崮呀高又高，大运河呀长又长。

① 王玉芬、王德椿编：《京杭运河・齐鲁风情・枣庄卷》，济南：山东人民出版社，2013 年，第 101 ～ 103 页。

台儿庄的码头多，运粮的船儿忙又忙。

（十一）河北渔船歌

河北泊头市王春波唱、江玉亭记《渔翁智叟》：

我们老渔翁，寿活八十多，耳不聋，眼不花，须鬓皆白。闲溜来，无事走进河坡。趁步来，船头以上顺着水流梭。闲溜来，伴舟撒网，乘舟绕江串。闷了来，柳树阴凉挽住了舟船。正是那，渔翁在那船头站，只见它，出了水的蛤蚌，落至在沙滩。鹰见那蛤蚌是口肉，抿翅收翎往下餐，鹰鸽那蛤蚌疼难忍，蛤蚌夹住个鹰头两膀翅扇。渔翁一见呵呵笑，慌忙跳下打鱼的舟船。稀有稀有真稀有，连蛤蚌带鹰拣到了渔篮。二孽畜掉下了这伤心的泪，早知道咱二人落在渔翁的手，你回你的大海，我回我的高山。你回那大海是得甜水，我回我的高山得安然。我张口不知你合口的意，我进头容易出头儿难。①

虽然唱的是“鹬蚌相争、渔翁得利”的故事，不过歌曲开头描述的渔翁的生活，显然是运河畔的渔民的日常生活。其中讲述鹬蚌相争的故事和唱词在其他地方的民歌中也有体现，例如北京密云古北口文化站采集的高跷歌《打柴樵夫到沙滩》即是，但是唱词的前几句有差异，密云的版本是“打柴的樵夫到沙滩，见一个出水的蛤蚌晒落沙滩”②。两相对照，泊头市的版本显然更多体现了运河边的风情。

（十二）河北内河航线船歌

天津作为运河和海河等水系交汇的枢纽，也是沟通河北内地与江南的中转站。古时保定到天津的航线即是保定的府河与方顺河、一亩泉河、白草沟河形成的互相连贯的通航河道。民国时期，保定至白洋淀方顺桥，舟楫往来频繁，客货运输兴盛。保定徐水县、满城县佚名唱、徐明记录的旱船调《风吹浪来水不平》，反映了此地船民的生活：

男（白）：一出门来先望天，我一年四季在江边，小船渡的来往客，船家靠得过河钱。今天天气晴亮，不免我来到江边，单等南来北往的客商，挣上三毛五毛，也好糊口。行行走走，行行走走，拐弯抹角一步来到呀！船头那不早就有客吗？

① 中国民间歌曲集成全国编辑委员会、中国民间歌曲集成河北卷编辑委员会编：《中国民间歌曲集成·河北卷》上，北京：中国 ISBN 中心，1995 年，第 265 ～ 268 页。

② 中国民间歌曲集成全国编辑委员会、中国民间歌曲集成北京卷编辑委员会编：《中国民间歌曲集成·北京卷》北京：中国 ISBN 中心，1994 年，第 115 ～ 117 页。

不免我迎接她一声，这位大嫂你是雇船？

女：特意雇船。

男：你欲上何往？

女：欲下江南。不知船价多少？

男：说好便好，奉送大嫂，大嫂稳坐船舱，听我带路提锚。（脱鞋袜）平地要开船，不怕江河浅，小篙支一支，鸣锣（打锣三下）开船！（走场，唱）

鸣了锣开了船，鸣了锣开了船，江海湖河是走一遍。

正月里来正月正，风吹浪来水不平。歪歪咧咧朝前行。

五月里来端阳节，船上的篷篷把日遮，太阳似火十分的热。

七月里来七月七，天牛儿郎共织女，二人鹊桥同相依。

九月里来北风凉，站船头冷难当，因为身贫没有衣裳。

十二月里雪花飘，数九天来冷难熬，在外不如在家好。

女（白）：起船的来到什么地方？

男：来到天津东福桥。①

这虽然是划旱船时所唱的旱船调，但反映了船民的四季生活和航运的许多细节。对话中乘客雇船到江南，走了一段水路就到了天津，余下的航程应当是从天津沿大运河南下。这首歌表明京杭运河的运输范围触及运河水系的内陆地区。

（十三）天津船歌

天津三岔河口是北运河、南运河、海河三条水道交汇处，为漕运枢纽，金元时期就已出现“万商辐辏”的盛景，俗语云：“先有三岔口，后有天津城。”天津因此被称为“运河载来的城市”。今日仍有多首歌曲描写三岔河口的市井繁盛。

三岔口停船口，南北运河海河口；

货船拉着盐粮来，货船拉着金银走；

九河下梢天津卫，风水都在船上头。

天津繁荣富庶的景观与漕夫、船夫的苦难形成鲜明对比，如歌谣：

运河水长又长，千船万船运皇粮；

漕米堆满舱，漕夫饿断肠；

① 中国民间歌曲集成全国编辑委员会、中国民间歌曲集成河北卷编辑委员会编：《中国民间歌曲集成·河北卷》上，北京：中国 ISBN 中心，1995 年，第 287 页。

有姑娘谁也不嫁摇船郎。

三岔口附近的陈家沟有引河以停泊渔船，陈家沟娘娘庙前即是鱼市，渔户和小贩多云集于此：

打一套，闹一套，陈家沟子娘娘庙，小船要五百，大船要一吊。

旧时陈家沟鱼市有叫“鱼锅伙”的组织，垄断鱼市，盘剥渔船，抽头获利，刁难渔民。歌谣表现了渔民对“鱼锅伙”欺行霸市的怨愤。

明清时期，天津地区有很多吴、楚、越、闽等地之人，这种情况也反映在天津船歌中。明代大运河上经常听到南方方言唱的船歌，明代浙江海盐人张宁有诗《夜宿独流》：“霁月中天见绛河，黄流满地漾金波。荒陂野火兼渔火，短棹吴歌杂楚歌。”[①]清沈峻则有《津门棹歌》诗：“家家门户对蓬窗，白鹭飞来照影双。杨柳桃花三十里，罟师都惯唱南腔。”清代梅宝璐《潞河棹歌》：“波定云间上下天，苇塘蒲溆远相连。西来打桨东来橹，惯学吴娃唱采莲。”[②]都表现了南北文化交流对民间歌谣的影响。

（十四）通州船歌

从三岔河口往西北行即至通州，当地流行一首纤夫歌谣：

拉纤的，命真坏，风吹雨打日头晒。光着脚板走烂泥，忍气受累把纤背。

拉纤的，到通州，河滩号房破席头。鸡毛小店躲寒天，乱葬岗子看日头。

通州北门外东侧是号房，由官府修建，供临时储粮和劳动者休息用。北门外西侧是鸡毛小店，供冬季纤夫过冬。小店后面就是乱葬岗，由于通州纤夫多为河北、京津等地的无业流民，无家可归，无地可葬，因此不幸死去的纤夫多埋葬于此。这首纤夫谣生动表现了纤夫悲惨的生活。

通州的不少歌谣都受到运河文化的影响，例如运河儿歌《下江南》：

说开船就开船，开船下江南。江南有个大王庙，庙前立着大旗杆。年年都有跑马戏，今年跑马上刀山。男的搬个朝天凳，女的搬个凳朝天。

歌中提到的大王庙，是传说中管河的水神庙。运河上航行的船帮有“祭大王”（即“金龙四大王”）的习俗，运河附近的小村中也往往有大王庙。歌谣中所唱“跑马戏”指的是杂技艺人在奔跑的马上表演种种技艺，“上刀山”指的是杂技艺人攀爬钢刀搭

① 乾隆《天津府志》卷三九《艺文志》。

② 缪志明编注：《天津文史丛刊》第5期《天津风物诗选》，天津：天津市文史研究馆，1985年，第143、195页。

建的梯子，以手脚不被割伤为成功。“朝天凳”是一种游戏，即扳起一条腿，脚心向上，单腿跳跃对抗。玩耍时男孩女孩分别列队，按歌中内容即兴表演相应动作。

二、风物世情歌

（一）江南蚕桑歌

大运河运输的丝织品多来自江南，市场需求带动了杭嘉湖以及苏州、无锡等地蚕桑业的发展。杭州当地流行有多种蚕桑歌，宋郑震记录的临安《采桑曲》是较早的一首：

晴采桑，雨采桑，田头陌上家家忙。去年养蚕十分熟，蚕姑只着麻衣裳。

近人采录的《采桑娘子歌》，流传于江南各地，反映了农妇采桑的辛劳：

蚕山洞流水白洋洋，两边才是采桑娘。从早采到满天星，十指尖尖鲜血淌。小麦青青大麦黄，姑嫂双双去采桑。桑篮挂在桑枝上，一把眼泪一把桑。

与蚕桑相关的歌谣，几乎渗透到各类民歌中。例如杭州以“十二月花名”形式演唱的孟姜女故事，其中即有：

四月里来养蚕忙，姑嫂结伴去采桑；
桑篮挂在桑树上，抹把眼泪采把桑。

另外在杭州博陆采录的《采桑姐》、塘栖采录的《摘叶姐》，皆描写采桑女的爱情故事，其中有段唱养蚕的：

家家户户养蚕忙，我家三间厅屋落蚕房。
上年蚕房搭起东厅堂，今年搭在西厅上。
索叶蒲乇齐栋梁，快刀索叶响啷啷。
一对鹅毛头前插，蚕筷插起叶顶浪，
养蚕索叶日夜忙，采叶姐一心思想会情郎。
嫂嫂索叶细喽细，姑娘索叶同麻爿样。
娘叫女儿去采叶，姆妈娘呀姆妈娘，
嫂嫂有哥去采叶，阿妈房中无叶我才帮。
千思量来万思量，桑园里面走一趟。
拨开楼窗张一张，河南哥哥已经落田庄。①

---

① 中国民间文学集成全国编辑委员会、中国民间文学集成浙江卷编辑委员会编：《中国歌谣集成·浙江卷》，北京：中国 ISBN 中心，1995 年，第 229 页。

不仅详细描写了搭蚕房、索叶、采桑、养蚕的习俗，还反映出养蚕户的家庭关系，描述了采桑姑娘心不在焉索叶的场景，非常生动。

（二）杭州水乡民俗歌

运河作为江南水系的一部分，与江南农民的生活息息相关，杭州的风土世情歌多反映水乡的风物。例如 1936 年北大《歌谣》周刊曾刊登过一首《青萍儿》歌：

青萍儿，紫萍儿；娘叫我，织带儿；带儿几丈长，三丈长。把爷看，好女儿；把娘看，一枝花；把哥哥看，赔钱货；把嫂嫂看，活冤家。我又不吃哥哥饭，我又不穿嫂嫂衣，开娘盒儿擦娘粉，开娘箱子着娘衣。

青萍、紫萍这两种浮萍，是水乡常见的水面植物，这首民歌流传于杭州河道水网地区。歌谣为女性演唱，反映了兄妹、姑嫂间的关系。另外还有《望娘歌》《阿婆亮亮》两首歌，分别采录于杭州运河南端的江干区与杭州运河北端的塘栖镇。与《青萍儿》内容相似，讲述的都是水乡人家的家庭关系，尤其是姑嫂关系。

还有一种常见的十二月歌，按月描写滨河地区的风俗，颇具水乡特色。该歌谣在杭州本地有多个版本，例如采录于运河沿岸湖墅街道的一首《风俗歌》即颇具水乡特色：

正月灯，二月鹞，三月上坟船里看姣姣，四月小鸡出壳换鸡毛，五月车水戴凉帽，六月花红藕轧轧姣，七月青苗田里放夜钓，八月桂花栗子烤烤，九月黄花金遍地，十月河蟹满肚膏，十一月里割稻积肥捞河泥，十二月掸尘送灶春年糕。

以杭州运河城门、运河码头、桥为歌咏题材的歌谣也有很多，例如《杭州十城门行业歌》：

武林门外鱼担儿，钱塘门外香篮儿，涌金门外划船儿，清波门外柴担儿，凤山门外跑马儿，候潮门外酒坛儿，望江门外菜担儿，清泰门外盐担儿，庆春门外粪担儿，艮山门外丝篮儿。①

歌中提到的多座城门，都与运河有着密切关系。自隋代以来，武林门外一直是京杭大运河南端的大集市。武林门至湖墅一带，是杭嘉湖水产品集散地，所以称“武林门外鱼担儿”。钱塘门的香市，是江南运河沿线居民常来之地。流经涌金门的城河，是康熙帝第一次来杭时，为便利御舟，由运河直达西湖而开辟的。凤山门既是龙山河的北端端点，也是扼守江南运河通往钱塘江的咽喉，是大运河的遗产之一。

---

① 朱秋枫主编：《杭州运河歌谣》，杭州：杭州出版社，2013 年，第 32 ~ 33 页。

余杭安溪的《三十六码头歌》，同样以“十二月花名”的形式，列举了全国各地的27种物产，其中杭州就有5种。此外还有《浙江出得好人才》《杭州出得美娇娘》等，可说是运河沿岸地区的风物歌。另外还有《杭城三十三桥》《杭州桥名小调》，以及以清河桥和尚、秀才、民妇斗诗为内容的《清河桥》，以安乐王造安乐桥为内容的《安乐王歌》，以杭州鱼市卖鱼桥为歌咏对象的儿歌《摇啊摇，摇到卖鱼桥》等。

（三）苏州水乡歌

京杭大运河穿苏州城而过，与苏州城内外的水系连为一体。苏州水乡歌谣多反映运河船民生活的内容。如苏州昆山有一首《摇一橹来扎一帮》：

> 摇一橹来扎一帮，河中众船运粮勒浪一同行。
> 两岸花树盖船棚，春来江南吐芳香。①

“勒浪”为江苏方言“正在”的意思，“摇一橹来扎一帮”是江南摇船山歌中的固定歌词，在运河流域的苏州、常州比较常见。这首歌谣比较特别的是它明确提及众多的运粮船在河中航行，而昆山也属于运河支流的范围。

苏州城西的阊门，是运河沿岸的繁华之地。民国苏州民歌中有一首《阳山头上一根藤》，吟唱了居民乘船赶集的场景：

> 阳山头上一根藤，拉来就做橹绷绳。
> 媳妇摇船公出跳，咿哩啊啦出阊门。
> 出仔阊门真热闹，渡僧桥造得那能高。
> 筛糙白米山塘上粜，胡椒白蜡在南濠。

其中，渡僧桥在阊门外，山塘街在渡僧桥西北，由此可达虎丘等苏州名胜。南濠街在行门外，此地多南货及出售胡椒、白蜡的店铺。“橹绷绳”即系橹之绳，“筛糙”即精米。

苏州城的儿歌，有不少都体现了运河文化的特征，例如这首《月亮堂堂》歌谣：

> 月亮堂堂，姊妹双双。大姐嫁拉上塘，二姐嫁拉下塘。三姐呒人要，抬顶花花轿，抬到城隍庙，和尚看见豁虎跳，道子看见哈哈笑。

苏州城河道两侧的老街有不少都被称作“上塘”和“下塘”。上塘往往是主街，店铺林立、街市热闹；下塘一般为次街，民居住家、简单宁静。“上塘街”和“下塘街”基本出现在苏

---

① 中国民间歌曲集成全国编辑委员会、中国民间歌曲集成江苏卷编辑委员会编：《中国民间歌曲集成·江苏卷》，北京：中国ISBN中心，1998年，第470～471页。

州的城门内外和古桥左右。此歌中的“豁虎跳”即翻山跳跃之意。

其他苏州儿歌也有不少描述运河水乡的生活场景，如《摇摇摇》：

摇摇摇，摇到吴江桥，买条鱼烧烧。头勿熟，尾巴焦，盛拉碗里必八跳。白米饭，鱼汤浇，吃仔宝宝又来摇。①

此为少年儿童所唱歌曲，唱腔为当地小调，讲的是苏州居民乘船到码头买鱼的事。吴江桥在吴江城区东门外，正式名称是“垂虹桥”，始建于北宋庆历七年（1047），为苏州著名古迹。“必八”是跳跃貌，“仔”是“了”的意思。

吴歌《长工谣》采用“十二月花名”的形式，演唱了长工一年中罱泥、挑泥、插秧、耙地、挑稻、装米、做船造屋、揩台抹桌、淘米洗菜、拔柴烧火、卖猪卖牛、结算工钱等日常生活，其中有些内容与运河相关，例如“八月”的唱词为：

长工做到八月中，东家做船造屋闹融融，我日里做仔一日“符符钻”，夜里还要叫我舂油灰。

唱词描写了东家指挥长工造船的场景，其中“符符钻”即木工钻孔的工具，这里指长工被使唤得像钻头一样。“舂油灰”是制作修船用的桐油石灰。②

（四）苏州风光歌

明代冯梦龙《山歌》收录了颇多苏州歌谣，如一首《破鬃帽歌》描写了一顶成精了的帽子四处游逛的景象，其中有段唱词是：

戴出子阊门，月城里遇着子朋友说话，聚集子东西来往无数个闲人，看呆子山东贩踪侉子，立痴子江西贩帽子个客人，江西老乡谈弗绝，苏州歇后语边声。③

在阊门遇见了无数的“闲人”，山东、江西的商贩看得发呆，显系乘船而来的客商。除此之外，近代苏州流传多首关于城市风物的歌曲，展现了运河重镇苏州的繁华景象。例如《苏州风物山歌》：

苏州七堰八城门，七塔八幢九馒头，三横四直泊舟航，三宫六观十八坊。

“堰”为水城门，苏州有八座水陆城门。“馒头”指的是浴室，苏州话俗称浴室为“馒

① 王翼之编：《吴歌乙集》，广州：国立中山大学语言历史学研究所，1928年，第81、83页。
② 苏州市文学艺术界联合会、江苏省民间视觉工作者协会苏州市分会编：《吴歌》，北京：中国民间文艺出版社，1984年，第47～50页。
③〔明〕冯梦龙著，关德栋选注：《桂枝儿·山歌》，济南：济南出版社，1992年，第170～171页。

头浑堂”。“三横四直”指的是城内主干河流。“三宫六观”指的是崇真宫、太乙宫、天后宫及玄妙观、澄虚观、三茅观、福济观、白鹤观、清真观。“十八坊”泛指街巷之多。

另一首是清末《说苏州》，描写了苏州各处的风物，末两句则反映了水乡船民的生活：

走出阊门是吊桥，冰池里面白遥遥；大小买卖来过渡，南濠阿姐把橹摇。

半亩方塘有条藤，拿来做仔橹绷绳；日间摇出金鸡叫，夜间摇出凤凰声。①

苏州小调《苏州景》广为人知，与运河颇有关系。此歌有多个版本，其中一个版本如下：

上有天堂景，下有苏杭景。

单说苏州景呀，虎丘山顶有名，登上千人石，看见二仙亭，五十三参参见观世音，往苏台上望望苏州城。

灵岩山搭仔天平山呀，也是好名胜，走过御道到“范坟”，钵盂泉水末泡香茗，再到一线天呀，往上到“白云”。

抬头看一看呀，太湖水浪白腾腾。枫桥寒山寺呀，天下才有名，寒山拾得好兄弟，夜夜听钟声。

西园绿丛丛呀，大殿仿灵隐，五百个罗汉五百个样，个个罗汉装上金，隔壁还有花园景，放生池上末还有湖心亭。

留园景致有十八，“松柏同春”是第一景。拙政园有卅六鸳鸯馆，五百名贤在沧浪亭。

金阊门，银胥门，玄妙观里闹盈盈，双龙街劈对正山门，来来往往“轧仙人”。

三宫、六观、十八坊，七塔、八幢好风景。苏州景致海海会，真像宝带桥桥洞数也数勿清。②

歌谣演唱了虎丘、千人石、二仙亭、望苏台、灵岩山、天平山、范坟、太湖、枫桥、寒山寺、西园大殿、留园、拙政园、沧浪亭、阊门、胥门、玄妙观、双龙街、宝带桥等“数也数不清”的景致。另一个版本是根据沈雪芳等演唱、张仲樵记录的《苏州景》，内容与前一个版本类似，但景物顺序、语言等有所不同。③

（五）无锡《无锡景》歌

《无锡景》不仅是无锡市流传较广的小调，甚至沿运河传播到京津地区，影响较广。清

① 苏州市文学艺术界联合会、江苏省民间视觉工作者协会苏州市分会编：《吴歌》，北京：中国民间文艺出版社，1984年，第150～153页。

② 苏州市文学艺术界联合会、江苏省民间视觉工作者协会苏州市分会编：《吴歌》，北京：中国民间文艺出版社，1984年，第154～155页。

③ 中国民间歌曲集成全国编辑委员会、中国民间歌曲集成江苏卷编辑委员会编：《中国民间歌曲集成·江苏卷》，北京：中国ISBN中心，1998年，第712～713页。

末至民国初年时，《无锡景》并无固定歌词，任由演唱者即兴发挥，目前最早可查的文字记载，是1922年上海文益书局出版的《时调大观》(二集)。至于最早发行的唱片，是1921年由百代唱片公司灌录的《无锡景致》(署名湘林四小姐演唱)。1934年，由无锡籍沪上滩簧演员王美玉演唱的《改良无锡景》，是当时无锡工商业繁荣、交通便利、风景优美的写照，使《无锡景》名副其实，不再是卖客之曲，并以滩簧唱法加工，诙谐而不庸俗。旋经高亭公司发行唱片，成为后来《无锡景》歌词固定化的最初雏形。王美玉版《改良无锡景》歌词如下：

（一段）

我有一段情呀，唱畀（给）拉诸公听，诸公各位静呀静静心呀，让我来唱一只无锡景呀，细细那个到末唱畀拉诸公听。

小小无锡城呀，盘古到如今，东南西北共有四城门呀，一到那宣统三年份呀，新造那一座末，光呀光复门。

光复真闹猛，造起电灯厂，处处贯通造的嘞能有样呀，夜里向，电灯橙橙亮呀，男男那个女女末，侪呀侪好行。

粉厂毗布厂，纱厂搭丝厂，厂里做工乡下大姑娘呀，一进那丝厂学时样呀，身浪厢个香水末洒得嘞喷喷香。

（二段）

无锡去来往呀，火车真便当，通运桥堍下侪是大栈房呀，栈房里收作得蛮清爽呀，热闹那个市面末，像呀像申江。

春天去游玩呀，顶好是梅园，顶顶写意坐只汽油船呀，梅园末靠拉到太湖边呀，满园那个梅树末，真呀真奇观。

第一个好景致呀，要算鼋头渚，顶顶写意夏天去避暑呀，山路末曲折多幽雅呀，水围那个山来末，山呀山连水。

天下第二泉呀，惠山脚半边，泉水生清，茶叶泡香片呀，锡山末相对那惠泉山呀，山脚下两半边开个泥佛店。

一只无锡景呀，老曲里厢传，无锡个景致唱才唱不完呀，无锡人碰碰俚骂山门呀，赤着脈个少爷末，江尖上团团转。

无锡旧城区的水道，多属运河水系，歌谣提到了运河上的许多重要桥梁及旅游设施，颇有民国运河之风。随着1908年沪宁铁路开通，原来的运河渡口不能适应交通的需要，迫切需要连接火车站与市区的桥梁，1913年，经无锡各界人士捐款筹资，在此建造起一座四孔大木桥，取名“通运桥”，1928年，因发生工运，改称工运桥，俗称大洋桥。桥头即是旅店，外地人下了火车，在桥头住店，乘船游览无锡的梅园、惠山，十分方便。这首歌描写的就是游客在无锡乘船四处游玩的景象，从通运桥可坐船到梅园以及惠山脚下，并且必经运河主航道。

（六）江南《三十六码头》歌

江南运河码头普遍流行民歌《三十六码头》，歌咏全国各地的风物，尤其是地方特产。大致都是以十二月花名的形式。根据歌曲采集地的不同，其内容也往往有所差异。一般而言，歌曲对采集地附近的物产描述得更为详细，体现了详近略远的特点。

杭州运河西侧的安溪镇三合村的《三十六码头》首段：

> 正月梅花报立春，前清皇帝坐北京，堂里朝奉徽州出，浙江出得好人才。

末段称：

> 十二月腊梅花都开齐，姜太公钓鱼在陕西，隋炀帝看琼花到扬州，建文帝出家在安溪。

歌谣的首段和末段都在强调浙江和安溪，整篇民歌列举了全国27种名物名产，其中江南运河流域达13种，包括杭州的5种。歌词中提到“前清”，此歌应该形成于民国初期。

杭州运河流经的博陆镇一带，流行着另一个版本的《三十六码头》，首段：

> 正月梅花不留青，做官要做北京人，堂里朝奉徽州出，浙江省里出得好财神。①

这首歌谣中还提到“玻璃眼镜许巷出”，显系清末民初的作品。常州武进周阿七演唱的《三十六码头》，较多地保存了原唱韵律及口语特点：

> 正月梅花开起头，上好绵绸出湖州，织机坊里绣起龙衣龙袍万岁着，文班好戏出苏州。
> 二月杏花白如霜，台湾原出白砂糖，红皮甘蔗广西出，黄金出在金沙江。
> 三月桃花瓣瓣飘，丹阳专出好便帽，陈桥草鞋嘉定出，杭州香袋做得好。
> 四月里来是蔷薇，洛阳专出大雄鸡，绍兴小鸭勤生子，长江河豚大又肥。
> 五月里来是石榴，名工画师去杭州，浒墅关上龙须席，少林寺中出拳头。
> 六月里来是荷花，望亭专出大西瓜，两角红菱无锡出，芝塘原出大萝卜。
> 七月里来是凤仙，细丝黄烟出福建，河南枣子长三寸，河北鲜梨重半斤。
> 八月里来是木樨，龙凤茶碗出江西，茶壶钵头宜兴出，小金山火石各处飞。
> 九月里来是重阳，胡葱大蒜处处行，松江出了土标布，平湖专出小嫩姜。

① 朱秋枫主编：《杭州运河歌谣》，杭州：杭州出版社，2013年，第77～82页。

十月里来是芙蓉，无花果子出广东，广东广西菠萝蜜，云南出了响白铜。

十一月里来是金橙，下梁瓜子出泰兴，三节头花生出黄桥，花妙宝塔出江阴。

十二月腊梅唱完成，上等福橘出洞庭，橄榄原是青州出，常州篦子有名声。①

第一句偏向于更为附近的湖州和苏州。就明清民国的行政区划看，这里提及的丹阳草帽、常州篦子、小金山火石、无锡红菱、宜兴茶壶、江阴花妙宝塔，广义上都是常州本地产；苏州戏班、嘉定草鞋、浒墅关上龙须席、望亭西瓜、芝塘萝卜则是广义上的苏州物产；泰兴瓜子、黄桥花生都出自江北的泰兴；杭州香袋、画师、湖州绵绸、平湖嫩姜、绍兴小鸭则是浙江物产。江苏的物产共 13 种，浙江 5 种，此处列举的江浙特产基本上都属于南运河水运区域。此外河南 2 种、广东 2 种，北京、上海、福建、江西、安徽、广西、云南、湖南、山东、台湾各 1 种，都是各地名产，这些各地名产，其他版本的《三十六码头》歌也多提到。

运河码头转运本地物产，最重要的自然是漕粮。常州《倒十郎》演唱“小小才郎”从事的十种职业：屠夫、卖姜人、皮匠、裁缝、和尚、道士、酒坊伙计、茶馆伙计、粮房伙计、皂吏等，其中粮房显然与运河有关：

二郎到来粮房当，手拿算盘算钱粮。

啥呀？漕米。啥呀？钱粮。

小小才郎漕米搭钱粮，勿完就要坐牢房。②

在常州这一重要的粮米产地和运河码头，粮店储存、交割漕米，需要伙计盘算钱粮，因此形成一种专门计算漕粮的职业。

（七）扬州鲜花调

海内外知名民歌《好一朵茉莉花》来自扬州小调《鲜花调》，曲谱最早见于道光年间木刻本，歌词则最早见于清乾隆年间地方戏剧本集《缀白裘》：

好一朵茉莉花，好一朵茉莉花，满园花草香也香不过它，奴有心采一朵戴，又怕来年不发芽。

好一朵金银花，好一朵金银花，金银花开好比勾儿芽，奴有心采一朵戴，看花的人儿要将奴骂。

---

① 中国民间歌曲集成全国编辑委员会、中国民间歌曲集成江苏卷编辑委员会编：《中国民间歌曲集成·江苏卷》，北京：中国 ISBN 中心，1998 年，第 588 ～ 589 页。

② 中国民间歌曲集成全国编辑委员会、中国民间歌曲集成江苏卷编辑委员会编：《中国民间歌曲集成·江苏卷》，北京：中国 ISBN 中心，1998 年，第 753 ～ 754 页。

好一朵玫瑰花，好一朵玫瑰花，玫瑰花开碗呀碗口大，奴有心采一朵戴，又怕刺儿把手扎。

此歌并非仅仅在戏曲中演唱，实际上也在民歌中唱。1942 年，音乐家何仿到仪征、六合金牛山地区采风，从当地民间艺人那里采集到了这首在当地广为传唱的民歌，并将它的曲调及歌词一一记录下来。1957 年，经过改编，由原来歌唱三种花改成集中歌唱茉莉花，并进一步演变成《好一朵美丽的茉莉花》而广为人知。与《无锡景》等江南小调一样，《好一朵美丽的茉莉花》的歌词与曲调沿运河传播到了北方，与地方曲艺融合，从而形成具有不同地方特色的《茉莉花》。

扬州民歌中有不少以花为题的歌谣，历史上最著名的是琼花。元明清时期，经过《隋唐演义》《隋唐志传》等小说的渲染，琼花与隋炀帝开运河、下扬州联系起来。扬州民歌有云：

隋炀帝哎，下扬州哎，一心看琼花哎，其实不为然哎。陆地去行舟哎，到头来哎，万里江山哎，一旦丢哎。万里江山哎，一旦丢哎，万里江山哎，全丢哎。

“隋炀帝到扬州看琼花”是运河南北广为人知的传说故事。杭州安溪的民歌《三十六码头》也提到“隋炀帝看琼花到扬州，建文帝出家在安溪”，甚至北京的民歌中也有提到隋炀帝扬州看琼花。

（八）高邮数鸭蛋歌

运河穿高邮湖而过，高邮湖区有不少与水乡生活有关的歌谣，例如《小小鲤鱼粉红鳃》生动刻画了捉鱼的场景：小小鲤鱼粉红鳃，上江游到下江来，头动尾巴摆，跳到我网中来，急急忙忙来把网儿抬。高邮湖最出名的是麻鸭及鸭蛋。北宋秦观、苏东坡，清代袁枚等文学家都对高邮鸭蛋称赞有加。清代，高邮鸭蛋沿运河北上，成为朝廷贡品，同时受到漕运官兵的喜爱，乾隆年间的漕运总督高晋最爱吃高邮鸭蛋。当地民谣《数鸭蛋》流传甚广：

一只鸭子一张嘴呀，两只那个眼睛两条腿。 走起路来两边摆呀，摆到那个池塘水当中。 呱、呱，呱、呱，呱来呱去不成双啦。

小小鸭蛋两头光呀，什么人收来上炕房？ 孵上一个黄鸭子呐，大鹰叼在去头上。呱、呱，呱、呱，呱来呱去不成双啦。

歌谣具有苏北里下河水乡风韵。《数鸭蛋》还有其他版本，不仅高邮，产鸭子的扬州、盱眙等地同样流传。例如这首《鸭乖乖到我跟前来》：

小小鸭蛋两头光，十五零三双，十五零三双。抱出个小鸭子赛凤凰。手拿青竹竿，站在圩埂坎，麻鹞子来叼鸭，鸭乖乖到我跟前来。①

（九）淮安金湖秧歌

清末至民国，金湖秧歌已经非常兴盛，这一时期流传有大量唱本。金湖秧歌在演唱上分职业和业余两种，职业歌手即“锣鼓师傅”，不参加插秧劳动，专门唱给插秧人听。两人配对，一人打鼓，一人敲锣，边敲边唱，这类秧歌又称为“锣鼓秧歌”。业余歌手一边插秧一边唱秧歌，由一人唱“格冬代”（打鼓号子）代替锣鼓伴奏，另一秧歌手主唱。业余歌手的唱法更为自由，唱腔高亢悠扬，委婉抒情。

金湖秧歌有的明显具有运河文化的特色，如《三十六码头》中的唱词：

离开清江到淮城，霸王淮城把基登……镇江有个甘露寺。吴国太后来相亲，诸葛锦囊授赵云。过了镇江到丹阳，无锡梳子买一张，常州篦子也有名。

另外还有大量的秧歌反映了人们打渔、采桑等劳动场景，比如《拉网歌》：

早上拉网是黄金，晚上拉网是白银。
荡里处处有珍宝，高邮老湖聚宝盆。

歌谣《渔樵耕读》反映的是水乡乡民劳作、读书的场景：

波浪层层雾蒙蒙，只见船头一渔翁。别说我十网九网空，抵你凿草一年工。山连山来岭接岭，樵夫砍柴上山林，砍的柴草长街卖，逍遥自在度一生。小小秧田四角圆，农夫牵牛下庄田，春种夏耕多流汗，但忘秋季是丰年。明窗净几亮铮铮，书房传来读书声，四书五经读通了，进京赶考跳龙门。

金湖秧歌的曲调节奏明快、清新悦耳，既有北方民歌的高亢豪放，又有南方民歌的舒缓流畅。金湖秧歌的调名有“四句头”“五句半”“抢八句”“串十字”等，这种复杂的调性运用手法，在中国民歌中是比较独特的。②

（十）济宁地名菜名歌

济宁城临河滨湖，具有河港密布的水乡特点，古运河从城中心穿过，越河、洸河、府河相互交汇。古运河畅通时期，航运的便利使济宁成为“百货萃聚”“万户往来”

---

① 中国民间歌曲集成全国编辑委员会、中国民间歌曲集成江苏卷编辑委员会编：《中国民间歌曲集成·江苏卷》，北京：中国 ISBN 中心，1998 年，第 416 ～ 417 页。

② 杨宽昶：《金湖秧歌的艺术特征和演唱风格研究》，硕士学位论文，江西师范大学，2016 年，第 7 ～ 12 页；王彦蘅：《金湖秧歌的产生与发展回顾》，《四川戏剧》2008 年第 4 期。

的商埠。由于一些行业市场往往集中在一条街上，出现了许多街巷行业市场民谣。如以下一首流传于当地的顺口溜：

济宁州，太白楼，城里城外买卖稠。
济宁州，赛银窝，白银元，大铜铬。
南门枕着运粮河，交通方便行商多。
南门外，买卖忙，生意兴隆数玉堂。
一天门，南门口，吃喝穿戴样样有。
老运河，长又长，抓中药，广育堂。
安阜桥，草桥口，想吸水烟李三九。
大闸口，卖瓷器，小闸口，卖鲤鱼。
一溜坝口籴粮食，越河两岸吊皮子。
七铺八铺打袼褙，冰窑下洼糊盒子。
竹竿巷，卖竹器，一街两巷编筐子。
河湾里，鞭炮市，南门瓮城鞭梢子。
汉石桥，柴禾市，油篓巷，糊篓子。
金鱼坑，养金鱼，顺河门，卖苇子。
打铜街，打铜器，炉坊街上炼银子。
税务街，卖响器，吉市口，是鸡市，扁担街，卖木器。
小南门外箔席市，篦子市街卖篦子。
驴市口，骡马市，北关外是牛市。
西小门，挑水卖，东小门外赁执事。
湾槐树，卸石灰，莲亭门外卖估衣。
小土山，杂八地，一溜席棚看唱戏。
砸洋琴，渔鼓坠，想听洋琴汪麻子。
四海春，听京剧，城墙根，看马戏。
书带草亭听梆子，逢春院内听灯戏。
大土山，小土山，阴柳胡同青龙街。
田家园，周家街，小河涯，九道湾。
莲花池，鼓楼街，罗家胡同，四道弯。
街连巷，巷连街，街街巷巷做买卖。

元明清三代，济宁设有运河总督衙门，京官或江南两广等地的官员来济任职、巡察的颇多，他们都带有自己家乡的厨师，或官船上设有小厨房，给济宁带来了许多名菜肴烹饪的技艺，使南北食风交融。因此，济宁积累了适应南北方不同口味的风味菜肴。济宁民谣中也唱到不少当地名吃：

济宁州，太白楼，城里城外买卖稠。
徽子胡同果子巷，想喝辣汤北菜市。
柳行锅饼牛羊肉，古路沟的长果仁。
小南门的锅贴好，院门口的小果子。
玉莲街的糖炸糕，南门东边茶合子。
太和桥的壮馍好，土山路南炖丸子。
道门口的煎饺子，松鹤轩糁汤有名气。
一品香的天津包，筒子屋里炖酥鸡。
甏肉干饭老咬口，墙缝有名水饺子。
百花村，万福楼，这是两个大馆子。
三鲜海参烧鱼翅，一品山药糖熘鱼。
林家湾，炖小鱼，南北兰芳吃点心。
京式八件芙蓉果，佳制细点香薄脆。
大桃酥，金银棍，糕点麻饼和江丝。
十锦南糖样样有，鸡骨寸金焦切皮。
京省驰名是玉堂，金波药酒白玫瑰。
有醉蟹，有糟鱼，包瓜磨茄酱合锦。
老醋套油黄甜酱，糖醋萝卜酱莴苣。
豆腐乳，五香干，龙缸松花核桃仁。
想下茶馆玉仙亭，喝茶养神听下回。①

众多“京省驰名”的小吃汇聚济宁，展现了运河带来的商业文化、消费文化的发达，以及南北方文化的交流。

（十一）冀鲁青菜特产歌

运河沿岸的山东、河北诸市县，多为沃野平畴，是重要的粮食与蔬菜产区。东平县有首《青菜歌》，将东平青菜、运河与地方文化巧妙地结合在一起，颇具地方特色：

说山东，道山东，园里青菜成了精。

① 高建军编著：《山东运河民俗》，济南：济南出版社，2006年，第196页。

辣萝卜成精坐王位，胡萝卜成精坐正宫。

保国的军师独头蒜，成精的腊菜坐东平。

惊了豆芽子上前跪，把话说给我主来听。

南旺湖反了白莲藕，要夺我主江山一统。

辣萝卜听见心好恼，圣旨一下就发大兵。

大白菜领兵挂元帅，小白菜领兵做先行。

莴苣他忙把令旗扛，菠菜斜插着箭绞翎。

韭菜使劲动那双股剑，小葱子拧枪摆几层。

栽了个冬瓜当大炮，牵了根瓜秧当火绳。

惊天动地哟三声炮，打得那芫荽乱哄哄。

打得那茄子头朝下，打得那辣椒老来红。

打得黄瓜爬上了架，打得豆角子拧成绳。

数着白藕的心眼多，一头扎进了紫泥坑。①

这首歌列举了当地主要的蔬菜种类。以蔬菜为名的民歌在大运河山东段、河北段都很流行，例如枣庄的《十二月菜歌》，列举了从正月到十二月的菠菜、羊角葱、韭菜、莴苣、黄瓜、瓠子、茄子、南瓜、白菜、萝卜、蔓菁、韭黄等蔬菜。运河沿岸的山东临清、高唐、夏津和河北阜城、清河则普遍流传这首民歌：

倒背，竖背，葱花，芫荽。

疙瘩，蹲下，韭菜，起来。

天上是嘛？天上是星。

地上是嘛？地上是坑。

坑里有嘛？坑里有水。

水里有嘛？水里有蛤蟆。

另外，沧州的《夯歌》《青菜名》，甚至并非运河沿线的保定博野县花鼓调《菜段》②，与东平《青菜歌》类似，亦以拟人化的手法描述了蔬菜。如沧州泊头市的《青菜名》：

招呼声莴瓜打黄伞，大棵的白菜坐朝廷，

青苗大蒜主公保，选了个脆瓜做了正宫。

① 王玉芬、王德椿编：《京杭运河·齐鲁风情·东平卷》，济南：山东人民出版社，2013年，第68～69页。

② 中国民间歌曲集成全国编辑委员会、中国民间歌曲集成河北卷编辑委员会编：《中国民间歌曲集成·河北卷》上，北京：中国ISBN中心，1995年，第310～311页。

豆芽子老臣忙跪倒，七州万岁在上听，
河南反了一块白莲藕，二性子水萝卜要出征。
赖葡萄一听气炸了肺，只气得胡萝卜浑身红。
豆角子提枪戴着锁，小葱子金枪列了好几层，
韭菜要开木铜锏，菠菜斜插箭绞翎。
芹菜挂了个元帅印，选了个芫荽做先锋。
牛腿葫子打前战，芥菜蔓菁保主公，
这伙子青菜征南去，一到黄河扎了营。
眼看青菜要打仗，三天以里调大兵。
菜瓜搬了个冬瓜当大炮，拿起山药当火绳。①

这些歌谣与《青菜歌》中描写的东平蔬菜种类相似，体现了沿运地区的农业特点。这些歌将蔬菜拟人化，体现了乡民丰富的想象力。

对比来看，沧州、东平的歌谣虽然都描述了青菜造反的故事情节，但东平《青菜歌》与本地的地名相联系。南旺湖白莲藕造反，朝廷派兵镇压的故事，朝廷大员坐镇东平、南旺这一情节，与朝廷在南旺设立治水枢纽的地位很相符；同时，湖区造反的故事与该地普遍流传的水泊梁山的故事暗相呼应，可视为一种特殊形式的历史记忆。

除了蔬菜，沿运各市镇又都有着远近闻名的手工行业和名优产品。如临清比较闻名的有“竹编、哈达、千张袄”三大行业。竹编是“编筐编篓，一养九口”的行当；哈达丝织行则被称作日进斗金之业，一台织机可顶一顷良田；千张袄是临清皮毛业生产的贡品。有谣谚称：

临清宝，真不少，瓜干、枣脯、千张袄。
陈家剪子、毕家刀，王一家镰刀不用挑。
竹油篓、柏木筲，桑家秤杆灵又巧。
甜酱瓜、百花糕，进京腐乳味道好。②

（十二）武城县新民歌

德州西部的武城县，位于山东、河北两省交界之地，京杭运河从境内流过，是鲁西北、冀东南的重要交通枢纽。近代以来，大运河上发生的许多历史事件被编成新民歌演唱，例如武城县佚名唱、范连胡等记的小调《截粮船》：

① 沧州市民间文学三套集成编辑部编：《沧州市民间歌谣集》，1986年，第66～68页。
② 高建军编著：《山东运河民俗》，济南：济南出版社，2006年，第133～134页。

三月里来三月三，运河里来了日本船，汉奸皇协两边站，日本鬼子押粮船，船头上是翻译官，“二把长苗”手里端。

八路军有个十九团，奉命来截鬼子船，大队住在河两岸，住曹寺、住梁院，新堤毛店全住满，曹口住下机枪班。

鬼子进了包围圈，战士们个个红了眼，勇如猛虎下了山，子弹打，刺刀穿，和鬼子展开肉搏战，胜利截下鬼子船。①

歌谣演唱了八路军十九团拦截日本粮船的事迹，其中“二把长苗”指的是盒子枪。另外，武城县佚名唱，丁键、田毅填词，张九灵记的对口秧歌《唱秧歌》记载了中华人民共和国成立后运河地区的新面貌：

（男）桃花红来红似火，河西的姑娘们，过河来唱秧歌，唱个秧歌我来和。

（女）撑船过河唱秧歌，河东的小伙子们，过河来唱秧歌，唱个秧歌我来和。

（男）运河流水哗哗响，家乡歌儿多，过去唱的什么歌，今天咱来唱什么？

（女）过去唱秧歌那苦泪多，泪水多的流成河，今天咱来唱秧歌，人也笑来水也乐。

（男）什么弯弯像彩虹？什么桥上过？什么滚滚望不到边，什么闪闪白云落？

（女）运河大桥像彩虹，拖拉机桥上过，麦浪滚滚望不到边，秋后棉田白云落。②

（十三）沧州吴桥锣歌

明清运河沿线码头、城镇经济社会的发展，给江苏盐城，山东聊城、宁津，河北吴桥、东光、霸州，以及天津武清一带杂技艺术的发展提供了机会，其中以吴桥最著名。很多吴桥农民在荒年或农闲季节外出，沿运河南下北上，以表演杂技为生。他们往往在开演前边敲锣边说唱，以吸引观众，谓之“锣歌”。其中一首“锣歌”歌词如下：

不掏本儿，自制几件家把什儿。

农闲走出庄稼地儿，走南闯北耍把戏儿。

由于不误农时，又不费工本，故有大量农民从事杂技表演，称为“耍把戏儿”“耍玩艺儿”，有歌谣称：

上至九十九，下至才会走，

吴桥耍玩艺儿，人人有一手。

① 中国民间歌曲集成全国编辑委员会、中国民间歌曲集成山东卷编辑委员会编：《中国民间歌曲集成·山东卷》，北京：中国 ISBN 中心，2000 年，第 258 ～ 259 页。

② 中国民间歌曲集成全国编辑委员会、中国民间歌曲集成山东卷编辑委员会编：《中国民间歌曲集成·山东卷》，北京：中国 ISBN 中心，2000 年，第 759 ～ 760 页。

可见杂技在吴桥普及的程度极高。杂技是他们生计的来源，他们对于这种无拘无束、不费工本的谋生方式十分自豪，有一首“锣歌”唱道：“好吃牛羊肉，好喝老烧酒，今天用我这身肉，去换牛羊肉，去换老烧酒。”另一首则更富有豪情：

柴归垛，粮归仓，手牵巴狗走四乡。

走四乡，四乡走，江湖道上交朋友。

一把筷子撒出去，吃喝穿戴不发愁。

由于可以随时随地谋生，杂技艺人出门不带盘缠的情况很普遍，当地有句俗语说：“宁吴二县，鸡毛变蛋；走京串卫，不带盘缠。”指的就是山东宁津与河北吴桥两地杂技艺人在北京、天津卖艺的情形。吴桥杂技艺人走南闯北时，常唱一首民谣：

小小铜锣圆悠悠，学套把戏江湖走。

南京收了南京去，北京收了北京游。

南北二京都不收，条河两岸度春秋。

财主种有千顷地，老子玩耍不侍候。

“条河”即运河。这首民谣体现了杂技业者依赖技艺谋生，不受地域和职业牵绊的豪情，也凸显了这一群体流动性强的特征。

（十四）南运河歌

河北青县境内运河以西、黑龙港河以东地带被称作“夹河套”，经常受灾。青县王如月演唱的《夹河套》反映了运河地带频繁遭受水灾的情况：

夹河套，夹河套，十年就有九年涝。

淹了地，泡了房，孩子找不到爹和娘。①

临清到天津的南运河段的许多歌谣体现了人口流动的特点。人们碰到生计问题或家庭问题，需要到外地谋生时，常常选择去天津。如运河畔的泊头市辛店乡王秀温唱、王秀英搜集的《小俩口打仗》：

小板凳，一栽歪，小俩口打仗要分开，你要褥子我要被，你往天津我下卫。②

其中“卫”指的是天津卫。在运河地区居民看来，运河不啻为一条金银之河。

---

① 沧州市民间文学三套集成编辑部编：《沧州市民间歌谣集》，1986年，第188页。

② 沧州市民间文学三套集成编辑部编：《沧州市民间歌谣集》，1986年，第33页。

（十五）天津运河市井歌

天津因运河而兴，因商业和消费而繁荣。天津民歌中有大量描述五方杂处、市井消费的歌谣。乾隆举人杨一昆曾作《天津论》长歌，部分段落在天津已成口耳相传之民歌，开头一段尤为人所知：

天津卫，好地方，繁华热闹胜两江。
看风光，人疑是广积银两，哪知道内里空虚皆无实在项。
不种田，不筑厂，赤手空拳即可把钱想。

歌谣描述了盐商、粮商、杂货商、书办、衙役、混混、放账的、催账的、歌楼酒肆业者、教书匠等各色人等的日常生活，展现了天津作为消费城市热闹繁荣的景象。由于天津是因漕运而兴的城市，天津商业中心基本上都在运河沿岸：

东看粮，西看房，运河两岸看衣裳。

天津最繁盛的是运河三岔河口附近的估衣街，有歌谣唱道：

估衣街，一里长，裘皮店，绸缎庄。
旧衣花上几个子儿，皮衣只用八块洋。
瑞蚨祥，谦祥益，都在北方响当当。
喜事来买好绸缎，白事买走寿衣裳。

仅仅卖衣服的就有一里长的街道，包括在整个北方都响当当的商号瑞蚨祥等。这些商业地点无不受到运河的影响。如有民谣描述商号掌柜：

掌柜的，柜张的，掌柜的脸是四方的。方的方，圆的圆，掌柜两手撑大船。

歌谣意思是掌柜的经常与船打交道。

在天津，适合平民消费的杂吧地尤其受欢迎，有一首民谣反映鸟市的热闹：

鸟市对着官银号，不来鸟市不知道。蛐蛐儿、蝈蝈儿、鸽子、鸟儿；茶汤、锅巴、枣儿切糕。戏院茶楼有几座，停船就往这里跑。

歌谣明确表示这是船夫或乘船的人消费消遣的地方。

再如一首唱娘娘宫的民谣：

东门外，娘娘宫，又名叫，天后宫。能保你，子女生。还保佑，河道通；船行顺，安全行。

过去当地人有到娘娘宫求子的习俗，娘娘又能保佑航运平安，故香火很盛。

沿运河而至的河北等地的居民，很多在天津运河沿岸定居，形成了移民聚居区。例如：

卫南洼，三宗宝，丑妻洼地破棉袄。

卫南洼过去是沼泽地，移民众多，恶霸横行，对于下层民众来说，丑妻、破棉袄反而更觉安全。还有描述移民杂处的谦德庄的：

拾毛褴的背大筐，一背背到谦德庄；
谦德庄，万德里，扎小辫儿的不讲理。

旧时谦德庄沟渠纵横，芦苇丛生，民国初年周边地区遭灾，流民逃居于此，形成聚落。这首民谣描述了背筐的拾荒者在谦德庄受人欺负的情景。

（十六）北京运河歌

通州段作为大运河的最终一段，货栈、货船云集，带动了商业的发展。通州儿歌《高高山上一颗蒿》唱道：

高高山上一颗蒿，什么人打水，什么人浇。
浇来浇去一棵树，树根底下搭石桥。
石桥底下一溜沟，弯弯曲曲到通州。
通州买卖真好做，烧饼果子一大摞。①

歌中描述的是通州运河水系的人们到通州做生意的情形。从通州西进，运河沿岸形成了不少繁华街市，成为当地居民消费娱乐的地方。例如，民国时期北京有首儿歌《踢球打嘎儿》：

小孩儿，小孩儿，咱俩人玩儿。踢球打嘎儿，逛二闸儿，吃你的饭儿，喝我的茶儿，问你攻嘎儿不攻嘎儿？②

歌谣中的“二闸”是通惠河的第二道闸门——庆丰闸的俗称，北京游客从东便门上船，东行五六里即到。每年夏季，二闸附近开设有很多茶馆酒楼，店主人还从城中邀请曲艺杂耍的名演员演出助兴。游人到此可以品茗、尝河鲜、摆宴席、听戏、看社火、

① 荀德麟、刘志平、李想等：《京杭大运河——非物质文化遗产》，北京：电子工业出版社，2014年，第370页。
② 中国民间文学集成全国编辑委员会、中国歌谣集成北京卷编辑委员会编：《中国歌谣集成·北京卷》，北京：中国ISBN中心，2009年，第800页。

观水戏等，此处成为重要的消费中心。

北京东边的通州及河北香河县、大厂县、三河县一带的居民进京打短工，也往往通过运河。顺义县甄连唱、陈树林采录的《小老妈上京》就演唱了这样一个故事：

（曲一）大清一统锦绣山河，五谷丰登太平歌。表不着阖朝文武，听我把那三河县这个老妈儿说上一说。京东倒有一个三河县，三河县那边就是四县河。三年旱来三年涝，旱涝没收寸草也没得。佳人有语又把当家的叫。

（曲二）佳人有语又把话儿说，叫一声当家的我要你听着。倒不如咱们北京城，去把这月活儿做，挣银钱换吃喝，省得家喽我们冻饿着，你说是乐呵不乐呵。怯货儿闻听乐呵呵，家喽呔说话也倒使得。贴了些个锅贴儿又把干粮烙，烙些个糠窝窝，二百小钱子腰里头带着。

（曲三）（前略）行行正走来得好快，来到通州的运粮河。溜河风儿刮得实实的冷，冻得怯货儿乱颤哆嗦。小老妈翻身又把毛驴儿下，怯货儿上前给你驴儿拉着。

女白：我说当家的，这驴我不爱骑了，咱不如把它卖喽得了。

男白：卖了就卖了。谁买驴呀！

船家白：你这驴多少钱呢？咱搭股子了！

男白：二十吊钱得了。

船家白：你这瘦驴不值钱。

男白：你给多少钱呢？

船家白：我给你十二吊钱。

男白：那你多给一点儿，我们还当盘费呢。

船家白：那你们怎么着？要进城？要上哪儿啊你们？

男白：上齐化门，我们进城做活去。

船家白：那你们怎么走哇，你们坐粮船儿走吧。

男白：坐粮船儿走，要多少钱呢？

船家白：嗯，你也给二十吊钱得了。

男白：卖一毛驴还不值他一船钱呢。干脆我也给你十二吊钱，剩下点盘缠根儿我们好吃饭。

船家白：那你们就上船吧。

（曲四）小两口商量商量又把粮船儿坐，一路风尘，多么乐呵。来到了齐化门外，多么热和。瞧见了一物楞楞又瞌瞌。身上搭着黑口袋，就在脊梁背儿上驮，一串儿倒有五六个。问了一声京里头人儿，那个夯夯儿叫骆驼。进了那齐化门，热闹儿也倒多，找找咱们俩老乡亲，上京的话儿说。给咱们找上一个地方儿，好去做月活。①

这首歌谣换了四次曲调，中间还有一段对白，因此演唱者称此曲是“九腔十八调”。歌谣描述了三河县的一对夫妻上京找老乡做月活的故事。他们先是骑毛驴走旱路到运河边，将毛驴卖给运粮船的船家，然后乘运粮船到北京齐化门，并描述了齐化门内热闹喧嚣的景象。

三、仪式活动歌

（一）杭州《卖鱼观音》歌

杭州钱塘门始建于南宋绍兴十八年（1148），门外是江南著名的香市，每年仅观音圣诞香会就有三期。清代以来，每届香会之期，杭州许多商家从运河码头卖鱼桥摇船到松木场上岸，租房设铺。杭嘉湖地区前来进香的民众，多乘船经运河到松木场下船，有的住在旅店、寺院，有的就直接住在船上。②祭拜观音时，民间往往演唱一些反映神灵事迹的歌谣，嘉兴冯茂章演唱、采录的《卖鱼观音歌》描述了这一盛况：

玉皇奏准便开恩，敕赐慈悲下凡尘。到金沙，法水喷，毫光照众人。果然个个恶，并无一善人。

观音佛，显神灵，化渔船，变作卖鱼人。身体生来腰驼曲，头发蓬松不成形。额角冲出翘嘴唇，眼睛像只大铜铃。鼻涕拖，扳嘴唇，猫狗臭难闻。衣衫千百结，鞋子无后跟。裙边疮，血淋淋，提鱼篮，鲤鱼重三斤。吩咐善财和龙女，不必心焦就回程。娘娘提篮上岸行，人人缩退两边分。见娘娘，丑陋形，无人问一声。四处都卖到，生意做不成。

回身转，暗思忖，到明朝，变个美佳人。生得不长又不短，身段窈窕真斯文。眉清目秀面如银，小口樱桃凤眼睛。蟠龙髻，像乌云，金钗左右分。双耳垂金环，脚像水红菱。腰间束、绣罗裙，凤头鞋，金莲长三寸。行一步来风摆动，开口恰似凤凰声。

伊十指尖尖像嫩笋，手提鱼篮慢步行。走进了，钱塘门，人人欢喜心。个个都来看，称赞卖鱼人。长子汉，看佳人，矮子短，轧得好气闷。和尚轧得无话说，口念弥陀不绝声。

---

① 中国民间歌曲集成全国编辑委员会、中国民间歌曲集成北京卷编辑委员会编：《中国民间歌曲集成·北京卷》，北京：中国ISBN中心，1994年，第471～477页。

② 范祖述：《杭俗遗风》，上海：上海文艺出版社，1989年，第9页。

娘娘走过肉店门，店倌一见就痴心。要肋条，斩坐胧，肚子叫肺心，肝肠叫拐头，胰子叫猪心。卖鱼娘，向前行，众渔翁，一见起欢心。餐鱼叫作花白鲢，鲥鱼叫作鲤鱼精。南货店前行一行，店倌伙计也痴心。土地码叫寿星，栏头叫五圣，三官叫城隍，南朝叫观音。要桂元，给砂仁，麻酥糕，叫作大月饼，栗子叫作湖南枣，云片糕叫作三刀饼。

这几段分别描写了卖鱼观音到钱塘门，众人争先恐后来观看的场面，以及肉店店倌、渔翁、南货店伙计等只顾欣赏美人，分心走神的滑稽情形。后面省略部分则分别描绘了钱塘门典衣店、水果店、铜匠、布店、书店、戏班等各行业从业者见到卖鱼观音的场景。从故事情节看，《卖鱼观音》受到了民间宗教宝卷《鱼篮观音二次临凡度金沙滩劝世修行》的影响；而从格律、唱词来看，则显然经过了重新加工。从歌词中的金沙、钱塘门这些西湖地名，以及上岸卖鱼、热闹集市、观音化现来看，明显描写的是钱塘门外香市的情况。①

（二）嘉兴《赞龙船》歌

嘉兴桐乡、嘉善、海盐等运河地区的乡村，有农历二月“祀田蚕”（或“斋天”）的习俗，目的是保护稻田和蚕。其中一个仪式环节是村里请道士先生（也称“骚子先生”“传香人”）用竹篾、稻草扎成一艘龙舟，插上“殇官”（纸人）和纸旗，并演唱《赞龙船》歌。下面是嘉兴桐乡流传的版本：

宝香三支直苗苗，银烛辉煌光耀耀。拈香寇请拜神天，打只龙船把神邀。
张班仙师榔头敲，鲁班仙师锉锯条。张班鲁班请勿到，将将就就自己造。
勿用斧头勿用刨，打只龙船蛮光标。船头上面真介高，还要摆根打穿跳。
金链条，银链条，还有两只大铁锚。左右四根缆绳柱，八字扶栏通到梢。
船头上面都赞到，中舱也要表一表。花窗装来一样高，玻璃擦得亮道道。
八仙椅子摆八部，上面掼起虎皮靠。廿四根花梁弯弯叫，雕出戏文一道道。
北海龙王海珠献，王母娘娘捧蟠桃。红旗插拉绿旗里，红也标来绿也标。
西湖景致六吊桥，夹株杨柳夹株桃。中舱里面都赞到，倷要赞赞船梢牢。
船梢牢，真大道，砌起一只三眼灶。泥水师傅真介巧，烟囱砌到老棚牢。
烧火伯伯力气大，手里捏把劈风刀。厨师师傅手段好，切出肉丝条对条。

歌谣赞颂了船的造型、装饰、设备以及船上人员。这首歌又名《送舟》，因为夜间必须将龙舟放入村外的河中，用一条拴着红头绳的黑鱼拉着，催其速速离去，直到龙舟沉入水底，希望将不洁的东西送走。②

① 顾佳希：《祭坛古歌与中国文化——吴越神歌研究》，北京：人民出版社，第 92 ~ 96 页。
② 顾佳希：《祭坛古歌与中国文化——吴越神歌研究》，北京：人民出版社，第 18 ~ 39 、88 ~ 89 页。

（三）杭嘉湖《蚕花书》

杭嘉湖地区普遍植桑养蚕，在祭祀蚕神马鸣王菩萨的仪式中，需要在菩萨面前演唱其事迹，即流传较广的《蚕花书》。该唱词有不同版本，在嘉兴海盐县宗教仪式专家冯茂章演唱的《蚕花书》中，先是叙述蚕神三姐的来历：其父是将领郑百万，西番国兴兵作乱，其父领兵保驾，不幸被围；其母施氏向天地菩萨祈祷，如有人救得父亲，愿将三女许配。恰巧家里有匹白马听到了，于是白马作法救了郑百万。哪知郑百万不肯兑现诺言将女儿许配，反倒把马儿打死剥皮。歌曲接着唱：

三姐出厅看明白，马皮高挂来作法。见马皮裹住三姐，起狂风不分昼夜。就飞到南庄地面，桑园里殡葬安埋。变花蚕青桑吃尽，结成茧如霜雪白。就做成绫罗缎匹，各州县处处去卖。观音佛母闻知得，急驾祥云奏上驾。

玉皇见奏笑哈哈，高提龙笔就封她。就敕封马鸣蚕室，又封神蚕皇老大。浙江省普天世界，天圣帝二年到㑚。乡下人净种青桑，遍地里农夫垦削。杭嘉湖二十三县，全靠得吃用穿着。凡民靠神护福，天降蚕花做人家。

演唱完神明的事迹，下面则重点演唱了养蚕户收花蚕、晒蚕、看蚕的忙碌场景及各种注意事项。然后重点描述了桑叶涨价，养蚕户租船，沿运河四处购买桑叶的情景：

五更金鸡叫嘎嘎，夫妻商量细安排。到叶行抬头观看，坐起拉都是买客。主人说七百连佣，卖客人争要八百。三四个人坐在一道，就打听别处去买。端正好洋钿钞票，圈棚船寻介一只，连夜开船不耽搁，摇船都是后生家。

摇一橹来挪一挪，一路打听问叶价。闻知着停船上岸，叶行情日日涨价。朱介桥话道相巧，早晨头五百发客。周王庙话道相巧，也有话袁化平价。大河港叶船来去，硖径头船都挤坏。海宁城东都采尽，城西叶采得光塌塌。

买来买去无处买，长安坝上不停塌。一班索背到许村，投叶行就寻卖客。主人说七百连佣，卖客念只要六百。春河坝连夜就落，到屋里东方发白。叶船到连忙上岸，吃酒饭就打哈哈。叶贱年成无人要，叶贵年成无处买。①

歌谣提到的卖桑叶的叶行全部位于运河沿岸。其中朱介桥位于桐乡西北乌镇，运河环绕。周王庙镇在海宁城西，是大运河边的重要市镇。长安坝与长安闸位于海宁西长安镇，是唐代创立的运河交通枢纽。许村镇位于海宁西南，毗邻杭州，同样位于运河支流。这首歌谣是“杭嘉湖二十三县”桑农、蚕农、叶行通过江南运河水系进行运

① 顾佳希：《祭坛古歌与中国文化——吴越神歌研究》，北京：人民出版社，第146～150页。

输和买卖的真实写照。

（四）嘉兴《游三塔》与《刘世民被害》歌

嘉兴赕佛，渔民称为赕老爷，一年四季不断。根据举行的场合不同，有庙赕、族赕、家赕等多种。赕佛场合演唱的歌曲即赞神歌，内容虽是叙述神明事迹，也反映了江南水乡包括运河水系的民风民俗，例如《游三塔》即是一首与运河密切相关的赞神歌。三塔寺在嘉兴城西门外京杭古运河畔，这里也是运河船只集聚之地。该歌谣主要出现在家赕的场合，主体部分是表述东家王员外如何虔诚，一开始讲王员外求子的经过。员外夫妻 38 岁无子，于是各处建宝塔，塑神像，广布施。歌谣借王员外做善事的过程，描绘了嘉兴的景致，多处体现了运河的特点及影响：

嘉兴景致不过介，十寺八庙七重街。烟雨楼，倒文雅，远望豪股塔。选出划龙船，招军划爹带。打空拳，出戏法，弄钢叉，锣鼓船内耍。八美图出在南湖景，摇生意船上是女客。

宣公桥转再里街，要从早晨闹到夜。春波桥，西湖街，莱花石桥街。南有放生桥，北有杉青闸。演武厅，调兵马，放鸟枪，射箭使藤牌。两江总督来观看，马步官兵着盔甲。

小西门外粮船叠，粮船上人嘴邋遢。白衣庵，小师太，打扮文雅雅。头上罗汉顶，剃来光塌塌。脚上穿，方头鞋，滚脚管，套裤是月白。立在山门闲闲看，痴心木想无设法。

唱完了嘉兴的景致，接着重点描写的是王员外出游的景象，内容是王员外同妻丁氏乘船到三塔寺内拜菩萨。其中多处提到运河及运输船上的情况。

一出门，黄狗叫，听仔员外满街跑。
屁股崩开二半爿，来到码头船来叫。
船上阿姐连忙答应："王兴阿哥，你要到啥场化去？"
"我家员外要到三塔寺里，烧香完愿，叫你只宝舟。"
"是，晓得哉！"
开船一路就到，停船上岸。
"员外，船来哉。请员外登舟。"
员外跨落船舱来坐，王兴就把缆绳来解。
一路行来无带话，沿塘景致无数脉。
山茶花、李花白，玉兰共芍药。
喜鹊高声叫，燕子飞蝴蝶。
夜航船，叽哩怪，宽心人，山歌唱几只。

小猪船里咕哩咕哩叫，湖羊船里咩拉拉。

网船上姑娘春气发，盘得山歌唱几只。

王员外到了三塔寺，先后看到寺前的三座塔以及寺门口的众多摊位，员外到各殿拜菩萨。彼时各行业喧嚣热闹，人山人海，来自海宁、海盐、乍浦、平湖、长安、福州、杭州、桐乡、苏州、宁波、嘉兴、嘉善、徽州等地，各州各县人无数。

另外一首与运河密切相关的“赕佛”歌曲是《刘世民被害》，主要在嘉兴莲泗荡船民祭祀刘王的场合演唱，内容主要是蝗神刘世民（即刘猛将军）的事迹。刘王生前伐木造船、上岸做生意、进庙烧香甚至溺水等事迹，也是船民的日常生活的反映。故事中刘王游历的平湖、苏州、高淀、无锡、盛泽、王江泾等，都是运河沿岸的重要市镇。

（五）江浙《孟姜女》歌

孟姜女的故事在中国南北方广为流传。中国的许多地方剧，如黄梅戏、淮剧、锡剧、潮剧、旱船、庐剧、沪剧中，皆有《孟姜女过关》的唱段。此外，运河沿线的江浙、山东、北京等地也流传民歌小调《孟姜女》。江南运河区域的苏州、杭州流传的版本大同小异。杭州博陆镇发现的《孟姜女宝卷》是祭祀神明时演唱的歌谣，其中有孟姜女走到苏州运河重镇浒墅关，被守关官吏为难，要求唱支小曲才放行的情节。据学者考证，该宝卷应该是清道光以后的作品，从“八月里来雁南飞”等歌词判断，应该是受到北方歌谣版本的影响。此外，在苏州由尹斯明、顾法林唱，张仲樵记的《孟姜女》歌词也与此类似。①

（六）苏州宝卷《上方山太姆宝经》歌

大运河苏州段附近的上方山是太姆和五通神的道场，每年进香者众多。前来进香的各地香头传承下来若干宝卷歌谣，也有一些是香头自己编写的。现存的有《七人佛经》《土地经》《上方山太姆宝经》《白衣大士神咒》等。苏州常熟的香头、香客拜神时唱诵《上方山太姆宝经》，其中有不少内容与运河有关。

经文主要讲述的是神的来历与事迹，提到五灵公（五圣）在凤凰山收服铁扇公主五人并娶亲，一家人来到东夷扶桑国，去见住在沉香树上的母亲太姆。彼时，正值隋炀帝登基，旱荒三年，然后是滔天洪水。龟山水母作法，水漫泗州城，唱词曰：

不宣泗州多苦楚，谁知玉皇得知闻。

① 中国民间歌曲集成全国编辑委员会、中国民间歌曲集成江苏卷编辑委员会编：《中国民间歌曲集成·江苏卷》，北京：中国 ISBN 中心，1998 年，第 697 ～ 698 页。

请出观音到下界，代我拿捉水母身。
按落云头来变化，化作年轻女佳人。
泗州城内都抄到，家家下闼尽关门。
大富人家城头住，中等人家住高墩。
只有贫民并小户，全家性命不留存。
观音大士差土地，着行土地捉妖精。

观音将金链条变成面条，送给水母吃，将其穿肠锁住。观音大士许诺，如果太姆肯舍去此沉香树，作为交换条件，愿意带他们母子及媳妇到苏州福地，享受“酒海肉山万载兴隆”。在鲁班和吕洞宾的帮助下，观音大士用此沉香木，造起七层宝塔。观音先是带着他们在苏州各地落脚，由于灵岩山庙香火差，五圣埋怨菩萨没有兑现诺言，于是菩萨领了他们，到木渎，过行春桥，来到楞伽立庙。

来到楞伽山一座，此山景致罕曾闻。
前有石湖朱雀水，后有横山玄武岭。
左有青龙右白虎，玉路通顶风送云。
山峰顶上来造庙，宋朝敕赐受封恩。
宋朝匾额书金字，通灵护国太夫人。
多福宁嘉康侯五位，仁义礼智信立人。
肉山酒海香不绝，楞伽改作上方山。

最后以“斋主”宣读完宝卷，“太姆宝卷广招财，斋主家门福寿来”结尾。[①] 歌曲中将大运河水淹泗州城的传说与上方山的传说相结合，并描述了观音大士带着太姆母子等人在苏州城内寻找庙址的经过，记录了山塘街、虎丘、千人石、灵岩山、木渎、行春桥、石湖、上方山等苏州名胜。这些名胜皆在运河沿线，行船可达。

（七）无锡拜香调

“拜香调”是旧时善男信女烧香还愿时所唱曲调。过去，苏南一些城镇和乡村每年的农历三月三、七月十五时举行庙会，香客以妇女居多。她们手托香盘，盘上架起用珠子扎成的牌楼，牌楼下置一香炉，两边放着木鱼和磬，左手执一小木棒，边敲边走边唱“拜香调”，三步一拜，吟唱不止。“拜香调”有多种，部分曲调以笙、管、笛等乐器伴奏，每年的迎神赛会上沿街表演。其中，无锡市余步云唱、张仲樵记录的《十九年份大干旱》与运河有关：

---

① 蔡利民编：《苏州民俗采风录》，苏州：古吴轩出版社，2014 年，第 118 ~ 123 页。

十九年份大干旱，干到青草不生根，干到禾苗似火焚。官塘河，起灰尘，大小树木不留存，不留存。

街坊浪厢吃米巢，农夫跑断脚后跟，五十铜钿籴一升。吃钿用，苦死人，穷人饿死数勿尽，数勿尽。[①]

此歌演唱的是清嘉庆十九年（1814）无锡大旱的事。其中的“官塘河”指的就是京杭大运河无锡段，无锡北塘一带是运河上重要的布码头和米码头。歌曲唱出了运河断水、树木枯死、农夫无钱买米的惨状。

（八）盐城《贺新船》歌

运河上的船民造完新船都要举行仪式。盐城《贺新船》歌就是新船下水时唱诵的祝词：

小锣一打闹稠稠，肩挑金条上宝舟。
张班造，鲁班修，造好宝舟上杭州。
小锣一打响呛呛，珍珠玛瑙装满舱。
前舱船板盖不住，后舱盖起宝塔墙。
一天行上三百里，三天就到杭州城。
一趟生意刚做定，数数银子三千整。[②]

从“三天就到杭州城”的距离来看，正好是苏中盐城到杭州的距离。这些祝词反映了运河作为物资交流的大通道，货船运输往往获利丰厚。

（九）山东浇船头歌

山东运河沿岸有“浇船头”（新船下水）的仪式。新船下水要择个好日子，且必须在太阳升起前进行。船主备好鞭炮、烟酒、糖果、红绸、香烛等物，船主的近门亲戚、朋友也会带些礼物前来祝贺。仪式有正吊、挂红、撒舱、下河等程序。正吊，就是把船调好头，使船朝向下河的方向。挂红，又称“上头”。线头左手拿四个元宝钉，右手持斧头，在船头迎水处钉四缕红绸布。线头一边楔钉挂红，一边唱道：

上头金鸡叫，下边凤凰啼。

---

① 中国民间歌曲集成全国编辑委员会、中国民间歌曲集成江苏卷编辑委员会编：《中国民间歌曲集成·江苏卷》，北京：中国 ISBN 中心，1998 年，第 1176 ～ 1178 页。

② 中国民间歌曲集成全国编辑委员会、中国民间歌曲集成江苏卷编辑委员会编：《中国民间歌曲集成·江苏卷》，北京：中国 ISBN 中心，1998 年，第 181 页。

老师空中过，正赶上头时。

金钉银斧头，楔进檀香木里头。

“老师”是指鲁班。此时，船主送上用红布或红纸包好的硬币，这叫送“上头礼”。上头礼是喜钱，线头不客套直接收下。撒舱，就是船下河前，线头一边唱着喜歌，一边用簸箕向舱内泼撒谷物、姜、蒜、葱、大枣、花生、瓜子、糖果、馒头和制钱等。此时，要燃放鞭炮。线头所唱喜歌称《撒舱歌》（详见第六章）。

撒舱完毕，船主燃香、叩头，燃放鞭炮。然后请一位德高望重又熟谙浇船头规矩、声音嘹亮的汉子，立于船头，协调推船下河的动作。大船下河一般要请二三十位精壮劳力，使撬的使撬，拉绠的拉绠，和着号子，推拥新船向水中滑去。[①]

（十）微山湖敬大王歌、敬佛歌

微山湖船家渔民所敬的大王是蛇，当地人称“长虫”。敬大王仪式一般在农历三月十三和九月十七的“大王会”上举行。届时，微山湖涯上大王庙前搭起香棚，点起香烛，并请来窝班戏班子或端鼓腔、梆子或豫剧等表演团体。敬大王仪式开始后，会头着新衣，跪在香案前，念叨着敬神的吉利话，虔诚地磕头，并奉上成把的香。此刻，端鼓腔艺人的鼓“砰砰”响起，一边敲一边舞。微山县杨广德、杨家秀唱，张海萍记录的请神安位的《百神赴号》：

哪吒其实哟好神仙哪，星不得睡哟，月不眠。伸腿不蹬蜷腿睡，蹬倒了乾坤塌了天。开坛来先要请金吒、木吒、哪吒来三位神仙。

贯州城里的杨二郎哟，身穿着一身淡鹅黄，斧劈桃山，救过了母，朝阳洞里儿救娘。开坛来先要请好道真君杨二郎。

观音奶奶山洞来，脚踏着莲花藕色鞋。金冠霞帔头上戴，金色的纽扣扣满怀。人人都说风流女，不知道修行哪里来。开坛来先要请救苦救难的观音奶奶。[②]

通过曲调，把其他水域所敬的哪吒、二郎神、观音奶奶等水神都一一请来。供品一一上案，共摆两头乌猪、两只白羊、五只单冠红公鸡，及五色鱼（鲤、鲫、鳊、黄章、青鳣）、两斤酒和果子等十样供。接着会头又祷念：

今天还愿，双猪双羊供你，请你听三天神戏。

此后，众人随会头捻香、磕头、烧黄元金帛。神戏连唱三天，人神共娱，把酒庆贺。三

---

① 高建军编著：《山东运河民俗》，济南：济南出版社，2006 年，第 43 ～ 45 页。

② 中国民间歌曲集成全国编辑委员会、中国民间歌曲集成山东卷编辑委员会编：《中国民间歌曲集成·山东卷》，北京：中国 ISBN 中心，2000 年，第 721 ～ 722 页。

天后，会头便用盘子托了“大王”来到河边，吹打一番后，将“大王”送走。①

祭祀神明的端鼓腔已整理出词谱的有《小白龙治水》《魏徵斩小龙》《念佛调》《发香》《顺星》等，内容多是对佛道神灵和一些水神的虔诚膜拜。例如微山县沈家宽唱、张海萍记录的拜佛歌曲《顺星》：

明明亮亮转西游，皆在哪里起根由，皆在西天起根由。

对对的锦鸡攒上了架，对对的鹁鸽楼上头。

挑筐的，卖菜的，都不在朝阳一店里。

渔公背网回家转，张渔公收拾个钓鱼竿。

巧女收拾针和线，绣女熄灯梳乱头，不认包头。

昏昏沉沉天夕晚，夜梦中的一声当啷响。

星辰撒就的一般齐，喇嘛佛来拜我佛明灯。②

《顺星》调唱出了祭拜神灵后归家的轻松愉快，透出一种对生命、生活的热爱，内容比较世俗化。

（十一）北京花会歌

清代北京祭祀表演团体善会、花会繁多，表演时的唱词有的与运河有关。例如，密云县古北口的“福源善会”产生于清初。福源善会的高跷会有一首《奴家命儿苦》：

奴家命儿苦来命儿薄，一母所生我姐妹三个。

我大姐姐许配了天津卫，我二姐姐许配通州去把纤儿拉。

奴的丈夫下世早，撇下了我和孩子。

无计奈何孩子来拉扯，只诚望，这孩子长大成人，我不曾望掷色子看牌数着了他。

闻听说福源又办善会，不免我一到福源善会里找一找他。

中幡档里看，我压鼓档上撒。猛抬头，高跷秧歌瞅见了他。

饿虎扑食我跑上前去，一把手拉住这孩子不把他撒。

渔翁老爷劝，和尚舅舅拉。多只亏，多亏了哪一位，多亏了卖药的先生我的亲家。

若不亏，我的亲家他将奴劝，我一定拉在了家里打骂于他。

① 高建军编著：《山东运河民俗》，济南：济南出版社，2006 年，第 271 ～ 272 页。

② 中国民间歌曲集成全国编辑委员会、中国民间歌曲集成山东卷编辑委员会编：《中国民间歌曲集成·山东卷》，北京：中国 ISBN 中心，2000 年，第 722 页。

闻听说这孩子唱的秧歌好，孩子呀，你给妈妈唱上一个秧歌，哄哄妈妈。①

歌曲以一个寡妇的口吻演唱自己的身世，除了责骂自己的孩子打牌、唱秧歌不务正业外，还提到自己的大姐嫁到天津卫，二姐嫁给了运河上拉船纤的纤夫。另一首齐殿庚唱、马春等采录的密云县高跷会歌《秋台》也有唱词“八月中秋月照台，经商的客人转回来”②。

在北京郊区各县普遍流行一种花会表演“十不闲”，也称“诗赋贤”，唱与表演并重。北京密云肖连荣唱、费金祥采录的“十不闲”秧歌柳《旱地行舟》，演唱隋炀帝开运河的故事：

仓颉那造字圣人留，家家那男女度春秋，度春秋。酒色那之君隋炀帝，四十里旱地行过舟，行过舟。

平地那无水船不走，四十里旱地挑成了沟，挑成沟。沟干那无水船难动，撒上了糜黍拌香油，拌香油。

文官那拉纤他不用，武官那拉纤他不留，他不留。净选那童男和童女，童男那童女把纤揪，把纤揪。

童男那童女好害羞，脱去了中衣换兜兜，换兜兜。昏王那船头哈哈笑，气坏了国公程伯头，程伯头。

童男那拉纤在后尾，童女那拉纤在头喽，在头喽。童女那拉纤往后退，童男那拉纤往前揪，往前揪。

昏王那船头用眼丢，抻出了宝剑纤绳勾，纤绳勾。忽听那纤绳咔嚓响，男女那一起栽跟头，栽跟头。

昏王那船头哈哈笑，气坏了文武乱点头，乱点头。文官那又把武官叫，这样的昏王不可留，不可留。

五花棒打死隋炀帝，留下那春打六九头，六九头。为什么年年把春打，怕只怕昏王转回了头，转回了头。昏王那一死换了舟，天下太平根苗收，根苗收。③

另外，密云县马平文唱、费全祥采录的另一首“十不闲”花会歌《齐化门楼》，也描绘了运河要地的景象：

齐化门楼建得好，石头砌路去在通州。东直门门楼修得高，上住鸽子无人掏。哎，

① 中国民间歌曲集成全国编辑委员会、中国民间歌曲集成北京卷编辑委员会编：《中国民间歌曲集成·北京卷》，北京：中国 ISBN 中心，1994 年，第 87 ～ 90 页。

② 中国民间歌曲集成全国编辑委员会、中国民间歌曲集成北京卷编辑委员会编：《中国民间歌曲集成·北京卷》，北京：中国 ISBN 中心，1994 年，第 328 ～ 329 页。

③ 中国民间歌曲集成全国编辑委员会、中国民间歌曲集成北京卷编辑委员会编：《中国民间歌曲集成·北京卷》，北京：中国 ISBN 中心，1994 年，第 438 ～ 440 页。

南北二京是运过粮草，哎！胆大的狸猫蹿上去。净石头没木头，怎么叫我们木匠修。
一天三顿老米籽，拌咸菜，嘴里揉，捞米饭汤是净馊。文武百官往上瞧。①

齐化门即朝阳门，是北京的粮门，多走粮车。朝阳门也叫“杜门”，为歇脚之处。通过京杭大运河运来的漕粮，都由此门入城，存放在朝阳门内的几座大仓库内。

密云花会歌谣中出现了许多与运河相关的内容。元明时期，密云已通漕运，密云卫军多从事漕运相关工作，正如《奴家命儿苦》所唱，密云卫所的女子一个嫁到天津卫，另一个嫁给了通州的纤夫，皆是密云与漕运关系密切的表现。另外，明代罗教的创始人罗清世隶山东卫所军籍，后被征调到密云卫戍军。罗清于此创教并开堂讲经，最初的信众主要是卫所军人和运粮军人，后来在运河水手中广泛传播。

四、桑间濮上歌

（一）江南情歌

明清以来，杭州运河段临平至湖墅、余杭一带是长江三角洲许多长篇情歌的萌生地或重点流传地。明代小说《欢喜冤家》中提到的长篇民歌《朱三刘二姐》的主人公，都指明是余杭人，民俗学界也多认为此歌最早传自余杭。江南著名长篇民歌《赵圣关》的女主人公林二姐，也实指是杭州临平人。该歌有多节描述临平运河段风光的唱词。

在嘉兴嘉善采录到的长篇民歌《临平二姐》，故事情节与《赵圣关》相近，都以杭州临平镇的林二小姐与苏州赵胜桂坚贞不渝的爱情故事为主线，描述了临平至苏州沿运河两岸的风光世情。其中赵胜桂乘船到临平一段尤为生动：

小小舟船塘上行，船中吹吹打打闹盈盈。
赵胜桂抬起头来朝前望，临平斜桥面前呈。
……
停好船来闹盈盈，弦子琵琶两弦琴。
林家小姐打开窗来朝下望，船中一位年轻公子动我心。

宋代开凿上塘河，临平成为仁和四镇之一。南宋时，北方来往京城临安，一定要经过临平。明代在塘栖开凿下塘河，临平地位虽然没落，但仍是运河沿线的重要市镇。《临平二姐》另有一段则描述了林二小姐乘船到苏州的场景：

---

① 中国民间歌曲集成全国编辑委员会、中国民间歌曲集成北京卷编辑委员会编：《中国民间歌曲集成·北京卷》，北京：中国ISBN中心，1994年，第441页。

行一里来过一村，运河两岸闹盈盈。

婶婶嬷嬷在拉讲，船中一位千金好像南海活观音。

顺风顺水塘上行，行一里来过一村。

林小姐立起身来朝前看，苏州就在前面呈。

这里所唱的“小小舟船塘上行”及“顺风顺水塘上行”的“塘上”，就指江南大运河，当地百姓历来称包括上塘河临平区段在内的运河水系为“官塘”，运河行船就被唤作“塘上行船”。与《临平二姐》类似，另一首民歌《林四姐》亦假托杭州临平人林四姐入苏州：

摇一橹来漾一漾，摇进阊门往里航。

人人都说看四林姐，推推攘攘喜洋洋。

驼子轧来壁立挺，哑子轧来喊爹娘。

长子轧来立不直，矮子轧到人头顶。

瞎子要看林四娘，聋髶有勒听风声。

歌词描述了林四姐赴苏州阊门的情景，阊门是苏州运河最为繁华的地方，所以引致各类人围观。另一首《朱三刘二姐》亦描绘了杭州通济桥运河边刘二姐的美貌：

日月如飞年轮转，女大十八貌漂亮；好个聪明刘二姐，描龙绣凤手艺强。

余杭街上出姣娘，二姐容貌世无双；鲜花引得蜂蝶来，花街柳巷失风光。

身材不矮也不长，骨肉不瘦又不胖；十指尖尖如春笋，一双凤眼明又亮。

风吹荷叶莲心动，二姐摇步裙轻扬；荷花出水一身俏，犹如观音降余杭。

通济桥边走一趟，风吹一阵花粉香；莲步轻移似柳摆，呆煞两旁小后生。

牛行西施美名扬，媒婆日日登厅堂；今日张家公子哥，明朝李家富贵郎。①

六节歌中用了各种比喻和类比赞美刘二姐的美貌，为代表性的杭州情歌。通济桥是余杭塘栖镇广济桥的别名，横跨大运河，是杭州城北运河重镇与繁华市场所在。

（二）嘉善田歌

嘉善县田歌主要流传于嘉善县及其邻县，在江南吴歌中很有代表性。嘉善田歌产生于劳动，产生于生活，因而不同的田歌曲调有其不同的演唱方式和演唱场合。有的情歌与运河密切相关，如《东南风吹来茄洋洋》：

东南风吹来茄洋洋，网船上阿姐立拉船艄上，大红肚兜甩脱拉艄棚上，十八里官塘

① 朱秋枫主编：《杭州运河歌谣》，杭州：杭州出版社，2013 年，第 127 ～ 130 页。

奶花香。

东南风吹来茄洋洋，只见捻河泥船上年轻夫妻有话要商量，男的话捻满格船河泥回去吃点心，女的话我热茶搭吊糖馅团子，已经拿来拨你当腰肠。[①]

歌中描写了运河上网船女的风流情状。歌曲中的“茄洋洋”是懒洋洋之意。“官塘”即指运河，明嘉靖三十三年（1554）筑城时，深挖护城河，东通枫塘泾，西通嘉善塘，可行大船，故称官塘。嘉善西门外（上官塘）与下官塘交集的水面，俗称冬瓜湖，是漕运船只集结停泊的地方。

（三）高邮情歌

高邮运河水乡地带流传着多种爱情歌谣。例如胡凤英唱、戴之尧等搜集的《高邮西北乡》：

高邮上边哎有个西北乡呀，有一位小老板开了一爿六成行，
依呀呀子喂，结识了干妹子家住在六里庄。
小老板得了个相思病呀，思想起干妹子实实是苦难当，
依呀呀子喂，带个信给我家干妹子二姑娘。
干妹子接信两眼泪汪汪，可恨我家娘老子待我赛虎狼，
依呀呀子喂，实在是教奴家没得个好主张。
到了清明哎就是寒食节，收拾得停停当地藏庵里去烧香，
依呀呀子喂，约我家干哥哥二人会一场。
陪我家干哥哥跪在蒲团上，求一签下下签霸王逼死在乌江，
依呀呀子喂，二人不住泪汪汪相爱空一场。
二小妹子一把哎拽住郎衣裳，不求神不求娘只求我郎好心肠，
依呀呀子喂，倒不如奔下河，你我早早配成双！

这首民歌在高邮送桥镇一带流传，表达了水乡妇女的愁苦，尽显水乡沧桑。歌曲最后一句中的双方“奔下河”，指的是大运河淮扬段东里下河地区。

另有一首流行于高邮里下河的小调《谈媒》：

正月里谈媒正月正，奴同小妹子去看灯，看灯都是假啦妹子，玩耍才是真。
二月里谈媒龙抬头，奴同小妹子上扬州，的的轮船票呀妹子，住的万花楼。
三月里谈媒三月三，奴同小妹子上茅山，茅山去敬香啊妹子，搭船到镇江。

① 顾佳希：《祭坛古歌与中国文化——吴越神歌研究》，北京：人民出版社，2000年，第255页。

四月里谈媒四月四，奴同小妹子吊膀子，膀子吊上手啊妹子，一世不肯丢！

五月里谈媒午端阳，糯米粽子蘸洋糖，花鱼咸鸭蛋啦妹子，送把妹子过端阳。

歌曲中特别提到乘轮船上扬州，搭船到镇江，表现了二三月份沿运河往南去玩耍、进香等内容，体现了运河沿线人口流动频繁及相关联的私奔之主题。

（四）淮安逃婚及私奔歌

过去，淮安本地人往苏杭一带做工、卖唱、乞讨或移民，多通过运河。当地有多首民歌描述男女私奔的故事，叙述了沿运河南行的路线、路上的生计等，很有地方特色。例如江海兰演唱、王善荣搜集的牙牌调《逃婚》歌词：

姐在房中梳油头，打问情哥哥上杭州，带我一同走。

（问）小妹呀，你娘老子晓得呗？

偷偷瞒住娘老子，打起个包袱往外溜，滑过后门口。

（问）小妹呀，从哪里走呢？

走到屋后头上大路，赶个渡船到高邮，兴化过泰州。

（问）小妹呀，哪里有钱用呢？

没得银钱不要紧，手抱琵琶上街头，大门小户唱春秋。肩上背个捎马子，各家门口把钱收，你我二人莫害羞。

（问）小妹呀，晚上我们住哪块呢？

二百个铜钱买上两张席，三根竹子搭高楼，你我二人住里头。

（问）小妹呀，有人盘问呢？

有人盘问不要紧，你是我丈夫，我是你的妻，怕他怎么的？有福我们二人享，有罪也是我们受，没得哪个怨哪个。

这首民歌明确提到坐船到高邮，然后到兴化、泰州等地，最后到杭州，沿途卖唱为生，此种生计颇为典型。

此外，淮安涟水县黄三太唱、徐涵记录的《三十六码头》演唱了涟水县受气的媳妇和情人私奔的故事，涉及众多的运河地点，包括通过清江浦沿运河南下，颇具苏北地方特色：

姐在房中无奈何，一把拉住有情哥，二目不住泪簌簌。

昨天你走奴家门前过，有人告诉奴公婆，半夜三更来打奴。

公公就把头发抓，婆婆就把膀子拖，促狭佬小叔子踢奴屁股。

公公勒逼奴上吊，婆婆勒逼我去投河，狠心的丈夫把钢刀磨。

东庄来了王二嫂，一劝公公二劝婆婆，三劝丈夫饶小奴。

他家苦日子怎么过，你雇一只小船在后河，半夜三更你来带奴。

我涮锅你烧火，我拿筷子你拿碗，吃过夜饭撑小船。

有风就把篷来拉，没风就把篙来撑，舍不得我干哥哥把纤背。

走清江奔淮安城，涟水宝塔在西门，化龙桥又在大街西。

走益林到东沟，水路不比旱路多，顺走三里到濛泷。

走西沟奔板胡，水路不比旱路活，顺走天长到六合。

走了扬州仙女庙，江都邗江连一道，高邮邵伯多热闹。

先走十里回头望，后走十里到瓜洲，又到仙女庙大桥头。

……①

这首歌描述了女子与情人在后河雇船私奔的情节。作者对大运河沿线城镇的情况较为熟悉，歌中列举了涟水化龙桥、扬州的仙女庙、运河大桥及城内的关卡等。另有淮安李长华演唱、戴之尧搜集的版本，内容与此大致相同。

（五）淮安《王大妈说媒》歌

淮安市淮阴区章希召唱、徐涵记录的《王大妈说媒》，讲述了清代媒人说媒的故事：

生来老王我不自夸，耳朵不聋眼不花，人都叫我王妈妈，提起说媒是行家。

西坝有个大小姐，年交二十未出嫁，托我替她找婆家，今天我去看看她。

大小姐坐在房中懒绣花，忽听得来了王大妈，赶快出门去迎她，活活想煞小奴家。

大小姐笑哈哈叫一声，王妈妈你快坐下，二大爹娘年纪老，耳又聋来眼又花。哥哥在外不在家，我自己事情自当家。一不要疤，二不要麻，三不要头上有癞疤，黑干憔悴我不搭。王妈妈哎，我要个模样长得俊巴巴。

王妈妈开头叫一声，大小姐你要听真，我说这个人是这样一个人，不高不矮，不胖不瘦白生生，青头皮，大辫根，嘴里常把小曲哼，家住清江小东门，大小姐哎，他在漕台府里当衙门。

这头亲事拜托你，千万千万要顶真，今天在我家吃中饭，你先到屋里蹲一蹲。我去打块油煎饼，再烧一碗鸡蛋汤，团又团，圆又圆，煎煎炒炒四大盘，四个碟

① 中国民间歌曲集成全国编辑委员会、中国民间歌曲集成江苏卷编辑委员会编：《中国民间歌曲集成·江苏卷》，北京：中国 ISBN 中心，1998 年，第 814 ～ 815 页。

子朝上端。王妈妈哎，谢谢你这个大媒人。[①]

根据词中提到的“漕台府”“大辫根”等推测，歌曲产生于清代。歌谣中，女子住在清江浦西坝。清代西坝成为淮北食盐的集散中心，盐栈云集。至民国，清江浦至西坝铁路贯通，继而八面佛至西坝公路通车，加之板浦至西坝小火轮直航，遂使西坝成为寸土寸金之地，帆樯如林，日夜不绝，旅店业、曲艺等服务性行业随之兴起。

江苏许多地方都流传此类内容的小调，如宿迁《纱窗外》、邳州《王大娘》、武进《纱窗外》、盐城《王干妈》《王婆做媒》、东海《王干妈说媒》等，反映了运河沿线男女的婚恋情况。

（六）微山湖《采莲船》歌

微山湖的情歌具有水乡特色，往往以自然风物为比喻，风格细腻，展现了画卷一样的水上风情。例如微山县潘文吉唱，川昆、长其记录的《采莲船》：

东采莲来，西采呀莲，采一个莲来摆满了船，船头上站一个花大姐，使起篙来乱动弹。

早采莲来，晚采呀莲，莲子儿采满了不放船，单等着大姐的船来到，悄悄跟在她船后边。

男采莲来，女采哎莲，采莲的小船儿游湖面，花大姐见了我不说话，隔船送我并头莲。

采莲船呀，并头哎莲，湖水儿清清荷花儿鲜，荷花那丛中呀鸳鸯叫，我和大姐船靠船。[②]

采莲、采菱是微山湖船民的日常生活，所以歌谣中不仅以此为背景，且以并头莲比喻两人的关系。另有一首情歌《哥放风筝妹捻线》：

哥放风筝妹捻线，风筝无线难上天。哥似风筝妹是线，飞到天边意相连。

妹妹开河哥修桥，桥恋河水水恋桥。河水有桥连两岸，哥妹有情心一条。

妹似流水情不断，哥是桥桩不动摇。

开河、修桥、打桩等，在微山湖地区的运河工程中很常见，当地人较为熟悉，所以将其引入情歌中。

（七）临清小调《撒大泼》歌

运河重镇临清的情歌颇有地方商业特色。例如临清徐秀芳、李英梅唱，田霞光记录的雁鹅调《撒大泼》：

---

① 中国民间歌曲集成全国编辑委员会、中国民间歌曲集成江苏卷编辑委员会编：《中国民间歌曲集成·江苏卷》，北京：中国 ISBN 中心，1998 年，第 850 页。

② 中国民间歌曲集成全国编辑委员会、中国民间歌曲集成山东卷编辑委员会编：《中国民间歌曲集成·山东卷》，北京：中国 ISBN 中心，2000 年，第 805 ～ 806 页。

（女）旧社会时代封建制度多，压迫得妇女实在不能活，妈妈娘你不知细听我来说。有一个大姑娘，要个婆婆，跟她的妈妈撒下了大泼，不是寻死就是觅活，不是跳井就是奔河，不是上吊就拿刀抹脖，动不动的就把那个大烟儿喝。

（母白）妮啊，妮说的大闺女跟她妈要婆家，是哪里的事儿呀？

（女白）娘，你听着。

（女）提起家来，家也是不远哪，家住在唐官屯地名叫柳河，紧紧靠着运粮的河。这一家子本姓罗，她的爹爹罗得合，学了个手艺他会锔破锅。她的妈妈搓过纤绳，她的哥哥拉过那个胶皮车。女儿我会做些零碎活，事到如今没有婆婆，妈妈娘你别拦着我。

（母）老两口子俱都是年高迈，同年同月同庚同时合，二人同岁属小龙，老俩口子倒也配合。①

余下部分则是母女用唱、白的方式斗嘴，女儿要求找婆家，母亲以女儿年纪小、不会做家务等为由反驳。结果女儿说她与对门的小伙子"对势儿"（合适，相配），要求母亲去说一说。最后一段，女儿听到外面敲锣打鼓的声音，误以为是来娶自己的。

（女）忽听得娶亲的走进了胡同，吹鼓手吹的是得胜歌，婶子、大娘都说来娶我，喜的孩儿拍着呱的乐。迈动脚步往外跑，娶亲的往这门前过，气得孩儿直跺脚，妈妈娘你算白说，孩儿我一定要找个婆婆。

（母）这个事情不怨为娘我，怕的是你爹埋怨我，等着为娘对你说一说。

（女）看你今后说不说，（齐）唱完了一段撒大泼。

这首歌谣讲述了运粮河边上的一户人家的情况，父亲是锔匠，母亲搓纤绳，哥哥拉胶皮车，显然是运河边小手工业者家庭，拉车做买卖、搓纤绳都是与运河有关的生计方式。

（八）沧州落子情歌

"落子"是河北省具有代表性的传统秧歌类舞蹈，流传于沧州地区。落子通常在冬季农闲时排练，正月十五前后演出。常用的曲调有"调丝弦""放风筝""绣手绢"等，内容多表现男女爱情和日常生活，有些颇与运河有关。例如南皮县《织蒲席》：

小奴家才十七（旁白：年下十七，怎么还十七呀？）小奴家这就十八，说了

① 中国民间歌曲集成全国编辑委员会、中国民间歌曲集成山东卷编辑委员会编：《中国民间歌曲集成·山东卷》，北京：中国 ISBN 中心，2000 年，第 467 ～ 477 页。

一个婆家独流崔家，三趟街，家住在玉河下。[①]

这一段唱词，说的是南皮的女子嫁到天津独流崔家，夫家住在玉河（御河）桥。南运河从独流镇进入天津境内，流经旧天津市区的一段就是御河，向东在三岔河口汇入海河。再如沧县张维舟、刘俊和演唱，高旭记录的落子曲调《绣手绢》：

一条手绢绣上红纱，绣上芙蓉共鲜花，有人带到京城去，十人见了九人夸。

二条手绢绣上二层，绣上孟姜女上京东，京东倒有一个名河在，走马捎带凤凰城。

三条手绢绣上三层，正面绣上一条龙，八家仙哥来庆寿，八仙过海各逞能。

四条手绢绣得稀，绣的牛郎共织女，牛郎织女天河配，一过天河两分离。[②]

前面两句讲带手绢到京城与京东，第二句提到北京东边有个名河，指的应该就是运河。

（九）河北香河县情歌

廊坊地处北运河沿线，当地流传不少与运河有关的歌谣，如河北香河县杨永会、靳文岩等唱，王志远记录的《绣兜兜》：

姐儿房中织锦绸，忽听情郎要个兜兜，奴添一份愁，奴添一份愁。

你要兜兜奴这里有，兜兜上面绣九州，你听奴说根由，你听奴说根由。

潞安州出马猴，扬州梳的好油头，燕尾出瓜洲，这是三个州。

高邮州出美酒，寿州紧对梳妆楼，河水淹泗州，这是六个州。

走常州过杭州，狮子回头看看绣球，美色出苏州，这是九个州。

叫情郎上绣楼，穿上兜兜看九州，卖卖奴风流，卖卖奴风流。[③]

《绣兜兜》歌谣在京津地区普遍流传，内容多以女子为情人绣肚兜为切入点，演唱各地的风物。从这首歌的内容看，女子的情人（可能是船民、生意人）要出远门，女子绣给情郎的肚兜，上面绘有九州，意思是无论男子到何地，都不要忘记自己。这九州之中，泗州、高邮、瓜洲、扬州、常州、苏州、杭州等都位于运河沿线。

（十）北京《探清水河》

北京地区有些民歌如《探清水河》《李方巧得妻》等，是用“照花台调”填词而成。例如流传颇广的民歌《探清水河》，在北京、天津、河北、辽宁等地有不同版本，各个版本的

---

① 河北省文化局民歌编选小组编：《河北民歌选》，石家庄：河北人民出版社，1979 年，第 273 ～ 274 页。

② 河北省文化局民歌编选小组编：《河北民歌选》，石家庄：河北人民出版社，1979 年，第 275 ～ 276 页。

③ 中国民间歌曲集成全国编辑委员会、中国民间歌曲集成河北卷编辑委员会编：《中国民间歌曲集成·河北卷》上，北京：中国 ISBN 中心，1995 年，第 459 ～ 461 页。

曲调与江南小调《无锡景》异曲同工。如海淀区张淑亭唱、黎小玲等采录的《探清水河》：

桃叶儿尖上尖那，柳叶儿遮满了天，列位那不哇知，细听我来言哪。此事出在了京西蓝靛厂啊，蓝靛厂那个西门外，住着一个松老三。

提起松老三那，公母俩那卖过大烟，一辈子无有儿，所生一位女婵娟哪。姑娘年长哪二八一十六，起了一个乳名儿，荷花万字儿叫大莲儿。

荷花万字儿叫大莲儿啊，美貌赛过天仙儿，二老那出了门儿，大莲儿把家看哪。小六儿就把那门儿来串哪，眉来又是眼去，就把情来传。

太阳落西山儿，眼看着儿黑了天儿，奴好比琵琶没有人弹哪。又好比貂蝉思过吕布，又好比阎婆惜盼想张三儿。

一更鼓里天儿啊，大莲儿那泪不干儿，埋怨那二啊老，不给奴家找人家儿啊。耽误了小奴的终身大事，人过了青春，哪里找少年儿。

二更鼓儿咚，被窝儿里冷赛过冰，忽听得门外痰嗽有一声，不用人说，小奴就知道了，要命鬼我的六哥哥，来到了我们家中。

三更鼓儿发，小六儿把墙爬，惊动了上房大莲儿女娇娃，用手开开门两扇，叫一声六哥哥快快你进来吧。

四更鼓儿忙，二人上了牙床，一夜的晚景如同睡梦香，恩爱的夫妻不必细讲，露水的夫妻为什么不久长。

五更天大明，二老知道细情，胆大的丫头败坏我的门庭，今天一定要了你的命，丫头要是想活着，万万也不能。

大莲儿无的话说，蔫不叽儿就跳了河，惊动了双三道儿来探清水河，手拿着纸钱儿围着河边儿转，哭了一声干妹妹，你死我不能活。

太阳出正东，小六儿回了家中，茶不吃饭不餐昼夜不安宁，干妹妹一死要了我的命，我的小命儿不亚赛风前灯。①

清水河即昆玉河，是元朝挖掘的入城水道，与运河水系相通。歌谣描述了蓝靛厂卖大烟的松老三，不允许女儿与情人私通而将女儿逼死，女儿的情人也自杀殉情的故事。故事中“露水夫妻”的情节，是运河沿线情歌中常见的主题，两人殉情的情节也与江南运河沿线的《五姑娘》类似。

另外，这首歌谣的曲调是模仿江南小调《无锡景》，因此歌曲低回吟唱，轻快随意，具有鲜明的南方音乐的元素。另外，由于加工者多为职业艺人或半职业艺人，表演场

① 中国民间歌曲集成全国编辑委员会、中国民间歌曲集成北京卷编辑委员会编：《中国民间歌曲集成·北京卷》，北京：中国 ISBN 中心，1994 年，第 668 ～ 670 页。

合多为漕运码头附近平原地区的茶肆酒楼，因此形成了《探清水河》开篇吸引观众的引言部分。“列位那不哇知，细听我来言哪”的表述语，如《无锡景》歌词开篇提到“唱与诸公听”一样，是以表演的形式与观众进行交流。

五、劳动号子

（一）江南运河号子

江南运河桥梁众多，杭州《造桥夯歌》就是工人建桥时所唱：

买鱼要到，哼唷，卖鱼桥呀，哼唷！
放生要到，哼唷，放生桥呀，哼唷！
雨过天晴，哼唷，挂虹桥呀，哼唷！
田蚕茂盛，哼唷，永丰桥呀，哼唷！①

另外，为防止海水灌入杭嘉湖平原及运河航道，嘉兴等地需要在海边修筑海塘，《海塘夯歌》是修筑海塘时所唱：

夯要来，夯要来，下面桩头要扶牢呀！一寸一寸往下打。夯哟噢到，夯哟噢到，夯柱石头落得巧呀，东海龙王要发愁。哎嗨哎哟，哎嗨哎哟，桩头往下去呀。潮水冲不垮啊，冲不垮！

江苏丹阳则有南宋杨万里收录的纤夫号子：

张哥哥、李哥哥，大家着力一起拖。
一休休，二休休，月子弯弯照九州。②

由于江南运河很多是自然水道，是江南水系的一部分，并不需要特别的疏浚和维护，因此这一带夯号不如北方运河地区数量多。

（二）扬州栽秧号子

江苏里下河地区地势低洼，历史上曾作为运河的泄洪区。这里河网密布，是重要的水稻产区。里下河通常都是妇女插秧，其栽秧时所唱号子《拔根芦柴花》在江都、姜堰等地有不同的版本，扬州江都黄凤英、施登瑛等唱的歌词是：

---

① 朱秋枫主编：《杭州运河歌谣》，杭州：杭州出版社，2013 年，第 120 ～ 121 页。
② 荀德麟、刘志平、李想等：《京杭大运河——非物质文化遗产》，北京：电子工业出版社，2014 年，第 362 页。

叫我来我就来哪，拔根么芦柴花花，清香里格玫瑰，玉兰花儿开，小小的郎儿来，月下芙蓉牡丹花儿开呀。

白米饭好吃田难种哪，拔根么芦柴花花，清香里格玫瑰，玉兰花儿开，小小的郎儿来，月下芙蓉牡丹花儿开呀。

粑粑好吃磨难挨哪，拔根么芦柴花花，清香里格玫瑰，玉兰花儿开，小小的郎儿来，月下芙蓉牡丹花儿开呀。

20世纪50年代，经过江苏如东民间文学家钱静人填词，原采集人费克编曲，《拔根芦柴花》成为流传全国的江苏著名民歌：

叫我来我就来了，拔根的芦柴花花，清香玫瑰玉兰花儿开。蝴蝶恋花牵姐看呀，鸳鸯戏水要郎猜。小小的郎儿来，月下芙蓉牡丹花儿开了。

金黄麦割下秧来栽了，拔根的芦柴花花，洗好衣服桑呀桑来采。洗衣哪怕黄昏后呀，采桑哪怕露水湿青苔。小小的郎儿来，月下芙蓉牡丹花儿开了。

泼刺鱼飞跳网来抬了，拔根的芦柴花花，姐郎劳动来呀比赛。姐胜情郎山歌唱呀，情郎胜姐亲桃腮。小小的郎儿来，月下芙蓉牡丹花儿开了。①

这首歌谣并不局限于扬州，里下河的其他地方如高邮等地也普遍传唱。除了《拔根芦柴花》，里下河地区流传较广的栽秧号子还有《一根丝线牵过河》《早上起来露水多》《姐在江滩打芦蒿》《送花鞋》《叫我唱歌我不难》《号子好打口难开》《冷了龙车水不来》《日出东方一点红》《田里无水晒青苗》等。号子内容多歌咏男女爱情、唱歌、劳动生产、家庭关系等日常生活，尤以爱情、劳动主题最为常见。

（三）淮安运河号子

淮安有清江口、惠济闸等重要水运枢纽，过闸、拉纤都需要大量劳动力的配合，所以本地的运河夯号有明显的运河特色。如董志元唱、刘万忠整理的船工号子《霍托到扬州》：

尕尕一只舟，叭叭水上游，
哗啦一声响，霍托到扬州。②

① 中国民间歌曲集成全国编辑委员会、中国民间歌曲集成江苏卷编辑委员会编：《中国民间歌曲集成·江苏卷》，北京：中国ISBN中心，1998年，第67～69页；费克等改编版又见扬州市政协文史委：《扬州古运河》，北京：中国文史出版社，2006年，第230页，个别字词有出入。

② 戴之尧选编：《淮安民歌民谣》，北京：中共党史出版社，2003年，第67页。

“尕尕”，很小的意思；“霍托”，形容速度极快。这首歌唱的是船只迅速抵达扬州。另外一些号子则是过清江口、惠济闸的纤夫号子：

（其一）

隔河望见一座闸，就像隔着一座山。
有心闸上去苦钱，没匡一过要三天三。
勒紧裤带背着纤，一拽就是日西山。
听从老大摇令旗，不干就得把眼翻。
酷暑弄船撵日头，冰天雪地也不闲。
富人饮酒小高楼，穷富为啥不一般？
喂——嗬——喂——嗬！

（其二）

哼哼歪歪拉上来，衣衫湿透无人疼。船是木龙离了号不行，人是饭壮离了粮不行。

（其三）

小曲好唱口难开，樱桃好吃树难栽，想吃樱桃栽下树，等着樱桃开花来。

（其四）

呀啦呵咳，大家用力一起拉，河神保佑过头闸。
呀啦呵咳，大家用力一把劲，平安无事过头闸。
呀啦呵咳，大家用力一齐心，三牲拜祭过头闸。
呀啦呵咳，大家再来一把劲，平安无事过闸头。
呀啦呵咳，大家再来一把劲，平安无事过闸头。

淮阴县码头镇顾春华口述、毛立发记录的里运河纤夫号子：

哎嘿哎呀，哎呀哎哩！
淮阴到宝应呀，里程六十六啊，路经九道湾啊。
高邮到邵伯啊，露筋两头单，一头三十三。
姜堰到泰州，六十六里路，七十二道沟。
哎嘿哎呀，弯弯拐拐，拐拐弯弯，
马上就要到江湾，哎嘿哎呀！①

---

① 荀德麟、刘志平、李想等：《京杭大运河——非物质文化遗产》，北京：电子工业出版社，2014 年，第 368 ～ 369 页。

（四）枣庄船号

枣庄的运河号子也叫“粮米号子”，是船工们在运河劳动中为了协调劳动、激发劳动热情的集体创作，已经传唱了数百年。枣庄运河号子按角色的不同，分为领号与和号两种，唱号子一般需要一个领号者，待领号者唱出，其他和号人随之应和。按内容区分，运河船工号子主要以摇橹号子、绞关号子、起锚号子、打篷号子、撑篙号子、拉纤号子等为主。船工号子的歌词往往是根据不同的情境，即兴发挥。那时候河边经常有唱小曲的，也有唱大鼓的，船工也经常会把他们的词放到自己的号子里面唱出来。[①]

枣庄已知的许多船号都采录自徐德光，他生长在枣庄运河南岸纤夫村，3 岁时就在船上玩耍，5 岁时跟随父亲喊号，7 岁拜师于济宁驶船号子大师傅吕长山，12 岁能熟练地喊出各种船号，15 岁就在大船喊号界成为大师傅。他唱的运河号子有的直接就是运河故事，例如：“上织新年迎新春，乾隆乘船北京去，文武百官随后跟。两条手巾织得长，运粮河上运粮忙，江北的焦枣往南运，江南的大米过长江。”[②] 下面是根据徐德光、王化林等唱，胡耀记的几首运河号子。

其一是《打锚号》：

千斤哎嗨呀，万斤哎嗨呀！
铁锚哎嗨呀！动身哎嗨呀！哎嗨嗨起来！

其二是《拦头号》：

外外来号，外嗨呀！外外攸丢了吧！
外哟号，外外来号，外嗨哟！
外外攸丢了吧，外哟号！

其三是遇到急流险滩，船工们下船拉纤时唱的冲号《四六八句》：

噢噢啦哟哎！噢哟撞号哎嗨！噢哟撞哎！
哎哎啊哎，外外外外，哎老嘱老暴哎！
外哎，噢哟撞伊号哎嗨，噢哟撞哎！

其四是《出舱号》：

外哎嗨嗨，哎呀哎，噢噢外呀，上啦外呀！

---

① 葛兆远：《大运河的记忆——枣庄运河船工号子》，《戏剧之家》2014 年第 10 期。
② 采莲：《运河上的五音六律》，《走向世界》2015 年第 37 期。

外哎嗨嗨，哎哎呀，噢噢外呀，上啦外呀！[①]

（五）济宁夯号

修筑堤防河堤要一层层地筑，一硪一硪地打，往往一干就是数月。单调、枯燥的打硪操作，整天重复上千甚至上万遍的动作，令人疲倦，号子能提振精神，舒缓疲乏。梁山一带的《抬土歌》是这样唱的：

嗨！嗨！甩开胳膊挺直腰，脚步走稳好登高！哼……嗨！嗨！嗨！你也抬来我也抬，抬了河土垫河崖。河堤修得高又宽，挡住大水保家园。哼，嗨！嗨！嗨！头号大筐装得尖，运河挖得深又宽，南北二京好行船。大船装来江南米，小船又装青竹竿。抬上堤来筐放稳，排着筐头莫要慌。嗨呀啦，嗨！嗨！[②]

领硪人为给大伙儿提神，将“咳哟咳呀”的吆喝，改成带有故事情节的硪号，或幽默调侃，或委婉抒情。山东沿运各地都有内容丰富的硪号流传。硪号根据唱一句打硪的次数，分为号一调、号二调、号三调、号四调，例如号一调就是每唱一句打硪一下，号二调是每唱一句打硪两下，依此类推。同样的歌曲，根据调子不同，节奏有缓有急。如一首下桩时唱的号子：

一溜着哪个三哟夯，吃罢了那个饭哟来，把那个碗丢哟来，一到了那个后花园，看哟哟那个石榴。喂，来！一号下去，二号来！河里涨水，浮两涯。船又高。众人齐心，把山摇！[③]

微山湖区还有一首《微山湖夯歌》：

咱提起微山湖哟，拉起夯啊，微山湖是个好地方哟，夯啊！一湖大水明又亮哟，夯啊！金丝鲤鱼肥又香哟，夯啊！白莲藕瓜脆又甜哟，夯啊！湖里日出斗金养穷人哟，夯啊！就怕东风扬哟，夯啊！风撵白头浪撒欢哟，夯啊！淹了庄田漫了庄哟，夯啊！扶老携幼肩背瓢哟，夯啊！异乡漂流泪涟涟哟，夯啊！兵来将去挡哟，夯啊！大水来了用土屯哟，夯啊！洪水长一寸哟，夯啊！大水往上涨哟，夯啊！穷人心里滚油煎哟，夯啊！当官的都是喝血虫哟，夯啊！财主搂着太太吸大烟哟，夯啊！活像蚂虾大狗熊哟，夯啊！咱穷人性命最值钱哟，夯啊！熬过生年有熟年哟，夯啊！盼星星哟，夯啊！盼月亮哟，夯啊！

---

① 中国民间歌曲集成全国编辑委员会、中国民间歌曲集成山东卷编辑委员会编：《中国民间歌曲集成·山东卷》，北京：中国 ISBN 中心，2000 年，第 155 ～ 157 页。

② 高建军编著：《山东运河民俗》，济南：济南出版社，2006 年，第 4 页。

③ 高建军编著：《山东运河民俗》，济南：济南出版社，2006 年，第 28 页。

盼来东山出太阳哟，夯啊！快快筑堤防哟，夯啊！拼命保家乡哟，夯啊！老少爷们齐加油哟，夯啊！推倒阎王咱当家哟，夯啊！大家再起劲，夯啊！多多加土哟，夯啊！紧紧打桩哟，夯啊！拉起来使劲夯，夯啊！啥都没有咱决心硬哟，夯啊！吓得龙王干瞪眼哟，夯啊！①

（六）济宁运河船号

济宁运河船号集中在济宁市区、微山县、梁山县等地。其中济宁徐福田唱，川昆、顾珣记的《起锚号》，徐福田唱、李菊明记的《打篷号》《绞管号》，徐福田等唱、川昆记的《撑篙号》《摇橹号》，分别是在起锚、水浅撑篙、水深摇橹等场合所唱。②如徐福田等唱、川昆记的《拉纤号》：

拉起我的绳啊，顺河往前走，往上往上拉啊，往前往前行！不怕船顶水啊，不怕船顶风，人多力量大啊，力量大无穷！③

在微山县，现存的运河船号主要有打篷、摇橹、拉桅杆等几类，如微山县宋清山唱、孙玉佩记的《打篷号》：

往上打外哟！往上打外哟！往上打外哟嗨！

微山县段玉芳唱、川昆记的《喊好号》：

一上船头光堂堂好，八仙桌子放当中好，上面摆着五色果好，敬的是金龙四大王好，好！

段玉芳唱、川昆记的《摇橹号》多在水深河宽摇橹时唱：

摇噢橹嗨！晃起来呀！加劲干！晃起来呀！摇橹，摇起来呀！

微山县郭玉海唱、川昆记的《老号》，为拉桅杆时唱：

嗨架起来呀！嗨架起来呀，哎微山的来吧，嗨架起来哟！④

---

① 汪林、樊维章、张骥主编：《济宁民间传说与歌谣》下，北京：中国社会出版社，2011 年，第 601 ～ 602 页。

② 中国民间歌曲集成全国编辑委员会、中国民间歌曲集成山东卷编辑委员会编：《中国民间歌曲集成·山东卷》，北京：中国 ISBN 中心，2000 年，第 148 ～ 152 页。

③ 中国民间歌曲集成全国编辑委员会、中国民间歌曲集成山东卷编辑委员会编：《中国民间歌曲集成·山东卷》，北京：中国 ISBN 中心，2000 年，第 150 页。

④ 中国民间歌曲集成全国编辑委员会、中国民间歌曲集成山东卷编辑委员会编：《中国民间歌曲集成·山东卷》，北京：中国 ISBN 中心，2000 年，第 153 ～ 154 页。

（七）聊城运河号子

聊城运河号子主要包括船号和夯号。较有特色的如临清佚名唱、王印泉记的《八大穷》，是河堤竣工时喊唱的硪号：

说了个老头本姓丁，家住在鼓楼回门朝东。
他家人来本四口，八仙过海各尽其能。
老头学会了两桩艺，学会打渔把船撑。
老妈妈学会了两桩艺，学会了下神带收生。
儿子学会了两桩艺，学会了担水卖冰凌。
儿媳学会了两桩艺，学会了洗衣带缝穷。
老头打渔鱼不碰网，撑船净碰大顶风。
老妈妈下神神不灵，收生净收些大妖精。
儿子担水桶掉了底，卖冰凌净碰西北风。
儿媳妇洗衣衣不干，缝穷净缝大窟窿。
走的慢了穷赶上，走的快了赶上穷。
众位要问什么号，起名就叫八大穷。①

（八）德州运河夯号

德州地区把硪号分为大号、小号和川号三种。大号，亦称“呼号”；小号，抒情性强，代表作有《三朵花》《落莲花》《十枝花》《十针扎》《东北风》等；川号，雄壮有力，节奏快。例如有一则川号是这样唱的：

（领）咳！越打越加劲呀，今里没有初一。（合）哥们来！哈哈嘿嘿，又会打夯又会应夯哈。（领）我又问哥们哪里的？（合）哈哈嘿嘿，城里关外请啊来的呀哈。（领）今里是个七呀，明里是个八，（合）哈哈嘿嘿，井台里打水一哟挖挲呀。（领）一挖挲呀两挖挲，（合）哈哈嘿嘿，胡子嘴来活活吓煞呀。②

德州运河夯号中的大号节奏自由，速度较慢，多用于起夯，即劳动开始时所唱。领唱的唱词极为简单。例如德州夏津县齐来祥唱、黄联星记的《天硪号》：

叫你来，你就来，河里涨水，浮两崖。

---

① 中国民间歌曲集成全国编辑委员会、中国民间歌曲集成山东卷编辑委员会编：《中国民间歌曲集成·山东卷》，北京：中国 ISBN 中心，2000 年，第 102 ～ 103 页。

② 高建军编著：《山东运河民俗》，济南：济南出版社，2006 年，第 8 页。

夏津县齐来祥唱、黄联星记的《慢号》：

高高山上一块铜，风吹雨打放光明。①

小号（快号）节奏较快，唱词较为复杂，多在夯实第二遍时唱，如谢景明等唱、占河记的《十针扎》，又名《插花鞋》《巧女刺绣》：

大清国的女儿真可夸，心灵手巧她学会了十针扎。一针扎，扎的是玉皇爷的灵霄宝殿，一条金龙盘玉柱。二针扎，扎的是二郎爷的神狗，又把那个孙大圣拿。三针扎，扎的是金吒木吒哪吒三太子。四针扎，扎的是四大天王把守着甲孟关。五针扎，扎的是杨五郎五台山，五台山前去修道。六针扎，扎的是杨六郎把守三关，萧天佐、萧天佑、达尔和尚和孟良，谁人不知、谁人不晓、谁人不怕他。七针扎，扎的是七个星星传北斗。八针扎，扎的是天上跟的、水里困的、扒条扒的、大木吒。九针扎，扎的是天上的九女星，地下的穆桂英大破天门一百单八阵。十针扎，扎的是十殿阎君，牛头马面，判官、小鬼、龇着牙的、咧着嘴的，又把那个生死簿来拿。这些个花草姑娘还不爱，她一心要扎个天上飞的、地下跑的、草窝里蹦的、水里浮的、水里漂的、鬼啦呱的、一个大花活蛤蟆。②

有的小号唱词较短，如武城县佚名唱并记的《夯号》：

打到这里换了号，一夯头换了俩夯头。拉紧绳，用力打，打好地基年岁长。

另有一首《紧两夯头》：

打着打着，又挨了换了，换了一换，换了几夯往前排，往前排，直打它个结实。③

（九）泊头船工号子

泊头市的急船号颇具特色。过去为了使天津市民早点吃上新鲜蔬菜，有一批快船于早上沿运河两岸收购菜农的蔬菜运往天津。船的载重量达万斤，需十几人拉纤，顺水而行，船速很快，这种船所演唱的号子称为急船号，唱者嗓音宏亮、清脆，沿岸的菜农凭号子即能判断是否为快船，还能听出是谁家的船。如泊头市石广波等唱、江玉

① 中国民间歌曲集成全国编辑委员会、中国民间歌曲集成山东卷编辑委员会编：《中国民间歌曲集成·山东卷》，北京：中国 ISBN 中心，2000 年，第 101 页。

② 中国民间歌曲集成全国编辑委员会、中国民间歌曲集成山东卷编辑委员会编：《中国民间歌曲集成·山东卷》，北京：中国 ISBN 中心，2000 年，第 89 ～ 91 页。

③ 中国民间歌曲集成全国编辑委员会、中国民间歌曲集成山东卷编辑委员会编：《中国民间歌曲集成·山东卷》，北京：中国 ISBN 中心，2000 年，第 99 ～ 101 页。

亭记录的急船号《拉船》：

大小嫂子怎么怎么白呀，白裤子白袜白绣鞋呀，坐到屋里哭起来。

又如泊头市石广波所唱运河船号《撑船号》：

都下篙，你着劲撑！往后走！下抬篙！往后走！往后走！[①]

交河县境内最重要的河道为卫运河，是明清国家漕运要道，每年通过此航道的漕船、商船、民船不计其数，将南北货物贩运于沿运诸城市。有的号子反映了运河沿线的民情风物，如泊头林茂桐唱、江玉亭记录的夯号《莲花号》：

天津卫城西杨柳青，有一个美女白俊英，专学丹青学会画画（三朵花开了，我们七八扯，梅花了哎），小佳人，十九冬，丈夫南学里苦用功，眼看着来在了十月的当中。（爷们呀，娘们呀，落莲花，打了一朵金钱落梅花呀落莲花。）

四月里来缺少寒风，白俊英在房中赛笼蒸，手拿着扇子这仔细看（三朵花开了，我们七八扯，梅花了哎），高丽纸，白生生，洋漆股子血点红，这上面以上哎缺少点工程。（爷们呀，娘们呀，落莲花，打了一朵金钱落梅花呀落莲花。）[②]

类似歌唱天津杨柳青白俊英的歌曲还见于河北涿鹿县、束鹿县（今辛集市）、石家庄、安国县、定县（今定州市）、大名县等地的《画扇面》[③]，山东德州市、日照市的《画扇面》[④]，北京朝阳区、石景山区的《画扇面》[⑤]。

（十）通州运河号子

历史上，通州曾是运河重要的漕运码头和货物集散地，伴随着往来舟船的，是此起彼伏的号子声。通州运河号子包括起锚、拉桅、摇橹、拉纤、出仓等。多数运河号子的曲调及音乐结构较零碎，大部分唱词都是“哟”“嘿”“呀”等衬词，有实际意义的唱词往往是召唤性或表示劳动过程的，如“来呀”“上来”“晃起来”“过来了”等。这类劳动号子主要是

① 中国民间歌曲集成全国编辑委员会、中国民间歌曲集成河北卷编辑委员会编：《中国民间歌曲集成·河北卷》上，北京：中国 ISBN 中心，1995 年，第 91 ～ 95 页。

② 中国民间歌曲集成全国编辑委员会、中国民间歌曲集成河北卷编辑委员会编：《中国民间歌曲集成·河北卷》上，北京：中国 ISBN 中心，1995 年，第 138 ～ 139 页。

③ 中国民间歌曲集成全国编辑委员会、中国民间歌曲集成河北卷编辑委员会编：《中国民间歌曲集成·河北卷》上，北京：中国 ISBN 中心，1995 年，第 492 ～ 496 页。

④ 中国民间歌曲集成全国编辑委员会、中国民间歌曲集成山东卷编辑委员会编：《中国民间歌曲集成·山东卷》，北京：中国 ISBN 中心，2000 年，第 517 ～ 518 页。

⑤ 中国民间歌曲集成全国编辑委员会、中国民间歌曲集成北京卷编辑委员会编：《中国民间歌曲集成·北京卷》，北京：中国 ISBN 中心，1994 年，第 601 ～ 608 页。

由劳动中的吆喝演化而成。如赵庆福唱、常富尧记录的《运河摇橹号子》：

哟啦啦，晃起来，哟喔，嘿嘿嘿！嘿喔哟喔，晃起来，嘿嘿嘿嘿！哟喔，哟喔，晃起来，嘿嘿嘿！

另有一首《运河拉纤号子》：

嘿嘿呀，喔上喔的着，呀哟吼喔，喂哎喂。哦上哦哟喂，呀嗷喔，呀啊喂嗨喂，啊喂喂。嗷嗷上喔的着，呀拉水了包，喂哎喂。啊嘿哟喔嘿喂。

运河上，粮船靠岸后，需要众人齐心协力装卸粮食，这时人们也会喊唱号子。如屈德全唱、常富尧采录的一首《运河渔船搭跳扛粮歌》：

嗨！年轻的小伙儿哎，缺少一个做饭的人儿来了。一百多斤儿哎，难为你来驮来了。

“搭跳”，指在船与河岸间搭架上跳板，供装卸工行走。

另一类是夯号，是修桥打桩时唱的歌，如赵庆福唱、常富尧采录的《打硪号子》：

一硪儿唉，两硪儿我就连三硪儿了，我就高了根儿的敲吧嘿呀哟，日儿吧日儿吧又起来吧嘿呀哟。嘿！嘿！嘿！嘿！嘿！完了。

另一首同样是赵庆福唱、常富尧采录的《打硪号子》：

海子里头去打围了我就高了高儿的敲吧嘿呀哟，受了枪的野猫你不接我的号儿，吧嘿呀哟。嘿！嘿！嘿！嘿！嘿！完了。[①]

此两首夯号一般用于打小矮桩，例如打护岸桩时唱，唱一遍打一根桩。有的号子还有具体的人物、情节，如城区关玉福原唱，李丹书补唱、记谱的《打硪号子》：

有一个老头本姓丁，又会赶脚又会搬罾。娶了一个老婆子不吃闲饭，又会采药又会收生。养了一个儿子，也不吃闲饭，又会卖瓜，又会拉冰。娶了一个儿媳妇更不吃闲饭，又会浆洗又会缝穷。这一天老头子赶脚折了驴的腿，又去搬罾，渔网破了窟窿。老婆子采药药不在，又去收生，人家已经产生。他的儿子卖瓜就拉了自己个的手，又去拉冰，净赶上刮风。他的儿媳妇浆洗，净下连阴雨，又去缝穷，手上长疔。

① 中国民间歌曲集成全国编辑委员会、中国民间歌曲集成北京卷编辑委员会编：《中国民间歌曲集成·北京卷》，北京：中国 ISBN 中心，1994 年，第 15 ～ 25 页。

每唱完一句，辅以衬词“哦咧哦咧嘿嘿”。此号子与聊城运河夯号《八大穷》形式和内容很相似。①

第二节　传说

大运河传说按照故事主题，可分为水利工程传说、地名与建筑传说、风物民俗传说三类。这类传说属口头文学范畴，往往难以追溯其起源和流传的过程，但部分传说借助相关文献，可以梳理出其演变的过程。如“隋炀帝扬州看琼花”最早见于元曲之中，明代小说《隋炀帝艳史》已经有很丰富的情节了。再如“白英老人点泉”的传说，就是来自白英治水的历史事实，明初，白英曾协助工部尚书宋礼治水，借助谢肇淛《北河纪》、嵇璜《皇朝通典》等资料，大致能勾勒出从白英被朝廷表彰、立祠祭祀到逐渐神化的过程。

大运河的传说是运河文化的产物，内容丰富多样，多结合各地的人物、山川、村庄、建筑、物产等，因此呈现出地域化的色彩。如临清南湾子铁窗户的传说中，就出现了三元阁、南湾子、大寺街、银锭巷、大宁巷、钉子街、炭厂街、避雨亭等地点，并描述了大寺街的布店、铁匠铺等商铺。江苏泰兴一则龙王开河的传说中，前后提到22条河流、池塘、村镇的名字，展现了一幅泰兴境内复杂的水系图。

大运河传说展现了运河文化的区域差异。江南运河由于水量充沛，水系发达，因而水利工程类的传说较少；苏北、山东、京津因水源不足、河道改向等问题，导致水利工程较为复杂，所以此类传说就很多。再如，山东运河沿线的城镇有许多外来人，因此地名传说中特别强调“外地”“南方”等关键词。这些传说往往有很多共同的主题乃至母题，体现了运河带来的文化交流。其中最常见的故事母题就是皇帝下江南，有不少传说都依托这一母题，结合本地的风物，加以想象、连缀而成，比如一些地方土产、美食、小吃等的传说，往往会与皇帝南巡拉上关系。

除此之外，还有一些相对小的母题和故事类型，如水漫泗州的故事，受到淮剧等戏剧表演的传播而广为人知，在各地流传的过程中，不断掺杂其他故事的影响。建筑传说中最常见的母题就是神仙相助，如杭州的卖鱼桥、广济桥、龙光桥，苏州的宝带桥、觅渡桥，聊城的临清塔、光岳楼、隆兴寺铁塔，北京的八里桥、通州塔等，以此解释土木工程的难度和高超的建筑技艺。此外北方运河沿岸还流传“南蛮子盗宝”的故事，例如台儿庄蝎子汪、济宁运河支流泗河金口坝、德州九达天衢牌坊、天津三岔河口、北京大兴大龙河的传说等。

① 中国民间歌曲集成全国编辑委员会、中国民间歌曲集成北京卷编辑委员会编：《中国民间歌曲集成·北京卷》，北京：中国ISBN中心，1994年，第28～30页。

一、水利工程传说

（一）无锡黄埠墩黄鳝精

黄埠墩，旧名小金山，墩小而圆，位于古芙蓉湖中心，惠山寺塘汀出口处，是清代运河关卡之一。关于地名中“黄”字的来源有三种解释：第一种看法认为源于战国时楚春申君黄歇曾疏浚芙蓉湖，此看法得到大多学者认同；第二种看法认为得名于宋徽宗时浙江山阴人黄信在岸边设立米行，接待停泊粮船；第三种看法认为此墩原是黄鳝精所变，主要在民间流传并有若干不同版本。其中一个版本如下：

> 一只黄鳝精在太湖里兴风作浪，把湖水搅得泥混，把鱼虾吃个精光。当时，西太湖岸边有个张家村，村里住着姓张的娘俩，儿子就是张天师。张天师带着娘给他的一柄宝剑及一块令牌，决定去除掉黄鳝精。经过七天七夜的搏斗，未分胜负，张天师用令牌请来几位天将帮忙。天将在太湖边划出一条大河，张天师把黄鳝精引到河里，天将在河里撒上细沙，令黄鳝精搁浅，之后将其斩杀。黄鳝精的肉被百姓割光，最后只剩下一个头颅，便成了黄埠墩。

当地人传说，黄埠墩是水淹不了的。历史上无锡所遭遇的几次大雨中，即便城内道路都被淹，地势不高的黄埠墩依然安然无恙。这是因为当时运河与无锡城中内河不相通，城中的水不会排到运河中，运河的水位基本是保持平稳的。从20世纪80年代初开始，为了解决城中的防洪排涝问题，开始在内河和运河之间建设调节水闸，遇到大雨天气时，就将城中积水排到运河中，所以此后黄埠墩经常出现水淹到门槛的情况。

（二）隋炀帝下扬州看琼花

扬州琼花最早出现在宋代文学作品中，而“隋炀帝扬州看琼花”这一母题最早见于元曲之中。元人李寿卿《月明和尚度柳翠》和乔吉《杜牧之诗酒扬州梦》中都有隋炀帝看琼花的情节。到了明代，隋炀帝扬州看琼花的故事才真正形成。明代小说中最早写到这一故事的是齐东野人的《隋炀帝艳史》。《隋炀帝艳史》和《说唐》中都有隋炀帝到了扬州看琼花，却因琼花都被狂风打落失望而归的情节，其实是为了突出琼花不媚权贵的高风亮节。

关于隋炀帝赏琼花的故事，虽然版本很多，但基本情节都是隋炀帝开运河看琼花而琼花凋落，其余情节则结合了扬州蕃厘观、江都宫监王世充、反隋的瓦岗军等基本的史实以及扬州的观郎白鹤等传说。其中一个版本如下：

隋朝扬州东门外有一座小村落，住着一个名叫观郎的小伙子。一天，观郎正在河边散步，突然见到一只白鹤被箭射伤后跌落在水面挣扎。他赶紧跳下水去把白鹤救上岸，带回家替它包扎伤口。在他的精心照料下，白鹤很快就养好伤，重新飞上了天。后来，观郎结婚时，白鹤衔来一粒种子表示祝贺。种子埋入土里，长出了一株琼花，每隔一个小时就变换一种颜色，流光溢彩，赏心悦目，世上独一无二。隋炀帝听说后，便来扬州看琼花，待到隋炀帝一行到了土台前，琼花却突然凋谢了。隋炀帝气得拔剑欲砍琼花，琼花树突然放出万道光芒，刺瞎了隋炀帝随从的眼睛。接着，天上飞来一只白鹤驮起观郎飞向天空。隋炀帝吓得连夜逃回城里。没过多久，观郎聚集了一些开运河的苦工，投奔了瓦岗军。他带着一队人马赶回城里，把隋炀帝和大臣们杀了。后来，人们看见白鹤又飞来，把观郎带到西方去了。①

（三）扬州龙王开河的传说

扬州的龙河故事，基本情节是本地的诸多运河水道皆为龙王所开凿，其余情节则多根据地方不同的地名、风物，加以想象和附会。其中故事之一如下：

仪征境内有条老河叫龙河，它通过扬州古运河联通京杭大运河。传说宋仁宗年间，这里发大水，有条老龙被天庭派来治水，谁知他生性懒惰，白天躲在白羊山顶睡懒觉（山顶有个叫“龙窝”的水塘），晚上出来寻找妇女，致使山下一个村姑怀了小龙。后来老龙为了回天庭交差，在回去的途中胡乱拱了无数个坑塘（这一带有许多水塘），这样一来此地年年淹水。

天帝惩罚了老龙，并派张天师来治水。张天师将村姑生养的小白龙点化成人，请教书先生启蒙开导。一年清明节，教书先生回家祭祖，小白龙想起了母亲，就跑下山寻找，得知其母因遭水灾之苦，加上思念小白龙，早已病逝了。小白龙悲痛欲绝，发誓要开河治水，便从妈妈坟前的水塘开始，拱土南下，身过河成，直通大江。行至江边汤汪庙前（现在邗江区汤汪沟），才止步进庙。他在庙中显灵救民，声名鹊起。张天师对小白龙治水成功感到高兴，就和教书先生一同来庙观看，小白龙以为是来捉拿他回去的，便仓惶逃窜，不小心撞坏了庙内菩萨的脸面（有“汤汪沟的菩萨烂脸”之说）。后来逃到一条沟，忽然其父老龙从天而降，将其带走，这条沟于是被称为带子沟。

因为水患消除，老百姓为其母重修坟墓，每年清明节前后，总是风雨不断，就是因

① 扬州市民间文学三套集成编委会编：《扬州民间故事集》，北京：中国民间文艺出版社，1989 年，第 11 ～ 12 页。

为小白龙回家祭母。山上冲下的沫子，就是小白龙的眼泪。小白龙哭时摇头摆尾，常掀翻屋顶，所以人们就向草屋顶上甩镰刀、耙齿等。后来人们还修了一座白龙庙，每年干旱求雨，总是有求必应。①

运河弯弯曲曲，主要是为了使水流缓慢，但扬州民间在解释运河弯弯曲曲的缘由时，多用“龙王开河”这一故事母题。除了扬州，镇江丹徒也有类似的故事：

传说，很早以前，天上有位神仙，带着两条草龙开运河，一条是公龙，一条是母龙。这两条龙，要是母龙在前头，公龙跟着母龙开，这大运河就能开直了。可神仙放的时候，放错了，把公龙放在前头，母龙放在后头。公龙在前头拱呀拱呀，拱一段，就掉过头来望望母龙，等等母龙。公龙掉过头来一望呀，大运河就是一个弯。拱呀，拱呀，拱一段，又回头一望。一望呀，大运河又是个弯。一路上，公龙不断地掉头望母龙，所以大运河就被开得歪歪扭扭、弯弯曲曲的。②

（四）刘伯温筑洪泽湖大堤

洪泽湖大堤长达70千米，又称高家堰，民谣有云：“倒了高家堰，淮扬二府都不见。”其对于淮安、扬州地区的重要性不言而喻。大堤主要是明潘季驯及清靳辅陆续督建，大堤曲曲折折，主要是为了减杀水势，保障大堤安全。民间传说多将大堤附会为明初刘基所建，弯弯曲曲的形状则是他根据观音指点所为。这个传说有几个版本，以下是其中一个版本：

明初时洪泽湖大堤溃堤，朱元璋下旨要刘基兴修水利。刘基接旨后，就到洪泽湖一带，从老子山到清江浦，一路勘察地形，想出了一个办法，他向老百姓收了很多米糠，运到上游，在老子山处放下水。米糠被大水冲击漂至岸边，沿着湖岸形成了一道弧形。刘基要求沿着弧形修筑大堤，也就形成了今天的弯弯曲曲的洪泽湖大堤。直到现在，堆堰还是好好的，人们都把这条坚实牢固、水冲不垮的大堤叫“钢堆”。

刘伯温（刘基）的故事传说自明后期以来即广泛流传。明后期，坊间流传着不少附会于他的阴阳术数、天文地理之书。《英烈传》将刘伯温虚构为刘秉忠的孙子，明末清初，民间逐渐将刘秉忠建北京城的历史也附会到刘伯温身上，认为刘伯温按照哪

① 扬州市民间文学三套集成编委会编：《扬州民间故事集》，北京：中国民间文艺出版社，1989年，第148～149页。
② 中国民间故事集成全国编辑委员会、中国民间故事集成江苏卷编辑委员会编：《中国民间故事集成·江苏卷》，北京：中国ISBN中心，1998年，第289页。

吒三头六臂的样子修造了北京城，以防止水旱灾害。修筑洪泽湖大堤是刘伯温神迹的诸多表现之一。

此外，下面的这个版本将高家堰大坝的形成附会为太上老君所筑，主要是为了关联另外两种与大坝相关的事实：

过去有首歌谣："倒了高家堰，淹了十八县，水齐天山尖，抵到大仪边。"这年又发洪水，运河大堤上到处是无家可归的灾民。太上老君路过此处，决心要治一治洪水。老君变成补锅匠，在运河大堤上支起洪炉，拉起风箱，整整四十九天，炉内铁水滚沸。老君现出法相，身高千丈，双手抱起炉子，对着原高家堰的地基，呼的一声把铁水倒了过去。铁水立刻变成了长达四十里的钢铁浇筑的大坝，人们称之为"铁河挡"。老君炉里倒出来的炉渣，成了运河边上镇水的九牛二虎一只鸡。如今只剩下两头铁牛，虎呀鸡呀不知跑哪去了。

皇帝乘船到此巡查水灾，他比较贪心，遂对老君说："老君既然能造铁河挡，想必造金河挡也不费难。造成金河挡，又能阻挡洪水，又赈济黎民，这一举两得的美事，老君何乐而不为？"老君气得直颤，说："皇上既然要金河挡，那就由你花钱造金河挡吧。"说完用手一指，四十里长的高家堰向两头延伸开来。但是，延伸的不是金河挡，而是黄泥，浪一冲，土刷刷往下掉。从此，四十里铁河成功抵御了洪水，但两边的黄泥金河挡却必须年年调集民工挑，历年花费的金钱，真可以造黄金挡了。①

（五）淮安九牛二虎一只鸡

自黄河改道进入淮河以后，洪泽湖水患不断。明清时期，为镇水除患，治河官员铸造了一些镇水神兽（主要是铁牛）安放在洪泽湖等地的大堤上，同时作为测量水位高低的标志。大堤上的神兽经过民间的想象加工，并附会上运河沿岸的地名、风物等内容，成为流传颇广的"九牛二虎一只鸡"的传说。"九牛二虎一只鸡"的传说有多个版本，其中之一为：

传说有一年，洪泽湖来了条妖龙，兴风作浪，打翻大船，拉断鱼网，时不时的还到大青山作恶，闹得湖上渔民和湖边百姓人心惶惶，叫苦不迭。 老子遂向玉帝上奏，玉帝派来两只老虎和十头水牛，与妖龙打斗，妖龙败逃入了水底。后来玉帝又派来大公鸡，见妖龙出现就打鸣，唤醒老虎和牛，不让妖龙再出来为非作歹。后来老子炼丹得道，骑一头青牛升天而去，在洪泽湖就留下九头牛、两只虎和一只鸡，保护着山林和洪泽湖不再遭灾。

---

① 扬州市民间文学三套集成编委会编：《扬州民间故事集》，北京：中国民间文艺出版社，1989 年，第 103 ～ 104 页。

（六）水漫泗州城

明清两代，洪泽湖大堤不断加高，最终使洪泽湖成为悬湖，湖边的泗州城海拔较低，于清康熙十八年（1679）被大水淹没。此后，水漫泗州的故事广为流传，并受到《太平寰宇记》记载的泗州临淮县水妖巫支祁的传说及流传更广的白蛇传、精卫填海、张果老、孟姜女、观世音等故事的影响，同时附会了本地的龟山、琉璃井、苦娃鸟等地名及风物，从而形成了内容相互交叉的数十个传说版本，其中一个版本即京剧、粤剧、昆曲《虹桥遗珠》剧情：

洪泽湖里年轻的水母娘娘，掌管着淮河和洪泽湖水。水母爱上了泗州太守的公子时廷芳，二人结为夫妻，并说服了原本反对这门婚事的太守。不料，水母的对手洪真道人前来收服水母，并假传玉帝圣旨，召来天兵天将捉拿，而水母则率领水族迎战，当即水漫泗州。在战斗胶着之际，时廷芳从道观盗回本属水母的明珠，水母托起明珠，光耀四方，假圣旨现形，天将撤回，洪真道人被擒。就在水母与时廷芳举办婚礼时，泗州城也沉入了水底。①

此泗州水母故事作为民间故事、戏曲的重要母题，流传范围不限于运河沿线，流传过程中也杂糅了其他民间故事。例如，北京密云流传的“冶仙塔灯”的传说，就是嫁接了泗州水母的故事：

密云县城东北的山上有砖塔，叫“冶仙塔”，塔顶有盏灯，晚上红光闪耀，据说是仙人纪晓塘挂的，塔的下面有深邃的山洞，洞口有铁链，锁着一条鲇鱼姥姥。密云原来叫泗州，土地肥沃，人们唱道：“泗州碌碡转，五年粮不断。”有一年白河里来了一条鲇鱼精，兴风作浪，或变成年轻女人，到村里祸害人。有一年，她幻化成一个媳妇，嫁给了村里叫刘栋的光棍，婚后半年，刘栋面黄肌瘦。后来经过道士纪晓塘点化，刘栋将道符贴在鲇鱼背上，鲇鱼逃回白河，召集虾兵蟹将要淹没泗州城。纪晓塘让铁匠赶造一条大铁链，让人点起油锅，小燕子跳进油锅，香喷喷的味道笼罩泗州城。各种水怪都纷纷浮出水面，抢夺炸燕。纪晓塘见时机已到，念了咒语，将铁链化作一串燕肉，抛向鲇姥姥，铁链锁心，把鲇姥姥锁在冶山顶上的石洞里。百姓们修了塔压着铁链，纪晓塘将随身带的红灯挂在塔顶。②

---

① 中国民间故事集成全国编辑委员会、中国民间故事集成江苏卷编辑委员会编：《中国民间故事集成·江苏卷》，北京：中国 ISBN 中心，1998 年，第 293 ~ 295 页。

② 中国民间文学集成全国编辑委员会、中国民间故事集成北京卷编辑委员会编：《中国民间故事集成·北京卷》，北京：中国 ISBN 中心，1998 年，第 327 ~ 329 页。

（七）济宁靳公改河

运粮河流过济宁这一段，原本是经过越河的。可是在东边坝口的越河头，湾陡水急，年年逢汛期洪水来到，常造成船毁人亡，船户们称此地为“阎王鼻子”“鬼门关”。

不知道哪朝哪代，有个靳公到济宁州做官。他看着百姓们因为河害而妻离子散、家破人亡，于是下令修改河道。因为这是顺民心合人意的事，所以很快就征集了上万民工，在济宁城东南，摆开了挖河工程。他把从南阳湖流来的大运河，避开越河一直向北挖掘千百步，缓缓拐个大弯，再向西开凿，紧贴济宁州南城门经过，后再归原路北上。此后运粮河通过济宁州的河道就是如今的模样，经过济宁的船民也从此免除了一害。

不久，官场里有一些投机钻营之徒向皇帝上奏本说：“靳公私自改河，罪该论死！”皇帝一看奏章大发雷霆，立即下了道圣旨：将靳公就地斩首处决。这圣旨从北京传下来，靳公就由朝廷命官，变成了钦犯，没经审问便就地正法了。靳公死后，改河一案成了往事，诬奏之徒升官发财，而且对皇帝歌功颂德，说他是有道明君赏罚分明，所以天下太平国富民安。

皇帝杀了靳公三年之后，忽然明白过来了，不由得寝食难安。原来，往年汛期一到，就从济宁州三天两头有快马报来北京，说：“运粮河翻船了，死人了。”从杀了靳公起，第一年，没有快马飞报；第二、三年也没有。似乎济宁这段运粮河，再也没有发生过毁船、伤人的事情。皇上觉得奇怪，就委派钦差到济宁来查看。这钦差大人不经各州府、道台衙门，也不带随从官员。他来济宁后先亲耳听听当年改河前的情况，又看了越河看新河，沿着运粮河转了好几个来回。他听到百姓船民对靳公一片感恩戴德的话，就得出了结论：这河改得对，靳公死得冤。钦差回到京城如实禀报了皇上。可皇帝是天子，从来也不会承认办错事的，就说：“靳公是河神。他死了是原神归位。”就传圣旨在济宁州大闸口附近，盖了个“靳文襄公祠”，让济宁百姓四季去祭奠，算是给他恢复名誉了。①

（八）汶上白英老人

白英原是明初协助工部尚书宋礼治水的民间水工。谢肇淛《北河纪》卷八载，弘治十七年（1504），时任工部左侍郎李燧提请表彰宋礼、白英之功，其后工部尚书张昇等又具题表彰宋礼、白英。正德六年（1511）四月初五日，工部尚书费宏又具题表彰，初七日皇帝下诏“宋礼等既有功运道，准立祠致祭”，白英从祀。此后，白英逐渐由凡入圣，祭祀的礼仪类同祭神。到清中叶，民间已盛行关于白英的各种传说。《汶上文史资料》（第四辑）提到，雍正三年（1725），河道总督白钟山题请奉敕重修南旺祠宇，并为白英祠题赐匾额策赞河渠。嵇璜等

① 王玉芬、王德椿主编：《京杭运河·齐鲁风情·济宁卷》，济南：山东人民出版社，2013 年，第 143 ～ 144 页。

撰《皇朝通典》载，雍正四年，河臣奏言："明工部尚书宋礼开会通河，用汶上老人白英策，分水济运，事载史册，旧有庙祀，请加封号。"乃封宋礼为宁漕公，白英为永济之神，于汶上县祠庙祭之。乾隆年间，山河总督李青石撰《永济神白英墓碑文》，记录了白英的种种神迹：

白公，讳英，汶邑城北彩山村人也。当前明洪武间，河决原武，漫于安山，塞四百里，南至济宁，北至临清，舟不可行。永乐肇建北京，故自海运者经由直沽；自江运者浮淮入河至于阳武，复登于陆，舣舟卫河，输自声毂。海险陆费，耗财溺舟，岁亿万计。时值济宁州州同潘公讳叔正，奏请开疏漕渠，自济宁至临清以通漕运。永乐九年，遂使工部尚书宋公讳礼疏通会通河。自袁口左徙二十余里，开新河至寿张之沙湾，接入旧河。河虽有成，而河中干涸，未济于漕。宋公忧之，殚思竭虑，诚格于神，感白鹦入梦之奇，遂布衣微服，旁求延揽，行至汶邑城东北彩山之阳，见群鹦正集于上，一人独坐其下，视其形貌与梦相肖。彼此问答，互相联咏，白公感其延揽之诚……永乐十七年，功成告竣，随尚书京师复命，至德州，劳苦憔瘦之躯呕血而没。公曾设教于城北昙彩地方多年之久，素爱山林之景，故遗托尚书送葬于彩山之阴。尚书回朝奏明，敕封为功漕神，建祠于彩山村，赐祭田五百余亩，子孙守祠奉祀。①

白英的传说有多种版本，其中之一为：

古时候运河边，不是闹水灾，就是闹旱灾。老百姓吃不上喝不上也就罢了，偏偏有皇家的官船常常打此经过，不是派夫，就是派粮，弄得老百姓长年不得安生。这年春旱，皇帝的龙舟搁浅在了南旺镇的运河里。百里以内的民夫都征来了，拉船的号子震天响。任凭你喊哑了喉咙，磨破了膀子，拉断了纤绳，这龙舟浅在黄泥汤里就是不挪窝。天天如此，龙舟上的皇帝也愁得茶饭不思。这天，皇帝靠在龙舟上打了个盹，就见一只白脖子鹰落在一株榆树上，呱呱直叫，大臣掐指一算，白色的鹰，一定是有个叫白英的人可以协助，于是文武百官就下船去找。有位私访的官员，见一个孩子正在运河边上的一棵老榆树上撸榆钱，下边站着位农妇，朝树上的孩子喊："白英，白英，快下来，吃晌午饭了。"官员们知道他们找到了人，于是一拥而上就要捉住白英，白英逃跑时，脖子上的小鲤鱼掉到泥水里，一蹦一跳，最后变成了一条丈把长的金鳞大鲤鱼，尾巴一摆便不见了。恰在这时，

① 〔清〕李青石：《永济神白英墓碑文》，山东省汶上县委员会文史资料研究委员会编：《汶上文史资料》第6辑，1993年，第33页。

运河里就像开了锅，噗噗地直冒水泡。白英这才明白官员追他，是逼他点泉，便边跑边喊："这里有泉眼。"白英跑过的地方，泉水喷涌，一会儿就汇成了汪洋。汶上人至今还传唱着这样的歌谣："宋礼的运河白英的泉，潘公的闸坝除河险。"

运河里灌满了水，龙舟晃晃悠悠浮了起来。皇上见状，高兴地说："快把白英叫来，我要赏他！"一会儿，小白英被官员领上龙舟，来到皇上面前。皇上望着眼前的孩子，打算封他做官。皇上左右瞧瞧，突然灵机一动，命令上至宰相、下至县官的各路官员，把官帽子都摘下来，摆到甲板上，让白英自己挑，挑个什么官帽，就封他多大的官。小白英人小好奇，把眼前的这些帽子挑来拣去，最后看着这乌纱帽两边挑着个圆圆的翅，颤颤悠悠，十分好玩，就说要那个。他哪里知道这是天底下最小的官帽，皇上见了，哈哈大笑，于是封他做了个七品官。等水涨船高，龙舟启航，皇上顺顺当当通过了南旺段会通河。①

另一个流传甚广的版本如下：

白英，字节之，汶上城东北彩山附近白家店人，传说他是一位能"指地为泉，跺地出水"的神仙人物，曾于明朝永乐年间，献策工部尚书宋礼筑戴村坝，引汶济运，帮助疏通了大运河，保证了夏秋漕运畅通无阻。但是，冬春汶水不足时，航运受阻的困难仍没有解决。有一年春天大旱，奉旨北调的漕运船只被搁浅在南旺。按律条，耽误皇粮，有杀头之罪。押船的官吏心急如焚，逼老百姓找水接济运河，声言找不到水源，先拿老百姓开刀。正当人们愁苦之时，白英老人飘然而至。他率领人们走到城东北云尾村一带，伸出手指在四处地方各自轻轻点了一下，顷刻之间，地上便冒出四股巨大的泉水来，这便是被后人称作龙斗泉、薛家泉、鸡爪泉、乐当泉的汶上四大名泉。接着，他带领群众走到城东南马庄一带，点出了马庄泉。人们根据白英的指点，将城北各泉南引，取名北泉河，将城东南各泉引向西南，取名南泉河。两河至城西南合流后，一齐流向南旺，大运河很快灌足了水，船只得以顺利通过。

（九）张秋戊己山与景阳冈

阳谷虽地处平原，却流传有"三山不见山"的说法，而戊己山便是"三山"之一，位于张秋镇东北隅运河以东处。近年来，在张秋运河东一户村民的房后发现一尊铁牛，作跪立负重状，背上的痕迹应是为安置石碑所设。其不远处躺着一块石碑，上有明代万恭题"戊己山"三个大字。万恭，江西南昌人，隆庆六年至万历二年（1572～1574）曾总理河道，其《治水筌蹄》一书对后世治理黄河、运河有深远的影响。明万历时已有戊己山、铁牛镇水的传说。

---

① 荀德麟、刘志平、李想等：《京杭大运河——非物质文化遗产》，北京：电子工业出版社，2014年，第182~183页。

道光《东阿县志》载："张秋志云，弘治七年，塞决河成，通政使韩公鼎筑龙潭之上，名曰戊己山。"方志言之不详，而口述传说的版本如下：

张秋本是一个几百户人家的小村镇，叫"涨秋口"。有一年入夏，大雨如注，河水猛涨，东堤外忽涌出一个深潭，潭中喷水数丈高，并有蛟龙上下翻滚，很快淹没十几个村，大堤有冲毁的危险。阳谷县、兖州府火速上报朝廷，皇帝降旨组织民夫挑土石堵塞深潭，月余无果。一天黑夜，有须发银白的老人向负责的河工大臣走来，笑着说："有铁牛铁鼠在此！"次日，大臣在潭南的一个篱笆门前经过，听一位老妇人喊铁牛铁鼠回家，不一会儿，从树林里走来男女孩童两人。大臣进了门，向老妇人请求治水之法，铁牛让大臣准备柴薪千担、土石万方以及两万人役在潭边候命。第三日时辰一到，就见铁牛兄妹扶着老妇人前来。蛟龙突然从潭中蹿出，铁牛、铁鼠抓起铁杵，刺进蛟龙的咽喉，蛟龙慢慢沉了下去，潭水也停止了喷涌。大臣令两万人一起向潭内抛柴捆、石头、土，将潭填平。次日中午，筑起十几丈高的土冈。为了纪念二位神童，便铸造了铁牛、铁鼠。戊己为土，所以土冈被命名戊己山。①

另外，传说张秋景阳冈也与运河水利有关。景阳冈附近原有"九岭十八堌堆"，冈在东沙堌堆和西沙堌堆之间。据《阳谷县志》记载："景阳冈在县城东四十里，沙丘起伏，莽草无涯，古木参天，人烟稀少。"李谷，字惟珍，颍州汝阴人，五代至北宋初年名臣。后周显德元年（954），"河大决齐、郓，发十数州丁壮塞之，命谷领护，刻期就功"②。景阳冈的传说主要依托黄河决口的这段史实：

相传很久以前的一年秋季，连下了七七四十九天大雨，平地一片汪洋，后来邻近的张秋镇大堤又屡次决口，洪水大涨。百姓都逃到地势较高的东沙崮堆上，看到家园被毁，无不叫苦连天。后周皇帝闻讯，派宰相李谷亲临阳谷，指挥修复阳谷到张秋的大堤以除水患。李谷率十万人马，人挑船装，一口气挖去了九岭十七崮堆，终于将大堤修好，治服了洪水，他却积劳成疾。皇帝亲自来到阳谷，欲给李谷及将士行赏，不料李谷病重而逝。百姓一个个披麻戴孝，皇帝顺从民意，将李谷尸体头朝北脚朝南，葬于东沙崮堆之上，并赐御碑一块。碑文写道："李谷学禹居山冈，脚登大堤面朝阳。亲手绘下好风景，万人歌唱李宰相。立碑卧地根基重，世世有人祭灵堂。宫廷均识英气在，名流千古万人扬。"当地人为了纪

① 王玉芬、王德椿主编：《京杭运河·齐鲁风情·聊城卷》，济南：山东人民出版社，2013年，第135页。
②《宋史》卷二二六《李谷传》。

念李谷，提议将东沙堌堆重新题名。后有人仔细观看诗碑，发现头三句尾字倒念，便是“景阳冈”，大家对这个颇有气势的名字很满意，于是就改名景阳冈。①

（十）临清南湾子铁窗户

京杭大运河临清段中，从三元阁至避雨亭这段河道是临清人所说的南湾子，此段水流湍急，滚沙无常，水患频仍。铁窗户传说中提及大寺街、银锭巷、大宁巷、钉子街、炭厂街、避雨亭等地点，重点描述了大寺街的情况。该街西端就是大运河，大寺街商铺众多，这一事件可视为商铺集资解决运河水患问题。

传说大禹治水时，南湾子留下一泉眼，泉水成潭，久旱不枯。后来有一条修炼多年的蛟鱼，相中了此处，以泉眼为府，常兴风作浪危害过往船只，吞噬行人牲畜，刷岸溃堤。这条蛟鱼成为沿岸百姓和船家的重要祸患。为除蛟鱼人们想尽了办法，但始终没有根除此患。

据说大清嘉庆年间，大宁寺来了一位挂单高僧，算出六月初一蛟鱼幻化成人形来大寺街游玩。当蛟鱼刚走进大寺山门，高僧抛起铁钵，兜头罩下，只听轰的一声，一条水柱冲天而起，仅地上留下一片腥臭的黑水，所以迄今大宁寺山门口，长年积有水洼。当时众人喧哗，高僧手拿铁钵神情凝重地自语道：“唉，百年不遇的机缘错过了，临清的不幸，运河的不幸呀。”这时游人和众商铺的伙计掌柜们都凑过来了，高僧对大家讲了蛟鱼、水患、欲擒、受伤、逃走的经过，继续说道：“此孽障这次伤得不轻，需七七四十九天，卧河底泉眼中吐纳疗伤，如果这期间能把它降伏，是最佳时机。”

听说高僧有方法除蛟鱼治水患，众商家纷纷说：“为造福临清百姓，我们大家愿出钱出力。”高僧则提出用大铁窗户把它封在河底泉眼里的建议，因为这样既不伤它性命，又能束缚住它。这件事轰动了整个临清城。大寺街布店的刘四爷联合众商铺，捐款捐物。大寺街铁匠铺的张家、王家、毕家也都自愿出工。铁匠铺在众商户的资助下用了三天时间，打造了个丈余见方的铁栅栏窗户，三条挠钩铁链。

六月初六这天，大宁寺山门口前聚集了无数看热闹的人。众人抬着铁窗户、铁挠钩链，顺大寺街往西，经银锭巷、大宁巷、钉子街、炭厂街各路口，穿过避雨亭，直奔南湾子。正午时分，高僧一手举铁窗户，一手拖着挠钩链下水了。高僧潜到河底，定睛一看，泉眼向外突突地翻涌着水流，只见丈余长的一条蛟鱼卧在里面。高僧立即把挠钩抛向蛟鱼，蛟鱼在泉眼里上下翻腾，越翻腾挠钩链缠得越紧，使蛟鱼动弹不得。这时高僧快速把铁窗户钉向泉眼口，丈八长的挠钩链的这一头，固定在了铁窗户上，在蛟鱼的翻腾拉扯下，

---

① 王玉芬、王德椿主编：《京杭运河·齐鲁风情·聊城卷》，济南：山东人民出版社，2013 年，第 131 页。

铁窗户已牢牢地固定在了河底泉眼上。

自从高僧用铁窗户关住了鲛鱼后，临清南湾子运河段再没有发生过重大水患。时至今日，运河临清段已干枯多年，唯独铁窗户处形成了一个偌大水面的潭坑，旱季农民在潭坑抽水浇地，从没抽干过，从而更增添了它的神秘感。[①]

（十一）三岔河的传说

三岔河口位于天津城东北隅（今狮子林桥附近），为子牙河、南运河（潞）、北运河（卫）的三河交汇处。这里曾是天津最早的居民点、最早的水旱码头、最早的商品集散地。金迁都中都（今北京），利用河北平原的河流组织漕运，并设立直沽寨，元朝改直沽寨为海津镇，三岔河口成为海运、漕运船队的必经之路。明清以来，随着漕运的兴盛，三岔口更成为天津繁华的商业中心。财富的聚集也衍生出了对运河财富的想象，南蛮子盗宝的传说即是。

相传过去的三岔河，水流分为黄、黑、青三色，并且互不相混，乃一大奇观。清朝雍正年间，三岔河口没有桥，只有一个摆渡口，过往的人都是从这里乘船渡河。附近有个姓张的老头，每天早上支上个油锅，炸些个果子、油饼，卖给过往客商。

盛夏的一天早上，老张还是如往常一样炸着果子，这时来了一个南方客商，两只眼直勾勾地盯着他平时放炸果子的油篦子，问老张这油篦子卖不卖。老张觉得很奇怪，就说不卖。客商不断提高价码，最后出的钱别说油篦子了，就是金篦子也够买了。老张不再执拗，对客商说："卖你不难，这东西好歹也算是我祖上传下来的东西，你要如实告诉我为什么要买，买来做什么，我就卖给你。"客商叹了一口气说道："唉！事到如今，我也不瞒你了，我拿你这油篦子是用来寻宝的！"

传说在南方盛行一种奇术，将新出生的婴儿关在一间不见光的秘室里，过了百日之后，孩子的眼睛可以夜间视物，长大之后，再用秘药敷眼，以后无论是地里的宝物，还是水里的宝物，都能找到。

这客商大概就是传说中的南方憋宝人，专门到北方来寻觅珍宝的，奈何这次为了老张家的油篦子，只能对老张和盘托出了。原来在这三岔河底有一枚上古大神投落的分水珠，是无价的秘宝，也正因为有这颗珠子，河水才会是三种颜色，互不相侵，灵修之人得到了，甚至可以白日飞升。可是河底有一条修行多年的老龙，每日守护着这宝珠，没有老张家的油篦子，根本近他不得。这油篦子年深日久，长年接受油浸，火气正旺，要入水寻宝非它不可。老张听后惊讶不已，对客商说：

① 荀德麟、刘志平、李想等：《京杭大运河——非物质文化遗产》，北京：电子工业出版社，2014年，第175～176页。

“我这油篦子卖你不难，但我要跟你去长长见识，看你如何取宝！”南方人只得答应，叫老张晚上午时河边相聚。

到了午时，两人相聚于河边，那南方客商把辫子解开披了头发，脱了鞋袜，取出五个三角形的小旗子，分赤、黄、黑、白、紫五种颜色，交给老张说：“一会儿我潜入水中，你见到水里有个大手伸出水面，莫要惊慌，要看准伸出什么颜色的大手，你就把什么颜色的旗子投到手中，千万不要出差错，切记！”

客商拿火折子点了油篦子，念动咒语，将油篦子抛入河中。只见河水向两边分开，客商潜入水中，河水闭合。不一会儿，河水翻滚，伸出一只血红色大手，老张将赤色旗投入手中，红手握着旗子沉入水中，河水翻滚得更加厉害。老张心想：“既然是上古宝珠，留在河底，镇守一方，叫这南方人得了去，恐怕将生事端，叫百姓遭殃！”这时河中又伸出一只黑色大手，老张正在踌躇之际，误把黄色旗子投了下去，这时河水像炸开了锅一样，黑色大手也沉了下去。一会儿河面恢复了平静，那客商的尸体浮了上来。这憋宝人想不到这次不但没有得到宝物，还身死异乡。

不知道是不是客商破坏了宝贝的灵韵，至此之后，三岔河的三色河水混为一体，和普通河水颜色一样，再也没有出奇之处了。

这是常见的“南蛮子盗宝”传说类型。传说中，南方客商是“憋宝人”，能识别宝物。传说还煞有介事地介绍了法术训练的细节、咒语以及五色（五行）旗等。实际上，南方堪舆术以江西最著名，因此在南方某些地方，此类传说变成了“江西人盗宝”。

（十二）河西务十四仓的传说

元朝在天津河西务设置漕运使司，并在河西务城西北建起十四座仓库以储备漕粮，仓库区域本来有一条岔河与东边的北运河相连，是水路转旱路的重要节点。明朝，河西务十四仓不仅存储粮米，南来的食盐、茶叶、瓷器、贡米等也在此储存。明中期，仓库被拆掉转移到了通州。在民间流传着十四仓地下埋着九窖十八缸珍宝的传闻，传说的梗概如下：

明永乐年间，在十四仓的北九仓地下修筑了许多暗仓，专储藏南方输纳的金银贡品等，这些暗仓在地面库房拆除后仍然继续使用。天启年间的一个傍晚，四艘货船从南方驶入码头，并在官员的指示下，进入库房区。天黑以后，十几名脚夫被蒙上双眼，在专人引导下开始卸货入库。这些脚夫后来描述，每个地窖都设有好几道门，非常阴冷，光下窖的台阶就有49层。他们抬的箱子有轻有重，估计是金银珠宝之类，共装了18口大缸。但此后不久，境内连遭水灾及地震，库区被淤平，暗仓亦被淤泥灌满，这批珠宝从此消失。

关于这批宝藏的后续发展，天津民间有多种传说，其中之一为：

虽然这里早已成为荒烟蔓草，但这些被深埋的宝藏，每隔六十年便会出世一次。清朝初年，木厂村的周家在此地复垦，在平整耕地期间，意外发现了一缸珍宝，家境陡富，遂延师授业，子孙在朝为官者众多，人称“周半朝”。

数百年间，各地的盗墓者多次来探测，都一无所获，只挖出来一些破砖烂瓦，所以这里流传着“东仓儿西仓儿，遍地瓦碴儿”的谚语。1961年，该地被定为省级文物保护单位。20世纪70年代，天津文物处与国家文物局合作探挖，发现了各种陶器，见证了河西务十四仓的往日繁华。①

（十三）天津石龟显圣

清康熙三十八年（1699），北运河枢纽筐儿港处决口，康熙帝视察，命建减水石坝，并御书“导流济运”立碑于坝旁。乾隆帝三次到筐儿港视察水利，并题写“导流还济运”碑，同立于筐儿港（今八孔闸地区）。民间传说如下：

某年秋天，乾隆皇帝从江南回京，行至武清县宝稼营村，见运河旁立着康熙御碑，上书“导流济运”。乾隆帝拜谒毕，阅视康熙、雍正年间所建分洪石坝，发现石坝外侧因多年受洪水冲刷，形成一个很大的深水坑，石坝根基外露，一条减水河已经淤平。乾隆帝传旨将大水坑填平，铺筑青石海墁，疏浚减水河，两岸修筑长堤。竣工后，乾隆帝赋五言诗《导流还济运》一首，不久又作咏北运河诗两首，令人刻碑并立于康熙御碑旁。

工匠们在为乾隆帝诗碑制作碑座赑屃时，发现比康熙帝御碑的赑屃小一号，但是立碑时辰已到，主事的武清知县和工匠不得已，只好安装试试。彼时正值严冬，他们一边在路上泼水结冰，一边用绳索牵拉，用杠杆撬动。眼看就要到河边，不料赑屃滚动，从堤顶跌落到冰河之中。工头灵机一动，朝众人大喊：“大伙莫慌，这是石龟显圣，扎河里喝水去啦！”知县也只得顺水推舟地附和。当天知县和工头进京，请宠臣刘墉出主意。刘墉刚监修完武清城，与知县熟稔，于是即刻给香山碧云寺住持修书一封。碧云寺当时正在雕刻千尊石佛，于是就借了一块莲花宝座给他们。御碑如期立起，乾隆见到莲花宝座非但没责怪，还非常满意。此后“石龟显圣扎河里喝水”的传说便传开了。直到1974年治理北运河，民工从河底打捞出石龟，传说才真相大白。②

① 天津市档案馆编：《天津运河故事》，天津：天津人民出版社，2014年，第37～40页。
② 天津市档案馆编：《天津运河故事》，天津：天津人民出版社，2014年，第67～68页。

（十四）通惠河

明代吴仲，字亚夫，武进人，历任江山知县、监察御史、直隶巡按、处州知府、湖广参政、太仆寺少卿等，纂修有《通惠河志》。嘉靖初为巡仓御史，嘉靖七年（1528）主持整修通惠河。为了在运河水量不足时能保障水路运输，他改造了原有的闸坝，只保留“五闸二坝”，同时，漕粮船只不再过闸，由人工从闸下搬运粮食到闸上游停泊的船上。[①] 民间传说即依托此段史实：

明朝嘉靖年间，有个叫吴仲的御史，负责重新疏通通惠河。当时，由于明成祖在北京大修宫室，影响了西北郊流向通惠河的水源，又加上北京和通州落差很大，据说通州万寿寺的塔尖和朝阳门门洞下边那块顶门石一般高，御史无计可施，整天愁眉不展。

工地上聚集了成百上千的民工，有的挖河泥，有的运河泥。还有做小生意的也来凑热闹，有的卖烧饼，有的卖油炸鬼。有个老头，紫红脸膛，须发皆白，挽个小筐，高声叫卖“炸——炸糕！”。一连几天，这个老头总是在吴御史附近喊“炸——炸糕！”。吴御史觉得奇怪，为何这老头总是吆喝两个“炸”字呢？此时，他突然想到“炸”谐音“闸”，“炸——炸糕”就是一闸比一闸高，这样就会解决水源不足、落差太大的问题。吴御史豁然开朗，遍寻不见那位老头，偶然间，发现工地上供的鲁班画像和老头一模一样，原来是鲁班下凡啊。吴御史根据落差坡度，在北京通州间设立五个闸口。为了纪念他，通州人又修了吴御史祠。[②]

二、地名与建筑传说

（一）河湖、泉池的传说

京杭大运河沿线有众多的河流、湖泊、泉井、池塘，有的是运河的重要水源，有的则是运河水利网的组成部分。关于河湖池塘的传说，有几种常见的故事类型，一是与皇帝相关的故事，第二种是南蛮子盗宝的故事，第三种是龙王和秃尾巴老李的故事。这类河湖泉池传说主要集中在北方，以山东境内最多，其起源多结合了地方的龙王信仰和故事。

1．“秃尾巴老李”

张秋镇东南二华里金堤北侧有深潭，传说潭中伏有数条黑龙，民间流传着“黑龙除霸”和“秃尾巴老李”的传说。其中之一为黑龙潭版本：

---

① 胡忙全：《谈吴仲重修通惠河对通州繁荣发展的历史意义》，《北京水务》2008年第6期。

② 中国民间文学集成全国编辑委员会、中国民间故事集成北京卷编辑委员会编：《中国民间故事集成·北京卷》，北京：中国ISBN中心，1998年，第284～285页。

很久以前，张秋运河东面戊己山下住着一户李姓人家，老两口都快五十岁了，才有了一个孩子，生下来像是一条黑蛇。丈夫抓过一把铁锨铲了过去，那物仿佛一抖，化作一道金光而去，留下一截尾巴。那晚上下了一夜透雨，把干渴的麦苗浇了个够。当李家的新闻传开后，人们才恍然大悟：李家生的那是一条黑龙，晚上的及时雨就是它带来的。后来人们才知道，黑龙藏到了村东的潭坑里。潭中黑龙见百姓困苦不堪，便大发慈悲之心，每于春秋干旱时发大水入运河，人们引水灌溉，年年五谷丰登。当地财主“白眼狼”见碱滩变良田，便贿赂官府，占为己有。从此潭中便常听到黑龙的叫声，它在为百姓抱不平，百姓们纷纷持供品到岸边祷告。有一天“白眼狼”也到潭边看热闹。但见波涛翻滚，天空阴云四合，金光闪处，一条黑龙跃出水面，伸爪提住“白眼狼”，然后腾空而去。人们仰视天上，只见点点污血落下，从此便不见了“白眼狼”的踪影。黑龙为民除霸后，便一路风雨雷霆下了东北。在山东人的帮助下，战胜了白龙，占据了一条大江，人称“黑龙江”。但它并没忘记生身父母和善良的乡亲，一到大旱之时，它就从东北挟风带雨而来，为家乡解除旱情。如有山东人在江中捕鱼行船，黑龙便格外加以保护。至今江中各种船只启航时，还习惯先问一声有没有山东人，而船中水手或乘客即便都不是山东人，也争相回答说“有”。据传如此便可保证航程中一帆风顺，平安无事。①

另有一则“秃尾巴老李”的传说：

阳谷某李姓人家有夫妇二人，农妇下地干活，打盹时被龙戏而怀孕，生下一条小黑龙。小黑龙落地即能腾云驾雾，但每天都回到母亲身边吃奶。农妇的丈夫姓李，觉得丢人，有一天趁小黑龙吃奶时，挥刀砍向小龙。小龙掉了截尾巴，逃到东北白龙江。白龙江有白龙镇守，于是小黑龙便与其相争。彼时闯关东的山东人很多，黑龙与山东老乡约定，看见上来黑水就往里扔馒头，看见白水就扔石头，就这样战胜了白龙，白龙江改名黑龙江。黑龙江上凡载有山东人的船只航行，总是风平浪静，到了江心，秃尾巴老李就会送上一条大鲤鱼。所以以后无论船上有无山东人，乘客都会代为回答“有”，船家捧起鲤鱼喊道：“秃尾巴老李给山东老乡送礼了！”然后放回江里。小黑龙每逢山东大旱，总会设法送去雨水，所以充当了河神和雨神的角色，有时来得急下了冰雹，毁伤庄稼，人们就扔菜刀吓唬

① 荀德麟、刘志平、李想等：《京杭大运河——非物质文化遗产》，北京：电子工业出版社，2014年，第180～181页。

小黑龙。[1]

虽然“秃尾巴老李”的传说在山东广泛流传，并不限于运河区域，但上述版本依然有运河的特色，例如其中明确提到张秋戊己山的深潭，潭水可以引入运河供百姓灌溉。

2. 枣庄蛴螬湾

枣庄峄县巨梁桥和六里石中间，有个大河湾叫蛴螬湾（蛴螬是金龟子的幼虫，土名地蚕），民间传说将其与隋炀帝开凿运河联系起来：

> 隋炀帝开挖运河时，全河开挖得很快，只有这个河湾挖不出河形，因为白天挖出的河道，夜晚就让会造土的蛴螬平了。皇帝连杀了几位领工的县官，第五个县官白天化装成民夫干活，夜里到河边观察动静。这天半夜，他听到河里有松土的动静，还有说话的声音，其中一个说：“他有本事挖，咱有本事平，想过蛴螬湾，万万不能！”另一个说：“别吹牛啦。只要用秆草泼上香油一烧，咱就全完了。”第二天一早，县官命令各乡村的小领工运秆草、买香油。三天内铺了满河底的秆草，一点就着，满河湾通红冒血，往下一挖，都是蛴螬。县官升官进京，运河上也就有了蛴螬湾。[2]

3. 苏州“石湖”

生活在河湖泉池地域的人们，经常需要应付官差。官府征收赋税徭役，地方百姓苦不堪言。此类传说往往表达了人们的不满情绪。例如一则“石湖”传说：

> 乾隆皇帝下江南，听说苏州城西南石湖景致好，就要去游玩。这一天，乾隆帝想吃苏州名菜“菜花塘鲤鱼”和“松鼠鳜鱼”。地方官传令渔民，限时献出符合要求的鲤鱼和鳜鱼，否则治罪。太湖边有几户渔民，堂兄弟一共七人，个个赛蛟龙。这一日，皇帝的龙船摇进了石湖，七兄弟把渔船一拨，以捕鱼交差为名，横在行春桥的桥洞，不让龙船经过。七兄弟与锦衣卫和差役发生冲突后，纷纷跳入水中，潜入水底，合力拱皇帝的龙舟，乾隆帝掉入水中。七兄弟因此被杀。百姓把他们埋在石湖边的山上，此山就叫“七子山”。[3]

这个传说借助皇帝南巡的母题，把苏州地方名菜以及石湖、行春桥、七子山等串联起来，讲述了一个渔民抗争皇帝和官府差役的故事。

4. 兴济镇龙窝

河北青县的“兴济镇龙窝”传说，以讽刺的口吻，讲述了“傻丫头”被朝廷选妃的故事。

---

① 王玉芬、王德椿主编：《京杭运河·齐鲁风情·聊城卷》，济南：山东人民出版社，2013 年，第 135 ～ 136 页。

② 白庚胜主编：《中国民间故事全书·山东·台儿庄卷》，北京：知识产权出版社，2011 年，第 121 ～ 122 页。

③ 苏州市民间文学集成编委会编：《中国民间文学集成·江苏苏州·故事卷》，北京：中国民间文艺出版社，1989 年，第 341 ～ 344 页。

明成化年间，官廷派人到南方去选妃子，可是，淮、扬、苏、杭一带的美女没有一个中意的。无奈，选妃的官船一路北上，来到了河北青县兴济镇，令所有良家少女前来候选。镇上有一户张姓人家有个傻乎乎的女儿，头上满是痤疮。平时大嫂把她关在家中，免得出去惹事。这一天，傻丫头听到外面吵吵嚷嚷，不知发生了什么事，便好奇地爬上自家墙头，骑在上瞧热闹。偏偏这时一只被惊飞的花公鸡扑腾腾飞到傻丫头面前，傻丫头顺手把它抓住，抱在怀里。选妃的人无意中抬头一看，不禁惊喜地叫了起来，说傻丫头就是他们要选的人。原来，他们奉旨挑选的妃子，要是个“骑龙抱凤”的贵人，傻丫头骑坐的那波浪形墙头和怀抱的花公鸡，正符合“骑龙抱凤”这一标准。

傻丫头就要进宫了。离家的那天，大嫂送她登上官船后，就着龙窝的水给她洗头。兴济镇后面的大运河，弯弯曲曲，其中的一个弯曲处有个大水潭，当地人称为“龙窝”。龙窝水清如碧，无论怎么干旱，龙窝从来没有干涸过。用此水洗头，傻丫头满头的癞疮不见了，长出了一头乌黑发亮的秀发，眨眼间变成了一个九天仙女般的美人。①

这个故事依托的地方风物是兴济镇的大水潭以及张姓人家。据《青县志》载，明成化二十三年（1487），兴济镇一张姓女子被选入宫，当了太子朱祐樘的妃子。同年，太子即位，张氏被册立为皇后，其父被追封为昌国公，两个弟弟分别被封为寿宁侯和建昌伯，还在兴济镇上为张氏修建了富丽堂皇的家庙。

5. 桂花泉

山东境内的运河，多依赖沿途的泉、池补充水量，这些泉池也是当地人生产生活的宝贵资源。当地人认为，泉池的变迁、干涸会影响到风水。有一则流传较广的“桂花泉”传说：

台儿庄邳庄乡张楼村，有一口井叫桂花泉，井水清甜，同样一桶水就比别的井水重。有一年，乾隆皇帝坐船观天下美景，来到了台儿庄运河北的张楼村，就让随从在井里舀了一口水喝，果然甘甜无比。他听说此井尚无名字，就说：“既然井水好似桂花美酒，就叫桂花泉吧。”当地人传说，这泉底有龙眼，天旱时只要一淘井，天就下雨。有一年大旱淘井，果然西北起黑云，大雨将至。这时不知哪里来一妇人，走到井跟前瞅了几眼，天马上放晴了。从此以后，这桂花泉再淘也不下雨了。②

① 荀德麟、刘志平、李想等：《京杭大运河——非物质文化遗产》，北京：电子工业出版社，2014 年，第 171 页。
② 白庚胜主编：《中国民间故事全书·山东·台儿庄卷》，北京：知识产权出版社，2011 年，第 138 页。

6. 蝎子汪

明朝时，台儿庄里有个百丈长的大池塘，有爪有尾，活像一只大蝎子，当地人称“蝎子汪”。台儿庄有个姓尤的小财主，外号“尤小鬼”，家住“蝎子爪”前，粮食打得比别人多，做买卖净挣大钱。这一年，从江南来了个风水先生，看中此汪，说：“尾伸大运河，吸来财源官运；蝎爪伸尤家，尤家有大发之日。”他有心将自己闺女嫁给尤家儿子，但尤小鬼看不起他，没有答应。风水先生非常气恼。十年后，风水先生给人看风水发了财，花了五千两银子，在台儿庄蝎子汪跟前修了一座庙，只塑了个三丈长黑脸的大汉，怀里抱着丈二公鸡，取名“鸡王庙”。此后尤家衰落了下来，种地不收，做生意也赔本。①

7. 金口坝

“外地人破坏风水，导致本地财富流失”的故事在北方十分常见，除了上述“桂花泉”“蝎子汪”的传说外，更多体现在“南蛮子盗宝”的类型故事中。例如“水利工程传说”中的天津三岔口的故事即是，此外济宁运河支流泗河金口坝也有类似母题故事：

每年夏秋之际，总有一个做生意的南方人，到金口坝前的茶馆里住，他天天在金口坝洗澡。后来南方人在弥留之际告诉店老板，金口坝下有一块聚金石，时间长了便有金子聚集到那里，所以南方人总是夏秋来此挖金子。店老板知道后，也去那里洗澡挖金子，后来嫌金子产量少，便拿铲子在聚金石下挖个大坑，可是此地就再也不聚金子了。②

金口坝位于兖州城东泗、沂、府河交汇处，始建于隋代，是引泗济运的枢纽工程，外地人来往频繁。“金口坝”的名称本身也是坝口藏金联想的依据之一。此类故事也见于京郊，例如北京大兴县中部有条大龙河，自西北向东南流，传说是辽代开发的运粮河。今天的大兴北研垡村紧靠大龙河，曾经是不小的埠头。

8. 大龙河

辽代，大龙河上官船来往不断。有一年，暴雨导致河水猛涨，辽萧太后从中原掠夺来的一船瓷器、珠宝正路过此地。宝船在巨浪冲击下沉没，船身被泥沙掩埋，只有桅杆露在外面。有一年，一位南方人来此谋生，围着沉船桅杆转了几圈后，找到北研垡的一户财主说：“东家，俺给你种瓜吧！管饭就行，不要工钱。”财主答应了。从此，南方人在堤坡上种了四五亩梢瓜，对其中一颗粗壮的梢瓜精心培育。南方人白天在瓜地干活，晚上还自愿赶牛到大龙河洗澡。入秋后，财主见牛日渐消瘦，晚上就悄悄跟着看。南方人把牛牵到沉船的桅杆旁，给牛套上鞅套，猛甩长鞭，喝牛拉拽。只见船身慢慢浮了上

① 白庚胜主编：《中国民间故事全书·山东·台儿庄卷》，北京：知识产权出版社，2011 年，第 139 页。

② 荀德麟、刘志平、李想等：《京杭大运河——非物质文化遗产》，北京：电子工业出版社，2014 年，第 187 ～ 188 页。

来，财主急不可耐，高喊："打牛，快打牛！"话音刚落，缰绳绷断，牛逃走了，船又沉下去了。南方人一气之下，扔下鞭子走了。第二天，人们发现牛鞭是那颗大梢瓜，牛套是用梢瓜秧搓成的。[①]

以上几则"南蛮子盗宝"的故事都具有运河特色，即运河水中藏有黄金等意外之财。运河本身就是南方财富北流的重要通道，但运河带来的财富多为善于做生意的南方人掌握，而近代北方运河沿岸的衰败，更强化了人们的这一认知。

（二）杭州桥梁的传说

杭州桥梁众多，桥梁传说最常见的母题是八仙相助，尤其是铁拐李、吕洞宾化身老人帮助人们解决困难，如卖鱼桥、广济桥、龙光桥的传说。另外一些桥梁传说依托杭州特有的南宋岳飞、秦桧的故事，如安乐桥的传说。还有一种传说更近于故事，如拱宸桥的卖糕者、花园岗的姻缘故事等。

1. 杭州卖鱼桥

卖鱼桥原名归锦桥，南宋《咸淳临安志》《淳祐临安志》、吴自牧《梦粱录》中已有归锦桥名。南宋时，这里已是江南运河的重要码头和市场，明后期成为重要鱼市，民间多称归锦桥为卖鱼桥。[②] 有一则卖鱼桥的传说在当地颇为流行：

传说，贾家弄边有一座小桥，桥上有个摆摊卖鱼的小伙子，鱼行老板欺负他老实，常在活鱼中夹一些死鱼卖给他。有一天，桥头来了个邋里邋遢的烂脚佬，其他人见到都掩鼻而过，小伙子却给了他一些铜钱，还有半担死鱼，让他卖点钱医脚。烂脚佬揭下脚上贴的一片树叶，在鱼桶里划了几下，死鱼即变成活蹦乱跳的鲜鱼。小伙凭借这片树叶，生意好了起来。鱼行老板知道了，就来抢树叶，恰好来了一阵风，把树叶吹走了，人们这才知道，树叶是铁拐李送给小伙子的。杭州百姓都喜欢赶到那座桥上买鱼，并称之为"卖鱼桥"。[③]

2. 杭州安乐桥

安乐桥，也称福济桥，又称东门桥。民间传说，过去此桥是税关，货船从桥下经过，为了逃税，船家都闭口不语，因此又俗称哑巴桥。[④] 另一种传说则称安乐桥为南宋安乐王王佐所造，并加入了杭州人尽皆知的秦桧的部分：

---

① 中国民间文学集成全国编辑委员会、中国民间故事集成北京卷编辑委员会编：《中国民间故事集成·北京卷》，北京：中国 ISBN 中心，1998 年，第 279～280 页。

② 林正秋主编：《杭州地名的历史与文化》，北京：中国文史出版社，2006 年，第 241 页。

③ 黄进之、潘观炳编：《卖鱼桥》，童萃斌选编：《神话西湖》，杭州：杭州出版社，2000 年，第 207～208 页。

④ 汪宏儿主编：《南湖胜迹》，杭州：西泠印社出版社，2009 年，第 92 页。

宋金作战时，王佐说服陆文龙反戈，从而击败金兀术。事后，王佐被岳飞保举为安乐王，皇帝拨出金银，让他在杭州造王府养老。安乐王府造在河边，泥沙、石料堆在河埠上，渡船被征用来运砖瓦，百姓没法过河，于是编了一首歌谣："安乐王，安乐王，为你安乐大家忙！"王佐听说此事，决定用王府建材为百姓造一座石桥，即安乐桥。百姓又编了一首歌谣："安乐王，好心肠，造起桥梁通四方！"后来秦桧嫉妒王佐造桥的名声，遂拨下银两，造了三座桥，即斗富一桥、斗富二桥、斗富三桥。但是这三座桥太高了，不方便行走，百姓又编了歌谣嘲笑秦桧："斗富桥，豆腐桥，大家不要豆腐桥，宁愿走那安乐桥！"①

3. 杭州广济桥

广济桥又名通济桥，清光绪《唐棲志》载："通济长桥在塘栖镇，弘治二年建。"②传说当时有一个姓陈的僧人，为建桥广为募捐，得到了皇太后的赏赐，也得到了宫中的众嫔妃与朝廷大臣们的资助。关于广济桥的传说有多种版本，其中一则与吕洞宾有关：

吕洞宾在塘栖运河边看到妇女在剖鲇鱼，戏言开肚的鱼会游，不料戏言成真，此鱼长成大鲇鱼精，祸害来往船只。百姓提议建桥，工程将竣，鲇鱼精甩尾破坏工程，所以桥顶龙门石一直无法搁置牢靠。吕洞宾知道后，用笠帽按在龙门石上，镇住了鲶鱼精。至今桥上的龙门石形状类似笠帽。离广济桥不远的丁山湖，有地方叫鲇鱼角，据说就是鲇鱼精藏身处。③

4. 杭州拱宸桥

拱宸桥是杭州城内最著名的运河桥梁之一，沿大运河南来的船只多在此驻留，下面一则关于拱宸桥的传说，展现了拱宸桥市井的风情：

清末民初，拱宸桥不远处的花园岗，有户做花木生意的人家，主人病故，留下孤女寡母，女儿叫阿云。阿云舅舅在福海里开妓院，家境富裕，他在春晓馆附近给阿云母女买了房，想让阿云接客，阿云宁死不从。这年春天，阿云去花园岗的花神庙进香，遇见苏州青年吴生。吴生对阿云一见倾心，并从武林门卖兰花的阿婆那里打听到阿云的身世和住址，遂前往搭救并私定终身。吴生说服了母亲接纳阿云，成就了一段姻缘。④

故事通过描写苏州青年吴生和拱宸桥阿云的恋爱故事，展现了拱宸桥附近的商业状况，市井人物包括花园岗卖花木者、福海里开妓院者、武林门卖花者等市井人物，其中花园岗、

① 陈述、陈一辉主编：《走近大运河·传说故事卷》，杭州：杭州出版社，2006 年，第 66 ～ 67 页。
② 光绪《唐棲志》卷三《桥梁》。
③ 陈述、陈一辉主编：《走近大运河·传说故事卷》，杭州：杭州出版社，2006 年，第 3 ～ 4 页。
④ 陈述、陈一辉主编：《走近大运河·传说故事卷》，杭州：杭州出版社，2006 年，第 51 ～ 53 页。

福海里、武林门等都是运河沿岸的地名。

（三）苏南桥梁传说

苏南水网密布，桥梁众多，分别是苏州的宝带桥、觅渡桥、渡僧桥，以及常州白鹤桥、白家桥的几则传说。苏州宝带桥、觅渡桥等传说采用了仙人协助造桥的母题。

1. 苏州宝带桥

宝带桥始建于唐代，横跨宽阔的澹台湖口。传说当时苏州刺史王仲舒为加快转运苏州地区贡物进京，捐出自己的宝带，建桥作为运河边的纤道，此桥因此得名。每逢漕运时节，运河船只挽舟拉纤，能够较快地通过300多米宽的澹台湖口。明清时期曾多次重修。在地方传说中，宝带桥是仙人协助修造的：

很久以前，苏州澹台湖风大水急，容易翻船，百姓盼着有座桥。虽然苏州刺史王仲舒体贴民情，捐献了祖传宝带，可是水深难以打桩。澹台湖边有座庙，有一天深夜来了八个人，要求借宿，老和尚就让他们住在大殿里。八人又给了和尚一些米和枣，让他给煮些粥吃，吃完枣核吐了一台子。天刚亮，八人就告辞出来，朝澹台湖方向走去。他们一边走，一边把枣核丢在湖里，枣核落下的水面，竖起了排排木桩。刺史王仲舒听说此事，遂下令择日开工。开工那天，在湖边祭祀神明，不料下起了大雨。雨过天晴，天上出现了彩虹，慢慢地彩虹不见了，湖面上却架起了一座长桥，这就是宝带桥。①

2. 苏州渡僧桥

苏州渡僧桥的传说，讲述了船夫知县反对造桥及和尚找海瑞协助的故事：

明万历年间，苏州阊门外有个渡口，行人全靠渡船来往。有一日，正要开船时，虎丘山庙里的一个和尚急匆匆到渡口，要赶往城里化缘修寺。船夫见他衣裳破烂，而且没有摆渡钱，就不许他上船。僧人无奈，发誓一定要化缘在此造桥。此事被喜欢打抱不平的王强知道了，他了解到船夫的后台是知县，向来反对造桥，于是建议和尚去南京找右都御史海瑞做主，只要海瑞给桥题个名字，化缘就容易了。和尚找到了海瑞，获题“渡僧桥”并加盖了官印。和尚在王强的建议下，拿着缘簿去找知县化缘。知县看到海瑞的题名，当然不敢怠慢。不久，和尚募集到足够的捐款，建起了“渡僧桥”。这座桥至今还是苏州最有名的桥梁之一。②

---

① 苏州市民间文学集成编委会编：《中国民间文学集成·江苏苏州·故事卷》，北京：中国民间文艺出版社，1989年，第410～411页。

② 苏州市民间文学集成编委会编：《中国民间文学集成·江苏苏州·故事卷》，北京：中国民间文艺出版社，1989年，第411～414页。

（四）扬州、苏北桥梁传说

扬州、苏北的桥梁传说，颇多商人大户造桥的情节，例如淮安程公桥的资金来自程氏盐商，淮安陈翁桥的资金来自朱氏银匠店，徐州荆山桥的资金来自张姓大户等。此外，扬州送驾桥的传说，也采用了乾隆下江南的情节。

1. 扬州送驾桥

当年乾隆皇帝南巡，到了扬州邵伯镇，不打算惊动地方官府。御前侍卫的马队刚上一座桥，桥身就摇晃起来，原来是桥桩被人锯断三根。扬州知府得知，慌忙找人抢修，想向皇帝请罪，可是遍寻运河，也不见踪影。原来，乾隆皇帝早已到了高邮湖西边的沿河村，只见村口有一座浮桥，用八条木船连成，行人免费过桥。乾隆看见岸边站着一位白胡子老汉，便前去询问。老人告诉他，沿河村共八户人家，一家一船连成此桥，所以叫“齐心桥”。乾隆心想，船只用于搭浮桥，会耽误下湖打渔，便主动提出帮忙。老人引他上岸，邀请至家，备好笔墨。乾隆写了一封信，盖好金印，将信封封好，关照老汉亲自交给扬州知府。第二天中午，扬州知府果然领着御前侍卫，来到老人家里。知府接到皇帝的亲笔信，纸上写的是：“关帝出门走河西，快马加鞭去访师。乔公八十何处去？芜园不见草萋萋。”扬州知府仔细想了想，原来诗中每句都藏着一个字，连起来是“送驾桥无”。于是，知府赶紧拨银二千两，沿河村八家也都积极协助，造起了一座八尺宽的大桥，名“送驾桥”。[①]

2. 淮安程公桥

程公桥的故事背景是程氏盐商过盐河。盐河是沟通江苏淮安市和连云港市的人工河道，古称官河，一名漕河，是淮北盐南运航道。《唐会要》载：“垂拱四年开泗州涟水县新漕渠，以通海、沂、密等州，南入于淮。”清康熙二十六年（1687）重加开浚，用以转运淮北盐内销。过去曾有大量盐商居住在程公桥附近，故事反映的就是这一史实。

淮安有座石拱桥，名为程公桥，横跨市河之上，桥外侧两边各安置两只吞珠龙头，故俗称“四龙桥”。旧时淮盐商多居住在河下，盐场设在盐河北岸西里。来往的盐商、务工者每天需从盐河边摆渡过河。相传有位程氏盐商，这天急着要到盐场办事，到盐河南渡口时，渡船已离岸至河中间，程氏疾呼船家回头带其过河，船家不理会。程氏急了：“船家！你划回来，我多给你渡钱。”船家让其多等一会儿，很快就回来。程氏实在等不及了，大声叫道：“你回来，要多少钱给多少钱！”船家颇为生气：“你急，别人难道就不急吗？你钱多，自己去造一座桥去。”这原本只是斗嘴的话，可是程氏心想：不

① 扬州市民间文学三套集成编委会编：《扬州民间故事集》，北京：中国民间文艺出版社，1989年，第167～168页。

就造座桥吗？我会让你摆不了渡。

程氏筹集了资金，准备选址动工时，船家不干了，带着全家一起上阵，以死相搏，闹得不可开交。最后地方官员出面调停。程氏将建桥地址东移七十米，船家也不好阻止了。①

3. 不老河荆山桥

不老河是京杭大运河在徐州境内的支流，荆山桥始建于清康熙二十一年（1682），桥顶镌刻有乾隆御笔“万世津梁”四个大字。

荆山桥在徐州东北约二十里处不老河上，是一座一百单八孔桥洞、三里多长的大石桥。桥头石碑坊高耸，十分壮观。传说很久以前，这里只有一个姓姚的小伙子在河上摆渡。因他生得浓眉大眼，五大三粗，皮肤很黑，大家都叫他“姚老黑”。姚老黑外表很凶，却有着一副菩萨心肠。他摆渡有个规矩，只收富人的银子，不收穷人的钱。他总觉得摆渡不如造桥方便百姓，他母亲告诉他，要想造桥，就得依靠徐州大户张佰量！

一日，徐州城里的张佰量坐船过河接闺女。等他父女返回到河中间时，姚老黑便伸手要钱，而且是要多少就是多少，否则就把他父女赶到河中心的小岛上去。接连三年，价码年年上涨。张佰量被姚老黑激怒了，发誓要修一座桥。不久，张佰量果然出资修好了大桥。姚老黑也说话算话，大桥完工后，他把船橹插在荆山下，把船拉到荆山顶晒了起来。现今，荆山坡上还留存着一条竖印，据说就是当年姚老黑拉船时留下的痕迹。②

（五）鲁西、北京桥梁传说

与江南地区相比，山东往北桥梁比较少，有关桥梁的传说亦较少，但这类传说都具有鲜明的运河特色。山东运河的造桥传说中，台儿庄聚粮桥的资金来自村庄各家各户，聊城六知桥来自官府治河的余款，与扬州、淮安类似的传说相比，没有建桥资金来自富商大户的内容。就传说类型看，聊城惊龙桥是乾隆皇帝南巡的母题，八里桥鲁班爷赠桥顶合龙石，与杭州广济桥的故事类似，为神仙造桥的母题，这是南北方运河沿岸桥梁传说的共同点。

1. 韩庄聚粮桥

韩庄运河是京杭运河在台儿庄境内的重要支流，运河上张庄处有一座巨梁桥。古

---

① 淮安市文广新局编：《淮安里运河·故事篇》，南京：江苏凤凰文艺出版社，2015 年，第 154 页。

② 白庚胜主编：《中国民间故事全书·江苏·徐州市区卷》，北京：知识产权出版社，2007 年，第 133～135 页。

今正式文献中都称“巨梁桥”，而在口语中则演变成“聚粮桥”，其得名来历，有两个说法，一是此处为皇粮聚集处，另一个则是村民集粮修桥，故事如下：

韩庄往东到台儿庄有八个闸，其中巨梁闸得名于巨梁桥。运河南有个黄丘山套，从山套里出来一条龙河，汇入运河，把运河岸上的一个村庄分成两半，使得两边没法来往。后来东庄上出了一个能干的妇女，想修座桥方便庄人，便挨家挨户筹钱。大家拿不出钱来，她就让每人每年缴一斤粮食，攒起来，她去找人修。粮少不够用，他就带领大伙一点一点干，就这样聚粮十年，修桥十年，桥终于修成，故名。①

2. 东昌六知桥

东昌府南关有座六知桥，俗称南关桥，传说为明代知府蔡兴同用治河余款所建：

明朝中期，东昌府有位爱民如子、两袖清风的知府，名叫蔡兴同。有一年发大水，河堤决口，平地划船，皇帝拨下善款，命蔡知府与河院一起抗灾防洪。后因治河有功，皇帝把抗灾剩下的银两开恩赏赐下来。河院想私分这笔钱款，就在行署备好酒菜，请知府过来议事。酒过三巡，河院提起分钱之事：“这钱我们两人分了，也无人知晓。”蔡知府说：“天知、地知、你知、我知、水知、河知，何来无人知晓？此钱取之于民，理应用之于民！”回府后，蔡知府立即让师爷盘点账目，开列明细，邀地方士绅公议，将抗灾剩余的三万六千多两银子修建了南关和北关两座桥。后人感念蔡知府义举，将南关桥改称“六知桥”。②

3. 东昌湖惊龙桥

京杭大运河在东昌湖东侧、山陕会馆南侧回旋形成弯曲状，因此该地亦名“龙湾”，其中在夏庄、斗虎巷之间运河上的桥叫“惊龙桥”。

连通东昌湖与古运河的桥叫惊龙桥。乾隆皇帝南巡，曾数次留宿聊城。有一次南巡回程，艄公因贪看沿途风景，一时走神，待船行至龙湾桥头才急忙转舵，龙船一阵颠簸，正在专心与人下棋的乾隆皇帝差点跌倒。乾隆急问何事，随从忙跪奏道：“皇上贵为真龙天子，何事不知？不过，东昌府这个地方，历来就不平凡，当年圣祖爷在此闹龙街就遇到过活神仙。刚才，您跪天、跪地、跪师亲，说明此地天有灵、地有德、水有韵、河有情。岸上就是龙湾，何不上岸将息几日？”乾隆听罢称是，住进了光岳楼行宫。因为乾隆在龙湾桥受到惊吓，后人就称之为“惊龙桥”。③

① 白庚胜主编：《中国民间故事全书·山东·台儿庄卷》，北京：知识产权出版社，2011年，第123页。

② 荀德麟、刘志平、李想等：《京杭大运河——非物质文化遗产》，北京：电子工业出版社，2014年，第177页。

③ 同②。

4. 通州八里桥

八里桥原名永通桥，是一座三孔石拱桥，始建于明正统十一年（1446）。此桥横跨通惠河，是通州入北京必经之处，因距通州八里，俗称“八里桥”。

> 通县和朝阳区交界的地方有一座八里桥，高大宽广，横跨通惠河，是旧时进京的要道。传说当年建桥时，拱顶快合龙，就缺一块合适的石头，顶上露着一个大缺口，石匠们很着急。一天，一位老太太看了缺口说：“我家有块大条石，也许合适。”石匠拿来一放，果然严丝合缝。老太太讲了这块石头的来历，原来她在离八里桥不远的大道上卖茶水的时候，有一个穿得破破烂烂的老头喝了两碗水后，因为没带钱，就指了指路边的一块石头，送给老太太，说以后用得着。老太太一看，那本是块丢弃在那里多年的石头，当天却像刚凿过似的，有棱有角，再回头老头就没影了。人们都说，那老头就是鲁班爷。①

该传说称桥顶的大条石是鲁班所赠，采用的是神仙协助土木工程的母题，与杭州广济桥的传说类似。此传说又加入了地方风物的内容，即八里桥附近大道上有老太太卖茶水，系运河沿线服务于旅人的体现。

（六）关隘、码头、茶棚传说

1. 嘉兴撞宿港

运河沿岸的关隘、码头、茶棚等，其得名多附会于皇帝下江南的传说，例如嘉兴撞宿港的传说：

> 乾隆皇帝下江南时，有一天乔装打扮，乘船巡游了太湖、平望镇鸯登湖。此时天色已晚，乾隆皇帝督促船家快快行船，想早点到芦墟镇上住宿。当船驶过名为小弄口的港口头时，突然发现水路中有巨大的青蛇挡路，原来这条青蛇是来讨封的，只要皇帝叫他一声“青龙”，他就可以少花八百年修炼。皇帝不知情，让人点香烛祈求其离开，未果，心里焦急，斥责道：“大胆青蛇，挡我去路！船家，船不要开了，在此住一宿吧。”青蛇讨封不成，知趣地游走了。小弄口也因为皇帝留宿过，遂改名撞宿港。②

嘉兴撞宿港位于嘉兴平望镇鸯登湖（莺脰湖）、芦墟镇汾湖之间，毗邻京杭大运河，

---

① 中国民间文学集成全国编辑委员会、中国民间故事集成北京卷编辑委员会编：《中国民间故事集成·北京卷》，北京：中国 ISBN 中心，1998 年，第 318 ～ 319 页。

② 嘉善县文化局、文联、文化馆编：《中国民间文学集成·浙江省嘉兴市·嘉善县故事谚语卷》，浙江省民间文学集成办公室，1989 年，第 77 ～ 78 页。

因此其传说就采用了皇帝下江南的母题。

2. 苏州浒墅关

乾隆皇帝下江南，乘龙船沿运河南下。一路上，和珅对皇帝有问必答，且句句称旨，龙心大悦。一日，到了一个市镇，乾隆看见河边的旗杆上写了三个大字“浒墅关”，因大风将旗角卷起，掩盖住了三点水，于是乾隆信口说：“这里叫许墅关？”和珅知道皇帝念了别字，就顺水推舟，将此字改变了读法。地方官还发布文告，称皇上恩赐，将“浒”改成“许”，如不念“许”者，以欺君罪论处。①

江南的一些地名，“浒”字确实读“许”音，例如常熟浒浦，而民间传说则移植到皇帝下江南的历史背景，显系受运河文化的影响。再如常州新闸镇茶庵的传说：

乾隆微服私访，经过新闸一个小茶庵。时值盛夏，乾隆来到庵中索茶喝。庵中住持随即端出一杯茶，并在茶中放了几根麦芒。乾隆不解。住持说：“天气炎热，如果凉茶一饮而尽，于身体有害。放了麦芒，客人只能小心慢慢喝，这样既能解渴，又不伤身”。乾隆听后深受感动，提笔题了“敕建茶庵”四个大字，令地方官制匾悬挂，并赐庵免十亩田赋。从此新闸镇茶庵就变成了“敕建茶庵”了。②

3. 宿迁“尚茶棚”

宿迁北圩门通往长河沿渡口的大路旁，有个尚茶棚子，闻名遐迩，过往的人都要在这里歇脚品茶。“尚茶棚”原来只是普通的路边茶摊子，后来城里极乐庵的老和尚在此建了处庙宇，客人渐多。清朝时，南方来了一位游僧，破衣烂衫，满脸油灰。他每天早早出去散步，不漱口，也不洗脸，每次回来，嘴里含着满满的绿叶子，回到屋里就把绿叶子晾起来。游僧走之前，留给老和尚一小包茶叶。后来乾隆皇帝私访，在此歇脚，问老和尚可有茶喝，老和尚想起那包茶叶，就拿出来烹茶，屋内顿时香气扑鼻。乾隆问明了此茶的来历，御笔题了“尚茶棚”三字相送。③

4. 常州尚书码头

常州新闸毗邻京杭运河与大通河交汇处，此处颇多运河传说，在一则常州尚书码头的传说中，提到造桥资金来自篦箕巷顺大粮店，较为符合常州运河的特点。

---

① 苏州市民间文学集成编委会编：《中国民间文学集成·江苏苏州·故事卷》，北京：中国民间文艺出版社，1989 年，第 439 ～ 440 页。

② 常州市郊区民间文学集成编辑组编：《中国民间文学集成·常州市郊区资料本·故事卷》，1988 年，第 171 页。

③ 宿迁市民间文学集成编委会编：《中国民间文学集成·宿迁市卷本》，1989 年，第 92 ～ 93 页。

常州篦箕巷旁边，曾有一爿顺大粮店。年关将至，五位朝奉在店结账，收库时发现少了一锭五十两银子。老板询问，大朝奉称当天只有对面的穷秀才来过。老板托人去问，秀才写了张字条给老板，上书："此银疑我算我拿，何必再去冤别人。日后若有好转时，定当加息了此情。"老板一看，也不好再追究了。过完年粮店重开张，一位朝奉在扫地时发现掉在地板缝中的银子。老板知道冤枉了秀才，前去道歉，此时秀才已乘船赴京赶考去了，粮店老板留下一些银子给秀才妻子。秀才中了进士，几月后，官封兵部尚书，回乡知道老板留银之事，遂去粮店道谢，老板出门办货去了，尚书就留了字条，带着家眷上任去了。老板回来后，打开字条，上写："对人不可看貌相，是非总能分清爽。君子不念旧时恶，一锭银子人情长。"老板只怪自己做事鲁莽，决定用此锭银子为尚书做些好事，于是在大运河边兴造了一座又阔又平的码头，立碑一通称"尚书码头"。①

运河流向弋桥的西瀛里段，有一石驳码头，平台较大，称为尚书码头。此"尚书"指的是明初进士、官至礼部尚书的胡濙，他是常州武进人，码头据说是其返乡登岸处。尚书码头是运河上重要的粮米码头，因此传说中提到顺大粮店，其背景符合运河市镇的情况。传说中的"朝奉"是掌柜之意。篦箕俗称篦子，是常州运往朝廷的重要贡品。篦箕巷毗邻运河，是一条交通要道。

（七）会馆、楼阁、牌坊传说

运河边的会馆、楼阁等多为外地客商或会馆组织建造，因此传说以外地人的故事为主。例如山陕会馆不能唱关羽戏的说法，来自南方商人犯忌的故事；谚语"梁浅儿的戏楼——人家的"则来自外地布商和钱庄商人故事；德州九达天衢牌坊"南蛮子捉宝——差一点"的谚语则来自识宝的南方游医。

1. 淮安清江浦楼

清江浦楼位于淮安市区里运河南岸，建于清雍正七年（1729）。楼共二层，上刻乾隆帝所题"清江浦"三字。清江浦楼是一座望楼，南来北往的船只要看到此楼，便知道清江浦城到了。关于清江浦楼，当地流传一则传说：

当年乾隆帝首次下江南路过此地，为此楼雄镇运河的气势所震撼，便下了龙舟，围着此楼细品起来，发现"清江浦"三字较弱，要为其重写一匾额。地方官奉上文房四宝，乾隆一挥而就，官员们正准备喝彩时，却发现"浦"字右边的一点，点在了横下。这时有个机灵的官员"扑通"一声跪下说："万岁爷最后一点点得好，

① 常州市郊区民间文学集成编辑组编：《中国民间文学集成·常州市郊区资料本·故事卷》，1988 年，第 206 ～ 207 页。

您把水位点在了横下，清江浦大运河的水就不会漫过岸，永远不会发水灾了。”乾隆哈哈大笑：“朕正有此意。”①

2. 聊城山陕会馆

聊城山陕会馆，俗称关帝庙，位于东昌湖畔，京杭运河西岸，清乾隆八年（1743）由山西、陕西商人所建，经过多次重修，至清嘉庆十四年（1809）方具现今规模。山陕会馆供奉关帝，流传着关帝的灵验故事：

聊城的山陕会馆，建于乾隆年间。会馆和神像落成之后，馆院住持梦见关羽说：“此馆乃商贾集聚之地，不应将吾像塑于此中。有一条须记：关某生前虽有功于世，但也多有过失。因此，凡说书唱戏，不得宣扬我；如若违俺所嘱，莫要怨吾无礼！”住持醒来，遂告于众商，大家虽似信非信，但也不敢违禁，因此每逢节庆从不演关羽戏。

有一年，南方来了几位富商，欲借会馆唱戏三日。其中几位商人偏爱看关羽过关斩将这一出。戏首和会馆住持都告诉他们此一禁忌，无奈富商坚持要演，住持只得破例应允。垫戏唱罢，关公正要出场，突然正堂“轰”的一声冒出一股大火，霎时把整个会馆照得通亮。众人赶紧救火，这火势却很奇怪，只在正堂燃烧，不向外蔓延，水浇亦丝毫不减。住持知道是关公显灵，便让关羽的扮演者净脸卸妆，领着大家向关羽塑像叩头认错。果然，大火顿然消失，堂舍完好无损，唯有那几位富商存放银票的银柜被焚无遗。②

会馆是山陕商人所建，而犯关帝忌讳受到关帝惩罚的是南方富商，这个传说实际上反映出不同地域商帮的竞争关系。

3. 梁浅儿的戏楼

过去在山东运河沿岸的许多市镇，外地商人很活跃，本地人对此难免会有些失落。例如“梁浅儿的楼——人家的”这句歇后语，就说明本地人对外地商人的观感。

聊城有句歇后语“梁浅儿的楼——人家的”，梁浅儿指梁水镇，楼指的是镇东的戏楼。明朝年间，有个张姓货郎沿京杭运河逃荒，到梁浅儿落户。不久，其妻生下凤翔、凤翼兄弟，两人日后分别官至工部尚书、兵部尚书。李自成入京后，兵部尚书张凤翼奉命带兵保护皇家十三陵。顺治登基后，派钦差召见张凤翼，此时张凤翼已遣散士卒，自己携眷乘船南下了。顺治命钦差沿运河急追，在冀鲁交界处赶上了。张凤翼心想：历来文官怕宣，武官怕召，召我进京，凶多吉少，有道是忠臣不保二主。念及此，遂拔剑自刎了。钦差只好割下张凤翼的头颅回京复命。顺治得悉，传旨铸造纯金人头，以完张凤翼尸身。

① 淮安市文广新局编：《淮安里运河·故事篇》，南京：江苏凤凰文艺出版社，2015年，第78～79页。

② 聊城市文化局、聊城市文学工作者协会编：《聊城民间故事》，1988年，第12～13页。

东昌一带要建七十二处陵墓，同时发丧，一样规模。唯有梁浅儿张氏茔陵与众不同，有专人看护，玉石牌坊，加封三代世袭县令。从此，很多人慕名来瞻仰张墓，几家客商出资，掘开河堤，建起涵洞，向西开出宽阔的泊船港湾，梁浅儿日渐繁荣，才有了大号“梁水镇”。两个在此开布店、办钱庄的外地商人，在码头南岸购地百亩，建造了一座雕梁画栋的戏楼，一年四季唱戏，这大楼不是梁浅的，属于人家的。①

张姓是梁水镇大姓。现实中的张凤翔，字稚羽，号元蓬，明万历二十九年（1601）进士，明末累官至兵部尚书、工部尚书。明亡后降清，先后起用为户部、吏部侍郎。清顺治八年（1651），升任工部尚书，同年加太子太保。后致仕归里。张凤翼是山西代州人，崇祯时为兵部尚书，与张凤翔并非亲兄弟。

4. 九达天衢牌坊

德州也有类似的传说，运河边“九达天衢牌坊”的故事，就是南方游医来德州盗宝的传说，同样反映了本地人对外地人的观感。

德州的大西门以北，小西门以南的古驿道(今米市街)上，京杭大运河旁有个“九达天衢”牌坊，附近则是横跨运河的“九达天衢”桥。“九达天衢”坊修建时雕刻了八只石蛤蟆摆放在桥的两头，后来人们发现七只伏在原位置上不动，唯有东南角的一只位置是空的，据说那只石蛤蟆爬到大路旁的海子边上去了。于是当地就有了“南蛮子捉宝——差一点”的故事和歇后语。

传说有一年德州来了个手摇串铃的南方游医。这个游医白天能看出各种奇异的宝物，夜间能看透地下三尺。有一天，他从九达天衢坊经过，一眼便看出东南角的这只石蛤蟆成了精。他就在离九达天衢坊不远的顺城街王家老店住了下来。晚上客店关门时，游医便离店外出。店伙计李二狗问他何时回来，他说外出配药，回来的时间定不准。可是游医每晚出门，拂晓方回，日子一久，李二狗便犯了疑心。一天晚上，游医又出门去了，二狗悄悄跟在后面，想看个究竟。出了米市街口，李二狗忽然发现，九达天衢坊东南角的那只石蛤蟆爬到运河边上去了，心中吃了一惊，便躲在墙角处偷看。只见游医一步一步向在运河边喝水的石蛤蟆靠近，离石蛤蟆还有二十多步，游医不走了，看着石蛤蟆喝完水回到原位置上，游医便开始往回走，这时已是五更天了。又一天晚上，游医走到离石蛤蟆还有两步远，李二狗看得心急，情不自禁地喊了声“快抓住它”。岂料那只石蛤蟆顿时又变成了

① 聊城市文化局、聊城市文学工作者协会编：《聊城民间故事》，1988 年，第 107 ~ 108 页。

石头，趴在那里一动不动了，气得游医把脚一跺说："眼看到手的宝贝，叫你给冲了！"游医盗宝不成，一气之下离开了德州。从此，那只石蛤蟆就一直趴在运河边上。①

传说中提到的牌坊、米市街、顺城街等，都在运河边。九达天衢坊位于"九达天衢桥"南三米处，为明代尹纶所修。由于修牌坊时石质不佳，几十年后，有一只蛤蟆风化开裂。人们就将那只损坏的石蛤蟆砸掉，留下几道痕迹，并移到不显眼的东北角上。后人不明白损坏的蛤蟆丢失在何处，遂附会到"南蛮子盗宝"的母题上来。

（八）庙宇的传说

运河沿岸庙宇的传说，大多依托皇帝下江南的母题，包括杭州接待寺、嘉善西塘关帝庙、苏州普济堂、宿迁龙王庙、济宁慈灯寺、天津慈航禅林寺、天津桃花寺等。

1. 杭州接待寺

隋炀帝开挖京杭大运河时，在运河北起点的相国寺、南起点的接待寺各造同样大小的铜钟一座，无论哪座铜钟响起，另一座铜钟也会应和。乾隆皇帝下江南时，听闻了此事，试图将接待寺的铜钟运回北京。知府带领兵丁将钟运到清水潭的船上，不料晴天霹雳，船裂钟沉，且打捞不起。知府听了和尚的建议，需寻找一母所生十兄弟，一起下水打捞才行。后寻得十兄弟，将铜钟打捞出水面。不料，此时一位兄弟脚下打滑，眼看就要摔倒，最小的兄弟急得脱口而出："姐夫当心！"铜钟应声又沉入潭底。原来十兄弟中有一个是女婿，只能算"半子"。此后，据说在月白风清之夜，清水潭底就会隐隐传出钟声。②

杭州的接待寺全名叫"圣因接待寺"，又名"妙行禅寺"，位于城北左家桥西，初建于宋大观年间（1107～1110），寺院规模宏大。传说称杭州接待寺与北京相国寺（或说金銮殿）铜钟相呼应，正是两地文化交流的象征。传说除了采用皇帝下江南的母题，又依托了"女婿半子"的俗语。

2. 苏州普济堂

苏州普济堂建于清康熙四十九年（1710），专门收养有病的流民和无依无靠的老人，内建三皇殿、关帝殿等。当地有一则关于苏州普济堂的传说：

康熙年间，苏州山塘街青山绿水桥对面有个双龙寺，亦名龙华寺。有一年深秋，有个赶码头的戏班子船经过山塘河，生病的戏子陈鸣枝被老板赶下了船。陈鸣枝爬到双龙寺门口，请求在寺中住一宿。当家师父不肯收留，寺里的一个小香火却好心收留

① 王玉芬、王德椿主编：《京杭运河·齐鲁风情·德州卷》，济南：山东人民出版社，2013年，第155～157页。
② 陈述、陈一辉主编：《走近大运河·传说故事卷》，《杭州运河丛书》，杭州：杭州出版社，2006年，第54～57页。

了他，他的病也痊愈了。当家师父知道后，把小香火和陈鸣枝都赶出了寺院。陈鸣枝被一个开豆腐店的收留，干活积攒的钱就送给小香火养家糊口，自己有空就吊吊嗓子。有一年，康熙皇帝到苏州，龙船夜歇野芳浜，听到他在吊嗓子，就让他到龙船唱戏。康熙皇帝对他的唱功非常欣赏，便把他带回宫中，还要赐予官职。陈鸣枝什么都不要，只要苏州双龙寺。得到康熙皇帝应允，他赶出了当家和尚，接管了寺院，并改名“普济堂”，专门救济那些孤寡残疾和需要帮助的路人。①

这则传说中提到的野芳浜，旧时为游船聚集之处，游玩虎丘的人多在此泊舟宴乐。

3. 宿迁皂河龙王庙

宿迁皂河龙王庙原名为“敕建安澜龙王庙”，民间也叫皇大庙，坐落于京杭大运河畔，东临骆马湖，南接废黄河。宿迁流传一则龙王庙的传说：

乾隆第一次下江南，龙舟在宿迁县皂河镇码头靠岸，见皂河街上像过节一样热闹，命大臣打听，原来是大王庙一个141岁老方丈的寿辰，大家忙着到庙上为老方丈拜寿。乾隆决定到庙里看看。他换上青衣小帽，只见人们进进出出，都带着礼物来拜寿。乾隆两手空空，他看到庙内有纸墨桌，就决定写副对联作贺礼。上联是“甲子重逢，三七岁月”，下联是“古稀双度，一载春秋”。因为平时写顺了手，不经意落款“御笔”二字。众人一见，忙下跪叩请圣安，老方丈也赶忙追到庙门跪送。乾隆问方丈有何事情要办，老方丈请求圣上扩建庙宇。第二年，乾隆就派员重建大王庙，即乾隆行宫。②

4. 天津慈航禅林寺

天津慈航禅林寺原为一个尼姑庵，后被北京广济寺改建为庙。此庙后来变得破败不堪，因住持方丈为顺治皇帝治病得愈，皇上拨帑银重修此庙。新庙竣工后，又御笔亲题“敕赐慈航禅林”匾额一块。当地有这样一则传说：

顺治初年，顺治皇帝到武清视察北运河水情，驾临灾情最重的筐儿港村、宝稼营村。为了让百姓记住决口的教训，皇上在大堤上亲手栽了一棵槐树。回京途中，皇帝偶染风寒，烧得直说胡话。大臣们决定在河西务驿馆住下，贴出皇榜，请当地名医诊治。恰巧孝力村慈安寺精通医术的智广老方丈在河西务街上化缘，他沉思片刻，揭下皇榜。经过诊脉询问，开出药方，三天后，皇帝果然痊愈。皇帝要

① 苏州市民间文学集成编委会编：《中国民间文学集成·江苏苏州·故事卷》，北京：中国民间文艺出版社，1989年，第672～674页。

② 宿迁市民间文学集成编委会编：《中国民间文学集成·宿迁市卷本》，1989年，第22～23页。

请他去京城当护国法师，智广婉言谢绝了，他只有一个请求，就是希望圣上能赐金重修寺院。顺治皇帝回京后拨帑银八千两，令武清知县总理其事，并御笔赐匾额“敕建慈航禅林寺”，口谕封为北京护国寺分寺。①

5. 嘉善银水庙

除了皇帝，还有许多寺庙传说讲述的是地方人士与官府打交道的故事，包括嘉善七老爷庙、常州显井寺的传说，都有漕粮丢失、官府追拿盗粮者的情节。嘉善银水庙传说中，有和尚盗库银被押解进京的情节：

嘉善丁栅镇四里远的地方，有个村子叫银水庙，得名于村南湾头上同名的小庙。传说庙中有银水和尚，每天摇船上街购物，必停在丁栅镇吴家豆腐店对面的河埠。有几次他在豆腐店索要豆浆喝，教会了店主婆隔空盗银的咒语。岂料盗来的是杭州省城的库银，官府抓住了店家及银水和尚，用船只将其押往京城。进京沿途，银水和尚使法术帮助过拉纤的船工，并在缸内变出鲜鱼，供厨师烹煮。船只到了京城，银水和尚再次用水缸变出各种鱼类，皇帝脱口称其“银半仙”。银水和尚趁机谢主隆恩，仍回银水庙看庙，此庙香火也日盛一日。②

6. 常州白衣庵

明末清初，常州永红乡有位姓蒋的医生，由于医术不太高明，看病者少，生活贫困。某年寒冬腊月，陈渡桥边有官船夜泊，官人的妻子临产，四处寻找接产医生而不得，听说蒋某是医生，遂请其上船接生。蒋某诊脉后，命人取来一碗冷水，含在口中，朝孕妇脸面猛喷，孕妇大惊，一下子把孩子惊落在地。这位大官给了蒋某很多报酬，并在回京后，向生病的太后推荐蒋某，他居然将太后的病也医好了，并被留在宫中。蒋某死后，朝廷命人将他送回常州安葬，并在旁边造庵立祠。因蒋某无官职、无功名，所以该庵叫做白衣庵。③

（九）宝塔、坟茔的传说

1. 瘦西湖白塔

扬州富商为迎接乾隆皇帝而建白塔的传说，始见于《清代述异》“一夜造成之塔”条：乾隆帝南巡至扬州，游幸大虹园，感叹此处似琼岛春阴，只可惜没有喇嘛塔。扬州盐商江某

① 天津市档案馆编：《天津运河故事》，天津：天津人民出版社，2014 年，第 63 ～ 64 页。

② 嘉善县文化局、文联、文化馆编：《中国民间文学集成·浙江省嘉兴市·嘉善县故事谚语卷》，浙江省民间文学集成办公室，1989 年，第 43 ～ 47 页。

③ 常州市郊区民间文学集成编辑组编：《中国民间文学集成·常州市郊区资料本·故事卷》，1988 年，第 175 页。

以万金贿赂乾隆帝左右，得到北海白塔图样，鸠工建塔，一夜而成。次日乾隆帝再次幸园，见白塔巍然，心大异之，就近观察，果然是砖石所筑，不由惊叹盐商财力之伟哉。① 关于瘦西湖白塔，另有一则传说：

扬州瘦西湖畔有座几十丈高的白塔，通身雪白，鎏金顶，像葫芦。当年，乾隆皇帝带着妃子和文武官员巡游江南，路过扬州，地方官和大小盐商大献殷勤。这天，太监对盐商们说，皇上在吹台钓鱼，湖对面如果有一座类似京城北海的喇嘛塔就好了。这下急坏了一众盐商，经费大家平摊就算了，可时间紧迫，如何造得起来？后来刘、肖两位最大的盐商想出了一个主意。第二天清晨，皇帝在行宫，推开窗子，一座白塔出现在眼前，不由大吃一惊："人说扬州盐商富甲天下，果然名不虚传，传旨嘉奖！"接着，皇帝就乘龙船出瓜洲口下江南了。原来这白塔是用盐堆起来的，为了不被追究欺君之罪，盐商们送给太监白银五千两，事后在原址开工兴建了一座真的白塔。②

2. 扬州铁佛寺

扬州郊区城北乡有座铁佛寺。这座佛寺与隋炀帝下扬州的传说有关。关于隋炀帝陵的传说，在当地流传甚广：

当年，隋炀帝被部下杀死，起初棺木停放在宫内流珠堂，后葬于扬州城北。隋炀帝下葬的那天，本来是晴空万里，放下棺木时，天气突变，飞沙走石，响雷把地上炸开一个深塘，换个地方下葬还是如此，前后炸开三个深塘。隋炀帝的部下中有一位年长者说："恐怕隋炀帝邪气太重，老天不饶他，棺木没法安葬。听说铁佛能镇邪，何不在此建座铁佛寺呢？"此地很快兴建了一座铁佛寺，隋炀帝也顺利安葬了。如今，扬州城北有座长满青草的坟墓，石碑上还刻有"隋炀帝陵"。被雷炸成深塘的地方，分别叫作上雷塘、中雷塘、下雷塘。③

3. 嘉兴三塔

运河塔的传说多有镇压水怪的情节，例如嘉兴三塔是为了镇压白龙潭的白龙，临清塔是为了镇压水中鱼精，通州塔是为了镇压地下巨鳖。而关于塔的建造，与其他土木工程类似，比较常见的仍然是神仙协助修造的母题。嘉兴三塔位于嘉兴西门外大运河畔，原茶禅寺前。三塔面河背城，既是嘉兴的标志，也是大运河的标志，

---

① 小横香室主人编：《清朝野史大观》第5册，上海：上海书店出版社，1981年，第6页。
② 扬州市民间文学三套集成编委会编：《扬州民间故事集》，北京：中国民间文艺出版社，1989年，第162～163页。
③ 扬州市民间文学三套集成编委会编：《扬州民间故事集》，北京：中国民间文艺出版社，1989年，第164～165页。

运河中过往的船只在十多里开外就能看见三塔。明袁了凡《嘉禾记》载：此处有白龙潭，水深流急，行舟过此多沉溺。唐季，僧行云运土填潭，建塔三座，以镇潭中白龙，因此称为三塔。①

4. 临清舍利塔

明万历时，临清文人缙绅为了改造临清风水，向当时钦差提刑按察使钟万禄请求将观音大士像移至砖城北水关下，并建造一座舍利宝塔。工程始于明万历四十年（1612），至万历四十五年（1617）第五层建成，第六层于次年由临清布商王道济独资捐建，又历时三年，九层宝塔终于全部建成。当地另有一则关于临清舍利塔的传说：

> 临清城西北的卫河旁边，矗立着一座几十丈高的舍利塔，传说这塔是从临清城南五十里的地方拉来的。很久以前，卫河突然来了大青、二青两位鱼精，他们听信水族妖邪之说，认为连续吞吃五百个婴儿，就能到东海做龙王。从此河中经常发生翻船事故，导致婴儿落水被吞。这一年，卫河水位骤涨，两鱼精趁机兴风作浪，四处吃人，痛哭求救之声不绝于耳。正在这时，城南驶来一艘小船，船头立着小型宝塔，所到之处，风平浪静，撑船的老人用长篙四处救人。老人告诉众人，他要建塔镇妖，挨门挨户讨要麻绳；到了秋天，他又挨家挨户借牛。八月十五那天，大家看到老人没来借牛，就嘲笑了他一番。第二天早起，发现凡是老人借牛的人家，其牛都是通身大汗，河滩上赫然出现了一座二十丈高的宝塔。②

（十）胡同、街巷传说

运河沿岸的胡同、街巷传说，多依托皇帝下江南的故事母题，再加上本地风物连缀而成，如常州篦箕巷、淮安驸马巷、济宁兴隆街、龙行胡同、北京苏州街等皆是如此。

1. 常州篦箕巷

篦箕巷原名花市街，位于常州古运河北岸，明正德十四年（1519）于此处设毗陵驿，作为差役和官员途经本地时歇宿之所。清乾隆年间，毗陵驿亦称皇华馆，接官亭叫做皇华亭，亭前的码头叫做大码头。乾隆帝南巡时，有两次就是从这个大码头登岸进城。以下是一则关于篦箕巷的传说：

> 乾隆帝下江南时，来到常州微服私访，和常州籍博学宏词刘纶来到南大街，听到小孩唱关于花市街和常州篦箕、木梳的山歌，便想要去花市街看看。皇帝要来花市街的消息传到了阳湖县知县的耳朵里，这位官老爷于是大摆阵势，准备隆重迎接，以讨好乾隆

① 荀德麟、刘志平、李想等：《京杭大运河——非物质文化遗产》，北京：电子工业出版社，2014年，第204～205页。
② 聊城地区文化局等编：《鲁西民间故事》，济南：山东文艺出版社，1986年，第169～172页。

帝，结果弄得西门花市街紧张起来。乾隆帝于是避开了知县，从运河一僻静处登岸。到花市街后，乾隆帝看到很多挑着木梳的挑夫被拦在那里。刘纶便说，他们是南门木梳街上的木梳佬，花市街上的梳篦店只做篦箕。乾隆帝便说：花市街应该叫篦箕巷，以对应南门的木梳街。阳湖知县虽然没有接到乾隆帝，却通过便衣捕快得知了乾隆的"金口玉言"，于是便下令把花市街改为篦箕巷。后来，此知县被革职，但篦箕巷的名称却留了下来。①

篦箕巷主要经营梳篦店兼售宫花，常州梳篦是重要的贡品。这则传说以此为背景，同时加入了常州当地传说中常见的人物刘纶。

2. 淮安驸马巷

淮安驸马巷位于古城淮安镇淮楼西北隅，原名望仙巷。因明惠帝朱允炆在此巷内为驸马都尉黄琛建造了一座驸马祠，故改名为驸马巷。清同治《重修山阳县志》记载："驸马巷，大圣桥西南，旧有黄驸马祠。"下面这则传说里有乾隆微服私访收干女儿的情节，明显是采纳了皇帝下江南的传说母题：

淮安驸马巷的来历与乾隆帝有关。乾隆帝下江南路过淮安，微服私访，在一户人家避雨。小两口男的叫张大龙，替人挑水；女的叫朱巧云，给人做针线。晚上，小两口留乾隆吃饭，几样小菜，一坛老酒，乾隆帝吃得很高兴。乾隆帝同情他们的处境，就认了朱巧云做干闺女。作为见面礼，乾隆帝掏出一把纸扇，龙飞凤舞地写上几行字，盖上图章，让朱巧云收好，说关键时能逢凶化吉。

有一天清早，张大龙挑水正走着，前头水桶的系子断了，扁担往后一甩，砸死了后面的人。张大龙坐了牢，朱巧云忽然想起干爹那把扇子，就把扇子顶在头上，到大堂上喊冤。县太爷拿来一看，原来是当今皇上的御扇，遂走下堂，连忙跪倒："下官有罪，请公主恕罪！"让人用八抬大轿把朱巧云送回家。知县释放了张大龙，从府库里拿出三千两白银给死者家属作为赔偿。此后，张大龙住的巷子就叫做驸马巷。②

3. 济宁兴隆街

济宁兴隆街的传说中提到了草桥、天仙庙、兴隆街，皆是济宁城区运河沿岸商业繁华之地。

康熙四十四年，康熙皇帝第五次南巡时，乘龙船途经济宁，在运河草桥之西

---

① 汪林、张骥：《大运河的传说》，济南：黄河出版社，2009年，第293～295页。

② 刘功昭选编：《淮安故事传说》，北京：中共党史出版社，2003年，第184～185页。

拐弯处下船。山东巡抚赵世显、济宁知州吴柽在运河南岸的天仙庙临时搭棚接驾。康熙帝问此地是何处，吴柽跪答："万岁，到了济宁州了。这里是'天仙庙'，北岸是'穷命庄'。"康熙帝觉得纳闷："济宁运河两岸不是生意很兴隆，号称'小苏州'吗？为何还有穷命庄？"于是下口谕将此庄改名为"兴隆街"。①

4. 济宁龙行胡同

乾隆二十二年，皇帝第二次下江南回京途中路过济宁。龙船行至小闸口南的坝口处，突然狂风大作，巨浪翻滚，龙船摇晃不已，皇帝十分惊慌。紧要关头，只见一位老者，身着土黄色员外服，下河用肩扛住船头，顿时风平浪静。老者上岸沿坝口街往南走，乾隆帝追至街道右拐的一条胡同内，只见西首仅有土地庙而已。皇帝方知是土地神救驾，于是令州官沈廷枚修缮土地庙，此胡同遂改名为"龙行胡同"。②

龙行胡同附近还有迎龙桥，位于越河东首。相传乾隆帝下江南路过济宁，曾于坝口登岸，沿坝口街南行至龙行胡同，西拐去土地庙祭祀。

5. 北京苏州街

清乾隆十六年（1751），乾隆皇帝到江南巡视，颇喜江南风景。据《啸亭杂录》载："乾隆辛巳，孝圣宪皇后七旬诞辰，纯皇以后素喜江南风景，以年迈不宜远行，因于万寿寺旁造屋，仿江南式样。市廛坊巷，无不毕具，长至数里，以奉銮舆往来游行，俗名曰苏州街云。"③这条"买卖街"俗称"苏州街"。街长三里，肆宇栉比，乐亭、剧台皆仿照苏州样式，并从姑苏城里选派商人在此经营。以下是一则关于苏州街的传说：

传说乾隆帝第二次下江南的时候，有一天，来到苏州城外，和一个亲信太监，打扮成香客，到寺庙里去私访。他们来到一座尼姑庵，烧完香，忽见迎面走来一个尼姑，容貌如花似玉，乾隆帝被她吸引。回到行宫后，乾隆帝立刻下了一道圣旨，召那尼姑进宫伴驾。公开选进宫去当嫔妃有违佛门清规，乾隆帝想出了个办法：在昆明湖的南边，清水河西侧的蓝靛厂为她修建了一座半行宫、半庙宇的"泉宗庙"。

那庙宇雄伟壮观，又邻近清水河，风景十分幽美。乾隆帝每当到西山一带游玩的时候，泉宗庙就成了他的行宫，那个尼姑就成了他的宠妃，尽情地讨取他的高兴。有一年春天，乾隆帝到大觉寺降香归来，銮驾到泉宗庙，不见尼姑前来接驾，步入后宫寝殿，只见尼姑半躺榻上，泪眼愁容。乾隆帝询问原因，尼姑道："启奏皇上，我乃苏州人士，

① 山东省济宁市政协文史资料委员会编：《济宁运河文化》，北京：中国文史出版社，2000年，第356页。

② 王玉芬、王德椿主编：《京杭运河·齐鲁风情·济宁卷》，济南：山东人民出版社，2013年，第141页。

③〔清〕昭梿：《啸亭杂录》卷一〇，上海：上海古籍出版社，2012年，第253页。

离乡已有数载。我没有别的病，只是想回家乡看看。”乾隆帝一听，哈哈大笑：“原来是思乡病，卿家何不早说？好办，好办。半年之后，我同卿家一同去苏州。”尼姑一听，病立刻就好了许多。

半年之后的一天，乾隆帝来到泉宗庙，对尼姑说：“卿家快点上辇，我这就与你一同上苏州。”尼姑让宫女赶紧打扮，上了辇，和乾隆帝的御驾一道，前呼后拥，浩浩荡荡，出了蓝靛厂。行了不到半个时辰，突然停了下来。宫女打开帘子，对尼姑道：“启禀美人，苏州已经到了。”尼姑探出头来往外一瞧，只见街中心一条小河，小船缓缓划过；街两旁是南货和苏州小吃；顾客和卖货者全是地道的苏州口音。原来，乾隆为了讨得尼姑的欢心，在从蓝靛厂到南海淀的大路上修起了一条买卖街，从苏杭一带迁来了商贾、店铺，把一个荒凉的地方变成了江南。此后他就经常携带尼姑来此欣赏苏杭风光，以解她的思乡之愁。这条街就叫苏州街。①

6. 临清竹竿巷

街巷传说除了依托皇帝南巡的母题，还有些是做生意的市井故事。例如，竹竿巷是因运河而起的众多街巷之一，其起源讲述的是南方商人贩运竹竿的故事。如一则关于临清竹竿巷的传说：

过去，江南有个叫朱刚的人，见有人从南方往临清州贩运江米、红糖、桐油、茶叶发了大财，也想试着跑几趟赚些钱财。他想到北方毛竹甚缺，贩运此货定好出手，于是便装了几船毛竹，沿运河到了临清。谁知北方人盖房全用木料，所以朱刚的毛竹堆在集市上，数月无人问津。这天他在出售编织物的市场，见用柳条、高粱秸、芦苇编织的筐、篮和帘子，甚是好卖，受到启发，便拜临清编织高手为师，勤学苦练。他做的竹筐、竹篓等，不但样式精美，而且轻巧耐用，人称“朱巧手”。这年元宵灯节，他应绸缎庄掌柜之请，给店里编了一盏精巧奇妙的竹灯，此灯类似鸟笼，内燃蜡烛，有竹鸟围着烛光追逐欢唱，围观者众，而朱刚的手艺也更出名，前来拜师求艺者甚多。时间一长，朱刚居住的这条街成了竹器市场，此巷也被称作“竹竿巷”了。②

临清竹竿巷位于老城区中心部，漳卫运河东岸，原名果子巷，清代改为竹竿巷。竹竿巷之名，多见于运河沿岸的杭州、邳州、济宁、临清、德州、沧州、天津、北京等地，尤以北方为主。竹竿巷的传说虽然虚构为南方商人贩卖竹编的故事，但故事的背景、

① 汪林、张骥：《大运河的传说》，济南：黄河出版社，2009年，第304～305页。

② 聊城地区文化局等编：《鲁西民间故事》，济南：山东文艺出版社，1986年，第189～190页。

场景却是运河物资流动的真实反映。

（十一）村落、集镇的传说

运河沿岸的村落和集镇，其得名缘由的故事有不同类型：嘉兴三店村、镇江驸马庄是皇帝下江南的故事；苏州同里镇、苏州八坼是拆字、同音字衍生的故事；常州奔牛镇是外地人盗宝的故事；临清初圈村、天津赵虎庄是与漕粮有关的故事；扬州露筋镇、德州四女寺则是宣扬孝女烈女的故事。

1. 镇江驸马庄

镇江驸马庄位于城南马鞍山东麓，原为明成祖二女永平公主夫婿李让的庄田，万历后为李姓村落。道光时水灾，李氏全族避居城中惠安寺巷，因此有“石牌楼李”之称。李氏迁出后，谢氏迁入，并逐渐衍生出宋代谢氏祖先为驸马的说法。此处所引镇江驸马庄的传说与淮安驸马巷的传说类似，都是采取了乾隆微服私访认干女儿的故事情节。①

乾隆帝和张玉书到镇江游山玩水，在南门遇雨，就到一户农家避雨，女主人用炒米蛋茶招待。乾隆帝很感激，就收其为干女儿，并留下扇子为凭据，让其有难时到镇江城找张玉书。后来这家男人挑柴售卖时误杀了一名小兵，被打入死牢。女人拿着扇子找张玉书，解救了丈夫。此事传开，镇江府、丹徒县把这对夫妻的住处圈起来，造了一座驸马府，即如今的驸马庄。②

2. “富土”与“同里”

在苏州吴江的同里镇，流传着这样一则传说：

吴江同里镇以前有浙江富阳县灾民来此开垦，所以地名叫作“富土”。隋炀帝听说吴江有“富土”，遂下旨每亩加皇粮三斗。催粮期限到，催粮官由知县陪同，带着船队来收粮。金秀才带领乡亲迎接，否认此地为“富土”，说地名叫“同里”，催粮官一看路边的各类标志和商号招牌，也都写“同里”，只好回京禀报去了。原来这是金秀才让乡亲把“富”字拆开，最上面的点去掉成“同”字，下部的“田”与“土”合并成“里”字，所以“富土”就变成了“同里”。③

① 裴伟：《镇江城南驸马庄得名缘由再探》，《寻根》2011 年第 1 期。

② 中国民间故事集成全国编辑委员会、中国民间故事集成江苏卷编辑委员会编：《中国民间故事集成·江苏卷》，北京：中国 ISBN 中心，1998 年，第 332 ～ 335 页。

③ 苏州市民间文学集成编委会编：《中国民间文学集成·江苏苏州·故事卷》，北京：中国民间文艺出版社，1989 年，第 443 ～ 444 页。

3. 吴江八坼

吴江县城南二十多里，紧靠京杭大运河的地方，有个十多户人家的小村子“八尺”。明朝末年，倭寇入侵，戚继光带领戚家军抗击倭寇。八尺老百姓也组织了一支乡兵，配合戚家军抗倭，他们在周围田塍间布置了陷阱。一日，倭寇从平望沿运河北犯，陷入了八尺乡兵的埋伏圈，受到重创。此后平望、盛泽等地也组织了乡兵。戚继光把这些武装力量联合起来，在嘉兴、盛泽、吴江的运河一带，建立十二个坼侯，按十二天干命名，八尺正巧排在第八位，所以就改名八坼了。①

上面两则传说基本上采用的是拆字、拼字的情节。同里镇的传说的时代背景应该是明清时期的江南重赋问题，但同时又附会了隋炀帝的故事，显系运河文化的影响。苏州八坼的传说背景则是当年地方设立坼候防卫的史实。

4. 常州奔牛镇

常州奔牛镇的传说讲述的是外地人盗宝的故事：

常州城西有个小村子，村西头运河中有一个土墩子，不管是下雨还是晴天，不论河水涨落，土墩总是仅露出一个顶，像是一头牛在运河中洗澡露出了牛背。想去河中盗宝的人，还没有靠近墩子，就会翻船落水，好多人为此断送了性命。有一天来了一个江西人，说他的牛逃到运河中土墩上去了，要借一条船去捉牛。当地人猜测他想盗宝，没一个人肯借船给他。最后，他在叶家码头向叶老大租了一条破船。叶老大不帮他撑船，他就自己一个人把船撑到运河当中，船头对着土墩，从身边拿出一棵“磨盘草”，向土墩上下挥动，口中念念有词，约半个多时辰，终于把一条金黄色的大水牛引到了破船上，划回岸来。

叶老大看到江西人真的载了一头牛回来，感到很惊奇。再一看，牛在船上留下一摊牛粪，便板着脸要求江西人把牛粪弄干净再走。江西人笑眯眯地说：“我租了你的船，送你一堆牛粪也不错呀！”叶老大说：“不弄干净休想走！”江西人叹了口气，蹲下身子，用双手捧着牛粪甩进河里。江西人骑上牛背一直往东去了，叶老大回到船上细细一看，船舱里还有一小块，但分明是金光闪闪的黄金。他连忙追上岸去，江西人已无影无踪。这事传开后，大家都称运河中的土墩为金牛墩。金牛虽然奔走了，但留下的那堆金子，却被这里的百姓用来建造了一个集镇，也就是现在的奔牛镇。②

---

① 苏州市民间文学集成编委会编：《中国民间文学集成·江苏苏州·故事卷》，北京：中国民间文艺出版社，1989年，第445～446页。

② 荀德麟、刘志平、李想等：《京杭大运河——非物质文化遗产》，北京：电子工业出版社，2014年，第202页。

5. 扬州露筋镇

京杭大运河边有个集镇叫露筋镇。相传唐朝时候，高邮有一户人家，父母早亡，留下兄妹俩。哥哥在外做生意，妹妹跟着嫂子过日子，感情很好。有一年夏天，外地闹瘟疫，嫂子听说男人染了病，就要去探望，姑嫂结伴同行。

这天很闷热，忽然黑云翻滚，电闪雷鸣，大雨将至。姑嫂两人看见湖堤坡子上有个小屋子，外面有个凉棚，急忙过去避雨。大雨到傍晚才停止，无处歇息。屋子的主人是个光棍，姑嫂为避嫌，只好在凉棚里过夜。天黑后，吸血的麻蚊子袭来，嫂子累睡着了，小姑子不停地拍打蚊子，还把自己的罩衣脱下盖在嫂子身上，后来被蚊子活活叮死了。第二天，嫂子看到小姑子条条筋都被叮了出来，痛哭不已，嘱托光棍料理后事，就继续赶路了。后人为了纪念小姑子，修了一座露筋娘娘庙，娘娘戴的是蚊子冠，这个集镇也叫作露筋镇了。[①]

6. 德州四女寺

京杭大运河南岸武城县四女寺村古称安乐镇，镇上有傅姓夫妇，生了四个女儿，个个姿色超群，聪慧过人，知书达礼，孝敬父母，街坊邻居无不称道。转眼间女儿相继成人，傅氏夫妇已年近半百，膝下无子，想想日后无人继承家业，女儿嫁人后无人养老送终，倍感凄凉。大女儿体谅父母的苦衷，便和三个妹妹商量，主动要求留在家中侍奉父母终生。三人一听，异口同声地反对，都要求和姐姐一道奉养双亲。大姐看她们态度坚决，就提议每人各栽一棵槐树，槐枯者嫁，槐茂者留，三人齐声说好。

姐妹四人各在大门口栽了一棵槐树，数月后，四棵槐树全都枝繁叶茂。大姐不忍心贻误妹妹青春，偷偷地用热水浇三人的槐树。不料这一举动被三个妹妹发觉了，也暗暗地效仿大姐，用热水浇别人的槐树。过了一段时间，槐树不但没死，反而更加茁壮。四姐妹疑心是天意昭示，越发坚定了留家侍亲的决心。

傅家丰衣足食，又有四个如花似玉的女儿，说媒提亲者络绎不绝。无奈四女矢志不嫁，并将所议之事及植槐经过告知父母。二老虽极力劝阻，但四女为表心意，便卸下女儿装束，换上男子衣冠，学着儒生的样子学习诗词书画。平日说话如同兄弟，绝口不提婚嫁之事。二老见状，也就不再劝婚。媒人见四女心坚如铁，也不再登门说亲。傅氏夫妇虽年近古稀，仍目明耳聪，那四棵槐树也日见粗壮。四女又在庭院里建一梵宫，朝夕焚香，日夜诵经，祈祷双亲平安长寿。

---

① 中国民间故事集成全国编辑委员会、中国民间故事集成江苏卷编辑委员会编：《中国民间故事集成·江苏卷》，北京：中国 ISBN 中心，1998 年，第 336 ～ 337 页。

一天，有一个相貌非凡的人来到安乐镇，远远望见四棵槐树枝繁叶茂，便寻踪而至，在庄院前凝视良久，口中言道："草木属阴，鬼木为槐。观此槐之状，必有奇女居此。"于是整衣冠躬身而入。十日后，左邻右舍忽然发现，傅氏一家不知何时已经人去屋空，于是众说纷纭，有人说傅家积德行善感动神灵，已修道成仙。此事为安乐镇平添了神秘色彩，过往行人客商争相目睹傅家遗迹。天久日长，竟使得安乐镇店铺林立，商贾云集。世人念及四女施恩故里，就把安乐镇改为四女村，后又因建寺塑像，又改村名为四女寺。①

7. 临清初圈村

临清初圈村位于运河畔的尖冢镇，此地有卫运河码头及钞关分关，是繁荣的运河重镇。初圈村传说中有许多地理与行船的故事，显示了讲述人对临清以及漕运的历史非常熟悉，例如漕船从粮仓所在的通州张家湾出发，到卫运河的南端河南辉州运粮，运粮船夜间行驶，返程中到临清码头停泊，船上的伙夫初船膳登岸上街买油盐柴米，在会通河畔的会通街遇见灾民，在临清最著名的洼里秧歌会借戏装花伞，利用河神信仰装神弄鬼等。

临清城南30多里的卫运河畔，有个村庄名叫"初圈"。庄上的人家多半姓初。可是早先这个村庄叫"祁圈"，庄户人家也多姓祁而不姓初。明嘉靖九年，临清州一带年遭大旱，百姓们靠剥树皮、挖草根充饥度日，皇帝却不顾百姓死活，不断增派运粮漕船加紧往京城运粮。百姓的惨况，激怒了一个红脸汉子。此人生得身高体壮，剑眉怒目，一身豪气。他本是直隶河间府人，姓初，在漕船上管做饭，人们都叫他"初船膳"。

这天，他所在的漕船由通州张家湾启锚，前往河南辉州载粮。途中来到临清卸货口码头停泊。初船膳登岸上街购买油盐柴米，回船路上，在会通街火神庙前见几个衣衫褴褛的讨饭人，抱着一个饿死的孩子，哭得死去活来。初船膳目睹百姓受此苦难，决意替他们寻个活路，他问到他们家住城南河边祁圈村，然后又嘱咐了细节，便扶起跪拜的要饭乡亲回船了。

当时运粮漕船为了防备沿途灾民抢劫，大都白天停泊，夜间行驶，并配有校尉押船。这天三更时分，漕船来到临清祁圈河段。行着行着，忽听船头水下"咯噔"一声，漕船随着转了半个圈，在河心一横，停住了。押船的校尉们连忙提着灯，沿船舷前后左右察看。正在这时，只听几声震天炮响，前面不远处水面上火光骤起，

① 王玉芬、王德椿主编：《京杭运河·齐鲁风情·德州卷》，济南：山东人民出版社，2013年，第159～160页。

浓烟滚滚，烟火中一顶绣龙杏黄伞顶水而出，伞下一群手执铜锤、金枪的鱼鳖虾蟹，在烟雾中上蹿下跳，浮影幢幢。这时漕船上下都慌了手脚，莫说船工，就是佩刀挂剑的校尉们也个个吓得骨软筋酥，瘫在船板上磕头作揖。

船上唯有初船膳镇定自若。他下到舱里，叫起船首，把情由述说一遍。船首一听，吓得一出溜缩进被窝里。初船膳装着叹了一口气说："我看这也是民不聊生，惊动了河神显灵。船首爷不如施舍点粮食济济苍生，或许能解脱此难。"在初船膳招呼下，校尉、船工们七手八脚，拼命地往河里卸粮包，卸着卸着，鱼鳖虾蟹都慢慢沉下去不见了。原来，这是那几个祁圈要饭的老乡，按照初船膳说的计谋，招呼全村的老少爷们干的。他们在洼里秧歌会借来戏装和花伞，背兜里装满砖头瓦块，口衔竹管早就在此等候了。天亮后，全村乡亲把粮包从河里捞出来，按庄户家口分完，省吃俭用度过了灾荒年。

后来，初船膳因酒后失言，泄露了劫皇粮之事，被交内务府治罪，下了死牢，而且不日将派官兵来临清州抄杀祁圈全村。这件事被初船膳的河间同乡初太监打听到了，于是他不顾年迈体弱，千里迢迢，日夜兼程前来相告，并建议不如将村名"祁圈"改名叫"初圈"，让官兵无处可寻。几天后，官船到了临清州，官兵像没头的苍蝇，东查西找，南撞北闯，忙了三四天也没有找到"祁圈"村的影儿。步军统领衙门见临清州确无此村，只好顺水推舟，以酒后戏言为由放了初船膳。①

8. 北运河畔赵虎庄

元至元十六年（1279），朝廷在天津三岔河口至杨村间，沿北运河建了包括仓上、南仓、北仓在内的"直沽广通仓"。由于往北水位较浅，漕粮多在此储存，再用小型驳船拖运进京。元延祐年间（1314～1320）至明朝，朝廷在今北运河畔的南仓、马庄、阎街、北仓、赵虎庄、李嘴等地设有浅铺。当地有一则赵虎庄的传说：

明永乐时，北运河漕运兴起，当地人赵虎担任漕运的运粮官，奉命在北运河畔建粮仓，并招百姓在此筑窑烧砖。一天，兵部侍郎之子白少川泛舟南下，途经此地，见河面有父女两人打渔。白少川见那女子有几分姿色，便喝令官船靠上，将搭钩扣住渔船，欲将姑娘买下。老渔夫不从，被白少川指使随从捆住手脚丢进河里，并将姑娘拖上官船。赵虎得知此事，带人将姑娘抢回，把白少川打得狼狈而逃。白少川回京向父哭诉，其父遂诬奏赵虎私截皇粮，聚众谋反。赵虎被押解来京，问成死罪。赵虎庄被夷为平地，烧窑的村民不肯离去，就搭了窝棚居住，人们为了避祸，就将赵虎庄改名窑窝，直到1984年才重新恢复赵虎庄之名。②

① 高志超主编：《运河名城临清》，济南：山东友谊出版社，1990年，第161～166页。

② 天津市档案馆编：《天津运河故事》，天津：天津人民出版社，2014年，第233～234页。

浅铺又称浅夫，职责是巡视堤岸、树木，招呼运船使之免于搁浅，还兼管禁捕盗贼。从传说中赵虎建仓、当运粮官、打抱不平的情节来看，他应该是浅夫首领之类的角色。

三、风物民俗传说

（一）民间俗语

1. 高邮漕船“黑屁股”

高邮“黑屁股”的绰号曾在运河沿线广为流传。清李汝珍在《镜花缘》中写秀才唐敖随其妻弟林之洋去海外经商，来到智佳国，发现外国人都知道高邮人的绰号叫“黑尻”，让他们惊诧不已。[①] 这个绰号源于与漕运有关的传说：

当年，乾隆皇帝下江南，在大运河堤上边走边看。他看见河边船上的人都在剥稻壳，遂上前询问，一位老人说：“这是进贡的大米，一定要剥掉壳子。”皇帝因观赏风光，心情大好，就说：“以后你们高邮进贡大米就用不着剥壳子了。”众人认出他是皇帝，山呼万岁。老人又问：“我们进贡时，怎知道我们的船是高邮的呢？”皇帝想了想说：“这样吧，你们把船的屁股涂黑就行了。”所以，从此高邮漕船的屁股都涂得漆黑。[②]

这个传说还有另一个版本：

相传京城曾有一个负责收验皇粮的官员，回到家乡高邮，人们告诉他，每年漕运进京，等候卸船的时间太长，漕船常常因此而错过回程的最佳时间，以致运河封冻而受阻于北方，希望能变通变通，高邮漕船抵达通州优先卸船。该官员一口答应，可是每年漕船成千上万，怎样才能区别出高邮的漕船呢？这个官员的幕僚想了个办法：将高邮船尾刷上黑漆作为标志。这一年漕船一到，该官员下令：凡是黑屁股的船，先进码头卸船。以后年年如此。其他地方的漕船开始不知缘由，后来发现这个秘密，就讥讽道：“高邮人黑屁股！”[③]

两个版本的传说都认为“黑屁股”来自高邮粮船尾部涂成黑色，目的是为了在验粮时插队，这一定程度上反映了漕粮缴纳时作弊的情况。

①〔清〕李汝珍：《镜花缘》，北京：华夏出版社，1994 年。
② 扬州市民间文学三套集成编委会编：《扬州民间故事集》，北京：中国民间文艺出版社，1989 年，第 177 页。
③ 扬州市政协文史委编：《扬州古运河》，北京：中国文史出版社，2006 年，第 200 ~ 201 页。

2. “镖不喊沧”

沧州作为重要的水路交通枢纽，过去曾是官府巨富的走镖要道，江湖上广泛流传“镖不喊沧”之说。第八章已述及镖师李凤岗的传说，另有一个版本如下：

李冠铭，李凤岗之叔父。李凤岗者，大刀王五之师也。冠铭有奇力，性负气，尝有镖客喊镖过其门，冠铭愠曰：“例，镖客至一地，必先以刺通谒其地之技击者，然后喊镖，不然则为大不敬。”因驰马追之，超其前有石坊，冠铭手攀坊梁，以股夹马起，马跳嘶，不能少动，镖客大骇，逊谢哀之，冠铭大笑，驰去。嗣后，凡镖客过沧境，相戒不喊镖，久沿成例，至今尚然。冠铭之声威远矣，凤岗之子名庆临者，能传其家学。①

3. “马虎子来了”

过去，不少地方流传“马虎子来了”的传说，采用了隋炀帝开运河的故事母题，都有开河总管麻叔谋吃小孩的情节。“马虎子”，扬州人称“麻虎子”。“麻虎子来了”是过去扬州人哄吓小孩子的一句话。当地有这样一则传说：

相传，隋炀帝开挖运河到扬州看琼花，命大臣麻叔谋为开运河的大总管，麻叔谋满脸大胡子，绰号麻胡子，残忍异常，手下人稍不如他意，不是被毒打，就是被杀害。麻叔谋还有一个特殊嗜好：每天要吃一个婴儿，或蒸或煮。为此麻叔谋经常让他的部下到外面去偷婴儿吃。老百姓都很惊慌，每晚把小孩子藏在箱子里，假如小孩子哭闹不睡觉，只要说“麻胡子来了”，小孩就吓得赶快闭上眼睛，不敢再哭了。久而久之，“麻胡子”喊成了“麻虎子”，成了凶恶的代名词。②

4. “孩子哭，麻猴吓”

过去北京有“孩子哭，麻猴吓”的说法，这一说法的由来和扬州“麻虎子来了”很相似，也和隋炀帝开运河有关：

隋炀帝为了到江南游玩，从通州向南开凿了直通苏杭的大运河，命奸臣麻叔谋掌修运河。麻叔谋擅长带兵打仗，所以有“麻虎子”之称。运河工程进展缓慢，他除了催人干活、打人杀人外，没有一点办法。一天，他不满意厨子做的饭，就把厨子痛打了一顿，厨子被逼钻进芦苇里寻短见，碰巧遇到在河边埋死孩子的，厨子就把死孩子带回来做了菜，不想麻叔谋竟觉得香甜，让厨子天天做这道菜。为了保命，厨子先是偷孩子尸首，然后重金购买孩子，后来发展到麻叔谋派兵去抢。运河边的老百姓就把孩子送到很远的地方，送不走的就锁在家里，为了不让孩子哭，就说“麻虎子来了”，一来二去，“麻

---

① 扬州市民间文学三套集成编委会编：《扬州民间故事集》，北京：中国民间文艺出版社，1989 年，第 177 页。

② 扬州市民间文学三套集成编委会编：《扬州民间故事集》，北京：中国民间文艺出版社，1989 年，第 28 ～ 29 页。

虎子”讹音为“麻猴子”。[①]

麻叔谋在历史上的原型为麻祜，和传说一样，是负责修建大运河的人，生性残暴，害死了不少人，以致引发民变，最后被隋炀帝处死。“马虎子”的传说在流传过程中增加了地方特色，如扬州的传说强调“到扬州看琼花”，北京的传说则强调“通州向南”，体现了传说的地域色彩。

（二）风俗信仰

1.“常州妇女拉篷脚”

过去，船民为了行船安全，往往求助于神明，或携带盐、麦、米、字纸灰、佛马香帛等物，以为厌胜之用。加之船民有许多关于妇女的禁忌，遭遇风暴时，遂有以疯女“赶邪”的习俗。

古时候江河湖海中妖魔鬼怪极多，常兴风作浪，掀翻船只。杭州有个商人，其妻发疯三年，久治不愈，听说苏州有名医，就带妻子和几位伙计乘船前往苏州。船到太湖心，狂风暴雨大作，湖中妖怪向船袭来。伙计们撑篙的撑篙，拉篷的拉篷。商人的疯妻则披头散发，面上沾满锅屑灰，赤着双脚，狂跳狂叫。这时拉篷的伙计把篷拉住，篷脚处少一人，遂叫疯子拉住篷脚。不一会儿，风平浪静。疯妻的病似乎也好些了。其中一个伙计说：“这次化险为夷，全靠夫人拉住篷脚，加上她披头散发，狂叫狂跳，这叫以邪赶邪。”大家都认可这个解释。此奇遇广为传布，遂为船民所知。此后，船上总要带上妇女，遇到狂风暴雨，就叫妇女拉篷脚，还要披头散发，抹锅屑灰，赤脚，两腿夹住舵，装出一股杀气，以邪驱邪。[②]

2. 抱着大公鸡迎亲

抱着大公鸡迎亲的风俗，见于全国各地，但是淮安流传的一个版本则与运河有关：

运河滩王家庄有个小伙子王三，养大公鸡出了名，乡里人都喊他“大公鸡”。某个鸡年的三月，皇帝沿运河下江南，路过王家庄，地方官从王三家抓了只菊花大公鸡，送给皇帝观赏。这只大公鸡个子大，腿脚长，全身金黄，是个“吉祥之物”，也是鸡年吉兆。皇帝很高兴，赏给王三几间大瓦房，并许诺从江南回来，还要赏赐王三。

桥西的钱贵福看得眼红，决定把女儿送给皇帝做侍女来求得封赏。乾隆帝沿

① 中国民间文学集成全国编辑委员会、中国民间故事集成北京卷编辑委员会编：《中国民间故事集成·北京卷》，北京：中国 ISBN 中心，1998 年，第 657 ～ 658 页。

② 常州市郊区民间文学集成编辑组编：《中国民间文学集成·常州市郊区资料本·故事卷》，1988 年，第 250 ～ 251 页。

运河北上，地方官把钱贵福女儿送到皇帝身边，皇帝觉得他忠心可嘉，就让随从把那只菊花鸡赏给他。钱贵福女儿不愿进宫，眼睛哭得红肿，皇帝就传谕把钱家女儿送给光棍王三成亲。成亲之日，一路上吹吹打打，钱家那只菊花大公鸡立在花轿子前头，被人们一轰，直往王三家奔。此后，运河边人家迎亲，总要带只大公鸡开道。[①]

传说采用了皇帝南巡的故事母题，定位的地点是运河滩王家庄，讲述的故事也是“运河边人家迎亲”。

3.“六月六，晒龙袍”

“六月六，晒龙袍”的俗语，南北各地都有流传。晒龙袍即晒衣裳，把伏天容易发霉的衣物拿出来晾晒，也俗称“晒伏”。宿迁的这个传说故事也是依托皇帝南巡的母题：

有一年，乾隆皇帝下江南，游览了文峰塔，在塔南两棵白果树下歇脚。乾隆帝看到白果树初结嫩果，一簇簇挂满枝头，甚是好看，一时竟忘了离去。忽然倾盆大雨，皇帝的衣服都湿透了。此地无村无店，不得已，只好找地方晾晒晾晒。他晒龙袍的地方后来建了一座庵堂叫“龙衣庵”。这天恰好是六月六，人们就把六月六日晒伏叫作晒龙袍。[②]

4.“二月二画折子”

苏北运河的农村，过去每逢二月初二，都有在自家院子里画圈圈的风俗。圈圈模仿的是农村囤粮食的用具，俗称折子，孩子们手执葫芦瓢，围着青灰折子边唱边转，以此祈望丰收。当地有民谣：“二月二，龙抬头，画折子，垛高楼，大折满，小折流，年年五谷大丰收。”据说这一习俗与乾隆帝下江南有关：

乾隆帝三次经过邳州，地方官为讨好皇帝，大肆搜刮民间。有一年乾隆帝路过邳州，州官迎驾称：“邳州风调雨顺，五谷丰登。”皇帝听说邳州如此富庶，就打扮成秀才模样，微服私访。这天正是二月二，皇帝听到家家户户炸玉米花的“砰砰砰”的声音，以为百姓放鞭炮欢迎他，不料一位大嫂告诉他那是在炸龙眼，因为三年没下雨，懒龙在睡大觉，所以要把懒龙眼上的翳炸掉，让他开眼看看旱情。皇帝又来到一家门口，看到一副对联，上联：“二三四五”，下联：“六七八九”，横批：“南北”。皇帝一看，就知道这对联藏着“缺衣（一）少食（十）无东西”几个字。乾隆回到龙船，责问州官：“邳州年成到底如何？”州官支支吾吾。乾隆大怒：“好个风调雨顺，五谷丰登！如果邳州黎民都有粮食折子的话，朕三年不收皇粮。”百姓听到这个消息，连忙在自家院子里画上折子。

---

① 刘功昭选编：《淮安故事传说》，北京：中共党史出版社，2003年，第245～246页。原始文本见宿迁市民间文学集成编委会编：《中国民间文学集成·宿迁市卷本》，1989年，第138～140页。

② 宿迁市民间文学集成编委会编：《中国民间文学集成·宿迁市卷本》，1989年，第138页。

久而久之，就有了“二月二画折子”的习俗。[①]

（三）说唱艺术

1. 王周士说书

王周士是乾隆时著名的苏州弹词艺人，赵翼曾写《赠说书紫癞痢》一诗，称王周士以滑稽调笑见长，并赞誉：“自言名隶教坊籍，焰段曾供宴燕九。华清承直知有无，唇舌君卿固罕偶。”当地流传一则“王周士说书”的传说：

乾隆年间，苏州评弹界出了个名艺人王周士，说、噱、弹、唱，清口八技，样样精通。有一年乾隆帝南巡路过苏州，行宫设在沧浪亭。一天吃过晚饭，乾隆帝问内侍，苏州可有名伶曲伎可供消遣。内侍推荐苏州说书。圣旨传到苏州府，知府就去请王周士。王周士来到沧浪亭，先以光线不好，请求赐烛；又以不能站着说书，请求赐座。要求满足后，王周士说了一出《白蛇传》，皇帝听了非常高兴，赐给他七品冠戴，命其随驾进宫说书。王周士在宫里住不惯，就推托生病，回到苏州。苏州知府、吴县知县都上门问好，王周士趁机要求立社成业。成立会社即不再受甲头管辖，等于抬高了说书人地位。苏州评弹艺人为了庆祝这件事，在玄妙观品芳茶馆举行大会书，七天免费说书。从此苏州有了年年会书的习俗。至今艺人演出时，也要坐高凳加座垫，就是为了纪念王周士的开创之功。[②]

2. 九连环的采茶扑蝶歌

这个传说采用的仍是乾隆帝下江南的故事母题，传说中的金山寺在金山，甘露寺在北固山，皆为镇江名胜：

有一年，乾隆帝下江南经过镇江，顺便拜访告老还乡的宰相魏中浩。魏中浩亲自陪驾游览金山、甘露寺等名胜古迹。有一天，乾隆帝欲独自一人游玩，早上骑上一匹马走了，魏中浩的管家在后面暗中跟着。乾隆帝走到宅盖山迷了路，便问溪边浣衣女子路程，岂料此女耳背，乾隆帝心急，上前轻扯女子肩头衣服，被女子站起来扇了一个耳光。乾隆帝尾随女子进村，在其家墙上画了九个圈的标记，以便回城后下旨报复。此事被魏中浩知道后，对管家如此这般交代一番。第二天，乾隆派武官去报仇，武官发现宅盖山村子所有人家的墙上都标有九个圈。回报乾

① 中国民间故事集成全国编辑委员会、中国民间故事集成江苏卷编辑委员会编：《中国民间故事集成·江苏卷》，北京：中国ISBN中心，1998年，第384～385页。

② 苏州市民间文学集成编委会编：《中国民间文学集成·江苏苏州·故事卷》，北京：中国民间文艺出版社，1989年，第219～222页。

隆帝，乾隆帝遂带领御驾甘凤池及御林军，亲自前去查看。刚入村口，便见村里男女老少在门口迎接，齐声用花舌头唱腔演唱采茶扑蝶歌，且歌且舞，场面感人。乾隆帝欣赏此别具一格的花舌头小曲，竟忘却杀念，于是决定不再追究。返途中经过宅盖山，乾隆帝越想越恨，不禁骂道："穷山恶水，刁民泼妇。"从此宅盖山草木渐废，变成了穷山恶水。而花舌头的江南小调，从此定名"九连环"。①

《采茶扑蝶》歌流传于福建龙岩等地，而传说认为该民歌来自镇江宅盖山的山村并不准确；该歌别名"九连环"应该是来自其"花舌头"唱腔，而传说附会到乾隆帝在墙上所画圆圈。被乾隆帝派去报复的甘凤池是清前期江南著名的武师，《清史稿·甘凤池传》称其是南京人，武功高强，善导引术，雍正时受到南京顾云如"邪术不轨"案的牵连入狱，后获赦，江南地区多有其传说。

（四）工艺产品

1. 陆墓金砖

陆墓在苏州齐门外六里，因陆宣公墓得名。明成祖朱棣迁都北京，大兴土木，经苏州香山帮工匠的推荐，陆墓砖窑被工部看中。由于质量优良，陆墓金砖博得了永乐皇帝的称赞，为窑场赐名曰"御窑"。

吴县陆墓是著名的砖瓦窑地区，陆墓余窑货真价实，所产金砖铺在宫殿、官庭和陵园中。后来京城谣言四起，说余窑货不如无锡南门的好。余窑师傅余勤良思来想去，派了几个人乔装打扮，刺探无锡窑的秘密。解货的日子到了，余勤良等人随货船入京。验货官在验货时，余勤良要求当场将两家的金砖从侧面锯开，无锡金砖在四角和中部都有洞。从此余窑货更受信，余窑也就改为御窑了。②

2. 鹅蛋香粉

大运河开通后，扬州香药贸易兴盛。一些外国商人大量移居扬州，主要经营香药和珠宝。扬州香粉业历史悠久，明末清初扬州人周嘉胄著有《香乘》一书，是中国有史以来香文化发展的汇编和总结。当地有一则关于"鹅蛋香粉"的传说：

扬州流传着一首民谣："鹅蛋粉，白如霜，搽在脸上喷喷香。"传说，从前扬州有一家姓谢的，开了个杂货摊子。有一次，他去江南贩货，雇了一条小船，从瓜洲出发。

① 常州市郊区民间文学集成编辑组编：《中国民间文学集成·常州市郊区资料本·故事卷》，1988年，第15页。

② 苏州市民间文学集成编委会编：《中国民间文学集成·江苏苏州·故事卷》，北京：中国民间文艺出版社，1989年，第514～516页。

行至半路，遇到风暴，小船被掀翻了。姓谢的急中生智，抱起一块船板，漂到一座江中荒岛上。忽然有一阵芬芳从一个山洞里飘来。他走进去，发现洞里白石嶙峋，还有拳头大的一只蛋，似粉妆玉琢。他就把蛋装进怀里。第二天，他被一个老渔民救上岸，老渔民还告诉他这里叫香风岛。

谢姓商人回到家，把“香蛋”供在福柜上。第二天去跟亲友借钱，大家看他丢了本钱，都不肯借他。他两手空空回家，发现福柜上的“香蛋”被打破了，原来是他的二丫头弄坏的。他揪了二丫头的头发往外拖，却见丫头原来青黄色的脸，变得雪白雪白，香气扑鼻，一问才知道，原来是二丫头擦了蛋粉。这下他有了主意，让二丫头化好妆坐在堂屋中间，请四邻都来观看。他说了自己遇险的经历，表示自己要做香粉生意，可惜没有本钱，大家就集资了一百多两银子借给他做本钱。

此后，他开起了作坊，采购了冰片、石粉，和上一点香蛋粉。由于包装形似半个蛋形，人称鹅蛋粉，又叫女儿粉。香蛋粉用完了，就用麝香代替，仍然深受喜爱，其店名“谢馥春”也传遍了大江南北。[①]

谢馥春香粉店由谢宏业于清道光十年（1830）创建于扬州，先后定址于城南下铺街、徐凝门街，同治三年（1864）店址迁至辕门桥。[②] 谢宏业创建香粉店虽事出偶然，但亦是扬州悠久的香药行业的产物。

（五）糕点、酱菜

糕点酱菜的传说，大多采用了皇帝下江南的母题，例如嘉善西塘状元糕、苏州稻香村蜜糕、常州红萝卜干、高邮秦邮董糖、宿迁乾隆贡酥、宿迁五香大头菜、天津杨村糕干等，其中不少是生意故事和皇帝下江南故事的拼接组合。

1. 状元糕

唐明皇是梨园弟子的祖师爷，十分喜爱戏曲。有一年，唐明皇来江南查访，微服到了嘉善西塘镇，忽闻丝竹之声。原来水边一户人家，母子二人相依为命，儿子白天做糕点到镇上卖，晚上挑灯夜读。这天，邻居凑钱请人唱小曲给后生过生日。唐明皇被乐曲吸引，乐而忘归，不觉腹中饥饿。此时，主人取来白米粉做的糕，松脆香甜，皇帝一饱口福。回京后，皇帝派太监到西塘再去取糕，不料后生已赴京赶考，无人能做。唐明皇心生一计，让所有在京考生做糕点，只有西塘

① 扬州市民间文学三套集成编委会编：《扬州民间故事集》，北京：中国民间文艺出版社，1989年，第212～214页。
② 王其标：《四方辐辏，馨香远昭——大运河香料之路与扬州香文化历史》，《扬州日报》2018年10月16日。

后生做的米糕符合皇帝心意，遂钦点状元，这种糕也叫做状元糕。[1]

2. 稻香村蜜糕

苏州稻香村蜜糕的传说，也是依据皇帝下江南的母题：

乾隆帝六下江南，苏州名产佳肴都尝遍了。一日，乾隆帝微服到观前街游览，觉得腹中饥饿难忍，看到有家“稻香村”在卖一种蜜糖做的糕，雪白粉嫩，吃起来软绵绵、甜津津。回京后，乾隆帝就让苏州知府进贡蜜糕，并下旨，御赐稻香村一块葫芦招牌，上写“稻香村”三个大字。稻香村的蜜糕因为皇帝之故出了名，今天苏州人也都喜食这种蜜糕。[2]

3. 秦邮董糖

秦邮董糖是高邮的传统名特产，有关的传说颇多。有说是明末清初的美女董小宛擅长制作芝麻酥糖，所以叫董糖；有说是吕洞宾曾在高邮湖畔授徒，一对姓董的夫妇受其点化，制作了董糖。还有一个版本说是一个叫花子发明了董糖：

传说高邮一家姓董的茶食店名扬四方，店里卖的是各种茶食的碎屑掺上糖，用纸包好出售，既甜又酥，又能当饱，便宜实惠，所以老百姓都很喜欢。一天，一位叫花子来讨饭，店主送给他几包酥糖，叫花子吃了一些，留了两包放布袋里。过了几天拿出来一看，酥糖被挤压成一层层的，居然比几天前更好吃。原来叫花子布袋里还有一些麦芽，麦芽渗透到了酥糖里。叫花子把这些告诉店老板，老板便用上等糯米掺麦芽重新制作，并压成一层层，再卷起来用纸包好。从此董家的酥糖便在高邮出了名。后来乾隆帝下江南，途经高邮，吃了董家酥糖，便赐名“董糖”，作为贡品，年年送到皇宫。[3]

4. 乾隆贡酥

乾隆帝第二次下江南，路过宿迁皂河镇，龙舟停在码头。乾隆帝上岸到行宫，御厨师捧来饭菜，可是乾隆帝只吃了一口就放下了筷子。宰相张玉书上前询问，乾隆帝回答饭菜无味。第二天依然如此。张玉书坐卧不安，傍晚出了行宫，沿运河徘徊，只见街东小巷里许多人围着一个烧饼炉，卖烧饼的叫叶老大。张玉书买了三块烧饼带回行宫，乾隆帝一口气吃完。张玉书讲了买烧饼的经过，乾隆帝大喜，传旨把叶老大带回宫做御厨。

---

① 嘉善县文化局、文联、文化馆编：《中国民间文学集成·浙江省嘉兴市·嘉善县故事谚语卷》，浙江省民间文学集成办公室，1989 年，第 157 ～ 158 页。

② 苏州市民间文学集成编委会编：《中国民间文学集成·江苏苏州·故事卷》，北京：中国民间文艺出版社，1989 年，第 490 ～ 491 页。

③ 扬州市民间文学三套集成编委会编：《扬州民间故事集》，北京：中国民间文艺出版社，1989 年，第 198 ～ 199 页。

叶老大六十岁时，辞离皇宫回老家，继续卖烧饼。地方官把叶家酥烧饼作为贡品送往京城，因此得名“乾隆贡酥”。①

5. 东阿阿胶

阿胶历史悠久，汉代医学家张仲景在《伤寒杂病论》中，以阿胶配伍成“芎当归胶艾汤”“黄连阿胶汤”等，用以治疗内科、妇科等多种疾病。以下是一则关于东阿阿胶的传说：

相传神农采阿魏草时，在济水附近发现了一股潜流，召人掘井，当地人称之为阿井，后来在井旁逐渐形成了村落。不知过了多久，西边山林里来了一个黑大汉，夜间常入村糟蹋妇女，人们惶恐不安。一天夜里，黑大汉在阿井旁看到一位女子，要将女子背走，不料越来越沉。原来女子乃是一只蛟龙所变，这只蛟龙是龙王之子，在阿井暂住疗伤的。黑大汉也现出原形，原来是一头大黑驴。搏斗中，黑驴被蛟龙杀死。第二天，村民发现了倒毙的大黑驴，便扒皮分肉。凡是吃肉喝汤之人身体都更加强壮。有一个孕妇，因分娩未能得食，产后流血不止。丈夫见驴肉已尽，就割了一块驴皮，熬成糊状，并凝固成胶块。他的妻子吃了这驴皮冻儿，气血回升，面色红润。当地的人们发现了驴皮的功效后，就大量收购驴皮，用阿井水熬胶出售，所以取名阿胶。②

（六）名菜小吃

运河沿线的名菜小吃，各有显著的地方特色。在江南地区，由于渔业发达，因此关于鱼菜的传说较多；在北方，由于以面食为主，因此关于包子的传说较有特色。名菜小吃的传说采用最多的故事母题仍然是乾隆帝下江南。

1. 杭州丁山湖鲫鱼

有一年乾隆帝下江南，经镇江、无锡、苏州，一路不停，直奔杭州而来，龙船停在塘栖的行宫里。原来乾隆皇帝念念不忘丁山湖的鲫鱼，这次带领四名大臣来品尝。有一天皇帝让四位宠臣说说这鲫鱼什么地方最好吃，大家意见纷纷，有的说鱼头，有的说鱼尾巴，有的说鱼肚，有的说鱼背。这时，其中一位大臣建议说：“行宫外面的运河上，有个鱼棚子，里面有白胡子老渔夫，不如明天把他找来问问。”晚上，四位大臣先后拜访并贿赂了渔夫，要求他按照自己的意思说，渔夫答应了他们。第二天，渔夫在皇帝面前介绍说：鲫鱼的鲜味是随季节走的，春天是鲫鱼

① 宿迁市民间文学集成编委会编：《中国民间文学集成·宿迁市卷本》，1989 年，第 132 ～ 133 页。
② 聊城地区文化局等编：《鲁西民间故事》，济南：山东文艺出版社，1986 年，第 156 ～ 158 页。

产卵的时节，肚皮里是子，这时候鱼头最好吃；夏天是鱼背最好吃；秋天，鲫鱼肚皮上的肉壮实，肚肉最好吃；冬天的鱼尾巴坚实，鱼尾才是最好吃的。有句俗语说："春吃鱼头夏吃背，秋吃肚皮冬吃尾。"皇帝对这个答案非常满意，赏赐了渔夫。那四位大臣也感到满意，认为自己的话没错。渔夫则赚了很多的银子。①

2. 嘉兴鲫鱼汤

传说乾隆帝下江南时，有一天与随从走散了。迷路的皇帝又饥又渴，看到不远处有艘渔船，请求上船歇歇。渔家夫妇抓了一条鲫鱼，给他熬了一碗乳白的鲫鱼汤，船上没有佐料，只放些许盐。虽然有股鱼腥味，但喝到口中还是很鲜美。乾隆回到宫中，让御厨烧碗鲫鱼汤，无奈腥味难耐。御厨灵机一动，将鲫鱼在热油中煎了一会儿，加水又煮了一碗无腥味的鱼汤。皇帝一尝，虽无渔夫家的可口，还算清香，精神也好转了。此后，渔民疲劳无神或来客做菜，都喜欢煮一碗鲫鱼汤，成了渔家习俗。②

3. 苏州松鹤楼"全家福"

有一年，乾隆帝下江南来到苏州，微服出游，见松鹤楼生意兴隆，就进去就餐，点了一道看似吉利的"全家福"菜，菜烧得浓油赤酱，色香诱人。乾隆帝不识，跑堂的给他介绍："这是乌龙肉，这是凤爪。"乾隆帝听了十分恼火，这个"全家福"真是大逆不道，要求退菜，与跑堂的起了争执，别的食客们纷纷劝解，乾隆帝只得灰溜溜走了。后来，有人走漏了消息，说那位北方食客就是当朝皇上。从此，人们为了领略"乌龙肉""凤爪"，纷纷带了全家老小来松鹤楼品尝"全家福"。③

4. 扬州玫瑰千条鱼

扬州三把刀，厨刀是第一把刀。以前的厨师都是自备食材和锅碗瓢盏，到官商家上门做菜，如果稍有疏忽，主人不但分文不给，刻薄的还要让衙门治罪，扣留全部餐具，叫"连锅砸"，厨师的名声垮了，饭碗也就砸了。

清朝年间，扬州有个出名的厨师。有一天，扬州盐运使请城里几个盐商吃饭，派人请厨师做菜。当时官商人家办酒席有个规矩，总少不了一道鱼，取"连年有余"之意。所以厨师特地选了一条鲜活的鳜鱼，准备做一道"松鼠鳜鱼"。厨师先把鳜鱼去鳞、剖肚、

---

① 陈述、陈一辉主编：《走近大运河·传说故事卷》，《杭州运河丛书》，杭州：杭州出版社，2006年，第170～172页。

② 嘉善县文化局、文联、文化馆编：《中国民间文学集成·浙江省嘉兴市·嘉善县故事谚语卷》，浙江省民间文学集成办公室，1989年，第192～193页。

③ 苏州市民间文学集成编委会编：《中国民间文学集成·江苏苏州·故事卷》，北京：中国民间文艺出版社，1989年，第215～216页。

取肠，一肚子鱼子丢到竹篮里搁在一旁。厨师先忙做其他菜，等到要做鳜鱼的时候，鱼却不见了。原来运司衙门有个差人爱敲竹杠，几次想吃白食，被厨师拒绝，怀恨在心，于是悄悄偷走了鳜鱼喂猫吃了，准备看厨师的笑话。

厨师情急生智，想起刚才扔的鱼子还在，连忙取出，清洗干净，拌以蛋清虾糊、各式调料，略加煸炸，加些菇片、笋丁等配料，以绿叶衬底装盘。看到门口一朵玫瑰花，将花掐来，揉碎撒入盘中，还给这道菜起名“玫瑰千条鱼”。盐运使和客人们对这道菜非常满意。差人本来准备看笑话，却见厨师拿了工钱挑担而出了。[①]

5. 淮阴蟹黄汤包

文楼汤包因河下古镇的文楼而得名，此楼建于清道光八年（1828），是文人雅士聚会之所。在淮安，重阳节那天，人们都有吃蟹黄汤包的风俗习惯，胜过吃重阳糕。

相传古代，萧湖里盘踞着一对螃蟹精，常带领蟹兵蟹将，兴风作浪。一位名叫文楼的年轻勇士路过淮安，发誓为民除害。重阳节这天，乡亲们金鼓齐鸣，为文楼出征助威。文楼一口气饮完一碗菊花酒，手持宝剑，跃入萧湖。只见湖水震荡不已，先是小岛一样大的雄螃蟹精腾出水面，又重重摔下，然后雌蟹又腾出水面，湖边顿时飞沙走石。文楼跃出，一剑将雌蟹精拦腰砍成两截。两蟹精被除掉了，文楼却因被蟹钳割伤，流血而死。百姓万分悲痛，纷纷持刀斧，将两只妖蟹身躯砍开，挖蟹黄，掏蟹肉，用面粉包裹成包子状食之。此后，河下就有了重阳节吃蟹黄蟹肉包子的习俗。文楼汤包也随着大运河誉满京城。[②]

6. 淮安平桥豆腐

淮安平桥镇的平桥豆腐与大运河有关。相传乾隆帝下江南时，乘龙舟经过此处，来到平桥时，天色已晚，便走进一客栈，要求好菜尽管上。店主对跑堂说，把鸡笼里的大公鸡杀了。乾隆帝觉得“鸡笼”两个字似有嘲讽自己是“饥龙”之意，便说：“鸡笼，鸡笼，鸡在笼中怎不饥，出笼舞凤。”店主稍一琢磨，就说：“客栈，客栈，客在栈里有温饱，离栈飞龙。”乾隆帝听了高兴，看到院中热气腾腾的豆腐，让掌勺师傅做这个。师傅用鲫鱼脑子加老母鸡原汁烩了豆腐，端上来，乾隆连声称妙。后来这道菜的做法又不断改进，用豆腐丁、鸡丝、肉丁、木耳、金针菜等一起烩制，加佐料后勾芡，即为平桥豆腐。[③]

① 扬州市民间文学三套集成编委会编：《扬州民间故事集》，北京：中国民间文艺出版社，1989年，第207～210页。
② 淮安市文广新局编：《淮安里运河·故事篇》，南京：江苏凤凰文艺出版社，2015年，第181～182页。
③ 淮安市文广新局编：《淮安里运河·故事篇》，南京：江苏凤凰文艺出版社，2015年，第189页。

7. 天津狗不理包子

清朝咸丰年间，直隶武清县杨村有个叫高贵友的孩子，才十四岁，因为他生性倔强，父母给他起了个小名叫“狗不理”。高贵友从老家来到天津，当了刘家蒸食铺的小伙计。这家铺子专卖什锦蒸食和肉包，主顾大都是往来运河码头的船工、纤夫、小商贩。高贵友在店里专管做包子。他人小心灵，做出来的包子特别好吃，受到人们的称赞。他十七八岁时，利用所积攒的钱，在附近开起了包子铺。高贵友有一手做包子的好手艺，他是天津最早放骨头汤做馅，第一个用米发面做包子的。因此，大小整齐，色白面柔，咬开流油，肥而不腻，味道鲜美，人们习惯称他家的包子为“狗不理”包子。到他二十多岁时，曾将铺名改为“德聚号”，可是人们仍然喜欢叫 “狗不理”。当时，慈禧太后吃了袁世凯送的“狗不理”包子，也派专人到天津去买。从此“狗不理”包子的名声就更大了。

第三节　故事

运河故事从内容上可以分为皇帝南巡故事、智慧故事、世情故事。皇帝南巡故事主要是讲述皇帝下江南的动机、与地方官绅的互动、微服私访、休闲娱乐活动等。运河智慧故事主要是通过设定一个情景，展现人物的知识、文采、智慧、临场反应等，内容以语言游戏为主。运河世情故事主要通过描写人物的德行与遭遇，达到宣扬因果报应、道德教化的目的。

一、皇帝南巡故事

（一）明武宗淮安遇险

明正德十四年（1519），因宁王朱宸濠叛变，明武宗决意亲征并南巡游览。据《明史》本纪载，该年冬十一月，“渔于清江浦”，冬至那天，“受贺于太监张阳第”。第二年从南京返回，“九月己巳，渔于积水池，舟覆，救免，遂不豫”。[1]下面这则流传在淮安的故事就是依托于这段历史。

正德十四年，明武宗朱厚照以“御驾亲征”的名义，招摇南下。船队驶至淮安境内的码头镇，武宗带着几个侍从，一副书生打扮，微服游览，偶然听到杨庄闸附近有官船

①《明史》卷一六《武宗本纪》。

公开勒索过往船只。明武宗雇船来到杨庄，果见一条大船横在河心，船头几位士兵声称奉皇上圣旨，筹集剿灭叛军的银两，过往客商都顺从地跪献财物。不一会儿，士兵小船靠过来，武宗拒绝交钱，士兵们就把他带到官船上，只见船头坐着一名军曹，要以盗匪之名治武宗。剑拔弩张之际，从下游清江浦方向驶来一条官船，原来是苏扬巡抚。于是明武宗被簇拥着在官船上坐定，喝令将军曹正法，客商齐赞圣明，山呼万岁。

此后，武宗顺流而下，即将到运河枢纽清江浦，把随侍太监、本地人张阳叫来，让他推荐游玩之处。他对张阳推荐的几处名胜都不感兴趣，对张阳说："听说爱卿在清江浦建有深宅大院，颇为雅致，朕就驻跸你家如何？"张阳匍匐在地，受宠若惊。在清江浦几日，不是撒网捕鱼，就是弹丸打鸟。此次"南征"后，武宗返回途中又住进了张阳府第，径自划船在水里打渔，不小心船翻落水。经此惊吓，回京师后第二年便一命呜呼了。[①]

（二）康熙帝吃素

宿迁顺河集原名"中河镇"，处于运河孔道，清康熙二十九年（1690）驻兵镇守，后发展为集市。大营顶是河防兵营所在，亦是行宫所在，康熙、乾隆帝沿运河南巡，多次驻跸于此。据《清实录》载：乾隆帝六次南巡，前后十二次驻跸顺河集大营（行宫）。[②]康熙帝吃素的故事就是依托顺河大营的史实。

有一次，康熙帝察访江南，回京途中路过宿迁，住在顺河集的大营顶上，独自叹息：江南路遇乞丐，江北灾民很多。这淮阴一带良田万顷，乃鱼米之乡，却也民不聊生。晌午，御厨不见皇上进餐，急忙禀报内务太监："皇上，时过中午，请进膳房用餐。""这一餐就在御账房用吧！"不一会儿，御书桌上摆满了各类山珍海味，荤素数十种。康熙吩咐："撤席，撤席！日后用餐，尽可简便，上等菜肴全部取消。"自此以后，康熙帝饮食变简单了，时间长了，就养成了吃素食的习惯。[③]

（三）乾隆帝在苏州

乾隆帝多次巡视江南，地方官竭尽所能讨好皇帝，背后则是种种辛酸。下面两则故事讲述了苏州吴县、苏州织造局的官员为了接驾，献艺、托关系等各种情状。

故事一：

---

① 刘功昭选编：《淮安故事传说》，北京：中共党史出版社，2003年，第21～25页。

② 孙汝龙：《乾隆12次驻跸顺河集行宫（大营）考》，《宿迁晚报》2015年7月21日。

③ 宿迁市民间文学集成编委会编：《中国民间文学集成·宿迁市卷本》，1989年，第21～22页。

苏州诗人沈德潜官至内阁学士兼礼部侍郎，深受皇帝器重，号称“江南老名士”，后致仕归里。有一年乾隆帝下江南，来到苏州吴县，沈德潜奉命作陪。皇帝见到这里风光秀丽，百姓安居乐业，很是欣慰，便召见年轻的吴县知县。知县对答如流，皇帝大喜，将其提拔为都察院左都御史。受此启发，地方官纷纷来到苏州木渎，拜访沈德潜，向他请教如何取悦皇帝。第二年春，乾隆帝如期来到苏州，沈德潜仍然陪同游玩吟诗。君臣来到木渎的行宫灵岩山馆，沈德潜让皇帝观看一片原野，乾隆帝仔细一看，田畴之中竟然镶嵌有蚕豆、紫云英、油菜等形成的“天下太平”四个大字。当下龙颜大悦，降旨减免江浙钱粮一半，苏州地方官各有封赏。①

故事二：

有一次乾隆帝下江南，要看看苏州的机房。织造局的织造官为了讨皇帝欢心，要求织司们织出好花好锦让皇帝看，而且要求用机房山歌，把花样的名堂唱出来，这叫“有声有色”。织司们因为平时受到织造官克扣剥削，怀恨已久，于是设法拆织造官的台。乾隆帝来的时候，机顶上有姑娘开唱道：“哎呀来哎，姑娘坐高楼罗。世世代代爱鲜花，闭仔眼睛能画画。”下面的织司唱：“啊呀，姑娘要画哪档花？为啥画花笔勿拿？”姑娘唱道：“笔勿拿来墨勿磨，锦上要开瑶台花。”织司唱：“织贡绸呀织贡绸，十人见仔九摇头。”姑娘唱道：“皇帝穿着滑溜溜，织司汗流几笆斗。”织司唱：“前世勿修织贡绸，三顿苦饭日日愁。”乾隆帝越听越不是滋味，气得甩袖而去，织造官吓得浑身筛糠。②

“故事一”讲述了沈德潜等人用禾苗排列成“天下太平”的大字，既为仕途，也为了江浙百姓；“故事二”讲述了苏州织造局的织司们借迎銮之机倾诉自己遭受的剥削，破坏了织造官取悦皇帝的计划。两则故事中提到的苏州木渎行宫、灵岩山馆、苏州织造局等都是运河历史中的重要内容。

（四）乾隆帝在常州

常州流传着诸多乾隆帝南巡的故事，其中最多的是刘纶接驾的故事。刘纶（1711～1773），字如叔，号绳庵，又号慎涵，江苏常州武进人，官至文渊阁大学士，入值军机处，深得乾隆帝信任，因此民间流传的乾隆帝下江南故事，经常牵扯上刘纶。

故事一：

① 汪林、张骥：《大运河的传说》，济南：黄河出版社，2009 年，第 300 ～ 303 页。

② 苏州市民间文学集成编委会编：《中国民间文学集成·江苏苏州·故事卷》，北京：中国民间文艺出版社，1989 年，第 216 ～ 218 页。

有一次乾隆帝下江南，一到常州西门外奔牛镇，就下旨要刘纶接驾，刘纶却没有去，后来刘纶辩称彼时其在镇守三关，保护龙驾安全。所谓三关，指的是常州连港桥、海蜇口、西涵洞。乾隆帝对刘纶总有些怀疑，设法找借口再治刘纶。乾隆帝坐船到常州东门天宁寺门口靠岸，然后与刘纶一同上岸，因为码头是一级一级的，乾隆帝问名，刘纶说："这叫步步高升。"看到天宁寺弥勒佛时，乾隆帝问佛笑何人，刘纶说："佛笑万岁福气好，笑我刘纶没出息。"沿码头往下走时，乾隆帝再问名，刘纶说："万岁福气好，后头还比前头高。"①

故事二：

有一次乾隆帝到常州，状元刘纶接驾。刘纶陪同乾隆帝到大运河畔的舣舟亭游览。乾隆帝问天下何物最好吃，刘纶答："饥，常言道'饥不择食'是也。"这时运河中往来航船如梭，乾隆帝又问河里几只船，刘纶答："两只，一只为名，一只为利。"皇帝十分赞许。②

下面一则故事，则是借乾隆帝微服私访，展现了运河常州段的风俗民情。

乾隆帝已故的启蒙老师芮中书，故地在常州三井头。乾隆帝下江南时，特地到三井头西面的中书坟上去上坟，同去的还有两名太监。三人来到三井头茶店里，茶店老板左手拿茶碗，右手拎起茶吊，举到一尺多高，开水不偏不倚，不满不浅冲入茶碗。这招就叫"凤凰三点头"。乾隆帝很惊奇，也要学学这招，便拎过老板的茶吊，向太监的茶碗里倒茶。皇帝朝太监敬茶，礼反了。若是在宫里，太监必定三跪九叩才行，但是此地是茶店，不能行礼，情急之下，太监连忙伸手敲敲台子，以手代叩。从此，回谢别人敬茶，就用两个手指头笃笃地点桌台。③

（五）乾隆帝审石狮

据《清实录》载，乾隆帝六次南巡，前后十二次驻跸顺河集大营（行宫）。④当地流传一则乾隆帝审石狮的传说：

一次，乾隆帝下江南察访民情，回京路过宿迁顺河集，在集市东北角大营顶处宿营。第二天启程前往徐州，刚出营房，忽然有个衣衫褴褛的小伙子拦路喊冤。原来小伙子是卖油条的，听说皇帝出访回京，就跑来看热闹，从奶奶庙门前经过，

①常州市郊区民间文学集成编辑组编：《中国民间文学集成·常州市郊区资料本·故事卷》，1988年，第17～18页。
②常州市郊区民间文学集成编辑组编：《中国民间文学集成·常州市郊区资料本·故事卷》，1988年，第16页。
③常州市郊区民间文学集成编辑组编：《中国民间文学集成·常州市郊区资料本·故事卷》，1988年，第24页。
④孙汝龙：《乾隆12次驻跸顺河集行宫（大营）考》，《宿迁晚报》2015年7月21日。

发现油条篮里的钱丢了，所以前来请皇上作主。乾隆帝问："你从庙前经过时，遇到哪些人？"小伙子答："记不清遇到什么人，只记得在庙门石狮跟前发现钱没有了。"乾隆帝立刻叫差人把石狮子捆来，说要开庭审案。百姓们听说皇上要审石狮，都跑来看热闹。乾隆帝让差役抬来一口大缸，里面装半缸清水，凡是来看审讯的人，都要丢两个铜板在水缸里作为门票。片刻，差人带了一个叫张万三的，原来他丢钱时冒了许多油花上来，张万三也如实交代了自己偷钱的经过。[①]

二、智慧故事

（一）夏同善对对子

江南运河沿岸的智慧故事往往依托本地著名的乡绅文人，例如杭州的夏同善、镇江的张玉书等，且故事多反映运河场景。夏同善，字子松，杭州塘栖镇人，任翰林院庶吉士、编修，兵部右侍郎等职。

塘栖人夏同善中了进士，当了光绪皇帝的老师。这一年，夏同善的母亲去世，返乡守孝三年。一天，其私塾旧友来访，聊起市河里的一座桥塌了，给百姓造成不便。夏同善带领乡绅捐款造桥，刚造了一半，发现还需要一船青石板。恰好，从运河上游驶来一艘大船，装满了青石板。他们要求购买，船老板则要求对对联，对上了这船青石白送。遂出上联："船轻石重，轻载重。"夏同善看到旁边檐廊走过一个裁缝师傅，包袱里露出半把尺子，灵机一动说："尺短布长，短量长。"船老板知道夏同善是帝师，不禁连声说："佩服，佩服！"[②]

故事发生地塘栖市河连通大运河，市河店铺鳞次栉比，为塘栖最繁华之地，往来贩运的外地人颇多。

（二）张玉书吟诗

张玉书（1642～1711），江苏镇江人，历任翰林院编修、国子监司业、侍讲学士，累官至文华殿大学士兼吏部尚书。镇江本地流传着许多张玉书的故事。

过去，举人进京都要坐官船，上有"举人进京"的大旗子，威风凛凛。这条船上有四个举人，船行到瓜洲，当朝宰相张玉书想要搭船过江，由于他身穿便服，无人认识，四位举人同意捎他过去，但不许进船舱。举人们兴致勃勃地吟诗，有个举人让张玉书也

① 宿迁市民间文学集成编委会编：《中国民间文学集成·宿迁市卷本》，1989年，第24～25页。

② 陈述、陈一辉主编：《走近大运河·传说故事卷》，《杭州运河丛书》，杭州：杭州出版社，2006年，第87～89页。

参与。张玉书说："我只会用土话吟诗，我这个土话容易忘记，请你们记下来。"张玉书站在船头说："nia nia 一小舟，乒乒水上游；zhi zhi 一声响，的笃到扬州。"诗中的两个形容词举人们都写不出。再仔细询问，原来是当朝宰相张玉书。这四个举人从此再也不敢小看人了。①

故事发生地瓜洲位于运河与长江交汇处，自唐代以来即是南方漕运的重要枢纽和运河渡口，江南举子进京赶考，往往乘船北上，路过瓜洲。

（三）汪廷珍做对子

清代淮安是人文蔚起之地，代表人物汪廷珍，字瑟庵，曾任江西、浙江等处学政，官至礼部尚书，在家乡有"御先生"之称。当地流传一则汪廷珍做对子的故事：

清道光年间，御先生汪廷珍已贵为宰相，每当百官会聚时，他总是大谈淮安名胜古迹，夸耀家乡文化发达、人才会聚。一天，一位巡抚大人路过淮安，想要参访古迹兼炫耀自己的才华，就把官船停在西门外的运河里。参访了几天，临走时，他站在船头，看见东北运河堤旁一座文通宝塔，随口吟道："一塔巍巍七层四面八方"。送行的人都知道巡抚在卖弄才华，大家都连连摆手、摇头，巡抚见无人能对，很是得意。回到京城，巡抚碰到汪廷珍，不免将淮安文人嘲讽了一通。汪廷珍问明情况，哈哈大笑说："摇头者是笑你才疏学浅，摆手者暗示他已对出下联，不说出来，是留个面子让你走路嘛！"巡抚不服气，就问："何以见得？"汪廷珍回答："摆手的意思是'孤掌摇摇五指三长两短'。"巡抚一听，不由得连连称赞。②

故事中提到路过淮安的巡抚、运河中的官船、大堤旁的文通宝塔等，展现了淮安运河社会的人群、建筑风貌。

（四）傅以渐巧对书生

傅以渐，字于磐，号星岩，山东东昌府聊城人，顺治三年（1646）状元，官至武英殿大学士、兵部尚书。作为本地著名乡绅，聊城运河沿线有不少傅以渐的故事。

傅以渐少年时就才学出众，闻名乡里。一个秋天的中午，他一手提绫扇，一手提书卷，肩披皮袄，前往城北花园树下读书。路过运河边一家茶棚时，遇见几

① 扬州市民间文学三套集成编委会编：《扬州民间故事集》，北京：中国民间文艺出版社，1989年，第25～26页。
② 江苏省政协文史资料委员会、淮安市政协文史资料委员会编：《江苏文史资料》第72辑附录《淮安名胜古迹》，1997年，第114～115页。

个进京赶考的江南书生在此饮酒作乐。其中一人戏谑道："穿冬衣、扇夏扇，糊涂春秋。"傅以渐走到棚前高声道："坐南船，喝北酒，不识东西。"一书生站起来说："在我们江南，路没有三里的直路，河没有三里的直河，又怎能辨别出东西南北？我们习惯左右，又有何妨？"年幼的傅以渐也争辩道："我们东昌府是神仙居住的地方，读书之人废寝忘食，不管皇历上是初一、十五，还是春夏秋冬，又有什么不好？"双方都觉得对方说的有理，不由得哈哈大笑。①

（五）傅以渐智惩河霸

傅以渐告老还乡后，常替百姓鸣不平。当地流传一则傅以渐智惩河霸的故事：

有一天，傅以渐与清和庙的慧明法师对弈，棋到残局，"老将"被慧明法师的双"车"所制，欲解无方，就听有人说："垫马岂不和局！"原来是一个拾粪的老头儿在指点。这老头名叫赵良堂，原是个商人，前年贩运生姜、熟硝去江南，途中遇一只押送皇纲的镖船，船头插有皇家镖号及"刘"字旗号，知道遇上了称霸京杭运河的刘显丕，赵良堂慌忙让船紧靠河岸，镖船却加速将赵良堂的船撞翻，船毁货失。赵良堂只好忍气吞声回家，靠拾粪换铜板度日。

傅以渐决定要替赵良堂主持公道。他回府修书一封，令侍从投与东昌府，要他落下大闸，拦住刘显丕的皇纲船，并派侍从等候闸上。几日后，忽闻三声炮响，知道是刘显丕过闸的号令。傅以渐取出当年顺治皇帝亲手为他绘的一幅骑驴小像，让侍从将此画挂在大门上。刘显丕提刀一路叫骂而来，见到画像，知道闯下大祸，遂进府请罪。傅以渐让他滚出傅府，围观的人无不拍手称快。

刘显丕回到船上，托人买通东昌知府启闸放行，知府对他说："刘镖头，在东昌府，别说是下官，就是东关里的赵良堂，恐怕也求不下这个情，还是你自己化解吧！"刘显丕听出知府话中有话，遂找到赵良堂，留下纹银五百两、江南上等丝绸两匹，请赵良堂无论如何替他求情。赵良堂只好去找清和庙的慧明法师商量，却见慧明正和傅以渐下棋，才知道这一切都是傅阁老的安排。②

两则故事中提到的运河边的茶棚、江南举子进京赶考、聊城商人去江南贩姜、镖船运送皇纲、运河恶霸欺压商人、知府落闸拦船等，都是典型的运河情景。

① 聊城市文化局、聊城市文学工作者协会编：《聊城民间故事》，1988 年，第 87 ~ 88 页。
② 聊城市文化局、聊城市文学工作者协会编：《聊城民间故事》，1988 年，第 40 ~ 46 页。

（六）汤宾改字

汤宾，南皮县汤老家村人，明代湖广按察司副使，以勤廉著称。南皮等地流传着很多他早年的故事。

汤老家村西边有条著名的京杭大运河，有一个告老还乡的州官搜刮够了民脂民膏，乘条大船南下，行至泊头镇，被一帮绿林好汉将金银财宝悉数劫去。州官上岸来，直奔县衙告状。知县是他的门徒，无能追查劫船之人，却逼两岸百姓交出罪犯，否则必须赔偿二千两银子。百姓告到州衙，州官又转给了知县，知县变本加厉催交银子。百姓派人去汤老家村，把汤宾请到河边的一家酒馆里，汤宾对着状纸中的“河口打劫，不与两岸相干”，沉思了一下，将“口”字改为“中”字，百姓拿着状纸再去州衙诉讼，知州看罢，就免去了县官强加于百姓的“赔偿”。

另有一次，知县出巡，随从将卖倮子的老汉炉灶推倒，又把老汉的小花狗打死。汤宾就怂恿老汉到八府巡按处告状。次日，老汉拦住巡按的轿子，递上状纸，上面写道：“县官出巡，不安民而扰民、害民，青天白日，推翻小民炉灶，打死小民犬子。”巡按看罢，以为巡按毁了民房的灶台，还草菅人命，震怒之下，立召知县问罪。虽然后来巡按知道是文字的误读，还是将知县“扰民”的行径记入吏部考评的簿子，此后知县再也不敢得罪汤宾了。①

三、世情故事

运河沿线工商业市镇的财富，成为各种势力觊觎的目标，引发本地人的不满，甚至武力反抗。义民的首领死后也往往受到人们的崇奉和祭祀。过去运河上的闸官、河工等，虽为下层小吏，但也有一定的权限，他们当中有的人正直清廉，深得百姓爱戴。

（一）嘉善赖百王

清光绪《嘉善县志》载，赖恩，福建汀州人，官居百户之职。明嘉靖三十三年（1554），因为倭寇猖獗，被从福建调到嘉善驻防。一次，倭寇突来袭扰，同僚各观望自保，赖恩孤军血战，为伏炮所中，堕水死。为了感念他的英勇，倭寇平息后，嘉善百姓将赖恩等勇士遗体设义冢安葬，并在宾阳门阁楼上立塑像，在宾阳门边竖碑记载其事迹。在当地流传的一则故事中，赖恩的生平事迹与正史多有出入。

① 可华、孙广权、周宝忠主编：《沧州历史人物传说》，北京：中国民间文艺出版社，1989年，第37～39页。

嘉善宾阳门在魏塘镇东门外，坐落于航运繁忙的华亭塘岸大路上。城门边竖着一块碑，城门上有一尊雕塑，即抗倭英雄赖恩。据说明朝嘉靖年间，倭寇为害地方，宾阳门西首面坊主人赖恩，被举为百户官，召集百姓到宾阳门谋划防守策略。他们趁秋天倭寇返程路过时，在水陆两路设伏，重创敌军。后寡不敌众，赖百户带领的民勇死伤殆尽。他被包围杀害时，其刀光中升起一朵红云，而人们发现，身中数十刀的原来是一尊面人。大家决定尊他为“王”，并竖碑、造像纪念他。[①]

（二）王朝佐义举

明万历年间，天津税监马堂兼任临清税监，他在临清招雇流氓恶棍数百人，以征税为名，搜刮民脂民膏，草菅人命，致使临清大半工商业者家破人亡。明万历二十七年（1599），临清州民万余人反抗征税，被官府射杀二人，激起暴动。王朝佐等率众烧毁税监衙署，杀死马堂爪牙多人。官府使用武力，镇压暴动。抗税斗争失败后，官府追捕首要，且将株连众多。紧要关头，王朝佐挺身而出，一人担过，从容就义。王朝佐被杀害后，临清人民感念王朝佐义举，为他建立祠堂。王朝佐率众抗暴的故事在当地广为流传。

临清州位于南北水路要冲，工商业发达，市场繁荣。万历二十七年，由于官税太重，临清市面逐渐萧条了。这时，皇上派宦官马堂来临清加收工商税，加上马堂中饱私囊，作威作福，临清百姓苦不堪言。临清竹竿巷街，住着以竹编为生的四口之家，主人名叫王朝佐。这一天，他们听说魏西河的女儿魏玉被马堂抢去成亲，魏西河愤而投河，就带领一帮穷人去找马堂要人，他们救回魏玉，并把她藏匿了。马堂指使一帮爪牙，闯进王朝佐家中洗劫，他的妻子受辱自尽，孩子被摔得半死，母亲气疯。王朝佐带领弟兄们烧掉了马堂的官邸。马堂逃回京城，诬奏王朝佐造反。官兵开进了临清城，将全城青壮男女抓到十字街口，吊打逼问，如不交出造反头领，将血洗临清州。王朝佐为了乡亲，将孩子、母亲委托给魏玉照顾后，主动投案，被斩首示众。后人为了纪念他，在他就义的地方修了祠堂，立了石碑。逢年过节，百姓们都带纸香供品来祭奠。[②]

（三）侠士白泰官

运河上人口、货物频繁流动，不易管辖，社会不稳定，因此出现各种帮会和习武之人，运河上也流传着侠士打抱不平或比试武艺的故事。

---

① 嘉善县文化局、文联、文化馆编：《中国民间文学集成·浙江省嘉兴市·嘉善县故事谚语卷》，浙江省民间文学集成办公室，1989年，第24～28页。

② 聊城地区文化局等编：《鲁西民间故事》，济南：山东文艺出版社，1986年，第130～133页。

常州东门外的白家桥，是大运河交通要冲。一般船只经过白家桥，总要下帆背纤。当时常有官家的漕运粮船经过，竖起黄色大旗鸣锣开道，粮船有官兵保护，粮船上的水手也狐假虎威，常将沿河居民的蔬菜、米谷肆意践踏。白泰官决心教训这帮官差。有一天，他家晾晒的麦子摊在席上，上面还有几只斛斗。傍晚粮船经过时，果然遭到船工、士兵的破坏。白泰官挡住理论，双方互不相让。白泰官说，如果对方能把他拉到船上，今后如何走都不干涉；如果不能拉上船，今后粮船过桥，不准登岸背纤，只许摇橹过去。官兵、船工用长绳捆住白泰官的大腿，船上众人则用辘轳推转绳子，白泰官纹丝不动。到最后，辘轳转绳转尽，船往岸上移，被白泰官拉到了岸上，“岸上船”的故事从此流传开来。此后凡是漕运粮船经过白家桥，都是摇橹过去，不敢上岸拉纤。①

白泰官是常州人，有关他惩恶扬善的传奇故事，在常州地区广为流传。常州评话界的许多艺人都曾说过“常州白泰官”。

（四）北运河大力王

北京、河北、山东等地流传着不同类型的“大力王”的故事，主角都是力大无比、武功高强的人物，他们专爱在运河码头为弱小者打抱不平。

很早以前，运河源头东岸有个小村子叫大王庄，村里有个小伙子叫王大力，因为膀大腰圆，力大过人，人称其为大力王。有一天，王大力路过运河渡口，见一伙人抢一个老头的货担。大力王大喝一声，上前制止。众强人逼了过来，大力王哈哈一笑，对头目说：“你要是赢了，大爷这担货我作主，白送给你们；要是输了，就得挨个给老大爷磕响头。”说完甩掉衣服，掀起路边一座石碑，把衣服压住，双手一拱：“各位，你们是一块上，还是单个来？”这伙人被大力王的气势镇住了，纷纷点头哈腰赔不是。②

（五）老坝工郭大昌

坝工、闸官等运河上的重要群体，经常要面对各种势豪的威逼利诱。下面的故事讲述了他们如何恪守本分，反对势豪对他们职权的侵犯。

---

① 常州市郊区民间文学集成编辑组编：《中国民间文学集成·常州市郊区资料本·故事卷》，1988 年，第 131 ～ 132 页。

② 中国民间文学集成全国编辑委员会、中国民间故事集成北京卷编辑委员会编：《中国民间故事集成·北京卷》，北京：中国 ISBN 中心，1998 年，第 196 ～ 198 页。

郭大昌是乾隆、嘉庆年间一普通河员。他为人耿直清廉，深得百姓爱戴，但也被贪官污吏排挤，终日清闲。后来郭大昌被漕运总督嘉谟赏识，安排他住进河道署内，但河道总督吴嗣爵嫉贤妒能，处处刁难排挤郭大昌。郭大昌只好敬而远之，赁居清江浦五圣庙。

乾隆三十九年八月，老坝口黄河段决堤，淮、扬、高、宝各县民众命悬一线。南河总督吴嗣爵平时于河事无所用心，此时一筹莫展，只好亲往五圣庙，向郭大昌求援。郭大昌立即前往。河官们报的治河费为50万两白银，工期50天。郭大昌知道他们试图发水灾财，于是提出只需白银10万两，期限20天，而且只需吴嗣爵派文武汛官各一名来监工即可。为了防止治水物资被挪用，他规定治河材料都堆放在洪福庄，不准以任何借口乱发放。治水结束，郭大昌得到了乾隆皇帝的嘉奖。

嘉庆年间，黄河在丰工决口，河官们虚报治河预算120万两，河督畏惧郭大昌的廉直，改为60万两，郭大昌则审核为30万两。郭大昌节省每一文钱的佳话，至今在民间流传。[①]

郭大昌，江苏淮安人，曾在江南河库道任贴书（帮写），长期钻研河务，熟习河工技术，人称之为“老坝工”，后来被淮扬道聘为幕僚。乾隆三十九年（1774），黄河决清江浦老坝口，“滨运之淮、扬、高、宝四城官民皆乘屋”，河道总督吴嗣爵原本排挤郭大昌，此时不得不上门请其出山。上面这则郭大昌的故事，源于《清稗类钞》“吏治类”。[②]

（六）王翱过闸

王翱，字九皋，北直隶（今河北省）沧州人，累官至吏部尚书，不徇私情，廉洁政治，是明代名臣。[③] 山东济宁流传着一则王翱提拔正直闸官的故事。

王翱按照皇帝的旨意，坐船从运河下江南考察地方官员，船桅杆上挂着锦旗，上书“吏部”二字。这天路过山东济宁闸口，这里等候过闸的船只像成群的蚂蚁。客商私船见了官船，都主动让开。大船驶到闸前，护闸官摇晃彩旗让他们排队过闸，谁都不能破例。王翱命船调头，按序过闸。从江南回京后不久，王翱传话让济宁护闸官赵章进京。王翱对他说：“你身为护闸小官，却不畏权贵，照章办事，在当今之世实在了不起。治理江山就要这样。现调你到吏部掌管官员的考绩。”赵章感动得流下泪来。[④]

---

① 刘功昭选编：《淮安故事传说》，北京：中共党史出版社，2003年，第35～37页。

② 徐珂编著：《清稗类钞》第11册《吏治类》，北京：商务印书馆，1966年，第24～26页。

③《明史》卷一七七《王翱传》。

④ 可华、孙广权、周宝忠主编：《沧州历史人物传说》，北京：中国民间文艺出版社，1989年，第18～19页。

第十章
民间艺术

大运河不仅对中国政治、经济、城镇、社会各方面产生深远的影响，而且对艺术的发展起了巨大的推动作用。本章的民间艺术，包括音乐舞蹈、戏曲曲艺、工艺美术三类，每一类下又分若干小类，其中有相互交叉之处，例如民间的音乐和舞蹈一般是结合在一起的，传统乐器常常也作为戏曲曲艺的伴奏，此处择其要者加以归类。另外，这几类艺术形式涵盖广泛，并非所有内容都与运河相关，因此在资料的选择、论述的方式上都以“因运河而兴”“因运河而变”作为筛选和写作的标准，从而直观地表现出大运河在民间艺术发展过程中所起的重要作用。

第一节　音乐舞蹈

运河沿线的音乐舞蹈带有运河的特别印记，其与运河的关系，可以从三个层次理解。

首先，大运河许多音乐舞蹈，是来自人们的日常生产、生活。例如，微山湖的传统音乐“打排斧”就是捻船时工人们统一行动敲打而成的音乐；微山、鱼台及苏北运河岸畔流行的“拉粮船”舞蹈，是摹仿运河中拉漕船的习惯动作，随着打击乐起舞；临清驾鼓以前多是码头工人表演；洪泽湖渔鼓为洪泽湖渔民用于烧大纸祭祀活动、大王会、家谱会等仪式活动中的伴奏工具，其前身是流行于北方的太平鼓，由北方逃荒的难民传入洪泽湖流域，当时只是作为乞讨时说唱伴奏的工具；鼓吹曾是官船在运河中巡行、沿岸官衙接送、漕运纲船过闸过坝时所用的主要仪仗，也是喧呼先行的重要象征，山东济宁城西南隅有一条名为“鼓手营”的小巷，为当年供河道衙门官乐队吹鼓手居住的地方。

这些音乐舞蹈一旦形成，又往往成为节庆传统的一部分。例如余杭滚灯是旧时俗节迎会仪仗队伍中必出的特色节目；大沽飞镲主要用于出海作业、渔业丰收、捕捞归来等喜庆活动，以及酬神礼仪活动；跑竹马常于正月初八在邳州滩上镇的万寿寺庙会进行表演。

其次，一些著名的音乐、舞蹈流派是在南北交流的基础上产生的。例如，古琴方面，明代苏州人严澂在京师遇到浙江琴师沈音，在其协助下，发展了虞山琴派；清初扬州琴师徐祜、徐祎兄弟曾去北京报国寺献艺，京城盛传“江南二徐”。琵琶方面，嘉庆年间，无锡派创始人华秋萍综合南派浙江陈牧夫传谱与北派北京王君锡传谱，于清嘉庆二十三年（1818）编成并出版《南北二派秘本琵琶谱真传》。传统音乐方面，苏州玄妙观道乐不仅吸收了帝王庙堂仪典音乐、祀礼音乐的特色，而且也受到堂名音乐、江南丝竹、昆曲、吴歌（吴腔）、苏州评弹等吴地艺术的熏陶。

表演艺术家沿大运河往来各地，也促进了音乐、舞蹈的交流与传播。例如，清乾隆、嘉庆年间南汇县惠南人、浦东派琵琶大家鞠士林，有“江南第一手”之誉，性好交游。曾乘船至大运河重镇苏州浒墅关。时城门已经关闭，鞠士林遂操琵琶消遣，守关官兵为其琴声所动，开关放行，一时传为美谈。又如清代山东德州鼓吹乐兴盛，半职业的吹鼓手不仅在德州城乡吹奏，而且还沿运河北上，到天津和河北等地表演。在河北，舞蹈落子分为文场和武场，文场以说唱为主、舞蹈为辅，当地人称“小风流”，传说是曾任湖广总督的张之洞的小妾从南方带到南皮县的，其伴奏曲目《茉莉花》则来自江苏民歌。

另外，有些在运河两岸流传的音乐舞蹈，其起源尽管无法确切追溯，但民间流传着与大运河有关的故事。例如聊城的洼里秧歌，相传宋元时期江南农民不满统治者的压迫，受梁山聚众起义的影响，从江南沿运河北上，一路走，一路游唱，沿途所唱歌谣就成了洼里秧歌。另有传说，明朝时押运漕粮的京官行至聊城梁乡闸码头，因无聊找当地的艺人表演，精通武术的梁姓村民向京官借来绫罗伞和纤板，用武术动作敲打出好听的击打乐，这成为聊城梁闸“伞棒舞”的起源。此外，关于天津运河边北仓镇等地流行的法鼓表演，有一种说法认为，明清之际李自成起义失败退出北京后，部分散兵游勇流落津门，在码头出卖体力，闲暇时击法鼓自娱，于是产生了天津法鼓。

再次，运河沿岸音乐舞蹈的发展受到宫廷需求、皇帝南巡的激发，很多音乐舞蹈还受到皇帝的赞助。例如宋代以来，苏州玄妙观即受到朝廷的赞助，此观也是历代官员迎来送往及举办祈祝仪式的场所，清康熙皇帝、乾隆皇帝沿运河南巡过程中，曾多次驾临并题写了众多匾额，这无疑放大了道教音乐的影响力。再以十番音乐为例，十番原为宫廷音乐，明正德十四年（1519），明武宗沿大运河南下讨伐宁王，自作武乐《靖边乐》以鼓舞士气。十番从南京、苏州传播开来，数十年间，逐渐沿运河传播到扬州、淮安，后来进一步传播到京津地区。其中淮安的楚州十番锣鼓，是清道光年间楚州著名曲家孙育卿，将乾隆十六年（1751）皇帝南巡欣赏的昆曲音乐，加上地方的唱词及打击乐改创而成，又称“武昆”。“天津十番”同样源自苏州，相传乾隆年间天津人吴君轶游幕苏州，后将十番带回天津。在北京，清代宫廷中已流行演奏十番音乐。

另外，也有些音乐舞蹈的传说故事与皇家有关。据民间传说，有一次，慈禧太后传旨要通州二闸的狮子舞进颐和园表演，二闸老百姓并不愿意，便以进京会影响皇粮漕运为借口推脱，于是进京之事不了了之。又如临清驾鼓，第三代传人洪玉卿称，他的祖先曾是运河上的码头工人，某年乾隆帝乘龙舟沿京杭大运河下江南，这群码头工人从经过的龙船上偷学来了驾鼓。关于天津法鼓，则有传说称乾隆皇帝南巡路过天津，观赏过三月二十三的娘娘会，尤其对法鼓表演十分欣赏，曾赐黄色鼓衣。

一、传统器乐

（一）古琴

中国的古琴艺术源远流长，在发展过程中形成了各有特色的诸多流派，其中浙派、虞山派和广陵派地处运河流域，或多或少受到运河影响。

浙江琴派的奠基者为南宋永嘉人郭沔，他继承了张岩汇集的秘阁古谱和民间传谱，在此基础上加以编辑整理，从而进一步丰富了自己的艺术修养。他的代表作品《潇湘水云》及其他传谱，经刘志芳传授于毛敏仲和徐天明。毛、徐两人在杨瓒的主持下，汇编了历史上收曲最多的《紫霞洞琴谱》。毛敏仲还另外创作了许多琴曲，一直流传至今。徐天明则在传授琴学方面有突出成就，徐氏祖孙四代都以授琴驰名琴坛，明季尊之为“徐门正传”[①]。

虞山琴派亦称常熟琴派，以国家历史文化名城常熟市虞山镇为主要发祥地。虞山镇位于苏州城北 40 千米的江南水网地区、大运河北侧，通过望虞运河与苏州相通。常熟古城（虞山镇）别称“琴川”，以其水系为七条运河组成的七弦河（又称琴川河）得名。虞山琴派的创始人严澂（1547 ～ 1625），号天池，常熟人，宰相严讷之子。他师从吴地琴师陈爱桐、陈星源等名家，形成“清微淡远、博大和平”的琴曲风格。他主编的《松弦馆琴谱》为《四库全书》所收录的惟一明代琴谱，在理论和实践结合的基础上，作出虞山派的理论创新，改变了当时琴坛盛行的以文对音的偏颇，提升了音声本身的艺术感染力。同时，他组建了中国历史上第一个琴学社团——虞山琴社。其同门师弟徐錤（约 1582 ～ 1662），在琴艺琴风上又有新的突破和创新。徐錤著有《大还阁琴谱》和《溪山琴况》，在琴学上完善和丰富了虞山派的理论。明万历年间，浙籍琴人、享誉京师的知名琴师沈音对虞山琴派的发展也有不小影响。在京游历的严澂与其结识后，对他十分仰慕，于是将其介绍给琴川诸社友，以促进家乡琴艺的进一步提高。沈音著有《和气吟》《洞庭春晓》《溪山秋月》《凤翔霄汉》等曲，这些作品自《藏春坞琴谱》始，在虞山派琴谱以及之后的诸多琴谱中都有收录，可知其流传之广。后来沈音的弟子赵应良、陈禹道也寓居虞山，参与严澂《松弦馆琴谱》的修订。在博采南北琴艺之长的基础上，虞山琴派由此成为中国第一个有明确的代表人物、代表琴谱、理论纲领和地域特色的琴派。[②]

① 荀德麟、刘志平、李想等：《京杭大运河——非物质文化遗产》，北京：电子工业出版社，2014 年，第 300 ～ 301 页。

② 戴微：《江浙琴派溯流探源》，博士学位论文，上海音乐学院，2003 年，第 30 页。

自明至清，虞山琴派主要琴谱有十几种之多，其代表琴曲有《秋江夜泊》《良宵引》《潇湘水云》《洞天春晓》《溪山秋月》等。虞山派是明、清之际最有影响力的琴派，海内琴士群趋仰慕，出现了以“虞山为归”的局面。进入民国以后，一批海内外琴家慕名追随虞山琴派，在苏州成立了“今虞琴社”。该时期虞山琴派最著名的传人为吴景略（1907～1987），名韬，号缦叟，常熟人。他潜心琴艺，被称为“虞山吴派”，一生打谱40余首，并成功地对古琴进行了改革。后受聘担任中央音乐学院民乐系教授、北京古琴研究会会长，培育了一批琴坛名家，著有系列《古琴教材》等。[①]

广陵琴派是以扬州（古称广陵）为发源地的琴学流派。扬州地处大运河与长江交汇处，受运河影响深远，因此相较上述二琴派而言，广陵派与大运河的关系也更为密切。广陵琴派源远流长，早在东汉时期，广陵地区就有著名琴曲《广陵散》流传，这是古代扬州琴艺流行、传承的最早佐证。广陵派风格与虞山派相近，并受虞山派的影响。当代琴学研究表明，“琴坛自明清以来，最有影响力的是广陵派、虞山派、泛川派、岭南派、诸城派等流派”，其中广陵派被列为首位，其形成应当在明末清初或者更早些。

清代广陵琴派的发展与大运河不无关系，许多琴师游历南北，兼收各方琴艺特色，以此丰富、提高广陵派，在此过程中，大运河作为连通南北的纽带，必然提供了交通上的便利。顺治年间的扬州人徐常遇在继承虞山派风格的基础上自成流派，编有《琴谱指法》，康熙四十年（1701）初刻，后由其子徐祎校勘成书，名为《澄鉴堂琴谱》。徐常遇弟子众多，其长子徐祜、三子徐祎尽得真传，二人年轻时曾去北京报国寺表演，技艺倾倒众人，“江南二徐”在京城一时称盛，康熙皇帝闻其名，召其入宫演奏。二人中徐祎成就尤为突出，清人李斗《扬州画舫录》载：“扬州琴学以徐祎为最。”[②]徐祎后将琴学传于其子徐锦堂、弟子马世骏等人，徐祜的传人则有通州谢伯。谢伯从小就跟随徐祜到处游学，学成后去京师发展，为官员高其佩家专职琴师，常在公卿间往来。年岁渐高后回归故里，将自己的琴学传给儿子谢愚泉。康熙年间，广陵琴派的另一位代表人物徐祺，也曾游历燕、齐、吴、楚等地，荟萃各派琴谱，编成颇有影响的《五知斋琴谱》。清末民初，有扬州僧人空尘，携古琴游历四方，每到一地必去拜访当地善琴者，于是技艺渐臻完善，著有《枯木禅琴谱》。此外，清代富裕的盐商群体，往往构筑园林、举办文会、刊刻书籍、赞助文人，也刺激了琴派的发展。例如康乾时期徽州盐商程梦星，长期寓居扬州，中进士后曾任翰林院编修，他善于弹琴，与著名琴师徐祎等人有交往。[③]另一位广陵琴派传人吴灴，曾任官员李廷敬的幕僚，生活无虞，得以致力于古琴研究，

① 荀德麟、刘志平、李想等：《京杭大运河——非物质文化遗产》，北京：电子工业出版社，2014年，第301页。

②〔清〕李斗著，汪北平、涂雨公点校：《扬州画舫录》，北京：中华书局，1960年，第207页。

③ 倪婧：《明清扬州古琴音乐文化的历史考察》，硕士学位论文，上海音乐学院，2013年，第16、18、25～26页。

完成了《自远堂琴谱》[①]。近现代广陵琴派集大成者刘少椿，亦原本生于陕西富平县盐商之家，1914 年随父南下扬州学习做生意，开设盐号谋生，后拜广陵琴派孙绍陶为师，学习古琴，并与今虞琴社多有交往。[②]

清代的广陵派琴师通过大运河来往京师、山东、扬州、苏州各地，因此在艺术上南北兼收、刚柔相济，主张“海内为一家，南北无二派”，强调各流派的和谐统一、兼容并蓄，注重古琴宗法的共同要义，同时突出演奏者的艺术个性与特点。广陵派以“轻、松、脆、滑、高、洁、清、虚、幽、奇、古、淡、中、和、疾、徐”这 16 个字的美学标准来指导古琴演奏。20 世纪初，古琴家孙绍陶首创广陵琴社。琴社初建时有 10 余人，至 1934 年已发展至 50 多人。近代以来，广陵琴派演出很多，雅集频现，还编著出版了一批理论研究书籍，赴国外进行文化交流，在中国琴坛独树一帜，影响深远。代表琴曲有《龙翔操》《梅花三弄》《平沙落雁》《潇湘水云》《广陵散》等。[③]

（二）唢呐

民间鼓吹乐是以唢呐为主奏乐器，以笙、笛等吹管乐器为主伴奏乐器，以梆子击拍，间或配以锣、钹等打击乐器的民间器乐乐种。鼓吹乐历史悠久，渗透于社会生活的许多方面，不止见于民间婚丧嫁娶、祭祀仪式，更是保吉驱邪的必做关目。其流传过程中与大运河也渊源颇深，千百年来，大运河为唢呐艺术的传播、发展做出了历史性的贡献。古代官员乘舟在运河中巡行，鼓吹是主要仪仗，沿岸官衙接送官船亦用鼓乐；漕运纲船过闸过坝，鼓吹乐也是喧呼先行的重要象征。明大学士李东阳描写他在临清鳌头矶看到的景象：“官船贾舶纷纷过，击鼓鸣锣处处闻。”[④]明正德年间王磐作散曲《朝天子・咏喇叭》中也有这样的曲词：“喇叭，唢呐，曲儿小腔儿大。官船来往乱如麻，全仗你抬声价。”

唢呐艺术遍布中国大运河沿岸和西北、重庆、福建等广大地区，作为国家级非物质文化遗产得到了各地区和城市的广泛重视，这其中河南沁阳、山东邹城、江苏徐州、安徽宿州等大运河沿岸地区均是唢呐艺术的重要保护和传承地。这些地区的唢呐艺术历史久远，普及程度高，爱好者群体庞大，并各具特点。

① 李小戈：《探寻清代广陵琴派的地域文化环境》，黄惇主编：《艺术学研究》第 2 卷，南京：南京大学出版社，2008 年，第 519 页。

② 陈洁：《广陵琴派第十代传人刘少椿》，钱建明执行主编：《名师纪念文集》，合肥：安徽文艺出版社，2012 年，第 120 页。

③ 荀德麟、刘志平、李想等：《京杭大运河——非物质文化遗产》，北京：电子工业出版社，2014 年，第 301 ～ 303 页。

④〔明〕李东阳著，周寅宾点校：《李东阳集》卷一，长沙：岳麓书社，1984 年，第 622 页。

就大运河沿线最具代表性的徐州市唢呐艺术而言，其唢呐演奏中保留着相当数量的古老曲牌，从标题上看，它们与宋元以来的杂剧曲牌以及明清以来的小曲同名者甚多，如“混江龙”“滚绣球”“山坡羊”“一江风”“朝天子”等。这些曲牌大多具有鲜明的古典风格，在演奏上多采取“对大笛”（两支唢呐同时演奏）加打击乐的古老形式，且多用于礼仪场合。演奏这类乐曲时要求严谨，即兴发挥少，打击乐分量很重。徐州的唢呐演出团体还曾多次代表国家参加国际性的重要演出，其演奏的曲目如《并蒂莲》《高祖还乡》《凡字调》《老少乐翻天》等具有很高的艺术表现力和民间音乐特色。①

在山东济宁，城西南隅有一条小巷名鼓手营，大概为当年供河道衙门官乐队吹鼓手居住的地方。旧时，这些唢呐艺人地位低下，属“下九流”之列。“三为优伶，四是吹”，这“吹”即指吹奏艺人。唢呐艺人又大多兼剃头理发，剃头也属“下九流”，“七生八盗九吹灰”中的“生”就是剃头之义。这些艺人平时以剃头为业，遇上婚丧嫁娶有人请，就去卖艺。济宁更具知名度和代表性的是微山湖唢呐。微山县以湖划定县界，位于邹、滕、临、峄、沛、鱼、丰等县的接合部，因而微山湖唢呐艺人交游广泛，见多识广，不仅技高一筹，而且曲目也多，既能演奏传统曲目，也能将戏曲、歌曲改编成唢呐曲，还能触景生情即兴创作演奏。特别是运河边的夏镇魏家唢呐班，经常在各种庆典仪式上将所见之景、所感之情变成音乐糅进唢呐曲中，灵活生动，深受听众喜爱。湖区鼓吹艺人常吹曲目有《一江风》《百鸟朝凤》《祭仙音》《普天同庆》《火烧葡萄架》《庆贺会》等。民国年间，微山湖区唢呐艺人中艺术精湛者，有魏学海、魏学才、魏学德、魏学彦和王志举、王兆福、王兆贵等。彼时声望最高的是魏广声，他7岁正式跟父、叔、伯学艺，13岁领班出门演奏，25岁便已名噪鲁西南。魏广声不仅识谱，还能谱曲、填词创作。他对传统技艺进行了认真的挖掘整理，将失传多年的祖父绝技“软咕噜”和“表子文”的绝招“小铃铛”谱曲填词、发扬光大，受到同行的敬重。他演奏功底扎实，技巧纯熟、全面，音色圆润丰满，韵味潇洒，且唢呐、管子、笛、笙皆演奏得精绝。他演奏曲目丰富，有100余首，代表曲目有《普天同庆》《放荷灯》《集贤音》《五六五》《合家欢》《乘胜前进》《渔节欢度》等30多首，其中有5首被收录在《中国民间音乐集成》中。

在山东德州，德城区的路家鼓乐班是始于清嘉庆年间久负盛名的唢呐班。创始人路风泉与其他鼓吹艺人一样以理发谋生，同时酷爱吹打。到光绪十六年（1890）已有祖孙9人专事吹打乐，负责婚丧、节日文娱活动的伴奏。清末，德州还出现了僧道吹鼓手等半职业的吹奏团和个体乐手，不仅在德州城乡吹奏，而且还应聘到运河沿线的天津和河北的南皮、东光等县，以及河北枣强、献县及山东章丘等地吹奏。②

① 荀德麟、刘志平、李想等：《京杭大运河——非物质文化遗产》，北京：电子工业出版社，2014年，第305～306页。
② 田贵宝、吴丙友主编：《德州运河文化》上册，德州：中国人民政治协商会议德州市德城区委员会，2004年，第391页。

（三）琵琶

琵琶最早见于东汉刘熙《释名》，大致产生或普及于东汉时期。琵琶音乐在长期发展过程中产生诸多流派，如清中叶的南北两派，南派即浙江派，其轮指用下出轮为主；北派即直隶派，其轮指用上出轮为主。清末民初，江沪浙一带先后出现无锡派、平湖派、浦东派等。这些流派都处于大运河流域，其流传、发展与运河不无关系。

无锡派琵琶是南北流派融合的产物。嘉庆年间，无锡华秋苹（1787～1859）在向南北两派学习的基础上，综合南派浙江陈牧夫传谱与北派燕京王君锡传谱，于嘉庆二十三年（1818）编成并出版《南北二派秘本琵琶谱真传》三卷，被称为《华氏谱》。该谱采用工尺谱，有较完整的指法记载，是我国最早印行的琵琶谱。《华氏谱》收有南北派琵琶小曲62首、大曲6部，这6部大曲分别是南派擅长的《海东青》《将军令》《霸王卸甲》《月儿高》《普庵咒》，以及北派擅长的《十面埋伏》。另外，华秋苹还编有牌子小曲《借云馆小唱》，又称《借云馆曲谱》，也是用工尺谱，记写了明清以来流行的《三阳开泰》《软平调》《五瓣梅》等10首小曲曲谱，以及小曲演唱的用韵和技法等。华氏传授的流派被称作“无锡派”，尽管无锡派嫡系传人不多，按照《华氏谱》原谱演奏的人也很少，但其他各派或多或少地采用了《华氏谱》中的部分乐曲，整理成当时流行的演奏曲，因此无锡派在清代中叶起到了承上启下的作用。

平湖派琵琶形成于19世纪中叶，是中国近代四大琵琶流派之一，以浙江平湖人李芳园（名祖棻，约1850～1901）为集大成者。李家是传承五代的琵琶世家，在家庭积累的熏陶下，李芳园自幼就有“琵琶癖”，功底扎实，技艺超群，被盛誉为“善弹琵琶无与敌”，在江浙一带影响较大。李芳园还在传统古曲的基础上，博采民间小曲，融会贯通，并编订乐曲与指法，增加大套曲目，形成自己独特的琵琶理论和演奏体系。他编的琵琶谱集《南北派十三套大曲琵琶新谱》出版于清光绪二十一年（1895），后人称之为《李氏谱》。《李氏谱》的问世标志着平湖派琵琶艺术的形成，后来由其弟子朱荇青进行重新校订并用于教学实践，形成蔚为壮观的琵琶艺术流派。平湖派琵琶艺术的演奏特色，主要体现在右手轮指技法上，左手则讲求推、拉、吟、揉。平湖派琵琶基本采用下出轮，兼用上出轮。其艺术风格以丰满华丽、坚实淡远著称，其演奏有文有武：文曲细腻，常配以虚拟舒缓动作，加强余音袅袅之感；武曲则以下出轮为主，讲究气势。平湖派琵琶对当今琵琶的各种风格的形成有相当的影响。

浦东派琵琶对南北琵琶风格交流也有重要影响，其中运河扮演了重要角色。浦东派鞠士林、鞠茂堂、陈子敬、倪清泉、沈浩初等师承相传，著作有《鞠士林琵琶谱》《陈子敬琵琶谱》《养正轩琵琶谱》等。鞠士林是清乾隆、嘉庆年间南汇县惠南人，性好交游，有“江南第一手”“鞠琵琶”之誉。据说有一次，他坐船至大运河重镇苏州浒墅关，时城门已经关闭，遂操琵琶消遣，守关官兵为其琴声所动，开关放行，故有“弹开浒墅关”之美传。现有《鞠士林琵琶谱》传世。鞠士林的弟子、再传弟子较多，如鞠茂堂、王东田等。其中以他的侄子鞠茂堂掌握得最为全面。而鞠茂堂的传人中又以陈子敬的贡献最大，他首创了琵琶演奏锣鼓音响，曾被清廷召至北京，教授醇亲王琵琶，还被光绪皇帝赐予“天下第一琵琶”称号。陈子敬的学生有倪青泉、曹静楼、王慧生等，陈的再传弟子沈浩初整理出版了《养正轩琵琶谱》。沈浩初的学生中，以林石城的成就最为突出，最能表现浦东派的技艺风格，其代表性乐曲有《十面埋伏》《霸王卸甲》《夕阳箫鼓》《陈隋》《月儿高》等。浦东派乐曲的特点是武曲气势雄伟，擅用大琵琶，开弓饱满，力度强劲，文曲则沉静细腻。其富有特色的传统技术有夹滚、长夹滚、各种夹弹和夹扫、大摭分、飞、双飞、轮滚四条弦、弦数变化、并四条三条二条弦、扫撇、八声的凤点头、多种吟奏、音色变化奏法、锣鼓奏法等①。

（四）打排斧

打排斧，俗称“捻船”，是微山县运河岸边排船工匠在劳动实践中创造出的一种敲打音乐。工匠经若干工序将船排好，木工活基本完成，便要进行捻船填缝的工作了。捻船，即为了防止船下水后漏水，用斧凿把船腻子砸进船板与船板之间的缝隙。捻船工作量大，为鼓舞士气，消除捻船时单调声响给人的厌倦，捻船工们统一行动，将斧凿声敲打成一种音乐，就是打排斧。

打排斧的乐器，实际上就是捻船用的工具斧、凿，演员也即捻船的工人。其人数不限，根据船的大小，或十数人或数十人。工人围船体而坐，一手持斧，一手握凿；领号人则于船底中部钉一铁钉，用锤敲打，以为号令。领号声起，众人应合“丁空空，丁丁空空，丁空丁空丁丁空，丁空空丁丁空”。由慢到快，由快到慢，把船腻子捻进去，剔出来，剔进去，又捻出来。斧凿的铿锵声，船体的共鸣声，自然构成节奏鲜明、清脆动听的乐曲。一家捻船，周围数百米都可以听到打排斧的曲调。打排斧还常常引来数十乃至数百助兴的渔民，有的情不自禁也操起斧凿加入行列，自寻快活。打排斧曲牌多样，因人而异，常见的有《凤凰三展翅 》《老虎大龇牙》《狮子大偎窝》等②。

（五）驾鼓

临清驾鼓由古代战鼓演变而来。驾鼓原名助阵鼓，又名羯鼓，起源于东汉末期，南北朝时传入内地。一开始击鼓是为战场扬威助阵的。据史料记载，蜀汉将领张悦曾两次为关羽击鼓助威。流传到五代十国时期，沙陀首领李克用将其运用于军事中，并有了新的发展。他以

① 荀德麟、刘志平、李想等：《京杭大运河——非物质文化遗产》，北京：电子工业出版社，2014 年，第 308 ～ 309 页。
② 高建军编著：《山东运河民俗》，济南：济南出版社，2006 年，第 242 ～ 243 页。

鸣锣击鼓发号施令，以点鼓示警，用长鼓探查对方虚实。已故临清民间音乐专家程占吉也曾证实说，从扁圆的外形看，驾鼓具有战鼓的特征。随着时间场合的变化，它的鼓点和声音传递出不同的排兵布阵的信号，演奏方式也符合打击乐发展的历史脉络。因其鼓点丰富多变，鼓声威武宏大，气势磅礴，故又有“威武会”之称。后因其多在庙会接神送佛仪式上演奏，故而将“羯鼓”念白为“驾鼓”，“驾”指神佛所乘坐的鸾驾。现在除了主要参加庙会的祭祀活动外，在商家开业和大户人家婚丧嫁娶时，他们也前去提供服务。

驾鼓何时传入临清，又是怎样在临清生根的，没有明确的史料记载。2015年临清驾鼓第三代传人洪玉卿曾告诉采访者说，六代以前他的祖先曾是运河上的码头工人，他们从经过的龙船上偷学来了驾鼓。在临清当地也有这样的传说，某年乾隆帝乘龙舟沿京杭大运河下江南，路过临清时，鸣锣击鼓，威风凛凛。有一伙码头工人闻听鼓声悦耳，甚为好奇，便尾随龙舟暗学鼓技。[①] 无论该传说的可信度如何，有一点是可以确定的，码头工人、皇帝南巡故事本身就是运河历史与文化的体现，因此临清驾鼓与运河文化的兴起有着直接的关系。

自唐代尤其是明清以来，随着运河带来的临清社会经济的繁荣，当地庙宇兴建甚多，庙会频繁。每年农历三月三十日开始，到四月底，临清都举办庙会。当时，为了迎神送佛，各庙会分别组织驾鼓会，各寺庙也争相收拢接纳驾鼓，并分别组织驾鼓会进行演出。当时比较出名的驾鼓会有碧霞宫庙会、更道街庙会等十几个。临清驾鼓多在庙会期间、官僚富豪家举办红白喜事、商家开业时表演以赚取报酬，因此，它成了登不上大雅之堂的“芜词俚曲”，文献资料也少有记载。民国初年，大桥村村民洪鹤龄作为驾鼓落户临清的第一代传人，发动群众购置锣鼓，在家里夜夜传授鼓技，临清才有了真正独立的驾鼓会。20世纪30～50年代，为临清驾鼓发展的繁荣整合期。[②]

临清驾鼓是一种纯打击乐合奏形式的表演艺术，所用乐器有鼓（即大扁鼓）、点锣（即四寸高音手锣）和筛锣（又称头大中方或大锣）等三种。从规格上来说，鼓面直径为35～43厘米，高20厘米；点锣直径为16～20厘米，与大锣相较，“个头”较小，所以叫“点锣”；大锣直径为70～120厘米，因其个大如筛，故又称为“筛锣”。每种乐器都有其独特的音效特点，如鼓声雄壮有力、威武；点锣的声音高、尖、亮，穿透力比较强；而大锣发出的声音则浑厚低沉、宽广。临清驾鼓的演奏乐队一般为两队列，根据条件可以分为大、小两种，即有“整队”和“半队”之分。人员和乐器齐备时，可组整队，所用乐器为48面鼓、8面点锣和2面筛锣（每一面筛锣均由两人抬

① 许士红：《运河（聊城段）三种民间乐舞的变迁研究》，硕士学位论文，哈尔滨师范大学，2016年，第22页。
② 许士红：《运河（聊城段）三种民间乐舞的变迁研究》，硕士学位论文，哈尔滨师范大学，2016年，第13页。

起，另有一人敲打），而半队的组成结构自然就是整队的一半了。[①]

（六）飞镲

汉沽位于蓟运河入海处，历史上是非常繁华喧闹的运河码头。汉沽“飞镲”是天津汉沽沿海渔民和船民集民间音乐、舞蹈、武术为一体的综合性民间广场艺术。在国家公布的非物质文化遗产名录中，汉沽飞镲列传统民间音乐项——四鼓艺术类首位。

汉沽飞镲大约产生于清光绪初年，彼时船家都有“飞镲”这一道具。汉沽飞镲主要用于出海作业、渔业丰收、捕捞归来等喜庆活动，以及酬神礼仪活动。经过100多年的发展演变，汉沽飞镲已经遍及天津全区各街、镇，远远超出沿海渔村的范围，然而还保留着沿海渔村原初的风貌。长芦盐场、杨家泊镇、河西街等地的群众飞镲队，在继承传统的基础上，赋予这种艺术以新的时代色彩。

汉沽飞镲最初是用四对镲，既作乐器，又作道具。一面大鼓、两面大铙为演奏乐器，四名耍镲人配合节奏表演，耍镲技术有“滵镲”“镲缕”“掏镲”“怀镲”“分镲”等。飞镲与大鼓、大铙有机结合，边演奏边耍镲，演员做出各种各样的动作，有老树盘根、插花盖顶、白鹤亮翅等，表演起来龙腾虎跃，锣鼓喧天，表现了渔民劈波斩浪、奋勇向前的气概。

目前，汉沽有十几个飞镲锣鼓艺术表演队，多次参加全国和天津市各项表演和非物质文化遗产纪念活动，为保护和传扬这种古老的民间艺术起到了极大的促进作用。[②]

二、传统音乐

（一）苏州玄妙观道教音乐

苏州道教音乐，历史可追溯至西晋，属于正一派。宋代以来，玄妙观受到朝廷的赞助，是历代官员迎来送往及举办祈祝仪式的场所。清康熙皇帝、乾隆皇帝沿运河南巡过程中，曾多次驾临并题写了众多匾额，其中乾隆三十年（1765）题额中有“梵籁清机”，即赞颂了玄妙观道教音乐。玄妙观周边居住着彭、潘、袁等苏州大姓，他们修缮玄妙观，参与接驾，陪侍皇帝游览等，并积极宣扬“康乾驻跸”的影响，玄妙观也成为苏州城的一个政治象征。玄妙观的皇帝赐额，举办的接驾、“万寿庆典”等仪式活动无疑放大了道教音乐的影响力。[③]

明末清初道士施亮生辑成的《斋天》等书和清嘉庆年间道士曹希圣重订的《钧天妙乐》，

---

① 黄敬：《运河上独有的打击乐器——临清驾鼓》，《西江月》2013年9期；王玉芬、王德椿主编：《京杭运河·齐鲁风情·聊城卷》，济南：山东人民出版社，2013年，第117页。

② 荀德麟、刘志平、李想等：《京杭大运河——非物质文化遗产》，北京：电子工业出版社，2014年，第312页。

③ 朱春阳：《地方大族与城市政治中心的确认——以清代苏州玄妙观“康乾驻跸”说为中心》，《安徽史学》2017年第2期；朱春阳：《官廷与江南：清代苏州玄妙观及城东社会的崛起》，《江南论坛》2017年第5期。

至今仍是玄妙观道教音乐的规范。苏州道观曾涌现了不少著名乐师，他们或精于音律、善于编曲，或乐器演奏技艺精湛，或在经韵吟唱方面造诣深厚，在道乐界产生了较大影响。清末民初，苏州道教趋于衰落，玄妙观的一些宫宇开始出租，部分道士改行谋生，但道教音乐在民众中的影响仍相当广泛和深入。苏州道士属正一派，素以吹、弹、打、写、念为做法事的基本技能。能写能念的称为法师，能吹、弹、打的称为音和。法师和音和们，有的在宫观里为信众做法事，有的要自行外出谋生，每天上"茶会"接生意，俗称"奔赴应"。为了谋生，他们日夜苦练，所下功夫不亚于过去戏曲界的科班学徒，人人都要学会多种乐器。只有在演唱、演奏方面具有高水平，才有资格担任法事中的"高功""都讲"和乐班中的鼓手、司笛等较高的职务。苏州道教音乐就是这样在一代代道士的辛勤努力下，才渐渐臻于完美，走进了艺术的殿堂，并获得了"姑苏仙乐"的美誉。

玄妙观道乐一方面吸收了帝王庙堂仪典音乐、祀礼音乐等成分，另一方面，则受到堂名音乐、江南丝竹、昆曲、吴歌（吴腔）、苏州评弹等吴地艺术的熏陶，形成了独树一帜的风格。道教音乐中"十番锣鼓"吹打曲牌，"将军令""十八拍""水龙吟"等，都是道士们从苏州传统音乐"堂名"发展而来。至今，苏州道士一般都能同民间"堂名"一起演奏。江南丝竹、昆曲、吴歌（吴腔）、苏州评弹等对苏州道教音乐的影响主要表现在使用的乐器、移植的曲调及演奏技巧等方面。民间音乐如"清江引""遍地花""采茶歌"等曲调，都为道教音乐所吸收。苏州道教音乐植根于吴文化的沃土之中，它除了具有道教音乐的共性外，还有鲜明的地方特色。

苏州道教音乐包括器乐和声乐两大部分。器乐主要有笛曲、鼓段和由两者连缀而成的套曲，演奏方式有"坐奏""行乐"等。声乐为道教的经韵，有旋律的为"韵腔"，包括"赞""颂""偈""诰""咒""符"等多种形式。采用民歌（吴腔）韵调，同样是苏州道教音乐的一大特点。①

（二）十番

十番锣鼓原为宫廷音乐。明正德十四年（1519），明武宗沿大运河南下讨伐宁王，自作武乐《靖边乐》以鼓舞士气，该乐传授于南教坊（在今南京）。明余怀《板桥杂记》中已提到万历末年南京秦淮河一带游客演奏十番锣鼓的情景。至万历末年，苏州一带城乡演奏也已普遍流行十番，仅苏州城的班社"堂名"便有几十个，如"多福口""荣和堂""永和堂""万和堂"等。明沈德符《万历野获编》载："又有所谓'十样锦'者，鼓、笛、锣、板、大小钲、钹之属，齐声振响，亦起近年，吴人尤尚之，然不知

① 荀德麟、刘志平、李想等：《京杭大运河——非物质文化遗产》，北京：电子工业出版社，2014年，第319～321页。

亦沿正德之旧。”[①] 其中“十样锦”指的就是十番。十番从南京、苏州传播开来，数十年间，已逐渐沿运河传播到扬州、淮安，后来进一步传播到北运河的天津、北京地区。其在各地流传过程中，与地方音乐相结合，演变成各具特色的十番音乐，也有“十番”“十番鼓”“十番锣鼓”“十样锦”“十不闲”等不同的名称。

清乾隆年间（1736 ~ 1795），扬州虹桥一带“歌船”中经常有十番锣鼓的演奏。《扬州画舫录》中载有十番锣鼓的情况和乐队编制特点：“十番鼓者，吹双笛，用紧膜，其声最高，谓之闷笛，佐以箫管，管声如人度曲；三弦紧缓与云锣相应，佐以提琴；鼍鼓紧缓与檀板相应，佐以汤锣；众乐齐乃用单皮鼓，响如裂竹，所谓‘头如青山峰，手似白雨点’，佐以木鱼、檀板，以成节奏。此十番鼓也。是乐不用小锣、金锣、钹、号筒，只用笛、管、箫、弦、提琴、云锣、汤锣、木鱼、檀板、大鼓十种，故名十番鼓。番者更番之谓，有《花信风》《双鸳鸯》《风摆荷叶》《雨打梧桐》诸名。后增星钹，器辄不止十种……若夹用锣铙之属，则为粗细十番……下乘加以唢呐，名曰‘鸯鸳拍’……是乐前明已有之。”[②]

在扬州比较有特色的十番是邵伯锣鼓小牌子（又称邵伯牌子曲），它起源于明代，形成于清代中后期，兼具江南丝竹典雅之韵与里下河水乡之风。传统邵伯锣鼓小牌子通常出现于庙会和节日场合，有“坐台”（坐式演奏）和“踩街”（行走演奏）两种表演方式。演出队伍讲究对称，排列有序，披红挂彩，成双配对。邵伯锣鼓小牌子由丝竹乐和锣鼓等打击乐交替演奏、多支曲牌联缀而成，乐器独特，小调丰富，需要高超的演奏技巧，其代表性牌子曲有《八段锦》《十八省》《鹦鹉歌》《十八省夹堂子》等。

在淮安市淮安区则有楚州十番锣鼓。楚州是运河重镇、南北交通要道，楚州十番锣鼓与苏州、扬州系同源一脉，最迟在明朝末年传入当地。21世纪初，学者曾从楚州民间搜集到两本手抄本十番锣鼓曲谱，一本没有标明年代，据有关专家考证，约成书于明末清初，另一本则传于清道光十六年（1836）。至1939年，楚州还有十几支演奏十番锣鼓的堂子（班社团体），其活动经费均由各行业的行会承担，在每年四月二十八的“都天会”和五月初一的“东岳庙会”等场合演奏。各堂子中，“良安堂”以从事粮食行的商人为主，“敬安堂”以从事杂货行业的人员为主，“善安堂”以从事布行的商人为主，各约20人，都能演奏难度较大的《金盆捞月》。此外，东门干河一带、河下镇及河北与板闸镇各有一个堂子。这几个堂子不仅能演奏“十番”，还能演奏清淮小唱、淮书等民间乐曲。十番在淮安流传很广，以至于形成了一句俗语——“十番十调”。

目前传承的楚州十番锣鼓，系清道光年间楚州著名曲家孙育卿，将乾隆十六年（1751）首次南巡时献给皇上欣赏的昆曲音乐，加上地方风俗的唱词及打击乐改创而成，故又称“武

---

①〔明〕沈德符：《顾曲杂言》，北京：中华书局，1985年，第12页。

②〔清〕李斗著，汪北平、涂雨公点校：《扬州画舫录》，北京：中华书局，1960年，第255页。

昆”。其曲名、锣鼓曲牌、演奏乐器、演奏方式等，都比较独特。曲名有《金盆捞月》《咏花》《咏蝶》《到春来》等。锣鼓曲牌名也为独创，有“出山云”“金钱花”“四季花”“双飞蝶”“绕花乐”等，区别于戏曲和民间锣鼓曲牌名。楚州十番锣鼓的演奏乐器有文场与武场之分，文场有两支曲笛（为领奏乐器，一人左手，一人右手，笛尾坠有丝穗）、两支箫、两支竹管、两盘笙、两面琵琶、两把三弦、两把硬弓、两把软弓，共16件；武场有班鼓、板、堂鼓、大锣、皮叉、小锣、木鱼、碰铃、糖锣、号筒，共10件。此外还有一个大而美观的棚子，由八人抬着，加上一人演唱。楚州十番最为罕见的是在打击乐里编配了一面2.8尺低音大锣和一支低音奇特的号筒，时而发出“乌”“亚”“打”的节奏音效，敲打起来带着古老深沉又壮观奇特的音乐效果。①

“天津十番”同样源自苏州，相传清乾隆年间天津人吴君轶游幕苏州，后将十番带到天津，经几代乐师的整理、学习和演奏，逐渐形成了兼具江南音乐之细腻和北方音乐之粗犷的天津十番乐。晚清以来，天津十番的主要班社组织有集雅社（1870～1901）、美善社（1891～1920）、四如社（1921～1985）和七小乐社等。天津十番乐的曲名曲牌大多来源于昆曲南北曲，但同时也形成了自身的特点。例如，受到天津方言的影响，天津粗十番较苏南粗十番在音调上略低沉苍劲。天津方言的语调多为平降调，因此演奏者在唱念锣鼓经时，习惯性地把“七”“仓”“扎”用较重的降调唱白，无形地把乐谱中音色、力度和节奏等要求与他们心中默读锣鼓经的感觉相吻合，所以实际演奏效果就更浑厚苍劲。此外，天津粗十番所用的打击乐器如板鼓和大锣，发音高亢脆亮，宽广淳厚，具有北方的粗犷风格。另外，天津粗十番在演奏速度和力度方面也有自己的特点，中速和急速的点头较多，力度变化较大，演奏一气呵成，急速中加快的快板结尾，常常使欣赏者振奋不已、激动万分。天津粗十番常用的《跳判》《急急风》演奏速度较快，更多地受到北方戏曲锣鼓点及风格的影响，显得粗犷豪放。②

早期的天津十番曲目多达三四十套，但经历代乐师们的加工提炼，尤其是刘楚清多年来的潜心研究，留下精选的12套保存至今。这12套音乐分粗、细、花三种不同的形式。其中有完全用打击乐器演奏的“粗十番”4套：《小嘉兴》《两来船》《锦堂春》《伙锣鼓》；以管弦乐器为主配、以打击乐器烘托气氛的“细十番”4套：《松竹梅》《一串珠》《锦上花》《热沉檀》；以打击乐器和管弦乐器混合演奏的“花十番”4套：《元宵乐》《大嘉兴》《下西风》《千狐腋》。其中《下西风》是笛吹十番，它的音

① 荀德麟、刘志平、李想等：《京杭大运河——非物质文化遗产》，北京：电子工业出版社，2014年，第315～316页。

② 王满：《天津十番中的“粗十番”套曲》，《天津音乐学院学报》2005年第1期。

乐气氛非常活泼而又夹以雅静，管弦乐和锣鼓经贯穿全曲，使人感觉到轻松愉快，因而这套乐曲传遍了大江南北，成为十番乐的名曲。[①]

在北京，清代宫廷中已流行演奏十番音乐。如康熙二十三年（1684）十月，康熙帝到阊门、山塘、虎丘游玩，就将北京十番带至南方。

竟到虎丘，到山门即下马进去，自己上山，并无扶援者。登大殿，拜三世佛。拜毕，即到后殿看宝塔，又走至四贤祠，回出到大殿，对正门东向坐。抚院及两将军、工部、布政、兵道、并随从官员，俱两行立。传苏州清客打十番，打完，上曰："好，果然好。但是只晓得南方的音，还不晓得我北方的音。叫小番来，打一番与你们看。"即刻飞传舡上小番来，俱十五六岁俊俏童子，一样打扮，俱穿酱红缎衣，头戴红纬貂帽，共一十六个。各持乐器上山，在大殿前两旁边立，打一套十番，果然好绝，姑苏极老班头，亦从未闻见者。约有一个时辰方毕，时已黄昏矣。上起而出，到天王殿，见下边百姓拥挤，塔上俱点红灯，照耀满山，看者不肯散去。上曰："上边百姓都已听见了，下边的还没有听见，再打一套去。"随坐千人石上，打起十番。上南动手打鼓，后乃连打数套，逐件弄过，直打至二更时方完。[②]

王芷章编《清升平署志略》载，约乾隆五年（1740），清廷设掌管宫廷习艺事务的南府中，就专门置有"十番学"一处。每年二月间在圆明园花神庙举行演出，直到道光七年（1827）裁撤。[③]清中叶学者钱泳就曾根据其见闻描述十番以笛为主，加上箫管、三弦、云锣、提琴、鼍鼓、檀板、汤锣、羯鼓、木鱼等乐器，"有《花信风》《双鸳鸯》《风摆荷叶》《雨打梧桐》诸名色"。并描述了其在圆明园墙外听十番演奏的经历："忆于嘉庆己巳年七月，余偶在京邸，寓近光楼，其地与圆明园相近。景山诸乐部演习十番笛。每于月下听之，如云璈叠奏，令人神往。余有诗云：'一双玉笛韵悠扬，檀板轻敲彻建章。太液池边花外路，有人背手听宫墙。'"[④]

（三）东平腊山祥龙观道教音乐

腊山是道教名山之一，位于聊城市运河边的东平湖畔，有"小岱峰"之称。腊山祥龙观道教音乐属于全真派道乐，初由始祖丘处机所创。丘处机，山东栖霞人，道号长春子，于金兴定元年（1217）到腊山布道，把腊山道乐和"十方经韵"进行融合，逐渐形成了风格独特、曲谱繁多的道教音乐体系。

丘处机的弟子龙门派祥龙观第十代住持杨清荣（1478～1548），在腊山筹资修建祥龙

① 王静：《天津民间打击乐曲初探》，《音乐创作》2013 年第 4 期。

②〔清〕姚廷遴：《历年记》，《清代日记汇抄》，上海：上海人民出版社，1982 年，第 120 页。

③ 王芷草编：《清升平署志略》，台北：新文丰出版公司，1981 年，第 18 页。

④〔清〕钱泳著，孟裴校点：《履园丛话》卷一二《艺能》，上海：上海古籍出版社，2012 年，第 223 页。

观并修建了乐台。杨清荣擅长音乐，精通笙、管、笛、箫等吹奏乐器。他利用自己的特长，在腊山祥龙观进一步提倡音乐，凡是要求加入道教的人，都必须学习音乐，有此类特长才可能被收为徒弟，这种做法对腊山道教音乐的发展起到巨大的推动作用。经过历代道人的反复演练、创作、提高，逐渐形成自成一格的腊山道教音乐。兴盛时可参与演奏道教音乐的道人多达300余人，分为门内徒和门外徒。特别是门外道徒的融入和管弦乐伴奏的使用，再加上直接参与各种民俗活动，促进了腊山道教音乐的蓬勃发展，使之风靡鲁西南大地，标新立异，独树一帜。

腊山道乐主要以吹打乐见长，在发展中也经历了乐器的改革和创新。清末民初，腊山道乐第16代传人道长祁合智用锡做成小管，形似去掉铜碗的唢呐，被列为寺庙音乐的主要乐器。还有腊山“梧桐大管子”，是道门颇负盛名的管乐器，为第18代传人杜永奎所制，已有近百年的历史。据民间传说，当年第18代传人杜永奎的演奏技艺出名，有不少道家弟子慕名而来，向他求教，他都认真传教，并无戒心。但是，在一次道家音乐演奏大会的前一天，他的竹管子却被学徒偷走。眼看第二天就要比赛，如若不去，不但丢了自己的面子，也有负于腊山道乐，于是他按照竹管子的样子一连试做了十几个，音律都不理想。这时已是深夜，杜永奎想睡睡不着，索性走出房门，漫无边际地在山上独行。忽然他听到一阵阵浑厚的音律，比竹管子演奏的声音还好听，他认为这是神灵庇护，于是向声音传来的地方拜了三拜，循声走去，发现声音来自山坡上的一棵小梧桐树，随即砍回，连夜赶制成大管子，吹来声音粗犷、深厚，音调纯正，竟比竹管子的音律胜出十倍。第二天比赛大会如期进行，杜永奎不慌不忙走上台去，音律一出，比赛现场鸦雀无声，演奏结束后众人皆为之喝彩。杜永奎因此更加受到道界尊重，梧桐士林大管子也成为腊山道乐的传世之宝。[①] 锡制小管和梧桐大管是腊山道乐特色性吹奏乐器，此外还有哨子、唢呐、笙、笛、箫等吹奏乐器，以及云锣、云鼓、磬、小铜板、铛子等打击乐器。

腊山道教音乐一般在道观演奏，以增添道观玄妙肃穆的气氛。在道观、道场演奏时，道徒与道门俗家弟子均着道冠、道袍。随着时代的变迁，为满足社会的需求，道教弟子也会在外出做道场时演奏。后来婚丧嫁娶也请道教乐队，道教音乐渐渐融入民间，也成了群众欣赏和赞誉的民间音乐。腊山道乐鼎盛时期，每逢庙会、山会，道教乐队都为赶会者演奏助兴。中华人民共和国成立后，腊山道乐开始在民间收徒传艺。1958年，道士杜永奎曾在祥龙观办起“腊山音乐大学”，招收学员200余人，主要传授道教音乐演奏技艺、乐曲。1986年，泰山道教协会和东平县文化局录制了《小拜门》等

① 另一说是民国年间杜永春参加山东省政府官员张怀芝父亲葬礼，为了不输于和尚的乐班，所以制作了此梧桐大管，见杨传珍：《腊山道庙音乐》，《民俗研究》1989年第4期。

12首曲牌，发表在《中国民族民间音乐·山东卷》上，作为道教音乐的代表作品传世。现今，山上一年两度的庙会（每年清明节和古历十月初一，各持续6天）仍然场面浩大，热闹非凡。史料记载，腊山道乐各种曲牌多达360多支，内容丰富，与民间生活息息相关，现在所传并记录下来的已不及20支。经过挖掘整理，现存曲牌有：《临清歌》《小拜门》《打枣》《盘杠子》《柳金絮》《前奏曲》《清河柳》《二凡》《逗鹌鹑》《水锣音》《留青年》《登云路》《滚鼓令》《唐秀才》等。[①]

（四）天津法鼓

“法鼓”，是佛教、道教举行宗教仪式时所用的一种法器。“天津法鼓”原是佛、道两教的宗教仪式音乐，后流传到民间演变为一种游艺民俗，成为天津民间花会的一个主要音乐种类。“天津法鼓”在清末民初时期最盛，多以老会或圣会的表演形式出现，天津市区、郊区有许多道法鼓会，例如天津运河边北仓镇就有许多法鼓会。

关于“天津法鼓”的来历，民间有多种传说。第一种说法是明朝皇帝朱棣信奉道教，“靖难之役”时朱棣率领大军南下路过“直沽寨”（后改称“天津”），带来一文一武两道法鼓，后在天津传播开来；第二种说法是明末从河南嵩山少林寺传来；第三种说法是清初从山东道教传来；第四种说法是当年李自成率军转战各地，常以铿锵宏大的法鼓作为军中之乐，李自成起义失败退出北京后，部分散兵游勇流落津门，在码头出卖体力，闲暇时击法鼓自娱，很受民众喜爱，法鼓遂在天津流传开来。[②]

旧时，天津民间常用法鼓庆丰收、贺新年，在各种节庆、庙会活动中演出，尤其过年期间，从正月初一到十五，整个市区法鼓演奏连绵不断，响彻全城，与各种花会、灯会交相辉映。而每年农历三月二十三日为庆祝天后娘娘生日“皇会”，法鼓更是不可或缺的随驾音乐。民间传说乾隆皇帝南巡路过天津，观赏过三月二十三的娘娘会，尤其对法鼓表演十分欣赏，曾赐黄色鼓衣，天津娘娘会获此赞誉，遂以“皇会”命名。[③]据清乾隆五十三年（1788）成书的《津门杂记》记载，在三月二十三日的“娘娘会”中，五位娘娘的辇驾前后都有法鼓。在四月初六、初七城隍诞辰赛会、四月二十八药王诞辰赛会中也都有“天津法鼓”。清康熙、乾隆时期至民国初年，天津法鼓最为繁盛，民国初年有130多个道法鼓会。法鼓衰于民国前期军阀混战和后来的日军入侵，1936年，天津举行最后一次皇会，彼时尚有30多个法鼓会参加。

法鼓是集舞蹈与音乐于一体的民间表演艺术形式。法鼓会又有文、武之分，“文”重演

① 荀德麟、刘志平、李想等：《京杭大运河——非物质文化遗产》，北京：电子工业出版社，2014年，第321～322页。
② 钱国桢：《“天津法鼓”的结构研究》，《天津音乐学院学报》1990年第4期；荀德麟、刘志平、李想等：《京杭大运河——非物质文化遗产》，北京：电子工业出版社，2014年，第326页。
③ 王小明：《游艺民俗的传承文化解析——以天津刘家园祥音法鼓老会考察为例》，冯骥才主编：《当代社会中的传统生活：国际研讨会论文集》，天津：天津社会科学院出版社，2014年，第388～389页。

奏音乐，“武”重动作表演。法鼓表演的乐器有鼓、铙、钹、镲、铛等5种，一般配备鼓1面，铛和镲各4副，钹和铙各6～7副不等。这些乐器在鼓的统领下，按曲谱、词牌各司其职，配合鼓声。表演时，鼓、铙、钹默契配合，鼓乐齐鸣，气势壮阔。法鼓乐曲由若干不同的曲牌连缀而成，其曲牌有30多支，其中各法鼓会演奏较多的是《对联》《绣球》《叫门》《富贵图》《上擂》等。每奏1套，需半个小时左右。

天津法鼓的表演分为坐敲、行会两种。“坐敲”（或“设摆”）有固定的场地，以铙钹乐为主，将灯、幡、旗、牌等各种道具和打击乐器固定在一特定地点进行演奏，是主要的表演形式。“行会”（或“行乐”）为边走边奏，多以“铛镲乐”为主，演奏时，大鼓与紧挨身边的“头钹”起着指挥的作用。整套音乐多以慢板开始，逐渐转入中速，进而变为快速，最后高潮部分以急板结束。例如演奏《咬五通》时，五种乐器分合交替，变化多端；而演奏高潮部分的《上擂》时，大钹、大铙的演奏者还要加上“耍钹”“飞铙”等舞蹈动作，动作类似武术，有“鹞子翻身”“海底捞月”等30多种。表演时，铙、钹在演员周身上下翻动、金光熠熠，缨穗凌空飞舞，撼人心魄。此种表演被艺人们形象地概括为“燕飞蝶舞、插花盖顶，缠头裹脑、龙腾虎跃”。

由于法鼓最初是源于佛、道作法的音乐，因而其舞蹈动作也受到宗教的影响。如“端饭”动作是从“禅定手印”演变而来，“托塔式”则是从佛祖“接引手印”演变而来。法鼓表演艺人还从民众的日常生活中汲取素材，创作了“叠金钱”“拾金钱”“撒金钱”“单钹闪”“双钹抖”等动作，使法鼓表演更具有吉祥喜庆的色彩。法鼓演奏者的常见装扮为头戴帽衬，穿中式长袍，挽白袖口，黑色马褂，蓝色中式便裤，圆口皂鞋。[①]

（五）北京智化寺佛教音乐

智化寺坐落于北京古城东南角禄米仓胡同东口，建于明正统八年（1443），初为明英宗时期的司礼监太监王振的家庙，庙中供奉王振家族牌位。正统十一年家庙建成后，王振擅将部分宫廷音乐移入寺院，并组建乐队，用于寺院佛事和一些民间活动，开始智化寺音乐的传兴。正统十四年，王振挟明英宗亲征瓦剌，败于土木堡，王振被杀，明英宗被俘。明代宗继位，于谦率众守卫京城，而王振被灭九族。英宗被俘八年后被放回遭代宗软禁。景泰八年（1457）正月，旧臣趁代宗病危，发动“夺门之变”，使英宗复位。英宗复位后杀掉于谦，在智化寺为王振塑泥像祭扫。英宗之后的明宪宗，为于谦昭雪，并将智化寺改为佛寺，供奉佛祖和菩萨像。

土木堡之变前后，智化寺的功用也经变化，但寺中音乐的流传却得以延续。北京

① 荀德麟、刘志平、李想等：《京杭大运河——非物质文化遗产》，北京：电子工业出版社，2014年，第322～325页。

智化寺音乐熔宫廷音乐、宗教音乐、民间音乐于一炉，是我国现有古乐中惟一按代传袭的乐种，与西安都城隍庙鼓乐、福建南音、五台山青黄庙音乐，以及开封大相国寺音乐并称中国五大佛教古乐。清道光、咸丰年间（1821 ～ 1861），智化寺音乐向外传授到天仙庵，以后又分别传授到成寿寺、水月庵、地藏寺、夕照寺、观音庙、火神庙、九顶庙及普宁寺等寺院。智化寺音乐逐渐成为北京北传佛教音乐的中心和代表，被时人冠之以“京音乐”之名，至今保存完好。

智化寺第 15 代传人永乾于清康熙三十三年（1694）抄写了工尺谱《音乐腔谱》。这种记谱方法与宋代字谱相同，其中点板符号同唐代工尺谱一样。智化寺京音乐的宫调有四调，即正调、背调、皆止调、月调，其中有三个调名是与隋唐音乐相同的：“皆止调”就是唐代被讹化的“歇指调”，“月调”就是唐代的“越调”之讹，“背调”很可能就是唐乐中的“背四调”。智化寺乐器与当今的民间乐器有所不同，在 20 世纪 50 年代时仍使用与宋代形制相同的十七簧笙和九孔管，而现在常见的笙为十二簧、八孔管。所用云锣、铛子，也别具特色。《音乐腔谱》保存有 600 余支来源不一的曲牌，有和唐代教坊曲同名的《望江南》《千秋岁》等，也有和元曲相似的《山荆子》《点绛唇》等，其中最多的是为宗教活动服务的曲牌，如《三宝赞》《金字经》《五声佛》等。[①]

智化寺佛教音乐的曲牌也反映出佛教音乐、宫廷音乐、民间音乐的影响。从佛教音乐方面看，乐僧创作的曲牌有：五声佛、西文经、劝善诫、通法界。属于北方佛曲“十大韵”的有：金字经、挂金锁、浪淘沙、淮上韵、华严会、一锭金、寄生草、望江南等。在宫廷音乐方面，目前京音乐与明代宫廷宴飨乐相同的曲牌有 10 支，分别是“豆叶黄”“得胜令”“沽美酒”“刮地风”“普天乐”“滚绣球”“千秋岁”“清江引”“小梁州”“醉太平”等，其中后 5 种与智化寺的 5 本乐谱中记载的曲牌相同，而智化寺佛乐所用乐器及其数量，与明代钟鼓司管辖范围内的宴飨乐中的“丹陛大乐”所用文武二舞乐器及进膳乐所用乐器大致相同。在民间音乐方面，智化寺京音乐的 90 多支曲牌中有 33 支与明成祖时御制的佛教音乐书《诸佛世尊如来菩萨尊者名称歌曲》的曲牌相同，这本书是明成祖命人收集当时社会上流行的南、北曲编辑而成的，说明智化寺这 33 支曲牌的曲调都源自明代民间歌曲，只是歌词部分被明成祖改编了而已。京津冀的许多民间音乐班会都号称自己承自智化寺，在河北的许多音乐会中，以河北省固安县屈家营村的屈家营音乐会与智化寺京音乐的关系尤为密切，基本上可以确定二者是同源同流的同一乐种。[②]中华人民共和国成立后，国家对智化寺京音乐这一文化瑰宝进行了深入的研究整理。

① 许惠利：《智化寺与佛教音乐》，《法音》1987 年第 2 期。

② 王丹：《北京智化寺京音乐》，袁懋栓主编：《北京风俗史研究》，北京：北京燕山出版社，2007 年，第 146 ～ 161 页；孙鑫：《智化寺及所传京音乐的历史考察——兼论其在当代的传承与保护》，北京联合大学文化遗产保护协会编：《文化遗产与公众考古》第三辑，2016 年，第 137 ～ 179 页。

20世纪50年代初，佛教、音乐界为抢救智化寺音乐专门成立了京音乐研究会，中国艺术研究院音乐研究所收藏了清代智化寺乐谱。智化寺现藏有1953年查夷平编订重装本。

三、社火舞蹈

运河沿线的“舞蹈”并非单纯的娱乐活动，它们大多是传统仪式的一部分，多在节日庆典或宗教仪式上表演，而且常常伴随着音乐、演唱等。这些社火舞蹈源自地方社会，具有鲜明的地域色彩。

（一）余杭滚灯

余杭滚灯源于浙江余杭钱塘江畔的余杭、海盐等地，流传至今已有800余年历史，是节庆和灯会期间表演的具有强烈竞技特点的民间舞蹈。南宋时滚灯就已流行，南宋诗人范成大在诗作《上元纪吴中节物俳谐体三十二韵》中曾对滚灯作如下描绘：“掷烛腾空稳，推球滚地轻。”①

余杭处杭州近郊，南宋时为京畿之地，各种庙会活动频繁，滚灯是旧时俗节迎会仪仗队伍中必出的特色节目。滚灯的起源有两种说法，一种是余杭临钱塘江北岸，古代盐业兴旺，沿海地区经济发达，海盗不断侵犯，因此余杭民间一直把滚灯作为一种吉祥之物、强体之器，每逢元宵或庙会（主要是元帅庙会）必进行表演。另一说则为杭州湾经常发生水灾，而水神二郎神握有避水神珠，于是百姓在跳傩舞扮演二郎神时，就用竹编圆球代替神珠。

滚灯是一种融体育、舞蹈、杂技、武术于一体的古老民间舞蹈。庙会活动中，滚灯往往出现在民间艺术踩街队伍的最前面，因其上下左右翻滚，行人避让，能起到“鸣锣开道”的作用。它有9套27个表演动作，早期都是男子表演。对于“余杭滚灯”的表演者来说，表演时要遵守次序，每次开场先由两人进行“抱灯”，从舞台的左右两个方向以“猛虎跳涧”出场，而后又由一人单独表演一套动作后迅速下场，之后人换灯不换地进行转场，由下一位出场的舞蹈者表演第二套动作“蜘蛛吐丝”，并以此类推，之后换7个人完成21个动作。②

（二）渔鼓舞

渔鼓舞是洪泽湖地区独具特色的传统民间舞蹈表演形式，主要分布于江苏省泗洪、

① 中国农民体育协会：《红火非遗——余杭滚灯》，《农民科技培训》2018年第1期。
② 贺月甜：《浅谈浙江“余杭滚灯”的舞蹈艺术风格》，《艺术评鉴》2016年第13期。

泗阳、洪泽、盱眙等地。渔鼓的前身是流行于北方的太平鼓，由北方逃荒的难民传入洪泽湖流域，当时只是作为乞讨时说唱伴奏的工具。清康熙十九年（1680）后，随着大洪泽湖的形成，渔鼓又成为洪泽湖渔民用于烧大纸祭祀活动、大王会、家谱会等仪式活动中的伴奏乐器，并在鼓面增加了大红鲤鱼的形象，寓意岁岁太平、年年有余，形成了原始的渔鼓。其表演时主要曲调有“嚷神咒”和“念佛记”等，因敲的渔鼓总发出一串“咚咚”的叠音，故渔民又呼之为“咚咚腔”“娘娘腔”。清末民国为繁荣时期，活动于洪泽湖从事渔鼓表演者多达千人以上，除了击鼓以外，不再是单纯的细语低吟的嚷神和念佛，而是融进了苏皖一带流行的肘鼓子和快板说唱，同时也融入了民间舞蹈，真正形成了渔鼓舞。1957年，该地方基层文化工作者、省劳动模范张坤组织渔民文艺爱好者，在湖区对传统的渔民渔鼓进行了系统的挖掘整理，渔鼓表演也被正式命名为“渔鼓舞”。

渔鼓舞经过文艺工作者的整理和改造，更适合舞台表演，但在民间仍主要出现于祭祀场合。在洪泽湖渔民传统的祭祀活动“敬大王”仪式上表演的舞蹈统称“渔鼓舞”，它包括单人、双人、三人和六人舞蹈形式，穿插在仪式的唱神环节进行展示。开坛请神舞的形式为独舞，主题为渔鼓艺人诵念祭文，盛请湖神降临。表演先由祭坛右边站立的一位念唱艺人开始，主祭祀手持铜铃，细碎节奏的铃声代表“各路神灵”骑马而至，六位渔鼓艺人敲击渔鼓，随即主祭祀站立，向前迈步行礼，然后退回，这套行礼动作重复三遍，然后再向神坛单腿跪地，磕头。起身时，双臂打开。此动作向其他三个方向各重复一遍，然后手拿令旗分别向前后左右上下六个方位绕臂、转腕出旗，随后直立上身，摇动铃铛，再向前行礼三遍，自转做垫步下场。主祭祀使用富有船上行走特色的“垫步”贯穿全舞，上下律动的“垫步”突出神灵端庄而又不失活力的特点。主祭祀面向四方行跪拜之礼时，动作舒展大气，富于艺术性。

渔鼓舞的舞蹈部分统属于祭祀舞蹈种类，从整体风格及动作来源上可分作两类。一类是气氛庄重严肃、以行礼叩拜动作为主的舞段，该类舞段具有一定的功能性并富有极强的仪式感，其自娱及娱人成分不明显，例如“开坛请神”“穿花”舞段。另一类是动作风格相对轻松、富有生活气息的舞段，以“激辩”“五更摇”“劝酒”为代表。“激辩”“五更摇”等动作大多来自日常生活中的交谈、划船等，而“劝酒”舞段是表演者在轻松、自由的节奏中，全身呈现随船摆动的舞蹈形态。该类舞段虽然具有生活化倾向，但始终保持与仪式整体的密切关系，并具有一定的观赏性。[①]

（三）跑竹马

跑竹马在运河沿岸的杭州、邳州、北京等地都有记载，例如《西湖老人繁胜录》《武林旧事》

① 陈闽：《洪泽湖渔鼓祭祀舞蹈田野调查——江苏省泗洪县半城镇穆墩岛“敬大王”仪式》，《黄河之声》2017年第13期。

《梦梁（粱）录》等南宋资料记载当时杭州有小儿跑竹马、踏跷跑竹马、男女跑竹马等各类竹马舞蹈。明清以来，又以邳州最具代表性。邳州跑竹马又称竹马舞、竹马会，流行于滩上、八路、徐塘等运河两岸的乡镇，相传始于宋代，内容取材于金兀术跨马游春的故事。清嘉庆《邳州志》记载了当时竹马的演出情况：春日的酬神仪式上，各处鸣锣击鼓、热闹非凡，有巨象、狮子、竹马、蹴鞠等表演节目，表演者盛装打扮，在乡里游演。清邳州贡生黄奋基的《观乡会俚词》也载有跑竹马等多种民俗艺术，并提到这些民俗艺术相习成风，存在已久。邳州最具有代表性的跑竹马在运河古镇滩上，清代由滩上四大商家和船老板改建的万寿寺，其正月初八的庙会是跑竹马展示的重要舞台。①

邳州跑竹马的道具以竹篾扎壳，用五彩纸、彩绸扎糊成马的形状。邳州跑竹马常以团队形式表演，5 对为一组，共 10 人（也可根据演出需要增加为多组），常常装扮成历史人物。例如最常见的“鞑子游春”，头骑称老鞑子（金兀术），后随四个跨马的妃子，均为男扮女装，每一骑后跟随一马童。表演者跑出各种“阵势”，表现兴围狩猎的场景。也有艺人称之为“五马穿索”，表现金人在受到宋军追击时，迷惑宋军，布阵逃跑的情形。

老鞑子跨麒麟，着铠甲，穿豹衣、彩裤，戴髯口；马童身着兵卒服饰，背插刀剑，擎彩色龙凤旗；四妃头戴小额子，插翎子，上身穿花豹衣，左手握马鬃环，右手执马鞭。马色与服装颜色一致，依次为黄、红、绿、白、黑五种。表演者按照设计的跑阵路线，伴随着音乐锣鼓，策马跑阵。邳州跑竹马的特点重在“跑”，以“跑”贯穿始终，即跑中见阵、阵中见情，跑出姿态、跑出阵势、跑出气势是其三大要领。基本舞姿有喝马起跑、催马小跑、放马轻跑、纵马快跑、鞭马疾跑、勒马倒跑、吁马停跑等。阵势有“一字长蛇”“二龙取水”“四门兜”“五虎寻羊”“八卦阵”“蛤蟆出水”“十字梅花”“乌龙摆尾”“剪马股”“双套环”“单套环”“双穿花”“狗尾圈”等。跑阵时的伴奏乐器有锣鼓和唢呐，主要起到烘托气氛、加强节奏、统一步调的作用。鼓点有乡会锣鼓、起奏点、刹鼓点等，唢呐曲牌有“桃红”“开门”“背宫绞笛”等。②

（四）狮子舞

狮子舞，又称舞狮子、狮灯，多在年节和喜庆活动中表演。舞狮子历史久远，大约在东汉时已有雏形，南北朝时期开始流行。隋炀帝开凿了贯通南北的大运河以后，令人喜闻乐见的狮子舞沿着大运河迅速流传南北、蔓延东西，一直风靡至今。最初，

① 滕腾等：《民俗学视域下邳州跑竹马的历史变迁》，《南京体育学院学报（社会科学版）》，2017 年第 6 期。
② 吴作杰：《略论邳州跑竹马》，《大众文艺》2013 年第 24 期。

北狮在大运河长江以北一带较为流行，所以，大运河沿线地区主要是北派舞狮。南派舞狮又称“醒狮”，主要流行于华南、南洋及海外。近年亦有将二者融合的讲法，主要是用南狮的狮子、北狮的步法，称为“南狮北舞”。从大运河沿线来看，北方与南方的狮子舞既有共同性，又有差异性，北方更重武功、气势，以河北、京津地区为代表；南方多偏爱技巧、谐趣，如浙江长兴县的李家巷小架狮子舞。

北狮的造型如真狮，舞狮者（一般二人舞一头）的裤子、鞋子都会披上毛。狮头造型较为简单，有红结者为雄狮，有绿结者为雌狮。表演时由手持球的狮子郎逗引。狮子郎演员不但要有英雄气概，还要有良好的武功，能表演前空翻过狮子、后空翻上高桌、云里翻下梅花桩等动作。狮子与狮子郎默契配合，表演时能模仿真狮子的看、站、走、跑、跳、滚、睡、抖毛等动作，还能展示耍长凳、梅花桩、隔桩跳、360° 拧弯、独立单桩跳、前后空翻下桩等高难度功夫动作。北狮流传区域较广，各地北狮又往往独具特色，带有当地色彩。

北京朝阳区位于通惠河两岸，其庆丰闸（二闸）前街的“钢铃舞太狮”及其表演一直名冠京华，是北派狮子舞的杰出代表。过去，二闸有一对用布、纸、油漆、胶泥等材料制作成的青、黄二色“钢铃舞太狮”，重近百斤。狮子身上戴有硕大的钢铃，随着狮子的舞动发出清亮的钢铃声，便于成对的狮子舞步配合一致。这对狮子原属于明朝宫廷，明朝灭亡后被一个太监带出宫外，辗转存放在二闸的小庙里。从此，二闸的狮子及其狮子舞表演逐渐发展壮大，誉满京畿。据民间传说，有一次，慈禧太后传旨要二闸的狮子进颐和园为她表演，二闸老百姓并不愿意，便借口说：“去演也行，运皇粮要停下来，咋办？”慈禧太后无奈，只得作罢。

山东德州德城区北厂街的舞狮也与运河有密切关系。因建有储存国粮的敖仓——常丰仓、广积仓，北厂成为德州段运河较大的漕运码头，舞狮随漕运于明初传至此。德州城乡的舞狮多由其传授，故有德州北厂的狮子挂白胡，北厂“狮子老会”之说。北厂舞狮以“狮子”彪悍、凶猛而著称。狮子有大小各两个，大狮由 2 人支撑耍动，小狮 1 人耍。动作有急跑、慢跑、窜跳、摆头、抖毛、挠痒、伸腰、打滚、咬球乃至蹿桌越凳、登球压板、爬台跳台等，以鼓、钹、铙等打击乐器伴奏，节奏简单，粗犷有力。①

位于大运河江南运河西侧的浙江省长兴县李家巷小架狮子舞，属于南派狮子舞，以狮子架型小、色彩素朴、狮头更加夸张而得名。李家巷小架狮子舞一般在正月或喜庆节日由狮子班特定组织进行活动。每遇狮子班进村演出，都有一定的礼仪程式，欢快热闹，示意吉祥降临。在 1949 年以前，每逢农历二月初二土地庙会，土地菩萨“出会”时，长兴县一带每个村庄都要献演一个节目。1936 年，蒋家村便创编了“小架狮子舞”参加庙会。之后，每年从农历除夕开始一直到正月十五，“小架狮子舞”都会被人请去表演。李家巷的小架狮子舞表演

---

① 田贵宝、吴丙友主编：《德州运河文化》上册，德州：中国人民政治协商会议德州市德城区委员会，2004 年，第 396 页。

人数一般有 7 人，其中 5 人伴奏，乐器有大锣、小锣、鼓、镲等，2 人舞狮。表演时，两人合扮一头狮子，前半段演出，先通过演员的肢体活动表现狮子的活泼神态和喜欢嬉戏的性格；后半段，运用技巧表现狮子威武的神态，常与武术、杂技动作相糅合，表演高难度动作。表演中用打击乐伴奏，起烘托气氛的作用。①

（五）舞龙灯

舞龙灯作为中国春节的传统活动，至少已有 700 年历史。最早的相关文字记载见于东汉张衡《西京赋》，其中描写了“海鳞变而成龙”的情节，汉代的“鱼龙漫衍”之戏应该就是舞龙灯的前身。龙在传统文化中是民族精神的象征，神话中的龙又掌管行云布雨之事，因此舞龙包含了“国泰民安”“风调雨顺”的祈愿，在民间深受欢迎，流传很广，许多地方都有舞龙灯的习俗。②

微山湖的龙灯一般用竹木扎成 9 节或 11 节的骨架，长 15 ～ 20 米，内设有旋转的灯座及灯火。而后用白布制成圆柱形龙衣，将各节连成一体，最后再用金银粉，精心描绘鳞甲（有的也用黄布剪成鳞状缝上），腹部描画出乳白色的花纹和四腿五爪。龙头、龙角或用纸裱成，或用木头刻制成，以红绿麻线为髯，以钢丝盘簧为须，顶端系上红绒球，龙角披挂红绿彩绸，迎风飘摆。

每到农历正月十五，夜色降临之际，微山县的船帮就会以一帮或数帮组成龙灯队，来到河湖岸边舞起龙灯。演出时，前面一人手持红色大珠，一锣一鼓协调动作，后面队员分别扮演风婆、雨婆、雷公、电母，此外还有队员拿火流球、硫磺火球、药筒紧随其后。队伍两侧不时鸣放鞭炮，烘托气氛。耍火流球的人在前打场，持珠人引龙前行，举龙头的人追逐龙珠，在半空中上下起伏，宛如腾云游水。龙头高举，龙目闪闪发光，左顾右盼，张牙舞爪，十分威严，又十分动人。龙腰部位的舞龙人，箭步如飞，舞弄着整个龙体，将龙头紧紧地围绕在当中，做出盘头舐尾之势。持珠的领龙人，将珠摆动，另外一人把硫磺药往上一甩，在半空中形成一个红色大火团，火团的周围散发出灰褐色的浓烟。趁浓烟未尽，持龙头的人两臂伏地，横侧龙头，使龙头从龙腹部抽出，隐隐约约地穿过这弥漫的烟雾。就在这一瞬间，后边举龙体的人，又逐个地跃过，恢复了龙的原状。龙的长躯伸展后，尾部的举龙人身披一串响铃，左右摇摆，轻步颠挪，牵动着整个龙身，首尾相配。紧接着又是一个抬头望月、行云布雨施雷之势。龙体两侧鞭炮齐鸣，掌声叫好声不绝于耳。

---

① 荀德麟、刘志平、李想等：《京杭大运河——非物质文化遗产》，北京：电子工业出版社，2014 年，第 340 ～ 341 页。

② 高春霞：《中国春节文化与生命意识》，硕士学位论文，兰州大学，2007 年，第 35 ～ 37 页。

微山湖渔民的龙灯有更能发挥其聪明才智和得天独厚的条件之处，即水上舞龙灯。每年的元宵灯节，他们都要沿大运河光顾夏镇街。一个20多米长的庞然大物，分载在五六只小船上，越过三孔挢，穿过闸坝，缓缓北上，到现在的东风桥。艄公们有意逗留，船行得特别慢，两岸观众要求在船上耍龙灯。盛情难却，于是龙躯开始左右旋转，时高时低，恰似龙上下腾飞。忽而跪在船头，将龙头伸向水面，龙尾翘起，左右摇摆，好似蛟龙吸水。忽而火炮四溅，像是晶莹的水珠飘洒在遍体鳞甲的龙背上，龙在火药的滚滚浓烟中时隐时现。此时两岸观众掌声如雷，鞭炮齐鸣，以示祝贺。①

此外，聊城元宵节期间，境内舞龙灯活动也比较普遍，尤以聊城龙湾和临清前关街的龙灯舞别具特色。聊城龙湾的龙灯舞在清康熙至乾隆年间曾多次进京表演，受到康熙和乾隆皇帝的高度赞赏。龙灯的扎制颇见精巧，龙灯的舞动则需要十多个青年男女配合进行。在紧锣密鼓声中，巨龙左右翻卷，腾空飞舞，狂热奔放，显现出翻江倒海的磅礴之势，并有“打折”“退皮”“龙打滚”等惊险动作。有时，各路龙灯恰聚一处，数条巨龙汇集表演“抢龙珠”，大有雷霆万钧、暴风骤雨之势。

临清的龙灯亦称云龙会，舞龙灯演员达百余人，分文武两场。文场始由一“童子”抱花瓶领舞而出，接着“风婆婆”“闪电娘娘”“雷神”“鱼鳖虾蟹”等数人做各自的代表动作起舞而入，紧接着是五光十色的朵朵彩云（由人扮演）飘然入场，一会儿是“盖云”“翻云”，一会儿是“五朵金花”，动作花样多达十几种，惟妙惟肖，变化多端。而后是武场，由铳炮队和火硝队配合表演。演出中铳炮几十门列队两旁，铳炮声声，硝烟滚滚，锣鼓齐鸣，龙在烟雾中上下翻腾，并追逐着一个红蜘蛛来到40余人组成的“龙门”，跃然而入。开始是“五龙倒取水”“金龙盘玉柱”，而后是“卧龙”“滚龙”“三现龙”“单花腾云”“双花腾云”等十多种精彩表演。最后在大蜘蛛钻到龙门外，青龙捉拿不住，急得摇头摆尾和张牙舞爪的火热气氛中结束。②

（六）五鬼闹判与抬杠官

“五鬼闹判”是以钟馗伸张正义、鞭挞邪恶为内容的民间社火，主要流传于运河沿岸的江苏、山东、天津、北京等地，其中以山东临清地区最为典型。“五鬼闹判”最早见于明代施耐庵的小说《水浒传》中。明代小说《梼杌闲评》中有这样的描述：“却说临清地方，虽是个州治，倒是个十三省总路，名曰‘大马头’……次日正值迎春……但见数声锣响，纷纷小鬼闹钟馗。”③著名小说《金瓶梅》的故事背景也是运河沿岸的临清地区，书中记录了很多音乐资料如乐器、

① 高建军编著：《山东运河民俗》，济南：济南出版社，2006年，第243～245页。

② 王玉芬、王德椿主编：《京杭运河·齐鲁风情·聊城卷》，济南：山东人民出版社，2013年，第120～121页。

③〔明〕佚名著，刘文忠校点：《梼杌闲评》，北京：人民文学出版社，1983年，第17页。

剧目等，在书中第六十五回中就有写到《五鬼闹判》《钟馗戏小鬼》等剧目。

《五鬼闹判》的角色由阴曹地府的阎罗判官钟馗和撑伞及执琴、棋、书、画的五个小鬼组成。五个小鬼头戴二尺多高的圆锥形纸帽，身穿红、白、黄、蓝、绿五色长衫，手举状纸，披头散发，鬼脸扮相，蹦蹦跳跳地闹着判官喊冤叫屈。判官头戴圆翅儿官帽，红脸红须，两鬓插红耳毛，身着红色官服，腰系绿色玉带，左手拿着“生死簿”，右手摇着“铃铛”。在锣鼓伴奏下，众小鬼欢腾跳跃，忽而虎跳、滚毛、蛮子、旋子，忽而蝎子爬、车轮跟头、狮子滚绣球，忽而鲤鱼打挺、屎克郎滚蛋、叠罗汉，以熟稔的舞蹈语言变换着各种图形。判官在转伞的伴舞下，手执笏板，舒展阔袖与众小鬼打逗嬉闹，时而抚琴聆曲，时而凝阵赏画，时而举盘品棋，时而捋髯读判。鬼、判配合默契，形神入微，惟妙惟肖，妙趣横生。①

临清《五鬼闹判》在流传过程中，结合了当地的其他表演内容而展现出不同的形态。根据临清一些老人的讲述，临清原来的《五鬼闹判》演的是《目连僧救母》，内容取材于《佛说盂兰盆经》中目连僧求佛救度丧母之事。演出时，表演队伍在锣鼓点伴奏中行街，大鬼手执“取人牌”，另一招魂小鬼手戴锁链，肩负鱼枷的刘氏随后。待圆场结束时，场面上张立起如《空城计》中布景一样的城楼，在这阴间与阳间分界的城下，两旁站立着“牛头”与“马面”二鬼。随着一阵紧锣密鼓，头戴炫装相、身披袈裟的目连僧，手持开启阴曹地府城门的“九连环”，同众小鬼、阴阳官等厮打，最后在判官阎罗王的庇护、引导下终于挫败冥界众小鬼，开启城门，救出母亲刘氏，重返人间。上天念及阎罗主持公道，悯恤民情，予以升官级。因而临清的“判子会”又称“升官会”。

关于临清《五鬼闹判》的来源，至今尚有一种说法，即明代沿运河从江南南通传来。《中国民间舞蹈集成（江苏卷）》载，南通市如东县岔河镇广泛流传着这样一句话：“方家的判官，郑家的象，曹家的彩牌不同样。”“判官”“象”“彩牌”都是指当地出名的灯彩，“方家的判官”就是指如东岔河方姓族人祖辈相传的民间舞蹈《钟馗戏蝠》。《钟馗戏蝠》的表演过程包括“打招”“舞蝠”“戏蝠”“扑蝠”“降蝠”。在灯会表演时，每行至人家、商店门口时，主人鸣鞭炮以示欢迎，这时演员就要停下来在此表演一番，称为“打招”；在锣鼓声中，一小鬼舞蹈开道，动作没有具体规定，称为“舞蝠”；接下来是钟馗由另一小鬼打着华盖伞出场，在唢呐声和蝙蝠的逗引下手执折扇与蝙蝠嬉戏一番，称为“戏蝠”；在“扑蝠”中有三扑的固定程式，跪扑、蹲扑、立扑；在热闹的唢呐声中钟馗将蝙蝠捉住，抛向观众，演出氛围达到高潮，称为“降蝠”。②

此外，临清还有一种独特的社火“抬杠官”，内容亦模仿官员判案。其中角色有

① 高建军编著：《山东运河民俗》，济南：济南出版社，2006 年，第 248 ～ 249 页。

② 许士红：《运河聊城段三种民间乐舞的变迁研究》，硕士学位论文，哈尔滨师范大学，2016 年，第 36 ～ 38 页。

身着破烂官袍、头戴蒜瓣翎帽、脸涂丑角脸谱的“县太爷”，四个手持“黑红棍”的开衙役及两个抬衙役。踩街时，“县太爷”坐在滚圆溜滑的棍棒之上，身晃手摇，滑稽可笑。此社火无固定的表演场合，只要有人拦驾“喊冤”就停下来。喊冤诉屈者，多为县衙不受理的民间邻里纠纷小事。此时，“县太爷”就地审案，用道德伦理予以解劝，并多用笑话插科打诨，使民间积屈在调笑中释解。如遇刁蛮者，“县太爷”有权指使“衙役”用县府颁发的“黑红棍”杖罚，以伸张正义、惩治邪恶。中华人民共和国成立后，此社火一度停演；20世纪50年代“除四害”时再度兴起，喊冤者由老鼠、蚊子、苍蝇、跳蚤出扮，“县太爷”据理陈词，述说其对人的危害，并令鞭挞，深受观众欢迎。①

（七）秧歌

聊城秧歌以运河畔的洼里秧歌和梁闸秧歌最为典型。洼里秧歌盛行于临清城南一带，多在春节等节日表演。传说宋元时期，江南一带农民不满统治者的压迫，受梁山聚众起义的影响，他们从江南沿运河北上，一路走，一路游唱，深受百姓的欢迎。清末，表演内容又变成梁山英雄人物攻打大名府，这种歌舞形式也逐渐传到堂邑、冠县、临清等地。

洼里秧歌所用的道具有伞、鼓、锣、落子（金钱落子）、高罩（一罩上写“洼里庄”，另一罩写“秧歌会”）、蓝旗（蓝色象征着青天，白字代表日月星光普照大地，飘带寓指五谷丰登、万物生长）。在唢呐、锣鼓等乐器的伴奏下，扮成各种人物的舞者手拿彩扇、彩绸、手帕、绸巾，甩开双手，左右扭摆，闪腰垫步，妙趣横生。

洼里秧歌主要的角色是玩伞人，他是秧歌队的开路先锋和向导，指挥整个队伍变换场景和演唱内容。蓝旗人紧跟玩伞人，是秧歌队的领队；高罩人由二人扮演，各执一高罩立于蓝旗人两旁。此外还有鼓子、锣子、土地爷、公子等角色，其中土地爷常说“颠倒语”逗引观者。例如《春秋扇》中土地爷开场道白：“话说话，胡说胡，荞麦地里耪三锄，一耪耪到枣树上，桑椹落的黑拉糊，撑起兜来拾桑椹，前子、黄瓜两嘟噜，拿到家里熬瓜菜，咕嘟一锅小豆腐。张三吃，李四饱，撑得马五满街跑。东西胡同南北走，出门撞见人咬狗。拾起狗来砸砖头，砖头咬了我的手。”憨老婆是秧歌队中的丑角，在秧歌舞中活跃于各角色间，起着“戏补钉”的作用。她什么戏都会唱，别人忘了词、脱了腔，她立即主动答腔引唱，是戏中的“中枢角色”，还时常指挥憨小、傻妮逗笑取乐，把戏引向高潮。憨小、傻妮，是憨老婆的两个得力助手，秧歌队走到庙会上无论哪个摊贩前，吃的用的随便拿，他们还得和人家论亲家，喊舅舅、喊姨姨。摊贩被吃被拿，也只一笑了之。京妈妈是京城百姓的代表，象征着城乡人民的团结。因秧歌源于江南，所以许多舞蹈动作都以插秧、拔草作为基本动作，以载歌载舞的表演形式

① 高建军编著：《山东运河民俗》，济南：济南出版社，2006年，第246页。

反映劳动人民边劳动、边歌唱的生活情景。①

梁闸秧歌流行于聊城东昌府区梁水镇梁闸村，以“伞棒舞”最为出名，一般在春节和婚丧嫁娶等场合表演。梁水镇原是古运河上设置的大型水闸码头，顺河街设置着浅铺、闸官署、管河县城分署、守备署、码头仓敖等多个政府机构，大小店铺数以百计，逐渐发展成为“富庶甲齐邑”的鲁西名镇。传说明朝时期，有一队运粮船行至梁乡闸码头时天气突然降温，船只被冻结在河面上无法继续前行，押粮的京官在此停留，感到非常无聊，就找当地的艺人表演，之后他还不满意，问当地有没有一些新鲜的玩意儿。统管一片地方的保长就让精通武术技巧的梁姓村民带领他的弟子前去献艺，将几艘船只对到一起形成了一个小型舞台。在耍拳脚的过程中，头脑聪明的梁某向京官借来绫罗伞和纤板，用武术动作敲打出好听的击打乐。押粮京官看后对这种艺术感到惊讶，也很高兴，并给了当地的村民一些肉、酒之类的东西。后来当地的人就用折断的纤板作为打节奏的大板，枣木棍当棒，绫罗伞改用现在的伞，逐渐形成了当地有名的“伞棒舞”，后来运河两岸的男子舞动纤板、击棍娱乐的习俗颇为盛行。② 梁闸秧歌随漕运的繁荣而盛极一时，并在运河上流动、传播，带动了北至临清、南至阳谷等地秧歌艺术的发展。运河两岸的十几个水闸码头，上百个村庄如梁水镇、沙镇、道口铺、闫寺，以及古城区闸口、李海务一带均有秧歌队。

伞棒舞自明末出现以来，在继承与发展的过程中逐渐形成了集音乐、舞蹈、器乐于一体的复杂形式。当地传说在梁闸村桥南有一座寺庙，庙里住着一位精通笙管笛箫等乐器的老和尚，经过他的精心指导，多种乐器被运用到伞棒舞的表演中。后来人们以伞棒舞的传统形式为基础，又在秧歌舞中设了多种角色，有花大姐、憨老婆儿、憨小儿、花公子等。角色的使用并不是一成不变的，在不同的表演场合会有所不同。《聊城通史》称：“伞棒舞一般在春节表演，表演时以伞棒开场，引请角色入场，有伞棒对舞、伞棒舞和棒的集体表演。另有以伞做指挥的个体角色演唱，伞指向谁，谁即出场演唱。这种舞蹈形式动作与武术相糅合，粗犷豪放，铿锵有力，有骏马奔腾之感，体现了鲁西北人民粗犷豪放的性格。”③

（八）落子

沧州落子是河北省中部一带具有浓郁地方特色的传统民间歌舞，它流传于沧州地

① 高建军编著：《山东运河民俗》，济南：济南出版社，2006 年，第 249 页。

② 许士红：《繁华过后落寞的音乐文化——以运河秧歌“伞棒舞”为例》，《北方音乐》2015 年第 5 期。

③ 梁辰、黄玉松：《聊城运河“伞棒舞”初探》，《聊城大学学报（社会科学版）》2012 年第 6 期；许士红：《运河（聊城段）三种民间乐舞的变迁研究》，硕士学位论文，哈尔滨师范大学，2016 年，第 23 ~ 24 页。

区，尤其以沧县、南皮县最为著名。落子起源于清嘉庆、道光年间，以北方京、津、冀、晋、鲁等地区广泛流传的“莲花落”为基础，融入了秧歌的表演形式而形成。到20世纪二三十年代，落子仍作为秧歌的“小场”而存在。

落子根据表演内容又分为文场和武场。文场以说唱为主，舞蹈为辅，当地人称“小风流”。传说是曾任湖广总督的张之洞的小妾从南方带到南皮，并由张之洞的亲戚、杨八庄子的杨铁桥（1879～1923）加以改良，逐步形成了具有一定程式的歌舞表演。后来梅盛林（1889～1981）、梅杏林（1892～？）师从杨铁桥，同时又向教习武术的“把式房”武师学习武术，融入武术基本动作，形成梅派落子。武场则以舞蹈为主，当地人称“大风秧歌”，最初形成于20世纪三四十年代的南皮县倪官屯村，创始人为闫清泰、马树亭、周树棠。三人都有一定的武术基础，闫清泰本为戏剧武生演员，经常活跃在村落戏曲的舞台上；马树亭自幼在倪官屯的“把式房”学习武术，被称为“云中燕”。三人于村内长期从事落子的排演与传授，在长期而稳定的传习过程中不断地将武术元素融入到落子表演中，丰富了“鞭”的表现力，经过编排形成了完整的武落子表演体系。随后，武落子以倪官屯为中心，扩布至周围的许多村落。落子舞中男性演员的基本动作如“虚步捋鞭”等，主要来源于武术中的单刀式；女演员的动作“抽板”“绕头板”“蹬步”“虚步”等，也接近于武术的动作。

传统沧州落子以女的脚踩寸跷（又名踩寸子）、手持花扇或小竹板，男的手打霸王鞭为主要形式。女角舞姿造型多，注重曲线美，其中“三道弯”是基本的舞姿；男角的舞姿节奏干练明快，动作敏捷健美。落子的传统节目，内容大多表现传统社会劳动者的日常生活、爱情故事等，如《茉莉花》《放风筝》《叹情郎》《绣手绢》《尼姑思凡》等，其中《茉莉花》即来自江苏民歌。①

（九）高跷

通州的高跷有不少与庙宇相关的传说故事，例如高跷会的12个角色都是各种“精灵”转世。相传有人在通惠河夜间打鱼，发现北关闸簸箕堤上本来无人居住的龙王庙里灯火辉煌，香烟缭绕。偷偷看去，是一个大和尚与一个小和尚在作法。白天再看则空无一人，皆以为怪。无独有偶，几个小孩子在龙王庙的老槐树下玩耍，突然身不由己忽忽悠悠地悬起三尺多高，又慢慢落下来。这两宗事联系起来，越传越离奇，致使烧香许愿求圣水的人们纷至沓来，一时间，这小小的龙王庙门庭若市。州官把这桩怪事禀报知府，请来张天师施法降妖。原来龙王庙发现的“大和尚”是蜈蚣，“小和尚”是壁虎，在此修炼，从未伤人。蜈蚣精和壁虎精被张天师降服，送往西关娘娘庙去修炼，这个“大和尚”就成了高跷会的陀佗，“小和尚”

① 尹云龙：《沧州落子的传习与变迁研究——以车官屯为例》，硕士学位论文，温州大学，2012年，第19～32页。

就是小二哥。其他10个角色的传说也和陀佗、小二哥大同小异，都是未曾作恶的妖怪被张天师送往西关娘娘庙，后来成了高跷会中的角色。如头鼓是黑鱼精，二鼓是泥鳅精，武扇是蛤蟆精，文扇是狐狸精，丑花是黑蝴蝶，俊花是白蝴蝶，渔婆是蝎子精，膏药是猴精，渔翁是青石精，樵夫是白石怪。

山东德州高跷系明初运河漕运通航后随船由通州城传入。德州小锅市、小营（今市府街）、二郎庙角（今育新街）、柴市街先后建立高跷会，形成了德州高跷阵容与演出程式。其中尤以小锅市兴起较早，在清代与北厂街狮子队一起，曾三次迎送南巡的乾隆皇帝及宫廷官员，并得到奖赏，两次封匾“真有无像”和“万国朝真”。关于高跷演出的内容，其形成说法不一，有的认为以渔樵耕读为主，有的认为是《武松打店》《刘海砍樵》《打渔杀家》《白蛇传》《老少换》《小老妈》等戏拼凑而成，有的认为是从梁山好汉化装踩跷演变而来。从人物服饰及表现内容来看，德州高跷系历代修改增删、日臻完美的民间艺术形式。

登场表演高跷的人物一般有7～9对，通常为头陀、英哥，樵夫、皂婆，渔翁、渔婆，公子、青蛇，二混、三姐，老妈、傻小儿，瞎子、瘸子，马古伦、丑婆等8对，有的还扮有醉老道、和尚，县官、书童等。主要内容是打棒、肩担、捉鱼、捕蝶等民间生活片断，间以调情逗趣、抓哏打诨。演出程序分行进、小场、大场。集体跑场时，领伞引路指挥，队形花样百出，有单行行进、二龙吐须、剪子股、转八字、走方社、四门斗、单扒皮、双扒皮、滚绣球、盘蜗牛、龙摆尾等。跑场间隙加以唱、说、数，有领有合，有独有对。分场表演时，成对演员分别表演，即头陀与英哥、樵夫偕皂婆、渔翁伴渔婆、公子对青蛇、老妈领傻小、二混配三姐、瘸子挽瞎子、马古伦跟丑婆、老道戏和尚、县官书童合。表演中竞相发挥技巧，尽情表达内容，即兴抓哏逗趣，场面活跃，气氛热烈。以锣、鼓打击乐器伴奏。①

第二节　戏曲与曲艺

宋元以来，运河沿线戏曲曲艺日益繁盛，有其社会与经济原因。宋元以降尤其是明清时期，随着运河沿岸社会经济的发展，城乡文化消费强劲，上至皇帝，下至乡民，都有娱乐的需求。运河沿岸的城市如杭州、苏州、扬州、淮安、临清、天津、北京等地，

① 兴泉等：《德州高跷的发展演变及其艺术表演》，《山东档案》2000年第2期；田贵宝、吴丙友主编：《德州运河文化》上册，德州：中国人民政治协商会议德州市德城区委员会，2004年，第395页。

聚集了官员、市民、船工、纤夫、进城的农民等各类人群，消费人群的增加促进了各类戏曲曲艺发展。京剧、杭剧、锡剧等戏曲，以及评弹、相声、时调等曲艺，都因城市消费才得以兴盛。例如，清乾隆六十年（1795），南京学者王延绍介绍北京曲艺消费之盛云：

京华为四方辐辏之区，凡玩意适观者，皆于是乎聚，曲部其一也。妙选优童，延老技师为之教授，一曲中之声情度态，口传手画，必极妍尽丽而后出而夸客。故凡乘坚策肥而至者，呼名按节，俾解缠头，红氍匝地。灯回歌扇之光，采袖迎人；声送明眸之睐，朱缨白纻，与晓风残月争妍，亦所以点染风光，为太平之景色也。①

描写了北京的势豪之家蓄养私家戏班之风尚。主人聘请水平高超的艺人进行指导，希冀夸耀，艺人也因此获得优厚的赏赐。

作为消费人群的重要组成部分，宫廷尤其是皇帝对戏曲曲艺的发展有推波助澜之功。例如南宋扬州的张显便是御前供奉说书人；明洪武时，扬州人陈君佐也是御前说书人。再如常州唱春的起源有诸多故事，其中两个故事就与皇帝有关。一个认为明初筑南京城的时候，“唱春”在南京南郊冯家边与孝陵卫等地流行，乡民们鸣锣跳唱，朱元璋命翰林院按旧曲填新词，让城里人“亦为之”。第二个故事是明武宗带领几名亲随乔装改扮，外出暗察民情，至一山区，不幸遇上盗贼，银钱被劫，失去盘缠，被困路上，回不得京城。这时，随行大臣中有一位冯阁老，自告奋勇，手提小锣，沿途卖唱，来解决皇上一行人的生活经费。这便是民间传下来的冯阁老唱官春的故事。

清康熙、乾隆帝都酷爱戏曲曲艺。例如，乾隆五十四年（1789）万寿庆典中，就有来自全国各地的戏曲曲艺团体献艺。天津曲师颜自德的《霓裳续谱》中有不少唱词以演唱者的视角自述进京过程，例如这段用“寄生草”曲牌演唱的词：

俺四月赶了一个莫州庙，多半年无事家里闲着，闻听人家说京都的皇会多热闹，待去看有无盘缠，又得赶集去把粮食粜。现放着武艺内装着霸王鞭，响动就唱离京调，老头子说着拿倭瓜就扛被套。路途远又遥，过了卢沟桥，紧赶慢赶城门又关了，寻不着豆腐房，宿了一个五道庙。天明起来早，进城头一遭，两眼似离鸡，四下里观肖，来到顺城门，怎么又砌了。动问声：“你老，（重）城门倒底是那里对着？”他说往西拐就是进城的道。进了城了，乐坏我了，穿街越巷又出了城了。到了高亮桥，唬了我一大跳，谁家的大衣架放的拦着道，睁睛往前瞧，果然热闹，两边景致没看见一遭，广些花花物，无见活佛，到瞧的饿了，肚子里饿了，怀中掏出叉子火烧，暂且充充饥，等着活佛到。说是来了，雅觅静悄，见人跪着，俺也跪着，听见笙笛响，果然活佛到，偷眼往前瞧，把头来低着，黄登登房子教人抬着，正是一座活佛庙，阿弥陀佛，今日我才知道。

①〔清〕王廷绍编：《霓裳续谱·序》，北京：中华书局，1959年。

这是演唱者叙述一家人卖了粮食当盘缠，带着自己的表演工具“霸王鞭”以及琵琶、胡琴、弦子等，从莫州出发，经过卢沟桥进城，在运河边的高亮桥（高梁桥）吃火烧，远远看见皇帝的轿子等非常生动的细节。另外该书唱词还记载了一队山东济南府唱莲花落的演员，听说皇帝的万寿庆典，于是来京参加献艺。[①] 可见宫廷消费对各地戏曲曲艺的极大刺激。

乾隆帝几次沿运河南巡，所经地方都要选最好的剧种剧目，由最杰出的演员演出，供他欣赏。清钱泳《履园丛话》称：“梨园演戏，高宗南巡时为最盛，而两淮盐务中尤为绝出。例蓄花、雅两部，以备演唱。雅部即昆腔，花部为京腔、秦腔、弋阳腔、梆子腔、罗罗腔、二簧调，统谓之乱弹班。”[②] 例如乾隆四十五年（1780）皇帝第五次南巡，大臣和地方官员为博取皇帝欢心，将各地方有绝活的戏曲班子召集到扬州为皇帝献演、献唱。此次汇演及之后的徽班北上宫廷表演，直接促成了京剧的形成。另据《南巡秘记》之“水剧场”载：“皇上自京口启行，迤逦至杭州，途中皆有极大之剧场，日演最新之戏曲，未尝间断。闻献此者为如意班耳，更不知所操何术，能神奇灵妙若此……如意班所特制之剧场，能随御舟而行，其布置一切，与陆地上行宫无异，令皇上几不知有水上程。其剧场制法五花八门，宛若迷楼，处其间者，但觉如天宫仙窟。”皇上御舟在运河中行进，还能听戏观剧。每到运河沿岸重镇，沿岸官府民众进呈之戏剧也令皇上目不暇接。各地甚至为他的到来编撰迎銮新曲，例如乾隆十六年三月初一，乾隆皇帝沿运河第一次南巡至杭州，当时运河边的杭州张灯结彩，搭建彩棚，布设戏台，上演钱塘人厉鹗与吴城新编的杂剧《群仙祝福》《百灵效瑞》，合称《迎銮新曲二种》。“水剧场”“水戏曲”“迎銮新曲”等就是皇帝南巡刺激下的产物，年深日久，民众也形成了在运河水边搭戏台看戏的习俗。例如杭州塘栖的“水嬉曲”习俗，意谓借水上游船，行游玩演戏唱曲之乐事。[③]

运河是连通南北的交通要道，各类人群尤其是戏曲曲艺家在运河上来来往往，得以接触不同地方的艺术形式，从而促进了戏曲曲艺的发展。例如昆曲形成中的关键人物魏良辅（1489～1566），他本是江西新建（今南昌）人，曾在北京为官，后迁居太仓，接触过南曲专家过云适、安徽寿州（今寿县）的善弦索，后又结识了河北擅长北曲的张野塘等人，综合各家所长，从而将昆曲发展得更加完备。再如，表演杭剧的武林班社，曾邀请京剧艺人前来教授身段、步法、化妆、锣鼓以及表演程式。武林班不仅在杭嘉湖一带演出，还沿运河北上，到苏南苏北一带演出。随着流动演出的增加，杭剧与苏昆、

① 〔清〕王廷绍编：《霓裳续谱·万寿庆典·乡老庆寿》，北京：中华书局，1959年。
② 〔清〕钱泳著，孟裴校点：《履园丛话》卷一一《书学》，上海：上海古籍出版社，2012年，第223页。
③ 应志良、赵小珍：《杭州运河戏曲》，杭州：杭州出版社，2013年，第58～65页。

锡剧、扬剧等声腔剧种的交流更为频繁，杭剧优美的“大陆板”唱腔更为锡剧、沪剧、湖剧等所吸收。北京是北运河等地艺人常去的城市，有不少名艺人北上献艺。乾隆帝第四次南巡，在苏州玄妙观听王周士说书，又将其召至苏州沧浪亭行宫弹唱评弹，赐七品冠带，并随驾回京在御前说书，后准其回乡。明末清初，泰州艺人柳敬亭是“说书人”的一大奇迹，他起家于扬州，最早在泰兴、如皋、盱眙等地说书谋生，后声名鹊起，曾在南京以及运河沿岸的扬州、清江浦、北京等地演出，不但极大推动了扬州评话的发展，还成就了北京评书等北派说书风格。当然，艺人的流动也会受到政府政策的影响。例如在“花雅之争”的大背景下，清政府曾推行崇雅抑花的歧视措施，失去市场的花部“乱弹”诸腔如柳子戏就沿运河南下，回到山东、冀南、豫北、苏北一带流动演出。

明清时期南下的戏曲曲艺包括京剧、八角鼓、相声、梆子等，北上的戏曲曲艺有昆曲、徽剧、山东大鼓、山东琴书、临清时调、端鼓腔等。其中，南方曲调北上的影响尤大。明后期的曲论家王骥德在《曲律》“论曲源”中说：“入元而益漫衍其制，栉调比声，北曲遂擅盛一代；顾未免滞于弦索，且多染胡语，其声近哓以杀，南人不习也。迨季世入我明，又变而为南曲，婉丽妩媚，一唱三叹，于是美善兼至，极声调之致。始犹南北画地相角，迩年以来，燕、赵之歌童舞女，咸弃其捍拨（琵琶），尽效南声，而北词几废。”[①] 明代南北戏曲艺术交流融合，其突出表现就是出现了戏曲唱腔的“南北腔合调”，从而给中国戏曲艺术的发展带来了深远影响。这种融合还产生了新的戏曲曲艺形式，兹举几例。

北京评书：采用江南评话一人一桌的说书形式，以说为主，少有演唱，又吸收了单口相声在书案上放置惊堂木或折扇的特点，与此同时，改用北京地方口音并参考京剧念白的字音、声腔等。

京剧：乾隆年间，活跃在扬州等地的四大徽班三庆、四喜、和春、春台进京，后融合二黄、西皮、昆、秦诸腔，为向京剧衍变奠定了基础。

昆曲：明中叶江西人魏良辅最初在北方为吏，学习北曲，后迁居江苏太仓，再钻研南音。魏良辅在太仓南码头一带搜集天南地北的曲调，曾向南曲专家过云适、善弦索请教学习，后结识精通北曲的河北人张野塘，并招张野塘为婿。经过长达十多年的刻苦钻研，在过云适、张野塘等人的协助下，魏良辅联合苏州洞箫名手张梅谷、昆山著名笛师谢林泉等人，以昆山腔为基础，吸收当时流行的海盐腔、余姚腔，以及江南民歌小调的某些特点，融汇南戏、北曲的特点，形成新的乐曲风格，即水磨调。

锡剧：来自常州滩簧与无锡滩簧。清代戏曲编纂家王廷绍在《霓裳续谱》中提到，乾隆时，滩簧已出现于皇帝祝寿的表演节目《桑农献瑞》中，显然已经有较高水平的演唱家。20

①〔明〕王骥德著，陈多、叶长海注释：《曲律注释》，上海：上海古籍出版社，2012 年，第 21 ～ 22 页。

世纪30年代，又吸收了杭州武林班的“大陆板”，苏州文书调的“玲玲调”，苏州滩簧和申曲的“迷魂调”“三角板”，京剧的“高拔子”以及江南地区《春调》《紫竹调》《九连环》《绣荷包》等传统小调，使唱腔更加丰富多彩。

天津木偶戏：以“泥人张”彩塑艺术为基础，广泛吸取天津剪纸、皮影、年画和民间玩具等艺术之长，同时注重吸收南派江加走的木偶造型经验，逐渐形成一种既有粗犷豪放的舞台效果，又有彩塑艺术精巧细腻特点的艺术表现形式。

淮剧：以苏北的香火戏为基础，同时借鉴了徽剧、京剧、昆曲的腔调和生旦净丑的角色设置。淮剧的念白以淮安方言为基础，与京剧的贴近程度较高。香火戏艺人与徽戏艺人同处于社会底层，为了糊口，经常一起搭台演出，谓之“徽夹可”。徽班衰落后，部分徽戏艺人转为表演京剧，于是又出现京剧艺人与淮剧艺人同台演出的情形，谓之“京夹可”。双方各演各的折子戏，遇到连台戏时，则各唱各的腔调，提供了各剧种相互借鉴、改良的机会。两相迁就融合的结果造成了“京淮不分”“一台淮戏半台京”的景况。

梆子：山陕梆子随着山陕商人流传到各地，包括运河沿岸。它和河北、山东的地方小调、方言结合，形成了河北梆子、山东梆子。其表演范围不受省界的限制，例如山东聊城就很盛行河北梆子。

明清时期，随着戏曲的交流、传播，戏曲表演出现了职业化的趋向，表演的内容更丰富，水平也更高。例如，明代昆剧的演出主体为家班和民间职业戏班，其中家乐班是昆剧最重要的演出形式，对昆剧的唱腔、表演，乃至剧本创作等，均产生过重大影响。山东琴书原本是村民用以自娱的方式，自从光绪末年进入漕运重镇济宁以后，济宁运河岸的土山“杂吧地”成为琴书名家荟萃之地。贺金城、张建亭、殷田昌、茹兴礼、李凤兴等名家会聚于此，号称“扬琴窝”，并萌生了最早的“南路琴书”。随着琴书进一步扩散，又形成北路、东路等琴书流派。甚至原本北运河畔挨门乞讨、唱莲花落的艺人，为了村民娱乐的需要，也组织起了唱“莲花落”的班社。在此过程中，莲花落艺人将演唱的剧目，进行了多折的“拆出”，把第三人称改为第一人称，使莲花落完成了从曲艺形式到戏曲形式的变革，成了“蹦蹦戏”等艺术形式。

一、戏曲

（一）元杂剧

元世祖至元十三年（1276），元军挥师南下，占领南宋都城临安，在此设立了两浙都督府；至元二十一年设立江浙行省，以杭州为省治。这期间，北人大批南下。兴盛于北方的元杂剧也伴随着南征大军和南徙的人口来到了南方。明徐渭的《南词叙录》中记载了这一现象："元初，北方杂剧流入南徽，一时靡然向风。"关于元杂剧南下的传播路径，廖奔在《中国戏曲发展史》中认为，北剧向南流布有两条途径，一是随军南下，一是平定后顺水陆航道逐渐进入江南，后者是主要途径。黄仕忠在《南方戏剧圈的杂剧创作》中认为："杂剧的南移路线，主要是沿着大运河和长江水路，除杭州外，扬州、建康、苏州、松江等江南各地，也成为杂剧荟萃之地。"元统一后，为便于江南财物运送至北方的大都，于至元二十六年开会通河，至元二十八年开通惠河，使江南的财富由杭州转漕运可直抵大都。元代运河的开凿使得宋金以来因淤积而阻隔的南北航道重新沟通，北方杂剧的南移正是在这一背景下完成的。①

元杂剧沿运河南移，对中国戏曲艺术产生了重要影响。从作家角度来看，大量的北方作家来到南方，使得江南地区成为当时中国文化艺术的中心区域。元统一后，关汉卿游历了扬州、杭州等地，此后北方的杂剧作家马致远、尚仲贤、戴善甫、张寿卿、侯正卿等人都曾在江南地区出仕、游历并撰写作品。与此同时，南方籍作家如杨梓、沈和甫、范康、鲍天佑、屈子敬等人也开始崭露头角，并逐渐成为杂剧创作的主力军。例如杭州本地人范居中、施惠、黄天泽、沈拱分别作《鹔鹴裘》第一、二、三、四折，萧德祥作《杀狗劝夫》等5种，王晔作《桃花女》等3种，王仲元作《于公高门》等3种，钟嗣成作《章台柳》等7种，陆进之作《升仙会》等2种，李时英作《折征衣》等3种，须子寿作《渰水母》等2种，金文质作《松阴记》等3种，汤式作《瑞仙亭》等2种，刘兑作《娇红记》等1种。杭州人钟嗣成的《录鬼簿》记录了元杂剧及散曲作家152人的生平简历，并著录他们的作品名目达400多种，成为研究元杂剧的极珍贵史料。王国维在对《录鬼簿》所记载元杂剧作家进行统计之后，发现元中叶以后作家以杭州人居多，其他皆北方流寓浙江者，从而得出结论："盖杂剧之根本地，已移而至南方。"②

随着大批杂剧作家南下，北方杂剧名伶也纷纷迁居南方。如元代夏庭芝的《青楼集》记载："姝孙氏，京师名妓也，尝至松江……有招饮者，酒酣则自起舞，唱《青天歌》，女童亦舞而和之，真仙音也。"《青楼集》是专门记录北方艺人的著作，但是此书所记录的天锡秀、赵偏惜、张玉莲、李娇儿、翠荷秀、顾山山等人都是南方艺人，其活动区域也主要在江南一带，其中珠帘秀、曹娥秀、顺时秀、天然秀、天锡秀等都曾到杭州演出。这些名伶原先大多是大都名妓，如珠帘秀是元初著名女杂剧演员，夏庭芝的《青楼集》称她"资容姝丽，杂剧为当今独步"；曹娥秀，也是元初著名杂剧演员，《青楼集》称她"赋性聪慧、色艺俱佳"；顺时秀，为杂剧作家大都人杨显之后辈，著名杂剧女演员，《青楼集》称她"姿容闲

① 高思春：《大运河与中国戏曲传播》，《中国文化报》2012年11月15日。

② 王国维：《宋元戏曲史》，上海：上海古籍出版社，1998年，第77页。

雅，杂剧为闺怨最高，驾头、清旦本亦得体”，来杭州后，为散曲作家、时任江浙行省都事刘时中所赏，刘曾以“金簧玉管，凤吟鸾鸣”八字拟其声韵。除北方杂剧名伶外，另有南方杂剧名伶如张心哥及李芝秀等同样声名鹊起。①

元代南北戏曲艺术通过运河交流融合，这样的契机促成了戏曲艺术本身的重大变革，一个突出表现就是出现了戏曲唱腔的“南北腔合调”，从而给中国戏曲艺术的发展带来了深远影响。南曲、北曲由于方言、旋律、伴奏的不同，各有自己的唱法，区别十分明显，元代燕南芝庵的《唱论》中谈到的“南人不曲，北人不歌”，就是指这一现象。大约在元初时，由于北曲南渐，南方艺人已经开始学习和演唱北曲，如夏庭芝的《青楼集》里记载的南北曲兼擅的女艺人芙蓉秀。芙蓉秀是浙江人，以唱南曲为专业，但又能演唱北曲杂剧，并且达到了纯熟精湛的地步。元代钟嗣成《录鬼簿》中有“南北调合腔”的确切记载：“以南北调合腔调自和甫始，如《潇湘八景》《欢喜冤家》等曲，极为工巧。”这里提到的沈和甫是北曲杂剧作家。南北调合腔现象在元时南戏作品中也开始出现。南戏为南宋时发源于温州永嘉地区的一种戏曲形式，最初由于交通闭塞，与外界交流少，处于“本无宫调，亦罕节奏”的状态。后由于北曲传入带来的冲击，南戏开始吸收北曲曲牌。《永乐大典戏文三种》中的两部元代作品《宦门子弟错立身》《小孙屠》里都出现了北曲曲牌。南北调合腔现象出现后，元杂剧严谨的音乐体制被打破，陆续出现了大量运用南曲创作杂剧的作家，此后，随着南北曲进一步交融，至明中期产生了完全用南曲写作的杂剧作品，形成了戏曲史上的“南杂剧”现象。另外，南戏吸收了北曲体系，完善了声腔系统，改变了其“顺口可歌”的面貌，从而吸引了大量文人从事创作，为明清时代“传奇”创作的兴盛奠定了基础，对后世戏曲影响深远。②

（二）昆曲

昆曲成形于水磨调，水磨调的形成离不开昆山腔，而昆山腔的基础则是南戏及北曲。南戏初创于北宋末年，南宋定都临安后逐渐发展成形，元末明初趋于成熟。南戏是中国南方最早成形的戏剧形式，有温州杂剧、永嘉杂剧、鹘伶声嗽、南曲戏文等多种称法。南戏在曲目编排上以叙事性说唱文学为基础，集歌唱、舞蹈、韵白、科范于一体，一出戏会表述一个完整的故事，而其选择的故事情节多比较曲折，短戏有二三十折，长戏可达五十多折。北曲也属于中国早期戏曲声腔，是南宋至元代流行于北方的杂剧与散曲所用的音乐，沿袭了唐宋大曲、诸宫调、宋词、鼓子词、唱赚、转踏等宫廷戏和

① 应志良、赵小珍：《杭州运河戏曲》，杭州：杭州出版社，2013年，第42～44页。

② 高思春：《大运河与中国戏曲传播》，《中国文化报》2012年11月15日。

地方戏的特点，并结合北方的民族音乐，形成了戏曲音乐中曲牌及套体形式。北曲字多腔少，字密而少拖腔，曲调高亢昂扬。南曲则字少腔多，曲调抒情柔和。

昆山腔的创始人之一顾坚，字颋玉，元末明初戏曲家，自号“风月散人”，出生于昆山千灯镇。顾坚年幼时聪明好学，嗓音圆润，早学音律，天生歌喉，自幼从姑母学曲习唱。成年后，顾坚精于南辞，善作古赋，深入钻研和总结了南戏的曲调、韵律与演唱方法，并与同习南戏的杨铁笛、倪云林、顾阿瑛交往切磋，将南戏散曲分类、整理、汇编，改进南戏的配乐，形成昆山腔特有的曲调、配乐形式及演唱音字的连缀习惯。此外，顾坚还系统地整理了南戏的戏本，并将整理后的风月情词推出演唱。其风月情词，甚得闺中姑嫂喜爱。昆山腔得到大众的喜爱，并逐渐流传开来，也确立了昆山腔作为南戏“四大声腔”的地位。[①]

昆曲创始于顾坚，而其得以提高、发展之功劳则非魏良辅莫属。魏良辅（1489 ～ 1566），戏曲音乐家、昆曲创始人之一，江西新建（今南昌）人，先期在朝廷为官，不得志，后在江苏太仓定居。魏良辅熟悉音律，因最初在北方为吏，所以先习北曲，后迁居太仓，再钻研南音。当时的太仓，南戏北曲十分活跃，魏良辅在太仓南码头一带搜集天南地北的曲调，与精通南音北曲的人士切磋技艺、商讨乐理。这期间，他结识了南曲专家过云适、安徽寿州（今寿县）的善弦索，每每向其请教，必求满意方归。经过长达十多年的刻苦钻研，在过云适、张野塘等人的协助下，魏良辅联合苏州洞箫名手张梅谷、昆山著名笛师谢林泉等人，以昆山腔为基础，吸收了当时流行的海盐腔、余姚腔以及江南民歌小调的某些特点，融汇南戏、北曲的特点，形成新的乐曲风格，即水磨调。

昆山腔、水磨调以苏州为大本营，沿运河次第向北向南向西拓展，首先向江、浙各地传播辐射，并很快压倒当时流行的弋阳、海盐诸声腔，独占歌台舞场。据范濂《云间据目抄》载，明万历年间，与苏州相邻的大运河沿岸城市松江、常州、镇江和浙江的杭州、嘉兴等地率先出现“首尚苏州戏”现象，此时，“本地折子戏十无二矣”[②]。明代杭州运河戏曲，如昆剧，主要是通过家班和民间职业戏班实现演出的，其中家乐班是昆剧最重要的演出形式，对昆剧的唱腔、表演，乃至剧本创作等，均产生过重大的影响。明代的家庭戏班称“家伎”或“家乐”，是由私人置办、专为私人家庭演出的。其中女班称“女乐”，其成员多为女性童伎；男班称“梨园”或“小厮班”，其成员则为男性优童或职业优伶。考明代家乐之风，大约于嘉靖后期形成，万历间兴盛，万历后期至明末特炽。其时在运河边扬州演出的著名家班有冯梦祯家班、江汝濂家班、包涵所家班、高濂家班等，这些家班经常由班主带领，探亲访友，游动演出。江浙一带运河周边河湖港汊极多，风景优美，尤其在杭州居住的家乐班主，多数为致仕

① 荀德麟、刘志平、李想等：《京杭大运河——非物质文化遗产》，北京：电子工业出版社，2014 年，第 33 ～ 35 页。

② 高思春：《大运河与中国戏曲传播》，《中国文化报》2012 年 11 月 15 日。

归里，宦囊充盈，演出方式更是出奇。除在家中宴请亲朋时演戏，有的还造上大的楼船，到湖中去演戏，请亲朋好友到水上看戏。清初的著名昆曲剧作家李渔（1611～1680），浙江金华兰溪人，顺治八年（1651）迁居杭州，居西湖，自称湖上笠翁，后移居南京，康熙十六年（1677）再次定居杭州。李渔素有才子之誉，世称“李十郎”，备有以姬妾婢仆为主的家乐班，沿运河到各地达官贵人府上演出，曾获得主家馈赠。其所演剧目，主要是李渔亲自编撰的昆曲剧作。长期的演出积累了丰富的戏曲创作、演出经验，在此基础上李渔提出了较为完善的戏剧理论体系，代表作有《闲情偶寄》《笠翁十种曲》《无声戏》《十二楼》《笠翁一家言》等。

晚明以降，除家庭戏班外，运河边的杭州已出现了民间的职业昆班。据潘允瑞《玉华堂日记》载，明万历年间已有“余杭梨园”多次在上海豫园演出，待杭州有庙会时，他们也会返回杭州演出。书中所说的“余杭梨园”应为杭州运河边的戏班。明代时，运河沿线一带的庙会轰轰烈烈，异常热闹，戏曲的作用功不可没。庙会期间的演剧活动，引得人们兴致高昂，无论是塘栖附近的刘王庙戏台、运河武林门附近的潮王庙戏台，还是运河三堡船闸边的六甲庙戏台，乃至吴山东岳庙戏台等，此种情景都有出现。昆曲的演出作为祭祀仪式，让人们尽情地狂欢娱乐，放松自己。[①]

同样在明万历年间，运河周边的南京、运河沿岸的扬州两大都市相继发展成为昆山腔活动的主要阵地。万历年间潘之恒《鸾啸小品》卷二曾记载：“余结冬于秦淮者三度，其在乙酉、丙戌，流连光景，所际最盛……凡群士女而奏技者百余场。蒋六工传奇二十余部，百出无难色，无拒辞。”至天启、崇祯年间，南京成为继苏州后的另一个昆曲中心。潘之恒在万历三十九年（1611）应扬州汪季玄之邀，由镇江赴扬州观看昆曲演出，达十几日之久。此时扬州的昆曲戏班，除了汪家昆班之外，还有张永年昆班，以及泰州的袁天游昆班、兴化的李长倩昆班。

与此同时，昆曲也沿运河传播到了北方。山东临清是金瓶梅故事的发源地，明清时期依靠大运河的漕运迅速崛起。《金瓶梅词话》中，出现了西门庆让两个年轻戏子演唱昆山腔的情节，至少在当时，昆山腔已经传入山东临清。昆山腔大约在明万历年间传至北京，明代史玄《旧京遗事》载：“京师所尚戏曲，一以昆山腔为贵。”袁中道曾于万历三十八年至四十四年（1610～1616）间在北京见过昆山腔戏班演出《八义记》《义侠记》等作品。

昆曲传播发展中的几大中继城市几乎都是运河沿岸城市，昆曲依靠大运河得以迅速传播，出现了“四方歌者，独宗吴门”的繁荣景象，在流入各地后又与各地的方言、

---

① 应志良、赵小珍：《杭州运河戏曲》，杭州：杭州出版社，2013年，第45～48页。

民间音乐结合，“声各小变，腔调略同”，衍生出众多的昆腔流派，如北昆、徽昆、浙昆、湘昆等，形成了我们今天看到的丰富多彩的昆腔系统。[①]

（三）京剧

京剧的形成与发展和京杭大运河密不可分。在京剧出现之前，南方的昆曲、汉剧和弋阳腔等戏曲已经流行。其中，源于吴地的昆曲以清雅见长，吐字轻柔，音调婉转，韵调声调浑然一体，真切地体现了南国柔婉之风，被清廷推崇为“雅戏”。而除昆曲之外的戏曲都被人为地列作“杂曲”，甚至一并被贬为“花戏”。

清乾隆四十五年（1780），皇帝第五次南巡，长期跟随乾隆帝的臣子和地方官员为博取皇帝欢心，无不绞尽脑汁，想方设法投其所好。所以在乾隆第五次南巡出发之前，沿途巡抚衙门便已接到通知，将各地方确有绝活的戏曲班子会集扬州为皇帝献演、献唱。乾隆帝到达扬州后，各戏班使尽浑身解数，各展绝技，你方唱罢我登场，在扬州展开了一场大规模的戏曲会演。乾隆帝离开扬州后，那些来自全国各地的戏班子并没有马上离开。各戏班班主们聚集到一起，商议结伴晋京。于是他们纷纷登船，沿运河北上，每到运河边的一个集镇、码头便登岸演出，既可以接济和补充盘费，又可免除长期行船的单调与无趣，更可领略运河两岸的风土人情，品尝当地的美酒佳肴。就这样，由戏班组成的船队沿着运河一路航行、一路演出。乾隆四十七年春天，这支荟萃了中国不同地方戏种的戏班船队终于到达京城，在京城开始了又一次会演。演出曲目在紫禁城周边的太平园、四宜园、查家楼、月明楼，以及吉祥、中华、东安、丹桂、庆乐、中和等戏楼亮相的时候，令这些戏班都感到惊讶的奇观发生了：昆曲、弋阳腔同班，雅戏与花戏杂陈，徽戏中融进了二黄腔、昆曲、吹腔、高拨子等各类声腔，还融进了弋阳戏中精湛的武打做功。原本地方色彩浓郁却显单调的戏曲，骤然间变得丰富起来。

在扬州会演中，乾隆帝对徽戏情有独钟。随行的朝廷大臣为了讨好皇上，建议把徽戏引进宫廷。清乾隆五十五年（1790），时称“四大徽班”的三庆、四喜、春台、和春再沿运河入京，受邀进入宫廷为乾隆皇帝贺八十大寿。他们演出的剧目既有取材于民间生活的，也有描写古代宫廷斗争的，皇帝、后妃和官员们迷上了戏剧。从宫廷到民间，经过几十年的发展，徽班逐渐由“诸腔杂陈”的局面走向和谐统一。以皮黄为主，兼融昆腔、吹腔、拨子、罗罗等地方声腔于一体的新剧种诞生了，这就是京剧。

京剧随着商旅往来及戏班的流动演出，很快沿着大运河向全国各地传播。天津及其周围的河北一带为京剧最早的传播地区之一。清道光年间，京剧在天津已广为流传。清末，随着

① 高思春：《大运河与中国戏曲传播》，《中国文化报》2012 年 11 月 15 日。

南来北往的名角在津献艺，天津艺人吸收其长，逐渐形成自己的表演风格，当时天津武戏最具特色。20世纪20年代后，京剧界各派名角竞相来津献艺，他们都把“过天津关”作为检验自己艺术水平的标准。戏剧界流传着“北京学艺，天津唱红，上海赚钱”的说法，一定程度上表明了天津在京剧发展史上的特殊地位。天津认可并捧红了一批颇有才华的青年京剧演员，例如李少春、童芷苓、赵燕侠等，后来闻名大江南北的四小名旦李世芳、张君秋、毛世来、宋德珠等，也是因在天津唱红而名声大噪的。

最迟在清嘉庆、道光年间，京剧就已经传入黄、淮、运河交汇处的淮安。当时淮安是漕运总督与河道总督的驻节之地，作为“官比士民多”的经济与文化城市，率先受到宫廷、京城听戏时尚的熏染。特别是驻节清江浦的河道总督，常年蓄养几个高水平的徽班、昆班轮流演出。风尚所及，淮安盐商家多包有戏班，豪门贵族家来重要客人，必雇请戏班唱堂子会、演折子戏。因为有河、漕总督，以及淮关监督、淮安知府、西坝盐商和淮上豪门的推动，京剧在淮安异常风靡，运河时代的淮安成为京城以外京剧艺术传播和发展的重镇之一。中国戏曲学校第一任校长、京剧“通天教主”王瑶卿，其父亲王绚云就是清江浦人，是同庆班的名角，也是从清江浦的戏剧舞台上走出去的，在同治、光绪时期即供奉于内廷。京剧艺术大师、麒派宗师周信芳的父母、师父原先都在清江浦河漕总督衙门演戏。周信芳不仅生于清江浦，而且最初也是在清江浦接受京剧启蒙教育的。光绪年间，清江浦的远香、安澜、长春、普庆等戏班先后独占鳌头。陈吉泰、吴容义等武生名角技艺超群，为人所倾倒。延至当代，有“活红娘”之称的著名京剧表演艺术家宋长荣，更是淮安作为京剧发展重镇的重要注脚。

清代的扬州是富甲天下的两淮盐商聚居地，是全国戏曲中心之一，也是京剧的重要发源地之一。乾隆年间，钱泳道：“梨园演戏，高宗南巡时为最盛，而两淮盐务中尤为绝出。例蓄花、雅两部，以备演唱。雅部即昆腔，花部为京腔、秦腔、弋阳腔、梆子腔、罗罗腔、二簧调，统谓之乱弹班。”[①] 其中提到的“以备演唱”指官府公事演戏，主要是在每年的祝厘之日演出。承担具体演出任务的戏班是由盐商出资组成的“内班”，最初的戏班为盐商徐尚志出资组建的老徐班，而后盐商黄元德、张大安、汪启源、程谦德、洪充实、江广达（江春）也相继组织戏班。洪充实的戏班为大洪班，江广达的戏班为德音班、春台班。开始时，昆腔雅戏占优势，后来，梆子腔、安庆二簧调、弋阳腔、湖广的罗罗腔相继进入扬州，最初也只流行于城外四乡，仅在每年暑月昆腔散班后才入城演出，称为“赶火班”。江春在组成德音班后，又征聘本地乱弹花戏组成春台班。因本地乱弹无名角，故江春征聘四方名旦，如苏州杨八官、安庆郝天秀加入春台班。

①〔清〕钱泳著，孟裴校点：《履园丛话》卷一二《艺能》，上海：上海古籍出版社，2012年，第223页。

而杨八官、郝天秀又博采四川魏长生之秦腔和京腔中之优秀部分。这样，春台班中的演员既擅京、秦、二簧，又擅昆腔，他们既能扮演雅部戏，又能扮演花部戏。[①]

大运河对京剧艺术的影响，突出表现在南派京剧的形成和京剧艺术在江南地区的扩布上。京剧南来之前，徽班是上海地区最为盛行的一种戏曲形式，这些徽班大多来自江苏北部“里下河”地区。里下河地区泛指扬州附近、大运河以东的高邮、兴化、盐城一带地势低洼的地区。里下河徽班大多以安庆和扬州为中心，巡回演出于长江和运河中下游各城镇码头。清同治年间，里下河徽班纷纷沿大运河南下至江、浙、赣、闽等地演出，其中一些戏班艺人开始进入上海。同治、光绪之后，进入上海的里下河徽班开始与来自北京的京剧会同演出，经“京徽合演”“皮、梆合演”之后，最终和京剧、直隶梆子融合，形成了独具特色的“南派京剧”。

京剧在上海盛行后，很快就流传到杭州、嘉兴、湖州地区。据《中国京剧史》载：“其流传方式主要是大运河南段的水路班子，即用江南内河航运的乌篷船作交通工具，顺河流在乡镇间作巡回演出。”这类“水路戏班”以船为家，每到一处就在船上搭台，或者在水边搭建水阁式舞台，观众则往往要乘坐小船到台前看戏。一开始以演昆曲为主，至清同治、光绪年间，纷纷改演京剧，最终形成“杭嘉湖水路京班”。“杭嘉湖水路京班”以嘉兴为中心，这和嘉兴地理区位优势紧密关联。嘉兴市位于浙江省东北部、长江三角洲杭嘉湖平原上，东临大海，南倚钱塘江，北负太湖，西接天目之水，大运河纵贯境内。市城处于江、海、湖、河交汇之位，与沪、杭、苏、湖等城市相距均不到一百千米。河网发达，水运交通条件十分优越，这是“水路京班”盛行于此的先决条件。同时，在长江中下游及大运河南段的常州、无锡、苏州等江南水乡也出现了水路戏班。[②]清同治、光绪年间，水路戏班云集，剧种丰富，剧目纷呈，运河演剧活动进入了空前的繁荣时期。据与余杭一衣带水的运河边新市刘王庙古戏台戏曲墨记考证，同治、光绪年间在杭嘉湖水乡演出的徽班、京班、昆班多达三四十个，演出剧目有600多种。[③]根据1928年11月《梨园公报》统计，当时申请参加公会的“水路戏班”有60余副。[④]

清末，杭州茶园兴起，一度成为主要戏剧演出场所。由于在这样的场所中，人们可以边品茗边看戏，所以叫茶园；又因为有戏曲演出，所以又叫戏院。早期茶园均建在运河拱宸桥东首一带的租界地上。清光绪二十一年（1895），第一家茶园天仙茶园开张，北京、上海、天津等地的京剧戏班，大多从水路乘船而来，在拱宸桥水路码头上岸，此茶园成为运河边京剧的主要演出地之一。京剧名伶谭鑫培、汪桂芬等都曾在此演出，许多后起的京剧大师如盖

---

① 〔清〕李斗著，汪北平、涂雨公点校：《扬州画舫录》，北京：中华书局，1960年，第107、131～131页；荀德麟、刘志平、李想等：《京杭大运河——非物质文化遗产》，北京：电子工业出版社，2014年，第13～27页。

② 高思春：《大运河与中国戏曲传播》，《中国文化报》2012年11月15日。

③ 应志良、赵小珍：《杭州运河戏曲》，杭州：杭州出版社，2013年，第71页。

④ 陈述主编：《杭州运河风俗》，杭州：杭州出版社，2006年，第265页。

叫天与周信芳皆于此唱红。盖叫天原名张英杰，出生于河北省高阳县佃农家庭，迫于生计，与高阳许多穷苦孩童（包括他的两个哥哥）一样到外地学戏。8岁时，盖叫天进了天津隆庆和科班学戏。10岁时，他以艺名“小金豆子”在天津正式登台。八国联军入侵后，戏班解散，他先到上海投奔长兄，后于光绪二十七年即14岁那年，第一次在杭州天仙茶园演出。由于敬慕谭鑫培（“小叫天”），希望借其名气发展事业，遂先后改艺名“小小叫天”“盖叫天”，名气渐响。同年，虚龄7岁的周信芳也开始用艺名“七龄童”在天仙茶园登台。清末的报纸经常刊载天仙茶园演出的广告，不断推出新戏名角。[①]

此后，拱宸桥运河畔相继建起了荣华、景仙、丹桂、阳春等茶园。荣华茶园是继天仙茶园之后，在拱宸桥东首建造的又一家演戏茶园。来此演出的多为上海名班中的京剧艺人，其中名气最大的是谭鑫培。他师从徽派程长庚老生，幼时坐科徽班、昆班，唱腔厚实爽朗，沉雄刚健，并能够从人物的性格和规定情景出发，翻新变化唱腔，因此各种角色都拿得起来。光绪十年（1884）夏天，38岁的谭鑫培趁上海演出的间隙，到杭州游览。光绪三十年，已享有“伶界大王”美誉的谭鑫培，再次乘船从京杭运河入杭，应邀在荣华茶园演出，连演数天，场场精妙，观众喝彩不断，欲罢不能。据说后因慈禧太后“七旬万寿”要演祝寿戏，谭鑫培不得不离开杭州，匆匆赶回京城。光绪三十一年，杭州贞文女校校长惠兴女士因向将军瑞兴募款，受辱自杀，京城贾润田将此事编成京剧《惠兴女士》，谭鑫培和另一位京剧名家田际云将其搬上舞台，并将所得票款捐赠给贞文女校，体现了对杭州的深厚感情。光绪三十四年，阳春茶园、景仙茶园开业。各茶园为了吸引看客，分别派人在街头散发广告。宣统二年（1910），陈蝶仙撰《拱宸桥竹枝词》称：“红单满手乱寻人，酒楼茶园到处分。总说自家班子好，跳蚤个个会腾云。”[②]侧面描写了当时杭州茶园之盛。

（四）西路评剧

西路评剧的历史初步可划分为五个阶段：第一阶段莲花落；第二阶段彩旦莲花落；第三阶段北京蹦蹦；第四阶段蹦蹦戏的衰败与消亡；第五阶段西路评剧。莲花落这一艺术形式已有悠久的历史，又称“莲花乐”。据宋代《五灯会元》记载：“俞道婆尝随众参琅玡，一日闻丐唱莲花乐，大悟。”“落”与“乐”音相近，民间常予通用。清代，流行在北京周围以及天津以西的通州、三河、宝坻、蓟州一带的莲花落为“西路莲花落”，亦称“单板书”或“竹板书”，它的活动形式原以沿街乞唱为主。

① 应志良、赵小珍：《杭州运河戏曲》，杭州：杭州出版社，2013年，第83～95页。

② 应志良、赵小珍：《杭州运河戏曲》，杭州：杭州出版社，2013年，第86～88、95～96页。

西路评剧大约形成于清光绪初年。当时，正是京剧和河北梆子在京津地区风靡的时期。闯江湖的京剧、河北梆子和唱莲花落的艺人，在京津地区演出十分活跃。受其影响，北运河畔的一些农村，农民为了自娱自乐，也渐渐组织起了唱“莲花落”的班社。在发展过程中，莲花落艺人将演唱的剧目进行了“拆出”，也就是把第三人称改为第一人称，使莲花落完成了从曲艺形式到戏曲形式的变革，成了“蹦蹦戏”。起初因行当不全，形式不够完整，又因与河北梆子同台演出，曾被称为“北京蹦蹦戏”与“两下锅班”。“东路评剧”兴起后，始称“西路评剧”。初期，西路评剧的演员和班社主要活动在京津地区的通州、武清、蓟州、香河、宝坻一带农村。后来，在农闲时节，他们也到集市、庙会上卖艺。

清光绪十九年（1893），西路评剧金叶子、王殿佐等人拜北京莲花落艺人赵星垣为师。赵星垣，因其演出时在头上戴一抓髻，人称“抓髻赵”。他是领取清朝钱粮的汉军旗人，唱莲花落是“玩票”，不为挣钱，在京城演艺圈里是大名鼎鼎的人物。他曾与当时著名的京剧演员谭鑫培、杨小楼，一同进宫为慈禧太后同台演出过。有了赵星垣的支持，从北运河畔武清县等地走进京城的农民艺人，开始在东安市场的小吉祥戏园演出。他们演出的《小姑贤》《杨二舍化缘》《顶锅》《打狗劝夫》等剧目，带有浓郁的北运河乡土气息，内容通俗易懂，演唱生动活泼，很受市民大众的欢迎。此后，又有多个班社从北运河畔的乡村到了北京的天桥、后海、月坛等地，开辟“落子馆”进行演出。

西路评剧由于在北京及京西一带发展，受到京西一带的古老剧种如梆子、老调和哈哈腔的熏陶，再加上西路评剧艺人的创造性劳动，所以唱腔变得高亢激昂，板头丰富，与唐山一带的东路蹦蹦戏有着鲜明的区别。男声、女声的唱腔和现行的评剧唱腔音域相比，均宽一倍，因此具有丰富的表现力。西路评剧生、旦、净、末、丑行当齐全，并各有各的唱腔。

清宣统三年（1911），挑帘红、郭启荣、赵满堂一行十多人，应邀一路南下，到江浙、上海、山东等地演出，将西路评剧沿运河传播到了南方。1912～1917年，唐山的东路蹦蹦班在天津以“平腔梆子”挂牌演出。打开津门禁地后，当地艺人为竞技争芳，把西路蹦蹦改称平调梆子，以崭新的艺术风貌和地方特色活跃在京津之间的农村阵地。20世纪30年代，东路评剧的诸多班社，以及芙蓉花、白玉霜、喜彩莲等名家，不仅扩大了在天津的演出阵地，而且进入北京。西路评剧的艺人以农民为主，思想上较为保守，艺术上缺少变革精神，没有创作顺应时代潮流的新剧目。西路评剧演员抵挡不住东路评剧的潮流，渐渐在北京城里销声匿迹，没人再组专业班社，有的则加入了东路评剧的班社。中华人民共和国成立后，中国评剧院曾请回西路评剧的部分老艺人，挖掘整理了一批传统剧目，但已很少演出。西路评剧的唱腔，只偶尔在个别剧目的唱段中出现。①

① 杨中秋编：《京津大戏：北京：北京与天津戏曲艺术》，北京：现代出版社，2015年，第160～164页；赵德明：《评剧艺术在天津》，《天津市社会主义学院学报》2011年第1期。

二、地方戏

（一）杭剧

杭剧最早称“武林调”（因杭州古名武林），是清末民初在杭州滩簧和杭州曲艺宣卷的基础上发展而来，宣卷是说唱佛教故事的一种曲艺。据郑振铎《中国俗文学史》第11章《宝卷》载：“相传最早的宝卷《香山宝卷》，为宋普明禅师所作，普明于宋崇宁二年（1103）八月十五日，在武林上天竺受神之感示而写作此卷。这当然是神话，但宝卷已于那时出现于世，实非不可能。”可见在800多年前，杭州已有宝卷。所谓宝卷，即有说白、有唱词，通俗易懂的劝善戒恶的故事集，后人将说唱这种“宝卷”的活动称为“宣卷”。每年观音菩萨诞生日（农历二月十九日）、得道日（农历六月十九日）、升天日（农历九月十九日），杭城的善男信女都要到西子湖边的三天竺、灵隐寺等各大寺庙里去祈神祝福，他们相约于前一天晚上赴各庙过夜，通宵念佛，谓之“宿山”，以等待次日清晨烧“头香”。庙祝为消解香客午夜之寂寞和驱走睡意，招请“宣卷”艺人到庙为他们通宵唱诵宝卷，以念佛调吟诵，用木鱼击节。后来，这类卷本扩大内容范围，发展成讲唱流行故事，统称“宝卷”，如《梁山伯宝卷》《双珠凤宝卷》等。由于词句通俗，易被听众接受，其说唱形式渐渐从庙堂扩展到民间富商家庭。小儿满月，老人做寿，都请宣卷艺人来说唱宣卷。宣卷艺人见有利可图，就逐渐走向职业宣卷艺人。

清末民初，宣卷在杭州织绸工人中特别流行，成为自我娱乐的一种说唱艺术。1923年，扬州大世界游艺场落成，邀请京剧、淮扬戏（即后来的扬剧）、绍兴大班等多种戏曲班社来场演出。杭州观众看了淮扬文戏的演出后，觉得唱腔优美，唱词通俗易懂，很有好感。宣卷爱好者织绸工人裘逢春等看了淮扬文戏演出后，深感喜爱，在与淮扬文戏艺人的交谈中，了解到此剧种乃是从扬州花鼓和扬州清曲发展而来，从中得到启发，顿时心生试将宣卷搬上舞台的念头。于是裘逢春联络了一批宣卷爱好者如方志鹏、金月红、蒋锦芳等人，于1923年8月组织民乐社，在运河附近众安桥边排演以西湖民间故事改编的《卖油郎独占花魁》一剧。曲调除宣卷调外，另采用淮扬文戏中的“梳妆台”等唱腔，并用胡琴、三弦及小锣、鼓板伴奏。1924年，民乐社的《卖油郎独占花魁》正式搬上杭州大世界游艺场小剧场舞台演出。由于这部戏在内容上反映了西湖边的民间传说故事，形式上又有所创新，比原来的“宣卷”跨出一大步，人们称其为“化妆宣卷”。

民乐社《卖油郎独占花魁》的演出成功，在杭州城里引起了极大的反响，许多说唱宣卷艺人纷纷仿效，组织班社，这些班社又被称作武林班。沈金涛、傅智芳等人组织了同乐社，其他还有元元社等。各班社为了艺压对方，争得一席之地，特别注重在表演艺术上的提高。同乐社请来了京剧老师，教授身段、步法、化妆及锣鼓，并借鉴京剧的程式，以令人耳目一新的面貌，在运河边拱宸桥荣华戏院演出《双贵图》，一时声誉大振。民乐社亦走京剧的路子，继而移植排演了京剧连台本戏《玉堂春》《狸猫换太子》等剧目。元元社专攻武戏，德记舞台则侧重唱工。这些班社从表演到化妆都仿效京剧和淮扬文戏。1925年，民乐社进上海大世界游艺场演出，使武林班的影响扩大至上海。

杭剧艺人的不断努力，促进了杭剧基本唱腔的形成，使武林班迅速发展，并形成了“武林调”。一时间，杭州的街坊里弄广为传唱，手工业工人、人力车工人、船工、市民，特别是织绸工人，都以哼两句武林调为乐，由此引来了武林班的大发展。1925年以后，大量女子参加杭剧武林班演出，迎来了武林班的鼎盛时期。尤其是永记武林班的女演员，其中最为突出的有杨文英的做功、吴菊英的唱功、徐美英的台风、绿牡丹的做功，号称“三英一牡丹”，名噪杭嘉湖运河沿岸。那时，永记武林班在运河畔的余杭、嘉兴、湖州等地演出时，倘若没有杨文英、绿牡丹登台，观众便会叫退票。据杭剧作曲家王与昌《从宣卷到杭剧》一文介绍，1926年下半年开始，先后形成了民乐社、同乐社、元元社、同民社、金记、虞记、老顺记、顺记、公记、民兴、永记、德记、四喜、兰记、仁记、明星等16副武林班。从艺人员达400人左右。这些戏班经常流动于运河沿线、杭嘉湖一带，这里的新市、塘栖、拱宸桥等地是他们的主要演出基地。由此武林班的影响迅速扩大。

在运河沿线演出的武林班，不仅在杭嘉湖一带演出，还沿运河北上，到苏南苏北一带演出。苏州、无锡、扬州是戏曲文化积淀十分丰厚之地，尤其武林班与扬剧早年就曾在杭州相互学习。随着流动演出的增加，杭剧与苏昆、锡剧、扬剧等声腔剧种的交流更为频繁，大家在演出中相互学习、相互吸收，促进了各自艺术的发展。尤其是杭剧优美的“大陆板”唱腔更为各剧种所吸收。锡剧吸收杭剧“大陆板”的唱腔后改称其为“大陆调”，此唱腔又被沪剧、湖剧所采用。扬剧20世纪20年代从杭剧吸收了“大陆板”，武俊达所著《扬剧音乐》一书，明确指出武林班的大陆板已成为扬剧主要唱腔之一了。①

武林班的主要演出剧目有《华丽缘》《大红袍》《狸猫换太子》《玉堂春》《太白醉酒》《铁公鸡》《五子哭坟》《关公显圣》《临江驿》《红鬃烈马》《射灯招亲》《血泪鸳鸯》《太平记》《三戏白牡丹》《珍珠塔》《龙图记》《义妖传》《白兔记》《赵五娘》《百花台》《义犬报》等。这些剧目大部分是从京剧移植过来的。

（二）锡剧

锡剧是由无锡滩簧和常州滩簧合并发展而成的，其形成经历了三个重要阶段，即“对子

---

① 应志良、赵小珍：《杭州运河戏曲》，杭州：杭州出版社，2013年，第100～102页。

戏”阶段、“小同场”阶段、“大同场”阶段。清乾隆年间（1736～1795），吴语滩簧已盛行。在常、锡一带乡村传唱的男女叙事对唱山歌，逐步与道情、唱春、宣卷相融合而形成的滩簧调，系吴语滩簧的一支，后来又吸收苏南一带“采茶灯”中的舞蹈，逐渐发展成为滩簧小戏，先有小旦、小丑，后又有小生，并从坐唱变为在田头广场做简单动作表演的走唱。滩簧小戏化妆极为简单，男角色身穿长衫或短衫，头戴瓜皮小帽或毡帽，手拿折扇（短衫者不拿）；女角色身穿短袄、长裙，脸上略施脂粉，头戴假发髻，插绢花，手持方帕。以“小生、小丑”“小生、小旦”“小旦、小丑”为主的“对子戏”，也叫“三小戏”，演出剧目以反映农村日常生活中的故事为主，其中反抗封建婚姻和旧礼教的居多，也有一部分是对地主阶级进行嘲讽，表演朴实、真挚，生活气息浓厚，语言生动风趣，女角色均由男子扮演，声腔仅有“簧调”，仅一把二胡伴奏（有时是扮演者自拉自唱）。此时既无班社，也无班主和职业艺人，纯属农民及乡镇小手工业者自演自娱活动。艺人们称这一时期为“对子戏”阶段。清代戏曲编纂家王廷绍在《霓裳续谱》中提到，乾隆时，滩簧已出现于皇帝祝寿的表演节目《桑农献瑞》中，显然已经有较高水平的演唱家。

清嘉庆、道光年间，开始出现半职业或职业滩簧艺人，也开始出现女职业艺人。嘉庆年间（1796～1810），西溪山人的《吴门画舫录》就记载了职业女花鼓戏（滩簧）演唱者陈香桐往来吴越间进行演唱，包括乘船往来各村落进行演出。由于演出繁忙，需增添人手，艺人们开始收徒传艺，组织班社。至光绪年间（1875～1908），逐步形成常帮、锡帮、江阴帮和宜兴帮。“对子戏”阶段持续了近百年，流传广泛，一些农村知识分子也加入滩簧队伍，加以班社间互相竞争，剧目内容开始丰富，情节也复杂起来，出现了除三小外又添加老生、老旦、滑稽等3～5个角色的剧目《借黄糠》《陆雅臣卖妻》《珠花记》等。曲调方面，在原单一“簧调”的基础上，派生出了“长三调”“行路调”等曲调；吸收民间小调后又增加了“紫竹调”“春调”等。由于剧目的发展，曲调的丰富，加上内容的增多，故事情节的复杂化，“对子戏”突破了原有的形式，剧种进入了一个新的时期——同场戏阶段中的“小同场”，这是在农村演出时的产物。

清末，常州、无锡的滩簧戏正式搬上舞台。1908年沪宁铁路开通后，滩簧戏进入上海等城市，不久各戏班逐渐合班演出，改称“常锡文戏”，后又发展为多至几十人同场演出的“大同场戏”，开始演出大规模戏，这是锡剧发展史上的一个重要转折。20世纪20年代初期，开始出现“京、簧合班”，即滩簧班子和京剧演员合作。20世纪30年代，锡剧又吸收了杭州武林班的“大陆板”、苏州文书调的“玲玲调”、苏州滩簧和申曲的“迷魂调”与“三角板”、京剧的“高拨子”，以及江南地区“春调”“紫竹调”“九连环”“绣荷包”等传统小调，唱腔更加丰富多彩。[①]

（三）木偶戏

木偶戏又称木偶剧，是一种用木制玩偶来表演故事的戏剧形式。艺人隐蔽在幕后，一边操作木偶，一边演唱戏剧，并用京胡、二胡、鼓、锣、钹子等来伴奏。木偶戏和皮影戏都属于傀儡戏，不同的是，皮影戏是一种平面艺术，是让观众通过观看平面皮影人的灯影表演来达到艺术效果的戏剧形式，木偶戏则是立体的，是让观众直接观看木偶表演的戏剧形式。

扬州素有“木偶之乡”的美誉，扬州木偶戏历史久远。早在唐代，主政扬州十多年的著名文史学家和官员杜佑，其最大的心愿就是“入市看盘铃傀儡”。“盘铃傀儡”是一种以盘铃伴奏演出的傀儡戏，亦即木偶戏。

清代，伴随着扬州戏曲的繁荣昌盛，扬州木偶戏盛极一时，演出十分活跃。清人笔记小说、诗词歌赋中，保存了不少木偶戏的资料，如李斗《扬州画舫录》卷十一记载了布袋木偶、杖头木偶两种不同的扬州木偶戏。清咸丰五年（1855）黄河改道北迁后，扬州漕运枢纽地位丧失，城市经济、文化遭受很大影响。木偶戏在城市逐渐衰微，转到乡镇、农村去演出，在长江以北地区普及开来。[②]

天津木偶戏是以“泥人张”彩塑艺术为基础，广泛吸取天津剪纸、皮影、年画和民间玩具等艺术之长，同时注重吸收南派江加走的木偶造型经验，从而形成的一种既有粗犷豪放的舞台效果，又具有“泥人张”彩塑中精巧细腻的表现手法，并使之能巧妙地融为一体的独特艺术形式。天津木偶戏造型十分生动、朴实，达到远看简洁完整、近看精巧细腻，静中神态含蓄、动中栩栩如生的艺术效果。[③]

（四）淮剧

淮剧又名江淮戏，分为西路淮剧和东路淮剧，其中西路淮剧流行于里运河沿线，主要是今天的淮安市和宝应县；东路淮剧流行于里下河地区，主要是盐城、建湖、阜宁等地。这个区域属明清时期的淮安府管辖，因此定名为淮剧。

淮剧属于地方小戏种，与苏北盐淮地区的门叹调、香火戏有渊源关系。明清时期的淮安府，地处黄河、淮河、运河三河的交汇之处，是中国历史上水患较多的地区。明清时期，里运河、里下河地区一些生计无门的逃荒者以竹板击拍，沿街唱一些民间小调来挨门行乞，称为“门弹调”或“门叹调”。其唱词凄苦，曲调悲伤，特别容易感动人。此外，为避免水患、

---

① 王染野：《滩簧考述——兼谈锡剧的总源头》，《艺术百家》1988 年第 2 期。

② 荀德麟、刘志平、李想等：《京杭大运河——非物质文化遗产》，北京：电子工业出版社，2014 年，第 83 ～ 84 页。

③ 尚洁主编：《中国民俗大系・天津民俗》，兰州：甘肃人民出版社，2004 年，第 312 页。

逢凶化吉、求神灵保佑，当地人经常举行船头会、火星会、太平会、青苗会等各种类型的香火会，邀请童子们念偈跳神、祷祀还愿，演唱“香火戏”，即以“香火”神会吟唱神书中的神话故事为基础，逐渐以坐唱形式搬上舞台，发展而成的简陋的小戏形式。至20世纪初，香火戏班社已遍及苏北城乡。民国时期，许多香火戏艺人沿运河南下，到苏、锡、常、沪、宁、杭等地演出，被当地人称为“江淮戏”。后逐渐扩散到安徽、江西、北京乃至东北、西北等地。

淮剧同时借鉴了徽剧、京剧、昆曲的腔调和生旦净丑的角色设置。它的念白以淮安方言为基础，与京剧的贴近程度较高。清乾隆皇帝第五次南巡以后，徽州戏班进京，沿运河而上，在运河城淮安经停演出，有些艺人深入到运河以东的里下河地区，称为“里下河徽班”。香火戏艺人与徽戏艺人同处于社会底层，为了糊口，经常一起搭台演出，时人谓之“徽夹可”，香火戏因此得以大量吸收徽戏艺术手法。这些徽班衰落后，一部分与香火戏融合，另一部分则转唱京剧。京剧艺人先后加入到江淮戏班参演节目，既壮大了戏班的演员队伍，也提供了不同剧种间相互学习借鉴的机会。有的时候，京剧艺人与淮剧艺人短期搭班合演，分别串演不同的角色。这种京剧与江淮戏同台演出的情形被称为“京夹可”，双方各演各的折子戏，遇到连台戏时，则各唱各的腔调，各剧种得以相互借鉴、改良。两相迁就融合的结果造成了“京淮不分”“一台淮戏半台京”的景况。

就唱腔特点而言，东、西路淮剧有所不同。西路淮剧唱法以“淮调”为主调，声调硬朗高亢，腔调近似口语，述说性强；东路淮剧表演唱法以“下河调”为主调，语言声调软而低，表演灵活，柔美抒情，风格接近乡土小调。很多淮剧艺人经常往返于上下河之间，努力融合东西路淮剧的唱腔。例如阜宁艺人杨金花（1913～1985），初为下河“水班”艺人，吸收了西路淮调的唱腔，在上河搭班演唱，轰动两淮。淮剧剧目众多，经典繁巨，例如传统经典剧目《赵五娘》《莲花庵》《孔雀东南飞》《孟丽君》《打金枝》《白蛇传》《岳飞》等，现代题材作品《太阳花》《一江春水向东流》《唢呐声声》等亦有较高的知名度。淮剧内容与运河城市淮安密不可分，因此有的淮剧传统剧目如《九莲十三英七十二记》，淮安的地名多次在唱词中出现。①

（五）淮海戏

淮海戏属拉魂腔系统，曾名“淮海小戏”，流行于江苏北部的淮安、连云港、宿迁三市及山东部分地区。它最初由柳琴戏的一支流传而来，传播的过程中由于方言的

① 邓小秋：《淮剧的“东西路”与“南北派”》，《艺术百家》1988年第2期；邓小秋：《淮剧的渊源与形成》，《戏曲研究》1995年第1期。

不同和其他艺术形式（尤其是京剧、徽剧）的影响，渐渐分化演变，成为一个新的地方剧种——淮海戏。因主要伴奏乐器为板三弦，又名“三刮调”。

淮海戏最初也是穷苦艺人走村串户的“打门头词”。清道光年间，有艺人聚集在一起活动，逐步形成班社，在庄头、场头、街头以及庙会、香火会上演唱，被称为“小戏”。徽剧、京剧等进入淮海地区后，各种艺术互相交流，淮海小戏的表演艺术得以丰富和提高，出现了一批一家班、同庄班、师徒班等。光绪二十六年（1900），出现了第一代女艺人。至民国中期，小戏行当齐全，服装、造型、伴奏等稳定下来，基本剧目得到极大丰富，淮海小戏成长为一种独立的戏曲种类。1947 年，小戏正式搬上舞台演出。中华人民共和国成立后，定名为“淮海戏”。

淮海戏的核心区域是淮安市和宿迁市，而这两个地区正属于京杭大运河流域。淮海戏的很多经典剧目反映了运河沿线普通民众的生产生活和他们的喜怒哀乐，如抗日战争时期的《柴米河畔》，讲述当时运河区域民众团结一心齐抗日的事迹；被国家文化部评为优秀剧目的《豆腐宴》，讲述运河畔一个苏北小镇上的人们，围绕着祖传豆腐宴发生的系列故事；大型淮海戏《秋月》，讲述在运河萦绕、石板巷子交错的清江浦，一位淮海戏艺人的伟大母爱，等等。淮海戏是黄淮地区的重要戏曲文化遗产，2008 年被列入国家级非物质文化遗产名录。

（六）柳琴戏

柳琴戏是流行于江苏、山东、安徽、河南四省交界处的一种地方戏剧，尤以山东枣庄、江苏徐州等运河流经区域为核心。因其感染力强，听众容易着迷，如同把魂拉去了一样，老百姓俗称其为“拉魂腔”（或“拉胡腔”“拉花腔”）。当地民谣说“拉魂腔一来，跑掉了鞋；拉魂腔一走，睡倒了十九”，形象反映了人们对柳琴戏的热爱。1954 年，因其主要伴奏乐器为柳叶琴，故改名柳琴戏。

明万历三十二年（1604），山东南部的泇运河开成通航，成功实现“避黄行运”。当年，开往北方的粮船经泇河者达三分之二，一大批依托运河而生的船工、水手、纤夫、搬运工等，迅速集结起来。为了在辛苦的劳动中凝聚力量，他们常常哼唱一些曲调，逐渐形成了运河号子。这种号子简单而有节奏，适宜传播，慢慢发展成一种“一人唱众人和”的说唱形式。最初，靠这种说唱为生的是鲁南地区一些运河工人，以及半农半艺的贫苦农民。他们在农闲时，三三两两结伴，走乡串里唱门子，既无弦乐伴奏，也无服装道具，只有演唱者以板或梆子自打节拍，演唱内容多为民间小故事。

柳琴戏发源地是鲁南，北路为滕县东的东郭镇苏楼，中路为峄县西部的陶官，而鲁南地区正是柳子戏的流行区域之一。当柳琴戏还处在民间小唱的阶段时，柳子戏已经发展为成熟完善的戏曲剧种，并在运河南北流传。柳琴戏因大量吸收融汇了柳子戏的“山坡羊”“耍孩儿”

等唱腔曲调，自身得以丰富和发展。此外，该剧种又吸收了枣庄肘鼓子的说唱形式以及当地的“海山腔”“四句调”、拉纤号子、民间小调等，最终形成了南北方风格交融、婉约与豪放并蓄的风格。清后期由滕县东门外武氏兄弟传入安徽、徐州，后来发展为南路柳琴。[①]

清朝晚期开始，柳琴戏的表演越来越专业化。清咸丰年间，柳琴戏有了专业的艺人，如“烂山芋”“金不换”“一千两”、香莲、香菊等。他们开始化妆演出，所用的服装道具多有变换，拉魂腔委婉缠绵的腔调基本形成。专业的班社也开始出现，如滕县武家班、邳县吕家班等。至清末民初，柳琴戏的职业班社增多，一个班社有十多个艺人，俗称“七忙八不忙，九人看戏房，十人成大班”。峄县周家班、邳县卢家班、铜山同义班、董四班等班社的演出活动都非常活跃。1920年前后，柳琴戏开始进入集镇和城市演出。峄县、滕县、枣庄、台儿庄等城镇，都出现了早期的戏园。徐州是柳琴戏流行区域之中最大的城市，戏院众多，云集多个有影响的大班社，荟萃很多著名艺人，每天有十多台柳琴戏竞相上演。

柳琴戏在鲁南、苏北运河区域流行，运河文化在柳琴戏的发展中起了很大作用。柳琴戏的不少剧目内容都反映了运河两岸的民情民俗、风土人物等。运河两岸人们的生产、生活和日常劳作，也被提炼成柳琴戏的表演程式和舞蹈动作等。2006年，柳琴戏被列入国家级非物质文化遗产名录，得到了国家和地区政府的重视。[②]

（七）柳子戏

明末清初，戏曲界有“南昆、北弋、东柳、西梆”四大声腔之说，其中的“东柳”即柳子戏。柳子戏是流传于鲁、豫、冀、苏等省交界地区的古老剧种，属弦索声腔系统。曲牌是柳子戏音乐的主体，主要分为两大类，一是明清俗曲类，二是客腔类。“乱弹”属客腔类曲牌，其音调与山陕梆子腔、福建芗剧中的部分曲牌相似度极高，影响力纵跨几个省，沿运河南北传播的脉络清晰，这是与之同源异流的主要音调游移的结果。

“乱弹”曲调遍及运河南北，运河虽起自北京止于杭州，但活态的曲调却没有被运河的起止范围所限，“乱弹”曲调辐射至福建地区，在福建芗剧中也存有同质曲牌，如“腔仔调”曲牌。《中国戏曲通史》中记载：“开封和临清二地，是河南弦索腔和山东柳子戏这两大姊妹剧种生长的良好温床。开封朱仙镇，清代著名的四大镇之一，

① 荀德麟、刘志平、李想等：《京杭大运河——非物质文化遗产》，北京：电子工业出版社，2014年，第79～80页。

② 同①。

其地扼水路交通要冲，南船北马群萃于此，是那时有名的商业市场，因而也是地方戏集中的地区之一。”山东临清地处“南北水运之枢”，南通苏杭，北抵京津，成为全国南北交通大动脉上的咽喉之地，贸易范围“南达闽粤，北通辽海”，经济得到迅速发展。“乾嘉时期，弦索腔流布的中心地带，是以河南开封为中心的周围地区，东到鲁西南，北到黄河以北，南到陈州、太康，西到晋南一带。至于它向更远的地方流布，则以山东的临清为集散地。乾嘉之际，弦索腔曾南至苏州，北至北京，一度以‘东柳’称盛。这种流布都与临清的河运有密切关系。”“乱弹”曲牌音调游移至柳子戏的过程中，运河是必要的宏观地理条件，“乱弹”曲调也是以运河为主要脉络向周边流传的。

柳子戏最晚至清初进入繁荣时期。成熟了的柳子戏经京杭大运河向周边省市扩展，如辐射至河南、江苏、河北等相邻省份，最重要的是传入并盛行于北京。清朝小铁篴道人《日下看花记》九月重阳后五日自序云：“有明肇始，昆腔洋洋盈耳，而弋阳、梆子、琴、柳各腔，南北繁会，笙磬同音，歌咏升平，伶工荟萃，莫盛于京华。往者六大班旗鼓相当，名优云集，一时称盛。”四大徽班是在清乾隆五十五年（1790）进京，在此前，柳子戏已进入了北京，而且已经是“一时称盛”的剧种。在京城这个各大声腔云集的空间内，声腔的交流更为密集，无论是基于民间艺人的自然交流抑或剧种间竞争性的原因，优良曲牌的相互借鉴、吸收、演变，乃至回溯至各声腔的初始发源地得以长期存在的事件更为频繁地发生，这也是“乱弹”曲牌流变的一个重要时空背景。

统治阶层的审美爱好可以直接影响到特定剧种的发展和部分剧种的外流。从清乾隆后期至道光末年（1775 ～ 1850）出现了花部“乱弹”诸腔与雅部昆曲激烈相争的局面，史称“花雅之争”。各级官员为迎合统治者的需要，对声腔剧种推行“崇雅抑花”和分化瓦解的措施，打击、禁止花部“乱弹”诸腔。失去市场的柳子戏沿运河南下，回到山东、冀南、豫北、苏北一带流动演出。在“花雅之争”的大背景下，各声腔剧种既相互竞争又彼此吸收长处，柳子戏客腔“皮黄”曲牌正是在这种条件下得以发展。以秦腔为例，据记载，秦腔名家魏长生自乾隆三十九年至嘉庆六年（1774 ～ 1801）之间曾多次从扬州沿运河进京，山东是必经之路，多次往返于山东和各剧种交汇的京城，秦腔必对“乱弹”曲牌的流变产生影响。花雅之争结束后，秦腔戏班解散，魏长生沿运河南下至扬州。杨绍萱的《魏长生之事迹》中记载：“魏长生的梆子腔在北京未得正常发展，却是发展到北京城外的河北、河南、山东、山西等省份。”据杨绍萱统计，“魏长生演唱的剧目，现在所知的有三十六出”。其中存见于柳子戏传统剧目中的有《小寡妇上坟》《补缸》《打灶王》《铁弓缘》《香山》《捡柴赠金》《看灯》《百花公主》（与《红罗记》相似）。①

① 何丽丽：《柳子戏中的“乱弹”曲牌考》，《民族音乐》2013 年第 11 期。

柳子戏属于多声腔的曲牌体剧种，其唱腔是由众多不同宫调、不同板式的曲牌所构成的。在柳子戏的唱腔曲牌中，既有粗犷奔放、质朴劲拔的所谓“粗曲子”，又有缠绵细腻、典雅华丽的“细曲子”。其音乐风格，既有通俗易懂、乡土气息浓郁的“调子”“赞子”等，又有文雅大度、宫廷色彩鲜明的“风入松”“步步娇”等。由于移民与商人的活动、政府的态度、戏班的流动、音乐本体特点等原因，柳子戏在发展的过程中吸收了“乱弹”“青阳”“高腔”“皮黄”“昆调”“罗罗”等客腔曲牌，逐渐衍化为自己的曲牌。各大“客腔”在长期的演唱过程中大多已“柳子化”。如“乱弹”不仅宫音系统归入柳子戏传统平调，使用柳子戏统一的“开板”（前奏），还与曲牌相结合，产生了“乱弹娃娃”；“青阳”在保持自己调式特点的基础上，又创立了“青阳序”“挂序”等形式。这些客腔曲牌在柳子戏中，既有音乐风格上的独特性，彼此之间又能达到协调统一。①

（八）梆子

明清时期，山陕商人经营的钱庄、典当行、酿醋坊、酿酒坊和织造坊等分布在大运河沿岸的城镇。山陕商人由于自身的喜好以及联络客商、会聚朋友等的需要，便把家乡流行的山陕梆子也带到了经营之地，并很快传到了大运河南北各地。山陕梆子在与各地的民歌、曲艺、方言结合，并吸收本地艺人的基础上，不断创新、演变和规范，逐渐形成了河北梆子、山东梆子、徐州梆子等具有地方特色的梆子戏。

河北梆子是梆子声腔的重要支脉，又称直隶梆子、京梆子、笛棒子、反调等，中华人民共和国成立后定名为河北梆子。河北梆子流布于京、津、冀地区，在北运河沿岸尤显兴盛。最盛时曾沿着运河北上天津、北京，南下山东、江苏、上海，甚至远达东北、广州等地，流行区域广泛，影响较大。清道光年间（1821 ~ 1850），河北的梆子腔逐渐发展成一种特色鲜明的新剧种，即河北梆子。河北梆子通俗易懂，念白和声韵夹杂河北方言，多用口语和歇后语，富有浓厚的乡土气息。其唱腔高亢激越，伴奏铿锵有力，善于表现慷慨悲愤的感情，深受南运河、北运河两岸民众的喜爱和推崇。

清同治末年，河北梆子已经遍及河北中部的运河沿线城镇以及北京、天津等地，并在北京戏曲界占有一席之地。至光绪年间，在北京、天津、上海等大城市中，河北梆子已经具备了和京剧争衡的实力。光绪二十六年（1900）前后，河北梆子分成不同的流派，其中在北京盛行的称为“老派”，在天津盛行的称为“新派”。老派在演唱上杂有山陕韵味，新派则以普通话为基础，讲求唱功。清末民初，河北梆子在鲁西运

① 何丽丽：《“东柳”与运河文化互动关系研究——以客腔曲牌为例》，《中国音乐学》2014 年第 1 期。

河地区十分流行，聊城山陕会馆中的墨记有河北梆子“邱县四喜班”的题记，河北梆子的传统剧目《庆顶珠》《宝莲灯》《蝴蝶杯》《斩子》《伐子都》等皆见于会馆题记中。据聊城老艺人回忆，20 世纪 30 年代聊城最著名的戏班是李家班，演出的剧种就是河北梆子。聊城临清有不少职业戏班，其剧目也多是河北梆子。①

山东梆子，又名“高调梆子”，简称“高调”或“高梆”，因其腔调高亢激越，大有“唱吼高腔不要命”的感觉，所以又被形象地称为“舍命梆子腔”。山东梆子主要流行于山东西南部运河流域的济宁、聊城、泰安等地区，以及邻近的菏泽、临沂和江苏北部。

山东梆子的形成受到运河沿岸经商的山陕商人及其带来的山陕梆子的直接影响。元代大运河开通后，山东处于南北水陆通衢要道，物资人员往来不绝，山陕商帮们更是把山东作为重要的据点。济宁、聊城、菏泽早在明代就有山西、陕西商人筹建的会馆。到了清代，山西商人的足迹更是遍布山东西部地区，他们首先到达的地区是鲁西南的菏泽一带。不少山陕商人酷爱家乡的梆子戏，多从家乡约请戏班前来演出，山陕梆子很早就由河南传入山东。清末民国时期，山陕梆子在临清等地依然十分流行，民国《临清县志》称“吾临所尚秦腔最多”；聊城山陕会馆墨记中的《八义图》《蝴蝶杯》《黄河阵》《法门寺》《春秋配》等都是秦腔的传统剧目。山陕梆子唱腔优美，节奏明快，与山东本地的风土民情、地方文化、方言融合，逐步形成了以菏泽为中心的曹州梆子和以汶上、济宁为中心的汶上梆子，二者统称“山东梆子”，风格粗犷豪放，唱腔高亢浑厚。②

今聊城山陕会馆保存的清道光二十五年（1845）至 1919 年的戏楼后台题记，其中就有不少是来自山西东南的上党梆子戏，而更多的是山西中路梆子即晋剧戏班。墨记中有光绪八年（1882）十月，“山西泽州府凤台县（今晋城）全盛班”留下的题记。光绪初年，泽州一带连年灾害，艺人外出逃荒演戏，据说上党梆子的著名戏班——壶关县的“十万班”逃荒来到鲁西南，在那里演出达一年之久。后来亦有艺人在这一带收徒传艺，组织戏班。当时人们称这种梆子戏为“泽州调”或“潞安宫调”。上党梆子传入鲁西南后，受当地语言和其他戏曲唱腔的影响，逐渐形成了新的剧种，即后来的“枣梆”，其流行区域以菏泽为中心，向北延伸到聊城莘县、河南范县等地。此外，山陕会馆的墨记中还提到“山西太原府红盛班”“山西太原府平定州”等，应该是晋中地区流行的山西梆子，即晋剧。墨记中的“三庆戏班”“四喜戏班”应该是山西祁县富商渠氏、榆次富商王钺办的戏班，他们演出的就是山西梆子戏。

清末民初，山东境内的本地梆子班社非常活跃，名气较大的有济宁高调五福班，汶上县大曹班、崇圣府班，巨野县田家班、大姚班等，其演出活动的范围遍及济宁、泰安、聊城、

① 李泉、王云：《山东运河文化研究》，济南：齐鲁书社，2006 年，第 241 页；荀德麟、刘志平、李想等：《京杭大运河——非物质文化遗产》，北京：电子工业出版社，2014 年，第 65 ～ 67 页。

② 李泉、王云：《山东运河文化研究》，济南：齐鲁书社，2006 年，第 234 ～ 240 页。

菏泽等地。据老艺人回忆，仅汶上县大曹班一个班社，演出的剧目就有600多出，不少职业班社和艺人沿着大运河南下北上，到苏北、皖北、冀南甚至北京流动演出。与此同时，河南、江苏一些地方，还经常到山东邀角，请山东梆子艺人过去演出，可见其受欢迎的程度。20世纪初，河南梆子（豫剧）崛起，而山东梆子则因鲁西南一带连年战争、社会动荡不定，发展受到阻碍。20世纪40年代，一些河南梆子演员曾到山东演出，丰富了山东梆子的内容和唱腔。

山东梆子的表演程式与鲁西南的其他古老剧种一样，动作粗犷、架式夸张、唱腔高亢激越、情绪高昂，台上艺人唱得过瘾，台下听众听得尽兴，既具有山东大汉的粗放阳刚之气，又兼具其他戏种婉约俏丽的表演。山东梆子像许多传统戏剧一样重视排演传统剧目，例如《春秋配》《梅降雪》《宇宙锋》《双玉镯》等，同时也编演了许多现代剧目，例如《白毛女》《父子婚姻》《小女婿》《万紫千红》《万家香》《墙头记》等。山东梆子有众多的老艺人和著名艺术家，其代表人物有梆子名家窦朝荣、任心才、刘桂荣、姚月芝、刘桂松、尹爱菊等。山东梆子的许多剧目已经翻拍成电影或纪录片，这些艺术家及其作品对山东梆子的继承、传扬起到了极大的促进作用。[①] 此外，山东梆子还将运河边的故事编演在戏中。如著名的山东梆子戏《三开铡》，讲述了清乾隆年间发生在汶上县南旺镇会通河畔的蜀山湖北岸的一个真实故事。剧情以运河为背景，讲述县官、民女、木匠围绕一桩人命官司的曲折经历，最后鞭笞贪官、保护善良民众。济宁市文化部门近年来倾力打造的新编历史故事剧《运河老店》，更是以运河畔的济宁老店河都酱园为原型，讲述了一个“因运河而生、因运河而兴”的百年老字号的传奇故事。2008年，山东梆子被列为第二批国家级非物质文化遗产。

徐州梆子以运河流经的丰县、沛县、铜山、邳州和徐州市区为中心，当地人习惯称其为“大戏”。徐州自古为交通要冲，明清时期京杭大运河穿城而过，运河的繁荣使徐州地区商贸发达、文娱活动兴旺。徐州及周边的会馆、戏楼、酒肆里经常演出梆子戏，有“楚地遍秦声”之说。山陕梆子在徐州传播的过程中，音随地改，腔随声变，韵随俗转，逐渐与徐州地区的民歌小调、曲艺说唱、方言俚语、风俗民情等相结合，成为一种新的地方戏剧——徐州梆子。此外，徐州毗邻山东和河南，徐州梆子在形成过程中，也不可避免地受到了山东梆子、河南梆子等的影响，演唱风格上既有山东梆子的刚烈，又有河南梆子的细柔。

徐州梆子与山陕梆子、山东梆子之间渊源颇深。历史上，著名的徐州梆子社有“蒋门”“殷门”“滕贡生班”“戴金山班”等。蒋门始祖蒋花架子，生于清乾隆十年（1745），由山

① 荀德麟、刘志平、李想等：《京杭大运河——非物质文化遗产》，北京：电子工业出版社，2014年，第67～68页。

西洪洞县迁居徐州丰县，能演之戏有300多出。殷门创始人殷凤哲，原为山东曹州梆子艺人，咸丰五年（1855）因避水灾而逃难至沛县，后被庙道口寨主马克端请去办戏班，戏班逐年扩大，成员遍布沛县。

徐州梆子激昂、淳厚、高亢、刚烈，以表现英雄人物业绩的正剧、悲剧最为突出。艺人们投身这项艺术，骨髓里亦产生了浓厚的英雄情结。1911年辛亥革命爆发后，沛县的梆子戏班黄集大班、郭家班、陈瑞起班、岳东礼班等联合绿林好汉，一举推翻满清沛县政权，占领了沛县衙门。黄集大班的武丑张晓执政行令，当了7天县长，后被反攻复辟的张勋江防营的“辫子军”打败。张晓被捕后，威武不屈，嬉笑怒骂，泰然自若，被绑赴刑场时，他还高唱着徐州梆子戏“拽镣”：“叫罢了三声苦，便把咽喉堵，三分在人间，七分入了土。”成就了徐州梆子一桩传奇事件。抗日战争时期，徐州是抗击日军入侵的前哨重镇，许多梆子戏艺人投身革命队伍，奔赴抗战前线。一批爱国文人名伶，如田汉、洪深、金山等人会集于此，使徐州梆子戏在剧目、表演、音乐唱腔等方面获得许多提高。中华人民共和国成立前后，不少豫剧演员进入徐州地区，徐州梆子豫剧化的痕迹加重，甚至行政部门一度把徐州梆子称为豫剧。随后，人们发现了这个误解，及时纠正，从1960年起恢复了徐州梆子名称。2008年，徐州梆子被列入国家第二批非物质文化遗产名录。①

（九）皮影戏

皮影戏，又称“影子戏”或“灯影戏”，是一种以兽皮做成人物剪影，在灯光（或蜡烛光、柴火光等）照射下，透过衬布，以剪影的影子图像进行表演的戏剧形式。表演者躲在幕布后灯光无法照射到的地方，一边操纵皮影，一边说、唱、和、舞地扮演故事角色，讲述演义故事。有些专业皮影演出团队会配备齐整的锣鼓和弦乐。皮影演出多描绘经典的历史剧、神话剧的文武官员、神佛人物形象，以除恶安良、贬恶扬善的短剧为主，有着简单、欢快的气氛和浓郁的乡土气息。人们，尤其是少年儿童很容易被这种简单、有趣、直观的戏曲形式所吸引。2011年，中国皮影戏被联合国教科文组织列入世界人类非物质文化遗产代表作名录。

大概在明朝中期，皮影戏从河北等地传入北京。明正德三年（1508），北京城曾举办百戏大会演，皮影戏参加演出。更多情况下，皮影戏的演出场所还是在民间，逢年过节、喜庆丰收、嫁娶宴客，少不了搭台表演皮影，有的还要通宵达旦或连演十天半月，十里八乡的人都来观看，非常热闹。到了清代，北京皮影戏已十分普及。除深受农民、市民欢迎外，皮影戏还进入王府大院。康熙时，礼亲王府里有专门的皮影戏班长期演出。同治年间，北京皮影戏发展至盛期，分为东、西两派。东派以滦州影戏为基础，占据北京东城，唱腔新颖，表演生动，旦角装扮

① 荀德麟、刘志平、李想等：《京杭大运河——非物质文化遗产》，北京：电子工业出版社，2014年，第68～69页。

很有特色。西派以涿州影戏为主，占据西城，内容多宣讲佛经，艺人演出时端坐蒲团上，因而也被称为“蒲团影”。两派都深受大都市生活的影响，原先粗犷浑厚的演唱慢慢转变为轻歌细语，一些冗长的连台本戏变为一折折的演出。

到清代中后期，京剧已经风靡北京城，成为北京最重要的戏剧表演形式。京剧的异军突起，使皮影戏受到很大冲击。为求发展和繁衍，西派皮影主动从京剧中吸收精华，影人雕刻英俊潇洒，表演精巧细腻，声腔、唱段、造型等无不向京剧靠拢。例如近代北京皮影雕刻家、演唱艺术家路景达就曾向北京京剧班社的长升社戴兴臣学习京剧脸谱及头盔服饰，将皮影人的造型服饰技艺进行了程式化，并培养了不少皮影戏镞镂艺人。最终，西派皮影成为北京皮影戏的代表和主流，也成为中国最具都城特点的城市皮影。[①]

三、曲艺

（一）苏州评弹

苏州评弹是苏州评话和苏州弹词的总称，是采用吴语进行讲说表演的传统曲艺说书戏剧形式。它产生并流行于苏州，以及江、浙、沪一带。苏州评话源于宋代说话伎艺。清代剧作家李玉的《清忠谱》第二折《书闹》中，描述了明末清初苏州说书中演说《岳传》的情景，有表，有白，有类似赋赞的韵文，和苏州评话相同。“弹词”一词，始见于明嘉靖二十六年（1547）田汝成《西湖游览志余》，书中记载：“杭州男女瞽者，多学琵琶唱古今小说、平话，以觅衣食，谓之陶真。”陶真与弹词都是用七言诗赞的讲唱文学，元明的陶真应是弹词的前身[②]，后与苏州方言结合成苏州弹词。明末清初泰州的著名评话艺人柳敬亭，曾长期在苏州及其附近一带说书，对苏州评话、弹词的发展有很大影响。

乾隆帝南巡促进了苏州评弹的发展。清乾隆时期，苏州评弹艺人王周士善唱《游龙传》，他吸收昆曲、吴歌的声腔，滩簧的表演，以单档起“十门角色”而闻名。清《吴县志》记载，乾隆帝第四次南巡，在苏州玄妙观听王周士说书，又将其召至苏州沧浪亭行宫弹唱评弹，赐七品冠带，并命其随驾回京在御前说书，后准其回乡。清代史学家赵翼在《瓯北诗钞·赠说书紫癞痢》中对其说书的“噱”“说”“弹”“唱”因素都作了评价：“恃滑稽一尺口”“但闻喷饭轰满堂”；“妙拨丝擅说书”“自演俚词弹脱手”；“优孟能会故相生”“绝技俳优侍至尊”。乾隆四十一年（1776），王周

① 王绎、王明石主编：《北京工艺美术集》，北京：北京出版社，1983 年，第 148 ～ 151 页；荀德麟、刘志平、李想等：《京杭大运河——非物质文化遗产》，北京：电子工业出版社，2014 年，第 81 ～ 82 页。

② 叶德均：《宋元明讲唱文学》，北京：商务印书馆，2017 年，第 56 ～ 57 页。

士于苏州宫巷第一天门创立包括评话艺人在内的行会组织，取名光裕公所，以示评弹艺术“光前裕后”之意。他从正反两方面总结自己说书艺术经验的《书品》和《书忌》，被后来的弹词艺人奉为说书的信条。

光裕社成立后，评弹艺术得到了迅速发展，出现了前后四大名家。清嘉庆、道光年间，出现了陈遇乾、俞秀山、毛菖佩、陆世珍前四大名家，他们发展了王周士的书艺，丰富了上演书目，创造了流派唱腔，拓宽了技巧思路，提高了评弹的总体水平，奠定了今天苏州弹词的基本形式。此时刻印传世的书目有《三笑》《倭袍》《义妖传》《双金锭》等。随着清道光二十六年（1846）上海开埠，许多苏州评弹艺人进入上海，使得上海迅速成为评弹艺术的另一个中心，并由此将苏州评弹传播到运河沿岸的北京、天津等地。这一时期活跃在苏、沪地区的评弹艺人有马如飞、姚士章、赵湘洲、王石泉等后四大名家，流派纷呈，是评弹艺术成熟的标志。其中姚士章（过继给姚姓）的生父张汉民是道光、咸丰年间表演苏州评话《水浒》的名家，他开始将昆曲各行当角色吸收运用于苏州评话。姚士章自幼从父学艺，进一步融昆曲技艺于评话之中，善起净角，有“小鲁智深”之称，曾任光裕社司年。清人笔记《海南行云》曾记光绪十一年（1885）姚士章演出《闹江州·劫法场》一回，认为“可谓一时绝技矣”。这一时期，由于社会风气渐趋开放，上海苏州等地的女性弹词艺人十分活跃，马如飞在《阴盛阳衰》中称：“苏州花样年年换，书场都用女先生。”

民国时期，苏州评弹从艺人员激增。据1927年的统计结果，当时光裕社拥有社员200人，而未入光裕社的艺人有近2 000人。激烈的竞争促使弹词艺人在书目、唱腔、表演形式、表演场地方面都不断推陈出新。当时供苏州评弹演出的场所很多，装潢华丽、场子宽大的称“新式书场”，在游艺场占一席之地的称“游艺书场”，每场演出两档弹词、一档评话的称“花色书场”，由商业电台播放评弹的称“空中书场”。①

（二）常州唱春

常州唱春，旧称“常州调”，俗称“春调”，在贺新春时进行演唱。唱春应该脱胎于宋、元、明时流行民间的“村田乐”，并吸收了常州山歌和小调的演唱，最迟应该形成于明代。关于唱春的起源，常州有这样几个传说：第一个是，明初筑南京城的时候，“唱春”在南京南郊冯家边与孝陵卫等地流行，乡民们鸣锣跳唱，朱元璋命翰林院按旧曲填新词，让城里人“亦为之”。第二个是，明代汤和在常州“拆罗城、筑新城”之时，“唱春”系百姓不堪明代筑城徭役之苦，借唱《孟姜女》来发泄心中的怨恨。著名唱春调《孟姜女十二月花名》（亦称《孟姜女调》），至少已经成了16个剧种、20个曲种、14个歌舞乐种的基本唱腔与主要

① 吴彬：《评弹在苏州传承的考察与研究》，硕士学位论文，南京航空航天大学，2007年，第9～11页；申浩：《社会史视野下的评弹文化变迁》，《上海师范大学学报（哲学社会科学版）》2007年第5期。

曲牌。中国民间文艺研究会上海分会1984年5月开始向全国公开征集“孟姜女”资料，属于“唱春”类腔调的占全部的72.28%。第三个是前文提到的“冯阁老卖唱”的传说。明武宗带领几名亲随微服私访，至一山区，不幸遇上盗贼，银钱被劫，回不得京城。这时，随行的冯阁老，沿途卖唱，来解决一行人的生活经费。这便是民间传下来的冯阁老唱官春的故事。常州民间歌谣也有“冯阁老纳帖送官春，常州唱到紫禁城，一直唱到午朝门”的说法。

清乾隆以前，唱春就与滩簧一起流行于常州、苏州、无锡等地。光绪年间金武祥《陶庐杂忆续咏》载常州春节，常有两人沿门唱歌，随时编唱“新春吉语”，唱时“轻锣小鼓击之以板，板绘五彩龙凤，中书四字曰‘龙凤官春’，俗传明时正德御赐云”。常州唱春，彼时多二人演唱（双档），后多为一人演唱（单档），唱者身背褡裢，一手持春锣，一手持绘有龙凤图案的敲板。20世纪20年代，民俗学家伍受真在《武进礼俗》中记载了常州唱春的习俗：每逢春节，唱春者携带“春锣”走街串巷演唱七言短歌，能就眼前景物随时编唱，东家需给予一定报酬。艺人从乡村到城镇，串街走村，挨户演唱。唱春是为了索取赏钱，因此唱词多是吉利话，唱到人家酬以赏钱，便另换人家。唱春书，要经过拜师挂名，学会口子，才可到外面去扬花。一般新学春书的徒儿出门，打锣的锣板上要挂两个铜钱。旧时代有腿上挂铜钱做鞋拔子的习惯，“鞋拔子”谐音“才学之”，意思是新手，内行的人就不会找麻烦。如果锣板上不挂铜钱，叫光板锣鼓，意思是“唱遍天下无敌手”，行家就会视之为挑战。①

（三）扬州评话

扬州评话，又叫扬州评词，是以扬州地方方言说书表演的曲艺形式，多以章回形式讲述历史故事、传说、戏剧情节或民间故事，例如《三国演义》《隋唐演义》《水浒传》《岳飞传》《隋炀帝传说》等。扬州评话细节描写生动入微、情节脉络清晰严谨、起承转合首尾照应、头绪纷繁但井然有序，说书人讲得精彩、演得尽兴，听书人听得入境，心思被抓得牢靠。扬州评话与扬州弹词的一个显著区别是，弹词是说唱结合的，而扬州评话无乐器伴奏，无歌曲、戏剧的演唱形式，常常是单人、单口，一张桌子、一把扇子便开讲，书中情节的千回百转、喜怒哀乐、风雨雷电、千军万马皆以人之口表之。扬州评话流传于苏北、南京、镇江、上海等地，在扬州尤受欢迎。

扬州评话源远流长，大运河便利了扬州评话在南北各地的传播。南宋御前供奉说书人便有扬州的张显；明洪武时，御前说书人陈君佐也是扬州人。明末清初，泰州艺

① 韦中权：《“唱春”源于明代常州——对〈辞海〉条目的异议》，《常州工业技术学院学报（社会科学版）》1988年第1期；易人：《长篇叙事吴歌〈春调孟姜女〉》，《中国音乐》1989年第2期。

人柳敬亭是“说书人”的一大奇迹，他起家于扬州，最早在泰兴、如皋、盱眙等地说书谋生，后声名鹊起，曾在南京以及运河沿岸的扬州、清江浦、北京等地演出，不但极大推动了扬州评话的发展，还成就了北京评书等北派说书风格。清人张岱《陶庵梦忆》载，康熙元年（1662），柳敬亭随漕运总督蔡士英北上北京，演出于各王府之中，晚年回到扬州，海报一贴“柳麻子又来说书”，“其故老又夙昔脍炙柳麻子名，后生恨不一见，及是，倾城届期而至”[①]。当时，与柳敬亭齐名的扬州评话艺人还有张樵、陈思等。

清康熙、乾隆年间，扬州漕运发达，加之皇帝南巡，扬州评话发展到一个新顶峰。当时的扬州城，“书词到处说《隋唐》，英雄好汉各一方”[②]。清人李斗《扬州画舫录》卷九记大东门书场“四面团座，中设书台，门悬书招”，可见规模不小，听讲条件舒适；又说“各门街巷皆有之”，说明书场是大众化的。当时扬州评话艺人众多，演出的书目也很丰富。

清道光、咸丰以后，由于漕运和盐法的改革，扬州地方经济衰退，但评话依然兴盛。城里无法演出谋生了，艺人们就转向农村，到苏北、皖北等地的四乡八镇去献艺。说书的地域扩大了，听众增多了，评话艺人的队伍也壮大了。到同治、光绪年间，扬州评话艺人有两三百人之多，出现了“八大红伞”“八匹骏马”等一批有影响力的艺术家，书目编创和演说技艺多有超越前人之处。

晚清至民国，苏北运河淤塞，江南铁路通车，扬州评话向江南拓展，又一次得到发展。扬州评话最盛时，与扬州一江之隔的镇江，有评话演出的书场达38家之多，俨然成为扬州评话的另一流行地。评话艺人流派纷呈，说《水浒》的有堂门、章门、王派、马派，说《三国》的有康派、费派，说《清风闸》的分文辣、武辣等，各具特色，各有擅长，对于扬州评话的书词内容和表演技巧，做了不少创造。抗日战争时期，经济萧条，百业凋零，书场纷纷歇业。中华人民共和国成立后，扬州评话获得新生，20世纪50年代建立了说书的专业团体曲艺团，招收学员，传艺授业，使古老的曲艺后继有人。以王少堂为代表的一代代老艺人，既登台表演艺术，又躬身整理资料，还口传心授带新人，扬州评话迎来一个更兴旺的时期。2006年，扬州评话被列入第一批国家非物质文化遗产名录。[③]

（四）扬州弹词

扬州弹词是另一种用扬州方言表演说书的艺术形式。与扬州评话不同，它是集伴奏、说念、歌唱于一体的曲艺形式。扬州弹词原名“弦词”，又有“小书”“对白”诸名，以三弦

① 〔清〕张岱：《陶庵梦忆》，《明清笔记丛书》，上海：上海古籍出版社，1982年，第45页；〔清〕沈龙翔：《柳敬亭传》，陈汝衡：《说书艺人柳敬亭》附录，上海：上海文艺出版社，1979年，第123页。

②〔清〕董伟业编：《扬州竹枝词》，扬州：广陵书社，2001年，第500页。

③ 荀德麟、刘志平、李想等：《京杭大运河——非物质文化遗产》，北京：电子工业出版社，2014年，第228～230页。

和琵琶为伴奏乐器，主要流行于扬州、镇江、南京及苏北里下河地区。扬州弹词渊源甚早，扬州城郊出土过汉代说唱俑、五代曲颈琵琶，这都是扬州弹词的历史证明。明清时期，扬州作为盐运和漕运的枢纽，人口剧增，城市扩大。人们对文化娱乐的需求日益迫切，促进了扬州弹词的形成与发展。扬州人林苏门《邗江三百吟》描述了当时“扬俗无论大小人家，凡遇喜庆事及设席宴客，必择著名评话、弦词家，叫来伺候一日，劳以三五钱、一二两不等”。

清乾隆以前，弹词表演多为单档，一人说唱，自弹三弦伴奏，因此称为“弦词”。乾隆、嘉庆以后，弹词出现了“双档演出”，二人对口，称为“对白弦词”。乐器除三弦之外，增添了琵琶伴奏，其特点是说多唱少，唱词只有叙述性的演唱。扬州评话艺人往往兼工弦词，评话与弦词是姊妹艺术，但二者在内容和形式上又有所区别。扬州评话喜说“刀马故事”，即讲述帝王将相、武侠英雄的历史故事，节奏快、场面大、人物多，且多为戎马倥偬、征战沙场的情节。扬州弹词则爱讲恩怨情仇，讲述才子佳人、风花雪月、百转柔肠的爱情故事，工于对人物心理的刻画，情节较缓。扬州评话只说不唱；扬州弹词说唱并茂，说中有唱，唱以说托，相得益彰。早期的扬州说书艺术家中，多有兼演评话与弹词的，两种艺术互相吸收、互相影响，共同提高。说书大家柳敬亭之所以走上说书道路，也是因为受了弹词影响，且柳敬亭兼长两种曲艺形式。①

乾隆帝南巡促进了弹词的交流与发展，尤其是苏州弹词在扬州的传播。当时两淮盐务为迎接皇帝，蓄养了戏曲班，各地艺人也纷纷来扬州献艺。清人李斗《扬州画舫录》卷十一关于弦词的记载有云：“苏州大喉咙之在扬州者，则有二面邹在科，次之王炳文。炳文小名天麻子，兼工弦词，善相法，为高相国门客。”这里主要说的是昆曲，其中提到的“兼工弦词”的王炳文就是苏州来献艺的弹词艺人。这一时期，评话和弦词逐渐分开，出现了专事弹词的艺人，《扬州画舫录》提到了几位弦词名家，如小名天麻子的王炳文、瞽目王建明、顾翰章、紫癞痢等，王炳文是苏州人，紫癞痢（著名弹词表演家王周士）也是苏州人，可见苏扬弹词的交流十分频繁。

清末民初，扬州弹词依旧活跃，运河也依旧扮演了促进南北文化交流的角色。当时的扬州城，有张、周、孔三家弹词，各成一派，兴于茶肆。周派创始人是周庭栋，孔派创始人是孔宪书，张派创始人是张敬轩。其中，张敬轩（1817～1860）是山东台儿庄人，因避战乱，举家南迁而落籍扬州。他自幼爱好歌吹弹唱，尤工琵琶，能够反手拨弹，称“苏秦背剑”。到扬州后，学习弹词，博采众家之长，精于表述，口辞清朗，幽默诙谐，自成一派。扬州弹词界有个不成文的规定，即家传外不传。周、孔

① 〔清〕宫伟镠：《柳逢春列传》，江苏省政协文史资料委员会、泰州市政协文史资料委员会编：《江苏文史资料》第87辑《评话宗师柳敬亭》，1995年，第73页。

两家弹词因为没有传人，至20世纪中期后相继失传。张派弹词在流传的过程中，意识到传承方式的弊端，开始接受外姓徒弟，其中张敬轩本人带过两个徒弟，其中一个是族侄张丽夫，另一个就是异姓蒋明泰。20世纪40年代，张派传人张若珍、张淑珍的登台说唱，更是开创了扬州弹词女性演员演出的先河。[①]

（五）山东八角鼓

八角鼓原为满族八旗的八位首领各献一块最好的木料镶嵌而成，象征满族八旗的团结，八木相拼可得八角，故名八角鼓。八角鼓早期流传于北京八旗子弟之间，在清乾隆中叶后才以说唱艺术品种出现，最初称“岔曲”。清人华广生辑录的嘉庆、道光年间俗曲总集《白雪遗音》将岔曲、腰截、杂牌曲并为一类，题为“八角鼓”。八角鼓的源流和发展大致可以划分为三个历程：一是可以上溯到古代的萨满乐舞；二是满族的自娱性音乐和骑勇的军中之歌；三是北京职业艺人的八角鼓曲艺。[②]清代中叶，北京八角鼓沿运河传入聊城、临清、济宁以及胶州等地，逐渐改用当地方言土语演唱，吸收了各地“岭调”“靠山调”“马头调”等民间小曲及较早传入的河南鼓子曲，继而演变成具有地方独特风格的曲艺形式，包括济宁八角鼓、聊城八角鼓、胶州八角鼓，后来统称为山东八角鼓。

济宁八角鼓盛于清末民初，兴盛时拥有400多个牌子曲小令。济宁八角鼓的曲调分为越调、平调、岭调三大调系，主奏乐器都是三弦，但弦法各不相同。越调的伴奏乐器还有八角鼓、竽子板等。八角鼓上装有7对铜钹，4块竽子板用于一手两块击节，可晃击清脆的花点音响。越调的牌子曲，多是些格律严谨、平仄有序、旋律结构各具特色而丝毫不容混淆的长短句。平调的伴奏乐器还有琵琶、扬琴、四胡等。它的曲牌多是些流行于当时的南北曲和民歌，词曲格律不像越调要求得那么严格，所唱段子也多是通俗易懂、生活情趣较浓的故事，演唱过程中，可以插科打诨加进白口，能演唱较长的段子或大书。岭调八角鼓，也叫“沟儿岭调”，其伴奏乐器还有扬琴、琵琶。它的曲子结构非常特殊，是由七句腔组成的。段子一般比较短，常唱的是《想多情》《梦多情》《恨多情》等“二十四多情”和春夏秋冬“四景曲”，艺人们自谓“七句情曲”。济宁八角鼓是严密有序的牌子曲联缀而成的声腔结构，平仄格律严谨，又多为字稀腔长、节奏缓慢、衬字颇多的冗长旋律，因此既难学又难懂，愿唱愿听的人日渐稀少，后来八角鼓艺人多改唱琴书或坠子。[③]济宁八角鼓的演唱艺人有两类，一是豪门富商

① 金名：《扬州评话与苏州弹词》，《扬州师院学报（社会科学版）》1981年第4期；童李君：《清代弹词在扬州的传播》，《扬州文化研究论丛》2008年第2期；荀德麟、刘志平、李想等：《京杭大运河——非物质文化遗产》，北京：电子工业出版社，2014年，第230～232页；孔昊天：《扬州张氏弹词研究》，硕士学位论文，扬州大学，2016年，第10～16页。

② 卢肃：《八角鼓源流初识》，《中国音乐》1997年第1期。

③ 刘玉平、贾传宇、高建军编：《中国运河之都》，北京：中国文史出版社，2003年，第200页。

及闲散文人，在茶余饭后宾朋相邀时演唱，作高雅娱乐享受；二是以唱曲糊口的盲残贫苦艺人，有时也被富户邀去内宅唱堂会。清末民初，济宁的潘家大楼和曲阜的衍圣公府就养着一些八角鼓艺人，以便在喜庆节典或招待宾朋时随时演出。济宁八角鼓著名艺人杨金奎的老师周瑞光，当年就是长期寓居孔府的艺人。

聊城八角鼓同样兴盛于清末民初，与济宁类似，一开始在豪绅、富户中流行，后逐步转入寻常百姓家。习唱者多为商贩、市民、无职业艺人，爱好者自发结班习唱。20 世纪 30 年代，在聊城习唱者有六七十人之多。聊城八角鼓通常在晚饭后演出，演员五六人至十数人不等，找一稍宽阔的地方，置一八仙桌，桌上放置一盏方形玻璃油灯，摆放茶水、旱烟，演员围坐在旁演唱。闻声而来的听众，或自带小凳，或席地而坐，自掌灯直到夜半，兴尽方散。观众中市民占绝大多数，尤以妇女为多。在农闲冬季以及春节期间，聊城附近的乡镇也多来请八角鼓艺人去演唱。这时，业余爱好者们往往凑成临时的小班社前往，一唱即为十天半月，聊城八角鼓有了半职业化的倾向。20 世纪 30 年代，聊城遭军阀混战，人民生活动荡不安，习唱八角鼓的人渐少，加之著名老艺人相继去世，八角鼓一度停演。中华人民共和国成立后，经过文艺工作者们的努力，聊城八角鼓又渐渐地恢复起来。1950 年，聊城文化楼（光岳楼）广播站首先录播了一批八角鼓唱段。1957 年山东省首届曲艺会演，以逯本荣为代表的聊城八角鼓艺人的演出受到重视。其后，他们进一步挖掘整理，并编排了新曲目，曾晋京作汇报演出。20 世纪 70 年代因各种原因基本湮没。聊城八角鼓今存曲目 50 余段，曲牌 30 余支。后期著名艺人有逯本荣、史广义、胡学清、刘庚寅等，尤以逯本荣影响最大。

聊城八角鼓属于群众业余文艺活动，没有固定班底，不受场地、时间、灯光、服装的限制。演员既能化妆演出，又可便装清唱；既可一人唱，也可多人唱；既可作第一人称，又可作第二人称或第三人称；既可联台联唱，又可小型分折，活动得心应手。聊城八角鼓乐器简单，包括一个八角鼓、一把三弦、一副截板，演唱时可有专门的乐队，也可以演员自兼。虽然乐器简单，但是角色分得比较细，包括了戏剧角色中的生、旦、净、末、丑。同时，故事虽然简单，但有发展、高潮，人物性格突出，形象鲜明。剧目往往以百姓生活中发生的事情为题材，例如早期的传统剧目《打面缸》《王婆骂鸡》《小秃闹房》《小二姐做梦》《老来难》等。这些剧目采用聊城当地的方言进行演唱，剧词也多采用地方俚语，具有浓厚的地方韵味。①

① 林琳：《简述聊城八角鼓的历史流变及由其生存现状引发的思考》，《内蒙古师范大学学报（哲学社会科学版）》2007 年第 S1 期；牟艳丽：《聊城八角鼓源流考》，《民族音乐》2010 年第 3 期；张晓园：《聊城八角鼓调查研究》，硕士学位论文，河北大学，2011 年，第 3 ~ 8 页；王玉芬、王德椿主编：《京杭运河 · 齐鲁风情 · 聊城卷》，济南：山东人民出版社，2013 年，第 114 ~ 115 页。

（六）微山湖端鼓腔

端鼓腔，相传唐朝就已在洪泽湖上的渔民间发展成形，于明末清初溯运河北上而传入微山湖，从而成为微山湖渔家的俗艺。端鼓腔最初是渔民在敬大王、逢年过节请送神灵、续家谱、砸凌起草还愿时演唱，多数被巫婆神汉掌握。由于传艺皆是口传心授，至今未发现有关文字记载，无法追溯其起源和传承关系。端鼓腔演出，一向是在湖中，与陆地隔绝。在湖面上并联起两条大船，铺上长板作为舞台；桅杆上挂起各种绣着黄、红、青、绿色神像图案的旗子，一是做请神的标志，二是做端鼓腔演出的招幌。渔家从四面八方摇小舟留船聚拢来，或上大船围坐"舞台"四周，或待在自家小舟留船上观看演出。

端鼓腔演出开台时总是摆供请神，演出艺人边端供菜、供果，边唱《百神赴号》曲牌，因此又有"端供腔"之名。不过多数艺人还是因一手端鼓一手用竹条敲打的动作，俗呼其为"打端鼓"。端鼓腔乐器只有端鼓，个别曲牌加进铜铃伴奏。端鼓，是一种单面蒙着皮的皮鼓，形如一柄大团扇，鼓把长约 10 厘米，把端穿一个直径 7 ～ 8 厘米的大铁圈，圈下连着 3 个直径 3 厘米的小铁圈，每个圈上都套着 3 个小铁环，称为"九连环"，大铁圈里又套上 6 个小铁环。演奏时，除正常地敲打端鼓外，需要时晃动鼓把使铁环、铁圈相撞，发出哗哗声响，十分别致。

端鼓腔是一种十分独特的艺术形式，集戏剧、曲艺、舞蹈的特点于一体。其演出形式以唱为主，有对白，有表演动作。演出时分行当化装扮演角色，有生、旦、净、丑之分，有唱词和对白，这很像戏剧；角色又可以随时变换，唱词中还要唱出剧中角色的名字，这又像曲艺；演出中还有许多翻滚、转圈打鼓、转鼓等动作，这又像舞蹈。

端鼓腔采用曲牌音乐，绝大部分曲牌是一唱众合，曲调优美、活泼、热烈。领合的规律是领上韵末了即插入合唱，齐唱下韵。领唱句的旋律比较自由，变化颇多，合唱句基本上是一个声部。有时因合唱者的音域差别，或旋律上自由发挥而形成和声效果。已知的曲牌有七字韵、十字韵、京调、卫韵（亦称四音八句）、下河调、榔头调、发香、念佛调、百神赴号等。曲牌名称有的是根据词句的字数命名，有的是根据内容命名，使用最多的是七字韵和十字韵。由于各曲牌大都以两句一番，变化不大，一个曲牌使用时间过长，就显得有些单调了。此外，端鼓腔的书目全是长篇，有反映帝王将相的，但多数还是民间生活题材，目前保留下来的有《刘文龙赶考》《张郎休妻》《小白龙治水》《张秀英打嫁妆》等。①

（七）山东大鼓

山东大鼓是中国北方现存最早的曲艺，称"鼓书"或"鼓曲"，又称"老大鼓"。最初

① 刘玉平、贾传宇、高建军编：《中国运河之都》，北京：中国文史出版社，2003 年，第 197 页。

的山东大鼓被称为“梨花大鼓”“犁铧大鼓”。铧是一种金属制农具，春初或庄稼收获以后，要利用铧来翻土，将下层土翻到地表，而犁的作用是把翻开的土块破成零散小块。“犁铧大鼓”即利用犁铧破损后的小片相互敲击作为伴奏的乐器，以当地方言唱今说古的表演形式，后人取其谐音，称为“梨花大鼓”，流行于山东、河南、河北、江苏四省交界区域。

明代中期，鲁西北一带的农民在辛苦的农业劳作之后，用破损的犁铧片相互敲击伴奏，唱一些简单的地方歌谣、故事、谐曲，以放松身心。明末清初，当地艺人孙寿朋、赵连江联手创立“孙赵门”。犁铧铁片被铜片取代，大鼓的表演形式确定了下来，孙赵二人因此被后人尊称为大鼓艺术的祖师爷。清乾隆年间（1736～1795），出现了专业的大鼓艺人，表演时加入了定节用扁鼓，后再改成高架鼓。这时的演出变成左手执铜板、右手击鼓、三弦伴奏的曲艺表演形式。嘉庆年间（1796～1820），山东大鼓界出了五位姓名中都带“山”字的优秀艺人，时称“五大山”。嘉庆以后，山东大鼓已经发展成为相当有影响力的鼓曲品种，并形成老北口、小北口、南口三个支派。

老北口在冀、鲁两省，南起聊城、临清，北至德州、沧州的大运河两岸十分兴盛，曲调质朴，吐字夯实有力，富于乡土气息，代表人物是著名艺人何老凤。他经常于晚间在麦场上演唱山东大鼓，摇起铜片，敲起小鼓，再请人以三弦伴奏，敲过开场鼓点，唱起大段精彩的鼓词。鼓词用当地方言演唱，故事则追求简单、快捷、直截了当的绿林故事或刀马故事，一晚可连唱十几回。听者众多，熙熙攘攘，颇为壮观。

何老凤的师弟李老凤在老北口的基础上自创新腔，形成小北口，在河北境内流传。小北口又分为三支：一支流行于衡水、枣强、景县一带，当地称之为“怯大鼓”，也叫作“铁片大鼓”“鼓碰弦”，后来其传人改唱木板大鼓；另一支流行于肃宁、河间等地，称为“山东调儿”“山东柳儿”，在小北口的基础上吸收西河大鼓巧、俏的唱法，突破死口实词的说唱形式，唱中加白、白中加唱，自由随意，一度进入京、津、保定等大中城市演出；还有一支流行于石家庄、束鹿（今辛集市）、赵县一带，被称为“梅花调”“山东柳”“鼓碰弦”等。

南口又叫“犁铧片”“倒扒口”，也就是大名鼎鼎的“梨花大鼓”，在山东大鼓的三个支派中影响最大，流传最广，清末时期王小玉姐妹更是把这门艺术推上顶峰。王小玉艺名白妞，其妹艺名黑妞，二人先在运河边的临清演出大鼓书，十八九岁时到济南大明湖畔的“明湖居”献艺，名噪一时。刘鹗《老残游记》对她们的表演有精彩描写。当时的济南，只要王小玉姐妹二人有演出，“一纸招贴，举国若狂”，整个城市万人空巷。王小玉因此也获得了“红妆柳敬亭”的美誉。

山东梨花大鼓广受欢迎，传播迅速，流行区域南至徐州、南京、上海，西至郑州、洛阳、汉口、重庆，北至北京、天津、东北各地，盛极一时，相继出现了“上半截”“下半截”“盖山东”“白菜心”“响三省”等著名艺人。20世纪30年代前后，又有享誉曲坛的“四大玉”、被选为“鼓界皇后”的鹿巧玲、专唱《红楼梦》的杜大桂等。这些艺人的精湛表演将山东大鼓推向全国，使其成为一个有影响的大曲种。[①]

（八）运河大鼓

运河大鼓流传于鲁南苏北的运河两岸，至今已经历约400年的发展历史。据传，明末清初，台儿庄运河古城两岸渔鼓艺人在演唱的基础上，经过加工、润色、提高，逐渐形成了今天的运河大鼓。据演唱者孙业稳老人介绍，当年从枣庄到徐州，这种大鼓风靡一时，且只在运河一带传唱，“出了这块地方就都唱不出这味道”[②]。

运河大鼓有“丘祖龙门派”“郝祖华山派”两派。运河大鼓的伴奏乐器是一面大鼓和一副钢板，演员左手持钢板，右手敲鼓。大鼓扁圆，分一圈鼓、二圈鼓、三圈鼓，一般用二圈鼓较多。二圈鼓直径约40厘米，高约20厘米，两面蒙牛皮，置于竹竿撑起的鼓架上，一敲“咚咚”作响，能传很远。钢板形如两片半月，于食指、中指、无名指之间夹上，指摇手晃，叮当作响。艺人以坐唱为主，唱到激昂处，也站起来手舞足蹈一番。运河大鼓演出曲目有几十种，主要有《春秋战国》《孙庞斗智》《七国》《秦始皇兵退六国》等。[③]

（九）山东快书

山东快书起源于京杭大运河流域的济宁、临清一带，表演道具及表演形式极为简单，右手徒手，左手持一对铜板，说书时采用传统的山东西部口音，抑扬顿挫，铿锵有力，既无其他乐器伴奏，也无需他人辅助。

山东快书发源于临清，其形成可追溯到明万历年间（1572～1620）。艺人有种说法：山东快书是从河里来的。临清作为运河大码头，艺人云集于此，为快书的形成提供了良好的条件。明代中后期，以《武松传》起家的山东快书应运而生。民间传说，万历年间，临清有个不得志的武举人叫刘茂基，一度流落乡间，他将武松故事收集起来，斜披一件大褂，手敲两块瓦片，即兴说上一段“武二郎”。武松故事内容多搏斗厮杀，落魄的武举人正好发挥其平生所学，将武功架子带到表演中，深受人们喜爱。武松的故事被清道光年间的李长清整理成唱本《武松传》，李长清表侄傅汉章擅长说唱，得到唱本后认真学习、钻研并加以改进，在曲阜“撂地”演出（即在固定的场所演出，交一定的“地皮税”），受到当地群众热烈欢迎。

---

① 荀德麟、刘志平、李想等：《京杭大运河——非物质文化遗产》，北京：电子工业出版社，2014年，第237～239页。
② 采莲：《运河上的五音六律》，《走向世界》2015年第37期。
③ 王玉芬、王德椿主编：《京杭运河·齐鲁风情·枣庄卷》，济南：山东人民出版社，2013年，第89页。

临清、济宁都在运河沿线，山东快书一经形成，就沿着运河不断扩散。省内集中在鲁西南的运河沿线城镇和乡村，以及济南、青岛、烟台等大城市，快书艺人的身影到处可见。尤其是青岛，今山东快书高、杨两派创始人高元钧、杨立德都于20世纪三四十年代在此地一举成名。省外的传播则不仅限于运河区域，还延伸到长江沿线，徐州、蚌埠、南京、武汉、上海等地都有山东快书。戚永立、高元钧等名家曾行艺于这些地方。其中高元钧时间最长，成就最大，有“红遍江南”之誉。①

山东快书具有灵活简便、易演易编的特点，通常是一个或几个演员，用极简单的道具进行演唱，在短时间内就能收到较好的艺术效果。它不受场地的限制，无论田头工地、车站码头、街头巷尾，均可随时演出，迅速地反映现实生活，因此数百年兴盛不衰。山东快书粗犷豪放，健康淳朴。从1940年开始，山东快书大家高元钧致力于快书语言的净化工作、提高传统节目的艺术质量，并借鉴相声、京剧等艺术，加强了山东快书的艺术表现力。中华人民共和国成立后，山东快书获得新生，发展迅速，特别活跃于解放军部队里。

山东快书的表演形式特色鲜明，都是站唱形式，表演上讲究“手、眼、身、步”及“包袱”“扣子”的运用。演员吟诵唱词，间以说白，以说唱为主，语言节奏性强，基本句式为“二二三”的7字句，为保证演唱得明快，一般句子最后为3个字。山东快书的伴奏乐器简单，演员左手击打两块相同的铜板（鸳鸯板）作为伴奏。曲目有“单段”“长书”“书帽”等形式。山东快书以说唱武松故事起家，武松成了山东快书中的常见主角，不断有人说唱和改编武二郎的故事。传统曲目《武松传》，包括《东岳庙》《景阳冈》《狮子楼》《十字坡》等12个回目，可以分回独立演唱，也可以连贯起来表演。此外，还有《大闹马家店》《鲁达除霸》《李逵夺鱼》等。小段书帽则有《小两口抬水》等。现代书目，抗日战争期间有《智取袁家城子》《大战岱崮山》等，中华人民共和国成立后又有《一车高粱》《抓俘虏》《三只鸡》《侦察兵》等。②

（十）山东琴书

山东琴书是山东地区传统曲艺品种之一，又称“小曲子”“唱扬琴”“山东扬琴”“改良琴书”等。元明以来，山东境内俗曲流行，清初，大运河东侧形成新的说唱艺术形式俚曲，而大运河西侧曹县、菏泽、郓城等地产生了“小曲子”，因主要伴奏乐器为扬琴，人们习惯称为“打扬琴的”或“唱扬琴的”。“小曲子”这种艺术的表演者起

① 荀德麟、刘志平、李想等：《京杭大运河——非物质文化遗产》，北京：电子工业出版社，2014年，第239～240页。

② 王玉芬、王德椿主编：《京杭运河·齐鲁风情·聊城卷》，济南：山东人民出版社，2013年，第113～114页。

初多为精通音律的文士名流，其抚琴抓筝、联缀曲牌、自编词曲所产生的艺术形式，雅称“琴筝清曲”。琴书中的部分剧目如《白蛇传》中的《断桥》《水漫金山》，《秋江》中的《赶船》《偷诗》等，其唱词文雅，腔调优美，文学性较强，较少江湖气，显现了文人的影响。据山东琴书老艺人陈乃端保存的《儒门传清宗谱歌》记载，清雍正十三年（1735），“琴筝清曲”已有头辈师爷王尚田出现。这则史料后来成为有关山东琴书的最早记录。

“琴筝清曲”这种艺术形式不久即冲破文人雅士的小圈子，在当地农民中传习流布。由起初风雅的“携访友”，渐变为农闲或节日聚会的自娱性“庄稼耍”或“玩局”。《曹县志》有曹县为山东琴书主要发源地的记载，该县梁堤头村于清乾隆五十一年（1786）前后，曾出现“小曲子”名家梁启祥。至咸丰、同治年间，已在鲁西南农村呈极盛状态，形成了当地百姓每逢冬闲便挖地窨子传习、春节期间演出小曲子的乡风民俗。业余“玩局”的琴书演唱班社，在鲁西一带的农村十分盛行。

随着“小曲子”在民间流传日盛，不仅出现了许多名家，而且出现艺人职业化的现象。演唱名家除了乾隆末年曹县的梁启祥，还有之后曹县的袁沛然、郓城的刘道友，光绪年间曹县的苗金福、李清兰、侯沛然、王梦典，郓城的刘继荣、陈怀教等。光绪年间（1875～1908），鲁西南灾荒连年，曹县的苗金福、郓城的刘继荣、金乡的李凤兴等一批技艺较高者迫于生计，渐由业余玩局变为“撂地”说书的职业演出，开始出现“唱扬琴”“打扬琴”等称谓。演唱性质的变化，带来了山东琴书在演唱内容、形式以及音乐唱腔上的重大变化：首先，为了吸引观众，艺人们创编移植了大批适于表演的中篇书目，如《王天保下苏州》《空棺计》《绣鞋记》《皮袄记》《梁祝姻缘记》《草帽记》等。这些作品通俗易懂，减弱了“小曲子”音乐原有的抒情性，增强了叙事性，突出了说唱的特点。其次，为了便于说书唱曲，“小曲子”的音乐结构进一步完善，形成了以“凤阳歌”“垛子板”两种曲调为主，同时运用穿插其他曲牌的结构，奠定了山东琴书音乐综合体结构的基础。再次，为了增加收入、减少开支，“小曲子”的演出形式发生变化，由多人“分角演唱”衍变为“一人多角”的单档或双档表演，主要演员自敲扬琴、拍板而唱，同时注重艺术表演，改变过去“闭口端坐”式的表演方式，出现了“站唱”和“表演唱”。

随着琴书表演的流布与专业化发展，清末出现了不同琴书派别。光绪年间（1875～1908），琴书进入了运河漕运重镇济宁，济宁运河岸的土山“杂吧地”成为琴书名家荟萃之地。贺金城、张建亭、殷田昌、茹兴礼、李凤兴等名家会聚于此，号称“扬琴窝”，并萌生了最早出现的派别“南路琴书”。琴书从济宁扩散到山东各地，以及邻近的徐州、商丘、开封等地，光绪末年形成了以山东广饶、博兴为中心的“东路琴书”，民国初年形成了以省会济南为中心，扩散到天津、北京及大连等地的“北路琴书”。三路琴书各有特点，南路以茹兴礼及其创始的“茹派”最具代表性，演唱不用花腔巧调，行腔深沉，咬字真切，节目多为愤世之作；东路以商秀岭及其弟子商业兴、关云霞夫妇的“商派”最具代表性，唱腔优美动听，富于变化；北路以邓九如及其创始的“邓派”最具代表性，表演善用方言俚语，于纯朴中显幽默，平易中求韵味。

山东琴书音乐初期为曲牌联缀体，后期则在主要曲牌板腔化的基础上，穿插使用其他曲牌，形成综合体的艺术形式。早期表演形式为分角坐唱，即五六个表演者各自演奏不同的乐器，按曲目内容需要分角演唱。一般操琴、扶筝唱主角者居中，其余则分坐两侧呈扇面形，排列均匀。清末，更改了表演形式，演出人数减少，形成一人敲琴挎板，一人拉坠琴的对口演唱形式，有时为了演出气氛，加上筝或软弓京胡。中华人民共和国成立后，出现了专业演出团体，伴奏人员相应增加，形成专业乐队。伴奏人员有时也配以伴唱，场面热烈活跃。在一些群众业余会演的琴书演出中，小乐队伴奏形式也属常见。①

（十一）天津相声

清代的北京天桥市场，各类杂耍荟萃，热闹非凡。穷不怕、醋溺膏、韩麻子、盆秃子、田瘸子、孙丑子、鼻嗡子、常傻子等八位艺人的表演非常受人欢迎，名气很大，慈禧太后曾召他们进宫献艺，钦封为“天桥八大怪”。相声由此传入皇家，一些满清子弟迷上了相声，不但追捧“穷不怕”等名家，还自己在小圈子中演出，俗称“票友”。

清光绪三十年（1904），九门提督肃亲王善耆认为相声艺人魏昆治说相声触犯了他的尊严，下令京城禁止说相声，艺人们不得已离开北京，向天津的南市、济南的南岗子和南京的夫子庙等地流动，相声也开始在天津、山东、江苏，甚至东北、山西、陕西等地流传。其中天津因为离北京最近，停留的相声艺人也最多。他们游走于天津各类戏院、游艺场，定期进行相声演出，慢慢地扎根、发芽、开花、结果。天津的相声逐渐超过了北京，相声界“生在北京，长在天津”的说法便来源于此。

相声泰斗马三立的父亲马德禄，就是相声在天津落脚后结出的硕果。马德禄原本是北京人，跟着师父到天津后，勤学苦练，成为“八德”之一。马三立自幼随父学艺，耳濡目染，潜心探索，创立了独具特色的“马氏相声”。民国时期，社会动乱，相声艺术却得到了大幅发展。四代相声艺人“德寿宝文”（著名的有李德钖、裕德隆、张寿臣、常宝堃、侯宝林、刘宝瑞、苏文茂等），克服种种困难，经常同台献艺，在京、津两地深入人心。他们不但使相声从撂地卖艺发展到登堂入室，在杂耍园子和曲艺茶

① 张军：《山东琴书研究》，北京：中国曲艺出版社，1984年；张婷：《濒临失落的非物质文化遗产——山东琴书》，硕士学位论文，山东大学，2008年；董刚德：《南路山东琴书调查与研究》，硕士学位论文，山西师范大学，2012年，第7～11页。

社中大放异彩，而且确立了对口相声的主流地位，尝试不再以低级庸俗的笑料取悦观众，明确建立起以说、学、逗、唱四门功课为表演基础的成熟的艺术门类。[1]

（十二）临清、天津时调

“时调”，广义上是指时兴的曲调、音调。时调承宋、元戏曲之余绪，明中叶之后迅速发展。临清时调是在不断吸收南北小曲精华的基础上逐渐演变而来。随着明代运河带来的经济繁荣，临清弦歌清唱盛极一时，一些青楼女子为了迎合各方客人的需求，学习各方小曲，同时，有些商人带歌妓随船而行，供助兴消遣之用，这就是早期的“时调”，民间俗称“窑调”。[2]明后期临清时调已传入北京，且相当兴盛。明代谢肇淛《五杂组》载：“今京师有小唱，专供缙绅酒席，盖官伎既禁，不得不用之耳。其初皆浙之宁绍人，近日则半属临清矣，故有南北小唱之分。”[3]清道光四年（1824），临清小曲《下河调》被华广生搜集入北方小调刻本《白雪遗音》一书中。朱自清《中国歌》一书在引用冯式权所著《北方小曲》和《北京音乐丛书》时，明确写道：“北京小曲源于临清。”

随着运河运输的衰退，临清时调也不得不进行转型。清咸丰五年（1855），黄河北徙，运道阻塞，至光绪二十七年（1901），河运便完全停止了。失去了交通枢纽地位的临清经济渐趋衰微，时调逐渐失去了演出市场，乐伎们纷纷从良或改行，无法承担时调的发展。清末，临清时调的班头方殿魁和其高徒陈玉山、夏庆云等，把时调班子带到庙会、集市上演唱。陈玉山还在临清大寺西开了一个“落子馆”，登台演唱。落子馆基本的演出形式是多个曲种会聚一台，先后演出，所演曲目多是小段书或折子戏，而不演整出的长篇大段，这种形式符合了时调曲体短小、情节紧凑的特点。与此同时，陈玉山等还联合运河两岸较出名的外地艺人同台演出，丰富了舞台内容。曾经传唱于妓院歌馆的旧窑调小曲，被填入新词，逐渐摆脱了俗媚的氛围，在新的舞台中又寻到了自己的位置。经常演唱的曲目有《占花魁》《西厢记》《草船借箭》《放风筝》等。

天津时调与天津相声并称“天津曲艺双绝”。天津时调是典型的运河文化的产物，其具体的源流则有几种说法：第一种是起源于江浙“荡调”。荡调原是江南地区的船曲，传说清乾隆皇帝游江南，回銮时将此调带到天津，并且在天津保留下来，成为本地独有的曲调。因为曲调行腔婉转缠绵，柔媚风流，所以妓院里多请教师教髫龄幼女学唱，于是荡调便流入烟花之中，成为“窑调”，如《戏丫鬟》《盼情郎》等。第二种是来自山东临清。如成书于明代的时调唱集《万花小曲》中说“京津流行之小曲，来源山东之临清”，说明在明代天津的

---

① 荀德麟、刘志平、李想等：《京杭大运河——非物质文化遗产》，北京：电子工业出版社，2014 年，第 241 ～ 244 页。

② 王哲：《临清时调的历史渊源》，《文艺生活》2013 年第 11 期。

③〔明〕谢肇淛：《五杂组》，北京：中华书局，1959 年，第 225 页。

流行小曲多受临清的影响。实际上，两地有很多相关甚至一致的曲牌。第三种是张启龙编创说。清同治、光绪年间，天津有一个民间卖唱本的人叫张启龙，他在码头、天后宫一带卖唱本，边卖边唱，以招徕买主，他的唱有词有调，结合了当时流行的一些民间唱本，客观上促进了时调小曲的传播。第四种是胶皮调起源说。刘梓钰在《天津时调考》一文中说：在喜好时调的群众中，人力车（胶皮车）夫占了相当的比重，在等待乘客时，车夫们往往坐在车簸箕上，唱上几句。由于他们“遍地皆是”，又由于他们到处都去，一时间，仿佛“靠山调”“鸳鸯调”“拉哈调”成了他们的标志。靠山调是绱鞋作坊里的工匠们哼唱的一种曲调，因背靠山墙而得名；拉哈调则更是下层民众所唱，“拉哈”为天津土语，意指做事不认真，马大哈。人们将这些调子称为“胶皮调”。

清光绪十年（1884），天津出现了落子馆（坤书馆），是专供乐伎从事声色表演的场所。唱手一般都多才多艺，能演唱多种鼓曲、时调和戏曲，如赵宝翠会唱京韵大鼓，翠兰、翠喜会唱荡调，王红宝会唱京韵大鼓和荡调。这对各种艺术的相互借鉴、相互影响起了促进作用。稍后，天津出现了综合性的演出场所即杂耍馆，与落子馆相比，少了风月，多了竞技。落子馆唱手一俟唱红，大多下海从艺，成为杂耍艺人，时调艺人赵宝翠、高五姑、秦翠红等人走的都是这一条路。天津时调分单人演唱和双人对唱两种主要形式，表演者手持节子板站立表演，伴奏一般有扬琴、大三弦、二胡、四胡等。唱腔有靠山调、鸳鸯调、拉哈调、落尺调、落五调等。天津时调的句式以七字句为主，长短句相间。板式有慢板、中板、二六板和近于数唱的垛子板等。①

华广生的《白雪遗音》于清嘉庆九年（1804）编订，道光八年（1828）刊刻。这部书的曲词，是经过多方搜罗，友人函递，辑录而成。采录的地域以山东为中心，遍及南北各地。其中颇多的时调唱段具有鲜明的运河特色，例如卷二有如下一首：

> （不认的粮船）不认的粮船呵呵笑，谁家的棺材，在水面上飘，引魂翻，飘飘摇摇在空中吊，上写着，钦命江西督粮道，孝子贤孙，手打着哀篙，送殡的人，个个都是麻套，齐举哀，不见那个把泪掉。②

曲词嘲笑不认识运粮船的人，应该是北方运河文化的产物。另外，卷三有如下一首：

> （山外青山）山外青山楼外楼，西湖景臻在杭州，镇江有座金山寺，才子琼花出扬州，美貌佳人长沙好，洞庭山的尼姑有名头，嘉兴府燕月楼，狮子回头望虎邱，

① 成晓辉：《经济与文化的因果——临清时调与天津时调的兴衰比较》，硕士学位论文，山东师范大学，2004年，第8～13、22～29、38～48页；边懿：《临清时调研究》，硕士学位论文，山东大学，2010年，第5～12页；王轩：《浅析临清曲艺中的运河文化元素》，《戏剧丛刊》2014年第6期。

②〔清〕华广生编：《白雪遗音》卷三，北京：中华书局，1959年。

当今天子也要游。[1]

曲词演唱江南风物，除了杭州、镇江、扬州、嘉兴、苏州虎丘等运河沿线之地，还提到洞庭山、长沙镇等地，其中洞庭山在太湖中，长沙镇在江苏如东县，都是行船可达之处，显然是来自南方的江浙一带。

（十三）北京评书

北京评书来源于江南评话，是流行于北京、天津、华北、东北、西北部分地区的说书艺术，在北方有着广泛的群众基础，许多老北京每天会定点收听电台播放的“评书演义”，长年如此，雷打不动。相传北京评书是明末清初江南说书艺人柳敬亭从扬州来北京给皇家演出扬州评话、扬州弹词时传播开来的。也有人说是清代北京鼓曲艺人王鸿兴去江南演出时，拜柳敬亭为师，回京后创建并改为北方口音的地方评书，进而流传到现在。

北京评书既吸收了江南评话的特点，又创造和加入了新的表演形式，主要特点有五：其一，北京评书仍采用江南评话一人一桌的说书形式，以说为主，少有演唱；其二，北京评书改用北京地方口音并参考京剧念白的字音、声腔，时常带有声腔韵调，是一种“近似的北京音”；在普通话普及后，北京评书干脆与普通话挂钩，而放弃了北京特有的方音、方言、方字，使评书有了更广泛的听众群；其三，在表演形式上，北京评书吸取了单口相声的长处，在书案上放置惊堂木或折扇，两者可演绎出书中的纸墨笔砚、刀枪剑戟；其四，北京评书借鉴了京剧的身段、手法、眼神等表演元素，遇到书中热闹、激烈、高潮之处，手势、眼神、身段和节奏均借鉴京剧的表演技巧，使表演节奏感好、动作招式舒展大方；其五，北京评书的演出服不拘于长袍马褂或戏服、裙装，演员按自己的气质、喜好自由着装，方便得体，贴近观众。

北京评书多为站立表演，表演程序一般是先念一段“定场诗”，或说段小故事，预先“垫场”，等观众全部安静下来，再进入正式表演。表演以叙述故事并讲评人情事理为主，“古事今说，佐以评论”是北京评书的重要特征，论古而谈今，收醒世之效。评书贵在“评”，精在“评”。以北京评书为代表的中国评书艺术，是最具中国民族特点、最富中国审美特色的艺术类型之一。

北京评书很好地融合了江南评话和北京民众的生活特点、欣赏习惯、文化氛围，兼具北方特有的大气豁达、爱论事理的特点。现场听书一场时长 2 小时左右，一本《岳飞传》要说 2 个月，观众喝茶、听书，到点即止，许多常去听书的观众甚至座位都是固定的。广播中听书，半小时一折，每天定时播出，全本《杨家将》会播半年多。北京评书在电视、网络未普及时，

---

①〔清〕华广生编：《白雪遗音》卷二，北京：中华书局，1959 年。

是人们每天生活中的重要娱乐形式之一。①

（十四）京韵大鼓

京韵大鼓，又名京音大鼓，是流行于运河沿岸的北京、天津、山东以及华北其他地区及东北部分地区的北方鼓曲。京韵大鼓的前身是流行于河北地区的木板大鼓。清嘉庆以后，山东大鼓的小北口派在河北境内流传，其中一支称为“怯大鼓”，在流传的过程中演变为木板大鼓，并沿着京杭大运河进入天津、北京等城市。

木板大鼓进入北京后，艺人们在不断的演出中慢慢地加入了三弦伴奏，语音上也向北京话靠近。清同治、光绪年间，艺人胡金堂（绰号“胡十”）为适应听众的需要，开始移植一些旗人子弟书词入木板大鼓演唱。所谓“旗人子弟书”，是清乾隆年间满族贵胄中产生的一种鼓词，清代一直在北京闲散上层人家中流传，光绪后逐渐衰绝。胡金堂的这一创举很成功，木板大鼓赢得了更多的观众，其他艺人纷纷效仿。与胡金堂齐名的还有霍明亮、天津的宋玉昆（“宋五”）二人。

真正将木板大鼓改革为京韵大鼓，使京韵大鼓成为一个独立曲艺种类的，是清光绪末年的刘宝全。刘宝全先后拜宋玉昆、胡金堂、霍明亮为师，与师父们合作演出，得到了很多真传。后又向北京“四喜班”的京剧老生孙玉卿、大师谭鑫培等学戏。他博采众长，大胆革新，语言上说京白、唱京韵，表演上借鉴京剧的唱腔和程式，并增加四胡、琵琶等伴奏乐器，发展了一套全新的大鼓书表演方式。1915 年，刘宝全成立了“宝全堂艺曲改良杂技社”，经常往返于北京、天津、南京、上海等地演出，形成了京韵大鼓的主要艺术流派——“刘派”，其本人被誉为“鼓界大王”。

刘派之外，民国初年的京韵大鼓还有以白云鹏为代表的“白派”、以张筱轩为代表的“张派”。这是民国初年京韵大鼓最早期的三个流派。20 世纪 20 年代末，刘宝全的徒弟白凤鸣与其兄白凤岩创立了“少白派”。以后又有“骆派”，代表人物是骆玉笙。这些杰出的艺人在长期的演出实践中勤学不辍、博采众长，不断开拓京韵大鼓艺术的新生面，使得这一艺术形式在全国的说唱音乐曲种中占有相当重要的地位。②

（十五）莲花落

莲花落子，又名“荷叶吊板”，民间也称为“咣咣书”。以唱为主的北京莲花落最初源于东便门外运粮河，和“马头调”“荡调”一样从南运河沿岸各地流传来。金受申在《北京风俗曲》一文中说：“在二闸船上，身被河风，听老翁敲打竹板唱莲花落，

① 荀德麟、刘志平、李想等：《京杭大运河——非物质文化遗产》，北京：电子工业出版社，2014 年，第 235 页。

② 荀德麟、刘志平、李想等：《京杭大运河——非物质文化遗产》，北京：电子工业出版社，2014 年，第 239 页。

真有太平的气象啊！”“莲花落曲目有《王二姐思夫》《摔镜架》《大西厢》《黛玉悲秋》《宝玉探病》和应节应景的小调等。”清人王廷绍《霓裳续谱》中记载了乾隆五十六年（1791），济南府唱莲花落的艺人进京在万寿庆典献艺的情景：

我们收仓毕后，老守家门，闻听人说又有新文，说是圣主庆万寿，晓谕黎民，上京去瞧个热闹，也不枉一也为人。莲花落为本庆祝当今，说了个大清国泰世兴隆，风调雨顺享太平。文武群臣多清正，天下民安乐升平。吉语间言且休论，民子民孙乃是山东人。家住在济南府历城县，义和庄内有家门。闻听吾皇庆万寿，阖家大小进了京城。一路上进贡多热闹，无边物色样样新。天下督抚提镇来进贡，处处奇花与异珍。公伯王侯来祝寿，手捧着寿香儿列行儿行。来到了万寿山前齐跪拜，巩固皇图皆赖着大圣人。祥云缭绕香阵阵，众神仙庆贺在万寿亭。南极教主来祝寿，手捧着仙桃喜笑迎。九天仙女来祝寿，相伴着玉女共仙童。白猿献果来祝寿，三多九如万万春。和合二圣来祝寿，手捧着花盒花盈盈。八洞神仙来祝寿，各样仙草共仙灵。王母娘娘东赴蟠桃会，仙酒仙桃进佛尊。各添寿筹齐叩首，大清国万代作明君。祝寿已毕回家转，再等来年把寿庆。快些走罢，天气晚了，看关了城门。

这首曲牌是“莲花生瑞”，从唱段中“莲花落为本庆祝当今”，以及唱段后标明演员装扮及所使用的道具、乐器可知，这段《莲花生瑞》是由六个女艺人边打霸王鞭边演唱的莲花落。

莲花落的演员分生意（即艺人）和票友（宦门子弟）两种，清末最有名的票友有赵星垣（后成为艺人，艺名抓髻赵）、联十、魏子荣等。光绪十一年（1885），慈禧太后召赵星垣入宫，在御花园漱芳斋当皇差，演唱莲花落。赏给他四十两一份的钱粮十七份，还让他在升平署担任教习，教御前太监唱莲花落。同时，慈禧赐名莲花落为“太平歌词”。

娱园老人在《释莲花落》中说：“莲花落唱时有包头不包头之分。不包头即曰莲花落，坤书馆、杂耍馆均有唱者。包头者，单独有包头落子馆，在庚子之先即俗称之曰‘苟男女’是也。馆中角色，一律男扮，举动则俨然女子，袅袅娜娜，登台时则扮作女子装束。天津小白楼有全和园、唐山小侯家，后有天会轩均系‘苟男女’组织，著名角色有夏德铃、李老、白三、白四、大江七、小姜四，顾之者迷惑一时，颇夺坤书馆及戏园之生意，庚子战役始辍演。”“莲花落”在今天是衰落了，“彩扮莲花落”也销声匿迹了，但它们派生出来的快板、对口快板、快板书、二人转，已成为全国主要的曲种。[①]

山东滕州是莲花落子的重要流传地。明清时期战乱灾荒之中，一些滕州人迫于生计，纷纷向河北地区逃荒。此时流行在河北东部民间的莲花落子已风行于下层社会，于是乞讨的滕

① 王决：《莲花落的演变和发展》，《曲艺漫谈》，北京：广播出版社，1982年，第173页。

州灾民便学习掌握了莲花落子的演唱，并在后来传回滕州。例如，滕州鲍沟的杨德平演唱风格简约明快，唱腔质朴粗犷，他除了“吃蹲地饭”外，农闲时还外出“跑场”，多去往长江以北及东北各地，被称为“北路落子中坚”。再如，15 岁外出讨饭的滕州东戈人王继清，在河北师承一位陈姓师父学得了“唐山落子”之后，回滕州唱起了落子，他在“唐山落子”的基础上，吸收滕州本地的风土人情，继承和发展了滕州莲花落子和唐山莲花落子的长处，很快成了远近闻名的莲花落子的重要代表人物。

莲花落演唱风格粗犷质朴，与山东快书相近，故被江湖上称作“武生意”。表演者以左手大拇指挑起大钹，右手的其他手指夹住一小木棒，用于表演时打钹击点，边演边唱。因为表演所击打的大钱形似荷叶，击打大钱声如莲花落盘之声，按照滕州方言，“落”与“乐”同音，故而得名。清代滕州莲花落在民间已基本形成，仍沿袭了河北落子的基本调子，艺人大都演唱《打蛮船》《包公传》《金钱记》等唐、明、清的流传唱本，在语言上则运用滕州方言。

滕州莲花落子有“实口”和“趟口”之说。所谓“实口”，是指表演者遵守传统曲本的内容和格式，毫无变化地演唱下来。莲花落子的演唱者更多地使用“趟口”，演唱一些章回演义的书目时，根据听众所处区域的不同，加入当地方言，遵照听众的喜好和时间背景，应景加入一些现实的生活细节，以便贴近听众。滕州莲花落子善于吸收本土方言和生活编创，且多为“单口”演唱，而非“彩唱”，在风格和表演上，明显地有别于河北及京津地区历史上传统的落子。①

第三节 工艺美术

运河沿线工艺美术的发展与大运河密切相关。首先，创作工艺品所需的技艺、题材、原料等许多方面受益于大运河。

运河沿岸是工艺品的原料来源，运河则是原料的运输渠道。例如扬州盆景在融合运河沿线的高资石、宜兴土的基础上，借用“江南石工”的技艺，创新制作出“花树点景”“山水点景”等新型盆景。山东张秋、聊城、临清、德州以及天津、北京等著名城市中都有一条竹竿巷，其竹制品的原料多是浙江毛竹、篙竹、黄竹、斑竹及烟杆竹等。天津杨柳青所需的纸张、颜料等原料，多来自苏州等地。

运河也是工艺品的技艺传播渠道。例如山东张秋木版年画，自元代由山西晋南地区，

① 王玉芬、王德椿主编：《京杭运河·齐鲁风情·枣庄卷》，济南：山东人民出版社，2013 年，第 89 ～ 90 页。

随晋商传入运河重镇张秋镇，张秋木版年画中既有晋南年画的痕迹，也有天津杨柳青年画的特征。天津杨柳青年画最早的一批画店是明永乐年间从江南随漕船北上的戴氏一家，以及擅长雕版印刷的外地艺人所开。清代，杨柳青的画店还聘请了苏州桃花坞的许多画师，促进了年画质量的提升。

运河沿岸的戏曲表演、日常生活为工艺品发展提供了灵感和素材。例如，晚清最杰出的两位无锡惠山泥塑艺人是丁阿金与周阿生，他们的“手捏戏文”反映了当时惠山繁盛的戏剧表演对泥塑的影响。天津“泥人张”的第一代传人张明山从河北去天津谋生，由于天津流行赶庙会，常有名角演戏，张明山常跻身其间观察人物及其服饰，于是创作了许多栩栩如生的作品。又如无论是苏州桃花坞，还是天津杨柳青，其创作的许多年画作品都以运河沿岸城市、风景、日常生活为题材。

其次，运河发达的交通、城市经济的繁荣和旺盛的消费，刺激了运河沿岸民间艺术的发展。对工艺品的需求遍及运河沿岸地区，其中运河南北两端是最重要的市场。

苏州、杭州、扬州等地的工艺品发展背后有大量的社会消费在支撑。明清江浙一带，官宦、商贾、文士云集，他们把玩奇珍，附庸风雅，例如文人雅士多手持折扇，有折扇必有核雕扇坠，所以苏州核雕一时风靡。同样，他们以陈设、玩赏盆景为风雅之事，殊爱盆景的富人甚至长年聘请盆景工匠为其培育盆景，不少文人墨客还乐于亲自动手制作盆景，因此形成“家家养盆景”的壮观景象，并外销上海和运河沿线各地，盆景的技艺得以提高并形成不同流派。

明清时期运河北端的北京也是工艺品消费的另一个大市场。北京兴起畜养蝈蝈的风气，带动了葫芦雕刻的消费，例如庆亲王载振就搜集了很多精致的葫芦虫具。此外，北京的灯彩需求量大，全国各地的许多灯彩匠人通过大运河来到北京，有的在北京开设了手工作坊，有的专门为皇家制作宫灯。北京市民消费的各类工艺品，大多来自山东、江南等南方省份，例如清人崇彝《道咸以来朝野杂记》称北京的南货消费很盛：“琉璃厂中间路南，旧有万源号，所卖之物，皆由南省随漕运来京，举凡食品、用具、玩具，以及绫罗绸缎之属，无不毕陈。”

再次，作为市场的一部分，这里仍然需要重点提到皇帝南巡、宫廷消费给运河沿岸的工艺美术发展带来的促进作用。正如清人钱泳《履园丛话》所言，乾隆皇帝六次南巡，“江、浙各处名胜俱造行宫，俱列陈设，所雕象牙紫檀花梨屏座，并铜磁玉器架垫，有龙凤水云汉纹雷纹洋花洋莲之奇，至每件有费千百工者，自此雕工日益盛云”①。宫廷消费促进整体行业的发展，不仅限于雕刻，而是运河沿岸工艺品的普遍情况。例如：

在苏绣方面，已知的故宫十几万件织绣藏品中，苏州织造绣制的物品占到一半。慈禧太后七十寿辰时，苏州沈寿进献刺绣作品，被慈禧太后称为“绝世神品”，亲赐“福”“寿”二字。

---

①〔清〕钱泳著，孟裴校点：《履园丛话》卷一二《艺能》，上海：上海古籍出版社，2012 年，第 218 页。

受此鼓励，沈寿在苏南、京津等地传艺，促进了苏绣的进步。

在剪纸方面，民间传说隋炀帝令人在扬州园林里放置剪纸作品，以模拟四季景象；清乾隆二十九年（1764），扬州剪纸艺人江舟将其剪纸作品献给皇帝，受到赏赐，也促进了江舟作品的传播。

在核雕方面，清乾隆中苏州吴县杜士元，号称“鬼工”，曾被乾隆皇帝召入宫，专为宫廷雕刻，后因豪放不羁得罪皇帝，被放回苏州。

在玉雕方面，两淮盐政在扬州运河边的建隆寺设有玉局，不仅每年春秋两次向朝廷进贡大量玉器，而且多次承制清廷各种大型陈设玉器，从而成就了玉器史上前所未有的“乾隆工”。

在泥塑方面，故宫藏有彩塑雍正帝雕像，是宫廷造办处从苏州招募的捏像人捏制的，可见其技术得到了皇室的承认；乾隆帝南巡，无锡惠泉山泥塑艺人王春林曾献泥人；慈禧太后五十寿辰时，无锡地方官府特意到惠山定制一套精致的大型手捏戏文“蟠桃会”用以进贡朝贺，后来慈禧太后七十寿辰时，朝廷内务府员外郎庆宽又进贡泥人张作品八匣。

在梳篦方面，苏州织造每年都会向常州梳篦店订制数十把黄杨木、梅木、象牙质地的木梳，送往宫中。

在盆景方面，清康熙、乾隆帝南巡，扬州等地的盐商为迎合帝王游幸而广筑园林，盆景技艺得以迅速发展。苏州、杭州、扬州等地还进贡许多花木盆景，在北京的南花园运用暖室等技术进行培育，每年新年赐宴之时，安放乾清宫，陈列筵前。

由于宫廷消费的工艺品做工精细、质量较高，因此提高了工艺品的整体发展水平。宫廷消费同时还给予了这些产品一定的社会声誉，更促进了整个行业的发展。

一、刺绣、年画、剪纸

（一）苏绣

狭义的“苏绣”指的就是苏州刺绣，而广义的苏绣是指以苏州为集散中心，遍及江苏全境的一种著名手工艺品，在中国工艺美术发展史上占有重要地位，与粤绣、湘绣、蜀绣合称为中国“四大名绣”。

吴兴钱山漾古遗址出土的5 000年前以家蚕丝织成的丝织物残片证明，中国是世界上最早养蚕取丝的国家，而且发源于太湖流域，这就为苏绣的发展奠定了基础。由于文献和实物的限制，苏州刺绣究竟始于何时，尚难以确切说明，但据西汉刘向的《说苑》记载，早在2 500多年前的春秋时期，吴地已有“绣衣而豹裘者”。三国时，东吴丞相赵达之妹，已能运用刺绣绣出山川地势军阵之图，时人谓之“针绝”。而《三国志》卷五五吴书《蒋钦传》中也记有“妻妾衣服，悉皆锦绣”之句，1 700多年前苏州刺绣无论在数量还是质量上已达到可观的程度。

宋代，苏州刺绣已有欣赏性的绣品出现，并达到了一定的水平。明代张应文《清秘藏》称：“宋人之绣，针线细密，用线仅一二丝，用针如发细者为之，设色精妙，光彩射目。山水分远近之趣，楼阁得深邃之体，人物具瞻眺生动之情，花鸟极绰约唼喋之姿，佳者较画更胜。”说明宋代苏绣已具有精工细作、形象真实生动的特点。元代的苏绣，绣品较之宋代无多大进步，见诸文献记载的并不多，《清秘藏》中则道：“元人用线稍粗，落针不密，间用墨描眉目，不复宋人精工矣！”

明代是苏绣发展中极为重要的一个历史阶段。一方面，社会对绣品需求的增长促进了商品绣数量的增多；另一方面，明嘉靖年间上海“露香园顾绣”的出现，对苏绣风格的形成起到举足轻重的影响。顾绣代表人物韩希孟，是“露香园”主人顾名世的孙媳，她的艺术特点，在于利用绘画为基础，尽力发挥刺绣针法与调和色彩的表现能力，使绣品达到淋漓尽致、相得益彰的效果。苏绣在吸取她的长处后，在原料、针法、绣工上都与当时的鲁绣、东北的缉线绣、北京的洒线绣截然不同，形成了图案秀丽、色彩文雅、针法活泼多变、绣工精细的特有风格，称誉全国。

清代苏绣不局限于官方的织造局，更成为苏州地区普遍的家庭手工业，包括凤冠、霞帔、补子、官服、被面、枕套、鞋面、手帕、扇袋、挂件、荷包、帐帏、椅披、戏剧行头等各种各样绣品的制作。为营销绣品，各种绣庄应运而生，甚至出现了有关刺绣的专业坊巷，如“绣线巷”“绣花弄”等，苏州因此被称为“绣市”。其时，双面绣开始出现，标志着苏绣有了高度的艺术技巧。当时，皇室的日用绣品或艺术绣品，多出自苏绣艺人之手。苏州是朝廷丝绸刺绣产品的重要来源地，已知的故宫十几万件织绣藏品中，苏州织造绣制的物品占到一半。据《苏州织造局志》卷三载，清顺治二年（1645）清廷着手恢复苏州织造局，次年，工部侍郎陈有明管理总织局，满洲官尚志管织染局。彼时总织局有机房196间，铺机450张，绣缎房5间，染作房5间。织染局经顺治十年工部侍郎周天成修葺后，机房增至214间。康熙年间是苏州织造局的兴盛时期，康熙二十四年（1685）设花素织机400余张，工匠1 160余名。此后，生产规模逐年扩大，至乾隆年间更是织者万家、织机万台，一片繁华景象。苏州织造局每年生产大量的上用（皇帝所用）、官用（官员所用）、赏赐以及祭祀礼仪等所需丝绸以及苏绣产品，通过大运河源源不断地运往北京。在民间，也有如蔡群秀、沈英、沈立、朱心柏、徐志勤、钱蕙、林抒、赵慧君、沈关关、杨和、金采兰、江缪贞、潘志玉、张元芷、郭桐先等一大批苏绣艺人脱颖而出，成为当时的著名绣家。

清末民初最杰出的苏绣艺术家首推沈寿。沈寿原名沈雪芝，她吸收了西洋画中的明暗原理，十分注重物象的逼真，首创了“仿真绣”，对苏绣技艺的改进、发展、推广、传播起到了积极的作用，在中国刺绣史上具有划时代的意义。光绪三十三年（1907），沈寿夫妇同赴北京，其夫余觉任农工商部所设的女子绣工科总办，沈寿任总教习。在她的倡导下，江苏的苏州、南通、丹阳、无锡、常熟等地分别创立了苏绣传习所、绣工科、绣工会等。她曾先后到苏州、北京、天津、南通等地带徒传艺，培养了一批批刺绣高手。沈寿将自己的绣艺口授，由张謇执笔，出版了较完整的刺绣理论著作《雪宧绣谱》，1920年由南通翰墨林书局出版。此书在理论上对前人的针法进行了阐述，总结了刺绣中常用的18种针法，填补了刺绣针法研究空白。①

（二）桃花坞木版年画

年画最早被称为“纸花”“画片”“画张”，肇始于五代、北宋，为人们新年清扫屋舍后所贴之画。明中期以前，年画以手绘与刻制的形式出现，但刻制者较少。明代中后期随着版画的兴盛，木版年画由此勃兴。桃花坞是苏州北城工艺美术行业的集中地，宋代以来就是工艺美术和书籍雕版的中心之一，在此基础上，最迟在明中叶就已形成了桃花坞木版年画。

明末清初，苏州年画铺就已有四五十家，其大部分设在运河沿岸的枫桥、山塘街、虎丘和阊门内桃花坞至报恩寺塔一带。清雍正、乾隆年间，苏州年画质量、销量空前提高，画铺作坊有五十余家，年产高达百万张以上，少时亦有十余万张，不仅沿运河行销江、浙、鲁等地，还远达南洋一带。苏州桃花坞年画的名声传遍大江南北，与天津杨柳青成了中国南北两大民间年画的中心。当时苏州年画上留存的年画铺的名称，前期有“张星聚”“张文聚”“魏鸿泰”“吕云林”“陆福顺”“墨香斋”“春源”“季祥吉”等，后期有“王荣兴”“陈同盛”“陈同兴”“吴锦增”“吴太元”“鸿云阁”等。署名的画师前期有桃坞主人、桃溪主人、墨浪子、归来轩主人、宝绘轩人、墨林居士、杏涛子等，后期有嵩山道人、吴友如、周梦蕉、金蟾香、符艮心等。

鸦片战争以后，胶版、铜版和石印等印刷技术有了发展，所谓“月份牌”派的年画倾销城乡，桃花坞年画大受威胁，盛况开始衰落。太平天国战事中，苏州遭受到烧杀抢劫，枫桥、山塘一带的作坊、店铺、画版多毁于战火。虽有几家迁入阊门内和桃花坞一带继续营业，但已无法振兴。现存的旧版年画大多是清末重新刻印的，有些则是翻刻清中期的版画或残存的墨线版。光绪初年，一些画师转到上海旧校场工作，苏州年画铺仅靠上代传下来的老版片或翻刻上海旧校场画来应市，甚至代销石印洋画，

① 荀德麟、刘志平、李想等：《京杭大运河——非物质文化遗产》，北京：电子工业出版社，2014年，第280～281页；臧志军：《沈寿、张謇和〈雪宧绣谱〉》，《职教通讯》2018年第3期。

而门神、灶君之类的年画却成了次要商品。苏州桃花坞年画当时已濒于人亡艺绝的境地，直到中华人民共和国成立，才得以迅速恢复。

桃花坞年画在风格面貌上明显受到安徽、苏州等南方版画与吴地版画的影响，采用木刻和彩色套印的方法制作。早期作品色调不够协调，后来加强了色彩晕染，构图上吸收了西方铜版画的技法及西方绘画焦点透视法。这样，经过改进的年画，到清康熙、雍正、乾隆年间，已成为盛极一时的年画精品，被世人称为“姑苏版”。桃花坞木版年画融合了两种不同的风格：其一是延续中国传统绘画风格，无论是题材选择，还是画面构图、色彩运用、用笔技法，均悉心模仿宋、元、明以来中国传统绘画作品，承继中国传统卷轴人物画的绘画形式，既与国画相似而又具木版画效果，属于绘画风格的木版年画；其二是仿西洋绘画风格，在技法上借鉴西方铜版画，线条排列细密匀正，强调透视，讲究明暗，并在画面上标明“仿泰西笔法”。这种采用近大远小焦点透视法的年画包括《山塘普济桥中秋月夜图》《姑苏阊门图》《姑苏万年桥图》《苏州景新造万年桥图》《姑苏石湖仿西湖盛景图》《三百六十行图》等反映苏州运河沿岸城市风景的作品。例如清雍正十二年（1734）“宝绘轩”刻《姑苏阊门图》，正是雍正年间苏州阊门的真实写照，该年画将阊门繁多的景色和宏伟的实况场面，均作了忠实的描摹。画面上楼台林立，高甲门第栉比，百姓于街头熙来攘往，各种船只在运河上往返穿梭。同样于雍正十二年，“宝绘轩”刻《三百六十行图》写实地描绘了苏州阊门内外的繁华景象，图中樯帆林立的护城河上，舟楫首尾相接，近景南濠街车水马龙，人来人往，热闹非凡。由于铜版画成本高昂以及不符合普通民众的审美趣味，在嘉庆、道光以后逐渐消失，桃花坞年画又回复到传统的风格。彼时只有部分采用晕染的方法，如门神的脸部及一些细部；雕版转为简率粗犷的风格，出现了富有优美装饰意味的变形和夸张装饰意味的色彩。这时桃花坞年画的色彩有着强烈的对比，除三原色外多采用紫、红、桃红、深紫和朱红等鲜艳而明快的颜色配色，充满了热情的活力，明快简朴。①

（三）扬州剪纸艺术

明清时期，扬州剪纸的发展受到刺绣、灯彩等艺术的影响。《太平广记》中就记有唐代扬州灯市之盛况。到了明清时期，扬州制灯高手辈出，其中以明末包壮行的包家灯和钮元卿的钮家灯最负盛名，例如包壮行擅长灯彩和剪纸，其创作的包灯在江苏、安徽、山东等地流行。剪纸则广泛应用于彩灯的制作中，夹纱灯、走马灯、琉料丝灯、绸绢灯、纸灯等各式各样的灯彩都离不开剪纸图案的装饰。民间传说甚至将剪纸与开凿大运河的隋炀帝杨广联系起来。

---

① 周新月：《苏州桃花坞年画》，南京：江苏人民出版社，2009 年，第 49 ～ 61 页；赵文成：《苏州桃花坞木版年画地域特色研究》，《中国民族博览》2014 年第 Z1 期；姜兵：《康乾盛世桃花坞，海外辉煌看姑苏——桃花坞年画“姑苏版”的艺术特色》，《东方收藏》2018 年第 2 期。

传说杨广登基后，开凿大运河，在扬州大兴土木，广筑离宫别馆，以方便他恣意游乐。彼时扬州城西的上林苑中，有全国各地的奇花异卉、珍禽异兽。冬天，花树凋零，池水结冰，杨广游兴不减，遂令宫女们仿照民间剪纸，用彩锦剪为花叶，点缀枝条，并剪成荷花、菱芰、藕芡等物，置于池上，恍如春夏之交的景色。此传说从侧面说明了扬州剪纸技艺高超，作品形象逼真。

明清时期扬州剪纸遗留下来的实物品类中以绣花样子为数最多，即著名的“扬州花样”。清代扬州城市繁荣，盐商巨贾以及市井民家都比较讲究精致的穿戴与日常用具，所以鞋底、鞋帮、荷包花、肚兜、绣片花、石刻花、砖雕花、面具花底样儿均成为民间艺术造型的基础花样。结婚做寿、年节喜庆等场合，所用绣品花样更多。绣花又叫刺绣，自古便有“广陵多绣女”的说法。明清时期，由于妇女对绣花样的需求量增大，绣娘颇多。清代刺绣艺人的大量出现为扬州剪纸的发展奠定了基础，许多绣娘也是剪纸能手。扬州剪纸主要就是用来绣花样的，有绣花必有纸样，专门提供绣花纸样的职业艺人被称为“剪花样的”。妇女绣花时先根据绣物的大小式样剪出绣花底样，再将剪纸底样贴在绣物上绣花，这种方法在扬州一直延续至今。

清代扬州出现了若干著名的剪纸艺人，如江舟、林文耀、“石女”、包钧等人，其技能与作品沿着大运河传播开来。江舟的作品流传于清宫及江浙等地，清人柴萼《梵天庐丛录》记载：“江舟，全椒人，善书画，尤工剪贴，喜勾摹古人真迹，剪成后着色，与书画无异。乾隆二十九年（1764），高宗南巡，舟献册页，赐缎二匹。舟尝著有勾、砑、剪、揭、荡、贴六字诀，曰《艺圃碎金录》。今所传惟《醉翁亭记》《前赤壁赋》《天马赋》及《枯木寒鸦》《兰竹》《九狮》等图，藏诸赏鉴家。而今江浙各地所行之堆绢人物、山水、花鸟，实亦舟之遗法。”此外，清代包钧的剪纸作品在江南运河沿岸很出名，杭州人陈文述《画林新咏》曾有数语提到包钧：“南宋时，有人能于袖中剪字，与古人名迹无异。近年扬州包钧最工此，尤工剪画山水、人物、花鸟、草虫，无不入妙。剪画聪明胜剪书，飞翔花鸟泳苹鱼。任他二月春风好，剪出垂杨恐不如。”[①]

晚清以来，扬州最著名的剪纸艺术家群体是张氏家族，主要在运河沿线的苏州、扬州、里下河等地发展。张氏剪纸第一代、第二代传人为清代苏州人，住苏州阊门张家花园，都是苏州知名的剪纸能手。第三代张万国出生于咸丰四年（1854），只身闯荡江湖，在兴化、扬州、苏北里下河一带发展，把剪纸带到千门万户，自立招牌“张万记剪纸”，以至妇孺皆知，远近闻名。张万国的妻子和姊妹也都擅长剪纸。他有四男四女，其技艺不但传子而且传女，并传婿、媳，故子孙操剪者近 30 人。第四代张金

---

① 王莲：《宋元明清时期扬州剪纸考略》，《美与时代》2018 年第 7 期。

盛外号“张三麻”，善于剪花样，以至于扬州流传有这样的口头语：“要绣好鞋花，先找张三麻。”第五代张永寿 12 岁随父张金盛闯荡，潜察默记父亲的剪纸技艺，21 岁便在扬州多子街上一家名叫德兴衣庄的门楼设摊卖花样，挂着“张三麻子专剪专描新式花样”的招牌，名气很大，一生创作了数千幅剪纸作品，并有《张永寿剪纸集》等著作。[①]

扬州剪纸线条清秀流畅，构图精巧雅致，形象夸张简洁，技法变中求新，形成了特有的“剪味纸感”和艺术魅力，为中国南方民间剪纸艺术的代表之一。其用纸以安徽手抄宣为主，厚薄适中，无色染，质地平整。扬州剪纸题材广泛，有人物花卉、鸟兽虫鱼、奇山异景、名胜古迹等，尤以四时花卉见长。其特点是以画为稿、构图简练、线条圆滑，显得清秀而挺拔，给人以厚实完整之感，具有优美、清秀、细致、玲珑的艺术风格和地方特色。

（四）张秋木版年画

张秋木版年画，自元代由山西晋南地区传入山东阳谷县张秋镇。1963 年据源茂永画店主闫均振说：“张秋的年画店，是元代从山西传来。”这个说法是可信的，因晋商在聊城一带很多，山西晋南年画历史悠久，张秋镇仅存的一幅宋金时代所印《四美图》即出自山西晋南，具有较高的水平。张秋木版年画中既有晋南年画的痕迹，也有天津杨柳青年画的特征。

在清代，张秋镇知名的木版年画店有源茂永、鲁兴聚、景顺和等。清时景顺和的店主刘振昇将画店由张秋迁往聊城（聊城当时为旧东昌府治），将店号“张秋景顺和”“张秋景顺”改为“老店景顺”“东昌景顺和”“东昌景顺”，进而繁盛了东昌木版年画，有十多家年画店分布于聊城、堂邑、莘县一带。除了个别从张秋镇迁来外，有的画店还从张秋镇聘老师。因这些画店地处大运河岸边，南来北往的船队载着各地的商贩纷纷前来订购，有的商贩根据家乡的风俗，拿着准备好的画样找刻版艺人刻版印刷。这些版画作坊着手印刷时间不一，有的是农历六月，有的是九月、十月。着手最晚的作坊则是农历腊月初挂作坊牌子、整顿铺面、筹备货物、开始营业。这些木版年画店价廉物美，所以生意兴隆。

清末民初画店仍然很兴旺，1918 年源茂永画店有 25 盘印画案子，鲁兴聚也相仿。当时源茂永、鲁兴聚画店资本雄厚，各有门头五间，雇印工、发货人员多达 80 余人。源茂永一年最多印画 1 400 多令纸，张秋镇的画店一年印画达 2 800 多令纸，数量可观。张秋镇的画店历来只坐庄卖画，阴历八月底开始印画，十一月初挂牌子出售，一个冬季来张秋镇购画的商贩多达数千人。年画除销售山东省西部和泰安、济南等地外，还远销山西、河南、河北、东北等地。彼时东昌府木版年画刻版印刷工艺达到鼎盛，从东昌府到山东各地，甚至山西、安徽、江西以及东北三省，都有东昌府木版年画的销售市场。张秋木版年画在其得天独厚的

---

① 王秀：《近现代扬州剪纸考略》，《美与时代》2016 年第 6 期。

地理条件下，经过了一个兴旺发展的过程。随着社会的发展、铁路的修建和公路的畅通，水上运输逐渐被冷落，张秋镇的繁荣已不再现，年画也随之衰落。①

据1947年冀鲁豫边区政府调查，在张秋镇一带的画店有：张秋镇东北35里卢屯的马子店、张秋镇西南八里庙的马子店、张秋镇东3里豆营的马子店、张秋镇城关锅市街的马子店、城关四门村的马子店、城南25里梁集的马子店、阳谷城南15里魏那里的马子店、城南5里龙虎寨的马子店。张秋镇年画店生产神马相关年画为主，故称纸马店或马子店。此外，当时鲁西的聊城、东阿、东平、范县均有年画店，共35家。由于当时将年画店改称进步画店，因此旧店号名称不明。

张秋木版年画的制作方式有别于其他产地的年画。与杨家埠、杨柳青等地年画早期皆粉脸加工不同，张秋木版年画只套色不手绘开脸，历来只有“草版”，只印不画。东昌府木版年画的印刷工艺方面，采用“木版水印”或“印花套版”，全部用木版分色套印，可用红、黄、灰、青（绿）、黑五种基本色，最多的为七色八版。整个画面五彩缤纷，装饰性强。人物面部不着色，使其形象更加突出醒目。张秋年画构图丰满、匀称古朴，人物刻画夸张朴实，造型眼睛窄长，眼皮纹路清晰，鼻梁鼻翼瘦窄，线条简洁流畅有力。东昌府木版年画题材新颖，形式多样，内容丰富，题材品种的数量就达300多个，其范围非常广泛，大致分为四大类：第一类是古代神话、民间传说和历史人物，如“天仙配”“武松打虎”“钟馗”等；第二类是求福纳祥的传统题材，如“双喜临门”“五子登科”“文武财神”等，表达了人们对美好事物的向往；第三类是反映现实生活的题材，如“耕织图”“小渔家乐”等；第四类是各类戏曲的故事题材。其中，东昌木版年画“门神”的选材又是其一大特色，包括了“上送下财”“麒麟送子”“赵云”“天神”“地神”“灶神”“大全神”“车神”“井神”等。将年画、门神画二者融为一体，是东昌府木版年画独有的艺术风格。②

（五）杨柳青木版年画

明永乐年间，京杭大运河重新疏通，漕运兴起并日趋繁盛，杨柳青成为南北商品交易的重要水运码头，樯桅如林，南货北物集散有序，装船卸船一片繁忙。据《津门保甲图》载，杨柳青兴盛之时，有养船户、船工各500家，纤夫、装卸工、脚力人数众多，古镇上酒肆、客栈、茶馆、书场、杂货店密集。运河给杨柳青带来了空前的繁荣，也催生了著名的杨柳青木版年画。

杨柳青年画的发展直接受益于大运河带来的南北物资文化交流。杨柳青镇始于宋

① 谢昌一：《素朴豪迈的张秋木版年画》，《中国文化遗产》2011年第1期。

② 黄玉松：《浅析东昌府木板年画的历史发展与工艺特色》，《大众文艺》2012年第13期。

代，周边多生长梨树、枣树等树木，其木质细腻坚硬，适于木版年画的画版雕刻。从元代开始，随着京杭大运河实现南北贯通，一些擅长雕版印刷的艺人来到杨柳青镇，遇到年节便刻印门神、财神、祝福童子当街售卖，当地人也学习和模仿，并将印画拿到天津和北京出售。明清时期，南方的纸张、颜料等通过大运河贩运到天津，这些南来的文房用品比本地的更为精细、好用，资源也更为充足，促进了年画质量的提升。例如，早期年画用的绵纸（又名“南纸”）即来自江南，所用矿植物颜料，也是由苏州运来。

明初来到杨柳青的版画艺人有戴氏一家。戴氏先人自明永乐年间从江南随漕船北上，至杨柳青后，凭借高超的绘画技巧和雕版印刷技艺，开始经营木版年画。到明末第九代传人戴廉增时，首创套色印刷，并以手工敷粉、勾脸、描眉、点唇，形成杨柳青年画的独特风格，使年画更加漂亮，鲜艳丰满。一时间，过年贴杨柳青年画成为一种时尚。清乾隆中期，戴廉增画店成立，并在年画左下角加印“戴廉增”字样，成为杨柳青规模最大、年画品种最多的画店。嘉庆时，戴氏人丁兴旺，为扩大经营，分居析产，分立了“美丽”“廉增利”画店。戴廉增老店规模最大，有 11 所大四合院做年画作坊用。戴家家中从业者近百人，兼有雇工 200 余人，还聘请许多名师专事创稿，其中不少是来自苏州桃花坞的画师，如沙山春。此外，住店画师也有上百人，从事雕版、印刷、手绘、装裱等工序。戴家的船只常年在运河上往来，到苏州等地采购颜料纸张，把年画运销京城和周边地区。年画不仅进入寻常百姓家，也进入了上层社会。

经过南北年画艺术长期的交流融合，晚清的杨柳青年画进入黄金时期。太平天国军队北上期间，杨柳青年画出现了以花鸟虫鱼为新题材的作品，俗称太平天国年画。此外，杨柳青的年画店还经常收购一些江南画师的画稿加以刻印，甚至还重金聘请江南画师来杨柳青创作年画。其中最为著名的便有“海上三任”之一的任熊，为《点石斋画报》创作的画师吴友如，以及画家张子祥、朱梦庐、钱慧安等，他们为杨柳青年画创作出众多精美的作品。到清光绪前后，杨柳青木版年画进入鼎盛时期。当时，镇上经营年画业的有 30 余家，从业者四五千人。仅戴廉增画店一家，一年生产的品种就达 2 000 件，每件印刷约 500 张，承印数量可达百万张。随着画业的不断发展，年画销量猛增，各作坊都忙不过来，便将手工彩绘的工序分散到南乡各村，形成杨柳青镇和南乡三十六村“家家会点染，户户善丹青”的景况。整个杨柳青镇画店鳞次栉比，店中画样高悬，各地商客络绎不绝，是名副其实的年画之乡。

杨柳青年画的内容和风格也有明显的运河影响痕迹。例如清代早期齐健隆画店刻印的《秋粮漕运图》，描摹了运河两岸的庙宇等建筑，以及人们拉纤、撑篙运粮的场景。清中期杨柳青齐健隆画店的《秧歌戏》，图中人物受江南文化的影响，北方的渔樵耕读加入了江南采茶女的形象。此外，清早期苏州年画的故事题材以仕女美人为主，而杨柳青现存的古版年画中常隐约可见苏州早期年画的影子，如《采茶女》《渔娘图》《仕女游春图》等，这些年画应为商贩随大运河的商船带到杨柳青，经由本地艺人改造而成。杨柳青本地画师创作的作品也受到江南文化的影响，例如年画家高桐轩一度供奉清廷，进如意馆。他的年画创作，汲取了一些文人画的长处，如《踏雪寻梅》《春风得意》《瑞雪丰年》《文姬归汉》等。除此之外，大量的杨柳青年画取材于历史故事、神话传奇、戏曲人物、世俗风情、山水花鸟等，尤以胖娃、童子、仕女、神仙和佛祖等题材最为多见，通过夸张、寓意、写实等多种手法表现人民的美好情感和愿望。如年画《莲年有余》，画面中的娃娃童颜佛身，怀抱鲤鱼，手拿莲花，取其谐音，寓意生活富足，已成为杨柳青年画中的经典，广为流传。杨柳青年画具有独特的表现手法，构图严谨，注重装饰性和形式美，画面对称、均衡、虚实相间。早期作品突出人物，简化背景，结构紧凑，风格古朴；后期作品人物增多，布局更加得心应手，背景也随之繁杂，为烘托主题人物，常常采用重叠和并列等构图形式，使画面丰富多变且和谐统一。杨柳青年画形象构图丰满，线条工整，色彩艳丽，造型比例夸张，脸部、头部或重点部位常用金色晕染，年画整体常常体现出现实主义与浪漫主义巧妙结合的风格。[①]

二、雕刻

（一）苏州核雕

核雕是指以杏核、橄榄核及核桃雕刻成摆件、手串、扇坠、项链等工艺品的雕刻技艺，属于典型的民间微型雕刻工艺。像其他技艺一样，核雕也受地域文化的影响，广东、苏州的传统核雕技艺更成熟、更受欢迎，在业界被分别称为“广作”和“苏作”。苏作核雕在江浙地区和京津地区的文人中最受追捧，这与京杭大运河不无关系。明清江浙一带，官宦、商贾、文士云集，他们把玩奇珍，附庸风雅，例如文人雅士多手持折扇，折扇往往挂一核雕扇坠。核雕风靡一时。

明朝就已出现技艺奇绝的核雕艺人，如宣德年间的夏白眼，因擅长橄榄核雕之技，被皇帝赏识，一时誉为“圣手”。又如天启年间的“奇巧人”王叔远，技艺冠绝一时。王叔远所作核舟《东坡泛赤壁》最为著名，一叶小舟覆盖竹篷，船舱宽敞带小窗四扇，可开闭，右窗刻有“山高月小，水落石出”，左窗刻有“清风徐来，水波不兴”。舟中人物为苏东坡、黄庭坚和僧佛印，苏、黄各执书卷一端，相对而谈，佛印袒胸，胸

---

① 王进：《京杭大运河漕运经济对杨柳青木版年画兴起之影响》，《苏州工艺美术职业技术学院学报》2018 年第 2 期；董惠宁：《清代木版年画遗珍——杨柳青〈红楼梦〉年画》，《南京艺术学院学报（美术与设计）》，2015 年第 5 期；荀德麟、刘志平、李想等：《京杭大运河——非物质文化遗产》，北京：电子工业出版社，2014 年，第 245 ~ 249 页。

挂佛珠，粒粒清晰。船尾二人，靠近火炉，侧耳向火，仿佛耳听壶水沸腾声。船底铭刻“天启壬戌秋日，王毅叔远甫刻”，并篆文小印“初平山人”。明魏学洢为王叔远此作品作《核舟记》一文。

清代，苏州核雕艺人出众者更多，如宋起凤、沈君玉、杜士元等，皆有巧夺天工的传世之作，有的作品亦传入宫中。嘉庆年间钱泳《履园丛话》载：“乾隆中，高宗皇帝六次南巡，江、浙各处名胜俱造行宫，俱列陈设，所雕象牙紫檀花梨屏座，并铜磁玉器架垫，有龙凤水云汉纹雷纹洋花洋莲之奇，至每件有费千百工者，自此雕工日益盛云。”其中苏州吴县杜士元，号称“鬼工”，所雕核舟，每枚价值高达白银五十两。乾隆皇帝酷爱核雕，曾召杜士元入宫，专为宫廷雕刻。杜士元后因豪放不羁得罪皇帝，被放回苏州。[①] 其作品有《东坡泛舟赤壁》《运河官船》《十八罗汉渡海图》《渔乐图》等，其中《渔乐图》核雕今存于常熟博物馆，核舟呈枣红色，舟上有舱、篷、舟楫，船内数人如米粒大小，有人晒网，有人烹茶，有人闲坐聊天，表现渔人其乐融融的生活场景。

中国很多地方都有核雕，苏州核雕之所以能脱颖而出，是因为它吸收了石雕、玉雕、木雕、竹刻、微雕等艺术精华，在保持果核外形的前提下，无论浮雕、圆雕、透雕均以“精、细、奇、巧”取胜，点睛之处既细如针尖，又形象生动；刻划的人物刀法简洁，形神兼备，放大数十倍，仍栩栩如生。[②]

（二）苏州泥塑

苏州捏像的最早书面记载见于宋代。清乾隆《苏州府志》载：宋时，木渎人袁遇昌“以塑婴孩名扬四方。每用泥抟植一对，高六七寸者，价值三数十缗。其唇齿眉发与衣襦襞积，势似活动，至于脑顖，按之胁胁”。清顾禄《桐桥倚棹录》也说捏像“其法始于宋代袁遇昌，专作泥美人、泥婴孩及人物故事，以十六出为一堂，高只三五寸，彩画鲜艳……他如泥神、泥佛、泥鬼、泥花、泥树、泥果、泥禽、泥兽、泥虫、泥鳞、皮老虎、堆罗汉”。苏州城内大石头巷宋代平权坊遗址，曾出土有各种婴孩、人头、佛像、泥鬼等制泥人模具。由此可知，苏州捏像在宋代已经相当活跃。

明清时期，江南运河漕运兴盛，人口流动频繁，紧邻大运河的虎丘得以迅速发展，促进了对艺术品的需求，同时虎丘附近出产的磁泥特性更好，特别适合捏塑，因此以虎丘为中心的苏州捏像技艺得以提升。顾禄《桐桥倚棹录》记载了包括泥塑在内的虎丘“耍货”流传到外地的情况：“外省州县多贩鬻于是，又游人之来虎丘者，亦必买之归悦儿曹，谓之‘土宜’。”[③]

①〔清〕钱泳著，孟裴校点：《履园丛话》卷一一《书学》，上海：上海古籍出版社，2012 年，第 218 页。

② 叶正亭：《苏州核雕》，《江苏地方志》2018 年第 4 期。

③〔清〕顾禄：《桐桥倚棹录》卷一一，上海：上海古籍出版社，1980 年，第 155 页。

清代的扬州就已经流行苏州泥塑。李斗的《扬州画舫录》也多次提到虎丘的泥塑“不倒翁”，以及根据京剧春台班所演剧目捏制的戏文。另外，苏州所产的玩具包括泥人等，还出现在北京的南货店中。“琉璃厂中间路南，旧有万源号，所卖之物，皆由南省随漕运来京，举凡食品、用具、玩具，以及绫罗绸缎之属，无不毕陈”。[①]

就技艺方面而言，清康熙年间，苏州捏像艺人项天成继承前人技艺，首创“塑真”技法，一时轰动。汪士慎《妙手塑真诗》夸赞他：“项子风流儒雅客，江东妙手更无伦。虎丘阿堵光如电，添毫道子开生面。抟分范泥夺化工，写真不用鹅溪绢。”到乾隆时期，“有黄叔元者，尝诞土为人，极相似”。文人常辉在《兰舫笔记》中写道：“有捏相者，住虎丘山塘，余尝以游山坐观之。泥田如面，颜色深浅不一。有求像者，照面色取一丸泥，手弄之。谈笑自若，如不介意，少焉而像成矣，出视之，即其人也。其有皱纹疤痣者毫无差，惟细发另着焉。晒干以衣冠靴袜装之，衣之单夹棉皮，各式悉备，至绫缎纱罗布纻，随人意也，其值之低昂视此。入一楠木盒，或坐榻或椅杌，方几条案悉设焉。壁上设小字画，案列瓶炉文具，概属真物，外以铁线纱罩之。细观须眉如活，形神毕肖，即画手传神，无以过也，真绝技矣。”道光年间，项天成的后人项春江把苏州捏像艺术推高一层。时刑部尚书韩崶曾作《赠捏相项春江》诗赞道：“虎丘有项伯，家与生公邻。世传惠之艺，巧思等绝伦……取材片埴足，妙用两指生。始焉胚胎立，继配骨肉匀。按捺增损间，不使差毫分。秾纤彩色傅，上下须眉承。五官既毕具，最后点其睛。呼之遂欲动，对镜笑不胜。”诸如此类描述、赞美虎丘泥塑的诗文颇多。

光绪三年（1877），苏州捏像名家有沈顺生、周春奎等，他们的四百余件泥人模具和套捏制工具流传至今。而项氏祖传捏像的项琴舫，光绪时曾为怡园主人顾子山捏一像，高约五寸，身穿清朝官服，坐于案前，此像由顾家后人珍藏。故宫藏有彩塑雍正雕像，是宫廷造办处从苏州招募的捏像人捏制的，可见其技术得到了皇室的承认，亦是北京、苏州文化交流的见证。清末民国，虎丘泥人逐渐被惠山泥人取代。[②]

（三）惠山泥人

无锡的惠山是天目山的支脉，坐落在运河城无锡的西面。惠山镇上的惠山直街是一条著名的古商业街，街两旁商铺林立，其中两类店铺最引人注目，一类是卖泥人的，另一类便是卖紫砂壶的，两种商品均是无锡本地特产。从唐代开始，官府、民间在惠山镇修建了大量的祠堂建筑，并雇用祠丁来看守，其日常工作是洒扫庭院、保管宗谱，

---

①〔清〕崇彝：《道咸以来朝野杂记》，北京：北京古籍出版社，1982年，第39页。

②张文珺：《戏泥呈巧儿——江南民间泥玩具研究》，博士学位论文，苏州大学，2017年，第70～78页；荀德麟、刘志平、李想等：《京杭大运河——非物质文化遗产》，北京：电子工业出版社，2014年，第277页。

逢清明前后接待祠主、布置祠堂，协助祠主安排祭祀活动。祠丁工作强度不大，平日比较清闲，有着大量的闲暇时间。恰好，惠山脚下的泥土得天独厚，泥质细腻柔软，可塑性强，干而不裂，弯而不断，是一种黏性很好、适宜手捏泥塑的黑泥。早在北宋年间，大诗人苏东坡途经无锡时，就留下了"惠泉山下土如糯"的诗句，意指此土适合制作泥人。祠丁们用惠山脚下的泥土来捏制一些小泥人，贴补家用。经年累月，代代相传，慢慢地形成一种产业。[①]

明代，惠山泥人已作为商品在当地店铺出售，并渐趋成熟。崇祯四年（1631），浙江绍兴的文学家王季重从山东兖州省父归来，游览无锡，写下《游惠锡两山记》，中有"买泥人、买小刀戟以贻儿辈"的记载。明末浙江文学家张岱在《陶庵梦忆》中则记载："无锡去县北五里为锡山，进桥，店在岸，店精雅，卖泉酒、水坛、花缸、宜兴罐、风炉、盆碗、泥人等。"锡山在惠山东侧，本为一座不太高的土丘，与惠山相连。

清代，惠山泥人进入发展的高峰时期，技艺水平已经非常成熟，并随皇帝南巡而传入宫内。《清稗类钞》卷四十五《工艺类·泥人》载："高宗南巡，驾车无锡惠泉山。山下有王春林者，卖泥人铺也。工作精妙，技巧万端。至此，命作泥孩儿数盘，饰以锦片金叶之类。进御时，大称赞赏，赐金帛甚丰。"[②]

咸丰、同治之际，太平军与清军在无锡一带争战数年，无锡受到很大破坏，居民大量外流或伤亡，人口减到战前的三分之一。惠山镇毁损过半，瓦砾残垣充斥古镇，泥人生产受到很大影响。清末，无锡的社会经济逐渐恢复，每年秋天，数百条船只沿着运河、长江来到无锡，用带来的大豆、花生、棉花、稻米等农产品换取惠山泥人等土产，再沿运河、长江销售到全国各地。

这一时期，惠山两位最杰出的泥塑艺人是丁阿金与周阿生，他们是惠山泥人"手捏戏文"的主要奠基人，反映了当时惠山繁盛的戏剧表演对泥塑的影响。丁阿金所做的泥人以昆剧人物为主，周阿生以塑制财神为多，人物头像尤为传神。光绪十年（1884），慈禧太后五十寿辰，无锡地方官府特意到惠山定制一套精致的大型手捏戏文"蟠桃会"以进贡朝贺。[③]惠山泥人到了近代规模更大，据1935年《无锡概览》载，彼时惠山泥人行业有作坊店铺46家，生产有泥娃娃、手捏泥人、石膏品等种类。入秋后，就会有数百艘船至惠山浜龙头河来采购泥人，并随商船沿河运销各地。[④]

（四）常州梳篦

中国生产梳篦的地方非常多，但名气最大的要数常州，俗语有云："扬州胭脂苏州花，

---

① 孙胜银：《无锡惠山泥人的历史与工艺考察》，《艺术学研究》2011年。

② 徐珂编：《清稗类钞》第5册，北京：中华书局，1986年，第2389页。

③ 李萍：《泥土的异趣——试析无锡惠山泥人的兴起》，《东南文化》2012年第5期。

④ 史嘉怡：《惠山泥人艺术风格的源流探析与设计创新》，硕士学位论文，江南大学，2016年，第18页。

常州梳篦第一家。”常州梳篦始现于晋代，至唐时花色繁多，材质各异，既有民众日常使用的普通木制、牛角梳篦，也有皇宫贵族使用的玉石梳、象牙梳和精致木梳，小的手指大小，大的可有二尺多长。北宋以后，常州生产了大量材质贵重的梳篦，大文豪苏东坡曾有“山人醉后铁冠落，溪女笑时银栉低”的诗句。文人、艺术家的介入，使梳篦成为休闲文化的附庸品。

明清时期，常州梳篦集雕刻、彩绘、烫制于一体，工艺已达到相当高的水平，是朝廷指定的贡品，赢得“宫梳名篦”之美誉。韦中权《常州特色文化》一书中收录有若干首与梳篦有关的民间歌谣，其中一首为：“宫梳名篦，情同伉俪；延陵特产，花开并蒂；宫梳名篦，进贡皇帝；大官小吏，捞名得利；宫梳名篦，远销万里；老板赚钱，匠人叹气。”“延陵”即常州之古称，“延陵特产”讲的就是常州梳篦。常州唱春艺人的传统唱词中也有“梳篦世家延陵地”之句。

随着京杭大运河漕运的繁荣，梳篦交易也变得相当兴旺。极盛时期，常州形成了木梳和篦箕生产销售的两个聚集地。明清时期，常州西门、南门一带的村庄，几乎家家户户都从事梳篦制作，据估计，从业人员有 4 万多人，行业面积占了常州城的一半。清褚邦庆《常州赋》有“削竹成篦，朝京门内比户皆为”的记述。至今，常州仍有木梳街、篦箕巷等地，毗邻运河。篦箕巷原名花市街，乾隆下江南的时候御赐此名，是集梳篦生产和销售于一体的专业作坊街市。早在明天启年间，篦箕巷卜氏创办了常州最古老的卜恒顺梳篦店，采用前店后坊的形式生产销售，颇有远名。卜恒顺门前有一个 13 根檩子的过街棚，南来北往的客商在运河边的大码头上岸后，不管是否识字，都以门前过街棚的 13 根檩子为标记。清乾隆末年以后，又有王大昌梳篦店崛起。清代篦箕巷中商贾云集，梳篦产品琳琅满目、品种繁多，晚上更是张灯结彩，好不热闹，人称“篦梁灯火”，是清代常州“西郊八景”之一。

大运河便利的交通为篦箕巷的繁华提供了两个必不可少的条件，一是生产原料，二是销售渠道。常州梳篦产量占全国的五分之四左右，巨大的产量需要大量的生产原料，如优质木材、竹材和兽骨等，制梳原料通过大运河输送到篦箕巷的码头，然后直接进入生产作坊，大大节省了运输成本。生产出的梳篦又可以通过大运河便利的交通快速销往各地，当然还包括进贡到宫廷。清光绪年间（1875 ~ 1908），苏州织造府每年农历七月总要到常州定制 60 把黄杨木梳和 60 把梅木主材、脊嵌象牙、描绘古代四大美女的高级梳篦，在十月间连同 6 套龙袍、600 朵宫花送到紫禁城，这就是“宫梳名篦”的来历。除了供应国内市场，常州梳篦从元代起，从运河经长江出海，沿着水上丝绸之路销往海外，以其高超的民间艺术名扬天下。总之，大运河交通为篦箕巷乃至常州梳篦的繁盛奠定了基础。

常州梳篦制作代表了中国梳篦制作的较高水平。制作梳篦的主要材料为红木、牛角、竹料、木材和兽骨等。其中，红木以海南所产最佳，其木质坚密、不变形、不易折，制出的梳篦沉厚、手感好；牛角材质多取南方水牛角或黄牛角，制成的梳篦手感温润厚实，梳齿顺滑，可助头发保养；竹料主要取自苏南、浙西的毛竹，毛竹体大壁厚，质地坚硬，富有韧性，制成的梳篦轻巧耐用；木材主要选用枣木、石楠和黄杨等质地细密的树种，所制作的梳篦实用价廉，很得民众的喜爱。[①]

（五）扬州玉雕

扬州玉雕历史悠久。考古发掘证明，早在新石器时代，扬州一带就已开始制作玉器。汉代，扬州的玉雕工艺有了进一步的发展。1980年，扬州天山一号汉墓出土的文物中有玉玺、玉瑗、玉璧等。隋唐时期，随着南北大运河的贯通，位于运河与长江交汇处的扬州，成为南北交通的咽喉要道，是当时全国最大的城市之一，农业、渔业、制盐业、商业和手工业综合发展，玉雕行业发展迅速。《资治通鉴》记载，唐僖宗时，时任扬州盐铁使的高骈在扬州建“御楼”，使用金玉等名贵材料雕成蟠龙蹙凤数十万件来装饰。他还在扬州建造了“延和阁”和“迎仙楼”，高八十尺，均饰以珠玑金釉。唐代玉器在中国玉器史上处于一个低迷期，但扬州却得益于运河带来的繁荣，玉器和玉雕业得到了快速发展。

明清时期，随着渔盐漕运业的空前发达，扬州也成为全国玉材的主要集散地和玉器主要制作中心之一，扬州玉雕得到飞速发展，“山子雕”等工艺技巧较前大为精进，为后来制作大型玉山积累了丰富经验。清乾隆年间（1736～1795），中国玉器史上出现了前所未有的“乾隆工”，而“扬州工”又是“乾隆工”的杰出代表。当时，两淮盐政在扬州运河边的建隆寺设有玉局，除了承制清廷各种大型陈设玉器，还每年按春秋两次向朝廷进贡大量玉器，尤其是白玉如意，多系羊脂玉为之，造型精致典雅，是扬州的“八贡”之一。据清宫档案记载，两淮盐政在乾隆年间进贡玉器300余件。

扬州玉雕业的绝活为碾琢大型玉器，并多次为清廷雕刻大型陈设玉器。今故宫博物院藏有6件重达千斤乃至万斤的大型玉器，分别是《大禹治水图》《秋山行旅图》《会昌九老图》《丹台春晓》《云龙玉瓮》《海马》，均出自扬州玉雕工匠之手，而相关的加工细节也在清宫造办处档案中有明确记载。其中，《秋山行旅图》高130厘米，重500多千克，是乾隆皇帝最为欣赏的大玉山。乾隆三十一年（1766），新疆向朝廷进贡了一块大玉石，这块大玉石令乾隆帝想起了金廷标的一幅山水画《秋山行旅图》，于是下旨由宫廷玉作承做。然而，

---

① 臧秀娟：《乡土奇葩——常州官梳名篦》，《江苏地方志》2012年第4期；荀德麟、刘志平、李想等：《京杭大运河——非物质文化遗产》，北京：电子工业出版社，2014年，第288～290页；王亦非：《民俗文化视角下的常州梳篦》，孙发成、王亦非等：《常州梳篦》，南京：东南大学出版社，2011年，第168～183页。

宫廷玉作的二十多名玉匠每天赶制，用了6个月日工，4个月夜工，只完成了两成，进度异常缓慢。无奈之下，乾隆帝下令将玉料运往扬州加工。这也是扬州首次奉旨碾琢如此大型的玉山。两淮盐政使决定面向扬州招募能工巧匠。经过一番选拔之后，最终招募了3 000名扬州玉匠。四年后，经过玉匠们日夜辛劳碾琢，作品终于完成，玉山经大运河水路运回北京。乾隆三十五年和三十九年，乾隆帝先后两次赋诗赞赏。另一巨型玉石作品《大禹治水图》，高224厘米，重5 000千克，原料产于昆仑山脉的密勒塔山。面对这个庞然大物，宫中负责玉器制作的玉作和如意馆均力所难及。于是，巨大的玉石被装载上船，通过运河运往扬州，三个月后抵达。乾隆帝专门为这块玉石写下一段文字，意思是，用这块巨大的珍宝来弘扬古代大禹治水的事迹，不要雕成常规观赏之物。此玉器的制作耗时6年之久，于乾隆五十二年运回京城，置于紫禁城的乐寿堂。①

扬州玉雕多采用著名的“老山玉”，如新疆和阗的羊脂玉，或本地的玉石玛瑙。艺人们善于在天然玉石上因材施艺，采用巧色的手法进行雕琢。扬州玉雕在艺术造型方面，大致分为三种：立体玉雕（圆雕），大部分为陈列的摆件；半立体玉雕（浮雕），多为站屏、插牌；玉石镶嵌，多为屏风、挂屏等大型作品。其内容多取材于历史故事、民间传说等，如“大禹治水”“天女散花”“嫦娥奔月”“昭君出塞”等，或取材本地风物名胜，具有浓厚的民族特色。清乾隆年间的“乾隆工”玉器，多在底部镂刻阴篆款，造型受汉玉影响，多用汉代“滚螭”，玉器图案南北杂陈，体现了开放活泼的艺术特点。②

明代惟一见于史册——《苏州府志》的琢玉匠师陆子冈，是明代中期苏州府人，他擅长绘画，且精于竹雕，然而他的遗世作品只有玉器。陆子冈的作品，造型端庄清秀，器皿多以山水、花卉浮琢图饰，文雅隽永，颇具画风，是中国玉器传统的“文玩”“雅宝”之属。他的作品，每器必落“子冈”款识，但又都在极不醒目之处。在北京故宫博物院藏品中，有不少陆子冈的珍品。其中一茶晶巧色“梅花花插”，造型高雅，俏色巧绝，装饰清丽，别具风采。在老辈艺人中曾流传着陆子冈入京传艺的故事，说他为北京玉器技艺的提高出了力。但此事未见史册记载。③

（六）东昌葫芦雕刻

葫芦音近“福禄”，又多葫芦子，寓意多子多福，所以深受人们喜爱。④葫芦雕

---

① 沈惠澜：《清代扬州玉雕名重京师》，《艺术市场》2008年第9期；荀德麟、刘志平、李想等：《京杭大运河——非物质文化遗产》，北京：电子工业出版社，2014年，第256～258页。

② 钱辰方：《扬州玉雕历史及其特色》，《扬州大学学报（人文社会科学版）》1981年第2期。

③ 王明石：《玉器》，王绎、王明石主编：《北京工艺美术集》，北京：北京出版社，1983年，第4页。

④ 钟敬文：《葫芦是人文瓜果——在’96民俗文化国际研讨会上的讲话》，《民俗研究》1996年第4期。

刻是指利用刻刀、烙铁在葫芦上进行雕刻、绘画的技艺，在北方城乡较为流行。山东聊城因种植葫芦历史久、品种多，亦具有悠久的葫芦雕刻历史。唐宋以来，宫廷妇女中即流行畜养鸣虫，明清时期，运河北端的北京兴起畜养蝈蝈的风气，带动了葫芦雕刻的消费，例如庆亲王载振就搜集了很多精致的葫芦虫具。①

聊城市明清时称东昌府，自元代会通河开凿后，东昌府迅速发展兴盛起来，成为黄河北岸、运河之滨的政治、经济、文化枢纽，经济繁荣带动了对手工艺品的需求。东昌葫芦雕刻工艺出现很早。相传宋代时，东昌出了一位擅长绘画和雕刻的宫廷艺人王和尚，其年老还乡后迷上了蝈蝈，于是就地取材，用东昌随地可见的葫芦来盛养蝈蝈，并在上面雕刻出精美的图案。当地人甚为喜欢，纷纷效仿。

到明清时期，东昌葫芦雕刻已从最初的简单性雕刻，逐步发展到取材广泛、技法多变、精雕细刻的成熟期。当时的葫芦雕刻主要以东昌府堂邑镇为中心，堂邑镇位于京杭大运河畔水陆交通要冲，四街五关店铺林立，绫、罗、绸、缎、花布等布艺店生意兴隆，饭店、酒肆和客栈门庭若市。葫芦雕刻辐射范围包括周边的梁水镇、闫寺镇、柳林镇以及东昌府的城关。这些城镇沿大运河、小运河、西新河等运河水系排列，多为闸坝和码头所在地，便利外销。彼时葫芦雕刻是乡村手工业生产的重要商品，随着大运河远销各地，享誉全国。明清时期，“刀下生花”的著名艺人有李文朴、郑时均等，他们和民国时期的萧必衡、黄玉谷等一起，被今天的葫芦雕刻艺人们尊为“师爷”。②

东昌府的葫芦表面光洁、润滑、色泽优雅，肉质肥厚，非常适宜进行雕刻加工。不同造型的葫芦，可雕刻出不同的题材和内容。果实下部圆大，上部有粗短柄的“大葫芦”（又叫“一细葫芦”），最为高档，一般用来雕刻人物和山水；形似两个球体，上小下大，中间有一个“蜂腰”的“亚腰葫芦”（又叫“二细葫芦”），用料稍次，多用来刻花鸟鱼虫走兽；形状圆扁的“扁圆葫芦”（又叫“花葫芦”），制作简单，一般染成红色后，刻上花纹或者镂空，用来装蝈蝈或者蛐蛐。③

（七）天津泥人张

天津泥人张为清代著名泥塑艺人张明山开创，经张氏后人与其弟子的继承和发展，成为北方泥塑的代表。泥人张泥塑的形成与运河关系密切。张明山于清道光六年（1826）出生于河北深州，与河北其他贫民一样选择去运河城市天津谋生。他的父亲在天津制售泥玩具，他受家庭环境的熏陶，8 岁时已能协助父亲制作简单的泥玩具，13 岁便开始从事彩塑创作，捏

① 贺军：《东昌蝈蝈葫芦的历史渊源》，《边疆经济与文化》2008 年第 12 期。

② 王庆友、程学红：《葫芦虽小藏天地》，《中国文化报》2006 年 4 月 27 日。

③ 荀德麟、刘志平、李想等：《京杭大运河——非物质文化遗产》，北京：电子工业出版社，2014 年，第 267 ～ 268 页。

制陶器和小型动物等。彼时天津已成为重要的港口城市，商业、贸易发达，流行赶庙会，常有外台戏，多由名角演出。张明山常跻身其间，观察人物及其服饰。道光二十四年（1844），京剧名角余三胜到天津演出，18岁的张明山观其演出数次，塑成一尊戏装像《黄鹤楼》，形象逼真传神，被誉为“活余三胜”，名噪一时，得艺名“泥人张”。其名气很快传入北京，清末一度应诏入宫，负责捏造历史人物塑像。①

张明山兴趣广泛，创作的泥人题材宽广，包括古典文学、民间传说、戏剧创作，如《红楼梦》《白蛇传》《木兰从军》《和合二仙》等，刻画了不同主题、不同人物的性格特征和精神面貌。他还善于观察社会，市井的民情风俗、百姓的习尚爱好、日常情态等生活细节，都能作为他的创作素材。如大型彩塑《殡仪式》，人物众多，场面宏大，反映了当时天津殡仪的民间风俗情景。

张明山开创的“泥人张”事业在其子张玉亭、张续荣的主持下，进一步发展壮大。1915年，在美国举办的巴拿马万国博览会上，泥人张参展的《纺织女工》与其他16件作品被认为是“出类拔萃”之作。其间，张玉亭与张续荣的好友赵月廷在天津估衣街开设同升号，专营泥人张作品和杨柳青年画，泥人张的许多泥人作品，包括一些传世精品皆由此流传出去。张玉亭的儿子是张景福、张景祜，其中张景祜自幼随父学艺，中华人民共和国成立后到中央美术学院等高校任教，培养彩塑行业新人，打破家传世袭形式，因此北京也出现了一批泥人张技艺的传人。张玉亭的孙子张铭、张钺，立足天津，继续传承并发扬“泥人张”，使得“泥人张”成为中国北方泥塑艺术的典型代表。②

三、盆景、彩扎

（一）苏派盆景

苏州盆景栽培历史悠久。早在唐代，大诗人白居易担任苏州刺史时，就写过一首《太湖石》：“烟翠三秋色，波涛万古痕。削成青玉片，截断碧云根。风气通岩穴，苔文护洞门。三峰具体小，应是华山孙。”从侧面反映了当时的盆景艺术师法自然山水的风格。到了宋代，苏州盆景制作追求“盆中有诗，盎内显画”的意境，盆景艺术渐趋成熟。南宋著名诗人范成大隐居石湖时，就曾以英石、灵璧石、太湖石制成盆景，放在几案上，还冠以“天柱峰”“小峨眉”等雅称。元代，苏州又出现了微型盆景。

① 舒粉利：《清代“泥人张”创始人张明山与其艺术创作理念探究》，《兰台世界》2014年12期。

② 荀德麟、刘志平、李想等：《京杭大运河——非物质文化遗产》，北京：电子工业出版社，2014年，第269～272页；张锠：《泥人张及其彩塑》，王绎、王明石主编：《北京工艺美术集》，北京：北京出版社，1983年，第100～103页。

名重一时的苏州平江高僧韫上人所创制的“些子景”，为微型盆景当时的称谓。

明代苏州的盆景艺术已较为普及，富户叠山造园、平民设盆置景，成为一种时尚。明代黄省曾《吴风录》载：“虽闾阎下户亦饰小山盆岛为玩……而朱勔子孙居虎丘之麓，尚以种艺垒山为业，游于王侯之门，俗呼为花园子。其贫者，岁时担花鬻于吴城，而桑麻之事衰矣。”当时，对于盆景的审美时尚，“以列几案者为第一”，树桩选材“以天目松为第一”，对盆景的品种和摆放的位置，以及座架的选择等，都有严格的要求。清代，苏州盆景产业进一步发展，仅虎丘至山塘街一带较大的盆景园圃就有十多家，深受本地人及外地来的官员、文人、游客喜爱。这时期，苏州有关盆景的论著、诗词作品也更多，如吴县人沈朝初《忆江南》词云：“苏州好，小树种山塘。半寸青松虬干古，一拳文石藓苔苍，盆里画潇湘。”诸如此类描述苏州盆景的诗歌很多。①

大运河在苏州盆景传播发展的过程中扮演了重要角色。明清时期，繁盛的苏州盆景沿着运河传播到扬州等地。清乾隆时期李斗《扬州画舫录》中记载：“僧离幻，姓张氏，苏州人。幼好音乐，长为串客。曾在含芳班与熊蛮作写状，得罪御史被笞，遂为僧。但饮酒，不茹荤。好蓄宣炉砂壶，自种花卉盆景，一盆值百金。每来扬州，玩好盆景，载数艘以随。插瓶花不用针与铁丝，每一瓶赠银四流。”② 离幻和尚培育的盆景，一盆可值百金，其盆景制作技术可见一斑。同样，苏州盆景也沿运河进入北京皇家园林，并运用暖室等技术进行培育。清代京师西苑门迤南有南花园，“杂植花树，凡江宁、苏、松、杭州织造所进盆景，皆付浇灌培植。又于暖室烘出芍药、牡丹诸花。每岁元夕赐宴之时，安放乾清宫，陈列筵前，以为胜于剪彩”。③ 清代北京盆景集中地在丰台，在丰台栽培的盆景，树种很多来自江南、福建、广东等南方地区。据《日下旧闻考》记载：“燕地苦寒，江南群芳不可易得，即有携种至者，仅可置盆盎中为几席玩。”④

就风格特点而言，苏派盆景古拙雅秀，清新自然，对叶片不过多修饰，力求顺乎自然，避免矫揉造作。以采掘古桩为主，用棕丝攀扎，“粗扎细剪”。在保持其自然形态的前提下，蟠扎其部分枝条，使其枝叶均匀分布、错落有致，许多盆景甚至仅剪不扎，其修剪也以保持古桩的自然形态为原则，只剪除或摘除部分“冒尖”的嫩梢。“六台三托一顶”式为苏派盆景传统的造型，即在弯曲成六曲的主干上生出三对高低分布、错落有致的叶片，并在树桩顶部留有一叶片的形式，结“顶”较为自然。此外，苏派盆景十分讲究景（桩、石）、盆和几架的和谐统一，特别在厅堂陈列布置时，景、盆、架要与厅堂结构协调，使“景”“境”相称

① 荀德麟、刘志平、李想等：《京杭大运河——非物质文化遗产》，北京：电子工业出版社，2014 年，第 294 ～ 296 页。
②〔清〕李斗著，汪北平、涂雨公点校：《扬州画舫录》，北京：中华书局，1960 年，第 359 页。
③〔清〕高士奇：《金鳌退食笔记》，北京：北京古籍出版社，1982 年，第 150 页。
④〔清〕于敏中等编：《日下旧闻考》卷一四九《物产》，北京：北京古籍出版社，1985 年，第 2381 页。

而得体。[①]

（二）扬派盆景

扬派盆景，为中国五大盆景流派（岭南派、川派、苏派、海派和扬派）之一。扬州盆景艺术在隋唐时期形成流派，明清时代成熟，历代均有盆景名师出现，一直延续至今，是中国盆景艺术流派中颇具影响力的流派。

扬州盆景的发源、发展和繁盛与京杭大运河密切相关。早在隋唐时期，扬州作为运河名城已是东南第一大都会，经济和文化的高度繁华，促进了园林的兴起。宋朝时的扬州仍为东南重镇。北宋元祐七年（1092），苏轼出任扬州太守，余暇喜制作盆景且经常作诗吟咏。苏诗有“试观烟雨三峰外，都在灵仙一掌间”“五岭莫愁千嶂外，九华今在一壶中”，可看出当时扬州盆景业的成熟发达。

明代，扬州随着经济繁荣、园林复兴，盆景艺术发展形成明显的风格特色。扬派盆景制作技艺的精髓，一在树本，二在剪扎技艺，两者相得益彰。盆景形态大体为“主干虬曲，枝嘴平展”。扬州盆景园保存的一盆明末桧柏盆景，为古刹天宁寺中保留的古物，干高二尺，屈曲如龙，树皮仅余三分之一，苍龙翘首，应用“一寸三弯”手法，将枝干剪扎成“龙游弯”，形成“云片”状，枝繁叶茂，青翠欲滴，犹如高山苍松翠柏，既体现了部分明代盆景的特点，也隐现清代扬派盆景的风格。以“一寸三弯”的独特棕丝技法，将树枝制成“云片式”，乃是扬州盆景能被称为派别的主要原因之一。

清代，云集扬州的达官显贵、盐茶巨贾、文人雅士，以陈设、玩赏盆景为风雅之事，殊爱盆景的富人甚至长年聘请盆景工匠为其培育、摆弄盆景，不少文人墨客还乐于亲自动手制作盆景。时尚所向，很快风靡，促使民间出现了不少专门从事盆景生产的家族式花园。当时的盐商巨贾不仅玩赏和收藏盆景，而且还捧出盆景相互“斗宝”，以炫耀自己的风雅、高贵和富有。富商斗宝，匠人斗艺，在这种激烈的竞争中，靠技艺维生的盆景艺人，也因此练就了一套过硬的剪扎技艺。

康熙与乾隆二帝均六次下江南，每次必至扬州。扬州官僚、盐商为迎合帝王游幸而广筑园林，盆景技艺得以迅速发展，当时有“家家有花园，户户养盆景”之说。清代，扬州盆景融合运河沿线的高资石、宜兴土，并借用“江南石工”的技艺，创新制作出“花树点景”“山水点景”等新型盆景。清人李斗《扬州画舫录》就有精彩的记载：“湖上园亭，皆有花园，为莳花之地。桃花庵花园在大门大殿阶下。养花人谓之花匠，莳养盆景，蓄短松、矮杨、杉、柏、梅、柳之属。海桐、黄杨、虎刺以小为最，花则月季、

---

① 林瞳：《明清时期植物盆景种类及制作技术研究》，硕士学位论文，南京农业大学，2009 年，第 41 ～ 42 页。

丛菊为最，冬于暖室烘出芍药、牡丹，以备正月园亭之用。盆以景德窑、宜兴土、高资石为上等。种树多寄生，剪丫除肄，根枝盘曲而有环抱之势，其下养苔如针，点以小石，谓之花树点景。又江南石工以高资盆，增土叠小山数寸，多黄石、宣石、太湖、灵璧之属，有孔、有皱、有罅、有杠，蓄水作小瀑布，倾泻危溜，其下空处有沼，蓄小鱼游泳，谓之山水点景。”①当时扬州的文人，如扬州八怪等书画家，也多有欣赏盆景之雅好，他们的介入使盆景与书画紧密结合，更提升了扬州盆景的艺术性和观赏性。

民国时期，扬派盆景还通过船运，销往上海和运河沿线的苏南、苏北等地，深受市场青睐。世代以盆景为业的人家，以口授身教的方式，子承父业，一代代沿袭下来。中华人民共和国成立后，为避免后继无人和近亲繁衍，盆景技艺精湛的泰州万氏第五代传人万勤棠、泰兴王氏第五代传人王寿山于 1963 年分别进入扬州市和泰州市园林部门工作。同时，政府为了让古老的扬派盆景技艺得到保护、继承和发展，在民间收集明清时期的优秀盆景存物，让名师一边精心培育、一边带徒传艺。②

（三）邳州纸塑狮子头

邳州狮子头诞生于运河城市邳州。邳州的纸塑狮子头原为邳州民间狮子舞的狮子头面具，后独立成为一种艺术形式。邳州历史上有舞狮的传统，明嘉靖《重修邳州志》载，彼时邳州“春日赛会，鸣钲击鼓，作巨象、狮子、竹马、蹴鞠之戏，冶容妖服，游衍州闾”。邳州百姓在节日庆典时往往会舞狮子，除了娱乐，还希望通过舞狮驱邪除妖、消灾避祸、祈求平安。

邳州纸塑狮子头的风格既不属于南派（以泉州、漳州、广州、佛山等地为代表），也不属于北派（以沧州、廊坊为代表），它兼有南狮的文秀细腻和北狮的粗犷猛健，在中国众多舞狮面具中独树一帜。邳州纸塑狮子头吸取了传统舞狮中舞狮道具造型抽象写意、情绪浓烈的特点，利用彩纸描绘，惯用红、绿、黄、紫、黑、白六色，对比强烈、色彩夸张，具有“朴、真、直、艳、烈”的风格特征。此外，邳州纸塑狮子头除正常舞狮道具所用尺寸以外，还有各类大小不同的形制，依尺寸大小分为至少九种样式。无论何种样式，其主体部分的前后比例皆大于上下比例，轮廓线方中带圆，狮鼻为界下方上圆；狮鼻圆润夸张，鼻头小于两边鼻翼；眼珠硕大明亮，眼珠距离较近；狮眉呈倒“八”字，头顶一般有六只角状凸起，狮耳外撇。此外，最终成型的狮子头还另装有下颌、“威”（毛发）和“摆”（胡须）三样部件，使之似笑非笑，不怒自威。整体来看，邳州纸塑狮子头五官突出、形态夸张、色彩艳丽、对比强

---

①〔清〕李斗著，汪北平、涂雨公点校：《扬州画舫录》卷二，北京：中华书局，1960 年，第 35 页。

② 韦金笙：《中国扬派盆景》，上海：上海科学技术出版社，2004 年，第 4 页；林瞳：《明清时期植物盆景种类及制作技术研究》，硕士学位论文，南京农业大学，2009 年，第 38 ～ 41 页；荀德麟、刘志平、李想等：《京杭大运河——非物质文化遗产》，北京：电子工业出版社，2014 年，第 290 ～ 292 页。

烈，用色犹如传统木版年画，描绘好似民间戏曲脸谱，在增强和丰富视觉效果的同时，也折射出鲜明的地域造型风格特色和苏北人的审美情趣。①

（四）枣庄石榴盆景

枣庄市峄城区地处鲁南低山丘陵地区，有著名的冠世榴园，是中国石榴之乡，为石榴盆景的栽培提供了得天独厚的条件。峄城石榴盆景起源何时尚无考证。明代兰陵笑笑生所著的《金瓶梅》中就有多处关于石榴盆景、盆栽的记叙。

明清时期，石榴盆景兴盛。清康熙帝对石榴盆景情有独钟，他在《康熙御制盆榴花》中吟道："小树枝头一点红，嫣然六月杂荷风。攒青叶里珊瑚朵，疑是移银金碧丛。"②根据康熙皇帝诗词《御制盆榴花》和峄城南郊固庄村出土文物中的"盆栽石榴花"图案推断，峄县石榴盆景可能是由清代慈宁宫的石榴盆栽演变而来。据民间老艺人讲述，清嘉庆年间，石榴盆景成为艺术品，仅在县衙官府及士绅、富豪之家出现。民国时期，鲁南苏北集镇的商家、富户、文人雅士流行用石榴盆景装点门面，以示富贵。中华人民共和国成立后，盆景艺术时兴时衰；改革开放后，盆景作为一种观赏艺术，受到了人们的推崇。

石榴盆景的制作，主要有五道工序：一是采桩栽植；二是保温保湿，高湿催芽；三是造型与修剪，需经过蟠扎、剪枝、抹芽、摘心和整形几道工序；四是删减疏控，以保花保果；五是管理和养护。石榴盆景选用造型奇特、千姿百态的古树老桩，通过艺术加工，融自然美与艺术美于一体。③

（五）济宁竹器

山东运河沿岸的市镇济宁、张秋、聊城、临清、德州，乃至北方段运河之上的天津、北京等著名城市中都有一条竹竿巷，这是江北运河城市的一大特色。元代南北大运河贯通之后，浙江毛竹、篙竹、黄竹、斑竹及烟杆竹，都由运河向北方贩运。济宁、张秋、临清等地都是大码头，自然也多在这些码头上岸交易，竹编工匠也随之于这些地方上岸谋生，竹器铺便在这几个市镇的运河岸畔，如雨后春笋一个个冒出来，很快在济宁、张秋、聊城、临清相继形成了竹器制作的专业街巷。此后，济宁竹竿巷已不能承载竹器作坊的不断涌入，竹器铺向外扩散后，周围七条街巷都成为专营竹器的街道，这一

---

① 王南杰：《邳州纸塑狮子头的传承与发展》，《艺术教育》2012 年第 2 期；曹雨婕：《邳州纸塑狮子头的艺术特征与传承思考》，《四川戏剧》2018 年第 5 期。

② 彭春生：《北京花果盆景发展史考证》，《北京林业大学学报（社会科学版）》，1990 年增刊。

③ 郝兆祥等：《峄城石榴盆景、盆栽产业概况与发展对策》，《山东农业科学》2015 年第 5 期；王玉芬、王德椿主编：《京杭运河·齐鲁风情·枣庄卷》，济南：山东人民出版社，2013 年，第 275 ～ 276 页。

带逐步发展成山东最大的竹器市场；临清也扩展了油篓巷成为竹器作坊的街巷，并有青楼“富春院”入驻，日夜弦歌，当时有名的歌妓陈三两（原名李翠萍）就在此吟唱临清时调；张秋古镇的竹竿巷，也成为周围州县较大的竹器市场；聊城的竹竿巷，南通丁家坑，北接东关大街最繁华地段。

提及济宁竹器业，必先介绍竹竿巷。济宁的竹竿巷，是一条顺河而设且与江南水弄堂相似的街巷。后来成为竹器作坊的街道有纸坊街、汉石桥街、纸店街以及清平巷、打绳巷、永丰巷和大闸口河南街这一大片临河街区，形成大概念上的竹竿巷。河边庐棚蹲踞，竹垛条陈，街面青石板路，板搭门面，篮笼为幌，竹器盈堂。竹器铺的布局形式通常为“前店后宅”，铺面上方再铺设木板，做成简易的“楼”，以活动木梯作垂直通道，“楼”上一般是伙计、学徒的宿舍，因此是商业店铺、手工业作坊与民居合而为一的建筑样式。临河设店，既有江南风，又有北方味，尤其前门交易、后门泊船装货的特征，在北方并不多见。

竹竿巷的竹货生产源于元朝，兴盛于明清。小手工业者在竹竿巷这块土地上经营，最初只有数户，后经由这几户出师之徒的发展扩充，将竹竿巷的名声越做越大，尤其创出了“济州之花”竹篮的名牌，竹竿巷于是成为鲁西南人尽皆知之处。临近济宁的农民进城，大多顺便到竹竿巷转转，捎回自家所需竹器；远方客商也常慕名来济宁购置竹器，贩往曹、沂二州，或随漕船销往京津沿途。清初有经营者王鸿盛、杜永兴等10余家；光绪年间有较大店铺37家，从业者200余人；1920年后增加到60余家，有太茂号、大同号、宝盛号、万顺号、复兴号、义合号、盛祥号、德盛永、成兴号、玉顺号、海盛号等；至20世纪三四十年代，有祥太、馨记、顺兴等150余家，从业者近400人；20世纪50年代前后，发展到170多家，从业者700余人。原料的选择，主要是浙、闽、皖、赣、川等省的竹竿、竹枝。制作的竹货，多销至梁山、郓城、鄄城、金乡、嘉祥、鱼台、汶上、东阿、聊城、泰安等处。①

（六）北京灯彩

中国灯彩五花八门，是一项融合多种材料、工艺、装饰技艺的制灯艺术，经过历代灯彩艺人的继承和发展，形成了丰富的品种，具有高超的工艺水平。它综合了绘画艺术、剪纸、纸扎、刺绣、缝纫等工艺，利用各个地区出产的竹、木、藤、麦秆、兽角、金属、绫绢等材料制作而成。种类分宫灯、纱灯、吊灯等。造型有人物、山水、花鸟、龙凤、鱼虫等。从地域上看，全国各地基本都有结合当地民俗风情的灯彩。在各具特色的各地灯彩中，北京灯彩因具有鲜明的宫廷艺术特色，并融合各地工艺而别具一格。

灯彩著名产地以运河沿线或附近的城市为多，如开封、杭州、福州自宋代起便已闻名，

---

① 高建军编著：《山东运河民俗》，济南：济南出版社，2006年，第139～144页。

至明代还有苏州、扬州、丹阳、海宁、泰州、南京、青州等地善制灯彩。明成祖朱棣迁都北京后，北京的灯彩需求量大增，全国各地的许多灯彩匠人通过大运河来到北京。这些灯彩匠人带来了各具特色的制作技艺。他们有的在北京开设了手工作坊，面向大众制售灯彩；有的被征召入宫，专门为皇家制作宫灯。不同的灯彩制作技艺在北京交流、融合、创新，最终使得北京灯彩艺术融汇了全国各地灯彩的精华，也使北京的灯彩制作技艺大幅提高。

宫廷灯彩是北京灯彩制作技艺的一个鲜明特征，具有材质精良、形式周正、做工精细、题材富有寓意等特色。其加工机制规整、彩绘精致、灯光明亮、安全适用，可美化环境，具有高雅富丽的效果。北京宫廷灯彩分为六方宫灯、花灯两种。六方宫灯是传统的六角形宫灯；花灯是从六方宫灯发展而来，大部分以红木、紫檀、花梨、楠木等贵重木材作为立柱，再镶以纱绢、玻璃制成。此外，也有以骨刻、铜铸、烧蓝、雕漆等作为立柱的。花灯的品种很多，有客厅礼堂用的吊灯、书桌上的台灯、座椅两旁的戳灯，以及安装在墙壁上的壁灯等。①

① 荀德麟、刘志平、李想等:《京杭大运河——非物质文化遗产》，北京：电子工业出版社，2014年，第283～286页。

参考文献

一、著作

[1] 班固. 汉书. 北京：中华书局，1962.

[2] 扬雄. 扬雄集校注. 张震泽，校注. 上海：上海古籍出版社，1993.

[3] 范晔. 后汉书. 北京：中华书局，1965.

[4] 杨衒之. 洛阳伽蓝记校释. 周祖谟，校释. 北京：中华书局，2002.

[5] 沈约. 宋书. 北京：中华书局，1974.

[6] 白居易. 白居易集. 北京：中华书局，1979.

[7] 李百药. 北齐书. 北京：中华书局，1972.

[8] 刘肃. 大唐新语. 许德楠，李鼎霞，点校. 北京：中华书局，1984.

[9] 杜宝. 大业杂记. 北京：中华书局，1991.

[10] 杜牧. 杜牧全集. 上海：上海古籍出版社，1997.

[11] 杜甫. 杜诗详注. 北京：中华书局，1979.

[12] 杜牧. 樊川文集 // 文渊阁四库全书. 台北：台湾商务印书馆，1986.

[13] 封演. 封氏闻见记 // 文渊阁四库全书. 台北：台湾商务印书馆，1986.

[14] 李德裕. 李卫公别集 // 文渊阁四库全书. 台北：台湾商务印书馆，1986.

[15] 常沂. 灵鬼志 // 丛书集成初编. 北京：中华书局，1985.

[16] 刘禹锡. 刘禹锡全集. 上海：上海人民出版社，1975.

[17] 唐临. 冥报记. 上海：上海古籍出版社，1996.

[18] 皮日休. 皮日休文薮. 上海：上海书店出版社，1994.

[19] 杨晔. 膳夫经手录 // 续修四库全书. 上海：上海古籍出版社，2002.

[20] 魏徵. 隋书. 北京：中华书局，1973.

[21] 李肇. 唐国史补 // 文渊阁四库全书. 台北：台湾商务印书馆，1986.

[22] 长孙无忌. 唐律疏议. 上海：上海古籍出版社，2013.

[23] 杜佑. 通典. 北京：中华书局，1988.

[24] 王建. 王司马集 // 文渊阁四库全书. 台北：台湾商务印书馆，1986.

[25] 陆广微. 吴地记后集 // 丛书集成初编. 北京：中华书局，1985.

[26] 赵璘. 因话录. 北京：中华书局，1985.

[27] 皎然. 杼山集 // 文渊阁四库全书. 台北：台湾商务印书馆，1986.

[28] 李吉甫. 元和郡县图志. 北京：中华书局，2008.

[29] 刘昫. 旧唐书. 北京：中华书局，1975.

[30] 真人元开. 唐大和上东征传校注. 梁明院，校注. 扬州：广陵书社，2010.

[31] 周辉. 北辕录. 北京：中华书局，1991.

[32] 杨万里. 诚斋集 // 文渊阁四库全书. 台北：台湾商务印书馆，1986.

[33] 石介. 徂徕石先生文集. 北京：中华书局，1984.

[34] 葛胜仲. 丹阳集 // 文渊阁四库全书. 台北：台湾商务印书馆，1986.

[35] 孟元老. 东京梦华录. 郑州：中州古籍出版社，2010.

[36] 范镇. 东斋记事. 北京：中华书局，1980.

[37] 耐得翁. 都城纪胜. 上海：上海古籍出版社，1993.

[38] 陈岩肖. 庚溪诗话. 北京：中华书局，1985.

[39] 楼钥. 攻媿集 // 文渊阁四库全书. 台北：台湾商务印书馆，1986.

[40] 罗大经. 鹤林玉露. 上海：上海古籍出版社，2012.

[41] 胡舜陟. 胡少师总集 // 续修四库全书. 上海：上海古籍出版社，2002.

[42] 张舜民. 画墁录. 北京：中华书局，1991.

[43] 黄震. 黄氏日抄 // 文渊阁四库全书. 台北：台湾商务印书馆，1986.

[44] 朱熹. 晦庵别集 // 文渊阁四库全书. 台北：台湾商务印书馆，1986.

[45] 李心传. 建炎以来朝野杂记. 北京：中华书局，1985.

[46] 李心传. 建炎以来系年要录. 胡坤，点校：北京：中华书局，2013.

[47] 宋伯仁. 酒小史. 刻本. [出版地、出版者不详]，1646（清顺治三年）.

[48] 倪思. 经锄堂杂志. 长沙：岳麓书社，2005.

[49] 李纲. 梁溪集 // 文渊阁四库全书. 台北：台湾商务印书馆，1986.

[50] 费衮. 梁溪漫志. 上海：上海古籍出版社，2012.

[51] 陆游. 陆放翁全集. 北京：中国书店，1986.

[52] 陆游. 陆游集. 北京：中华书局，1976.

[53] 苏辙. 栾城集 // 文渊阁四库全书. 台北：台湾商务印书馆，1986.

[54] 吴自牧. 梦粱录. 杭州：浙江人民出版社，1984.

[55] 沈括. 梦溪笔谈. 上海：上海书店出版社，2009.

[56] 韩维. 南阳集 // 文渊阁四库全书. 台北：台湾商务印书馆，1986.

[57] 赵抃. 清献集 // 文渊阁四库全书. 台北：台湾商务印书馆，1986.

[58] 洪迈. 容斋随笔 // 文渊阁四库全书. 台北：台湾商务印书馆，1986.

[59] 章如愚. 山堂考索. 北京：中华书局，1992.

[60] 陈东. 少阳集 // 文渊阁四库全书. 台北：台湾商务印书馆，1986.
[61] 邵伯温. 邵氏闻见录. 李剑雄，刘德权，点校. 北京：中华书局，1983.
[62] 许纶. 涉斋集 // 文渊阁四库全书. 台北：台湾商务印书馆，1986.
[63] 叶梦得. 石林奏议. 上海：上海古籍出版社，1996.
[64] 张镃. 仕学规范 // 文渊阁四库全书. 台北：台湾商务印书馆，1986.
[65] 王炎. 双溪类稿 // 文渊阁四库全书. 台北：台湾商务印书馆，1986.
[66] 叶适. 水心集 // 文渊阁四库全书. 台北：台湾商务印书馆，1986.
[67] 曹勋. 松隐集 // 文渊阁四库全书. 台北：台湾商务印书馆，1986.
[68] 赵汝愚. 宋朝诸臣奏议. 上海：上海古籍出版社，1999.
[69] 苏轼. 苏轼全集. 上海：上海古籍出版社，2000.
[70] 陈世崇. 随隐漫录. 北京：中华书局，2010.
[71] 李昉，等. 太平广记. 北京：北京燕山出版社，2010.
[72] 李昉，等. 太平御览. 北京：中华书局，2000.
[73] 宋敏求. 唐大诏令集 // 文渊阁四库全书. 台北：台湾商务印书馆，1986.
[74] 王溥. 唐会要. 北京：中华书局，1955.
[75] 计有功. 唐诗纪事. 北京：中华书局，1965.
[76] 蔡絛. 铁围山丛谈. 北京：中华书局，1991.
[77] 王安石. 王文公文集. 上海：上海人民出版社，1974.
[78] 李纲. 李纲全集. 长沙：岳麓书社，2004.
[79] 胡宏. 五峰集 // 文渊阁四库全书. 台北：台湾商务印书馆，1986.
[80] 西湖老人. 西湖老人繁胜录. 北京：中国文史出版社，1999.
[81] 王之道. 相山集 // 文渊阁四库全书. 台北：台湾商务印书馆，1986.
[82] 王禹偁. 小畜集. 上海：商务印书馆，1937.
[83] 欧阳修，宋祁. 新唐书. 北京：中华书局，1975.
[84] 李焘. 续资治通鉴长编. 上海师范大学古籍整理研究所，华东师范大学古籍整理研究所，点校. 北京：中华书局，1990.
[85] 洪迈. 夷坚志. 北京：中华书局，1981.
[86] 王应麟. 玉海. 上海：上海书店出版社，1990.
[87] 沈作喆. 寓简. 北京：中华书局，1985.
[88] 赵彦卫. 云麓漫抄 // 文渊阁四库全书. 台北：台湾商务印书馆，1986.
[89] 郑獬. 郧溪集 // 文渊阁四库全书. 台北：台湾商务印书馆，1986.
[90] 郑克. 折狱龟鉴. 上海：商务印书馆，1937.
[91] 郑兴裔. 郑忠肃奏议遗集 // 文渊阁四库全书. 台北：台湾商务印书馆，1986.

[92] 周邦彦．周邦彦集．蒋哲伦，校编．南昌：江西人民出版社，1983.

[93] 司马光．资治通鉴．北京：中华书局，1956.

[94] 陈杰．自堂存稿 // 文渊阁四库全书．台北：台湾商务印书馆，1986.

[95] 张经．乾道四明图经 // 徐时栋．宋元四明六志．宁波：宁波出版社，2011.

[96] 施宿，等．嘉泰会稽志．杭州：杭州出版社，2006.

[97] 范成大．绍定吴郡志．刻本．［出版地、出版者不详］，1229（南宋绍定二年）.

[98] 潜说友．咸淳临安志 // 文渊阁四库全书．台北：台湾商务印书馆，1986.

[99] 朱长文．吴郡图经续记．北京：中华书局，1990.

[100] 虞集．道园学古录 // 文渊阁四库全书．台北：台湾商务印书馆，1986.

[101] 傅若金．傅与砺诗集校注．杨匡和，校注．昆明：云南大学出版社，2015.

[102] 脱脱，等．金史．北京：中华书局，1975.

[103] 王恽．秋涧集 // 文渊阁四库全书，台北：台湾商务印书馆，1986.

[104] 脱脱，等．宋史．北京：中华书局，1985.

[105] 拜柱．通制条格．杭州：浙江古籍出版社，1986.

[106] 贡师泰．玩斋集 // 文渊阁四库全书．台北：台湾商务印书馆，1986.

[107] 马端临．文献通考．上海师范大学古籍研究所，华东师范大学古籍研究所，点校．北京：中华书局，2011.

[108] 马臻．霞外诗集 // 文渊阁四库全书．台北：台湾商务印书馆，1986.

[109] 元典章．北京：中国书店，1990.

[110] 苏天爵．元朝名臣事略 // 文渊阁四库全书．台北：台湾商务印书馆，1986.

[111] 朱思本．贞一斋诗稿．上海：上海书店出版社，1994.

[112] 徐松．元河南志．郑州：中州古籍出版社，2011.

[113] 俞希鲁．至顺镇江志．南京：江苏古籍出版社，1990.

[114] 王仁辅．至正无锡志 // 无锡文库．南京：凤凰出版社，2012.

[115] 马可·波罗．马可波罗行纪．冯承钧，译．上海：上海书店出版社，2001.

[116] 鄂多立克．鄂多立克东游录．何高济，译．北京：中华书局，1981.

[117] 谢肇淛．北河记．北京：中国水利水电出版社，2015.

[118] 过庭训．本朝分省人物考 // 续修四库全书．上海：上海古籍出版社，2002.

[119] 李濂．汴京遗迹志．周宝珠，程民生，点校．北京：中华书局，1999.

[120] 叶向高．苍霞余草．北京：北京出版社，1997.

[121] 席书，朱家相．漕船志．荀德麟，张英聘，周平，等点校．北京：方志出版社，2006.

[122] 王琼．漕河图志．姚汉源，谭徐明，整编．北京：水利电力出版社，1990.

[123] 杨宏，谢纯．漕运通志．荀德麟，何振华，点校．北京：方志出版社，2006.

[124] 胡行简. 樗隐集 // 文渊阁四库全书. 台北：台湾商务印书馆，1986.
[125] 张凤翼. 处实堂续集 // 续修四库全书. 上海：上海古籍出版社，2002.
[126] 申时行. 赐闲堂集. 济南：齐鲁书社，1997.
[127] 钱士升. 赐余堂集. 北京：北京出版社，1997.
[128] 李维桢. 大泌山房集. 济南：齐鲁书社，1997.
[129] 丘濬. 大学衍义补. 郑州：中州古籍出版社，1995.
[130] 杨士奇. 东里集续集 // 文渊阁四库全书. 台北：台湾商务印书馆，1986.
[131] 毕自严. 度支奏议 // 续修四库全书. 上海：上海古籍出版社，2002.
[132] 范景文. 范文忠集 // 潘锡恩. 乾坤正气集. 台北：环球书局，1966.
[133] 于若瀛. 弗告堂集. 北京：北京出版社，1997.
[134] 权衡. 庚申外史 // 续修四库全书. 上海：上海古籍出版社，2002.
[135] 何士晋. 工部厂库须知 // 续修四库全书. 上海：上海古籍出版社，2002.
[136] 于慎行. 谷城山馆文集. 济南：齐鲁书社，1997.
[137] 于慎行. 穀山笔尘. 北京：中华书局，1984.
[138] 沈德符. 顾曲杂言. 北京：中华书局，1985.
[139] 王士性. 广志绎 // 四库全书存目丛书，济南：齐鲁书社，1997.
[140] 冯梦龙. 桂枝儿. 关德栋，选注. 济南：济南出版社，1992.
[141] 徐学聚. 国朝典汇. 济南：齐鲁书社，1996.
[142] 雷礼. 国朝列卿纪 // 续修四库全书. 上海：上海古籍出版社，2002.
[143] 潘季驯. 河防一览. 北京：水利水电出版社，2018.
[144] 邵经邦. 弘简录 // 续修四库全书. 上海：上海古籍出版社，2002.
[145] 李东阳. 怀麓堂集 // 文渊阁四库全书. 台北：台湾商务印书馆，1986.
[146] 沈恺. 环溪集 // 文渊阁四库全书. 台北：台湾商务印书馆，1986.
[147] 孔贞运. 皇明诏制 // 续修四库全书. 上海：上海古籍出版社，2002.
[148] 程敏政. 篁墩集 // 文渊阁四库全书. 台北：台湾商务印书馆，1986.
[149] 宋懋澄. 九籥集. 王利器，校录. 北京：中国社会科学出版社，1984.
[150] 康海. 康对山先生文集 // 续修四库全书. 上海：上海古籍出版社，2002.
[151] 顾起元. 客座赘语. 上海：上海古籍出版社，2012.
[152] 李东阳. 李东阳集. 周寅宾，点校. 长沙：岳麓书社，1984.
[153] 李开先. 李开先全集. 卜键，笺校. 上海：上海古籍出版社，2014.
[154] 李贽. 李温陵集 // 续修四库全书，上海：上海古籍出版社，2002.
[155] 李廷机. 李文节集. 北京：北京出版社，1997.
[156] 杨士奇. 历代名臣奏议 // 文渊阁四库全书. 台北：台湾商务印书馆，1986.

[157] 王定安，等. 两淮盐法志. 扬州：广陵书社，2015.
[158] 徐象梅. 两浙名贤录 // 续修四库全书. 上海：上海古籍出版社，2002.
[159] 李昭祥. 龙江船厂志. 王亮功，校点. 南京：江苏古籍出版社，1999.
[160] 吴应箕. 楼山堂集 // 续修四库全书. 上海：上海古籍出版社，2002.
[161] 姚旅. 露书. 福州：福建人民出版社，2008.
[162] 何乔远. 名山藏 // 续修四库全书. 上海：上海古籍出版社，2002.
[163] 陈子龙. 明经世文编 // 续修四库全书. 上海：上海古籍出版社，2002.
[164] 董伦，等. 明实录. 台北："中央研究院"语言研究所，1962.
[165] 彭孙贻. 茗斋诗. 北京：中华书局，1985.
[166] 施沛. 南京都察院志. 南京：南京出版社，2005.
[167] 包汝楫. 南中纪闻. 北京：中华书局，1985.
[168] 徐光启. 农政全书. 陈焕良，罗文华，校注. 长沙：岳麓书社，2002.
[169] 郎瑛. 七修类稿. 北京：中华书局，1959.
[170] 丘濬. 琼台诗文会稿. 呼和浩特：内蒙古人民出版社，2002.
[171] 王骥德. 曲律注释. 陈多，叶长海，注释. 上海：上海古籍出版社，2012.
[172] 徐元太. 全史吏鉴. 北京：北京出版社，2000.
[173] 胡瓒. 泉河史. 刻本. [出版地、出版者不详]，1647（清顺治四年）.
[174] 陈懋仁. 泉南杂志. 北京：中华书局，1985.
[175] 邵宝. 容春堂集. 南京：凤凰出版社，2011.
[176] 罗懋登. 三宝太监西洋记通俗演义. 陆树仑，竺少华，校点. 上海：上海古籍出版社，1985.
[177] 萧崇业，谢杰. 使琉球录 // 续修四库全书. 上海：上海古籍出版社，2002.
[178] 陆容. 菽园杂记. 李建莉，点校. 上海：上海古籍出版社，2012.
[179] 黄克缵. 数马集. 北京：北京出版社，1997.
[180] 张瀚. 松窗梦语. 北京：中华书局，1985.
[181] 冯琦. 宋史纪事本末. 北京：中华书局，1977.
[182] 汪道昆. 太函集 // 续修四库全书. 上海：上海古籍出版社，2002.
[183] 李流芳. 檀园集 // 文渊阁四库全书. 台北：台湾商务印书馆，1986.
[184] 张岱. 陶庵梦忆. 北京：紫禁城出版社，2011.
[185] 佚名. 梼杌闲评. 刘文忠，校点. 北京：人民文学出版社，1983.
[186] 孙承泽. 天府广记. 北京：北京古籍出版社，1984.
[187] 宋应星. 天工开物. 钟广言，注释. 广州：广东人民出版社，1976.
[188] 黄汴. 天下水陆路程. 杨正泰，校注. 太原：山西人民出版社，1992.
[189] 张四维. 条麓堂集 // 续修四库全书. 上海：上海古籍出版社，2002.

[190] 万表. 玩鹿亭稿. 上海：上海书店出版社，1994.
[191] 申时行. 万历大明会典. 刻本. [出版地、出版者不详]，1587（明万历十五年）.
[192] 张学颜. 万历会计录 // 北京图书馆古籍出版编辑组. 北京图书馆古籍珍本丛刊. 北京：书目文献出版社，1991.
[193] 瞿九思. 万历武功录. 北京：中华书局，1962.
[194] 沈德符. 万历野获编. 北京：中华书局，1959.
[195] 王恕. 王端毅公奏议 // 文渊阁四库全书. 台北：台湾商务印书馆，1986.
[196] 王思任. 王季重杂著. 台北：伟文图书出版社有限公司，1977.
[197] 温纯. 温恭毅集 // 文渊阁四库全书. 台北：台湾商务印书馆，1986.
[198] 熊明遇. 文直行书文选. 北京：北京出版社，1997.
[199] 刘天和. 问水集. 济南：齐鲁书社，1996.
[200] 黄省曾. 吴风录. 北京：中华书局，1991.
[201] 张国维. 吴中水利全书 // 文渊阁四库全书. 台北：台湾商务印书馆，1986.
[202] 谢肇淛. 五杂组. 上海：上海书店出版社，2009.
[203] 田汝成. 西湖游览志余. 刘雄，尹晓宁，点校. 上海：上海古籍出版社，2018.
[204] 释大善. 西溪百咏. 扬州：广陵书社，2003.
[205] 张瀚. 奚囊蠹余. 上海：上海书店出版社，1994.
[206] 王景象. 歙县泽富王氏宗谱. 刻本. [出版地、出版者不详]，1572（明隆庆六年）.
[207] 谢铎. 谢铎集. 杭州：浙江古籍出版社，2012.
[208] 冯梦龙. 醒世恒言. 天津：天津古籍出版社，2004.
[209] 徐渭. 徐渭集. 北京：中华书局，1983.
[210] 徐渭. 徐文长三集. 刻本. [出版地、出版者不详]，1600（明万历二十八年）.
[211] 王世贞. 弇州山人四部稿. 刻本. [出版地、出版者不详]，1577（明万历五年）.
[212] 杨廷和. 杨文忠三录 // 文渊阁四库全书. 台北：台湾商务印书馆，1986.
[213] 宋应星. 野议. 上海：上海人民出版社，1976.
[214] 黄汴. 一统路程图记. 济南：齐鲁书社，1997.
[215] 朱国桢. 涌幢小品. 北京：中华书局，1959.
[216] 唐龙. 渔石集. 北京：中华书局，1985.
[217] 王锜. 寓圃杂记. 北京：中华书局，1984.
[218] 宋濂. 元史. 北京：中华书局，1976.
[219] 陈邦瞻. 元史纪事本末. 北京：中华书局，1979.
[220] 韩邦奇. 苑洛集 // 文渊阁四库全书. 台北：台湾商务印书馆，1986.
[221] 范濂. 云间据目抄. 扬州：广陵古籍刻印社，1984.

[222] 归有光. 震川先生集. 上海：上海古籍出版社，2007.
[223] 万恭. 治水筌蹄. 北京：水利电力出版社，1985.
[224] 潘希曾. 竹涧集 // 文渊阁四库全书. 台北：台湾商务印书馆，1986.
[225] 来俨然. 自愉堂集. 济南：齐鲁书社，1997.
[226] 陈让，夏时正. 成化杭州府志. 刻本. [出版地、出版者不详]，1475（明成化十一年）.
[227] 沈庠，赵瓒，等. 弘治贵州图经新志 // 文渊阁四库全书. 台北：台湾商务印书馆，1986.
[228] 柳琰. 弘治嘉兴府志. 济南：齐鲁书社，1997.
[229] 莫旦. 弘治吴江志 // 中国方志丛书. 台北：成文出版社，1983.
[230] 吴宽，王鏊. 正德姑苏志 // 中国地方志集成. 南京：凤凰出版社，2014.
[231] 邓韨. 嘉靖濮州志 // 天一阁藏明代方志选刊续编. 上海：上海书店出版社，1990.
[232] 吴宗吉，纪士范. 嘉靖清河县志. 刻本. [出版地、出版者不详]，1565（明嘉靖四十四年）.
[233] 陆钎. 嘉靖山东通志. 济南：齐鲁书社，1997.
[234] 杨循吉. 嘉靖吴邑志 // 中国地方志集成. 南京：凤凰出版社，2014.
[235] 范惟恭，王应元. 隆庆高邮州志 // 扬州文库. 扬州：广陵书社，2015.
[236] 沈榜. 宛署杂记. 北京：北京古籍出版社，1983.
[237] 王命爵，王汝训，等. 万历东昌府志. 刻本. [出版地、出版者不详]，1600（明万历二十八年）.
[238] 刘伯缙，陈善. 万历杭州府志. 刻本. [出版地、出版者不详]，1579（明万历七年）.
[239] 郭大纶，陈文烛. 万历淮安府志 // 天一阁藏明代方志选刊续编. 上海：上海书店出版社，1990.
[240] 韩濬，张应武. 万历嘉定县志. 刻本. [出版地、出版者不详]，1605（明万历三十三年）.
[241] 张宁，陆君弼. 万历江都县志 // 扬州文库. 扬州：广陵书社，2015.
[242] 曹树声，傅淑训. 万历平阳府志. 刻本. [出版地、出版者不详]，1645（清顺治二年）.
[243] 李先芳，祝尧焕. 万历濮州志. 刻本. [出版地、出版者不详]，1582（明万历十年）.
[244] 聂心汤. 万历钱塘县志. 刻本. [出版地、出版者不详]，1893（清光绪十九年）.
[245] 林云程，沈明臣. 万历通州志. 上海：上海古籍书店，1963.
[246] 栗可仕，王命新. 万历汶上县志 // 中国地方志集成. 南京：凤凰出版社，2004.
[247] 范涞，章潢. 万历新修南昌府志. 北京：书目文献出版社，1991.
[248] 喻文伟，刘箕，何仪. 万历宿迁县志 // 天一阁藏明代方志选刊续编. 上海：上海书店出版社，1990.
[249] 朱泰，游季勋，包大爟. 万历兖州府志 // 天一阁藏明代方志选刊续编. 上海：上海书店出版社，1990.
[250] 杨洵，徐銮，陆君弼. 万历扬州府志 // 扬州文库. 扬州：广陵书社，2015.
[251] 宋祖舜. 天启淮安府志. 北京：方志出版社，2009.

[252] 罗炌，黄承昊．崇祯嘉兴县志 // 日本藏中国罕见地方志丛刊．北京：书目文献出版社，1991.
[253] 牛若麟．崇祯吴县志 // 中国地方志集成．南京：凤凰出版社，2014.
[254] 利玛窦．利玛窦中国札记．何高济，等译．北京：中华书局，1983.
[255] 崔溥．漂海录．北京：社会科学文献出版社，1992.
[256] 雷士俊．艾陵诗文钞 // 四库禁毁书丛刊．北京：北京出版社，1997.
[257] 包世臣．安吴四种．台北：文海出版社，1966.
[258] 华广生．白雪遗音．北京：中华书局，1959.
[259] 梅曾亮．柏枧山房全集 // 续修四库全书．上海：上海古籍出版社，2002.
[260] 宋起凤．稗说 // 中国社会科学院历史研究所明史室．明史资料丛刊．南京：江苏人民出版社，1982.
[261] 孙鼎臣．畚塘刍论．刻本．武汉：武昌节署，1860（清咸丰十年）.
[262] 闵尔昌．碑传集补．台北：文海出版社，1973.
[263] 谈迁．北游录．北京：中华书局，1960.
[264] 陶澍．陶澍集：下册．长沙：岳麓书社，1998.
[265] 杨锡绂．漕运则例纂．扬州：广陵古籍刻印社，1990.
[266] 龚炜．巢林笔谈．北京：中华书局，1981.
[267] 胡敬．崇雅堂诗抄 // 续修四库全书．上海：上海古籍出版社，2002.
[268] 汪楫．崇祯长编 // 中国历史研究社．中国历史研究资料丛书．上海：上海书店出版社，1982.
[269] 王昶．春融堂集 // 续修四库全书．上海：上海古籍出版社，2002.
[270] 龚鼎孳．定山堂诗集 // 续修四库全书．上海：上海古籍出版社，2002.
[271] 王先谦，朱寿朋．东华续录．上海：上海古籍出版社，2008.
[272] 曹寅．楝亭诗钞．上海：上海古籍出版社，2010.
[273] 顾祖禹．读史方舆纪要．北京：中华书局，2005.
[274] 桂超万．惇裕堂文集 // 续修四库全书．上海：上海古籍出版社，2002.
[275] 赵翼．陔余丛考．北京：商务印书馆，1957.
[276] 孙技蔚．溉堂集．济南：齐鲁书社，1997.
[277] 孙枝蔚．溉堂诗集 // 续修四库全书．上海：上海古籍出版社，2002.
[278] 台北故宫博物院故宫文献编辑委员会．宫中档雍正朝奏折．台北：台北故宫博物院，1979.
[279] 陈梦雷，蒋廷锡．古今图书集成．扬州：广陵书社，2011.
[280] 卢见曾．国朝山左诗钞．刻本．［出版地、出版者不详］，1813（清嘉庆十八年）.
[281] 谈迁．国榷．北京：中华书局，1958.
[282] 温自知．海印楼文集 // 温良儒．温氏丛书：第 4 种．铅印本．［出版地、出版者不详］，1936.
[283] 傅泽洪．行水金鉴．上海：上海古籍出版社，1987.

[284] 张霭生．河防述言 // 马宁．中国水利志丛刊．扬州：广陵书社，2006.

[285] 曹雪芹，高鹗．红楼梦．北京：中华书局，2014.

[286] 卢秉钧．红杏山房闻见随笔．北京：北京出版社，2000.

[287] 花村看行侍者．花村谈往．上海：上海书店出版社，1994.

[288] 捧花生．画舫余谭．扬州：广陵古籍刻印社，1987.

[289] 桂超万．宦游纪略．刻本．［出版地、出版者不详］，1864（清同治三年）.

[290] 葛士濬．皇朝经世文续编 // 沈云龙．近代中国史料丛刊．台北：文海出版社，1966.

[291] 屈大均．皇明四朝成仁录 // 四库禁毁书丛刊．北京：北京出版社，1997.

[292] 琴川居士．皇清奏议 // 续修四库全书．上海：上海古籍出版社，2002.

[293] 褚人获．坚瓠集．上海：上海古籍出版社，2012.

[294] 张佩纶．涧于集 // 续修四库全书．上海：上海古籍出版社，2002.

[295] 贺长龄．江苏海运全案．北京：学苑出版社，2016.

[296] 童槐．今白华堂文集 // 续修四库全书．上海：上海古籍出版社，2002.

[297] 高士奇．金鳌退食笔记．北京：北京古籍出版社，1982.

[298] 黄均宰．金壶浪墨 // 续修四库全书．上海：上海古籍出版社，2002.

[299] 张焘．津门杂记．丁锦孙，王黎雅，点校．天津：天津古籍出版社，1986.

[300] 靳辅．靳文襄奏疏 // 文渊阁四库全书．台北：台湾商务印书馆，1986.

[301] 查慎行．敬业堂诗集．周劭，标点．上海：上海古籍出版社，1986.

[302] 李汝珍．镜花缘．北京：华夏出版社，1994.

[303] 张伯行．居济一得．上海：商务印书馆，1936.

[304] 李天受，李祖望．来紫堂合集．刻本．［出版地、出版者不详］，1852（清咸丰二年）.

[305] 周亮工．赖古堂集．上海：上海古籍出版社，1979.

[306] 梁章钜．浪迹三谈．福州：福建人民出版社，1985.

[307] 徐道．历代神仙通鉴．沈阳：辽宁古籍出版社，1995.

[308] 姚廷遴．历年记．上海：上海人民出版社，1982.

[309] 薛凤祚．两河清汇 // 文渊阁四库全书．台北：台湾商务印书馆，1986.

[310] 林则徐．林文忠公政书．北京：中国书店，1991.

[311] 林则徐．林文忠公奏稿．台北：文海出版社，1986.

[312] 林则徐. 林则徐集奏稿. 中山大学历史系中国近代现代史教研组、研究室，编. 北京：中华书局，1965.

[313] 陆世仪．论学酬答 // 续修四库全书．上海：上海古籍出版社，2002.

[314] 钱泳．履园丛话．上海：上海古籍出版社，2012.

[315] 黄训．名臣经济录 // 文渊阁四库全书．台北：台湾商务印书馆，1986.

[316] 陈鹤. 明纪. 北京：北京出版社，2000.
[317] 计六奇. 明季北略. 北京：中华书局，1984.
[318] 王原. 明食货志. 清刻本.
[319] 张廷玉. 明史. 北京：中华书局，1974.
[320] 谷应泰. 明史纪事本末. 北京：中华书局，1977.
[321] 黄宗羲. 明文海 // 文渊阁四库全书. 台北：台湾商务印书馆，1986.
[322] 潘江. 木厓集. 北京：北京出版社，1997.
[323] 李绂. 穆堂别稿 // 续修四库全书. 上海：上海古籍出版社，2002.
[324] 王廷绍. 霓裳续谱. 北京：中华书局，1959.
[325] 包世臣. 齐民四术. 北京：中华书局，2001.
[326] 昆冈，刘启端，等. 大清会典事例 // 续修四库全书. 上海：上海古籍出版社，2002.
[327] 允祹，等. 大清会典则例 // 文渊阁四库全书. 台北：台湾商务印书馆，1986.
[328] 陈锦. 勤余文牍 // 续修四库全书. 上海：上海古籍出版社，2002.
[329] 贺长龄，盛康. 清朝经世文正续编. 扬州：广陵书社，2011.
[330] 刘锦藻. 清朝续文献通考. 上海：商务印书馆，1912.
[331] 载龄，等. 清代漕运全书. 北京：北京图书馆出版社，2004.
[332] 顾禄. 清嘉录. 上海：上海古籍出版社，1986.
[333] 贺长龄，魏源，等. 清经世文编. 北京：中华书局，1992.
[334] 鄂尔泰，等. 清实录. 北京：中华书局，1985.
[335] 嵇璜，曹仁虎. 清文献通考. 刻本. 杭州：浙江书局，1882（清光绪八年）.
[336] 朱方增. 求闻过斋文集 // 续修四库全书. 上海：上海古籍出版社，2002.
[337] 董诰，等. 全唐文 // 续修四库全书. 上海：上海古籍出版社，2002.
[338] 于敏中. 日下旧闻考. 北京：北京古籍出版社，1985.
[339] 吴敬梓. 儒林外史. 北京：华文出版社，2018.
[340] 陆耀. 山东运河备览. 北京：中国水利水电出版社，2015.
[341] 永瑢. 圣祖仁皇帝圣训 // 文渊阁四库全书. 台北：台湾商务印书馆，1986.
[342] 李因笃. 受祺堂文集. 上海：上海古籍出版社，2010.
[343] 周亮工. 书影. 上海：上海古籍出版社，1981.
[344] 谢启昆. 树经堂诗初集. 上海：上海古籍出版社，2010.
[345] 欧阳兆熊，金安清. 水窗春呓. 谢兴尧，点校. 北京：中华书局，1997.
[346] 陈汝衡. 说书艺人柳敬亭. 上海：上海文艺出版社，1979.
[347] 纪昀，等. 四库全书总目. 北京：中华书局，2003.
[348] 杨锡绂. 四知堂文集. 北京：北京出版社，2000.

[349] 曹庭栋. 宋百家诗存 // 文渊阁四库全书. 台北：台湾商务印书馆，1986.
[350] 徐松. 宋会要辑稿. 刘琳，刁忠民，舒大刚，等校点. 上海：上海古籍出版社，2014.
[351] 袁枚. 随园食单. 北京：中华书局，2010.
[352] 曹楙坚. 昙云阁集 // 续修四库全书. 上海：上海古籍出版社，2002.
[353] 汤斌. 汤斌集. 范志亭，范哲，辑校. 郑州：中州古籍出版社，2003.
[354] 张岱. 陶庵梦忆. 上海：上海古籍出版社，1982.
[355] 唐仲冕. 陶山文录 // 续修四库全书. 上海：上海古籍出版社，2002.
[356] 陶澍. 陶澍全集. 长沙：岳麓书社，2010.
[357] 顾炎武. 天下郡国利病书. 黄坤，校点. 上海：上海古籍出版社，2012.
[358] 虞兆隆. 天香楼偶得. 济南：齐鲁书社，1995.
[359] 童岳荐. 调鼎集. 郑州：中州古籍出版社，1988.
[360] 顾禄. 桐桥倚棹录. 上海：上海古籍出版社，1980.
[361] 王引之. 王文简公文集 // 续修四库全书. 上海：上海古籍出版社，2002.
[362] 袁景澜. 吴郡岁华纪丽. 南京：江苏古籍出版社，1998.
[363] 顾沅. 吴郡文编. 上海：上海古籍出版社，2011.
[364] 吴文镕. 吴文节公遗集 // 续修四库全书. 上海：上海古籍出版社，2002.
[365] 王培荀. 乡园忆旧录. 蒲泽，校点. 济南：齐鲁书社，1993.
[366] 袁枚. 小仓山房诗集 // 续修四库全书. 上海：上海古籍出版社，2002.
[367] 昭梿. 啸亭杂录. 上海：上海古籍出版社，2012.
[368] 黎世序. 续行水金鉴. 上海：商务印书馆，1912.
[369] 沈大成. 学福斋诗集 // 续修四库全书. 上海：上海古籍出版社，2002.
[370] 施闰章. 学余堂诗集 // 文渊阁四库全书. 台北：台湾商务印书馆，1986.
[371] 刘光蕡. 烟霞草堂文集. 上海：上海古籍出版社，2010.
[372] 阮元. 揅经室集 // 续修四库全书. 上海：上海古籍出版社，2002.
[373] 韶公. 燕京旧俗志. 清抄本.
[374] 李斗. 扬州画舫录. 汪北平，涂雨公，点校. 北京：中华书局，1960.
[375] 赵怀玉. 亦有生斋集 // 续修四库全书. 上海：上海古籍出版社，2002.
[376] 陆嵩. 意苕山馆诗稿 // 续修四库全书. 上海：上海古籍出版社，2002.
[377] 管同. 因寄轩文初集. 上海：上海古籍出版社，2010.
[378] 雍正朝汉文朱批奏折汇编. 中国第一历史档案馆，编. 南京：江苏古籍出版社，1987.
[379] 张潮. 虞初新志. 上海：上海古籍出版社，2012.
[380] 王芑孙. 渊雅堂全集 // 续修四库全书. 上海：上海古籍出版社，2002.
[381] 周昂. 元季伏莽志 // 续修四库全书. 上海：上海古籍出版社，2002.

[382] 曾廉. 元书. 北京：北京出版社，2000.

[383] 叶梦珠. 阅世编. 上海：上海古籍出版社，1981.

[384] 纪昀. 阅微草堂笔记. 杭州：浙江古籍出版社，2010.

[385] 刘廷玑. 在园杂志 // 续修四库全书. 上海：上海古籍出版社，2002.

[386] 钱载. 萚石斋诗集 // 续修四库全书. 上海：上海古籍出版社，2002.

[387] 金应麟. 豸华堂文钞. 刻本. [出版地、出版者不详]，1875（清光绪元年）.

[388] 靳辅. 治河奏绩书 // 文渊阁四库全书. 台北：台湾商务印书馆，1986.

[389] 鄂尔泰. 中枢政考. 海口：海南出版社，2000.

[390] 姚元之. 竹叶亭杂记. 李解民，点校. 北京：中华书局，1982.

[391] 李钧. 转漕日记. 刻本. [出版地、出版者不详]，1837（清道光十七年）.

[392] 查继佐. 罪惟录. 杭州：浙江古籍出版社，1986.

[393] 韩允嘉，张起善. 康熙东安县志. 刻本. [出版地、出版者不详]，1672（清康熙十一年）.

[394] 刘佑. 康熙高唐州志. 刻本. [出版地、出版者不详]，1673（清康熙十二年）.

[395] 唐执玉，李玉，田易. 康熙畿辅通志 // 中国地方志集成. 南京：凤凰出版社，2010.

[396] 王命新，薛柱斗，張九徵. 康熙江南通志 // 中国地方志集成. 南京：凤凰出版社，2011.

[397] 于睿明，胡鼎文. 康熙临清州志. 北京：中国书店，1992.

[398] 刘如晏，李杰. 康熙睢宁县志. 刻本. [出版地、出版者不详]，1718（清康熙五十七年）.

[399] 卢承琰. 刘淇. 康熙堂邑县志 // 中国地方志集成. 南京：凤凰出版社，2004.

[400] 薛柱斗，高必大. 康熙天津卫志. 刻本. [出版地、出版者不详]，1674（清康熙十三年）.

[401] 王复宗. 康熙天柱县志 // 中国地方志集成. 成都：巴蜀书社，2006.

[402] 汤斌，孙珮. 康熙吴县志. 刻本. [出版地、出版者不详]，1691（清康熙三十年）.

[403] 张尚元. 康熙宿迁县志. 刻本. [出版地、出版者不详]，1705（清康熙四十四年）.

[404] 闻元炅. 康熙续修汶上县志 // 中国地方志集成. 南京：凤凰出版社，2004.

[405] 雷应元. 康熙扬州府志 // 中国地方志集成. 南京：凤凰出版社，2014.

[406] 马得祯. 康熙鱼台县志. 郑州：中州古籍出版社，1991.

[407] 黄承玄，林芃，马之驦. 康熙张秋志 // 中国地方志集成. 上海：上海书店出版社，2013.

[408] 田雯. 长河志籍考. 北京：中华书局，1985.

[409] 许梦闳. 雍正北新关志. 刻本. [出版地、出版者不详]，1731（清雍正九年）.

[410] 张德盛. 雍正高邮州志 // 扬州文库. 扬州：广陵书社，2015.

[411] 田文镜，孙灏. 雍正河南通志. 刻本. [出版地、出版者不详]，1735（清雍正十三年）.

[412] 丘濬，杜诏. 雍正山东通志 // 山东省历代方志集成. 济南：齐鲁书社，2016.

[413] 刘士铭，王霷. 雍正朔平府志 // 中国地方志集成. 南京：凤凰出版社，2005.

[414] 黄成章. 雍正通州新志. 刻本. [出版地、出版者不详]，1724（清雍正二年）.

[415] 尹会一，程梦星. 雍正扬州府志 // 中国方志丛书. 台北：成文出版社，1975.

[416] 李卫，沈翼机. 雍正浙江通志. 刻本. ［出版地、出版者不详］，1874（清同治十三年）.

[417] 庄日荣，胡淦. 乾隆沧州志 // 中国方志丛书. 台北：成文出版社，1975.

[418] 王道亨，张庆源. 乾隆德州志. 刻本. ［出版地、出版者不详］，1788（清乾隆五十三年）.

[419] 郑沄，邵晋涵. 乾隆杭州府志. 刻本. ［出版地、出版者不详］，1779（清乾隆四十四年）.

[420] 卫哲治，叶长扬. 乾隆淮安府志 // 淮安文献丛刻. 北京：方志出版社，2006.

[421] 高士纶，五格. 乾隆江都县志 // 中国方志丛书. 台北：成文出版社，1983.

[422] 黄之隽，赵弘恩. 乾隆江南通志. 扬州：广陵书社，2010.

[423] 张度，邓希曾. 乾隆临清直隶州志 // 中国地方志集成. 南京：凤凰出版社，2008.

[424] 程德炯. 乾隆陵川县志. 刻本. ［出版地、出版者不详］，1779（清乾隆四十四年）.

[425] 黄怀祖，黄兆熊. 乾隆平原县志 // 中国地方志集成. 南京：凤凰出版社，2004.

[426] 刘绍攽. 乾隆三原县志 // 中国地方志集成. 南京：凤凰出版社，2007.

[427] 程廷祚，何梦篆，蓝应龙. 乾隆上元县志. 南京：南京出版社，2011.

[428] 颜希深，成城. 乾隆泰安府志 // 中国地方志集成. 南京：凤凰出版社，2004.

[429] 高天凤，金梅. 乾隆通州志. 刻本. ［出版地、出版者不详］，1783（清乾隆四十八年）.

[430] 骆大俊. 乾隆武城县志 // 中国地方志集成. 南京：凤凰出版社，2004.

[431] 吴翀，曹涵. 乾隆武清县志. 刻本. ［出版地、出版者不详］，1742（清乾隆七年）.

[432] 宫兆麟，廖必琦. 乾隆兴化府莆田县志. 北京：方志出版社，2017.

[433] 陈顾瀓，觉罗普尔泰. 乾隆兖州府志 // 中国地方志集成. 南京：凤凰出版社，2004.

[434] 李志鲁. 乾隆柘城县志. 刻本. ［出版地、出版者不详］，1773（清乾隆三十八年）.

[435] 陈和志，沈彤，倪师孟. 乾隆震泽县志. 南京：江苏古籍出版社，1991.

[436] 王继祖，夏之蓉. 乾隆直隶通州志. 刻本. ［出版地、出版者不详］，1755（清乾隆二十年）.

[437] 嵩山，谢香开，张熙先. 嘉庆东昌府志 // 中国地方志集成. 南京：凤凰出版社，2004.

[438] 陈观国，李保泰. 嘉庆甘泉县续志 // 江苏历代方志全书. 南京：凤凰出版社，2017.

[439] 唐仲冕，汪梅鼎. 嘉庆海州直隶州志 // 中国地方志集成. 南京：江苏古籍出版社，1991.

[440] 张承先，程攸熙. 嘉庆南翔镇志. 上海：上海古籍出版社，2003.

[441] 万承绍，周以勋. 嘉庆清平县志. 刻本. ［出版地、出版者不详］，1798（清嘉庆三年）.

[442] 张吉安，朱文藻，崔应榴. 嘉庆余杭县志 // 中国地方志集成. 董作栋，续纂. 上海：上海书店出版社，2000.

[443] 董鹏翱，牟应震. 嘉庆禹城县志 // 中国地方志集成. 南京：凤凰出版社，2004.

[444] 李先荣，徐喈凤，阮升基. 嘉庆增修宜兴县旧志 // 中国地方志集成. 宁楷，等增纂. 南京：凤凰出版社，2008.

[445] 倪企望，钟廷瑛. 嘉庆长山县志 // 中国地方志集成. 南京：凤凰出版社，2004.

[446] 阿克当阿，姚文田，江藩. 嘉庆重修扬州府志. 扬州：广陵书社，2006.
[447] 杨祖宪，乌竹芳. 道光博平县志. 刻本. [出版地、出版者不详]，1835（清道光十五年）.
[448] 梁永康，赵锡书. 道光冠县志. 刻本. [出版地、出版者不详]，1831（清道光十一年）.
[449] 周际华，戴铭. 道光辉县志. 刻本. [出版地、出版者不详]，1835（清道光十五年）.
[450] 王赠芳，成瓘. 道光济南府志 // 中国地方志集成. 南京：凤凰出版社，2004.
[451] 徐宗幹，许瀚. 道光济宁直隶州志 // 中国地方志集成. 南京：凤凰出版社，2004.
[452] 陈廷恩，李兆洛. 道光江阴县志 // 无锡文库. 南京：凤凰出版社，2011.
[453] 宋如林，石韫玉. 道光苏州府志. 刻本. [出版地、出版者不详]，1824（清道光四年）.
[454] 王政，王庸立，黄来麟. 道光滕县志 // 中国地方志集成. 南京：凤凰出版社，2004.
[455] 崔允昭，李培谦. 道光直隶霍州志 // 中国地方志集成. 南京：凤凰出版社，2005.
[456] 庆钟. 同治浮山县志 // 中国地方志集成. 南京：凤凰出版社，2005.
[457] 黄德溥，褚景昕. 同治赣县志 // 中国方志丛书. 台北：成文出版社，1975.
[458] 宗源瀚，周学濬. 同治湖州府志 // 中国地方志集成. 上海：上海书店出版社，2000.
[459] 李铭皖，谭均培，冯桂芬. 同治苏州府志 // 中国地方志集成. 南京：江苏古籍出版社，1991.
[460] 孙云，何绍基. 同治重修山阳县志 // 中国地方志集成. 南京：江苏古籍出版社，1991.
[461] 李德浦，方骏谟. 同治宿迁县志. 刻本. [出版地、出版者不详]，1874（清同治十三年）.
[462] 吴世雄，朱忻，刘庠. 同治徐州府志 // 中国地方志集成. 南京：江苏古籍出版社，1991.
[463] 吴惠元. 同治续天津县志. 天津：天津古籍出版社，2017.
[464] 沈家本，徐宗亮. 光绪重修天津府志 // 中国地方志集成. 上海：上海书店出版社，2004.
[465] 程兼善. 光绪重修於潜县志. 石印本. [出版地、出版者不详]，1913.
[466] 何绍章，吕耀斗. 光绪丹徒县志 // 中国地方志集成. 南京：江苏古籍出版社，1991.
[467] 周植瀛，吴浔源. 光绪东光县志 // 中国地方志集成. 上海：上海书店出版社，2006.
[468] 凌绂曾，邵承照. 光绪肥城县志. 泰安：泰安市新闻出版局，1996.
[469] 阮本焱，殷自芳. 光绪阜宁县志. 刻本. [出版地、出版者不详]，1886（清光绪十二年）.
[470] 宋金镜，熊廷献. 光绪馆陶县乡土志. 铅印本. [出版地、出版者不详]，1908（清光绪三十四年）.
[471] 杨兆焕. 光绪菏泽乡土志 // 中国方志丛书. 台北：成文出版社，1968.
[472] 孙云锦，吴昆田，高延常. 光绪淮安府志. 荀德麟，周平，点校. 北京：方志出版社，2010.
[473] 许瑶光，吴仰贤. 光绪嘉兴府志 // 中国地方志集成. 上海：上海书店出版社，2000.
[474] 谢延庚，刘寿曾. 光绪江都县续志 // 中国地方志集成. 南京：江苏古籍出版社，1991.
[475] 向植. 光绪聊城县乡土志. 刻本. [出版地、出版者不详]，1908（清光绪三十四年）.
[476] 张璨之. 光绪齐河县乡土志. 石印本. [出版地不详]：齐河县署，1908（清光绪三十四年）.
[477] 胡裕燕，吴昆田. 光绪清河县志. 刻本. [出版地、出版者不详]，1876（清光绪二年）.
[478] 唐晌春，朱士黻. 光绪上虞县志 // 中国地方志集成. 上海：上海书店出版社，1993.

[479] 王同. 光绪唐棲志 // 中国地方志集成. 上海：上海书店出版社，1992.
[480] 英良，王维珍. 光绪通州志. 刻本. [出版地、出版者不详]，1879（清光绪五年）.
[481] 倪昌燮，冯庆杨. 光绪吴桥县志 // 中国地方志集成. 上海：上海书店出版社，1996.
[482] 董政华，孔广海. 光绪阳谷县志 // 中国地方志集成. 南京：凤凰出版社，2004.
[483] 王振录，王宝田. 光绪峄县志 // 中国地方志集成. 南京：凤凰出版社，2004.
[484] 徐成敟，陈浩恩. 光绪增修甘泉县志 // 中国地方志集成. 南京：江苏古籍出版社，1991.
[485] 陈庆藩，叶熙麟，靳维熙. 宣统聊城县志 // 中国地方志集成. 南京：凤凰出版社，2004.
[486] 威廉・亚历山大. 1793：英国使团画家笔下的乾隆盛世. 沈弘，译. 杭州：浙江古籍出版社，2006.
[487] 亨利・埃利斯. 阿美士德使团出使中国日志. 刘天露，刘甜甜，译. 北京：商务印书馆，2013.
[488] 乔治・马戛尔尼，约翰・巴罗. 马戛尔尼使团使华观感. 何高济，何毓宁，译. 北京：中国旅游出版社，2017.
[489] 爱尼斯・安德逊. 英国人眼中的大清王朝. 费振东，译. 北京：群言出版社，2002.
[490] 乔治・斯当东. 英使谒见乾隆纪实. 钱丽，译. 北京：电子工业出版社，2016.
[491] 爱尼斯・安德逊. 在大清帝国的航行. 费振东，译. 北京：电子工业出版社，2015.
[492] 克拉克・阿裨尔. 中国旅行记（1816-1817年）：阿美士德使团医官笔下的清代中国. 刘海岩，译. 上海：上海古籍出版社，2012.
[493] 金士坚，徐白. 民国通县志要 // 中国地方志集成. 上海：上海书店出版社，2002.
[494] 张仲炘，杨承禧. 民国湖北通志. 扬州：广陵古籍刻印社，1987.
[495] 余谊密，徐乃昌. 民国南陵县志 // 中国方志丛书. 台北：成文出版社，1970.
[496] 宝年，成思缄. 民国邳志补 // 中国方志丛书. 台北：成文出版社，1975.
[497] 周钧，段朝瑞. 续纂山阳县志 // 中国方志丛书. 台北：成文出版社，1983.
[498] 袁绍昂. 民国济宁县志 // 中国方志丛书. 台北：成文出版社，1968.
[499] 徐子尚，张树梅. 民国临清县志 // 中国方志丛书. 台北：成文出版社，1968.
[500] 王德乾，尹铭绩，刘树鑫. 民国南皮县志 // 中国地方志集成. 上海：上海书店出版社，2006.
[501] 耿兆栋，董大年，张汝漪. 民国景县志 // 中国地方志集成. 上海：上海书店出版社，2006.
[502] 董瑶林，李树德. 民国德县志 // 中国地方志集成. 南京：凤凰出版社，2004.
[503] 民国山东通志编辑委员会. 民国山东通志. 济南：山东文献出版社，1991.
[504] 金蓉镜. 民国重修秀水县志. 稿本. [出版地、出版者不详]，1920.
[505] 李根源，曹允源. 民国吴县志. 铅印本. [出版地、出版者不详]，1933.
[506] 缪荃孙，陈思. 民国江阴续县志 // 中国地方志集成. 南京：凤凰出版社，2008.
[507] 周国华，冯翰先. 民国石阡县志 // 中国地方志集成. 成都：巴蜀书社，2006.

[508] 严型，冯煦. 民国宿迁县志 // 中国方志丛书. 台北：成文出版社，1983.
[509] 张遵孟，曹明祥. 民国重修恩县志. 铅印本. [出版地、出版者不详]，1924.
[510] 谢锡文，许宗海. 民国夏津县志续编. 铅印本. [出版地、出版者不详]，1934.
[511] 张坪，张凤瑞. 民国沧县志 // 中国地方志集成. 上海：上海书店出版社，2006.
[512] 韩坰，孙奂仑. 民国洪洞县志 // 中国地方志集成. 南京：凤凰出版社，2005.
[513] 张相文，李佩恩. 民国泗阳县志 // 中国地方志集成. 南京：江苏古籍出版社，1991.
[514] 杨虎城，宋伯鲁. 民国续修陕西通志稿. 铅印本. [出版地、出版者不详]，1934.
[515] 牛占诚，周之桢. 民国茌平县志. 铅印本. [出版地、出版者不详]，1935.
[516] 焦忠祖，庞友兰. 民国阜宁县新志. 铅印本. [出版地、出版者不详]，1934.
[517] 于书云. 民国沛县志. 南京：江苏古籍出版社，1991.
[518] 高凌雯. 民国天津县新志 // 中国地方志集成. 上海：上海书店出版社，2004.
[519] 宋蕴璞. 民国天津志略 // 中国方志丛书. 台北：成文出版社，1969.
[520] 何中孚. 民谣集. 上海：泰东图书局，1924.
[521] 王翼之. 吴歌乙集. 广州：国立中山大学语言历史学研究所，1928.
[522] 江苏省博物馆. 江苏省明清以来碑刻资料选辑. 北京：三联书店，1959.
[523] 太平天国历史博物馆. 太平天国史料丛编简辑. 北京：中华书局，1961.
[524] 苏州市文联. 苏州谚语选. 苏州：苏州市文联，1963.
[525] 何炳棣. 明清社会史论. 台北：学生书局，1966.
[526] 赵尔巽，等. 清史稿. 北京：中华书局，1976.
[527] 复旦大学历史系中国近代史教研组. 中国近代对外关系史资料选辑 1840—1949. 上海：上海人民出版社，1977.
[528] 河北省文化局民歌编选小组. 河北民歌选. 石家庄：河北人民出版社，1979.
[529] 李华编. 明清以来北京工商会馆碑刻选编. 北京：文物出版社，1980.
[530] 汤志钧. 康有为政论集：上册. 北京：中华书局，1981.
[531] 傅崇兰. 明清临清砖窑考察资料（三）. 未刊稿. 临清市地方史志办公室藏，1981.
[532] 苏州历史博物馆. 明清苏州工商业碑刻集. 南京：江苏人民出版社，1981.
[533] 小横香室主人. 清朝野史大观. 上海：上海书店出版社，1981.
[534] 王芷草. 清升平署志略. 台北：新文丰出版公司，1981.
[535] 王决. 曲艺漫谈. 北京：广播出版社，1982.
[536] 王绎，王明石. 北京工艺美术集. 北京：北京出版社，1983.
[537] 张军. 山东琴书研究. 北京：中国曲艺出版社，1984.
[538] 苏州市文学艺术界联合会，江苏省民间视觉工作者协会苏州市分会. 吴歌. 北京：中国民间文艺出版社，1984.

[539] 缪志明. 天津文史丛刊. 天津：天津市文史研究馆，1985.
[540] 中国第一历史档案馆，北京师范大学历史系. 辛亥革命前十年间民变档案史料. 北京：中华书局，1985.
[541] 瞿宜颖. 中国社会史料丛钞. 上海：上海书店出版社，1985.
[542] 傅崇兰. 中国运河城市发展史. 成都：四川人民出版社，1985.
[543] 沧州市民间文学《三套集成》办公室. 沧州市民间歌谣集. [出版地、出版者不详]，1986.
[544] 徐元. 历代讽谕诗选. 合肥：黄山书社，1986.
[545] 聊城地区文化局. 鲁西民间故事. 济南：山东文艺出版社，1986.
[546] 张伟仁. 明清档案. 台北：联经出版事业公司，1986.
[547] 徐珂. 清稗类钞. 北京：中华书局，1986.
[548] 潘镛. 隋唐时期的运河和漕运. 西安：三秦出版社，1986.
[549] 全汉昇. 中国行会制度史. 台北：食货出版社，1986.
[550] 济宁市政协文史资料研究委员会. 济宁文史资料：工商史料专辑. [出版地、出版者不详]，1987.
[551] 谭其骧. 清人文集地理类汇编. 杭州：浙江人民出版社，1987.
[552] 孔昭明. 台湾文献史料丛刊：第九辑. 台北：台湾大通书局，1987.
[553] 山东省出版总社济宁分社. 微山湖风情录. 济南：山东友谊书社，1987.
[554] 胡星，胡涛. 微山湖历代诗文选注. 济南：山东友谊出版社，1987.
[555] 济宁市市中区民间文学三集成办公室. 济宁市市中区民间文学集成资料本. 济宁：济宁市市中区民间文学集成办公室，1988.
[556] 政协济宁市市中区委员会，文史资料研究委员会. 济宁市市中区文史资料. [出版地、出版者不详]，1988.
[557] 聊城市文化局，聊城市文学工作者协会. 聊城民间故事. [出版地、出版者不详]，1988.
[558] 徐肇琼. 天津皇会考纪. 天津：天津古籍出版社，1988.
[559] 常州市郊区民间文学集成编辑组. 中国民间文学集成：常州市郊区资料本. [出版地、出版者不详]，1988.
[560] 可华，孙广权，周宝忠. 沧州历史人物传说. 北京：中国民间文艺出版社，1989.
[561] 范祖述. 杭俗遗风. 上海：上海文艺出版社，1989.
[562] 扬州市民间文学三套集成编委会. 扬州民间故事集. 北京：中国民间文艺出版社，1989.
[563] 苏州市民间文学集成编委会. 中国民间文学集成：江苏苏州. 北京：中国民间文艺出版社，1989.
[564] 宿迁市民间文学集成编委会. 中国民间文学集成：宿迁市卷本. [出版地、出版者不详]，

1989.
[565] 嘉善县文化局，嘉善县文联，嘉善县文化馆. 中国民间文学集成：浙江省嘉善县故事、谚语卷. [出版地不详]：浙江省民间文学集成办公室，1989.
[566] 蒋维锬. 妈祖文献资料. 福州：福建人民出版社，1990.
[567] 济宁市政协文史资料委员会，微山县政协文史资料委员会. 微山湖：微山湖资料专辑. [出版地、出版者不详]，1990.
[568] 余杭县志编纂委员会. 余杭县志. 杭州：浙江人民出版社，1990.
[569] 高志超. 运河名城临清. 济南：山东友谊出版社，1990.
[570] 吴宗越，李宗新. 历代诗人咏淮河. 上海：学林出版社，1991.
[571] 武清县地方史志编修委员会. 武清县志. 天津：天津社会科学院出版社，1991.
[572] 通县地名志编辑委员会. 北京市通县地名志. 北京：北京出版社，1992.
[573] 钱乃荣. 当代吴语研究. 上海：上海教育出版社，1992.
[574] 赵戈. 江湖行话大全. 兰州：敦煌文艺出版社，1992.
[575] 滕州文史资料：第十二辑. 枣庄：滕州市政协文史资料委员会. 1992.
[576] 吴钢. 高陵碑石. 西安：三秦出版社，1993.
[577] 李荣. 苏州方言词典. 南京：江苏教育出版社，1993.
[578] 韩根东. 天津方言. 北京：北京燕山出版社，1993.
[579] 汶上县政协文史资料委员会. 汶上文史资料：碑文石刻专辑. 济宁：山东出版社济宁分社，1993.
[580] 昆山市农业志编委会. 昆山市农业志. 上海：上海科学技术文献出版社，1994.
[581] 昆山市政协文史征集委员会，昆山市文化馆. 昆山习俗风情 // 昆山文史. [出版地、出版者不详]，1994.
[582] 张鹤泉. 聊城方言志. 北京：语文出版社，1995.
[583] 政协聊城市文史资料委员会. 聊城文史资料. [出版地、出版者不详]，1995.
[584] 江苏省政协文史资料委员会，泰州市政协文史资料委员会. 评话宗师柳敬亭 // 江苏文史资料. 南京：江苏文史资料编辑部，1995.
[585] 李文治，江太新. 清代漕运. 北京：中华书局，1995.
[586] 中国民间文学集成全国编辑委员会，中国民间文学集成浙江卷编辑委员会. 中国歌谣集成：浙江卷. 北京：中国 ISBN 中心，1995.
[587] 中共聊城市委宣传部，聊城市政府办公室. 中国历史文化名城：聊城. 济南：山东友谊出版社，1995.
[588] 杭州水产志编纂委员会. 杭州水产志. 北京：中华书局，1996.
[589] 王日根. 乡土之链：明清会馆与社会变迁. 天津：天津人民出版社，1996.
[590] 中国曲艺志全国编辑委员会. 中国曲艺志：江苏卷. 北京：中国 ISBN 中心，1996.

[591] 雷梦水. 中华竹枝词. 北京：北京古籍出版社，1996.
[592] 山东省德州市德城区地方志编纂委员会. 德州市志. 济南：山东人民出版社，1997.
[593] 杭州市地方志编纂委员会. 杭州市志. 北京：中华书局，1999.
[594] 嘉兴市志编纂委员会. 嘉兴市志. 北京：中国书籍出版社，1997.
[595] 临清市地方史志编纂委员会. 临清市志. 济南：齐鲁书社，1997.
[596] 扬州市地方志编纂委员会. 扬州市志. 上海：中国大百科全书出版社上海分社，1997.
[597] 张竞放. 地方史志资料丛书：聊城. 香港：金陵书社，1998.
[598] 江苏省地方志编纂委员会. 江苏省志：方言志. 南京：南京大学出版社，1998.
[599] 李志刚. 《金瓶梅》酒食文化研究. 济南：山东文化音像出版社，1998.
[600] 徐从法. 京杭运河志（苏北段）. 上海：上海社会科学院出版社，1998.
[601] 许檀. 明清时期山东商品经济的发展. 北京：中国社会科学出版社，1998.
[602] 钟敬文. 民俗学概念. 上海：上海文艺出版社，1998.
[603] 王国维. 宋元戏曲史. 上海：上海古籍出版社，1998.
[604] 中国民间歌曲集成全国编辑委员会，中国民间歌曲集成江苏卷编委员会. 中国民间歌曲集成. 北京：中国 ISBN 中心，1998.
[605] 吴琦. 漕运与中国社会. 武汉：华中师范大学出版社，1999.
[606] 任镇泰. 杭州市志. 北京：中华书局，1997.
[607] 程长松. 杭州丝绸志. 杭州：浙江科学技术出版社，1999.
[608] 山东省聊城市地方史志编纂委员会. 聊城市志. 济南：齐鲁书社，1999.
[609] 李修生. 金元文. 南京：江苏古籍出版社，1999.
[610] 李嘉球. 苏州状元. 苏州：苏州大学出版社，1999.
[611] 周振甫. 唐诗宋词元曲全集. 合肥：黄山书社，1999.
[612] 边发吉. 吴桥杂技老照片. 石家庄：花山文艺出版社，1999.
[613] 赵世瑜. 眼光向下的革命——中国现代民俗学思想史论（1918 ~ 1937）. 北京：北京师范大学出版社，1999.
[614] 陈峰. 漕运与古代社会. 西安：陕西人民教育出版社，2000.
[615] 德州市委员会文史资料研究委员会. 德州文史. ［出版地、出版者不详］，1984.
[616] 金恩忠. 国术名人录. 太原：山西科学技术出版社，2000.
[617] 山东省济宁市政协文史资料委员会. 济宁运河文化. 北京：中国文史出版社，2000.
[618] 顾佳希. 祭坛古歌与中国文化——吴越神歌研究. 北京：人民出版社，2000.
[619] 临安市农业志编纂委员会. 临安市农业志. ［出版地、出版者不详］，2000.
[620] 章开沅. 清通鉴：嘉庆朝道光朝咸丰朝. 长沙：岳麓书社，2000.
[621] 李近仁. 微山湖区史缀. 济宁：济宁市新闻出版局，2000.

[622] 山东省济宁市政协文史资料委员会. 济宁运河诗文集粹. 济宁：济宁市新闻出版局. 2001.
[623] 沈晋华，蒋留生. 普通话基础与训练. 北京：中国农业出版社，2001.
[624] 钱曾怡. 山东方言研究. 济南：齐鲁书社，2001.
[625] 许承尧. 歙事闲谭. 李明回，彭超，张爱琴，点校. 合肥：黄山书社，2001.
[626] 韩明祥. 济南历代墓志铭. 济南：黄河出版社，2002.
[627] 济宁市地方史志编纂委员会. 济宁市志. 北京：中华书局，2002.
[628] 姜锡东. 宋代商人和商业资本. 北京：中华书局，2002.
[629] 董季群. 天津文化通览. 天津：天津社会科学院出版社，2002.
[630] 中国人民政治协商会议天津市北辰区委员会文史研究委员会. 北辰文史资料. 天津：天津古籍出版社，2003.
[631] 刘功昭. 淮安故事传说. 北京：中共党史出版社，2003.
[632] 戴之尧. 淮安民歌民谣. 北京：中共党史出版社，2003.
[633] 苏州郊区志编纂委员会. 苏州郊区志. 上海：上海社会科学院出版社，2003.
[634] 苏州市地方志编纂委员会办公室，苏州市政协文史委员会. 苏州史志资料选辑. 苏州：苏州市地方志编纂委员会办公室，2003.
[635] 通州区地方志编纂委员会. 通县志. 北京：北京出版社，2003.
[636] 衙前镇志编纂委员会. 衙前镇志. 北京：方志出版社，2003.
[637] 黄良喜，严修鸿，陈渊泉. 疑难与路向：论天津方言的连读变调. 北京：商务印书馆，2003.
[638] 刘玉平. 中国运河之都. 北京：中国文史出版社，2003.
[639] 田贵宝，吴丙友. 德州运河文化. 德州：中国人民政治协商会议德州市德城区委员会，2004.
[640] 贾长华. 老城旧事. 天津：天津古籍出版社，2004.
[641] 尚洁. 天津民俗. 兰州：甘肃人民出版社，2004.
[642] 马西沙，韩秉方. 中国民间宗教史. 北京：中国社会科学出版社，2004.
[643] 尚洁. 中国民俗大系：天津民俗. 兰州：甘肃人民出版社，2004.
[644] 韦金笙. 中国扬派盆景. 上海：上海科学技术出版社，2004.
[645] 黄仁宇. 明代的漕运. 北京：新星出版社，2005.
[646] 王云. 明清时期活跃于山东运河区域的客籍商帮 // 第十届明史国际学术讨论会论文集. 北京：人民日报出版社，2005.
[647] 中国科学院地理科学与资源研究所. 清代奏折汇编——农业·环境. 北京：商务印书馆，2005.
[648] 朱惠勇. 桥诗纪事. 北京：方志出版社，2005.
[649] 汪世清. 石涛诗录. 石家庄：河北教育出版社，2005.
[650] 邹逸麟. 椭庐史地论稿. 天津：天津古籍出版社，2005.
[651] 沧州市志编纂委员会. 沧州市志. 北京：方志出版社，2006.

[652] 林正秋. 杭州地名的历史与文化. 北京：中国文史出版社，2006.
[653] 陈述. 杭州运河桥船码头. 杭州：杭州出版社，2006.
[654] 陈星耀. 漫话德州扒鸡. 德州：山东德州扒鸡总公司，2006.
[655] 李耀宗. 民间谚语谜语. 北京：中国社会出版社，2006.
[656] 高建军. 山东运河民俗. 济南：济南出版社，2006.
[657] 王云. 明清山东运河区域社会变迁. 北京：人民出版社，2006.
[658] 朱年，陈俊才. 太湖渔俗. 苏州：苏州大学出版社，2006.
[659] 丰国需. 塘栖风俗. 杭州：浙江摄影出版社，2006.
[660] 扬州市政协文史委. 扬州古运河. 北京：中国文史出版社，2006.
[661] 曹永森. 扬州特色文化. 苏州：苏州大学出版社，2006.
[662] 教育部语用所社会语言学与媒体语言研究室. 语言规划的理论与实践：第四届全国社会语言学学术研讨会论文集. 北京：语文出版社，2006.
[663] 淮安市地方志办公室. 运河之都——淮安. 北京：方志出版社，2006.
[664] 孙井泉. 枣庄民俗. 青岛：青岛出版社，2006.
[665] 苑继平. 枣庄运河文化. 青岛：青岛出版社，2006.
[666] 陈述，陈一辉. 走近大运河. 杭州：杭州出版社，2006.
[667] 王丹. 北京智化寺京音乐 // 袁懋栓. 北京风俗史研究. 北京：北京燕山出版社，2007.
[668] 吴琦. 漕运 · 群体 · 社会：明清史论集. 武汉：湖北人民出版社，2007.
[669] 北京民俗博物馆. 漕运文化研究. 北京：学苑出版社，2007.
[670] 彭小中. 茶陵文选. 长沙：湖南人民出版社，2007.
[671] 高春利. 高碑店村民俗文化志. 北京：民族出版社，2007.
[672] 马学强. 江南席家：中国一个经商大族的变迁. 北京：商务印书馆，2007.
[673] 蒋维锬. 妈祖文献史料汇编. 北京：中国档案出版社，2007.
[674] 潘超，丘良任，孙中铨，等. 中华竹枝词全编. 北京：北京出版社，2007.
[675] 王资鑫. 绿杨武踪. 扬州：广陵书社，2008.
[676] 周焰. 清代中央档案中的淮安. 北京：中国书籍出版社，2008.
[677] 李刚. 陕西商帮史. 西安：陕西人民教育出版社，2008.
[678] 李小戈. 探寻清代广陵琴派的地域文化环境 // 黄惇. 艺术学研究. 南京：南京大学出版社，2008.
[679] 周维秀. 北京记忆. ［出版地、出版者不详］，2009.
[680] 吉尔印象. 璀璨中华：中国非物质文化遗产完全档案. 北京：金城出版社，2009.
[681] 汪林，张骥. 大运河的传说. 济南：黄河出版社，2009.
[682] 陶思炎. 江苏特色文化. 南京：南京师范大学出版社，2009.

[683] 杨达，马军，朱希江．聊城古城故事．北京：华艺出版社，2009.

[684] 王映雪．民间文学．济南：山东友谊出版社，2009.

[685] 汪宏儿．南湖胜迹．杭州：西泠印社出版社，2009.

[686] 周新月．苏州桃花坞年画．南京：江苏人民出版社，2009.

[687] 全国政协文史和学习委员会，政协杭州市委员会．运河名城：杭州．北京：中国文史出版社，2009.

[688] 曹延杰．德州方言实录与研究．北京：线装书局，2010.

[689] 孙发成，王亦非．常州梳篦．南京：东南大学出版社，2011.

[690] 刘运国．济宁记忆．北京：中国社会出版社，2011.

[691] 杜建春．济宁历代诗选．北京：中国社会出版社，2011.

[692] 汪林，樊维章，张骥．济宁民间传说与歌谣．北京：中国社会出版社，2011.

[693] 许广州．台前大运河——大运河台前段历史沿革与运河文化研究．长春：东北师范大学出版社，2011.

[694] 冯智全．吴地民间歌曲解读．上海：上海音乐学院出版社，2011.

[695] 陈世海，蔡兆银．宿迁风物志．北京：方志出版社，2011.

[696] 白庚胜．中国民间故事全书．北京：知识产权出版社，2011.

[697] 北京市地方志编纂委员会．北京志：民俗志．北京：北京出版社，2012.

[698] 陈洁．广陵琴派第十代传人刘少椿 // 钱建明．名师纪念文集．合肥：安徽文艺出版社，2012.

[699] 姜容樵．老拳谱辑集丛书．太原：山西科学技术出版社，2012.

[700] 蔡鸿源，徐友春．民国会社党派大辞典．合肥：黄山书社，2012.

[701] 钱建明．名师纪念文集 // 南京艺术学院百年校庆音乐学院研究文丛．合肥：安徽文艺出版社，2012.

[702] 王藻．西溪民俗 // 王国平．杭州全书・西溪丛书．杭州：杭州出版社，2012.

[703] 苏州市政协文史委员会．运河名城：苏州．苏州：古吴轩出版社，2012.

[704]《中国淮剧》丛书组委会．中国淮剧．南京：江苏人民出版社，2012.

[705] 王德胜，朱延华．德州运河民俗．青岛：青岛出版社，2013.

[706] 徐越．杭州方言与宋室南迁．杭州：杭州出版社，2013.

[707] 朱秋枫．杭州运河歌谣．杭州：杭州出版社，2013.

[708] 应志良，赵小珍．杭州运河戏曲．杭州：杭州出版社，2013.

[709] 刘文，凌冬梅．嘉兴蚕桑史．杭州：浙江工商大学出版社，2013.

[710] 杨祥全．津门武术．太原：山西科学技术出版社，2013.

[711] 王玉芬，王德椿．京杭运河・齐鲁风情．济南：山东人民出版社，2013.

[712] 张从军．山东运河．济南：山东美术出版社，2013.

[713] 周福昌．无锡方言存录．北京：北京语言大学出版社，2013.

[714] 徐静．吴文化概说．苏州：苏州大学出版社，2013.

[715] 赵昌智. 扬州文化研究论丛：第十一辑. 扬州：广陵书社，2013.

[716] 王小明. 游艺民俗的传承文化解析：以天津刘家园祥音法鼓老会考察为例 // 冯骥才. 当代社会中的传统生活国际学术研讨会论文集. 天津：天津社会科学院出版社，2013.

[717] 冯骥才. 当代社会中的传统生活：国际研讨会论文集. 天津：天津社会科学院出版社，2014.

[718] 李志兴. 海陵竹枝词. 北京：现代出版社，2014.

[719] 荀德麟，刘志平，李想，等. 京杭大运河——非物质文化遗产. 北京：电子工业出版社，2014.

[720] 王洪君. 历史语言学方法论与汉语方言音韵史个案研究. 北京：商务印书馆，2014.

[721] 蔡利民. 苏州民俗采风录. 苏州：古吴轩出版社，2014.

[722] 苏州市地方志编纂委员会. 苏州市志. 南京：江苏凤凰科学技术出版社，2014.

[723] 谭汝为. 天津方言词典. 天津：天津人民出版社，2014.

[724] 马庆株，谭汝为，曾晓渝. 天津方言研究与调查. 天津：天津人民出版社，2014.

[725] 天津市档案馆. 天津运河故事. 天津：天津人民出版社，2014.

[726] 孙建. 我们的大运河：物产卷. 北京：光明日报出版社，2014.

[727] 翁寿元. 无锡、苏州、常熟方言本字和词语释义. 苏州：苏州大学出版社，2014.

[728] 沈泓. 遗失在西方的中国史——《伦敦新闻画报》记录的晚清 1842 ~ 1873. 北京：时代华文书局，2014.

[729] 淮安市文广新局. 淮安里运河. 南京：江苏凤凰文艺出版社，2015.

[730] 高飞，高建军. 济宁宅第园林. 北京：中国社会出版社，2015.

[731] 袁瑾，陈宏伟. 江南网船会. 杭州：浙江摄影出版社，2015.

[732] 江苏语言资源资料汇编编委会. 江苏语言资源资料汇编. 南京：凤凰出版社，2015.

[733] 韩旭. 京郊方言. 北京：中国书店，2015.

[734] 杨中秋. 京津大戏：北京与天津戏曲艺术. 北京：现代出版社，2015.

[735] 政协静海县委员会. 静海运河文化. 天津：百花文艺出版社，2015.

[736] 谭汝为. 天津方言与津沽文化. 北京：中国国际广播出版社，2015.

[737] 冯骥才. 中国非物质文化遗产百科全书：代表性项目卷. 北京：中国文联出版社，2015.

[738] 于建刚. 中国京剧习俗概论. 北京：文化艺术出版社，2015.

[739] 吴冬妹. 杭嘉湖地区方言童谣辑注. 杭州：浙江工商大学出版社，2016.

[740] 嘉兴市文化广电新闻出版局，嘉兴市文学艺术界联合会. 运河记忆：嘉兴船民生活口述实录. 上海：上海书店出版社，2016.

[741] 叶德均. 宋元明讲唱文学. 北京：商务印书馆，2017.

[742] 徐越. 浙江吴音研究. 杭州：浙江大学出版社，2017.

[743] 松浦章. 清代内河水运史研究. 董科，译. 南京：江苏人民出版社，2010.

[744] 佩雷菲特. 停滞的帝国——两个世界的撞击. 王国卿，毛凤支，谷炘，译. 北京：三联书店，2013.

二、论文

[1] 道友滋事. 申报，1876-06-15（清光绪二年五月二十四日）：1.
[2] 口获盐沿. 申报，1884-10-22（清光绪十年九月初四日）：2.
[3] 子琳. 网船会. 点石斋画报，1886（91）.
[4] 论江浙枭匪. 东方杂志，1906-02-18（清光绪三十二年正月二十五日）：1.
[5] 航船被盗. 中外日报，1903-09-07.
[6] 地方通信·嘉兴通信·白日抢劫. 时报，1909-12-21.
[7] 朱自清. 说扬州. 人世间，1934（16）.
[8] 李文治. 清代屯田与漕运. 学原，1948，2（2）.
[9] 曾教公. 在北京石刻中保存的重要史料. 文物，1959（9）.
[10] 李华. 明清以来北京的工商业行会. 历史研究，1978（4）.
[11] 邹逸麟. 宋代惠民河考. 开封师院学报（社会科学版），1978（5）.
[12] 叶祥苓. 苏州方言的连续变调. 方言，1979（1）.
[13] 钱辰方. 扬州玉雕历史及其特色. 扬州大学学报（人文社会科学版），1981（2）.
[14] 金名. 扬州评话与苏州弹词. 扬州师院学报（社会科学版），1981（4）.
[15] 陈有忠，陈代光. 北宋时期的惠民河. 史学月刊，1983（2）.
[16] 吕作燮. 明清时期苏州的会馆和公所. 中国社会经济史研究，1984（2）.
[17] 朱玉龙. 汴河对安徽淮北地区的影响. 安徽史学，1985（2）.
[18] 王世华. 扬州方言里两种反复问句共存. 中国语文，1985（6）.
[19] 刘怀玉. 西游记中的淮安方言. 明清小说研究，1986（1）.
[20] 许惠利. 智化寺与佛教音乐. 法音，1987（2）.
[21] 韦中权. "唱春"源于明代常州：对《辞海》条目的异议. 常州工业技术学院学报（社会科学版），1988，1（1）.
[22] 王染野. 滩簧考述：兼谈锡剧的总源头. 艺术百家，1988（2）.
[23] 邓小秋. 淮剧的"东西路"与"南北派". 艺术百家，1988（2）.
[24] 王朝中. 唐朝漕粮定量分析. 中国史研究，1988（3）.
[25] 叶志如. 道光五年议行漕粮海运事宜史料（上）. 历史档案，1988（3）.
[26] 张文广. 中国查拳简述. 体育教学，1989（2）.
[27] 易人. 长篇叙事吴歌《春调孟姜女》. 中国音乐，1989（2）.
[28] 杨传珍. 腊山道庙音乐. 民俗研究，1989（4）.

[29] 唐文基. 明代的漕军和漕船. 中国史研究，1989 (4).
[30] 范金民. 明清时期活跃于苏州的外地商人. 中国社会经济史研究，1989 (4).
[31] 欣归. 浅谈商业行话. 商业研究，1990 (1).
[32] 黄十庆. 清代运军的构成与性质. 江淮论坛，1990 (3).
[33] 钱国桢. “天津法鼓”的结构研究. 天津音乐学院学报，1990 (4).
[34] 彭春生. 北京花果盆景发展史考证. 北京林业大学学报 (社会科学版)，1990 (增刊).
[35] 道光十六年三月二十六日大学士长龄，等. 为遵旨筹议约束漕船水手章程事奏折. 历史档案，1990 (4).
[36] 林仕梁. 明代漕军制初探. 北京师范大学学报，1990 (5).
[37] 鲍彦帮. 明代运军的编制、任务及其签补制度. 暨南学刊，1992 (2).
[38] 王世华. 扬州话的声韵调. 方言，1992 (2).
[39] 张照东. 清代漕运与南北物资交流. 清史研究，1992 (3).
[40] 蔡泰彬. 明代漕河四险及其守护神：金龙四大王. 明史研究专刊，1992 (10).
[41] 王日根. 明清时代会馆的演进. 历史研究，1994 (4).
[42] 周元. 杭州《王氏家谱》述略：兼家族社会定位分析. 中山大学研究生学刊 (社会科学版)，1995 (1).
[43] 邓小秋. 淮剧的渊源与形成. 戏曲研究，1995 (1).
[44] 钟敬文. 葫芦是人文瓜果：在 '96 民俗文化国际研讨会上的讲话. 民俗研究，1996 (4).
[45] 卢肃. 八角鼓源流初识. 中国音乐，1997 (1).
[46] 陈峰. 明代的运军. 中州学刊，1997 (1).
[47] 范金民. 明清江南进士数量、地域分布及其特色分析. 南京大学学报，1997 (2).
[48] 王曾瑜. 金代的开封城. 史学月刊，1998 (1).
[49] 杨杭军. 嘉道时期漕运旗丁的若干问题. 河南师范大学学报 (哲学社会科学版)，1998 (2).
[50] 倪群. 南宋杭州茶馆. 农业考古，1998 (4).
[51] 张海燕. 沧州方言的语法特点. 沧州师范专科学校学报，2000 (1).
[52] 兴泉，张婧，立红. 德州高跷的发展演变及其艺术表演. 山东档案，2000 (2).
[53] 冯刚. 济宁运河饮茶风俗. 春秋，2001 (2).
[54] 高建军. 运河民俗的文化蕴义及其对当代的影响. 济宁师专学报，2001 (2).
[55] 王树理. 大运河与我国回族散杂居格局的形成. 回族研究，2001 (4).
[56] 乾隆五十二年七月初六日山东学政刘权之为报眷属船只于直隶静海县被劫事奏折. 历史档案，2002 (2).
[57] 乾隆五十三年五月初三日山东巡抚长麟为江苏藩司奇丰额眷船被窃查参疏防官员事奏折. 历

史档案，2002（2）.
[58] 乾隆五十二年十一月初六日直隶布政使梁肯堂，等. 为报已获之赵魁等非抢劫眷船正盗事奏折. 历史档案，2002（2）.
[59] 许友根. 苏州科第习俗初考. 孝感职业技术学院学报，2002（3）.
[60] 吴琦. 清代漕运水手行帮会社的形成：从庵堂到老堂船. 江汉论坛，2002（12）.
[61] 周为人. 闲话临清酱园. 临清日报，2003-07-28.
[62] 王云. 明清时期山东的山陕商人. 东岳论丛，2003（3）.
[63] 李菁. 大运河：唐代饮茶之风的北渐之路. 中国社会经济史研究，2003（3）.
[64] 邓小泉. 唐代科举人才区域分布概况及原因. 西华师范大学学报（哲学社会科学版），2003（5）.
[65] 徐茂明. 清代徽苏两地的家族迁徙与文化互动：以苏州大阜潘氏为例. 史林，2004（2）.
[66] 孙显军. 江苏宋代科举论略. 江苏大学学报（高教研究版），2004（3）.
[67] 王云. 明清时期山东运河区域的徽商. 安徽史学，2004（3）.
[68] 王赛时. 明清时期山东的盐业生产状况. 盐业史研究，2005（1）.
[69] 王满. 天津十番中的“粗十番”套曲. 天津音乐学院学报，2005（1）.
[70] 王云. 明清时期山东运河区域的金龙四大王崇拜. 民俗研究，2005（2）.
[71] 黄明明. 20世纪无锡方言研究综论. 江南大学学报（人文社会科学版），2005（5）.
[72] 王耀生. 明清时期山东进士地域分布特点及经济、区位、民风的关系. 中国地方志，2005（9）.
[73] 王庆友，程学红. 葫芦虽小藏天地. 中国文化报，2006-04-27.
[74] 龚汝富. 清代江西诬扳漕运军丁讼案浅析——以《康熙四十五年诬扳军案集录一本永远存据》为例. 清史研究，2006（4）.
[75] 王云. 明清临清贡砖生产及其社会影响. 故宫博物院院刊，2006（6）.
[76] 王伟. 明代漕军制的形成及演变. 聊城大学学报（社会科学版），2007（2）.
[77] 向福贞. 济宁商帮与金龙四大王崇拜. 聊城大学学报（哲学社会科学版），2007（2）.
[78] 王卓然，梁丽. 北宋运河走向与政治、经济中心转移. 华北水利水电学院学报（社会科学版），2007（5）.
[79] 申浩. 社会史视野下的评弹文化变迁. 上海师范大学学报（哲学社会科学版），2007（5）.
[80] 林琳. 简述聊城八角鼓的历史流变及由其生存现状引发的思考. 内蒙古师范大学学报（哲学社会科学版），2007（S1）.
[81] 钱宗武，梁莹. 论“镬”的文化引申及古词音义流变的逻辑. 扬州大学学报（人文社会科学版），2008（1）.
[82] 郎菁. 馆藏山本探秘：明刊《三原焦吴里梁氏家乘》及清刊《三原梁氏旧谱》记载的一个山西盐商家族发展史. 当代图书馆，2008（1）.
[83] 童李君. 清代弹词在扬州的传播. 扬州文化研究论丛，2008（2）.

[84] 陶德臣. 清代东北茶叶市场. 中国茶人，2008（3）.

[85] 申浩. 近世金龙四大王考：官民互动中的民间信仰现象. 社会科学，2008（4）.

[86] 王彦蘅. 金湖秧歌的产生与发展回顾. 四川戏剧，2008（4）.

[87] 冯剑辉. 明清徽商“脱贾入儒”研究：以歙县长龄郑氏为中心. 黄山学院学报，2008（4）.

[88] 胡忙全. 谈吴仲重修通惠河对通州繁荣发展的历史意义. 北京水务，2008（6）.

[89] 李想. 明代中叶后漕军的积债问题. 井冈山学院学报（社会科学版），2008（9）.

[90] 沈惠澜. 清代扬州玉雕名重京师. 艺术市场，2008（9）.

[91] 贺军. 东昌蝈蝈葫芦的历史渊源. 边疆经济与文化，2008（12）.

[92] 刘虹，张森. 明清河北进士时空分布之刍议. 河北大学学报（哲学社会科学版），2009（1）.

[93] 徐斌. 明清军役负担与卫军家族的成立：以鄂东地区为中心. 华中师范大学学报（人文社会科学版），2009（2）.

[94] 隐德臣. 明代北方茶叶市场的变迁. 中华茶人，2009（2）.

[95] 王元林，褚福楼. 国家祭祀视野下的金龙四大王信仰. 暨南学报（哲学社会科学版），2009（2）.

[96] 吴鼎新，张杭. 明清运河淮安段的社会经济效益评价研究. 淮阴工学院学报，2009（4）.

[97] 吴欣. 明清京杭运河区域仕宦宗族的社会变迁：以聊城“阁老傅、御史傅”为中心. 东岳论丛，2009（5）.

[98] 陶德臣. 元明时期我国的茶叶商品生产. 中国茶叶，2009（7）.

[99] 井红波，杨钰侠. 唐宋汴河与宿州的兴起. 宿州学院学报，2010（1）.

[100] 吴欣. 明清京杭运河河工组织研究. 史林，2010（2）.

[101] 杨帆. 明清宁夏平原水利兴修与水神信仰初探. 宁夏社会科学，2010（3）.

[102] 牟艳丽. 聊城八角鼓源流考. 民族音乐，2010（3）.

[103] 吕聃. 明代大运河南茶北运及其对沿岸茶文化影响初探. 农业考古，2010（5）.

[104] 顾希佳. 茶馆·茶亭·茶会：运河与茶忆旧. 农业考古，2010（5）.

[105] 王明德. 明清时期的运河商人会馆. 江苏商论，2010（11）.

[106] 赵德明. 评剧艺术在天津. 天津市社会主义学院学报，2011（1）.

[107] 裴伟. 镇江城南驸马庄得名缘由再探. 寻根，2011（1）.

[108] 曹智峰，吴嫣斐. 嘉兴方言两字组连读变调的非线性分析. 嘉兴学院学报，2011（2）.

[109] 谢昌一. 素朴豪迈的张秋木版年画. 中国文化遗产，2011（1）.

[110] 吴承忠. 清代北京茶馆的空间分布特征. 邯郸学院学报，2011（3）.

[111] 孙竞昊. 经营地方：明清之际的济宁士绅社会. 历史研究，2011（3）.

[112] 杨祥全，苏连勇. 天穆村体育的传承与发展. 体育文化导刊，2011（10）.

[113] 孙胜银. 无锡惠山泥人的历史与工艺考察. 艺术学研究，2011（00）.

[114] 张荔. 临清哈达：劲舞运河五百年. 聊城日报，2012-10-19.

[115] 朱秋枫. 京杭大运河的古今歌谣. 中国文化报，2012-11-15(14).

[116] 高思春. 大运河与中国戏曲传播. 中国文化报，2012-11-15.

[117] 王元林. 京杭大运河镇水神兽类民俗信仰及其遗迹调查. 中国文物科学研究，2012(1).

[118] 王南杰. 邳州纸塑狮子头的传承与发展. 艺术教育，2012(2).

[119] 胡梦飞. 明清漕运对运河沿岸城市的影响——以明清徐州地区为例. 淮阴工学院学报，2012(2).

[120] 吴欣. 明清时期京杭运河浅铺研究. 安徽史学，2012(3).

[121] 臧秀娟. 乡土奇葩：常州宫梳名篦. 江苏地方志，2012(4).

[122] 李萍. 泥土的异趣：试析无锡惠山泥人的兴起. 东南文化，2012(5).

[123] 梁辰，黄玉松. 聊城运河“伞棒舞”初探. 聊城大学学报(社会科学版)，2012(6).

[124] 戴鞍钢. 清代漕运盛衰与漕船水手纤夫. 安徽史学，2012(6).

[125] 赵景磊，董春磊. 临清潭腿的传承与发展研究. 搏击(武术科学)，2012(9).

[126] 黄玉松. 浅析东昌府木板年画的历史发展与工艺特色. 大众文艺，2012(13).

[127] 倒两箢. 沧州晚报，2013-02-22.

[128] 周育民. 漕运水手行帮兴起的历史考察. 中国社会经济史研究，2013(1).

[129] 曹金娜. 清代粮船水手械斗问题探析. 农业考古，2013(1).

[130] 王静. 天津民间打击乐曲初探. 音乐创作，2013(4).

[131] 黄敬. 运河上独有的打击乐器：临清驾鼓. 西江月，2013(9).

[132] 何丽丽. 柳子戏中的“乱弹”曲牌考. 民族音乐，2013(11).

[133] 王哲. 临清时调的历史渊源. 文艺生活，2013(11).

[134] 吴作杰. 略论邳州跑竹马. 大众文艺，2013(24).

[135] 何丽丽. “东柳”与运河文化互动关系研究：以客腔曲牌为例. 中国音乐学，2014(1).

[136] 李俊丽. 清代旗丁对漕粮的倒卖与掺杂. 古代文明，2014(3).

[137] 刁统菊，佘康乐. 从“敬神”到“祭祖”：微山湖湖区渔民宗族文化的建构. 民俗研究，2014(4).

[138] 陈楠. 明清时期漕运对天津社会影响研究. 法治与社会，2014(5).

[139] 郭福亮. 从凡人到神灵：白英形象的演变及诠释. 聊城大学学报(社会科学版)，2014(6).

[140] 王日根. 明清商书文献中的运河航路秩序. 中原文化研究，2014(6).

[141] 王轩. 浅析临清曲艺中的运河文化元素. 戏剧丛刊，2014(6).

[142] 葛兆远. 大运河的记忆：枣庄运河船工号子. 戏剧之家，2014(10).

[143] 毛蕾. 鬏肉干饭. 农业知识，2013(8).

[144] 宋希芝. 水神晏公崇信考论. 江西社会科学，2014(11).

[145] 赵文成. 苏州桃花坞木版年画地域特色研究. 中国民族博览，2014(Z1).

[146] 舒粉利. 清代“泥人张”创始人张明山与其艺术创作理念探究. 兰台世界，2014(12).

[147] 孙汝龙. 乾隆12次驻跸顺河集行宫(大营)考. 宿迁晚报，2015-07-21.

[148] 董惠宁. 清代木版年画遗珍：杨柳青《红楼梦》年画. 南京艺术学院学报（美术与设计），2015（5）.

[149] 胡梦飞. 明清时期京航运河沿线区域的天妃信仰. 淮阴工学院学报，2015（2）.

[150] 曹金娜，李君. 清中后期漕运社会保甲制度初探：以漕运水手为例. 农业考古，2015（4）.

[151] 郝兆祥，侯乐峰，丁志强. 峄城石榴盆景、盆栽产业概况与发展对策. 山东农业科学，2015（5）.

[152] 许士红. 繁华过后落寞的音乐文化：以运河秧歌“伞棒舞”为例. 北方音乐，2015（5）.

[153] 胡俊刚. 黑虎查拳源与缘. 少林与太极，2015（6）.

[154] 采莲. 运河上的五音六律. 走向世界，2015（37）.

[155] 高飞，张静. 南北文化融会与诗意化营造：济宁近古宅第园林的文化意义. 民俗研究，2016（1）.

[156] 黄明光，李佳芳. 浙江科举状元考订、进士人数探讨及盛况背景剖析. 浙江工商职业技术学院学报，2016（2）.

[157] 杨志娟. 选择与嬗变：运河回商与伊斯兰文化中国化. 西北民族研究，2016（2）.

[158] 祁淑玲. 析天津方言儿化韵. 语言研究，2016（3）.

[159] 王秀. 近现代扬州剪纸考略. 美与时代，2016（6）.

[160] 胡梦飞. 漕运与信仰：清代临清漳神庙的历史考察. 聊城大学学报（社会科学版），2016（6）.

[161] 胡梦飞. 湖漕之神：明清时期高邮康泽侯信仰的历史考察. 河北师范大学学报（哲学社会科学版），2016（6）.

[162] 张士闪. 礼俗互动与中国社会研究. 民俗研究，2016（6）.

[163] 贺月甜. 浅谈浙江“余杭滚灯”的舞蹈艺术风格. 艺术评鉴，2016（13）.

[164] 王赛时. 济宁太白楼与运河酒文化. 饮食文化研究，2017（1）.

[165] 朱春阳. 地方大族与城市政治中心的确认：以苏州玄妙观“康乾驻跸”说为中心. 安徽史学，2017（2）.

[166] 曹金娜. 清代漕运水手群体初探. 历史档案，2017（3）.

[167] 胡梦飞. 官民互动的典范：明清时期河神黄大王信仰的历史考察. 郑州航空工业管理学院学报（社会科学版），2017（3）.

[168] 胡梦飞. 镇水、平浪与祈雨：清代小圣信仰的历史考察. 临沂大学学报，2017（3）.

[169] 胡梦飞. “河神大王”：晚晴黄运沿岸地区祀蛇风俗考述. 淮阴师范学院学报（哲学社会科学版），2017（4）.

[170] 黄纯艳. 宋代内河船夫群体的构成与生计：以漕运为主的考察. 首都师范大学学报（社会科学版），2017（5）.

[171] 朱春阳. 宫廷与江南：清代苏州玄妙观及城东社会的崛起. 江南论坛，2017（5）.

[172] 滕腾，王辉，李平. 民俗学视域下邳州跑竹马的历史变迁. 南京体育学院学报（社会科学版），2017（6）.
[173] 陈闯. 洪泽湖渔鼓祭祀舞蹈田野调查：江苏省泗洪县半城镇穆墩岛“敬大王”仪式. 黄河之声，2017（13）.
[174] 曹金娜. 清代粮船水手中罗教传播之区域性差异研究. 中华历史与传统文化研究论丛，2018（4）.
[175] 宋永林. 科举门第，文化世家：浙籍士人许宝蘅家世考. 浙江档案，2018（12）.
[176] 王其标. 四方辐辏，馨香远昭：大运河香料之路与扬州香文化历史. 扬州日报，2018-10-16.
[177] 孙鑫. 智化寺及所传京音乐的历史考察：兼论其在当代的传承与保护 // 文化遗产与公众考古：第3辑. 北京：北京联合大学文化遗产保护协会，2016.
[178] 吴欣. 大运河文化的内涵与价值. 光明日报，2018-02-05.
[179] 臧志军. 沈寿、张謇和《雪宧绣谱》. 职教通讯，2018（3）.
[180] 姜兵. 康乾盛世桃花坞，海外辉煌看姑苏：桃花坞年画“姑苏版”的艺术特色. 东方收藏，2018（2）.
[181] 王莲. 宋元明清时期扬州剪纸考略. 美与时代，2018（7）.
[182] 王进. 京杭大运河漕运经济对杨柳青木版年画兴起之影响. 苏州工艺美术职业技术学院学报，2018（2）.
[183] 叶正亭. 苏州核雕. 江苏地方志，2018（4）.
[184] 曹雨婕. 邳州纸塑狮子头的艺术特征与传承思考. 四川戏剧，2018（5）.
[185] 刘芸芳. 清代粮船水手行帮发展研究. 台北：台湾师范大学历史研究所，1990.
[186] 曹晓燕. 无锡方言研究. 苏州：苏州大学，2003.
[187] 戴微. 江浙琴派溯流探源. 上海：上海音乐学院，2003.
[188] 成晓辉. 经济与文化的因果：临清时调与天津时调的兴衰比较. 济南：山东师范大学，2004.
[189] 王伟. 论明清时期漕运兵丁. 聊城：聊城大学，2007.
[190] 吴彬. 评弹在苏州传承的考察与研究. 南京：南京航空航天大学，2007.
[191] 高春霞. 中国春节文化与生命意识. 兰州：兰州大学，2007.
[192] 张增祥. 明清时期山东进士的时空分布研究. 南京：南京师范大学，2008.
[193] 李旭. 河北省中部南部方言语音研究. 山东：山东大学，2008.
[194] 张婷. 濒临失落的非物质文化遗产：山东琴书. 济南：山东大学，2008.
[195] 王立芳. 艺人再造：吴桥杂技学童群体研究. 厦门：厦门大学，2009.
[196] 林瞳. 明清时期植物盆景种类及制作技术研究. 南京：南京农业大学，2009.
[197] 边懿. 临清时调研究. 济南：山东大学，2010.
[198] 仲兆宏. 晚清常州宗族与社会事业. 苏州：苏州大学，2010.
[199] 褚福楼. 明清时期金龙四大王信仰地理研究. 广州：暨南大学，2010.
[200] 赵珍. 明清时期会通河段泉夫及泉源管理研究. 聊城：聊城大学，2011.

[201] 路莉莉. 隋代科举制度考论. 曲阜：曲阜师范大学，2011.

[202] 张晓园. 聊城八角鼓调查研究. 保定：河北大学，2011.

[203] 尹云龙. 沧州落子的传习与变迁研究：以车官屯为例. 温州：温州大学，2012.

[204] 董刚德. 南路山东琴书调查与研究. 临汾：山西师范大学，2012.

[205] 赵鹏飞. 山东运河传统建筑综合研究. 天津：天津大学，2013.

[206] 倪婧. 明清扬州古琴音乐文化的历史考察. 上海：上海音乐学院，2013.

[207] 曹金娜. 清代漕运水手研究. 天津：南开大学，2013.

[208] 伍毅. 从古代文献看明代官办砖窑的制度构建. 杭州：浙江大学，2015.

[209] 李志强. 吴中贝氏家族研究. 上海：上海师范大学，2016.

[210] 刘衍顶. 济宁运河文化对查拳起源、传承与发展的影响. 苏州：苏州大学，2016.

[211] 李正文. 运河文化影响下的聊城山陕会馆建筑装饰艺术研究. 哈尔滨：东北林业大学，2016.

[212] 杨宽昶. 金湖秧歌的艺术特征和演唱风格研究. 南昌：江西师范大学，2016.

[213] 许士红. 运河（聊城段）三种民间乐舞的变迁研究. 哈尔滨：哈尔滨师范大学，2016.

[214] 孔昊天. 扬州张氏弹词研究. 扬州：扬州大学，2016.

[215] 史嘉怡. 惠山泥人艺术风格的源流探析与设计创新. 无锡：江南大学，2016.

[216] 沈胜群. 清代漕运旗丁研究. 长春：吉林大学，2017.

[217] 翟德强. 济宁查拳文化发展的影响因素及对策研究. 南京：南京师范大学，2017.

[218] 张文珺. 戏泥呈巧儿：江南民间泥玩具研究. 苏州：苏州大学，2017.

[219] 韩薇. 扬州武术文化研究. 扬州：扬州大学，2018.

索　引

M

N

P

《中国运河志》编纂始末

盛世修志，资政育人，是中华民族自古以来的文化传统。从某种意义上说，正是平凡而又浩大的史志编纂出版成就了赓续不绝的中华文化，塑造了鉴古知今的民族传统，形成了中华文明的强大向心力和凝聚力。运河在中国历史上有着极其重要的地位，今天仍作为“活态遗产”继续发挥着重要作用，对中国社会的影响源远流长、深刻厚重。历朝历代的各种文献典籍中，对运河的疏浚、修造、管理以及相关的重要活动进行了记载，也形成了一批重要的研究论著。但迄今为止，尚未出版过一部中国运河的通志。作为中国的骨干文化企业和国内出版领军企业，江苏凤凰出版传媒集团在2012年至2019年间，投资千余万元，组织策划并聘请专家、学者修纂《中国运河志》，旨在以出版追寻运河文化轨迹，以修志传承运河历史文明。

2012年，江苏凤凰出版传媒集团提出组织《中国运河志》编纂出版项目的设想，计划由江苏凤凰科学技术出版社承担出版任务，成立专门编辑部门“中国运河出版中心”负责具体实施。江苏凤凰科学技术出版社旋即组织筹备人员开展调研工作，拜访复旦大学、浙江大学、北京大学、东南大学、山东师范大学、中国社会科学院、中国地方志指导小组办公室、中国文化遗产研究院、中国水利史研究所等高校和科研机构的专家、学者。经广泛征求意见，修志设想得到一致认同及肯定，内容思路、项目计划亦略见雏形。

2012年6月，《中国运河志》出版项目启动仪式暨第一次专家会议在南京举行，来自全国各地的数十位专家齐聚金陵，时任江苏省新闻出版局局长徐毅英、时任江苏凤凰出版传媒集团董事长陈海燕为“中国运河出版中心”揭牌，宣告项目正式启动。

出版企业牵头组织修纂专门通志，依托专家之学养、做好项目之管理是两大要务。我们组建了核心专家组、分卷主编两方面团队。核心专家组作为“学术中枢”，负责指导制订总体框架，审议全志大纲，指导分卷编纂工作，研究处理疑难问题，评审分卷稿件，把关学术质量。分卷主编负责起草分卷编纂方案、提交样稿、组织编纂、统稿修改。

专家团队的组成，经前期沟通已有腹案。首先成立的是核心专家组。2012年8月，复旦大学教授邹逸麟、北京大学教授李孝聪、中国文化遗产研究院研究员张廷皓、中国地方志指导小组办公室研究员张英聘四位专家受聘为核心专家。2015 年 5 月，确定邹逸麟为本志总主编，同时邀请北京大学教授赵世瑜加入核心专家组。

在核心专家组的指导和支持下，编辑部先后组织多次会议，研究制订《中国运河志》编纂框架。在运河研究的学科体系尚未建立、基础研究仍显薄弱的情况下，首次以通志的形式记述中国运河，将运河放在整个中国历史大背景下来展开记述，可谓构建一个新的运河研究体系。框架的讨论是一个反复研讨、斟酌取舍的过程，从编辑部提交 10 卷本框架草案，到讨论修改为 11 卷本，其间又经过多次增减变动，最终确定为 9 卷本，分别为《总述・大事记》《图志》《河道工程与管理》《通运》《城镇》《社会文化》《人物》《文献》《附编》。

参考专家个人、团队的主要研究领域，结合多次专家会议讨论框架过程中集中思考的方向，逐步明确了分卷主编人选，分别为：《总述・大事记》之“总述”著者复旦大学教授邹逸麟，“大事记”主编聊城大学教授李泉；《图志》主编北京大学教授李孝聪；《河道工程与管理》主编中国水利史研究所教授级高级工程师吕娟；《通运》主编清华大学教授倪玉平；《城镇》主编中山大学教授吴滔；《社会文化》主编山东大学教授张士闪；《人物》主编聊城大学教授王云；《文献》主编聊城大学教授李泉；《附编》主编单位中国文化遗产研究院。此后又经分卷主编起草、集中讨论，进一步确定各卷细化至三级目录的篇目。

框架既定，各卷进入紧张的具体工作阶段。邹逸麟所撰“总述”率先完稿，为各卷提供了统领和参考。讨论、编纂、再讨论、修改、评审，是分卷编纂的工作模式。各卷撰写样稿提交专家会议讨论，根据意见修改后再次提交讨论直至通过，之后组织集中编纂，并进行阶段性讨论修改，最后由分卷主编统稿，提交初稿进行全卷评审。结合实际情况，采用专家会议集中评审，一位专家主审、多位专家共审的模式，对各分卷稿件逐一审议，确保总体学术水准。每一分卷的编纂都是运河研究某一专业方向上的深入探究，从资料长编到初稿编写，从分卷统稿到学术评审，或删减，或增补，或调整，全体专家团队倾心尽力，反复打磨。

由于无先例可循，摸索之中的编纂之路，主要是集聚专家智慧。我们将专家集体讨论与尊重分卷主编意见相结合，将全志的统一性与分卷的独立性相结合，边研究，边摸索，边推进。项目前期以全体专家会议形式议事，核心专家、分卷主编齐聚，对各卷编纂工作进行深入研讨，各抒己见，甚至据理力争，在不断的探讨、交流中达成一致。后期则以全体专家会议和分卷编纂会议形式并举，由分卷主编召集参编人员讨论，适时邀请核心专家参会指导，研究解决分卷编纂工作中的具体问题，重大疑难问题提交给全体专家会议审议。核心专家、分卷主编“分工不分家”，每一位专家都着眼于全志体系，而不局限于某一分卷。分卷之间亦是资料共享、信息互通，同时又畅所欲言、毫无保留地互相提出意见、出谋划策。开放、专业的研讨，贯穿于志书修纂全程。

具体编纂中，虽文献资料不足且零散，仍坚持紧扣主题、宁缺毋滥之原则。在遵循“横不缺要项，纵不断主线”“述而不论”“横排竖写”等志书修纂基本要求的前提下，重点强调入志内容与运河的相关性，重点记述因运河而生、因运河而盛的事物。这就要求从有限的文献典籍中撷取与运河直接相关的内容，难上加难。为获取散落海外的文献资料，有专家多方奔走，与英国、美国等地的收藏单位协商沟通，甚至借助个人学术影响取得多种稀见运河舆图的出版授权。为实地查验运河线路、现场考证文献记载，专家团队不避严寒酷暑，先后赴苏州、无锡、镇江、扬州、淮安、宿迁、徐州、济宁、聊城、杭州等地开展田野考察，并进行现场研讨。

大型出版工程的建设，编纂组织工作是重中之重。从江苏凤凰出版传媒集团到江苏凤凰科学技术出版社再到中国运河出版中心，均倾力投入项目运作。时任集团董事长陈海燕、总经理周斌、副总经理黎雪在总体策划、政策扶持、资金保障、重大问题协调等方面运筹帷幄，多次带队参加专家会议，对本志的顶层设计、框架制订、出版规划、工作推进、稿件组织等工作起到了重要作用。江苏凤凰科学技术出版社作为项目出版任务承担单位，将《中国运河志》工作列为出版社“一号工程”，先是时任江苏凤凰科学技术出版社总经理金国华、副总编辑杜辛全力协调推动；后是现任社长傅梅、副总编辑李淳宁殚精竭虑，多次专题部署推进。他们一次次带领编辑部人员奔波于一线，与每一位参编专家面对面沟通，与有关部门点对点协调。作为项目具体管理的编辑部门，中国运河出版中心专门编写了《〈中国运河志〉编纂工作手册》，明确编纂体例、行文规范，分发到全体参编作者以为参照，规范志书编纂工作；全程参与各次会议讨论，与各位专家沟通，交流反馈信息，协调各分卷编纂工作的稳步推进。

2018 年，各卷陆续进入编辑审校流程，《中国运河志》从作者修纂转入编辑出版阶段。对一千余万字的稿件进行编辑加工、校对审核，时间紧，任务重。2019 年初，江苏凤凰出版传媒集团董事长梁勇统领，总经理孙真福指导，江苏凤凰出版传媒股份有限公司总经理佘江涛、总编辑徐海总体协调，调派江苏人民出版社、凤凰出版社、江苏凤凰教育出版社等多家出版单位的骨干编辑参与编校工作。江苏凤凰科学技术出版社社长傅梅、总编辑郁宝平统筹协调全志编辑、审校、印制工作，社领导郁宝平、傅永红、李淳宁、孙兴春及多位资深编辑参与编校审读。合集团之力所组成的数十位编校人员团队，精心编稿、审稿、校稿，可谓“《中国运河志》出版大会战”。

为确保质量，我们采取了一系列策略：分卷多编辑多轮次审稿，分卷内、分卷间交叉校对，在常规“三审三校”基础上根据实际情况适当增加校次，安排专人对重点内容进行专项审读，付印前组织集中印前审读、编校检查。精英尽出，多管齐下，力争在抓紧时间进度的同时确保编校质量。

2019 年 6 月，《中国运河志》付梓在即。应江苏凤凰出版传媒集团之请，十一届全国政协副主席孙家正为本志作序；总主编邹逸麟致信著名历史学家戴逸请其为本志作序，戴先生欣然应允。

2019 年 9 月，《中国运河志》全志出版。

在志书修纂过程中，我们进行了多方面的积极探索。为“讲好中国运河故事”，我们开展国际交流，拓宽国际视野。2012 年 9 月，参加在扬州举行的世界运河大会，陈海燕在大会上做了题为《为中国运河修书立志 为华夏文化竭尽绵薄》的书面交流。2013 年 9 月，黎雪率团赴英国举办运河古地图展览。2017 年 9 月，周斌率团赴美参加在锡拉丘兹举行的世界运河大会，与美国伊利运河、加拿大里多运河等方面的专家交流。IWI（Inland Waterways International）前任主席大卫·白灵杰（Dave Ballinger）、主席大卫·爱德华兹-梅（David Edwards-May）、秘书长大卫·麦克道格（Dave McDougal）等三位专家受聘为《中国运河志》项目国际顾问。此外，我们还与世界运河历史文化城市合作组织建立了良好的互动关系。江苏凤凰出版传媒股份有限公司副总经理刘锋，国际拓展部主任俞慧洵、高级主管白立业在一系列国际交流活动中给予了大力支持。

适应融媒体发展之趋势，我们主动探索注入融媒体出版元素。2018 年，在时任江苏凤凰出版传媒集团董事长张建康的关心和支持下，与现代快报社合作拍摄《中国运河志》微电影，获“中国·扬州首届运河主题国际微电影展”组委会特别奖。现代快报社郑春平、朱俊骏、孙兰兰和他们率领的团队开展了卓有成效的工作。后续，我们还将基于《中国运河志》进一步谋划运河主题人文纪录片的拍摄与制作，并进一步延伸推动数字化发展。

《中国运河志》甫一立项，即被江苏凤凰出版传媒集团列为十大出版工程之一，之后陆续申报各类重点项目：2016 年，列入“十三五”国家重点出版物出版规划项目；2017 年，获江苏省新闻出版广播影视发展专项资金资助；2018 年，获国家出版基金资助。

项目得到国家新闻出版署、国家文物局、中国地方志指导小组办公室、中国国家图书馆、中国文化遗产研究院、天津市图书馆、浙江省博物馆、江苏省委宣传部、江苏省新闻出版局、江苏省交通运输厅、江苏省地理信息测绘局、江苏省镇江市博物馆的关心和支持。时任国家文物局副局长刘曙光、政策法规司司长陆琼、文物保护与考古司司长闫亚林高度评价《中国运河志》编纂出版之意义；江苏省委宣传部将《中国运河志》列为年度重点工作，文化产业处处长王明珠参加项目会议并与专家深入交流；江苏省新闻出版局周琪、焦建俊、黄海宁、张东甫、李贞强、孙敏等领导在不同时期从出版业务管理上给予指导和帮助；江苏省测绘地理信息学会秘书长陈洪良对志书地图绘制、审核多有指导。各方对《中国运河志》的认可、关注和支持，对我们是鼓励也是压力，更是动力。

作为项目投资及主管单位，江苏凤凰出版传媒集团全力支持《中国运河志》工作，为项目提供强有力的保障。在集团领导重视、支持的同时，相关部门亦从各业务层面积极协助，祁智、王振羽、林海涛、费强、左玉梅、周兴安、吴迪、沈飞、袁楠、樊明在不同阶段参与本志工作。集团所辖的江苏人民出版社府建明、江苏凤凰教育出版社王瑞书、凤凰出版社倪培翔在本志编审校阶段给予大力支持。

本志的修纂还得到了来自各界的指导和帮助，篇幅所限不能细表，在此一并致谢。感谢参与学术研究、提出建设性修纂意见的专家荀德麟、谭徐明、王英华、常建华、许檀、杜家骥、王力平、吴欣、谢湜、姜师立等。感谢接受咨询并提出意见和建议的专家陈桥驿、安作璋、葛剑雄、朱光亚、周魁一、蔡蕃、郑连第、蒋超、张卫东、付崇兰、范金民、胡阿祥、张环宙、邱志荣、余清良、于冰、毛锋、龚良、王健、张强、董耀会、李松、安涛等。感谢在志书体例、古籍出版经验上给予指导的专家谭烈飞、颜越虎、陈其弟、俞国林、李肇翔等。感谢曾提供帮助的华林甫、段伟、白鸿叶、周谊、于国华、马国仓、吴宝安、营幼峰、许礼林、张劲松、王昌保、黄俊、蒋桂生、李波、吕咏、赵纪军、王洁、周玉龙、范冬、邓清、刘尚杰、刘志平、李想、谢小朋、钱亮、葛庆文、徐晨岷、王达政、王永发、马渭源、李成懿、秦宇阳、孟晶、张亮、李纯、朱海涛、刘玄等。

除古籍文献外，本志修纂过程中还借鉴、参考了大量今人研究成果，未能一一联系相关作者，亦在此致以谢意。

修运河志之难，在于既要有淡定平和的心境、淡泊名利的态度，又要有为运河修志的热情、持之以恒的坚守。从作者到出版方，都是带着一种责任、一种使命、一种情怀，为《中国运河志》倾注热情、奋力工作。修志的过程，亦是整个团队不断深化对运河认识的过程。我们尝试从运河的视角观察古代中国社会的运行、治理体系，希望如实记述中国运河发展之历史脉络，反映古代中国人民的勤劳与智慧，为当今社会发展提供借鉴。

运河之研究，方兴未艾，任重道远。志书的出版是阶段性成果，冀望能在填补学术空白的同时，推动运河学学科的发展。事非经过不知难，诚如戴逸先生所言，这是一项前无古人的开拓性志书工程，然则大型志书的编撰殊非易事，本志难免会有诸多不尽如人意的瑕疵。我们将汲取各方意见和建议，继续修订和完善本志；与专家们携手前行，共同推动运河研究的发展，传承、弘扬中华优秀传统文化。

江苏凤凰出版传媒集团
2019 年 9 月